U0158873

陈方正 著

继承与叛逆

增订版

现代科学
为何出现于西方

生活·讀書·新知 三联书店

图书在版编目（CIP）数据

继承与叛逆：现代科学为何出现于西方／陈方正著．—增订本．—北京：
生活·读书·新知三联书店，2022.11 （2024.9 重印）
ISBN 978－7－108－07093－7

Ⅰ.①继… Ⅱ.①陈… Ⅲ.①自然科学史－研究－西方国家
Ⅳ.① N091

中国版本图书馆 CIP 数据核字（2022）第 037523 号

特邀编辑　张艳华
责任编辑　徐国强　陈富余
责任校对　张国荣
责任印制　董　欢
出版发行　生活·讀書·新知 三联书店
　　　　　（北京市东城区美术馆东街 22 号 100010）
网　　址　www.sdxjpc.com
图　字　01-2022-6329
经　销　新华书店
印　刷　河北松源印刷有限公司
版　次　2022 年 11 月北京第 1 版
　　　　　2024 年 9 月北京第 2 次印刷
开　本　720 毫米×1020 毫米　1/16　印张 55.5
字　数　604 千字　图 24 幅
印　数　6,001－8,000 册
定　价　168.00 元
（印装查询：01064002715；邮购查询：01084010542）

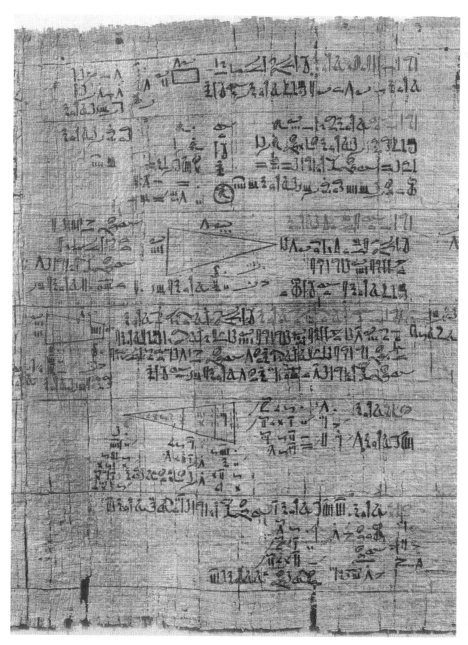

1. 林德数学手卷中之第49—55题部分，此卷现藏大英博物馆

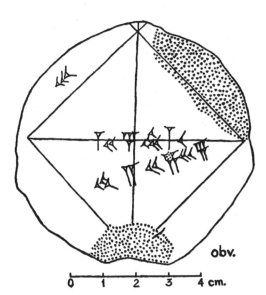

2. 给出√2精确数值的陶泥板YBC 7289，（上）原板彩
　照（下）描绘图

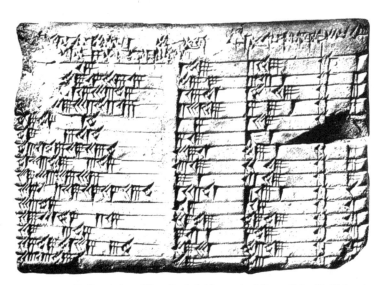

3. 和毕达哥拉斯定理密切相关的陶泥板Plimpton 322，（上）原板彩照（下）高解像度黑白照

4. 法国夏特尔座堂（Chartres Cathedral）"皇帝拱门"（Royal Portal）上之毕达哥拉斯雕像

Städtischer Galerie Liebieghaus, Frankfurt am Main

5. 表现阿基米德被害情境的古代镶嵌画，藏于法兰克福市立艺术馆

6. 图西《天文学论集》中有关"双轮机制"之页，现藏梵蒂冈图书
   馆，编号Vat. Arabo 319 fol. 28 verso math 19 NS. 15

7. 拉斐尔在梵蒂冈使徒宫（Apostolic Palace）所作壁画《雅典学园》，1509—1510年。图中人物可
考者包括：中央拱门下为柏拉图（左）与亚里士多德（右），左下角红衣书写者为毕达哥拉斯，
其右旁白衣女士为希帕蒂娅，正下方托头独坐沉思者为赫拉克利特，右下角俯身指石板者为欧几
里得，其右旁捧地球背向者为托勒密，白衣托蓝色天球者为琐罗亚斯德，天球上方为苏格拉底或
者柏罗丁；石像左为阿波罗，右为雅典娜

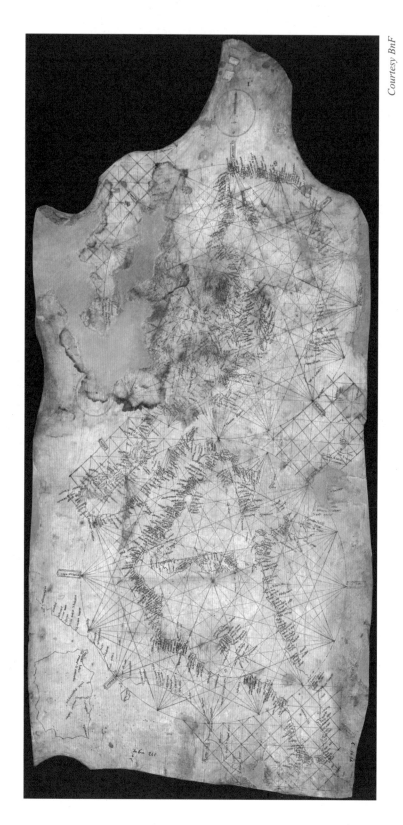

8. 比萨航行指南图，约1275—1300年，原大104厘米×50厘米，经逆时针旋转90°，北方在上面，图中央可见地中海及意大利半岛。现藏巴黎国家图书馆

9. 锡耶那（Siena）座堂正门地板上所镶嵌的三威赫墨斯画像。其右方躬身示敬的是摩西，足下题刻注明二人时代相同，其左手所抚按的铭刻是一段《赫墨斯经典》引文，那被认为足以证明赫墨斯信仰是基督教的先驱；在摩西后面观看的当是埃及民众

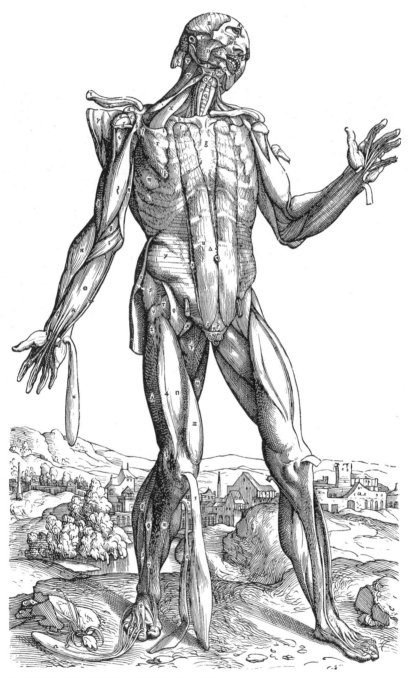

10. 维萨里《论人体结构》解剖图。该书共有 14 幅人身整体肌肉解剖图，包括正面
8 幅、背面 6 幅，各从表面开始，将肌肉分层剖开揭示。此为正面第 4 幅。取自
Vesalius / Saunders & O'Malley 1973，p. 99，Plate 27

11. 丢勒的木刻版画《忧郁》（*Melancolia I*），此印本现藏波士顿美术博物馆

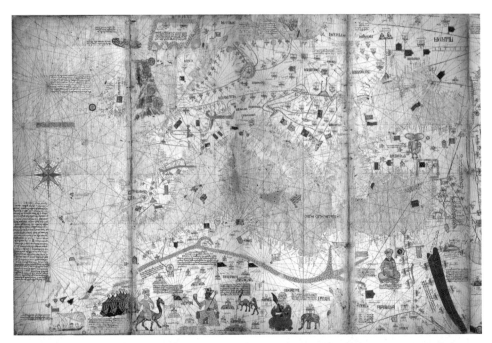

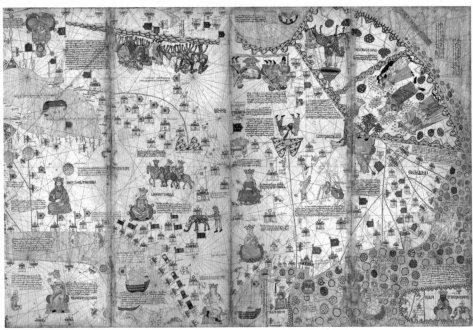

12. 加泰罗尼亚世界图，1375年，原大 1.5 米×1.5 米，原图共分 6 幅 12 页，首 2 幅为文字说明，此处所示为其余 4 幅 8 页地图部分：上半为大西洋及地中海周围，下半为中亚、印度及中国。现藏巴黎国家图书馆

13. 毛罗教士世界图，1459年，原大 2 米 × 2 米。原图为南方在上，此处已照惯例倒转。现藏威尼斯
马可国家图书馆

14. 贝海姆地球仪，1490—1492年，
    直径约半米，此处所示为其亚非
    欧大陆部分。现藏纽伦堡德国国
    家博物馆

15. 芬尼心形世界图，
    1531年，50 厘米×50
    厘米。其中已清楚
    显示南北美洲。现藏
    巴黎国家图书馆

16. 汶岛乌兰尼堡。（上）主建筑正面图，蚀刻铜版画，载 Joan Bleau *Atlas Major*，1663；（下）鸟瞰图，载 Tycho Brahe *Astronomiae Restauratae Mechanica* 1598，印刷后着色

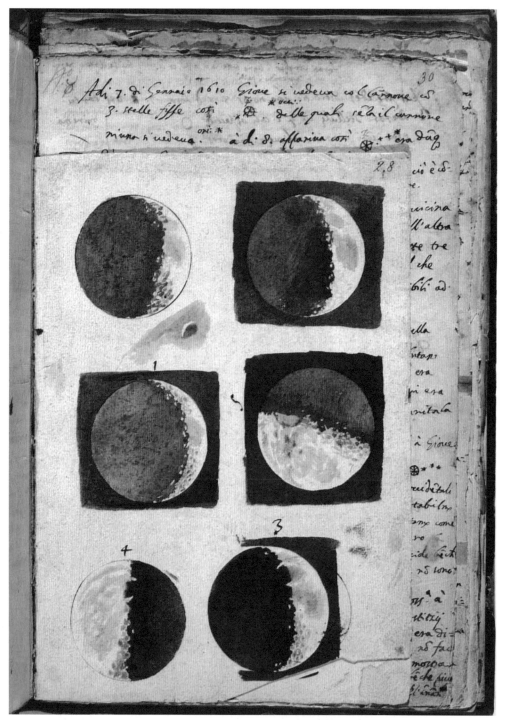

17. 伽利略《星际信使》原稿手迹及望远镜中所见月球表面绘像，1610年。稿本现藏佛罗伦萨国家图书馆

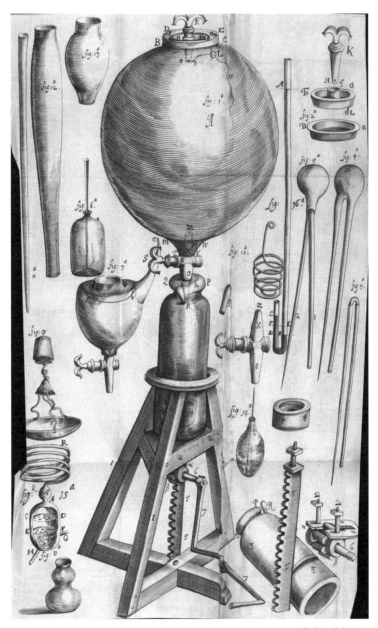

18. 波义耳《有关空气弹性及其效果的物理机械实验》一书中的真空泵以及相关
配件图解，原稿藏皇家学会

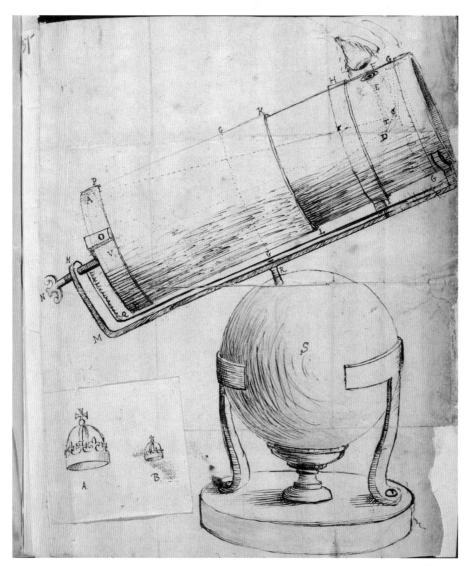

19. 皇家学会为牛顿所赠反射望远镜所绘图像。左下角的皇冠为 300 英尺外风信鸡上饰物的影像，A图
　　为用牛顿望远镜所见，B 图为用 25 英寸折射望远镜所见

20. 牛顿完成《自然哲学之数学原理》后的画像，1689年，内勒（Godfrey Kneller）绘

21. 莫泊忒穿着拉普兰皮袄按着扁平地球的画像，1740 年由与其相熟的名画师勒夫克–图涅尔（Robert
    Levrac–Tournières）所绘。该画现藏柏林，此图像为法国圣马洛历史博物馆所藏1759年摹本

诸神借着一位新普罗米修斯之手
将一件有光芒伴随的天赐礼物送到人间。

——柏拉图《对话录·斐莱布篇》

大自然暨其规律为夜幕所掩，
上帝命牛顿出世，天地遂大放光明。

——蒲柏所作牛顿墓志铭

目　录

自　序

　　像许多投身科学工作的人一样，我在学生时代读过好些科学家传记，并且很受触动，但真正接触科学史，则是很久以后的事情，这恐是因为当时在大学里面，科学教育并不重视科学史，甚至为"科学没有时间性因而其历史并不重要"这样的观念所笼罩吧。二十多年前，我离开中文大学的物理系和行政部门，转到中国文化研究所工作，跟着赴哈佛大学费正清中心作半年访问，在那里无意中听到何丙郁先生有关中国古代数学的演讲，又见到钱文源《巨大的惯性》（*The Great Inertia: Scientific Stagnation in Traditional China*）一书。记忆中我对他们两位的观点虽然无法作判断，却都不甚惬心。当时还读到库恩（Thomas Kuhn）的《科学革命的结构》（*The Structure of Scientific Revolution*），它所引起的反应更为直接和强烈，竟使我产生了荒诞不经之感。因此，科学史和科学哲学所予我的最初印象都是不怎么有吸引力的。

　　回到中国文化研究所之后，记得劳思光先生曾经建议，李约瑟的多卷本巨著《中国科学技术史》存在不少问题，应当花工夫仔细梳理一遍。当时我对科学史尚未感兴趣，因此毫无思想准备，并没有作出反应，也就辜负了他的好意。其后《联合报》在香港出版，在朋友怂恿下我为之撰写《不可爱的真理》短文系列，批评库恩、波普（Karl Popper）的观点，虽然只是浮光掠影，没有深入讨论，却是涉足与科学相关的文科领域之始。整十年后蒙汤一介先生邀请到北京大学主持"蔡元培讲座"，我以《在正统与异端以外——科学哲学往何处去？》为题，对时兴的多种科学哲学潮流展开批判，并且就其根源提出分析和看法，这才得以略为抒发胸臆。至于我之终于走进科学史领域，也同样是由于偶然机缘：1994年为了讲授一门有关天文学知识的课程而开始细读《周髀算经》，并且深受吸引，翌年蒙李学勤先生邀请参加在海口召开的国际汉学会议，遂将研究结果整理成论文发表。此后涉猎渐多，陆陆续续写了几篇文章，其中1997年底在《二十一世纪》发表的《为什么现代科学出现于西方？》代表我当时对西方与中国科学发展史的看法，它虽然粗略，但其中一些观点至今可能还有价值，而且，在本书中也得到了印证和进一步的发挥。

在撰写该文过程中，我逐渐意识到，国人对于中西传统科学的一些观念（例如中国古代科学比西方优胜，而其后的停滞是由于宋明理学的影响，等等）是如何之广泛和根深蒂固，而这些观念的形成，则直接或间接受李约瑟巨著的影响——虽然它们和后者的看法并不一定符合，甚至可能相反。我深切感受到的另一点是，国人真正感兴趣的，往往只是为中西科学发展的巨大差异寻求浅易和简单的解释，但对于西方科学发展过程本身以及其文化、政治、社会背景，则既不甚熟悉，也不太注意。因此，李约瑟的开创性工作虽然给中国文化带来无可比拟的巨大贡献，却吊诡地使得中西科学的比较更加难以客观和深入。这一方面是因为他相当公开和直白地以宣扬中国传统科技的优越为终身职志，所以十分自然地大受国人欢迎；另一方面则因为他的二十多卷巨著并没有相应的西方科学史来加以平衡——某位西方科学史家说得好：李约瑟为中国做到了我们自己还未曾为西方文化应该做的事情！

然而，在我看来，夸大中国传统科技成就，和贬抑西方古代科学的重要性，虽然好像能够帮助重建民族自尊心，其实极端危险，是有百害而无一利的。中国今日已经走出近代屈辱的阴影，开始迈向富强，但正唯其如此，所以更急切需要对西方历史、文化的客观、虚心和深入了解，否则轻易就被自满自豪的情绪所蒙蔽，那目前的进步恐怕将难以为继吧。法国哲学家图道罗夫（Tzvetan Todorov）在仔细分析西班牙冒险家柯特斯（Hernando Cortés）如何率三百勇士征服墨西哥数千万之众后说："这惊人的成功在于西方文明的一个特点……说来奇怪，那就是欧洲人了解别人的能力。"我相信，这一观点虽然简单，却是十分深刻而值得国人记取的。

2004年，刘钝先生很客气地邀请我到中国科学院自然科学史研究所担任"竺可桢自然科学史讲席"，为我在这方面的工作提供了新动力。当年春季我以"毕达哥拉斯教派与古希腊科学的渊源"为题，在中山大学哲学系作了两次演讲；10月至11月间到北京，以"西方科学的哲学与宗教渊源"为题作公开演讲，又以"西方文化传统中的科学"为总题，对自然科学史研究所的研究生作了八次演讲，都引起了出乎意料的热切反应。事后三联书店编辑张艳华女士建议我将演讲稿整理出版，我很高兴地答应了，并且天真地以为可以在半年内交卷。然而，我虽然很明白，此书不可能在史实上探新发覆，而必须以西方科学史界已经发表和确认的材料作为论述根据，始料不及的是，当初拟定的著作规模却由于其内在逻辑而无可抗拒地不断扩大，至于相关资料、著述之丰富，各种问题之错综复杂，更远远超乎原先想象。这正如许多作者所说，一本书自有其内在生命，并非作者从头就能预见，更非其所能完全控制。今日此书付印在即，它有如婴儿长大成人，当初的简明讲稿已蜕变为不复可以辨识的另一部作品了。

对我个人来说，此书的撰写是个大胆尝试，也是困勉以赴的摸索过程，几乎每往前踏进一步都必须在许多迷惑与歧途之中挣扎，但也是极其愉快的经历，因为付出辛劳之后总能够缓慢前进，至终完成当初的构想。更重要的是，它坚定了我原先的初步看法，即现代科学之出现于西方，绝非由于短短数百年间的突变，而是和整个西方文明的渊源、发展与精神息息相关，也就是说，它是西方文明酝酿、累积数千年之久的结果。这正如中国今日之能够成为世界上人口最多、历史文化源流最悠久的国家，同样是中华文明酝酿、累积数千年的结果。因此西方与中国科学的真正分水岭不在近代，而远在公元前四五世纪之间甚或更早，譬如说孔子和毕达哥拉斯在世的"轴心时代"。当然，这样一个命题恐怕永远不能得到"证明"，但随着中西方科学史的发展和深入探讨，我们对它的看法也可能日益明确起来。倘若此书能够对这方面工作产生一点微小刺激和推动作用，那么它的使命也就完成了。

本书易稿凡十数遍，比原定篇幅扩张三倍有余，原定交稿期限也推迟三年之久，但张女士和三联书店领导对此计划的信心和支持始终不变，使我得以专注撰述而无后顾之忧，此外徐国强先生在编校方面也投入了大量精力，所以我首先要向他们各位致以衷心感谢；香港各大学图书馆的高效率运作以及香港中文大学图书馆系统为我提供的特殊协助和安排，使得本书的资料搜集倍加顺利和方便，我在此对他们的专业服务表示敬佩和深切谢忱；此外，中国文化研究所所务室同事严桂香女士、李洁儿女士和邱玉明女士等为我提供多方面日常协助，不辞烦琐而有求必应，这也是我极其感激的；梁其姿教授在百忙中抽空通读书稿，并且提出许多宝贵意见，在此我要对他深深致谢。但自不待言，书中尚未消除的错漏不应该由梁教授负责。

2008年仲夏于用庐

增订版序

本书自2009年出版以来，由于主题是国人所深感兴趣，并曾经长期引起猜测和争论的，而且有别于相类论述，包含了大量系统和具体资料，因此颇引起学界和一般读者注意，在2010—2011年两度加印，作者也多次被邀讲述西方科学史以及中西方科学发展的比较，达到了批判李约瑟论题的初衷，这是值得庆幸的。迄2015年底，徐国强先生建议出版修订本，当时没有汲取以前编写本书的教训，误以为约大半年即可竣事，不料起初虽然进行顺利，但一旦碰上西方地理学和远航探索的历史，就犹如奥德赛被狂风吹入茫茫大海，再也无法回复预定航线，此后花了整整一年多工夫这方面的探索方才告一段落，随后又忙于编订另一部论文集，因此直到2017年底方才重拾本书的修订和增补工作，待得完稿，上距发轫之初，已经四年有余了。

与本书初版相比较，这个增订版的结构有相当大变动。在当初，撰写本书的一个基本动力是追寻西方科学的起源，兼以精力不济，因此写到末了即近代部分就较为简略，结果是重点落在古代。在篇幅上，它和中古、近代这三部分的比例大约为9∶6∶5，难免显得头重尾轻。这个增订版的正文增加了11万字，为初版的25%，其中绝大部分用于将涉及近代的第十一和第十二两章（初版）扩充为第十一至第十五章（增订版），因此上述比例相应改变为5∶3∶5，也就是恢复了古代与近代的均衡。这是新版在时代结构上的主要变更。

为了达到上述均衡，增订版在理念和题材两方面都作出了一些调整，最根本的有两方面：提高对实用和实验科学的关注，以及大幅度增加有关牛顿的论述。

在初版中我们强调"本书以数理科学即数学、天文学、物理学等可以量化的科学为主"（初版第28页），这个基本理念并没有改变。然而，"我们却也花了相当篇幅讨论炼金术、化学、医学、机械学、地理学等领域"（增订版第25页）。这一方面是因为学科之间的交互影响难以截然割裂，但更重要的，则是我们意识到，实验科学对于17世纪科学革命的重大影响在初版中未得到足够重视，而实验科学之兴起是和各种实用科学，特别是医学和地理学，密切相关的。因此我们用了大量篇幅追寻这两个学科在西方科学传统中不同阶段的发展。

就医学而言，这就需要追溯到古希腊的希波克拉底、亚历山大时代的希罗菲卢斯和伊拉希斯特拉斯，以及罗马时代的集大成者盖伦，他们都是16世纪解剖学家维萨里和17世纪提出血液循环论的哈维之先驱。就地理学而言，则除了充实埃拉托色尼、斯特拉波、马林诺斯、托勒密等初版中已经讨论过的有关部分，使之更为系统化以外，我们还增加了两方面密切相关的内容，即远洋探险和地图学传统。它们源远流长，可以一直追溯到公元前6世纪，而此后的亚历山大大帝东征、《马可波罗行纪》，以及中古出现的航行指南图等，又对之产生了强大刺激作用。因此葡萄牙人的非洲海岸探索以及远东航线建立、哥伦布发现新大陆、麦哲伦领导环球航行、英法两国的北大西洋探索，和地图学在整个16世纪的蓬勃发展等，都并非文艺复兴时期突如其来，而是有深厚历史文化渊源的。因此以上两个传统的论述也贯穿了增订版的整体。

但它们本身与17世纪科学革命的内在关系究竟何在，而值得以如许篇幅来讨论？关键在于：除了数学和天文学以外，科学革命的出现还有一个重要因素，即培根哲学，它的出现是受到了16世纪学风转变的刺激，而这转变则与实用科学包括医学、磁学、地理学（甚至还有冶矿学）等的勃兴密切相关。因此我们在第十三章详细讨论了培根哲学的背景以及它的深远影响，包括居里克、帕斯卡和波义耳的工作，皇家学会和巴黎皇家科学院的成立，以及它们所发挥的重要作用。当然，不能够忽略的是，当时澎湃汹涌的科学思潮之中还有对立的一支，即笛卡儿的理想主义，那对欧陆的强大影响也延续了一个世纪之久，这也在同一章有详细讨论。

最后，有关牛顿的论述在初版中仅占第十二章的三分之一，约为正文整体的3%，显然严重不足。在新版中这一部分大事扩充为第十四、十五两章，约及正文整体的11%，那就合理得多了。第十四章是牛顿本人生平和工作的较详细论述，包括他的为学经历、科学取向的转变、他的炼金术和神学研究、《自然哲学的数学原理》这部大书的撰写过程、《原理》内容的分析和重要发现举例、他后半生的交往，以及他作为铸币局局长和皇家学会会长的作为等等。至于第十五章则讨论牛顿革命所产生的巨大影响，包括欧陆对牛顿学说从不了解以至极力抗拒到最后逐渐接受的复杂过程、著名的牛顿–莱布尼兹微积分学发明权之争、微积分学在欧洲的传播经历与所引起的争论等等——当然，最后，还有牛顿学说对启蒙运动兴起的巨大影响。

　　总括而言，本书初版的重点在古代，在毕达哥拉斯学派触发的"普罗米修斯革命"，也就是使得西方科学建立其大传统的第一次革命，但对于导致现代科学出现的牛顿革命之论述则显得相对薄弱。因此其古代和近代的论述显得前重而后轻。新版大事扩充了近代部分（包括许多近代发展的古代根源），并给予结束西方科学老传统和建立现代科学新传统的牛顿革命以同样重视，由是令古代和近代论述获得平衡。这可以说是此增订版的主要改动，除此之外都属细微的补充和修订。至于"导论"和"总结"部分，包括对"现代科学为何出现于西方"的讨论与判断，以及对所谓"李约瑟问题"的剖析和对"李约瑟论题"的批判，基本上一仍旧贯，并未作实质性更动。

　　由于增加了大量篇幅，参考文献部分也作了相应扩充，其中包括初版中忽略了的相关资料，以及自2008年以来出现的新资料，亨特（Michael Hunter）的《波义耳传》（2009）以及海尔布朗（J. L. Heilbron）的《伽利略传》（2010），还有韩琦的《通天之学》（2018）和纪志刚等的《西去东来》（2018）都可以说是这些补充资料的最佳例子。

　　本书完稿是在2019年初，但由于篇幅巨大，内容繁浩，此后的出版亦历经曲折。在此我要感谢李昕和尹涛两位先生的支持，本书初版倡议者张艳华女士的热心，以及多年来一直负责编辑的徐国强博士的不懈努力，没有他的充分了解与合作，此书恐怕难以在今日面世。此外梁其姿教授通读了本书有关医学部分并提出宝贵意见，也在此致谢。最后但也最重要，我更衷心感谢老伴林雅尚多年来的默默和坚定支持，没有她的助力，此书是不可能完成的。

2022年重阳后于用庐

前　言

　　本书以西方科学史为主题，但出发点则是胡明复等中国知识分子在五四运动前后所提出来的大问题：为何中国科学发展落后于西方？此问题从20世纪50年代开始，就由于李约瑟的庞大与深入研究，以及此研究背后的特殊观点，而发生了转移。他的观点是：中国传统科技并不落后于西方，甚至还远远优胜之，西方科学超前只是文艺复兴以来的事情。因此真正需要解决的问题是：为何现代科学出现于西方而非中国？在过去大半个世纪，这观点深刻地影响了国人的科学史观念和研究。然而，他的实证研究虽然开拓了宽广的新领域，并且赢得包括我们在内的举世学者衷心景仰，但他这特殊观点却并不能由是得到证明。事实上，如许多西方科学史家所一再指出，这观点是有深刻缺陷的。我们认为，国人倘若不正视这些缺陷，提出批判，并且开拓研究新方向，那么是不可能对于解决上述问题取得决定性进展的。

　　本书的观点是：西方科学虽然历经转折、停滞、长期断裂和多次移植（特别是移植到伊斯兰世界然后又从之回归欧洲），但从方法、观念和内涵看来，它自古希腊以迄17世纪欧洲仍然形成一个前后相接续的大传统。而且，现代科学之出现虽然受社会、经济、技术等外部因素影响，但最主要的动力仍然是内在的，即来自这个传统本身。换而言之，现代科学基本上是西方大传统的产物。忽视或者否定这一点，就没有可能了解现代科学的本质与由来。因此，胡明复等所提出来"为何中国科学发展落后"的问题是有意义和重要的，但要获得真正解答，则必须以对整个西方科学的全面和深入了解为基础。本书所试图提供的，就是这么一个基础，即西方科学的起源、发展与蜕变，包括此传统与哲学、宗教以及时代背景的互动关系。在完成以上论述之后，我们将在"总结"部分讨论中国与西方科学发展的分野，并且对现代科学出现于西方的原因提出看法。

本书以西方科学史的叙述与讨论为主体，但原动力与背后意义则在于中西科学发展的比较，所以书中无可避免地要牵涉一些相互关联的理论问题。为了使读者能够对全书结构有一明晰概念，我们将它的主要脉络以及相关章节在下面列出来。

Ⅰ 概观与理论部分（导论与总结）

（1）本书的基本概念及主要结论（导论第一节及五至六节；总结第八至九节）

（2）李约瑟问题与论题：其历史与批判（导论第二至四节；总结第六至七节）

（3）西方科学发展与现代科学革命的讨论（总结第一至五节）

Ⅱ 西方科学史部分（第一至十五章）

（1）第一部：古代科学（第一至七章）：包括远古、古希腊、古罗马等几个时期

（2）第二部：中古科学（第八至十章）：包括伊斯兰科学与欧洲中古科学

（3）第三部：近代科学（第十一至十五章）：包括近代早期、近代晚期、牛顿科学革命，以及现代科学的开端等四部分

以上三部分各在其扉页有简单的内容综述。

此外，我们还有几点简单说明。首先，古代、中古和近代这三部分的篇幅比例大约为5∶3∶5。这样的分配有两方面原因：就时间跨度而言，古代历时千年，约为中古的两倍、近代的三倍；就重要性而言，古希腊科学是西方科学传统的源头（虽然并非最早渊源），也是西方文明的核心部分，但向来不大为国人了解与重视。我们认为，不深究古希腊科学特别是其渊源，则不可能了解西方科学传统，对现代科学起源的讨论更将流于皮相。至于中古部分则是连接古代与近代的纽带，不予以充分讨论必将割裂古今，因此也不能够忽略。至于近代部分，则是强大有力的现代科学如何从西方科学传统中蜕变出来的关键，其重要性自不待言。换而言之，西方科学传统中的三个阶段需要平衡处理。其次，本书各章节的题材基本上以人物为中心，并且按时间先后顺序排列，但有需要的时候亦以学科、问题、历史发展等其他题材作为重心，不一定按时序排列。这两种结构方式视乎需要与方便结合使用。第三，本书涉及的历史人物数以百计，他们第一次出现的时候译名后面一般附以原名简称（著名人物则略去），但作为论述中心的时候则附以原名全称和生卒年份，至于近现代学者仅附原名。为方便读者检索，第二、六、八等

数章开头各列出相关历史人物表，书后亦附有译名对照表。第四，本书收录了相当分量的科学史资料，这不仅仅是为作者的观点提供论证，而且我们还希望对读者也会有参考价值。最后，本书篇幅颇长，所涉题材亦甚繁复，因此书后附列详细索引，以为翻查寻检特殊人物、事件、题材之助，幸读者垂注。

征引凡例

（1）古代文献：经典一般注作者，书名及通行章节，例如Aristotle, *Metaphysics* 1091a12；在不致引起混淆时仅注书名及章节，例如*Timaeus* 80AB；或注作者及章节，例如Proclus 65 ff。

（2）其他古代文献注作者/译者、出版年份及页数，或书名及章节，或两者并列，例如Ptolemy/Toomer 1998，223 = *Almagest* H362。

（3）现代文献注作者、出版年份，以及页数或章节，例如 Burkert 1985, pp. 75–84；Guthrie 1962, Ch. 4。

（4）经常使用之简写包括：DSB / Ptolemy / Toomer指*Dictionary of Scientific Biography*中之Ptolemy条目，作者为Toomer；MacTutor/Snell指MacTutor数学家网首中Snell条目；Xenophanes Fr. 23–26指Freeman 1962书中有关Xenophanes之Fragments 23–26。

导　论

　　在近代，中国与西方的三次相遇都牵涉科学。17世纪耶稣会士来华，以天文、数学、历算、仪器作为晋身之阶和传教工具；19世纪列强敲开神州大门，所倚靠的是建立在科技基础上的军事力量，当时刚出现的远洋蒸汽军舰，便是这力量的象征；20世纪80年代中国改弦更张，主动敞开大门向西方学习，最终的认识是要以科教兴国。这三次相遇的基调始终是，在两大文明的碰撞中，西方凭借先进科技稳占优势。所以一个世纪之前，亦即新文化运动兴起之际，国人已经在思考这巨大差距到底是如何产生的了。这个貌似简单的问题引起大量讨论，也导致了多位知名学者的长期研究，然而至今仍然不能够说已经有令人满意、信服的答案。本书试图从一个长期为国人忽略的角度对此大问题提出新看法，但要充分说明这特殊角度的意义则必须追溯此问题的历史，这可以从抗日战争期间的两件事说起。

一、本书缘起

　　在抗战最后阶段即1944年12月初，日军曾经自广西向北挺进，占领贵州南部有"小上海"之称的独山，令位于400余公里外的重庆之国民政府大为震动。可是，日军的进逼只是虚惊而已：他们旋即退走，独山最终成为其入侵中国的极限。当然，世事有似重而实轻，也有似轻而实重者，孰轻孰重，当时难以看清。就在上述事件之前大约一个月，贵州北边小镇湄潭来了一位身材魁梧的中年英国人，10月24日晚饭后，他向一群中国学者发表演讲，随后还与听众作公开讨论。这个聚会在当时不曾引起注意，甚至在座学者恐怕也未必意识到它的意义。那位英国人名李约瑟（Joseph Needham），他是在浙江大学校长竺可桢主持下向"中国科学社"社员演讲的，题目为《中国科学史与西方之比较观察》。根据事后自述，此时上距他立志撰写一部"权威性"中国科技史已经多年。这演讲是他首度公开发表自己的独特科学史观点，也是他介入中国科学史研究的开始。他将在十年后崭露头角，二十年后冲击国际学术界，而且影响将不断扩大，以迄今日①。

其实，在上述事件之前三十年，亦即五四运动前后，国人已经开始思考中国传统科学为何不发达的问题了。最早就此立说的，是中国科学社和《科学》杂志发起人任鸿隽，此后一直到40年代末，这问题经常引起讨论，但几乎一面倒都以传统中国科学极其落后甚或阙如为出发点，问题只在于"为何"如此而已。李约瑟在湄潭却提出了完全不同见解，十年后《中国科学技术史》（*Science and Civilization in China*）首卷面世，他以令人震撼的广博研究论证传统中国有大量科技成果，并且进一步对世界科学发展历程提出石破天惊的看法。他认为：在公元前1世纪以迄公元15世纪漫长的一千六百年间，中国科技一直超越西方，只是由于文艺复兴以及相关巨变——远航探险、宗教革命、资本主义兴起等，西方科学才得以一飞冲天，反过来超越中国，从而有现代科学之出现；至于中国何以没有出现类似巨变，则当求之于中西社会经济制度的差异云云。李约瑟在1995年去世，其长达二十余卷的科技史也在2004年大体完成出版，他可以说是穷尽毕生之力，以最宏大视野和最实在工作，在最大可能程度上表扬中国科学与文化者。因此，他的观点顺理成章地为许多中国学者接受——或者更应该说是拥抱。自80年代以来所谓"李约瑟问题"即"何以现代科学出现于西方而非中国"的问题经常在国内引起热烈讨论，但讨论框架鲜有超越其思维模式者，也就是莫不以他的基本假设——中国传统科技之向来优胜，西方科学之冒起是从文艺复兴开始，双方差异是由外部（即外在于科学本身）因素导致等为出发点。因此，严格地说，近三十年来的这些讨论大部分只不过是"李约瑟论题"（The Needham thesis）的补充和发展，说不上是"李约瑟问题"的独立研究。

另一方面，西方科学史家虽然对李约瑟宏大的开创性实证工作表示钦佩与尊重，但对于他的科学史观并不赞同，甚至可以说是全盘否定。国人往往将此视为"西方中心主义"的表现，但对于其理据则很少认真讨论或者深

---

① 贵州湄潭和附近的遵义都是浙江大学在抗日战争中西迁的校区，上述演讲翌日，"中国科学社"在湄潭文庙召开年会，李约瑟亦以名誉会员身份与会。以上有关记载见《竺可桢日记》第2册，第789—790页。日军进占独山事在同书第800—805页亦有记载，当时国民政府已经有命令浙大再度迁徙甚至解散的想法了。

究。李约瑟的工作彻底改变了国际学术界对中国传统科技的了解，这是他为中国文化所作出的不可磨灭的巨大贡献，国人景仰之余更为之感到自豪，是很自然的。不过，也不能不看到，《中国科学技术史》的众多具体发现与穿插其间的"李约瑟论题"其实是性质完全不同的两回事：前者是史料、史实，后者是史观、史识，两者需要清楚分辨，不容混淆。我们认为，虽然李约瑟的科学发展观十分中听，而且有皇皇巨著作为后盾，虽然西方科学史家的观点很碍耳，又难免受到"文化自大"的攻击，但两者究竟孰是孰非，各自的是非曲直又究竟何在，却还是个学术问题，需要以虚心和客观精神去切实考究、判断，而不应该简单笼统地以"李约瑟论题"为满足。换而言之，我们还是需要重新回到并且认真面对任鸿隽、梁启超、王琎、冯友兰、竺可桢等学者在20世纪上半叶就已经提出来的问题，亦即今日通称为"李约瑟问题"者。这功夫是真正了解中国传统文化以及中西文明分野所必须付出的代价，是西方学者无法越俎代庖的。

科学发展是个极其复杂的问题，它无疑涉及社会与经济因素，但是历史、文化因素也绝对不能够忽略，而且可能更为重要，所以对"现代科学为何出现于西方而非中国"这个大问题的探究，不能够如李约瑟所坚持的那样，局限于或者集中于16世纪以来的欧洲变革，而割裂于中西双方历史文化自古迄今的长期发展。也就是说，它必须通过中国与西方文化发展历程的整体与平衡比较才能够显露出真相。这样的比较是一项庞大工程，并非此书或者任何个人所能够全部承担。我们在此书所尝试的，是简单和卑微得多的准备工作，即对西方科学自古迄今的发展、演变作一综述，然后借此来从相反角度看"李约瑟问题"，也就是探讨"现代科学为何出现于西方"。如不少西方科学史家曾经指出的，这是同样重要而且可能更具有潜力的研究方向。

当然，这样的综述牵涉西方科学史整体，那是个浩瀚无涯的大题目，自19世纪以来已经有好几代淹博学者为此付出无量心血。我们不揣谫陋，来作这么一个吃力不讨好的尝试，主要有三方面原因。首先，最重要的，是西方科学发展史，特别是其近代以前部分，以及相关宗教文化背景，是国人所不熟悉，也较少注意的领域，而这显然是了解中西科学发展差异所必不可缺的基础。其次，这方面的西方著作虽然汗牛充栋，但是它们大多数分别以古代、中古或者近代为限，至于贯通远古以至于近代，并且论及其宗教文化背景的，似乎还不多见。最后，科学史的专门研究不断进步，其中不少重要发现出现于20世纪下半叶，伊斯兰学者对自身科学与文化的研究之兴起亦是在此时期，这些成果是早期著作如萨顿（George Sarton）的《科学史导论》不可能包括，或者近期著作如林伯格（David Lindberg）的《西方科学之起源》不一定注意到，因此仍然有待当代学者将之整合于一般性论述之中的[①]。

在此还需要声明，虽然我们认为历史发展的"为何"值得探究，甚至求得有广泛认受性的答案亦非无可能，但这并不等于就认为历史问题可以有确切不移的定案。例如，"文艺复兴与资本主义兴起导致现代科学出现"那样的论题可能以不少事实为根据，但我们无论搜集多少资料，难道真就能够将这些整体因素与哥白尼、开普勒、伽利略、牛顿等科学家的思想、工作直接联系起来，从而"证明"他们的发现与商业或者资本主义有必然关系吗？或者更进一步"证明"这些因素比文化因素更为重要吗？从史实、历程来追究、推断原因，总不免是带有若干不确定因素的猜想，而不可能是确切不疑的逻辑推理。此即科技史家怀特（Lynn White）所谓"当然，历史解释绝少是桌球的碰撞那样，关乎狭义'原因'的事情。它往往更像是在所需要解释的事实周围积聚其他事实，以使后者的光芒逐渐照亮前者。最后史学家就会感到，他所关注的主要事实变得可以理解了"[②]。在这个意义上，现代科学"为何"出现于西方与它"如何"出现于西方这两个问题表面上性质迥异，底子里其实相通：科学发展的原因与其历程本身不可能完全分割，前者就存在于后者的叙述与分析之中。因此，本书的基本目标虽然在于了解"为何"现代科学出现于西方，实际探讨途径则在于为西方科学兴起、发展、蜕变历程的整体描绘概观，然后通过此概观以及其重大转折的讨论来对上述问题作进一步探究。这探究最后也可能给现代科学为何并非出现于中国的问题带来启发。

本书工作是由中西科学发展差异这一基本问题所触发，因此在下面我们必须先行对中国科学落后原因的讨论、李约瑟所产生的巨大冲击，以及中外学术界对他的反响这三方面作出较为详细的回顾，然后才能够进而说明本书基本观念与整体构思，以及我们所获得的几点主要结论。

二、中国科学落后原因的讨论

严格地说，国人初次感到西方科学冲击是在明朝末年，也就是比五四运

---

① 以上著作分别见Sarton 1962和Lindberg 1992。
② 见Lynn White 1978, p. 217。

动还要早三百年。当时徐光启在利玛窦口授下翻译《几何原本》前六卷完毕，又进一步写成《测量法义》《测量异同》《勾股义》三部书以发扬《几何原本》的用途。他由是指出，古代数学经典《九章算术》与西方数学"其法略同，其义全阙，学者不能识其由"；"泰西子之译测量诸法……与《周髀》《九章》之勾股测望，异乎？不异也。不异，何贵焉？亦贵其义也"。这样，中国与西方数学的根本差别，即前者只重程序（即所谓"法"），而不讲究直接、详细、明确的证明（即所谓"义"）这一点，就在中国与西方的近代第一遭相遇中被揭露出来了。可是，徐光启虽然对于西方宗教、数学、天文学心悦诚服，赞叹无极，因而虚怀接受，悉心研习，却从来没有向他的老师追问《几何原本》的产生背景，或者发愤深究为何中土大儒未能悟出同样深奥精妙的道理。对于他来说，利玛窦的笼统解释"西士之精于历无它巧也，千百为辈，传习讲求者三千年，其青于蓝而寒于水者，时时有之"，至于中国学者研究科学者则"越百载一人焉，或二三百载一人焉，此其间工拙何可较论哉"，就已经足够了[①]。

　　徐光启心胸开阔，思想敏锐，又笃信天主教，但他深受传统文化熏染，所以仍然谨循老师利玛窦的教导前进，而并没有对远隔重洋的其他方外事物产生好奇，或者动念独立探索中西文化异同。因此，国人初次明确地提出和讨论中国科学落后问题，已经是五四运动前后了。这以1915年1月任鸿隽在《科学》创刊号上发表文章为开端，此后十年间梁启超、蒋方震、王琎、冯友兰等相继就此发表论文，或者在著作中讨论相关问题[②]。当时和明末一样，中国正处于风雨飘摇、国难方殷的危险关头，但这些思想界领袖人物的心态却迥异于徐光启，因为在西方军事、政治、文化排山倒海般冲击下，他们对于传统文化的信心已经动摇乃至崩溃，所以认为必须转向西方文化精义如科学与民主来寻求救国之道。在此危急形势下，为何像科学这样具有普世价值的学问，在古代中国竟然显得落后甚或阙如，方才成为触动国人心弦的问题。

---

① 以上引文分别见徐光启著《测量异同》，郭书春主编《中国科学技术典籍通汇·数学卷》（河南教育出版社1993），第4—21页；《题测量法义》，《徐光启集》（上海古籍出版社1984）上册第82页；以及《简平仪说序》，同书第73页。

② 有关中国科学落后和"李约瑟问题"讨论的综述，见范岱年《关于中国近代科学落后原因的讨论》，《二十一世纪》第44期（香港，1997年12月），第18—29页，此文章已收入刘钝、王扬宗2002，第625—643页。

　　他们的文章有几个共同特征。首先，它们都很率直、单纯地认为，或者更应该说是假定，中国传统文化是没有科学，或者可以称为科学之学问的，这从多篇代表性文章的题目就可以看出来，例如任鸿隽的《说中国无科学之原因》（1915）、冯友兰的《为什么中国没有科学——对中国哲学的历史及其后果的一种解释》（1922）、竺可桢的《为什么中国古代没有产生自然科学》（1946）等。其次，上述文章和散见于像梁启超的《清代学术概论》等著作中的讨论都比较简短，只有万字上下，因此论证相对简单、浓缩，没有深入探究，更未曾充分展开。最后，当时中国科学史尚在萌芽阶段，西方科学史虽然已经有数百年历史，但由于典籍浩繁，而且新发现层出不穷，因此国人甚至西方汉学家对它的了解都很粗略，甚至可以说是模糊的。在此背景下，要详细、具体地讨论中国古代科学的特征自然不可能，因为这无可避免需要与古代西方科学发展作比较。因此，上述文章的论断大多近于有待证实的猜想。不过，这并不等于说它们的观点因此就是错误或者没有价值的，因为出之于对文化整体深切了解的直觉判断，虽然可能缺乏实证基础，却往往仍然能够切中问题要害，为进一步探索带来启示。当然，要超越猜想而获得确切结果，那么进一步的实证工作亦即科学史的系统研究就成为必须进行的了。

　　1944年恰逢"中国科学社"成立三十周年，因此有关中国古代科学落后原因的讨论再度掀起高潮。当时浙江大学为避战乱迁校贵州遵义、湄潭等地，它集中了多位科学史家，所以成为热潮中心。当年7月间浙大心理学教授陈立和数学史家钱宝琮分别发表文章；10月1日《科学时报》在复刊第一期上刊登了德国学者魏复光（Karl August Wittfogel）相关议论的译文；李约瑟则在10月24日晚间作了有关中国科学的主题演讲。由于他持论独特，因此引起与会科学史家如竺可桢、钱宝琮、王琎等的热烈讨论。1946年，竺可桢在《科学》杂志上发表《为什么中国古代没有产生自然科学》，他的结论是："中国农村社会的机构和封建思想，使中国古代不能产生自然科学。"这一方面可以视为前述讨论的综合，另一方面则反映李约瑟开始对中国学界产生影响，因为此文已经将社会、经济因素与文化因素并列了。然而，它仍然认为中国古代无科学，这和三十年前任鸿隽的文章并无二致[①]。

---

① 任鸿隽的《说中国无科学之原因》（1915）、竺可桢的《中国实验科学不发达的原因》（1935）以及《为什么中国古代没有产生自然科学》（1946）等文章俱已收入刘钝、王扬宗2002，分别见该书第31—35，45—51，52—62页。

三、李约瑟问题与思想体系

其实，与国人热烈讨论中国科学落后原因的同时，西方学者也正在展开有关现代科学革命动力的争论，而且这最终将令有关中国传统科学的讨论发生蜕变。本来，自17世纪耶稣会士来华以还，西方对于中国文化包括其发明与技术已经颇有报道和著述，但19世纪中叶科学史研究兴起之后，西方学者大都理所当然地认为，科学是西方文明的特征，在其他文明是不发达乃至不存在的。哲学家怀特海（Alfred North Whitehead）在1925年很自信地说："中国科学实际上是微不足道的。毫无理由相信，倘若只凭它自己，中国会产生任何科学进步。印度亦复如此。"数年后，德国汉学家也是早期马克思主义者魏复光同样在其著作中讨论"中国为什么没有产生自然科学"[1]。这朴素"西方中心"观念的转变开始于荷兰学者萨顿，他在第一次世界大战期间从比利时移居美国，并致力于建立"新人文主义"和科学史研究传统。他创办的科学史期刊《艾西斯》（Isis）至今仍享盛名，他所撰的三卷本巨著《科学史导论》（1927年初版）也成为经典。它虽然以西方科学为主，但已经开始注意伊斯兰科学。

20世纪30年代是英国知识分子的"红色年代"，当时李约瑟刚届而立之年，但已经发表了三卷本的《化学胚胎学》（Chemical Embryology），从而奠定了其在生物化学领域的地位，成为剑桥年轻左翼科学家与国际主义者的佼佼者。他深受怀特海与魏复光两位前辈以及历史理论家柯林武德影响，但并不接受西方中心主义科学史观，而且发表过不少有关政治、社会与宗教方面的言论。他积极参与组织1931年在伦敦召开的第二次国际科学史会议，这成为科学"外史"（external history）崛起的转捩点。当时苏联布尔什维克元老布哈林（Nikolai Bukhalin）率领强大而活跃的代表团参加此会，其代表物理学家黑森（Boris M. Hessen）发表了《牛顿〈原理〉的社会与经济根源》一文，用马克思主义观点论证，现代科学之出现当以资本主义的需求以及技术发展的带动来解释，这就是著名的"黑森论题"（Hessen thesis）。它虽然粗糙，但其崭新角度与宏观气魄却深深打动不少年轻有才华的学者，其中李约

---

[1]　怀特海的话见Alfred N. Whitehead, *Science and the Modern World*, Lowell Lectures 1925, p. 8（Cambridge, 1926），转引自Habib and Raina 1999, p. 31, 作者译文。魏复光的文章是其著作 *Wirtschaft und Gesellschaft Chinas*（Leipzig 1931）中的一部分，由吴藻溪节译发表于其《科学运动文稿》（上海农村科学出版社1946），转载于刘钝、王扬宗2002，第36—44页。

瑟就在黑森论题引导下转向科学"外史"的研究，即以社会经济制度为科学发展决定性因素。但对李约瑟思想产生决定性影响的，当是维也纳学派左翼的赤尔素（Edgar Zilsel）。后者是犹太哲学与历史学家，纳粹掌权之后被迫流亡美国，在40年代初发表一系列探讨现代科学根源的论文，其中最重要的是1941/1942年在《美国社会学期刊》发表的《科学的社会学根源》。他的基本论题是：既然现代科学出现于欧洲资本主义早期即16世纪，那么相关的社会结构转变就是其必要条件。这个论断是基于以下观察：现代科学的数量方法得自大规模货币商业所需要的计算；至于科学实验之兴起，则是由于学者与工匠、工程师开始紧密接触，从后者吸收了实地测试的方法。在此论题以外，他还提出在不同文明之间作比较的问题：中国同样有货币商业和学者、工匠阶层，为什么中国没有出现资本主义，也没有出现实验科学①？赤尔素在1944年自杀，但他的论题则几乎全盘为李约瑟所接收：他认为需要比较西方与中国科学发展的呼吁，实际上决定了李约瑟一生事业的方向②。

其实，从1937年抗日战争全面爆发开始，李约瑟就已经注意中国与中国文化。恰巧同年鲁桂珍等三位中国生物化学研究生前赴剑桥求学，向他提出为何中国没有发展出现代科学的问题，这不但刺激了他在这方面的兴趣，更勾起他学习中文的意念。根据后来的自述，他翌年就立志撰写一部"有关中国文化区之科学、科学思想和技术的系统、客观与权威性著作"。赤尔素论文的出现，自然更进一步坚定了他以中国古代科学史研究为终身职志的决心。珍珠港事变之后，他谋得"中英科学合作馆"（Sino-British Science Cooperation Office）馆长的身份来华，可以说是顺理成章了。

李约瑟在1944年湄潭大会上所作演讲无疑是有关中国科学落后原因讨论的转捩点。当时他不但直接批驳"泰西与中国学人"所谓"中国自来无科学"的观点，认为"古代之中国哲学颇合科学之理解，而后世继续发扬之技术上发明与创获亦予举世文化以深切有力之影响。问题之症结乃为现代实

---

① 有关黑森赤尔素的论述，见Floris Cohen 1994, §5.2.2, 5.2.4。

② 有关李约瑟的研究与评论汗牛充栋，但以下两部以他个人经历、思想与事业为主题的论文集可能是最基本的：Nakayama and Sivin 1973; Habib and Raina 1999。关于他早年经历及科学史思想发展历程，见（1）Nakayama and Sivin 1973, pp. 9—21；（2）他长期助手兼私人助理布卢（George Blue）的论述："Science (s), Civilization (s), Historie (s): A Continuing Dialogue with Joseph Needham"，Habib and Raina 1999, pp. 29—72, 此文章译文见刘钝、王扬宗2002, 第516—559页；以及（3）刘钝的论述，包括对"红色年代"和李约瑟国际主义的简介，以及对"李约瑟问题"的评论，见其《李约瑟的世界和世界的李约瑟》（代序），同书第1—28页。

验科学与科学之理论体系，何以发生于西方而不于中国也"，并且宣称问题之解决"当于坚实物质因素中求答。……中国之经济制度，迥不同于欧洲。……大商人之未尝产生，此科学之所以不发达也"。这充满自信的宣言绝非心血来潮，而是经过深思熟虑的：它不但吸收了黑森和赤尔素的论题，显然也包含他自"七七事变"以来多年研究和思索的结果。因此，在其中已经出现日后"李约瑟问题"的雏形与"李约瑟论题"的核心了①。当然，此时他还没有任何证据来支撑这独特观点，它们还只不过是他湛蓝眼睛中一点光芒而已。

　　十年之后，他和合作者王铃、鲁桂珍等开始发表所撰写的多卷本《中国科学技术史》，至1964年此巨著分别有关史地、思想、数学与天文，以及物理学等四方面的前三卷和第四卷第一分册已经面世。这是个划时代贡献，它决定性地改变了中国科学史研究的整体面貌。在这前所难以想象的庞大实证基础面前，古代中国无科学说似乎已经不攻自破，二十年前他对中国科技的看法至此也得到证验——最少，其有关中国"技术上发明与创获亦予举世文化以深切有力之影响"的论断是如此。至于在湄潭演讲中提及的"李约瑟问题"，则除了在此书第一卷第二章"本书计划"中重提之外②，更在1964年的一篇论文中"定型"："我认为主要问题是：为什么中国（或者印度）文明没有发展出现代科学？随着岁月流逝，我对中国科学与社会的了解渐增，就意识到还有第二个最少同样重要的问题，即为什么从公元前1世纪以至公元15世纪之间，中国文明在将人类自然知识应用于人类实际需要的效率，要比西方高得多？"③此文后来收入1969年出版的论文集《大滴定》（*The Grand Titration*）而成为"李约瑟问题"的经典文本。

　　在此文本中，"李约瑟问题"有两个紧密关联、不可分割的部分。第一部分可以称为"中国科技长期优胜说"（这在上述文本中是"第二个问题"）——它以问题形式出现，实质上却属于论断（assertion）。而且，虽然在该论文开头李约瑟只审慎地提到"自然知识"以及中国将之应用于实际需要的

①　引文见李约瑟《中国之科学与文化》，《科学》第28卷第1期（1945），第54—55页，并载《湄潭区年会论文提要》，转引自前引范岱年的《关于中国近代科学落后原因的讨论》。有关李约瑟于1938年即已立志撰写中国科技史，见Needham 1969, p. 190的自述。
②　"为什么现代科学……是在地中海和大西洋沿岸而不是在中国或者亚洲其他任何地方发展起来的呢？这就是（本书）第四部分（即当时计划中的最后部分）所要讨论的问题"，见Needham 1954–2004, i, p. 19, 作者译文，下同。
③　Needham 1969, p. 190.

"效率"，而完全没有涉及科学或者技术水平，但文章整体仍然予人以"中国科技水平在公元前1世纪至公元15世纪远远超过西方"的强烈印象和暗示，因为在同一讲词的下文，"应用自然知识的效率"就逐渐为"科技水平"或者类似观念所取代，而讲词结尾更用上了"中国科学和技术在早期（作者按：指公元前1世纪和公元15世纪之间）的绝大优势（predominance）"那样的词语①。当然，有了四巨册《中国科学技术史》作为后盾，这观念上的微妙"滑动"（shift）就不再显得突兀，甚至好像是理所当然。

　　然而，现代科学出现于西方是不争的事实，所以"长期优胜说"导致了一个悖论：到底是什么因素使得千余年来那么辉煌的中国科技从世界领先位置陨落，而为欧洲在15世纪以后所决定性地超越呢？既然17世纪之初徐光启对利玛窦所讲授的西方数理科学佩服得五体投地，以至说出"其数学精妙，比于汉唐之世，十百倍之"②那样的话来，这优劣形势之逆转，到底是如何发生的？这个悖论非常重要，因为倘若孤立地看，则"为什么中国文明没有发展出现代科学？"那样的问题并没有特殊意义，它和"为什么西方文明没有发明火药？"相类似，因此很自然地会受到像席文（Nathan Sivin）那样的尖刻质疑："它（作者按：指李约瑟问题）类似于为什么你的名字没有在今天报纸第三版出现那样的问题。它属于历史学家所不可能直接回答，因此也不会去研究的无限多问题之一，而那些问题可以说是无所不包的。"③然而，倘若将"李约瑟问题"经典文本的两部分合并，也就是通过上述悖论来重新表述此问题，那么它的真正意义——不，更应该说是它的巨大挑战性，就立刻显露无遗："既然古代中国的科技长期领先于西方，那么为何现代科学的桂冠却居然为西方夺取？两者高下形势之逆转到底是如何发生的？"它之所以也被称为谜或者难题（puzzle，paradox），原因当在于此。

　　不过，无论将之称为李约瑟问题、难题或者谜，其实都不确切。道理很简单，在60年代的《大滴定》诸文章中，李约瑟就已经对自己提出的著名问题作出明确解答——最少是提供了绝大部分答案。因此，对他来说，此问题并非开放性的"疑问"，而是具有引导性的"诘问"。它的主要作用不在于

---

①　Needham 1969, pp. 190, 213, 217.

②　徐光启《同文算指序》，《徐文定公文集》卷一。

③　Nathan Sivin, "Why the Scientific Revolution Did Not Take Place in China-or Didn't it？", *Chinese Science* 5 (1982), pp. 45–46, 引文在p. 51, 作者译文。中译本分别见李国豪、张孟闻、曹天钦1986，第97—112页以及刘钝、王扬宗2002，第499—515页。

激发探索，而在于引导读者接受他就此问题已经发展出来，事实上从未曾动摇过的那套基本观念，也就是我所谓"李约瑟论题"者。

"李约瑟论题"有些什么内涵呢？他最初对中国科技史产生强烈兴趣是受到30年代风靡牛津剑桥校园的马克思主义激发，因此对于自己所提出来的大问题之解答，也是以不同文明之间的社会经济体制差异为关键。他并不同意魏复光通过"亚洲生产方式"来说明中国科学之所以落后，而认为中国与西方科技水平戏剧性逆转的根源在于：中国历史上高度理性化的"官僚封建体制"（bureaucratic feudalism）阻止了小资产阶级和资本主义出现，西方的"军事-贵族封建体制"（military-aristocratic feudalism）却没有那么坚强，它在十五六世纪亦即文艺复兴时代崩溃了，由是导致资本主义和现代科学出现。至于后两者之间的关系则循以下思路发展出来：现代科学之出现是由于可控实验的发展，它补足了古希腊科学只崇尚纯粹理论而轻视实用的缺失；而实验科学之所以兴起，则与实用技术受重视和工商业发达有关，亦即由资本主义的刺激而来。这样现代科学、实验科学、资本主义、文艺复兴等几个概念就都被紧紧联系起来，成为"中国传统社会显示了整体以及科学上的连续进步，但在欧洲文艺复兴之后这就被以指数速度增长的现代科学所猛然超越"的解释。根据这一逻辑，"李约瑟问题"基本上等同于"何以资本主义是在西方而没有在中国出现"。这用他自己的话可以表达得最确切："当然，从科技史家的立场看来，中国封建体制与西方封建体制有多大分别并不重要，但两者必须有足够分别（而我坚决相信的确是有足够分别）来解释资本主义和现代科学在中国之完全受到抑制，而这两者却都能够在西方顺利发展。"[①]

上述"论题"是解释科学发展，特别是现代科学出现的理论。对李约瑟而言，更根本的，是贯穿其一生的三个基本信念。第一个信念就是前述的"中国科技长期优胜说"，证明此观点成为他一生事业的大方向与巨大原动力。然而，此说只不过是历史现象的叙述，它本身并无意义，而且对其所必然导致的"李约瑟问题"也不能够提供解释。所以，他还需要第二个信念，即现代科学并非由西方文明或者其中的数理科学单线发展出来，它整体之形成犹如百川汇海，是由众多不同民族、不同文明千百年来在许多不同方向所作的努力，点点滴滴积聚而成："的确，现代科学是由传统世界所有民族的贡献造成，无论是从古希腊或罗马，从阿拉伯世界，或者从中国和印度的

---

① 　以上两段话引自《大滴定》第六讲，见Needham 1969, pp. 213, 204。

文化，这些贡献都不断地流注到它里面去。"①这可以称为"科学发展平等观"。这一观点虽然可以彰显中国科学的普世性，却仍然不能够解开他自己提出来的问题。所以，他还需要第三个信念，即现代科学突破之所以出现于西方，绝不能够用种族、思想、文化等内在差异来解释，而必须采取马克思主义观点，即求之于社会经济制度之不同发展途径这外在差异。用他自己的话来说："虽然有不少人愿意接受'体质-人类学'或者'种族-精神'之类因素（的说法），但我从头就对于它们的正确性深感怀疑。……因此，就科学史而言，我们还得寻找欧洲贵族-军事封建体制……与其他中古亚洲所特有的封建体制的基本差别。"②这可以称为科学发展的"外部因素观"，"李约瑟论题"就是将它应用于现代科学出现过程的结果。以上三个信念密切相关，互相支援，共同构成了完整、具有强大和广泛解释能力的思想体系。在此体系中"外部因素观"是根本，它切断了科学发展与文化、传统乃至科学家之间的必然关系，由是"平等观"得以成立，而"中国科技长期优胜说"所产生的悖论也能够通过"李约瑟论题"得到解释。更具体地说，中国四大发明虽然重要，但它们并不能够影响现代科学之出现，能够有此影响的，是16世纪的欧洲经济与社会。也就是说，只有借着"文艺复兴"与"资本主义"的纽带，其他文明与科技对于现代科学的决定性贡献才可能建立起来。这整个思想体系可以用下列示意图说明。

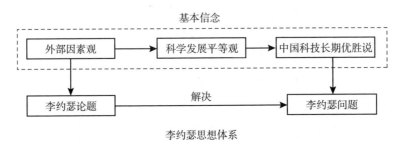

李约瑟思想体系

李约瑟本人在1995年以95岁高龄辞世，将近十年后古克礼（Christopher Cullen）与罗宾逊（Kenneth Robinson）两位学者根据他所遗留文稿［主要是撰写于1981年、修订于1987年的一份有关他巨著的《遗愿》（"Testament"）］以及其他资料出版了《中国科学技术史》的压卷之作，即第七卷第二分册《总结

---

① 见Needham 1970, p. 397。

② 此均出于李约瑟1961—1964年的演讲，后收入《大滴定》，分别见Needham 1969, pp. 50–51, 191，作者译文。

与反思》。在那么多学者辛勤将近半个世纪以及十数卷巨著出版之后，我们自然期待此压卷之作对"李约瑟问题"提出更全面和深入的答案，但这样就不免大失所望了。诚然，可能是受到牛津大学克伦比（A. C. Crombie）在1994年所发表三卷本巨著《欧洲传统中的科学思维方式》（*Styles of Scientific Thinking in the European Tradition*）影响，李约瑟对于希腊科学的作用作出了些微让步，承认中国在发展科学上的最大障碍"可能是，在几何证明的发展上，中国人没有希腊人走得那么远"[①]。然而，他的基本信念并没有任何改变："总而言之，我相信，中国科学和技术在早期的绝大优胜，以及后来现代科学之单独在欧洲兴起这两者，倘若有可能说明的话，最后都将通过中国与西欧在社会与经济模式上的可分析差异而得以说明"，亦即促成现代科学在欧洲出现众多因素中最主要者是"资产阶级在历史上的第一次兴起"，因为"我已经描述过，重商气氛对谨慎与准确地测量、记录和尝试是如何有利——先看这个因素，然后那个因素，再来决定哪个利润更大。这样就有了消除变量的途径，科学方法从而诞生"。而且，书中也没有对于资本主义促成现代科学的出现过程提出更详细说明："这一过程是如此复杂，所以我们在这第七卷所做的，坦白说，只不过是对其主要步骤略作提示而已。"[②]也就是说，李约瑟对自己著名问题的讨论最终没有越出《大滴定》的范围。

　　当然，在这方面怀有更高期望是不切实际的，因为决定李约瑟科学发展观的思想体系在湄潭演讲之际已经逐渐形成，到60年代他年届耳顺之时已完全定型，自此即使有细微修订，大体也不再可能有什么改变了。他从来不讳言，而且一再申明，他的真正动机与兴趣是在探究中国科技史本身，以及阐扬它的辉煌。如他所坦白承认的，他的使命就是彰显非西方以及非机械性科学："我并不是说希腊（科学）筚路蓝缕的奠基工作并非现代科学背景的关键部分。我要说明的是：现代精确自然科学要比欧几里得几何学与托勒密天文学广大得多；在那之外还有更多的江河汇入大海。对于数学家和物理学家，并且可能是笛卡儿信徒的人来说，这可能不中听；但我自己是专业生物学和化学工作者，也多少是培根信徒，所以我并不认为造成伽利略突破的锋镝就是科学的全部。……说力学是基本科学，它也只是同类（科学）中之佼

---

① 克伦比的著作见Crombie 1994；李约瑟的引文见Needham 1954–2004, vii, Pt. Ⅱ, p. 210, 在该页注19中他特地提到克伦比建立希腊思考方式与科学革命的关系这一重要贡献。

② 分别见Needham 1954–2004, vii, Pt. Ⅱ, pp. 210, 229–230。

佼者。倘若天体与地上物理学在文艺复兴时代是高举大纛的，它也不能够与还有许多其他勇敢队伍的科学全军混为一谈。"[1]柯亨（H. Floris Cohen）将他称为中国科技的"宣教师"（preacher），那应该是相当准确的描述。

四、李约瑟的影响与批判

半个多世纪以来，《中国科学技术史》为李约瑟赢得国际学术界的尊重与敬佩，然而，虽然这套巨著的宏大气魄令人震撼，但它在中国与西方所引起的反应却迥然不同。在中国他广受尊崇，他的思想体系特别是"李约瑟论题"产生了巨大影响力。这很自然，因为他毕生大业的根本意义就在于，从实践和基本理论两方面来论证，科学发明权在人类不同文明之间是平等的，而"中国优胜说"是其具体表现。但在西方，虽然他详细、扎实的开创性实证工作令人钦佩，其相关推论（特别是有关中国科技对西方科学发展的影响者）以及科学发展观却并不为学者接受，而被视为对西方科学史体系的刺激与挑战。当然，要充分阐述、衡量李约瑟在中国与西方所产生的冲击与反响很不容易，所需篇幅恐怕要超过本节乃至本章规模，但我们仍然需要试图将此问题作个简略综述。

在20世纪80年代的改革开放大潮中，传统中国科学发展问题再度成为中国学者目光焦点。1982年中国科学院《自然辩证法通讯》杂志社专门在成都召开"中国近代科学落后原因"学术讨论会，引起很大反响。在此会上李约瑟思想体系在中国学者之中的巨大影响充分表现出来。最明显的是"外部因素观"（即侧重科学"外部历史"，认为它与科学理念本身发展的所谓"内部历史"具有同等甚至更高重要性的观点）几乎被所有与会者接受。在会后出版的论文集《科学传统与文化》中，共有八篇论文是中国科学落后原因的整体性讨论，其中绝大部分是从社会经济制度立论或者以之为重心。金观涛等的论文试图以"科技结构"与"社会结构"的互动来解释中西科技发展进程的差异，那可以视为全面依循李约瑟科学史观前进的努力。至于其他论文的思路也大体相类似，只是论述比较简单，一般脱离不了"封建主义""社会发展停滞"等观念。其中戴念祖说："第一，科学技术不是脱离社会而孤立存在的，它们与别的社会现象有着复杂的关联，倚赖于社会经济、社会生产力的发展而发展……

[1]　Needham 1969, pp. 50–51.

当讨论近代科学为何不发源于中国，或从16世纪开始中国近代科学技术如何逐渐落后于西方时，我们当然要从［以上］第一条去探讨这种原因"，那可以说是有代表性的看法①。同样值得注意的是，中国学者对传统科学的观念全盘改变了。20世纪上半叶风行的"中国古代无科学说"已经为截然相反的"中国科技长期优胜说"所完全取代。金观涛等在上述广受注意的论文中劈头就宣称："今天，任何稍具有科学史常识而又不带偏见的人，都会承认……在历史上长达千余年的时期内，中国科学技术曾处于世界领先地位，并对整个人类文明做出了许多有决定性影响的贡献"，那与《大滴定》中的论断乃至具体用语可以说是如出一辙②。

此后二十五年间李约瑟的工作与"李约瑟问题"在中国科学史界始终备受关注，并且经常引起热烈讨论，例如中国科学院自然科学史研究所在万维网上所列出1998—2004年与此相关论著的目录就多达150项左右，上海还成立了"李约瑟文献中心"。然而，除了少数例外，这些讨论仍然很少脱离李约瑟思想体系的框架，而对此框架本身作整体分析与评论的工作迄不多见。中国科学院自然科学史研究所的刘钝和王扬宗在2002年出版的《中国科学与科学革命：李约瑟难题及其相关问题研究论著选》，其中收入涵盖整个20世纪中外学者的有关重要论文30篇，包括西方学者对"李约瑟论题"提出尖锐批评的数篇，这大体上可以视为国人对此问题的衡平观点与阶段性总结了③。

至于西方学者对"李约瑟论题"的基本态度，则可以从应该是对他最表尊重、维护，出言也最谨慎的学者口中得知。出身剑桥，以研究中国科技、经济与社会整体关系知名的汉学家伊懋可（Mark Elvin）④在为《中国科学技术史》末卷撰写的序言中坦白承认："在［此书］第一卷出版将近半个世

---

①　见中国科学院《自然辩证法通讯》杂志社编《科学传统与文化》（1983）。文中提到的八篇论文排在论文集最前面，其中从文化与心理因素立论的只有两篇，分别是叶晓青和刘吉所撰；戴念祖引文见该书第110页。

②　金观涛、樊洪业、刘青峰《文化背景与科学技术结构的演变》，载前注所引《科学传统与文化》第1—81页。《大滴定》的论断见Needham 1969, pp. 190–217，特别是p. 217。

③　见刘钝、王扬宗2002，此书共收入有关"中国科学落后问题"的文章24篇，包括在"李约瑟问题"出现之前的6篇。刘钝在此书中提到中国学者对李约瑟的贬词，亦可视为与颂扬对立的相反意见之一斑，见同书第24页注2。

④　伊懋可早期最重要的著作是*The Pattern of the Chinese Past*，即Elvin 1973，此书重心在于从经济与科技的关系来探讨历代皇朝兴衰之由，特别是提出自宋代以至明清的大转折在于科技发明停顿，但经济繁荣仍能够依赖内部发展来维持一说。此书题材与李约瑟的工作有密切关系，但在其大量注释中只偶一提到李约瑟。

纪之后，李约瑟的工作还只是有限度地融入一般科学史的血脉之中"，而且"李约瑟从没有解决'李约瑟问题'；这至今也没有任何其他人做到，最少还不是在众口翕服的情况下做到"，"所以这问题比李约瑟所想，甚至大概比我们大多数人现在所会想到的，都要艰难"①。这话说得很委婉，但含义则再也清楚不过：既然"李约瑟问题"还未有令人翕服的答案，那么李约瑟为此问题所提出的"论题"连同其背后信念亦即他整个思想体系，就都还没有为西方学者接受。因此他的工作能够融入科学史血脉的有限度部分，显然并非其理论，而是其大量实证性研究。换而言之，在西方科学史家看来，其巨著的价值只在于其躯体，而非鼓动其发展、成长的精神。

其实，早在70年代前后，西方科学史家对他理论的冷淡态度就已经很明显了。他在1969年出版《大滴定》的时候，已经清楚意识到同行对他的批判②。十年后他到香港中文大学作"钱宾四学术文化讲座"的时候更坦白承认：自己是"同辈中孤独的开拓者"，不为大学中的东方学系或者科学史系所接纳；对于后者的态度他更直截了当地指为"欧洲中心""欧洲自大"情结作祟③。其后数年霍尔（A. Rupert Hall）在其专著《科学革命1500—1750》的序言开头提到，李约瑟是他50年代在剑桥初执教鞭时的四位导师之一，但此后在全书中对这位同样以研究科学革命根源为己任的前辈再没有一言半语道及④。1984年《中国科学技术史》已经出版了11册，当时美国历史最悠久的科学史刊物《艾西斯》为此特地组织"书评论坛"（Review Symposia），资深技术史专家怀特是两位执笔者之一。他说："李约瑟始终紧抱六十年前剑桥学生时代被灌输的观念与看法，从而使得他的工作遇到了不必要的困难"，跟着指出，他的老师布理（John B. Bury）和辛格（Charles Singer）虽然学识渊博，但却都已经过时，然后得出结论：今日科学史家已经没有人像他那样以单线进步的思维方式来看科学发展了，因为有众多交互作用的因素是他们所必须考虑的⑤。换而言之，李约瑟早年在马克思思想影响之下所形成的科学

---

① 分别见Needham 1954–2004, vii, Pt. Ⅱ, pp. xxv, xl–xli.

② Needham 1969, p. 217 n. 1，在此他提到合作者普莱斯（Price）和后辈霍尔（Hall）对他理论的批评，但认为克伦比是同情他的观点，这在技术层面或许正确，但如下一段的引文显示，克伦比的基本观念是与他背道而驰的。

③ Needham 1981, p. 7.

④ Hall 1983, p. vii；根据该书索引，李约瑟只在此出现，其他三位导师都另有提及。柯亨称这样的忽视为"数百例子之一"，见Floris Cohen 1994, pp. 424–425。

⑤ Lynn White, contribution to Review Symposia, *Isis*, Vol. 75, No. 1 (March 1984), pp. 171–179；（转下页）

史观过分单纯，因而到20世纪下半叶就显得僵化过时了。这是相当严厉的宣判，而从《艾西斯》和怀特的地位看来，不得不承认它在科学史界是具有权威性和代表性的。

怀特是从新兴理论诸如库恩（Thomas Kuhn）和耶茨（Frances Yates）的立场来批判李约瑟的，至于老派"正统"科学史家与他的对立更尖锐得多。在1957年精英云集的一个科学史大会上中古科学史专家克伦比明确地说："我应该从开始就说明，我将自然科学视为一种高度精妙的思考与探究，它是只有通过传统才能够学到的……古代巴比伦、亚述（Ashur）、埃及、中国和印度的技术成就虽然惊人，但从学者论述所见，则它们都缺乏科学的要素，即科学解释与数学证明的普遍观念。在我看来，我们所知道的自然科学是希腊人发明的。"李约瑟虽然并未与会，但此言显然与他的论题针锋相对——事实上，在会中另一场合，克伦比就点名批判了李约瑟过分侧重技艺而轻视理论的思想[1]。曾经与李约瑟一道研究宋代苏颂大水钟的普莱斯（Derek J. de Solla Price）则表现了十分耐人寻味的态度转变。在1959年的公开演讲中他指出：不但以伽利略、开普勒、牛顿为代表的西方科学才是主流，而且只有西方文明才产生了"高等科学技术"，其他文明与社会通过日常生活需要而产生的，只是"类似于背景噪声的低级技术"而已。随后他谈到苏颂水钟的发现，不过跟着又强调，他后来还发现了一个同样复杂、精巧的希腊机械钟，其年代早至公元前1世纪，即在苏颂水钟之前千年[2]。至于研究计时仪器发展史的兰德斯（David Landes）则更尖刻，在《时间革命：时钟与现代世界之建构》一书中，他从构造原理上论证苏颂水钟没有影响欧洲单摆时计之余，并且将前者断定为没有发展前途的技术"死胡同"（dead end）[3]。在70年代前后李约瑟有关中国科技成就的大量实证研究逐渐为学者接受，但他所提出的中心问题之意义则受到严重质疑。例如在为李约瑟祝寿的论文集中，普莱斯好像已经被李约瑟征服，口吻出现一百八十度转变，不但对他的实证工作赞扬备至，甚至对中国科技也刮目相看，他说："由此

　　（接上页）引文见pp. 178–179。该期《艾西斯》是为庆祝创办人萨顿诞生百周年的纪念特刊，"论坛"另一位执笔者是明清史专家史景迁（Jonathan Spence）。

[1]　克伦比言论的征引以及他对于李约瑟的点名批判分别见Clagett 1962, pp. 81, 68–70.。

[2]　苏颂大水钟是李约瑟与王铃、普莱斯合作研究而发现的，它也是"李约瑟论题"最重要的证据之一，有关专著出版于1960年，见Needham 1986。至于普莱斯有关西方科技的论述见Price 1961, pp. 5, 27，有关苏颂水钟和希腊机械钟的论述见同书pp. 23–44。

[3]　兰德斯的相关论述见Landes 1983, Ch. 1，此章标题就是"壮丽的死胡同"。

（作者按：即李约瑟的工作）呈现的，肯定是个技术思考和我们同样复杂，科学同样深奥，操纵、改变自然的哲学与经验同样紧密不可分割的文化……毫无疑问，中国科技和西方古代与中古科技一样富有创意，一样好，一样坏。"但他态度的真正转变也只限于对中国技术的评价而已[1]。

在同一论文集中，格雷厄姆（A. C. Graham）一方面批判将科学革命完全归之于文艺复兴时代事件群（complex of events）刺激的说法，认为两者不可能有必然关系，另一方面则指出，诸如"希腊逻辑和几何与印度数字以及代数之相遇、希伯来-基督教的直线时间意识和宇宙立法者意识"很有可能是现代科学出现的先决条件[2]。也就是说，传统文化因素仍然是基本的，虽然社会经济因素也可能同时发生作用。在80年代初，曾经与李约瑟紧密合作的席文发表《为什么中国没有发生科学革命——真的没有吗？》一文，总结多年来思考的结果。在此文中他对"李约瑟问题"的意义也提出全面和详细批判。除了质疑问题本身到底是否有确切意义（见上文）之外，他还特别指出，宋代的沈括虽然被视为重要科学家，但是他和古希腊、欧洲或者伊斯兰学者并不一样：他心目中其实并无"自然哲学"也就是科学整体的观念[3]。这论点的含义，自然就是"李约瑟问题"之解答仍然不能离开文化观念的差异了。

前面提到的克伦比在1994年亦即李约瑟临终之前发表了他穷三十年光阴撰成的三卷本《欧洲传统中的科学思维方式》，同一年荷兰科学史家柯亨发表了《科学革命之史学研究》（*The Scientific Revolution: A Historiographical Inquiry*），这两部巨著都可以视为西方正统科学史家对李约瑟思想体系所作出的回应[4]。克伦比并没有直接讨论其他文明的科学：他以三十年工夫所建立的，是一部西方科学思想史，借以显示西方科学传统的博大精深与严谨。柯亨则用了相当多篇幅来具体评论李约瑟和他的工作，包括以下三点严厉批判。首先，李约瑟混淆了科学与技术。其次，他过分夸大中国的科技成

---

[1] Derek J. de Solla Price, "Joseph Needham and the Science of China", in Nakayama and Sivin 1973, pp. 9–21, 此文初次发表是在1968年；引文见该书p. 17。

[2] A. C. Graham, "China, Europe, and the Origins of Modern Science: Needham's *The Grand Titration*", Nakayama and Sivin 1973, pp. 45–69；引文在p. 53. 文中所谓"直线时间"被认为与进步观念相关，是相对于循环或者轮回式的时间观念；至于"宇宙立法者"指制定万物必须遵从之法则的上帝，被认为与自然规律观念相关。以上两者皆被视为希伯来-基督教传统的特征。

[3] 见前引Nathan Sivin 的论文，有关沈括的讨论见原文pp. 48–50。

[4] 分别见Crombie 1994与 Floris Cohen 1994，后者有下列中译本：科恩著，张卜天译《科学革命的编史学研究》（湖南科学技术出版社2012）。当然，这两部著作各自有其目标，并非单纯为回应李约瑟而作。

就：在柯亨眼中，"我们所见作出这些夸大不实而且缺乏证据之断言的李约瑟"已经成为以宣扬中国科技成就自任的"宣教师"。最后，可能也是最重要的，李约瑟完全没有论证中国领先技术如何传播到西方，以及如何影响西方科技，因此所谓"影响"只能是猜想、臆测。在详细分析了李约瑟所提出中国对西方科学的五项主要影响之后，他"无可避免的结论"是：由于共同根源于古希腊文明传统，西方的确从伊斯兰文明吸收了重要科学成果，而这对现代科学革命是有影响的；但"西方好像并没有从遥远的中国得到很多：这部分是由于'翻译过滤'效应，部分是由于中国和西方的自然哲学不兼容"。①

总而言之，"李约瑟论题"与他的思想体系不仅见之于专著如《大滴定》，而且贯穿、散布在他大量实证性研究亦即《中国科学技术史》之中，其整体对于西方科学史界无疑产生了前所未有的巨大冲击，也引起了态度相当一致的反应，即尊重、肯定其具体实证研究，但严厉批判其推论之空疏与严谨之不足，也就是上文所谓贵其躯体，弃其精神。这和中国学者之几乎毫无例外都着眼于"李约瑟问题"的讨论是完全不一样的。

五、本书基本观念

在上述两种对立科学史观的大背景之下，让我们提出几个基本观念，借以明确本书的撰述原则。首先，在我们看来，历史发展是极其复杂的过程，它受众多因素决定，包括集体因素如社会、技术与经济结构，但个人因素如科学家、哲学家的思想、禀赋、能力、际遇，以及文化因素如哲学、宗教等，亦同样甚至更为重要。而且，如怀特曾经举例详细论证的那样，这些因素交错影响，互为因果，其作用往往不可能简单预见②。政治、军事、经济、宗教、文学的历史发展是如此，科学亦不例外。因此，新兴的科学"外史"固然是有价值的研究角度，但这绝不是构成忽略乃至实际上否定传统"内

---

① 柯亨有关李约瑟以及非西方文明对现代科学之贡献的论述见Floris Cohen 1994, §6.3–6；至于他对李约瑟的三点批判以及相关引文，则分别见该书pp. 427–429, 437, 429–437。关于伊斯兰文明对西方科学的贡献，包括所谓"翻译过滤"效应（即虽然中国与伊斯兰文明在历史上有许多接触，但中国科技却没有通过后者的翻译中介作用而传递到中古欧洲），见同书pp. 429–431。至于柯亨对李约瑟所提出的五项影响之批判，见同书pp. 431–439，引文在p. 438。
② 怀特是以欧洲宅邸室内火炉构造的改进，来论证其所产生的完全出乎意料的社会阶级分化的。见前注所引怀特在《艾西斯》发表的文章，pp. 173–175。

史"的理由：科学发展的整体动力还得求之于两者之间。事实上，在我们看来，"内史"亦即科学家与他们思想、发现的研究毫无疑问仍然是科学史的核心，而"外史"潮流所侧重的社会、经济、技术等因素对科学之影响虽然可能相当重要，但无可避免是间接、不确定与辅助性的。因此，它绝无可能取代"内史"。个别学者的研究尽可由于个人兴趣、注意力不同而有所取舍、偏重，但这不应该影响对于两者相对比重的判断。

其次，历史有可能出现突变，亦即发生所谓"革命"，但基本上仍然是连续的，也就是说，即使在急速变化的过程中，"传统"力量仍然有不可忽略的作用。所以科学发展的探讨需要顾及长期历史背景，而不能局限于特定时期。这也就是说，科学前进的动力必须求之于"革命"与"传统"两者之间的张力与交互作用。举个最明显的例子：意大利文艺复兴是现代科学出现的前奏，但它本身并不能够从大致同时的战争之"火器化"、海外探险、早期资本主义兴起等社会经济变化来了解，而必须回溯到12世纪的拉丁翻译运动、13世纪的大学兴起、10—13世纪的意大利城邦兴起等，否则十五六世纪的欧洲学术便成为不可理解、只能够笼统地视为错误的"亚里士多德传统"。但这样一来，哥白尼在天文学上的先驱如波尔巴赫（Peuerbach）和拉哲蒙坦那（Regiomontanus），或者伽利略在动力学上的先驱布里丹（Buridan）、奥雷姆（Oresme）、可曼迪诺（Commandino），或者笛卡儿在光学特别是彩虹研究上的先驱维提罗（Witelo）和西奥多里克（Theodoric）等的工作，就将被全部忽略。因此，将文艺复兴与它之前的"中古"割裂开来是个错误，这样是没有可能求得现代科学出现过程之真谛的。

历史不但有连续性，还有整体相关性（global connectivity）。也就是说，对任何主要事件或者重大发现发生影响的，不仅仅是其前一百数十年的"近期"历史，还有在此之前的全部历史。例如，从15世纪开始的"希腊热潮"，乃至兴起于14世纪的文艺复兴运动，其根源都远在古罗马和古希腊时代。忽视了这个源头，则贯穿整个16世纪的魔法与炼金术运动、柏拉图主义，以至古希腊数学典籍的研究与翻译等，都将成为不可解；而且，有许多实证研究显示，从哥白尼以至牛顿，其思想、工作都是深受此热潮影响的。历史之所以有整体相关性，亦即历史上发生过的事情之可以影响到千百年后的世界，是通过"文化"这一载体所产生的"远距离作用"。因此，就科学发展的探讨而言，哲学、宗教以及科学传统等文化因素是具有中心地位的。我们认为，虽然科学的"外史"往往被赋予狭义解释，即局限于社会、经济制度，但相关文化领域，诸如哲学和宗教对科学这种智力活动的影响其实更大、更直接，因此这种影响的探讨其实同样应该视为"外史"的一部分。当然，这样一来，所谓"内史""外史"之分也就根本失去意义了。

第三，本书以数理科学即数学、物理学、天文学等可以量化的科学为主。这样的选择有实际考虑，也有更为根本的原因。实际考虑很简单，篇幅上的限制使得其他领域的深入讨论成为不切实际。至于更根本的原因也众所周知，那就是，现代科学的出现毫无疑问是通过数理科学，即开普勒、伽利略、牛顿的工作获得突破的。而且，它此后三百年间的发展显示，现代科学其他部分也莫不以数学和物理学为终极基础。例如，18—19世纪发展的化学，最终要通过20世纪初发现的量子力学才得以阐明，生物学则要通过19—20世纪发展的生物化学才能够获得充分解释，等等。不过，实际上，我们却也花了相当篇幅讨论炼金术、化学、医学、机械学、地理学等领域。这有两个不同原因。首先，重要科学家的工作往往跨越多个领域，因此它们的进展互相影响，难以截然分割。这方面最明显的例子自然是亚里士多德，他在天文学、物理学和生物学等多方面都有贡献。一个近代例子则是波义耳，他对炼金术、化学、物理学等方面的成就也众所周知。更基本的原因则是，某些实用领域对于数理科学的进展有巨大刺激作用，机械学特别是弹道学与抛物体研究有密切关系是个显例。同样重要，甚至可能更重要的，则是地理学和天文学的长期与广泛互动，以及十五六世纪远航大发现所带来的强大心理冲击，即令人意识到从现实世界寻求新知识的重要，以及科学本身也具有实际价值这两点。换而言之，培根科学思潮的渊源是要追溯到16世纪地理大发现，甚至古代地理探索和地理学的。

物理规律作为一切自然科学基础的观念反映了所谓"化约论"（reductionism）立场，那在科学哲学上不无争议。我们在此不可能讨论这争议，而只是要指出：现代科学在过去三百多年发展的途径，的确是以数学和物理学为先锋，然后扩展到化学，最后扩展到生物学，而且后来者总是踏在先行者奠定的基础上前进，而不能够独立另辟蹊径；至于海洋学、地质学、气象学、宇宙学、环境科学等更高层次领域的发展，也同样不能够脱离此模式。当然，有人认为，西方科学发展的途径不一定是独特的，通过其他方式例如生物科学或者医学同样有可能发展出高等科学——李约瑟就曾经表达过这种观点。我们认为，这种可能性或许不应该全然抹杀，但它与本书所讨论的"为何现代科学出现于西方"的问题并没有直接关系，因为这里所谓"现代科学"指的是人类当今实际上共同研习，以理论物理学为最终基础的科学，而并非其他"可能的"科学。因此这类问题是属于另外一个范畴的探究，而不必在此讨论①。

当然，在今日所谓的"后现代"时期，寻找历史发展脉络亦即所谓书写"大历史"的企图是被认为非常可疑，乃至徒劳无功的，因为其结果总是处于被新证据、新发现或者新观点、新诠释所颠覆的危险之中。这无疑是所有历史探究所无法回避的风险，科学史亦不例外。不过，在我们看来，这种风险毋宁是个警告——要尊重历史解释之限度的警告，却并非在我们所希望探究的领域外面逡巡不前，甚至反过来全盘否定原来出发点意义的借口。如本章开头就已经提到过的，这意味我们必须认清：本书书题中的"为何"和"地球上为何有昼夜和四季？"的"为何"在性质上完全不一样，它们所期待的也是不同性质的回应。后者所寻求的，是肯定、明确，可以详细与反复验证的答案；而对于前者那样一个宏观和综合性问题，我们所能够期望的，基本上只不过是认清主要相关事实，按其先后轻重胪列出来，然后提出若干假设、观察和看法，以作为进一步考察的基础而已。

最后，我们也深深意识到，本书的中心问题早已经在西方学界被反复研究和争论过多时了。我们在上文提到黑森、赤尔素和李约瑟等一脉相承的论题，即现代科学的根源在于社会–经济制度变革。这问题的简短全面综述见于霍尔1983年出版的《科学革命 1500—1750》。他在该书第一章对同一问题所产生的各种观点作了简短回顾与评论。在"外史"方面，包括上述自马克思主义出发的社会根源论，以及自社会学分析出发，颇接近于韦伯论题的新教根源论；在与文化有关的因素方面，除了上述15世纪"希腊热潮"以外，他还讨论了库恩的范式转移论、迪昂（Pierre Duhem）与克伦比的中古根源或曰延伸论、耶茨的新柏拉图主义–赫墨斯思想–魔法运动根源论、史密特（Charles Schmitt）所提出的大学以外科学发展之重要等。他的看法是，所有这些观点都有相当道理，但也不可能为现代科学革命提供全部解释："现代早期欧洲的科学发展并没有独一无二原因，因为欧洲文明每一方面都可以

---

① 其实，这样完全不同形态的科学的确可能存在：中医就可以视为其典型例子，因为它是建立在大量实践经验之上，而且完全没有数学或者量化推理基础，但又的确证明在某些方面是具有独特实效的。然而，它的发展前景如何，是否最终仍将与今日的主流科学融汇，那又是另一个问题了。

论证对它有促进作用。"①在此问题上另一部重要著作是上文提到的柯亨的《科学革命之史学研究》，那是自康德（Immanuel Kant）以来二百余年间有关科学革命研究的详尽历史与分析。从中可见，科学革命的众多面向和可能原因都几乎已经为哲学家、历史学家和科学史家所注意和讨论过了。

　　本书在这方面的观点将留待以下相关章节和最后的"总结"中阐述，但有三点是需要在此先行说明的。首先，从上面提出的基本观念读者当已觉察，我们并不接受赤尔素和李约瑟的基本论题。在我们看来，社会-经济变革虽然对于科学发展不无影响，但将现代科学这样基本上属于思想与智性的活动完全或者主要归因于社会因素，颇难令人信服。这看法在霍尔、柯亨和不少其他科学史家的著作中论之已详，上文也多次提及，这里不再重复。其次，我们认为伊斯兰科学是了解现代科学出现的关键，这不仅仅因为它是欧洲中古乃至早期现代科学的前身，并且对诸如哥白尼的工作有直接影响，更因为它在15世纪的停滞和衰落与西方科学恰恰形成强烈对比，故此两者的比较可以为后者的蜕变提供新的视角与线索。近二十多年来出现了不少这方面的研究和讨论，其中如萨伊利（Aydin Sayili）、马克迪西（George Makdisi）和沙里巴（George Saliba）等学者都提出了相当深入的看法，本书以专章论述伊斯兰科学即为此故。

　　最后，中国与西方的比较自然是我们最关注的问题，但这两个文明的基本倾向或曰精神相差极远，它们之间的枝节比较其实并没有太大意义，反而会产生误导作用。因此本书致力于西方数理科学整体发展的具体论述，至于中西科技发展史的比较则非本书重点所在，只能留待"总结"部分作几点初步观察。当然，李约瑟早已经宣称他是不相信以所谓"种族–精神"亦即文化因素来解释科学发展的了。但在这一点上，怀特所说的"文化特征都是坚韧不拔的"也许更能够为人信服吧。无论如何，仅仅通过抽象讨论显然是不可能在诸如"现代科学为何出现于西方"那样庞大、复杂、基本的问题上取得进展的。怀特不也说吗："要反对像李约瑟那么强有力头脑所长期执着的基本信念，通泛地陈述相反见解是没有价值的：只有事实才管用。"②旨哉斯言！本书所要呈献于读者之前的，基本上便是事实。

---

① 见Hall 1983, p. 36。
② 见前注所引怀特的《艾西斯》文章，pp. 175, 177。

六、整体构思与主要结论

有关本书的整体构思，我们需要作以下说明。首先，本书论述虽然以科学本身为主，但它与哲学、宗教、神学的关系有根本重要性，所以也占相当篇幅，因为西方科学和它的文明同步发展，密切结合，无从分割。事实上它就是西方文明大传统最核心部分。我们难以想象，中国没有孔孟、老庄、程朱、陆王，当然也不可能将西方文明与柏拉图、亚里士多德、大阿尔伯图、阿奎那分开。但上述中国圣哲大部分与科学无关，西方哲学却以"自然哲学"为开端，西方圣哲在哲学家、神学家身份以外几乎毫无例外，也都兼有科学家或者科学倡导者、发扬者的身份。这种文化传统的分野，是了解科学在这两个不同文明中发展差异的关键。

其次，西方科学传统大体上可以划分为古代科学（公元前550—公元550）、中古科学（750—1450）以及近代科学（1400—1700）三个时期。在此之前，它还从埃及以及两河流域这两个远古文明承受了公元前1900—前1600年发展出来的重要科学成果。对应于以上三个时期，本书也分为三部：（1）古代科学，包括其前期即埃及、巴比伦的远古科学（第一章）；其主体即希腊科学（第二至七章）；以及其后期即罗马科学（第六至七章的部分）。即使略去前期不计，这部分的时间跨度也达千年以上。（2）中古科学，包括伊斯兰科学（第八章）与欧洲中古科学（第九至十章），时间跨度七百年。（3）近代科学，包括近代早期（第十一至十二章）、近代晚期（第十三章）以及牛顿革命及其影响（第十四至十五章），时间跨度三百年。这三部分的时间跨度大不相同，但各有重要性，所以在篇幅上相差不远，只是中古部分稍为简短一点，这在本书"前言"中已经解释过了。

还需要说明的是，近代史中所谓"西方"仅限于欧洲，至于埃及、巴勒斯坦和两河流域则笼统地称为"东方"。这无论就地理、文化、语言、宗教等各方面而言，好像都顺理成章。但倘若真是这样划分的话，上述科学传统自然也就要割裂成多个不同部分了。而且，它更将抹杀、割裂希腊-罗马、埃及、巴比伦这多个文明之间的紧密关系，使得像起源于巴勒斯坦的基督教之传播和扩散，亚历山大大帝和罗马帝国对于中东、埃及的政治和文化冲击，乃至科学发展核心在亚非欧三大洲多个不同区域之间转移等现象，都成为难以索解的跨文明事件。由于上述多个文明互动关系的频繁和重要性，我们认为，就直至17世纪为止的科学发展而言，广义的，包括欧洲、埃及、北非、巴勒斯坦、两河流域，乃至伊朗、中亚等区域的"西方"观念才是最合理，也最有实用价值的[①]。历史上，在上述广大地域始终有多种不同语言、文化、宗教和政治体互相竞争，亦复长期共存。它们所构成的，是具有多元（pluralistic）和异质（heterogeneous）形态的文明共同体，其组成部分能够长期保持其个别性，但彼此之间又不断发生强烈互动和重要影响。我们将见到，西方文明的多元、异质、割裂形态对于其科学发展至关重要，也是了解其发展的关键。因此，本书采取最广义、最包容的"西方"观念，可以说是由其题材的特征所决定的。

那么，从上述基本观念和架构出发，本书的探究最终导致了什么样的结果呢？概括而言，我们将试图显示：西方科学是一个历时悠久、覆盖宽广，然而并无固定地域中心的大传统，现代科学则是它经过两次革命性巨变之后的产物。换而言之，西方科学具有四个特征。首先，它的历史极其悠久，其渊源可以一直追溯到公元前18世纪，即现代科学出现之前三千五百年，而且在此期间它虽然曾经有转折、断裂，却仍然形成一个先后相承的大传统。其次，它的发展中心并非固定于特定地域或者文化环境，而是缓慢但不停地在欧、亚、非三大洲许多不同地点之间转移。第三，西方科学传统与宗教之间有极为密切的关系：西方科学发端于希腊科学，在我们称为"新普罗米修斯"的毕达哥拉斯所创教派之孕育、鼓舞、推动下成长；而且，即使到了17世纪，宗教精神与向往仍然是诸如开普勒和牛顿那些主要科学家背后的基本动力。当然，科学与基督教的关系十分复杂，可以说是长期摆动于紧张与融洽之间，但两者逐渐形成鲜明对立乃至分道扬镳，则是现代科学出现前后，即十七八世纪间的事情了[②]。

最后，西方科学在观念和思维模式上曾经发生先后两次翻天覆地的巨变，亦即所谓革命：第一次是我们在下面提出的"新普罗米修斯革命"，它开创了古希腊科学；第二次则是开创现代科学的17世纪"牛顿革命"。如下文所显示，牛顿科学在多个层次上都可以视为既是"新普罗米修斯"传统的继承，亦复是其叛逆。以上四个特征并非各自独立，而是密切相关的。特别是：其中心的不断转移

---

① 印度科学特别是数学则独立于中国和上述意义的"西方"以外，而且与两者都有互动，但并非本书所能够讨论。有关此问题见下列专著：纪志刚等2018，该书第一至四篇分别详细讨论中、印、伊斯兰及欧洲四大文明之传统数学（以算术及代数为主），并涉及其彼此间之比较与相互影响。

② 以上各观点本书作者已经在1997年初步提出，见《为什么现代科学出现于西方》，《二十一世纪》第44期（香港，1997年12月），第4—17页，此文嗣收入陈方正2002，第557—585页。

正是西方科学传统一方面能够长期发展，另一方面却会出现革命性巨变的缘故，而其所以有此"中心转移"现象，则很可能是由特殊地理环境所造成的。

我们认为，以上四个特征，即西方科学大传统历时之悠久，其发展中心之多次转移，其与宗教的极其密切关系，以及革命性巨变在此传统中之出现，是它最终能够蜕变为现代科学的主要宏观原因。本书千言万语所要致力说明的，就是这几点事实。

第一部

西方古代科学

西方科学从什么时候开始？普遍浮上心头的答案可能是欧几里得在公元前300年编纂的《几何原本》。然而，那并不是古希腊科学的开端，而是它前期的总结：在此之前，从早期自然哲学家泰勒斯算起，它已经发展了将近三百年；而在此之后，它的中心从雅典转移到亚历山大城，在那里继续发展五百年，出现阿基米德、阿里斯它喀斯、托勒密那样的大师，为希腊科学带来辉煌的时代。而且，在希腊科学之前西方还有埃及和巴比伦科学，与它的末期同时还有罗马科学。所以西方古代科学总共包含四部分：

（1）巴比伦和埃及科学（公元前1900—前1600年）：第一章
（2）古希腊科学前期（公元前600—前300年）：第二至四章
（3）古希腊科学后期（公元前300—公元200年）：第五、七章
（4）罗马科学（公元前100—公元400年）：第六章

在这四部分之中，古希腊科学是主体，也可以视为西方科学的开端，但它与远古的巴比伦和埃及科学有明显传承关系；至于与亚历山大科学在时间上重叠的罗马科学则可以视为它的余绪。西方古代科学是个历时千年的悠久和丰富大传统，它能够孕育出中古、近代和现代科学绝不是偶然的。

第一章　远古科学传统

　　第一次世界大战结束的时候，意大利战俘营中有两位奇特的年轻人。一位是最终成为语言逻辑学大师的奥地利人维根斯坦（Ludwig Wittgenstein）。另外一位则是未及弱冠的德国人奈格包尔（Otto Neugebauer），他后来研究古巴比伦陶泥板上的数学符号，于1929年向欧洲学界作了一个令人震惊的宣布："就算不谈应用于三角学和梯形的数式，我们还是见到复杂线性方程组的建构和解答，和巴比伦人有系统地表述二次型问题，并且肯定知道解法，而所用的计算技巧和我们的全然相当。"①换而言之，远在公元前1800—前1600年，也就是相当于中国夏代，两河流域文明就已经产生能够系统地解决二次方程式的数学了！这个意想不到的发现大大扩展了西方学者的视野，迫使他们将自己的科学传统向古代推前一千三百年，即从古希腊推到古巴比伦。所以，我们追寻西方科学的源头不但不能够止于文艺复兴，甚至也不能够止于古希腊，而必须从远古文明开始。

　　当然，西方远古文明不但有巴比伦，还有埃及：古埃及同样出现过有将近四千年历史的数学文献，这就是19世纪中叶发现的草纸（papyrus）数学手卷，其上所记载的算题虽然不如巴比伦数学之丰富、全面和先进，但同样显示了令人惊讶的成就，例如准确至0.6%的圆周率和截锥体的正确体积公式。远古文明所遗留下来的这些无可置疑的原始资料证明，希腊数学虽然高妙，令人赞叹，但并非凭空出现的"奇迹"，它背后是有非常久远和渊深传统的。我们在本章所要讨论的，便是这远古科学传统的具体内容，但在此之前，还需要先对这些远古文明的历史、社会与文化背景作一概述，至于它和古希腊文明的关系，则留待最后一节讨论。

---

① 　此宣布见于奈格包尔1929年在其新创办的科学史期刊上所发表之文章，转引自Høyrup 2002, p. 2。

一、远古文明轮廓

埃及与两河流域这两个远古文明同时起源于公元前3000年，大致上也同以公元前1000年（即埃及新王朝与亚述中期帝国结束）为下限①。此后千余年间东地中海区域为相继兴起的巨型帝国所征服，因而逐步趋于混同。这以征服中东和埃及（公元前664）的新亚述帝国开端，波斯帝国（公元前550—前330）随其后，后者转而激发亚历山大大帝的东征和三个后继王朝的建立，最终则归于罗马帝国的大一统（约公元前30）。远古文明的科学文献主要属于公元前1900—前1600年时期，而古希腊科学的萌芽最早却只能追溯到公元前550年左右，两者在时间上相隔千年以上。因此，两者之间关系相当微妙，这将留到本章末了讨论。现在我们先为古埃及和两河流域长达两千年的历史描绘一个最简略的轮廓。

尼罗河畔的世界

埃及是个庞大而稳定的国家：在整整两千年的漫长岁月里，它虽然经历多次外族入侵和主权更迭，但大体上能够维持文化认同，以及在绝对王权下的政治一统。这和它的半封闭地理环境有本质关系——它的西边是大沙漠，北边是海，南边是崎岖高原，东边是沙漠、山岭和海的组合，只在东北有干旱困阻的对外通道。它的这些地理特点和西方其他文明——巴比伦、希腊、罗马截然不同，甚至恰恰相反。就这一点而言，它在西方文明中是独特的。但对于中国人来说，这些却再也熟悉不过，因为传统中国同样具有半封闭地理环境、稳定文化认同，以及大一统王朝等特征。

和中国不同的是，埃及非常幸运，从最早期开始，就留下了大量文字记载，包括刻在石头上的象形文字（hieroglyphic），以及写在草纸上的僧侣行书体文字（hieratic glyph）和大众体文字（demotic glyph），其性质遍及碑记、历史、叙事、训诲、教材、文学作品、税收和其他行政、管理档案。在干燥的沙漠空气中，特别是在牢固和密封的墓室里面，有大量这类宝贵记录完整地保存下来，因此由祭司曼尼韬（Manetho）编纂的传世帝王古史可以从

---

① 有关远古文明历史概况，本书主要根据下列著作。（1）近东（包括埃及与两河流域）的整体历史：Kuhrt 1995；Freeman 1996。（2）埃及：Gardiner 1966。（3）两河流域：Kramer 1963；Woolley 1965；Van de Mieroop 2004。至于希腊与远古文明关系的考证、讨论，则见Gordon 1962；Burkert 1992；West 1997。

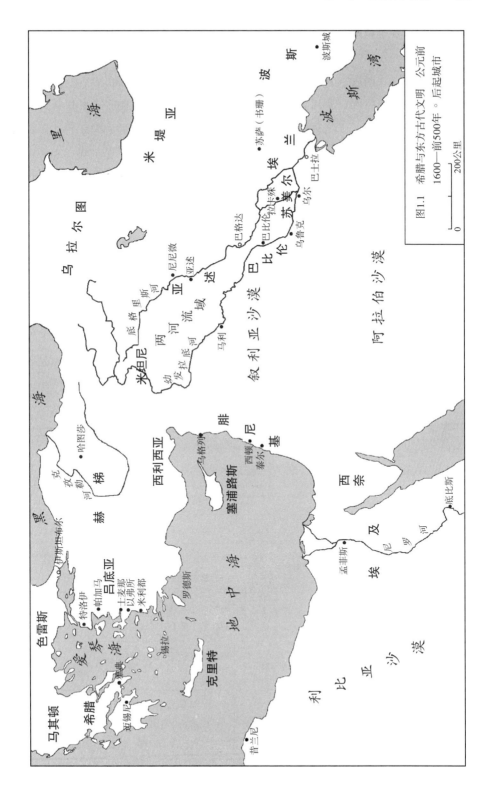

图1.1　希腊与东方古代文明　公元前1600—前500年。。后起城市

0　　　200公里

多个出土文献得到印证，这包括现存西西里的巴勒莫残石（Palermo Stone）帝王纪事碑（公元前2400）、现存都灵的草纸本帝王表（Turin Canon，公元前1300），以及稍后一百年左右的塞卡拉墓刻碑（Saqqara Tablet）；至于其各个时代的具体状况，则可以从大量的纪功碑和大臣、总管的墓室自叙与诏令抄录而得以考究。上文提到的"数学手卷"属于草纸本数学教材和计算记录，它十分稀罕，却为当时不那么受注意的文化面向提供了确实证据。

从这些记录得知，"王朝早期"（公元前3100—前2686）是埃及从众多独立小邦融合成为一统政治体的时期，在其间它发展出交错盘结的文化、生产、政治和宗教体制，这包括：以上述两种字体书写的文字、在尼罗河周年泛滥所带来的肥沃土地上的农耕，还有以法老（Pharaoh）绝对王权为中心的层级化官僚体系、多神崇拜、死后的复活与永生追求等等。当然，最重要的是与王权紧密结合的宗教体系，这包括众多和繁复的祭典、庞大和复杂的祭司组织，以及神庙、陵墓、金字塔等硕大无朋的建筑。这样，强有力的一统王朝遂首先在南方的"上埃及"即底比斯（Thebes）一带出现，其后它吸纳了北方的"下埃及"诸邦，并且为统治需要而将行政中心向北迁移到尼罗河三角洲顶端的孟菲斯（Memphis），从而迎来了"旧王朝"，为埃及的历史时期揭开序幕。

表1.1　古埃及历史分期

时　期	年代（公元前）	王　朝	简　述
王朝早期	3100—2700	第1—2王朝	各部落整合成为统一王国
旧王朝时期	2686—2181	第3—6王朝	上下埃及统一和基奥辅三个大金字塔的建造
第一间断时期	2180—2040	第6—11王朝	上下埃及分裂和斗争时期
中王朝时期	2040—1720	第11—12王朝	第十二王朝为埃及古典时期的高峰，林德数学手卷原本即撰于此王朝，约相当于夏代
第二间断时期	1720—1550	第13—17王朝	赫索斯外族统治时期，林德数学手卷现存本即抄写于第十五王朝
新王朝时期	1550—1087	第18—20王朝	驱逐赫索斯族人以及对外武力扩张，大致相当于殷商时期，以及希腊史前的特洛伊战争时期
王朝后期	1087—332	第21—31王朝	为外族以及亚述帝国、波斯帝国所先后统治，以迄为亚历山大大帝所灭，大致相当于西周和春秋战国时期，以及希腊历史时期

　　古埃及历史前后跨越三千余年，包含31个王朝，共分七个时期，表1.1为它提供了一个梗概。这段历史值得注意的有以下几点。首先，如今仍然矗立的三个基奥辅（Cheops）巨型金字塔建造于旧王朝早期，也就是说王朝的宗教信仰、政治控制和技术力量从头就已经高度发展。其次，近年研究显示，和以往印象相反，王朝虽然需要动员大量民众来开展庞大建造工程，但这并非以高压奴役手段执行：在工地上不但民众的生活得到照顾，而且经济上市场贸易在起相当作用——否则，如此庞大的建造体制不可能持久。第三，尼罗河农业虽然是埃及经济的核心，但采矿、冶炼、对外贸易也同样重要。第四，从旧王朝以至中王朝和新王朝，埃及的体制、组织和经济、军事力量并没有停滞，而是一直在持续扩展、壮大。因此到了新王朝它开始有能力越过西奈半岛，向巴勒斯坦扩张。但很可能也正是这种扩张触发了亚述、波斯、希腊和罗马这些新兴力量的先后入侵和占领，从而导致它作为一个独立文明的衰亡。此外，我们得强调：在希腊进入历史时期（这大致可以以奥林匹克竞技在公元前776年开始为标记）之际，古埃及已经进入王朝后期，也就是接近尾声了。因此古希腊哲人、历史学家仰慕其历史之悠久、蕴藉之深厚，是非常自然的。最后，埃及最令人感到神秘、震撼之至的事物——金字塔、木乃伊、神庙等等——显示在追求永恒生命的强烈欲望驱使下，人可以发挥如何巨大力量，而这种欲望和力量也可能是了解其他文明现象的关键。

断裂的两河流域文明

　　两河流域文明和古埃及文明表面上颇为相似：两者都是以大河为中心的农业文明，同样出现了高度集权的一统王朝和强大宗教力量，两个文明同样古老、悠久，都延续到亚历山大大帝时代才先后为马其顿和罗马帝国所吞并。然而，它们其实有深层差异，最根本的，就是埃及文明是连续、整体、一元的，两河流域文明则是断裂、分立和多元的，前者和中国相似，后者则接近西方。因此，埃及文明虽然包含多个王朝和时期，但其文字、文化、体制则始终没有大变化，其中心也只是在底比斯和孟菲斯之间摆动。两河流域文明则不然，它分属苏美尔、巴比伦和亚述等三个帝国时期，这些帝国是由使用不同语言的不同民族在不同政治中心所建立，它们的宗教、文化虽然相互传承，但各有不同本体，是不可混淆的——这是时间上的断裂。不但如此，与此三个帝国同时并存，相互攻伐、影响的，还有周边或大或小的许多其他民族和政权，例如东边的埃兰（Elamites）和波斯（Persia）政权、北部的胡利安（Hurrian）和古梯（Gutian）政权、西北部的赫梯（Hittite）王国、西部的阿摩利（Amorite）政权等等。其实，它最早期的苏美尔帝国本身，就已经是多个城邦的松散结合体，其主宰性力量始终在不同城邦之间转移，嗣后阿卡德人（Akkadian）和亚述人（Assyrian）之先后入主，可以说是同一模式的扩大——这是空间上的分立。

也许，这种强烈对比可以从地理环境的差别找到解释。毕竟，两河流域是"四战之地"：它东边的扎格罗斯（Zagros）山脉、北边的高原、西边和南边的沙漠好像是自然边界，但并不构成有效屏障，其后面的其他民族、政权可以通过无数山脉缺口、途径入侵，使得此地始终处于动荡、风暴之中，而这正是自古至今所不断发生的事情。

在19世纪以前西方人所知道的中东历史主要从圣经《旧约》得来，基本上仅限于后期亚述帝国。其后，经过将近一个多世纪的努力，即到20世纪中叶，两河流域的丰富历史，才得以揭露于世人之前。这转变的关键在于中东发现了陶泥板（clay tablet）上以楔形文字（cuneiform）书写的大量文献。这些陶泥板经过晒干或者烧烤之后非常坚固耐久，成为几乎是永久的记录。我们今日对两河流域远古文明的认识，绝大部分就是得之于收藏在各大博物馆中的数十万块陶泥板。更为幸运的是，这些陶泥板有相当数量和科学特别是数学有密切关系，它们所提供的资料，要比埃及那绝无仅有的五六个草纸手卷丰富太多了。

苏美尔文明

历史上的苏美尔（Sumer），是指今日伊拉克南部，即从巴格达到波斯湾之间的两河流域。它从公元前5000年前开始，就已经有连续发展的农业文明，在此文明末期，出现了以图形符号记录实物的方法（公元前3500—前3200），以及由之发展而来的楔形文字（公元前3200—前2900）。所谓"苏美尔人"，可能就是在此时从里海附近的阿拉塔（Aratta）移居两河流域，从而刺激当地产生高等文明。除了文字以外，这一文明的特征还包括人口密集的城市、大规模灌溉种植、结构繁复的大神庙、精美和风格奇特的巨瓶和圆柱形印章，以及频繁的远程贸易等。比对埃及，苏美尔文明最不同的无疑是它以多个城市而并非固定首都为核心，以及贸易在其经济体系中占据的重要位置。有学者认为，苏美尔文明是经过长久酝酿而逐渐发展出来的本土现象，古埃及文明则是由外来典范刺激而萌生的衍生现象，而外来刺激的唯一可能来源，当然就是苏美尔文明①。

苏美尔文明前后延续近千年之久（公元前2900—前2000），一共经历了城邦争长、霸主出现、阿卡德王朝，以及权力和文化达到顶峰的乌尔（Ur）王朝等四个时期（表1.2）。它的发展有以下几条线索。首先，是政权的逐步集中；其次，是以大神庙为中心的多神宗教之发达并且与政权密切结合；第三，是官僚组织之日趋精密和庞大；最后，则是法律体系包括各种商业契约、协议的逐渐完备。而作为所有这些发展基础的，则是楔形文字的发展和书写在陶泥板上文献的大量应用。和中国一样，苏美尔也是"文字之邦"，但他们幸运得多，因为上天赋予了他们极其方便而且几乎是"不朽"的记录方法。

这确切的记录使得两河流域在相当于中国三皇五帝时期就已经进入信史时代。例如，苏美尔第一英雄基格米殊（Gilgemesh）的时期相当于公元前2600年，他不但作为主角出现于刻录在陶泥板上的史诗中，而且，和许多更早的君主一样，有早期文献记载，那就是公元前1800年的"帝王表"（The King's List），以及公元前2000年的神庙碑刻，即列出神庙建造者或者重修者的所谓"Tummal Inscription"。而且，从最早期开始，就已经出现了大量买卖契约；上述霸主时期的拉卡殊城（Lagash）乌鲁卡基那王（Urukagina，约公元前2350）留下了一份长达数千字的政治改革文告；到乌尔第三王朝，不但开创君主乌尔南姆（Ur-Nammu，约公元前2060）留下了残缺但也许是人类最早的成文法典，而且王朝百余年间的民事、刑事诉讼档案以及公证文件也都留存下来，使得我们可以获知当时法律程序的梗概。最后，到了伊辛（Isin）王朝亦即旧巴比伦帝国前期，则有利皮伊殊塔王（Lipit-Ishatar，约公元前1930）另一部颇为完整的法典。

和古希腊一样，苏美尔文明以城邦为基本政治形式，建立庞大帝国非他们所长。正如初次统一希腊诸邦和古代世界的亚历山大是马其顿人而非雅典或者斯巴达人，同样，在两河流域初次建立帝国的萨尔贡大帝（Sargon the Great，约公元前2340）也并非苏美尔人，而是说阿卡德语的闪米特族人（Semite）。在这使用苏美尔文字，但语言不同的外族政权之后，出现了苏美尔人的黄金时代，即乌尔第三王朝，严密而全面的官僚统治在其时达到高峰。但仅仅百年之后苏美尔文明就告结束了。

---

① 见Woolley 1965, pp. 187–188。

表1.2 两河流域历史分期

时　期	年代（公元前）	事　件	资　料
史前时期	乌鲁克时期 （3200—2900）	聚落增加及城市雏形出现；图形记录及文字出现；计量法的发展	6000块出土于乌鲁克之陶泥板，大部分有关管理
苏美尔时期	三城邦争长 （2900—2600）	开始有文件记录；灌溉工程；高度城市化；基格米殊称雄	乌尔出土的数百块陶泥板
苏美尔时期	霸主时期 （2600—2340）	外族入侵与本土政权交迭；文士阶层出现；初等算术的发展	苏鲁柏克及拉卡殊出土大量文献；出土乘数表、几何题目、除法问题
苏美尔时期	阿卡德王朝 （2340—2160）	萨尔贡大帝时期；大量纪事诗歌及颂功文学	大量陶泥板及石刻文献；十余块数学陶泥板，以"前代数"方法解决面积问题
苏美尔时期	乌尔第三王朝 （2112—2004）	苏美尔文化的复兴与发展；以庞大官僚组织控制全国	超过10万块陶泥板，大部分为经济文献
巴比伦时期	伊辛王朝 （2004—1750）	阿摩利人入侵；中央控制崩溃；邦国争长重现	苏美尔与乌尔毁灭哀歌
巴比伦时期	旧巴比伦王朝 （1894—1595）	在汉谟拉比朝达到高峰	西巴尔（Sippar）与拉尔萨资料；数百块数学陶泥板出现，数学的全面发展
混乱时期 （1600—1365）	卡塞特王国 （1530—1155）	埃兰王国（1450—1100）；米坦尼王国（1500—1350）	文士学校与数学的消失
亚述时期 （1365—539）	中期帝国 （1365—1050）	赫梯帝国（1530—1155）	
亚述时期 （1365—539）	新亚述帝国 （934—612）	整个中东的征服	
亚述时期 （1365—539）	新巴比伦帝国 （626—539）	数学与文士制度的复兴	开始有《圣经》及其他历史文献的记载；在塞琉西王国时期出现三块数学程序陶泥板
为外部帝国所征服 （612—30）	波斯帝国 （612—311）	米达斯王朝与居鲁士王	开始有《圣经》及其他历史文献的记载；在塞琉西王国时期出现三块数学程序陶泥板
为外部帝国所征服 （612—30）	塞琉西王国 （311—30）	亚历山大大帝的后续王国	

巴比伦文明

苏美尔文明之后，以阿摩利人为主的伊辛王朝代兴，它前后经历二百零三年和十四位君主，以迄被巴比伦的汉谟拉比所灭。在此时期多城邦政治形态继续留存，与拉尔萨（Larsa）、巴比伦、亚述、马利（Mari）等许多政权同时并存，以迄为所谓旧巴比伦王朝（Old Babylonian Dynasty，约公元前1900—前1600）所取代。此王朝前后历十一王，著名的汉谟拉比（Hammurapi，公元前1792—前1750）居第六位。他在位的时间极长，所征服的幅员很广（包括伊辛王国），以刻在黑石柱上而留存后世的《汉谟拉比法典》（原物现存卢浮宫博物馆）知名。但这其实并非他原创：如上文提到，在其前两三百年间，已经最少有过两套成文法典出现了。此外，由于还不十分清楚的原因，从他的统治开始，数学陡然兴盛发展，今日出土的绝大部分数学陶泥板都属于公元前1800—前1600年这两百年间；更令人惊讶的是：上一节所提到的埃及数学手卷，也同样属于此时期。这是巧合，抑或有更深层关系存乎其间，目前还没有办法判断。

巴比伦帝国没有维持霸权很久，在汉谟拉比之后就开始慢慢衰落，以迄被崛起于小亚细亚的赫梯王国所灭。在随后大约千年间（公元前1600—前600），经历了卡塞特人的长期入侵，以及埃兰人、赫梯人和胡利安人政权相继兴起之后，两河流域的政治重心北移到底格里斯河上游的亚述和尼尼微（Niniveh），受武力和版图都达到空前地步的亚述帝国所主宰。在这漫长时段，文士学校制度被废除，数学完全归于沉寂，几乎没有任何相关陶泥板留存。这样要待到新巴比伦王朝（亦即所谓迦勒底巴比伦，Chaldean Babylon）的短暂复兴，才再有一些数学陶泥板出现，它们显示出与远古传统的联系，但并没有新进展。在公元前529年，新巴比伦王朝为波斯帝国所征服，其后中东又相继为亚历山大大帝和罗马帝国所征服，两河流域作为独立远古文明的阶段就结束了。

二、埃及数学手卷

宗教主宰埃及文明，埃及人可以为神灵以及身后世界而奉献此生。相比之下，科学显得很渺小，可以说微不足道，最多不过是诸般实用技术的附庸罢了。把埃及两千多年间所遗留下来的极少数科学文献和它浩如烟海的其他文献相比，我们自然不免涌起这样的感觉。不过，即使如此，这些远古文献仍然埋藏了两个令人非常惊讶的成就。首先，是其一度采用的圆周率 $\pi \approx 3.16$ 准确到0.6%，和东汉刘歆、张衡，三国时代王蕃等所求得值的准确度（0.4%—1%）不相上下，一直要到魏晋南北朝的刘徽、何承天方才超越此成就[①]。其次，是文献中已经提出了截锥体（frustum）体积的准确公式，而这即使在以几何学见长的古希腊数学中，也是要到公元1世纪才明确提出来的。因此，古埃及数学到底曾经达到何种水平，还不能够轻易判断。

林德数学手卷

从18世纪末年开始，法、英两国相继从奥图曼帝国手中夺取了埃及的控制权，自此之后这古国的遗迹和文物便吸引了大批西方官员、商人、探险家和学者。在他们所发掘、搜集、购得的无数器物、文献之中，有六件写在草纸或者羊皮上面的数学手卷，其中最重要、最有价值的，是所谓"林德数学手卷"（Rhind Mathematical Papyrus，RMP）[②]。它是苏格兰律师和埃及学家林德（Alexander Henry Rhind）于1855—1857年在底比斯的卢克索（Luxor）大神庙附近发掘陵墓时所购得，他去世后由大英博物馆在1865年分两截购入收藏，连接这两截的片段则为纽约布鲁克林博物馆（Brooklyn Museum）收藏。这手卷宽32厘米，长513厘米，由14张40厘米×32厘米的草纸页片粘连而成，除了稍有残缺以外，大体保存完整光洁。手卷是用红黑两色在正反两面书写，字体端庄工整，内容包括誊录者阿莫斯（Ahmose）的题注、85道算题，以及一个数表（图版1）。

根据题注中的阿莫斯自述，他是在所谓"赫索斯"（Hyksos）时期第十五王朝（公元前1648—前1540）的阿波菲斯王（Apophis）第三十三年誊录此卷的；所誊录的，是第十二王朝第六王阿门尼米斯三世（Ammenemes Ⅲ，公元前1843—前1798）的旧卷。从这相当清楚和仔细的记载，我们可以肯定这手卷是公元前1600年左右的抄本，其所根据的原本则写成于公元前1800年左右，距今将近四千年了。

[①]　见李俨1955，第13—14，19—21页。

[②]　有关古埃及数学史，以及六件数学手卷的大致状况，见Gillings 1982，可惜此书的结构与体例未尽人意；至于林德数学手卷的历史、描述和分析，则见Robins and Shute 1990。

表1.3 林德数学手卷算题内容综述

算题编号	算题内容	附注
7–23	单分数相加，结果成1之问题	
单分数加倍表	将单分数$1/n$加倍即$2/n$表为单分数之和	$n=5, 7, 9, \cdots, 99$
24–38；47；80–81	一元一次方程	系数为整数加单分数
1–6；39–40；61；63–65；67–68	面包之平均分配与多项不均分配	分数与复比例问题
62；66；69–78；82–84	价值、交换、供食	简易比例问题
41–43；48；50	圆柱体积，相当于用圆面积$A=(8d/9)^2$	相当于$\pi=256/81\approx3.16$
44–46；49；51–60	长方形、三角形及梯形面积；斜率	
79	求特殊几何级数之和：$r=U(0)$；$U(n)=rU(n-1)$；$S(n)=r[1+S(n-1)]$	

从表1.3可见，此远古数学手卷的性质类似于教科书，内容大体上可以分成分数运算、比例问题、一元一次方程和几何形体求面积、体积等四类，性质大都很浅显，但也有以下值得注意的地方。第一，古埃及的乘法和除法基本上都分别是以加法和减法来演算的，也就是说，他们还没有发展出应用乘数表和对位的方法。第二，他们虽然已经有分数的观念，并且广泛应用，然而却还没有发展出普通分数（common fraction），即以分子和分母两个数目表示一个分数的观念，而局限于"单分数"（unit fraction），即是分子为1的分数$1/n$（$2/3$的应用是个特殊例外）。这种执着使得他们在分数的运算上发展了许多奇特的技术，其中最显著的，便是如何将单分数的双倍，分解为其他不同单分数之和（这不一定是独特分解），例如$2/11=1/6+1/66$，$2/71=1/40+1/568+1/710$，等等。手卷中的数表便是为5—99之间所有奇数n的单分数倍数$2/n$列出分解的方式。

第三，所有比例和复比例题目，都和食物、物件的分配，或者购买价格有关；至于一元一次方程也往往是和（最少表面上的）应用题相关。但从数学技巧上来说，这两类题目的重点都在于处理分数的技巧，而由于他们对单分数的执着，这些技巧是颇为特别的。第四，所有几何题的目标主要是计算简单形体的面积或者体积，这包括正方形、长方形、梯形、圆形的面积，以及长方柱、圆柱的体积，此外也引进了斜率的概念。特别值得注意的是，它用以计算圆面积A的方法相当于下列公式：$A=(8d/9)^2$，其中d是直径。这相当于圆周率π的有效值是256/81≈3.16，其准确度已经达到0.6%。至于当时怎么能够获得这样高度近似的数值，则从该题的附图引起了各种可能猜测，但迄今没有定论[1]。可惜的是，到后来这方法好像失传了，粗略的 π≈3反而应用更广。第五，手卷中还有一道很奇特的几何级数求和问题——但它只是在级数首项和级数比率相等的特殊情况下求和，所以意义并不是很大。

莫斯科数学手卷

林德所发现的，同时还有一个年代相若的羊皮手卷，它已经硬化和黏结，一直到1927年才打开，然而结果却令人大失所望，因为它只不过是誊录了26道单分数加法题，是常用手册、数表之类的东西[2]，并没有特殊价值。重要得多的是"莫斯科数学手卷"（Moscow Mathematical Papyrus，MMP），它在1893年由俄国人戈列尼谢夫（V. S. Golenishchev）从埃及人拉苏尔（Abdel-Rasoul，此人曾经发现秘密陵墓和大量帝王木乃伊）手中购得，后来归莫斯科艺术博物馆所有。此卷长度与林德数学手卷相若，但高仅8厘米，也属第十二王朝旧物，但年代更早，约在公元前1890年。不幸的是，誊录者很草率，卷子又颇为残破，所录25道算题有将近三分之一破损或者隐晦无法阅读，其余各题则大多是浅易的交易、比例、面积计算题等，并没有超出林德数学手卷的范围[3]。

但是，它有两题却非常特别，显示出意想不到的几何计算能力。这首先是第14题，它正确地提供了计算截锥体，即金字塔截去尖端而成为平顶立体的体积公式：$V=h(a^2+ab+b^2)/3$，其中h是截锥体高，a和b分别是底正方形和面正方形的边长。这是个不那么容易得到的准确公式，在古希腊数学中要一直迟到1世纪的赫伦（Heron）才初次提出来。对于古埃及人如何得到这个公式的有不少猜测，例如，他们肯定知道完整金字塔的体积是底面积乘以高除以3；根据这个公式，只须将大金字塔体积减去塔尖那个小金字塔的体积，原则上就可以得到截锥体的体积；他们也可能把截锥体分解为小金字塔、方棱体和两个三角棱体，然后求其体积之和。但是，要以这类方法得到上述公式的话，必须做相当繁复的数式运算，在符号代数还未曾出现的时代，这是极端困难的[4]。

---

[1] 有关讨论见Robins & Shute 1990, pp. 44–46；Gillings 1982, pp. 39–146。

[2] Gillings 1982, Ch. 9 对此羊皮卷的历史、内容、评价有详细讨论，并且附有照片。

[3] 有关莫斯科数学手卷的历史及内容，见Gillings 1982, Appendix 7。

[4] 有关讨论见Robins & Shute 1990, pp. 48–49；Gillings 1982, pp. 188–193。

其次，它的第10题是计算一个"开口篮子"的面积。倘若将此视为半球的表面积A，那么它提出了正确的公式：$A=2\pi r^2$，其中r是半径，π的相当值同样是前述的256/81。倘若真是如此，那么远在阿基米德之前一千五百年，埃及人就可能已经知道（虽然并没有证明）他最可引以自豪的成就之一，即球表面积公式了！这无疑非常令人震惊，它有两种可能解释：其一是编织草篮子是普遍日常工作，所以埃及人可能从经验上知道，近乎半球面的篮子面积大致是其圆形开口面积πr^2的两倍；另外一种看法是所谓"篮子"其实是半圆柱面，而计算所得也可以解释为其面积，但这似乎就比较牵强了[①]。

其他数学手卷

除了上述两个主要草纸卷以及一个羊皮卷之外，余下的其他三个数学手卷年代也在公元前1900—前1800年间，但它们所提供的资料很稀少[②]。大英博物馆所藏的"卡洪数学手卷"（Kahun Papyrus）只剩六块残片，它有部分和林德数学手卷相同，此外有计算圆柱体积的问题，以及涉及开方的问题。柏林国家博物馆（Staatliche Museen，Berlin）所收藏的"柏林数学手卷"同样是一组残片，它似乎和毕达哥拉斯定理或者二元二次方程式有关，不过其确切意义目前只能够存疑。最后，藏于波士顿美术博物馆（Boston Museum of Fine Art）的"莱斯纳数学手卷"（Reisner Papyrus）则大部分是工场记录，只有小部分和建筑施工，即挖掘体积的计算有关[③]。

总括而言，从以上六个手卷所能够看到的古埃及数学大部分都很浅易。然而，它显然也并不缺乏高深和精密部分，只是由于证据稀少，所以它在漫长的两三千年岁月中，到底发展到什么程度，实在难以判断。此外，对埃及计算数学的重要性也有不同的估计，例如古希腊数学史专家希斯（Thomas Heath）就曾经论证，在几何与代数两方面，希腊数学都渊源于埃及，而林德数学手卷上的计算题就已经具有解一次方程式的雏形[④]。

---

① Gillings 1982，Ch. 18对于此题有专论。
② 除此之外，密歇根（Michigan）大学和开罗博物馆也都藏有属数学性质的草纸文献，见Gillings 1982，p. 91n。
③ 莱斯纳数学手卷的描述见Gillings 1982，pp. 218–231；卡洪及柏林数学手卷的描述散见同一著作。
④ Heath 1965，ii，pp. 440–443.

三、陶泥板上的数学

埃及数学手卷的发现是非常偶然而稀罕的，因此我们无法衡量埃及数学的真正水平。两河流域的数学却完全不一样。从19世纪末叶开始，通过长期考古发掘，已经有大量载有远古楔形文字记录的陶泥板出土和累积在西方各大博物馆中，其中大约400块已知和数学有关。这些数学陶泥板的研究，是由开山祖师奈格包尔奠定基础。在20世纪初，陶泥板上的大量数字、数表到底有何意义还是个谜，这位德国哥廷根大学才华横溢的青年数学家接受了挑战，从学习以楔形文字书写的阿卡德语开始，经过数年潜心研究，终于破解谜团，从而作出本章开头所引述的震撼性宣布。在其后不久，和许多其他德国学者一样，他也由于纳粹当权而移居美国，并出任布朗大学（Brown University）教授，该校科学史系在近半个世纪能够大放异彩，他的领导、培育之功实不可没。

但开拓先锋奈格包尔所揭露的，其实只是冰山一角而已。经过随后许多学者大半个世纪的辛勤研究，巴比伦数学的整体面貌，特别是其几何型代数学的精妙与丰富，方才为学界充分认识，并且由丹麦科学史家海鲁普（Jens Høyrup）在《长度、阔度、平面：旧巴比伦代数及其支属的面貌》一书中全面展示于世人之前。我们这才知道，三千五百年前巴比伦数学所达到的水平，所显示的运算能力，其实远远超过一般学者想象，而且，如下文将会讨论的，古希腊乃至中古伊斯兰数学的渊源，都有可能直接追溯到古巴比伦[①]。

西方数学的起源

两河流域的数学有个悠久和渐进的发展过程，它的第一阶段是苏美尔文明的数学，那主要是发展记数法和算术。这在它的数学陶泥板上显示得非常清楚：在最早期出现的，是用以记录不同实物数目的各种符号；到了乌鲁克（Uruk）考古时代末期（公元前3200—前2900），这些符号逐步统一和抽象化，以至演变为有独立意义的数目字，而文字亦在大致相同时间出现；到了所谓"前萨尔贡时代"（公元前2600—前2340），则两河流域所特有的六十

[①] 有关巴比伦陶泥板上所记载的数学，奈格包尔的《古代精确科学》即Neugebauer 1969有扼要的综述；至于Neugebauer and Sachs 1986则是相当一部分原始资料的图版及其翻译与详细分析。但近年来这方面的最重要和最全面著作无疑是丹麦科学史家海鲁普的专著，Høyrup 2002；他的另外一部著作Høyrup 1994则对古巴比伦数学和伊斯兰代数学之间所可能存在的直接关系有论述。

进制记数法以及在此基础上发展的四则运算法成熟，陶泥板上开始出现乘数表和除法问题，这后来就成为更高级的巴比伦数学之基础[①]。

表1.4 混合六十进制记数法

楔形文字中的14个基本数目符号								
1	2	3	4	5	6	7	8	9
10	20	30	40	50				
混合六十进制中的数目举例								
阿拉伯数目记法		37	59	589		12736		
现代六十进制记法		37	59	［9，49］		［3，32，16］		
楔形文字记法								

六十进制记数法往往被国人视为笨拙、不切实际。当然，它的确及不上阿拉伯记数法和近世标准十进制算法的便捷，但却也并不如想象中那么复杂、困难。这有两个原因。首先，六十进制记数法所应用的基本数目字只是14个而并非60个，因为它是所谓"六十进与十进混合制"，因此，如表1.4所示，从1至59的任何一个数目都只要用1—9以及10、20、30、40、50这14个符号就可以表达。举例来说，中文的"三十七"以阿拉伯数字表示是"37"，在六十进制中仍然是"30"加"7"。其次，他们已经发明了全面的位置记数法，因此"五百八十九"以阿拉伯数字表示是589，在"混合六十进制"中可以分解为589＝9×60+49，以现代六十进制记法可以简明地表示为[9，49]；同样，更大的数目12736＝3×60^2+32×60+16，即[3，32，16]，这以楔形符号表达也是同样方便的。

由于位置记数法的应用，这种六十进制记数法和我们熟悉的阿拉伯十进制记数法并没有根本差别：它可以轻松处理很大的数目，在其中加法和减法都很容易。乘法在原则上也和我们熟知的没有分别——只是60×60的乘数表不容易记住，必须求助于记载在陶泥板上的数表。至于除法，则的确不容易直接用

[①] 有关苏美尔记数法的发展及其所用的符号，见Kramer 1963，pp. 91-94；巴比伦算术通论则见Neugebauer 1969，Ch.1。

心算，而需要借助于预先编制的"倒数表"，以将除数改变为乘数。不过，这计算系统虽然在多数情况下很方便、实际，但仍然有基本缺陷。首先，它尚没有相当于"0"的数字，因此无法准确表达诸如3601那样的数目——它应该是$1 \times 60^2 + 1$，即[1, 0, 1]，所以必须用到"0"这个数字。其次，它没有小数点，所以数目的绝对值不能确定：上文的[9, 49]既可以是589，也可以理解为$589/60 = 9 + 49/60$，甚或是589×60^n，其中n是任意整数，正负均可。所以，在实际应用上，数目的绝对值只能根据问题的语境决定，这就严重地限制了它作为数学工具的独立性。最后，这计算系统中还没有普遍的分数观念；而且，对于像7，17，23这些不能够整除60的数目来说，"倒数表"只能给出近似而非准确结果，所以如何处理相关除数还是个大问题。

无论如何，位置记数所带来的巨大方便使得苏美尔的六十进制记数法和四则运算法流传下来，其符号和细节虽然有变更，但整体方法则为巴比伦和希腊数学家，包括像托勒密那样需要做大量繁复计算的天文学家所沿用。而且，上述缺陷也在后来逐渐得到弥补，这主要包括"0"符号以及六十进制小数点"；"的发明。今日十进制已经普及全世界，但由于历史上六十进制已经在天文、航海上广泛应用，所以它仍然遗留在方向、角度和时间的划分、记载上，即圆周分为360度，每度60分，每分60秒；每小时分为60分，每分60秒；等等。

其实，苏美尔数学并不完全止于四则运算。有清楚的证据显示，在霸主至萨尔贡时代（公元前2600—前2200），苏美尔陶泥板上已经出现解决测量亦即几何问题的一些基本方法，它们后来成为巴比伦时代解决更复杂同类问题的基础。为了方便，这些我们留待下面一并讨论。

巴比伦的数学陶泥板

两河流域数学的高峰在巴比伦旧王朝，但它并非缓慢地发展而来，其出现是相当突兀和独特的。如上文一再提到，出土的数学陶泥板绝大部分都属于此时期。而且这绝非偶然：虽然在它之前的乌尔第三王朝，和在它之后的卡塞特混乱时期和亚述帝国时期，都有大量陶泥板记录，其中却几乎没有任何数学文献，此后一直到公元前300年开始的塞琉西王朝，才重新有数学陶泥板出现。这个特殊现象是很令人惊讶的，它很可能和大规模文士教育体制（scribal institutions）的建立有密切关系，其意义下文还将讨论。

巴比伦数学陶泥板大致有三类：

（1）问题板，统共大约100块，这又可以再细分为两个次类：（a）解题板，每板只记录一至数题，数学问题本身和计算步骤都详细列出；（b）各种类型的问题集，其中有些类似于教科书中的练习题部分，但也有各种不同类型问题的集合，它们一般没有解法和答案，或者仅有答案而没有解法。

（2）数表，统共大约300块，这包括最简单和常用的乘数表、倒数表、度量衡转变表、平方和立方表，以及为解决更复杂问题而编制的特殊数表，例如复利表、高次方表、方根表、幂数表、平方与立方之和的数表等。

（3）少量计算板，也就是算草的记录。

显然，以上三者与我们今日所熟悉的教育文本大致对应：问题板类似于教科书，包括教材和习题两部分；数表类似于计算机出现以前常用的对数表和三角函数表；计算板则相当于学生的练习本或者算草纸。

四、巴比伦代数学

那么，在这个历时久远、规模庞大的巴比伦文士体系之中，数学的发展到底达到了什么程度呢？简单的答案是：他们最杰出的成就是解方程式，包括大量线性方程和一般二次方程的通解，这在西方本来以为要到欧几里得的《几何原本》才会出现。至于在中国，到西汉方才成书，历来被奉为圭臬的《九章算术》虽然有线性方程组解法，但二次方程解法只是在"勾股"章第二十问的所谓带"从法"的开方术简略提到，详细步骤则阙如。所以我们为将近四千年前的巴比伦代数学感到震惊是完全有道理的。除此之外，巴比伦数学还将数量关系应用到几何形体的划分上去，和利用数表得到高次方程式乃至超越方程式的近似解；对三角形、梯形、正多边形和圆形的边、周长和面积的研究，也是他们所长；不过立体的研究则似乎较少为他们注意。以下我们就上述最重要的几类问题举例说明[①]。

二次方程式

二次方程解法是巴比伦数学的核心。当时还没有抽象的未知数概念，所

---

① 本节有关BM 13901，YBC 6967，VAT 6598，YBC 7289，YBC 6295，TMS XIX等陶泥板上数题的翻译、描述和讨论，分别见Høyrup 2002, pp. 50–58, 261–262, 268–272, 65–66, 149–154, 194–200。相关讨论并见Neugebauer 1969，pp. 29–48。

以它的问题都是用正方形、长方形、面积、边长这些几何词汇和观念来建构，但我们可以判断，在底子里这些问题具有很强的抽象性质，这主要是因为在解决这些问题的运算中，经常会出现面积和长度相加减那样缺乏实际意义的情况。所以，将之称为"代数"是合理的。

现在我们举出编号为BM 13901的陶泥板所载第一题，来说明他们的基本解题方法，即通过"剪贴面积"来"完成平方"。以我们熟悉的语言表达，这个题目是："〔正方形的〕面积加边长为a，求边长x"。倘若正方形的边长为x，其面积就是x^2，因此这个问题相当于求解下列方程式：$x^2+x=a$。为了简便，以下我们用符号□（x）来代表"边长为x的正方形"之面积，用符号[x, y]来代表"边长为x和y的长方形"之面积。这样，陶泥板上的解法是（图1.2）：

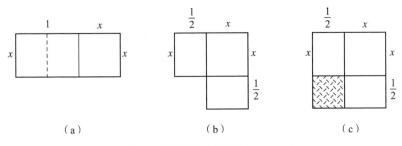

图1.2　以剪贴法解方程式 $x^2+x=a$

（a）把长方形[1, x]（注意，这实际等于x）附在正方形□（x）旁边，两者的总面积是x^2+x；

（b）把长方形[1, x]分割为两个长方形[1/2, x]，然后分别贴在正方形□（x）的两边，以造成一个曲尺形，但图形总面积维持不变，仍然是x^2+x；

（c）把另一个面积为1/4的正方形□（1/2）贴附到曲尺形的内弯中，从而造成完整的正方形□(x+1/2)，这样图形的总面积增加了1/4，即变成a+1/4；

（d）于是，$(x+1/2)^2=a+1/4$，也就解得$x=\sqrt{a+1/4}-1/2$。

显然，这解法和现代代数的"完成平方法"（completing the square）基本上一致，只不过前者是用面积的分割、挪动，也就是"剪贴"来"完成平方"，而不是用抽象符号达到目的而已。同板第二题有个简单变化，即求解$x^2-x=a$，其方法和第一题基本相同，但需要从正方形"剪裁"掉（而非贴附上去）两个长方形面积。

同板第三题求解$(2/3)x^2+(1/3)x=a$，即具任意系数的二次方程式，解法相当于将$ax^2+bx=c$全部乘以a，从而得到$(ax)^2+b(ax)=ac$；然后令$y=ax$，将方程式变为$y^2+by=ac$的形式，最后完成平方。在图1.3中，这相当于把面积为a的长方形$[x, (2/3)x+(1/3)]$的一边减少1/3，造成长方形$[(2/3)x, (2/3)x+(1/3)]$，其面积为$(2/3)a$。这已经具有第一题"未知正方形加有相同边之长方形"即$y(y+b)$的形式，$y=(2/3)x$，所以可以立刻用"完成平方"的办法求解。换而言之，这是在"完成平方"这个基本方法以外加上"变换未知数尺度"的方法，这可以说是二次方程解法的两个基本原则。

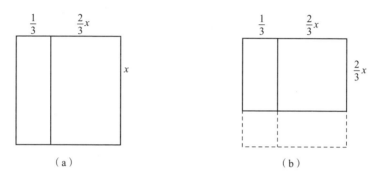

图1.3　以剪贴法解方程式$(2/3)x^2+(1/3)x=a$

基本相同策略也同样可以解决二次型的二元方程式。例如，$xy=a$，$x-y=b$这样的联立方程式（陶泥板YBC 6967）就很容易通过前述面积变形和剪贴的方式解决，而另外一道关于买卖的问题（TMS XIII）实际上相当于同样的方程式，并且是以相同的面积变换方法解决的。当然，可以归入二次方程式类的还有很多问题，解决方法也变化多端，例如有所谓"假设法"（false position），那就是变换未知数；有些问题导致"双二次型方程"（biquadratic equation），即$ax^{2n}+bx^n=c$（其中$n=2, 3, 4, \cdots$），那显然也可以用前述标准办法解决。例如陶泥板TMS XIX上的第二题就属于$n=4$型，其中牵涉以某正立方体体积为"边长"的长方形。这显示出当时文士对于他们所发展的"代数"的运算能力产生了好奇，因此有兴趣探究它的极限。

求平方根

陶泥板上有多种求平方根的方法，但都是作为解决问题的实际手段，而并没有系统的程序。例如，他们会应用下列近似公式（VAT 6598#6）：$\sqrt{a^2+b^2} \approx a+b^2/2a$（$a>b$），这和应用二次展开式所得到的最低近似公式吻合。虽然文献中没有显示如何得到这种算法，但上述"完成平方"的基本手段可以很轻易地应用在此问题上。例如，问题可以视为要将大小不同的两个正方形□(a)和□(b)变为一个正方形（图1.4），步骤如下：

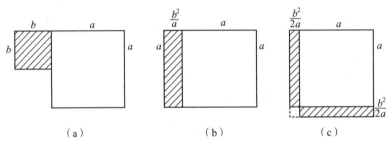

（a）　　　　　　　　（b）　　　　　　　　（c）

图1.4　以剪贴法求$\sqrt{a^2+b^2}$

（1）把正方形□(b)转变为等面积的长方形[a，b²/a]贴附在□(a)旁边；

（2）把[a，b²/a]分拆成两个长方形[a, b²/2a]，分别贴附到□(a)的两边；

（3）这样造成的曲尺形的内凹部分较小，可以忽略，因此它可以视为正方形□(a+b²/2a)，那么原面积的开方就大约是a+b²/2a了。

显然，这近似解法在a≫b时最有效。在上述陶泥板问题中a＝40，b＝10，近似结果可以准确到0.04%。此外，倘若问题是求任意数A的平方根，那么显然可以先估计一个（较小的）近似尝试值a，然后采取与上述相同的步骤得到更准确的修正值$a_1=a+b^2/2a$，其中显然$b^2=A-a^2$，亦即$a_1=(a+A/a)/2$。这是个非常简便，也很容易反复代入求高次修正值的公式。例如，以1作为$\sqrt{2}$的尝试值a（即A＝2），那么反复代入所得近似值依次是：$a_1=1.5$，$a_2=1.416$，$a_3=1.4142157$，那已经准确到百万分之1.5了。虽然陶泥板上并没有这计算法的直接记录，但像奈格包尔等专家都认为，这有绝大可能是他们实际的运算方法。证据是：陶泥板YBC 7289上没有文字，它所显示的如下图（并见图版2），是个带对角线的正方形，上面注明了边长（30）和对角线长（[42, 25, 35]，即42.426389），以及[1, 24, 51, 10]，那相当于十进制的1.414213，这正好是所注明的对角线长和边长之比，所以毫无疑问，正是他们的$\sqrt{2}$近似值，而它和上述第三修正值a_3是基本相同的。

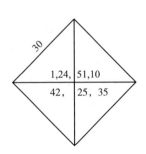

三次方程式

巴比伦文士在二次方程式和二次根问题上成绩斐然，这大体上已经达到他们系统运算能力的限度了。他们留下了一些企图解决更高次问题的记录，但显然并没有获得突破。例如陶泥板YBC 6295是开立方问题，也就是从正立方体的体积求边长，但解法却是"找到"适当的"参考正立方体"，它的体积"恰好"是所给体积的1/27，因此所求边长是"参考正立方体"边长的3倍，如此而已。此外陶泥板BM 85200+VAT 6599长达156行，有30道题目，这些都和挖掘泥土有关，并且导致一些"不齐次型"（inhomogeneous）三次方程式，但他们同样无法提出普遍解法——这得到三千多年后，即公元16世纪才会有突破。

另一方面，陶泥板上也列出n^3+n^2（$n=1, 2, 3, \cdots, 30$）数值的数表，这可以视为解决不齐三次方程$x^3+x^2=a$的重要准备工作，而且板上的确有从数表反求变量的解法记录；至于更普遍的方程$ax^3+bx^2=c$，自然也可以通过他们所熟悉的"重标度"（re-scaling）变量转换而化约成前面的标准式。这方面的工作应当视为巴比伦数学在解三次方程的最成功尝试。除此之外，应当顺带提到，陶泥板上还有幂数表a^n（$n=2, 3, 4, \cdots$）以及反求幂数的问题，虽然语焉不详，也可以视为探索对数（logarithm）关系的滥觞。

不过，巴比伦文士显然还未曾发展出负数观念，更没有意识到二次方程式可以有两个解。也就是说，他们在陶泥板上所解决的大量二次方程问题虽然已经脱离实际需要，而变为在专业训练中发展出来的智力考验或者游戏，然而在观念和方法上，还没有彻底抽象化和系统化。因此这只能够说是代数的雏形，它与严格意义的现代数学之间还有很大距离。

五、代数型几何学

除了"几何化"的代数以外，陶泥板上有不少真正的几何问题，但是它们的基本关怀仍然是简单直线图形的数量关系，而并非线条的空间关系，或者几何形体的度量。所以，称之为代数型的几何学是很恰当的。

几何形体度量

整体而言，巴比伦数学对几何形体的直接度量并没有什么令人惊讶的发现。在奈格包尔和萨赫斯合编的《楔形文字数学文献》与此相关的部分有十余块陶泥板，上面载有超过百道算题[①]，其性质都是和挖土、砌砖、疏浚运河等实际问题有关，所牵涉的数学只限于简单比例和立方体、圆柱体体积的计算而已。唯一的例外，是出现在陶泥板YBC 5037的35—44题中的下列正截锥体体积近似公式：$V = h(a^2 + b^2)/2$，其中h，a，b分别是其高度和上下两面的边长；显然，比之莫斯科数学手卷的发现，它是差得远了。

在多数陶泥板上，圆周率一般只用极其粗略的3，这未免令人惊讶。但在苏萨（Susa）出土的文献却证明他们对此有更仔细的研究，因为其列出了正多边形面积A_n与边长a_n的关系：$A_3 = (7/16)a_3^2$；$A_4 = a_4^2$；$A_5 = (5/3)a_5^2$；$A_6 = (21/8)a_6^2$；$A_7 = (221/60)a_7^2$；等等。由于我们知道，A_3和a_3^2的比值应该是$\sqrt{3}/4$，因此可以推断在巴比伦数学中，$\sqrt{3} \approx 7/4$，这大约准确至1%。此外，在同一文献中，还有正六边形周长C_6与外接圆周长C的关系：$C_6 = (24/25)C$。由于$C_6 = 3C/\pi$，这相当于$\pi = 25/8$，那准确到0.5%，和埃及数学所得不相上下。然而，他们到底从何得到24/25的比例，是不清楚的。值得注意的是：在$n = 5, 6, 7$时，上列A_n公式和公元1世纪希腊数学家赫伦在他的《测量学》（*Metrica*）中所列出的（见§6.2）并无二致。因此，他所承袭的，很可能是巴比伦而并非希腊本身的传统[②]。

平面形的分割

陶泥板上真正深入探讨的几何问题，其实还是离不开代数计算，而这是有深厚基础的，因为在公元前2200年的苏美尔陶泥板上，已经有几何图形划分的记载。这基本上有两项。首先，是相当于$(R-r)^2$展开式的面积关系$\square(R-r) + 2[R, r] = \square(R) + \square(r)$。这关系很容易在图1.5中看出来，因为显然$A = \square(R-r)$，$B = \square(r)$，$C = [R, r] - B$，$\square(R) = A + B + 2C = A - B + 2[R, r]$。其次，如图1.6所示，倘若要以平行线$EF$平均分割正梯形$ABCD$，那么梯形$AEFB = [\square(a) - \square(c)]/4 =$ 梯形$EFCD = [\square(c) - \square(b)]/4$，因此立刻得到$\square(c) = [\square(a) + \square(b)]/2$，这就是巴比伦数学中常用的"分割边的平方等于两平行边平方的平均数"定理[③]。

[①] Neugebauer and Sachs 1986，pp. 59–99.

[②] 见Neugebauer 1969，pp. 46–47。

[③] 这里所说的第一项关系只是基于大量算术问题出现的间接推断；至于有关正梯形的分割定理则是基于陶泥板IM 58045的解释，分别见Høyrup 2002，pp. 266–267，237。此定理其实不仅仅适用于正梯形，亦适用于任意平行四边形，但其证明则须利用相似三角形关系，而非图1.6。

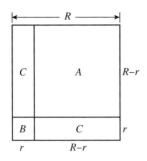

图1.5　以图解显示二次展开式
$$\square(R-r)+2[R, r]=\square(R)+\square(r)$$

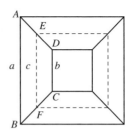

图1.6　以平行线EF等分正梯形ABCD之面积

在旧巴比伦王朝时代各种几何图形分割的问题广受热爱，而解法基本上都是以上述两个发现或曰"定理"为基础。以下我们举陶泥板VAT 8512上的突出例子说明这定理的应用[①]。这是一道相当困难的三角形不等划分问题，它不但解法十分巧妙，而且充分显示了巴比伦数学运用平分梯形以及转变标度的纯熟技巧。题目是：以平行虚线将直角三角形划分为不等的两半，以使分割后的边长差为$q=b-a$，面积差为$S=A-B$；从q，S和三角形的边长h，求分割线长x，分割后的边长a，b，以及分割后的面积A，B（图1.7a）。

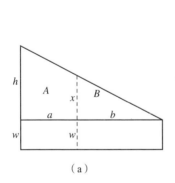

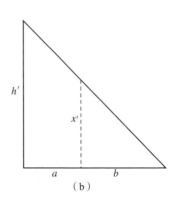

（a）　　　　　　　　　　　　　　　（b）

图1.7　将直角三角形面积作不等分配问题的图解

解法是：在三角形下面附加一个宽度为w的长方形，以令两者合并构成一个梯形，并且要求分割线（及其延长）平分这梯形：

$$A+wa=B+wb，即w=(A-B)/(b-a)=S/q$$

因此长方形宽度w可以简单决定。但梯形既然是平分了，那么也就可以用上述

---

① 此问题的描述和讨论见Høyrup 2002, pp. 234–238；在原问题和解法中所有长度和面积都是以具体数字给出和运算，此处代以相应的字母符号。此外，pp. 239–249有同类但更复杂问题的讨论。

有关定理：

$$\square(x+w)=[\square(h+w)+\square(w)]/2$$

由之可以简单地算出$x+w$并从而决定x。

但求得x之后，还得求边长a，b和面积A，B。为此，板上列出的解法也是颇富于创造性和巧思的（图1.7b）：改变宽度h的标度（scale）以使三角形成为等边，即令$Ph=a+b$，这样同时还可以得到$Px=b$，以及$P(A+B)=\square(a+b)/2$，$PB=\square(b)/2$，因此

$$P(A-B)=PS=[\square(a+b)-2\square(b)]/2=\square(P)[\square(h)-2\square(x)]/2，这就求得了标度$$
因子P：

$$P=2S/[\square(h)-2\square(x)]$$

由之就可以直接算出b，a和A，B。倘若试图循现代一般方式解此问题，则需解一具有五个未知数并带二次项的联立方程式，由是可深知上法之巧妙。

毕达哥拉斯定理

数学陶泥板上只有计算的步骤，而很少解释，更没有论述，所以我们并没有巴比伦文士是否具有几何观念的直接证据。然而，从他们所遗留关于正方形、长方形、梯形的大量计算以及相关图解看来，他们肯定并不缺乏关于"垂直"和"平行"的观念——虽然这不一定很抽象或者严格。而且，他们也显然知道并经常利用毕达哥拉斯定理——这并不奇怪，因为这个定理和他们所感兴趣的计算关系非常密切，在多达9块陶泥板上的各种计算都可以强有力地证明这一点[1]。

不但如此，奈格包尔在详细研究著名的Plimpton 322号陶泥板（图版3）数表之后认为，撰作此板的文士很可能还知道"毕达哥拉斯数组"的标准生成法。此法如下：令b，c，d数组适合毕氏方程式$d^2=b^2+c^2$，也就是说，它是"毕氏数组"，那么它可以从一任何整数对p，$q(p>q)$产生，只要令

$$b=p^2-q^2，c=2pq，d=p^2+q^2$$

即可，因为对任何p，q来说，前述的毕氏方程恒真。前述Plimpton数表共有4列，15行，所列出的除了各行顺序数[2]以外，是$(d/c)^2$，b，d这三列数，其中d，b，c是上述毕氏数组。奈格包尔所发现的是：表中的c全部可以整除d；

---

[1] 见Høyrup 2002, pp. 385-386。
[2] 各行顺序数则是根据d/c的值从接近$\sqrt2$递减至接近$2/\sqrt3$，也就是说，相关三角形的其中一角从45°递减至30°左右。

由于$d/c=(p/q+q/p)/2$，这整除的要求意味着在六十进制中p和q的倒数都必须是有限数，而事实上，与表中各行对应的p，q值也的确全部是在陶泥板标准倒数表中出现的[①]。

最后，甚至有迹象显示，巴比伦文士可能已经知道"何以"勾股定理是对的——虽然我们并没有证据表明他们曾经发展出"证明"的观念。这些迹象主要系于曾经多次出现的，由四个相同长方形首尾回环连接而构成的一个正方形（图1.8）[②]。与此图相关的问题（陶泥板DB$_2$–146）是：从长方形的面积[a, b]和对角线长c求边长a，b。它的解法意义不是很清楚，但最后是用了勾股定理，而且牵涉诸如□$(a+b)$和□$(a-b)$这些面积。而从图1.8可以见到，只要考虑由四个长方形的对角线c所形成的正方形，那么无论用下面哪一个关系：

□$(c)=$□$(a+b)-4[a, b]/2$（即最外正方形减去四角）

□$(c)=4[a, b]/2+$□$(b-a)$（即四角加上中间的小正方形）

都可以立刻得到勾股定理□$(c)=$□$(a)+$□(b)。所以，目前已经出土的文献虽然还不足以支持勾股定理在当时已经得到证明的说法，但综合以上各种证据，说当时对于勾股定理已经有很深刻认识甚至证明意识，那大概是不错的。值得注意的是，图1.8和《周髀算经》中用以证明"勾股定理"亦即毕达哥拉斯定理的"赵爽弦图"基本相同，但两者之间是否有关系就很难说了[③]。

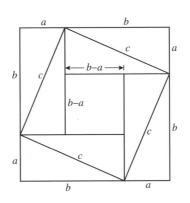

图1.8　用以证明毕达哥拉斯定理的"环矩图"

---

① 详见Neugebauer 1969，pp. 36–40。

② 见Høyrup 2002，pp. 257–261，385–387（以上讨论旧巴比伦陶泥板），391–399（以上讨论塞琉西陶泥板）。图1.8出现于所有上引段落。

③ 有关《周髀算经》中勾股定理之证明以及其与"赵爽弦图"的关系，曲安京2002，第29—50页有详细讨论。西方文献如Cullen 1996和Martzloff 1997也都提到此图，虽然前者对于《周髀算经》提出了勾股定理之证明这点并不认同。

远古数学的启示

那么，具有将近四千年历史的两河流域数学除了令人对它的精妙、久远感到震惊以外，到底还告诉了我们些什么呢？首先，它令我们意识到，数学发展不一定稳定和依循直线，更未必是由实用价值所推动。苏美尔文明遗留在数学陶泥板上的第一阶段数学是缓慢、稳定发展，由实用需求所带动的。这是个历时千年以上的过程：最初出现的是实物记录，它逐步演变为符号、数字，乃至以位置记数法表示的数目，最后四则运算和数表出现。在此阶段数学始终没有超越实用目标，它的内容仅限于具有直接日常应用意义的四则和比例算题。然而，巴比伦文明所显示的第二阶段发展却完全不同：在实用类型问题的延续之外，数学陶泥板上涌现了大量性质上明显属于"超实用"，并且表现出相当高技巧的问题。但这并不能够持续：在随后的卡塞特混乱时期和亚述帝国时期，数学就完全沉寂下来，只有凤毛麟角的一两块数学陶泥板留存；这样一直要到塞琉西时期，才再有数学陶泥板出现。

所以，数学虽然起源于实用，但它的进一步发展也就是"突破"却似乎有赖于"超实用"（supra-utilitarian）的兴趣与动机，也就是纯粹为了好奇或者炫耀而作的探究，以及容许，甚至鼓励这种探究的环境。这种发展带有"突变"甚至"革命"性质，而且它是不稳定的，极可能由于政治、社会、文化环境的改变而受到挫折，甚至消失。海鲁普认为，数学的突破性发展之出现于旧巴比伦王朝，很可能是因为它大规模发展了气氛宽松、带有人文气息和自主性的文士学堂（scribal school）。这些学堂提供了具有普遍意义的教育，即所谓博雅教育，而不仅仅是狭隘的技术、职业训练。由是相应的专业教师阶层得以兴起，为数学脱离直接实用需求，在小部分"专家"当中向精巧美妙的方向发展提供了土壤；同时教材的需求大增——我们今日看到的陶泥板数学文献，大部分就是由此而来。数学要能够发展到相当复杂的程度，并且变为一门独立学问，似乎必须倚靠这种土壤——一个既有闲暇也有高度专业兴趣和自豪感的阶层之形成。而这种体制和相应阶层之消失，可能也就是数学突然中衰的原因[①]。

---

① Høyrup 2002, Ch. 10，特别是pp. 362–367。在此他特别强调，带有娱乐性质的"炫耀性"巴比伦型数学问题，是有别于真正"理论性"，亦即古希腊型数学问题的。

六、希腊文明的渊源

　　巴比伦数学充分显示，西方数学有着极其深厚的渊源，其年代之悠久远远超过以往想象——事实上，它的萌芽是和西方文明本身同步的。当然，这个认识凸显了另外一个问题，那就是：古希腊数学与巴比伦数学之间究竟有何关系？西方数学大传统的确可以一直追溯到巴比伦乃至苏美尔文明吗？这不是个容易回答的问题，它牵涉希腊文明与两河流域文明之间的整体关系，因而不免受制于某些学者所固执的观点，从而引起难解争论。不过，在最近二三十年，由于在中东不断出现新证据，这种情况已经逐渐改变，希腊文明在多方面受到中东影响这一点，已不容否认，两者之间的传承关系，也慢慢为学界所接受了。

　　在以往不少学者的印象中，巴比伦和亚述帝国是崇尚武力与君主意志、视民众如草芥的高度集权国家；古埃及则是尼罗河、金字塔和法老王的世界，在彼庞大官僚机构统治百千万黎民，驱使他们夜以继日地开凿、搬运沉重石块，为统治者建造不可思议的巨大陵墓，在他们死后把保存完好的木乃伊躯体封闭其中，让其安静等待未来的复活。这样忽视个人价值的国度，竟然是追求公平、理性和抽象思维的希腊文明之源头，简直不可思议。然而，古希腊人自己却认为，他们的文化包括数学、哲学是承受于埃及、巴比伦（这指的自然是公元前7—前6世纪之间的"迦勒底巴比伦帝国"）、波斯这些远古文明。他们最早的哲人泰勒斯和毕达哥拉斯相传都到过埃及和巴比伦，并且曾经长时期在那里的神庙跟随祭司学习。他们的"历史之父"希罗多德（Herodotus）猜测，几何学本来是埃及人为了每年尼罗河泛滥之后重新丈量土地而发明的。柏拉图在《对话录》中也一再借埃及祭司的口吻，提到他们悠久的传统和深不可测的累积智慧，在其面前希腊哲人只不过像是孩童。整体而言，在古代希腊人观念中，东方的远古文明是博大精深、不可忽视的，他们自己的成就虽然值得自豪，但不可能凭空而生，其源头必然和远古文明有关。当然，上述传闻、猜测并无具体细节，《对话录》也颇不乏寓言、夸张和想象之词，所以在缺乏有力旁证的情况下，许多前代学者认为，那都只不过是古希腊人震惊于这些文明之久远而生出的想当然说法，不足深信。然而，传世古史为后来出土资料所证实的例子在近代考古学中屡见不鲜，我们现在也不可能对这些根深蒂固的传闻采取一概抹杀的态度了。

希腊主义的退潮

事实上，希腊文明整体（而不仅仅是其科学）与远古文明的关系在六十年前就已经受到西方学界关注了。当时考古学家戈登（Cyrus H. Gordon）在其《希腊与希伯来文明的共同背景》一书中提出这样肯定的观点："在诸如乌格列的考古发现令我们不再能够将希腊视为密封的奥林匹克奇迹，或者将以色列视为真空包装的西奈半岛神迹……希腊与希伯来文明都是建立在东地中海同一基础上的平行结构。"[①]他的观点基本上是由叙利亚海岸古遗址乌格列（Ugarit）之发现而触发，但论据则建立在许多有相同结构的史诗、故事之比较上，例如希腊的《奥德赛》（*Odyssey*）与苏美尔的《基格米殊》，希腊的《伊利亚特》（*Iliad*）与乌格列的《克勒特》（*The Epic of Kret*），希伯来的《出埃及记》与埃及中王朝时代的民间故事《辛努赫》（*The Tale of Sinuhe*），等等。在此后十年，这种观点从文学扩展到哲学：牛津的古典学家韦斯特（Martin L. West）研究希腊最早期哲学与东方的关系时得到了这样的结论："公元前550—前480年是伊朗积极影响希腊思想发展的一个突出时期。"他所说的，正是阿那克西曼德（Anaximander）、阿那克西米尼（Anaximenes）、毕达哥拉斯（Pythagoras）、赫拉克利特（Heraclitus）、巴门尼德（Parmenides）这些"前苏格拉底"自然哲学家的开创时代。他认为，波斯居鲁士（Cyrus）大帝吞并米堤亚（Mede）王国，可能就是引致该地称为"马古斯"（Magus）的哲人大批移居小亚细亚西岸，从而刺激希腊哲学兴起的原因[②]。

但是，即使到了20世纪90年代，对于这些观点仍然不是没有抗拒的。持开放观点的德国学者布尔克特（Walter Burkert）在《东方化革命：近东对希腊文化在古代早期的影响》一书中就说得很感慨，也很坦白："……即使在今日，要持平地讨论古典希腊与东方的关系还是困难，谁要作此尝试就会碰到不可动摇的观点、不安、辩护，乃至忿恨。谨慎的防卫心态将陌生与未知事物拒诸门外。在很大程度上，这是开始于两个多世纪之前，而主要生根于德国的思潮之结果。"不过，正如他跟着所指出的那样，自20世纪中叶以来，这一度声势浩大的"希腊主义"（Hellenism）已经在大量证据面前逐渐退潮。希腊文明之在许多方面受到两河流域和其他中东文明的深刻影响，已经是不争的事实了。他自己的著作引用了大量古希腊与中东有关其史诗、神

---

① Gordon 1962, p. 9.

② West 1971, pp. 239–242.

话的考古发现，以将两者联系起来，其中最引人注目的，包括中东的可怕女怪拉马什图（Lamashtu）与希腊的蛇发女怪戈耳工（Gorgon）之相似；以及希腊英雄珀耳修斯（Perseus）在雅典娜帮助下杀死戈耳工的铜刻画像，与基格米殊杀死怪物洪巴巴（Humbaba）的中东圆柱形陶泥印章之如出一辙，等等①。但是，戈登与布尔克特所搜集的证据虽然广泛，真正深入而细致的考究则有赖韦斯特继其70年代工作之后，于20世纪末出版的巨著《赫利孔山的东面：希腊诗歌与神话中的西亚素材》②。以下我们就此书所讨论的问题以及相关历史与宗教背景稍微再作一点说明。

赫利孔山的东面

　　希腊的信史大致从首届奥林匹克竞技会（公元前776）开始，可是，毫无疑问，希腊文化上第一件大事是荷马（Homer）史诗的出现。它的确切年代已经不可考，希罗多德认为是在自己之前四百年，即公元前850年左右，这个估计是大家历来接受的。在此之前，最具有决定性，最能够熔铸希腊意识的事件，就是作为荷马史诗《伊利亚特》主题的特洛伊（Troy）战争。此长篇诗歌所记载的希腊联军远征特洛伊的故事历来被视为神话、传说，但我们现在知道，它虽然有不少想象和编造成分，但叙事框架和许多细节却并非向壁虚构，而的确可以通过考古和文献研究找到根据。特别是，经过20世纪多次田野发掘，考古学家发现了在小亚细亚西北近达达尼尔（Dardarnelles）海峡入口处的特洛伊多层遗址。它是控制欧亚之间以及地中海与黑海之间贸易的交通枢纽，历史极其悠久，在公元前3000—前1300年一共经过六个时期的累积，至于第七期（Troy ⅦA，公元前1300—前1200）则是个非常富裕和强大的政治、军事和贸易体系的中心。此城在公元前1200年左右被焚毁，其后完全衰落。因此它所反映的，应当就是《伊利亚特》所描述的战争，亦即希腊构成民族三支之一的亚该亚人（Achaean）联军渡海征服特洛伊这希腊史上的大事③。

　　荷马在世大约是公元前850至前750年之间，比特洛伊战争只晚三四百

---

① 分别见Burkert 1992，pp. 1, 82–87。

② West 1997.

③ 根据多方面的最新考证，特洛伊（希腊文为*Tpoia*）当是赫梯王国的属邦韦鲁沙（Wilusa），它在公元前1200年前后多次遭受希腊半岛上迈锡尼文明众多部落的联军攻击，这些部落的名称、方位在《伊利亚特》的所谓"舰队名录"中一一列出，至今还可以详细考核。因此特洛伊战争所反映的虽然未必是单一次庞大战争，却很可能是多次战役的实况。详见Latacz 2004的专门研究，至于Cline 2013则是此问题更精简的最新介绍。

年。他是爱奥尼亚海岸希俄斯岛（Chios）人——或者，应该说，他的后裔族
人称为"Homeridae"者在该岛繁衍，那里北离特洛伊160公里，南离自然哲学
发源地米利都（Miletus）、萨摩斯（Samos）只百余公里①。他的史诗不但为
当时的历史、社会留下重要见证，并且在两方面塑造了希腊文明。其一，是
熔铸希腊的民族意识；其二，更重要的，是塑造了希腊早期的朴素宗教观，
在其中奥林匹克山上的众多神祇在感情、私欲、行事作为上与凡人一般无
异；神与人之分别，只在于前者能力极其强大，而且长生不老，这两点为凡
人所绝对无法企及——正如一般民众不能企及阿伽门农王（Agammemnon）或
者其他部族首领的体能和权力一样。色诺芬（Xenophanes）说得好："从头开
始，人人都是从荷马那里学来的。"②

　　然而，《伊利亚特》是完全出于原创的观念，现在已经被打破了。在戈
登和布尔克特工作的基础上，韦斯特更进一步，在《赫利孔山的东面》一书
中以大量文献比较和研究证明：荷马的伟大创作并非凭空而来，它有无可置
疑的东方渊源。那也就是说，《伊利亚特》的布局、情节、描述笔触，甚至
它的主角，具有悲剧命运的大英雄阿喀琉斯（Achilles），都并非纯粹凭当地
的传说和个人想象创造出来，而是有所本的。所有这一切的本源，就是在苏
美尔文明中出现，而后在中东广为传播的《基格米殊史诗》（*The Gilgemesh
Epic*）③。事实上，大英雄基格米殊正是《伊利亚特》悲剧性主角阿喀琉斯
的原型。这个长久以来为西方学者忽略的关联，现在已经由于大量陶泥板文
献的出土与解读，以及少数学者锲而不舍的长期钻研得以证实。根据布尔克
特、韦斯特与其他学者的考据，荷马的另外一部史诗《奥德赛》，以及其
他早期希腊文学，诸如与荷马大致同时的赫西奥德（Hesiod）的《神统纪》
（*Theogony*）和《工作与时日》（*Works and Days*），以及公元前5世纪悲剧
作家埃斯库罗斯（Aeschylus）的作品，乃至希腊早期的宗教观念等，也莫不

---

① 荷马的年代有高度争议：根据希腊最早的史家希罗多德，《伊利亚特》作于公元前850年；近
　代学者的大量研究则将之后移至公元前750年左右，见Bowra 1950, Ch.12。由于《伊利亚特》
　内容繁复，而故事结构、音韵、用词仍然有高度一致性，因此一般学者都认为，它有单一作
　者，即荷马的确是历史人物。

② Xenophanes Fr.10, Freeman 1962.

③ 基格米殊事迹的记载出现于公元前2600年，有关他的史诗最早出现于乌尔第三王朝末年，即
　公元前2000年左右，那是以苏美尔语和楔形文字书写的，但其继续发展和广为流传的则是在
　旧巴比伦王朝，而变为阿卡德语的著作。它最完整的标准本子则是发现于尼尼微城图书馆的
　"十二石板本"，属亚述奔尼泊王（Ashurbanipal, 公元前669—前633）时期。此史诗有如下
　附有长篇导言以及源流考证的楔形文字–英文对照本：George 2003。

深受近东影响①。韦斯特在他的书题中特别提醒我们，希腊众文艺女神缪斯（Muses）所居的赫利孔山（Helicon）有其向东的一面，就是此意。

东方文明西传的途径

但东方的神话、史诗，是如何西传的呢？根据韦斯特的论证，这开始于新亚述帝国于公元前934年兴起：它的军队在半个世纪后到达巴勒斯坦海岸，随后一再入侵腓尼基（Phoenicia）和小亚细亚东南的西利西亚（Celicia）海岸。因此，在迈锡尼文明覆灭和古典希腊文明形成的最初阶段（§2.1），两河流域文明势力同时到达已经希腊化的塞浦路斯岛东面和北面海岸，为东方文明的西传打下了基础。但真正关键性的转变则可能来自提革拉帕拉萨三世（Tiglath-Pileser Ⅲ，公元前744—前727年在位）所推行的大规模民众迁徙政策，即将所征服地的民众迁徙到两河流域，同时将大量亚述、巴比伦民众迁徙到腓尼基、西利西亚。从这时候开始，亚述帝国与塞浦路斯希腊政权的军事冲突以及政治交涉也开始有明文记载了。总的来说，从公元前9世纪开始，东方文明往西传播到希腊的途径就已经具备，其枢纽极可能是乌格列和塞浦路斯②。

当然，即使有了政治和经济接触，抽象的文化内容诸如宗教信仰、文学著作、科学观念等到底以什么方式传播，也还是一个不容易回答的问题——由于阿卡德语和楔形文字从未在爱琴海世界流行，这个问题更为突出。在这方面有许多猜测，其中可能性最大的，是通过贸易、婚姻、谋生、逃难、应聘、流浪、寻找工作等各种原因而产生的人口流动。在当时海上交通已经十分普遍，而对人口的控制则远不如近代，因此这种流动是相当自由和广泛的。经常为学者引用以说明这流动之普遍的，是《奥德赛》里面奥德修斯（Odysseus）的老仆人尤美乌斯（Eumaeus）所说的："谁会跑到别处去请回来一个陌生人呢？除非［请的］是对大家都有用的人，像占卜的、治病的、做木工的，甚至能够演唱取悦的歌者吧？这些是在无垠大地上往来，而会受到邀请的人。"③

① 除West 1997，Burkert 1992外，并见Louden 2011有关《奥德赛》的专著。
② 这方面的讨论见West 1997，Ch. 12，特别是pp. 624–630的结论部分。
③ *Odyssey* 17.382–386，作者译文。引用此段的，尚见West 1997，p. 611；Burkert 1992，p. 6。

科学文献上的证据

因此，自公元前9世纪以来，希腊与埃及、巴勒斯坦、两河流域、波斯这些东方文明并不是分离、孤立的，而是在艺术、器物、文学、宗教等各方面都有交流，都受其影响。在此大背景下，旧巴比伦数学依循相类似途径和方式渗透、传播到爱奥尼亚，从而影响希腊数学发展的可能性是难以排除的。例如，迟至公元前3世纪，仍然有巴比伦祭司迁徙到小亚细亚西海岸，并且开设学校教授天文学的事实（§4.5）。但是，除了希腊早期哲人曾经在东方游历的多处记载以外，这种可能性还有什么其他更为直接的证据呢？必须承认，相对于文学、宗教、民俗等各方面而言，能够显示这些文明之间在科学上也有传承关系的资料并不多。这巨大差别可能反映了希腊文明在科学上的创新能力，但恐怕也有一部分是由于科学领域的性质不同，即它只关乎极少数精英分子的活动，因此遗留下来的传承痕迹十分稀少。

不过，虽然如此，仍然有例外。那就是在欧几里得的经典《几何原本》第六卷之中，有许多公式事实上与其前一千三百多年在巴比伦陶泥板上所记录的结果如出一辙。当然，在《几何原本》中这些成果已经转变为在严格基础上被证明的普遍定理，从而被赋予崭新意义。但这显然就为希腊数学曾经受到巴比伦某些数学成果的启发、刺激而萌芽、发展，提供了坚强有力的证据（§5.2，特别是表5.1）。那也就是说，像泰勒斯、毕达哥拉斯那些早期哲人的数学意识乃至具体认识，的确可能如传说的那样，是在其游历中得之于"东方"的；又或许如《奥德赛》所描述的那样，是通过社会上各种渠道，间接吸收了"东方"数学成果。除此之外，我们还有若干证据表明，巴比伦的几何代数学一直没有消失，而是成为巴格达地区的民间传统，而这颇有可能就是伊斯兰代数学的根源（§8.3）。倘若如此，那么它之影响古希腊数学也就不足为奇了。所以，无论其具体途径如何，我们都不能不承认，希腊科学的渊源极有可能上溯至将近四千年前之古巴比伦文明。

第二章　自然哲学传统

　　希腊科学是从自然哲学开始的，早期科学家就是自然哲学家，从泰勒斯（Thales）、芝诺（Zeno）以至德谟克利特（Democritus）都是如此。希腊哲学从头就与科学相近：它致力于探究大自然奥秘而忽略人事，喜好抽象理论而忽视实用技术，其所反映的，是所谓"重智"精神。这与中国讲究人伦、社会、实用的"重德"精神，分别代表两种完全不同的文化倾向。希腊哲学以柏拉图为宗师，他极端重视数学，认为它是完美与恒久理念的代表，也是培育"哲王"的理想教材；中国圣人孔夫子所看重的则是"克己复礼"和忠恕之道，而绝少谈论自然事物，"夫子之言性与天道，不可得而闻也"。这截然不同的两种观念、气质，虽然不能够涵盖西方与中国文明的整体——毕竟，希腊哲学还有"重德"的苏格拉底和以实效为尚的"智者"，诸子百家之中讲论天道与阴阳五行的也大有人在，但两大文明基本分野所在也就昭然若揭了。

　　为什么东西方文明的基本取向如此之南辕北辙呢？这很难回答，大概与历史、地理不无关系。孔夫子之看重社会与人伦并非个人原创，而是继承和发扬肇自远古的思想，亦即尧舜禹汤文武周公的悠久传统，其终极目标是在广大土地上维系农业社会的和谐稳定，以及延续家族和政权命运。希腊自然哲学家所处，却是分散于希腊本土、小亚细亚西海岸和南意大利，由移民集团所建立的众多细小城邦，彼此不相统属，背后更没有久远或者强大政治传统；从文化上来说，希腊并不"源远流长"：从泰勒斯等自然哲学家看来，塑造希腊意识的大诗人荷马只不过比他们早数百年而已。在这样的动态环境中，个人的好奇心与推理、幻想能力得以自由发挥，而并不拘泥于现实和群体问题，是很自然的事情。所以，要了解希腊的自然哲学，还需要从他们的历史与社会背景开始。

一、爱琴海的世界

和出现于大河流域的几个远古文明相反，希腊文明是以爱琴海中无数港湾、半岛和岛屿为中心的。这包括：海西岸的希腊本土，南边的克里特岛（Crete）和罗德斯岛（Rhodes）；东边的小亚细亚沿岸地区，即所谓爱奥尼亚（Ionia）；北边的色雷斯（Thrace）；中南部星罗棋布的基克拉泽斯（Cyclades）群岛；此外还有西边的西西里岛与意大利半岛南端，即所谓"大希腊"（Magna Graecia）。这高度破碎的地形阻止了强大政治力量的凝聚，因而有利于邦国并立和个别文化独立发展。但由于海上交通的发达，一种松散的整体文明却得以逐渐形成，它并非以建立一统政治秩序为主要关怀，所以和大河流域文明有显著分别。

希腊文明的成熟大约可以以首届奥林匹克竞技会（公元前776）为起点，那大致上也是斯巴达宪章和特尔斐神庙（Delphic Sanctuary）等重要体制出现的时代。它的前身是以克里特岛为中心的米诺斯（Minoan）文明，和在希腊本土继起的迈锡尼（Mycenae）文明[1]。但它与这两者的传承关系并不很直接，因为被长达四百年的大混乱时期居间隔开了。

迷宫中的牛魔：米诺斯

在希腊意识中，米诺斯和居住在迷宫中吞食少男少女的"米诺牛魔"（Minotaur）故事分不开，这在历史上倒是颇有根据。米诺斯文明发源于克里特本地，根源可追溯到新石器时代，但成形于公元前2000—前1750年，在公元前1600—前1500年间达到高峰。它的特点是以文字（即所谓Linear A Script）为基础的行政管理，克诺索斯（Knossos）庞大和构造复杂的宫殿，以及带来巨额财富的海上贸易——当时它已经成为东地中海一个庞大海上帝国的中心，与新王朝时期的埃及有频繁外交与商贸关系。在宗教上它崇拜抓蛇的女神，祭司一般都是翩翩少年，相传中的米诺斯很可能就是这样一位祭司，其壁画所描绘的"戏牛"运动或者祭祀仪式，则可能是牛魔故事的原型。在这些壁画中米诺斯文化表现为对于青春、自然和美的向往、崇敬，而没有崇尚勇武和战争的意念，这与两河流域文明迥异。然而，它的复杂建筑形式以及以陶泥板为书写媒介这两点则明显承袭于两河流域。米诺斯文明的重要性在于：它是联系希腊本

---

[1] 有关米诺斯文明、迈锡尼文明以及两者之间关系的概述，见Hammond 1986, pp. 19–91。

土与"东方"，即巴勒斯坦、两河流域以及埃及的枢纽①。

米诺斯文明的转捩点是公元前1500年在其正北方160公里的锡拉（Thera）岛极其猛烈的火山爆发，它所产生的巨大海啸与遮天蔽日的火山灰可能对整个东地中海，特别是克里特岛北岸造成了近乎毁灭性打击②。这空前灾难严重削弱了米诺斯帝国，令来自希腊本土的力量得以在公元前1450年大规模入侵，然后占领、控制克诺索斯；在公元前1400年克诺索斯遭到第二次同样来自海上，但更为全面和彻底的打击，自此米诺斯文明就消失了。

阿伽门农王遗址：迈锡尼

从发思古之幽情的角度来说，在雅典西南大约100公里的迈锡尼遗址，应该就是当年远征特洛伊的希腊联军统帅阿伽门农王宫殿所在地，这在历史上未必能够成立，但也并非全然无稽。其实，缔造希腊文明的，前后统共有三波来自巴尔干或者更遥远北方山区的大规模武装移民：（1）最早的是公元前2000年南下，定居于希腊本土的爱奥尼亚人（Ionian）；（2）跟着是公元前1600—前1500年南下，发展出迈锡尼文明的亚该亚人；（3）最后则是公元前1200—前1100年亦即特洛伊战争时期南下的多利安人（Dorian）。这三支民族的语言和定居地都不相同，在希腊诗歌和历史中大体上还可以分辨。所谓迈锡尼文明大体上是亚该亚人在希腊本土所建立的青铜文明，它的特点包括：处于圆寰内的大型集体墓葬、高度发展的精美青铜武器，以及坚固的防御性碉堡，这在考古遗址中还有大量遗留；它的壁画和器物装饰表现了强悍的尚武精神，这很可能也是它发展海上贸易的手段。克诺索斯在公元前1450年被攻击和征服，大概就是迈锡尼战士越海征战的结果，其后它在克里特文字基础上发展出表达希腊语言的拼音文字，即所谓Linear B Script③。

从公元前1400年开始，迈锡尼文明的扩张加速，很快就泛滥整个爱琴海

① 有关米诺斯文明，见下列两部专著：Chadwick 1976，Willetts 1991。
② 此次火山爆发比之著名的1883年印尼喀拉喀托（Krakatoa）火山爆发犹远远过之，因为从今日地形看来，锡拉岛的绝大部分在此次爆发中消失，只留下直径达10公里的破缺火山口（caldera）。有证据显示，由是产生的海啸波浪在锡拉岛附近高达250米，克里特岛北岸对之没有任何屏障，因此遭受毁灭性打击是相当肯定的。从邻近海底火山灰沉淀的厚度看来，事发的时候吹西北风，因此对克里特岛的影响也特别严重。此问题的详细讨论，见Chadwick 1976，pp. 8–12。
③ 有关迈锡尼文明，见以下两部专著的详细论述：Palmer 1965，此书重点在Linear B Script及其遗留的证据，还有迈锡尼文明与米诺斯文明的关系；以及Mylonas 1966，此书是各迈锡尼遗迹的深入研究。

世界。它最突出的表现，自然是庞大与辉煌的远征特洛伊，那可能是牵涉全希腊和小亚细亚西部城邦、历时数十百载的长期战争。其后，由于至今还不清楚的原因，这次战争触发了地中海东部长达四百年的大混乱时期：自此迈锡尼文明衰落，青铜时代结束，而且小亚细亚半岛上的强大赫梯王国、叙利亚北部海岸的主要城邦乌格列，乃至埃及的新王朝，都相继覆灭。据推测，这有可能是亚该亚人联军在破城之后分散成为多股武装移民集团在地中海东部闯荡，冲击原有政治秩序所造成的。其中一个后果是塞浦路斯岛于公元前1200—前1100年间出现了多个希腊据点，并引致与其隔海相望的贸易枢纽乌格列也开始希腊化。另一个可能性则是特洛伊本来是迈锡尼文明的屏障，它的覆灭令北方蛮族，包括前述的多利安人得以自由涌入希腊本土，本来已经在希腊定居的爱奥尼亚人因此被冲击、驱赶，向爱琴海诸岛屿和小亚细亚西海岸扩散。上面两个因素都有可能产生连锁反应，从而造成持续到大约公元前800年，即荷马时代才结束的大混乱。

希腊文明的成形

此间最早来到希腊的爱奥尼亚人也饱受冲击，因此集中到以雅典为中心的阿提卡（Attica）区域避难。从公元前1050年左右开始，他们更组织多次大规模海外移民，占领小亚细亚西海岸中南部，这和雅典有密切关系的殖民区域因此也称为爱奥尼亚[①]。这区域海岸曲折崎岖，岛屿星罗棋布，多港湾峡谷，缺乏向内陆延伸的宽广腹地，因此形成许多具有联盟关系，但互不相统属的城邦殖民地，诸如希俄斯、士麦那（Smyrna）、萨摩斯、米利都、科洛丰（Colophon）、科斯（Cos）、尼多斯（Cnidus）、以弗所（Ephesus）等。它们一方面成为希腊城邦政体的滥觞；另一方面，由于其地理位置，又成为希腊本土与东方的贸易、文化交流中介，所以日后希腊哲学与科学发源于此并不是偶然的。

到公元前9世纪中叶，大移民所产生的狂飙激流过去，情况逐渐恢复安定，西亚特别是腓尼基海岸即今日巴勒斯坦一带的影响又得以再次通过塞浦路斯和克里特岛这一南方联络线而到达希腊本土。这影响包括大量的精美工

[①]　其实远在爱奥尼亚人到来之前，这一带就已经有前期希腊文化了。例如米利都的遗迹可以追溯到公元前15—前14世纪，而且表现了丰富的兼具迈锡尼文明和米诺斯文明的特色。见 Greaves 2002，pp. 56–69。至于有关希腊古典文明的形成，见Hammond 1986，pp. 92–175。

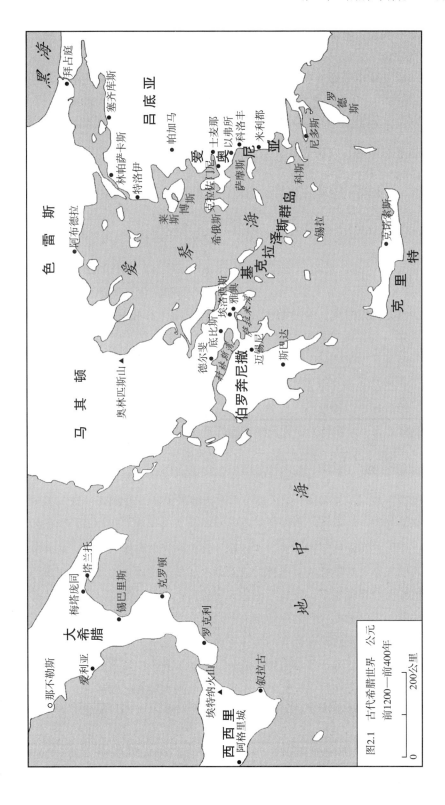

图2.1　古代希腊世界　公元前1200—前400年

艺制品，例如，雅典大量行销海外的陶器之所以会发展出所谓"几何风格"
（Geometric Style），基本上就是受此刺激而创造出来的。但最关键和重要
的，无疑是腓尼基拼音字母的传入：它不但迅速被接受，更与迈锡尼文明的
Linear B Script结合，跟着蜕变成适合于希腊语的希腊字母，然后广泛传播，
使得整个爱琴海世界迅速进入书写时代，希腊文化因此迎来飞跃发展时期。
希腊最早的诗歌、政治宪章、宗教体制、历史记载，特别是列王表等，都在
公元前850—前750年间出现，为它的古典文化奠定了宽广基础。

二、自然哲学概观

公元前6—前5世纪是雅斯贝斯（Karl Jaspers）所谓的"轴心时代"
（Axial Age），多个主要古代文明的思想特征和文化传统都形成于此时：在
印度，这是佛陀时代；在波斯，这是琐罗亚斯德（Zoroaster）时代；在中国，
这是孔子、墨子和孙子的时代；在希腊，这是泰勒斯、毕达哥拉斯等自然哲
学家的时代[①]。东西方哲学出现的年代虽然相同，但过程却迥然而异。孔子代
表正统思想的振兴，希腊的自然哲学却是个"周边现象"，它是以边缘影响
中心，然后逐步渗透中心，成为主流的。

具体而言，希腊哲学最先出现于海外殖民地：最早的米利都学派（Miletian
School）出现于东边的爱奥尼亚；随后的爱利亚学派（Eleatic School）出现于西
边的所谓"大希腊"；此后由于偶然机缘，哲学开始在雅典萌芽，但最晚的原
子论学派（Atomic School）则出现于东北边的色雷斯（表2.1）。就问题意识和
思想倾向而言，所有这些哲学流派都和当时的希腊主流文化相异：它们的基本
关怀在于无关实际的宇宙和大自然问题，因此称为"自然哲学"，而并非向来
主宰希腊人心灵的奥林匹克诸神，或者如火如荼迫在眉睫的政治、军事问题，
例如波斯大军兵临城下，雅典斯巴达互争雄长，贵族、僭主与民众政体激烈竞
争，等等。不但如此，它的思维模式也几乎全然以思辨为主，也就是推理的、
抽象的，绝少涉及政治和社会的实际考虑。相比之下，中国哲学的开山祖师孔
子、老子、墨子、孙子等都出生、成长、活动于齐鲁中原核心地区，他们所关
怀用心者，大部分在仁义、礼乐、军事、治乱兴衰等实际政治社会问题，和同
期西方哲学家形成强烈对比。换而言之，中国哲学是顺着、接续着自尧舜禹汤

---

① 见Jaspers 1953。但雅斯贝斯原来的"轴心文明"观念以近乎宗教信仰的"性灵"（spiritual）
　发展为核心观念，所以其例证并没有包括希腊的自然哲学之兴起。

文武周公以来那个讲究伦理和治道的大传统发展，希腊哲学则是在荷马、赫西奥德、梭伦等的文学和政治传统以外自立门户，另辟蹊径。

表2.1　"前苏格拉底"哲学流派的时代和地域分布

时　代	爱奥尼亚	南意大利和西西里	色雷斯	雅典
公元前6世纪上半叶	米利都学派：泰勒斯、阿那克西曼德、阿那克西米尼			
公元前6世纪下半叶	赫拉克利特	自爱奥尼亚移居"大希腊"：毕达哥拉斯及其学派；色诺芬		
公元前5世纪上半叶		爱利亚学派：巴门尼德、芝诺、恩培多克勒		阿那克萨戈拉（自爱奥尼亚移居）、普罗泰戈拉
公元前5世纪下半叶			原子论派：留基伯、德谟克利特	高尔吉亚、希庇亚斯

早期希腊哲学的两个主要特征，即在边缘地区发展和以探究自然为宗旨，到苏格拉底而发生变化：从公元前5世纪末叶开始，哲学活动逐渐集中到雅典，而生命、道德、政治也慢慢地成为其基本关怀的一部分。这决定性的改变有许多原因，其中最重要的，当是柏拉图"学园"所发挥的魅力和影响力，以及"智者运动"（Sophist movement）的兴起。所以，把希腊哲学最初的一个半世纪（约公元前600—前450）称为"前苏格拉底"时期，是很自然的。

相传众多"前苏格拉底"哲学家有大量著作，不幸这些都没有完整地流传下来，他们的事迹、师承、学说只能够依据后人著述，特别是柏拉图的《对话录》以及亚里士多德的《论天》《物理学》《形而上学》等著作而间接得知。亚氏的著作很可能是在教学讲义的基础上整理而来，其中对前代哲学家有系统论述，颇有学术史味道。至于散见于各种典籍的"前苏格拉底"哲学家原著片段（包括某些长篇）则为19世纪德国学者迪尔斯（Hermann Diels）所搜集，编辑成《前苏格拉底残篇》，此集为英国学者弗里曼（Kathleen Freeman）翻译成英文，更另以专著辅翼并行[①]。

---

① 以上三种著作分别为Diels and Kranz 1951–1952（迪尔斯原著出版于1903年，其后经多次修订与扩充，此为在他身后由克兰兹再度修订的版本）；Freeman 1962；Freeman 1959。本章的原始资料主要取自Freeman 1962，以及第欧根尼的《名哲言行录》，即Diogenes Laertius/Hicks 1965，在该书中表2.1所列出的哲学家除了高尔吉亚和希庇亚斯之外都有传。至于（转下页）

三、米利都学派

希腊自然哲学起源于公元前6世纪的爱奥尼亚，它的始祖是泰勒斯。他出生和活动于小亚细亚西端的米利都（Miletus），弟子阿那克西曼德和徒孙阿那克西米尼也是米利都人，他们所建立的，就是所谓米利都学派。在此学派以外，爱奥尼亚还有三位重要哲人：出生于萨摩斯的毕达哥拉斯和出生于科洛丰的色诺芬，这两位比泰勒斯晚大约半个世纪，早年受米利都学派影响，后来都迁移到意大利南部的"大希腊"区；第三位是出生和终老于以弗所的赫拉克利特。这群公元前6世纪的爱奥尼亚哲人声气相通，相互激发，他们就是希腊哲学和科学的开创者，也是柏拉图和亚里士多德的先驱。除此之外，希腊早期好些重要科学家，例如数学家希波克拉底（Hippocrates of Chios）和尤多索斯（Eudoxus），还有作为希腊医学始祖的另一位希波克拉底（Hippocrates of Cos），也都出自爱奥尼亚，因此这一海岸区是希腊自然哲学名副其实的摇篮。

开山祖师泰勒斯

泰勒斯（Thales，约公元前620—前550）是希腊哲学开山祖师，他和雅典宪政之父梭伦（Solon，公元前638—前558）一样，被公认为古希腊"七贤"（The Seven Sages）之一[1]，显示他不仅仅以学问、见识和思想知名，还有实际才能和城邦领导地位，亦即是说，当时"哲人"角色尚未分化，未曾完全和贤明长者、领导者的角色分别开来。无论如何，希腊哲学传统由他触发，并且在相当程度上由于他的魅力、典范而走上"重智"道路。有关他的论述很多，我们要特别提出来的，主要有以下三个方面[2]。

（1）数学和天文学

泰勒斯以数学和天文学知名：相传他曾经利用日影推断金字塔高度和在海岸高处测量远方船舶的距离，因此被认为是把几何学从埃及传入希腊的第一人。除了上述实用测量技术之外，他还有更确切的原创性贡献。根据普洛

（接上页）与本章相关的论述则主要参考以下著作：Guthrie 1962–1981，Vol.1–2；Freeman 1959；Kirk，Raven & Schofield 1983；Zeller 1963；汪子嵩等《希腊哲学史》第一卷。

[1] "七贤"究竟是哪些人，有多种不同说法，但泰勒斯在所有说法中都稳占首席，没有异议。

[2] 关于他的论述见Guthrie 1962，pp. 39–72，及以下专著：O'Grady 2002。

克鲁斯（Proclus）在《欧几里得〈几何原本〉第一卷评述》中的记载，泰勒斯"自己作出许多发现，又把有关其他的原理传授给后人，其解题方法或诉诸普遍理论，或倚靠实践经验"，而且他首先发现以下几何学定理：（i）圆为其直径所等分；（ii）等腰三角形两对应角相等；（iii）两直线相交所形成的对顶角相等；（iv）三角形为其任何一边及其旁两角所决定[①]；此外，第欧根尼还在《名哲言行录》中提到，他发现（v）半圆中对应于直径的内接角是直角。但这些"发现"到底是原创抑或从埃及引入，是否连带有证明或者推论，就都不清楚了。

泰勒斯又是希腊第一位天文学家，曾经测定冬至与夏至点，又曾经准确预言在公元前585年会发生日食。这次是近乎日全食，事发当日邻近米利都的吕底亚（Lydia）王国与入侵的波斯军队正在交锋，双方由于大地陡然昏暗而惊慌停战，因此他的预言特别令人震惊——其后不久，他就被推尊为"贤人"，而日食之年，以后也被视为希腊哲学的起始。不过，无论在当时甚至两三百年后，准确预测日食其实都还超出科学计算能力。所以他的预言大概是基于巴比伦的"沙罗斯"（Saros）周期，即日月食大约每18年又10日重现的粗略经验规律，以及埃及在公元前603年曾经发生日食的事实，而并非来自对天体运动和日月食成因的认识[②]。

泰勒斯的数学和天文学知识、发现可能被渲染、夸大了，然而他受东方影响，从之吸收大量观念与知识，自己也作过深入思考，有所发明，因此能够以其学问、见识、魅力营造风气，将希腊心灵引向理性思维与自然界探究，则是不争的事实。

（2）原质观念：从神祇到理性

在数学和天文学探究以外，泰勒斯还有更重要的贡献，那就是提出宇宙"原理"即其基本质料和运行原则为何的问题。这从根本上改变了希腊人观察、了解世界的角度和方向。在公元前6世纪之前，希腊人的宗教观乃至宇宙观、人生观基本上是由诗歌、神话所塑造。荷马的《伊利亚特》描述了历代相传的众多神祇各凭本身喜好直接干涉、影响、改变人类行为和事态发展，对此无论凡人或者英雄都无能为力，只能接受命运安排。稍后赫西奥德的《神统纪》所述说的仍然是人格化的神祇，但在内容上开始作出新

[①] Proclus/Morrow 1970，pp. 65 ff.
[②] 有关泰勒斯在数学和天文学上发现的讨论见Heath 1965, i, pp. 130–138; Guthrie 1962, pp. 52–54。

尝试，即以神祇为宇宙现象的化身，并且以人世代繁衍的方式来追溯他们的形成过程：例如太初有混沌（Chaos）和大地（Gaia）；混沌生出黑夜和埃里伯斯（Erebus），黑夜与它相混合而生白日和以太（Aether）；大地生穹天（Ouranos），又与之相交而生群山、海洋（Okeanos）、第一代巨人泰坦（Titan）；等等。这是从神祇转向自然，同时以自然将神祇理性化的过渡观念。它已经显现出重视自然，并且试图解释其存在的特征。

在上述背景下，泰勒斯抛开以神祇（gods）的衍生及其意志和作为来解释自然现象，转而直接从自然本身寻求和论述它众多现象背后的原理（principle），并且提出此原理就是水。这是崭新的、革命性的观念。这里所谓"原理"或者"原则"，即是稍后他的弟子阿那克西曼德称之为"原质"（arche）者。这种说法当时没有文献留存，它最早的记载见于两个世纪之后的亚里士多德："早期哲学家大多认为，物质（matter）本性的原理就是万物（all things）的原理；亦即万物之所包含，它们最初之由来，以及它们最后之归化（物质留存但状态则改变）——他们说这就是事物的元素（element）和原理，所以他们认为无所谓生灭，因为这种实体（entity）总是守恒的……这派哲学家的创始者泰勒斯说，此原理就是水（因此宣称大地是支撑于水上的），这种观念也许是因万物都从湿气得到滋养而来。"[1]所以，这个所谓原理其实有两重含义，即世上万物的来源、本原，以及这共同来源之所以能够造成万象的理由。泰勒斯以水为此原理并不令人觉得突兀，可以说是根据东方和希腊本身传统而来，因为埃及有所谓"原水"奴恩（Nun），土地和创造神都是从之而出；在巴比伦的《创世记》中原始混沌就是甘水（Apsu）、海水（Ti'amat）和云雾（Mummu）三种水的混合；希伯来的《创世记》劈头就说其始只有空虚混沌，神灵运行于水面，然后将水分开而有空气、天地，等等；甚至荷马也提到女神赫拉（Hera）自己说去了大地尽头，那就是"海洋，诸神最先之所自出"[2]。

所以以水为宇宙原理乃是传统的继承，这很自然而并不特别重要——风、火、原子乃至抽象的"无限""数"，后来都曾经被认定为是相类似的原理，不过被改称为"原质"。重要的其实是"原质"这一观念本身：它以某些特定自然界事物来作为解释自然万象的基础，而这是从原始宗教转向理性思维的关键，也就是希腊哲学和科学的开端。在泰勒斯之后一个多世纪，

---

① 见*Metaphysics* 983b6–25，作者根据Barnes编译本即Aristotle 1995翻译，本书以下征引同。
② *Iiad* 14.201.

原质的探求、讨论成为哲学的中心（虽然并非唯一）论题，而在此阶段哲学即是科学。假如古希腊科学在其源头有个革命性变化，那么泰勒斯所提出的"原理"或"原质"观念，就标志了这个变化的最初阶段。这变化和日后西方科学观念中的"化约主义"是相通的：寻求原质，即间接认定世上万物在最初具有共同和单一（或许是极少数）构成元素和原理，而它们是可以用智力来发现和认识的。

不过，我们也不能忘记，就希腊哲学而言，这仍然是个朦胧的创始阶段，在其时原质观念只是趋向于理性和自然，而并没有完全脱离传统宗教影响。因此泰勒斯又说"万物都充满神"[①]，其所指就是：如水或者火那样的事物不可能凭借自身而产生我们所见的变动、变化，所以在这些变动、变化的背后，必然到处都有神灵的鼓动——在希腊传统宗教的观念中，神祇和人的一个基本分别是神祇不死，因此神祇的鼓动可以恒久不息。这种意识一直延续到柏拉图：他认为天体的运动是由其灵魂操纵的，这灵魂就是其神祇[②]。他的弟子亚里士多德才开始采取了全然理性的观念，认为神祇并不直接干预自然界运行。换而言之，抛弃神祇的理性化革命（假如我们可以用这粗糙的说法来形容它）是相当漫长的——将之与现代科学革命相比，倘若将泰勒斯比之于哥白尼，那么古代牛顿的出现，还在遥远的未来。

（3）东方渊源

最后，我们要再次强调，泰勒斯的才智虽然无可置疑，他的思想和发现却非凭空出现。历史上爱奥尼亚和东方的密切关系，我们在前文已经讨论过。在像希罗多德和第欧根尼的古代记载中，泰勒斯本人与东方也同样有密切关系：他的祖上是巴勒斯坦海岸泰尔（Tyre）地方人或者腓尼基人，他自己曾经在埃及长期和广泛游历，因此承受了他们的几何测量知识，而他之能够测定冬至、夏至以及推断日食，很可能是得之于巴比伦的天文知识。诚然，凡此种种说法，都曾经受质疑，然而在时代与他相当接近的希腊人眼中，他的知识、学问是有东方根源的，最少是得到东方远古文明累积之启发和刺激的。这传统说法不应该轻率予以否定，特别是所谓根源、启发、刺激，并不等同于说泰勒斯的学问就是由他本人直接得之于埃及或者巴比伦（虽然那也

---

① 根据亚里士多德的转述，见*On the Soul* 411a7；其他"前苏格拉底"哲学家如赫拉克利特也说过类似的话。

② *Laws* 899.

不应该完全被排除），因为它很可能是通过在爱奥尼亚居住、访问、游历的东方智者或学者而传播、传授的。

其实，泰勒斯的数学、天文知识原来得之于东方并不稀奇，甚至他自己在这些知识的基础上有多少新创建、新发明也还不甚清楚而有争议。真正突出而值得注意的，倒是他能够令一般希腊人重视乃至倾慕这些知识，视之为宝贵、神奇（他有宰杀一头牛以庆祝发现某几何定理的故事，当然，毕达哥拉斯也有相同故事）——也就是把对于自然的认识从狭隘的技术、工艺规律提升到文化层面，使它成为代表基本价值的追求，由是鼓动、激励其他聪明才智之士跟随他的踪迹，建立希腊文明中最重要的一个大传统。这显然不能单纯归之于泰勒斯的睿智、眼光，而和希腊社会本身的结构、特征同样有关系。

自然哲学创始者

泰勒斯是传奇人物，但他本人没有著作，也没有留下只言片语；他的事迹、成就都是根据后人，特别是亚里士多德和第欧根尼的传说和转述。因此他虽然被公认为希腊自然哲学的开山祖师，其学说却无从细考。首先提出一套具体宇宙学说，从而创立米利都学派，为"自然哲学"开先河的，是继承泰勒斯的阿那克西曼德（Anaximander，约公元前611—前546）。他是米利都本地人，年龄与泰勒斯相近，关系在师友之间，可以视为泰勒斯的传人。据说他是第一位以散文著书立说的希腊人，所作名为《论自然》（*On Nature*）——这其实是个通名，因为后来许多"前苏格拉底"哲学家的著作（最著名的，如柏拉图所购买的毕派主要传人费罗莱斯的著作）几乎都冠以此名。不过此书仅仅留下简短残片，他的学说主要还是通过亚里士多德、其弟子特奥弗拉斯特（Theophrastus，见§4.7）以及罗马时代的注释家，特别是辛普里修斯（Simplicius，见§7.8）而得以流传[①]。

阿那克西曼德被认为是希腊宇宙学说的真正创始人，是"公元前6世纪思想的中心人物"，他的系统"对我们来说，不啻代表以理性观察自然世界的开端，最少在西方是如此。这个新观点以火山般的力量爆发，由是所产生的

---

① 卡恩著有论阿那克西曼德的专书，即Kahn 1960。此书pp. 11–24专门讨论有关文献的流传状况，pp. 25–71则是文献原文及评论。此外，Freeman 1959, pp. 55–64以及Guthrie 1962, pp. 72–115也都有对于阿那克西曼德的详细论述；至于Freeman 1962, p. 19则有他部分文献的译文。

思潮转瞬就从米利都泛滥于整个希腊语世界"。这主要是因为他对于天体、天象和大地构造都提出了具体构想，显示了丰富的想象力和推理精神[1]。例如，他认为，冷热的分离使得大地以外有弥漫的水汽围绕，这水汽包裹和分隔了在其外旋转的数个不同大小的猛烈火圈。我们能够从分隔层的孔隙窥见这个火圈，那就是日月星辰，当孔隙被遮挡的时候就会有日食、月食。至于大地本身则是有如石鼓的圆柱状石块，直径三倍于高度，人类所处是其中一个平面。最令人惊奇的是，他认为大地自然地悬浮空中，没有任何支撑但也不会移动。为什么呢？根据亚里士多德的转述，因为它"不偏不倚，位置居中，与边极等距，［因此］向任何一方——无论上下或者旁边——移动都不适当；它既然不能同时向相反方向移动，那就必须静止"[2]。显然，这是很深刻的思想，比之泰勒斯之跟随传统，认为大地是支撑在水上进步得多。相传他还发明了立杆日晷（gnomon sundial，我国古代也有类似仪器即"周髀"）。在宇宙整体结构以外，他对于地上现象也有论述。例如，他认为人和其他动物都是由湿润之气而生，但人的哺育期特别长，因此原来必然类似于其他生物，否则就不可能生存；至于其所类似的生物，则是鱼。他又讨论大气现象，认为风是空气中干爽部分的流动，雨是空气中湿润微粒积聚沉降，这些湿润微粒是水汽蒸发与地分离形成，而日的作用则是所有这些现象的基本成因。显然，这些看法都颇有根据，甚至相当接近现代科学观念，是仔细观察、思考所得。

除此之外，阿那克西曼德对于现象背后的底蕴也有深刻思考，结果是他认为"原质"并非普通的具体物质："无穷（apeiron）是现存事物的原质；而且，现存事物所得以存在的源头，也就是它们不得不毁灭的时候所回归之处；因为它们要根据时序为彼此的不衡平（injustice）作补偿，从而回复衡平（justice）。"[3]他的"无穷"所指到底是什么，曾经引起许多讨论。一般认为这并非无限的空间或者质量（因为那个时代不可能有如此精确的概念），而只是环回，没有起点或者终点，也不能确定其形状或者性质的一团原始物质。至于他所谓"不衡平"，可能是指这团原质必须经过"分离"（separating off），也就是其中冷热、轻重、干湿等性质相反的物质成分由

---

[1]　Kahn 1960, pp. 6–7.

[2]　Aristotle, *On the Heavens* 295b10.

[3]　这是阿那克西曼德所留下来绝无仅有的完整话语，但意思不很清楚，对此哲学史家有大量考证和猜测。见Anaximander Fr.1, Freeman 1962，作者译文，下同。

于原质的回旋而分离开来，然后才会有陆地、海洋、天体的形成，这分离就导致了事物性质的不衡平；反过来说，事物毁坏和复归于混同，就会恢复衡平。卡恩从这段话中"根据时序"（according to the arrangement of Time）一语，认为所谓"现存事物"之从"不衡平"回复"衡平"，是指自然现象的周期性变化，例如按日夜、四季、周年的变化，并且认为这种周期性规律的认识，就是西方哲学与科学的起点[①]。此外，阿那克西曼德不仅仅是擅长思考的哲人，相传还是一位讲求实际的地理学家，这将会在本章末节讨论。

米利都学派的影响

米利都学派的祖师是泰勒斯，创立者是阿那克西曼德，第三代传人则是后者的弟子阿那克西米尼（Anaximenes，活跃于公元前546）[②]。他把阿那克西曼德的"无穷"原质确定为"气"，认为它是在不断运动中：它的膨胀和稀化（rarefaction）产生火，火的凝聚产生水，进一步的凝聚则产生土和石——这显然就是日后地、水、火、气四元素说的雏形。他甚至认为人的心思乃至整个宇宙都是由气所主宰："正如我们的灵魂，亦即气，将我们聚拢，气息与大气也环绕整个宇宙。"[③]他又猜测大地是犹如叶子的薄平片，它之不会移动是因为它"像盖子一样罩住下面的空气"，为此他还提供证据，说空气受到压缩又不能逃逸的时候，可以承受很大压力[④]；同样，日和其他天体也是承受在大气之上的薄片。他的猜测比起阿那克西曼德似乎显得有点倒退，然而他对于压缩空气承重能力的观察仍然是令人佩服的。米利都学派本身在阿那克西米尼之后就走向结束，但它的影响与重智精神却通过这几位关键人物而散播到爱奥尼亚各城，乃至希腊其他海外殖民地，由是成为希腊自然哲学运动的源头。

四、爱奥尼亚哲人

泰勒斯的学说具有两个不同方面：在数学、天文学方面的探究；以及关于宇宙起源和生化过程的猜想，也就是"原质"的讨论。这两者之间并无楚河汉

---

① Kahn 1960，pp. 166–196专门讨论这段话，其结论见p. 191。
② 阿那克西米尼的详细论述见Guthrie 1962，pp. 115–140。
③ Anaximenes Fr.2，Freeman 1962.
④ Aristotle，*On the Heavens* 294b15–23.

界，因为后者往往也涉及科学观察和假设，乃至某些错误观念的排除。粗略地说，前者是探究如何在量化事物的基础上求进步，这是毕达哥拉斯及其教派的途径，它有时难免导致荒谬可笑的错误，总体上则激发了惊人的飞跃与进步，这将在柏拉图学园中初次结出果实。至于后者，则可以称为世界构造的探索，这是困难而漫长，满布陷阱、盘陀路和死胡同的旅程，它耗费了其他"前苏格拉底"哲学家百余年心力。他们虽然缺乏系统研究方法，却仍然在天文、地质、气象等各方面取得了令人惊诧的进展，甚至在物质构造这么困难的问题上也凭借猜想、推论而获得与近代科学惊人相似的结果，那就是原子论。在下面我们将集中讨论这方面的发展，而将毕氏学派的工作留待下一章。

波斯帝国的冲击

作为七贤之首，同时也是具有超乎常人能力与智慧的近乎神话人物，泰勒斯声望之崇高一时无两。他不但在米利都受敬仰，并且对整个爱奥尼亚也产生示范作用，而继承他的阿那克西曼德也在宇宙和自然现象的探讨上有更进一步的创获。受此激发，爱奥尼亚其他城市的聪明才智之士也生出在思辨和学问上（当时哲学这一名称还未曾出现）另树旗帜，以求驰誉当世的雄心。他们最突出的有三位，即与阿那克西米尼属于相同年代的毕达哥拉斯和色诺芬，以及稍后的赫拉克利特。希腊哲学得以发展成为波澜壮阔的思想潮流，他们登高望远的呼召，以及承前启后之功实不可没。这三位哲人之中毕达哥拉斯最为突出：他不但立言，更立功、立德，对于整个西方学术传统有难以估量的深远影响，这将在下一章详细论述，下面先行讨论其他两位。

波斯帝国取代亚述帝国是在公元前7世纪之初，但势力达到爱琴海则在百余年后。到了公元前546年，新近统一伊朗高原上波斯族和米堤亚族的居鲁士大帝终于征服小亚细亚西部的吕底亚王国，生擒曾经不可一世的克鲁伊斯（Croesus）王，这样爱奥尼亚海岸的希腊诸邦也连带沦陷于异族，被迫在波斯治下生活——虽然居鲁士基本上是相当仁慈宽大的。然而，提奥斯（Teos）地方的居民却不服气，选择举城迁居，在北部色雷斯和马其顿海岸交界处另外建立名为阿布德拉（Abdera）的新殖民城邦，那里百年之后将成为自然哲学的最后一个重要据点。

浪迹天涯的色诺芬

上述时代变动对出生于科洛丰，年方弱冠的色诺芬（Xenophanes，约公元前570—前470）无疑是个巨大冲击①。他选择流亡到西西里岛，自此漂泊无定，以迄稀有的百龄高寿而终。他不但是一位诗人，有情境交融的作品传世，也是不随流俗的社会评论家，对当时的奢华风尚以及竞技者所受到的狂热吹捧严词抨击；此外对于宗教他也有独立和重要见解，认为希腊传统宗教中高度人格化（anthropomorphic）的诸神委实幼稚可笑，因此，"在诸神和众人之中有一位至大之神，他的体形和心智都迥异于凡人"；"他无所不见，无所不思，无所不闻"；"他不须操劳，但凭心意便可令万物运转"；"他固定不动，不时改变位置于他不合适"。②这无疑是更为高明和理性的一神观，而根据传世文献，他其实是个泛神论者，认为独一之神与整个宇宙相合，而且是全知、永恒、不生不灭者——那竟可以说和两千年后的斯宾诺莎不谋而合了（§15.5）。

最后这一点还影响了他的自然观：宇宙既没有生灭，就不需要有"原质"，我们也不需要解释日月大地的生成。然而他对于自然现象还是有很敏锐的观察。例如他认为：我们熟悉的大地只是地与大气接触的表面，其下深厚至于无穷；日照给予大地温暖；一切都从大地而生（但必须有水才能生长），最后亦将回归大地；大海是风、云、雨、水以及河流的源头；等等③。传世文献还提到他从陆上的海洋生物化石推断，海洋和大地有互为消长的循环，又从流经灰烬的水变咸，而推测海水的咸味是由于土地溶解于水。显然，比之于爱奥尼亚学派，他的自然哲学较为平实，缺乏宏大和根本的宇宙性猜测，而更接近现代科学的仔细观察和局部推论。也许，他的重要性毋宁在于提出了崭新的宗教观，特别是永恒不动，无处不在，与宇宙合而为一的神之观念：它向下启发了南意大利的爱利亚学派，相传其开山祖师巴门尼德就是他的学生。

昂首天外的孤独哲人

赫拉克利特（Heraclitus，约公元前540—前480）是以弗所贵族，但由于思想远远超出常人理解，性格又极其高傲，不唯鄙视世人，也看不起成名前辈如毕达哥拉斯，乃至攻击如荷马那样广受尊崇的古代诗人。他甚至对于

---

① 对于色诺芬的整体论述见Guthrie 1962, Ch.6。

② Xenophanes Fr. 23-26, Freeman 1962。这些片段可以有其他不同翻译和解释，例如"一位至大之神"可以解释为"神是独一，他在……间为至大"，万物之"运转"可以解释为"颤抖"。见Guthrie 1962, pp. 373-375。

③ Xenophanes Fr. 27-31, Freeman 1962.

城邦执政、掌权者也不稍假辞色，拒绝来往，而宁愿移居城外与儿童嬉戏，坎坷以终。他流传至今的只有130余则语录残片，它们大多晦涩难解而富于争议。这一方面因为其思想还没有适当词汇和语句结构表达，另一方面则因为他认为"大自然爱隐藏"，根本不屑于解释，而喜好简短的、特尔斐（Delphic）神谕式的隐喻[①]。

这位孤独哲人所追求的，是通过观念分析来了解事物表象背后的深层关系，而并非知识的发现或累积，在自然科学中可谓独树一帜。他以火为宇宙原质："宇宙……是永恒的火"；"这是个变换：万物成火，火成万物，正如货物换金，金换货物"。但他最重要的发明是辩证思维模式，这表现为三个不同层次。第一，是著名的流变说，即"两次踏足于同一河流是不可能的"，亦即柏拉图所说："赫拉克利特说所有事物都在变化，没有停顿下来的。"[②]不但河流，即使表面上稳定恒久的事物亦然：人和一切生物都有呼吸、饮食、排泄，生长、衰老、死亡；岩石仍然有风化、侵蚀、崩解等不受注意，乃至不可觉察的细微变化，所以事物流变是没有例外的。第二，所有事物都包括对立成分，故此其构成必然依靠内部张力："和谐由对抗力量造成，正如弓和琴"；战争是常态，公义、和谐并无固定意义："神是日夜，冬夏，战争–和平，饱足–饥馑"；"战争是一切的主宰和父亲"。最后，描述和价值判断是相对的，因此可以统一："上与下为一，为相同"；"海水最清亦最浊：它对鱼是可饮和得以维生，对人是不可饮和有害"；"神即凡人，凡人即神：此生即彼死，生即有死"；等等[③]。

显然，赫拉克利特是个以观念分析为能事，接近于现代意义的纯粹哲学家，而并非像其他爱奥尼亚哲人那样的自然哲学家。他最重要的贡献可能是以其锋利、无可抗拒的流变说摧毁了希腊哲人对事物的表面、肤浅认识，由是激发了爱利亚学派的"存有"（Being）哲学，并且直接影响柏拉图对于"理念"（Idea）即恒久不变世界的探索。

---

① 关于赫拉克利特，见Guthrie 1962, Ch. 5, 及以下专著：Kahn 1979。

② Plato, *Cratylus* 402A；前述名言广为古代学者征引，但他的残片中只有下列相关说法（Heraclitus Fr. 49a及12, Freeman 1962）："我们踏入而又不踏入同一河流"；"踏足于同一河流的人不断被不同的水流过"。

③ 以上征引依次见Heraclitus Fr. 123, 30, 90, 91, 51, 67, 53, 60–62, Freeman 1962。

五、从大希腊到雅典

古代希腊人不断往海外开拓殖民地：假如把希腊本土看作这国度的身躯，爱奥尼亚为其右翼，那么从公元前8世纪开始不断蓬勃发展的南意大利和西西里岛，即所谓"大希腊"就是它的左翼了。所有这些区域之间的海上交通都很频繁，所以像毕达哥拉斯和色诺芬那样的爱奥尼亚哲学家，在遭遇困难的时候往西移民到"大希腊"去是很自然的选择。当然，他们同时也就把哲学带到西方去了。因此古代学者习惯于把希腊早期哲学分为爱奥尼亚和意大利两支，后者又可以分为公元前6世纪下半叶的毕达哥拉斯学派和公元前5世纪上半叶的爱利亚学派，以及个别的自然哲学家如色诺芬和恩培多克勒。除此之外，属于公元前5世纪下半叶的，还有以色雷斯为根据地的原子论学派，以及活跃于雅典的所谓"智者"（Sophist）。

爱利亚学派的挑战

倘若赫拉克利特是对于自然哲学的反动，那么巴门尼德（Parmenides，约公元前515—前440）便是对于赫拉克利特和自然哲学两者的反动，而且反得更为激烈和彻底。他是南意大利希腊新建殖民地爱利亚（Elea，建于公元前540年）地方人，曾经参加毕达哥拉斯教派，又曾经师从移居西方的色诺芬。因此可以说是公元前5世纪西方本土哲人对于上一世纪爱奥尼亚哲学的反动[1]。

巴门尼德有文学才华，他以荷马六步韵形式写下哲思，并且郑重宣称，这是他乘坐女神所驾马车进入天庭后所听闻的启示。很幸运，这部书有154行得以留存至今[2]。他划时代的贡献是截然区分确定不移的"真理"和因时因人而异的"意见"，后者可以凭猜测推想得来，前者则只有通过相当于严格逻辑推理的方法才能达到。在他而言，这方法的运用就是从"存有"（Being）的观念出发，证明"虚无"（Nothingness）绝对不能存在，因为"虚无"和"存有"这两个观念是对立的、矛盾的。由此他进一步证明"存有"必然具有下列特性：它是永恒而没有生灭变化的；恒定不动的；连续不可分割的；独一无二的；在各方面都同样地完整自足（complete and not lacking）而达到

---

① 有关爱利亚学派整体的详细描述见Guthrie1962–1981，ii，Ch.i；该章A,B两部分分别为巴门尼德本人及其门徒芝诺的论述。

② Parmenides Fr., Freeman 1962.

其限度（limit）的①。至于证明过程，则基本上是以变化、运动、分割等观念都离不开"虚无"这一点为基础，细节在此就没有必要讨论了。不能忽视的是，他的证明方式也就是逻辑和辩证法的萌芽。

很显然，这样的"存有"和现实世界并没有任何关联——这一点巴门尼德也承认，但他坚持：我们凭感觉所认识的所谓现实世界是变动和虚幻的，而真实世界则必然是恒久不变的，它只能够凭我们的心智（nous）也就是后来所谓"理性"来认识。这样，西方传统中最基本的二元论，即感觉和心智之间，实体（corporeal）世界和抽象（incorporeal）世界之间，还有变化和恒久之间等的截然对立，就都出现了。

巴门尼德的爱徒芝诺（Zeno，约公元前490—前430）也是爱利亚人，他的著作《诘难》（Attacks）原文留存至今的不多，但在后世文献中颇多征引。而且他的诘难法为亚里士多德所重视，正式称之为"辩证法"（dialectics），同时在《论题篇》（Topics）中详加讨论。柏拉图更在《巴门尼德篇》中记录了大约公元前450年巴门尼德和芝诺到雅典参加雅典娜大节（Panathenaea）时和苏格拉底见面的情况，特别提到芝诺自称他写文章的目的就是为乃师哲学作辩护，而其方法是借推理指出"敌对意见"的内在矛盾。这些敌对意见包括"众多"（plurality）之存在、运动之可能、"地点"之意义、累积微小事物或效应（例如一粒芥子落地之声）成一定量之可能等等。其中最有名的论题，无疑是证明运动不可能，即阿喀琉斯不能追及乌龟和飞矢不动的例子。如所周知，证明的方法基本上是指出运动必须在时间和空间连续体（continuum）中进行，但连续体不可能以有限分割穷尽。因此，在缺乏无穷（infinite）和极限（limit）观念的情况下，将运动过程加以逐步分析，便会发觉它必然牵涉无限多步骤，因而无法完成。

巴门尼德师徒和赫拉克利特一样，其贡献都在于刺激和深化希腊哲学，以及促成柏拉图理念（Idea or Form）说的出现——这在《巴门尼德篇》已经有其雏形了，虽然在历史上那可能并不真实（因为年代不符），只不过是柏拉图放在他老师口中的说法而已。巴门尼德和科学发展的关系好像不大，不过有一种可能性却很值得注意：虽然相传泰勒斯和毕达哥拉斯都已经开始有几何证明的观念，但其步骤、方法并无任何记载，所以学者大多表示怀疑。由于爱利亚学派的立论和严格论证方法对于毕达哥拉斯学派是个严峻挑战，而且他们似乎曾经直接攻击后者，因此毕达哥拉斯学派当会深感威胁。在此

① 最后这一属性是个空间观念，所以在此意义上"存有"可以视为球体。

情况下，后期的毕达哥拉斯派学者，如活跃于公元前430年的数学家希波克拉底或者与柏拉图同时的阿基塔斯（Archytas）之开始作严格数学论证，也就是数学开始走向公理化，很可能是因为受到了爱利亚学派的挑战与刺激所致。这是个重大关键，其可能性是不容忽视的。

反动的反动：从一元到多元

爱利亚学派像是爱奥尼亚自然哲学的反动，但他们和赫拉克利特都没有放弃自然哲学的一个中心论旨，即宇宙万象背后有个单一的真实，无论这真实是生化万象的原质，抑或是永恒不动、不生不灭的"存有"。然而，从公元前5世纪开始，这个观念就逐渐被放弃，而为多元论所取代。

首先朝这方向迈进的是和芝诺同时的恩培多克勒（Empedocles，约公元前492—前432）[1]。他与巴门尼德有不少相似之处：他是西西里岛阿格里城（Agrigentum，古名Acragas）人，出身望族，在本城颇有势力，相传曾经是毕达哥拉斯派信徒，同时私淑（或者师从）色诺芬和巴门尼德，著作同样用六步韵诗歌形式。他又是著名医生，相传有起死回生之能，又受盛行于南意大利的奥菲士（Orpheus）教派影响，曾经以先知和宣道师的姿态向阿格里全城宣示其《洁净仪式》之诗，这比之巴门尼德那样讲求严格推理的学者，显然姿采丰富多了。

在自然哲学方面，他接受巴门尼德的物质没有生灭，充斥宇宙，而虚空并不存在之说，但否认物质是纯一和寂然不动的。他认为"这些［元素］的连续交换从不止息，［它们］有时在'爱'的影响下聚合，因此众多变为单一；另一时在'憎'的敌对力量下分散开来"，这些元素就是"火、水、土和无限高的气"，它们是"在各个方向都分量相同的"。这虽然粗糙，却初次把建构宇宙的质料，即火、水、土、气四种元素和宇宙生化的原理，即爱和憎，分别开来。除此之外，他还详细考虑了宇宙和各种天体、动植物最先生成和其后变化的过程，更对于种种自然现象作出仔细观察和解释。例如，他指出水中密封器皿里的压缩空气会挡住水，但放开器皿的气孔，空气则会逃逸而水可进入，并且认为许多生物就是以此原理而凭皮下血管来呼吸的。

但他最重要和划时代的贡献，则在于发现日食和日夜成因，也可能注意

---

[1]　有关恩培多克勒的详细论述见Guthrie 1962–1981, ii, Ch. 3。

到了月光的成因以及地热现象："每当月走到日下面时，就阻断（cut off）它的光芒，在地上投射和明月一样宽的影子"；"［日的］光芒撞到月的宽广表面［，就立刻返回到空中］"；"地走进了日的光芒［从而］造成黑夜"；"在［地的］表面之下有许多火在燃烧"；等等①。这是个决定性的开端：从此自然哲学就不再仅仅是数学和对于自然现象的猜测（无论是原则性或者具体事物的猜测），而开始从具体观察和推理得到结论，这些结论就是萌芽中的天文学之基础。

雅典第一位哲学家

到了公元前5世纪，波斯的冲击继续影响希腊哲学。在居鲁士之后，波斯的西进野心并没有收敛，但雅典的态度也强硬起来：在公元前499—前498年间，它派遣舰队支持爱奥尼亚诸邦反叛波斯，从而引来大流士大帝（Darius I，公元前522—前486年在位）的反击，他在公元前494—前493年间摧毁了诸邦首领米利都，恢复统治爱奥尼亚，并且挥师雅典，但在公元前490年著名的马拉松（Marathon）之役中失败而归。十年后，他的长子薛西斯（Xerxes，公元前486—前465年在位）卷土重来，发动对希腊的全面进攻。然而，在萨拉米（Salamis）的决定性海战中，雅典舰队以寡敌众获胜，居然扭转危急形势，奠定了希腊联军的最终胜利。从西方观点看，这无疑是决定文明存亡的背水之战，其惊险正可谓千钧一发。

在当时，很可能有一位年方弱冠的爱奥尼亚青年被迫随波斯大军来到雅典，随后留下来，成为也许是雅典第一位哲学家，这就是来自克拉佐门尼（Clazomenae）的阿那克萨戈拉（Anaxagoras，约公元前500—前428）。他出身富家，但醉心天文，对于财富、政治没有兴趣，来到雅典之后潜心研究哲学，声望日隆。相传大政治家伯里克利（Pericles）和戏剧家尤里庇底斯（Euripides）都是他的学生，前者和他特别亲近。他的另一位学生阿基劳斯（Archelaus，活跃于公元前450）本人并不那么有名，却有一位大名鼎鼎的学生苏格拉底。阿那克萨戈拉在雅典居住了三十年（约公元前480—前450），然后，很典型地，由于政治原因被迫流亡，表面罪名可能是对神不敬，也可能是附敌，最后在小亚细亚的林帕萨卡斯（Lampsacus）终老②。

---

① 以上两段中的引文，分别见Empedocles Fr. 17, 42, 43, 48, 52, Freeman 1962。
② 有关阿那克萨戈拉身世和哲学的详细论述见Guthrie 1962–1981, ii, Ch. 4。

　　阿那克萨戈拉是一位兴趣广泛深受阿那克西米尼影响，但亦富有原创性的自然哲学家，他最重要的贡献有三方面。首先，他对于月光和月食的成因作出了肯定和正确的解释；此外，他对于大量自然现象的观察和猜测也非常有意思。例如，他认为：太阳是一块比伯罗奔尼撒（Peloponnese）大许多倍的"灼热石头"；星星是被从地上抛出去的灼热大石头，满布于大地之上的旋转半球状天体，后者的旋转轴本来垂直，是大地形成之后才变为倾斜的；星光所以不热，是因为它们距离很远，而且处于寒冷区域；银河是由星的光芒造成；大地是承托在气体上，并且有许多透孔的一块圆板，当透孔为雨水闭塞而大气在下面冲击的时候，就会发生地震；雷电旋风都是由天穹高处的火焰下冲，与下面的冷空气撞击而形成；等等。

　　其次，在宇宙学上他比恩培多克勒更进一步，提出了更为彻底的多元论，即宇宙间有无数不同种类、大小、性质，而且不生不灭的元素，它们本来完全混合在一起，其后由于宇宙性的大旋转而分别开来成为个体，其个别性和属性就是由所含各类元素的比例而决定。这一理论在细节上颇多费解和含混之处，但它最少是在能够面对爱利亚学派攻击的前提下，为宇宙万象找到了一种可能（虽然在今日看来很奇特）的解释，由是为日后德谟克利特的原子论开了先河。

　　最后，阿那克萨戈拉还正式提出了和物质元素全然不同的，也就是非物质性的"心智"，以作为宇宙一切事物的主宰。他再三强调，"心智"是绝对不会和物质元素混合的，它的作用在宇宙之初是"发动"大旋转以生化天地万物，在生化过程完成之后，则是作为一切生物，特别是人的主宰，也就是灵魂。因此他的"心智"有两个特点：它与物质是截然划分的；它又同时具有神（即创世主）以及个人灵魂的位置。这样，西方哲学的心物二元论就正式出现，并且迅即通过苏格拉底和柏拉图而成为大传统的核心部分了。

六、自然哲学的成熟

　　到公元前5世纪下半叶，已经酝酿超过一个世纪的自然哲学终于成熟，并且达到第一个高峰，那就是大家所熟悉的原子论，它与现代科学所发现的物质构成图像已经颇为接近了。如所周知，原子论和德谟克利特（Democritus，约公元前460—前370）的名字分不开，但其实他并非原子论的始祖，他的老师留基伯（Leucippus，活跃于公元前430）才是。留基伯是芝诺的弟子，而且是毕达哥拉斯教派中人，所以同样是承受自然哲学大传统者①。

回顾这个传统的宇宙论，我们就会发现，如何解释世界上的"众多"和"运动"是它的主要问题。在米利都学派时代，探讨焦点在于"原质"为何，这两个问题还不突出，其解答只是凭猜测而已。爱利亚学派对这些猜测来了一记当头棒喝，以严谨的推论证明真正存有者只能是单一，而且是充满空间和恒寂不动的——也就是根本不能够解释我们所知世界的。这产生了一连串后果：首先，是引出了恩培多克勒和阿那克萨戈拉的多元论。他们以"原质"的多元而并非单一来解释众多，以多元物质的位置对换来解释运动，这样算是在巴门尼德的严厉眼光之下初步回到了现实世界。然而他们的解释并不完全令人满意：阿那克萨戈拉的"无限多元"等于取消"众多"问题的本身，只不过是把宏观世界的问题推到未知的微观世界去；至于以"爱憎"或者"心智"来解释运动，则显然有太多随意性，不能视为确切解释。这样，最终就有原子论派出现，把多元论更推进一步，为上述问题作出更完满的理性解释。

两个崭新观念

留基伯的事迹隐晦不彰，他的名声被更有文采和才华的弟子盖过，他的两部著作《宏观世界秩序》（*The Great World Order*）和《论心智》（*On Mind*）几乎完全没有留存，后者只剩下一段可以说是理性宣言的残片："没有事情会随机发生；每一件事情的发生都有理由，都是必然的。"②然而，根据亚里士多德的记载，原子论的基本要素其实可能是由他提出来的，但要严格区分他和德谟克利特的贡献，现在已经不可能了③。

他们师徒二人最重要、最基本的贡献是提出了"大虚空"（The Great Void）和"原子"（Atom）这两个观念。所谓大虚空者，用现代观念来说就是"真空"（vacuum），亦即"空间"（space）。它之所以重要，是因为古希腊本来只有物质的观念，而没有我们今日所熟悉的，作为一切物质存有

① 有关整个原子论派的哲学，包括留基伯和德谟克利特的详细论述，见Guthrie 1962–1981, ii, Ch. 8。

② Leucippus Fr.2, Freeman 1962.

③ 下面的综述主要见于下列亚里士多德文献：Aristotle, *Generation and Corruption* 314a22, 325a23, 325b27；*Physics* 203a33, 252a32；*On Heavens* 275b31；*Metaphysics* 985b4；*Generation of Animals* 742b17。

背景的空间观念。这从泰勒斯开始，一直到巴门尼德，乃至恩培多克勒和阿那克萨戈拉都是如此：对于他们来说，宇宙总是充斥着连绵无缝隙的物质。在此情况下，这物质无处不相互挤压，其运动就只能是不同部分的位置对换，但何以会有这种对换，仍然难以解释。虚空解决了这个难题，因为这样一来，物质不再挤压在一起，而可以是分散的，运动只不过是个别物质块粒位置的变换而已。甚至，运动也不再需要特殊原因：很容易想象，所有不同物质块粒都是在无休止的运动之中，而且彼此碰撞之后会反弹而继续运动。事实上，这相当接近于现代物理学的气体分子运动（gas kinetics）图像，那可能同样是原子论者心目中的图像。

至于他们心目中的"原子"，和现代科学所发现的分子、原子或者粒子，其实颇为接近，虽然也有基本分别。首先，他们意识到并且明确提出，原子非常微小，所以不能为肉眼所见，或者为其他官能所感觉。其次，他们认为，原子是基本物质单位，所以无论实际上抑或原则上都不可能再分割，否则就有陷于芝诺悖论的危险，即它们可以无限分割，以至于无穷，亦即成为无确定性的细小颗粒。最后，他们认为世界上可以有无数不同大小、不同形状的原子，但其本质或者构成"质料"都一样，这样就在某种意义上仍然回到一元论，而把多元解释为原子的属性，即其大小和形状之不同。而我们所认识的万物之生灭，则可以解释为不同数量、形状的原子以不同方式聚合，以及它们其后的分散。因此万物有生灭，作为其原质，也就是其构成"元素"的原子则永存不灭。他们甚至认为，人和动物的灵魂也是由特殊的球形原子构成，死亡就是由于灵魂原子不再凝聚在身体内，而飞散到空间去。

当然，现代科学中的物质构造比这两千五百年前的第一个原子论要严密和复杂得多，但两者的基本特征还是颇为相似的：现代世界只需要一百多种而不是无限多种原子，而这些原子的"质料"的确可以说是基本相同——它们都由电子、质子和中子三者构成；它们的大小、形状也的确不同，而在一般情况下，它们的聚散造成了宏观物体的生灭，它们自己则是不灭的。这样，单单凭想象和推理，古希腊自然哲学家可以说已经窥见了我们今日所了解的微观世界之一角。

另一方面，原子论在当时并不完全为人所接受。例如亚里士多德对它就有所保留——他特别不能接受的是：原子论企图用自然的，或曰机械性的原因来解释一切运动。那也就是说，把"目的性"（teleological）因素，亦即一个更高意志（无论其为神或人的意志）的作用，完全排除于宇宙之外。这样，宇宙所发生的一切，也就成为盲目而没有意义、没有目的的了。从此可以看出，原子论的确贯彻了古代自然哲学的理性追求。然而，它其后形成的希腊哲学大传统是有距离的，因为不但在柏拉图，就是在亚里士多德那么理性的思想中，一个彻头彻尾的机械性，全然没有主宰的世界，仍然是不可思议、不可想象的。

欢笑哲人德谟克利特

　　和乃师留基伯一同发现原子论的德谟克利特出生于前文提到的阿布德拉一个极其富裕的家庭。他是一个生性乐观愉快（所以被称为"欢笑哲人"，与赫拉克利特被称为"哭泣哲人"相对），又极其聪颖和具有强烈求知欲的人，把所分得的家财悉数用于求学和游历，足迹遍及埃及、腓尼基，甚至传说也到过中东、波斯乃至印度，然后回到本城致力于著述。第欧根尼为他所作的传记保存了六十余种书目，范围遍及自然哲学、各种自然现象、数学、逻辑、生物、医学、历法、地理、音乐、文学、政治、道德、人生哲学等，真可谓洋洋大观，浩如烟海，其博学和多产比之后来的亚里士多德不遑多让。但很可惜，这些著作原文的绝大部分，包括最重要的《微观世界秩序》（*The Small World Order*），都未能流传下来。而能够流传的三百余残片，也绝少是关于自然哲学的。不幸中之大幸是，在亚里士多德和辛普里修斯的著作和注释中，保存了大量有关他学说的资料，上文所说的原子论以及下面所提到的科学发现，基本上都是从这些后代著述中得见。其百科全书式的著作不但在规模、方法和雄心上为亚里士多德提供了典范，即使在见解和内容上，也同样为亚里士多德集大成的著作在许多方面奠定了基础——而正是因为更为成熟和系统化的亚里士多德著作之出现，德谟克利特的著作遭受淘汰。这种情况后来在数学和天文学中还会屡屡发生。

　　德谟克利特对于数学的确切贡献现在已经不容易追寻了。阿基米德说，德谟克利特发现（而还不是证明）一个圆锥体比之同高同底的圆柱体，和一座金字塔比之同高同底的立方柱，其体积比例都是三分之一。他还曾经探讨过与极限有关的问题，即以平行于圆锥体之底的平面切割此圆锥体时，所得到的上下两个圆截面面积是否相等的问题，这很可能和他认为原子论也同样适用于数学，所以几何图形并非可以无限分割有关。他的著作目录中还包括"《论逻辑》或《论准则》"，但这是指今日所谓逻辑学还是知识论就不容易判断了①。在天文学方面他的讨论很多，但没有突破：他认为地是圆柱而非圆板形状；恒星离地最远，然后依次是各行星、日、金星和月；至于对月光、银河和彗星的解释他都跟从阿那克萨戈拉；后者认为地轴（即天顶方向）和天体的旋转轴（即北极）方向不一致，是由于后者的倾斜；他则相反，认为这是由于地轴自身的倾斜。总而言之，到了德谟克利特的时代，诸多重要天文学问题已经是长期讨论的热点，突破性进展好像为期不远了。

希腊哲学的新阶段

在德谟克利特之后，希腊哲学就进入另外一个阶段了。公元前5世纪末叶的希腊，无论就政治或者思想而言，都处于紧张斗争和高度混乱时期。在波斯大军压境的第二次危机消除以后，雅典和斯巴达的竞争迅即开展，并且在伯罗奔尼撒战争的三十年间（公元前431—前404）达到炽热，而这正是苏格拉底的鼎盛时期和柏拉图的成长阶段。在他们所承受的哲学传统之中，从泰勒斯以迄德谟克利特的自然哲学无疑是最重要的，但这并非全部。除此之外，最少还有两个不同传统是对他们有强大影响的，即毕达哥拉斯学派（the Pythagoreans）和智者运动。

毕达哥拉斯的神秘教派是宗教和数理科学的奇特融合体，它的历史、理念和影响我们将在下一章讨论。这里要先行稍为提到的，是此派的几位著名数学家，即特奥多鲁斯（Theodorus）、希波克拉底和阿基塔斯，前两位是柏拉图的老师，最后一位则是他的挚友，柏拉图那么重视数学，这几位关键人物是有重要影响的。至于所谓智者运动，则指一大批以言说、论辩、修辞、演讲见长，并且收费授徒，以此为专业的人物，他们并没有共同或者固定理念，也不承认有任何恒定不移的知识、学问，而只把思辨视为立身处世，乃至在城邦政治中出人头地的工具，因此说"人是判断一切的标准"。这一运动最早起源于普罗泰戈拉（Protagoras，约公元前490—前420），他可能是德谟克利特的学生②；比他稍后而同样著名的有恩培多克勒的学生高尔吉亚（Gorgias，约公元前480—前380），以及和苏格拉底大致同时，而对于数学也颇有研究的希庇亚斯（Hippias）等人物。

---

① Democritus Fr. 155, 10b, Freeman 1962；Guthrie 1962–1981，ii, pp. 483, 487–488。

② 这点有争论，见汪子嵩等1997—2003，ii，第67—68页及Guthrie 1962–1981, iii, pp. 262–269。有关主要智者的个别论述见同书 Ch.11。

对极端重视个人道德和政治生活的苏格拉底（Socrates，公元前469—前399）来说，以上三个传统都是令人不安的：自然哲学和数学都不免分散人对于主要事物即正当城邦政治生活的专注，至于智者运动则更是迷惑人心，摧毁健康社会与城邦建构基础的罪魁祸首。因此，上述人物虽然都在《对话录》中出现，但众多智者却永远是被苏格拉底委婉而坚定地驳斥的对象。在苏格拉底身上，我们可以感觉到像孔孟那样的向往与气质。至于柏拉图本人，则态度要微妙得多，因为他深受毕达哥拉斯学派影响，认为宗教和宇宙探索相通相连，因此在《国家篇》和《法律篇》里面，数学、天文等学科的地位极其崇高，被认为是哲学教育的根本。至于把自然哲学与宗教清楚地分别开来，并且令前者成为思想主流之一，则是再下一代即亚里士多德的事情了。

七、自然哲学以外：医学与地理学

我们在本章开头说，希腊文明的精神是"重智"，因此它的哲学是关乎大自然整体，重视抽象理论而忽视实用技术。但希腊学术却并非全部如此，医学和地理学就是很好的例子。它们虽然以具体和实用为主，却具有哲学根源，也不乏理论思考，而且与主流科学有大量观念交叠与互动，所以是不能忽略的。

古希腊医学传统

从《荷马史诗》等古代文献可以得知，希腊早期的医疗用祷告咒语，也用草药，治疗师则自成行业，都崇拜医疗神阿斯克勒庇俄斯（Asclepius，相传为阿波罗之子），后来他们更成为从属于其神庙即所谓Asklepieion的家族。古希腊脱离"治疗师"传统而进入历史时期是在公元前5世纪，亦即自然哲学兴起之后大半个世纪[1]。

我们所知的首位"医学家"是克罗顿的阿尔克米昂（Alcmaeon of Croton，生于约公元前510）[2]。他名望甚高，生卒和事迹不详。由于地望和年代相若，他被认为是毕达哥拉斯教派中人，但这没有确证，不过，克罗顿倒是本

---

[1]　有关古希腊医学，见布洛克编纂的《希腊医学》即Brock 1929，此书为希波克拉底、盖伦及其他古希腊医家著作的选译汇编，其前有编译者的长篇导言。此外林伯格的《西方科学起源》中也有简明和全面论述，见Lindberg 1992, Ch. 6。

[2]　有关阿尔克米昂及其学说、思想、生平考证等，以下哲学史有专章论述：Guthrie 1962, Ch. 5。

来就有活跃医学传统。无论如何，在观念上他颇受毕派和同时代的恩培多克勒影响。他可谓第一位生理学家，曾经做动物解剖，发现了将官感传达到大脑的"管道"即神经线，因而认为大脑而非心脏才是思想器官，这被柏拉图接受，但亚里士多德又回到早期观念。他认为睡眠时血液会离开身体表面集中到内部，醒来时反之；又曾研究胚胎发育的过程。他提出，人体内若凉热、干湿、甘苦等对立性质平衡则身体健康，而疾病则是由于某种性质过强，即所谓"称霸"（Monarchia）造成。他著作丰富，可惜都已散失。柏拉图和亚里士多德都一再提到他，并且深受他的灵魂观念影响[①]。所以，直到5世纪初为止，医学还是自然哲学的一部分，两者密不可分。

医学始祖希波克拉底

在此之后，医学的重心回转到东边的爱奥尼亚海岸，并发展出互相竞争的两个学派：着重断症（diagnosis）的尼多斯（Cnidus）派和着重预判（prognosis）的科斯岛（Cos）派。希波克拉底（Hippocrates of Cos, 约公元前460—前370）就出身于科斯岛的治疗师世家，他在当地神庙习医，此后周游希腊各地，曾有以焚烧巨大火堆扑灭雅典瘟疫的传说，但并不入信，最后仍然回到本城行医[②]。他处于自然哲学风起云涌的时代：数学家希波克拉底（Hippocrates of Chios）与他同名，年纪地望也相近，两人都比苏格拉底稍晚大约十年；他和德谟克利特年纪相若，关系在师友之间，又曾师从前辈智者高尔吉亚，所以虽然是专业医师，但同样受自然哲学理念和方法影响。

他坚信疾病是起于自然原因而非由于天谴或者诸神的惩罚。当时对疾病了解不深，所以他反对用猛药，主张静养，使病人发挥自疗功能。他最重要的贡献是订了一套医学专业规范，例如医生应有适当容貌、言谈、举止、行为，需细心观察病情及其变化，详细记录病历，等等，他所提出的《希波克拉底

---

① 事实上，我们所知道的有关阿尔克米昂的思想很大部分就是来自这两位哲学宗师的著作，例如《对话录》的《斐多篇》《斐德罗篇》《蒂迈欧篇》，亚里士多德的《形而上学》和《论灵魂》等。有关灵魂问题，古希腊人一般相信物质是死物，其所以能够生化运动是有神灵（gods）在背后鼓动，所以不停运转的日月星辰都是神。阿尔克米昂则更进一步，认为人的生命来自灵魂与身体的结合，而灵魂是其活力来源，它和天上星宿一样，是自动而永动的。他的这一想法为亚里士多德转述（*De anima* 403b28），然后由柏拉图作出更精确的表述（*Phaedrus* 245c），详见Guthrie 1962, pp. 350–353。

② 有关希波克拉底见Brock 1929, pp. 8–13; Hippocrates 1886, pp. 8–14; Lindberg 1992, pp. 113–119; 他有多种不同版本的传记，其比较和分析见以下专著：Pinault 1992。

誓言》（Hippocratic Oath）也仍然为今日西方医学界所共遵。他认为治疗不能够单凭经验，也不能够妄作臆测，而必须结合观察和理论，所以将阿尔克米昂抽象的冷热、干湿、甘苦之说加以变化，提出人体是由具体的血液、黏液（phlegm）、黄胆汁（yellow bile）、黑胆汁（black bile）四种体液（humor）组成，而疾病起于四液失衡，这日后被确立为西方传统医学中最根本的"四体液说"。他身后留下七十多种著作，合称《希波克拉底文献》（*Hippocratic Corpus*），至于何者出于他本人，何者出于本派弟子则难以详考了[①]。

从以上种种看来，他被尊为西方医学始祖，是很适当的。在他之后，柏拉图和亚里士多德多次将医学和哲学相提并论，或互作比较，可见其时医学地位之高，以及两者关系之密切。然而，此时两者也出现了明显的区别：哲学被视为普遍的知识（episteme），医学则是一种特殊技艺（techné，即 technique，art），后者有四个特征，即它是特定领域的知识，具有特定目的，会产生实用效果，以及需要掌握可解释和教导的普遍理性原则。就医学而言，特定领域就是人体，特定目的是维持健康，实际效果是消除疾病，而普遍原则就是医学本身了[②]。从此可以看出，今日科学与技术亲密无间但仍有区分的特殊关系，在古代已经为医学家所意识到了。此后和科学一样，医学在西方也形成了一个连绵不断的大传统，这从今日西方医学专业名词绝大部分还是源于希腊文便可以看出了。

古代远航记载

地理学与航海、贸易关系密切，而对于地中海文明来说，这些正是它的经济基础。我们现在知道，地中海与亚洲之间的长程贸易自远古以来就非常发达，远远超过以前想象。例如，在公元前1000年印度南部的喀拉拉邦（Kerala）就已经是庞大香料集散地，它东与摩鹿加群岛，西与埃及、巴比伦都有密切海上贸易联系，而中国则自汉代开始，通过陆海两路向罗马大量输出丝绸和其他奢侈品[③]。早期地理学只是描述性知识，但不久就与天文学、数

[①] 希波克拉底的大量传世著作有19世纪英译本 *The Genuine Works of Hippocrates*，即Hippocrates 1886。此集前面附有译者Francis Adams所撰希腊医学起源、希波克拉底生平，与书中各卷真伪的考证等。

[②] 见 "On Ancient Medicine", in Hippocrates 1886, pp. 132–146；以及下列论文的讨论：Hernán C. Doval, "The Genesis of Medicine: The Emergence of Medicine in Classical Greece", *Argentine Journal of Cardiology* 2014, 82: 434–439。

[③] 这方面的专著有米勒的《罗马帝国之香料贸易》即Miller 1969，特别是Ch. 3, 4。（下转第95页）

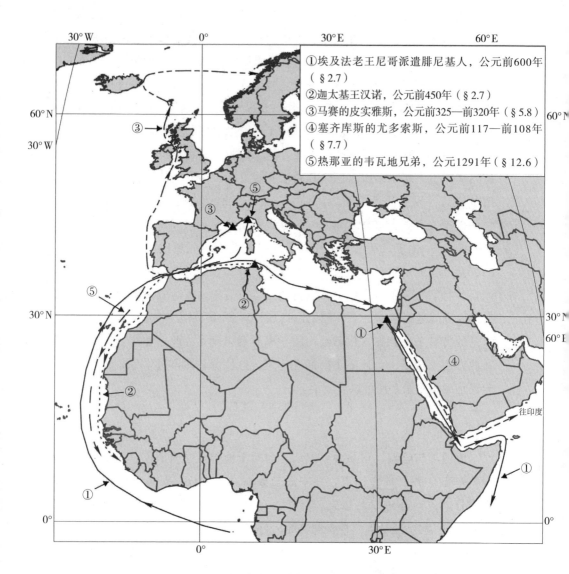

①埃及法老王尼哥派遣腓尼基人，公元前600年（§2.7）
②迦太基王汉诺，公元前450年（§2.7）
③马赛的皮实雅斯，公元前325—前320年（§5.8）
④塞齐库斯的尤多索斯，公元前117—前108年（§7.7）
⑤热那亚的韦瓦地兄弟，公元1291年（§12.6）

图2.2　欧洲古代及中古五次远航探险路线示意

学结合，成为观测和理论并重，亦即接近现代科学精神了。因此，它的发展也是很值得注意的。

地理学和远航分不开。在古希腊文明中，最早的远航记载可以追溯到荷马的《奥德赛》，它充满神话和离奇故事，但也是一部地中海游记。古代历史学家希罗多德和波利比亚斯（Polybius）、地理学家埃拉托色尼（Eratosthenes）和斯特拉波（Strabo）都是那样看，并且认真考证书中地名的[1]。这部史诗显示，对地中海文明而言，远航大海以发现与征服新地方，自古就很普遍而富有吸引力，尤利西斯无异于哥伦布的精神始祖[2]。至于欧洲第一次历史性远航，则是希罗多德所详细记载的，埃及法老王尼哥二世（Necho Ⅱ，公元前610—前595年在位）派遣腓尼基船队环航非洲，即当时所谓"利比亚"。在大约公元前600年，他们从西奈半岛出发，穿过红海南下非洲东岸，绕一大圈之后穿过直布罗陀海峡东入地中海，最后回到尼罗河口，前后历时三年。这说明"利比亚是被大海环绕"，而只在西奈半岛处与亚洲大陆相连。书中一个重要细节是，船队报告，绕过"利比亚"南端时船虽然西行，太阳却是在"右手边"，亦即偏北，从而证明船队的确到过南半球了[3]。此后约两百年，迦太基的汉诺（Hanno the Carthaginian Navigator）率领了据说有60艘船的庞大队伍西出直布罗陀海峡，循非洲西岸航行，在今日的黄金河口（Rio de Oro）附近建立了七八个迦太基殖民地，然后南下抵达非洲西端的佛得角（Cape Verde）甚至几内亚湾东端[4]（图2.2）。故此航海家亨利亲王的远航大业，迦太基人早在两千年前已经着先鞭。这些对地理学的发展自然有很大刺激作用。

（上接第93页）此书主要以公元前1世纪为上限，但对更早的贸易亦略有涉及，所列参考文献亦包括古埃及与希腊的贸易。此外方豪的《中西交通史》即方豪1983也有大量这方面论述，其中第一篇第9—13章尤为重要。

[1] 斯多葛哲学家克里特斯（Crates of Mallos，约公元前150）甚至称荷马为地理学创立者，见 Harley & Woodward 1987, pp. 162–163。至今一般学者大体上仍然接受，独眼巨人（Cyclops）所居是指西西里岛，海怪卡律布狄斯（Charybdis）与斯库拉（Scylla）是指墨西拿海峡（Messina Strait）的险恶旋涡，"福岛"（Blessed Island）可能指加纳利群岛（Canaries），等等。《奥德赛》的地名考证见Bradford 1963。

[2] Cary & Warmington 1929是讨论欧洲古代航海探险的专书，有关《奥德赛》部分见该书pp. 17–19。有关此史诗的专门研究见West 2014。

[3] 见*Histories* 4.42–4.43（Herodotus 1959, pp. 254–255）；此外Cary & Warmington 1929, pp. 87–95有详细讨论，并见Harden 1962, p. 170; Thomson 1965, pp. 71–72。

[4] 据说汉诺本人曾经记录此事并且悬挂在迦太基神庙中，这记载后来失散，只余片段散见于希罗多德的史书（*Histories* 4.196）、普林尼的《自然史》和其他文献，有关讨论见Warmington 1960, pp. 61–69；Harden 1962, pp. 170–179，两书都译出了汉诺记载片段的拼合本。对此行程Thomson 1965, pp. 73–78亦有详细讨论。

地图学的开端

在希腊，地理学的萌芽其实比医学更早，它不但与自然哲学同步，而且与米利都学派的创立者阿那克西曼德密切相关。他不仅仅是哲人，也对地理学极感兴趣，甚至有人认为，他在这方面的成就更大，只不过在哲学传统中此事被刻意忽略而已①。相传他有一部名为《论自然，恒星，球体》的著作，又曾经制造天球模型，并且是第一个描绘出圆形的陆地边界即世界地图者②——当然，这和他以为大地有如石鼓而人居住在它的一个圆形平面上有关。比他稍后还有同属米利都的阿里斯特哥拉斯（Aristagoras，活跃于约公元前500年）和赫卡特乌斯（Hecataeus，公元前550—前476），他们都和波斯大军入侵有密切关系。阿里斯特哥拉斯鼓动爱奥尼亚诸邦反叛波斯，曾亲自前往斯巴达求救，而为了说明国际形势带去一张镌刻在铜板上的世界环图，上面显示了波斯与爱奥尼亚之间所有国家的位置（图2.3）③。赫卡特乌斯则广事游历，被认为是古希腊第一位历史学兼地理学家。他独排众议，反对与波斯为敌，在爱奥尼亚的反叛被敉平后，又说服波斯恢复各邦的宪章。据说他著有《环地行记》，那大体上应该相当于阿里斯特哥拉斯世界环图的说明文本④。

---

① 现代学者本布利（Edward Herbert Bunbury）的两卷本《希腊罗马古代地理学》为这方面研究的先河。见Bunbury 1959，此书有多种可自由下载的网上版。
② 有关他这方面成就的讨论见Guthrie 1962, pp. 73–75以及Harley & Woodward 1987, p. 134。他著作的名称见于《苏达斯》（*Suidas*），那是编纂于10世纪左右的拜占庭帝国辞书。
③ 见*Histories* 5.48–5.51（Herodotus 1954, pp. 328–329）。
④ 希罗多德对这些环形地图的详细说明大概就是得之于《环地行记》一类记载。见*Histories* 4.36–4.54（Herodotus 1954, pp. 253–260）。

图2.3　赫卡特乌斯世界图。在其中陆地分欧、亚、非（利比亚）三大洲，外有环形海洋包围。根据Harley & Woodward 1987, p. 135, Fig. 8.5，该图则系根据Bunbury 1959, Vol. 1, p. 149的地图重绘

第三章　永生与宇宙奥秘的追求

　　古希腊科学的起源有各种不同看法。泰勒斯及其米利都学派往往被视为希腊科学的源头：他在波斯大军入侵吕底亚之际准确地预言将有日食，是年（公元前585）也因此被定为希腊哲学起点。然而，泰勒斯虽然以通晓几何与天文学闻名，但是他为人称道的几个发现都十分粗浅，他的影响其实主要在于激发思辨性（speculative）的自然哲学之兴起，这虽然与希腊科学非常接近，甚至可以视为孕育后者的母胎，但两者仍然是有分别的。在希腊科学史上真正具有决定性意义的大事，毋宁为公元前530年左右毕达哥拉斯从萨摩斯岛移居意大利南端的克罗顿。那是毕氏神秘教派的开端，它结合永生追求与宇宙奥秘探索的教义，日后成为柏拉图哲学及其学园（The Academy）背后的精神力量。在此强大力量鼓动下，以严格证明为特征的希腊数学诞生，它最后成为整个古希腊科学传统的源头。以上只是希腊科学诞生的最粗略轮廓，它的细节和详细论证将在下面两章展开。

一、笼罩科学诞生的迷雾

　　毕达哥拉斯是个笼罩在迷雾中的传奇人物。他倡导"万物皆数"，这个观念后来发芽、滋长，成为希腊精确科学的种子；他创立强大、严密的教派，它虽然不久就覆灭，但其强烈的精神则通过后代教徒而灌注于柏拉图学园，成为它发展严格数学的动力；最后，他的人格、事迹、信念更成为西方智慧的象征和泉源，其影响历代相传不衰，一直延续到开普勒和牛顿。不过，这样一位立言、立功、立德的大人物自不免被渲染、夸大和附会以种种怪异神奇事迹，从而披上"通天教主"的外衣，此风一直延续到17世纪方才止息。另一方面，有关毕氏及其学派的原始文献已经全部湮没，他们的作为与贡献只能从后人的论著间接推断了。在19世纪，实证精神开始笼罩史学界，特别是德国兰克学派，缺乏原始文献作为证据的传统历史几乎一概遭到质疑乃至全盘否定，毕达哥拉斯同样不能幸免。他因此被重新定位为近乎巫师类型的教主，甚至被认为与科学并无任何实质关系。到了20世纪，学术风尚再次回转，英美学者的态度转趋缓和，他们虽然对夸张的传统说法继续保持批判态度，但也不再一概抹杀传世文献的价值。因此，在今日，应该是有可能为毕达哥拉斯描绘更为客观与真实的面貌了。

文献之不足征

希腊科学大体上可以分为酝酿期（公元前580—前400）、雅典期（公元前400—前300）、亚历山大期（公元前300—公元200），以及衰落期（200—550）四个阶段。在今日，亚历山大期的希腊科学还可以比较清楚地追溯，因为像欧几里得、阿基米德、阿波隆尼亚斯、托勒密等主要学者的事迹虽然不可细考，但他们都有相当多著作流传，而著作中的前言、引论、评注往往包含重要科学史资料。在此之前的雅典期科学则已经不容易追寻，因为这时期的科学史和科学著作，例如亚里士多德所撰的毕达哥拉斯论述，他弟子尤德姆斯（Eudemus）所撰的数学史和天文学史等，都已经湮没不存，对于此时期的了解已经不得不依赖当时的哲学论述特别是柏拉图和亚里士多德的著作，乃至数百年后的罗马时代作品了。至于更早的酝酿期，则第一手资料更为稀少，除了若干"前苏格拉底"自然哲学残篇之外，可说是一无所有，学者基本上只能通过雅典期乃至更晚期著作的追述来推断、猜测。

文献之所以如此不足有许多特殊的历史原因。首先，是古代图书的厄运：亚历山大学宫图书馆的70万卷珍本在公元前48年被当时入侵埃及的恺撒大帝所引起的战火焚毁，该城的塞拉皮（Serapeum）神庙又在公元391年为刚刚获得正统地位的基督教徒所夷平，神庙里面保存古代学术传统的图书馆亦遭遇同一命运。这些浩劫与灾难性的秦火相类似，所造成的损失是无从估计的[①]。另一个原因是，当时学者历史意识薄弱，学术发展的记载一直要到亚里士多德才出现。更可惜的是，一本完善的综合性科学论著出现，就往往取代

---

① 许多科学史记载，亚历山大学宫图书馆是642年阿拉伯穆斯林征服埃及之后焚毁的，但此事其实是六百多年后即13世纪的一种传说，不可入信。该城图书馆早已毁于兵火和宗教斗争的情况，在以下专著有详细考证和说明：Butler 1902, pp. 401–426。此外并见Canfora 1989。

其前所有原创性或者阶段性著作，使得它们大量失传，像欧几里得的《几何原本》和托勒密的《大汇编》都起了这样的作用。最后，处于西方科学源头的毕达哥拉斯教派属于"密教"性质，即对教外严守秘密，在教内其信仰、发现只凭口耳相传，严禁将之形诸文字。但最不幸，也最令人扼腕长叹的是，可能由于它的诡秘作风，以及其政治上的独占地位，毕氏教派在后期受到反对势力围困火攻，几乎全军覆没，其后虽仍相传不绝如缕，但是早期历史、学说、教义、科学发现等资料只能凭个别教徒的传说，以及后人根据传闻的猜测、追述，再也没有确切文献可以依据了。

　　另一方面，虽然毕派的原始文献稀缺，但后代影响极大，所以有关论述、记载、传闻极其繁多，而且数量与时俱增，乃至令人望洋兴叹。这些记载最早见于柏拉图的《对话录》和书信，但那非常稀少和隐晦，只可以说是其思想的痕迹而已。比较详细和直接的，是亚里士多德对于前代哲学流派包括毕达哥拉斯学派的系统论述，虽然这难免受他个人观点、思想影响，但毕竟保存了大量珍贵史料，成为早期哲学史、科学史最重要的依据。其后，从公元前后以迄5世纪，毕氏学派通过"新毕达哥拉斯学派"以及"新柏拉图学派"的出现而获得"重生"和发扬。在此刺激下，涌现了大量与科学发展以及毕氏教派有关的描述、记载。其中最重要的，包括第欧根尼（Diogenes Laertius）的《名哲言行录》、波菲利（Porphyry）和艾安布里喀斯（Iamblichus）的毕达哥拉斯传、普洛克鲁斯的《欧几里得〈几何原本〉第一卷述评》，以及辛普里修斯为亚里士多德的《范畴篇》《论天》《物理学》《论灵魂》，以及欧几里得《几何原本》诸书所作的评述（commentary）[1]。这些著作保存了大量珍贵资料，例如亚里士多德弟子尤德姆斯（Eudemus of Rhodes，约公元前350—前290）的《数学史》就是因此而得以部分重现。然而，不可避免地，它们同时也颇不乏传闻、臆造成分，甚至掺杂了大量后代神怪附会成分，要从中提纯出可信、可靠部分有赖于细致的梳理和考证，但争议亦因而在所不免，这是考究毕达哥拉斯及其教派所无法回避的困难。

---

[1]　以上著作有以下现代译本：Diogenes/Hicks 1965；Guthrie 1987（即*Pythagorian Source Book and Library*），此书除了毕氏的三种传记以外，还包含有关毕氏教派的导论以及有关文献的汇编；Proclus/Morrow 1970。至于辛普里修斯为亚氏著作所作大量评述的现代译本也已经分成多卷，由Duckworth（London）和Cornell University Press（Ithaca）在20世纪90年代和21世纪头十年陆续出版。

有关毕氏及其学派的争论

有关毕氏学派的争论主要在于：它与希腊科学和哲学的真正关系如何？正如上文所说，毕派历史虽短，但在后世影响深远浩大，自公元前4世纪的柏拉图学园以迄16世纪文艺复兴时代，它始终或隐或显，笼罩着西方宗教与科学思潮，由是形成学界的普遍观念，认为毕氏学派对于希腊数学和天文学有创始乃至实际建构之功。但这观点主要是建立在后代学者的追述和传闻之上，而他们虽然没有坚实证据，却将毕达哥拉斯推尊为古先圣哲乃至智慧泉源，所以在实证史学兴起之后，这些论述的客观性就受到了强烈质疑乃至全盘否定。

首先发难的，是19世纪德国哲学家和哲学史家切勒（Eduard Zeller，1814—1908），他在其巨著《希腊哲学史》中秉承黑格尔和兰克学派精神，认为毕达哥拉斯及其早期门徒与数学推理和哲学思辨都不相干：他们只不过是个把数字附以神秘色彩的宗教团体而已，其作用被过分渲染、夸大了，必须用严格的科学方法予以纠正、厘清[①]。这观点影响了比他稍后的法兰克（Erich Frank）和迪尔斯，特别是迪尔斯编纂的《古希腊文献汇编》，以及原来由迪尔斯编纂，其后经克兰兹（W. Kranz）修订的《前苏格拉底残篇》[②]。同样观点大体上仍然为他们之后的布尔克特所接受：后者在20世纪60年代初出版的巨著《古代毕达哥拉斯学派的传说与科学》中还把毕氏学派和"前苏格拉底"自然哲学截然判分，认为："希腊数学并非出于'智者'的启示或者一个为此而建立的教派之密室，而是和希腊理性世界观的发展密切相关"；在遍数几乎所有"前苏格拉底"哲学家的可能贡献之后，他得出的结论是："个别毕派学者与此发展不无关系，但就其精义而言，数学是希腊的而非毕氏学派的。"[③]

然而，这激烈的"取消主义"立场是有问题的。毕氏的贡献虽然没有直接和原始证据，但抛开了毕氏，希腊数学和天文学的源头又到哪里去寻找呢？特别是，在他之前的泰勒斯虽然有数学声望和发明，然而这同样是得之于后人的

---

① Eduard Zeller, *Die Philosophie der Griechen in ihrer geschichtlichen Entwicklung*, 3 vols. in 6 pts. Leipzig 1919–1923. 此六卷本巨著的观点后来汇集于他本人于1883年所作的《希腊哲学史提纲》即 Zeller 1963，该书现代版由Wilhelm Nestle结合了法兰克在20世纪初的研究结果而加以修订，因而显得较为缓和，但其基调并未改变。事实上，法兰克本人的观点也是很激进的。

② H. Diels, *Doxographi Greaci*, Berlin, 1879；H. Diels and W. Kranz, *Die Fragmente der Vorsokratiker*, 3 vols., Berlin, 1951–1952. 以上第二种著作有英译本即Freeman 1962；为此译者还有相关著作Freeman 1959。

③ Burkert 1972, pp. 426–427，作者译文。

记载，并没有比毕氏更坚实的证据。至于与他在先后之间的阿那克西米尼、赫拉克利特、色诺芬等人，以及其后的众多知名自然哲学家，则大部分连有关数学发明的记载或者传闻也都阙如，只有德谟克利特是例外——他们基本上都是以言辞来对大自然作猜测、思辨的。我们一旦把毕氏及其学派从数学史的源头剔除出去，他们所留下的空白就不可能被填补。因此英美学者从科学史家希斯、希腊哲学史家格思里（W. K. C. Guthrie），以至最近的毕氏学派研究者卡恩（Charles H. Kahn），都还是倾向于接纳相当部分传统记载和解释，认为毕氏及其学派对古代科学和哲学都有重要贡献和巨大影响力[1]。

将迪尔斯的《古希腊文献汇编》翻译成英文并详加注释的弗里曼说，毕氏是"半科学、半宗教的教派创始人；我们对他自己的信仰和教诲几乎一无所知，但那无疑是其门人的精神力量之来源"；又说，他的许多门徒都积极将几何原则应用于天文和宇宙构造，"很难相信他们所遵循的指导性原则不也同样就是他（毕氏）的"[2]；剑桥大学的格思里在1962年出版的《希腊哲学史》第一卷指出：毕氏"在生前和身后多个世纪都同时以宗教导师和科学天才的地位受追随者尊崇，也为其他人猛烈攻击，但绝对没有人是能够忽略他的。之所以会有贬低他性格中这一面或者那一面的企图，是因为现代心灵难以接受相对原始、近乎迷信的宗教思想居然可以与数理科学和有关宇宙的猜想等理性追求相调和、相结合；但在公元前6世纪这样的结合不但可能，而且是自然的"[3]。这可以说是近数十年来英美折中派学者谨慎、持平态度的最好表述。

应该是由于这些学者的影响吧，布尔克特的态度在20世纪70年代末发生了几乎可以说是一百八十度的变化，转而承认"从后代观点看来，毕达哥拉斯成了数学与数理科学的创始人。至于柏拉图之前的资料则显示，（他所创造的是）数目象征、算术、永生与死后生命教义，以及苦修生活规则的奇异混合体……一个公元前6世纪的爱奥尼亚人基本上是有可能将巴比伦数学、伊朗宗教，甚至印度灵魂转世教义熔铸于一炉的"[4]。此外，也应该提到，现在已经有详细研究显示，即使是把科学带入现代的牛顿，也同样是在思想最深

[1] 见Heath 1965，i；Guthrie 1962；Kahn 2001；Huffman 1993。本章资料主要取自Guthrie和Kahn。研究毕派重要传人费罗莱斯（Philolaus）的赫夫曼（Carl A. Huffman）认为，毕氏教派特征是生活方式多于哲学观念或者数学研究，但费罗莱斯哲学所引入的数学观念是成熟和有深度的，而非如布尔克特所称，纯属神秘主义。见Huffman 1993, pp. 54–77。

[2] Freeman 1959, pp. 76–77, 81.

[3] Guthrie 1962, p. 181.

[4] Burkert 1985, p. 299.

层次糅杂了严格推理精神和属于中古之物质生化、质变思想的人物，他花费在研习、探索炼金术，包括夜以继日地做炼金术实验上的时间、精力，实际上远远超过数理科学[①]。这可以说是在科学进化过程中，将完全不同性质、倾向的思想混杂在一起的最佳例子。

因此，我们认为，毕氏个人的实质科学贡献容或不易确定，但他将科学追求带入了希腊思想核心的倡导、开拓、激励之功则无可置疑。在下面我们不再重新检讨上述已经延绵一个半世纪之久的争论，而只在力求持平、合理的前提下，将毕氏及其教派（所谓Pythagoreans的性质兼具教派与学派，所以我们将两个名称混合使用，不严格区分其意义）的历史、思想、影响作一综述。我们将尽量采用批判史学，特别是布尔克特的考证成绩，但对没有原始资料支持的古代传说亦并不一概排除，而毋宁采取同情和谨慎、暂时存疑的态度使用。这大致上接近格思里和卡恩的立场，而比近年毕氏传记作者戈尔曼（Peter Gorman）的立场带有更多批判性[②]。20世纪初在中国风起云涌的《古史辨》疑古思潮多少也是西方实证史学冲击下的产物，然而其观点最终为殷墟发掘和其他考古证据显示为过分粗疏。因此我们今日对于古代传统记载、传闻是需要在存疑、批判之中，同时采取重视和谨慎态度的。对中国古史如此，对西方科学的源头亦复如是。

二、毕达哥拉斯其人

和希腊早期其他哲学家不一样，毕达哥拉斯（Pythagoras，约公元前570—前490）的重要性不仅仅在于其个人学说，而更在于他所创建的教派亦复是学派——其实那已经和他本人融为一体，无从清楚分辨了——以及他所树立的精神风格。换而言之，他不仅立言，更加立功、立德，其事业、影响直可与释迦牟尼、孔子、耶稣等开百世风气的大宗师相提并论（图版4）。在底子里，德国实证派学者对他的强烈批判和否定态度，正在于认定，他这宗教身份与希腊理性精神不兼容。但这样将纯粹的"理性精神"强加于古人是很成问题的。事实上，"前苏格拉底"自然哲学家也处于从宗教到理性的过渡时期，他们绝少不受宗教思想影响，色诺芬就是最好的例子。但毕达哥拉斯和

---

① 这方面的开创性研究见Dobbs 1975及Dobbs 1991；详细讨论见本书§14.3。
② 见Gorman 1979。

他们还不一样：他是有意识地要从根本上结合宗教的永生追求与理解宇宙奥秘的重智精神。虽然教派本身不成功，但就其气魄、胸襟，以及对希腊重智精神的开拓之功而言，他却完全可以和所谓"轴心时代"那几位开山宗师并列而无愧。雅斯贝斯在其《历史的根源与目标》中完全没有提及他，无论是出于什么原因，都是令人遗憾的。

时代背景

毕达哥拉斯的雄心是综汇多个远古文明传统然后发扬光大之，因此要了解他和他的学派，必须先了解他和远古传统的关系。但这并不容易，因为我们对他的确切事迹知道得太少，能够完全确定的更是几乎没有。

首先需要讨论的，自然是他和希腊传统的关系，这大致上可以从三个方面看。就宗教而言，对他影响最大的，无疑是希腊本土的奥菲士教派（Orphism）。奥菲士（Orpheus）是荷马以前的神话人物，但是以他为名的教派之兴起则晚得多，大致是在公元前6世纪早期，其活动范围以意大利南部为主，这和毕氏教派发源的时间、地点相吻合。不但如此，毕氏教派认为灵魂不灭，视身体为禁锢灵魂的坟墓，因此重视来生和洁净仪式，又特别推重音乐的功能，这些也都和奥菲士教派的理念、教训相符合。所以两者有密切乃至直接传承关系，是没有什么疑问的。就师承而言，根据他的传记记载，毕达哥拉斯是菲勒塞德斯（Pherecydes）的弟子，后者是一位与希腊"七贤"同时的传奇人物，据说他开导毕氏，令他意识到自己是大神埃塔里德斯〔Aithalides，使神赫墨斯（Hermes）的众多后裔之一〕以及《伊利亚特》人物尤福耳玻斯（Euphorbus）等前人的转世。因此菲勒塞德斯颇有可能是毕达哥拉斯承受"灵魂转世"（metempsychosis）和"追忆前生"（anamnesis）等奥菲士观念的具体途径。最后，就哲学传统而言，据说毕达哥拉斯曾经见过泰勒斯和阿那克西曼德这两位米利都学派的先哲，并曾经聆听后者讲学，这从时代和地域看来，都很有可能。而且，泰勒斯对于数学的兴趣，以及对于埃及作为一个充满智慧的古老文明之向往，还有阿那克西曼德以"无限"作为宇宙原质的观念，显然也都对毕氏及其学派产生了影响。所以，在宗教和自然哲学两方面，毕达哥拉斯深受希腊本土观念、思想熏陶，那是没有疑问的。

然而，我们却不应该把毕氏局限于希腊文化圈以内，而否定他和东地中海其他文明的交往、联系，或者忽视这些关系的重要性。这种交往虽然没有原始资料作为证据，然而从公元前5世纪初开始就有记载。而且，从毕氏家世、经历（见下文）和当时地中海东部海上交通和贸易频繁的状况看来，这在实际上是极有可能的。例如，在当时，毕氏家乡萨摩斯岛的僭主波利克拉提（Polycrates）和埃及的法老阿美西斯（Amasis）有亲密同盟关系，后者因而准许希腊人在尼罗河三角洲西边建立殖民地诺克拉提斯（Naucratis）。此外，从上一章讨论过的《荷马史诗》所受西亚文学，特别是《基格米殊》史诗的广泛、深刻影响，也可见毕氏的东方渊源不容忽视。所以，我们毋宁认为，毕达哥拉斯的确有相当可能性如他的传记所说，曾经游历埃及和古巴比伦，并且居留了相当长时期，从而受到其宗教与科学，包括这两个远古文明的神庙、庞大祭司组织，以及相当丰富的天文学和数学知识累积所影响。他之以数字和数学观念来建构宇宙观，以及在祭祀中禁止用羊毛织物的禁忌，都可能源自这两个古老文明。在希腊历史和哲学传统（例如反映于希罗多德和柏拉图）中，埃及被视为学问与智慧的泉源，这种普遍的观念往往被用来"解释"同时否定毕达哥拉斯的东方联系。这种态度是很奇怪的，因为前述观念之所以普遍，不可能完全没有事实上的根据，而且，无论其是否有根据，这种观念本身，也就可能成为促使像毕达哥拉斯那么一位充满好奇与求知欲望的年轻学者向往和出航东方的动力。最后，他的轮回思想以及素食禁忌，则指向印度的影响：由于在居鲁士大帝之后波斯帝国的版图与印度接壤，因此这种影响的可能性也不容轻易否定。

生平及事略

据我们所知，在古代毕达哥拉斯最少有德谟克利特、亚里士多德和亚氏弟子亚里士多塞诺斯（Aristoxenus）三位公元前4世纪学者撰写的传记和述评，但这些都已经失传，其中的资料［包括亚里士多德另一位弟子狄克阿科斯（Dicaearchus）的论述］除极少数残片以外都只通过公元1世纪左右的新毕派学者尼高马可斯（Nichomachus）和阿波隆尼亚斯（Appolonius of Tyana）而传给3—4世纪间的新柏拉图派学者波菲利和艾安布里喀斯；他们师徒二人以及同时代的第欧根尼所留下的三本传记就是我们今日了解毕氏生平的主要依据①。

根据传记，毕达哥拉斯祖籍巴勒斯坦的腓尼基，父亲尼莫沙喀斯（Mnemsarchus）是一位铭刻师（engraver），后来移居萨摩斯，那是处于小

---

① 这三本传记和其他有关毕氏的原始资料的英译都收集在Guthrie 1987这一资料集中。

亚细亚西岸的小岛，邻近米利都，两者都是爱奥尼亚的一部分。因此，和泰勒斯一样，毕达哥拉斯也有东方血统，并且很可能由于家庭缘故而自幼就有东方联系和经历。他大约生于公元前570年，曾经师承同样来自东方的哲人菲勒塞德斯[①]，后来因为与当地僭主波利克拉提意见相左而离家游历，后者还大方地赠以程仪，为他写介绍信给埃及法老阿美西斯，令他至终得以在孟菲斯的神庙中学习数理知识、教义和仪轨，后来据说又为征服埃及的波斯大军掳至巴比伦，从而得以学习其科学和宗教[②]。他完成游历返回萨摩斯，可能已经是他四十岁，即公元前530年前后的事情了[③]。

其后没有多久，他移居希腊人在意大利南部的重要殖民地克罗顿。这似乎是经过深思熟虑和充分筹划的行动，并且他当时已经颇有名声，因为甫经抵达就立刻受到当地领袖盛大欢迎，从而有机会对民众和年轻人甚至妇女演说，不旋踵又获得广泛尊崇，建立了以他个人为绝对领袖的教派和强大政治影响力。而他在政治上是颇有建树的：首先，相传他为克罗顿制定了一部宪法；其次，由于他的建议，克罗顿在公元前510年决定接纳极其繁荣的邻近大城锡巴里斯（Sybaris）的上百名流亡贵族，从而引起与该城开战，并且大获胜利；最后，甚至有学者将钱币之在意大利南部包括克罗顿出现，从而引起经济制度的革命，也归功于他[④]。无论如何，他在克罗顿的权力和精英统治［这一般被视为最高尚的"贤人政治"（aristocracy）］因此得以巩固，其教派也得以在意大利南部所谓"大希腊"诸城市间广泛发展。

但在公元前490年左右，权力高度集中于其首领，而行事作风又极端隐秘的教派可能惹起当地民众反感，从而遭遇强大反对力量，敌对势力可能是守旧元老和新兴"民众政治"（democracy）运动两方面的结合。这样，被毕氏

---

① 菲勒塞德斯是叙利亚人，在第欧根尼《名哲言行录》中有传，但仅记载生平及事迹，而不及其学说；Schibli 1990为讨论此人的专书。

② 波利克拉提成为僭主是在公元前538年，而根据亚里士多塞诺斯所传下的资料，毕达哥拉斯赴克罗顿是在公元前532/前531年左右，因此他在东方不可能长期游历——除非这是在波利克拉提成为僭主之前，并且是自己出资。由于波斯迟至公元前525年才征服埃及，因此他从埃及被掳或者随军到巴比伦之说，也与上述资料冲突。

③ 毕氏赴意大利之前的半生事迹并无确切证据，这里所述，是新柏拉图派学者所撰传记中的传闻，但他前往埃及学习的故事早在公元前4世纪已经由著名雄辩家伊索克拉底传播，历史学家希罗多德也有暗示。

④ 见Guthrie 1962, pp. 176—177，但是根据一般史书例如Hammond 1986的记载，钱币最早是在公元前7世纪中叶出现于吕底亚王国，在公元前7—前6世纪间传播到爱奥尼亚和希腊，在公元前550年已经传到"大希腊"，所以毕达哥拉斯倘若与此有关，那么他赴克罗顿的时间就需要作基本修改。无论如何，从他的生年（公元前570）看来，这不大可能。

认为心术不端而拒绝接纳入教的当地贵族塞隆（Cylon）趁教派核心分子聚会之机，把他们围困纵火，从而一网打尽，仅有两个年轻人得以身免。当时毕达哥拉斯已达八十高龄，他本人是否一同殉难，抑或如另一种传闻所云，见机逃往了邻城梅塔庞同（Metapontium）躲避，最后在神庙中被围困饿死，或在该地病逝，则无法确定。另一种被广泛接受的说法则是，教派其实经受过两次打击：第一次在公元前490年，其后略为恢复；第二次则在毕氏身后，亦即公元前460—前450年间，而塞隆之徒以火围攻教派，几乎将之全部消灭，是在后一次[1]。无论如何，经此沉重打击，毕氏教派的第一代几乎全军覆没，自此一蹶不振，再也未能恢复其政治势力和统一组织，而逐渐趋于式微，教众则逐渐流散到各地，特别是雅典。

这样，毕达哥拉斯神秘而悲剧的一生好像就结束了，但其实，正如所有神龙见首不见尾的传奇人物一样，他真正的生命才刚刚开始呢。

三、从奥林匹克诸神到奥菲士

毕达哥拉斯在克罗顿所建立的教派是具有革命性和巨大吸引力的：在理念上它秉承希腊宗教观的最新发展，在结构上它更开创了前所未有的形式。但这个发展并非凭空而来，它和公元前6世纪出现的奥菲士教派有极其密切的关系，而后者则是希腊宗教长期发展的产物，所以要充分了解毕氏教派，我们必须从希腊的宗教传统说起。

荷马传统下的宗教观

由荷马史诗所塑造的希腊宗教观是相当朴素和高度人格化（anthropomorphic）的：众多神祇与凡人大体相似，他们群居在奥林匹斯山上，组成一个松散、有等级关系，以宙斯（Zeus）大神为首，一共有十二位主要成员的大家庭。个别神祇的行事表面上要顾及"公义"，但实际上则是从个别的喜怒哀乐以及私欲、好恶、爱情、利害关系出发，而并非基于道德或者其他公平原则；他们的能力远远超乎常人，但说不上全能、全知或者无所不在，而且彼此之间仍然有强弱之分。最重要的在于：人神之间的基本分别是神祇都是"永生"（immortal）的，常人无论如何卓越英勇，都逃不过死亡

---

[1] 　Burkert 1972, p. 117.

的命运，也就是最后会魂消魄散，失去丰富感情和强大力量。《伊利亚特》的主角阿喀琉斯对自己命运的悲叹，是这个"人神之辨"的最好说明——事实上，这部史诗的重要性正在于它是体现上述原始宗教观的权威经典。

在此观念下，神人之间的关系颇为简明和直接：人绝不可如奥德修斯那样狂妄自大，出言不逊，以致干犯神怒而遭受谴罚，而必须谦卑恭敬，不时奉献祭祀，以得其欢心和助力。但亦仅此而已，此外则两不亏欠：人既不须遵守道德戒条，神亦无其他特殊恩宠可以赏赐。因此宗教以族群或者城邦所侍奉的神祇为中心，而实践机制则系于奉献祭礼的神庙和主持其事的男女祭司，它的性质是公共、公开和带有强烈现实意义，而并不涉及个人修养或者道德规范的[1]。

本土宗教的永生追求

然而，希腊人的精神需求并不能完全满足于这种简单、浅白、功利性的崇拜。事实上从荷马时代甚至更早开始，他们的宗教生活中就已经包含了若干"非理性"成分，也就是超越现世的追求。这大致表现于巴克斯（Bacchus）狂欢、埃洛西斯（Eleusis）奥秘和奥菲士传说三个方面。至于这些崇拜、追求结合成为有系统的教义，乃至有组织的教派，即所谓奥菲士教派，则是公元前6世纪的事情。

酒神巴克斯又称狄奥尼索斯（Dionysus），所谓巴克斯狂欢是个非常奇特的现象[2]。根据传说和文学作品描述，巴克斯的男祭司会在午夜带领大队妇女吹笛打鼓，列炬游行，到城外荒山饮酒，放纵狂欢，达到高潮时会撕裂和咬食野兽甚或小儿，或者抗拒其活动的人，也就是解除文明所形成的心理束缚，释放心灵深处的野性与活力。这种带有原始性质的狂欢（orgia）运动源出小亚细亚中部，后来传入马其顿东部的色雷斯，然后如野火般蔓延、征服全希腊，在公元前5—前4世纪间已经被希腊人基本接受、"净化"，然后整合到传统宗教系统中去。由是，它产生了一个微妙而相当重要的变化：巴克斯门徒（所谓的Bacchant）在狂欢中会获得自己能力大增，已经上升为神祇或者和神祇合一的感觉。由于神祇的特征是永生不灭，这样，通过宗教仪式、活动而获得永生，也就是超越凡人固有限制的观念，开始渗透到希腊思想

---

① 有关希腊宗教整体，见Burkert 1985；对其传统宗教的简明论述，见Guthrie 1950, Chs. 1–3。
② 有关巴克斯的讨论，见Guthrie 1950, Ch. 6；Burkert 1985, pp. 290–295。

中。当然，这只不过是在狂欢中所产生的短暂和间接感觉，真正把永生作为基本教义，是后来的奥菲士教派，所以它和巴克斯也有密切关系。

　　和巴克斯狂欢同样古老，而在希腊文化中可能更为根深蒂固的，则是所谓"泰利台"（teletai）神秘仪式，那是在雅典城外不远之处的埃洛西斯一个称为泰利殿堂（Telesterion）的神庙大堂中的地窖内举行①。它主要是让经过洁净的领受者亲眼目睹特殊景象，从而成为"亲睹者"（Beholder），亦即"入道者"（the initiated），这样他们在死后就不必降到传说中的"阴间"（Hades），而得以升往埃洛西乐土（Elysium），换而言之，就是获得永生。这埃洛西斯信仰（Eleusinianism）大概起源于以下的远古传说：农业之神地母（Demeter）的女儿珀耳塞福涅（Persephone）被地下冥王（Pluton）强占为妻，地母以拒绝生育万物为要挟，求得宙斯大神应允珀耳塞福涅每年可以有三分之二的时间返回地上，故在此意义上她是不死的。这信仰可以追溯到迈锡尼甚至克里特的克诺索斯时期，但在《奥德赛》里面，也同样有它的痕迹②，而在公元前8—前7世纪，它已经为雅典城邦所吸收，成为官方祭祀的一部分。这样，凡人可以通过埃洛西仪式（即目睹其神秘景象）而战胜死亡的思想，逐渐深入希腊人的思想，并且在公元前5世纪文学作品中不时表达出来③。

奥菲士教派的兴起

　　至于传说中的奥菲士，则是荷马以前的远古神话人物④。从不少在公元前5世纪陶瓶和其他器物上描绘的景象，可以推断他是希腊人，移居当时被认为是"蛮方"的色雷斯。他酷爱音乐，特别是歌唱和竖琴，虔诚崇拜太阳神阿波罗（Apollo），而对当地的巴克斯教徒不予理会，由是干犯了巴克斯或者妇女的忌讳，为疯狂的"巴克斯疯妇"（Maenads）所杀害并散弃其肢体。然而他的头颅在漂浮到爱奥尼亚之后却继续存活，并且能作预言。这个故事所反映的，可能是希腊本土的阿波罗精神与色雷斯的狄奥尼索斯精神在遭遇过程中的碰撞、冲突。无论如何，后来这两者倒的确是可以共同相处，甚至在某

---

① 有关"泰利台"仪式的详情见Guthrie 1950，pp. 281–294以及Burkert 1985，pp. 285–290。

② 书中借海神之口说，由于墨涅拉俄斯（Menelaos）是海伦（Helen）的丈夫，也就是宙斯神的女婿，所以他将来不必遭遇凡人死亡的命运，而可以在埃洛西（Elysian）平原逍遥快活。见 Odyssey，iv, 561–570，即Homer/Palmer 1921, p. 62。

③ 这景象到底为何，现在已经无法细考，但从多方面推测，则很可能是与种子之在地下腐烂，然后又萌生出新的植物有关。

④ 关于奥菲士以及奥菲士教派见Guthrie 1950，Ch.11以及同一作者的专书Guthrie 1993。

些特点上融合起来——不但在全希腊性的特尔斐神庙中阿波罗和狄奥尼索斯两者同受供奉；而且，很吊诡的，虽然奥菲士是为巴克斯疯妇所害，后来奥菲士教派所供奉的神，却反而是狄奥尼索斯①。

通过如今已经无从考证的过程，上述民间崇拜、传说在公元前6世纪糅合、发展成为意大利南部"大希腊"的奥菲士教派。同时，它在本质上也起了巨大的变化，成为具有成文和系统性教义的信仰，并且对信徒的行为、生活提出规范性要求，也就是具有高等宗教意味了。它的教义散见于公元前5世纪及其后多种历史、哲学、文学著作，特别是柏拉图的《对话录》和书信②，除此之外，在南意大利墓葬出土了不少刻有属于"赴阴间途径指引"性质的金牌，那可以视为其信仰的原始证据。至于传世的八十多首所谓《奥菲士颂歌》（Orphic Hymns）则是以个别神祇为歌颂对象，其内容与教义的关系反而不那么密切。

奥菲士教义最根本的是"转世"（transmigration）思想，即人身会死，但灵魂不灭，而且可以转世成为其他新生命。由此就产生了修炼和死后审判的观念，也就是说，生前必须秉持公义，戒杀生和肉食、牲祭，需经常奉行洁净仪式（即所谓katharsis者，不穿用亦不在祭祀中使用羊毛织物是其中要项），这样在死后审判中就可以不致受惩罚而得到赏赐欢乐，例如前往埃洛西乐土。然而，死后的赏赐都是暂时性的，其后都要转世成为其他生物；而对于常人来说，要经过十个长达一千年的轮回才有望重新做人。从上述思想又连带产生了灵魂远比身体重要的观念，由此而有身体（soma）是禁锢灵魂的坟墓（sema）之说，亦即只有当灵魂离开了身体也就是死后，它才会回复本性和获得自由。另外一种经常出现于前述墓葬金牌上的教诲是：人死后灵魂离开身体便会感到苦渴，这时候必须避免饮下白香柏树下的"忘泉"（Spring of Lethe），而要饮用"忆泉"（Spring of Mnemosyne）之水，这样才能够记住前世经历。

一直到公元前7世纪为止，希腊宗教的核心是祭祀和崇拜，那是集体的，着重点是现世的具体行为。奥菲士教派所宣扬的，则是个人服膺于一整套观念和教条，从而潜心于长期和持续修炼，其重点已经转移到超越现世的来生，以及

---

① 此点的详细讨论见Guthrie 1950, pp. 198–202。
② 《对话录》与此有关的主要篇章是：*Meno* 81a；*Phaedo* 62b, 69c, 70c；*Gorgias* 493a；*Theaetetus* 170c；*Cratylus* 400c, 402b；*Republic* 364e；*Philebus* 66c；*Laws* 715e；*Epistles* vii, 335a。

尘世外的阴间和埃洛西乐土等境域。这巨大变化大概并非一般希腊人所能够领会和接受，所以奥菲士教派也始终未曾在群众当中产生广泛影响。甚至它到底有多少信徒、有无共同经典、是否有组织等基本问题，答案也都不是很清楚。它的重要性主要在于它和毕氏教派的密切关系。

毕达哥拉斯教派和奥菲士教派的关系是极为奇特、微妙的：两者在差不多相同时间（公元前6世纪）出现于相同地域（意大利南部），而且两者有关灵魂、转世、前世记忆、洁净、禁忌、修炼等各方面的观念、教义都非常相近——甚至可以说是无从分辨。因此两者到底孰先孰后，孰因孰果，或者互为因果，都颇难考证、判断[1]。我们只能推测，它们彼此之间必然有极其紧密的互动关系罢了。在另一方面，毕氏教派和奥菲士教派却也并非完全相同，而是有明显的分别：前者有明确的教主、组织、教义、教规、历史，而且，更重要的，它的教义之中还有很重要的，和灵魂、转世等观念不一样的数理和自然哲学成分，那是后者所完全缺乏的。从这一点看来，我们可以猜测，毕达哥拉斯是带着爱奥尼亚的数理和自然哲学精神来提升、改造南意大利的奥菲士信仰，从而创造出毕氏教派和它的教义来的。这和释迦牟尼在婆罗门教的基础上创造佛教，以及耶稣在犹太教的基础上创造基督教，不无相似。那么，毕氏教派的组织和信仰到底是怎样的呢？他们所谓的宇宙灵魂，又究竟是怎么一回事呢？

四、毕氏教派的组织与信仰

毕氏教派可以从它的教规、仪式等具体行为，以及组织、教义、信仰等抽象观念这两方面来了解。当然，这两者并非没有关联：前者在很大程度上决定于后者，或者是从后者获得根据的[2]。

教规与组织

毕氏教派是具有严格制度和纪律的组织，对于思想、文化都相当散漫自

---

[1] 有关两者关系的讨论，见Burkert 1985，pp. 296–304。此外，希罗多德谈到羊毛禁忌的时候，把"奥菲士和巴克斯的跟随者"视为"实际上是埃及人和毕达哥拉斯的追随者"，见 Herodotus, *Histories* ii, p. 81。

[2] 本节论述主要参考以下资料：*The Pythagorean Sourcebook*，即Guthrie 1987；Guthrie 1962, Ch. 4；Burkert 1972, Ch. 2；Kahn 2001, Chs. 2, 3；Gorman 1979。

由的希腊人而言，这样的严密组织显然是非常新奇，没有前例的事物。因此它在成立之初发挥了极大力量，令教派得以迅速发展；至于后来教派受群众围攻，终于覆灭，恐怕也多少和它的组织方式有关。教派的严密组织主要表现于两方面。首先，是它的"密教"性质，即严格规定所有教徒必须对教外严格保守秘密，不得泄露有关教派的一切规条、教训、学说、状况；在教内则不立文字，不作记录，所有教导、指示都只凭师徒、上下级之间的口耳相传[①]。这斩钉截铁的规定保证了教派的认同和团体纪律，而且似乎的确为教徒所遵奉不渝，只是在教派覆灭多年之后才被放弃。其次，是它对教徒"彻底投入"的要求：入教者须先行经过审查，初入教者只能在帷幕以外旁听教诲，然后须经五至七年的人品和心志考察，合格之后方才准许进入内围，直接聆听毕达哥拉斯本人的教谕；同时教徒须保持缄默，谨守戒律，经常努力学习、思索、求真，过有规律的团体生活；甚至教徒个人财物相传也必须奉献成为公有。以上这些规条不大可能纯属毕达哥拉斯个人的创造、发明，而颇有继承古埃及、巴比伦神庙祭司组织经过长期发展而形成的传统之痕迹[②]。无论如何，这些规条显然是为了建立一个以励志、清修、追求智慧和知识为目标，而具有严格等级制度的紧密宗教团体；我们甚至也不免感到，这和中世纪基督教修道院的规定颇为相似。但它们最主要的特点是：个人修炼和知识追求有相同的重要性，而且两者是紧密相关的。

　　教派在修炼方面的要求最为人熟知的是：素食，特别戒吃豆类；祭祀时不杀生；不用毛织品；注重洁净身体（Purification）仪式；等等。这些仪式的细节和确切意义大多数都不复可考：例如"洁净"仪式虽然一直流传到公元3—4世纪"新柏拉图学派"时代，但它实际如何施行，意义何在，却都已经无法准确说清楚。不过，也可以大致猜测，这些仪式、禁忌可能混合了其他不同宗教传统——包括民间习俗、禁忌——而来[③]。其中最显著的，自然是素食和戒杀生这两项禁忌与印度佛教的关系，以及祭祀时不用毛织品的禁忌与埃及神庙的关系。至于著名的戒吃豆类禁忌便有许多不同说法，包括豆的形状与某些生殖器

---

① 与毕达哥拉斯同时的其他"前苏格拉底"自然哲学家都有只言片语流传，但毕氏则无任何言说或者文字遗留，甚至连传说中的也付之阙如；毕派一直要到公元前4世纪的费罗莱斯才相传有文献（即其《论自然》）留存。这方面的讨论，见Burkert 1972, pp. 218–221。

② 布尔克特对此持怀疑态度，认为保持沉默只不过是诸如萨满（Shaman）、苦修士的一般行径。但这样就等于彻底否定新柏拉图学派传统及其有关材料，把可信资料严格限制于公元前4—前3世纪及以前，我们认为这未免因噎废食了。

③ 对古希腊信仰与宗教洁净仪式的一般讨论，见Burkert 1985, pp. 75–84。

官相似，它埋在地下或者粪堆中就会变为人形，等等。但溯其本源，则很可能是久远相传的民间禁忌被教派所撷取，然后另外赋予理性化解释。教派其他特殊格言、禁忌，例如不可捅搅炉中炭火，不可分掰面包，不可拾取桌上掉下的食物，不可食用白公鸡或者某些被视为神圣的鱼类，等等，当亦作如是观。从此看来，融合、调和多种不同宗教、传统的理念、仪式，可能是毕达哥拉斯创建教派的基本策略。当然，这些仪式、禁忌在多大程度能够与教派的中心教义整合，则是另外一个问题。

最后，据说教中徒众还区分为"聆听众"（*Akousmatikoi*）和"习数众"（*Mathematikoi*）两部分，前者注重仪式和教规，但并不否认后者为毕派弟子，后者则致力于研习和探索宇宙奥秘，而且否定前者在教中的地位。但这种划分似乎并不严格，甚至可能并非教派原来组织中的结构，而只不过是教派核心覆灭之后，教众重新聚合时所出现的派系分歧而已。无论如何，这区分到了公元前4世纪就变得明显起来，两派徒众极不相容，乃至互相攻讦，最后各自走上完全不同的道路。

生命主宰与轮回理论

教规是形式，教义才是内核。毕氏教派教义的核心是灵魂不灭与永生追求。这基本观念可能直接承受于奥菲士教派，也可能同时取材于埃洛西斯信仰甚至希腊以外的其他宗教，例如佛教，但现在已经无从稽考，但前者的可能性似乎更大一些。以下我们就散见于公元前4世纪及其后典籍的资料，将毕氏教派的这一套核心观念、教义作简单综述，至于其各部分出现的先后、发展阶段，以及与奥菲士教义的关系，则无法在此详细讨论，必须求之于专门论著了。

毕派教义最核心的观念是：人的灵魂是生命的主宰，它是不灭、永存的，也就是离开躯壳之后仍然可以独立存在。由此而引申出来的是相当完整的一套修炼和轮回观念。它包括：（1）人的现世躯体犹如禁锢、羁绊灵魂的坟墓；（2）人在生之时其灵魂会受世上不洁事物或者个人不洁、不当、不义行为污染；（3）但人可以通过沉默冥想、数学与哲学探究，以及临终的净化仪式等修炼功夫而重新恢复灵魂的纯洁；（4）人死后灵魂将在阴间受审判，并且根据生前行为亦即"业报"，以及其修炼、洁净功夫的深浅，而投生于不同等级的生物，即所谓"转世"，如此轮回，以迄经过十次，每次为期千年，才有机会得以再复为人；（5）因此所有生物，包括动植物，都同样具有灵魂。

从上述灵魂观，毕派更进一步发展出灵魂的宇宙观，即宇宙整体也有其大灵魂，或曰"宇宙灵魂"（Cosmic Soul），人的个别灵魂是由宇宙大灵魂的"流溢"或曰"发射"（Emanation）而来。因此，人的灵魂也有可能通过修炼而上升为遨游空间，不再受生灭变化限制的天体——至于个别神祇的灵魂，也同样是运行中的天体。这样毕氏教派的灵魂观统摄了人生观、救赎观乃至宇宙观，构成一个以灵魂为核心的泛神神学系统[①]。

五、宇宙奥秘的探索

毕氏教派的特点是宗教与科学并重，并且在最根本之处将两者结合起来融为一体，这可能是它在早期对一般信众以及学者都具有强大魅力的秘密。然而，为什么表面上截然不同的两者可以紧密结合起来呢？

从宇宙秩序寻求永生

从表面看来，宗教与科学可以结合，是因为宇宙奥秘的探索被视为一种洁净心身、修炼灵魂的法门。但何以宇宙奥秘的探索会有此洁净功效？这就接触到灵魂和宇宙的本质了。毕派认为，人的灵魂本来就是宇宙整体的一部分，因此才得以分享其条理、秩序，从而得以自由自在，长存不灭。受世俗躯体污染的灵魂要回复到这个状态，首先需要的，便是充分明白宇宙本身的原理、结构和奥秘，因为这探索、理解的过程自然就会改变灵魂本身的状态。柏拉图在《国家篇》中有这么一段话："人倘若专注于那些有秩序和不变的事物，而这些事物的作为是依据理性而不会互相伤害，就会仿效它们，竭力受其同化。人怎能不去仿效他所尊崇的事物呢？爱智者亲近神圣秩序，因此会在人性允许的范围内变得神圣与条理清明"[②]，那正是这一观念的最佳论述。此中的道理和宋儒"变化气质"之说表面上不无相似，但是它却以宇宙的秩序、原理而并非道德形象作为变化的楷模，两者正所谓"差之毫厘，谬以千里"。因此，毕氏教义的灵魂观只是其一面，另外一面便是它的宇宙观，也就是宇宙生化、结构的原理。它的神学和宇宙论是有机地结合起来，

---

① 这个系统中的某些观念，例如"流溢""发射"观念，大概并非教派原来所有，而是后起的，迟至柏拉图甚至"新柏拉图学派"时代才出现。但这时序目前无法确定。
② *Republic* 500c，作者译文。

不可分割的。这是毕氏教派独特之处，反映它一方面承受奥菲士和埃洛西斯传统，另一方面又承受自然哲学观念——这可以说是毕达哥拉斯其人创造力的表现。

宇宙体系的建构

在毕氏学派之前的米利都学派传统中，自然哲学也有两个不同层面：最根本的是"原质"问题，即宇宙万象背后的基本原理；其次则是根据此原理对于自然现象的解释。毕氏学派大体上承受了这个传统，然而毕氏本人虽然没有留下只言片语，他的传人费罗莱斯和阿基塔斯留下的原始残篇也有限，但毕派学说所累积的资料却要比"前苏格拉底"自然哲学家丰富和繁复得多。这主要是因为这学派深深地影响了柏拉图和亚里士多德，两者著作都保存了大量毕派宇宙论的材料，其中尤以《对话录》中的《蒂迈欧篇》（*Timaeus*）论述綦详，义理精奥，被视为集古代宇宙论之大成，影响所及，随后的"新毕达哥拉斯学派"与"新柏拉图学派"学者研究、注释这些经典蔚然成风，由是而形成了一个庞大学术传统，一直延续到文艺复兴时代[①]。这些浩瀚无涯的文献我们自然无法在此讨论，以下仅能以早期文献为准，作个非常粗略的综述。

和其他自然哲学家一样，毕达哥拉斯学派也致力于"宇宙万物到底如何生成"这个中心问题。但相对于泰勒斯之以水，阿那克西米尼之以气，赫拉克利特之以火，或者恩培多克勒之以四元素为宇宙"原质"，毕氏学派却作出了两个基本转变。首先，他们舍弃实体，转而以抽象原则作为宇宙生化的解释；不但如此，他们所提出的，并非限于一个简单的原则或者观念，而是有几个不同层次、不同面向的一整套观念，从而为整个宇宙系统的建立奠定了基础。这两个基本转变，即其学说的抽象性与全面性，是毕氏学派之所以能够超越其他"前苏格拉底"哲学流派之上，成为西方哲学主流源头的原因。

如所周知，毕派认为"万物皆数"，数目是了解宇宙的关键。然而，在他们的观念系统中，数并非最原始的：更为根本的是无限、限度、和谐、单子、双子等一系列原始观念。数也并非直接化生万物：数是先生出几何形体，后者才转而化生天体和世上万物。因此，从基本观念产生宇宙实体是个多层次过程，它可以称为"纵向发展"，在其中数目是承上启下的关

---

① 在现代，《蒂迈欧篇》有以下专著的注释和论述：Cornford 1952。

键。此外，它有个"横向发展"，除了与数目密切相关的算术之外，毕派所注重的，还有三个方面的探究：首先是音乐（这多少也显示该学派的奥菲士根源），它与和谐观念相关，而且音阶的构成可以从数学推算；其次是几何学，它一方面被认为产生于数学，另一方面则被认为可以解释土、水、风、火四元素，以及行星轨道的结构；最后还有天文学，它是宇宙结构最清楚、直接的体现。算术、几何、音乐、天文合称"四艺"（quadrivium），它们在根基和功用上相互通连，构成了一个完整的学术体系。这体系之为毕派所创立，然后为古代西方学术传统所承袭，是众所公认的。

（1）无限与有限

现在让我们来看毕氏学派到底是如何建构宇宙的。费罗莱斯说："宇宙中的性质（Nature）是由'无限'与'限度'构成，宇宙作为整体以及其中每一样事物都如此。"这里所谓无限（the Unlimited, *apeiron*）是指混乱、混沌，没有秩序的原始状态；限度（the Limiting）则指规范、秩序。从原始混沌中出现秩序、结构，宇宙于焉诞生的观念很早就有了。毕派的特别之处是以"限度"这个数学观念来分别混沌和结构，而且认为这两者并非先后相继，而是相辅相成，结合在每一样事物之中，而它们之所以能够结合，则是因为宇宙中还有"和谐"（Harmony）："不相似，不相干，排列不一致的事物必须以和谐维系起来，这样它们才得以在宇宙中长存。"[①]但什么是和谐呢？从上述残篇随后的论述中，可以得知它大致就是指乐音的音阶，特别是指产生音阶的琴弦长度比例。因此，毕派认为，算术与音乐的原理也同样是宇宙建构原理。

在以上论述中，无限、限度、和谐三者一方面像是建构原则、原理，另一方面却又好像是实在的质料、事物，亦即实体。事实上，当时的毕派学者还不能够清楚地分辨原则与实体这两者，因此就无所顾忌地把它们混淆起来。同样的问题，还在他们的其他论述中出现，这些后来都受到亚里士多德的批判。

（2）万物皆数

毕派认为数目（Number）是世上万物的基础。费罗莱斯的说法是："事实上，一切可知之物都有数目，因为没有这个（数目）就无法用心智去掌握

---

① Philolaus Fr. 1, 6, Freeman 1962, pp. 73-74. 作者译文，下同。

任何事物，或者去认识它。"①但此话到底是什么意思呢？最粗糙、原始的解释是：许多自然现象之中都有数量关系，天文和音乐尤其如此，所以数目本身是实体，它就是直接构成事物的质料或者成分。亚里士多德的《形而上学》第一卷纵论哲学流派各家要旨，以整整两大段讨论毕派，非常肯定和扼要地把毕派和数学发展的关系，以及其数学哲学的核心思想说出来，所以是值得详细征引的："和这些哲学家（按：指'前苏格拉底'自然哲学家）同时以及在其前，有所谓毕达哥拉斯派学者致力于数学；他们是最先推进这门学科的，而且由于浸淫其中，他们认为其原理就是万物的原理。……这样，既然所有其他事物的全部性质似乎都出于数目，而数目又似乎是整个自然界中最原始的，他们认为数目的元素就是所有事物的元素，而整个天（whole heaven）都是乐音阶律，都是数目。"同书第十四卷更阐释了毕派数目神秘主义的具体内涵，及其与音乐的密切关系："但由于看到感性事物（按：指以官感来认识的事物）也具有数目的许多属性，毕达哥拉斯派学者认为实物就是数目——不过并不是另有数目，而就是构成实物的数目。可是为什么呢？因为数目的性质出现于音乐的音阶和诸天（heavens）以及许多其他事物之中。"②

以上引文最后一句很重要，它说明毕派的确是由于数目的广泛功能与应用，特别是在音乐上的应用，而天真地将它与事物本身混为一谈。这个观念的随意应用最后甚至导致尤里图斯（Eurytus）以石卵描绘人形，然后将石卵数目宣称为"人的数目"，那样直白、幼稚的做法受到亚里士多德的严厉批评③。

（3）数的生成和性质

对于毕派来说，数并不仅仅是计算符号或者工具，或者基本、单纯的逻辑观念，还是神秘、有生命、有性格的事物："从所有人类活动与言词……都可以体察数目的性质和能力的作用。"这其中最基本的，就是偶数和奇数的分别：偶数和无限、多元、阴性等观念相关，它代表混沌和邪恶；奇数则和限度、单一、阳性等观念相关，它代表秩序和善良。然而"1"则被认为

---

① Philolaus Fr. 4，Freeman 1962, p.74.
② Aristotle, *Metaphysics* 985b25，1090a20.
③ 尤里图斯是费罗莱斯的弟子，上述记载见Aristotle, *Metaphysics* 1092b8；此问题在Guthrie 1962，pp. 273–276有详细讨论。

兼有奇数和偶数的性质，甚至不是一般意义的数，而是自然数序列的"生成者"（generator）①：代表限度的"1"作用于代表无限（亦即连续体）的"二元"（Dyad）产生"2"，那是第一个偶数。"1"作用于"2"再产生"3"，那是第一个奇数，等等。这个数目序列的产生过程同时也反映了无限与有限的结合构成可知之数的观念。

除此之外，毕派还从数目的构成推断出数的种种社会观念来："4"是第一个平方，它有"互换性"（reciprocity），所以代表公义；"5"是由第一个偶数和第一个奇数组成，所以代表和谐、婚姻；"10"（the Decad）是"伟大、完整、无所不能"的数目，又是"神圣与人类生活的源头及其前导"②，这主要因为它是由1，2，3，4所构成，而这四者是构成几何形体以及音阶比例的基础，等等。他们更利用直角曲尺（gnomon）依次截取石卵构成的点阵来产生数的序列，从而赋予数目以几何观念：奇数是"正方数"，偶数是"长方数"，因为截取正方点阵，就依次得到奇数序列1，3，5，7，…而截取长方点阵，则可以得到偶数序列2，4，6，8，…（见下图）。

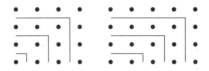

显然，毕氏学派的数目观念和他们的宗教观念一样，也带有原始崇拜的色彩和痕迹。但他们并没有停留在这个数目神秘主义（Number Mysticism）阶段，而是从对于数目的敬畏、崇拜出发，作了各种猜测和探索，促成了科学的萌芽。

从数目衍生万物和宇宙

毕氏学派将数目的观念应用到所见之形体而有几何学，应用到所听闻者而有音乐理论，应用到天体的运动而有天文学，而且几何与音乐又被认为与天文密切相关。这大体上就是他们以数目来建构宇宙的途径。上述的"数目神学"以及下面讨论的"数目宇宙学"并没有留下原始资料，但在柏拉图的

---

① "1"不被视为数的基本原因是数目含有复多的意义，因此不包括作为计数（counting）单位的"1"。至于它之被视为兼具奇数和偶数性质，则是因为当时没有"0"的观念，因此"1"被视为既是奇数的开端，同时也是偶数的开端，因此兼有奇数和偶数的性质，而不是一般意义的数。

② Philolaus Fr. 11, Freeman 1962.

《对话录》，特别是《蒂迈欧篇》，以及亚里士多德的《物理学》《形而上学》诸书中则留下了大量痕迹；甚至，这些可以说就是柏拉图在晚年以及去世后数十年间"学园"学者所致力建构的宇宙系统[①]。所以它在西方哲学和科学发展中的重要性是不可低估的。

（1）几何学

在最基本的层次，毕派认为数目序列的衍生和几何元素的衍生是一致的：最原始的是"1"，它相当于没有大小的点；其次是"2"，由于两点决定一直线，所以它相当于没有宽度的线；再其次是"3"，由于三点决定一个平面，所以它相当于三角形或者没有厚度的平面；然后是"4"，它相当于四面体（tetrahedron）或者空间。这样随着数目序列的前进，我们也可以依次得到维度（dimension）逐步增加的空间，以及在此空间中越来越复杂的几何形体，乃至现实事物。当然，最后这一步究竟如何才能够达成是个难题。如上面所说，这困难迫使某些毕派学者作出了十分幼稚可笑的猜测。无论如何，1，2，3，4这四个最简单的自然数目，不但象征了从原始、没有大小的点产生（generate）几何形体乃至万物的过程，而且正如下面立刻会谈到的，它又是用以构造三个和谐"音程"比例值的元素；此外，它们的总和是10，最完美的数目。因此，毕派信徒以这四个数目的点阵构造成一个称为"tetractys"的神圣符号（见下图），这以后成为他们的特殊标志，以及毕达哥拉斯教诲的象征。

就更复杂的几何形体而言，被视为毕派经典的《蒂迈欧篇》提到了五种正多面体，即四面体（tetrahedron）、立方体（cube）、八面体（octahedron）、十二面体（dodecahedron）和二十面体（icosahedron）。它们在数学上的了解和构造应该是柏拉图时代的事情，所以又称为"柏拉图立体"（Platonic solids）。然而，费罗莱斯残篇中已经提及五种所谓"球的立体"（bodies of the sphere），并且将它们与五种基本元素对应。《蒂迈欧篇》

---

① 有关柏拉图和学园中其他学者如何致力于以数目建构宇宙，最直接而详细的讨论见Dillon 2003，pp. 17–29。

则更进一步提出下列实际对应关系：土是由立方体造成，因为它最稳定，不会移动；金字塔即四面体最轻巧能动，所以造成火；其次是八面体，所以造成气；再其次是二十面体，所以造成水①；至于剩下的十二面体，根据后来的文献，则造成天球的整体②。这种对应可以视为毕派将恩培多克勒的四元素说和德谟克利特的原子说结合起来，赋予每种元素的原子以独有的正多面体形状，因为篇中特别说明这些多面体非常细小，只有当它们积聚成大块时才可见；至于"天球整体"则可能指充塞宇宙之中，有别于地面一般大气的"清气"（aither），亦即后来所谓的"以太"（ether）。这样，几何学就与宇宙基本质料的结构牢牢地结合起来了。

（2）音乐理论

我们在前面已经提到毕派与音乐的密切关系。这两者的渊源其实很深，奥菲士相传是古希腊七弦琴（lyra）的发明者，奥菲士教派则以重视音乐著称，因此毕达哥拉斯教派很自然地承受了这个传统，由是费罗莱斯认为截然相反的"无限"与"限度"必须通过"和谐"的作用，才能够长久地结合成为宇宙中的事物。他的所谓"和谐"，基本上就是毕派有关乐音和谐的发现和理论③。我们将这方面的详细理论附于本章的附录，在这里只讨论几个要点。

费罗莱斯的音乐理论最重要的，是提出了三个和谐的"音程"（interval），即"八度"（the octave）、"五度"（the fifth）和"四度"（the fourth），并且说它们的比例分别是1：2，2：3和3：4。此话牵涉一些专门词语，但用现代科学语言翻译出来，意思其实很简单。我们首先得明白，一个乐音（note）的高低（pitch）是由它的振动频率（frequency）决定的，而两个乐音之间的"音程""距离"或者所谓"音差"，则是指二者频率的比例（而非算术差——这点很重要）。所谓"八度"音程，就是指高音频率是低音频率的两倍；至于"五度"和"四度"音程的高低音频率比例，则分别是3/2倍和4/3倍。古希腊学者并不知道声音是由空气振动产生，更没有频率的观念。但他们以琴弦定音，而我们现在知道，在弦线张力（即其松紧）相同的情况下，琴弦长度和振动频率成反比例，因此，假如两根琴弦所发声音的音程是"八度"，那么高音弦和低音弦的长度比例就是1：2；同样，对应于"五度"和"四度"音

① *Timaeus* 55D–56C.

② Diels & Kranz 44A15，转引自Guthrie 1962，p. 267。

③ 费罗莱斯的音乐理论见Philolaus Fr. 6，Freeman 1962，p. 74。

程的弦线长度比例，则分别是2：3和3：4。然后，费罗莱斯又提出了"全音"
（whole tone）和"半音"（semitone）这两个音程的观念：前者是"五度"和
"四度"之间的差别，后者则是"五度"和三个全音之间的差别。

　　七弦琴是古希腊最普通的乐器，它一般只需要将四根弦线调校到固定音
差，即"最高弦"（其实最长，所以是最低音）比"最低弦"（最短，所以
是最高音）要低"八度"，比"第三弦"低"五度"，比"中间弦"低"四
度"；至于其他三根弦线的调校则不是固定的，视乎需要而变化（见附录表
3.1）。我们现在知道，两个乐音的频率比例越接近小的整数，则它们同时奏响
的时候，就越显得和谐，也就是说，音程比例越接近小整数，则越显得和谐。
因此，七弦琴有四根弦线，彼此之间的三个音程比例是用1，2，3，4四个最小
整数来构造，这似乎不足为奇。但实际上，这些比例的发现在当时肯定非常令
人震惊，因为七弦琴的琴弦长度实际上相差并不大：它们的调校基本上是凭着
改变弦线张力和倾听其发音，而并不是改变长度。根据第欧根尼的记载，"他
（毕达哥拉斯）还在单弦琴（monochord）上发现了音程。"[1]因此，我们很有
理由相信，这以简单整数建构的三个基本音程，加上更为复杂的全音和半音音
程，的确是毕达哥拉斯本人用单根弦线，在固定其张力的状况之下，通过有系
统的反复试验而发现的。事实上，这是毕氏发明中最少争议的一项[2]。

　　然而，这是否全然是毕达哥拉斯或者其教派的独立发现，抑或他曾经从
中东，特别是巴比伦得到过若干重要启示，甚至某些相关乐理知识呢？我们
现在知道，类似七弦琴的乐器在公元前2700年的苏美尔文明早期已经出现，
而在苏美尔和巴比伦的陶泥板上，也已经有类似于乐谱的记录了。因此，和
它的数学一样，古希腊的音乐理论具有东方渊源的可能性不应该被忽视[3]。无
论如何，基本音程比例的发现给古希腊音乐理论带来了强大刺激，即使在费
罗莱斯的时代已经可见端倪（见附录），其后许多学者都致力于此，其中最
著名的是费罗莱斯的弟子阿基塔斯、亚里士多德的弟子亚里士多塞诺斯和天
文学家托勒密。由于他们的努力，音乐理论在希腊文明中形成了强大传统，
和"四艺"其他学科并驾争先，其影响一直延续到现代仍然未曾衰歇[4]。

---

[1]　Diogenes VIII.11.

[2]　Guthrie 1962, pp. 220–222；但也并非完全没有争议，见Burkert 1972, pp. 373–376。

[3]　见Galpin 1970, Ch. 4。

[4]　古希腊音乐理论的发展有极其丰富和复杂的历史，其详细讨论见West 1992，其中pp. 233–237
　　特别讨论了毕派的早期音乐理论。

除了音乐理论，毕派对于声音本身也有研究。例如阿基塔斯对于声音的产生机制作过猜测。由于当时完全没有，也不可能有空气振动而造成声音这个基本观念，所以他把声音的高低归之于发声物体的速度或者物体相互撞击的力量，又将声音的强度和高低这两个概念混淆，因此没有得到有意义的结果[①]。《蒂迈欧篇》又讨论了为什么特殊音程会导致和谐的感觉，它的猜想颇为有趣，甚至可以说是接近正确解释，不过始终因为最关键的波动观念未曾具备，所以也没有得到重要的结果[②]。

（3）宇宙论

"四艺"的最后一项是天文学，也就是自然哲学传统中的宇宙论，包括宇宙的生成（cosmogony）以及结构。由于毕派宇宙论的发展过程长达一个多世纪，所以它并不是个严密自洽的系统，不但在细节上前后不完全一致，而且在主要观念上也有变化。以下就其大概作一个综述。

首先，就宇宙整体的生成而言，如前面所说，毕派的基本观念是：从"无限"与"限度"生出数目，由数生几何形体，再由后者生万物。但要解释宇宙整体的存在，则需要更为简单、直接的想法。根据亚里士多德的说法，那基本上是以"无限"为原始的虚空、混沌，甚或是大气，以"1"为最初的"限度"、秩序（借用中国古代观念，把它翻译为"太一"似乎很恰当），这"1"作用于"无限"，亦即以秩序规限"无限"，就形成宇宙（cosmos），即具有秩序的世界。对于这过程他们有更为形象的描述，即将原始的"1"比喻为种子（seed），又或者认为它先产生了原始的四面体，亦即火，然后逐步向外扩张、生长。这样，又产生了宇宙在无限之中呼吸，或者"吸入"虚空，从而使物质"分离"的说法——这很有可能是在伊利亚学派的诘难之下，吸取了原子论派的虚空观而产生的概念[③]。

就最后形成的宇宙结构而言，毕派有个非常奇特和壮丽的构想，即在宇宙中心有个"中央火球"，环绕它运行的最外层是恒星，其内是五大行星，然后依次是日、月、地球，以及最接近火球的"反地球"（counter Earth）。这个构想中最令人惊讶的，自然是地球并非居于宇宙中央不动，而被认为也是循环形轨道运行，那也就是第一次清楚提出了地动观念。为什么会有此构

---

①　Archytus Fr. 1，Freeman 1962.

②　*Timaeus* 80AB.

③　Aristotle，*Metaphysics* 1091a12，1092a32；*Physics* 213b22，203a6–14.

想？一个可能的理由是，形成宇宙的原始中心点是前述的"1"，它首先产生了四面体，亦即火，这成为炽热的"中央火球"，它还被冠以宇宙的"火炉"（hearth）、宙斯之守卫营房（the Guardhouse of Zeus）等称谓，因此地球失去了它的特殊位置，变为与行星等同。这拟想的"中央火球"之所以无法从地上得见的解释，则是地球有人居住的一面永远背向火球[①]。至于凭空造出"反地球"的奇特构想，则似乎是为了将它和恒星、五大行星、日、月、地球九者合起来，以凑足"10"这个圆满数目；但此外还有一种看法，即"反地球"可以用来解释月食，因为那要比日食更为频繁。至于"反地球"为什么不能看见的解释，则是它永远居于"中央火球"的另外一面[②]。

这个奇特而非常著名的整体构想，似乎并非早期的毕达哥拉斯教派所有，而是费罗莱斯在公元前4世纪初的发明。剑桥的格思里提出不少证据，说明不但早期毕派相信地球中心说，而且到了柏拉图时代被认为是毕派的科学家诸如尤多索斯，当然还有亚里士多德本人，也都坚决相信地球中心说，此后要到一个多世纪之后的阿里斯它喀斯（Aristarchus）才正式提出日心说。然而，"中央火球"的观念也没有完全被放弃，它被移到地球的内部，而且很自然地，与在南意大利特别是西西里岛所习见的火山、温泉等现象的解释结合起来[③]。

最后，毕派还有所谓"天球谐乐"之说，从而将他们认为最根本的数目、宇宙结构和音乐三者结合起来，亚里士多德说毕派宣称"整个天都是乐音阶律，都是数目"[④]就是指此。它的基本观念来自毕派的声学：物体移动的时候就会发声，声音的高低视乎速度而定。因此，在他们的构想中，天上迅速运行的星球也同样会发出乐音，由于它们的速度各不相同，所发乐音也高低不同，然而它们却都是和谐的：恒星、五大行星，加上日、月，刚好凑成一个"八度"音阶！这奇特而富有魅力的构想最早出现于柏拉图《国家篇》

---

① 这些想法无疑已经隐含了大地是球形的观念，而Guthrie 1962, pp.293-295则论证，毕派和其他自然哲学家一样，一直认为大地是圆片或者圆柱状，可能要到费罗莱斯才发展出"地球"观念；柏拉图在*Phaedo* 110b第一次将地和"彩球"相比，但是否就意谓地是球形则仍然有争议；首先直接论证地球的确是球状，并且提到它周长的，是亚里士多德，见*On the Heavens*，297b14 ff。

② Aristotle, *On the Heavens* 293a15-b30。泰勒对此有不同看法，见Taylor 1958, p. 450，但其观点已经不为一般学者接受。

③ Guthrie 1962, pp. 286-291.

④ *Metaphysics* 985b25.

末篇所描述的灵魂转世过程中所见的天上景象[1]，直接论述则见于亚里士多德的《论天》[2]。亚氏对于这大可以称为"钧天之乐"的观念表示欣赏，但又着力指出其要害：以星球之巨大和运转迅速，它们所发声音应该响亮无匹，有穿云裂石之力，然而人类却绝不曾听闻，那么它也就是不存在了！毕派对此的解释则是它经常充塞宇宙，所以人类久闻惯习而不再有感觉。无论如何，毕派这个熔冶数学、乐理与天文于一炉的构想对后世学者有极大吸引力，直到文艺复兴时期仍然历久不衰，甚至17世纪开普勒还有一部论行星轨道的著作追承此意，名为《宇宙之和谐》（§13.1）。

六、教派理念与科学传统的建立

上一节论述所根据的，主要是到亚里士多德为止，也就是毕达哥拉斯去世后两百年间的资料，所以比较平实可靠。在亚里士多德之后，毕氏学派沉寂了数百年。然而从公元1世纪开始，受东方宗教思想影响的"新毕达哥拉斯学派"（Neo-Pythagoreans）兴起，随后更有深受东方魔法渗透的"新柏拉图派"（Neo-Platonics）继起（§6.4-6），由于这两派学者的推崇和渲染附会，毕达哥拉斯披上了神秘教主色彩，甚至有蜕变为神话人物的倾向。因此这个时期的资料就不那么可靠了，像第欧根尼、波菲利和艾安布里喀斯的三部传记，以及普洛克鲁斯的《欧几里得〈几何原本〉第一卷述评》就都需要以怀疑、批判的态度谨慎对待[3]。例如，《述评》保存了大量宝贵数学史资料，但其中所提到毕氏本人的几项重大数学贡献，包括数学抽象研究（这可能是指严格证明）的观念、几何学上的"比例理论"（Theory of Proportions），以及五种正多面体的发现等[4]，看来都缺乏确切证据，学者对之大多存疑。另一方面，由于巴比伦数学陶泥板上有关直角三角形边长关系的数表之发现（§1.5），我们对于毕达哥拉斯是否曾经发现以他命名的定理[5]，以及是否还有其他具体数学发明，似乎还应当持开放态度。现在我们可以肯定的是，在他背后有足足千年以上的深厚数学传统，他从这个传统到底

[1]　*Republic* X, 614-619.
[2]　*On the Heavens* 290b12-291a25.
[3]　有关"新毕派"和"新柏拉图学派"的讨论详见第六章。
[4]　见Proclus 65.16。
[5]　见Proclus 426.8-18。

得到过些什么，自己又增加了些什么，目前是难以确定的。

可是，音乐上三个和谐音程比例的发现，以及在此基础上音乐理论的进一步发展，包括三种比例的发现，无疑都是毕派最迟在费罗莱斯和阿基塔斯的时代就已经作出的贡献。而且，从毕派自始和音乐的密切关系来判断，大部分学者都认为，这些很可能如第欧根尼所说，是毕达哥拉斯本人在单弦琴上所首先发现的奥秘。除此之外，毕派在自然哲学上的多项重大贡献，包括首先提出地动说、地球说，以及地球中心为烈火的观念，还有对于空间（即所谓"虚空"）观念的昌明、推进等，也都普遍为学者所承认。

上述许多发明、贡献无疑非常重要，足以令毕氏和他的学派位居希腊众多自然哲学流派最前列。事实上，这也就是一般科学史家对于他们在西方学术传统地位的衡量。然而，那样的定位其实还不十分足够。因为像泰勒斯、巴门尼德、德谟克利特这些哲人所建立的，仅仅是以特定思想、学说见称的哲学门派。毕达哥拉斯所建立的，却是一个组织严密，思想深刻，具有整套人生观、灵魂观、宇宙观的庞大教派。它不但在当时声势浩大，更能够在毕达哥拉斯去世，教派式微、覆灭以后，通过杰出的后代传人深刻影响柏拉图及其学园，并且在此前后触发一场决定性的数学革命，由是开创了古希腊乃至整个西方文明的数理科学大传统。这个传统虽然遭逢许多曲折变化，甚至长时期中断，然而它却有极其强韧的生命力，能够在不同地域萌芽、生根、发荣滋长，最后在17世纪经过再一次观念上的大革命而蜕变为现代科学。因此我们一再强调，毕达哥拉斯不但是立言，更加是立功、立德，其影响才能够如是之深远不朽。

诸如几何学与天文学这些困难、高度抽象而又没有明显实际应用价值的智力探索，何以能够捕获柏拉图和他弟子的心灵，并且在学园中成为学术主流呢？事实上，在柏拉图的时代，有许多不同思潮风起云涌于雅典。其中最有势力的，是不承认有任何恒久价值，但以言辞论辩技巧为尚的"智者运动"，他们的口号是"人为一切价值之标准"；至于思想最锋锐、最能吸引年轻人的，则是柏拉图最初的老师苏格拉底，他所关心的是道德与政治。智者和苏格拉底对于抽象的数理、天文都毫无兴趣，认为是虚耗精力的不急之务。甚至柏拉图才华出众的大弟子亚里士多德也不好数学——他的哲学偏向于"目的论"，而他雄心勃勃的科学研究则以博物学为主。因此，学园的强大数理传统绝非顺理成章，而是背离雅典思想风尚，亦即"逆流而上"建立起来的。毕派学者何以能够经历一两个世纪之久而仍然不随流俗，维持轻忽现实而究心天外的传统，实在很不寻常，这是需要探究和解释的。

在我们看来，解释就在于毕派首先发现，而柏拉图将之发扬光大的宗教与科学之结合，亦即永生追求与宇宙奥秘探索的相通。这一结合为原始的希腊宗教缔造了一个崭新的、比前远为高超奥妙的境界，同时也为数理、天文的探究提供了绝大动力。柏拉图《对话录》中的《国家篇》以教育与政治理想为中心，在最后以轮回与如何达至永生的描述作结尾，然而它仍然离不开数学与天文学的讨论。《蒂迈欧篇》是一部科学百科全书，然而它开宗明义①，就讨论造物主（the Demiurge）如何通过理性来缔造世界，如何在混乱中建立秩序；到了结尾，在讨论人类应该如何珍惜、培育自己的灵魂，特别是其最高尚部分的时候，更有以下一段画龙点睛的话："但倘若他对于知识与智慧的热爱是认真的，并且运用心智过于身体其余部分，那么自然就会有神圣和永恒的思想；倘若他获得真理，就必然会得到人性所能够赋予的最充分的永生；因为他永远珍惜神圣的力量，并且保持本身神性的完整，他就将得到无上幸福。"②在这庄严而绝无犹豫，充满宗教情怀的宣言中，我们可以清楚地见到，毕达哥拉斯的理想和柏拉图的天才如何为西方数理科学的大传统立下稳固不移的长远根基，从而令科学探索得以凭借宗教热诚推动前进。《蒂迈欧篇》是古代欧洲流传最广、源流最长，即使在黑暗时期亦未曾失传的重要经典。它对于新毕派、新柏拉图学派，以及基督教早期教父的影响是无可估量的。通过它以及柏拉图其他篇章所宣扬的思想，科学、宗教、哲学三者乃得以紧密结合，融为一体，成为西方文化学术传统的主流。

我们在此所提出的希腊科学起源观与宗教密切相关，与西方某些科学史家，例如劳埃德（Lloyd）、法林顿（Farrington）等从政治或者社会状况而立论（见"总结"第二节）迥然不同。在我们看来，社会政治等外在因素对科学发展虽然可能有强大的促进或者阻滞作用，但发展原动力则必然来自文化本身，而在公元前6世纪的希腊，为人提供了追求永生途径的毕氏教派，显然是一股最强大的宗教与文化力量。

但毕达哥拉斯的理想与柏拉图的天才到底是以何种因缘、通过何种途径而完成这个历史性结合，结合之后又产生了何种变化，有何种具体成果呢？这将是下一章的主题。

---

① 这是指该篇开头两段漫长引言之后转入正文之处。

② Plato, *Timaeus* 90C；译文曾经参照Cornford 1952的英译，以及《柏拉图全集》有关部分的王晓朝中译。

附录：费罗莱斯的音乐理论

费罗莱斯对于乐音和谐的论述原文如下［其中（a）（b）（c）…（m）（n）等编号为作者所加］："（a）和谐（八度音程）里面有四度音程和五度音程；（b）五度比四度大一个全音；（c）因为从最高弦（作者按：最低音）到中弦是四度；（d）从中弦到最低弦（作者按：最高音）是五度；（e）从最低弦到第三弦是四度；（f）从第三弦到最高弦是五度；（g）中弦与第三弦之间是个全音；（h）四度音程的比例是3：4；（i）五度音程是2：3；（j）八度是1：2；（k）所以和谐（八度音程）包括五个全音和两个半音；（m）五度音程包括三个全音和一个半音；（n）四度音程包括两个全音和一个半音。"[①]这段话和古希腊七弦琴的调音以及毕达哥拉斯所发现的三个基本音程密切相关，它的意思可以以表3.1并参照本章有关正文来说明。

表3.1　弦线长度、频率与音程的关系

（1）五根假设琴弦之相对音频关系					
A（最长的低音弦）　中间弦D　D#　第三弦E　A2（最短的高音弦）					
（2）弦线长度、频率与音程的关系					
本弦线	频率（周/秒）	音　程	相关弦线	长度比例	频率比例
A（最高弦）	440	（j）　　八度	A：A2	2：1	1：2
		（d）（i）五度	A：E	3：2	2：3
D（中间弦）	587	（c）（h）四度	A：D	4：3	3：4
		（f）　　五度	D：A2	3：2	2：3
D#	622	（b）（g）全音	D：E	9：8	8：9
E（第三弦）	659	半音	D：D#	256：243	243：256
A2（最低弦）	880	（e）　　四度	E：A2	4：3	3：4
（3）费罗莱斯乐音论述的意义					
论述语句所指的音程关系			相应比例值关系		
（a）八度里面有四度和五度			$2=(4/3)(3/2)$		
（b）（g）五度比四度大一个全音			$(3/2)/(4/3)=9/8$		
（k）八度=5个全音+2个半音			$2=(9/8)^5(256/243)^2$		
（m）五度=3个全音+1个半音			$3/2=(9/8)^3(256/243)$		
（n）四度=2个全音+1个半音			$4/3=(9/8)^2(256/243)$		

---

① Philolaus Fr. 6, Freeman 1962.

　　此表在第（1）部分给出了五根琴弦相对音频位置的图解。在第（2）部分给出三个基本的和谐音程：（j）相对于低音弦A，A2弦的音高"八度"，长度比A弦是1∶2；（i）E弦比A弦音高"五度"，长度比A弦是2∶3；（h）D弦比A弦音高"四度"，长度比A弦是3∶4。从上述关系，就可以推断所有其他音程：以A弦为共同参照，D和E弦的长度比例显然是（3/2）×（3/4）＝9/8，两者之间的音程就是所谓"全音"（whole tone）[①]，所以说（b）（g）"五度"比"四度"大一个全音。至于"半音"（semitone）则更为复杂一些：它指把一个"全音"分为相等两半所得到的音程，但这"相等"是指频率比例相等，因此"半音"等于"全音"的平方根，即$\sqrt{9/8}=3/（2\sqrt{2}）\approx1.061$，这和古希腊通用的"半音"值256/243≈1.053相当接近。倘若以后者为准，那么就可以轻易得到表中（k）（m）（n）三项关系。至于表中第（3）部分则是将费罗莱斯论述每一句的意义以数学重新表达出来。表中各弦的音频是以现代乐音为准。

　　从以上的分析可见，到了费罗莱斯的时代，毕派学者不但对于"八度""五度""四度"三个基本音程，及其相关的弦线长度比例有充分的认识，而且能够由之而计算音程的结合和分解，从而提出"全音"和"半音"的量化概念，并且用以衡量上述三个基本音程。这也就是说，当时的古希腊音乐理论已经牢牢地建立在数学基础之上了。

[①]　在现代的十二音平均律（Twelve-tone Equal Temperament Scale）中，八度音程是以几何级数方式严格均分为12个半音，因此半音的比例值是$2^{1/12}\approx1.0595$，它和256/243≈1.053相差0.6%；全音比例值是$2^{1/6}\approx1.123$，和9/8＝1.125只相差0.2%。

第四章　西方科学第一场革命

公元前5世纪毕达哥拉斯教派兴起于南意大利，公元前3世纪希腊科学开花结果于亚历山大城，西方科学第一场革命，则在居间的公元前4世纪发生于雅典。这场我们称之为"革命"的巨变表现为数学，特别是几何学的飞跃进步，进步关键则在于严格证明观念之萌生，以及严格证明方法之发现。正是因为有了这种观念与方法，数学才获得前所未有的稳固与宽广基础，才可以在此基础上不断发展与进步，并且顺理成章地应用到天文现象上去，掀起相同性质的天文学革命。这也就是亚历山大光辉灿烂科学传统的由来。这场革命到底是如何发生的呢？虽然我们没有足够资料来描绘这个过程的细节，但其大体轮廓还是可以通过传世文献的考证而重建。

这场科学革命之出现是基于难得的历史机缘：毕达哥拉斯教派在南意大利覆灭，它的徒众四散，部分迁徙到希腊本土。在此之后不久哲人苏格拉底被处死，这令他的学生柏拉图大受打击，这位雅典最杰出的世家子弟遂从现实政治转向思辨哲学，并且与毕派学者深相结纳，由是触发他开办"学园"和接受毕派理念，特别是对数学之极端重视，这又转而影响其巨著《对话录》。学园是个松散、开放的学者组织，它不立门户，不讲究教条、师承，其中人物十方辐辏，不拘一格；《对话录》的思想、论述更是汪洋大海，包罗万象。在此自由、开放，亦复充满热烈竞争气氛的环境中，在公元前5世纪显露端倪的新数学迅速发展，终于在公元前4世纪中叶成熟，其成果为欧几里得编纂成《几何原本》，那也就是亚历山大科学传统的源头。本章所要论述的，就是上述融合与革命历程，它大致可以分为三个部分：毕氏教派核心组织覆灭以后的传承、柏拉图思想与事业的发展，以及发生于学园成立前后的数学与天文学革命。

一、毕氏教派的传承

西方学术大传统的形成是从柏拉图开始的，他一生做了两件大事：创办学园和撰写《对话录》。这两件事情都与毕达哥拉斯教派有关。毕氏教派覆灭和柏拉图开始讲学前后相距大半个世纪（公元前460—前387），其间我们所知与毕派传承有关的重要学者、门徒共有五人，即早辈门徒希帕苏斯（Hippasus）、教派覆灭时能够脱困的阿基柏斯（Archippus）和莱西斯（Lysis）、由莱西斯教育成人的费罗莱斯，以及费氏弟子同时也是柏拉图好友的阿基塔斯[①]。除此之外，艾安布里喀斯的毕氏传记还列出了两百多位不同时代的毕派门徒名字，其中包括像恩培多克勒、巴门尼德、特奥多鲁斯等著名哲学家、数学家，以及上一章提到过的尤里图斯，但绝大部分都是不见经传而无法进一步考据者，其事迹、影响也完全湮没了[②]。因此，我们必须从以上五人入手，来追寻毕氏教派思想传递给柏拉图和学园的线索。

生死攸关的奥秘

公元前5世纪中期的希帕苏斯（Hippasus of Metapontium，约公元前530—前450）是位极富争议的谜样人物，其事迹复杂而充满不确定性[③]。他辈分颇高，就年代而言，颇有可能见过毕达哥拉斯本人。他似乎曾经有反叛行为，例如向外界透露教派秘密，或者自立门户与毕达哥拉斯竞争，宣称种种重要数学发现为自己而非毕氏所作，因而导致教派中"聆听众"与"习数众"两派的分裂，这甚至可能成为教派受到塞隆之徒攻击和最后覆灭的导火线。为此种种，相传同门曾经将他驱逐出教，并为之竖立墓碑，视为等同死亡；另一说则是他被抛到海里处死。这些分歧传说显示，导致教派在经受沉重打击之后分裂，甚或在此前内部就已经陷入严重分裂危机的，是某种数学奥秘的泄露。这奥秘很可能就是正方形的边与对角线两者"不可测比"（incommensurable）。这发现被视为生死攸关，足见其受重视程度，因此柏拉图在《美诺篇》（Meno）用了颇长篇幅讨论它。论述学园数学的当代专著

---

① 有关这五人事迹的原始资料主要见Freeman 1959的有关篇章；此外Knorr 1975首两章对于他们的思想、贡献，以及彼此之间关系有详细论述，这在下文还将提到。

② 见Guthrie 1987, pp. 120–122。

③ 希帕苏斯的事迹综述与讨论见Guthrie 1962, pp. 120–122；Freeman 1959, pp. 84–87；Burkert 1972（散见书中各处，特别是pp. 206–208的讨论）；以及Kahn 2001, p. 35。

亦都极其重视《美诺篇》有关此发现的段落[1]。

存亡继绝

对于阿基柏斯和莱西斯两人我们所知者仅限于：他们年轻力壮，所以在教派遭遇火攻的时候能够脱困；此后阿基柏斯逃往故城塔伦同（Tarentum），莱西斯则逃往希腊本土的底比斯，并且将费罗莱斯抚养成人，从而为毕派保存了血脉。后来把毕氏学说、思想"传授"或者"引荐"给柏拉图，从而使之发扬光大的关键人物，就是费罗莱斯和他的弟子阿基塔斯，前者与苏格拉底同时，后者则与柏拉图同时。底比斯与雅典以及迈加拉（Megara，这是柏拉图在苏格拉底被处死后躲避风头之处）都相近，距离只五六十公里，因此柏拉图有可能在访问西西里岛之前就已经认识散居在底比斯一带的毕派门徒，对他们的教义、哲学获得初步了解。

教派秘籍外传

费罗莱斯（Philolaus，约公元前470—前390）[2]本是毕派发源地克罗顿地方人，大致和苏格拉底同时。他似乎具有毕派最后一位长老的地位，并且有好些弟子，这除了尤里图斯和阿基塔斯以外，还包括《斐多篇》（Phaedo）中所直接提到的两个年轻人，即西米亚斯（Simmias）和克贝斯（Cebes），他们详细描述了苏格拉底临终的对话。该篇假借苏格拉底之口所讨论的问题，例如为什么不应该自杀、记忆的意义和重要性、灵魂不灭的证据、轮回的历程和意义等，都是毕氏教义的核心。这显示，通过费罗莱斯和他的弟子，毕氏学说在宇宙论和灵魂学两方面都对柏拉图产生了重大影响。

有种种迹象显示，柏拉图初次访问西西里时（公元前387）就开始和费罗莱斯与阿基塔斯师徒二人交往，而且这历史性接触很可能就是导致柏拉图决意创建学园以及《对话录》风格发生基本转变这两件事情的关键。柏拉图在晚年第二度访问西西里时（公元前365）有另一个大收获：根据第欧根尼的记载，他此行得到了费罗莱斯的书——这可能是用重金向其亲戚购买的，也可能是费罗莱斯为了感激柏拉图帮助他的门徒出狱而赠送的[3]。根据布尔克特和赫夫曼的考

---

① 　*Meno* 82 ff；着重讨论此段落的，例如Knorr 1975和Fowler 1999这两本专著。

② 　有关费罗莱斯事迹及著作的详细讨论见Huffman 1993，pp. 1–16；其论著及学说见上一章。

③ 　Diogenes 1965，Ⅷ. 85.

证，这应该是费罗莱斯所撰，也是毕派有感于他们历代相传的学问有可能失传而写下来的第一本著作，名称是《论自然》（*On Nature*），它在亚里士多德的时代仍然可见，其中相当部分，包括对于乐理的论述，至今还留存在费罗莱斯残篇中[①]。现在大部分学者都接受，《对话录》里面详细讨论宇宙、人体，以及灵魂的《蒂迈欧篇》其内容就是得自该书——甚至有一说法，其整篇都是原原本本从该书抄袭过来的[②]。无论如何，这是《对话录》中科学成分最重的一篇，也是西欧历经中古黑暗时期而始终没有遗失过的重要经典，对后世影响特别大。因此，毕氏学说的大部分，包括对于数为万物本源的观念、宇宙论、乐论等，都是通过费罗莱斯而传授给柏拉图的。

哲王典型

至于和柏拉图几乎同年的阿基塔斯（Archytas of Tarentum，约公元前428—前350）则是赫赫有名的乐理学家和数学家，对几何三大难题之一倍立方问题有重大贡献，又是塔伦同城名重一时的政治、军事领袖，不但广受民众爱戴，而且在疆场上战无不胜，故此能够打破成例，七度出任军事统领。他和柏拉图有深交：后者冒极大风险第三次赴叙拉古（Syracuse）会见僭主狄奥尼西二世（Dionysius Ⅱ），就很可能与阿基塔斯的支持、劝说有关，后来在被扣留甚至可能被杀害的危急关头，也是阿基塔斯派遣舰队救了他的性命[③]。柏拉图晚年撰写的《蒂迈欧篇》一反《对话录》惯例，不再以苏格拉底为主角，实质上也不再采取对话形式——它基本上是一篇论述，而主讲者蒂迈欧名不见经传，却被形容为意大利南部洛克里城（Locri）德高望重的政治元老，因此许多人认为，他就是阿基塔斯的化身。此外，《国家篇》里面有著名的"哲王"（Philosopher King），即集精研数理天文的哲学家与人品高尚的政治领袖于一身者，那很可能也是以他为原型。除此之外，他的弟子门纳木（Menaechmus）也是学园成员。因此这位毕派嫡系传人对于柏拉图及其学园的影响也同样深广。比之注重宇宙整体的费罗莱斯，他是一位学者政治家，其影响除了数学、音乐和声学以外，可能还有关乎学园之建立、发展和人才延揽等实际方面，但这些已经无从稽考了。

[①]　Philolaus Fr. 1–16, Freeman 1959, pp. 73–77; Freeman 1959, pp. 220–232.
[②]　见Cornford 1952；此外Kahn 2001, Taylor 1958, Huffman 1993都接受这源自第欧根尼传记的说法。但这最多只是指该篇主要部分而言，其他部分则不可能与毕派有关，此点见下文的讨论。
[③]　Freeman 1962, pp. 78–81, 233–239.

二、柏拉图的思想历程

希腊哲学大传统的形成是从柏拉图（Plato，公元前427—前347）开始的。他是一位承先启后、综汇百代的人物：各流派的自然哲学、苏格拉底的道德追求，当然还有毕派的宗教意识与数理向往，以及对"智者运动"的驳斥，都在《对话录》中有充分和深入反映。自亚里士多德和欧几里得以降的西方学术各流派分支，也都是从学园开出。然而，家世显赫、才华过人的青年柏拉图，本来是依循雅典高门子弟的传统，有意以政治家伯里克利为楷模，在政治上建功立业的。他的老师苏格拉底（Socrates，公元前469—前399）之死改变了他的命运，令他放弃从政初衷，决定以思辨、学术，探索和追求理念的永恒国度为终身职志。这不但是他个人的基本转变，更是希腊文明的大转折——即其思辨、爱智精神从周边进入核心，然后逐渐成为思想主流。这是个漫长历程，它其实开始于阿那克萨戈拉来到雅典，而其完成则要到亚里士多德的吕克昂学堂传统建立，前后达一个半世纪之久（约公元前465—前300），柏拉图正是处于这个时期当中的枢纽人物。

雅典世家英才

柏拉图出身雅典世家，父亲阿里斯顿（Ariston）相传是雅典古代（约公元前8世纪）最后一位君王科德鲁斯（Codrus）的苗裔，母亲佩理提翁尼（Perictione）则是雅典宪章之父梭伦（Solon，约公元前638—前559）的侄曾孙之女。他的母家在政治上十分活跃：亲舅父卡米德（Charmides）和克里底亚（Critias）曾经出任雅典的"三十人执政团"（The Thirty Tyrants），后父（原是外叔祖，亦即母亲的叔父）皮里兰佩（Pyrilampes）曾经出使波斯和其他西亚诸国。他显然对于自己的显赫家族相当自豪：如所周知，《对话录》基本以苏格拉底为主角，他自己几乎从不出现，然而他的两位兄长格劳孔（Glaucon）和阿德曼图斯（Adeimantus），他上述两位舅父，他的同母异父兄弟安提芳（Antiphon），以及母家其他上辈亲戚，却在书中多处扮演不同角色。例如，苏格拉底在《对话录》卷首的《卡米德篇》中所作的开场白，便无异于柏拉图母系家族的介绍；而安提芳则被安排为《巴门尼德篇》的主角[①]。

柏拉图的出生与成长正值雅典与斯巴达之间发生互争雄长的伯罗奔尼

---

① 有关柏拉图的家世见Guthrie 1962–1981, iv, pp. 10–12。

撒战争（Peloponnesian War，公元前431—前404），那是政治上的"火红年代"。所以，毫不奇怪，他景仰逝世未久的雄辩家与政坛伟人伯里克利（Pericles，公元前495—前429），在两位舅父怂恿下，更颇有步入政坛，成就一番功业的雄心。事实上，他青少年时代所受的教育包括竞技、绘画、诗歌、文学等，和当时一般世家子弟并没有大分别；传说他还曾经参加摔跤比赛。在此阶段，他的心态是入世的，其向往在于社会、政治，以"荣誉"为最高目标。然而，雅典在伯罗奔尼撒战争中彻底失败之后，其政治充满斗争、暴力、虚伪和党同伐异，无论是与斯巴达占领军合作的寡头政团，即所谓"三十人执政团"，或者将之推翻而取代的民众政体（Democracy），都缺乏他所期望的理性、公平和正义精神，从政之心遂大受打击。在战败与内战所产生的狂热、暴戾气氛中，他自幼认识和敬爱、佩服的老师苏格拉底由于其独立言论和思想而被敌人控告不敬神祇，最后遭受公开审判和处死（公元前399），他痛心疾首之余，很自然地更感到惶恐不安。

生命转捩点

对苏格拉底的盲目攻击反映了民众对于战败的困扰、烦躁，并且由是发展为对贵族阶层以及其标新立异、违反传统做法的敌意。当时还未及壮年的柏拉图也属于这一精英阶层，而且和"三十人执政团"有千丝万缕的关系。所以，苏格拉底之死不但令他对政治的理想、期待彻底幻灭，而且对自己的安全也深感到威胁。在此情况下，他离开雅典，到附近的迈加拉暂时躲避风头；在其后漫长的十二年间（公元前399—前387），据说又曾经到北非昔兰尼（Cyrene）、意大利和埃及等地游历。不过，这是颇有争议的：有人认为海外游历云云只是其传记作者依循惯例的说法，其实当时他根本没有离开希腊；但多数学者对此则宁愿采取存疑态度。较少争议的是，这时期是他哲学生涯的起点，《对话录》中以苏格拉底的自辩及其道德探究为中心的所谓"早期篇章"，诸如《自辩篇》《卡米德篇》《欧绪弗洛篇》乃至《普罗泰戈拉篇》等，都是此时期作品。

苏格拉底之死使柏拉图从现实政治转向哲理思辨，但决定他哲学发展大方向的，却并非他老师苏格拉底的道德探索，而是毕达哥拉斯教派的形而上学和宇宙观。这个具有历史性意义的大转折之所以会出现，在于他三访西西里岛时所受毕派的深刻影响。

西西里之旅

柏拉图一生事迹不很清楚，比较可以确定的是他三赴西西里岛之旅，这在他所留下的书信中有颇为详细的记载①。由是我们知道，他在离开雅典时期之末亦即四十之年（公元前387）曾经前赴西西里岛的叙拉古，其后回到雅典，随即购买城外一块林地，创办"学园"（The Academy）。不少学者认为，他此行目的就是结识意大利南部的毕达哥拉斯派学者，特别是塔伦同城名重一时的阿基塔斯②。倘若的确如此，那么这次旅程显然是经过相当酝酿和准备的，也就是说，他很可能在行前就已经与毕派学者有不少接触往还，甚至办学园的创举也并非心血来潮，而是与毕派朋友反复商讨筹划的结果。无论如何，有两点是肯定的：他与毕派的密切接触不晚于学园的创办，而学园的发展方向是完全以毕派的"四艺"为依归。不但如此，正如下文论证，他从这时候开始撰写《对话录》之中的"中期篇章"（Middle Dialogues），诸如《斐多篇》《国家篇》《斐德罗篇》等，其论调、思想也开始脱离苏格拉底的现世道德诉求和"我只知道我无知"的怀疑态度，而染上浓厚的毕派思想色彩，即对于来世、永生、自然的强烈兴趣和深入探究③。因此，我们很有理由相信，已经失去根据地的毕派学者与代表雅典世家青年才俊的柏拉图之交往、结合，开始于公元前4世纪初期，即公元前390—前380年间。在其后二十年（公元前387—前367），学园和柏拉图本人的学术思想，便自"人间社会"转向了对宇宙奥秘及永恒生命的探究。

在上述第一次西西里旅程中，柏拉图还结识了西西里和南意大利的僭主亦复是霸主狄奥尼西一世（Dionysius Ⅰ），并且深深地倾倒于他的小舅子（同时也是女婿）狄翁（Dion），一位年方弱冠的聪颖、俊美少年，两人由是深相结好。这对于柏拉图个人而言是头等大事，因为在二十多年后（公元前365）他就是应狄翁的要求而二度赴西西里，企图影响刚刚接掌父位的狄奥尼西二世，引导他走向"哲王"的方向的。为了种种不难想象的原因，这努力彻底失败了，然而此行却有另一个重要成果，那就是他得到了费罗莱斯所

---

① 他留下了13封书信，这些书信的真伪曾经引起争论，但除了第一和第十二封以外，现在已经全部被接受为真。见Taylor 1958, pp. 15–16; Guthrie1962–1981, iv, p.8。

② 例如见Guthrie 1962–1981, iv, pp. 17–19; 以下有关柏拉图事迹以及所受学术影响的论述，见该书同一章。

③ 这方面的详细论证见Terry Penner, "Socrates and the early dialogues", in Kraut 1992, pp. 121–169, 并见同书pp. 68–73; 又见Kahn 2001, pp. 39–45。

撰写的第一部毕派著作《论自然》。如前面已经提到的，这成为他晚年最重要，也是身后最有影响力的宇宙论和科学著作《蒂迈欧篇》的基础。四年之后（公元前361），在众多雅典和南意大利友人，特别是狄翁的一再恳求下，柏拉图"怀着惴惴不安的心情"第三次赴西西里，再次试图和狄奥尼西二世合作。然而，这次失败更甚，倘若不是阿基塔斯及时派出使团乘船相救，他恐怕不免于难。这样，柏拉图责勉自己坐言起行，将"哲王"理想付诸实施的试验也终于结束了。这三次西西里之旅，是我们所知有关柏拉图极少数事迹中的最确切者，而它们无一例外都和毕派人物、学说密切相关。

三、从教派到柏拉图学园

柏拉图对西方学术思想的深远影响是通过《对话录》和"学园"两者而产生，这两者有一个共同点，就是对数学的极端重视。这里所谓数学是泛指算术、几何、天文、乐理等"四艺"，也就是以数学为核心的数理科学。除此之外，《对话录》还充满了对灵魂、前世、记忆、永生、天神等的讨论。因此，柏拉图所建立的西方学术传统，是以科学与宗教两者为核心，而很显然，他这个大方向是从毕达哥拉斯教派那里承接过来的[1]。当然，在他以后的西方学术还有发展与变化，最明显的是由亚里士多德推动的生物科学之兴起，以及以社会、人生关怀为中心的伊壁鸠鲁、斯多葛等哲学流派之出现。但这些变化对他所立下的基本格局并无大影响，而只是使得其内容更为丰富而已。

《对话录》的思想渊源

《对话录》的成书过程一直是学者研究的焦点，但争论很多，细节迄无定论。现在可以为多数学者接受的看法是：它的撰写历时很长，纵贯柏拉图的壮年以迄老年，而且思想、笔触、布局一直有变化。由之可以推断，其篇章大致可以分为三期：前期（公元前399—前385）写成于壮年，即苏格拉底受难之后以至初赴西西里的十多年间，题材以道德关怀为主，思想受苏格拉底影响颇深；中期（公元前385—前360）是学园成立之后二十余年间的作品，它们包括《斐多篇》（*Phaedo*）、《高尔吉亚篇》（*Gorgias*）、《美诺篇》

---

[1]　这点的详细论证见Kahn 2001，Ch. 2。Dillon 2003，pp. 16–29的论述也表达了相同见解。

（Meno）、《斐德罗篇》（Phaedrus）、《国家篇》（Republic）、《泰阿泰德篇》（Theaetetus）等，其中有大量毕氏学说，其宇宙论、乐论、灵魂说、记忆说、轮回说等散布各篇之中，毕派人物在各篇中也屡见不鲜。至于晚期（公元前360—前347）则是他第三次访西西里归来以后的作品，其时他已经得到费罗莱斯的著作了。此期最重要的是《蒂迈欧篇》（Timaeus）、《斐莱布篇》（Philebus）、《法律篇》（Laws）等，它们所显示的，是思想之日趋成熟和定型，但笔触亦渐渐失去丰富变化与戏剧性，而只以发扬思想奥义为主，不复顾及场景与文学性了。

　　中后期《对话录》诸篇不但包含大量与毕派学说相近的内容，而且还有不少直接或间接提及毕派之处，所以被认为具有明显"毕派风尚"（Pythagoreanising）。特别值得注意的是，在同辈哲学家诸如赫拉克利特和色诺芬口中，毕达哥拉斯只不过是位神奇、头脑发热，乃至有点滑稽的教主。但到了柏拉图笔下，毕氏及其门徒就变为备受敬重的前辈了。例如，《国家篇》将算术、几何、天文、音律等并列，称之为"姊妹科学，正如毕派学者所宣称，而我们所赞同的"。虽然《对话录》直接提到毕达哥拉斯本人只有一次，即《国家篇》指他是受尊敬的导师和文化教育领袖，"其追随者至今仍然以其被称为毕派的生活方式著称"，然而提到费罗莱斯、"意大利学者"，或者"比我们更接近诸神的先哲"之处则颇为不少。其中《斐莱布篇》的下面一段话尤其重要，可以说是画龙点睛之言："诸神借着一位新普罗米修斯之手，将一件有光芒伴随的天赐礼物送到人间；比我们更贤明也更接近诸神的古人相传，万物都是由一与多组成，而且必然包含了有限与无限。"①这段话清楚地表达了柏拉图对于毕派的亲近和敬仰，又直接征引了费罗莱斯残篇所阐述的万物组成原理；至于其中所称道的"新普罗米修斯"，一般学者认为，只能够是指毕达哥拉斯本人。也就是说，在柏拉图眼中，毕氏在探究宇宙奥秘的诸多发现，是可以和普罗米修斯为人类偷来火种之功相提并论的。

　　当然，在《对话录》中毕派色彩最重、也最明显的是末期作品《蒂迈欧篇》，它以宇宙建构为主题，而且被认为是从费罗莱斯的书衍生而来，甚至是全部抄袭的——但此说法恐怕过分，因为它虽然主要反映毕派的宇宙论（见§3.5），但同时也包含大量毕派以外的自然哲学，例如爱利亚学派

①　分别见Republic 530d, 600a；Philebus 16c。

的"圆球"和恩培多克勒的"四元素",此外还有关于人体结构和生理的讨论①。无论如何,此篇内容、文笔和布局非常独特,它表面上仍然采用对话形式,实质上却是长篇论述,甚至可以视为具有严谨结构的论文,而"宣读"论文的则是蒂迈欧这位历史上绝无痕迹的虚构主角,一位具有广泛和深湛、近乎百科全书式知识的南意大利政治元老。如上文所说,他普遍被认为就是阿基塔斯的化身。

换而言之,我们虽然没有直接证据,却有大量旁证显示,柏拉图思想的基本改变,即从入世的道德与政治关怀,转向数学、形而上学、宇宙论、灵魂、来生等精神与理论性关怀,是和毕氏学派的熏染、启发乃至直接传授有关②。而且,不但学园的灵感乃至组织模式很可能是得自毕氏教派,他晚年冒生命危险赴叙拉古干政,颇有坐言起行,把《国家篇》的理想付诸实施之意,那可能也是见贤思齐,出于像毕达哥拉斯那样建立实际政治影响力的雄心③——毕竟,说到底,毕氏本人(而并非他的徒孙阿基塔斯)才是"哲王"的真正原型!从这个角度看来,我们既可以说覆灭后的毕派学者蜕变为柏拉图学园的中坚分子,也可以视柏拉图学派为毕派在精神上的"托孤"和"再生"。这一关系之密切,可以从以下四代毕派学者与柏拉图的关系得到印证:费罗莱斯是柏拉图所尊敬并且从之得到传授的前辈;阿基塔斯是他的挚友和救命恩人;阿基塔斯的弟子尤多索斯是公元前4世纪最重要的数学家,他和学园的关系虽然若即若离,却有两名弟子门纳木和狄诺斯特拉图斯(Dinostratus)在学园之中。因此,毕氏学派一方面通过它的思想,特别是宗教与哲学,另一方面则通过它的杰出学者,特别是数学家,而深深影响柏拉图及其学派。这两者的历史性融合,是西方科学、哲学和宗教三者在最深层次交互作用,共同形成学术大传统的开端。

学园:开放性的学者聚会

学园的重要不仅仅在于它是柏拉图讲学之地,甚至也不在于他博学多才的大弟子亚里士多德在彼流连了二十年之久——虽然这两位开山大宗师无疑都极其重要,而在于它的性质、学风、发展方向和逐步建立起来的传统。

---

① 关于此篇的专门研究,见Cornford 1952以及Taylor 1958, Ch. 17。
② 见Kahn 2001, Ch. 2,该章还详细分析了Burkert和Huffman的论点,即柏拉图学派所承受的数学哲学是来自费罗莱斯而非毕氏学派,并指出这可能性不大。
③ 关于此点,见Kahn 2001, pp. 3–4, 49–62。

学园到底是怎样的组织，文献并无记载，但从当时的喜剧和其他资料也可以得到一个大概的观念①。它显示学园和同时的"智者"，例如伊索克拉底（Isocrates）所开办的论辩学校大不相同：它并非以传授知识为主的学院，而毋宁更接近于一群有相当独立思考能力，地位也大体平等的学者的松散和非正式聚会（称之为"机构"或者"组织"似乎都不大适当），其目的在于共同研讨、论难，但也不排除对年轻学者的教导。在其初，学园可能并无房舍，所谓Academy，其实是雅典城外纪念一位英雄Hekademos的公园，那里有健身房（gymnasion），有林地和散步小径，但都是公众场所。柏拉图所购置的私人物业只可能是其旁边带有小花园的房屋，其后他又在附近建了一所缪斯神庙（mouseion）。但这房舍面积不大，大概仅可作为私人居住、进餐、休憩之用，因此学园的活动必然有相当部分是在Academy公园中公开进行②。至于柏拉图在这"学园"中所发挥的作用，则应当是推动、鼓励、评论、劝导，更多于讲授、教导、示范。甚至，他本人是否能够完全了解、掌握学园中研究、发现的那些高深数学成果，学者也没有一致意见。但这并不很重要，重要的是他树立了辨析论难的学风，并且影响研讨工作的主要方向③。无论如何，在学园中"发现新知"和"商量旧学"最少具有同等重要性，这可以说是它的科学精神或者西方"重智"精神的体现（图版7）。

学园的研讨工作以数学为主，而并非柏拉图本人最感兴趣的理念哲学。最直接的证据自然是我们所提到过的，柏拉图在学园门楣上刻凿了"不习几何学者不得入此门"那样的警句，虽然这只是传说而并无确切记载，但无疑反映了后人对学园和柏拉图的看法④。在柏拉图的弟子中，亚里士多德才略过人，但明显不喜好数学。不过，学园研讨的主要方向也不可能是亚氏所喜好的博物学、物理学、形而上学等，因为柏拉图逝世以后，接掌"园长"的并非亚氏，而是柏拉图的侄儿斯彪西波（Speusipus）。在园中数学重要性的更直接和重要证据来自《国家篇》和《法律篇》。这些篇章在论及如何训练人的心智，以培养将负担执政大任的"哲王"时提出，国家未来执政者在20至30岁之间这段关键时期，应当研习广义的数学，即算术、平面几何、立体

① 见Cherniss 1980，pp. 65–85；Fowler 1999，以及其中征引的文献。
② Dillon 2003，pp. 1–16对于学园的房舍和性质有详细讨论。
③ 奈格包尔对柏拉图在数学发展上的作用持非常怀疑的态度，认为"显然柏拉图的角色被过分夸大了"，见Neugebauer 1969，p. 152。但他这看法主要是针对柏拉图自己是否有具体数学发现而言。
④ Fowler 1999，pp. 202–204.

几何、天文学，以及乐理；而且，这五个部分被认为并非独立，而是互相关联，能够促进清晰、有条理的思考，是一方面可以通往宇宙奥秘，另一方面可以作为制定与施行法律者的思想训练的[1]。此外，如下文所征引，普洛克鲁斯对柏拉图在数学上的推动、引导之功也有详细描述。

学园除了开放性的研讨学风和以数学为根本这两点之外，还有一个很重要的特征，那就是它的延续性。传统说法是：学园从公元前385年左右创办，以后历代相传，延续不替，以迄公元529年被查士丁尼大帝封闭为止，前后历时将近千年之久。不过，这并不确切：学园在第一阶段可能只延续了三百年，即至公元前1世纪园主费罗（Philo of Larissa）的时期为止，然后在公元2世纪有过短暂复兴，以迄5—6世纪间再迎来长达百年的最后兴旺时期[2]。不过，即使它真正的历史前后只有四百年左右，也无论它的性质在柏拉图过去之后不久已经改变，从活跃的数学研究所变为有宗派色彩的哲学讲习所，然后在公元前3世纪再演变为怀疑论派大本营，它还是为西方学术奠定了一种风范，一个规模，这影响到后来的吕克昂学堂、亚历山大"学宫"，以及巴格达"智慧宫"，因为无论在理念、制度或者学术重心上，它们都是有意识地以学园为模范的。当然，就西方科学而言，学园的真正重要性是在它的最初百年，那是它在数学上最为活跃的时期。

毕派学者的消融

毕达哥拉斯教派的核心组织在公元前465年左右被摧毁，因此有大量徒众散布到南意大利各地以及希腊本土底比斯附近。半个世纪之后，如上面所论证，他们有部分和柏拉图交往密切，在公元前387—前360年间先后被吸收到学园中，成为推动数学革命的中坚分子。但这样，他们的历史使命就可以说是完成，到公元前4世纪末他们这一群体也就逐渐消失了。这过程大抵可以作如下推测。首先，在毕派遭受沉重打击之后，失去中央组织的教徒形成具有不同倾向的"聆听众"和"习数众"两派，"聆听众"比较注重教义、教规与信仰，"习数众"则注重宇宙奥秘的探究，但彼此还可以相安[3]。情

---

[1]　Ian Mueller, "Mathematical method and philosophical truth", in Kraut 1992, pp. 170–199；以及 *Republic* VII, 521c–531c。

[2]　Fowler 1999, pp. 200–201.

[3]　关于"聆听众"和"习数众"的问题（包括其逐渐消失的过程），见下列详细讨论：Burkert 1972, pp. 166–208；关于毕派与学园的融合过程，以及亚里士多塞诺斯对毕派观点的问题，见 Kahn 2001, pp. 63–71。

况起变化是在亚里士多德的时代，当时两派开始积不相容，彼此攻击。"聆听众"逐渐变为以贫苦、修行、持守特殊戒律、仰望来生的宗教团体，在希腊"中期喜剧"中被形容为奇装异服、污糟邋遢不堪，被嘲讽为塔伦同帮（Tarentini）、毕氏徒众（Pythagorizusa）等等。秉承"习数众"传统的亚氏弟子对这成为笑柄的"旁支"自然不能认同，要划清界限。例如亚氏弟子和乐理学家，同时也是毕派弟子的亚里士多塞诺斯就偏激地宣称，毕派绝对没有素食或者不杀生的习惯，甚至特别强调他们喜爱豆类。然而，即使是以"习数众"自居者，应当还是具有宗教信仰并且奉行洁净仪式的。但到了公元前4世纪末，毕氏弟子群体就消失了："习数众"和科学、数学传统消融于学园与吕克昂学者群体中，"聆听众"和苦修、素食、轮回信仰传统则并入犬儒学派（Cynics）。当然，从长远看，则毕派只不过是潜入和蛰伏在希腊宗教意识底层而已，此后还将以"新毕氏学派"和"新柏拉图学派"的形式复活和传播。

四、新普罗米修斯革命

毕氏学派与柏拉图学园的结合导致了西方第一次科学革命，那可以很恰当地借用柏拉图对毕达哥拉斯的美誉，称之为"新普罗米修斯革命"。正如17世纪的现代科学革命可以用它的成果，即牛顿的《自然哲学之数学原理》来概括，这第一次科学革命也可以用它的成果，即欧几里得的《几何原本》来概括。迥然不同的是，《几何原本》已经是古希腊流传下来的完整科学著作中之最早者，因此要追寻它在公元前4世纪出现的经过，也就是这次革命的历程，只能够从相当有限的资料入手[①]。

雅典时期的科学史料残缺不全，这在上一章已经讨论过，它大致包括以下几部分。首先，柏拉图是天马行空的哲学家，喜欢用神话、寓言来表达哲思，但《对话录》也包括不少科学论述，这些最早期也最可靠的科学史料包括：《美诺篇》有关正方形之边与对角线不可测比的讨论；《泰阿泰德篇》有关非平方数之与整数不可测比的讨论；以及《蒂迈欧篇》有关天文、数学、乐理和其他科学知识的讨论，包括日月星辰的运动和五种正多面体的建

---

① 奥托吕科斯（Autolychus）的《论球面》大致同时，也有可能更早，但重要性相去甚远。

构，等等①。其次，亚里士多德是具有强烈历史意识的科学家，他的众多著作之中不但有大量科学论述，而且对于"前苏格拉底"自然哲学家和毕派学者的学说也有记载，§3.5（2）的引文就是显著例子②。非常可惜的是，他所撰的毕达哥拉斯传以及弟子尤德姆斯在他鼓励之下所撰写的《算术史》《几何学史》《天文学史》等三部科学史专著都没有能够流传下来。不过《几何学史》与《天文学史》一直到罗马帝国后期，即公元5—6世纪才失传，因此在泊布斯（Pappus）、普洛克鲁斯、辛普里修斯等以及其他更后期学者的著作、评论、注释中被大量引用，留存了不少宝贵片段③。我们今日对于欧几里得以前的希腊科学还能够知道一个大概，所依赖的除了柏拉图和亚氏著作之外，主要就靠这些经过多次转引的资料了④。

从危机到革命

革命往往是由严重冲突所产生的危机引起，政治革命如是，17世纪和20世纪初的科学革命如是，公元前4世纪的新普罗米修斯革命也不例外。引起这次革命的重大危机很可能就是"不可测比"量即无理数在公元前5世纪的发现，它显明了几何学严格证题之必要，由是导致特奥多鲁斯和泰阿泰德（Theaetetus，约公元前417—前369）对无理数的研究，以及尤多索斯的比例理论和归谬法之发明，《几何原本》中长篇大论、巨细靡遗地论述无理数的第十章，即是此危机备受重视与得到消解的见证。换而言之，无理数问题的发现与解决造就了希腊数学。这是克诺尔（Wilbur Richard Knorr）在其专著《欧几里得〈原本〉的演变：不可测比量理论及其对早期希腊几何学重要性之研究》中所提出的观点，它的确相当神妙、引人入胜，而且无疑包含相当一部分真理。但倘若就以此为希腊数学兴起的全部动力，而忽略其纯粹属于几何学的部分，那么恐怕是把这革命看得过分粗糙和单纯了——毕竟，在《几何原本》之中无理数论只占一卷，其大部分还是关于几何形体，亦即

---

① 见Plato，*Meno* 82b–85b；*Theaetetus* 147c–148b；以及*Timaeus*中有关篇幅。
② 主要见其*Categories*，*Physics*，*Metaphysics*，*On Heavens*，*On the Soul*诸书有关段落。
③ 见Pappus/Jones 1986；Proclus/Morrow 1970；辛普里修斯对亚里士多德*Categories*，*Physics*，*On Heavens*，*On the Soul*等四部著作的评论也已经翻译成英文出版，详见第280页注③。
④ 除了原始资料以外，本节主要参考下列综合论述：（1）Heath 1965, i, Chs. 3–10, 此书素材丰富，而且对于史实以及希腊数学的内容均有深入讨论，可视为史料汇编；许多19世纪欧陆科学史家，例如Carl Anton Bretschneider和Paul Tannery的工作也都已经被吸收到此书中。（2）Knorr 1975, 此书专门研究希腊数学在雅典时期的发展，论述深入周详，但他的观点似乎过于偏执。

点、线、面的空间关系的，而尤多索斯的理论也主要是为几何形体的度量发展而来[1]。

事实上，引起这次革命的还有另一个危机，也可以说是挑战，那就是有名的几何三大难题之出现。如所周知，这三道难题是："圆方等积"（squaring the circle）问题，即求与圆有相同面积之正方形的边长，也就是求所予圆之面积；"倍立方"问题，即求将所予正立方体的体积加倍时，其新的边长为何，也就是求线段 $2^{1/3}$ 倍的作法，这亦称"德罗斯问题"，因为它相传源于如何将德罗斯（Delos）神坛的体积加倍而来；"三分角"问题，亦即将所予任意角度平均三分。这三个不可能以初等方法（即只用直尺和圆规）解决的难题起源很早，大约不迟于公元前5世纪中叶。如下面所将提到，其后一个多世纪间几乎所有重要自然哲学家、数学家都曾经对这些难题发生兴趣，而且最早的"极限"观念以及归谬法之发现都可能与此相关，它们对于希腊心灵的挑战之强烈，所产生的激励作用之重要是绝对不容低估的。所以，我们认为，希腊数学革命其实起源于算术和几何学两方面的危机与挑战，亦即无理数与几何三大难题的出现，其转捩点是特奥多鲁斯和希波克拉底于公元前5世纪末在这两方面所分别获得的突破，而学园的出现则为这初步突破提供了进一步发展机会。以下我们讨论这一历程的细节。

"不可测比"观念的震撼

在毕氏之后的半个世纪（公元前500—前450）我们能够数出来的数学家还很稀少，其中最早也最令人注意的当是上文提到的希帕苏斯（约公元前530—前450）。他有可能首先发现正方形对角线与边不可测比，亦即 $\sqrt{2}$ 不能表为自然数的分数——当然，发现者也可能是毕达哥拉斯本人或者教派中的其他人，而且发现的时间（更应该说是发现被披露的时间）很不容易确定，只能够笼统地说大约在公元前450—前430年之间。但无论如何，像"不可测比"和无理数那样奥妙的观念之发现并且得到无可置疑的严格证明，对于毕氏教派来说，无疑是极具震撼力的重大事件。为什么呢？因为"万物皆

[1]　见Knorr 1975。在该书pp.6-9克诺尔承认《几何原本》包含两个不同传统，即关于几何学的旧传统，以及关于不可测比量的后起传统，但他在书末的结论中强调，就《几何原本》而言，后者重要得多："因此，除了一、三、六、十一各卷以外，实际上《几何原本》的整体可以理解为欧几里得力图将无理数的形式理论全部以一完整论文汇编加以表述的结果"，但他作此断言的最直接根据只是专门讨论无理数的第十卷与第二、六、十三卷的密切关系（pp. 287-288）而已。

数"是他们最基本的信念,而这"数目"只能够是正整数,亦即所谓"自然数"。他们忽然间发现,正方形边与对角线的长度比例无论如何都不可能以上述"数目"表达,亦即它并非有理分数,这样他们的基本信念自不免面临陷于崩溃的危机!以是,这发现被视为教派绝大秘密,向外界泄露者等同叛徒而要被处死,是可以理解的。就数学发展的立场而言,这个发现的重要性在于它激起了彻底了解"无理数"(这是我们为了方便而用的现代词语,在当时称为"比例")的好奇和决心,从而触发西方第一次科学革命,亦即我们所谓新普罗米修斯革命①。

对这个问题首先做出进一步研究的是北非昔兰尼的特奥多鲁斯(Theodorus,约公元前465—前398)。他是毕派信徒,智者普罗泰戈拉的后辈朋友,又是柏拉图的老师。他于公元前410—前400年间证明在3和17之间的所有"非平方数"(即其方根并非整数者)都是无理数,这显然是希帕苏斯工作的推广。他的证明很可能是基于几何而非算术方法,但细节并不清楚,至于为什么此证明不能够遍及所有"非平方数"而只能够及于17及以下的数目,则更是众说纷纭。将此证明作普遍推广的,是他的学生泰阿泰德,其辈分与柏拉图、阿基塔斯相同,身份也可能是毕派信徒。在《对话录》中有两篇以他为主角,而且对于他在雅典与科林斯(Corinth)战役中英勇作战受重伤,被抬回雅典后死亡的场面有戏剧性描写。他的数学发现较晚,当是在学园成立前后(约公元前390—前370)所作,其后被编进《几何原本》第十和十三卷。其中最主要的包括:非平方数(他称之为长方数,即Oblong Number)的平方根是无理数的普遍证明,以及无理数的详细分类。但除此之外,他还普遍被认为是首先严格构造正八面体和十二面体,并且确定其外接球面的位置与半径者;同时他对尤多索斯的比例理论也有筚路蓝缕之功②。

这样,我们大致可以将新普罗米修斯革命的时间,亦即不可测比量危机从出现以至消解的时间,大致定为约公元前430—前370年这六十年期间,柏拉图的哲学转向恰恰在其当中,而开办学园则在它的末期。

---

① 在一个世纪之后,毕氏教派对不可测比量之发现所感到的震撼仍然在柏拉图的《法律篇》中留下痕迹。在书中柏拉图假借一个雅典陌生人之口,大事嘲笑希腊人竟然不知道有不可测比量这回事,简直无知到可耻地步。见*Laws* pp. 819–820。

② 有关特奥多鲁斯与泰阿泰德的发现,在《对话录》中只提到结果而并无细节,此原始叙述见 *Theaetetus* 147d–148b;有关他在几何学上的发现则是根据后代(例如泊布斯的数学评论)记载。此问题之现代论述见Heath 1965,i,pp.202–212。

三大难题的挑战

几何三大难题的挑战和不可测比量危机大致同时出现，都在公元前5世纪中叶。三大难题挑战涉及的，主要是希腊本土哲学家和数学家，与毕达哥拉斯学派似乎没有密切关系[1]。根据普洛克鲁斯，与希帕苏斯同时的数学家还有阿那克萨戈拉和俄诺庇得斯。前者在第二章讨论过，是曾经提出许多见解的自然哲学家。据说他在雅典狱中也研究过"圆方等积"问题，这应该是在公元前450年之前数年，可惜他得到什么结果不详。至于俄诺庇得斯基本上是天文学家，他在数学上的发现似乎只限于初等几何的作图方法，但真正的贡献可能在于将平面几何学问题规定为可以用直尺与圆规解决者，这对几何学的日后发展也是很重要的。

真正接受三大难题挑战的，是比以上两位晚一辈的希波克拉底（Hippocrates of Chios，约公元前470—前410）[2]。他与苏格拉底同时，是希腊第一位赫赫有名的专业数学家。我们对他所知很少，只限于他本来是贸易商人，由于失去大笔金钱被迫长期滞留雅典兴讼，在无意中对数学产生兴趣，从而成为著名数学家，这大约是他晚年即公元前430—前410年间的事情。他最重要的三个发现都和几何难题有关。首先，是证明圆面积与半径平方成比例，但方法不详。其次，是发现了某些特殊月牙形（Lunes，由两个圆弧包围而成）面积的准确计算法，这与推算圆面积的原意当然不一样，但也显示出此时希腊几何学的水平，即能够自由应用勾股定理以及利用比例推理来处理面积（包括曲线所包围面积）问题了。最后，则是证明"倍立方"问题相当于连比例或者复比例问题。即是，倘若$a:x=x:y=y:b$，而且$b=2a$，那么$x=2^{1/3}a$。一般认为，他这发现是扩展"倍平方"问题的结果而来，即当时已经知道，倘若$a:x=x:b$，而且$b=2a$，那么$x=\sqrt{2}a$，这是正方形面积加倍问题的解，将此问题中的单比例扩展到前面的复比例，就可以解决正立方体体积加倍问题。除此之外，根据普洛克鲁斯和辛普里修斯，他还是《几何原本》开头两卷（另一种说法是第三、第四两卷）的本来作者。所以，将他视

---

[1] 有关希腊人试图解决几何三大难题的历史，散见Heath 1965, i, pp. 174–176, 183–201, 220–230, 235, 246–249等篇章，但这些讨论不完全限于早期工作，也包括如尤多索斯、阿基米德等数学家的发现。

[2] 其论述见Heath 1965, i, pp. 182–202。他往往被人与希腊医学始祖，另一位大约同时、同名并且来自相邻岛屿的希波克拉底相混淆；此外，在《对话录》中也另外有人与他同名。

为希腊几何学的最早奠基者，应该十分恰当。

和希波克拉底同时而对于"圆方等积"问题也有重大贡献的，是智者安提芳（Antiphon，约公元前480—前411）。根据辛普里修斯记载，他首先提出，只要将圆内接正多边形的边数逐步增加，两者的面积差就会减少至于消失，而多边形总是可以化为等积正方形的；换而言之，他已经意识到内接正多边形在边的数目无限增加时，圆面积是其面积的"极限"，这成为日后尤多索斯和阿基米德更精确工作的基础。另外一位"智者"希庇亚斯（Hippias of Ellis，约公元前440—前399）则发现了称为"求积线"（Quadratrix）或者"三分线"（Trisectrix）的高次曲线：它的作法很简单，却可用以解决"圆方等积"问题以及"三分角"问题。其实，他的前辈，智者的始祖普罗泰戈拉（Protagoras，约公元前490—前420）也有关于数学的著作——不过，他是反对数学的，据说此书论证几何元素即线和点是理想中的事物，不能够实际存在。最后，当然还有我们熟悉的阿基塔斯，他和柏拉图同时，比前面两位要再晚一辈，已经是跨越公元前5世纪和公元前4世纪之间的人了。也许是受希庇亚斯影响，他发现了直接解决"倍立方"问题的立体几何方法，即先以一个顶角为直角的圆锥面和一个圆柱面的相交轨迹来定义一条空间曲线，这曲线和内径为0的一个环面的交点就给出了问题的解[1]。在著名毕派学者当中，他是关注几何难题的第一人。

从上面的简短讨论可以看出：环绕着三大难题发展的几何学传统与毕达哥拉斯学派本来可能并没有直接关系，但此传统的重要性与毕派环绕"不可测比量"问题发展的算术传统相若，它们的发展时期也大致相同，都在学园之前。至于它们的合流则是从与学园关系密切的阿基塔斯和泰阿泰德开始，到尤多索斯而完成。

学园中的数学

学园成立之后为希腊数学营造了一个具有热烈气氛的研讨环境，学者的交流与竞争也因此产生了"聚焦"作用。下面提到的少数突出数学家其实并非孤立个人：他们是在一种非常活跃、炽盛的学术气氛中，和许多其他数学家并肩工作、竞争，从而获得重要成果的。让我们看看普洛克鲁斯的生动描述，它对

---

[1]　他此解相当神妙，详细讨论见Heath 1965，i，pp. 246-249。

柏拉图的揄扬可能有点夸大，但还是值得详细征引[1]：

> 在他们（按：指希波克拉底和特奥多鲁斯）之后，柏拉图以其热诚大力推进数学，特别是几何学。如所周知，他的著作中充满数学词汇，他又极力在有志哲学者中间点燃对数学的热情。与其同时的还有利奥达马（Leodamas of Thasos）、阿基塔斯和泰阿泰德，他们不但发现新定理，而且把它们整理出系统来。比利奥达马年轻的有尼奥克里德斯（Neoclides）和他的学生雷翁（Leon），他们也陆续有许多新发现，因此雷翁得以编纂一部原理著作……稍后有属于柏拉图群体的尤多索斯，他是最先发现更多所谓普遍定理的……柏拉图的追随者阿米克拉（Amyclas of Heraclea）、尤多索斯的学生同时也和柏拉图有来往的门纳木，以及他的兄弟狄诺斯特拉图斯都对几何学大有贡献。修底乌斯（Theudius of Magnesia）颇有声望于数学和哲学，因为他不但编纂原理有功，而且更将许多褊狭的定理加以推广；阿忒纳奥斯（Athenaeus of Cyzicus）的时代和他们相若，他在数学的许多分支特别是几何学上声誉亦高：这些学者都居息于学园，共同探究问题。赫莫提姆斯（Hermotimus of Colophon）不但推进了尤多索斯和泰阿泰德所开创的工作，而且发现了《几何原本》中的许多命题，对轨迹定理亦有贡献；菲利普斯（Philippus of Mende）在柏拉图的鼓励和指导下研习数学，他勤奋过人，遍习所有可以发扬柏拉图哲学的问题。

这段话写成于学园成立之后八百多年，其中所包含的大量细节很可能是转录自尤德姆斯的《几何学史》，所以是极端珍贵的史料。当然，它没有反映所有实况，例如学园内部的竞争、紧张，那在任何活跃的研究机构之中恐怕都难以避免。事实上，在柏拉图与他的杰出弟子之间，这种紧张是经常存在的。例如，亚里士多德性情不近数学，而且自己有一群弟子，他在柏拉图晚年甚至可能对这位老师有颇为不客气的举动[2]；尤多索斯醉心数学，但相传他和柏拉图由于互相竞争而不和；此外柏拉图也不喜欢狄诺斯特拉图斯应用"求积线"，认为有将机械工具引入几何学，从而破坏其崇高和纯洁性质之嫌。但这些并不妨碍他们之各显才华，相争发展，而古希腊科学的大传统也

---

[1]　Proclus/Morrow 1970, pp. 66–68.
[2]　见Dillon 2003，p. 4的转述。

正是在他们的活跃时期即公元前4世纪建立起来的。

古希腊的牛顿：尤多索斯

在学园出现后大半个世纪间（公元前380—前320），希腊数学仍然沿着理论追求与严格证明的方向前进，但是已经逐渐超越原来钻研个别问题的路向，而出现三个新方向，即从平面走向立体，从个别证明走向系统方法，以及脱离直线与圆的限制，迈向圆锥曲线和高次曲线，乃至超越曲线的探究。推动这些新发展的除了上面已经讨论过的泰阿泰德以外，还有阿基塔斯的学生尤多索斯，他头脑之敏锐、思想之锋利是众所公认的。

像泰勒斯、毕达哥拉斯和希波克拉底一样，尤多索斯（Eudoxus of Cnidus，约公元前395—前343）也是爱奥尼亚海岸人。他在弱冠之年曾经到西西里岛师从阿基塔斯，到雅典听柏拉图讲学，以及游历埃及十六个月之久，然后在塞齐库斯（Cyzicus，马尔马拉海南岸一个半岛）开设学校授徒，名声大盛，最后才带同生徒回到雅典，并且可能一度加入学园，这时他应该已过而立之年了[①]。因此，虽说他是柏拉图和阿基塔斯的学生，并且被视为毕派学者，他和以上两位的关系应该在师友之间，而且很早就成为独立工作的成熟数学家。事实上，他和柏拉图的关系有截然相反的说法：一说是柏拉图访西西里期间曾经委任他代理学园校长；另一说则是他们二人因为互相竞争而关系紧张。无论如何，他后来离开雅典，回到本城尼多斯，在那里广受尊敬，被推举为立法者，又建立天文观测所，所得到的数据有可能在两百年后为喜帕克斯（Hipparchus）用作编纂星表的基础。

尤多索斯对希腊数学有革命性贡献：这并非在于特殊的定理或者个别发现，而属于更根本的层次，即建立严格、普遍与系统方法，其核心是比例理论和归谬法，这日后成为希腊数学乃至天文理论的基础与典范。此外，他还是利用几何学来建构天体运行模型的第一人（见下节）。所以，无论在数学抑或天文学上，他和两千年后发现微积分学和万有引力定律的牛顿一样，都是建立科学新体系与开创新时代的人物。称之为希腊的牛顿，他是当之无愧的。

---

① 尤多索斯在第欧根尼书中有传，见Diogenes Ⅷ, pp. 86–91；关于他的讨论并见Guthrie 1962–1981, v, pp. 447–457；Heath 1965, i, pp. 320–335；Boyer 1985, pp. 98–103。

实数理论与极限观念

尤多索斯的著作已经全部失传，不幸中之大幸是阿基米德在自己的书中明确地将发明归谬法的功劳归之于他，而现代学者也同意：《几何原本》中的许多结果，特别是第五和第十二卷，基本上都是他的作品。我们由是得以知道，他最重要的贡献是提出了比值（ratio）的精确定义和极限观念。这两者都是要严密地测比（measure）几何形体，亦即决定平面图形面积或者立体体积，所必需的基本工具。

（1）比例理论

比值的定义为什么是个问题？因为在古希腊人心目中"数目"只能够是自然数即正整数，所以由之建构的比例只能够是有理分数，要将"比例"应用于几何形体的测比，那就必须把它扩展到我们今日所谓"实数"（real number），即包括有理数和无理数的"连续统"（the continuum）①。

尤多索斯比例理论（theory of proportion）的核心是：倘若a，b，c，d四个量成比例（即$a:b=c:d$），那么无论整数m，n为何，倘若$ma<nb$，则$mc<nd$；倘若$ma>nb$，则$mc>nd$；倘若$ma=nb$，则$mc=nd$②。表面上看来，这里说的好像只不过是四者成比例则有交叉相乘关系$ad=bc$而已。但其实不然，因为这里涉及的"量"a，b，c，d可能是对角线长度或者圆面积，也就是无法以有理分数界定的无理数，包括超越数。倘若如此，那么对古希腊数学家而言，说这些量"成比例"到底是什么意思就无法严格界定。上述定义等同于将所有有理分数n/m划分为$ma\leq nb$和$ma>nb$两类，亦即$a/b\leq n/m$和$a/b>n/m$两类，由此就为比值a/b找到了严格定义，即a/b是划分两组有理分数（这些是可以清楚界定的）的"分割数"。事实上，19世纪狄德金（Julius Dedekind）为普遍的无理数所提出的定义，即所谓"狄德金分割"（Dedekind cut），和尤多索斯的这个定义在观念上完全相同。所不同者，仅仅是古希腊数学中只有比例而并没有普通分数这个名称而已。无论如何，这看似不必要的繁复的比例之定义，就是使得希腊数学可以在稳固基础上，精确测度几何学中所涉及的各种

---

① 在一无限长直线上以任意点O为原点，以任何一段距离为单位距离，那么对应于线上所有点与O距离的数目就是所谓实数，亦即连续统：它可区分为有理数（rational number，即自然数和以自然数构成的分数）与无理数（irrational number，即有理数以外的所有其他实数）；无理数又可区分为代数数（algebraic number，即代数方程式的根而非有理数者，这包括但不限于所有无理方根，例如$\sqrt{2}$）以及超越数（transcendental number，即代数数以外的无理数，例如圆周率π）。

② 见《几何原本》第五卷定义5，它普遍被认为是尤多索斯提出来的。

线段、面积、体积的一个观念上的大进步。

（2）极限与归谬法

要研究曲线所包围的面积，或者曲面所包围的体积，最基本的办法就是用多边形来逼近曲线，或者用多面体来逼近曲面。上面提到安提芳求圆面积的构想就是如此。但到底何谓"逼近"？为了解决此问题，尤多索斯提出了归谬法（method of exhaustion）。

这个方法的核心是所谓"阿基米德引理"（Archimedes lemma），它其实应该称为"尤多索斯–阿基米德引理"。此引理是：从任何数值减去其本身的一部分，再从余数减去同样部分，如此反复施行，那么至终所剩余数必将小于任何预先决定的数值[①]。用现代数学语言来说就是：给予任何正整数A，那么预先决定的 ε 无论如何小，必然可以找到整数N，使$n>N$时$A(1-r)^n<\varepsilon$，其中$0<r<1$。换而言之，$A(1-r)^n$在n趋于无穷大时的极限为0。这个引理本身的证明并不困难，但它的应用非常广泛，主要在于以两组多边形分别逼近两条不同曲线，然后通过多边形面积的比较来作相应曲线所围面积的比较，并且用归谬法（即倘若A既不大于亦不小于B，则两者必然相等）来严格证明后两者的精确关系。以下三个关系在今天看来只不过是常识，但它们的严格证明最初都是由尤多索斯以上述归谬法得到的：不同大小的两个圆面积之比等于其直径平方之比；方锥体的体积等于同底同高的方柱体的1/3；圆锥体的体积等于同底同高的圆柱体的1/3。后两个关系其实最初是由德谟克利特发现的，但严格证明则有赖尤多索斯的方法之出现。

（3）对于希腊科学的影响

到了尤多索斯手里，希腊科学的基本精神就确立了，那就是追求非常严格的证明，以及专注于空间形体的量化关系，即几何形体的测比——也就是说，它对于数量本身的关系即算术没有那么注重。这就是我们所谓的"代数几何学"，它可以视为自泰勒斯以至希波克拉底的几何学传统和毕达哥拉斯学派的数目学传统之融合；同时，也可以说是以数量为核心的巴比伦"几何代数学"的反面。这精神反映于集雅典时代数学大成的《几何原本》，它不但成为希腊科学在托勒密王朝发扬光大的坚实基础，而且其影响一直延续到伊斯兰科学和文艺复兴科学，乃至牛顿的《自然哲学之数学原理》。它之被以符号运算为特

---

① 这引理和《几何原本》第十卷命题1基本相同。在原文中这"部分"（fraction）不小于1/2，但其实不重要。

征的微积分学所取代，已经是18世纪的事情了。

　　而且，尤多索斯的贡献并不止于此，在天文学上他也是作出了基本贡献的开创性人物，这在下面还要专门谈到。更直接地，则是他在学园中教出了两位非常优秀的学生，即门纳木（Menaechmus，约公元前380—前320）和狄诺斯特拉图斯（Dinostratus，约公元前390—前320）兄弟[①]。门纳木在试图解决"倍立方"问题的时候，无意中发现了以斜置的平面截割两个顶端对置的圆锥体，就可以因斜度不同而得到抛物线、双曲线和椭圆三种不同圆锥曲线，并且对其性质作了相当的研究。这一发现为日后希腊数学的发展开辟了一个宽广的新天地，像阿波隆尼亚斯就完全是在这个领域发展。至于兄长狄诺斯特拉图斯则名声没有那么显著，他的贡献是证明希庇亚斯所发现的"求积线"可以用于求圆面积。雅典时代的数学大概就以门纳木兄弟为殿军：他们去世大致与亚历山大大帝和亚里士多德去世（分别为公元前323年和前322年）同时，而这正标志着希腊古典时期的结束。

五、远古与希腊天文学

　　在所谓"精确科学"之中，数学主要涉及人的思维，发展最早；天文学所涉及的自然现象规律性最强，因此有最大可能性和数学结合，往往紧随其后，这在巴比伦和希腊都是如此。巴比伦天文学的出现远远早于希腊，而且有清楚证据显示，它在观测和计算上的许多成果为希腊所大量吸收。另一方面，希腊天文学从头就受自然哲学感染，所以形成探究原委的独特传统。到公元前4世纪中叶尤多索斯提出第一个天体运行的数学模型，这是个革命性创举：人不再以言辞解释自然，也不再单纯地以数学测算自然，而首次在心目中拟想自然图像（或曰原理），然后利用数学将之与自然现象紧密结合。这以量化模型来模拟自然的方法，可以说就是走向现代数理科学精神的第一步。但无论如何，希腊天文学的早期发展还是建立在东方文明，特别是巴比伦天文学的基础上的，在这方面的证据要比数学上的清晰得多[②]。

①　他们二人的工作见Heath 1965，i，pp. 251–258以及Boyer 1985，pp. 103–107。

②　有关西方古代天文学的论著有奈格包尔的《古代精密科学》，这是简明论述，以及其三卷本《古代数理天文学史》，那是划时代的详尽专著，分别见Neugebauer 1969和Neugebauer 1975。近年相关论著尚有为一般读者撰写而且相当简明扼要的Thurston 1994；至于Swerdlow 1998，Swerdlow 1999与Hunger and Pingree 1999则都是高度专门著作，后两者以星占学为主。

古埃及与苏美尔

　　和一般印象相反，埃及天文学几乎是一片空白，留下的资料也很稀少，它对于后世的影响基本在于历法和时间计算。这见于两方面。首先，是每年固定为365日的日历，即每月30日，每年三季，每季四个月，共12个月360日，外加五个节日（epagomenal day）[1]。这简单明了，完全固定的"埃及年"极便于历史上计算时日之累积，所以为后世沿用以至文艺复兴时代。不过，历法完全不顾及岁差的代价，自然它就和月亮盈亏以及季节变化逐渐脱节，以至不能够标志农耕和其他时令现象，例如尼罗河的泛滥。这使得辅助性观测（例如天狼星的出现）和其他种类的历法成为必要。其次，则是将每日划分为日夜两半，每一半又分为12份。这系统起源于中王朝时期（约公元前1800—前1200），原本是以不同星辰在黎明时分的出没，即所谓"偕日升"（heliacal rising），为依据的"旬期"（decan）计时方法，其细节可以从刻画在石棺盖上的图解和说明追寻。它后来蜕变成将一日平均划分为24小时的计时制度，这同样为希腊和西方所沿用[2]。

　　两河流域的天文学则发达得多。在苏美尔时期它还处于原始阶段，如今所知，只有数十颗星名的记录，及一个标准的月历系统，在其中每月29至30日，以新月为开始，每年12个月，每隔若干年置闰，以维持年月的周期；除此之外，他们也利用滴漏（clepsydra）计时，将每日分为均等的12个"时辰"，每晚分为三更，每更两个时辰，等等[3]。

巴比伦天文学

　　至于巴比伦天文学则是在王室或者神庙支配下由专职甚至世袭人员负责，所以能够在很长时期系统地累积大量数据，并且产生重要的精确量化成果。相关陶泥板的研究显示，巴比伦天文学从旧王朝，即公元前18世纪开始出现，亦即与数学陶泥板的高峰时期同时。其后它逐步发展，大体上可以分为三个阶段[4]。最早阶段有漫长的十一个世纪（公元前1800—前700），特点

---

[1]　埃及12个月的命名依次是1 Thoth，2 Phaophi，3 Athyr，4 Choiak，5 Tybi，6 Mechir，7 Phamenoth，8 Pharmuti，9 Pachon，10 Payni，11 Epiphi，12 Mesore。

[2]　埃及历法与天文学的简短讨论见Neugebauer 1969, pp. 80–91；详见Neugebauer 1975, Bk. III, pp. 559–568。

[3]　Kramer 1963, pp. 90–91。

[4]　巴比伦天文学的综合讨论见Neugebauer 1969，Ch. 5和Thurston 1994，Ch.3；详细和有关行星理论的专门讨论见Neugebauer 1975, Bk. II, pp. 347–555，其中pp. 347–353是巴比伦天文学史以及相关陶泥板资料的综述。至于Neugebauer 1983则是三卷本的巴比伦天文陶泥板原始文献汇编。

是量化观测的发展。其时已经有月的升起、新月出现，以及金星出没等天象的逐日记录，其中有二十一年（公元前1702—前1681）非常完整，从其规则性和无间断看来，它们不只是观测记录，还可能有推算数据。令人极感兴趣的是一个图表，在上面天空划分为三个区域，每区域包括12颗星的名称以及有关周期变化的数目。除此之外，还有数千以上的天文兆象（omen）记载。

第二阶段出现于亚述帝国后期以迄亚历山大大帝时期，即公元前700—前300年的四百年间。在此期间准确、有系统的观测大量增加，各种现象规律（phenomenological rules）也陆续发现。当时出现了所谓*mul-apin*陶泥板系列，上面有天文知识和观念的综合记载，包括不同方位恒星、行星和日月的出没，季节转变、圭表（gnomon）[1]的日影长度变化，黄道带及其十二宫的划分，等等。除此之外，日月运行和出没规律、日月食、各行星的留驻（station）、逆行（retrogradation）等天象也开始出现了系统和完整记录。但这个时期最重要的进展应该说是各种天文周期的发现与应用，即（1）每19年应当在固定位置"置闰"（intercalate）7个月，即19年内共有235个朔望月（synodic month）的历法制度；（2）朔望月的长度精确测定为29.530594日；（3）日月食的所谓沙罗斯周期（Saros cycle）之发现，即是每隔223个朔望月，相当于18年11.3日，日食或者月食就会重复出现；以及（4）发现金、木、水、火、土五大行星的会合周期，分别为8、83、46、79与47，以及59年，等等。

在亚历山大之后以迄罗马帝国早期（公元前300—公元75）是巴比伦天文学的鼎盛时期，特征是以数值方法测算天文现象。这一时期出土的天文陶泥板共300块左右，其中大部分属"星历"（ephemeris）性质，记载的是计算所得的天体位置即其经纬度之变化，小部分属"指示"性质，记载的是计算步骤亦即方法。这些资料的研究显示，巴比伦学者已经清楚了解日月运行速度有变化，也就是不固定的，因此在上一阶段的周期规律以外，又发展了预测日月运动位置的数值计算方法，那基本上就是以折线函数（zigzag function）或者阶跃函数（step function）等周期函数为基础的内插（interpolation）和外延（extrapolation）法。他们由此得到了非常丰富和精细的成果，能够计算日月在黄道上的经度变化、白日长度（以日出日落为准）变化、月的纬度变化、月份长度（以新月为准）变化、朔望月平均长度、月的纬度周期和行速周期等等。他们并且以基本相同方法，作了大量有

---

[1]　这是垂直立于地上的标杆，用途颇类于中国最早天文典籍《周髀算经》中的"髀"。

关各行星的计算，包括其在黄道上的经度变化，"冲"和"逆行"始末的时日和位置，"偕日升"和"偕日落"的日期，等等。

在公元前4—前3世纪之间，巴比伦天文学已经发展到极致。此时希腊天文学虽然具有独特传统并且经过了尤多索斯革命，却仍然处于起步和摸索阶段，就专业水平和具体成就而言，它是远远不能够和前者相比的。事实上，有不少证据显示，希腊曾经大大得益于巴比伦的计算技巧、观测数据和现象性规则。根据罗马时代的记载，贝罗索斯（Berossos，约公元前340—前280）是巴比伦祭司，他曾经为塞琉西王写过一部巴比伦历史，在公元前290—前270年间移居爱奥尼亚的科斯岛（它当时是在托勒密王朝治下），并且开办学校教授天文学和星占学。像这类来自东方而定居希腊世界的学者在当时恐怕不在少数，他们无疑是将巴比伦天文学资料、方法传播到希腊的重要渠道。此外，如下面所提到，亚历山大大帝的东征也是关键，因为自此巴比伦天文学的宝库就被迫向希腊文明敞开了。我们不可忘记，甚至在五百年后，即公元2世纪，托勒密的工作仍然在应用巴比伦的基本天文数据。

早期希腊天文学

巴比伦天文学是君权、神庙和家族传统的产物，它追求观测与计算的精确吻合，然而并不进一步探究、想象所观察到的现象背后究竟有什么意义。比起来，希腊天文学远不及巴比伦天文学源远流长，其初也谈不上精确，但却具有完全不相同的理念。它是自然哲学家与科学家驰骋其想象力和推理能力的产物，因此朝着建构宇宙图像的方向发展[1]。从这个角度看来，自然哲学始祖泰勒斯毋宁是承受东方传统多于开创希腊传统，因为他赖以成大名的，是日食的预测，而这却非常可能只是利用"沙罗斯"周期所得到的结果。第一次显露希腊人无限好奇和丰富想象力的，是他弟子阿那克西曼德和徒孙阿那克西米尼。这两位公元前6世纪中叶的自然哲学家对大地形状和支撑方式作出猜测，讨论天球之旋转是因为天轴还是地轴倾斜所致，以及日月食的性质，这就成为宇宙论传统的开端。这传统有两个不同发展方向。其一是追寻宇宙万物的所谓"原质"，亦即基本构造原理，但这方向的道路十分漫长：两千年之后它才能

---

[1]　希腊早期（公元前4世纪中叶及以前）天文学的讨论详见Heath 1932及Heath 1981, Chs. 1–15；亦可参考Neugebauer 1975, Bk. IV的相关部分，包括其关于巴比伦与希腊天文学关系的讨论。但奈格包尔对于自然哲学有强烈反感，这不免影响他对于希腊早期天文学发展的判断。

够和现代科学接上头。另一发展方向是探究具体天文现象成因和解释它的变化。这是比较切实的道路，而且有可能与数学密切结合，它在百年后导致希腊天文学的出现，到4世纪中叶就迎来了尤多索斯的天文学革命。

希腊最早的天文学家大约可以推公元前5世纪中叶的俄诺庇得斯（Oenopides of Chios，约公元前490—前420），他发现黄道面（即日球轨迹的平面）的"倾斜"，也就是它并不垂直于"恒星球面"的旋转轴（亦即地球自旋轴），又推算得一年有365又22/59日[①]。大致同时的恩培多克勒和阿那克萨戈拉则对于日食和月食成因得到正确解释，对于日球和星云的性质也作出了颇为接近真实的猜测，这些都可以说是相当重要的突破。稍后的德谟克利特对于日、月、恒星、行星众天体离开大地的远近顺序作出猜测，这和（大约是由费罗莱斯所提出的）毕氏学派"十天球"宇宙系统相互辉映，都可以视为建构宇宙图像的努力。它们虽然还处于拟想阶段，但是对于以图像为基础的希腊天文学之形成，无疑推进了一大步。此外，可能由于费罗莱斯的影响，在公元前4世纪上半叶，也就是学园成立前后（约公元前400—前350），还出现了两位谜样人物，即西西里岛叙拉古的赫谢塔（Hicetus of Syracuse）和厄番图（Ecphantus of Syracuse）。他们的生卒年代和事迹不详，只能够从西塞罗的引述知道是毕派学者，其主要贡献在于提出：众星在天球上的转动并非由于星球本身的运动，而是由于地球围绕它本身的轴旋转所形成的视觉景象[②]。这和费罗莱斯的系统一样，都是远远超越时代的见解；同时，很值得注意的是，他们的想法已经隐含了大地是球体的观念。

但一直到学园初期为止，希腊天文学大体上还停留在观察和猜测阶段，它的量化基本上只是反映历法的需要，而他们特别感兴趣的，正是如何将民间习用的阴历和祭祀，与农耕所需用的阳历加以调和、结合。在这方面最成功和最有名的是莫顿（Meton，活跃于约公元前430年）：他提出19年置闰7个月，也就是统共包含235个朔望月的想法，这和巴比伦的体制相同。而且，我们知道最迟在公元前497年，也就是大流士一世时期（约公元前522—前486），波斯帝国就已经采用这个置闰办法[③]。所以莫顿的发现很可能是引入东方传统的知识而已。这并不奇怪，因为天文观测需要系统、仔细和长期工

---

① 详细讨论见Heath 1981，pp. 130–133。

② 希斯认为这两人的发现和赫拉克里德斯（Heraclides）完全相同，但是除此之外几乎没有什么资料，因此他们很可能只是在文献中被后者征引过而已。见Heath 1981，pp. 251–252。

③ Hunger & Pingree 1999，pp. 199–200；Neugebauer 1975，pp. 354–357.

作，这自然并非着重自由思考的希腊自然哲学家所长。

柏拉图的两种态度

　　柏拉图通过《对话录》与学园对希腊数学发挥了极深远影响，天文学也不例外。不过，《对话录》中讨论天文问题有各种不同方式，神话、寓言、直接论述不一而足，其中颇多隐晦难解之处，而且各篇章的基本态度也不完全一致，所以自公元6世纪辛普里修斯以至20世纪希斯等千余年间，古今注释家花了大量精力和时间，仍然无法完全厘清他的观念和看法[①]。我们在此只能够将他最重要的几个观念提出来而已。

　　首先，毫无疑问，柏拉图接受了毕达哥拉斯学派的看法，认为"四艺"之一的天文学非常重要，是哲学家课程的基础，这是《国家篇》所明确提出的。因此《对话录》中有大量关于天文学的论述，充分反映当时自然哲学传统包括毕派所累积的天文知识。例如，《斐德罗篇》以比喻方式谈到天体运行；《斐多篇》认为大地是球形，而非片状或者盘状，并且讨论地球居中不动的原因；《国家篇》第十卷通过神话方式谈到整个宇宙系统，特别谈到一条贯穿地球与诸天的"天轴"，以及围绕此轴旋转的八个同心但不同大小，层层相套的"转盘"，众多恒星、五行星和日月等天体都各自依附其上；至于性质近乎一部微型科学百科全书的《蒂迈欧篇》则借造物主创世的步骤，讨论赤道、黄道，以及众天体的运行，甚至还讨论了恒星和行星围绕本身支轴旋转的问题[②]。因此，柏拉图对具体天文问题和构想是作过仔细考虑的。

　　另一方面，他追求永恒理念而轻视流变中的观感事物，所以原则上不重视具体天文现象，因为日月星辰虽然远在天边，毕竟仍然要通过观感来认识。因此《国家篇》中对具体天文研究（对音乐也一样）有很不客气的批评："在我看来，只有关乎存在与不可见事物的知识才能够令灵魂向上；而人无论瞻天还是望地以求了解具体观感（事物），我都不认为他会有所得，因为那些并非知识（science）的题材"；"但是他（真正的天文学家）绝不会想象日夜的比例，或者日和月份的比例……或者任何其他物质性和可见事物，可以是永恒和没有偏差的——那太荒谬了；同样荒谬的是浪费精力去探

---

① 欧洲学者曾经详细研究柏拉图对天文学态度的发展，详见Heath 1981, Ch. 15, pp. 134–189。

② *Phaedrus* 246e–247c；*Phaedo* 97b–99b, 108c–109a；*Republic* X, 616b–617d；*Timaeus* 32c–33b, 34b, 36b–d, 38c–39b。

讨它们的究竟"。①但在晚年的《蒂迈欧篇》中，他却又提出了似乎截然相反的看法："在我看来，视觉是赋予我们最大利益的泉源，因为倘若我们从未见过星辰、太阳与天空，那么我们有关宇宙的话语一句都说不出来了。但我们所见到的日夜、月份与年的周转产生了数目，从而为我们带来时间观念以及考究宇宙本质的能力；由此我们发现了哲学，比起它来，诸神所赐予凡人的礼物无论在从前或者今后都不会有更大的了。我宣称，这是眼睛所带来的最主要恩赐。"②换而言之，现象又被提升为上达哲学的阶梯了。

现象与理念的统一

以上两种完全对立的观念，在柏拉图的最后作品《法律篇》终于得到了统一。在该书第七卷讨论天文学的一段，他借一个陌生人之口宣称希腊人都在说谎，也就是在亵渎诸神，因为他们竟然说日、月、行星都"不依循相同轨道"。这说法非常奇怪，因为在当时众所周知这些天体的轨道并不完全规则。但陌生人说，这不难解释，因为他自己也只是近年才明白其中道理。解释是："另外的那些关于日月和其他星辰游离（正轨）的教导并非真理，而是真理的反面。它们每一个都依循同样轨道——不是许多轨道，而仅仅是一条轨道，那是圆形的；所有其他变异（轨道）都只是表象而已。"③换而言之，肉眼所观察的天体轨道虽然偏离圆形，但是它们"基本上"是圆的。这在辛普里修斯的《〈论天〉评论》中有进一步解释：他转引尤德姆斯说，柏拉图要求他的学生发现那些"均匀有序的（圆形）运动，根据其假设行星的表象运动是可以得到解释的"④。

这是决定性的一步："天体运行轨道是由某些基本圆形轨道复合而成"这一思想自此统治西方天文学几乎两千年之久。以下立刻就要提到的"同心球面"系统以及此后几章要详细讨论的"均轮-本轮"系统都是由此而来，此桎梏直到17世纪才为开普勒所解除。但更重要的是这思想背后的原则，即"表象背后有单一和不变的基本规律存在"。圆形轨道最后证明错误而被放弃，但寻找新的基本规律则成功，并且成为现代科学的起点。

---

① *Republic* Ⅶ 529–530.

② *Timaeus* 47a–b.

③ *Laws* 821e–822a.

④ 转引自Heath 1981，p. 140n。

六、以数学建构宇宙模型

响应柏拉图号召而寻找某些基本圆形轨道的，据说有学园中的尤多索斯和赫拉克里德斯两位学者，前者发明了"同心球面"模型，这有详细记载，后者据说发明了"均轮–本轮"模型，但没有留下多少证据。无论如何，从公元前4世纪中叶开始，希腊天文学就走上数学模型建构的道路，而这主要是尤多索斯的功劳。

尤多索斯的天文学革命

在学园中，尤多索斯不但是最重要的数学家，也是最重要的天文学家。据说他在公元前380年左右赴埃及向神庙中的祭司学习天文，并且作实际观测，前后达十八个月之久[1]，后来回到本城尼多斯建立观星台，得到了大量有关恒星的数据。为此他造了一个天球模型，球面上镶嵌了众多恒星，其位置都是实测而非随意，它们更分别归入以各种动物或者器物定义的星座，以便记忆。此外，天球上还刻有赤道、回归线、极圈、黄道带、分至圈、春秋分和冬夏至点等。原来的天球已经遗失，现存最相近的仿制品是藏在那不勒斯博物馆的巨型大力神阿特拉斯（Atlas）石像所背负，直径达64厘米的天球，其上刻满星座形象，以及多条天文线圈。此外尤多索斯还写了一部《天象》以解释他的天球。此书亦已失传，幸而在他死后不久爱好文艺的马其顿王干那达斯（Antigonus Gonatas）要求著名诗人阿拉图（Aratus of Soli，约公元前315—前245）将此书以诗歌形式重新撰写，该诗长达一千多行，不过后面部分则是关于天气预测的。此诗大受欢迎，后来得喜帕克斯评注，并由西塞罗翻译成拉丁文，遂成西方通俗天文知识宝库，影响深远。从诗中的详细描述，我们得以推断许多星座的位置，并从而得知，它们是以雅典为观测点的[2]。

除此之外，尤多索斯还建构了人类历史上第一个天体运行的几何学模型，它虽然有明显缺点，而且过于复杂，在一个世纪以内就被放弃了，但这仍然是

---

[1]　以我们所知道的埃及天文学水平而言，此事自然令人生疑，不过除了尤多索斯以外，像泰勒斯和俄诺庇得斯也都有同样的传说。

[2]　有关尤多索斯《天象》，那不勒斯博物馆的大力神所背负的天球，以及阿拉图诗歌的讨论，俱见Harley & Woodward 1987, pp. 140–143。阿拉图原诗有下列翻译：Eratosthenes & Hyginus 2015；哈佛大学出版社的Loeb Classical Library No. 129则是20世纪G. R. Mair的翻译。Sarton 1959, pp. 60–65对阿拉图生平与此诗也有介绍。

个革命性创举，空间模型建构的理念自此便成为希腊天文学的主导思想。他所建构的，是个相当复杂的"同心球面"（homocentric spheres）模型，它的基本假设是：地球居中不动，每个天体的运动都是由同以地球为中心，但围绕不同轴向旋转的球面复合产生[①]。他的构想是从柏拉图而来，因此这些球面纯粹被视为数学计算工具，而并非天空中的实体，它们的质料、支撑、旋转动力等因此都不需要考虑。此系统的基本观念可以从以下的举例来说明。（1）最简单，当时学者大概都早已经想到的模型是：众多恒星是固定在以地球E为中心的球面A上，A依固定的轴A_1A_2以每日一周的速率旋转，因此恒星轨迹都是圆圈，这些圆圈的中心同在A_1A_2轴上，但由于恒星在球面上位置不同，所以其圆形轨迹的半径也不同。很明显，这样一个模型相当准确地重现了地球自转所产生的视觉效应（图4.1a）。（2）稍为复杂一点的是日的运动，它可以视为由上述球面A和另一个同心但较小的球面B这两者的均匀转动复合而成：日球H附在球面B的赤道上，B以每年一周的速率旋转，而它的旋转轴B_1B_2的两端则固定在球面A上随A转动。这样所产生的日轨迹仍然是圆圈，可是它有两个不同周期：由球面A的旋转所产生的日周期，以及由B的旋转产生的年周期，前者重现日球每日出没的现象，后者则重现每年四季日照方向、角度的周期性变化——这是由A_1A_2和B_1B_2两根旋转轴的方向不同所造成，即A_1A_2是垂直于地球的赤道面，而B_1B_2则是垂直于日轨迹的黄道面，两者之间有固定的夹角（图4.1b）。

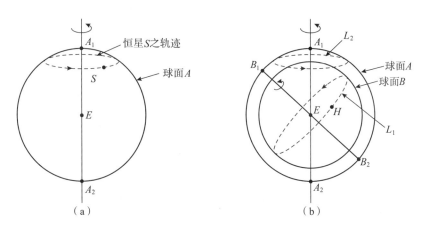

图4.1　尤多索斯的同心球面模型图示

①　有关尤多索斯以及此模型的详细讨论见Heath 1981，Ch. 16。此模型的历史资料保存于 Aristotle, *Metaphysics* 1073b17–1074a14，以及辛普里修斯对亚里士多德《论天》的评论，细节见Heath 1981，p. 193。

　　但尤多索斯的模型要比上述复杂得多。根据辛普里修斯《〈论天〉评论》的记载，此模型描述日和月的运动各需要三个球面，即是在上述的B球面以内还要有C球面，它的旋转轴是支撑在B球面上，而且周期特别长，日或者月则是附在C球面的赤道上。就月球而言，这不难理解，因为除了地球的自转和月球（在所谓白道上）的绕地球运动以外，还有白道在黄道上的缓慢运动，所以统共需要三个球面。就日球而言，这却很特别，因为重现地球的（均匀）自转和公转各需要一个球面就够了，第三个球面的需要实际上是出于误认为日球轨道和月球、行星一样，在黄道上也有缓慢改变[①]。至于行星，则每颗各需要四个球面，以分别照顾地球的自转、公转，以及行星的公转，即其绕日运动，包括它们的留驻、逆行和纬度变化（即偏离黄道面）等现象。"同心球面"系统当时被认为最成功的一点，就是当行星四个同心球面的最内部两个球面的旋转轴夹角超过某临界值时，行星轨迹就呈现为贴在球面上的"8"字形"双纽线"（lemniscate），这被尤多索斯称为hippopede（马绊索）。在此轨迹上运行的行星显然就会呈现留驻、逆行和偏离黄道面等现象（图4.2）。根据同心球面模型的构造，以今日数学方法自然不难确定这轨迹的形状，但科学史家的详细研究证明，它也同样可以用当时希腊几何学方法得到。

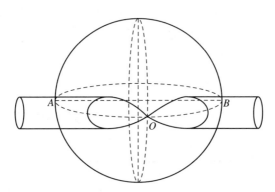

图4.2　尤多索斯同心球面模型在内外两个球面旋转轴垂直时所产生的"马绊索"形行星轨迹（根据Heath 1981，p. 203，Fig. 7重绘）

　　事实上，同心球面系统不但可以重现天体运行轨道的大致形状，还可以用以实际计算轨道的特征数值，例如逆行部分的弧度。根据辛普里修斯所记载的尤多索斯在计算中所用部分参数（即各行星的黄道周期与朔望周期），他的计

---

① 根据希斯所述，在尤多索斯的时代日月行速亦即经度变化的不均匀早已经被发现，但是他有意识地忽略此事，所以不需要另加球面来模拟此现象。

算过程也得以大致重建。由是可以推断，这模型对于日、月、土星、木星、水星都相当有效，但对金星颇有问题，而对火星则完全失效[1]。但是，无论详细计算结果如何，尤多索斯的工作无疑开创了一个重要典范，那就是自然现象可以用几何模型加以解释和"重现"（reproduce），也就是说，模型不但是想象中的构造，而且其表现（behavior）是可以根据其构造而推算的，推算结果与观测数据吻合就可以表明模型为合理。在这个典范中，数学、理论和天文观测紧密结合，互相推动、影响，这可以说是现代数理天文学的雏形了。

模型的修订与发展

尤多索斯理论的成功在当时学者中引起了极大兴趣[2]。然而它也有很明显的缺陷，那就是在这"同心球面"系统中，任何一个天体都是在以地球为中心的球面上移动，所以离开地球的距离永远不会改变，而这和观测结果有直接冲突。这问题早已经为人意识到了，但最先提出来讨论的，则是尤多索斯在塞齐库斯的学生波利马克斯（Polemarchus of Cyzicus），他指出，金星和火星的亮度随着时间有变化，月亮的视角大小也不一样，所以它们与地球的距离不可能是固定的。

至于卡里普斯（Callipus of Cyzicus，约公元前370—前300）则是波利马克斯的学生，后来跟随老师赴雅典，并且向亚里士多德问学，可能还一道工作，这应该是在亚历山大大帝时代。他有两项重要贡献：首先，修订了莫顿的置闰系统，把它改为76年里面共有940个朔望月，但比之莫顿系统其中的小月（hollow month）数目加一，而每年平均有365.25日。这系统于公元前330年在马其顿治下的希腊正式公布实施，由是使得卡里普斯成为当时最知名的天文学家。不过，这修订恐怕仍然不是他的原创，因为它发生于亚历山大大帝征服巴比伦（公元前331）和随军历史学家卡利撒尼斯（Callisthenes of Polynthus，约公元前370—前327）命令将巴比伦多年累积的《天文日志》（*Astronomical Diaries*）翻译为希腊文之后仅仅一年，所以难以排除两者之间有直接关系。它甚至很可能就是亚里士多德（卡利撒尼斯是他学堂中有数

---

[1]　有关轨道形状与特征数值的研究，详见Heath 1981, pp. 202–211；Neugebauer 1975, Pt. 2, pp. 677–683。

[2]　在尤多索斯以后的同心球面系统之发展，包括波利马克斯、卡里普斯和亚里士多德在这方面的工作，见Heath 1981, pp. 212–224，相关历史资料则来自亚里士多德的《论天》与《形而上学》，以及辛普里修斯的《〈论天〉评论》。

的学者）居间协调的结果。除此之外，卡里普斯还修订了尤多索斯的"同心球面"系统：对于水星、金星与火星的计算，他各增加一个同心球面，也就是统共各用五个球；对于日和月的计算，他各增加两球，所以也是各用五个球。修订目的为何并无记载，但新系统无疑能够更准确地·"重现"各天体的运行，譬如火星的逆行，以及日月行速的变化，等等。但正如后来日趋精密的"均轮–本轮"系统一样，它也因此变得更为繁复，从而丧失其精妙了。

和尤多索斯大致同辈，但比他长寿的另外一位重要毕派天文学家是来自黑海南岸的赫拉克里德斯（Heraclides of Pontus，约公元前387—前312）[1]。他是柏拉图在学园中有数的弟子，据说家世显赫，体态肥胖，举止柔弱，曾经在柏拉图第三次赴西西里的时候代理校长职务，又曾师从亚里士多德和学园第二任校长斯彪西波，但后来竞选第三任校长失败，遂回到家乡终老。他对同心球面系统没有贡献，但另有多个重要发现或者见解，不过他的人缘似乎不好，因此有关记载十分零散。他提出了三个现在看来都十分超前，而且我们知道都是正确的重要新观念。首先，他继承了赫谢塔和厄番图的地球自旋说，而且似乎是有关后两位学者的唯一资料来源。其次，从其光度的变化，他推断水星和金星都是围绕太阳而非地球运转。最后，他认为宇宙是无穷的，其中每颗星都自成世界。除此之外，也有学者认为，他是最先提出"均轮–本轮"系统构想的人，但这可能只是与水星和金星有关的所谓"偏心系统"而已，"均轮–本轮"系统的发明权应该还是如托勒密所说的那样，归于一个世纪之后的阿波隆尼亚斯。

亚里士多德的贡献

最后，谈过了他的弟子，我们自然也不能忽略亚里士多德本人[2]。他很重视天文学，著作中诸如《论天》《天象学》《形而上学》都和天文学有关，而且涉及的题材非常广泛，可以说宇宙、天文、地理、气象无所不包。不过，他在天文学史上的影响虽然很大，却很不幸大部分是负面的。非常吊诡地，这可以说是他博学和认真所致：博学使得他论述一切与天文、天象有关

---

[1] 有关他的生平和多个重要发现（以及其记载的来源）见Heath 1981, Ch. 18, pp. 249-283。

[2] 有关亚里士多德的哲学与科学贡献，Lindberg 1992, Ch. 3有很扼要但全面的介绍。在西方自古以迄近代的科学传统中，亚里士多德的地位极高，其重要性不但可与柏拉图抗衡，甚或有过之，但本书以追述、分析现代科学出现的主要线索为主，而并非一部平衡的西方科学史著作，故此讨论亚里士多德的篇幅不多。至于他的家世以及其学术倾向形成的原因，尚见下节。

的事物，认真则使他对每一样事物都要作出详细和具体解释。但以当时的知识水平来说，这根本没有可能，故而他只能从一些表面上似乎可靠的原则出发，来作大胆猜测和推论，那样自然就不免错误百出了。例如，他认为在月球以上的天体永恒不变，而且它们全部都是"自然地"在做永恒圆周运动；或者宇宙的空间有限，但时间则无限，也就是不可能有开始和终结；还有他最根本也最得意的所谓"四因说"，以及地面上的运动与天体运动是根据截然不同原理，地上物体的"非自然""剧烈运动"必然是由于始终与之接触的推动者所造成，等等，皆属此类[1]。

他曾经企图修订尤多索斯的系统，因为他认为系统中的同心球面不应该仅仅视为数学构造，而应该视为实在的物质性结构。但这样一来，与不同星体有关的不同球面就会彼此产生干扰，为了消除这些干扰，也就是使得分属不同星体的各组球面可以独立运作，他认为需要在每一组球面以内增加同样一组完全相同，但是做反向运行的"消旋"球面——唯一不必"消旋"的，是和恒星运转相关的，即最外面的球面，因为对于所有星体它都是同样需要的。但很显然，这样所得的构造比以前繁复了许多，然而至终结果还是和尤多索斯原来的系统没有任何分别，它之没有积极意义是很显然的。

在天文学上他对后世影响最大的，是大家熟悉的地心说，即地是球形，居于宇宙的中心，而且完全不移动或者转动，宇宙最外面是一个实体性的球面，恒星牢牢地镶嵌在上面，所以它们的运转是完全一致的。他为这些观念提出了各种在当时看来相当强有力的证据，例如地球的转动或者移动必然会使抛高然后坠落的物体偏离其出发点，等等，并且为地球为何居中不动提出了理由。这些对于赫谢塔、厄番图和赫拉克里德斯的地球自旋说无疑产生了遏制作用，但地动说并没有就此歇息，它在随后的世纪还会继续出现。最后，亚里士多德还记载了"数学家"对于地球周长的估计是40万"斯塔德"（stade），大约相当

---

[1] 柏拉图的理念说认为世上事物背后都有其永恒不变的"理念"，我们所见的现象只不过是其不完整的重现而已，故此其变化不重要。亚里士多德则认为万物本身及其变化都是真实的，因此必须解释事物何以会发生变化，这就是"四因说"的由来。所谓"四因"是指产生变化的各种相关条件、状况，而不一定是"原因"。它包括"质料因"（material cause），即事物在变化过程中不会改变的构成物质；"形式因"（formal cause），即事物在变化前后的不同形状；"动力因"（efficient cause），即引起变化的力量或者原因；以及"目的因"（teleological cause），即造成变化之意图。"四因说"之中最特别的自然是"目的因"：它把人或者生物所特有的意图投射到一切自然变化中去了。很显然，这种观念是和亚里士多德的医学和生物学背景分不开的。详见Lindberg 1992, pp. 51–54。

于8.1万公里，比实际数值大一倍左右，也就是得到了正确的数量级。可惜的是，他完全没有记载此数值是由什么人以及如何估算出来的。这是人类初次对庞大天体作出具体数量估计，是十分难能可贵的。

这样，到了公元前3世纪末年，主要由于尤多索斯在几何学和天文学上所取得的突破，希腊科学不但累积了大量知识和建立起深厚传统，更已经发展出系统性的新方法。西方第一次科学革命可以说已经完成，处于飞跃发展的前夕了。随后亚历山大城"学宫"就为它的跃升提供了跳板。

七、学园传统的延续

柏拉图是天才哲学家，在学园中他鼓励、推动数学发展，但自己不一定直接参与；在哲学上他也同样保持开放态度，并不开宗立派，甚至不树立门户。因此在他之后，学园弟子就呈现出分歧，各向不同方向发展。

学园的传承

柏拉图在公元前347年以八十高龄辞世，学园校长由侄儿斯彪西波（Speusippus，约公元前410—前339）继任，这不仅由于他年资最长，而且也有继承家族财产的意味。再下一任校长塞诺克拉底（Xenocrates，约公元前395—前314）则来自小亚细亚，也是最后一位亲炙过柏拉图本人的弟子，据说还曾经教导过芝诺和伊壁鸠鲁（Epicurus）这两位重要哲学门派的开创者。上述两位传人大体上仍然依循柏拉图的整体哲学方向，而且毕派色彩也相当浓厚，塞诺克拉底很可能还是该派信徒。但在他们之后，学园风气就改变了：继任校长普勒莫（Polemo，公元前356—前276）在位将近四十年（公元前314—前276）之久，以道德探究与实践知名，可以说已经偏离毕派-柏拉图传统。在他之后数年阿卡西劳斯（Arcesilaus，公元前315—前241）成为第六任校长，当时讲求理性、节制的斯多葛学派如日中天，在其巨大的压力下，学园遂转向怀疑论，可以说背离柏拉图哲学了（§6.3）[1]。因此，柏拉图之后的学园只是在其初继承他的哲学，至于其科学传统则主要是通过亚里士多德的学堂和像尤多索斯等其他数学家所继承的。

---

[1]　关于柏拉图之后大半个世纪的学园亦即所谓"早期学园"（Old Academy）状况，见迪伦的《柏拉图的传人：早期学园研究》，即Dillon 2003。

另起炉灶的亚里士多德

柏拉图逝世的时候，来自斯塔吉拉（Stagira，位于色雷斯）的亚里士多德（Aristotle，公元前384—前322）在学园学习和任教已经二十年之久。但他名声虽高，在雅典却是无权拥有财产的"外乡人"（metic），所以不可能出任园主。况且，他和迅速崛起中的马其顿关系极其密切：他父亲就是老王阿敏塔斯（Amyntas，即当时国王腓力之父，亚历山大大帝的祖父）的御医，这家族关系深刻影响了他的一生。首先，当时马其顿和雅典在对峙中，实际上已濒临战争边缘，在此形势下他被迫离开雅典，到小亚细亚西北角的小邦讲学。其次，四年后他被召到马其顿，成为少年亚历山大的导师。第三，亚历山大登基成为希腊诸邦盟主并且开始东征之后，亚里士多德的好友安提伯特（Antipater）成为希腊摄政，这使他得以载誉返回雅典，并在吕克昂（Lyceum）开办学堂，建立他的"回廊学派"或曰"漫步学派"（Peripatetics）[①]。最后，在亚历山大大帝猝逝之后，希腊诸邦群起反叛马其顿，他因此再度被迫离开雅典流亡，一年之后即郁郁以终。

除此之外，相传他父母都是医药神阿斯克勒庇俄斯后裔，这家族医学传统对他的观念、学问有决定性影响：他虽然对天文学和物理学有大量论述，但真正兴趣其实是在生物学、自然史等实证性和资料性科学。特别是，他认为静态的，注重严格推理的数学与现实世界无关；他的哲学强调变化、发展，以目的论（teleology）为核心，这些大概都可以追溯到家族医药传统的潜移默化。这样，很自然地，他对毕达哥拉斯学派以及乃师柏拉图虽然都保持尊敬，但关系却绝非亲密无间。恰好相反，他是有意识地要以客观态度来论述、审视乃至评论他们。柏拉图的理念说是其哲学的根本，但他对此则持全面批判态度[②]；在《形而上学》等篇章的各家评论中，他更颇为不客气地批评毕派，认为其学说只着眼于结构和生成，而不能解释运动和变化；他更一针见血地指出，事物的理念不能够和数目等同[③]。这样，在追求理念和绝对的毕派-柏拉图哲学以外，又出现了直接面对和探究自然现象的亚里士多德哲学——它彻底的理性和务实精神对于毕派和柏拉图之过分信赖直观和想象力不啻一服清凉剂。因此，从亚氏开始，更严格的理性精神兴起，毕派的数目

[①]　吕克昂学堂后来成为亚历山大学宫的渊源和典范，研究专书有：Lynch, John Patrick 1972。

[②]　有关此问题的部分讨论见Guthrie 1962–1981, vi, pp. 243–246。

[③]　*Metaphysics* 985b23–986b8, 989b30–990a32, 1090a16–1090b32.

神秘主义受到怀疑和批判，毕派-柏拉图阵营和亚里士多德之间，也就逐渐形成两个壁垒分明的学派和传统。

在雅典与亚历山大之间

亚里士多德第二度被迫离开雅典之后，弟子特奥弗拉斯特（Theophrastus of Eresos，公元前371—前286）随即接任吕克昂学堂校长，此后在任三十六年，以迄去世[①]。他学养深湛，才干出众，深得雅典民众尊敬，学堂由是发扬光大，但对后世影响最大的，则是其植物学方面的开创性贡献。他著作繁多，但大都失传，留下的除一部矿物学以外，主要为两部植物学巨著：十卷本（现存九卷）的《植物大全》（*Enquiry into Plants*），以及八卷本（现存六卷）的《植物探源》（*On the Causes of Plants*），前者大致是各种植物的记载和描述，后者探究其培植方法及用途。它们在中古失传，至15世纪方才重现于欧洲并且被翻译成拉丁文，随即成为近代植物学的泉源。[②]

此后接任校长的物理学家斯特拉托（Strato）是其弟子，他和同门的德米特里（Demetrius）都是亚历山大城"学宫"的创始者，他自己更是亚历山大机械学传统的始祖。因此，如下一章所论述，"回廊学派"是学园和学宫这两个最重要古代学术机构之间的桥梁。亚里士多德哲学在中世纪的伊斯兰世界和欧洲世界都占主导地位，其影响巨大无匹，在相当长时期远远超过柏拉图，其原因除了他浩瀚无涯的大量著作以外，当亦与此桥梁作用有关。当然，除了"回廊学派"以外，还有另一位数学家也同样在学园和学宫之间对科学传承产生决定性作用，这就是欧几里得，他是我们所知唯一可能来自学园，而将希腊数学移植于学宫的人物。除此之外，我们就没有任何其他线索了，因为尤多索斯和他下一辈学生如门纳木、狄诺斯特拉图斯，乃至更晚的卡里普斯等，从年代上看来都没有可能充当此桥梁角色。我们只能够承认，除了"回廊学派"和欧几里得以外，学园和学宫之间倘若还有任何其他联系，那似乎都已经湮没在历史之中了。

---

① 特奥弗拉斯特本为亚里士多德在学园中的年轻学弟，曾一同研究生物学，柏拉图去世后转投亚里士多德门下。他原名Tyrtamus，由于文辞优雅，出口成章，被亚里士多德戏称为"神来金句"（theos=神，phrazeis=词句），由是得名Theophrastus。

② 有关特奥弗拉斯特及其著作，见Fortenbaugh 1992；其两部著作俱有现代英译本，并可在网上浏览。

第五章　希腊科学的巅峰

　　希腊科学萌芽于雅典，开花结果却在亚历山大城，我们今日称颂为"希腊奇迹"者就是亚历山大科学，它是与欧几里得、阿基米德、阿里斯它喀斯、喜帕克斯等名字牢牢地联系在一起的。科学中心从雅典转移到亚历山大是由剧烈的政治变动所造成。在第一次科学革命发生之后不足半个世纪，马其顿的崛起结束了希腊城邦政治，亚历山大大帝的东征摧毁了从东地中海沿岸以至波斯、阿富汗的民族藩篱，从而将希腊文明散播到一个比以前庞大不知多少倍的地区。他死后帝国分裂为三部分：部将中最有雄心与远见，文化意识也最强烈的是立足于埃及的托勒密。在他锐意经营和广事招揽人才的政策下，从公元前3世纪开始，希腊文化重心就逐步从雅典转移到尼罗河口的亚历山大城，托勒密王室所建立的学宫（Museum）也继学园与吕克昂学堂之后，成为西方世界的学术中心。

　　亚历山大是直接继承雅典学术传统的：学宫创办人来自吕克昂学堂，奠定亚历山大数学传统的欧几里得很可能来自学园，学宫图书馆馆长兼天文学家埃拉托色尼曾在雅典求学，并深受柏拉图思想影响。不过，亚历山大和雅典的学术气氛大不相同：雅典是以市民为主体的城邦，学术背后的推动力量是个别学者；亚历山大是王国都城，学宫是王室凭借巨大财富、权力、威望来设立和长期资助的庞大学术机构，学术发展因而获得比以前更为优越和稳定的环境。在此环境中，科学逐渐脱离孕育它的母胎，即毕氏教派与柏拉图学派的神秘色彩；继续推动它前进的，变为从宗教独立出来的重智精神。这个转变可能源于学宫与吕克昂学堂的密切关系，特别是后者的实证与物理学传统。这样，毕氏教派的影响力似乎未能伸展到亚历山大。在公元前3—前2世纪它沉寂下来，甚至好像消失了——虽然它的生命其实远未结束。

　　托勒密王朝最初一个半世纪（约公元前300—前160）是亚历山大的黄金

时代，在此时期新普罗米修斯革命所奠定的理性基础被发挥到极致，西方古代科学因此攀上巅峰。它的成就大抵可以从两方面看。一方面是几何学，这以欧几里得的集大成之作《几何原本》为开端，以阿基米德的几何度量和阿波隆尼亚斯的圆锥曲线研究为主要成就。他们的探究其实已经接触到解析几何学与微积分学范围，但由于缺乏符号代数学工具，因而无法继续向前迈进。亚历山大科学的另一面是将几何学精神应用到自然现象上去，从而有高度精确的科学理论出现。这其中最重要、成就最辉煌的，无疑是阿基米德开创的静力学，包括液体静力学，它即使在今日都还完全能够成立；在天文学上阿里斯它喀斯、埃拉托色尼和喜帕克斯的天体测量是开创性工作，"均轮–本轮"天体运行模型的初步发展则是超越尤多索斯的重大进展。除此之外，西方的几何光学传统是从欧几里得与阿基米德开始（但光学本身应该说是从亚里士多德开始），与天文学结合的地理学传统则是从埃拉托色尼和喜帕克斯开始；而且，以斯特拉托为开端，亚历山大还发展出很强的机械学传统；最后，它又继承爱奥尼亚传统而发展出非常活跃的医学研究来。所以，它的科学不止于理论，也有高度实证和实用的一面。

一、从雅典到亚历山大

古典希腊发展出灿烂文化，但它在政治与军事上的崛起则是通过马其顿，而马其顿能够一统希腊世界乃至古代西方世界是非常令人惊讶的。这可能与三个因素有关：首先，是希腊城邦之间无休止的合纵连横，相互攻伐已经将近一个世纪（约公元前430—前340），它们无法通过平等联盟形式而建立更庞大的稳定政治体已经很明显，因此实行开明君主制的马其顿获得建立"霸主"（hegemon）地位的机会。其次，在抵抗波斯以及相互争战的两个多世纪间，希腊诸邦发展出先进军事技术，包括精良武器、搏击技术，以及练兵、行军、布阵、攻守的战术和策略。腓力二世（King Philip Ⅱ，公元前382—前336，公元前359年称王）在滞留底比斯邦充当人质的时候吸收了这些技术，它们因而传入马其顿，他的继承者亚历山大东征时即充分显示其威力。最后，也许是最重要的，以政治、外交、军事才能而论，腓力和亚历山大都是不世出的绝顶天才，马其顿能够在大约三十年间从北方蛮族的蕞尔小邦一跃而为整个西方世界霸主，与他们父子两人的天才当有莫大关系。但整体而言，马其顿虽然处于北方边陲，却仍然是希腊文明的一部分，并且以此自居。它之称霸西方世界，应该说是希腊文明发展到极致之后其力量爆发的表现。

马其顿的霸业

希腊城邦政治有很长的发展历史，它的转机可以追溯到雅典打败波斯入侵大军（公元前480），从而建立雅典军事联盟，成为诸邦霸主，并且强迫各邦接受其民主体制和分担其庞大舰队的费用，也就是联盟逐渐演变为帝国。这至终导致它与斯巴达联盟之间的伯罗奔尼撒战争，而以雅典失败和签订城下之盟告终。此后斯巴达、雅典和其他城邦所组织的联盟互争雄长，纷争战乱始终不息，由是给予北方的马其顿兴起之机。

在公元前338年，亦即柏拉图去世之后大约十年，马其顿雄才大略的腓力二世打败雅典联军，建立以他为霸主的全希腊联盟，希腊诸邦自此失去独立政治地位，并且在经济文化上逐渐衰落。两年后腓力二世被刺，儿子亚历山大（Alexander the Great，公元前356—前323）登基为王。这位亚里士多德的高足虽然年方弱冠，但已经以勇士阿喀琉斯自况。他随即开始东征（公元前334），横扫小亚细亚、巴勒斯坦、埃及、两河流域，击溃和征服宿敌波斯帝国，然后长驱深入，直抵印度，这才为厌倦征尘的将士苦苦劝阻而回归。这次东征虽然历时只短短十年，但在万里转战之中，他所到之处不忘建城、屯兵、设守，广为散播希腊观念、习俗、体制，由是彻底改变西亚和南亚的文化面貌。征服埃及（公元前331）之后，他在尼罗河三角洲西端所建立的亚历山大城（Alexandria）后来发展成为地中海的国际大都会和文化枢纽，历一千五百年不衰，那更是对后世影响极其深远的重大贡献[1]。

漂浮的托勒密王国

亚历山大大帝在东征归途中以壮年猝崩于巴比伦（公元前323），因此完全未曾考虑继承事宜，甚至也没有机会认真安排后事[2]，他所建立的空前庞大的帝国因此为亲近将领分拆为三个后继政权，即立足于埃及的托勒密（Ptolemy）王国，立足于中东和小亚细亚的塞琉西（Seleucid）王国，以及雄踞马其顿和希腊本土的安提柯（Antigonid）王国，它们延续了将近三百年，

---

① 关于马其顿的崛起与亚历山大东征，见Hammond 1986, Bk.VI。

② 由于流传的史料相互矛盾，而且都不那么可靠，所以他猝逝的真相至今不明，中毒、急病和酗酒都有可能，但也各有重大疑点。

直到公元前1世纪末才为罗马帝国所灭①。

托勒密是亚历山大大帝的童年伙伴、亲信和心腹大将，也是个有雄才大略的人，他就是后来被加尊"救主"称号的托勒密一世（Ptolemaios I Soter，公元前306—前283年在位）。在大帝崩逝之后，他并不如其他将领忙于争夺马其顿的控制权，却占领人口众多、物资富庶的埃及，埋头建设亚历山大城并且定都于斯，由是奠定托勒密王国的基业。其实，远在公元前7世纪，希腊的米利都商人就已经在尼罗河三角洲西端建立了诺克拉提斯贸易据点，后来法老阿莫斯二世（Ahmose II，公元前570—前526）赐予希腊人管理该城以及垄断贸易的特权，所以有不少希腊商人和殖民者对于埃及的言语、地理、风俗、宗教获得了解，对于如何以少数行政官员管理大量当地民众也有丰富经验。亚历山大城可以说是诺克拉提斯的扩大版，而托勒密王国则是他们在埃及地位之反客为主。从长远来说，这其实是非常不容易的，因为"托勒密，他的朝廷、士兵和代理人所赖以生存的亚历山大城，其实是漂浮在浩瀚无涯的埃及大海中的一个希腊化岛屿，它从周围可以得食充饥，却得不到生根发芽所需的滋养"②。因此，托勒密非常深谋远虑：他一方面建立紧密的希腊人统治阶层，通过他们紧紧控制整个行政管理系统和军队；另一方面则如历来许多外族统治者一样，刻意神化自己成为法老王，借以维系埃及民众的敬仰和尊崇。为了促进宗教融合，他奉祀埃及本土的塞拉皮斯（Serapis）神③，更从希腊的黑海殖民地锡诺普（Sinope）迎请来具有希腊神祇形象（而非如一般埃及神像的动物形）的雕像，以将塞拉皮斯和希腊的狄奥尼索斯与冥王认同，其后更为它建造神庙，即所谓"Serapeum"，它后来遂发展成为兼具埃及与希腊特色的亚历山大神祇。此外，他也同样注意舰队与海外发展，出兵占据小亚细亚西南岸、科斯岛、巴勒斯坦等地中海周边地区，由是为其海外商贸（这是以出口谷物和其他农产品为基础的）建立具有多个据点的网络。继承托勒密一世的是号称"爱兄"的二世（Ptolemaios II Philadelphus，公元前283—前246年在位）和号称"惠施者"的三世（Ptolemaios III Euergetes，公元前246—前221年在位），他们同样才略过人，雄心勃勃，四方延揽人才。所

---

① 托勒密王朝以及其他两个亚历山大后续帝国的历史和文化发展见Peters 1972, Chs. 1–7。

② Peters 1972, p. 153.

③ 这本是埃及牛神（Apis）和冥神（Osiris）的混合体，经托勒密王朝最初两位君主在亚历山大奉祀及推广之后，此一高度混合（syncretic）之神祇散播到孟菲斯和其他各地，并逐渐演变为主医药之神。其详细源流和发展历史见Fraser 2001, i, pp. 246–276。

以公元前3世纪成为王朝的黄金时代，在此时期亚历山大学术发展也同样登上高峰。

缪斯神庙和吕克昂传统

缪斯相传是宙斯大神与记忆女神（Mnemosyne）合生的九位女神，她们分掌历史、天文、音乐、舞蹈以及史诗、圣诗、爱情诗歌、悲剧、喜剧等五种文学，所以合称文艺女神。供奉她们的祭坛、庙宇则称为"缪斯神庙"（Museum），那在希腊各城邦相当普遍，而且往往与文社所举办的诗歌、戏剧观摩、比赛相结合，可以说是希腊文艺的标志。事实上，柏拉图学园和吕克昂学堂虽然以发扬哲学为主，但也同样供奉缪斯，而且无论在组织或者日常活动上都带有浓厚宗教意味。托勒密一世和二世在公元前3世纪上半叶所建立的"Museum"就是继承此神庙-学堂传统的。不过，它位处亚历山大城王宫范围内，除了供奉、祭祀缪斯的宗教场所以外，还有图书馆、演讲厅、食堂、散步论思的回廊，乃至观测天文的观象台以及学者寓所，等等，因此在构思、体制、规模上远远超出一般神庙。也就是说，实质上它已经是一个完善的学术中心，所以称之为"学宫"应该比"缪斯神庙"更为恰当①。

托勒密父子富有才略和雄心，他们花费大量资源与精力创办学宫，无疑有发扬先进希腊文明，借以树立威望，潜移默化埃及民众，从而巩固埃及庞大国度的统治之意。但建立学宫的灵感、动力与具体构思，则来自希腊本土，特别是亚里士多德的吕克昂学堂。这与亚氏的继承人，亦即学堂第二任校长特奥弗拉斯特的两位弟子德米特里（Demetrius of Phaleron，约公元前345—前283）和斯特拉托（Strato of Lampsacos，约公元前340—前270）有密切关系②。德米特里是雄辩家和政治家，在亚历山大大帝继承权战争的混乱局面中曾经担任雅典的独裁执政达十年之久（公元前317—前307），以迄被逐和流亡埃及。随后他获得托勒密一世的宠信，不但亚历山大的民法可能与他有关，而且创办学宫的意念也同样可能由他倡议；至于其组织、设置，特别是其大图书馆的建立，则应当是他在王室力量支持下，以吕克昂学堂为原型而设计和实施。德米特里著作繁多，藏书丰富，不幸的是，他卷入托勒密王朝的继承斗争而选择了失败一方，因此在新君即位后被囚禁并以毒蛇处死，或曰染疾而终。

---

① 学宫及其图书馆的历史和状况在Sarton 1959，ii，Ch. 2有简要综述；但更为详细和严谨的讨论则见Fraser 2001，i，Ch. 6，此章对于所谓Museum的历史、沿革有详细讨论。

② 这三位学者在第欧根尼书中都有传，见Diogenes Bk. 2，V.3，V.5。

其实，我们对于学宫的建制和历史所知并不多：它大致是托勒密王朝最初两位君主在上述两位学者协助下，用了差不多半个世纪建立起来的[①]。它的图书馆应该有书库、阅览室、编目室、抄录室（scriptorium）等不同部分，但大概并非另有独立建筑，而是附属于学宫的设备；至于藏书方面，由于王室不惜花费广事搜购，务求种类、版本完备，所以在全盛时期据说曾经达到50万册之谱。在此可以顺便提到，稍后建立的塞拉皮神庙也同样附设图书馆，它的藏书据说也达9万册之谱。在学宫里面工作的学者估计有五六十位之众，除了科学家以外，从事文艺注疏、考证、研究的当也为数不少，其中最著名的诗人卡利马克（Callimachus of Cyrene，公元前305—前240）可以说是托勒密二世的祭酒，他的大量著作成为希腊文学史的基础，而学宫图书馆的详细目录也由他完成编纂。学宫学者可能礼聘自各地，但也有不少是慕名来访，出自亚历山大本地的恐怕反而是少数。就科学家而言，大抵数学家的流动性比较大，像阿基米德就在访问后回归本城，但天文学家需要观测设备和人文学者需要图书馆一样，很自然地会和王室、学宫产生长期密切关系，像阿里斯它喀斯和埃拉托色尼都是明显的例子。

二、亚历山大机械学与医学

如我们在本章开头所说，除了以推理为主的数理科学以外，亚历山大科学其实有很强大的实证和实用传统。它的来源很复杂，不一而足：像医学和地理学是直接秉承自爱奥尼亚传统，至于机械学则来自吕克昂学堂，但有不少迹象显示，它又是与亚历山大本地固有传统结合的（§6.2）。下面我们按时间顺序，先讨论机械学和医学，至于地理学则留到本章末了。

机械学：从斯特拉托到费隆

上面提到的特奥弗拉斯特的另一位学生斯特拉托是博学的自然哲学家，他由乃师推荐出任托勒密王储师傅（约公元前300—前294），在亚历山大城居留十余年，以迄公元前288年返回雅典出任吕克昂学堂第三任校长。他发展了已经非常接近现代观念的真空理论，即绝对真空只存在于原子之间，以及大体积中的真空实际上可以用机械方法产生。这些观念通过特西比乌

---

① 关于学宫及其图书馆，见Fraser 2001，i，pp. 312–335。

（Ctesibius of Alexandria，约公元前285—前222）及其弟子费隆（Philon of Byzantium，约公元前280—前220）而形成亚历山大的强大机械学传统，那包括气体力学（pneumatics）、流体力学（hydraulics）、弹道学（ballistics）、发石机（catapult）设计和制造等等，它一直延续到公元前1世纪的数学家和机械学家赫伦（§6.2）。费隆所撰将近十卷的《机械手册》（*Mechanical Handbook*）有部分流传后世，它是关于围城攻防技术的专书，强调实验和刻度对发石机的重要性，并且证实这种工作是依赖王室资助进行的。除此之外，斯特拉托又是著名天文学家阿里斯它喀斯的老师，因此在后世记载中被称为"物理学家"（physicist）。学宫后来以数学、天文学和实证科学著称，而没有如学园那样只专注于数学、哲学和形而上学，甚至还突破阿基米德的纯理论倾向，开展了将科学与应用技术结合的新传统，那无疑与斯特拉托在学宫酝酿之初的广泛影响有密切关系[1]。由于德米特里和斯特拉托对学宫在体制以及学术上的深远影响，学宫实在可视为吕克昂学堂传统在亚历山大城的延续。

医学传统：解剖学和生理学的发展

为了下面提到的特殊原因，亚历山大城在医学上也大放异彩，既发扬了希波克拉底的传统，也成为日后盖伦（Galen）的先驱，正所谓承上启下。这方面的两位创始人物是和斯特拉托、欧几里得等同时的希罗菲卢斯（Herophilus of Chalcedon，约公元前335—前280）和下一代的伊拉希斯特拉斯（Erasistratus，约公元前304—前250）[2]。和希波克拉底一样，希罗菲卢斯也来自小亚细亚，并且在科斯岛习医，其后他成为托勒密开国两位君主的御医。由于信仰禁忌，古代各民族包括希腊城邦都禁止损坏遗体，因此也不允许人体解剖。但亚历山大城是个多元文化交汇的新兴大都会，王权压倒传统宗教力量，吕克昂学堂的理性精神遂得以打破此禁忌：据说国王曾将六百

---

[1] 亚历山大科学发展与成就有以下专章作一般性讨论：Fraser 2001, i, Ch. 7；至于其机械学传统，以及斯特拉托、特西比乌、费隆等的贡献，则见同书pp. 425–434。
[2] 有关这两位亚历山大医学家的事迹和发现见Fraser 2001, i, pp. 338–376的详细讨论以及Lindberg 1992, pp. 119–124；有关他们及其学说的原始记载（许多是取自盖伦著作）之英译收集在Longrigg 1998, Ch. 7；有关希罗菲卢斯见其传记即Staden 1989，那是集古代医学典籍原文与英译对照、注释与讨论（包括两位医学家的事迹、古代解剖学与生理学，以及各有关环节的争论）三者于一体的综合性专门著作。

余重罪犯人交给他作活体解剖①。这是西方医学史上的重大转变，他因此得以仔细研究人体构造，从而根据血管壁的厚度分辨动静脉，知道静脉只流淌血液（而没有四体液说中的其他体液），以及动脉有脉搏现象；并由此进一步研究人脑，对大小脑的分别、大脑皮层、脊椎神经、感觉与运动神经、眼球构造等，乃至腹腔肝、胰等内脏器官和生殖系统的构造，都得到相当理解，并且再次确定脑而非心脏是思维器官②。

希罗菲卢斯的研究重点在解剖学，伊拉希斯特拉斯则进而研究人体器官功能，也就是生理学。他同样出生于爱奥尼亚，曾经在塞琉西王国任御医，一度到亚历山大城与希罗菲卢斯合作研究人体解剖，后来回本乡终老。他研究心脏构造，从而了解它风箱般的功能（因此肯定它与思维无关）、心瓣的作用，和动脉搏动的原因。大概由于斯特拉托的影响，他相信原子说，对血管和神经的功能提出了一个三分观念：首先，肝从消化了的食物微粒生血，血经静脉流遍全身以供滋养和生长；其次，带来生命的"元气"（pneuma）经气管吸入肺，再通过肺静脉进入心脏，然后由大动脉散布全身③；最后，部分元气经颈动脉入脑，在那里被转化成更精细的"神气"（psychic pneuma），然后通过神经散布全身，所以神经主知觉和运动④。在希波克拉底以后西方医学停滞了一段时期，到亚历山大时代则由于解剖禁忌的短暂打破和以上两位学者的努力而突飞猛进，为四百年后集大成的盖伦奠定了基础。

三、欧几里得：承上启下的大师

在公元前3世纪作为古希腊理性精神代表的几何学达到了巅峰，这主要是学园所建立的强大传统继续发展所致，但亚历山大城和学宫所创造的环境无疑也有决定性影响。这一时期主要数学家一共有三位：首先，是集雅典数学大成，起承上启下之功的欧几里得，他来自雅典，是否长期居留亚历山大不得而知；其次，是应用归谬法将度量几何学发挥到极致的阿基米德，他来

---

① 有关活人解剖的可信性以及此关键转变原因的详细讨论见Staden 1989, pp. 139–153。

② 见Staden 1989, pp. 153–241。

③ 对动脉为气管之说，割开动脉会流血是个棘手问题。伊拉希斯特拉斯的解释是：动静脉系统之间有平时封闭的微细管道，动脉中的元气一旦从创口逃逸，则微细管道受压力而张开，从而令静脉中的血液被吸引到动脉经创口流出。在此问题上盖伦所引伊拉希斯特拉斯的两段见解见Longrigg 1998, pp. 95–96。

④ 对此Lindberg 1992, pp. 191–192有简要论述。

自叙拉古，其后又回归本城，但和亚历山大学者保持密切联系；最后，是研究圆锥曲线精细入微的阿波隆尼亚斯，来自小亚细亚南岸，后来留在亚历山大。他们三位的成就都不限于数学，不过方法和精神还是以几何学为核心，即将其推理模式应用、扩展到自然现象上去。

在这三位大师之中，欧几里得辈分最高，大约与德米特里、斯特拉托同时，但弟子中没有著名人物，至于阿基米德与阿波隆尼亚斯都属于欧几里得徒孙辈，活跃在公元前3世纪下半叶。因此，在公元前270—前250年间，数学上有一段空白时期，那也就是说，欧几里得的影响主要是通过他的作品而非讲授传播。不过，斯特拉托的学生阿里斯它喀斯以天文学著名，其方法也深得几何学的推理精神，就年代而言他刚好嵌入上述空白时期，但是否曾经受教于欧几里得则无从考证了。

欧几里得的贡献

我们对欧几里得（Euclid，约公元前330—前270）本人所知极少，只从普洛克鲁斯的简短叙述知道，他的年代介乎尤多索斯和阿基米德之间，也就是活跃于公元前4世纪与前3世纪之交；以及他深深服膺于柏拉图哲学，又曾经面觐托勒密一世，说出"几何学没有（平坦简易的）王道"那句名言，所以被认为是公元前300年前后人物，这年代也就成为雅典与亚历山大，学园与学宫科学的交会点。欧几里得很可能是从雅典迁徙到亚历山大城的学园弟子，也就是将学园数学传统移植于学宫的枢纽人物，但这想法虽然顺理成章，也仅属猜想而已[1]。

我们真正认识欧几里得，是通过他影响后世长达两千年以上的巨著，十三卷本的《几何原本》（*Elements*）[2]。和一般印象相反，它既非纯粹几何学著作，也不是初级教材，更非原创性专著。它其实是将此前所有已知数学成果加以编纂，并且纳入同一逻辑结构的集大成之作。因此书名倘若翻译为《数学原理》可能更为贴切。事实上，普洛克鲁斯用了不少篇幅讨论书名"Elements"的意义，他认为这是指那些基本而必不可少的数学元素，从之可以通过推理而

---

① 有关欧几里得的论述主要见Heath 1965, i, Ch. 11, 以及希斯为《几何原本》所作的长篇导言（见下注）。至于普洛克鲁斯的论述，则见Proclus/Morrow 1970, pp. 68–69。

② 此书最完善的英译本是希斯所翻译的三卷本，它附有详细导言，每章附有分析和注释，见Euclid/Heath 1956；现代中译本有《欧几里得〈几何原本〉十三卷》（陕西人民出版社1990）。

获得其他定理；换言之，书名所强调的，是其整体逻辑结构。而毫无疑问，欧几里得此书最重要的贡献，就是将此前许多数学家以不同方式、不同途径所得到的推论、定理、结果，以相同结构熔铸于一炉，使之形成浑然整体——最少，这是他的目标和理想。他这理想不但深深影响了后世数学，也同样影响了西方科学。科学并非许多不相干的事实、观念、知识的集合，而是一个具有理性结构的系统，在其中基本观念、原理、推论、观测结果各有固定位置，并且是通过逻辑与数学严格地联系起来的——这样的理想首次在《几何原本》中得到实现，而这个范式在后世科学作品中不断重现（虽然也不断被修订），以迄牛顿撰写《自然哲学之数学原理》也仍然有意识地以《几何原本》为模范。事实上，现代科学的整体结构也同样是反映这个理想的。从此观点看来，《几何原本》可以说是第一本具有现代科学性质的著作。

《几何原本》的结构

那么，《几何原本》的结构到底是怎样的呢？它第一卷开宗明义，列出了23条"定义"（definition）；跟着是5条"公设"（postulate）；然后再有5条"共同观念"（common notion），也就是"公理"（axiom），这三者构成了全书的理论基础；最后则是48道"命题"（proposition），那可能是"定理"（theorem），也可能是问题（problem）：每一道命题都是先叙述最终结果或者要求，然后给出证明或者解决方法，那是根据上述定义、公设、公理，以及先前已经证明过的命题而逐步推论，以迄得到命题本身的过程。第二以至第十三卷的结构与第一卷相同，但它们并没有另外的公设和公理，而只是因应新题材而设立新定义，并且在证明过程中应用前面已经证明过的命题。换而言之，全书总共将近500道命题都是根据10条公设和公理以及相关定义推断而来，它们形成了一个庞大而严密的逻辑结构。当然，对于本书读者而言，这一切并不新鲜，它是大多数受过现代教育的人都学习和反复练习过，因而感到十分熟悉的事物。因此，说来惊人，这本距今两千三百年的著作，今日仍然在提供和影响现代人的共同思维模式①。

不过，《几何原本》也不能说完全达到了欧几里得的理想，这既有实际

---

① 但自20世纪60年代以来，美国在中小学教育中推行注重集合论和其他抽象观念的所谓"新数学"，世界多国起而效尤，传统几何学的影响力因而大大衰减，为识者所痛。此风后来虽然稍戢，但数学教育已无复旧观了。

的、技术性的原因，也有更深刻的、本质性的理由。就实际结构而言，此书是编纂多种资料，包括许多更原始的"原本"而成，欧几里得或者是为了节省精力，但更可能是为了保存许多名著的本来面目，而没有将所有命题用最简洁的方法重新证明一遍，或者将重复的、意义相同的命题删去。最明显也最重要的例子有两处：首先，相当于解决二次方程的几何学方法重复出现于第二卷命题5—6，以及第六卷命题27—29；其次，第五卷有关"量"（magnitude）的比例理论和第七卷有关"数"（number）的比例理论其实相同，因为数其实是量的一种。这不免有叠床架屋之弊，但对科学史家来说却很幸运，因为它由是为历史发展留下了难得的宝贵资料——例如，第五卷和第七卷就被认为其实是分别属于尤多索斯和毕达哥拉斯学派两个不同的传统。除此之外，书中某些定义仍然有欠周全和考虑。但更深层而重要的问题则是，欧氏的逻辑结构还不完备。例如，他并没有列出所有不可定义的基本观念，更没有意识到著名的第五公设（平行公设）并非必然，亦即不可变易的。此问题历代不乏研究者，但要到18—19世纪才逐渐为数学家所明了和解决。这样，一直要到20世纪前夕，数学大师希尔伯特（David Hilbert）才初次重新全面整理几何学系统，使它更为简洁和严格①。另一方面，20世纪初以罗素（Bertrand Russell）为主力的数理逻辑运动却终归于失败，也就是说，数理逻辑并不能够替代传统数学的论证方式，也不能够为它提供更清楚、牢固、没有争议的基础②。这也就显明，欧几里得当年的思虑是如何深远，如何经得起考验了。

最后，还得强调，不但《几何原本》的内容并非全部原创，即使是它的严谨推理形式也不一定是欧几里得所发明。目前公认最早的传世古希腊数学著作是奥托吕科斯的《论天体运动》（*On Moving Spheres*），这当是公元前4世纪末，属于学园时代的作品（见下文），而它已经采用和《几何原本》相同的推论方式了。因此数学证明的观念和方法当同样是泰阿泰德、尤多索斯等公元前4世纪数学家酝酿、发展和逐步建立的系统，虽然其过程已经无从稽考了。

一体结构下的三个传统

作为公元前6—前4世纪希腊数学成果的汇编，《几何原本》在表面的一

① 见Hilbert 1902。
② 有关此运动的简述，见陈方正《在科学与人文之间——理性的成功、限度与蜕变》，载《科学文化评论》创刊号（北京，2003），第35—71页。

体化结构之下，很清楚地显示它包容了最少三个无论在目标、方法、来源上都不完全相同的传统。首先，最强大、丰富、历史悠久的，是几何学传统；其次，是毕达哥拉斯学派的数论传统。这两部分都与上一章所讨论的数学革命有密切关系。第三，则是我们在第一章讨论过的巴比伦"几何代数学"传统，这部分所占分量不多，但所显示的学术渊源则很重要。换而言之，全书内容涵盖了古代数学的全部，即几何、数论（包括整数及无理数理论）以及代数三方面，虽然后两者的问题有相当部分仍然是以几何量，亦即长度或者面积来表述，其解决也同样是以几何推理方式获得。在这个意义上，古希腊数学可以说是全面几何化的，此书名称翻译为《几何原本》也就不为无据了。以下我们根据上述三部分的划分，将全书十三卷的内容及其可能的原作者或者来源列成简表。

从表5.1可以清楚地看到，《几何原本》不但保留了三个不同数学传统，也保存了希腊数学的进化痕迹以及它们之间的融合过程。例如在几何学里面，我们可以见到从早期以希波克拉底为主要推动者的平面几何学发展到泰阿泰德的立体几何学，然后再到尤多索斯更为严谨的比例理论和归谬法，以及此方法之应用于弯曲形体测量。表中还显示了在此进化过程中不同传统的融合，例如巴比伦几何代数学不但保留在第二卷，特别是其命题1—10的代数恒等式之中，同样也出现于第六卷的二次方程通解。有迹象显示，这个巴比伦传统的移植过程是在公元前5世纪初，即毕达哥拉斯的时代发生的[①]。又例如，第七至第九卷的整数数论其实与几何学并没有直接关系，它最可能的来源是毕达哥拉斯学派传统，但有多少可以归于毕氏本人则很难说。至于内容最丰富而繁复的无理数论，即第十卷，则很可能是由毕派的希帕苏斯开端，然后经过特奥多鲁斯推进，最后才由泰阿泰德发展至极致，这在上一章已经详细讨论过。对于此章将无理方根作出那么细致的分类到底意义何在，一般的揣测是：第六卷的二次方程解法可能有实际应用价值，因此方根类别是否可以穷尽成为值得详细研究的问题。

---

① 这方面的详细讨论，见Høyrup 2002，pp. 400–405，特别是pp. 402–403。

表5.1　《几何原本》的内容与渊源

卷数	内　容		渊　源
	几何学传统		
1	基本定义、公设与公理；直线与三角；平行线；面积之等同		（A）平面几何部分，原作者可能为希波克拉底
3	圆形：弦、弧、圆心、直径、切线、对角		
4	圆与内接以及外切多边形，包括正五边形问题		
5	比例理论，适用于一切量者		（B）理论发展部分，原作者尤多索斯，但第六卷亦包含几何代数学，即巴比伦传统成分
6	比例理论应用于平面几何，包括相当于二次方程的通解（命题27—29）		
11	立体几何学的一般定义；直线形体		（C）立体几何部分，第十二卷原作者为尤多索斯，第十三卷原作者为泰阿泰德
12	以归谬法求曲面面积及体积		
13	建构五种正多面体，并决定其与外接球面的关系		
	数论传统		
7	一般定义；最大公约与最小公倍数；比例理论之适用；素数问题		（A）算术及数论部分，主要来源当是毕达哥拉斯学派，第九卷命题21—36（主要是奇偶数问题）更被认为是毕派教材
8	级数；复比例		
9	平方数、立方数、因子分解定理；素数数目无限定理；几何级数和；完整数之形式		
10	无理数论：无理根的分类，可能应用于二次或双二次方程普遍解的分类和实际计算。此为诸卷中最长者		（B）无理数论部分，主要作者为泰阿泰德
	几何代数学传统		
2	代数恒等式（命题1—10）；正方形、长方形与曲尺面积；完成平方以求解二次方程（命题5—6）		巴比伦旧王朝的"几何代数学"
	后出的依附作品		
14	立体几何：十二及二十面体的比较		作者赫西克里斯，约公元前190—前120年
15	立体几何：正多面体问题		作者Isidore of Miletus，活跃于公元532年

其他著作

欧几里得虽然好像就等于《几何原本》，其实他在这本巨著以外还有许多其他著作。这包括：（A）四部传世作品：介绍初等几何学的《引论》

（*Data*）；讨论在不同条件下如何分割平面图形的《图形分割》（*Division of Figures*）；涉及天体运动与球面几何学的《天象》（*Phenomena*）；以及作为最早透视法论文的《光学》（*Optics*）①。此外他还有（B）三部失传作品：《推论》（*Porisms*），那被认为可能是解析几何学的雏形；《面上轨迹》（*Surface Loci*），共四卷，那当是阿波隆尼亚斯《圆锥曲线》前四卷所本；以及讨论推理方法的《伪证》（*Pseudaria*）。

　　这些著作显示了他和其他学者、学科的关系，特别是他作为透视法、数理天文学和圆锥曲线研究先驱的贡献，同时也带来了一些意想不到的发现。其中最令人感到兴奋但又可惜的，无疑是他可能已经发展出解析几何方法，虽然这大概仍然只是以言语而非符号表达。另外一个发现则是巴比伦的几何代数学传统不但重现于《几何原本》，同样出现于上述的《引论》和《图形分割》两书：例如后者就包含了§1.5详细讨论过的以平行直线均分平行四边形的方法。我们因此也更有理由相信，古希腊科学和两河流域的远古文明的确是有极深厚渊源的。

四、阿基米德：度量几何学

　　欧几里得是集公元前4世纪希腊数学之大成者，他的功绩在于消化、整理、建立系统；阿基米德则是具有无比旺盛原创能力的科学家，他不但将《几何原本》的推理方法与精神发挥到极致，同时更将之应用于静力学和许多其他方面，而且都作出了卓越贡献。

严谨与精妙的追求

　　阿基米德（Archimedes，约公元前287—前212）也许应该视为古代最伟大的科学家，因为他在数学（包括几何学与算术）、物理学、天文学、机械科学等各方面都有超卓成就，其严谨和精妙令人叹服，其重要性和价值也历久不衰。我们对他本人所知也不多，虽然比之欧几里得稍为详细一些。他是西西里岛叙拉古城天文学家菲底亚斯（Phidias）之子，和该城君主希伦二世（Hieron Ⅱ）父子相熟，甚至可能有亲属关系。他基本上在叙拉古度过一生，并且在那里建立崇高声誉。但他曾经赴亚历山大城跟随欧几里得的弟子学习几何学，其

---

① 　这四部著作都有英译本，见Euclid 1991，Euclid 1996，Euclid 1999，Euclid 2003。

后经常与该城学者书信往来，保持联系，例如，《方法论》一书就是呈献给学宫图书馆馆长和天文学家埃拉托色尼的。他晚年正值罗马与迦太基互争雄长的第二次布匿战争（§6.1），当时西西里诸邦与希腊投向迦太基，由是引致罗马围困叙拉古两年之久。阿基米德的各种机械发明虽然对守城有极大帮助，最后城池还是不免由于内奸出卖而陷落，阿基米德不幸在乱军中被杀。关于此事有许多不同版本的著名故事流传，但真相已不可考（图版5）。

传世之作

阿基米德留下了足足十一部传世作品，包括属数学的九部和属静力学的两部，此外失传的也有七八部之多（表5.2）①。这些作品和《几何原本》不一样，它们都是原创性论文或者专著，所以篇幅简短，题材也高度专业化。但它们（包括那些属于物理学性质的作品）基本上仍然跟随《几何原本》的形式，即以定义和"假设"（Assumptions，而不是公设或者公理）为起点，然后列出若干作为主要结果的命题，每一命题下面附以证明。当然，在这个基本结构以外，它们也显示出相当的弹性，例如省却定义、假设，或者加上一般性的讨论或说明。除此以外，阿基米德每一部作品之前几乎都有相当于序言的长篇"献词"，从这弥足珍贵的第一手资料，我们可以推知不少他的交往与事迹，这就比无一语述及欧几里得本人的《几何原本》好太多了②。

不过，上述作品中最令科学史家感到兴奋的，却还是《方法论》的"出世"。此书遗失已久，直到1899—1908年间才由海伯格（J. L. Heiberg）在伊斯坦布尔一份公元10世纪的陈旧羊皮手卷上发现。它的重要性在于阿基米德其他作品都是"制成品"，其论证精严，无懈可击，但也抹除了一切研究、探索的痕迹，令人无法窥知他的思维过程。此书却有如度人金针，让我们知道，阿基米德在探究问题时有所谓"机械推理"方法，那和严格的"几何证明"不同："此处提出的论点并不能证明所述结果；但它大体显示所得结论为真。既然定理尚未证明，但结论又可能为真，就得用到我所发现并且已经发表的几何证明（方法）了。"③

---

① 阿基米德作品全集的标准英译本也是希斯所翻译和注释的，见Archimedes/Heath 1912，它在书前附有译者的长篇导言；除此之外Heath 1965，ii，Ch. 13对阿基米德的生平、工作和著作有详细阐述和讨论。
② 关于阿基米德的这一面，在Fraser 2001，i，pp. 399–409有详细讨论。
③ Archimedes /Heath 1912，*The Method,* pp. 17–18.

表5.2 阿基米德著作

数 学 著 作			
抛物线之面积	*Quadrature of the Parabola*	论球体与圆柱体	*On the Sphere and Cylinder*
论螺线	*On Spirals*	论抛物体与椭圆体	*On Conoids and Spheroids*
圆之测度	*Measurement of a Circle*	宇宙沙数	*The Sand-Reckoner*
引理汇辑*	*Lemmas*	数牛问题#	*The Cattle-problem*
方法论§	*The Method*		
物 理 学 著 作			
论平面形体之平衡	*On Equilibrium of Planes*	论浮体两卷	*On Floating Bodies*
失 传 著 作			
论多面体	*On Polyhedra*	数名	*Naming of Numbers*
论天平或杠杆	*On Balances or Levers*	论重心	*On Centres of Gravity*
反射光学	*Catoptrics*	论天球之构造	*On Sphere-making*
历法	*The Calendar*		

* 仅以阿拉伯文传世；# 残缺，来源亦有争议；§20 世纪初方才发现。

度量几何学与算术

从他工作的基本精神看来，阿基米德可以更准确地定位为一位"几何学家"（geometer），特别是"度量几何学"（metric geometry）专家，因为他的用心以及他最精妙的发现，都是与几何形体的度量，即其长度、面积、体积密切相关。他自己指定，在其墓碑上要刻一个为外切圆柱体包围的球体，借以纪念他发现这两个形体表面积之比与体积之比都是3/2。这个比例对他那么重要，因为它决定于球面面积为4π乘以半径平方这一重大发现，而他对自己一生工作的衡量也就尽见于此刻图了。

在阿基米德传世的九部数学著作之中，除了上面讨论过的《方法论》以外，《宇宙沙数》和《数牛问题》可能都是即兴或者游戏、竞赛之作：前者对宇宙可以容纳的沙粒数目估计为10^{63}，后者则提出了一条含八个未知数的不定方程，其中一个可能解也牵涉惊人的巨大数目。至于余下六部著作所探究的，则完全是各种几何形体的量度，包括直线形体、圆圈、球体、圆柱体、圆锥体、圆锥曲线及其旋转体、螺线等等。其中圆锥曲线、螺线等的研究已经远远超越《几何原本》的题材范围了。以现代数学的水平来衡量，这些工作基本上属于高中以至大学课程的水平，不算很高深。然而，在两千两百多年前，它每一项成果都难能可贵，都是发挥绝顶智力的精妙之作。

这差距主要是由于古代缺乏代数与解析学方法，即符号算式、解析几何，以及微积分学（特别是其极限观念）等强有力的现代数学工具所造成。因此，阿基米德众多著作的每一道命题，例如"抛物线与任意割弦所包面积等于同弦并等高之三角形的4/3"，或者"（阿基米德）螺线第一回旋（即旋转整一圈后）所包面积等于以原点为心，以终点半径为半径之圆面积的1/3"[①]，其发现和证明都必须独辟蹊径——亦即先作相关积分运算以得所需结果，然后从基本原则出发，重新以归谬法严格证明其确实为所求量之极限，也就是说，每题都必须就某个特例重复证明积分学的根本定理。因此，我们不免觉得，做了那么多繁复困难的特例之后，阿基米德却仍然没有想到发明普遍的微积分方法，那委实很可惜。这应该是由于当时还缺乏最基本的代数记量符号所致吧。

由于度量的需要，阿基米德也做了非常精确的数字计算。他在《圆的测度》一书中严格证明（1）圆面积等于半径乘圆周之半；和（2）223/71< π <22/7。倘若取上下限的平均值，则这圆周率准确到大约万分之一，它是用圆的外切96边形和内接96边形来逼近圆周而求得的。刘徽和祖冲之父子所求得的值（分别准确到10^{-6}和10^{-8}）虽然更精密，但那已经是六七百年后，即公元250—450年的事情了。在上述计算中阿基米德还用到（但没有证明）265/153<$\sqrt{3}$<1351/780这一逼近公式，其中的两个极限接近真值到10^{-5}至10^{-7}左右，它们很可能也是反复应用类似于我们在第一章中讨论过的巴比伦几何代数学方法得到的。

静力学

阿基米德不但是伟大的数学家，也是第一位数学物理学家，他在这方面的成就完全是横空出世，没有前人基础可以凭借。他在澡盆中悟到物体在液体中所感受到的浮力等于其所排出液体之重量，因而忘形裸奔，大呼"Eureka!"（找到了！）的故事脍炙人口。然而，他并非就以此为基本原理，而是找到更为根本的液压原理，即在通连的液体中，同一水平位置的液体假如所受压力有差别就不会静止，但容器中深处的液体可受其上液体的压缩而不致移动。在《论浮体》一书中，他根据此原理（他称之为公设）证明静止的液面必然是以

[①] Archimedes/Heath 1912，pp. 246, 178–180；*Quadrature of the Parabola*，Prop. 17；*On Spirals*, Prop. 24.

地球中心为中心的球面，然后阐述固体在液体中的浮沉和重量变化，包括上述浮力与所排液体的关系。跟着，他还详细研究了置于液体中的球截体和正抛物截体（right paraboloid segment）在各种不同密度液体与起始状况之中，其对称轴的稳定取向。同样，在《论平面形体之平衡》中他提出了基本的杠杆原理作为公设，然后研究各种平面形体的重心，包括平行四边形、梯形、三角形、抛物截面（即抛物线与弦线围成的平面）等等，甚至包括两个抛物截面所形成的复合形。可以说，在（包括固体和液体的）静力学方面，他基本上已经达到现代水平了。

古代科学的突破点

亚里士多德不但是和柏拉图争辉的大哲学家，而且对于大自然的研究雄心勃勃，其中一个主要领域是物理学：Physics 就是他众多著作之一的名称。然而很不幸，由于他深受目的论思想，特别是所谓"四因说"的影响，因此几乎他所有与物理学相关的观念、结论都是错误的，在后世都成为反面教材，他的权威地位也成为科学进步的最大障碍。阿基米德则全然不同，他所承受和醉心的是纯粹的数学传统。在此传统中所发现的静力学（包括浮体力学）完全经得起时间考验，成为古代自然科学最主要成就之一。除了理论以外，阿基米德还有许多机械发明，包括利用杠杆和滑轮制成的起重设备、发石机、天体运行模型，以及螺旋水泵等等，充分显示他心智之敏锐灵活。

如所周知，他深受古希腊重哲理玄思而轻实际应用的传统影响，把这些发明视为雕虫小技而未曾用心探究，这被认为是限制了当时科学视野与发展的一个因素。不过，这种看法其实是偏颇、不公平的。我们不可忘记，对于理论知识的热爱和追求，正是科学在萌芽阶段的最基本发展动力，倘若没有理论突破，亦即数学、静力学、天文学上的突破，以及相关理论形成的主流传统，那么其他一切都根本无从谈起。事实上这有个反证：16世纪的文艺复兴诸艺术大师们正是以上天下地，数学理论和机械发明都无所不究、无所不用心而著称，但他们的才华和博学尽管令人叹服，他们对当时已经呼之欲出的现代科学却并没有做出决定性贡献——把科学带入现代的，是具有完全不同追求的另外一批专业科学家，包括数学家和理论天文学家。这说明科学的突破和进步有赖于高度专注：即使是伟大天才也必须心无旁骛，忘情于一两个主要问题。阿基米德如是，爱因斯坦也不例外——其实他也有机械才能，曾经发明作潜水艇导航用途的惯性罗盘并且获得专利。

五、阿波隆尼亚斯：圆锥曲线

阿基米德无论在古今都是大名鼎鼎，才华与他相若的另一位数学大师阿波隆尼亚斯则寂寞多了，大概只有科学史家才知道他，这当是他的领域在当时太过专门和高深，一般人无法明白其中奥妙，只能够望门兴叹，而今日则又已经成为明日黄花之故吧。

圆锥曲线专家

阿波隆尼亚斯（Appolonius of Perga，约公元前262—前190）是小亚细亚南岸帕噶（Perga，今土耳其Antalya）地方人。他和阿基米德一样，年轻时到亚历山大城跟随欧几里得的弟子学习，所不同者是他后来似乎不曾返回本城，而长期留在亚历山大城，和埃拉托色尼一同成为该城早期的主要科学家，但是否曾在学宫工作则无从断定。不过他似乎与托勒密王室并不接近：从"献词"可以得知，他的著作都是敬献给他曾经访问过的帕加马（Pergamum，在小亚细亚西岸）城邦的朋友。除此之外，我们对他可以说是几乎一无所知了[①]。

阿波隆尼亚斯毕生精力都集中在圆锥曲线研究上，他最重要的传世作品就是七卷《圆锥曲线》（Conics），其中最后三卷是借阿拉伯文译本方才得以流传，至于原有第八卷则已经失传。其实，以平面切割圆锥体可以得到抛物线、椭圆、双曲线三种圆锥曲线是门纳木在公元前4世纪中叶发现的（§4.4），到了公元前4世纪末阿里斯提乌（Aristaeus the Elder，约公元前370—前300）和欧几里得都已经发表过讨论此领域的专书，阿基米德也曾经发表有关抛物线和抛物体的论文，对于他来说圆锥曲线无疑是非常熟悉的几何形体。因此，到了公元前3世纪中叶，它的研究已经有整整一个世纪。这为阿波隆尼亚斯的工作奠定了基础——也就是为他巨著的前四卷，亦即其比较初等的部分，提供了大部分原始素材。就《圆锥曲线》的这部分而言，他和欧几里得有点相似，也是集大成者。

然而，即使就前四卷而言，他的贡献也远远不止于编纂前人的成绩，

[①] 有关阿波隆尼亚斯及其工作的论述见Heath 1965，ii，Ch.14；其主要著作《圆锥曲线》第一卷至第四卷，有Taliaferro and Fried的英译本，第五卷至第七卷有Toomer的英文–阿拉伯文对照本，分别见Appolonius 2002以及Appolonius 1990；Toomer在后者的导言中对于《圆锥曲线》的缘起、内容以及版本源流有详细讨论。

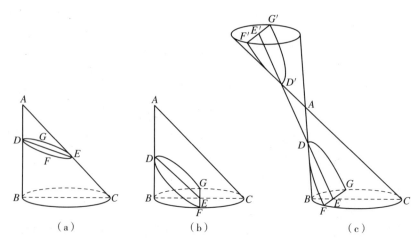

图5.1　以方向不同之平面截割同一斜圆锥体ABC所得之三种圆锥曲线。当截割平面与锥底夹角，即DE与BC之夹角：（a）小于∠ACB时所得为椭圆DFEG（夹角为0时为圆）；（b）等于∠ACB时所得为抛物线DFEG；（c）大于∠ACB时所得为双曲线之两支DFEG及D'F'E'G'

因为对圆锥曲线作全面、系统和深入研究，从而将其内在本质显明的，他是第一人。例如，在他以前是以具有不同顶角的圆锥面来产生不同类型圆周曲线，而切割平面总是要求垂直于圆锥面上某一条直线，即所谓发生线（generator）；他却以不同方向平面来切割固定的圆锥面，从而得到不同类型的圆锥曲线（图5.1）；此外，他又将双曲线的两支视为同一曲线：这些在以后都成为标准作法和观点。但最基本的是，他展示同一条圆锥曲线可以有各种不同建构方法［这是由其不同的所谓共轭径（conjugate diameters）所决定］，但曲线的许多性质并不因此改变，由是得以决定那些性质是本有（intrinsic）的。这些主要是前三卷的工作，以下各卷则比较专门：第四卷讨论两条圆锥曲线的交点，特别是它们的数目；第五卷讨论从定点至圆锥曲线的极短和极长线，这些就是所谓法线（normal），即垂直于曲线在交点的切线者；第六卷讨论相同和相似圆锥曲线；第七卷是为第八卷做准备，主要讨论椭圆和双曲线的共轭径[①]。

　　正如阿基米德在没有微积分方法情况下作严谨几何度量一样，在没有方程式可依据，也就是解析几何尚未发展的情况下，阿波隆尼亚斯对于圆锥曲线本有性质的阐发，无疑同样需要超卓的智力和精微的思考——事实上，即使在

---

①　Heath 1965, ii, Ch. 14，特别是pp. 126–195对阿波隆尼亚斯的生平、工作以及《圆锥曲线》各卷有详细叙述和讨论。

今日，他的许多发现（例如椭圆不同共轭径的平方和或者双曲线不同共轭径的平方差都必然是常数）仍然令人叹服。当然，他工作产生最重大影响的时期是16—17世纪，我们现在知道，天体倘若是在与距离平方成反比的固定中心吸引力（即日球的万有引力）下移动，那么其轨道都是圆锥曲线。因此开普勒、牛顿、哈雷等数理天文学家研究行星和彗星轨道，就都很自然地要用到阿波隆尼亚斯的成果，特别是《圆锥曲线》第五卷。这和张量分析（tensor analysis）与广义相对论的关系如出一辙，也是数学发现走在物理应用的前头，为后者铺垫了基础。

更宽广的世界

比起阿基米德来，阿波隆尼亚斯的另一不幸是，他其他作品绝大部分都已经失传（表5.3）。不过，泊布斯对他的工作深感兴趣，在其《数学汇编》（*Mathematical Collection*），特别是其名为《解析宝库》（*Treasury of Analysis*）的第七卷中，保存了这些作品其中六种的名称和概要[①]，令我们知道他在圆锥曲线以外还有一个宽广得多的世界，这可以算是不幸中之大幸。从目前仅存的《论切割比例》和泊布斯的综述可以推知，这些遗失作品有相当一部分是与圆锥曲线（包括圆）相关的专题论文；但此外它们也有涉及其他数学领域的：例如《速算》与计算有关，它得到了3.1416这个更为精密的圆周率；《不规则无理数》探讨更广义的无理数，从而扩展了《几何原本》第十卷的范围；《通论》可能是几何基础的讨论；而《论蜗线》则是圆柱螺旋线的讨论；等等。

阿波隆尼亚斯与学宫天文学家埃拉托色尼同时，那又正是亚历山大城天文学形成大传统之初，因此很自然地他也涉足天文学研究。据说他曾经推断月球的距离，但这与在他之前的阿里斯它喀斯所仔细确定的限度相比相差很远，所以似乎不太可信。更重要的是，他和新兴起的"均轮-本轮"轨道理论系统之发展（那是与尤多索斯原来的"同心球面"系统竞争的）有重要关系。托勒密在其《大汇编》第十二卷中特别提到他说：以均轮（deferent）和本轮（epicycle）构成的简单系统来描述行星运动，可以解释"逆行"现象和决定"留驻点"，这是数学家如阿波隆尼亚斯发现的[②]。但最初发明均轮和本轮系

---

① Pappus/Jones 1986.

② Ptolemy/Toomer 1998，pp. 555–562.

表5.3 阿波隆尼亚斯著作

传 世 著 作			
圆锥曲线第一至七卷	*Conics* Ⅰ-Ⅶ	论切割比例*	*On the Cutting-off of a Ratio*
失 传 著 作			
圆锥曲线第八卷	*Conics* Ⅷ	十二面体与二十面体的比较	*A Comparison of the dodeca-hedron with the icosahedron*
论切割面积*	*On the Cutting-off of an area*	通论	*General Treatise*
论线段比例*	*On Determinate section*	论蜗线	*On Cochlias*
论切线*	*On Tangencies*	不规则无理数	*Unordered Irrationals*
平面轨迹*	*Plane Loci*	论燃烧镜面#	*On Burning Mirrors*
倾向*	*Vergings or Inclinations*	速算	*Quick Delivery*

*在泊布斯《解析宝库》中有综述；#G. J. Toomer认为此书题被误解了，见Appolonius 1990, xiii。

统的应当是赫拉克里德斯而并非阿波隆尼亚斯（§4.6）。根据希斯的看法，他在这方面的主要贡献可能是把本轮比均轮还要大的所谓"偏心系统"（eccentric system）应用到三颗外行星去，而将均轮的中心定为日球。由于赫拉克里德斯已经把同样系统应用于两颗内行星，他这个改变实际上可能就形成了第谷的行星绕日而日绕地球的偏心系统[①]。

在阿波隆尼亚斯之后，古希腊几何学最辉煌和富有创造力的时代就过去了，以后虽然还有许多学者继起，然而他们都再没有能够如此前两个世纪那样开拓崭新领域，而只是填补、充实、修订历代大师立下的规模。这可能有许多不同原因，但在数学工具的发展上缺乏突破恐怕是最主要的：比例论和归谬法在处理空间关系的潜力已经完全发挥出来，再往前进就必须等待全新思维的出现，而这将是个漫长的等待。

六、数理天文学的发展

由于尤多索斯开创性工作的刺激，更加上亚里士多德和他弟子的推动，

---

① Heath 1965，ii，pp. 195-196。

希腊天文学从公元前4世纪中叶开始脱离巴比伦的传统模式独立发展，而且，和数学一样，从公元前3世纪开始，它的中心就转移到亚历山大去了。但和一般印象相反，以几何模型来"重现"天体运行景象虽然是此发展的重要部分，但却绝非其全部。事实上，以理性精神来探索、解释天象背后的成因，以及测度有关的数据，也同样是此时期的重要工作。换而言之，希腊天文学不仅仅是"数学性"的，也同样有其"物理性"一面。就个别天文学家、数学家而言，他们的工作或许在这两方面上有所偏重，但倘若认为他们没有意识到这两方面的同等重要性，或者其背后的本质关联，则恐怕是武断了。在这一点上，前一章讨论过的赫拉克里德斯是明显的例子，而下面将要讨论的两位最重要希腊天文学家，即喜帕克斯和托勒密，则更是最好证明。

事实上，亚历山大天文学最少有三个相关但不相同的发展方向：（1）以奥托吕科斯、欧几里得、狄奥多西为主要人物的球面几何学；（2）以阿里斯它喀斯和埃拉托色尼为主要人物的天体测量；以及（3）以喜帕克斯为代表的天体运行模型建构——但必须强调，他的实际观测和"物理性"探索工作同样重要，甚至更为突出。由于这一大批学者所奠定的宽广基础，天文学虽然在公元前后的两个世纪沉寂多时，但到公元2世纪终于出现像曼尼劳斯和托勒密那样的大师，结出丰硕成果。

球面几何学传统

在上一章我们提到，希腊的天文观测和模型建构是从尤多索斯开始，并且由于阿拉图将他的《天象》改写成诗歌而得以通俗化。除此之外，受尤多索斯"同心球面"系统影响的还有奥托吕科斯（Autolycus of Pitane，约公元前360—前290）[1]。他在时代上比欧几里得早，或者最少同时，但似乎没有移居亚历山大。他留下两部数理天文学著作，即讨论球面几何学，特别是关于球面上"大圆"（big circle）和"小圆"（small circle）的《论天体运动》（*On Moving Spheres*）；以及题材更具体的《论天体出没》（*On Risings and Settings*）。至于欧几里得本人的《天象》（*Phaenomena*）一书，也同样是将球面几何学应用于天文学。由于它们都引用某些不加证明的定理，因而很可能同样起源于尤多索斯时代的一个天文学教本。这些著作合称"小天文学"

---

① 有关奥托吕科斯的讨论，包括他与欧几里得的关系，见Heath 1965，i，pp. 348–353。

（Little Astronomy），其特点是浅显易明，容易为一般学者接受，因此在罗马时期乃至中古欧洲都很风行（分别见§6.2与§10.7），但它不可能提供天体位置的精确计算方法，那需要用到球面三角学原理——在他们之后的喜帕克斯才是这方面的先驱。

"古代哥白尼"阿里斯它喀斯

学宫的成立对希腊天文学产生了深远影响：它是王室支持的学术机构，有稳定和丰富的资源，其中很可能还设有观象台，因此和巴比伦神庙的情况有些相似。事实上，希腊天文观测流传至今的最早数据，就是由阿里斯塔罗（Aristallus）和提摩克里斯（Timocharis）两人于学宫成立之初（公元前295—前283）在亚历山大城所得，他们所测定的恒星位置，在将近五百年之后还为托勒密在《大汇编》中所引用[①]。然而，在此时期最著名也最重要的天文实证研究却走了一条和"观星"传统完全不同的道路：它采取现代科学态度，要从观测所得到的数据来"推断"某些本质数量，即距离和大小——事实上，从一开始，所有观测就都是围绕着明确目标而展开。和阿基米德的静力学一样，这是希腊理性精神应用于自然现象的最佳典范。我们所指，就是"古代哥白尼"阿里斯它喀斯的工作。

和毕达哥拉斯一样，阿里斯它喀斯（Aristarchus of Samos，约公元前310—前230）也是萨摩斯人，时代处于欧几里得与阿基米德之间，曾经受教于吕克昂学堂第三任校长斯特拉托，但这当是在亚历山大城，亦即后者出任托勒密王室储君导师时候的事情[②]。他在古代地位崇高，不但被称为"数学家"，而且和费罗莱斯、阿基塔斯、阿基米德、阿波隆尼亚斯等一同被尊为跨越学科界线的大才，这当是和他发明了半球形的日晷有关[③]。但他最突出并且因此而被称誉为"古代哥白尼"的贡献，则是首先明确提出日心说。这见于阿基米德在《宇宙沙数》一书中的记载："他（阿里斯它喀斯）假设众恒星与日停留不动，地球依循圆周绕日而行，日在轨道中央，众星（所处）球面亦以日

---

① Ptolemy/Toomer 1998，pp. 321, 331–332.
② 有关阿里斯它喀斯的详尽讨论见Heath 1981，pp. 299–316。需要注意的是，正如在同时代有两位极容易被混淆的希波克拉底一样，紧随天文学家阿里斯它喀斯之后，还有另外一位文学家阿里斯它喀斯，见本书第193页以及Fraser 2001，i，pp. 462–467。
③ 这是公元前1世纪罗马建筑学家维特鲁威（Vitruvius）在《论建筑》一书中的评语，见Heath 1965，ii，p. 1.

为中心。"①他从何得到此说的灵感，是否有支持此说的证据，都不清楚。当然，此说与毕派宇宙论的"中心火球"说有点相近，但两者并不相同：后者虽然认为地球也是绕轨道而行，但其中心却并非日，而是虚拟的火球。事实上，阿里斯它喀斯的日心说超越时代将近两千年，它在当时似乎得不到任何支持，也没有产生若何影响。

理性精神典范：日月的测量

阿里斯它喀斯真正重要而且产生广泛影响的工作是《论日月之大小及距离》这部传世作品②。此书在形式上深受《几何原本》影响：它首先列出六条所谓"假设"，然后通过18道附有严格证明的命题亦即推论，求得地球、月球和日球三者的直径，以及月距、日距等五个天文数据之间的比例——更准确地说，是这些比例的上下限。由于某些关键观测数据的误差，这些结果只有地球与月球直径的比例是大致准确的，其余则与实际相差甚远（表5.4）。然而，重要的是，他这一系列观测和计算构思精妙，方法合理、正确，可以说是完全符合现代科学精神的。

表5.4　阿里斯它喀斯的天文测算结果

	A上限	B下限	C简化推算结果	D现代值
命题7：日距/月距	20	18	19	388
命题9：日径/月径	20	18	19	403
命题11：月径/月距	$2/45 \approx 0.04$	$1/30 \approx 0.033$	0.035（0.009*）	0.00894
命题15：日径/地径	$43/6 \approx 7.2$	$19/3 \approx 6.3$	6.7	109
命题17：地径/月径	$60/19 \approx 3.2$	$108/43 \approx 2.5$	2.85	3.7

* 根据阿基米德所引阿里斯它喀斯提到过的日视角（亦即月视角）值所得结果。

阿里斯它喀斯用了相当精密和繁复的平面几何推理来推断上表中各量的上下限，然而其背后的思路其实是很浅显和容易明白的，从中我们可以看到

① Archimedes 1912, p. 222.
② 此书标准英译本是Heath 1981的第二部分；该书第一部分是希斯所撰至3世纪为止的希腊天文学史。

他对于月光是由日光反射产生（假设1）、月是依循以地为中心的圆形轨道运行（假设2），以及月相和日月食的成因等天文知识都有相当深刻的了解，同时能够充分应用"小角度在圆周上所张的弦长大约等于所对的弧长"（相当于 $x \ll 1$，$\sin x \approx x$）这希腊数学家熟悉的近似公式。现在我们依循他的基本思路，以简化推理方式来求得基本相同的结果，并且将结果列于表5.4的C栏以资比较。

简化推理过程

阿里斯它喀斯所用到的关键性天文资料，包括三个实测数据和两个观测事实。

第一个观测事实是：当月球显得明暗各半的时候，明和暗两部分的分界线正对地球（假设3）；而在此时，我们观月和观日两条视线的夹角是90°减去本身的1/30，即87°，那是第一个实测数据（假设4）。从以上两点，我们立刻就可以得到命题7，即 $d_m/d_s = 3\pi/180 \approx 1/19$，其中 d_m 是月距，d_s 是日距（图5.2a）。

第二个实测数据是：月视角（即从地面测量月轮直径所张的角度）是"黄道宫"（sign of Zodiac，即360°/12＝30°）的1/15，即2°（假设6），这直接导致命题11，即 $2R_m/d_m = 2\pi/180 \approx 0.035$，其中 $2R_m$ 是月径。在命题8的证明（而并非在任何假设）中，他提出了第二个观测事实：日全食的时候月球完全掩盖日轮只有瞬间，因此日和月的视角必然相等（图5.2b），由是 $2R_m/d_m = 2R_s/d_s$，这和命题7合起来就导致命题9，即 $2R_m/2R_s = d_m/d_s \approx 1/19$，其中 $2R_s$ 是日径。

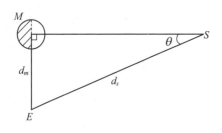
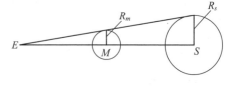

（a）E、S、M 分别为地球、日、月，EM
与ES分别为望月与望日视线

（b）日全食时景象：$EM = d_m$，$ES = d_s$

图5.2

第三个实测数据是：月食时地球影子的宽度两倍于月径（假设5）。图5.3
是月食时月心在地球影子中心时的状况，从其中△GAB和△FBC的相似关系可
以得到下列比例关系（见图注的解释）：

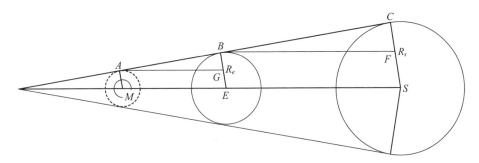

图5.3　月食时月正居于地球影子当中的景象。E、S、M分别为地球、日、月。地影为月径两倍，所以
MA＝2Rm。AG∥ME，BF∥ES，AM∥EB∥SC，所以△GAB∽△FBC。注意：E圆及S圆分别为地球及
日球，但以M为中心之虚线外圆并非月球，其内之实线圆方为月球

　　　　$(R_s-R_e)/d_s＝(R_e-2R_m)/d_m$，亦即$(R_e-2R_m)/(R_s-R_e)＝d_m/d_s$
这可以很容易地转化为下列形式：

　　　　$R_e/R_m＝[2+(R_s/R_m)(d_m/d_s)]/(1+d_m/d_s)$

将前面已经求得之d_m/d_s与R_s/R_m值代入右边，就立刻可以得到命题17，即
$R_e/R_m≈57/20≈2.85$。至于命题15（日径和地径的比例）则并非独立，可以从
命题9和17直接求得。

　　在表5.4中，只有命题17的结果接近现代值。其实，根据阿基米德在《宇
宙沙数》中的引述，阿里斯它喀斯是知道月视角为圆弧的1/720，即0.5°这个
更准确数值的[1]，倘若我们以此替代假设6，那么命题11的结果就会是0.009，
和现代值非常接近了。至于命题7、9和17的结果则是互相关联的，它们完全
决定于图5.2a中的那个日月视线夹角，以古代观测技术它极难准确测定，所以
相关结果与现代值相差15—20倍并不足为奇。

　　倘若将以上简化的推算方法和阿里斯它喀斯原书18道命题的精细和繁复
证明比较，我们不免感觉他最初的推算方法可能也很简单直接，其后只是为
了显示数学才能，或者必须取信于同行数学家，才把推论复杂化和精确化。
在我们看来，这毋宁是反映欧几里得时代的天文学也同样受到严谨推论风尚

①　Archimedes 1912，p. 223.

的巨大压力，而不一定如奈格包尔所认为的那样，因为阿里斯它喀斯是热衷于推理的数学家，亦即他没有很强的"直观意识"（physical sense）。

广博的学者埃拉托色尼

在阿里斯它喀斯之后最著名的学者当数埃拉托色尼（Eratosthenes of Cyrene，公元前276—前194）。他出生于希腊人在北非的重要殖民地昔兰尼，曾经师从多位名家，包括同城的天文学家莱萨尼亚（Lysanias）、著名诗人与文学家卡利马克，还有犬儒学派的嫡传哲学家阿里斯顿（Ariston of Chios），并且长期在雅典学习，因此以学识广博、才华出众知名。时代上他介乎阿基米德和阿波隆尼亚斯之间，正当公元前3世纪下半叶，即学宫和希腊数学的鼎盛时期。他在托勒密三世时被延聘为王储导师，后来又出任第三任学宫图书馆馆长，前后达四十余年（公元前245—前204/201）之久。他著有讨论哲学与数学基础的Platonicus，以及大量诗歌、剧作、历史、地理、历法、道德论著，但大都已经失传，流传至今的只有零散片段。不过他仍然被尊为希腊古史，特别是其系年纪事表、古代喜剧史以及文学评论等三方面的权威，与他的老师卡利马克一道，都是奠定亚历山大学术基础的前辈。在他之后出现了阿里斯托芬（Aristophanes of Byzantium）和他的学生阿里斯它喀斯（Aristarchus of Samothrace，公元前220—前143）这两位荷马诗学、语法以及古史专家，同时也分别是第四和第六任学宫图书馆馆长，他们可谓将亚历山大人文学术带入公元前2世纪黄金时代的人[1]。

埃拉托色尼的科学著作有数种是由于被征引而为世人所知，其中最重要的是《论地球的测量》，它由于施安（Theon of Smyrna）和尼科梅底（Nicomedes）等后人的记载、引述而得以流传[2]。这其中最为人称道的，当是地球周长的测量。我们记得，在他之前百年，亚里士多德已经提到，地球周长40万斯塔德（§4.6），但并没有解释来历。他的方法，则是通过从夏至日正午时分太阳在两个同经度但不同纬度地点的高度推断出来：当时在尼罗河上游近赤道的塞伊尼（Syene）日球恰恰位于天顶，但在亚历山大城则其至天顶的距离为圆周的1/50即7.2°，由于两地相距大约5000斯塔德，所以可以推

---

[1]   关于亚历山大人文学术整体见Fraser 2001，i，Ch. 8；关于学宫图书馆历任馆长，见同书pp. 330–333。

[2]   这方面的详细讨论见Heath 1965，ii，pp. 104–109。

知地球周长为25万斯塔德，大约相当于4万公里，和现代值（40024公里）只相差0.06%，这无疑是古代最准确的大地数据测量了（图5.4）。然而，由于斯塔德的现代相当值并不很清楚，所以不能排除其令人惊讶的准确度有若干巧合成分在内。托勒密又提到，埃拉托色尼发现南北两条回归线的夹角是圆周的11/83，即47.7°，也就是说地轴的倾角是23.85°，这准确至1%左右[1]；此外他还估计了日月距离及大小，但其方法没有流传，结果也无足道；他所编制的星表据说列出675颗恒星之多，但亦未能流传。

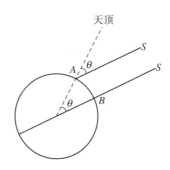

图5.4　地球周长的测量。B为塞伊尼，A为亚历山大城，S为夏至正午的日方向，此方向在亚历山大城与天顶方向成θ=72°夹角，在塞伊尼与天顶重合

　　除此之外，他还有两个重要贡献。首先，是在数学上发明至今还被认为很有效的所谓"埃拉托色尼筛子"决定素数方法，这留存于公元1世纪尼高马可斯的《算术导论》中。它是这样的：首先，将奇数序列中最小数n=3的倍数（不包括3本身）依次画去，以迄所画去之数小于某大数N；然后，将所余序列中次小数n=5的倍数依次画去以迄达到N；然后类此施行，直至n等于N为止，这样所剩数列中数目小于N的，就都是素数。更重要的是，他还是西方地理学的奠基人物，这将在本章最后一节讨论。

　　但很不幸，与同时代的阿基米德和阿波隆尼亚斯相比，埃拉托色尼广博过之，专精则有所不及，所以被谑称"老二"（Beta）和"全能运动员"（Pentathlos）。这不但决定于性情、禀赋，而且恐怕与他学宫图书馆馆长的地位有关：日夕浸淫于浩如烟海的典籍中，更经常与人文学者交往，心思、精力因而分散是很自然的。无论如何，他对于亚历山大科学和文化整体的重大贡献是无可置疑的。

　　不过，真正值得注意和玩味的是，无论在雅典学园或者亚历山大学宫，

① Ptolemy/Toomer 1998，p.63，但对于托勒密在此所说的确切意思有各种不同解释，见前注。

人文与科学始终并存，平行发展，彼此滋润，互相激励，而并非是截然分割。在《对话录》中哲学、宗教、神话与科学探索浑然一体，这成为文、理心灵交融的典范，它为阿拉图的长诗《天象》所继承，到罗马时代还将产生如路克莱修（Lucretius，公元前99—前55）的《自然之本质》六卷长歌。当然，如本章开头所强调，由于吕克昂传统的影响，在学宫时代纯粹理性精神抬头，科学逐渐从哲学和宗教中独立出来。但这是就个别科学家的工作而言，倘若我们放眼他们所处的学术环境，则很显然科学家和人文学者仍然有大量相处、往还、研讨、论难的机会，也就是说"文"与"理"同样是构成西方学术文化整体的要素。事实上，这也就决定了西方文化的本质，它在学园和学宫之中，以迄中古大学的"文科"（Arts Faculty）基础课程和今日大学中所谓"博雅教育"（Liberal Arts Education）中，都未曾改变。埃拉托色尼只不过是体现这一大传统最显著的例子罢了。

七、天文学大师喜帕克斯

托勒密王朝的最初三位君主带来黄金时代（约公元前300—前220），但随后四十年则迎来了懦弱无能的托勒密四世（Ptolemaios Ⅳ，Philopator，公元前221—前204年在位）与五世（Ptolemaios Ⅴ，Epiphanes，公元前203—前181年在位）两朝，那成为充满不祥征兆的转变时期。此后，在塞琉西王朝的节节进迫和内部王位斗争的双重打击下，托勒密王朝不可遏制地衰落：它在海外的领土逐一丧失，在国内则被迫大量起用埃及本土士卒乃至将领、官员，以及更彻底地接受本土宗教仪式、习俗、语文——例如著名的罗塞塔三文石碑（Rosetta stone）就是托勒密五世时期的祭司颁令；到了公元前146年更由于"胖肚皮"托勒密八世的放纵荒诞而产生巨大混乱（§6.1）。然而，由于迅速崛起中的罗马共和国为了本身利益而加意维护，它暂时得免于塞琉西和安提柯王国的侵凌，苟延残喘将近两个世纪之久，以迄为恺撒大帝所灭，那时它已经是个高度本土化的政权了[①]。

埃拉托色尼和阿波隆尼亚斯的后半生与上述转变期重合，在他们之后文艺虽然欣欣向荣，数学则后继无人。令人感到有点意外的是，有"天文学之父"之称的喜帕克斯却在此时出现。不过他虽然作了大量重要的天文观测，

---

① 有关托勒密王朝在公元前2世纪的衰落，见Peters 1972，pp. 176–184。

但似乎主要是在罗德斯岛以个人身份独立研究，而并没有依赖学宫的资源，甚至是否到过亚历山大城也不无争议。

谜样的喜帕克斯

在公元前2世纪的数学家和天文学家之中，我们首先应该提到赫西克里斯（Hypsicles of Alexandria，公元前190—前120）。他是《几何原本》第十四卷作者，所讨论的是在同一个外接球面以内的正二十面体和正十二面体的比较，而该卷前言则提到，这是根据阿波隆尼亚斯的论文而来。此外他还留下了一部《恒星之升起》（*The Ascension of Stars*），书中将黄道带（Zodiac）划分为360份，每份称为1°，并且将带上星座的回转时间（亦即一日的时间）同样划分为360份，这就是希腊天文学采取划分圆周角为360°以及用"赤经"（right ascension）来决定星体位置之开始，它在最基本层面反映了六十进制，亦即巴比伦数学和天文学的影响。此书讨论了算术级数求和问题，并且因此涉及了更广泛的所谓"多边形数目"（polygonal number）的观念，即首项为1，公差为m的算术级数之n项和，那称为第n个m边形数目[1]。

至于同时期的喜帕克斯（Hipparchus of Nicaea，约公元前190—前125）则是众所公认最重要的希腊天文学家。但非常不幸，有关他个人的资料可以说是一片空白，他流传下来的著作亦绝无仅有。这主要是因为后来出现的托勒密《大汇编》极为完备，从而将他的著作几乎全部取代，这和欧几里得的《几何原本》取代了尤多索斯的作品而令其失传，可说如出一辙。事实上，我们对他所知，绝大部分是从《大汇编》对他工作和发现的大量征引（在该书英译本索引中，喜帕克斯一项即占将近整页之多）而来——《大汇编》有意识地详细征引前人工作，那要比《几何原本》进步多了。除此之外，历史地理学家斯特拉波在其百科全书式的《地理志》（*Geographika*）中也提供了不少他的资料。不过，要从上述资料将喜帕克斯和托勒密区分开来，从而还原他学说和贡献的原貌，那仍然非常困难，因为这不但牵涉大量天文学技术性问题，而且也系乎文献的解释和衡量。幸运的是，已经有许多科学史家在这方面做了大量工作，从而使得我们可以获得对喜帕克斯比较完整的概观[2]。

---

[1]　见Heath 1965, i, pp. 419–421; ii, pp. 213–218。

[2]　有关喜帕克斯的论述分别见DSB/Hipparchus/Toomer; Thurston 1994, pp. 123–138; 并见Ptolemy/Toomer 1998的大量资料。

　　从我们仅有的资料看来，喜帕克斯最初可能是在本城，即小亚细亚西北部的尼西亚（Nicaea，今日之Itznik）作天文观测，后来可能访问过亚历山大城，并且曾经应用那里的浑天仪[①]，最后则迁移到罗德斯岛北端工作。至于他是否与学宫有任何关系则无法确定。他的工作范围非常宽广，在天文学的领域几乎是无所不包，而且都有突出和开创性贡献。没有他所奠定的稳固基础，托勒密完成综合性巨著《大汇编》是难以想象的。因此，他在希腊天文学上的地位，和尤多索斯在希腊数学上的地位大致相当。

恒星观测

　　喜帕克斯的工作大致可以分为四方面。首先，是天文坐标的发展和恒星的观测。喜帕克斯唯一传世作品是《阿拉图与尤多索斯〈天象〉之评述》（*Commentary on the Phenomena of Aratus and Eudoxus*），共三卷，它作于公元前140年左右，分别论述尤多索斯的《天象》、阿拉图据此而作的同名长诗，以及阿它鲁（Attalus of Rhodes）对于该诗的讨论。喜帕克斯此书的重要性在于它的后半部分列出了许多星宿的位置，并且基本上是以"赤经"（right ascension）和"赤纬"（declination）系统来定位[②]，这反映出他当时可能已经初步编就一个准确至20′的星表，并且制造了显示星宿位置的天球模型（celestial globe）。

　　喜帕克斯的星表大约在十年后（公元前130）编纂完成，它本身已经失传，只是由于为托勒密采用而间接留存于《大汇编》的星表之中。在这一点上，托勒密在《大汇编》星表前面的按语很重要：他首先解释，恒星的相对位置虽然固定，但其整体（亦即所谓其"天球"）除了每日的旋转以外仍然有微小变化，然后说："喜帕克斯根据其所能看到的资料已经意识到这两点，然而他所能够找到的前人恒星观测资料极其稀少，事实上只有阿里斯塔罗和提摩克里斯不甚准确和谨慎的记录，因此就（这些）长期效应而言，他别无办法，只好猜测而无法作预测。我们在将目前的天象与当年（按：即喜帕克斯时代）比较之后，也得到了同样结论，但（比他）更为肯定，因为我

---

①　其实他曾经在亚历山大城作观测一事只凭《大汇编》中的一条孤证，而其解释还有争议，见 Ptolemy/Toomer 1998，p. 134 n. 9以及Frazer 2001，i，p. 423。

②　天上星宿的位置基本上是以类似于地球表面的经纬度坐标来决定的，但是地表坐标自然地以赤道面为基准面（reference plane），天文坐标则视乎基准面的选择而有所不同：赤经和赤纬属于"赤道系统"，即以地球赤道面为基准；此外还有以地球轨迹平面为基准的"黄道系统"，以及以观察地点的水平面为基准的"大地系统"。喜帕克斯是最早应用赤道系统的，但并非严格应用，而是掺杂了其他更传统的定位方法。

们的比较时段更长，而且喜帕克斯留下了非常完善的恒星观测记录，那成为我们用以作比较的主要资料。"①这不但清楚地说明恒星观测自学宫成立之初（公元前280）至喜帕克斯（公元前130），再到托勒密（公元150）前后四百多年间所经历的大变化，而且成为当代学者重建喜帕克斯星表的根据。

进动的发现

恒星观测是长期和细致的资料累积，如上面所说，从这些资料可以推断所谓"天球"旋转轴的细微变化，也就是地轴的"进动"（precession，亦称"旋进"），这是喜帕克斯最重要的天文学发现。在古代天文观测上，地球的旋转表现为"恒星天球"的（逆向）旋转，地轴本身的"进动"则表现为恒星天球在每日旋转以外的长期和缓慢运动，这会导致所谓春分点的移动，因为春分点是由地轴方向与从地球至日球方向的夹角决定。由于历法上的"回归年"（tropical year）是由一年到次年的春分点来决定的，倘若春分点由于"进动"而移动，那么"回归年"就会稍短于地球绕日一周所需的固定时间，即所谓"恒星年"（sidereal year）。根据托勒密，喜帕克斯意识到"恒星的天球也有很缓慢的运动，它和行星一样，相对于第一个运动（按：指恒星的每日旋转）而言，是往后方的"，是因为他将古代（莫顿和阿里斯它喀斯的，也很可能包括巴比伦的）天文观测数据，主要是月全食和某些星宿升至最高点（culminate）的时间差，与自己的观测比较，从而得到天球的回转不少于每世纪1°，这也就是地轴的进动率，它和每世纪1.4°的现代值是相当接近的②。

另外一个看法是他通过春分点的精确测定以及古巴比伦数据发现"回归年"要比当时通用的每年365.25日短1/300日，而"恒星年"则比之长1/144日，也就是说后者比前者要长37/3600日，或者在1世纪中要长37/36日，以日球在黄道上每日移动360°/365计，即每世纪1°左右③。恒星年与回归年的差别在古代中国称为"岁差"，是东晋天文学家虞喜在公元330年左右发现的。

日月测量和理论模型

跟随阿里斯它喀斯的传统，喜帕克斯对于日月的大小、距离和运动也作

① Ptolemy/Toomer 1998，pp. 321–322.

② Ptolemy/Toomer 1998，pp. 131, 327–328.

③ Thurston 1994，pp. 125–126；N. M. Swerdlow, "Hipparchus's determination of the length of the tropical year and the rate of precession", *Arch. Hist. Exact Sci.* 21(4) (1979/1980)，pp. 291–309.

了很精密的研究。例如，他意识到日的距离很远，它的视差（parallax）很难准确测度，因此假设它是0或者有个极小上限数值，并且在此基础上通过公元前190年的一次月食观测，得到59<月距/地球半径<67的结果，现代值60与此大致相合，而且与其下限59仅相差1.5%。他对日球的测定虽然仍然不准确，但比阿里斯它喀斯有显著进步：他得到日径/地径≈12.3，日距/地径≈2500，这分别是现代值的1/9和1/5左右；此外他又测定白道（月球轨道）面与黄道面的交角为5°，现代值则为5.145°，相差仅3%。

托勒密在《大汇编》中采用了这些结果，并且很自觉地说明出处；我们由是得知，该书的日运行理论全出于喜帕克斯，月运行理论也有很大部分是他的贡献。它的日运行理论其实非常简单，只不过是假设日球围绕空间某点O作均匀圆周运动，但地球不在圆心O，而在其附近。这就是所谓"偏心圆"（eccentric circle）模型，它虽然简单，却可以很自然地解释日运行速度的变化，即所谓"异常"（anomaly），以及这些变化与其位置的关系。这模型只需要两个可以很容易从天文观测数据决定的参数；参数一旦决定就可以从模型预测日的运动，亦即编制日球运行数表。

月球的运动要比日球复杂，因为它的速度变化显著和频繁得多，而且它并没有简单周期。事实上，它有好几个各不相同的周期，例如赤经、赤纬、速度等的周期，这就是"恒星月""朔望月"等的由来——况且，这些个别周期本身也并非固定。从各种证据看来，喜帕克斯在这方面的研究十分依赖巴比伦的天文数据——而且还不是原始数据，只是经过整理的综合数据。他通过何种途径得到这些资料不甚清楚，但从贝罗索斯在科斯岛教授天文学的先例看来，这样的途径显然是存在的。喜帕克斯以最简单的"均轮–本轮"模型来描述月运动[1]，其参数从三次月食观测数据来推断。这样一个模型大体上可以解释月的运转、速度变化、纬度变化、纬度最大点的移动等等。不过，除了在朔望点附近以外，它对月运动的数量预测就失准了，这是喜帕克斯也意识到的事情，它成为托勒密建构更复杂模型的基础和动力。由于喜帕克斯的日月模型只保存于《大汇编》之中，而且和托勒密的工作一脉相承，所以细节留待第七章讨论。

---

[1]　喜帕克斯月运动模型见Pedersen 1974, pp. 165–184的详细讨论，以及Thurston 1994, pp. 143–146较简单的阐述。

三角学先驱

最后，喜帕克斯还是三角学先驱。为了天文计算上的便利，他编制了一个"弦表"（chord table），它基本上每隔7.5°列出一个"标准圆"的圆心角2α所对应的弦之长度Crd2α。根据巴比伦数学习惯，他这"标准圆"的圆周长度定为$360 \times 60'$，所以其半径是$R = 360 \times 60'/2\pi \approx 3438'$，而弦长和现代的正弦函数$\sin\alpha$有下列简单比例关系：Crd$(2\alpha)/2 = 3438 \sin\alpha$。这弦表的计算基本上是从Crd $60° = R$以及Crd $90° = \sqrt{2}R$出发，然后利用毕达哥拉斯定理以及阿基米德已经知道的半角定理［即相当于$\sin(\alpha/2)$的公式］来推算的。这一弦表后来为托勒密更精密的弦表所替代，因此在希腊文献中失传，但仍然留存于古印度天文学文献中而为世人所知。弦表的出现无疑意味着平面三角学的萌芽。事实上，也有一些证据显示，从喜帕克斯或者更早开始，希腊数学家为了研究星辰升降时间，已经开始注意球面三角学，并且在这方面有了进展[①]。不过，这方面的系统研究还要等待两个世纪，即要到公元1世纪末的曼尼劳斯（Menelaus）才开始。

喜帕克斯是托勒密王朝科学传统的殿军，他的多篇专业论文将历史资料、实际观测、理论计算以及模型建构有机地结合起来，为希腊天文学建构了一个具有稳固实证基础的理论架构。但他的工作也有两个明显不足：首先，是数学上缺乏球面三角学这个基本工具；其次，则是由此而导致理论上只能够应用最简单的"均轮–本轮"系统，因此也就无法精确地计算月运动，更不能处理行星运动。不幸的是，为了我们在下一章所要提到的理由，这两方面的发展都为政治变化所大大推迟。公元前2世纪中叶即公元前146/145年左右，正当盛年的喜帕克斯到亚历山大城作了一次重要的天文观测。这是有重要象征意义的，因为此后他就被迫移居罗德斯岛，"托勒密王朝科学"（Ptolemaic science）遂成绝响，而亚历山大城的科学研究重现光芒则是二百五十年后，即公元2世纪初的事情，那已经是罗马帝国时代了。

八、地理学的发展

在第二章我们提到，大地形状是自然哲学的一个主要课题，阿那克西米尼、阿那克西曼德、德谟克利特和恩培多克勒都直接或间接作过许多猜测。

---

① Heath 1965, ii, pp. 257–259.

至于首次清楚肯定地说大地为圆球状的，当是柏拉图，而确定和推广此观念的，则是亚里士多德和尤多索斯，那是4世纪末的事情。"地球"观念的确立非常重要，因为它立刻就会带来经纬度以及赤道、回归线、极圈等观念，以及决定地点位置的客观和准确方法。同时，以前用平面"环图"来描述世界的做法显然失去意义，天文学和地理学则再也分不开了[1]。到了学宫时代即公元前3世纪，远航记载和地图绘制传统已经发展了两三百年，在海陆两次远征、数理天文学兴起，以及学宫出现的三重刺激下，地理学开始蓬勃发展，成长和蜕变为一门独立学科[2]。

亚历山大东征与北欧探索

对西方地理学发展产生大刺激的，是公元前4世纪的两次远征。首先，是亚历山大大帝东征（公元前334—前323）：由于他是亚里士多德弟子，对学术有强烈兴趣，所以带许多学者同行，将沿途行程、地理、见闻详细记录。此行迢迢万里，从小亚细亚出发，经过巴勒斯坦、埃及、两河流域、波斯、阿富汗，一直抵达印度河才回转。归程中他又命亲信尼阿克斯（Nearchus）率领舰队沿人迹罕至的阿拉伯海北岸航行，然后入波斯湾，上溯巴比伦，由是为整个小亚细亚、西亚和南亚的自然、地理与人文环境留下十分具体的实证记录[3]。这大量崭新资料为地理学发展提供了巨大助力，希腊的视野和世界由是大大扩展，地理学也变得更为丰富和重要了[4]。

与东征结束大约同时，在马赛（当时是希腊殖民地）出现了一位探险家皮实雅斯（Pytheas of Massalia，活跃于约公元前325—前320）。他精于天文

---

[1]　中国传统天文学有非常悠久的历史，对日月星辰的位置也作过仔细观测和计算，但始终未曾意识到地的形状是圆球，"地球"观念一直要到17世纪才由耶稣会士引进。

[2]　西方古代地理学的整体论述见Thomson 1965。此书内容充实，征引详细，但已陈旧，且失之枝蔓，理路亦欠清晰。当代著作中哈里与伍德沃德所编《史前、古代和中古欧洲地图学与地中海》即Harley & Woodward 1987最精审完备，那是芝加哥大学出版社庞大出版计划《地图学史》（The History of Cartography）的第一卷。这套共六卷多册的巨著自1975年开始筹备，至今完成出版第一至第三及第六等四卷，资料荟详，征引准确完备，更配有大量印刷精美的地图，不啻此学科的权威百科全书。而且，它前三卷全部内容的pdf版本已经放在万维网上供自由浏览，嘉惠学界匪浅。

[3]　有关亚历山大大帝的书籍汗牛充栋。其事迹见Fox 1974这部传记；其东征详情见McCrindle 1969，该书直接引用原始资料甚多；Cook 1962是将东征作为希腊人向东扩展的一部分来讨论，视野开阔。

[4]　有关亚历山大东征与地理学的关系见Cary & Warmington 1929, pp. 62–67; Thomson 1965, pp. 123–135。

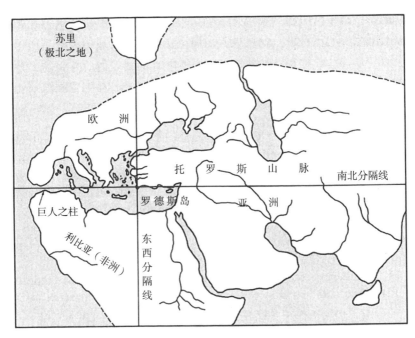

图5.5　狄克阿科斯世界图。在其中环形世界变为长方形，海洋、陆地和三大洲的分布依旧，已知世界大致由经过罗德斯岛的原始经纬线划分。根据Harley & Woodward 1987, p.153, Fig. 9.2，该图系根据Cortesão 1969,Vol. 1, fig 16重绘

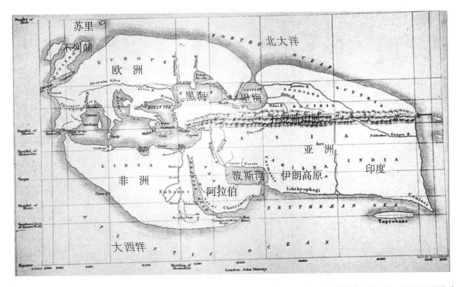

图5.6　斯特拉波根据埃拉托色尼所绘世界图的重构。在其中已知世界伸展至印度，因而更形狭长，经纬线亦已经开始应用。原图见Bunbury 1959, Vol. 2, p. 491，现加上中文地名

学，测量了本城在夏至的日影长度，由是相当准确地推断出马赛的纬度；他又指出，正北方向不是由一颗星决定，而是在四颗星形成的方框之中。他最重要的成就是远航北欧①，那在斯特拉波书中有记载。他此行目的、背景不甚清楚，可能是受委托去寻找锡矿和琥珀。在记载中，他宣称西航出直布罗陀，然后循西班牙和法国海岸北上，经布列塔尼和康沃尔岬角，再经英格兰和苏格兰西岸到奥克尼（Orkney）群岛。此后他继续北上，抵达位于极圈的苏里岛（Thule，可能即冰岛），然后又到过波罗的海，甚至极圈——但这些难以确定，可能只是传闻而已（航线见图2.2）。不过，他提到了日夜长短跟随纬度的系统变化，还有太阳终日不落、冰封海洋等现象，以及北方虽然非常寒冷，但仍可居人的报道。这些被当时学者视为荒诞不经，但在今日看来，却都是确切、可理解的现象。

地理学的出现

亚里士多德的弟子狄克阿科斯（Dicaearchus，公元前350—前285）与皮实雅斯同时，他是多产哲学家和地理学家，绘有世界地图，其上设置了粗略的坐标，即以通过直布罗陀的东西横线分隔南北，以通过罗德斯岛的南北纵线分隔东西，这就是经纬度网络的滥觞②。这样，在学宫出现前夕，地理学进一步发展的基础就奠定了。

承接狄克阿科斯传统的是上文已经提到的广博学者埃拉托色尼。他是首先使用"地理学"（geography）这一名词和撰写《地理学》一书的人，该书虽然未能流传，却在斯特拉波的《地理学》中被大量征引，因此为后世所知。在此书中他首先将天文观测应用到确定地表位置上，又将地图的绘制和经纬度线条结合起来，并提出根据纬度划分地球上不同气候区带的观念。他估计黄道面的倾角为大圆弧的1/15即24°，由是得到极圈和北回归线的位置，认为两者分别通过苏里岛和尼罗河上游的阿斯旺（Aswan）。他还利用亚历山大和皮实雅斯留下的大量资料，认为从北极圈以南至北回归线纬度之半即香料海岸（亚丁湾南岸）属"可居带"，其宽度很容易从他所测得的地球周长推断为大约38000斯塔德；至于其长度则估计为西起葡萄牙西南角，东迄印

① 详见Harley & Woodward 1987，pp. 150–151; Cary & Warmington 1929, pp. 33–40; Thomson 1965, pp. 143–151。

② 见Harley & Woodward 1987, pp. 152–153。

度河口，另加10%以容纳海外岛屿和印度大陆，由是得到78000斯塔德，即为宽度之两倍——当然，经度的估计要比纬度困难得多，长距离往往要依赖行军日子来估算。我们在此不必讨论他有关欧、亚、非三大洲地理的实际推算和描述，但在公元前3世纪能够作这样大面积的量化估算，而误差只不过20%—30%，也够惊人的了。此外，他还发现了尼罗河流量变化的正确解释，即其平时的稳定流量是由湖泊供应，而每年泛滥则是由于上游的季节性暴雨导致[1]。因此，他被尊为"地理学之父"是很有道理的。

喜帕克斯写了三卷《埃拉托色尼地理学驳议》（*Against the Geography of Eratosthenes*），对其《地理学》一书有关方位和距离的数据加以纠绳和补充，但这些都属于局部和资料问题，例如某些地点的纬度是否正确等等，而不涉及全面和系统性问题。他是天文学大师，对于地理的兴趣在于它与天文观测的关系，而非地理学本身[2]。

---

[1]　详见Harley & Woodward 1987, pp. 155–157; Thomson 1965，pp. 135–155, 162–167。

[2]　《埃拉托色尼地理学驳议》已失传，内容也是通过斯特拉波得以保存，详见Harley & Woodward 1987, pp. 166–167。

第六章 罗马时代的科学与教派

阿基米德是古代最伟大的数理科学家，他在16世纪的数学"复兴"中被视为导致现代物理学出现的关键因素。科学史家柯瓦雷（Koyré）甚至认为，希腊科学没有理由不能够直接跨入现代，亦即倘若阿基米德后继有人，那么当时就大有可能作出与伽利略相同的发现。这惊人见解容或不错，奈何如此天才千载难逢，更何况覆巢之下并无完卵，阿基米德为攻破叙拉古城的罗马士兵所杀（公元前212）正象征着时代巨变的来临：崇尚思辨的希腊文明正走向终结，坚强无情的罗马迟早将扫荡一切障碍，建立大一统帝国，在其中城邦和区域文化消失，为大众化宗教所取代。虽然这一切都还在遥远、难以预见的未来，不过也不是没有迹象。例如，喜帕克斯在亚历山大作天文观测（公元前146）之后不久，城中所有学者即为狂悖的托勒密君主驱逐出境，这大都会作为文化中心的光芒遂黯然失色。

罗马的崛起虽然改变了世界，但希腊科学并没有立刻衰落下去。事实上，经过此前将近四个世纪的发展，它已经建立起强韧传统，可以抵受风霜而继续生存了。所以，在其后漫长的六个世纪（公元前150—公元450）它仍然人才辈出，甚至还产生了像托勒密（Ptolemy）那样承前启后、综汇百家的一代宗师，从而为古代宇宙观画上完美句号。另一方面，在这样一个陌生艰苦的环境中，科学再也无力引领风骚，倾动天下，囊括第一流人才，因而难免锐气消磨，日益丧失创新力量，最后逐渐沉沦为记诵诠释之学，这是公元5世纪的事情。在其时，罗马帝国本身也同样日薄西山了。

本章所讨论的是上述时期的前半部分（公元前150—公元150），它包含三方面发展：罗马时期的希腊科学；罗马科学与哲学；以及毕达哥拉斯–柏拉图传统衍生的各种教派、思想。这几方面发展好像没有什么重要意义，然而它们是连接古希腊和中古以及文艺复兴欧洲的链环，也是了解后两个时期的发展所无

表6.1　罗马时代的科学家、哲学家与教派

年代与相关事件	希腊科学家	希腊哲学家	罗马学者	教派、法师
公元前200—前100 前155 希腊哲学家使团访罗马 前145 亚历山大学者被驱逐	狄奥多西	卡尼底斯@ 潘尼提乌# 拉里莎的费罗@		
公元前100—公元元年 前88 苏拉将军围困雅典，希腊学者移居罗马 前30 屋大维征服和并吞埃及；罗马帝国形成	博斯多尼乌# 斯特拉波	安条克@ 尤多鲁斯@* 亚历山大的 　费罗@*	瓦罗 西塞罗 庞贝 路克莱修 尼吉地乌	
公元元年—100 30 原始基督教诞生 64 皇帝尼禄在位，罗马大火 79 维苏威火山爆发	詹明纳斯 赫伦 马林诺斯	普卢塔赫@□ 摩德拉图斯* 尼高马可斯*	维特鲁威 塞内加# 梅拉 普林尼 塔西陀□ 克里门▽	《赫墨斯经典》 形成△
100—200 96—178 罗马帝国的太平盛世 176 皇帝奥勒利乌斯在雅典创立四哲学讲席	曼尼劳斯 鲁弗斯 老施安 托勒密 盖伦	纽曼尼亚斯*@	奥勒利乌斯# 德尔图良▽	灵智教派出现 朱利安父子◇ 波鲁斯△
200—300 235—284 军队将领混战时期	丢番图	柏罗丁** 第欧根尼□ 波菲利**◇ 艾安布里喀斯**◇	奥利金▽	《赫墨斯文献》△ 佐西莫斯△
300—550 313—321 基督教被尊为国教 476 西罗马帝国灭亡 529 查士丁尼关闭学园	泊布斯 塞里纳斯 亚历山大的 　施安 希帕蒂娅 尤托斯乌	普卢塔赫** 普洛克鲁斯** 达马修斯** 辛普里修斯**	巴西勒▽ 奥古斯丁▽ 麦克罗比乌 卡佩拉 卡西奥多鲁 波伊提乌	

\# 斯多葛派；@ 中期柏拉图学者；* 新毕达哥拉斯学派；** 新柏拉图学派；◇ 迦勒底神谕教派；
△ 赫墨斯教派；□ 历史学家/传记作家；▽ 早期教父

法忽略的。至于上述时期的后半期（公元150—450）则以天文学宗师托勒密和医学大师盖伦的工作、成就为主，它将留待第七章讨论。这两章所牵涉的时间跨度很长，脉络和人物繁多，而且交相影响，读者恐难免感觉头绪纷纭。因此我们将有关时代、事件、人物列成表格，以方便检索、对比（见上页表6.1）。

一、希腊世界的破灭

托勒密王朝最初三位君主励精图治，奋发有为，但到了公元前2世纪前夕，形势却急转直下。这起初是由于王朝本身的虚弱、混乱和其他两个马其顿政权的进逼，后来则是因为罗马崛起令整个地中海政治改观，三个亚历山大后继王国随而先后覆灭。

在上一章我们已经提到，从大约公元前220年开始，托勒密王国就衰落了。当时安提柯和塞琉西王国分别出现了腓力五世（Philip V，公元前221—前179年在位）和安条克三世（Antiochus Ⅲ，公元前223—前187年在位）这两位大有为之主，他们野心勃勃地准备瓜分托勒密王国的海外领土，甚至觊觎它的埃及本土。在对抗安条克的战役中，托勒密四世侥幸得胜，从而获得暂时安定，但他之后的托勒密五世却是个孩童，因此只好订定城下之盟，丧失绝大部分海外领土。经过两场战争之后，王朝被迫大量起用埃及本土将领和士兵，由是产生沉重的经济压力，这转嫁到民众身上之后，又导致大规模叛乱，乃至有敌对政权在上埃及出现，而海外属土的丧失更加剧了上述趋势。同样是孩童的托勒密六世（Ptolemaios Ⅵ，Philometor，公元前181—前145年在位）登基后遭到塞琉西君主第三次入侵（公元前167），只是由于霸主罗马出面干涉才挽救了他的亡国厄运，但代价则是托勒密王朝自此沦为罗马附庸，只能够在其翼护下生存，至于王室继承则在争位的兄弟姊妹、亚历山大民众、埃及祭司与本土民众，还有遥远的罗马元老院等多种不同力量的碰撞下摆动，纷争无已。

罗马共和国崛起于公元前3世纪。它开端于希腊军事天才皮鲁斯（Pyrrhus of Epirus）在南意大利"惨胜"罗马军团（即所谓"Pyrrhic victory"），然而却被迫退让（公元前283）；转捩点是罗马在首次"布匿战争"（First Punic War，公元前264—前241）中击败当时西地中海最强大的力量迦太基（Carthage）；最后则结束于惨烈和旷日持久的第二次布匿战争（公元前218—前202），在此战争中罗马彻底击溃迦太基的军事奇才汉尼拔

（Hannibal，公元前247—前182），从而获得整个地中海的霸权。迦太基既倒，罗马的目光自然转向东地中海的三个马其顿王国——虽然它当时还未有一统地中海世界的野心。但迦太基本来善于联络海外同盟，这些盟友自不免和罗马发生冲突、对抗。西西里岛特别是叙拉古城邦就是因此被罗马所征服，阿基米德亦是在城破之际被杀害。其后罗马派出军团在两次"马其顿战争"（公元前215以及公元前200—前196）中击败腓力五世，并在马格尼西亚之役（Battle of Magnesia，公元前189）中教训安条克三世，多少都是为了类似原因，包括制止他们的扩张野心。但直至公元前2世纪初，罗马的东方政策还是相当温和与被动，并没有过度干预的兴趣，更不要说直接统治的想法。

改变他们思维的悲剧性转变出现于公元前2世纪初的第三次马其顿战争（公元前172—前168）。在击溃希腊诸邦叛乱以后，罗马仍然没有占领土地，却掳掠了大量财物。这横财大大激起他们紧密控制东方的意欲，由是增加了与当地民众冲突的机会，最终导致将东方各地先后从属国降格为行省，也就是纳入其行政管理系统。希腊世界之逐步崩溃、覆灭是从马其顿的分割、驻军和科林斯的焚掠（公元前167—前146）开始的；雅典为罗马将军苏拉（Sulla）纵容军士大事掳掠（公元前87—前86）则为其高潮。在上述延绵两个世纪之久的崛起过程中，公元前146年是决定性时刻，当时罗马赢得第三次布匿战争（公元前149—前146），然后彻底毁灭迦太基城，从而巩固了它在整个地中海不可动摇的霸主地位[1]。

以不可思议的巧合，亚历山大也在同一年遭到空前厄运。在托勒密王朝之初，亚历山大城的希腊人高度团结，都属于效忠王室的上层，与广大埃及民众截然分隔。但到公元前2世纪初社会结构发生巨变：大量希腊与犹太移民的涌入，以及本地民众的高度希腊化，使得类似于公民社会的上层消失，行使统治权的王室和城内广大民众因而出现对立，而后者往往卷入宫廷政治斗争，特别是在托勒密六世和托勒密八世（Ptolemais Ⅷ, Euergetes Ⅱ，公元前182—前116）这两兄弟的王位斗争（公元前169—前163）中产生了巨大的作用。绰号"胖肚皮"（Physcon）的托勒密八世为民众所鄙视和激烈反对，因此在公元前163年被迫离开埃及；但在托勒密六世于公元前146/145年去世后，他趁机返回亚历山大重登王位，更强娶兄嫂，谋杀已经被立为托勒密七世的幼侄。这再次引起民众和大批学者的激烈对抗，但都被他以暴力强压下去。而且，为了釜

---

① 关于亚历山大三个后继王国以及其与罗马冲突的历史，见Peters 1972, Chs. 4, 6–7。

底抽薪和宣泄愤恨，他更将亚历山大所有学者驱逐出境，从而将先人一个半世纪以来辛苦建立的文化基业摧残殆尽。总括而言，从公元前2世纪初开始的内忧外患，即已经大大伤戕亚历山大的文化活力，世纪中叶之后的宫廷斗争和内战更令它一落千丈，而转捩点则是公元前146/145年[①]。

到公元前48—前31年埃及先后为恺撒大帝（Julius Caesar）、安东尼（Mark Antony）和屋大维（Caesar Octavius，公元前63—公元14）所征服和占据，托勒密王国终于灭亡。而且此时也是罗马从共和国转变为帝国的时刻：公元前30年屋大维打败与他竞争的安东尼，征服埃及，从而成为实际上的罗马皇帝。他在位长达四十四年之久，而且一直维持帝国和平与安定，赢得民众和军队的信任与爱戴，他所建立的独裁体制因此得以巩固。他自己后来被尊奉为恺撒奥古斯都（Caesar Augustus），历届继任皇帝虽然并非子嗣，也都沿用恺撒称号。

二、天文学与机械学传统的延续

在喜帕克斯之后托勒密王朝残破了，亚历山大也开始没落，但学宫和它的图书馆仍然存在。在此后两三百年间我们也还可以举出狄奥多西、博斯多尼乌、詹明纳斯等希腊数理天文学家来，但他们的工作主要是在小亚细亚、罗德斯岛、雅典等地而非亚历山大所做的，其原创性也远远无法和前一阶段相比。至于同时期的赫伦倒的确是不折不扣的亚历山大科学家，但他秉承的却是本地的机械学传统，在这方面他和托勒密一样，也是集大成者。本节要讨论的，就是以上几位学者的工作。

在此应该说明，上面所谓"没落"其实只是指希腊的数理科学传统而言，倘若放眼这传统以外，那么上述两个世纪就绝对不显得沉寂和空白，反而表现为思想上极其活跃。首先，在此时期罗马正积极地吸收希腊哲学和发展自己的哲学、科学，产生了诸如西塞罗、瓦罗、路克莱修、普林尼等一大批重要学者；同时，在销声匿迹一个多世纪之后，毕达哥拉斯学派再度复活，继续宣扬其混合科学与宗教的哲学。这两方面的发展与数理科学传统都有相当关系，这我们将留待本章后半部分讨论。

---

① Fraser 2001, i, pp. 422–425；Peters 1972, pp. 176–184.

球面几何学

上述时期第一位学者，是比喜帕克斯稍晚，但来自同一地区的狄奥多西（Theodosius of Bithynia，约公元前160—前90），他因为留下了一部三卷本的球面几何学教本《论球面》（*Sphaerics*）知名，此外则一片空白[①]。在希腊科学传统，特别是毕氏教派传统中，这书名其实就等同于天文学，和奥托吕科斯的《论天体运动》以及欧几里得的《天象》类似。此书第一卷相当于《几何原本》第三卷，但是将平面的圆圈立体化成为球面，由是圆的直径相当于球面上的“大圈”，弦相当于球面的切面，亦即“小圈”，平面上的许多定理由是可以在球面上找到对应。第二和第三卷主要是与天文学相关的球面几何学，这包括：星辰运动所形成的平行小圈、与这些小圈成倾角的大圈（即黄道）、地平线形成的小圈、赤道形成的大圈等等；从它们之间关系的命题就可以进一步推断星辰的出没和日夜长短的变化。但基本上书中没有发展三角学，因此所有这些变化都无法定量计算。换而言之，他只能够通过诸如下列公式来估计弦长而不能直接计算：倘若 $\pi/2>\alpha>\beta$ 则 $\tan\alpha/\tan\beta>\alpha/\beta>\sin\alpha/\sin\beta$。其实，阿里斯它喀斯也受到同样限制。狄奥多西其他两本著作《论居住区域》（*On Habitations*）与《论日夜》（*On Days and Nights*）题材比较具体，但数学基础也同样薄弱。希斯和奈格包尔都批评以上三部作品，认为是搜集编纂之作，缺乏洞见与原创性。这也就是我们所谓“小天文学”传统教材的源头（§5.6）。

希腊文化与拉丁世界

比狄奥多西晚一代的是罗德斯岛的博斯多尼乌（Posidonius of Rhodes，约公元前135—前51）。他生于叙利亚阿帕米亚（Apameia）的希腊家庭，在雅典受教育，师从斯多葛派儒雅多才、交游广阔的大师潘尼提乌（Panaetius of Rhodes，约公元前180—前108）。潘尼提乌的学问得之于帕加马和雅典这两个当时的学术中心，他通过与罗马贵族交往将之广为传播，由是成为将希腊文化传入拉丁世界的先驱。博斯多尼乌是潘尼提乌最得意的大弟子，他同样博学与擅长交际，年轻的时候精研覃思，遍游地中海以迄大西洋岸滨，然后接

① 有关狄奥多西及其著作见Heath 1965，ii，pp. 245-252。奈格包尔则将奥托吕科斯的两部作品、欧几里得的《天象》，以及狄奥多西的三部作品列为“曼尼劳斯之前的球面天文学”合并讨论，见Neugebauer 1975，ii，pp. 748-771。

掌罗德斯岛的斯多葛学院，并活跃于当地政坛，一度出使罗马（公元前87/前86）；他更步武乃师，在罗马社会最上层交游讲学，如西塞罗（Cicero，公元前106—前43）和庞贝（Pompey the Great，公元前106—前48）等政坛显要都以师友相待，后者在出征之际更多次亲临罗德斯岛访问他；此外路克莱修和塞内加（Seneca）两位罗马学者的主要著作也都取材于他的有关天象学的论著。他当日的影响之大自不在话下，然而博学有余，创见不足，亦是意料中事①。

博斯多尼乌的著作包罗哲学、天文、地理、地质、历史等多方面，但仅遗残篇流传②，至于天文学著作则保存于克里奥美迪（Cleomedes，约公元1世纪）的《论天体之圆周运动》（*On the Circular Motions of the Celestial Bodies*），从中我们得知，他曾经通过同时观测老人星（Canopus）在罗德斯岛和在亚历山大两地的高度（即仰角）而推断地球周长，得到相当于2.4万公里的结果，这虽然接近现代值，但其实是错误相消所致，而且其方法只不过是埃拉托色尼方法的变化，无多新意。他曾经企图测算日月的大小和距离，但方法也未能超越阿里斯它喀斯，甚且尚有不及（例如他假设在月食的时候，地球的投影是圆柱形而非圆锥形），和喜帕克斯更无从相比。除此之外，他还有一部大部分取材于亚里士多德的天象学著作，以及一部地理学著作《海洋》（§7.7）。

罗德斯岛的传统

在博斯多尼乌之后的过渡期科学家还有詹明纳斯（Geminus of Rhodes，约公元前10—公元60），他不但生平不详，甚至连年份乃至名字、城邦都有争议③。一般认为他是博斯多尼乌的弟子或者继承者，可能曾经在罗德斯岛工作，因为他的天文学工作往往以该地为参照点，但这可能是追随天文学家惯例而已。罗德斯岛本来是托勒密王国盟邦，两者商业与文化关系密切，共同控制东地中海航运与贸易。在公元前2世纪中叶托勒密王国衰落，它变为罗马的忠诚盟友，其后更由于托勒密八世的倒行逆施而接纳了大批亚历山大流亡学者，自是发展成为蓬勃学术和天文学中心，因此到这个亲切舒适的环境来修习和吸收希腊文化也成为罗马贵族的时尚。总而言之，罗德斯岛传统与喜

① 有关潘尼提乌、博斯多尼乌、克里奥美迪、詹明纳斯等学者的活动，以及他们对于罗马文化的影响，斯塔尔的《罗马科学》有专章论述，见Stahl 1978, Ch. 4。
② 但时人与后人对于他和他的工作有大量评述，这些都收集于Edelstein and Kidd所编纂的集子中，见Posidonius 1972；此外Heath 1965, ii, pp. 219-222也有关于其科学工作的论述。
③ 有关詹明纳斯的论述，见Heath 1965, ii, pp. 222-234。

帕克斯、潘尼提乌、博斯多尼乌等学者的影响是分不开的。

　　詹明纳斯著有《数学理论》（*Theory of Mathematics*），它构思宏大，是近乎百科全书式的著作，可惜已经失传，我们对它的了解大都是从后人征引而来。例如普洛克鲁斯的《欧几里得〈几何原本〉第一卷评述》就大量引用他的观点和史料，此外辛普里修斯、尤托斯乌和赫伦也都提及此书。从中我们知道他企图建立严谨的数学结构，即将不须亦不可能证明的定义、公设、公理、假设等与必须证明的定理、引理、问题加以清楚区分和系统化，这主要是为了应对怀疑论派和伊壁鸠鲁派哲学家对于数学的攻击，因此他又被认为是斯多葛派哲学家。在数学上他最重要的贡献是试图提出几何学著名的第五公理之证明（他的办法是作一直线通过与另外一条直线等距离的许多点），这观点虽然错误（因为无法证明这样的直线存在），也不一定最早，但却是我们具有确切资料的最早尝试。他又证明只有直线、圆和圆柱螺线是完全"自洽"，即其任何一段都可以重合于等长的另外一段者；不过，圆柱螺线是阿波隆尼亚斯而非他首先发现的。除此之外，他还讨论了诸如蔓叶线（cissoid）和蚌线（conchoids）那样的高次曲线。

　　在天文学上，他的《天象概论》（*Introduction to Phenomena*，简称*Isagoge*）得以传世。它共18章，基本上是以喜帕克斯为根据的天文现象初等论述，题材十分广泛，包括日夜长短、黄道带、星座、月份、朔望、日月食、行星运动等等，但都属于描述性质，只有最后一章在更高水平详细讨论月的运动，并且提出了具体观测数据以及平均运动（mean motion）的观念。这可能是詹明纳斯的主要贡献，但亦有人认为是另外的著述掺入其书中所致。

赫伦：科技传统的发扬

　　倘若詹明纳斯是罗德斯岛天文学传统的继承者，那么毫无疑问，赫伦（Heron of Alexandria，约公元10—75）则是亚历山大城机械学传统，亦即斯特拉托、特西比乌及其弟子费隆等的继承者。他和詹明纳斯一样，也是生卒年份大有争议，直到1938年才由奈格包尔提出天文学证据，把他定为公元1世纪的人。他的大量作品使得我们能够更深刻地认识亚历山大科学的另一面：这完全不同于高度推理性的希腊主流，而是承接巴比伦数学方法，以计算和实用为主的传统[1]。

---

[1]　希斯对于赫伦的年代和作品有专章详细讨论，见Heath 1965，ii，Ch. 18。

　　赫伦的作品性质庞杂，颇近于理工学院的讲稿或者笔记，而非严谨的学术专著，其着重点在于教授方法多于发扬理论。它们大体上可以分为三个类别：（A）数学：包括《测算学》（*Metrica*）、《几何学》（*Geometrica*）、《立体测算》（*Stereometrica*）、《测量》（*Measurae*）、《定义》（*Definitiones*）等五种；（B）机械学：包括《气体力学》（*Pneumetica*）、《力学》（*Mechanica*）、《自动舞台》（*The Automaton Theatre*）以及讨论战争器械制造的*Belopoeica*和讨论发石机的*Cheirobalistra*等五种；（C）其他方面：还有《反射光学》（*Catoptrica*）和关于经纬仪和大地测量的*On the Dioptra*。但这些作品中《定义》《发石机》《测量》《立体测算》等数部，作者其实都不确定，可能经后人编纂甚或是旁人作品。

　　在他这许多作品中最引人注意的是三卷本的《测算学》，它在西方长期失传，直到19世纪末其12世纪抄本方在伊斯坦布尔重新被发现。其中首次提出了以赫伦为名的下列公式之证明（虽然阿基米德很可能已经作出此证明，但没有记录）：边长为a，b，c的三角形之面积为$S=[s(s-a)(s-b)(s-c)]^{1/2}$，其中$s=(a+b+c)/2$为三角形周长之半。同书还记载了开平方和开立方的反复逼近运算法，前者和我们已经讨论过的巴比伦算法基本相同，后者亦高度准确，而似乎尚未在陶泥板中有记载。此外书中胪列了正n边形（n从3至12）面积的近似公式，但并不说明其为精准抑或近似，有些情况甚至给了两个不同公式，又列出许多不同平面和立体形体的面积、体积、表面积的计算式，它们都显示出与陶泥板上巴比伦数学完全一致的理念、方法。从此我们可以推测，在托勒密治下的亚历山大实际上有希腊和巴比伦这两个不同数学传统并存，而且后者具有强大生命力，一直到罗马时代甚至中古都仍然在发展中。

　　除了数学之外，赫伦还有不少其他重要发现和发明，在《反射光学》中他以几何方法证明，根据光线所经过途径必须为最短的原理，光反射的入射角和出射角必然相等；在两卷本的《气体力学》中，他讨论流体压力的原理，然后描述了上百项相关机器和玩具，包括救火机、风琴、注酒器等，其中最令人惊讶的，也许是一个名为汽转球（aeolipile）的蒸汽推动的"旋子"（rotor）：中空的球形旋子支撑在轴管上，蒸汽通过轴管注入，然后通过处于旋子"赤道面"切线方向的多个管子排放，旋子因而会在蒸汽的反作用力推动下急速旋转。三卷本的《力学》则继承阿基米德静力学传统，从重量和力的原理开始，进而讨论平面体的重心计算；压榨机器；以及举起、移动和控制重物的方法，例如利用杠杆、滑轮、螺旋、滑橇等。

从赫伦的工作可见，虽然西方科学以崇尚推理的希腊几何学为核心和基础，但是也具有计算和实用传统，而且这两者在很大程度上是互相促进的，例如阿基米德的静力学理论之促进机械学，以及计算方法和三角学之促进天文学理论。

三、希腊–罗马的学术传承

古希腊哲学发轫于对大自然的好奇与揣测，"前苏格拉底"哲学就是自然哲学，在此阶段科学和哲学浑然一体，并无区分；柏拉图深受毕达哥拉斯教派影响，他承接了这个传统，因此他所主宰的"经典时期"成为科学飞跃发展的关键世纪。但这个结合其实并没有必然性：在柏拉图之前的苏格拉底视道德为至要，与他同时的"智者"则以论辩为能事，两者所关注的，都是城邦政治以及个人在其中的地位、责任、作用、意义，至于奥妙数学定理、缥缈来生的追求，乃至细致的科学观察，在他们看来都没有迫切和实在意义。这种入世倾向在亚里士多德之后的希腊哲学，亦即它从公元前3世纪开始的阶段，就明显地表现出来了[①]。

希腊哲学的转向

在《几何原本》面世之初，斯特拉托刚出任托勒密王朝的"少傅"，学宫仍在草创阶段，新生的数理科学可以说是蒸蒸日上，处于迈向高峰的前夕，但希腊哲学本身却已经出现了大转向。继柏拉图师徒兴起的哲学主要有三大派别，即伊壁鸠鲁（Epicurus，公元前341—前270）所创立的伊壁鸠鲁学派（Epicureans）、芝诺（Zeno of Cyprus，公元前340—前265）所创立的斯多葛学派（Stoicism）[②]，以及源自皮罗（Pyrrhon of Elis，公元前365—前275）的怀疑论派（Scepticism）。这三派各有不同倾向和宇宙观：伊壁鸠鲁派以德谟克利特的"原子论"和由此发展而来的机械实证主义以及个人主义

① 有关"中期柏拉图学派"和"新毕达哥拉斯学派"的论述，主要见迪伦的专著Dillon 1977；至于希腊哲学传入罗马之后所引起的学术发展，则见罗森所著《罗马共和国末期的文化发展》，即Rawson 1985；此外Peters 1972, Chs. 9–11对于早期罗马帝国的哲学发展也有整体论述。

② 斯多葛学派在其源头与讲求特立独行，蔑视世俗制度、法规、礼仪的"犬儒学派"有渊源，芝诺本来信奉此派，后来才遍习各家然后自立门户。"犬儒学派"由高尔吉亚与苏格拉底的学生安第斯散尼斯（Antisthenes，公元前444—前366）开创，它代表愤世嫉俗的人生态度，但缺乏本身的建构性思想体系，所以在此不加论列。

为思想基础；斯多葛派以赫拉克利特的"流变说""火之本质说""宇宙循环说"为依归；至于怀疑论派的论辩倾向则颇有类于苏格拉底的诘难法。它们的共同点是注重人生道德与伦理，也就是将眼光投向此生与社会。例如，如所周知，伊壁鸠鲁派追求快乐，即个人生命的宁静与安适（却非纵欲主义），斯多葛派强调理性、节制与平衡，怀疑论派则泯灭善恶是非，拒绝承认法律和德行有客观准则。所以，这三派的视野焦点都和学园昂首天外的学风有南辕北辙之别。

这些哲学思想的具体内涵并非我们所需细究，但必须指出，由于上述共同基本取向，它们无论与个别"前苏格拉底"自然哲学关系若何，都是不可能继续对科学产生刺激或者推动作用的。换而言之，从公元前3世纪开始，希腊科学与主流哲学已经分道扬镳：科学发展中心从雅典迁移到亚历山大，留在雅典的哲学流派则转向现实世界，亦即是说，柏拉图学园传统不但蜕变，而且被颠覆。他的大弟子亚里士多德喜好生物学而厌恶数学，科学理念已自不同，所以另起炉灶，创办吕克昂学堂。至于学园本身，则从第六任园长阿卡西劳斯开始，就逐步陷入怀疑论学风，至卡尼底斯（Carneades，公元前214—前129）而至极端，即抛弃一切建构性努力，专以攻击破解其他哲学思想（包括数学和斯多葛派）为能事，而这很可能是出于对日益壮大的斯多葛派之反应[1]。甚至当时如西塞罗那样的学者也为怀疑论辩解，称之为符合《对话录》中的苏格拉底诘难传统，可见其影响之大。就柏拉图思想的整体而言，无可否认这是个剧烈的基本转向，而且是对数学和科学发展都极端不利的。换而言之，从狄奥多西、博斯多尼乌以至曼尼劳斯、托勒密等三个世纪间（公元前150—公元150）的数学、天文学发展，其动力主要是来自罗德斯岛和亚历山大科学传统的延续，它是得不到哲学思想之推动、激发或者滋润的。

哲学传入罗马

另一方面，正在崛起并且不旋踵就完全宰制地中海世界的罗马也并非科学发展的沃土。就罗马人之务实和专注于法律、政治，以及他们所承受的后

---

[1]　迪伦的《柏拉图的传人》是讨论柏拉图之后七十余年间（公元前347—前274）学园发展（即所谓"旧学园"）的专书，见Dillon 2003。该书最后一章（pp. 234–238）对学园为何急速转向怀疑论的问题有详细讨论。

柏拉图哲学氛围看来，这并不奇怪。当然，罗马上层社会对于先进的希腊文化相当仰慕、尊重，甚至也热衷学习和吸收，自然科学亦不例外。而且，罗马学者亦有不乏可以称为科学的著作[①]。但这不能改变一个基本事实，即他们对于大自然本身缺乏好奇和热诚，不能够为科学理论的神奇与奥妙所激动而产生深入探索和追求新发现的冲动，而仅仅视科学为有用的常识。因此，科学在罗马世界的传播仅限于其粗浅和表面部分，这就是将希腊的各种手册加以翻译和根据需要重编，而少数罗马科学家的工作也都集中于资料的搜集、整理和排比，最后形成百科全书式的汇编。正如《罗马科学》作者斯塔尔所说，"对希腊人来说，大众手册是科学的下等，但在罗马，则科学知识只有一个等级——手册的等级。即使是路克莱修、西塞罗、塞内加和普林尼这些求知欲最旺盛的罗马人，也都以从手册获得希腊科学知识为满足"[②]。因此，罗马人所承受于希腊哲学、科学者，都限于粗浅和过时部分，至于深刻、精微和先进部分则无从窥见。例如，亚历山大时代的数学和科学著作几乎没有任何一种是在罗马帝国时代翻译成拉丁文的[③]；甚至柏拉图和亚里士多德的著作翻译成拉丁文的也是凤毛麟角，只有《对话录》中的《蒂迈欧篇》和亚氏的《范畴篇》《解释篇》等少数几种例外。从此角度看来，数理科学在罗马帝国时代不能进一步发展，实不足为奇。

无论如何，罗马之接触希腊文化是从公元前2世纪中叶开始的，并且是借助于哲学的力量。最初罗马元老院感觉城中希腊哲学家过于活跃，因此勒令他们离境（公元前161），但随后雅典委派了由三位知名哲学家（包括怀疑论派大师卡尼底斯）组成的使节团到罗马斡旋某桩罚款问题，他们借机发表演讲显示学养和才华，引起了相当的震惊和敬重（公元前155）。这也就成为一代之后罗德斯岛的潘尼提乌出使罗马，并且与最上层人物交往的先例。但希腊文化之真正传入罗马则是再下一代的事情：当时罗马将军苏拉围困雅典（公元前88），导致许多哲学家移居罗马，这包括年迈的怀疑论派哲学家费罗（Philo of Larissa，公元前159—前84）和他的弟子安条克（Antiochus of

---

① 有关公元前2世纪至公元1世纪三百年间罗马在希腊哲学、文化方面的传承，见Peters 1972，Ch. 9；Powell 1995特别是其引言；以及Rawson 1985特别是其讨论科学、医学和建筑的第11—13章和结语。

② Stahl 1978, pp. 71–72. Peters 1972, pp. 372–375也有相关讨论，他并在此论及希腊经典评注传统的兴起。

③ 《几何原本》可能有相当部分曾经在公元6世纪被翻译成了拉丁文，见Stahl 1978, p. 201以及本书§7.10的详细讨论。

Ascalon，公元前130—前68）；翌年上一章提到的博斯多尼乌亦作为罗德斯岛
使节来到罗马。当时西塞罗年方弱冠，正处于心智趋于成熟、求知欲最旺盛
之际，所以不久就投入怀疑论派门下，受其哲学影响终身[1]。他后来成为罗马
共和国末期的杰出律师、雄辩家、政治家，一度当选为执政官（Consul，公元
前66）并且位列元老院，但终于因为卷入政治斗争旋涡而在罗马帝国初期为
政敌安东尼杀害。在政治和公共事务以外，他还是一位著作等身的散文家和
哲学家，颇以在拉丁世界传播、发扬柏拉图和亚里士多德自任。他将《蒂迈
欧篇》以及阿拉图的长诗《天象》翻译成拉丁文，这对此后西方宇宙观与通
俗天文知识产生极大影响；他又撰著多篇模仿《对话录》体裁的哲学作品，
也蔚为一时风尚。然而，说到底，他"既非专业哲学家，也不是原创性特别
强的思想家"，而是个"被环境与本能带向公共领域中实务性工作"的人[2]。
在他身上我们可以隐约感觉到柏拉图的另外一条可能的人生道路——倘若这
位雅典世家子弟没有遭遇苏格拉底的变故，而选择原先从政理想的话。

　　从他众多著作看来，在希腊与罗马文化交会点上的西塞罗对于哲学有相
当的领会与向往，但对于自尤多索斯和欧几里得以来的数理科学传统则几乎
没有涉猎，更说不上强烈感觉。他在这方面最重要的贡献无疑是翻译《蒂迈
欧篇》，这倒是和他年轻时到南意大利的梅塔庞同寻访毕达哥拉斯神庙所表
现的景仰之情颇为一致。西塞罗如是，和他大致同时而被尊为罗马最伟大学
者的瓦罗（Varro，公元前116—前27）也颇为相近：他师从安条克，也同样
从政并卷入政治斗争，但运气较佳，几经浮沉之后终于得以游心典籍，安享
天年。据说他的著作多达六百余卷之多，题材无所不包，其中百科全书式的
《学术九书》（*Nine Books of Disciplines*）名气最大，但传世仅得《论农业》
（*On Agriculture*）和《论拉丁语》（*On the Latin Language*）两种而已。至于
在他们之后一个世纪，即处于暴君尼禄时代的塞内加（Seneca the Younger，
公元前3—公元65）则是伊壁鸠鲁派的雄辩家、哲学家、戏剧家，与科学关系
更疏远了。他之一度把持朝政以致成巨富，以及最后被勒令割脉自裁，都是
那个时代司空见惯之事[3]。

---

[1]　有关西塞罗的论述除了Powell 1995以外尚见以下专著：Everitt 2001，Rolfe 1963，Smith 1966。
[2]　见Powell 1995，p. 2。
[3]　有关瓦罗与塞内加，见Peters 1972, pp. 365–367；Stahl 1978, pp. 74–77，此处特别提到：瓦罗著作大都源于各种希腊手册。

罗马科学：编纂与实用之学

第一代罗马学者接受了希腊哲学，却也没有完全忽略科学，这主要体现于路克莱修的六卷长诗《自然之本质》（*De Rerum Natura*，即 *The Nature of Things*）[①]。路克莱修与瓦罗、西塞罗同时，生平没有任何资料可追寻。但他的作品文字流畅，感情强烈逼人，理路清晰，浑然自成体系，是绝少数能够天衣无缝地熔铸哲学、科学、文学于一炉的哲理诗歌上品。诗中的思想有三个紧密关联的方面。在哲学上，它讴歌乃至崇拜伊壁鸠鲁清净高尚，独与天地相来往的生活态度。在科学上，它宣扬源自德谟克利特"原子论"的物质主义（materialism），并且对于宇宙构造、起源、运行详加阐述，甚至对于生物、地质、海洋的嬗变提出一种进化观念，其影响一直及于拉马克、斯宾塞乃至达尔文——虽然很不幸，这不可避免地暴露了他的天文学知识是得之于传闻，而缺乏了解与理性判断。在宗教上，它强烈反对神与超自然的作用，认为都是无稽之谈。有人推测，他的名声和反宗教态度正是基督教教父着意忽略、隐瞒他的生平，以致他的事迹隐晦不显之原因。整体看来，路克莱修虽然和科学发展说不上有多大关系，然而毫无疑问，他对于科学的传扬，以及科学在罗马文化整体中地位之建立，是有极大贡献的[②]。

比路克莱修晚一辈的是地理学家斯特拉波和建筑学家维特鲁威（Vitruvius，活跃于公元前27年）。斯特拉波和天文学家托勒密一样，都生于罗马帝国治下，但在事业和学术传承上却完全属于亚历山大传统，应该视为罗马时代的希腊学者。为了方便起见，我们将他们两位留待下一章讨论。至于维特鲁威则和塞内加一样，生平也是一片空白，所遗留于后世者，只有十卷本的《论建筑》（*De Architectura*）[③]。此书所涵盖的范围很广，举凡各种不同建筑的设计原理、建筑师教育、城市与港口规划、建筑工程学、建筑材料等都包括在内，可以说是古代西方所流传的唯一一部设计与规划全书。

最后，和塞内加同时的普林尼（Pliny the Elder，23—79）当是罗马最重要的科学家。他是不折不扣的罗马贵族，系出名门，功业彪炳，最后作为屯驻那不勒斯湾的罗马舰队司令，在维苏威火山大爆发中冒极大危险逼近观

[①]　此书自罗马时代以来就长期失传，直至文艺复兴时期方才为藏书家布拉乔利尼（Poggio Bracciolini）在德国古老的富尔达（Fulda）修道院中戏剧性地重新发现（1417）。它有下列英译本：Lucretius/Leonard 1950；以及下列中译本：路克莱修/方书春 1981。

[②]　有关路克莱修的论述见Stahl 1978, pp. 80–83。

[③]　此书有下列现代英译本：Vitruvius/Rowland 1999。

察而致丧生。他早年和许多其他贵族一样，承受罗马人文教育传统，研习修辞、雄辩以作为从事法律和政治生涯的准备。但除此之外，他对于历史、哲学乃至植物学也有浓厚兴趣，其后在领军作战途中还念念不忘搜集资料，编纂数种史书和文法、修辞著作，其中部分成为史家塔西陀（Tacitus，约56—117）著作的根据。

但这些不幸都已经失传，得以流传后世的是他的巨著《自然史》（*The Natural History*），此书可以当之无愧地称为古代自然知识百科全书[①]。它一共三十七卷，除了第一卷是自序以外，其余各卷又分为数十至一百余章不等，每章约略相当于现代百科全书中的一个词条，全书合计2600章，约百万字之谱。其内容大致如下：(1)天文知识（第二卷）；(2)万国地理志（第三卷—第六卷）；(3)人的历史（第七卷）；(4)动物学（第八卷—第十一卷）；(5)植物学（第十二卷—第二十二卷）；(6)动植物的应用，特别是草药（第二十三卷—第三十二卷）；(7)金属与矿冶（第三十三卷—第三十四卷）；(8)绘画、颜色（第三十五卷）；(9)石材与宝石（第三十六卷—第三十七卷）。从以上粗略分析可见此书基本上是一部"博物志"，其中大部分资料都与植物及其应用有关，这无疑是受他早年曾经在植物园中跟随年迈学者卡斯托（Antonius Castor）研修的影响。至于天文学部分则只占很少篇幅，里面虽然多次提到喜帕克斯和他的发现，但显然对他的学说没有起码的了解，而只能够作浮泛的引述。例如，普林尼把斯特拉波所提到的已知世界地域和整个地球这两个观念混淆，从而宣称大地并非真正是球形；至于埃拉托色尼测量地球周长的方法他也不甚了了，在征引之余又表示存疑。很显然，缺乏数学，特别是几何学的基本训练，使得普林尼无法进窥希腊数理科学门径，他的巨著因而也只能够停留在编纂和描述阶段[②]。

除此之外，还有一位和普林尼大致同时代的药物学家，他著作的重要性是可以和《自然史》等量齐观的，那就是迪奥斯科利德（Pedanius Dioscorides，约公元30—90）。他是小亚细亚东南部西里西亚（Cilicia）人，曾经担任罗马军队的军医，大约从弱冠之年开始，穷十余载之力编成五卷本的《论药物》（*De Materia Medica*）一书，其中胪列了将近六百种药用植物，每种有系统地依次缕述其产地、形态、疗效、用法等等，此外亦包括若干药

① 此书的现代英译本（十卷袖珍本）为Pliny/Rackham 1938–1963。
② 桑达克有专章论述普林尼，见Thorndike 1923–1958, i, Ch. 2，其中除了他的生平以外，对其书的性质、范围（其实不限于自然事物），特别是其对于魔法所采取的态度皆有详细讨论；此外斯塔尔对普林尼也有专章论述，即Stahl 1978, Ch. 7。

用动物器官和矿物[1]。由于其巨大的实用价值，此书不但风行一时，其后更广为传播，即使在漫长的中古也一直没有失传，更从希腊原文相继被翻译成阿拉伯文、拉丁文，以及多种其他现代欧洲语言，又得多家评注和辅以图录，由是成为整个西方药典（pharmacopeia）传统的源头，其在西方医学传统中的重要性和大约同时出现的《神农本草经》之于中医药可谓不相伯仲了[2]。

从以上论述可以清楚地看到，罗马学风有非常强烈的人文与实用背景，影响所及，它的哲学偏向于人生伦理与现世，科学则局限于实用和编纂类型著作，数学和数理科学因而几乎没有任何发展空间。事实上，到了罗马帝国末期，即5—7世纪间，这趋势更为明显，百科全书的编纂遂成为帝国学术主流，虽然独立于此潮流以外者仍不乏其人。

四、毕达哥拉斯教派的重生

纯粹的数理科学未能在罗马社会生根发芽，不单因为它无法在帝国土壤中获得滋养，更因为它遭遇到强有力的竞争对手，那就是来自东方的宗教和教派。它们同样追求超越尘世的生命或者能力，然而却并不以数学、天文学的理性推论为达致超越境界的途径。这些教派的神异思想与观念在帝国广大疆土上泛滥，而且进一步渗透许多哲学流派，特别是重新出现的毕达哥拉斯学派和柏拉图学派，亦即是科学的后院，使得它们蒙上强烈的东方宗教色彩。这两个学派有三个很明显的特征：首先，是强调对教主毕达哥拉斯的尊崇，以及自远古以来的"教统"传承；其次，是对各种超自然力量的接受；最后，则是将宇宙主宰加以人格化和分为多层次的倾向[3]。

从表面上看，这两个学派所代表的，只不过是希腊理性–科学精神在罗马世界中的"堕落"，也就是在宗教与神怪思想的冲击下受其同化，甚而与之合流。然而，令人绝对意想不到的是，由此而形成的思潮不但在文艺复兴时期复活，更在十六七世纪成为推动近代科学发展的一股力量，我们在本章余

---

[1]　有关迪奥斯科利德及其药典的详细研究与考证见以下专著：Riddle 1985。他的《论药物》有下列英译本：Dioscorides 2000，其前附有迪奥斯科利德的小传以及长篇导论，包括该书内容评论以及其版本与各种译本的源流。该译本有可自由下载的网上版。

[2]　《神农本草经》作者无考，其内容为历代累积编纂而成，其中所列药物共365种，但这是将就一年内每日一种的观念，其实当时所知药物当远远超过此数。

[3]　有关新毕达哥拉斯学派的论述见Kahn 2001, Ch. 8; O'Meara 1989, Ch. 1; Dillon 1977, Chs. 3, 7。

下篇幅将集中论述它们以及其他相关教派即是为此缘故。至于与其同时但彼此之间已经没有密切关系的数理科学及医学发展——曼尼劳斯、托勒密、盖伦、丢番图、泊布斯等的工作，则留待下一章讨论。

毕达哥拉斯教派的"复活"

毕达哥拉斯教派在公元前5世纪覆灭，在随后百年间为柏拉图学园所吸收，然后好像完全消失了，但实际上它只不过是融入和隐藏在希腊-罗马文化意识底层。毕竟，毕氏教派发源和兴旺于意大利南部，是罗马人所能够认同和感到骄傲的文化符号与力量，所以它的事迹与观念仍然具有强大生命力，在适当时机就会爆发出来[①]。因此，在公元前3世纪初，毕达哥拉斯的雕像就已经以"勇敢希腊人"的姿态在罗马广场（Roman Forum）上竖立起来，其后不但毕达哥拉斯和阿基塔斯的名字在普林尼、西塞罗、塞内加、贺拉斯（Horace）、奥维德（Ovid）等拉丁名家著作中出现，而且，如上面所提到，西塞罗还特地赴梅塔庞同凭吊毕氏，并将《蒂迈欧篇》翻译为拉丁文，经过历史学家普卢塔赫（Plutarch）详细评论后，对拉丁欧洲发生深远影响，历久不衰。同时，以素食、每日自省[②]，也许还有特殊葬仪作为特征的毕派生活方式也在罗马传播——例如瓦罗据说就是以毕派礼仪下葬的。此外，依托伪造的毕派书籍、文献，即所谓"Pythagorean Pseudepigrapha"者也大为风行。

在此时期最热衷于毕氏教义的，是西塞罗的好朋友尼吉地乌（Nigidius Figulus，公元前98—前45）。他是罗马贵族，曾经出任大法官与行政官（praetor），并且卷入恺撒和庞贝之间的斗争，但在个人生活中则致力恢复毕派教义、学术与提倡其生活方式、规范，甚至建立有组织形式的教派，因而对于像西塞罗和瓦罗那样的领袖人物发挥很大影响力，被称为"毕派信徒与法师"（Pythagorean and magus）——法师称号是因为相传他曾经行使魔法（magic），并且认为毕氏本人也曾经得到东方哲人传授。可惜他在这方面的著作没有流传，仅得言论残片存于后人征引之中而已[③]。

---

① 毕达哥拉斯学派在罗马的历史以及其"复活"经历见Kahn 2001，Ch. 7以及Rawson 1985，pp. 291–294。

② 在所谓《毕达哥拉斯金句》（Pythagorean Golden Verses）中这表现为每日"三省"，即自问"今日有何过错？有何成就？有何失责？"它和孔子的"三省"形成颇有意义的对照。

③ 尼吉地乌本人从何得到毕派的传授无法考证，卡恩认为这有可能来自埃及的波鲁斯（Bolus of Mendes），但这完全是猜测而已，并没有确切证明。见Kahn 2001，pp. 140–141；波鲁斯在下文有讨论。

　　至于所谓"新毕达哥拉斯学派"（Neo-Pythagoreanism）其实与"中期柏拉图学者"（Middle Platonists）几乎难以分辨——最少我们以下所讨论公元最初两个世纪（1—180）的五位学者就都被迪伦（John Dillon）视为"中期柏拉图学派"（Middle Platonism）人物。他们以亚历山大哲学家尤多鲁斯（Eudorus，活跃于公元前25）和费罗（Philo of Alexandria，公元前20—公元50）为先驱[1]。尤多鲁斯致力于全面恢复毕氏学派，他自己的贡献在于提出至高无上的"一"（The Supreme One）作为宇宙基本原理（*arche*），而将从对立中产生数目及其他事物的"单"（Monad）和"双"（Dyad）降低为"元素"（elements）。这重新建立形而上学体系的努力一方面是对于怀疑论派之反动，另一方面则反映了犹太一神教的影响。在这一点上值得注意的是，亚历山大城从一开始就有大量犹太移民，而托勒密二世曾经邀请七十多位犹太学者为学宫图书馆翻译犹太典籍，从而使得该城成为犹太学术中心[2]。至于费罗（他比怀疑论派的费罗要晚一百五十年）则是希腊化的犹太学者，相传曾经见过第一代圣徒彼得。他认为神有三个不同层次：其最高本体是"祂"（He）；由之而生出的神圣原则是"逻各斯"（Logos）或曰"道"，再由之而生出的有两种能力，即创造神或曰"上帝"（God），以及统治神或曰"主"（Lord）。这反映了融合犹太一神观念和毕派抽象互补观念这两个不同宇宙系统之企图，因此也就把一神观念复杂化了，所以他强调"神"的多个层次并非意谓其为多元或者有高低之分，而只是反映其不同方面的作用而已。他又强调神的超越性，即其不能够为人的智能所理解、企及——这显然是希伯来信仰压倒希腊重智观念的思想。他影响了早期教父，特别是亚历山大的克里门与奥利金（Origen），以致自己一度也被误认为教父，其著作因此得以大量留存[3]。

算术与数目神学的发展

　　随后出现的两位新毕派学者是西班牙的摩德拉图斯（Moderatus of Gades，50—100）和来自约旦地区的尼高马可斯（Nichomachus of Gerasa，约60—120）。他们和赫伦同时，以重拾毕派传统，特别是其数学传统为己任。摩德拉图斯是热切毕派信徒，认为柏拉图和亚里士多德的重要学说其实全得之

---

[1]　尤多鲁斯和费罗的生平和学说在迪伦的专著中有详细讨论：Dillon 1977, Ch. 3。

[2]　有关犹太人在亚历山大的历史，见Fraser 1972, pp. 54–60。

[3]　有关费罗和基督教关系的研究专著，见Runia 1993, 特别是pp. 335–342的总结。

于费罗莱斯、阿基塔斯等的传授。他自己的学说仅留存于波菲利、辛普里修斯等新柏拉图学者的征引中。他强调宇宙结构的认识无法通过言语，而必须借助于数目，正如几何必须借助于图形，文法必须借助于字母，但图形、字母、数目却并不等于比喻的事物本身，甚至"得意"可以"忘言"。这比原始粗糙的"数目即事物"观念自然进步得多，而且和现代科学以数学方程式来表达基本原理是相符的。他又阐发了毕派所谓三个"一"（the three Ones）的意义，认为这分别指至高无上原则（亦即柏拉图在《国家篇》中所提出的"善"，the Good）、理念以及灵魂三者。这日后成为西方形而上学大传统，为"新毕派"和继起的"新柏拉图学派"所承袭和发挥。

尼高马可斯比摩德拉图斯影响更大。他来自约旦河以东的犹大（Judaea）地区（那是以色列民族在其《圣经》记载中的核心居息地），和托勒密大致同时而稍早，是著名数学家和乐理学家，一共留下三部著作，即《算术导论》（*Introduction to Arithmetic*）、《数目神学》（*Theology of Numbers*）和《音乐手册》（*Manual of Harmonics*）[1]。其中《算术导论》脱离了《几何原本》将算术附丽于几何学的传统，是西方第一部独立成书的算术著作，流传极广，不但有拉丁文和阿拉伯文译本，而且成为通用教科书达千年（约200—1200）之久。它作了非常繁复详尽的数目分类，也记录了各种有关数列和级数的定则，更提到求素数的"埃拉托色尼筛法"。另一方面，它却抛弃了严格证明的观念，只是在通则之后附以例子作为说明，甚而轻率地根据一个或者数个特例推断出完全错误的通例，可以说是从希腊数学的严谨规范大大倒退了。不过，在其中也出现了新方向：首先，自然是算术之脱离几何，获得独立地位；其次，是希腊传统中第一个乘数表之出现；第三，是书中应用阿拉伯而非希腊数目字。除此之外，书中也提到了一些不那么简单的定理，例如将奇数序列依次作1项、2项、3项……之和，即作1；3+5；7+9+11……的序列，那么所得结果都是立方数。除此之外，和早期毕派观念一样，《算术导论》亦将数目赋以人事观念、性格和性质：例如它有关于"充盈数"（abundant number）、"亏缺数"（deficient number）和"完整数"（perfect number）的讨论[2]；《数目神学》则更将数目和神祇相匹配起来，这成为日后

---

[1]　关于尼高马可斯的生平和著作，特别是《算术导论》的内容，见Heath 1965，i，pp. 97—112；《算术导论》有以下英译本：Nicomachus 1952。

[2]　该书将数目分为三类：根据一个数目所有因子之和是大于、小于或者等于该数目本身，而将之分别称为充盈数、亏缺数和完整数；它又认为这和生物器官数目之过多、不足或者恰好是相应的。

所谓"数目神智学"（numerology theosophy）的滥觞。

　　最后，我们要提到新毕派殿军纽曼尼亚斯（Numenius of Apamea，活跃于150—176）[1]。他生长、活动于叙利亚北部的阿帕米亚，与博斯多尼乌和艾安布里喀斯属同乡。他基本上是哲学家，致力树立毕达哥拉斯的道统，即认为毕氏为承受东方诸远古文明的最高智慧者，柏拉图则承受于毕氏，而此后的整个学园传统则为纷争、堕落的历史过程，必须与之划清界限，以"拨乱反正"。他这种"返璞归真"的渴望为随后的"新柏拉图学派"所发扬，其影响一直延续到文艺复兴时代乃至17世纪[2]。他的主要论著是《论善》（On the Good），其中心关怀无疑是"宇宙神学"，即阐明毕派"三位神"或曰三个"一"在存有、创造、建立秩序三方面的作用以及其彼此间的关系。他的这一观念上承费罗与摩德拉图斯，而且与仍然在摸索阶段的基督教神学，特别是其圣父（上帝）、圣子（耶稣）、圣灵（逻各斯）"三位一体"教义极为相似[3]。纽曼尼亚斯之后，新毕派就结束了，但他们毫无例外地对毕达哥拉斯之尊崇和神化，则被继起的新柏拉图学派所全盘接收。

五、柏拉图主义的地下世界

　　亚历山大大帝东征时将古典希腊文化扩散到东方，在其后数百年间，它强烈地渗透、刺激、融合当地各种信仰，由是而形成了众多"希腊化"（Hellenised）的东方教派。它们五花八门，洋洋大观，除了希腊化犹太教，以及由之发展而来的基督教这两大宗教体系以外，还包括以下三大支：源于埃及的赫墨斯教派；源于两河流域以"法力"观念为中心的"神谕"信仰；以及从基督教衍生的灵智教派与摩尼教[4]。我们在此不讨论犹太教和基

---

[1]　有关纽曼尼亚斯的讨论，见Kahn 2001，pp. 118-133；Dillon 1977，pp. 361-379；以及O'Meara 1989，pp. 10-14。

[2]　这见于他的On the Secession of the Academics from Plato一书所遗留的残片，该论争文章的主要攻击对象是学园的怀疑论派；有关这方面的详细讨论，见Boys-Stones 2001，pp. 138-142。该书的整体就是讨论这"返璞归真"，追溯本始哲学与神学的思想如何在中期柏拉图学者间发展，以及同样策略如何为基督教早期教父如克里门和奥利金所利用，以颠覆"外邦"（pagan）哲学。

[3]　基督教"三位一体"的教义迟至公元3世纪初才出现，它的确切意义旋即引起激烈争论，直至公元4世纪末才大致止息，所以在时间上是略晚于纽曼尼亚斯时代的。这方面争论在中古经院哲学中再度复活，几乎所有重要学者都卷入其中。

[4]　此扩散与融合过程在Jonas 1958，Ch. 1有综合讨论。

督教①，至于其他三支教派则由于其思想纠缠交结，而且都具有来源于柏拉图思想的共同宇宙观、人生观和救赎观，所以被迪伦统称为"柏拉图的地下世界"②。它们是了解"毕达哥拉斯-柏拉图"学派以及西方科学发展所必不可忽略的背景——而且，那并不限于罗马时代，同样的"复合结构"（complex）还将在中古和文艺复兴时代复活，而如所周知，源于赫墨斯教派的"炼金术"就是现代化学的先驱。

灵智主义

　　灵智主义（Gnosticism）思想的核心是：从至高无上、莫可究诘的"一"或曰神而产生物质世界是一个堕落过程；人的灵魂本来属于"灵界"（Pleroma），它之依附或者受奴役于物质，也就是禁锢于身体，甚而忘却其本源而依恋尘世，是此堕落过程的反映。人要获得拯救，即回归灵界或重新与"一"结合，就必须真正认识到人本身的现状及其本源的真谛，这就是"真知"或曰"灵智"（Gnosis）。这种认识是有如大梦初醒的觉悟，并非人本身所一定能够完成，而有赖于本身以外力量的协助。其方式可能是借着特殊的仪式、法力（例如在神谕和赫墨斯信仰中），也可能是借着天上使者来到人间加以提示、点拨（例如在灵智信仰中），而使者本身亦可能为此尘世旅程而蒙受污染、折磨，但至终则将扶持堕落的人重升灵界③。

　　显然，灵智信仰本来是从毕派-柏拉图永生思想发展而来，另一方面则受基督教救赎观念的刺激、启发。它虽然具有毕氏教派根源，却与后者之间出现了三点基本区别。首先，"灵智"不再是单纯的、只具有认知意义的"知识"（Knowledge或Episteme），而成为具有体会、感受、"悟道"、"朝闻道，夕可死矣"意义的那种"道"或曰"真知"；其次，在灵智（但不是其他）信仰中，可感觉的世界亦即"尘世"基本是污秽和邪恶的（这一点与基督教大不相同）；最后，人的拯救与回归灵界不能够仅凭本人的修炼，而还

---

① 当然，基督教的形成与柏拉图学派有千丝万缕的关系，但此庞大题材非我们在此能够讨论。下列著作对基督教出现的政治、社会、文化、宗教背景提供了全面的概括综述：Ferguson 1987。

② Dillon 1977, pp. 384–396.

③ Gnosticism的意译是"灵智主义"，但亦有译音为"诺斯替主义"的。有关灵智教派的资料和讨论见Ferguson 1987, pp. 300–316（综合论述，包括灵智主义与早期基督教的关系）；Jonas 1958的研究专著（最近此书已经有中译本）；van den Broek and Hanegraaff 1998（论文集）；van den Broek 1996（个人论文集）；以及下注所引的拿戈玛第灵智教派经卷与相关论述。

得通过种种仪式、法力，特别是上天使者的扶持提携。整体而言，灵智信仰意味着从重智精神向重信的宗教精神之转变，但它仍然像毕派那样，凸显了追求遗失、遗忘或者隐藏的重要知识之渴望，因此可以视为希腊和希伯来两大传统融合的产物。

历史上的灵智教派其实是名目繁多的基督教异端之总称，包括西门派（Simon Magus）、曼达教派（Mandaeanism）、瓦伦廷派（Valentinianism），以及在遗留经卷（即未曾编入《圣经·新约》的早期基督教文献）中所显示的基督教旁支等等。它们有以下三个不同类型：首先，是反对耶稣或者与之竞争者，例如曼达教派尊崇施洗约翰而否定耶稣，魔法师西门则与耶稣门徒彼得比试法力。其次，是起源于基督教内部而后来被判断为异端者，例如瓦伦廷派。最后，则是大量遗留经卷例如《真理福音》《多马福音》《腓力福音》《彼得与十二门徒行传》等所显示的，在正统《新约圣经》以外的早期基督教思想、传统。本来，在正统基督教会取得宰制性地位以后，所有这些异端、旁支、敌对教派都受压制而逐渐消失了，所以要了解它们历来极为困难，主要依赖早期基督教教父的攻击文字，即所谓"异端学"（heresiology）文献。然而，这情况由于1945年在上埃及的村庄拿戈玛第（Nag Hammadi）发现了成书于公元350年左右的52篇原始《科普特文灵智经卷》（Coptic Gnostic Codices）而完全改观[①]。最早期基督教许多旁支的观点、立场自此可以直接研究、探索，从而显示出与正统基督教完全不同的多个其他面相。除此之外，摩尼教（Manichaeism）也应当视为灵智教派的一支。根据1970年在埃及发现的《科隆摩尼经卷》（Cologne Mani Codex）[②]，其教主摩尼（Mani）降生于216年，在伊拉克南部一个犹太–基督小教派中成长，后来另行开宗立教，其教义包括波斯、灵智和基督教成分，而且予基督教以特殊地位。它曾经风行欧亚和中国，后来受压迫而灭绝[③]。

最后，作为西方宗教主流的基督教是个庞大、繁复的思想体系。它虽然是由犹太教衍生，但其思想、神学却并非完全来自希伯来信仰。它的核心教义例

[①] 这些经卷经过许多学者的协同整理、英译、研究，已经两度结集出版，并且陆续有研究专集问世。见Nag Hammadi Library in English 1988，此为1977年初度英译出版之后的修订本，每篇经卷前都附有导言。

[②] J. van Oort, "Manichaeism: Its Sources and Influences on Western Christianity", in van den Broek and Hanegraaff 1998, pp. 37–51.

[③] 见林悟殊《摩尼教及其东渐》，北京：中华书局1987。

如灵魂不灭、永生、堕落、拯救、复活、"三位一体"等等，都与现在逐渐被发掘、认识的迦勒底–灵智–赫墨斯信仰相当接近，而并非原始的希伯来"耶和华信仰"所具有，甚至是耶稣同时的犹太律法师所不能接受的。耶和华信仰所强调的，只不过是属于犹太民族的全能、公义、独一无二之神而已。而且，基督教虽然是在公元前后发源于巴勒斯坦，但《新约》的四福音书之形成则迟至公元1世纪末至2世纪，至于其核心神学观念，例如"三位一体"说则形成于2—3世纪之间，亦即与中期柏拉图哲学同时，因此后者对此形成过程的影响、刺激是有迹可循的，虽然现在已经无法详细考究了。无论如何，中期柏拉图学说和灵智主义无疑都可以为此过程提供重要的背景资料[①]。

迦勒底神谕

《迦勒底神谕》（*Chaldean Oracles*）被"新柏拉图学派"视为与《蒂迈欧篇》有同等重要性的"圣经"。它的原典相传是公元2世纪末的朱利安父子二人即"迦勒底人朱利安"（Julian the Chaldean）和"法力师朱利安"（Julian the Theurgist）得之天授，但原文已经失传，现在遗留的只有两百多简短残片，其意义得通过新柏拉图学派的著作加以诠释才可以大致推测[②]。从迦勒底这地名推测，《神谕》信仰可能起源于两河流域，但这并没有其他证据，而传说中最初出现的求雨"法力"，则是"迦勒底人朱利安"在公元173年随罗马皇帝马可·奥勒利乌斯（Marcus Aurelius）出征时行使于巴尔干半岛的罗马军中。这信仰是个相当繁复和全面的系统，包括宇宙论、神学、救赎论，等等。这些和灵智教派大同小异，不必详细论述，值得强调的是它的两个特点，即神祇和精灵众多，以及对于仪式、法力的注重。

在《神谕》宇宙体系中，相当于柏拉图"一、理性、灵魂"三层存在结构的，变成了更为拟人化的"第一神/父、第二神/创造神、阴性的世界灵魂"三层结构，而且名目变化多端。但更重要的，则是在此高高在上的理性结构与现实的观感世界之间，还有许多次级神祇，例如：（1）沟通天父与尘世的

---

① 对此问题的详细讨论，见Dillon 1997，特别是其中以下两篇论文：Ⅷ "Logos and Trinity: Patterns of Platonist Influence on Early Christianity"；Ⅸ "Pleroma and Neotic Cosmos: A Comparative Study"。以上第一篇文章对于"三位一体"教义与《蒂迈欧篇》以及费罗、纽曼尼亚斯等学说之间关系的讨论尤为重要。

② 这些残片有下列英译本：*The Chaldean Oracles* 1989，其长篇导言对了解《神谕》颇有帮助。此外Dillon 1977, pp. 392–396对《神谕》的形而上结构以及其与纽曼尼亚斯的关系也有讨论。

使者"英格使"（*Iynges*），它亦代表意念本身；（2）维持宇宙各部分和谐的"联系者"（Connector）：灵魂得借以上升天界的阳光线就是其中一种；（3）统领"三界"即物界、气界、天界的所谓"始动者"（Teletarch）；（4）各种天使（Angel）和恶毒或善良的精灵（Demon）；（5）"光阴神"（Aion）和"爱神"（Eros）；等等。显然，这些大都是把传统或者地方神祇收纳到一个理性化系统里面的结果，所以它们有两重特点：一方面其功能有种种理性解释，但另一方面又与下述法力运作有关。

　　法力（Theurgy）是《神谕》信仰最核心的部分，道斯（E. R. Dodds）称之为"用在宗教目的上的魔法（magic）"[1]。特鲁亚尔（J. Trouillard）则将之等同于天主教的"圣事"（Sacraments）[2]，借以凸显法力通过具体，无可解释或者理解的仪式，包括呼喊特殊名号等，来达到与神祇沟通或者合一之目的。但无论其理想化目标如何高远，法力运作本身显然总离不开其法术或者魔法根源。这包括：（1）与神祇"通灵"（Conjunction），主要靠呼叫特殊名号，或者埋藏或起出植物、石头等信物；（2）"召唤"神灵（Conjuration），这是以藏在神偶体内的信物招引之，或者通过"灵媒"（Medium）降神，包括附体（Binding）和解送（Loosing）两个步骤——在这一点上，我们自不能不注意到，耶稣所赋予门徒彼得的大能主要就是这两项；（3）应用"法器"如晃动的金属球、鸟、牲祭、护符、符石等来招神或者驱邪，或者达到其他更现实的目的，例如降雨；（4）元神（即灵魂，或者其部分）的"霄升"（*anagoge*），这一般要通过种种洁净仪式，包括躯体的"闭眠"来达到，但冥想是否其功夫的一部分，则有争议。

赫墨斯教派与炼金术

　　灵智教派的内核是基督教，迦勒底神谕的内核是法力，至于赫墨斯信仰（Hermetism）的内核则是冶炼术，但无论其内核为何，这三者都同样接受了毕派-柏拉图学派的神学架构。三者之中，神谕出现较晚，但历史、地望难以考证，灵智教派起源比较清楚，只有赫墨斯信仰的背景、根源争议最大，一直要到最近才逐渐在学者间形成共识，即它其实起源于埃及本土宗教以及附属的魔术、冶炼术、星占术等等。托勒密王朝建立以后三百年间（约公元前

---

[1]　Dodds 1957，p. 291.

[2]　*The Chaldean Oracles* 1989，p. 23.

300—前30），这一套起源于埃及本土的思想、信仰和技术在希腊政治和文化长期压力下逐步希腊化，从而形成包含多种貌似互不相干成分的奇特教派①。它开山祖师的名号"三威赫墨斯"（Hermes Trismegistus）就是由埃及智慧神透特（Thoth）与希腊信使和言语、发明之神赫墨斯融合而成的神化人物——它亦可能包括祖孙二人。至于"三威"（Thrice Great）一词有一说是指其具有矿物、植物、动物三方面的知识；此外，从其对音乐的重视，可以推断和毕氏教派有特殊关系②。

从典籍上看，赫墨斯信仰比较明确的部分是"哲理性"或宗教的，这以传世文献为主，包括（1）17篇希腊文的《赫墨斯经典》（Corpus Hermeticum）；（2）拉丁文的《阿斯克勒庇俄斯（药神）》（Asclepius）；（3）亚米尼亚文的《赫墨斯问答》（Hermetic Definitions），这些大致出现于公元100—300年；（4）三篇科普特文的拿戈玛第出土经卷；（5）《绿玉版》（Emerald Tablet）③。这些文献没有受基督教影响的痕迹，但却显示出与基督教思想非常相似的平行发展，以及若干埃及法术（例如制造和驱动神偶之法）的遗留，而在《阿斯克勒庇俄斯》之中，还有关于埃及"正教"行将覆灭以至全然失传，为后人所遗忘的奇特悲剧性预言。

除了上述"哲理性"文献之外，赫墨斯教派还有来源和性质庞杂的所谓"技术性"文献，即《赫墨斯文献》（Hermetica）④。它们大致出现于公元前250—公元300年，内容广泛，包括魔术、星占、医学、矿物、冶炼等等，大部分只是以草纸零碎片段的形式留存。这些文献不一定形成同一思想、宗教或者知识体系，只不过因为内文将作者归为赫墨斯，或者其性质被认为属于赫墨斯系统而被汇集在一起。事实上，如多位学者指出："宗教性"和"技术性"的赫墨斯文献并没有清楚划分的可能，在观念上两者相通，在实际上它们也是混

---

① 有关赫墨斯教派的现代研究见Fowden 1986, Ch. 1，以及*Hermetica* 1992的导言。

② van den Broek and Hanegraaff 1998, Ch. 11.

③ 《赫墨斯经典》17篇连同拉丁文的《阿斯克勒庇俄斯》有哥本哈法（Brian P. Copenhaver）的英译本，书前并有长篇导言和讨论，见*Hermetica* 1992。科普特文经卷见*Nag Hammadi Library in English* 1988, pp. 321–338，其中最后一篇是科普特文的《阿斯克勒庇俄斯》部分译本。《绿玉版》篇幅甚短，但影响极大，炼金师都奉为圭臬；它最早出现于9世纪的札贝尔文献，但相传是1世纪的新毕达哥拉斯派学者阿波隆尼亚斯所作，见Holmyard 1968, pp. 97–100，以及Linden 2003, pp. 27–28的讨论和译文。

④ 林顿所编的《炼金术读本：从三威赫墨斯到牛顿》提供了多篇有代表性的古代与中古炼金术文献，包括《赫墨斯文献》的若干篇章。其导言并对炼金术作了鸟瞰式概观，见Linden 2003。

合、重叠的[①]。西方"炼金术"（alchemy）一词可能源出埃及远古的金属冶炼和织物漂染技术：*Chema*指黑土，即各种冶炼原料所出，此词传入阿拉伯后变为*al-Chemie*，回归欧洲后再变成alchemy。因此，炼金术这一小传统在其根源处也是科技、宗教、哲理的混合物和共生物。由于它出现较晚，而且同样是以宗教、哲理为主导，所以也深受希腊科学传统，特别是亚里士多德哲学以及"四元素说"的影响。

这方面最早，也最有名的作者是波鲁斯（Bolos Democritus of Mendes，活跃于公元前200年），他是希腊–埃及混合人物，被尊为西方炼金术之父，相传《论自然与神秘事物》（*Physica et mystica*）即为其所著，虽然这大有争议[②]。此书包含大量工序、方剂的描述，被认为是"最早之化学论著"。它分为制金、制银、制宝石、制紫染料四部分，大概是搜集、整理传统配方而成，特点是有明确中心思想，即通过淬炼、漂染、融合、着色、磨砺等工序，可以将低贱金属的外观改变成贵金属，如金、银，而且，只要外观高度相似，那么细微差别并不重要——由于当时如何判断金属本质还不清楚，这种思想是很自然的。显然，这很可能就是炼金术思想的根源。在波鲁斯之后最有名的两种文献是公元200年左右的莱顿草纸方（Leiden X Papyrus），它包含111道冶炼工序；以及斯德哥尔摩草纸方（Stockholm Papyrus），它包含154条染料方剂。两者都很简略，属备忘、提示性质而非课本。

炼金术的第一位历史而非传说人物当是来自上埃及的佐西莫斯（Zosimos of Panopolis，活跃于公元300年），但我们对他所知极其稀少，主要是他留下的多种希腊文、叙利亚文与阿拉伯文著作，包括一部二十八卷本的百科全书。它的最大特点是庞杂，也就是将少数切实的化学与冶炼工序（例如制造"白铅"以作为假银的方法）混入荷姆雅德（Holmyard）所谓"令人迷惑的埃及魔术、希腊哲学、灵智思想、新柏拉图思想、巴比伦星占学、基督教神学、异教神话等形成的大杂烩，加上其谜样的泛指性文辞，使得有关炼金术资料的解释非常困

---

① 见Copenhaver在*Hermetica* 1992，pp. xxxii–xxxiii的讨论和征引。

② 波鲁斯又称"Bolos Democritus"或"伪德谟克利特"（Pseudo–Democritus），因为他的作品也被认为出自德谟克利特传人之手——事实上，他很可能是将埃及工艺、技术加以搜集、整理，然后披上希腊哲学外衣者。有关他的记载与讨论见Holmyard 1968，pp. 25–26；Linden 2003，pp. 8, 38；Peters 1972，pp. 434–436；此外尚可参考DSB/Bolos/Bashmakova。《论自然与神秘事物》的作者与年代有许多争议，但一般认为在1世纪左右，其有关制金、制银的片段选译见Linden 2003，pp. 38–43。

难与不确定"①。这是将起源于工匠的冶炼术"哲理化"以求提高其声望的过程，也就是一方面把它附会于赫墨斯、柏拉图、摩西、母神艾西斯（Isis）等，另一方面把它的内容消化于哲学与宗教象征、寓言之中。这个趋势以后一直发展到7世纪的斯特凡诺斯（Stephanos of Alexandria，约600—650）。他是位学问渊博的哲学家，与东罗马皇帝赫勒克拉奥斯一世（Herakleios I，610—641年在位）同时而且颇受礼遇，曾在拜占庭讲授数学、天文学、音乐以及柏拉图和亚里士多德，主要著作有分为九章的《炼金术》（De chrysopoeia）演讲集。它视野开阔，辞藻华丽夸诞，其基本观念是：提炼纯净黄金并非止于技艺，而犹如人之修炼心灵，以求恢复其原本高贵的神性。这观念可以称为"性灵炼金术"，与哲学、宗教观念交融，对后世影响很大，一直延续至中古后期。而且，炼金术之传入伊斯兰世界，就是通过他的弟子莫里安纳斯（Morienus）②。

六、新柏拉图学派及其转向

我们在上面提到柏拉图学园"旧传统"也就是直接继承柏拉图思想乃至讲学规制、场所的"The Old Academy"（它大约以苏拉在公元前88年焚掠雅典为下限）之逐步陷入极端怀疑论。但这到卡尼底斯就无以为继了，因此拉里莎的费罗已经开始改变，他的弟子安条克更与乃师决裂，接受斯多葛派的"现实主义"，即重新承认通过观感认识客观世界的可能，并且强烈否认怀疑论派是直接继承柏拉图的正统③。这根本转变结束了学园传统的怀疑论，此后柏拉图学派进入中期，即是以尤多鲁斯和费罗为先驱的"中期柏拉图学派"。它大体上与新毕达哥拉斯学派同时，即活跃于公元头两个世纪，而且，两者在思想上也有相同根源。正如迪伦所说："在这时期（按：即柏拉图学派中期）毕达哥拉斯以及被认为是他的那些教义的影响始终占据主导地位。在所有类型的柏拉图派学者当中，柏拉图基本上被视为毕达哥拉斯的学生（无论其是否有原创性）的观点不断加强和深化，并且在那些决然自称

① 见Holmyard 1968，pp. 27–29；DSB/Zosimos/Plessner。例如林顿在Linden 2003，pp. 50–53所节译的《异象》（"Vision"）就是充满象征的冶炼寓言。
② 有关斯特凡诺斯见Holmyard 1968，pp. 29–32；Linden 2003，pp. 54–60。有关性灵炼金术的详细讨论见van den Broek and Hanegraaff 1998，Ch.10。
③ 见Dillon 1977，Ch. 2，特别是pp. 56–69有关安条克思想大转变以及其"科学现实主义"的讨论。

为毕派信徒的人中间达到极端。"①至于从3世纪开始的"新柏拉图学派"
（Neo-Platonism）则是以积极关注宇宙秩序与人的关系为出发点，但它很快
就受到多方面宗教思想冲击，从而再一次发生基本蜕变②。

开山宗师柏罗丁

开创"新柏拉图学派"的是被认为西方古代哲学家中仅次于柏拉图与亚
里士多德的柏罗丁（Plotinus，205—270）③。他在上埃及长期受业于不见经
传的沙喀斯（Ammonius Sakkas），但显然没有受到任何埃及神秘主义或者
宗教影响，中年后参军以求往中东和波斯寻访贤哲，但不成功，遂改赴罗马
（公元244），并且得到罗马皇帝赞助居留讲学，以迄死于恶疾。他留下了
著名的《九章书》（Enneads），这巨著基本上是柏拉图哲学的系统化和深
入开展，其核心是讨论处于观感世界之上的实体（hypostases），即"一"
（One）、"理智"（Nous）、灵魂这三层结构，以及其与个人的关系，整体
倾向则是将哲学发展成为诉诸理性的宗教关怀。如肖里（Shorey）指出，这
是纯属思想、智力而非来自痛苦、恐惧等尘世感情的宗教情怀，它也许最能
够以柏拉图《斐德罗篇》的描述加以表达："那诸天之上的天，又有哪一位
尘世诗人曾经或者可能如份颂扬？……彼处长存的，是无色、无形，不可捉
摸，只能以心智忖度的，作为本质的神灵——其美好不同于……任何具体事
物，而是绝对、独特、单纯、永恒的——它是所有其他事物必然泯灭的丽质
之泉源和起因。"④从科学角度看来，柏拉图承接毕达哥拉斯思想，强调宇
宙奥妙（特别是数学）的探索是通往永生之道；柏罗丁则越过也放弃了数学
（以及其他自然现象探索）的凭借，直接通过个人经验的反省和理智来构想
宇宙最高原理。和新毕达哥拉斯教派或者灵智教派一样，这原理基本上仍然
以人的自我反省、提升和拯救（即回归与"一"的结合）为核心，至于自然
世界之了解则已经沦为次要。这可以说是柏拉图哲学在东方宗教关怀强大冲
击下的转向，即脱离科学，转向形而上学建构。

---

① Dillon 1977，p. 51.

② 有关新柏拉图学派的论述见Smith 2004；Peters 1972，Ch. 18；O'Meara 1989。有关新柏拉图学
派所受各种教派以及基督教的冲击见Peters 1972，pp. 421–445，671–681。

③ 有关新柏拉图学派与柏罗丁的论述见Wallis 1972；Shorey 1938；Mayhall 2004；以及Smith
2004。

④ *Phaedrus* 247C，作者根据Jowett英译本翻译，见Shorey 1938，p. 42。

命运转变枢纽波菲利

作为开山宗师，柏罗丁名声显赫，影响深远，但他这一学派之得以光大，其来自巴勒斯坦的门徒波菲利（Porphyry of Tyre，233—305）实功不可没：不但《九章书》之编纂以及柏罗丁传记的撰写都是其功劳，而且他自己也有大量著作，但这些却表现了与乃师不相同的独立倾向。首先，是向毕派回归，这表现于他的毕达哥拉斯传记、《几何原本》评论，以及关于素食和其他仪式的著作。其次，是他撰写了著名的《反基督徒》一书，其中最重要的论据是：最高原理亦即上帝绝不可能"实体化"成为肉身。这导致比他晚一个多世纪的奥古斯丁在其巨著《上帝之都》（City of God）中感到有必要用大量篇幅来讨论和反驳波菲利[5]。最后，他开始接受来自两河流域的《迦勒底神谕》法力观念。对于这来自东方的怪力乱神，柏罗丁采取"存而不论"的态度，认为即使实有其事，也仅属观感世界的特异现象，所以不值得讨论。但他一旦逝世，波菲利就成为抄传、散播、讨论《神谕》，并且将之结合到新柏拉图学说中的始作俑者。他这一基本态度转变，无疑是导致新柏拉图学派从哲学急剧转向宗教的关键。在当时的文化氛围中，此转变也许是势所必然的[6]。

从哲学转向法力的巨变

3世纪末是基督教大举扩展，行将成为罗马国教的前夕。在此时期新柏拉图学派同样在宗教追求上变本加厉，一往无前，其代表人物是波菲利的门徒，后来回到叙利亚本城讲学的艾安布里喀斯（Iamblichus of Apamea，250—325）[7]。他性格坚强，思想敏锐，更对于毕派和《神谕》充满强烈宗教热诚，甚且远过于乃师，影响亦绝不逊色。他著作等身，关于毕派学说的有对尼高马可斯《算术导论》的评论、《论毕氏生活方式》（On Pythagoreanism）、《算术的神学原理》（The Theology of Arithmetic）以及毕氏传记；虽然他和波菲利以及普洛克鲁斯的《神谕》注释都已经湮没，但《论秘法》（On the Mysteries，这成为研究《神谕》的基本文献）、《论灵魂》（On the Soul）、《神学原理》（Principle of Theology）诸书都有流

---

⑤　《上帝之都》共二十二卷，其中第十卷即是以反驳波菲利为主题。

⑥　见Peters 1972，pp. 671–677，在此彼得斯将波菲利的内在紧张归结为代表柏拉图理性的"理论"与代表《神谕》的"实践"之对立与和解。

⑦　波菲利和艾安布里喀斯的毕氏传记俱见Pythagorean Sourcebook and Library；该书亦收入同期哲人、传记家第欧根尼的毕氏传记，该传原为Diogenes 1965中的一篇。

传①。我们由是得以知道他对于法力有非常积极的态度：波菲利对于法力尚有保留，认为它只是在观感世界中的特殊感应现象，能力并不企及上天；艾安布里喀斯则认为，通过仪式所施行的法力，也就是通过操纵、控制具有象征性的事物，的确可以影响乃至强制宇宙至高力量的运作。因此彼得斯说，"在艾安布里喀斯手里，理性传统受到了致命打击"，"早期思想家曾经将东方智慧与希腊观念并列，但艾安布里喀斯更进一步。这已经不再是东方智慧的问题：作为'法力神学'（theourgia）的拥护者，他认为东方教派及其仪轨不只及得上而且超越了希腊教派"。②值得注意的是，这种可以称为"神圣仪式神学"（sacramental theology）的思想虽然起源于原始宗教中的魔法，然而它和基督教的"圣事"观念，特别是圣餐中的实体变质说（transubstantiation），其实完全相通。不但如此，甚至也有论者认为，这种观念之在16世纪与17世纪之交再度盛行，是和当时学者之渴望操控宇宙的巨大力量相关，而那又是促成现代科学出现的一个深层心理因素③。

这样，在柏罗丁之后，亦即从3世纪末开始，新柏拉图学派就从以理性为基础的宗教哲学转变为带有浓厚神异气质的哲学–宗教复合体。事实上，从3世纪的波菲利至5世纪的普洛克鲁斯，所有新柏拉图派学者无一不倾倒于《迦勒底神谕》，将之与《蒂迈欧篇》并列，视之为犹如基督教《圣经》那样具有无上权威的天授之作。而且，这特殊的思想形态将在文艺复兴时代复活并且蔚为风尚，甚至有人企图以之与基督教争一日之短长。因此，在罗马时代超自然力量之追求已经逐渐变为西方文明底层的一股重要力量。

---

① 《论秘法》、《算术的神学原理》、《为哲学呼召》（其中包括他与波菲利讨论《神谕》的文献）、《毕氏生活方式》等书都有译本，分别见Iamblichus/Taylor 1984；Iamblichus/Waterfield 1988；Iamblichus/Johnson 1988；Iamblichus/Dillon and Hershbell 1991。

② Peters 1972，p. 677.

③ Yates 1964，pp. 447–451；详见本书§11.5.

第七章 古代宇宙观的完成

　　西方古代科学奠基于雅典，发扬光大于托勒密王朝的亚历山大，而完成于罗马帝国治下的亚历山大。说古代科学之"完成"，主要指天文学家托勒密，特别是他的《大汇编》。此百科全书式的巨著融汇了大量前人工作与作者自己的观测和理论创见，它们构成了一个宏大、完整的宇宙体系，其结构之严密、计算之精确，令人赞叹膺服，因此直到15世纪仍然为西方学术界宗奉。除此之外，托勒密还有地理学、光学、乐理学等各方面的重要作品，以及多部技术性天文学著作，因此他的确是为西方科学整体作出了总结。至此，毕达哥拉斯所开创的宇宙奥秘之探索就完成了，而且是完整地结集在一套经过周详计划的巨著之中。不过，"完成"也就意味着"结束"。正如古代数学的进一步发展有待代数学出现，同样，古代天文学的进一步发展也有待地心说、天体运行轨道由圆形组成等基本观念之转变，而这是16世纪及其后的事情了。

　　托勒密和雅典以及亚历山大早期科学家不一样，他是一位独立苍茫的人物，没有朋辈交往，师承无从考究，而且后继无人。他和上一位大师喜帕克斯相隔将近三个世纪，两者之间虽然出现了几位数学家、天文学家，却都缺乏气魄和创见，不像是能够教诲、激发托勒密的人。唯一例外是比他长一辈、发明三角学的曼尼劳斯，那有可能是他的老师。但很可惜，我们对曼尼劳斯一无所知，他和托勒密之间即使有任何关系那也完全隐藏在黑暗之中。然后，好像是后代震惊于他之壁立千仞、高不可攀而为之却步，在托勒密完成大业之后七百年间，竟然再无值得称道的天文学家出现。换而言之，在古代西方他竟成绝响了！这反映的当是希腊科学传统自喜帕克斯以来就失去了动力，曼尼劳斯和托勒密都是突出的个别天才和例外，他们所代表的并非这大传统之复兴，而是其夕阳西沉之前的回荡晚钟。而且，不独以他们两人为然。就医学而言，和托勒密同时代的大宗师盖伦；就数学而言，托勒密之后的算术家丢番图、几何学家泊布斯，也当作如是观。这几位在大时代没落之前出现的独特人物，我们将在本章末尾讨论。

一、亚历山大科学的最后光芒

到公元1世纪末年，在经历两三个世纪的征服、扩张、内战、宫廷斗争之后，从小邦蜕变为庞大帝国的罗马终于成熟，能够在和平中享受繁荣昌盛了。因此，吉朋（Edward Gibbon）的《罗马帝国衰亡史》劈头便宣称："在公元2世纪，罗马帝国包括了地球上最美好的地方，以及人类最文明的部分。"稍后他说得更具体："倘若要在世界历史上找出人类最幸福和繁荣的时期，那么我们会毫不犹疑，将之定为自图密善（Domitian）之死至康茂德（Commodus）登基之前。当时统治罗马帝国广大幅员的，是受德行与智慧指引的绝对权力。相继四位皇帝才德服众，以宽猛相济的手段控制军队。内尔瓦（Nerva）、图拉真（Trajan）、哈德良（Hadrian）以及安东尼诸帝（the Antonines）都是宽大为怀，敬重法律，谨慎依循行政规章的。"[1]他所颂扬的这八十多年（96—178）盛世正值曼尼劳斯和托勒密在世之日，当时埃及已经是罗马皇帝治下一个兴旺的直隶行省，更且成为与印度之间的海上贸易枢纽，所以亚历山大的国际都会地位不但没有丧失，反而更臻稳固了。不过，如本章开头所说，曼尼劳斯和托勒密都是盛世中的孤独人物，正可谓"冠盖满京华，斯人独沉吟"。他们所代表的，只是古希腊科学传统在没入漫漫长夜之前的回光返照而已。

曼尼劳斯（Menelaus of Alexandria，约70—130）的生平我们所知极少，只是根据《大汇编》的记载，得知他早年在亚历山大，壮年在罗马作过多次天文观测（98）和对话，除此之外就一片空白了[2]。所幸他的三卷《论球面》（Sphaerica）得以通过阿拉伯文译本流传，此外据说他还有名为《几何原本》和《三角书》的著作，但都已经失传。他的《论球面》实际上是球面三角学的开山之作，第一卷是有关球面三角形（他定义为由球面大圆所构成的三角形）的几何学，其中包括球面三角形三内角之和必然大于180°的证明；第二卷是球三角与天文学关系的论述，内容略相当于狄奥多西《论

---

①　Gibbon 1932, i, pp. 1, 70, 作者译文。

②　关于曼尼劳斯与他的《论球面》见Heath 1965, ii, pp. 260–273以及DSB/Menelaus/Thomas。

球面》第三卷而有所推广，证明则较为简洁；第三卷亦是最重要的一卷则是球面三角学的论述，在其中他继承了喜帕克斯弦表的作法，以圆心角所张弦线长度作为基本函数（定义见§5.7），它相当于正弦函数，惟所定圆半径不一样。全书最基本的，是此卷第一道定理，它将欧几里得时代发现的三角形诸边的切割定理$AD \cdot BE \cdot CF = BD \cdot CE \cdot AF$（图7.1a）推演到球面三角形：$\sin AD \cdot \sin BE \cdot \sin CF = \sin BD \cdot \sin CE \cdot \sin AF$（图7.1b），其中$\sin AD$是指球面上大圆弧$AD$在球心所张角度的正弦函数，余类推。

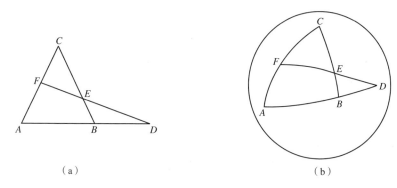

图7.1 三角形与球面三角形的切割定理

在上述定理的基础上，可以推断出许多其他对于天文学有极大应用价值的定理，但此处只举出以下例子：球面上的大圆弧PA分别切割大圆弧1，2，3，4于A，B，C，D4点，在P固定而A点在大圆弧1上面移动时$\sin AD \cdot \sin BC / \sin DC \cdot \sin AB$为常数（图7.2b），这是平面上直线束为另外一条直线所切割时的所谓非和谐（anharmonic）性质定理（7.2a）之球面推广。

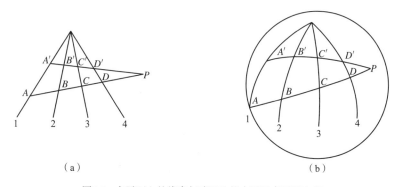

图7.2 在平面上的线束与球面上的大圆弧束切割定理

曼尼劳斯的球面三角学不但推理严谨，而且构思精妙，可以视为欧几里得平面几何学在球面上的再现。然而两者虽然在方法和理念上相通，但在风格上并不相同，相异之处最少有两点。首先，曼尼劳斯习用直接推理而厌恶归谬法，在整部著作中从未采用后者。其次，他的数学以天文学应用为依归，亦即注重实用，这是承接奥托吕科斯、喜帕克斯、狄奥多西的传统而来。在这两点上，他都偏离了欧几里得、阿基米德、阿波隆尼亚斯的纯粹几何学传统，而且，他的路向还将通过托勒密而继续发展下去。所以，古希腊数学并非完全不讲究计算与实用，那只是托勒密王朝早期的风尚，到罗马帝国时代就逐渐改变了。

除了曼尼劳斯以外，托勒密还有另一位先驱，即后来被称为"老施安"的施安（Theon of Smyrna，约70—135）[①]。他和托勒密大致同时，曾经在亚历山大城作过四个有关水星和金星的观测，而且数据为《大汇编》所引用，又留下一部为入门者特别是有志于柏拉图哲学者所作的数理基础介绍著作，里面阐述"四艺"各学科相通之处。此书数学部分的毕派味道颇重，它虽然无甚创见，然而其中有关天文学的大量征引则留下了非常可贵的历史资料。

二、托勒密与《大汇编》

希腊数学的发展以尤多索斯为枢纽，至欧几里得而初集大成，但其后还有阿基米德和阿波隆尼亚斯继续推进。至于希腊天文学的发展则以喜帕克斯为枢纽，至将近三个世纪之后的托勒密方才得以集大成，但在他之后即无以为继，要一直等到七百多年后的伊斯兰天文学家其传统才得以接续，到十四个世纪后的哥白尼才得以打破他的成规，重新向前推进。从这一点看来，他的《大汇编》名副其实是藏之名山的绝业了。

安稳平淡的一生

托勒密（Claudius Ptolemy，约100—175）与撰写《比较传记》（*Parallel Lives*）的著名希腊史家普卢塔赫（Plutarch，约46—120）大致同时，比撰写《名哲言行录》的第欧根尼（Diogenes Laertius，约3世纪）早一个世纪。然而，这两位传记专家并无只言片语提及这么重要的一位科学伟人。这不足为怪，因为普卢塔赫的传记以政治人物为主，而且他去世时托勒密还在弱冠之年，而第

[①]   关于老施安见Heath 1965，ii，pp. 238-244。

欧根尼所措意的仅限于希腊本土哲学家，亚历山大城的科学家一概不加论列。但即使如此，毕竟也是憾事。托勒密自己的著作中也只非常简短地提到大致同时代的施安，以及一位不见经传的朋友赛勒斯（Syrus），因此我们对他的生平也是一无所知[①]。这说明他在安稳的环境中潜心观测、研究、著述，度过平淡一生，但显然交游不广，生前影响不大，甚至可以说是籍籍无名。

托勒密是公元2世纪的人，这可以从他书中天文观测的年代（约127—141）推知：《大汇编》是一部理论精密，结构严谨，繁征博引的巨著，它成书当在所有观测完成之后，亦即公元150年左右；而且，书成之后他还需相当时日撰述众多的其他著作，因此一般认为他生活在2世纪最初七十余年即100—170年，但亦有可能再早一些，即在85—165年。从他罗马化的希腊原名"Claudius"可以推想，他或者是具有罗马公民身份的希腊后裔，至于"Ptolemy"大概指他的出生地，即尼罗河上游的Ptolemaïs Hermeiu。他的所有天文观测都是在亚历山大城所作，其一生工作很可能也如此，因为其著作大量征引前人工作和成绩，从而保存了大量珍贵科学史料，这显然只有利用学宫图书馆的丰富材料才有可能。另一方面，由于他曾经在147年左右于亚历山大以东24公里的卡诺普斯（Canopus）竖立刻有行星理论模型数据的石碑，也有人认为这安静的小城方才是他安身立命之所。但无论细节如何，我们都可以肯定，他的伟大成就是在安定环境中应用学宫设施，来充分发挥希腊科学大传统的结果。

综汇百家之作

托勒密的毕生巨著原名《数学汇编十三卷》（*The 13 Books of Mathematical Collections*），以其卷帙浩繁，所以又称《大汇编》（*The Great Collection*），以区别于包括多种初等著作的前述《小天文学汇编》，它传入阿拉伯之后被称为*al-majisti*，这就是它目前的通称*Almagest*之由来。此书奈格包尔在其《古代数学天文学史》中有详细论述，目前已经出版了图默（G. J. Toomer）极其完备的英译注释本，佩德森（Olaf Pedersen）则撰有专书作深入浅出的详细评介，以上三者大致构成了解托勒密和西方古代天文学的门径[②]。

就创始和发明而言，尤多索斯可能是几何学最重要的人物，但就其整

---

① 和喜帕克斯的情况一样，托勒密最详尽和严谨的传记是图默撰写的专文DSB/Ptolemy/Toomer，该文附有详细参考资料。

② 分别见Ptolemy/Toomer 1998；Neugebauer 1975，i，Sect. A–C；Pedersen 1974。有关《大汇编》历代版本源流与翻译，见Pedersen 1974，Ch. 1。

理、发扬、传播而言，则毫无疑问以欧几里得为首；同样，就天文学的创新和发现而言，大概应当首推喜帕克斯，但说到综汇百家、建立完整体系，那就显然是托勒密的功劳。从这个观点看来，尤多索斯和喜帕克斯的著作之佚失固然令人扼腕，但《几何原本》与《大汇编》之得以广为流播，传之久远，却绝非偶然，而是由这两部巨著的性质和结构所决定的。

《大汇编》共13卷，约40万字（按英译本计算），包括20个表，将近200幅图解，基本上是一部专业数理天文学汇编，目标在于阐明天体运行以及各种相关现象如何可以根据它所提出来的理论模型加以测算。为达此目标，它从基本原理出发，作了全面和高度系统性的论述，其中既有大量前人成绩，也不乏他自己的原创性发现；除此之外还包括以下相关内容：（1）在《几何原本》的基础上建立所需数学工具，即球面三角学；（2）天文观测数据，包括历史资料和本人搜集的第一手资料；（3）由观测所决定的星表；（4）由计算所得到的大量天体运行数表；（5）前人（主要是喜帕克斯）理论工作的阐述、分析和评论；甚至亦旁及（6）天文仪器的原理和构造。因此它的范围远远超过科学专著，而兼有数学教材、仪器描述、观测记录、数据汇编、科学史等多方面性质与功能，实际上相当于一套专业天文学百科全书。

具体而言，《大汇编》可以分为导论、天文观测、日月、恒星、行星五大部分。现在我们将每部分所包括的卷数和相应内容列于下表说明。

表7.1   《大汇编》内容综述

部分	卷	内容	部分	卷	内容
I 导论	1	（A）序言：哲学观 （B）宇宙整体结构 （C）数学基础：弦表；平面三角学；球面三角学	IV 恒星	7	恒星的进动；星表：星座1—27
				8	星表：星座28—48
II 观测	2	（A）天文观测、天象与天体坐标 （B）不同地点的天象	V 行星	9	（A）行星通论与平均运行数表 （B）一般行星运行模型 （C）水星运行研究
III 日月	3	（A）不同年份的比较 （B）"均轮–本轮"假设 （C）日运行研究		10	（A）金星运行研究 （B）火星运行研究
	4	月运行研究：模型1		11	（A）木星运行研究 （B）土星运行研究
	5*	月运行研究：模型2，3		12	（A）行星的逆行、留驻 （B）内行星日距角研究
	6	日月的冲、合与朔望；日月食		13	行星纬度变化及偕日升落研究

*此卷第一章是有关天文仪器的讨论；至于有关前人工作的叙述、评论则散见全书。

哲学观与宇宙结构

《大汇编》的"导论"占一卷，但内容丰富，包含序言、宇宙观和数学基础三部分，可以视为全书的理论基础。至于关乎天象观测与天文坐标的"观测"部分也占一卷，它似乎是全书的实证基础，但其真正的目的可能在于为托勒密日后的地理学与星占学著作做准备。

托勒密在"序言"中提出了他的哲学观和宇宙观，这在希腊科学著作中绝无仅有，对于了解古代科学思想应该颇有帮助，可惜他基本上只是跟随亚里士多德而并无多少新意。从中可以得知，他将知识划分为实际与理论两类，后者再划分为形而上学、数学和物理学三项。天文学既有赖于观感知识（这是物理学特点），亦具有恒久不变的性质（这是数学特点），因此介乎物理与数学之间，但由于它可以严格推算，他宁将之归于数学，这有异于柏拉图和亚里士多德，而更接近毕达哥拉斯。在此可以加一句题外话：认识到地上的物理学现象也同样服从恒久不变规律，是千载之后伽利略才作出的科学观念基本突破。托勒密又指出，天文学的研习令人游心于清晰无误与永恒不变的事物，因此对神圣探究亦即神学有帮助。所以，亚历山大科学观念中仍然遗留有毕达哥拉斯学派思想痕迹，亦即宇宙探索背后宗教仍然在起作用。

他的宇宙观也同样"正统"：地是球形，居宇宙当中而静止不动，它相对于宇宙极其微小，只如一点；"诸天"（"heavens"，这泛指日月星辰所镶嵌其上的各个"天"）亦是球形，它有两个主要运动：每日的旋转，以及日月行星的周年回转，等等。对以上各点他都胪列证据，并且驳斥了不同观点，包括赫谢塔和厄番图所提出来的，诸天并不移动，其表观上的每日旋转其实是由地球自转所形成的说法。他的根据是人所熟知的落体或者抛物体无论高低都不能显示地球表面在移动等等，就不必赘述了。

基础数学：三角学与函数方法

第一卷的第三部分发展了天文学所需用的基础数学，这又分为三部分。第一部分是跟随喜帕克斯先例（§5.7）编算精密"弦表"（chord table）。为此他首先需要引导出相当于$\sin(x \pm y)$和$\sin(x/2)$的公式，以及倘若$\sin x > \sin y$，则$\sin x / x < \sin y / y$的不等式，以作为渐近逼近的手段；然后从特殊角度（例如$36°$，$60°$，$72°$，$90°$等等）的已知弦长出发，计算任意角度的弦长$\mathrm{Crd}(2x)$，从而编列一个"弦表"，它相当于x在$0°$至$90°$之间，每隔$0.25°$亦即$15'$的正弦数表

（sine table）①。表中数值准确至六十进制的第三位，亦即误差为5×10^{-6}左右，这相当于十进制的五位数表；此外，每个弦值后面还附有相邻弦值的差值之1/60，以令可以用内插法将角度变化的步距减低到1/2′即30″。这个弦表非常精确，它和现代正弦表的差别只不过是以弦长为基本函数，以及在记数上采用六十进制而已。

其次，是发展三角学。古希腊数学没有代表数量和数式的符号，而完全依赖几何推理方法，因此托勒密的平面"三角学"在弦长以外并没有诸如余弦（cosine）、正切（tangent）、正割（secant）等其他三角函数观念。它实际上只是以上述弦表为根据的一套有关三角形的几何推理和计算方法。例如，从三角形的一角两边或者两角一边求其他的边角，等等。除此之外，他所证明和直接应用的定理并不多，这包括（1）相当于现代三角学中的正弦定理和余弦定理；（2）平面曼尼劳斯定理；以及（3）球面曼尼劳斯定理（见上节），这成为第三部分即球面三角学的基础，它被直接用以解决天文学上所碰到的大量球面三角形问题。他这做法简化了全书数学结构，缺点则是必须不断重复许多步骤相同的推理和计算过程。他没有发展出更繁复但也方便得多的数学体系，可能是由于当时这种观念还没有出现之故。

不过，即使如此，由于所要解决的天文学计算高度复杂，实际上他仍然被迫逐渐偏离古典几何学传统，而向更为接近现代数学结构的方向发展，其中最重要的就是函数（function）观念之形成。虽然他从来没有谈论过这样的观念，更没有应用相关符号，但他根据数学模型精确计算（而不仅仅是像尤多索斯那样描述或者论证）天体运行的时候，其位置（即经度和纬度）作为时间函数的观念是不可避免的。实际上，在详细讨论计算方法之后，托勒密会将计算某个天文量（例如水星的经度）之时间变化的程序加以总括，这约略相当于计算机程序的表述；然后再将一系列计算结果与相关变量（例如时间）表列出来，这相当于计算结果的列印。上述"程序"与"数表"和函数的解析形式（analytical form）不一样，但仍然是函数表达形式之一。他所计算和表列出来的，还有系于多至两三个变量的结果，亦即多变量函数（multi-variable function）。

除此之外，他还需要面对其他解析学和数值计算上的问题。例如：求轨道远日点（aphelion）和近日点（perihelion）相当于求日距函数的极端值

---

① 所谓"弦表"是指在一个半径$R = 60$（这与喜帕克斯不同）的圆里面，角度x所张的弦长Crd(x)，其中x以0.5°的步距自0°变化至180°；弦长函数和正弦函数的关系是Crd(x)=2R·sin(x/2)。

（extrema）；求天体运行速度相当于求其位置函数的导数（derivative）；等等。此外，要能够充分和准确地应用数表还须有内插法（interpolation），包括单变量函数的线性内插程序，以及为双变量函数设计的更复杂内插程序。这些问题托勒密都一一加以解决，虽然其步骤不一定系统化，但无疑导数、极端值、内插、函数连续性等观念，都已经通过实际计算和应用而发展出来了。

由于其中心题材的实际需要，《大汇编》只是以《几何原本》为起点，它的数学发展却完全以实用为目的，因此不折不扣是计算型的，也就是说，保证每一步骤严格有效的焦虑已经消失，书中的论述也就和阿里斯它喀斯的《论日月之大小及距离》不同，大致脱离了"假设/公理–命题–证明"的形式，而采取更弹性的行文和论证方式。可惜它并没有沿着实际上已经发展出来的函数、计算和解析学等方向而建立更正式和理论性的数学体系。这当是因为以符号表达方程式这种强有力的工具尚未出现。

天文观测与天象

《大汇编》第二卷是球面三角学在天文学上的应用，例如计算日夜长短、日在天空所循轨迹即黄道、星辰出没和升降等天象之计算，以及用以描述这些天象的坐标，包括（1）以黄道面为参照的黄经（ecliptic longitude）、黄纬（ecliptic latitude）；（2）以赤道面（即垂直于天球旋转轴之平面）为参照的赤经（right ascension）、赤纬（declination）；以及（3）大地坐标，即以地平面为参照的仰角（elevation）和方位角；等等。除此之外，它还有更实际和具体的层面，这表现于它对于在三十多个不同纬度地点的日长和日影长度的描述，以及列了在多个不同经纬度地点的十二星座出没时间与在不同时间的位置详表。这些细致工作和理论天文学其实并没有直接关系：它们的真正目的很可能是为托勒密另外两部大书即《地理学》（*Geography*）以及星占学专著《四部书》（*Tetrabiblos*）做准备。

三、天体运行理论

除了阿基米德的静力学以外，天文学是古希腊唯一能够将数学应用于自然现象的科学。当然，从今日看来，这结合还是表面而非深层的，即它是属于"运动学"（kinematics）层次的"描述"（description）而非"动力学"（dynamics）层次的"解释"，亦即将现象化约（reduction）为原理、定律，然后从后者推断前者。但这也不完全准确，因为希腊天文学的"描述"背后也有原理——虽然它是个数学原理，即最早由柏拉图提出来的，天体运动必然由均匀圆周运动所组成之说（§4.5），它后来成为"均轮–本轮"模型的根据[1]。上述原理并无精确界定，例如何谓"组成"，这就留下了很大弹性，使得从托勒密开始的后世天文学家得以提出种种相近而不相同的数学模型来尽量逼近天体运动的实况。在《大汇编》中，这模型其初相当简单，而效果也不错，但其后托勒密为了追求精密，模型就变得越来越复杂，所谓原理也就逐渐失去确切意义——这可以说是整个"均轮–本轮"观念的局限。不过，我们不应该忘记，这是人类以量化方式了解自然界运动现象的最早尝试，而它是非常成功的，由是激起了无数后来者的好奇与雄心，最后令他们得以超越原来观念局限，攀升到更高层面上去。

跨越千年万里

在讨论托勒密天文系统之前，有一点需要强调，即他绝非以描述个人数十年间所能够观测到的天文现象为满足，而是极其认真地看待天文现象的"恒久性"，因此必须以同一系统和同一套参数来描述、解释历史上所有观测数据。但这是极端困难的，因为从《大汇编》的征引我们知道他搜罗和运用了大量古巴比伦、古希腊、喜帕克斯和"当代"天文数据，其时间跨度将近千年之久（公元前747—公元141），观测地点分布也将近"万里"之遥（巴比伦与亚历山大城的直线距离约1000公里，合希腊古里6000余斯塔德），而散布于此广袤时空中的大量数据，必须充分与观测时地两方面因素结合起来才会有意义。所以要统一运用和比较这些来源各异的数据，就必须先对它们作非常细致的技术性处理，这和"收拾房间"（house keeping）一样，是繁复而绝对无法减省的工作。

这工作有两方面。首先，是建立标准时间尺度和坐标，然后把历代资料所记载的观测时间嵌入这系统。托勒密的标准尺度有四个层次：年、月、日、时。《大汇编》采用了埃及极其简明和永远固定的历法［而不是希腊月历或者恺撒大帝在公元前颁布的儒略历（Julian Calendar）］作为年和月的标准，这实际上等于数日子的办法而已。日的长短由地球自转周期决定，所以是固定的，《大汇编》采用将一日分为均等24小时的所谓"均分时"（equinoctial hour），

---

[1]　其实许多现代物理学基本原理最后也蜕变为与时空有关的数学原理，例如多种守恒定律表现为物理理论在某种数学变换（时空中的平移、空间中的旋转、时空方向之逆转等等）之下的不变性（invariance）。

而非当时民间习惯地将日夜各均分为12小时的不固定"季节时"（seasonal hour）；然后每小时再分为均等的60分，这系统以后成为天文学的标准计时方法。此外，他更以五位君主的元年作为前后相续五个时期（epoch）的"纪元"①，以将过去将近千年的全部时间联系起来。其次，天文观测原始数据往往以大地坐标、赤道坐标或者星辰出没时间、位置为参照，但这些都不是固定的坐标系统，而是和观测者的时地有关系的，要把不同数据互相比较，就需要把它们都放置在一个固定坐标系统之中，这就是所谓黄道或者天球（celestial）坐标系统。它是以黄道面和春分点（vernal equinox）为参照，在其中天空每一点的位置都以黄经和黄纬为坐标，在此系统中恒星的坐标固定不变。如何应用球面三角学将任何其他坐标转变为天球坐标，或者在不同坐标系统之间转换，是《大汇编》在第一至第三卷所详细解释，以及在以后各卷所需要不断进行的工作。为此他编算了大量数表以作为辅助工具。

　　以下我们粗略翻译《大汇编》论月球运动的第五卷中征引历史观测记录的一小段，以作为书中所不断需要处理的问题之说明②（在以下译文中，原作者的说明以括号（）表示，英译者的说明以方括号［］表示，本书作者的说明以加重方括号【】表示）：

　　喜帕克斯记载，他在亚历山大死后197年Pharmouthi月［8月］11日［公元前126年5月2日］2时初用自己的仪器于罗德斯岛观测日和月。他说：日见于金牛座$7\frac{3}{4}$°的时候月球中心的表观位置是双鱼座$21\frac{2}{3}$°，其真正【相当于地心的】位置为双鱼座（$21+\frac{1}{3}+\frac{1}{8}$）°［即21°27.5′］。因此其时真月在真日之后313°42′。这观测是在2时之初，大约为11日中午之前的五个"季节时"（那在罗德斯岛当日相当于$5\frac{2}{3}$平均时），因此从我们的时期至观测时刻相隔620埃及年③219日$18\frac{1}{3}$平均时，此为以简易计算所得；或

---

①　这五位君主及其纪元是：巴比伦的那波纳沙尔（Nabonassar），公元前747年；马其顿的腓力（Philippus），公元前324年；罗马帝国的奥古斯都（Augustus），公元前30年；哈德良（Hadrian），公元116年；以及安东尼（Antoninus），公元137年。

②　Ptolemy 1998, p. 227（=*Almagest* H369）.

③　此处Toomer的译本有校对或者排印上的错误："620埃及年"显然是"260埃及年"之误，因为从喜帕克斯至托勒密的时代不可能有600多年，260年方才合理。

者18平均时，此为以精确计算所得。

　　在此时刻平均日【指日模型中的本轮中心位置】在金牛座6°41′；真日【指日球本身】在金牛座7°45′；平均月【指月模型中的本轮中心位置】在双鱼座经度22°13′；……因此平均月与真日的距离为314°28′。

在上面只要注意到金牛座是第二星座，双鱼座是第十二星座，两者在黄经上相差10×30°＝300°，那么"真月–真日"和"平均月–真日"这两个距离都是很容易复核的。问题在于平均月位置的计算，那需要首先确定观测时间，将月模型作跨越数百年的准确计算，才可以得到最后结果。当然这个例子完全没有涉及球面三角学，所以可以算是最简单的"收拾房间"工作了。

本轮模型

　　整部《大汇编》充满了诸如上述的"收拾房间"工作和其他观测与计算细节，当然，除此之外还有大量历代累积的天文观念与数据。但我们已经再三提到了，它最终赖以把这一切贯穿、联系起来的，是所谓"均轮–本轮"模型（以下简称本轮系统或者模型），除了均匀旋转的恒星天球以外，所有其他天体，包括日月和五大行星的运动，都是用此模型来理解和测算的。这模型的基本观念非常简单，在最粗略的层面，如天文观测所显示的那样，每一天体S大致上都是均匀地循圆形轨道围绕固定于圆心的地球T运行，它的运行只决定于可以准确观测的运行周期T_0，而T_0和运行角速度ω_0的关系是$\omega_0＝360°/T_0$。至于轨道半径R，原则上自然也可以（例如像阿里斯它喀斯那样）测定，但这并不重要，因为模型所需要计算的，只是天体的角度位置而已。由于运转是均匀的，所以知道ω_0，天体在时刻 t 相对于参照点V的角度$\lambda(t)$（在黄道坐标系中这就是它的黄经）就可以简单推算出来：

$$\lambda(t)=\lambda(t_0)+\omega_0(t-t_0) \tag{1}$$

其中$\lambda(t_0)$是天体在起始时间t_0的位置（图7.3）。

　　但从长期观察可以知道，天体的运行并不完全均匀，因为它的角速度有细微的周期性变化。所谓本轮模型（epicyclic model）就是为了解释和计算这些变化而提出来的。它大概是由阿波隆尼亚斯或者更早的赫拉克里德斯发明，但他们是否曾经以此模型作详细计算则有疑问。这模型的核心观念是在上述主要圆形轨道即"主轮"（deferent，亦称"均轮"）之上再增加一个细小的圆形轨道，即所谓"本轮"（epicycle）：本轮的圆心C均匀地循主轮中心T旋转——它代表天体的"平均运动",所以又称为"平均日"（average sun）、"平均月"等；天体本身M（即所谓"真日""真月"等）则以不同的角速度ω_1围绕本轮的中心C旋转。在此必须注意的一个细节是：与ω_1相关的角度是以（不断移动中的）TC延长线即TD为基线，而并非以固定方向为基线的（图7.4）。这样天体的实际运动是由主轮和本轮两个圆周运动组合而成，可以视为在主轮运动之上增加一个"微扰"（perturbation）。用物理语言来说，就是将主轮的"0级模型"作了个"1级修正"（first-order correction）。这最基本的"本轮模型"带来了几个基本改变：首先，在主周期T_0以外增加了一个本轮周期T_1，以及相应的角速度ω_1，这基本上是由实际观测决定；其次，本轮半径r是个参数（parameter），它可以根据模型的需要来调整，以使计算结果与实测数据吻合。由于主轮半径R没有决定，所以这参数表现为r/R的比值，它一般小于10%；第三，主轮与本轮的旋转方向可以相同或者相反，视乎需要而定。最后，在这模型中决定天体位置$\lambda(t)$的方程式要比以上的（1）式稍为复杂一点，这留待下面讨论。

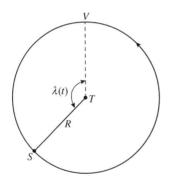 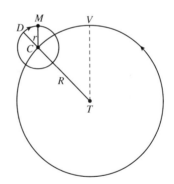

图7.3 天体均匀运行之0级模型 　　　　图7.4 天体运行之1级"本轮模型"

日的运行

托勒密的日运行研究基本上是沿袭喜帕克斯的工作，但作了系统探讨，并且在征引大量历史观测数据以外，又加上自己的观测数据以为证实。在《大汇编》第三卷第一章，他仔细比较了15个对于春分、秋分和夏至点的观测，最后证实喜帕克斯所决定的回归年（即日先后两次在春分点的时间差）$T = 365$日5小时55分12秒（在他所用的六十进制中这是365；14，48日），比现代值长大约6分钟，误差为10^{-5}，因此"平均日"的角速度是

$\omega=360°/T\approx 59'\,8.287''/$日，由此它的运动就可以完全决定。不过，托勒密没有符号算式可用，而且逐次计算也很费事，所以他将黄纬根据上列（1）式按每时、每日、每月、每年、每18年（这是埃及年而非回归年，所以不会重复）分别列了五个极为精确（实际上超过需要）的"日平均运动数表"①，这就完成了日的"0级模型"。

但日的运行并非完全均匀，而是有变化的，这托勒密称为"异常"（anomaly），它表现于四季的长短不等：例如春分到夏至，以及夏至到秋分这两个季节分别为94.5日和92.5日；另一方面，这季节长度差别却是每年固定的。这说明"0级模型"还需要加上"1级修正"，在其中本轮的周期和主轮一样，但两者的半径比r/R则需要由季节差来决定。不过，为此托勒密没有用本轮模型，而是跟随喜帕克斯用了更简单的所谓"偏心模型"（The Eccentric Model）。其实，倘若只有一个周期的话，那么本轮模型和偏心模型是等价的，而且在讨论月球和行星运动的时候，偏心模型还可以和本轮模型结合，成为更复杂、精巧、有弹性的机制，因此他借此机会把它提了出来。

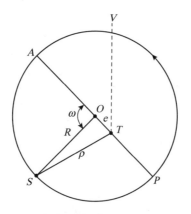

图7.5 日运行之"偏心模型"，$\lambda(t)=\angle VTS$

在偏心模型中日S仍然以固定角速度ω（即其"平均角速度"）循圆形轨道围绕圆心O运行，但地球并不处于O，而是在偏离O的固定点T，OT称为偏心度（eccentricity）e（图7.5）。从T点看来，日的距离ρ和角速度ψ（这是黄经的变化速度，而黄经仍然是地球所见，日与春分点的夹角，即$\lambda(t)=\angle VTS$）就都不再固定，而是有变化的了。显然，TO和圆的交点A是"远地点"（Apogee），

---

① Ptolemy 1998, pp. 142–143（=*Almagest* H210–215）.

在此点$\rho=TA=R+e$为极大，而角速度ψ为极小；反方向的交点P是"近地点"（Perigee），在此点$\rho=TP=R-e$为极小，而角速度ψ为极大。偏心模型只有一个可以调整的参数，即偏心度e。通过初等几何学，那可以很容易地根据上述季节差来决定，至于远地点A和春分点V在T的夹角λ_a即$\angle VTA$也可以连带决定，结果是$e/R=1/24$以及$\lambda_a\approx65.5°$。参数决定之后模型即告确定，不但余下两个季节的长度可以准确推算（即秋分至冬至为88.12日，冬至至春分为90.12日），而且"真日"在任何时刻偏离于"平均日"的角度，亦即其"异常"或者所谓"距角"（equation）δ也可以计算和列表[1]。将距角表和平均运动表结合起来，就能够计算日在任何时刻的准确位置。

在所有天体运动中，日是最基本同时也最简单的，我们现在知道，这主要是因为地球椭圆轨道的偏心率极小（0.01），所以以地球为中心的日相对运动非常接近均匀圆周运动，同时日本身就界定了黄道面，不像月或者其他行星的轨道面还有与黄道面的倾角。

月的运行

月运动虽然的确如托勒密所构想，是以地球为中心，但是它比日运动远为复杂，这主要因为它绕地轨道的偏心率颇高（0.055），所以和均匀圆周运动的差别相当显著，而且它的轨道面（即白道面）与黄道面有5°9′的夹角，它又接近地球，因此视差不能够忽略，这些都对建立月运行模型构成额外困难。《大汇编》用了第四和第五两卷来讨论月球运动：它首先以上述本轮系统作为月运行的初始模型，然后又相继作了两个修正，以使它更切合月在其轨道上每一部分的运行。我们在此无法讨论其中细节，只能把主要脉络作个简略介绍。

月运行的复杂性首先反映于它不像日运动基本上只有一个周期[2]，而月却有五个之多不同周期，即恒星月（sidereal month）、朔望月（synodic month）、异动月（anomalistic month）、回归月（tropical month）和"龙月"（draconitic month），它们分别指月在星空位置、月相（即其圆缺）、月运行速度、月的黄经，以及月的黄纬这五者的周期。不过，除了恒星月以外，它们彼此的差别其实很细微。托勒密征引古巴比伦和喜帕克斯的观测资料，列出了这些周期极其

---

[1] 这一计算只牵涉极为简单的初等几何学，细节见Pedersen 1974, pp. 145–149。
[2] 就日运动而言，其实在前述回归年以外还有所谓"恒星年"，但它与回归年的差别极小，所以不影响日运动的讨论。见下面有关恒星"进动"的讨论。

精确的数值，从而分别算出相关变化率，然后把它们的时间变化列出详细数表以为计算之用。这其中最值得注意的是朔望月周期，它的数值$T_s = 29$日12时44分3.3秒，和现代值相差不到1秒[①]。

托勒密第一个月运行模型就是本轮模型（图7.4），在其中地球T是主轮的固定中心，"平均月"C在主轮上作均匀圆周运动，参照方向则是日平均方向，转速ω_t由回归月T_t决定：$\omega_t = 360°/T_t \approx 13°10'35''/$日。至于本轮则以平均月$C$为中心，以参数$r$为半径，月球本身即所谓"真月"$M$在本轮上以角速度$\omega_a$作反向均匀圆周运动，但参照方向是$TD$。这样主轮产生了月的平均运动，本轮产生了它的异常运动，即速度变化，所以转速由异动月T_a决定：$\omega_a = 360°/T_a \approx 13°3'54''/$日，主轮与本轮的转动方向相反，而且转速也不相同。

但直接应用本轮模型有两个问题：其一是月轨道（即白道）和黄道之间有$5°9'$的微小倾角，其二是白道和黄道的交点并非固定，而是以缓慢速度在黄道上转动。托勒密解决的办法是假定这两个微小效应都可以忽略，也就是说，径直将模型的本轮和主轮都放置于黄道面上，并且假设主轮有固定起点。事实证明，这是可以成立的——换而言之，月的主要运动即黄经变化，可以与它微小的黄纬变化分开处理。不过，就具体细节而言，日和月模型仍然有重大分别。首先，日运行只有一个周期，所以日在黄道上的最大和最小速度点是固定的，但月运动有两个周期，因此它在白道上的最大和最小速度点却并非固定，而是以微小的角速度$\omega_t - \omega_a \approx 6'41''/$日亦即8.84年的周期移动。其次，黄道上有为人熟知的定点（即春秋分、冬夏至）可用作计算模型中半径比r/R的依据，但白道上没有这样的定点，而且由于视差问题，直接观测月的准确位置也不可行。喜帕克斯的解决方法是利用古巴比伦三个月食记录来确定在某些绝对时刻的月中心位置（从而消除了视差所产生的干扰），然后求得$r/R \approx 0.0875$；托勒密则以自己所作的三个月食观测所得数据计算同一参数，所得结果与喜帕克斯的相差只有0.3%，所以证明此结果是可靠的。从三个任意点来决定一个圆（即本轮）的半径是古代天文学经常出现的问题，它首次由托勒密提出了巧妙解决程序，这在参考文献中有详细讨论，我们在此不再赘述[②]。

[①] 托勒密宣称他所用的是喜帕克斯的周期，但根据后人考证，他仍然是跟随古巴比伦数据，虽然两者的差别非常细微。见Pedersen 1974, pp. 161–164。

[②] 细节见Pedersen 1974, pp. 171–179。

半径比r/R决定之后，本轮模型即告基本完成。如图7.6所示，月在任何时刻的黄经λ(t)都可以根据下列方程式组求得：

$$\lambda(t)=\lambda_m(t)+\delta(a); \quad \lambda_m(t)=\lambda_m(t_0)+\omega_t(t-t_0); \quad a(t)=a(t_0)+\omega_a(t-t_0) \qquad （2）$$

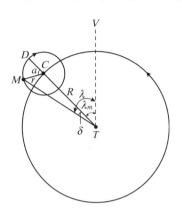

图7.6 月运行的基本模型

在其中$\lambda_m(t)$是月的"平均黄经"（mean longitude），亦即本轮中心C的位置；ω_t是回归角速度；t_0是起始时间；$a(t)$是月的"异动量"亦即月在本轮上所运转经过的角度；ω_a是这角度增加的速率即"异动角速度"。距角δ则是地球所见"真月"与"平均月"方向之间的差角，从图7.6可见，δ可以从解已知两边为r及R，两边夹角为$\pi-a(t)$的三角形TCM求得，所以是$a(t)$的函数。托勒密在第四卷之末将δ和a的关系列出详细数表。这样，月在任何时刻的黄经计算就化简成为查表和算术问题了。跟着，托勒密还把它用以复核喜帕克斯在月食研究上的计算，指出了他（其实相当微小）的误算，从而证明本轮模型可以精确测算过去九百年间月在朔望点的位置，因此他很有信心地将起始时间t_0定为那波纳沙尔（Nabonassar）元年，即公元前747年，并且计算了相应的黄经起始值$\lambda_m(t_0)$和异动量起始值$a(t_0)$[①]。

不过，如《大汇编》第五卷开头所说，上述模型所能够描述的现象只限于月的朔望位置，即是月和日的黄经相同或者相差180°的位置，而喜帕克斯已经知道，托勒密本人曾经用浑天仪［但他称之为星盘（astrolabon）］证实，本轮模型不可能解释月在其他位置的运行。例如，月在上下弦位置（所谓quadrature）时，即月的黄经与日相差90°时，其距角δ达到7.67°，但从图7.6可

---

① 托勒密的初始月模型在《大汇编》第四卷讨论，相关问题在Pedersen 1974, pp. 169–184有详细解释。

见，在上述模型中距角δ最多只能够达到$\sin^{-1}(r/R) \approx 5.02°$。为了克服此类困难，托勒密被迫对本轮模型作出两项修订，而提出所谓"修正曲轴本轮模型"，它不但在上下弦位置，即使在"八分"（octant）位置，即月黄经与日相差45°或者135°时，也能够准确计算距角，这样月运行位置的长期预测，一般可以准确到1.4°以下（细节见本章附录）。然而，这修正模型虽然更为准确，却违背了希腊天文学的基本原则，因为在其中本轮中心C的轨迹不再是圆圈，而是一条缓慢转动的腰形曲线，因此最终结果再也不能说是圆形运动的组合了。对这个问题托勒密保持缄默，不加讨论，但到了中世纪则成为伊斯兰天文学家怀疑和修订《大汇编》体系的起点——他们显示，通过在本轮上再加本轮，"圆运动组合"原则是可以维持的，而这一观念和做法后来也为哥白尼所接受。

其他日月问题之解决

月在黄道面的复杂运动问题之解决，连带导致了三个相关问题之依次解决。首先，是它的纬度（即黄纬，亦称天球纬度）可以直接从黄经来推算，因为它本身的轨道面（即白道面）和黄道面之间倾角很小，所以复杂的球面三角关系简化为投影关系。其次，既然月球中心相对于地球中心的黄经、黄纬可以准确推算，而又可以在地面上直接观测月的位置，那么从两者差值就可以推算分别从地心和地表观看月球的视差，而且，从视差值又可以推断月的距离。托勒密所得结果是月平均距离等于地球半径59倍，这和现代值60非常接近而胜于喜帕克斯，但在日距离的估计上他仍然没有任何改进。

最后，在充分掌握日和月的运动规律，并且对于月的视差以及表观半径之变化有了深刻了解之后，托勒密就可以提出相当仔细的日月食理论了。在原则上，日月食的基本条件只不过是在地球中心的日月距角为0°或者180°。但这只是必要条件而已，日月食的实际发生还需要月在朔望位置的时候其黄纬度满足一些条件——基本上是不能超过某些临界值，而这些条件也和日月距离有关；此外，自然还有全食和偏食、可见日食的地点、日月食的周期等问题。这些托勒密都有详细讨论，并且如一贯的那样，编制了数表以为计算、预测之助。由是，他可以算是在很大程度上把这些古代世界认为神秘和重大的问题彻底解决了[①]。

[①] 有关视差和日月大小、距离的研究见《大汇编》第五卷11—19章；日月食的讨论在第六卷。
    相关讨论见Pedersen 1974，pp. 199–235。

四、恒星的研究

《大汇编》第七、八两卷是关于恒星的：第七卷的1—3章讨论恒星的进动（precession）现象；其余部分则列出了一个详细的星表。

进动的研究

所谓进动，是指恒星的黄经有极其缓慢的改变，这是喜帕克斯首先发现的，在第五章已经讨论过。对此托勒密有两点重要贡献。首先，他证明恒星的进动不如喜帕克斯认为的那样，仅限于黄道带（the zodiac）以内的恒星，而是涉及所有恒星，从而强调全部恒星是固定地镶嵌在同一个"恒星球面"上的观念。其次，通过对18颗恒星古今位置的比较研究，他发现它们的赤纬（declination）有各不相同的变动，视乎其在天球上的位置而定；但黄纬完全没有变动，而黄经则全部都有相同的缓慢增加。这样他就证明了恒星的进动是个整体现象，进动轴就是黄道轴，进动率最少达到1°/世纪，这比现代值（1°24′/世纪）小40%。当然，我们现在知道，恒星整体其实并不移动，"进动"现象是由地球旋转轴摆动引致春分点移动所产生。

进动是非常缓慢的，推断它的速率需要比较同一恒星在很长时间的黄经变化，也就是说必须先要准确测定它的绝对黄经值。但这怎样才能做到呢？首先，除了自己的观测数据以外，托勒密掌握了喜帕克斯以及托勒密王朝初期的观测资料，所以他比较研究的时间跨度达到三四百年之久；其次，他基本上是在日落前后测量恒星和日月的相对位置，然后从后两者的运动理论来推断恒星的绝对黄经；不过，喜帕克斯可能已经用到相类似的方法了。这样的测定自然是相当困难和粗略的，但一旦将多个星座中的"参照星"位置测定之后，其他恒星的位置就可以从彼此的相对经纬度推求了。

托勒密星表

恒星表占据了第七卷和第八卷大部分篇幅，它一共列出分布在48个星座中的1022颗恒星，每颗恒星有四项数据：该星在星座中位置的描述；黄经；黄纬；以及"星等"（magnitude），即表观亮度从1至6等的划分。这是个详细和有系统的星表，它所列举的恒星（它们只有小部分有名称）在今日大部分还可以清楚无误地认定，而且他凭肉眼判断所订定的星等也相当准确，最少在三等或以上者颇接近现代值[1]。在古代天文学中，托勒密星表是个重要成就，但并非没有人质疑。例如，有学者指出，星表所列出的黄经位置有系统误差，因此可能是全部抄袭自将近三百年前的喜帕克斯星表，只不过将所有黄经值都增加了2°40′，即加上由于进动而产生的额外黄经度而已[2]。

在此还须提到，虽然托勒密在《大汇编》中非常自觉和谨慎地将前人（特别是喜帕克斯）的发现和功绩加以记录和表扬，但自中古以来就有学者认为《大汇编》的数据有相当部分是抄袭甚至编造的，以求符合其理论。这些指控至当代物理天文学家牛顿（Robert R. Newton）出版长达400余页的《托勒密的罪行》而达顶点。我们无法在此讨论这复杂而且牵涉广泛的争论，而只能够指出古天文学史专家例如图默、施瓦罗（N. M. Swerdlow）和金格里奇（Owen Gingerich）等都不认同他的激烈观点[3]。其实，托勒密主要是一位理论家，从观测天文学角度看来，他不但受惠于喜帕克斯，而且技巧与谨慎恐怕亦有所不及[4]。此外，他所采用的数据有选择性，以求继续维持某些正统结论。那也就是说，他虽然提出了自己的天体运行模型，但基本目标则是在尽量不触动传统的前提下寻求进步，而不愿意面对矛盾或者掀起革命。这种矛盾的态度恐怕是他引起诟病的主要原因。

五、行星理论

《大汇编》最后部分即第九卷至第十三卷（约占全书篇幅的三分之一）是行星理论，也是喜帕克斯所未曾真正涉足，而由托勒密开创的领域。它是在日月运行理论的基础上发展而来的，基本格局相同：先确定各种不同运行周期，然后忽略其纬度变化，以本轮模型和偏心模型的结合作为描述行星在

① 这已经有许多学者研究。图默《大汇编》英译本中的星表（Ptolemy 1998, pp. 341–399）中每颗星就都附有现代对应名称，以及相关研究的注释。
② 有关这方面的讨论和争论见Thurston 1994, pp. 150–155；以及其所引的N. M. Swerdlow, "The enigma of Ptolemy's catalogue of stars", *Journal for the History of Astronomy*, Vol. 23（1992）, pp. 173–184。
③ 见Robert R. Newton 1977；其他史家意见见G. J. Toomer, "Hipparchus and Babylonian Astronomy", in E. Leichty, M. De J. Ellis & P. Gerardi, eds., *A Scientific Humanist: Studies in Memory of Abraham Sachs*（Philadelphia, 1988）, pp. 353–362; N. M. Swerdlow, "Ptolemy on Trial", in *The American Scholar*, Autumn 1979, pp. 523–531。
④ 托勒密星表的准确度以及它是否抄袭自喜帕克斯的观测曾经为许多学者仔细研究，这在Pedersen 1974, pp. 252–258有详细讨论。

黄道面运动的基本方法，并将所得结果列成数表；至于纬度变化则留待最后一卷讨论。这基本策略能够成立，同样是由于所有行星轨道的以下特征：它们与黄道的倾角都很小，在3°以内，而且偏心率都很低（0.01—0.1），也就是非常接近圆形；唯一例外是偏心率（0.2）和倾角（7°）都特别高的水星，因此它的模型特别复杂[①]。

内行星模型

行星运动和日月运动有个基本差别：日和地以及月和地基本上都形成"二体系统"（two-body system），以地球为中心并无不可，不会产生特殊问题。但行星其实是绕日而非绕地运行，强以本身也在绕日运行的地球为中心就会产生特殊现象。这可以分为两类。首先，就处于地球轨道以内的"内行星"（水星和金星）而言，最自然的本轮模型是：以地球T为主轮中心，以日球S为本轮中心，以行星P的轨道为本轮（图7.7）。这样本轮中心S实际上就是"平均日"方向，它在主轮上旋转的周期必然是1年（回归年）；至于行星在本轮上的运动（它仍然被称为"异动"）实际上是我们所知的行星绕日运动，周期就是它的会合周期（synodic period）。同时，很明显地，内行星的日距角ξ（即图中$\angle STP$）有一定限度：$\xi \leqslant \sin^{-1}(r/R)$，其中$r$是行星的（实际）轨道半径，$R$是地球的日距；这也就是说，内行星永远"跟随"在日的前后，有所谓"合"（conjunction，$\xi=0$）但从来不可能有"冲"（opposition，$\xi=180°$）的现象。

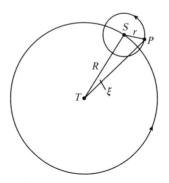

图7.7　内行星的基本本轮模型

---

① 　《大汇编》中的行星理论阐释见Pedersen 1974，Chs. 9–12；这在Thurston 1994，pp. 155–171有更为简短扼要的综述。

外行星模型

至于在地球轨道以外的"外行星"（火星、木星、土星）P却不一样，因为实际上它们和地球T都是绕日S运行，但轨道半径比地球更大（图7.8a）。倘若以地球T为固定中心，则产生7.8b那样的图像，在其中C点是作平行四边形$TSPC$所得到的顶点。从此图看，最自然的本轮模型是如图7.8c所示：以地球T为主轮中心，以外行星的日距$SP=TC$为主轮半径R，以前述顶点C为本轮中心，以地球的日距$TS=CP$为本轮半径r。这样，本轮中心C的周期其实就是该外行星的回归周期（tropical period）T_t，行星P在本轮上的"异动"周期T_a则是地球的回归年，而行星相对于本轮中心的方向永远和相对于地球的日方向一致，即$CP /\!/ TS$。从此关系立刻可以从图7.8d推断$\lambda_s = \lambda_m + a$，其中$\lambda_s$（$= \angle VTS$）是平均日方向，$\lambda_m$是本轮中心方向，亦即"平均外行星"方向，$a$是外行星$P$的"异动量"，即它在本轮上相对于平均方向$TC$的角距。以上角度关系导致相应的角速度关系$\omega_s = \omega_m + \omega_a$，由于角速度与周期成反比，就得到了$1/T_s = 1/T_t + 1/T_a$这个周期关系，其中$T_s$是日绕地的周期亦即1回归年；$T_t$为外行星的回归周期，$T_a$为外行星的异动周期。

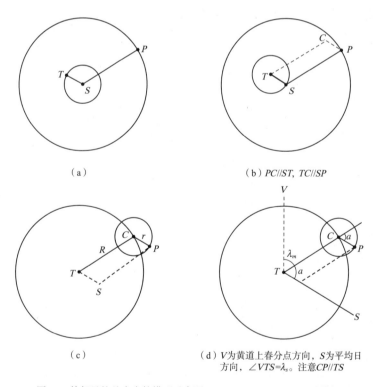

（a）

（b）$PC /\!/ ST$, $TC /\!/ SP$

（c）

（d）V为黄道上春分点方向，S为平均日方向，$\angle VTS = \lambda_s$。注意$CP /\!/ TS$

图7.8　外行星的基本本轮模型（参照Thurston 1994, Fig. 6.21重绘）

外行星和内行星的最大差异是，前者的日距角可以是任何数值，不但有"冲"与"合"，还有"逆行"，即和平常方向相反的运行，以及"留驻"，即在顺行和逆行之间转变时的短暂停留不动。这些现象基本上的确可以用本轮模型产生。不过，与日月模型不同的是，在行星本轮模型中主轮和本轮运转的方向须得相同，而不再是相反。但这还不足够，因为实际观测到的逆行和留驻现象，无论就其弧度长短或者在本轮上的位置而言都有变化，简单本轮模型所产生的这些现象则没有变化。因此托勒密需要引进其他可以调节的机制来容纳这些变化，那很自然地就是偏心点。换而言之，就是需要结合本轮模型和（经修订，与图7.5略有不同的）日偏心模型。这个模型的基本结构见图7.9，但要根据观测数据来决定模型参数（即偏心量e和本轮半径r，主轮半径R如常定为60单位）和行星的远地点则需要作相当繁复的运算，这些就不赘述了。

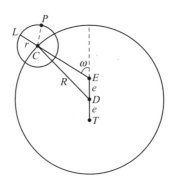

图7.9　外行星与金星的"偏心–本轮模型"。其中D为主轮中心，T为地球，E为地之对等点（equant），TDE成直线，C为本轮中心，P为外行星，EC以固定角速度ω_i运转，PC以固定角速度ω_a运转，参照方向为ECL。根据Thurston 1994，p. 164，Fig. 6.28重绘

行星理论的实际应用

要将上述标准模型应用于个别行星还有其他需要特殊处理的细节，例如偏心率和倾角特高的水星需将标准模型中固定的"对等点"E变为一个旋转的"偏心轮"，这与月球的曲轴本轮模型（见附录）相似[1]。另外，行星的纬度变化需要分别处理，而这和月模型不一样，主要因为白道本来就是环绕地球的。就外行星而言，主轮被视为平置于黄道面上，本轮则倾斜于黄道面，但

---

[1]　有关各行星的处理详见Thurston 1994，pp. 159–171的讨论。

内行星的模型却刚好相反。这些特殊而并不切合实际状况的假设导致了非常复杂的计算。那么，经过繁复计算之后以上各个模型所产生的最终结果怎样呢？与实测数据比较，它们各有不同准确度：外行星的经度误差平均为10′—25′，最大误差在30′—55′之间；金星的平均和最大误差分别是1°和4.5°，但这主要是托勒密计算观察数据的错误所引致，倘若用最佳参数的话，那么两个误差就分别减低到10′和20′，与外行星相若了。至于水星则误差相当大，平均达到3°，最大误差更高达将近8°。因此，托勒密的行星经度运行理论可以说基本上是相当准确的，但就水星而言则不能够算是成功[①]。

《大汇编》第十二卷专门讨论行星的逆行和留驻。本来，在经度运行理论完成之后，这两个现象原则上就可以直接推算。然而，在托勒密的时代还没有从经度位置的时间函数$\lambda(t)$推算角速度$\omega(t)=d\lambda(t)/dt$的观念和数学方法；倘若要逐步仔细计算$\lambda(t)$以得到留驻点和逆行段却又需要浪费大量计算精力。在这困难情况下幸而阿波隆尼亚斯曾经证明过一条几何定理，可用以决定本轮模型在何种情况下会出现留驻现象。托勒密就是通过证明、推广和应用这定理，来决定他的行星模型中的留驻点，并且据之以编制数表，从而完成整个行星理论的[②]。因此，在《大汇编》的结尾托勒密又从他的计算型理论回到早期的几何型理论，这显示前者虽然成功，但仍然需要以后者来补其不足。

六、广博的科学成就

在一般人心目中，欧几里得就等于《几何原本》，其实不尽然。同样，托勒密好像就等于《大汇编》，其实亦大不然：除此以外，他还有遍及天文、地理、光学、乐理等领域的许多其他著作，而且都有幸传世，令我们得以窥见古代西方科学的整体面貌[③]。

其他专业天文学著作

在倾力完成《大汇编》之后，托勒密还陆续写出五种其他天文学专著，这包括（1）《数表手册》（*Handy Tables*）：它是《大汇编》里面所有与

---

① 有关托勒密行星理论的准确度，见Thurston 1994，pp. 163–164, 169–170。

② 有关阿波隆尼亚斯的定理及其推广，见Pedersen 1994，pp. 331–343；其应用于逆行与留驻现象，则见同书pp. 343–354。

③ 托勒密的其他著作奈格包尔各有详细论述，见Neugebauer 1975，Bk. V，Sect. B。

天文、数学计算有关数表的集子，而且经过修订、改进和扩充，这对于伊斯兰以及中古西方天文学家影响甚大，他们所通用的天文手册往往以此为依据，或者是跟从其计算方式与编排①。（2）《行星公设》（*Planetary Hypotheses*），两卷，下卷仅存阿拉伯译本：此书专门讨论行星模型，但是和《大汇编》并不尽同，其中最引人注意的是他超越基于几何假设的计算而追求物理性亦即实质天文结构的企图。因此他不再仅仅以天体的主轮、本轮为几何构造，而视它们为互相紧套的"环条"，并且从这实质性构想来实际估算自月球、水星、金星、日球、火星、木星、土星以迄恒星球面的距离、直径和体积。这表明他是充分意识到《大汇编》与真实世界之间差距的。（3）《恒星相》（*Phases of Fixed Stars*），两卷，仅存下卷：主要是明亮恒星的偕日升落（heliacal risings and settings）历表，这是古代天文学的重要题材，但后来已经不再受人注意了。（4）《日晷座板》（*Analemma*），仅存中古拉丁译本和少数希腊文残篇：它是以图解方法来作天球上圆弧的正交投影，以决定日晷角度的说明。（5）《球面投射法》（*Planispherium*），仅存阿拉伯译本：讨论如何将球面上的圆投射到平面上，特别是将以黄道面为基准的天球投射到地球的赤道面上。这是制造平面"星盘"（astrolabe）的基本理论②。

从以上著作可见，虽然《大汇编》是高度理论性著作，然而托勒密的学术趋向并不限于几何学或者理论范畴，而是带有相当浓厚的物理和实用色彩。而且，这也表现于他在天文学领域以外的工作。

光学：实验科学的先导

在数学、天文、地理这些"显学"以外，托勒密还涉足于当时同样具有相当久远传统的其他两门科学，即光学和音乐。就光学而言，欧几里得已经撰写过一部《光学》，而阿基米德和赫伦也各有反射光学（catoptrics）著作，赫伦更以最短途径原则证明了反射角等于入射角的定理。所以，在托勒密时代这已经是有四五百年历史的学科，以他的勤恳和博学，撰写五卷本《光学》是很自然的。这部著作开头两卷讨论视觉原理，随后两卷讨论反射光学，最后一卷讨论折射现象。由于在他之前只有欧几里得的光学著作得以流传，所以很难断定这里面有多少是他的创新和发现。也许，此书最值得

---

① 此手册的详细论述，见Neugebauer 1975，pp. 969–1028。
② 有关此书以及球面投射法的发展历史，见Neugebauer 1975，pp. 857–879。

注意的是它题材之宽广以及与现代实验精神之接近。这特别在仪器的设计和
应用为然：托勒密不但制造实验仪器来研究由双眼并用而产生的立体视觉，
而且已经懂得应用凸透镜、凹透镜以及它们的组合来成像，并且试图发现有
关影像位置和大小的规律，更曾经用一个周围刻上角度度数的圆盘来研究光
线以不同入射角在水、玻璃、空气等不同介质之间的折射，从而得到接近于
现代斯涅耳定律（Snell's law）的结果——虽然他并没有把实验数据归纳成
为数学形式。最后，他还研究了大气折射作用对于天文观测的影响[1]。整体
而言，这部《光学》是有深度和启发性的，它深刻影响了伊斯兰光学家海桑
（Alhazen）的《光学汇编》，而后者则为格罗斯泰特（Grosseteste）和罗杰培
根（Roger Bacon）等欧洲中世纪光学家的工作奠定了基础。

乐理：科学和艺术的平衡

音乐的研究是奥菲士教派、毕达哥拉斯教派和柏拉图的大传统，我们在
第四章已经详细讨论了费罗莱斯对于音乐和数学关系的基本发现，以及阿
基塔斯对于声音性质的看法。在他们之后，希腊音乐理论的发展一直没有
停止，这其中最突出的是亚里士多德的弟子亚里士多塞诺斯（Aristoxenus of
Tarentum，约公元前4世纪）。他虽然曾经师从毕派学者，却另辟蹊径，在所
著《乐理》（Hamonics）[2]一书中将音乐的数学原理和听觉要求结合起来，使
它在科学与艺术之间取得平衡。此外埃拉托色尼在音乐上也有著述，事实上
他的贡献是依赖托勒密的征引得以保存的。

托勒密的三卷本《乐理》（Harmonica）是此大传统的产物[3]。它一方
面旁征博引，讨论前人留下的音阶，另一方面则力求持论公允，折中于毕派
和亚里士多塞诺斯两个阵营的对立乐理观之间，也因此对双方都加以批判：
"毕派学者不顾听觉（这是人人都应当注意的），往往将不符合现象的比例
加于声音的差别，以致受到对立派别攻击。亚里士多塞诺斯一派只顾及主要
凭借观感所得数据，误将理性当作次要，以致证据与理性皆失。"[4]这自然

---

[1]　有关托勒密在光学方面的贡献，见Neugebauer 1975，pp. 892–896以及DSB/Ptolemy/Toomer；至
于《反射光学》一书，原本及其阿拉伯译本俱已失传，只有后者之拉丁文译本留存，但首尾
（即第一卷及第五卷）不全，它有以下论述及英译本：A. M. Smith 1996。

[2]　英译本为Aristoxenus/Macran 1990；此书pp. 87–89对亚里士多塞诺斯在乐理上的开创性贡献有
扼要讨论。

[3]　英译本为Ptolemy/Solomon 2000b。

[4]　Ptolemy 2000b，pp. 8–9。

是与托勒密的一贯作风相符合的，即注意征引，以及极力要在数学与现象之间取得平衡。不过，此书虽然提出了一些有关音阶的新见解，它显然并非以创意为主，也并非旨在促进音乐专业。它真正的目标毋宁是论述"和谐"，包括音乐的和谐如何能够与灵魂的和谐，乃至宇宙的和谐相通：此书第三卷最后部分甚至讨论了黄道带与行星轨道的和谐划分。显然，毕达哥拉斯教派的音乐理念仍然在发生作用，而且，这样的影响最少将持续到17世纪的开普勒。整体而言，比起他在其他领域（包括下面讨论的星占学）的成就来，托勒密的乐理学不免显得略为逊色，甚至有点聊备一格的味道。

星占学：在希腊与巴比伦之间

最后，我们还必须提到托勒密的星占学（astrology）著作《四部书》[①]。以今日的眼光看，像托勒密那样一位终身服膺理性和数学原理的大科学家居然会耗费精力于没有根据的占卜之学，甚而著书立说，实在匪夷所思。不过，在古代，甚至一直到18世纪现代科学观念确立之前，这是很普遍的现象。不但在托勒密以前的毕达哥拉斯将科学与宗教信仰相结合，而且在他之后大多数科学家仍然醉心、致力于占卜、魔法、炼金术等的研习，托勒密只不过是亚历山大科学家中最早也最显著的一位罢了。而且，这并非偶然，虽然亚历山大学派（假如我们可以很笼统地用这么一个词语）已经脱离毕氏教派乃至柏拉图神秘主义的影响，而成为接近于纯科学研究的群体，然而，如上一章讨论过的，在公元前后毕氏教派就已经"复活"，而且影响力与日俱增。从公元2世纪左右开始，东方本土宗教、教派也对希腊哲学、思想发生深刻影响，乃至与之胶结、混合为一体。自此星占学和天文学就产生密不可分关系，而为大部分后代学者所同时研习，托勒密这部占卜著作的出现正是这一大趋势的标志和象征。

《四部书》的基本观点是：日月对于日夜、季节、潮汐和许多其他地上自然现象有明显影响，那么，显然一切天体对于地上的其他事物，例如国家、民族兴衰，乃至个人顺逆成败也应当有影响——虽然那未必是决定性影响，而只是众多影响因素之一。根据这原理，书中赋予每个天体以及黄道带上的每个星座以特定性格，例如冷、热、安宁、躁动、平和、争战等等，然后从它们在不同时辰的运行、冲合来讨论当时形成和发生的人和事。我们自

---

① 英译本：Ptolemy/Robins 1964；在互联网上也有此书的翻译全文可供参阅。

然不必深究这一套星占观念和运作方法，但以下两点却值得注意。首先，它的整个观念系统大抵起源于巴比伦，然后通过商贸和人口流动而传播到地中海世界：祭司贝罗索斯移居科斯岛，就提示了这种传播的途径（§4.5）。其次，《四部书》的星占观念虽然缺乏实证根据，却说不上迷信或者反科学，因为它并没有求助于人格化的超自然力量，即所谓怪力乱神。从这一点看来，在此书中理性精神仍然未曾泯没。它在后世享有大名，但始终不十分流行，大概也与此有关。

托勒密是西方古代科学的集大成者，在他身上古代宇宙系统得以完成，这系统的核心仍然是以古希腊几何学为典范的重智和推理精神。然而，其学问的整体却并不局限于此精神。如我们在上面所见，《大汇编》的推理与计算都有着强烈的实用倾向，他在其他领域的著作更不乏脚踏实地的实验与探索精神，甚至也反映了在他那个时代所充斥罗马世界的神秘主义。在西方思想中神秘主义与科学理性之间的巨大张力，将一直持续到17世纪甚至更晚。

七、古代地理学传统的确立

在天文学以外，托勒密最重要的科学贡献是在地理学，特别是地图学，其成就犹在上节讨论的光学和乐理之上。在第五章我们提到了亚历山大时期特别是埃拉托色尼的地图学，那可视为地理学的创始阶段。到了罗马时期，这学科更趋成熟。它经过罗马共和国时期的迪奥多西和博斯多尼乌的酝酿，到帝国初期的斯特拉波而确立为一门独立学科；至于托勒密，则是完成古代地理学的集大成者。因此西方地理学的发展与天文学大致同步，时间长达四百年（公元前250—公元150），是个非常丰富有活力的传统。

从希腊到罗马

在上一章我们提到希腊与罗马文明交汇时期（约公元前1世纪）的哲学家博斯多尼乌和詹明纳斯，他们对地理学也各有贡献[①]。博斯多尼乌著有《海洋》一书，它也同样失传而保留于斯特拉波的《地理学》。在其中他摒弃了以"可居"与否来划分地球五带，而代之以竖杆日影的指向特征作为标准，

[①]　有关他们在地理学方面的贡献见Harley & Woodward 1987, pp. 168–171。

也就是以现代的极圈和回归线作为划分线①。但他对后世影响最大的，却是个无心之失：他最先估计地球周长为（相当接近准确值的）24000公里，其后却另外估算为小了25%的18000公里。后一估值不幸为托勒密采用②，以后历代相沿以迄十五六世纪——哥伦布有坚强信心西航不远便可以到达印度，就是据此而来。

至于詹明纳斯，则以《天象概论》（见上章）流传后世而知名。此书属教科书性质，从中我们可以得知，在当时的学校中，各种天球仪、地球仪和地图（包括埃拉托色尼的数理地图和古老的平面环图）大量应用于教学，但它们并无统一理论基础。罗马人很朴拙而实际，对知识向来兼容并蓄而不求甚解，于此可见一斑。阿拉图的《天象》长诗之所以大受欢迎，其原因亦在于此。

斯特拉波《地理学》

斯特拉波（Strabo of Amasya，约公元前63—公元24）在罗马帝国初期生于土耳其北部海滨山城，家境富裕，自幼在本城和罗马接受良好教育，然后在亚历山大学宫博览群书，从容论学构思③。他早年撰有历史巨著，但已散佚，晚年完成的十七卷《地理志》（*Geographia*）则完好留存。此书视野宽广，规模宏大，包含地理学的数学、地形、政治、历史等四个不同方面，其特点是广为搜罗前人著作，融会贯通为一体，诸如皮实雅斯、狄克阿科斯、埃拉托色尼、喜帕克斯、博斯多尼乌等许多人的发现和学说都是因此得以流传，它也由是成为西方古代地理学内容最丰富、最重要的百科全书④。但他禀赋上与哲学和史学相近，基本上是个"书斋地理学家"，实地见闻不广，甚至是否到过雅典也备受质疑。他受史学家波利比亚斯（Polybius，公元前200—前118）影响⑤，观念踏实而保守，因此不能够接受地理学上的新说、新发现。

---

① 此外他还有将地球依照气候分为七带的提议，即除了惯常的寒带、温带和热雨带以外，再加上南北回归线附近的狭窄"干燥带"。

② 两个估值都是根据亚历山大城与罗德斯岛之间距离作出，其差别也就在于两地距离的估计。

③ 斯特拉波有下列传记：Dueck 2000。此外Thomson 1965, pp. 224-225对他有颇尖锐的评说；Harley & Woodward 1987, pp. 173-175也有扼要中肯的论述，以下讨论大多本此。

④ 此书有Horace Leonard翻译的Loeb Classical Library希腊文与英译八卷对照本，即Strabo 1917—1933。

⑤ 波利比亚斯出身希腊军事世家，学问渊通，后来作为人质滞留罗马十数年，并且成为罗马大将西庇阿（Scipio）之亲信，屡次以幕僚、参谋身份跟随出征北非与西班牙，此后方才致力于历史写作，因此其气质、观点亦深受罗马文化影响。

例如他不相信极圈附近亦即苏里（冰岛）可以住人，由是将"可居地"的范围大大缩小。在地图绘制方面，他深悉埃拉托色尼所提出，如何将弯曲球面转变为平面的基本问题，却缺乏洞见或深入讨论，只是认为最好用巨大地球仪，或者以直线经纬为方格的平面图就足够了[①]。整体而言，他是勤谨渊博的编纂家，而非具有实测经验或者理论创见的学者，虽然出于希腊传统，却受罗马文化影响更深。

《地理志》中还有一条很值得留意的远航记载，那就是另一位富有探险精神的希腊人尤多索斯（Eudoxus of Cyzicus，活跃于公元前140—前108），他两度从埃及经红海航向印度（是否确实抵达不得而知），第二次回程时南下东非海岸方才折回，其后更变卖家财，两度从西班牙南端出发，企图绕航非洲西岸，结果不知所终（见图2.2）。换而言之，在迦太基王汉诺之后，还有另一位达伽马的先驱[②]。

罗马帝国的地理学

斯特拉波和托勒密前后相隔大约一百五十年，在这一个半世纪间，地理学继续蓬勃发展，这有两个原因。首先，是学术传统的巨大力量；同样重要的是，罗马帝国不断扩张，在北欧、英伦和非洲都开辟了大片疆土，而来自遥远中国的丝绸也在此时出现，由是刺激了对四周地理环境描述的修正，这和16世纪欧洲地理学大发展是颇为相似的。

这时期值得注意的罗马地理学著作有两部：梅拉（Pomponius Mela，活跃于约公元37—42）的三卷本《世界地方志》（Chorographia）以及稍后的普林尼《自然史》中的四卷《万国地理志》（§6.3）。它们都是描述性作品，没有附图痕迹（虽然普林尼有整体观，也可能使用过地图），识见粗浅，比之罗马军队、商人、运输队所通用的地名与里程书即所谓"行程表"（itinerary）虽不可同日而语，但大体上亦同一传统产物，虽然资料丰富，却和地图学没有关系[③]。

对地图学有贡献的是秉承希腊传统的马林诺斯（Marinos of Tyre，约公元60—130）[④]。他接受了博斯多尼乌较小的地球周长数值（18万斯塔德），

---

① 见Ptolemy 2000a, p. 32所引Strabo 2.1（Strabo 1917–1933, i, pp. 253–361）。
② 见Cary and Warmington 1929, pp. 70–71, 98–105。
③ 见Harley & Woodward 1987, pp. 234–236, 242–243。
④ 见Harley & Woodward 1987, pp. 178–180。

但大大扩展了"已知世界"（所谓"普世"，*oikoumene*）的观念，即北方以通过苏里（Thule）的极圈为界[1]，南方则由于罗马帝国军队和商贸队伍当时已经深入非洲内陆，边界移到了南回归线，因此可居范围宽度达87纬度，而长度则由于印度以东的中国即所谓"丝地"（Seres）也被包括进去，估计达到225经度[2]，因此约三分之一的地球面积都包括进去了。马林诺斯因而意识到，要仔细描绘处于弯曲地球面上的这个庞大世界整体，必须有系统方法来将球面上的位置、线条在平面上重现。他的《世界地图之修订》很可能就是应用喜帕克斯所发展的数理天文学来纠正、改进博斯多尼乌的著作，特别是他流传下来的地图。他提出以方格网作为地图坐标，在其中横方向（x轴）代表经度，纵方向（y轴）代表纬度，纬度差等于经度差的时候，相应距离的比例可固定为5：4（图7.10）。

这方法类似于制图学上的"圆柱投影法"（cylindrical projection），它的优点在于非常简明，而且无论在哪个位置，所表示的方位必然正确，所以极便于航海应用。为此之故，到了16世纪中叶，它又被重新发现，到17世纪更大行其道，但这是后话了（§12.8）。但正如托勒密在其《地理学》第一卷所指出，它所显示的沿纬线（即东西）方向距离只有在罗德斯岛（北纬36—37度）附近才准确，在高纬度和赤道附近会有极大误差；况且，这正交方格网和人眼所见地球仪上的经纬线形状也不相符。当然，在小范围内这方法还是最简便和明确的，托勒密自己的《地理学》的区域图就采用了它。

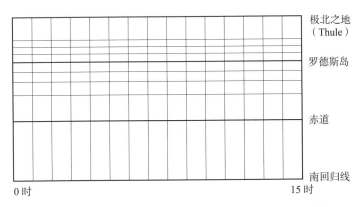

极北之地
（Thule）

罗德斯岛

赤道

南回归线

0时　　　　　　　　　　　　　　15时

图7.10　马林诺斯投影地图的网格（根据Ptolemy 2000a，Fig. 10重绘）

---

[1]　他将苏里的纬度定为北纬63度而没有说明理由。

[2]　这当然是严重高估：从西班牙到中国东端大约只有130经度。

托勒密的《地理学》

托勒密的《地理学》一共八卷，其中第一卷讨论地图绘制，包括对马林诺斯的详细批判——这其实是我们借以知道后者的唯一资料；第二至第七卷是地理志，它列出了大约八千个地点和数百个重要城市，包括它们的经纬度，以及方位、相关自然地貌，如山川、河流、海岸、岛屿的描述等等；第八卷则是26幅区域地图，每图附以详细图注，说明该区域的边界和其中的重要城市①。整体而言，这部巨著的至终目标是要纠绳和超越马林诺斯，把当时已知世界的全部作一个全面、详细和可以让后世覆按的记录，这记录既有绘制的详细地图，也有文字和经纬度数据，以使难以复制和长远保存的地图湮灭之后，它还可以根据确切的数据来重建②。

这部大书最令我们感兴趣的，自然是第一卷第21—24章论地图绘制的部分。托勒密接受了马林诺斯从博斯多尼乌那里得来的地球周长，但重新估计了从加纳利群岛（它被定为经度起点）到"丝地"即中国的距离，把它减低到12小时差亦即180度，又将可居地的南方边界从南回归线北移到埃及梅罗的对等点，即Anti-Meroe（南纬16.5度），这样可居地所占地表面积仍然有四分之一。他从观察地球仪知道，这样广大的区域是高度弯曲的，所以要把它如实表现在平面上，以绘制可以容纳细节的大幅地图，那就必须符合两个要求：纵横两个方向的距离必须大致准确；以及不能过分歪曲地球仪所予人的视觉印象——特别是经线在高纬度应当聚拢。

在这两个要求下，他提出了两个方案。第一个方案（图7.11）是以观看者围绕地球仪走动，依次正对每一条经线所见为基础的：所以经线表现为从O点（相当于锥顶）放射的直线，纬线表现为以O为中心的圆弧；它并且要求：北纬63度纬线长度与北纬0度（即赤道）纬线长度的比例合于实际；经度在圆弧即纬线上平均划分，纬度则在经线上平均划分，至于经线和纬线两个方向的距离比例，则以其在北纬36度（即罗德斯岛）等于4:5为准。但这个方案在赤道以

---

① 此书有两种英文译本：Berggren and Jones的新近译本（见Ptolemy 2000a）较为仔细和严谨，并且附有长篇导言，但只全译了关于地图制作的第1章，至于有关实际地理描述的2—8章则只翻译了2、7、8章的部分以作为"样本"；Stevenson的旧译本（见Ptolemy 1932）接近于全译，但质量受到批评。

② 托勒密此书（包括其某些区域地图）的详细讨论见Harley & Woodward 1987, Ch. 11。他的地图绘制理论见Ptolemy 2000a这译本的导言；Neugebauer 1975, pp. 879–890；以及Harley & Woodward 1987, pp. 185–189，其中提到托勒密尚有第三个地图绘制方案，但它对后世并没有影响，此不具论。

南会造成经线方向距离的很大误差，所以在此区他宁愿放弃数学上的自洽，而改用与赤道以北对称经线有相同长度的圆弧。这方案相当于圆锥投影法（conical projection）之一种，但在赤道以南则属假圆锥投影法。和马林诺斯的办法相比，它显然有很大改进：视觉歪曲减低，而经线方向距离的误差也大大减少——在北纬63度为10%，在赤道为67%，马林诺斯的则分别高达77%

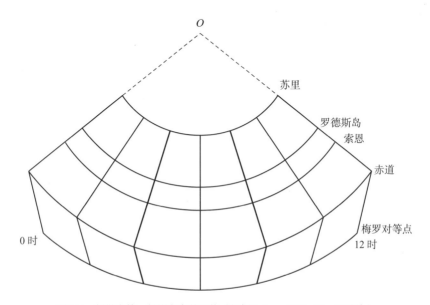

图7.11　托勒密第一投影方案的网格（根据Ptolemy 2000a, Fig. 11重绘）

苏里岛在北纬55—63度之间，是当时所知最北的地点，梅罗（Meroe）在白尼罗河与蓝尼罗河两条支流交汇点附近，约北纬15度左右；"梅罗对等点"是假想中的南纬15度。索恩（Soene）在今之阿斯旺即北回归线附近

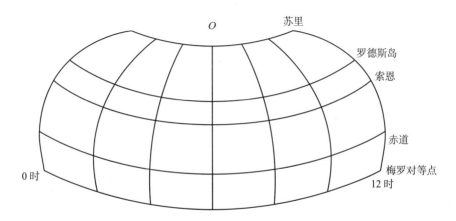

图7.12　托勒密第二投影方案的网格（根据Ptolemy 2000a, Fig. 12重绘）

和100%。倘若应用现代以球心为投射点的准确圆锥投影法，那么纬度就不再会平均划分，这样经线方向的距离误差可以减低到20%以内。

至于第二个方案（图7.12）则是上述投影法的改进，观看者改为在固定的中心位置观看地球仪，所以经线会出现弯曲。它实际上的构造方法是这样的：纬线仍然是以O点为中心的同心圆弧，但北纬63度（苏里）、北纬36度（罗德斯岛）和南纬16.5度（梅罗对等点）三条参照纬线的弧长比例则都要求合真。其次，这三条纬线各自均分为经度参照点，最后分别作圆弧经过每组对应的三个经度参照点，就得到了相应的经线。这方案更加减低视觉歪曲，接近以透视法描绘地球表面的效果，同时经线方向距离误差也进一步大幅减小——18世纪出现的"蓬投影法"（Bonne projection）要求所有（而不只是三条）纬线长度都合真（这样一来，经线自然就不可能再是圆弧），显然就是以这第二方案为基础的。

托勒密实际绘制的世界地图并没有流传下来——这样的地图可能有1米高，2米宽，那并非当时习用的纸草手卷所能够容纳，所以一般会以挂图的形式出现。《地理学》的希腊文本于14世纪末从拜占庭传入西欧，于1406年由安哲罗（Jacopo d'Angelo）翻译成拉丁文，自是广为传播，于1475年印刷出版。这对于西方地理学和西方地图学的发展无疑有决定性影响（见§12.8，特别是第一分节），对于15世纪航海家、探险家的刺激与助力，以及对西方人世界观之塑造，更是不言而喻的。

八、西方医学大宗师

无独有偶，公元2世纪还有一位学者能够与托勒密相颉颃，那就是成就同样超迈前人而集大成，而地位也同样崇高的医学家盖伦。托勒密继承喜帕克斯的大传统，却只有一位先驱曼尼劳斯；同样，盖伦继承希波克拉底的大传统，也只有一位先驱鲁弗斯。更难得的巧合是，盖伦和著《伤寒杂病论》的张仲景（约150—219）年代相若，两人相隔万里，却东西辉映，都是医学大宗师。

鲁弗斯与盖伦

盖伦是承袭希腊医学和哲学两方面传统，而将之融汇发展的人物。他的先驱鲁弗斯（Rufus of Ephesus）活跃于图拉真（Trajan）皇帝的时代（98—177），生平事迹无考，但颇为盖伦所征引。我们只知道他在亚历山大城习医，特别是解剖学。他善于采纳和综合各家学说，作品大部分已经失传，但留下《医者问疾》《解剖学名词》《膀胱与肾疾病》诸篇为后世所重，其中《医者问疾》对古代医术实际上如何施行提供了重要资料，而（仅存阿拉伯译本的）《自救篇》则是民间医学常识[1]。

至于盖伦（Galen of Pergamon，130—201），则我们所知甚多，因为他在著作中提供了大量家世和个人事迹资料，这是和托勒密截然不同的[2]。他生于学术文化气氛浓厚的小亚细亚西岸城市帕加马，家境优裕，父亲为建筑师，学识渊博，对数理机械俱有研究，以几何学悉心培养宠儿。故此他自幼即浸淫于哲学与数学，其后兴趣转变，投入当地医神庙学习，未及弱冠丧父，承受丰厚家产，遂远游哥林多、士麦那，以及当时医学中心亚历山大等地进修，然后回归本城行医，但不惬意。四年后（161）赴罗马，由于热心医道，处事认真，而且交游广阔，故不久即声名鹊起，几经转折，最后成为马可·奥勒利乌斯、康茂德等数代皇帝御医。他的著作洋洋大观，留存至今的还有百余种，合数百万言。他身后的巨大影响力固然是由于家世、才学和深厚传统的惠泽，而因缘际会，适逢罗马帝国太平盛世和得明君赏识，自然亦不无关系，但最重要的，当还是由于著作等身。

盖伦的人体功能学说

在医学思想上，盖伦大体承袭希波克拉底和希罗菲卢斯的传统，因此接受观察和病历的重要性，采纳四体液说，又强调以检测脉搏和尿液作为判症手段。他承认解剖和生理学的重要，但当时人体解剖已经被禁止，所以他转以相类似动物特别是猕猴的解剖作为替代。这当然不免有时会导致错误结论，但整体而言，他留下的解剖学典籍还是非常精细和重要的。无论如何，两位亚历山大城医学家的著作已经失传，我们知道其工作还是由于他的记载，这和尤多索斯之借欧几里得而得传，喜帕克斯之借托勒密而得传，可谓如出一辙。

他最重要的贡献是为人体功能即生理作用提出了一整套学说，那影响了后世一千五百年之久，直至17世纪方才逐步被推翻。这学说渊源于柏拉图的灵魂三分说，即它有理性、感情、欲望三部分，分别存在于头脑、胸腔和腹腔之

---

[1]　有关鲁弗斯见Brock 1929, p. 20，其作品选译以及相关评论见同书pp. 112–129。

[2]　有关盖伦的简单综述见Lindberg 1992, pp. 125–131以及Brock 1929, pp. 20–33；详细讨论见Thorndike 1923–1958, i, Ch. 4，该章对他的生平、学术以及魔法的态度皆有深入探讨。以下专著对他在解剖学和生理学两方面观念有详细论述：Hankinson 2008, Chs. 9, 10；有关本书下文所述人体功能部分则见该书pp. 265–278。

中①。盖伦从此思想出发，并大致跟随伊拉希斯特拉斯，提出了全面和精密的人体结构和功能三分构想。（1）腹腔以肝为主：食物经过胃热的消化转变成精华液（chyle），它透过肠胃襞，经肠膜静脉流入肝，然后被转化成血，血经静脉系统流布全身供给滋养与生长，从而被消耗掉。（2）胸腔以心肺为主。心脏扩张时，血经腔静脉吸入右心房和心室，部分消耗于心脏本身；与此同时，已被吸入肺的空气（pneuma）经肺静脉吸入左心房和心室。心脏收缩时，右心室的血一部分经肺动脉流入肺，为它提供滋养而消耗，另一部分则通过心室中隔襞（septum）渗透到左心室②，在那里与已经吸入的空气以及心脏本有（intrinsic）的热力相结合，转化成带生命力（vivified）的鲜血，然后经大动脉流遍全身，为身体各部输送生命热力；至于左心室的废气则经肺静脉回流到肺然后呼出（图7.13）。（3）头颅以脑为主。动脉鲜血流到头脑之后在所谓"神奇网络"（rete mirabile）中被进一步提炼，转化成精微的"灵气"（psychic pneuma），再经神经网络散布全身，从而产生感觉和主宰运动。

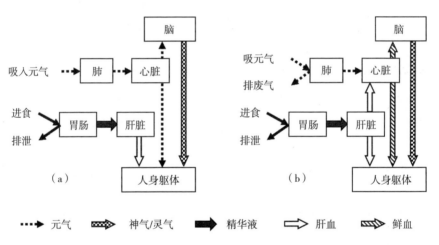

图7.13　两位希腊医学家的人体结构与功能示意
（a）伊拉希斯特拉斯认为：肺所吸入的元气经过心脏和动脉直接散播全身；（b）盖伦则认为肝脏所产生的血液部分流到心脏与元气结合成为鲜血，然后经过动脉散播全身

① 柏拉图在《国家篇》里面将城邦比喻为人，灵魂的三部分则相当于城邦中担当不同功能的人，即立法者、战士和工匠商人，详见《国家篇》第四卷最后部分，即Republic 434–448；在《蒂迈欧篇》中他更进一步，详细讨论造物主如何将人的不同功能分配到身体不同部分，那和下面讨论的盖伦人体功能理论大体上是对应的。见康霍德翻译和详细评注《蒂迈欧篇》的专书Cornford 1952，特别是pp. 142–151, 279–291。

② 盖伦认为，心脏的中隔襞虽然好像很厚实，其实有许多不可见的微细管道穿过它，中隔襞上有许多小洼坑，那就是它们的入口。

从上面的简述可见，伊拉希斯特拉斯和盖伦的最大区别在于：前者认为整个大动脉系统都是充气而没有血液，后者则认为只有肺静脉充气，大动脉系统则充满带生命力的鲜血，而且心脏中的血液可以透过心脏中隔膜，从右半流到左半。这构想的一个要点是，血液是不断地被肝制造出来，然后不断在身体中被消耗掉。很显然，盖伦的构想虽仍然错误，但比之亚历山大时期已经大有进步，即意识到大动脉的主要功能了。

伊拉希斯特拉斯受同时代的斯特拉托影响，以机械原理例如风箱作用来解释人体器官的运行。盖伦承认这有道理，但又强调，不同器官还具有非机械性的本能，能够根据本身的不同需要而吸收、保存或者排斥身体中的津液。换而言之，生理作用兼具机械性和化学性两方面，这自然是个大进步。但犹不止此，事实上，他在人体生理论著中，更从智能设计的角度来强调人体器官的目的性，甚至认为它们是完美而无可更易，足以证明智慧造物主（Demiurge）的存在。这是秉承柏拉图《蒂迈欧篇》（见前注）和亚里士多德目的论而来，它虽然和基督教并没有关系，却非常适合基督教宣扬上帝之大能和全知以证明其存在，所以在中古乃至近代都很自然地被教会广泛接受。

作为古代医学传统的巅峰和集大成者，盖伦和托勒密一样，也是独立苍茫，后无来者。从3世纪开始，西方医学传统就逐渐衰落，自此再也没有出现可与盖伦比肩的人物，直到七八百年后的拉齐和阿维森纳崛起于伊斯兰世界，方才迎来另一个新时代。

九、传统的回响与终结

托勒密的系统虽然辉煌壮观，但说到底，罗马时代并不属于科学和哲学，而属于帝国和宗教，所以在它之后，西方科学便进入夕阳阶段。不过，这仍然是一段漫长时光，而且不乏动人心弦的晚钟，像3—4世纪的杰出数学家丢番图和泊布斯；但此后则暮霭四合，只能够见到希帕蒂娅与波伊提乌那样的悲剧人物，以及普洛克鲁斯、尤托斯乌和辛普里修斯那样的评注家了。

代数学雏形：丢番图

亚历山大学宫的科学传统，亦即赫伦、曼尼劳斯、托勒密等的传统开始偏向于计算，但只是偏离几何推理方式，还说不上在内容和方法上另立典范。向这方面踏出一大步的是在他们之后百年的丢番图（Diophantus of

Alexandria，约200—284）。他的生平实际上也几乎是一片空白，但他的十三卷《算术》（*Arithmetica*）则有六卷传世，使我们得以窥见古代西方代数学雏形之诞生[①]。此书主要是解决两类代数方程：（1）决定型（determinate）的一次和二次代数方程，包括联立方程；（2）不定型（indeterminate）方程和相关问题。此书最重要的创新在于符号的应用：例如未知数、相等、倒数、二次至六次幂、相减等运作，在书中都应用特殊符号表达，因此就出现了类似于方程式的数式。不过，它所应用的符号种类不足，例如只有一个而非多个未知数符号，加和乘缺乏符号，相除仍然用文字表达，等等，所以这些还只是处于文字和方程式两个阶段之间的"类方程式"。此外，它仍然未曾意识到二次方程有两个根，也没有发现负数（因此它的二次方程必须区分为三个类型）或者方程式普遍解的观念。但无论如何，它已经向符号数学方向跨进一大步了。此书另一方面的突破是在于解决了许多不定方程问题，包括$x^2=1+py^2$型的所谓佩尔（Pell）方程。也就是说，它开拓了所谓"不定分析"的整个领域，这也因此被称为"丢氏分析"（Diophantine analysis）。它的局限是：即使是明显有无限多解的不定方程，也仅以给出单解为满足。

此书可能远远超越时代，所以其大半在完成后不久就已经失传，而且它虽然有阿拉伯译本，在中古却一直不为人注意，直至15世纪末的拉哲蒙坦那才提到它，16世纪中叶的邦贝利（Bombelli）方才吸收和应用其中观念，包括符号的应用。它之翻译和出版迟至1621年，而费马（Fermat）才是第一位深受其影响的大数学家（§12.3，13.8）。换而言之，它在符号代数学方面的大发明在16世纪以前几乎毫无影响，这是十分可惜的。

综观西方数学发展的整体，希腊几何学的出现意味着久远的巴比伦-埃及传统遭遇了大转折。但是我们也不能够以几何学概括西方古代数学：从赫伦以至丢番图的发展显示，原来的计算型数学其实并没有中断或者消失，却是在不甚为人注意的情况下继续向前发展而产生了雏形代数学。也就是说，古代西方数学其实具有两个性质、方法、目标都不相同的范式，虽然它们的显隐也是不一样的。

---

① 有关丢番图见DSB/Diophantus/Vogel；详尽的论述（包括其数学的埃及根源），见Heath 1965, ii，Ch. 20；较简明的见Boyer 1985, pp. 198—204。他的《算术》有法译本，以及部分英译本，即Diophantus/Sesiano 1982。

几何学殿军：泊布斯

在丢番图之后一个世纪，亚历山大出现了它长达六个世纪科学传统中最后一位杰出数学家，那就是古代几何学殿军泊布斯（Pappus of Alexandria，约290—350）。和赫伦、托勒密、丢番图等亚历山大本地科学家一样，他也没有任何政治、宗教或者哲学背景，因而当时籍籍无闻，身后事迹湮没，仅以其七卷《数学汇编》（*Collection*）留名后世[①]。《数学汇编》内容涵盖整个几何学领域，其目的在于充分展示其精深奥妙，借以重新振兴这门学问，其中既包含前人成果，亦不乏新发现。此书有三类不同的论述。第一类是将几何问题划分为可用圆规直尺解决的"平面型"、可用圆锥曲线解决的"立体型"，以及需要利用其他曲线解决的"线性型"等；然后指出传统几何三大难题不属于"平面型"，特别是三分角问题属"立体型"，并且给出了两个利用双曲线解三分角问题的示范。不过，这只是总结经验而已，有关三大难题为"非平面型"的确切证明，其实要等到19世纪方才出现。第二类是将前人的几何定理加以推广或者引申，甚或提出独立发现，这其中有大量令人惊叹的精妙结果，图7.14所示有关三个半圆中的内切圆系列之特殊性质就是很好的例子。至于第三类则是几何学上的新发展，这主要见之于《数学汇编》第七卷，其中最重要的包括投射几何上的重要创见，以及有关高次轨迹的研究。可惜他在这方面的重要专著《推论》（*Porism*）已经遗失，我们无从深究他的发现究竟是否已经接近解析几何学了。此外《数学汇编》第七卷还保存了大量古代数学史资料。

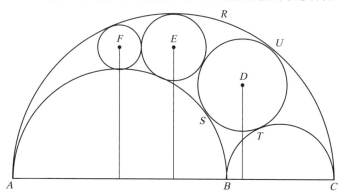

图7.14　令ARC，ASB及BTC各为半圆，AC，AB及BC分别为其直径，B为AC之任意分割点；又令D圆内切于上列三个半圆，其直径为d_1，圆心D垂直于AC之距离为p_1，E圆内切于D圆及ARC与ASB半圆，其直径为d_2，圆心E垂直于AC之距离为p_2，F，G，…圆亦均如之；则可证明$p_1=d_1$，$p_2=2d_2$，$p_3=3d_3$，…。此问题的详细讨论见Heath 1965，ii，pp. 371-377

① 泊布斯的论述见Heath 1965，Ch. 19以及Boyer 1985，pp. 204–211；其《数学汇编》第七卷英译本见Pappus/Jones 1986。

亚历山大传统的结束

在4世纪下半叶也就是泊布斯之后，亚历山大和雅典再也没有出现富有创造力的科学家，然而还是有不少能够了解前代大师作品的学者。他们集中于讲学，由是留下的评注（commentary）形式讲稿提供了大量科学史资料和许多失佚作品的梗概[①]。这些学者的第一位是出生于埃及的塞里纳斯（Serenus of Antinoupolis，约300—360），他的阿波隆尼亚斯《圆锥曲线》评注不幸失传，倒是他自己的《论圆柱体截面》和《论圆锥体截面》得以流传，让我们知道他自己也有阐发。特别是，他证明以平面交截圆柱体或者圆锥体，那么在适当情况下可以得到完全相同的椭圆曲线。

在他之后最重要的评论家是亚历山大的施安（Theon of Alexandria，335—405）。他很可能是学宫最后一代学者，著有欧几里得《几何原本》《引论》《光学》等作品以及托勒密《大汇编》和《数表手册》的评论，可以说是古希腊科学著作的评论大家。他的《几何原本》评论特别重要，因为长久以来这也是《几何原本》在西方最完善、最通行的希腊文本，一直到19世纪才发现了更早的抄本。这些评论和相关文本不但有助于现代译本的校订，而且本身也包含重要信息。例如他曾经为《数表手册》写作深浅不同的两种评论，浅显者是为了解释数表的应用而不及于其构造原理，反映出当时学生程度低下，才智之士已经不再为科学所吸引了。至于《大汇编》评论则并不精彩，只是从侧面提供了重要的科学史资料，例如举例说明当时实际计算的运作程序。

施安的女儿希帕蒂娅（Hypatia of Alexandria，370—415）才华出众，她可能是历史上第一位女性哲学家和数学家，曾经协助乃父撰写评论，自己据说也作有多种数学评论，可惜都未流传。她在三十岁左右成为亚历山大的柏拉图学院院长，并且与守城的罗马总督友善，因此颇有声望，可谓城中学术界翘楚。不幸的是，基督教当时已经得势，而她的才学与声望恰恰激起了视哲学与科学为异端的基督徒之敌视与仇恨。态度有名激烈的大主教圣西里尔（St. Cyril）于412年上任，他与总督为了争夺亚历山大城控制权而积怨甚深，在此一触即发形势下希帕蒂娅于415年被杀害，一说是她驾马车经过大街时为暴民所凌辱和残杀。无论细节如何，希帕蒂娅之死对其他学者无疑是个驱逐信号和警告，同时也是学宫、科学和哲学在亚历山大城长达七百年传统宣告终结的象征。自此学者风流云散，这学术文化古都也就无可逆转地变为纯粹商业都会了。

[①] 有关本节资料见Heath 1965，ii, Ch. 21；有关施安见Neugebauer 1975，pp. 965–969。

十、大时代的没落

历史学家吉朋是启蒙运动健将，他的巨著《罗马帝国衰亡史》所要论证的，就是此偌大帝国之衰亡肇因于基督教。在今日看来，这其中的因果关系自然难以断定。但从时序上看，则的确如此：在逐步接受基督教，乃至宗奉之为国教后，罗马帝国本身也就到日薄西山的阶段了。君士坦丁大帝在330年迁都位于博斯普鲁斯海峡的古城拜占庭〔Byzantium，后来正式易名君士坦丁堡（Constantinople）〕，其主要目的是为基督教建立一个没有众多异端神祇传统的新环境，以及加强对东方的控制。在这两方面他都非常成功。所始料不及的是，376—378年间日耳曼民族中的哥特人越过多瑙河向帝国东部大举内迁，触发了帝国崩溃的危机。大有作为的狄奥多西大帝虽然以怀柔手段羁縻笼络这些蛮族，却也未能力挽狂澜。他临终时正式将帝国分割为东西两半，更加速了西罗马帝国的没落。410年东哥特人攻破并洗劫罗马，其后时而受雇为佣兵，时而叛变作乱，至476年终于废黜西罗马傀儡皇帝，推选首领奥度瓦瑟（Odovacer）取代，但仍然承认东罗马皇帝主权，至此西罗马帝国灭亡，而西欧所谓"黑暗时代"即其漫长的混乱过渡期（500—1000）亦告来临。另一方面，以君士坦丁堡为中心的东罗马帝国至终得以度过日耳曼蛮族入侵危机而稳定下来。同时它在语言、风俗、文化上逐渐希腊化，因此得以保存大量古代典籍，成为古希腊哲学、科学度过混乱时期的载筏。事实上，在其后千余年间，无论是9世纪的伊斯兰帝国、中古欧洲的翻译家，抑或文艺复兴时代乃至近代的古典学者，都莫不以君士坦丁堡为搜寻珍贵古希腊抄本的宝库，而迭有重大发现。

教会对俗世学术态度之转变

希帕蒂娅的命运凸显了科学与基督教的冲突，这类冲突在此后一千二百年间还将不时爆发，以迄著名的17世纪伽利略审判。然而，这两者之间的关系其实相当微妙、复杂，而并非一贯鲜明对立。其实，在罗马帝国覆灭，长期混乱来临之后，教会反将成为科学渡过厄难的庇护所。

基督教在其诞生之初三个世纪备受歧视和压迫，有时（例如在尼禄时期）甚至被严酷镇压，但它仍然能够持续发展，而且信徒日益增加，组织日趋严密。这水火不容之势到戴克里先（Diocletian，284—305）时代出现了激烈转变：他决定加强镇压基督徒但没有成效（303—305），跟着他的两位继承者作一百八十度转变，联合发布基督徒容忍令（311）。翌年君士坦丁大帝（Constantine the Great，312—337年在位）在争夺皇位的决定性战争中改用基督教徽号并且大获全胜，遂又发布自由信教令，即所谓《米兰诏令》（The Edict of Milan，313）。其后他统一帝国，并陆续免除教士差役，准许教会承受遗产，禁止城市居民在星期日工作，更进一步禁止异教祭祀（319—321）。但狄奥多西大帝（Theodosius Ⅰ，the Great，379—395年在位）正式颁诏拆毁异教庙宇和严厉取缔异教崇拜，则已经是392年的事情了。这样，在奋斗三四百年之后，基督教终于获得了"国教"地位，那比之伊斯兰教在一个世纪以内扩张成为庞大帝国要艰苦缓慢太多了。此后基督教会很自然地对其他宗教、哲学采取排斥态度。科学与此好像没有直接关系，但自然哲学是哲学的一部分，而哲学家们仍然怀抱古希腊宗教信仰并不时举行种种仪式和祭祀，因此他们往往在非理性动乱中受到波及，像希帕蒂娅就是显著例子。至于基督教会本身则在此阶段还没有对俗世学术如希腊哲学形成明确态度，这一方面是因为具有统一权威、组织的普世教会尚未出现；另一方面则由于当时具有影响力的教会思想家即所谓"教父"（Church Fathers）意见并不一致——事实上教父自己也往往受到这些历史悠久的学说影响，因此他们采取理性、温和、妥协态度的居多。

最突出的基督教早期教父有三位：迦太基的德尔图良（Tertullian，约155—220）、亚历山大的克里门（Clement，约150—215），及其弟子奥利金（Origen，约185—253）[1]。他们的时代（3世纪上半叶）正当基督教《新约福音》大体已经定型而其他教义还在发展的阶段，但他们对于"俗世学术"（secular learning）却有截然相反的看法。德尔图良出身为迦太基律师，是第一位用拉丁文写作的教父，他有很强的原罪、救赎和正统观念，所以认为基督教代表"新律法"，一个人只有加入了自使徒开始，然后历代相传的教会才能够得救。他坚守信条，极端轻蔑理性和希腊学术，认为雅典无与于耶路撒冷，学园无与于教会；耶稣为神之子但其受死可信，正因为这荒谬；耶稣又肯定已经复活，正因为这不可能；等等。至于克里门却恰恰相反：他受新毕派学者费罗影响，又吸收了灵智教派的思想，然后通过学养深湛的弟子奥

---

① 有关早期教父对俗世学术态度的分析见Grant 1996, Ch. 1，此外Walker 1959, pp. 64–66, 72–77, 116–118, 160–170也分别对于德尔图良、克里门、奥利金、巴西勒和奥古斯丁的事迹、思想有论述。

利金对东方教会产生广泛影响，这就是教父中的所谓亚历山大学派。他们认为：基督教信仰与通过理性而发展的希腊学术并无冲突，后者自有其内在价值，而且可以导人心智趋向于接受神示真理，因此可以为神学所用，成为其"侍女"（handmaiden）。自此以后，这"侍女说"就普遍被视为俗世学术在基督教的定位，其影响一直延续到中世纪。

在此之后最重要的两位基督教学者、主教、神学家和身后封圣的教会领袖是小亚细亚的巴西勒（Basil the Great，329—379）和北非的奥古斯丁（Saint Augustine，354—430），前者以志行高洁、魄力宏大见称，后者被公认为古代最伟大的基督教神学家。他们的共同点是：都经过相当曲折的生命历程才信奉基督教，而且在此历程中深受雅典新柏拉图学派影响，巴西勒更曾经在雅典就学。他们都跟随新毕派费罗的传统，撰写《旧约·创世记》评论，借以宣扬上主创造天地之伟大与巧思。这是有震撼力与无穷发展潜力的传道途径，为后来者所不断重复使用，因为它直接将教中的原始经典与大众熟悉的大千世界紧密联系起来。不过，这策略却需要对于自然哲学的了解，例如宇宙的构造、日月星辰的运行、鸟兽虫鱼的习性等等；甚至，它还牵涉某些更深入的哲学问题，例如世界创造的先后过程、所使用的原始质料，乃至世界运作的原理等等。这样，不知不觉间，也就使得自然哲学整体成为基督教体系的一部分了。很可能就是为此原因，奥古斯丁赞同甚至主张研习"七艺"包括科学——虽然他对于天文学（更应该说是星占学）却有保留。

另一方面，巴西勒和奥古斯丁也都意识到希腊哲学的危险性，因为它有许多基本观念与基督教的核心教义并不相容。例如：在希腊观念中天地是恒久存在，无始无终，那就与神创造天地和世界末日之说相矛盾；又如星占学者和斯多葛学派都认为世界变化完全由客观条件（例如行星的准确位置）决定，那就间接否定了处于基督教伦理核心的人与神之自由意志。奥古斯丁在临终前数年终于对自己研习"七艺"的主张表示后悔，可能就是仔细权衡利弊之后的结果吧。但这个细微变化并不重要。真正重要的是，众多早期教父形成了这样一个整体观念：自然哲学自有其价值，而且和基督教并非完全对立，甚至可以为其所用。这一定位使得它能够以非常原始、粗糙的形式深藏在修道院中度过6—10世纪的大混乱时期，然后借着12世纪翻译运动的刺激重新发芽、滋长。

向雅典回归

在这迅速没落的大时代中，本来已经丧失动力的科学自然只能够竭力保存前代成果，再也谈不到开辟新领域。而且，从5世纪开始，由于亚历山大的敌对气氛，希腊学术只好向雅典回归，这主要是新柏拉图学派的普卢塔赫（Plutarch of Athens，350—430）所开创的传统。相传他曾经师从艾安布里喀斯（§6.6），但历史上比较能够确定的，只是自他以降的六代弟子依次为：著有亚里士多德《形而上学》评论的西里安纳斯（Syrianus，卒于437）、普洛克鲁斯（Proclus Lycius，400—460）、马利安纳斯（Marianus）、阿孟尼亚斯（Ammonias Hermias）、达马修斯（Damascius，约458—538），以及辛普里修斯（Simplicius，490—560）。这其中最突出的是普洛克鲁斯，他最初求学于亚历山大，但不惬意，所以转而求教于雅典的普卢塔赫和西里安纳斯，并且为他们所器重，得以继承后者成为学院院长。他最重要的著作无疑是《欧几里得〈几何原本〉第一卷评述》①。此书是初等几何学讲稿，它不但仔细评论了《几何原本》第一卷每个假设和命题，使得我们知道当时数学观念与教育的细节，而且大量引用了尤德姆斯的《几何史》，赫伦、波菲利、泊布斯三人的《几何原本》评论，以及詹明纳斯、阿波隆尼亚斯、托勒密、博斯多尼乌、西里安纳斯等许多前人的著作，从而保存了非常珍贵的数学史料，包括希腊数学早期的发展情况。此外普洛克鲁斯还著有一部介绍喜帕克斯和托勒密的天文学著作和一部评论柏拉图《国家篇》的著作。不过，他虽然以《几何原本》评论知名于科学史界，其实在哲学和神学上的著作分量要重得多，这包括《巴门尼德篇》评论、《论世界之永恒》、《论邪恶》、《柏拉图神学》等，但最重要的则是其《神学原理》②。他对于法力的基本观念和艾安布里喀斯相同，但更进一步以此观念将古代所有思想体系排列和整合起来，成为一个历史性系统，这日后对于文艺复兴时代新柏拉图派学者的哲学史和宗教史观有巨大影响。

达马修斯是新柏拉图派学院最后一位院长（520—529），他的学生辛普里修斯则是该派殿军，以其亚里士多德多种著作的详细评论知名③。在《论天》的评论中，他间接征引尤德姆斯的《天文学史》来说明尤多索斯的同心球面宇宙模型构造，在《物理学》评论中他则征引尤德姆斯的《数学史》来说明安提

---

① 见Proclus/Morrow 1970，此书pp. xv–xxi有普洛克鲁斯传和当时学园简况。

② Proclus/Dodds 1992.

③ 辛普里修斯的亚里士多德和其他哲学家的评论已经在过去十五年间（1992—2007）分为多卷，分别由Cornell University Press（Ithaca, NY）及Duckworth Publishers（London）出版，这包括亚里士多德的 *Categories*, *Physics*, *On the Heavens*, *On the Soul* 等著作的评论，以及 *On Theophrastus* 和其他评论。

芳求圆面积，以及希波克拉底求月牙形面积的方法。倘若不是这两个非常宝贵的长篇征引，那么这些很重要的公元前4世纪的科学发展历史就难免被湮没了。而且，这两部评论还保存了许多希腊早期哲学家诸如巴门尼德、恩培多克勒、阿那克萨戈拉等的残片。除此之外，他还著有一部《几何原本》评论。与辛普里修斯同时或者略早一些的，还有一位尤托斯乌（Eutocius of Ascalon，480—540），他著有阿基米德《论球体与圆柱体》《圆之测度》《论平面形体之平衡》等著作和阿波隆尼亚斯《圆锥曲线》开头四卷的评论，以及《大汇编》第一卷介绍，这些作品也保存了大量珍贵科学史料，特别是自柏拉图以至阿基塔斯和埃拉托色尼等一系列学者的倍立方问题资料。

帝国末期的编纂之学

与普洛克鲁斯和辛普里修斯同时以及在他们之后，还有一系列继承瓦罗和普林尼百科全书传统的罗马学者是不应该忽略的。他们以编纂大部头的拉丁文著作为主，这些作品虽然缺乏理论与思想深度，但由于显浅易明、容易吸收和应用，因此很适合黑暗时代和中古早期（约700—1100）一般学者、教士的需要，影响甚大，可以说是在12世纪翻译运动兴起之前塑造欧洲心灵的经典[1]。在5—6世纪间，这些学者最主要的有三位：在罗马西哥特朝廷任高职的麦克罗比乌（Macrobius，活跃于400—422）与卡西奥多鲁（Cassiodorus，480—570），前者以其《〈西庇阿之梦〉评述》知名，后者与波伊提乌（Boethius，见下文）同朝为官，而且同样位至宰相，但处身行事则更为小心谨慎，因此得以在手创的修道院终老——他的《论神圣与世俗典籍教育》（*Institutions of Divine and Secular Learning*）就是为修士撰写的[2]。在他们之间的卡佩拉（Martianus Capella，活跃于410—439）则是北非迦太基的一位律师，以《语文与信使之结合》（*The Marriage of Philology and Mercury*）蜚声后世，此书模仿五百年前瓦罗的《学术九书》而通俗浅易过之，因此更为流行，中古所谓"七艺"教育的内容，大多就是由此而出。

但到了6—8世纪，最重要的学者就都出现于外省教会了，其中名气和影响最大的是塞维尔主教伊西多尔（Isidore of Seville，570—626）以及英国修士拜德（Bede the Venerable，672—735）两位。伊西多尔的兄长引导西哥特国王归

---

[1] 以下几位罗马学者在Stahl 1978, Chs. 10, 11, 14, 15有详细论述。

[2] 《〈西庇阿之梦〉评述》与《论神圣与世俗典籍教育》的英译本分别见Macrobius/Stahl 1952与Cassiodorus/Halporn 2004。

化罗马天主教，因此对西班牙此后命运产生决定性影响。他本人在而立之年接任主教，其后致力于发展古典学术，这在当时对异端传统深怀疑忌的教会是极其难能可贵的。他所编纂的《词源》（Etymologies）长达20卷，共448章，是名副其实的一部庞大百科全书。此书是抄袭剪辑之作，缺乏原创和观测资料，而且取舍有失精审，理解亦多谬误，但由于它包罗万有，保存了大量珍贵资料，其后千余年在学者间一直享有盛名，历久不衰[①]。至于拜德则终生在今日达勒姆（Durham）地方的贾罗（Jarrow）修道院埋首著述，以《英国教会史》（The Ecclesiastical History of the English Nation）一书被视为英国历史之父。但对我们而言，更重要的自然是他为教士编写的简短教科书《论事物原委》（On the Nature of Things）。此书同样凭剪辑前人著作而成，其来源包括普林尼的《自然史》、伊西多尔的《词源》，以及后者另外一部同名作品等。但拜德的眼光、智力远过于伊西多尔，因此偶尔亦不乏独到观察与记载，例如有关潮汐的论述[②]。到8世纪与9世纪之交，查理大帝锐意建立学校系统和发展学术以求增强帝国力量，掀起了所谓"卡洛林文艺复兴"（Carolingian Renaissance）。此运动的主要人物是拜德的后辈，同样来自英国的教士阿尔昆（Alcuin，约730—804）。在他主持下教堂学校纷纷建立，卡佩拉、伊西多尔以至拜德的著作广为传播、注释、引用，由是都发生了相当大影响[③]。

这批后期拉丁学者著作虽丰，影响虽大，但就学术水准而言，比起同时代希腊学者例如辛普里修斯，或者罗马早期学者例如普林尼则相差颇远。斯塔尔将之概括为"烦琐与虚伪学术——文献抄袭以及可轻易消化的资料之滥为盗用，其来源或不注明，或出于假冒"，而从"罗马对于科学知识的态度以及接受方式，我们就可以窥见他们未能将希腊科学传递给西方世界的道理。这是个悲剧，更可以视为其文明的最大缺陷"[④]。这是严厉批判，或者更应该说是控诉。这批判本身可能有道理，甚至很可能也的确触及了古代西方科学最终衰落的主要原因之一，然而，恐怕并不完全公平，因为它完全忽略了这批学者在学术上的继绝存亡之功，这对于欧洲中古科学的复兴是非常关键的。

---

① 《词源》有下列英译本：Isidore/Bramey 2005，该书导言有伊西多尔及其背景之介绍。

② 有关拜德见下列专著：Brown 2009, Degregorio 2010; 后者Ch. 8为专门讨论拜德与科学之关系者。《英国教会史》的英译本见Bede/McClure & Collins 1994。

③ 关于阿尔昆与查理大帝的关系，以及其对卡洛林文艺复兴的影响，见以下专著：Wallach 1959。Colish 1998, pp. 66–70对此问题亦有简短论述。

④ Stahl 1978，pp. 252, 260。此书最后一章对于此问题有全面讨论。

学园末运与科学尾声

在希帕蒂娅之后百年，柏拉图学园和希腊科学的末运终于降临。东罗马帝国充满宗教热诚的大有为君主查士丁尼（Justinian I，527—565年在位）登基后励精图治，首个措施就是短短两年后（529）颁令关闭已经前后断断续续有九百年历史的学园。院长达马修斯遂被迫带领辛普里修斯和其他五名学者投奔查士丁尼的对头波斯萨桑皇朝的古斯鲁一世（Chosroes I）。其后不久帝国与波斯媾和，根据和议，学园的这一行学者得以重返雅典定居，但讲学则非所允许了。巧合的是，在此前不久罗马最杰出的大学者波伊提乌（Boethius，480—524）为东哥特国王施奥多力（Theodoric，489—526年在位）下令处决。波伊提乌出身罗马世家，其家族信奉基督教多年，本人则精通希腊文，深研柏拉图和亚里士多德哲学，曾发雄心要评论和翻译两位大师全部著作，可惜能够完成并且广为流传的只有亚里士多德的《范畴篇》《解释篇》两种，以及波菲利的《范畴篇引论》和相关评论，这日后成为欧洲中古早期逻辑学和经院哲学的基础。至于《前分析篇》《后分析篇》《论题篇》《辩谬篇》四种的翻译也可能由他初步完成，不过这并不确定，它们日后被重新发现的历史也异常复杂（§9.4）。除此之外，他还以欧几里得、托勒密和毕氏学派的著作以及尼高马可斯的《算术》为楷模，撰写了数种逻辑、算术、乐理、几何学教材，这些都非常流行，成为中古欧洲"四艺"的基础。根据卡西奥多鲁的书信，他大概还翻译过《几何原本》，但到什么程度则不确定，因为从书信的年代推测，他当时仅及弱冠，不像信中所说，已经能够完成此大业，而且后代并没有完整的译本流传，甚至有关记载亦全付阙如。虽然有学者根据多种在中世纪流传的手稿推测，他"很可能"曾经翻译全书，但即使如此，这译本也湮没无闻，未曾发生显著影响[1]。其初施奥多力仰慕罗马文化，所以波伊提乌被委以相当于丞相的高位，然而至终却被控以谋叛大罪，在系狱多年之后终于不免。这样，在哥特人治下的罗马，希腊学术传统的火炬也告熄灭了[2]。

像希腊科学这样一个伟大传统的衰落自然有许多原因。其中一个说法

---

① 有关波伊提乌《几何原本》翻译的考证与讨论主要见Folkerts 2003，Ⅶ，并见Folkerts 2006，Ⅱ、Ⅸ。虽然这几篇论文考证綦详，但文中提到的手稿、抄本都只涉及《几何原本》的第一至第五、第十一至第十三卷，而且所占分量不多，因此作者也只能够说："如现存样本显示，毫无疑问，最初五卷的部分属于（他的）翻译……这翻译必然是作于公元500年。而我们对（翻译）原文所知就只有这么多了。"

② 有关6—8世纪西方学术文化概况见以下专著：Riché 1976；有关波伊提乌的时代、生平、学术，斯塔尔在Stahl 1978，pp. 193—202有详细论述。

是，到托勒密时代希腊科学的潜能已经发挥殆尽，其后它进入停滞乃至衰落是基于内在原因而无可避免的。但鉴于像赫伦、丢番图与泊布斯那样或者不拘囿于此传统，或者在此传统中仍然有创见的科学家之出现不绝如缕，此说恐怕难以成立，真正的原因毋宁应当求之于文化与政治大环境的转变。首先，如上一章所述，希腊哲学与科学虽然感染了罗马贵族，但只产生表面影响，并没有激起深刻与全面的思想变化，像佛教在中国或者基督教在欧洲那样。罗马帝国末期的抄袭、编纂之学，亦即斯塔尔所谓烦琐与虚伪之学就是其最佳写照。其次，在罗马帝国遥远、冷漠的统治下，希腊的重智精神缺乏激励、表扬，因而不复能够吸引、培养、激发第一流心智。最后，则是基督教因素。由于它在政治上经历了长期迫害，在思想上也一直处于弱势，因此成为国教之后其抗争性就演变为对异端包括哲学、科学的压制乃至直接迫害。也许，众多教父对异端学术仍然是宽容的，希帕蒂娅遇害与柏拉图学园被关闭，只是教会极端而没有代表性的表现，而波伊提乌的学术轨迹也显示，基督教与希腊哲学可以在个别学者身上并行不悖。但无可否认，一个受宗教意识宰制的新时代已经来临，在其中哲学最多是被容忍或者给予有限度尊重，而不可能再激发自由聚集讲论，以其精深奥妙慑服聪明才智之士了。所以，文化土壤的变质才是西方古代科学衰落的最根本原因[1]。但毫无疑问，最终为它画上句号的，则是公元6世纪西欧政治秩序的全面崩溃。

附录：托勒密月运行模型之修订

为了解决月在上下弦位置的问题，托勒密提出"曲轴本轮"（epicycle on crankshaft）模型。它有两个要求：首先，在朔望点它的效应必须和本轮模型相同，以免影响已经证明有效的结果；其次，在上下弦位置它必须减低距角δ。在这修正模型中，如图7.15所示，相对于固定的地球T而言，本轮中心C仍然是以固定角速度ω_1相对于日方向（其实是平均日方向）TS旋转，但它与地球的距离$R=TC$却并非固定，而是由"曲轴"TEC控制。曲轴上的"偏心"（eccentre）E以地球T为中心，循半径为e（这也称为偏心量eccentricity）的圆形轨道，以固定角速度ω_1回转，但方向与C相反；曲轴长杆EC的长度固定为R_1，它连接E和本轮中心C，间接控制后者在TCD方向的位置，也就是地球与

---

[1] 克拉格特认为希腊科学在罗马时代说不上衰落，而是平稳、缺乏创新的延续，见Clagett 1957, pp. 115–118，至于其所提到的有关原则与我们此处的观点大致相同，散见同书Chs. 9, 10。

平均月C的距离$TC=R$。这样不但在本轮上的月球有"异动"，即速度和距离的变动，本轮中心C也同样有"异动"，因此"平均月"C虽然继续以固定角速度ω_i旋转，但它和地球的距离R却不再固定（图7.15），这就是托勒密所谓的"第二异动"（second anomaly）。

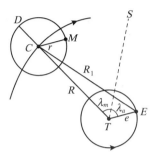

图7.15　月运行的曲轴本轮模型

这模型显然符合上述两个修改要求，因为在朔望点即C的日距角φ（$=\angle CTS$）为0或者180°的时候（此时TCS成直线），曲轴回复成直轴，长度为$R=R_1+e$，倘若令这等于平均月距离R_0，那么此时它就与本轮模型相同（图7.16a）；但在上下弦即φ为90°或者270°的时候（此时$\angle CTS$成直角），曲轴则折叠起来，令地球T与平均月C的距离R达到最小值R_1-e，这显然有"拉近"本轮，也就是增大距角δ的作用（图7.16b）。倘若保持本轮模型的r值不变，那么曲轴模型只增加了一个新的参数e，它可以用下列条件来决定：在上下弦位置最大距角δ_m须达到7.67°，即$\sin\delta_m=r/(R_1-e)=0.133$。这结合原来已知的结果即$r/(R_1+e)=0.0875$，就决定了$e$和平均月距$R_1$，其结果是$e/R_1\approx0.208$，亦即$R_1=60$时，$e=12.5$。

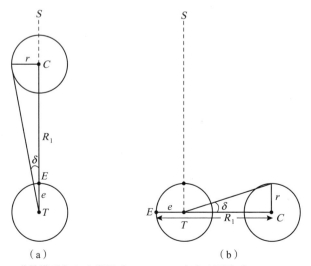

（a）　　　　　　　　　　　　（b）

图7.16　曲轴模型在（a）朔望时$TC=R_1+e$；（b）上下弦时$CE=R_1$，$TC=R_1-e$

　　曲轴本轮模型虽然达到了要求，却破坏了以均匀圆周运动的组合来模拟天体运动这个基本原则，因为在此模型中C的轨迹不再是圆圈，而是一条主轴缓慢转动的腰形曲线，但对此基本问题托勒密并没有作任何解释或者讨论。而且，这模型仍然不是完全准确。托勒密发现，在所谓新月或者"八分"（octant）位置，即月的日距角为45°、135°等值时，曲轴本轮模型所算出来的距角δ仍然有相当大偏差。因此，他将此模型再作了一个细微而重要的修正，即在本轮上"真月"的角速度不再以"平均月"方向TC为参照，而是以曲轴中心E的"对径点"F至平均月C的方向，即FC为参照（图7.17）。这样所得到的是"修正曲轴本轮模型"，它并不需要引入新构造或者参数，而现代研究显示，它所测算的月黄经值误差一般低于1.4°，远比前两个模型为准确，所以也就成为托勒密最后的月运动模型了。根据他为此编制的数表以及程序，在接近千年间的月黄经值也和日位置一样，可以轻易推算出来。这一成就要到16世纪才为新一代天文学家所超越[①]。

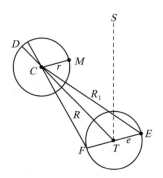

图7.17　修正曲轴本轮模型

---

① 以上两个修正模型见于《大汇编》第五卷1—9章；相关解释与讨论见Pedersen 1974, pp. 182—199。

· 第二部 ·

西方中古科学

西罗马帝国在五六世纪之间覆灭，此后约三百年间众多蛮族王国兴起，文明火炬渐次熄灭，古代科学大传统荡然无存，仅有个别教士仍然努力编纂辞典，借以保留部分古代知识。但意想不到，从8世纪中叶开始，在两河流域的新兴伊斯兰帝国却对古希腊科学发生巨大兴趣，以惊人热情搜罗希腊科学典籍，将之翻译成阿拉伯文，然后发展出蓬勃的伊斯兰科学。而到了12世纪，由于中古欧洲与伊斯兰世界的争战和密切互动，伊斯兰科学典籍又被欧洲学者以同样热情翻译成拉丁文，从而造成早期文艺复兴，这转而刺激大学兴起以及欧洲科学出现。所以西方中古科学包括两个密切相关，而且时间高度交叠的部分：

（1）伊斯兰科学（750—1450）：第八章
（2）欧洲中古科学（1100—1400）：第九至十章

上述两个巨大的历史性翻译运动以及由是发展而来的相应科学，便是将西方古代科学和近代科学联系起来的纽带。

第八章　伊斯兰世界的新科学

从6世纪开始，在汹涌而至的野蛮民族冲击下，欧洲陷入巨大混乱：大一统秩序崩溃，物质生活全面倒退，学术文化火炬熄灭，此前那么辉煌的科学传统也被遗忘。另一方面，从7世纪初开始，伊斯兰教兴起于阿拉伯半岛，在短短一个世纪间以狂飙激流之势席卷波斯、两河流域、巴勒斯坦，以至埃及、北非、西班牙这一横跨70个经度的长条地区，与西欧和东罗马帝国隔地中海相望，形成南北对峙之势。然而，绝对令人意想不到的是，从8世纪中叶开始，在多位开明君主鼓励与推动下，伊斯兰世界竟然张开双臂接受希腊哲学与科学，大量典籍从叙利亚文与希腊文被翻译成阿拉伯文，许多阿拉伯与伊朗学者以巨大热情投入学术研究，他们由是接过火炬，促成伊斯兰科学的诞生。

那么，在西方科学发展史上，夹在古希腊与现代之间的伊斯兰科学到底有何意义，做出了何等长远贡献呢？西方科学史家一度认为，它的真正意义仅在于保存了大量古代典籍，其本身只不过是短暂插曲，是没有重要发明与创见的。经过20世纪许多学者的努力，现在这个观念已经被证明是完全错误，不能够成立的了[1]。事实上，伊斯兰科学不但有足足七百年历史（约750—1450），其长度与亚历山大科学等量齐观，而且在许多方面做出了原创性贡献，其中最显著和突出的包括代数学、三角学、光学、医学和炼金术等。像柯洼列兹米的《代数学》、海桑的《光学汇编》、阿维森纳的《医典》、拉齐的《秘中之秘》，还有阿法拉的《大汇编纠误》、纳西尔图西的《天文学论集》等等，对于中古乃至文艺复兴时期欧洲科学都有难以估量的影响。更不可忽视的是，哥白尼天体运行模型的结构完全来自图西与沙提尔

---

① 例如，见Rashed 1994，pp. 49–56有关代数学起源的讨论以及前代学者在这方面的态度。

（Al-Shatir）对托勒密天文系统的批判与改进。随着对大量阿拉伯文献的整理、翻译和深入研究，当今学者已经充分认识到，伊斯兰科学不只是古希腊科学的载筏，它本身也有丰富内涵与开创性贡献，是西方科学大传统中不可或缺的一环[①]。

伊斯兰科学大致可以分为以下四个阶段：

（1）8—10世纪，巴格达：翻译运动；代数学研究；天文学在叙利亚初露端倪。

（2）10—11世纪，伊朗与中亚：医学；冶炼学；天文学；三角学。

（3）11—12世纪，埃及、北非和西班牙：光学；天文学；托勒密天文系统批判。

（4）13—15世纪，伊朗、中亚、大马士革：天文观测与理论发展；计算科学。

正如希腊科学一样，伊斯兰科学也并非生长、发展于固定环境，而是在巴格达、大马士革、伊朗、中亚、埃及、西班牙等具有共同文化背景，但政治上却多元分裂的广大范围内转移，这使得它在激烈的政局巨变中仍然能够找到生存和发展的空间。由于伊斯兰科学前后延绵达七个世纪之久，其中所牵涉数十位科学家一般读者未必熟悉，因此我们依循上章办法，将重大事件和相关学者分列于表8.1，以提供整体鸟瞰，并方便检索。

---

① 相对于西方科学史而言，伊斯兰科学史的发展比较滞后，但自20世纪60年代以来亦有不少通论性质著作问世。例如在哈佛大学受专业训练的德黑兰大学科学史教授纳斯尔著有《伊斯兰科学与文明》（Nasr 1968）；加拿大西蒙弗雷泽大学的伯格伦著有《中古伊斯兰数学史纲》（Berggren 1986）；原籍埃及的巴黎大学教授拉希德编纂了一部三卷本的《阿拉伯科学百科全书》（Rashed 1996），又著有《阿拉伯数学发展史论》（Rashed 1994）；哥伦比亚大学的沙里巴著有《阿拉伯天文学史》（Saliba 1994），西班牙学者萨姆索则有《伊斯兰天文学与中古西班牙》（Samsó 1994），但最后两部著作主要仍属专业论文集性质。就个别伊斯兰科学家的事迹与工作而言，则Gillispie主编的《科学传记辞典》（DSB）仍然是最权威与方便检索的著作。此外纪念肯尼迪这位伊斯兰天文学史家的论文集中重印了他本人的多篇重要综述，见Kennedy 1983，pp. 3–47, 84–107。

表8.1　伊斯兰学者一览表

年代与事件	伊拉克与叙利亚	伊朗与中亚	埃及、北非与西班牙
750—800 阿拔斯皇朝兴起；曼苏尔、拉昔	札贝尔◇		
800—900 马孟 阿拉伯翻译运动兴起 "智慧宫"成为研究所（830）	哈扎△ 柯洼列兹米*▽▼ 胡奈恩△ 图尔克* 萨比特△* 金迪#* 穆萨兄弟* 法尔甘尼▽	拉齐◇	
900—1000 波斯文艺复兴	巴坦尼▽* 卡米尔* 卡拉吉* 法拉比#	阿布瓦法▽* 库希▽* 曼苏尔▽* 费耳道斯□	尤努斯▽*
1000—1100 西班牙的乌美亚皇朝覆灭（1031） 托莱多数表（1069） 托莱多为基督徒收复（1085）		比伦尼▽*▼ 阿维森纳#◇*◆ 伽札利#	海桑▲*▽ 翟晏尼▽* 札噶里▽
1100—1200 欧洲翻译运动兴起	善马洼*	奥玛开阳*▽□	图费尔#▽ 阿法拉▽ 比特鲁吉▽ 阿威罗伊#△
1200—1300 阿方索天文数表（1252—1270） 巴格达陷落于蒙古人（1258） 马拉噶天文台（1262—1275）		纳西尔图西▽##*◇ 马格列比▽* 库图阿丁▽▲◇# 乌尔狄▽ 卡玛阿丁▲*	
1300—1450 兀鲁伯入主撒马尔罕（1409） 撒马尔罕学院成立（1420）	沙提尔▽	卡迪札达*▽ 兀鲁伯▽* 卡西▽*	

　*数学家　#哲学家–神学家　▽天文学家　▼地理学家　△翻译家
　◇医学家–冶炼师　◆物理学家　▲光学家　□文学家

一、希腊文明的移植

希腊科学对邻近而且彼此渊源深厚的罗马世界未尝发生深刻影响，却能够移植到遥远、陌生的伊斯兰世界，在那里生根、发芽、成长，这自然显得非常吊诡和令人惊讶。不过，从文化背景看来，这也并非不可理解，因为表面上希腊科学与哲学移植于中东，是以750年开始的所谓"阿拉伯翻译运动"为起点。但在此之前希腊文明渗透、影响中东，其实已经有千年以上历史，前后经历了三个不同阶段，即自亚历山大大帝开始，历时三个世纪的征服与统治；以及希腊学者在五六世纪两度流亡、迁徙到中东，在那里居留、讲学、生根和融入本地体制。这个文化辐射过程虽然或断或续，若隐若现，但其重要性是绝对不可忽视的。况且，除了这背景以外，希腊文明的移植也并非自发性现象，而还有其他更为直接的原因。以下我们就来讨论这两方面的因素。

三个阶段的文化铺垫

希腊文明（Hellenism）对东方的巨大冲击开始于公元前4世纪末的亚历山大东征。它表面上是对波斯帝国多次入侵的回应与反击，其深层意义则在于，当时希腊文明已经羽翼丰满，蓄势待发，因此有意向世界宣示和扩张本身的超卓文化价值与体系。体现这一观念的具体措施，就是在大军所到之处大量建造"亚历山大城"，并且留兵屯驻，这样就使得希腊建筑、体制、生活方式遍布埃及、小亚细亚和西南亚。像这样一度名为"亚历山大"的中亚城市最重要的有两个，即今日土库曼斯坦梅理（Mary）附近的梅尔夫（Merv，Marw），它后来成为波斯东部广大呼罗珊（Khorassan）地区的中心；以及今日阿富汗北部中央近边界的巴尔克（Balkh），它本来是古代拜火教的发源地，又一度成为佛教圣地。这两个偏远城市后来都在伊斯兰科学史上发挥了重要作用。

当然，亚历山大东征只是开端而已，在随后三个世纪间，塞琉西王国的统治则为希腊文明的长时间辐射、渗透、生根创造了政治条件。这样，它在中东以至伊朗、阿富汗等西亚地区的宰制地位足足延续了三个世纪（公元前330—前30）之久，由是建立起无可比拟的影响与声望[①]。这和它之在罗马

---

① 塞琉西王国与中东和波斯的希腊化有极其密切关系，但这是复杂问题，细节见Peters 1972，Ch. 6。

世界虽然颇受尊重，然而始终脱离不了被征服者文明的味道是迥然不同的。也许，这就是罗马人绝少动念要将希腊典籍翻译成拉丁文，但阿拉伯翻译运动则甫经王室发动就如响斯应，风起云涌，历时两个世纪而犹未止息的深层原因。

当然，就伊斯兰世界而言，希腊统治已经是很遥远的历史了，最多只存在于模糊记忆的底层而已。翻译运动之成功还有更为切近、直接的原因，那就是流亡学者的媒介作用。希腊学者之所以会有不少人流亡到中东，基本上是由基督教的特性造成的。首先，早期基督教对教义是非常坚定执着的，因此要求其解释高度准确和统一，不容些微异议或者反对声音；其次，它具有强大的排他性，因此对传统学术之精深与崇高声望深感疑忌与威胁，希帕蒂娅之死就出于这种敌对意识的爆发。在基督教成为国教之后，以上两种意识更转化为排斥一切异端的官方政策。但必须强调，在五六世纪间，施行此政策的是东罗马帝国，至于东哥特人统治下的罗马则在宗教和文化上仍然颇为宽容——事实上，当初君士坦丁大帝之所以要迁都拜占庭，重要原因之一就是有感于罗马的多神崇拜传统根深蒂固，牢不可破，因此要为基督教另觅可以专权与大事扩展的空间。至于罗马主教权力日增，以至蜕变为具有无上权威的"教皇"，则是罗马教会与卡洛林帝国结合之后的事了。

希腊学者第一次流亡起源于430—450年间有关耶稣属性的教义争论，当时聂斯脱利教派（Nestorians）认定耶稣的本性为人而非神，这在以弗所宗教大会（Council of Ephesus，431）中被裁定为错误，因而在东罗马帝国被判为异端，其领袖和跟随者被迫迁往叙利亚的艾德萨（Edessa）[①]。但后来叙利亚发展出所谓基督一性论派（Monophysites），而且势力极为浩大，因此聂斯脱利派又与之发生冲突，于489年被迫离开罗马帝国，流亡到与罗马敌对的波斯帝国，在邻近艾德萨的尼斯比斯（Nisibis）定居下来[②]。他们在那里开设学院，除了宗教与神学以外，更教授哲学、医学，由是为希腊文化在当地的发展奠定基础，并且由于其中精于医术者累代成为宫廷御医，在政治上也逐渐获得影响力。

大半个世纪之后，查士丁尼大帝下令关闭柏拉图学园（529），园中学者达马修斯和辛普里修斯等被迫携带典籍赴波斯依附古斯鲁一世，这造成了第

---

① 艾德萨即今土耳其东南部的乌尔法（Urfa），离叙利亚边境仅50公里。
② 有关基督教会在此时期的耶稣属性大论争，见Walker 1959, pp. 131–145。

二次的学者流亡。其后查士丁尼在军事上着意经营西方，在东方只能采取守势，不但被迫和古斯鲁言和，甚至屡屡纳贡亦在所不惜，因此辛普里修斯等在波斯逗留一两年后，就根据和议条款得以返回雅典（§7.10）。然而，所带去的生徒、典籍则可能都留了下来，成为希腊文化的火种；其后不久，亚历山大城多名医学家又相继为波斯所延揽。这些远来学者都聚集于尼斯比斯和波斯西南部小城郡地沙普尔（Jundishapur）①，他们开设医学院（一说是神学院）和医院，讲学、研究、行医。这样，在五六世纪近两百年间（430—600），为了讲课授徒的需要，流亡到叙利亚和波斯的学者开始将希腊哲学、神学、医学、数学等经典翻译为当地通用的叙利亚文（Syriac）。通过他们的努力，希腊学术因而再次得以在东方传播和发扬②。

换而言之，在伊斯兰教席卷中东之前不久，希腊流亡学者、教徒在叙利亚和伊朗定居、同化，并为本身需要而展开希腊文和叙利亚文之间的翻译工作，已经有百年以上历史：他们就是阿拉伯翻译运动的先驱。

伊斯兰皇权的更迭

阿拉伯翻译运动出现于伊斯兰教兴起之后一百二十年，那并非偶然，而是和政权更迭密切相关的。在穆罕默德死后三十年出现的乌美亚皇朝（Umayyad Caliphate，661—750）以大马士革（Damascus）为首都，它在不到百年间征服了从西亚以至北非、西班牙的广大地区，大体上确定了伊斯兰世界的版图③。但这只是武力征服而已，在空前迅速的扩张之中伊斯兰教的传播跟不上发展，即使在核心区域教徒数目也只占人口十分之一左右。更为严峻的是，统治这庞大新兴帝国的君主即哈里发（Caliph）尚未完全脱离沙漠游牧民族本色，他们在文化上深受信奉东正教的叙利亚地区的希腊人影响，政

① 郡地沙普尔在今伊朗西南部古城达兹富（Dezful）附近，离伊拉克边境约百公里，原址已成废墟。
② Peters 1968是论述希腊哲学特别是亚里士多德哲学如何传入叙利亚、波斯与阿拉伯世界，以及其在此东方世界发展经过的专著；至于O'Leary 2001则专门讨论希腊科学传入阿拉伯世界的历程，其侧重点在于早期历史，包括亚历山大后续帝国、聂斯脱利教派和埃及一性论教派，乃至阿富汗与印度对此传播历程的影响；此外Peters 1973, Chs. 4, 5对于希腊科学的传播历程也有简要论述。
③ 伊斯兰教诞生后的百余年间，从沙漠里面汹涌而出的阿拉伯大军忙于攻城略地，所过之处摧残无可避免，然而他们对于所接触的高等文化基本上却还尊重和保护，甚至在宗教上也远比基督教宽容。例如，曾经有记载提到，亚历山大城于641年陷落于穆斯林后其大图书馆被焚毁，其实那是毫无根据而且迟至13世纪方才出现的传说，见本书§3.1有关注释。

治上则缺乏深思熟虑，推行以部族为本位的独裁和集权体制，这既与伊斯兰的平等思想相抵触，亦复激起被征服的众多民族强烈不满。在此情况下，来自伊朗东部呼罗珊地区的阿拔斯家族经过长期筹划和秘密联络各方之后发动政变，并且迅即获得成功，其后更以斩草除根的方式彻底消灭乌美亚族人势力，漏网者只能远走西班牙，默守一隅而已，这样就出现了伊斯兰帝国第二个皇朝，即阿拔斯皇朝（Abbasid Caliphate）。

阿拔斯家族长期盘踞具有久远希腊传统的梅尔夫，其最初数代哈里发都是在该地成长并且具有波斯血统，深受其思想、文化影响，所以政治上比前朝成熟、圆滑和深思熟虑得多。首代哈里发阿拔斯（Abu l-'Abbas，750—754年在位）在位时日不多，继位的曼苏尔（Abu Jafar al-Mansur，754—775年在位）方才是皇朝真正奠基者，他明智地将都城从受东罗马帝国影响的大马士革迁往新建的巴格达（Baghdad）。其时伊朗萨珊皇朝（Sassanid Dynasty，226—642）被伊斯兰帝国征服未久，政治典范犹存，因此新朝大量起用伊朗人，全面承受伊朗旧政权的统治观念、架构和官僚组织，影响所及，甚至连文化、宗教也都从纯粹阿拉伯背景转为"波斯化"。它又吸取前车之鉴，对帝国内部众多族群、文化乃至宗教传统包括基督教各教派、犹太教、拜火教等，都采取包容政策，以维持稳定与平衡为最高统治原则。这样，伊斯兰教开始全面和深入传播，由庞大官僚队伍控制的神权帝国由是得以建立，繁荣灿烂的所谓"鼎盛皇朝"（High Caliphate）时期终于来临[1]。

新皇朝的文化政策

乌美亚皇朝原都城在叙利亚的大马士革，所起用的文官、大臣以当地信奉东正教的希腊人为主，其文化观念深受东罗马帝国的正统基督教思想影响，对于古典希腊文明既深怀敌意亦复不屑一顾。在此背景下伊斯兰世界自无吸收、移植希腊文化的可能。阿拔斯皇朝则由于家族背景的缘故，无论政治、人才、文化都深受伊朗影响。例如，曼苏尔最为倚重的大臣是巴麦克家族的卡立德（Khalid ibn Barmak），像建造都城巴格达那样重大的事情就是由他建议和执行的。这一家族本来在前述巴尔克地区主持佛教寺院，后来西迁梅尔夫并改宗伊斯兰教，它在皇朝最初半个世纪可谓显贵一时：卡立德的儿

---

[1]　拉皮德斯的《伊斯兰社会历史》（Lapidus 2002）是关于伊斯兰广大世界，包括其文化、历史、体制的一般参考书；有关伊斯兰教兴起的历史及其文化背景见Peters 1973，Chs. 1–3。

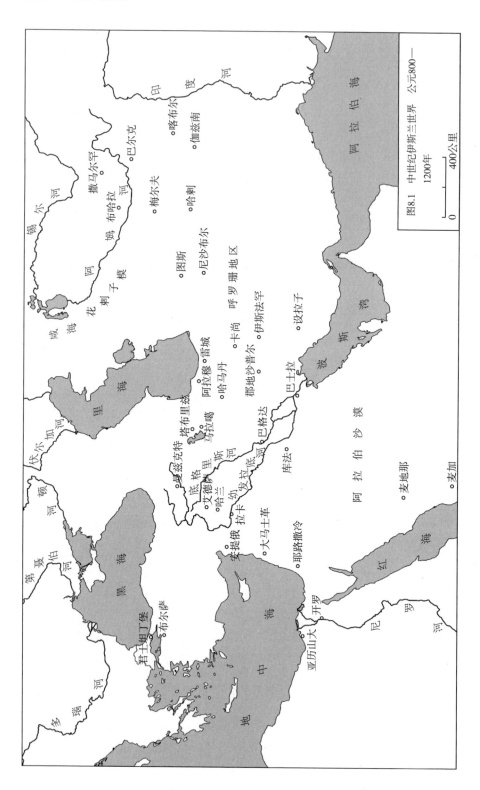

图8.1　中世纪伊斯兰世界　公元800—1200年

子阿希亚（Ahya ibn Barmak）是第四代哈里发拉昔（Harun al-Rashid，786—809年在位）登基之前的导师，后来登上相当于宰相的大总管（wazir，vezir）之位，孙子札法（Ja'far ibn Barmak）也承袭此位。他们在803—808年间一度为了不明白的原因而失势，但后来又恢复地位。此外，曼苏尔在765年初次因病召见聂斯脱利派的医生布泰伊苏（Jiris ibn Bukhtyishu），他就是前面所提及郡地沙普尔医学院的院长，后来成为御医，与儿孙等一共三代始终受皇室尊宠，并且与巴麦克家族相友善。巴麦克家族、布泰伊苏家族以及来自梅尔夫的多位星占学家都参与了新都城建造时间和地点的选择，他们可以说是对阿拔斯皇朝文化观念影响最大、最深的几股力量。

　　翻译运动之所以能够顺利展开与前面讨论过的希腊文明在此地区之深厚铺垫有关，但这是个广泛的长期运动，需要大量资源与政府上层稳定支持，因此不可能单纯出于历代哈里发的个人文化背景或者兴趣，而当有重要现实政治意义在其中[1]。但这意义到底为何，却有各种不同看法。一说是最早推行运动的曼苏尔长期居住于梅尔夫，他深感阿拉伯人文化浅薄，故此以波斯萨珊皇朝继承者自居，以求稳定帝国基础。但萨珊皇朝自认为其源流出于古波斯帝国（Achaemenid Empire，约公元前550—前330），并着意宣扬以下文化史观：一切智慧、学术原本都出于拜火教始祖琐罗亚斯德（约公元前628—前551）得自神示的《阿维斯陀经》（Avesta），但这知识后来为亚历山大大帝以武力掠夺，并且通过翻译借以建立希腊文明，而世界上其他民族的学术亦同样是由翻译而来，因此将这些典籍重新翻译成波斯文是皇朝的特殊使命。因此阿拔斯皇朝的曼苏尔很可能受上述观念影响，也企图通过翻译来建立阿拉伯学术，从而提高伊斯兰帝国的文化地位与声望，并凝聚不同族群的人心[2]。

　　除此之外，希腊科学本身也与现实政治有千丝万缕的关系，这些同样可能成为翻译运动的动力。例如，在乌美亚皇朝时代引入的炼金术就曾经被认为与皇朝需要独立铸币，以取代拜占庭金币有关（§8.5）；在曼苏尔为新都城巴格达选址的时候，星占学发生了决定性作用——事实上，星占学本身可

---

① Gutas 1998是分析与论述整个翻译运动政治与文化背景的专书，其见解相当深入与独特；O'Leary 2001，Chs. 11，12对运动的背景也有讨论。

② 有关这部分的论证见Gutas 1998，pp. 28-52；这段引文还提到，星占学也同样被用以论证皇朝气数转变，阿拔斯皇朝已经取代萨珊皇朝而占据当时上天众星宿所眷顾之位置这样的观点。不过，沙里巴则对此观点以及下列其他观点提出全面批判，见Saliba 2007，pp. 3-49。

以为政权提供正当性，而它是以天文学为基础的[①]；至于希腊医学的重要性以及历代君主对它倚赖之深，那就更不必多说了。甚至，希腊哲学也同样可以发挥现实作用：第三代哈里发马迪（Al-Mahdi，775—785年在位）以宣称梦见亚里士多德的方式来表明他对于辩证法特别是《论题篇》的重视。这可能是因为当时帝国需要从武力镇压转向文化认同来维系人心，因此折服、消除伊斯兰内部教派的争辩成为急务，而辩证法对此可以起决定性作用。更何况，它的普遍应用后来还有重要后果，那就是刺激伊斯兰法理学即所谓"*fiqh*"的发展[②]。最后，还有从社会学角度出发的一种最新看法。它指出，帝国行政体制即所谓"*diwan*"者，原本为精通希腊文和波斯文的官僚世家所垄断，但从乌美亚皇朝开始，这体制已经开始阿拉伯化，而那就是以其手册、典籍之被翻译成阿拉伯文为开端；这一改变自然对大批具有特殊文化背景的官僚世家之独占地位构成严重威胁，他们的反应就是研习更先进、高深的希腊典籍，由是触发这方面的剧烈竞争，从而激活了整个希腊文明的移植[③]。

因此，整体而言，阿拉伯翻译运动之兴起不但是由于相当有利的文化背景，同时也存在各种具体诱因，但主要动力到底为何，却不那么容易确定，它很可能是一系列不同因素在相当长时期内交互影响、促进的结果。倘若要将之归于单一和非文化因素，那恐怕是很难成立的。在我们看来，对于新兴伊斯兰帝国的阿拉伯哈里发来说，在中东已经有上千年历史的希腊-波斯高等文化体系既有其本身的强大吸引力，亦复切合不同层次的各种实际需要，这两者应该是翻译运动的最根本动力。尚待探讨的，只是这些动力发生作用的具体方式、途径和历程而已。

二、阿拉伯翻译运动

以上一再提到的"阿拉伯翻译运动"，是指阿拔斯皇朝最初二百五十年间

[①]　关于此点见Gutas 1998，pp. 45–52。

[②]　有关《论题篇》的重要性，见Gutas 1998，pp. 61–74。不过，沙里巴则对上述各种观点（他所谓的古典叙事"classical narrative"）提出了全面批判，见Saliba 2007，pp. 3–49。

[③]　见Saliba 2007，Ch. 2。此说富于创意，但问题很多，其中最明显的是：既然原来的官僚世家是要保持其独占地位，那么他们应当是推动希腊科学、哲学，但绝不会愿意见到相关典籍被翻译成阿拉伯文，也就是说，他们会对翻译运动采取敌视态度，并且构成其巨大阻力。此外，他们如何能够说服君主，政府日常运作的确需要这些玄妙高深的理论性学问？这不但难以找到解释，恐怕更难以切实论证。因此，在我们看来，这种观点纯粹是假想和猜测，其背后的目的只不过是要否定"波斯化"这一基本动力，转而强调"阿拉伯化"的重要性而已。

（约750—1000），在哈里发与大臣赞助、推动下，将各种哲学与科学典籍从外文翻译成阿拉伯文的运动。这是个庞大、持久、复杂的过程，其复杂性最少有以下几方面：首先，不同时代的翻译可能有不同背景与原动力；其次，同一典籍可能被数度重译或者修订，而且来源文本不一，往往是从叙利亚文或者波斯文的译本再翻译成阿拉伯文；最后，原著的评注也被翻译，但译者往往在译文中加上未曾标明的解释、评注，结果成为夹叙夹议的复述。总体而言，此运动历时悠久，规模宏大，它实际上是希腊哲学与科学的全面移植，而且不久就激发了伊斯兰哲学和科学本身的发展，那是很自然的事[①]。

翻译运动早期

翻译运动从曼苏尔时代就已经开始了。他非常重视星占学和医学，因此连带对于天文学和数学也感兴趣。在他的命令和赞助下，许多这方面的外语典籍被翻译成阿拉伯文，相传这包括印度天文学著作*Sindhind*（即*Siddhanta*）以及《几何原本》、《大汇编》、尼高马可斯的《算术导论》等多部名著。这未必全然可信，而且在其初翻译水平恐怕也并不甚高，因此有许多典籍后来需要重译，但它们的源流已经无法细考了。在此之后，亚里士多德著作的翻译成为时尚，第三代哈里发马迪曾经郑重要求聂斯脱利派的教宗提摩太一世（Timothy I）负责将亚里士多德讨论辩证法的《论题篇》（*Topics*）从希腊文与叙利亚文翻译成阿拉伯文，这大约是782年的事情。而且，他后来还在正式场合向提摩太求教耶稣基督以神而降生为人这一包含悖论的教义。

第四代哈里发拉昔开始有系统地派遣使者到各地包括东罗马帝国首都拜占庭以高价搜购手稿，已经有半个世纪历史的翻译运动因而逐渐进入高潮，亚里士多德的《物理学》连同它的许多希腊文评述就是在此时被翻译成阿拉伯文。上文所提到的大臣札法非常热心于希腊科学，他意识到许多典籍，例如印度的*Sindhind*，即使翻译之后也难以索解是由于基础知识不足，因此重新推动经典的翻译。但《几何原本》与《大汇编》由著名的哈扎（Al-Hajjaj）译出，却已经是再下一代，即820—830年的事情了。

运动的高潮

翻译运动达到高潮是在曼苏尔的曾孙马孟（Abd Allah al-Ma'mum，813—

① 有关此运动过程的论述，见Peters 1968, Chs. 3, 4；Peters 1973, Chs. 4, 5；以及O'Leary 2001, Ch. 12。至于此运动的政治与社会背景之深入分析，则见Gutas 1998。

833年在位）的时代。这一方面是由于前六十年努力所奠定的基础——事实上，马孟自己就出生（786）与成长于翻译运动当中，可以说是此运动的产物。另一方面，这也和他的特殊政治经历密切相关。马孟本来是呼罗珊地区的藩镇，后来与继承哈里发的兄长兵戎相见，后者战败被弑，他由是得以登上大位，但仍然迟疑多年才终于因为内战不息而被迫离开根据地梅尔夫，到巴格达坐镇大局。因此他必须运用非常手段来巩固自己的政治合法性，故而强调东罗马帝国因为信奉基督教而背弃古希腊文明，所以是落后与愚昧的，阿拔斯皇朝则有意识地全面吸收、发扬希腊学术，因此是先进、有远见的。他甚至还通过亲信将领宣扬自己与亚里士多德在梦中相会并讨论宗教判断准则。这样的政治姿态事实上使得翻译运动成为公开国策，其社会影响可想而知[①]。

马孟很重要的一个措施是仿效亚历山大"学宫"体制建立图书馆、天文台，以及在830年成立称为"智慧宫"（*Bayt al-Hikma*, House of Wisdom）的研究所，广为招揽学者参与翻译和学术工作。所谓"智慧宫"，本来只是宫中图书馆，它后来发展的详细情况并不很清楚，但一度聚集大量学者在其中工作是极其可能的，至于是否发展成为具有固定体制的研究机构就有争议了[②]。马孟和"智慧宫"之所以在翻译运动中显得非常突出，甚至成为其象征，主要还是因为他在9世纪30年代前后所招揽的大批聪明俊秀之士，其中最著名的包括翻译家胡奈恩、数学家穆萨兄弟、哲学家金迪、代数学家柯洼列兹米等。这批有眼光、才学的翻译家同时也是有创见和独立思想的学者，他们之出现说明翻译运动和伊斯兰科学本身都已经达到了新阶段。

胡奈恩（Hunayn ibn Ishaq, 808—873）是阿拉伯裔医学家，累世为聂斯脱利派基督徒，到过亚历山大城，精通阿拉伯文、叙利亚文和希腊文三种语言，后来通过穆萨兄弟（Musa Brothers）见知于马孟等哈里发，成为宫廷翻译官和御医[③]。在他的主持下，他的儿子伊萨克（Ishaq ibn Hunayn, 卒于910）、侄儿胡拜舒（Hubaysh ibn al-Hasan）以及其他学者组成了一支翻译队伍，通过分工合作，精细互校，以意译为主的方式，系统地把大量希腊典籍从原文翻译成叙利亚文，然后再翻译成阿拉伯文。由于他自己的学术背景，

---

① 有关此部分的详细论证见Gutas 1998, pp. 75–104。
② 多数学者认为"智慧宫"曾经发展成为有规模的研究机构，见Peters 1968, p. 60以及O'Leary 2001, p. 166；但古塔斯认为它只是宫中图书馆，并没有任何证据显示它变为制度性的研究或者翻译机构，见Gutas 1998, pp. 53–60。
③ 有关胡奈恩戏剧性的生平见O'Leary 2001, pp. 164–170。

这自然以医学典籍为主，包括15种希波克拉底著作、约90种盖伦著作，此外还有许多柏拉图、亚里士多德作品和经典数学、天文学作品，包括《蒂迈欧篇》《形而上学》《论灵魂》《物理学》《几何原本》《大汇编》等等。至于在胡奈恩以外，最重要的翻译家是来自今日土耳其东南部哈兰（Harran）的天文学家萨比特（Thabit ibn Qurra，836—901）。他也同样精通叙、阿、希三语，翻译了欧几里得、阿基米德、阿波隆尼亚斯、托勒密等的许多作品，并且因此而为后世保存了许多原著失传的典籍[①]。

　　翻译运动一直延续到10世纪末期，在它长达两个半世纪的历程中，有多个彼此相关的"典籍组"被相当全面和细致地搜罗、研究和翻译出来，其中最突出的包括以下四组：（1）以胡奈恩为主的希波克拉底与盖伦医学著作；（2）以金迪为主的亚里士多德《形而上学》与其他新柏拉图学派、新毕达哥拉斯学派著作；（3）与亚里士多德《工具论》（Organon）中六种逻辑著作相关的典籍；（4）与欧几里得以及托勒密著作相关的典籍。当然，这只是就其最主要方向而言，运动整体事实上覆盖了希腊（包括雅典、亚历山大和罗马三个时期）哲学、科学、医学典籍绝大部分，例如亚里士多德著作就已经被网罗无遗，唯一例外只是其《政治学》而已。当然，这样庞大、持久的文化移植运动不能完全依赖君主的意志和资源——那只是早期现象，到了9世纪以后，它就逐渐变化成为社会上层的整体现象，举凡王公、贵族、官僚、学者、聪明才智之士都通过赞助、使用成果，或者直接参与而牵涉其中。这样，到了10—11世纪，翻译运动才终于消沉下来，因为学者的注意力已经转向原创性研究了。

早期的学术继承

　　和翻译运动同时兴起的伊斯兰学术以继承希腊哲学和几何学为主。这很自然，因为在希腊传统中科学是哲学的一部分，而在翻译运动中哲学可能显得更重要——正如上所述，它与宗教论辩有密切关系，而且在引进之后又刺激了伊斯兰哲学（falsafa）和神学（kalam）的发展；至于几何学的重要性则毋庸多说了。

　　伊斯兰最重要的两位早期哲学家是金迪（Al-Kindi，801—873）和法拉比（Al-Farabi，约870—950）。金迪来自伊拉克南部政治文化重镇库法

[①]　有关萨比特的生平见O'Leary 2001，pp. 171–175，以及DSB/Thabit ibn Qurra/Rosenfeld & Grigorian。

（Kufah）的统治家族，可谓系出名门。他精研柏拉图、亚里士多德和新柏拉图学派哲学，对于算术、几何、天文亦无所不窥，而且著作等身，所以被视为阿拉伯第一位重要哲学家。他与马孟哈里发的"正统运动"（§8.10）关系密切，本人很可能就是极度崇扬理性的所谓穆泰齐拉教派（Mutazilites）一分子，并且因此曾受迫害。比他晚两代以上的法拉比属波斯或者土耳其血统，大约在901年到巴格达，师从直接来自亚历山大的三位哲学教师，自己也培养了不少门弟子。法拉比深究亚里士多德，但思想上则以新柏拉图学派为依归。这两位哲学家都服膺"大宗师"（the Teacher，即亚里士多德）的理性主义，公开认为哲学与宗教各有不同领域，前者依凭理性而后者依赖神示（revelation），但两者地位和重要性相当。而且，金迪犹致力于两者的融汇，法拉比则认为宗教可以因民族而异，哲学却是独特的。至于名震一时的后期哲学家，诸如阿维森纳和阿威罗伊等都是深受他们影响的后辈了。

伊斯兰早期数学家之中穆萨兄弟最富传奇色彩。他们的父亲本是大盗，后来改邪归正，研习科学天文，从而与皇子马孟交好。马孟登基之后更将他们三兄弟，即穆罕默德（Muhammad ibn Musa，800—873）、艾哈迈德（Ahmad ibn Musa，805—873）和哈桑（Al-Hasan ibn Musa，810—873）视同己出，延聘良师教育成人。"智慧宫"转变为研究所的时候，他们很自然地首先受聘，而且由于与哈里发亲近，所以势力庞大，颇令同僚瞩目。例如胡奈恩和下文提到的法尔甘尼都和他们深相结好，萨比特是他们所引进的门生，而世家子弟金迪则颇受嫉妒和排挤。他们都致力于几何学，最重要的著作是《平面与球面形体测度》，那在内涵上和阿基米德的同类著作并无二致，但在"归谬法"的应用上却有微妙的策略性区别：阿基米德将此法应用于个别问题，他们则以之证明了一条普遍（有关曲线所包围面积的）定理，然后应用于不同问题，这无疑更接近于现代数学精神。此外他们对于何种"量"可以以算术方法运算，也显示了比希腊数学开放得多的态度。

翻译家萨比特在数学上亦卓有成就：他发现了一条有关"友善数"（amicable number）的重要定理[①]；又像泊布斯一样推广了毕达哥拉斯定理；

---

① 友善数和完整数、充盈数、亏缺数都是源于新毕达哥拉斯教派的观念，见§6.4有关尼高马可斯的分节。令 $P(a)$ 等于整数 a 所有因子之和，那么倘若 $P(a)=a$，则 a 是完整数（perfeet number）。例如6有1, 2, 3三个因子，而 $6=1+2+3$，所以6是完整数。倘若 $P(a)=b$，而 $P(b)=a$，则 a，b 互为友善数（amicable number），例如 $P(220)=284$，$P(284)=220$，所以220和284互为友善数。萨比特的定理是：倘若 p，q，r 为素数并且具有下列形式：$p=3 \cdot 2^{n-1}-1$，$q=3 \cdot 2^n-1$，$r=9 \cdot 2^{2n-1}-1$，其中 $n>1$，则 $2^n pq$ 和 $2^n r$ 互为友善数。

此外还求得抛物线旋转体的截面面积和截体体积，讨论了三分角问题和数字幻方（magic square）问题，并且在天文学上提出了大胆的（可惜是错误的）新假设，例如黄道的进动是双向而非单向的。不过，9世纪伊斯兰学者虽然能够吸收和应用希腊几何学，并且不乏增益和改进，但重大突破则在其他领域。这当是因为希腊几何学已经高度发展，要开拓崭新领域实非易事。因此金迪主要致力于希腊数学不足之处，如计算方法、印度数目记法等等。就几何学而言，伊斯兰数学家的真正重要贡献在于平行公理的研究：从金迪以至海桑、阿维森纳、奥玛开阳、图西（Tusi）都莫不致力于此问题。图西的观点后来被17世纪英国数学家沃利斯（Wallis）翻译，从而触发锡克利（Giovanni Sacherri，1667—1733）在这方面的开创性研究。

三、新科学前缘：代数学

代数学是伊斯兰科学最为人熟知，也是最重要的成就之一。它在9世纪"智慧宫"成立之初就已经出现，其后持续发展三四百年之久，可以说是伊斯兰最主要的科学传统[①]。

代数学之父柯洼列兹米

这传统第一位最著名的人物是被称为"代数学之父"的柯洼列兹米（Muhammad ibn Musa al-Khwarizmi，780—850）[②]。他是中亚或者巴格达附近的人，生平不详，在"智慧宫"成立之初就被马孟招揽参加翻译工作。他知名是因为 *Hisab al-jabr w'al-muqabala* 这部本为发展实用计算程序的专著，其名称的原意是"完成与平衡（计算）之书"[③]。这部书的基本重要性在于它为所有计算确立了"数"和"计算程序"这两个抽象观念，也就是撇开了长度、体积、重量等量度单位，以及个别问题对于计算程序所带来的观念混

[①] 拉希德的《阿拉伯数学发展史论》与伯格伦的《中古伊斯兰数学史纲》是这方面的主要著作，分别见Rashed 1994及Berggren 1986，后者亦论及三角学。此外纪志刚、郭园园、吕鹏等三人的近作《西去东来：沿丝绸之路数学知识的传播与交流》（2018）是一部讨论中国、印度、伊斯兰、古希腊及中古欧洲数学的专业著作，对算术和代数学在这多个传统中的发展，以及其彼此之间关系有详细论述和探究，非常值得注意。可惜它忽略了巴比伦陶泥板上的几何代数学（本书§1.4），实为美中不足。

[②] 有关柯洼列兹米及其《代数学》见DSB/Al-Khwarizmi/Toomer。

[③] 此书有下列拉丁文及英文译本：Khwarizmi/Karpinski 1915。

淆。更具体地说，此书虽然没有像丢番图那样应用符号，而还是应用文字叙述，却提出了许多代数学的抽象观念和运作程序，包括：（1）未知数及其平方的观念和名称；（2）方程式的观念，即由一或多个不同"项"集合而成的数式等于另外一个类似的数式；（3）"移项"的观念，即将数式中需要减去的项（亦即负项）移到方程式另外一边而将之变为相加（即正项）：书名中的"al-jabr"（"完成"之意）所指就是"移项"，而这也就是代数学"algebra"这名称的由来；（4）"消项"的观念，即将方程式两边相同的项消除：书名中的"al-muqabala"（"平衡"之意）所指就是"消项"；（5）相乘数式如$(a+bx)(c+dx)$的裂项和化简；（6）最后，它将应用问题系统地归纳为六个类型的线性和二次方程式，并给出解决程序。

柯洼列兹米在解二次方程式的时候除了应用数式以外，还用类似于《几何原本》的图解方法，因此他在西方科学史界的地位曾经有些争议。但对于绝大多数学者来说，他作为"代数学之父"的地位是公认的；更何况，《几何原本》图解法本身就极可能源自古巴比伦（§5.3）。除代数学之外，他同样重要的贡献是在另外一部算术著作中将阿拉伯数字和印度传入的十进制位置记数法结合，并且首先引进"零"的观念和使用"0"这个符号，从而产生了今日通用的简明阿拉伯记数法。其实，柯洼列兹米在代数和算术以外还有众多其他著作，包括一部天文学著作，这主要是承继印度传统，但也受《大汇编》影响；两部与星盘有关的著作；以及一部仿效托勒密同名作品的《地理学》，其中列出了2402个地点的经纬度，并提供了大量地理描述和地图，有关中东的部分要比托勒密所记录的更为准确。

代数学从何而来

柯洼列兹米并非巴格达唯一的计算学家：和他同时或者稍早还有另一位学者图尔克（Abd-al Hamid ibn-Turk，活跃于830年），他留下了一篇《混合方程的必然性》（"The Logical Necessities of Mixed Equations"），那是另外一部同样名为Al-jabr w'almuqabala的书其中一章，内容与柯洼列兹米的系统计算方法大同小异。因此，很有可能代数学的雏形从8世纪开始就已经在巴格达酝酿，柯洼列兹米的著作和《几何原本》一样，是集大成而未必是原创之作。从此观点看来，伊斯兰数学虽然以翻译希腊典籍为开端，然而也可能自有民间传统，即以"数"为主的计算型数学，那甚至很有可能是巴比伦远古传统的延续——巴格达邻近古巴比伦，两地距离还不到100公里。

事实上，这个说法并非纯属猜测。海鲁普经过详细分析和研究柯洼列兹米、图尔克、萨比特、卡米尔（Kamil）、阿布瓦法等五位伊斯兰学者的数学著作之后指出，在伊斯兰兴起之前中东就已经流传着两类所谓"次科学"（subscientific）传统，即民间的商业、测量、建筑实用型计算法则；以及与古希腊数学相关，但不如《几何原本》或者《大汇编》那么庞大、严格，而是倾向于实用的几何著作。此说是由细阅巴克尔（Abu Bakr）的《测量书》（*Liber mensurationum*）所触发。此书只有中古拉丁文译本传世，但它清楚地显示出，中东的民间计算法则与古巴比伦的"几何剪贴法"代数学（§1.4）如出一辙，其直接传承关系是毫无疑问的。从而可以推断，上述两种民间传统很早就已经根深蒂固，而且融合成为一体，柯洼列兹米和图尔克只不过是在希腊数学大传统的刺激下将之进一步发扬而已[1]。从此观点看来，西方数学实在应该视为中东与希腊两个传统在长期发展中屡次相互刺激与融合的产物：欧几里得、丢番图与柯洼列兹米虽然前后相隔千年以上，但他们的代数学（见表5.1与§7.9）却都属于可以追溯到古巴比伦的同一个传统。

代数学的发扬

在柯洼列兹米之后，发扬代数学的至少还有四五位重要的伊斯兰数学家。第一位是半个世纪之后来自埃及的卡米尔（Abu Kamil，约850—930）。他的《代数书》（*The Book on Algebra*）自觉地继承了柯洼列兹米——事实上是后者作品的评述和发展，并且将代数方法应用于几何学，特别是正五边形和正十边形问题[2]。此书的一个重要进步是发展了未知数高次幂的特殊观念和记法，例如"平方–平方–根"指x^5，"平方–平方–平方–平方"指x^8，等等，也就是说，有了$x^m x^n = x^{m+n}$的意识。此书不但影响下面立刻就要讨论的卡拉吉，甚至也影响了中古数学家费邦那奇（Fibonacci），乃至西欧数学整体。除了代数学之外，卡米尔对于不定方程式也有研究，而且这是在丢番图著作广为流传于中东之前，所以是独立发现。

---

[1] 此说详见Høyrup 1994, pp. 91–104, 311n39。此外，纪志刚等2018对于伊斯兰代数学的来源有详细探讨。该书第202—207页讨论柯洼列兹米和图尔克解二次方程的方法与几何剪贴法（该书称之为面积贴合法）的关系，但未提及后者和巴比伦陶泥板的关系。该书又在第207—216页讨论伊斯兰代数学与印度古数学的关系，认为前者可能渊源于后者（第209页）。

[2] 此书有下列英文与希伯来文对照本：Abu Kamil/Levey 1966。此英译本为Levey自Mordecai Finzi之希伯来文本译出，而非自阿拉伯原本译出，因为前者较完整和完善。

卡拉吉（Al-Karaji，Al-Karkhi，953—1029）来自伊朗或者巴格达附近，但在巴格达度过大半生，而且两部著作都是在那里完成[1]。他的幸运是不但承受了巴格达将近两个世纪的数学传统，而且得见丢番图《算术》前五卷，那是870年左右翻译成阿拉伯文的，因此得以再往前跨进一大步。他的主要贡献在于大大推进多项式的运算，从而令代数学完全脱离几何观念与方法。这包括：（1）明确定义 x^n（$n=1, 2, 3, \cdots$；$-1, -2, -3, \cdots$）以及提出单项式的四则运算，包括 $x^m x^n = x^{m+n}$，但很不幸他未能用推理得到 $x^0 = 1$ 这最后一步；（2）定义多项式并显示多项式之间的加、减、乘法，以及如何以单项式除多项式；（3）归纳推理法的实际应用（但还不是严格论证）；（4）显示如何求得二项式展开系数（binomial expansion coefficient）至5次方——这工作在他本人著作中已经失传，只是由于12世纪的善马洼加以引述，我们才得以知道。除此之外，卡拉吉还发现了许多级数求和公式，包括相当于下列现代公式者：$\sum n = n(n+1)/2$；$\sum n^2 = \sum n + \sum n(n-1)$；$\sum n^3 = (\sum n)^2$（$\sum n$ 定义为自然数从1相加至 n，即 $1+2+3+\cdots+n$，余类推）。

诗人数学家

跟着卡拉吉出现的，是历史上恐怕绝无仅有，能够集浪漫诗人与理性数学家于一身的传奇人物奥玛开阳（Omar Khayyam，Umar Al-Khayyami，1048—1131）[2]。他出生于波斯西北角上的古城尼沙布尔（Nishapur）。当时塞尔柱土耳其人（Seljuk Turk）正横扫中亚和波斯，建立庞大帝国，而位于丝绸之路上中转点的尼沙布尔则是其初期首都和商贸、文化中心。奥玛开阳虽然出身于制造帐篷的低下家庭，但自幼聪慧过人，因而得以研习哲学，后来更见知于一位法官，在弱冠之年赴中亚枢纽都会撒马尔罕（Samarkand），在那里潜心著作，完成他的传世之作《代数问题示要》（*Treatise on the Demonstration of Problems of Algebra*）。数年后，他蒙帝国的沙皇马利克（Malik–Shah）召至伊斯法罕（Isfahan）参加筹建天文台，自此转向天文和历法工作将近二十年，其后再一次跟随新王迁移到北部的新都和文化中心梅尔夫，最后回到尼沙布尔终老。他最出名的是《四行诗集》（*Rubaiyat*），一般译作《鲁拜集》。

---

[1]　有关卡拉吉，见DSB/Al-Karaji/Rashed。此外，纪志刚等2018在第219—227页对卡拉吉以及下文的善马洼也有详细讨论。

[2]　有关奥玛开阳，见DSB/Khayyam/Youschkevitch & Rosenfeld；Berggren 1986，pp. 12-15，118-124；Nasr 1968，pp. 160–167则有其传略以及其《代数学》部分的翻译。此外，纪志刚等2018在第232—238页对奥玛开阳（该书称之为海亚姆）也有详细讨论。

奥玛开阳的代数学贡献主要是在三次方程式的系统研究。这是从某些几何问题的研究引发（例如"求直角三角形，其斜边等于一边与直角顶点至斜边高之和"导致$x^3+2x=1+2x^2$，其中x是两边的比值），而充分利用了此前所累积的代数学方法。他不但将三次方程加以系统分类，并且指出：由于它们涉及立方项，所以不能够以直尺圆规方法解决，而需要用两条圆锥曲线的相交点来解决，这是前人（即希腊人）所未曾研究的。他的圆锥曲线解法用现代数学可以很简单地解释为：将普遍三次方程$x^3+ax^2+bx+c=0$通过$2py=x^2$（这是抛物线）的替换，而得到$2py(a+x)+bx+c=0$（这是双曲线），因此其解可以从抛物线和双曲线的交点得到——事实上，他更进一步利用三角学方法得到上述有具体系数的三次方程之近似解。除此之外，他发现三次方程可以有两个（但还不是三个）不同解，并且认为将来它有希望利用算术（即代数）而不再是几何方法来解决。奥玛开阳的方法和思想都是伊斯兰重"数"传统的产物，他甚至进一步说："代数和几何虽然表面上不相同，但这没有关系：代数是已经证明的几何事实。"[①]其实，他的三次方程解法已经具有后世解析几何学的意味了。

巴格达最后的重要科学家

至于紧跟奥玛开阳出现的善马洼（Al-Samaw'al，1130—1180）则出身于从摩洛哥迁居巴格达的犹太家庭，自己后来改奉伊斯兰教[②]。他很可能是巴格达最后一位重要科学家，因为从10世纪中叶开始，巴格达虽然名义上还是阿拔斯皇朝首都，实际上已经为伊朗布伊德（Buyid，即Buwayhid）族人所建立的政权控制。从11世纪中叶开始，塞尔柱土耳其人又入主巴格达；最后，到了1258年，这作为《天方夜谭》故事背景的神奇都城更为蒙古人所大肆焚烧、屠掠，自此完全残破衰落，一蹶不振。虽然这几个政权的统治者都沿袭阿拔斯传统，仍然热心支持学术特别是天文学，但科学发展的中心则很自然地转移到别处去了。

善马洼的工作同样依循此前三百年的代数学传统发展，他所留下的著作al-Bahir共四卷，前两卷的精神在于将所有算术运算方法都应用到代数的单项式和多项式上。这在最基本的层次是从有关负数的一切运算（即正负相

---

①　见Boyer 1985，p. 265 n. 13，引自A. R. Amir-Moez，"A Paper of Omar Khayyam"。

②　关于善马洼见DSB/Al-Samaw'al/Anbouba。

乘，负负相乘除，0减负数或正数，等等）开始，继而涉及多项式的定义、两个多项式的加减乘除，乃至求多项式的方根，等等。此外他还第一次求得了 $\sum n^2 = n(n+1)(2n+1)/6$ 这个比较困难的级数和公式。至于讨论无理数的第三卷则并没有超越《几何原本》第十卷。该书最后一卷讨论一个巨大，有10个未知数和210条方程式的方程组问题。善马洼的时代比柯洼列兹米晚三百五十年，而介乎中古欧洲第一位翻译家阿德拉和第一位数学家费邦那奇之间，那已经是代数学通过起源于西班牙的拉丁翻译运动向欧洲传播的时期了。但此时伊斯兰计算学传统还远未曾结束，它将一直延续到三百年之后的卡西（al-Kashi），后者与维也纳第一代天文学家格蒙登（Gmunden）以及佛罗伦萨座堂建筑师、发明透视法的布鲁内莱斯基（Brunelleschi）是同时代人物。

四、天文学的发扬与创新

《大汇编》令伊斯兰学者深为震惊和拜服，因此伊斯兰天文学家在9世纪的工作主要是消化与继承此一巨著；在随后两百年，即10—11世纪间，则一方面发展三角学成为独立学科，另一方面质疑托勒密的基本假设，并开始新观念的探索，这些对于日后的欧洲天文学都产生了重要影响。而且，即使到了12—15世纪的三百年间，伊斯兰天文学也仍然在发展、创新，它的观念与技术也更臻成熟，其中一个重要成果甚至直接影响了哥白尼[①]。

《大汇编》的继承

在伊斯兰天文学家之中，我们首先要提到法尔甘尼（Al-Farghani，活跃于860年）。他在伊斯兰世界和中古欧洲都享有盛名，主要因为《大汇编》过于繁复艰深，他为之撰写的简介本《天文学原理》（*Elements of Astronomy*）只应用很少数学，所以适合教学和一般学者需要。此书后来为吉拉德（Gerard）翻译成拉丁文，因而风行欧洲，至1537年还与巴坦尼的《天体运动》译本以及拉哲蒙坦那的演讲稿合集出版（§11.3）。

至于伊斯兰天文学第一位大师则无疑是巴坦尼（Al-Battani，Albategnius，

[①] 西方学界对伊斯兰天文学有极其全面和细致的研究，见Kennedy *et al.* 1983；Goldstein 1985；King 1993；Saliba 1994；Samsó 1994诸书。

850—929）①。他和萨比特一样，也是哈兰地方人，但他并没有为巴格达所吸引，而终身留在叙利亚西北角的安提俄（Antioch）和北方的拉卡（Ar Raqqah）作天文观测，前后达四十年之久（877—918）②。这长期工作的成果写成了共57章的《天体运动》（Kitab al-Zij, The Motion of the Stars），它于1116年被翻译成拉丁文，1537年印刷出版。此书大体仍然以《大汇编》为典范，但其中的观测数据非常精确，甚至有过于托勒密，同时方法上也不再依循几何模型，而更多采用三角学方法。例如，他将回归年的长度重新厘定为365日5小时48分24秒，改正黄道进动率为每世纪54.5″，订定地轴与黄道面的倾角为23°35′，重新制定489颗星的星表，等等，都是很重要的改进。此外他更发现日的远地点并非固定，而是有改变的，因此日环食可能出现。此书的精深在中古早期还未能为欧洲学者认识，到16世纪欧洲天文学趋于成熟，它才日益为哥白尼、第谷、开普勒、伽利略等大家所重视和经常征引。

三角学与星盘的发展

托勒密在《大汇编》中的计算方法非常繁复，这主要是因为他所沿袭的曼尼劳斯球面三角学十分粗略简单，基本上只有一个"弦函数"和一条基本定理。但伊斯兰学者喜爱和擅长计算，所以三角学到了他们手里就变得更为丰富和灵巧。这可能开始于萨比特以印度传入的正弦函数（sine function）替代弦函数，也就是将计算基础从圆形转移到三角形上去。其后，巴坦尼应用相当于正切（tangent）函数公式来表达直角三角形两（非斜）边关系。但决定性发展则要归功于他们之后的阿布瓦法（Abu'l-Wafa，940—998），他在有关月球运动的著作中定义了正切函数，并且编制高度精确（相当于十进制小数八位）的正弦和正切函数表；此外正割（secant）和余割（cosecant）函数也是由他正式提出的。不过，计算圭表及其影长的关系有很长远的历史，所以这些三角函数到底何时最早出现不无争议。除了三角学以外，阿布瓦法对于实际测算问题的解决，例如计算法、仪器制造、实用作图法等也有著作和很大影响，而且他是最先提出负数观念的人，在此点上应该说是善马洼的先驱了。

阿布瓦法是前述布伊德政权时代的人。这一政权起源于伊朗北部能征善

① 见DSB/Al-Battani/Hartner。
② 土耳其安卡拉大学科学史家萨伊利所著的《伊斯兰天文台史》即Sayili 1960对阿拉伯、伊朗以至奥图曼的天文学观测史有深入论述，我们在这方面的资料多本此。有关巴坦尼在拉卡的观测工作见该书pp. 96—98。

战，以雇佣兵为业的布伊德族人，他们于934年以阿里布亚（Ali Buya）等三兄弟为首领崛起，击败阿拔斯皇朝军队，于945年进入巴格达，实际上控制了伊斯兰帝国在中东的大部分；其下一代领袖阿德阿都拉（Adud Ad-Dulah，949—983）继位后将该政权的力量发挥到顶峰。不过这些类似军阀的布伊德领袖却并非跋扈武夫，他们和阿拔斯皇朝的早期哈里发或者塞尔柱土耳其君主一样，都雅好学术文化，因此在他们治下不但伊朗文化得以发扬，而且科学也同样受到尊重和支持。阿德阿都拉对于科学尤其热心，因此阿布瓦法和另外一位天文学家库希（Al-Quhi，940—1000）在959年被召到巴格达，后来负责在伊朗西南部的设拉子（Shiraz）建立天文台和进行观测[①]。库希也以数学知名，曾经利用圆锥曲线的交点来解决一些经典几何学难题。他又著有《星盘构造》一书，利用投影法来进行大地坐标和赤道坐标系统之间的变换，这和当时正在迅速发展的伊斯兰星盘制造当有密切关系[②]。事实上，伊斯兰有很强的星盘传统：在9世纪初已经出现这方面的论述，后来法尔甘尼又对此作了很深的数学研究，因此在库希之前即10世纪初已经有流传至今的最早星盘实物出现。其后伊斯兰的星盘著作传入西班牙，在12—13世纪被翻译成拉丁文传入英国，特别是牛津大学，然后再散播到整个欧洲。其实，在星盘发明之后不久即11世纪左右，星盘已经开始传入德、法、英等欧洲国家了（§9.2）。

布伊德第三代首领沙拉夫（Sharaf Ad-Dulah，983—989）同样热心天文学。他在巴格达皇家花园中兴建的天文台于988年盛大落成，其中有阿布瓦法所设计的6米长墙壁象限仪（quadrant）和18米长石制六分仪（sextant），库希受委任主持其事。不幸翌年沙拉夫猝逝，天文台因而废置[③]。无论如何，布伊德政权为10世纪中叶带来了将近半个世纪（945—989）的科学兴旺，像阿布瓦法、库希、卡拉吉、海桑等就都是借此发挥才华的。

天文学的散播

从10世纪初开始，大一统伊斯兰帝国破裂，最少有三个强大地方政权崛起，布伊德政权只不过是其前奏而已。和它们同时亦即10世纪中叶，法蒂

[①]　有关阿布瓦法的观测工作见Sayili 1960，pp. 109–112。

[②]　关于库希的数学见下列论文：J. Lennart Berggren, "Tenth-Century Mathematics through the Eyes of Abu Sahl al-Kuhi", in Hogendijk & Sabra 2003，Ch. 6。

[③]　有关此天文台的历史，见Sayili 1960，pp. 112–117。

玛派（Fatimids）在埃及取得政权，建造新都开罗，并且自立为哈里发，随后征服北非和巴勒斯坦，更以海军和商贸为基础建立独立帝国。差不多同时，早已经覆灭的乌美亚王朝有一位后裔控制了西班牙，建立以科尔多瓦（Cordova）为中心的帝国。最后，来自里海和咸海之间的塞尔柱土耳其人在10世纪末控制了波斯、两河流域和巴勒斯坦大部分地区，建立第三个伊斯兰帝国；其后他们更在1071年著名的曼兹克特（Manzikert）之役击溃东罗马帝国军队，从而为族人以小股武装移民方式逐步占领小亚细亚打开门户，也为日后奥图曼帝国的建立奠定了基础。这些后继帝国在宗教上属于不同派系，因而互相攻击，争战不已，但它们的君主仍然尊重和支持学术，特别是天文学。这一方面是阿拔斯皇朝所建立大传统的影响，同时也出于历法上的需要，科学传统也就因此能够延续下去。

尤努斯（Ibn-Yunus，950—1009）是埃及天文学家。他和法蒂玛皇朝最初两位哈里发关系密切，因而得到他们眷顾，从事天文观测三十多年（975—1009）之久，著成浩大的《赫肯姆朝天文数表》（Hakimi Zij），在其中不但球面三角学有发展，而且包含多种历法转换表、详细月球运行数表、以弧度为变量的三角函数表等等。他是月球研究专家，其大量观测记录（包括30次月食和40次行星相合）至19世纪犹为美国天文学家纽科姆（Simon Newcomb）应用于月球加速度研究，并且证明是高度准确的[1]。

和尤努斯相比，曼苏尔（Abu Nasr Mansur，970—1036）和比伦尼（Al-Biruni，973—1048）的经历更为传奇。曼苏尔是中亚古国和文化中心花剌子模（Khwarazm，在里海与咸海之间）的王子，因此有机会得到数学家阿布瓦法教导，而他又将所研习的传授给比自己稍晚的比伦尼，两人遂成为相知治学伙伴。995年花剌子模发生动乱，他们各自辗转流亡外地将近十年，以迄1004年同返故土，依附掌权的新主，并且建造巨大天文台，继续工作。但1017年花剌子模再为强邻伽兹南（Ghazna）[2]所灭，两人俱为新主马哈茂德（Mahmud）苏丹所掳，此后一直在伽兹南都城工作，以迄终老。马哈茂德大军于1022—1026年间出征印度，比伦尼随军游历印度，得以熟悉它的言语、宗教、哲学、天文、数理乃至地理、风俗民情，写成包罗万有的《印度》（India）一书[3]。

---

[1] 尤努斯的观测工作特别是他是否得到埃及哈里发赞助的问题见Sayili 1960，pp. 148–156。
[2] 伽兹南即今加兹尼（Ghazni），在阿富汗首都喀布尔西南130公里。
[3] Saleem Khan 2001是从印度学者角度出发，对此书所作评论。

　　比伦尼锲而不舍，虽然多次遭遇大变和流离困厄，然而始终坚持天文观测和治学不辍，毕生著述竟达到143种之多，合五六百万字之谱，传世亦将近五分之一[①]。他是冷静、客观，兴趣广博，长于观察和实验的学者，虽然没有崭新理论或者惊人发现，然而在数学、天文、物理等许多方面都有重要建树。例如，他测算得地球半径为6339.6公里，比现代值只差0.5%；记录了六百多个地点的经纬度，其准确度都高于托勒密；应用三维直角坐标，并且提出极坐标（polar coordinates）的观念；准确测量多种金属的比重；讨论光和热的本质；指出光速远高于音速，以及加速度是由不均匀运动所引起；等等。他富有语言天才，能够通阅大量古代文献，又和同时的重要哲学家阿维森纳书信往还，因而保留了许多珍贵科学史和历史资料。

　　曼苏尔也留下多种著作，但主要贡献在三角学：他发现了"正弦定律"，即三角形每一角的正弦与对边长度的比值都相等；又应用正弦以外的其他三角函数来解决球面三角学问题。此外他还为曼尼劳斯的《论球面》做详细评注。这很重要，因为该书希腊文原本已经失传，仅余数种阿拉伯文译本。由于他与老师阿布瓦法合作无间，所以正弦定律其实可能是后者所首先发现，他的许多其他工作亦有同样问题。

五、实用与实验科学

　　伊斯兰文明在数理科学上有突出表现，在以经验和实用为主的其他科学上也有巨大贡献，那成为欧洲日后继续发展的基础，其中最重要的是光学、医学和作为化学前身的炼金术。这些学科的发展基本上与数理科学同时，也就是在9—11世纪三百年间，但炼金术可能早至7世纪末期就已经开始了[②]。

炼金术开山祖师札贝尔

　　倘若说伊斯兰数学、天文学、光学、医学都具有明显的希腊传统，那么它的炼金术渊源就没有那么清楚了。但这方面观念和技术自埃及传入中东，倒还有明显线索，那就是乌美亚皇朝的雅兹德亲王（Khalid ibn Yazîd，约660—

---

①　对比伦尼的详细论述见DSB/Al-Biruni/Kennedy；Kennedy 1983，pp. 562-634，以及该著作中所列其他有关专书。

②　有关伊斯兰炼金术资料见Holmyard 1968，Ch. 5；Rashed 1996，Ch. 25；以及Linden 2003，Pt. II相关部分。

704），他可能是和炼金术以及科学翻译有关的最早历史人物[1]。根据记载，他厌倦宫廷政治斗争，所以转向自然哲学，并且对炼金术特别感兴趣，因此从亚历山大召来希腊哲人，令他们将有关书籍从希腊文与科普特文翻译成阿拉伯文。他自己也师从一位基督徒炼金师莫里安纳斯，而后者则是炼金师斯特凡诺斯（§6.5）的弟子。此外相传，雅兹德还撰写过大量与炼金术有关的诗歌。不过，雅兹德学习炼金术的真正动机，其实可能是为急速发展中的阿拉伯帝国获得至关重要的铸币技术[2]。

但伊斯兰炼金术的开山祖师则是札贝尔（Jabir ibn Hayyan，约721—815），拉丁译名葛贝尔（Geber）[3]。他出身于库法城的药剂师家庭，父亲哈扬（Hayyan）曾经到东部呼罗珊地区出力煽动反叛乌美亚王朝，后来被捕见戮。孤儿札贝尔被送往阿拉伯依附族人，成人后回到库法继承父业，到阿拔斯皇朝的拉昔时代成为宫廷化学师。据说他与什叶派教长札法以及朝中大臣巴麦克札法都十分友善，而且后者热心推动希腊科学典籍的翻译与他有密切关系。无论如何，他学识非常渊博，除了炼金术以外在科学与哲学各个领域都有著作。巴麦克家族失势之后他颇受牵连，因此回到库法隐居，后来可能在呼罗珊去世。

目前归在札贝尔名下的作品（即所谓*Jabirian corpus*，包括专书和论文）数量极其庞大，而且性质驳杂，显然不可能都是原作。根据考证，其中大部分当为10世纪伊斯梅教派（Ismailites）学者的附会之作，或者经过其增益改动，但由于两者纠结混杂，已经不可能再清楚地与原作分辨。不过，他才能超卓，作品中最核心的两百种左右的确可能与其本人直接有关，这分为四组：（1）"112部书"，这都是奉献给巴麦克札法，而且渊源于《绿玉版》的；（2）"七十部书"，其中大部分曾经在12世纪由吉拉德翻译成拉丁文；（3）"十部调节之书"，主要描述所谓"古代炼金师"如毕达哥拉斯、柏拉图、亚里士多德等的成就；（4）数部"平衡之书"，主要讨论札贝尔本人的金属组成性质与平衡理论。

札贝尔的作品有相当数量与化学、冶炼有关，而且记载了许多重要技术

---

[1] 见Holmyard 1968，pp. 63–66，但该书所引那甸（Al-Nadim）的记载不无争议，见Gutas 1998，p. 24。

[2] 这是沙里巴的观点，见Saliba 2007，pp. 50–51。

[3] 札贝尔的事迹与作品有极大争议，其详细论述见Holmyard 1968，pp. 68–82；此外参见DSB/Jabir/Plessner；与Rashed 1996，pp. 865–867。

发明，例如各种金属提炼、钢铁锻炼、布革漂染、防锈、防水布制造、仿金书写液体制造方法等等。当然，这些很可能是8—9世纪伊斯兰冶炼、制造传统精粹的记录，而并非全为个人发现。除此之外，他在实验技术上也获得了重要进展，这包括首次制成硝酸、柠檬酸、酒石酸，以及通过蒸馏而获得高浓度醋酸。他又将矿物质区分为挥发性（spirits）、金属和粉质三大类，其中挥发性的包括硫黄、砷、水银、樟脑、硇砂（sal ammoniac，即氯化铵）；金属包括金、银、铅、锡、铜、铁，以及被称为"中国铁"的白铜，即锌、镍的铜合金；至于粉质矿物则根据其物理性质再分为七类。札贝尔最重要的成就是，提出参与化学反应的各种物质有一定分量比例这一观念。

金属组成与转化理论

札贝尔对于后世炼金术影响最深远、最巨大的，无疑是他首先明确提出金属的"水银–硫黄合成论"。这理论的基本观念是：古希腊恩培多克勒和亚里士多德所提出的土、水、风、火四元素并非直接合成金属，而是在星象的影响之下，先在地球内部深处合成由水与气所生的水银，以及由火与土所生的硫黄，然后再由这两种所谓"居间元素"生成金属，至于金属的类别则视乎水银与硫黄的纯度以及比例而定：最纯净者，亦即依照最自然的平衡比例所合成者是黄金；纯净度不足，或者结合比例有偏差者，则成为其他次等金属。当然，他深知将水银与硫黄一同加热实际所得只是朱砂，因此又提出有所谓"真水银"与"真硫黄"，而认为日常可得的水银和硫黄无论如何提炼也只不过是其近似而已。但如何才可以纠正次等金属的内部结合比例，以使之"变质"（transmute）成为贵金属呢？炼金师的基本手段就是在实验室中重新实现在地球深处所发生的自然变异，即将硫黄和水银在各种温度、火候和掺入不同其他成分的状况下施以煅烧（calcination）、熔解（solution）、汞合（amalgamation）、沉淀（precipitation）、胶结（coagulation）、蒸馏（distillation）、升华（sublimation）等等手段。这种变化的关键或曰奥秘（arcana）便是找到所谓"点金石"（The Philosopher's Stone）或"灵丹"（elixir），那可以说相当于特殊催化剂吧。

以上只是他这理论的最粗略部分，在这背后还有更繁复和精细的观念。首先，他提出了冷、热、干、湿等四种基本性质，而认为四元素是由这些性质在物质（substance）上配对合成，即火的性质是干热，气是湿热，水是湿冷，土是干冷；水银近于水，所以是湿冷，硫黄近于火，所以是干热。至于金属则更复杂，因为它有所谓"外部"和"内部"性质，所以是由上述两对性质来决定。然后，在新柏拉图学派和数目神学的影响下，他更进一步利用数字幻方来与（构成金属名称的）阿拉伯字母以及上述基本性质结合，而构成一个非常繁复的金属内部性质平衡理论[①]。

札贝尔理论的最基本部分不但为伊斯兰学者接受、发扬，而且在中古欧洲也同样被所有炼金师宗奉为至理，直到16世纪的帕拉塞尔苏斯（Paracelsus）才有所修订。至于他的平衡理论则因为过于繁复，所以并没有继续发展。整体而言，他无疑是伊斯兰乃至中古化学和炼金术的开山祖师、奠基者，后来者基本上都是沿着他已经开辟的道路继续前进而已。

冶炼大师拉齐

在札贝尔之后半个世纪，出现了学术上能够与之争辉的拉齐（Al-Razi，Rhazes，866—925）[②]。他生于伊朗北部德黑兰附近古老的雷城（Rayy），其初治希腊文和哲学、音乐、数学、天文等传统科学，中年到巴格达学习医学，兼习冶炼，不久声名鹊起，备受王侯礼遇，此后在多处行医、讲学，笔耕不辍，晚年因为眼疾而回归雷城终老。拉齐和百年后的比伦尼一样，都是渊博无涯的大学者，作品竟将近二百种之多，从形而上学、宇宙学、数学、物理学、天文学以至知识论、人生哲学无所不包。但他最为世人所知，还是作为一位仁慈、尽心的医生，平生诊治笔记经后人编纂成九卷名为《善行录》（*Al-Hawi*，*The Virtuous Life*）的医案集，于13世纪由犹太医学家法拉古斯（Faradj ibn Salim，Farraguth）翻译成拉丁文，15世纪印刷出版。在此大量第一手资料的基础上他又编写了多种医书，包括肾石、胆石、麻疹、敏感性哮喘等的专门研究，而且意见独立，往往直接指陈希腊医学权威盖伦的谬误。

此外，他还是冶炼术大师，这方面著作传世的即有二十种之多，其中最著名的《十二论集》（*Compendium of Twelve Treatises*）、《秘卷》（*The Book of Secrets*）与《秘中之秘》（*The Book of the Secret of Secrets*）等翻译成

---

① 这著名的数字幻方是：

4	9	2
3	5	7
8	1	6

它纵横斜各行数字和都是15。与此有关的说明见Holmyard 1968，pp. 75-78。

② 有关拉齐见Holmyard 1968，pp. 86-92；Rashed 1996，pp. 867-869以及DSB/Al-Razi/Pines。

拉丁文后成为欧洲炼金术与早期化学的基础。他在冶炼学上的贡献大抵有三方面。第一，是物质的研究与分类，最主要的是首先制成硫酸和乙醇，以及改进札贝尔的矿物分类，将动植物以外的物质分为六大类：（1）挥发性物质（spirits），如水银、硫黄、硫化砷、氯化铵等四种；（2）实体（bodies），如金、银、铜、铁、锡、铅、白银等七种金属；（3）矿石（stones），如铁矿石、蓝铜矿、孔雀石、云母、石膏、石棉、玻璃等13种；（4）七种矾（vitriols），即硫酸盐，如所谓五色矾；（5）七种硼砂（borax）；以及（6）十一种盐（salts）。第二，是将冶炼所用的器皿分为金属冶炼所用，以及一般化学使用的两大类，前者如炼炉、风箱、坩埚、钳、剪、锉等，后者如蒸馏器、烧杯、烧瓶、梨形器、烧灯、浅烧盘、烧锅、沙温器、水温器、漏斗、白碗、石臼板等等；他又详细列出这些器皿的名称、使用方法以及组合方法，也就是提供了一部完整的实验室手册。第三，他接受札贝尔的金属二元构成说，相信金属转化的可能，并且似乎曾经做过不少炼金的尝试，更曾列出提炼所谓"灵丹"的步骤，但亦很坦白地当众承认这些尝试并不成功。在这方面值得注意的是，金迪曾经公开反对金属转化的可能，而拉齐则有论著加以反驳。此外，他着重试验多于猜测、理论，因此很可能是将札贝尔理论导向炼金术之具体实践的关键人物。

作为化学前身的炼金术虽然在托勒密王朝时期已经有各种零散的方剂、技术，而且有大量哲学与宗教性文献，但它真正发展成为具有明确目标与基本理论的实验科学，其实是在伊斯兰时期，而札贝尔和拉齐可以分别视为开山祖师与奠基人物。此外，在他们之后还有其他重要的炼金师，诸如10世纪西班牙的马斯拉马（Maslama ibn Ahmad，Al-Majriti）和十三四世纪间埃及的阿布卡西姆（Abu'l Kasim al-Iraqi）与爱达米尔（Aidamur al-Jildaki）等[①]。因此，到了中世纪，欧洲所承受的炼金术已经是一个相当悠久和完备的传统了。

光学大师海桑

最后，我们要谈到光学家与天文学家海桑（Ibn al-Haytham，Alhazen，965—1040）。他和柯洼列兹米以及札贝尔一样，都是开创性人物，但又不完全一样，因为光学有很强的希腊传统，诸如欧几里得和托勒密都有这方面的著作。

---

① 有关伊斯兰后期炼金师见Holmyard 1968，pp. 100-104；马斯拉马又被视为重要魔法著作《辟加特力斯》（*Picatrix*）的作者，见本书§11.5。

因此他应该被视为承先启后的大师，是在前人基础上开拓崭新领域的人物①。

　　海桑是伊拉克南部巴士拉（Basra）人，年轻的时候在当地从政而且颇有地位，但教派纷争令他厌恶，因此转向哲学和科学，成名后赴开罗，依附法蒂玛皇朝雅好科学的君主赫肯姆（Al-Hakim）。但这位哈里发性情乖僻，令他一度被迫佯为疯癫，直至新君登位之后才得以转往阿兹哈尔清真寺（Azhar Mosque）的学术中心潜心研究，终老于兹②。他著作等身，有将近百种之多，而且大半得以流传后世，其中最重要也最为人称道的是七卷本的《光学汇编》（*Kitab al-Manazir*）③。此书虽然继承古希腊光学，特别是托勒密传统，但也有大量结果和推断是通过实验与独立思考所得，在精神和许多结论上都相当接近现代物理学。吊诡的是，海桑身后二百五十年间此书在伊斯兰学术界竟然无人问津，甚至无人知晓，以迄13世纪末卡玛阿丁（Kamal al-Din）将之详为研究、评注，方才得以重见天日（§8.8）。另一方面，此书在12世纪欧洲翻译运动中就已经被翻译成拉丁文，名为*Perspectiva*，并且立刻引起极大兴趣。在1260—1280年间罗杰培根、维提罗、佩卡姆（Peckham）等学者的光学作品就都是以之为主要资料与思想来源的④。

　　《光学汇编》在结构上以托勒密的《光学》为典范，但在内容上则有许多突破与革新⑤。全书以视觉（vision）为中心，但这自然无可避免地要牵涉光的性质与传播。书的第一卷最为基本，它提出了下述重要观念：（1）光无论其来源是阳光、火光抑或反射光，性质都相同。（2）光总是依循直线进行：这是以屏障和针孔做实验证明的；发光体的每一部分都向所有方向沿直线发光。（3）视觉产生于对象发光或者光受对象反射而进入并影响眼睛，而并非如希腊学者所想象，是眼睛发出射线感触对象——亦即否定了所谓"视觉射线理论"（visual ray theory）：他对此理论所举出的强有力反证是，眼睛如何可能发出射线感触日月星辰那么遥远的天体？同时，他又试图为相反的"外来光线入目（intromission theory）理论寻找解释，指出那些进入眼睛的

---

① 有关海桑光学理论与希腊光学的关系以及其开创性意义见A. I. Sabra, "Ibn al-Haytham's Revolutionary Project in Optics: the Achievement and the Obstacle", in Hogendijk & Sabra 2003, pp. 85–118。

② 有关海桑见DSB/Ibn al-Haytham/Sabra, 此为长篇传记, 对其生平与发现均有详细论述。

③ 此书第一至第三卷为有关视觉者, 它有下列附长篇导言及详细评注的英译本: Alhazen/Sabra 1989。

④ 此书于11—14世纪间在伊斯兰世界和欧洲的流传情况见Alhazen 1989, ii, pp. lxiv-lxxvi。

⑤ 此书内容综述见Alhazan 1989, ii, pp. liii-lxiii。

光线，只有那些方向垂直于眼睛平面，即接近其对称轴的，才有可能形成视像。由于还不明白透镜聚焦原理，他无法解释何以外界众多发光体所产生的凌乱光线能够在眼内形成清楚影像，但想法已经颇接近真相了。（4）景物通过针孔进入黑室（*camera obscura*）成像的原理；（5）眼睛的构造——不过他的构想并不完全正确，因为他未能充分了解透镜的作用[①]。

至于第二卷和第三卷则分别讨论视觉，例如对光暗、颜色、形状、运动、质地等等的感觉，以及视错觉的成因。第四卷至第六卷讨论视觉与反射：这包括证验反射定律所用的铜制实验仪器，以及各种不同镜面（包括凸球面镜和凹球面镜、圆柱形镜和圆锥形镜）的反射。第五卷解决下列以海桑为名的著名问题："倘若A点所发光线经由上述各种镜面的反射而进入位于B点的眼睛，那么镜面上的反射点在什么位置？"第七卷讨论折射与视觉：虽然他没有发现斯涅尔定律，却提出了光在不同介质有不同速度，介质越密速度越小的观念，并且以此解释折射。他更以大气的折射来解释曙暮光（twilight），指出这是日在地平线以下19°内才有的现象，并由之推断大气厚度是15公里。从这许多丰硕的成果，我们当不难了解格罗斯泰特、罗杰培根以至伽利略和牛顿的光学研究是在怎样一个传统中孕育出来的了。

海桑在数论上也有特殊贡献。他最有名的是利用所谓"威尔逊定理"（Wilson's Theorem）来解决下列同余问题：某数分别以2至6相除均余1，以7相除则可尽，求该数。由于威尔逊定理是p倘若为素数则$1+(p-1)!$可以为p所尽除，因此问题的答案显然是$1+6!=721$。但海桑更进一步指出：这问题的答案是不确定的（indeterminate），并且给出了它所有的解。此外他还曾研究欧几里得的下列定理：倘若2^k-1为素数，则$2^{k-1}(2^k-1)$为完整数（即它等于其所有因子之和）；而企图证明其逆定理，即所有完整数都具有上列形式。他虽然没有成功，但努力的方向仍然是可贵的。此外，海桑还是最早对托勒密天文系统作出批判并且进一步考虑天体实际建构的学者（§8.7），这对其后四百年间的伊斯兰天文学产生了深远影响。

六、伊斯兰哲学巅峰

在罗马帝国末期，由于基督教正统观念的确立与伸张，科学在西方文明的

---

① 有关海桑视觉理论的详细讨论见Lindberg 1976, Ch. 4。

地位发生巨大转变：它不再能够从宗教维持滋养、动力，反而被视为异端而备受压迫，即使在开明教父的观念中，最多也只能够维持"侍女"的卑下地位而已。在伊斯兰文明中则情况比较微妙：自翻译运动兴起以来科学和哲学（这被音译为 *falsafah*）是获得哈里发与大臣赞助、鼓励、推动的学问，所以在社会上层一直占据稳固地位。然而，西方哲学毕竟是外来思想，而且纯粹立足于理性，因此与本土的以神示为基础的伊斯兰教始终有潜存冲突，这至终发展成立足于神示与先例的宗教"法理学"（*fiqh*）、立足于理性的"神学"（*kalam*）和以自然现象为中心的哲学（*falsafah*）等三方面之间的紧张、争论。到了9世纪中叶，那甚至蜕变为官方意识形态与民间宗教理念之间的冲突，结果以官方退却告终（§8.10）。本节要讨论的阿维森纳和阿威罗伊是在中古欧洲拉开序幕前后出现的渊博学者，他们继承金迪和法拉比的工作，将伊斯兰哲学带到巅峰，并且对欧洲经院哲学和科学产生巨大影响。同时，他们也不免卷入上述论争。

在哲学与医学之间：阿维森纳

　　阿维森纳（Ibn Sina，Avicenna，980—1037）是波斯医学家和哲学家[1]，与海桑和比伦尼同时，并且与比伦尼相熟，留下不少来往书札，事实上他们的渊博和著作丰富也差可匹敌。这两位同时代的大师都是伊斯兰学者，但更是波斯学者。在他们的时代（10世纪中叶）以巴格达为中心，以阿拉伯人为主宰的大一统阿拔斯皇朝早已衰落，先后代兴的，是多个波斯和塞尔柱土耳其地方政权，而在背后推动这些政权的精神力量则是古波斯文化复兴，包括波斯语文、文学、历史之重新抬头和发挥影响力。在这"波斯文艺复兴"时期出现的诗歌有上文提到的奥玛开阳《鲁拜集》，但最突出的则是费耳道斯（Firdowsi，约935—1020）的长篇史诗《帝王纪》（*Shah-Nameh*），它旋即成为伊朗民族精神的象征，日后更与《荷马史诗》相提并论[2]。阿维森纳与费耳道斯地望相近，时代则晚半个世纪，他在动乱中仍然焕发自强不息的精神当是受后者影响。

　　阿维森纳的家族来自巴尔克古城，后来他父亲迁居布哈拉（Bukhara），

---

[1]　在20世纪50年代西方学界曾经由于剑桥大学学者推动庆祝阿维森纳千年祭（伊斯兰纪年）而掀起他的热潮，由此出现的相关著作如Wickens 1952，Afnan 1958，Goichon 1969对他都有深入论述。

[2]　波斯文艺复兴与其民族和文化意识在受阿拉伯人长期压制之后重新通过伊斯兰方式抬头有密切关系，而且影响深远。见Hodgson 1974，ii，pp. 154–159。

在以该城为首都的萨满尼（Samanid）政权中出任地方长官，因此能够为爱子延聘良师。阿维森纳由是得以发挥其早熟的天才，于哲学、数理、天文、医道无所不窥，弱冠之年即声名鹊起，随后为君主治病从而成为御医，并以此机缘遍览宫中所藏珍贵典籍，由是奠定一生学问基础。然而好景不长，他在父亲去世后被迫另投其他君主，自是开始了将近二十年漫长、曲折的连串投靠和出奔，其间行止有出于外来政治变化，也有原因隐晦，可能和他家族的宗教背景即信奉伊斯梅教派相关者。在几乎遍历波斯所有主要城市，如东部呼罗珊诸城、雷城、哈马丹（Hamadan）等等之后，他终于在伊斯法罕获得安定环境，借以度过十五载舒适晚年。

阿维森纳虽然半生流离奔走，但在困顿忙碌中始终不忘观测研究，亦复著述不辍，完成作品竟达难以想象的450种之多，流传后世者亦过半。他是极其崇尚理性的学者，作品以哲学和医学为主，其中最重要的是《理疗集》（Kitab al-Shifa', Book of Healing）以及《医典》（Canon of Medicine）。我们无法在此如份论述这两部典籍的重要性。粗略地说，五卷本的《医典》是继承自胡奈恩以至拉齐整个伊斯兰医药传统的集大成之作，它在12世纪下半叶为吉拉德翻译成拉丁文之后，立刻就对中古欧洲最早的医学院，即意大利南部的萨莱诺（Salerno）学院产生深刻影响。这样一直到16世纪为止，它始终是欧洲医学界的权威典籍，在15—16世纪间即翻印五十版之多，而在17—18世纪仍然为西方医学生所研习。换而言之，它是继希波克拉底和盖伦之后承载西方医药学大传统的主要经典[1]。

至于《理疗集》则是一部百科全书式的哲学与科学著作，它的哲学思想虽然同样承接希腊，特别是亚里士多德和柏罗丁（他的《九章书》部分被翻译成阿拉伯文之后，一度被认为是亚里士多德的神学作品），但却不同于金迪和法拉比之停留在注释阶段，而自有见地和发明，并且形成一个独特和完整体系。这些思想的核心是对于"存有"观念的分析，特别是对存在的偶然性（或可能性，例如一般事物之存在）和必然性（亦即存在就是该事物之本质）之间关系的分析。他的这一分析显然触及了基督教（当然在伊斯兰教也相同）的上帝与宇宙创造观念，所以深刻和广泛地影响了中古众多神学家和哲学家。例如圣安瑟姆（St. Anselm）的上帝存在证明、大阿尔伯图（Albertus）的逻辑、阿奎那（Aquinas）的系统神学等都受他的观念影响。他还被认为是现代西方哲

---

① 这本巨著有下列英译本：Avicenna/Gruner 1984。

学观念的先驱，是"第一位笛卡儿主义者"以及康德"纯理性的背反"（The Antimony of Pure Reason）第一和第二项（这分别与时空的限度以及是否有不可分割之实体两个问题相关）之先声[1]。当然，他强烈的理性主义和基督教有许多基本冲突，其中最明显的三点是：他认为世界并无起始和终结；上帝是通过"发射"（emanation）而创造世界；以及道成肉身和肉身在末日复活这两个教条都是无意义的。因此，他对中古基督教所发挥的影响很复杂，既有共鸣和潜移默化，亦复引起激烈反对和争辩。然而，不争的事实是：他虽然不能被视为西方哲学和神学传统的正宗，中古欧洲却在很大程度上是通过他来认识亚里士多德的，因此整个所谓经院哲学（scholasticism）离不开他的观念、方法和词汇，甚至可以说，是在他的思想基础上发展而来的。

阿维森纳不但是医学和哲学宗师，在科学上也同样有贡献[2]。在这方面除了对于大阿尔伯图和罗杰培根的广泛影响之外，最值得注意的当是他还发展了费劳庞诺斯（John Philoponos，约490—580）的运动理论，即批判亚里士多德认为物体在离开投掷者之后仍然能够继续运动是由于空气推动的谬论，并且指出：空气其实阻碍运动，被掷物体其实是从投掷者获得了特殊的运动"能力"（impressed virtue）。阿维森纳则进一步提出以下数点：第一，倘若没有其他阻碍的话（例如在真空中），则运动可以无限制持续；第二，物体在固定能力驱动下，其速度与重量成反比；第三，在受到空气阻碍的情况下，以相同速度运动的物体所能够行经的距离与重量成比例。这些看法显然都颇有道理，前两点甚至和牛顿的运动定律相近。不过，在14世纪欧洲首先提出"冲能"（impetus）观念的布里丹是否曾经受他这一理论影响则还不能确定（§10.10）。此外，他不但是坐而论道的哲学家和扶难济世的医学家，还是一位观察入微的博物学家，对于天象、气象、地质、人体构造都有仔细研究。他在《矿物学》（De Mineralibus）一书中根据直接观察提出了动植物在压力和高温作用下变为化石的原理，其后大阿尔伯图通过对此书的评述将此观念传入欧洲，其影响一直及于达芬奇和16—17世纪的古生物学家。

最后，他虽然接受金属的"水银-硫黄合成论"，却公开和肯定地反对金属可以转化之说，认为经过冶炼之后，金属的外表可以变为与金银相似，甚至

---

[1]　Wickens 1952, pp. 30–40; Goichon 1969, pp. 77–78.
[2]　A. C. Crombie, "Avicenna's Influence on the Mediaeval Scientific Tradition", in Wickens 1952, pp. 84–107.

可以乱真，但它的本质并没有转变。因此，"我认为这（转化）是不可能的，因为没有办法割裂一种金属的（内部）组合，使它变为另外一种"。这清楚地显示他独立与清晰的思考能力。他这一观点引起了长期争论，说明在伊斯兰科学传统中"炼金"的可能性并未完全得到肯定[①]。

理性主义者阿威罗伊

阿夫南（S. M. Afnan）曾经这样形容中古经院哲学：它有四个主要潮流，"最早的可以称为奥古斯丁主义，跟着依历史上出现的顺序是亚里士多德主义，然后是阿威罗伊主义，最后是阿维森纳主义"。[②]从有关人物的时代看来，这个次序反映了一个重要事实：比阿维森纳晚一个半世纪之久的阿威罗伊（Ibn Rushd，Averroes，1126—1198）是首先将亚里士多德介绍给中古欧洲的人，他发挥的影响也因而更早，更直接。那并不奇怪，因为他生当欧洲翻译运动高潮，和意大利翻译家吉拉德同时而且同在西班牙工作，因此迅即为欧洲学者认识，至于远在波斯的阿维森纳虽然更广博，更有创意，知名于欧洲反而更晚，那是很自然的。

阿威罗伊出身于西班牙南部所谓"安达鲁斯"（Al-Andalus）的显赫法学世家，父祖两代都出任都城和文化中心科尔多瓦首席大法官。他自幼跟从多位名师研习法律、哲学、天文、医学，其后由于发表亚里士多德评述，为当时的御医图费尔（Ibn Tufayl）赏识，在1169年被推荐给北非马拉喀什（Marrakesh）王国的苏丹，自此平步青云，在数年间先后被委任为塞维尔（Seville）和科尔多瓦法官（1169—1171），其后更出任御医和最高法官（1182），可谓备受器重。在此安稳环境以及苏丹的鼓励和支持下，他得以从容构思，有系统地评注亚里士多德全集，并从事其他多方面著作，逐步完成一生大业。但他的思想其实颇为大胆和不拘教义，以致干犯教士与同行之忌。事实上，统治安达鲁斯的北非阿摩哈德人（Almohads）在宗教上相当狂热和保守，他只不过因为得到两代苏丹重用而幸免于干扰。为了不清楚的原因，也许出于政治考虑，他在垂暮之年终于失去庇护，不但和其他数位自由思想分子一同受审，并且被判在科尔多瓦市郊监禁幽居，作品更遭当众焚毁

① Holmyard 1968, pp. 92–96, 引文在p. 95。
② Afnan 1958, p. 284.

之厄（1195）。其后不久他被召回马拉喀什并获得赦免，但不久就去世了[1]。这事件往往被认为是个重要信号，也是伊斯兰哲学与科学衰落的转捩点。但其实这与地区性的政治和宗教气氛相关，而难以视为广大伊斯兰世界的普遍现象，而伊斯兰科学最终为何衰落始终是有争议的复杂问题（§8.10）。

阿威罗伊对西方学界最重要的贡献，也是他之所以在西方那么知名的原因，是评述亚里士多德的全部作品，唯一遗珠是他未能见到的《政治学》，这他以柏拉图的《国家篇》替代了。这里所谓"评述"其实有三个不同层次的处理，即简介与撮要（summary）、中篇论述（middle commentary），以及原文翻译另加注释（long commentary）。至于个别作品的处理方式则视乎其性质和重要性而定，有些作品是以两种甚至全部三种方式来评述的。据现代研究，他的评述作品总数达到38种之多，其中15种在13世纪初已经被翻译成拉丁文，另外19种则迟至16世纪才从希伯来文本翻译过来[2]。由于其涵盖范围之广以及行文之细致准确，这些评述的拉丁译本在当时新出现的大学风行一时，成为最热门教材，并因此而刺激了经院哲学的发展。毋怪13世纪巴黎大学要被称为"阿威罗伊主义"大本营了。

阿威罗伊的哲学有强烈理性本位倾向，所以被不少伊斯兰学者认为有颠覆信仰的危险。比他早大半个世纪的神学家和神秘主义者伽札利（Abu Hamid Al-Ghazali，1058—1111）对于自然哲学和科学采取实用主义态度，但对于形而上学和理性神学则认为有混淆、损害信仰之危险，所以对大多数人并不适宜。他著有《哲学家的意图》（*The Intentions of Philosophers*）和《哲学家的失当》（*The Incoherence of Philosophers*）来反驳从金迪、法拉比以至阿维森纳等以哲学理论来与伊斯兰教义相颉颃的态度[3]。阿威罗伊则坚定地站在哲学家这一边，以《失当的失当》（*The Incoherence of Incoherence*）一书来反驳伽札利。在这场相隔万里、前后历时两个世纪的辩论当中，双方都表现了高度的克制、理性和学者风度，而且阿威罗伊始终是虔诚信徒，认为宗教与哲学并无冲突，两者可以调和。但这仍然无助于消弭双方对立之尖锐。阿威罗伊暮年颇类似于伽利略的遭遇就是这冲突的激烈程度之最好说明。这观念上的长期摩擦，当亦是导致伊斯兰思想大气候在12世纪与13世纪之交发生基本转向的因素之一吧。

---

[1]　有关阿威罗伊，见DSB/Ibn Rushd/Analdez & Iskandar。
[2]　见Grant 1996，p.30。
[3]　有关理性神学的发展以及伽札利的生平和思想，见Hodgson 1974，ii，pp.175–183。

七、安达鲁斯的托勒密批判

在12世纪末，善马洼和阿威罗伊相继去世；到了13世纪初，巴黎大学与牛津大学相继诞生，欧洲中古第一位科学家格罗斯泰特出任牛津大学校长，并且开展学术研究。因此，12世纪与13世纪之交曾经被定为伊斯兰科学衰落和欧洲中古科学兴起的转捩点，而伽札利对哲学家的攻击则被认为是造成这衰落的间接而重要的原因①。但其实，在13—15世纪将近三百年间伊斯兰天文学与光学仍然非常活跃：伊朗的马拉噶（Maragha）学派出现于13世纪；大马士革天文学家沙提尔的天体运行理论出现于14世纪，它深深地影响了哥白尼；至于撒马尔罕的高等学院和天文台则出现于15世纪，那里产生了托勒密以后第一部精密星表，圆周率和三角函数计算也达到前所未有的精确度。所以，伊斯兰科学并没有在12世纪之后停顿，而是一直延续到欧洲中古末期，亦即文艺复兴之初②。上述几个阶段的发展都是在伊朗和中亚，然而它们却并非直接继承和发扬当地阿布瓦法、曼苏尔、比伦尼等的工作，而是走向一个全新方向，即是对托勒密体系展开反思与批判。这方向最初由埃及的海桑提出，其后于11—12世纪间在西班牙蓬勃发展成为传统，最后才又回到伊朗和中亚，所以是在10—15世纪五百年间自东而西，然后又自西而东兜了一个行程万里的大圈子。

海桑的天文学新方向

海桑是光学大师，在天文学上也非常重要，但贡献与同时的比伦尼完全不一样，后者顺着托勒密原有方向发展，他却以新眼光来审视其基本假设。他留下了20种天文学著作，其中最出名的是早期的《论世界构造》（*On the Configuration of the World*）。它没有批评托勒密，也不再纠缠于天体运动的计算，而秉承亚里士多德与托勒密《行星公设》传统，认真讨论天体需要有何种实际构造（这包括一系列同心球壳，天体镶嵌在球壳内的其他同心与偏心

---

① 例如林伯格在其《西方科学之起源》一书第八章就持此观点，认为"但在13—14世纪伊斯兰科学衰落了，到15世纪更是荡然无存……首先，保守的宗教力量越来越发挥作用。这有时以直接反对的形式出现，例如10世纪末在科尔多瓦之焚毁有关异邦科学的书籍"，接着他指出这所产生的效果往往颇为微妙，是无形的抑制而非直接压迫，见Lindberg 1992, pp. 180–182。他所提到的伊斯兰科学家因此大体以奥玛开阳和善马洼为下限。

② 有关12世纪以后的伊斯兰天文学和光学，见以下专著：Kennedy 1983；Saliba 1994；Sabra 1994；Samsó 1994。

球壳上）方才能够如所观察到的那样运行。此书全面，简单明了，没有技术性细节，因此在伊斯兰世界与中古欧洲都广为流传，在十三四世纪间先后被翻译成西班牙文、拉丁文与希伯来文，文艺复兴时期的标准大学教科书《新行星理论》（见§11.3）亦受其影响[1]。它可以说是立足于宇宙建构精神，从抽象数学转向实际物理原则的决定性一步。

至于他正面表现批判精神的作品则有《对托勒密之质疑》（*Dubitationes in Ptolemaeum*），其中心论旨就是《大汇编》里面所应用的"曲轴本轮系统"背离了"天体运动为均匀圆周运动的组合"这最根本原理，所以是不可接受的。这一简单但根本的观点很重要，它埋下了颠覆托勒密系统的种子，对随后五百年间学者从西班牙的札噶里以迄哥白尼都产生影响。除此之外，海桑还有一部《大汇编》评论，其目的纯粹是为读者提供书中数表计算方法的详细解释，而并非改进其理论。从以上三种著作看来，我们可以说海桑对托勒密天文学是非常之认真的——唯其那么认真，才会加以严厉批判和尝试寻找新方向。

安达鲁斯天文学传统

虽然穆斯林在8世纪初即已经征服北非与西班牙，但巴格达学术传统却一直要到10世纪中叶方才到达埃及，这是伊斯兰大一统帝国破裂，法蒂玛教派控制此古国并且自立为哈里发的后果。在此时期出现的尤努斯和海桑都是在新建首都开罗的宫廷资助下工作。至于伊斯兰西班牙的情况也大致相似：在8—9世纪间，统治安达鲁斯的历届总督（emir）属乌美亚皇朝后裔，他们在文化上无甚建树，直至9世纪中叶的阿都拉曼二世（Abd al-Rahman Ⅱ，822—852年在位）才有起色。真正的蜕变则开始于下一世纪雄才兼且博学的阿都拉曼三世（Abd al-Rahman Ⅲ，912—961年在位），他在929年自立为哈里发，并且奖励学术，招揽学者，锐意建设首都科尔多瓦，安达鲁斯遂脱胎换骨，取代巴格达成为伊斯兰世界甚至整个欧洲的文化中心[2]。

安达鲁斯在被伊斯兰征服之前本来就有拉丁天文学与星占学传统，但数理天文学的发展当以阿都拉曼二世时代所传入的柯洼列兹米天文数表，即所谓"zij"（这其实是脱胎于修订印度的数表*Sindhind*）为滥觞，其后屡经重新修订，以迄11世纪的翟晏尼（Ibn Muᶜadh al-Jayyani，989—1079）又以之为根据编

---

[1] 海桑的天文学工作详见DSB/Haytham/Sabra，pp. 197–199。
[2] 有关安达鲁斯在此时期的历史与文化见O'Callaghan 1975，pp. 91–162。

纂《雅恩数表》(*Tabulae Jahen*),那是以西班牙南部的雅恩(Jaen)为观测点的详细日历,其中包括大量天文与星占资料[①]。翟晏尼本人当是西班牙最早的数理天文学家,生于科尔多瓦,1012—1017年间住在开罗,所以有可能曾经在彼处得到海桑的传授。他精于《古兰经》与法律,是专业律师、法官,学术上以研究《几何原本》的比例理论及天文数表知名。随后这天文数表的传统由于1069年编成的《托莱多数表》(*Toledan Tables*)得到进一步发扬。那是一部集体创作,虽然颇多缺陷,但不失认真与原创意义。其中最重要的,就是为所谓"颤动理论"(trepidation theory)提供证据。这理论是以春分点的缓慢摆动来解释日运动的两个长期微细效应,那就是黄道面倾角(即其与赤道面的夹角)的减小,以及喜帕克斯所发现的"进动"速率之增加[②]。

与此数表密切相关的学者是札噶里(Ibn al-Zarqalluh, al-Zarqali, 1030—1100)。他出身天文仪器制造工匠,曾经设计和制造起源于安达鲁斯并且带有高度实用性质的赤道仪(equatorium)以及通用星盘(universal astrolabe),由是被邀参加(后来更领导)编纂《托莱多数表》,并由于此工作的刺激变为专业天文学家,此后致力于日月运动的精细观测,数十年不辍,从而证实黄道远地点有12.04″/年的运动,以及黄道偏心率具有长期缓慢变化。这些和上述"颤动理论"都密切相关——虽然他自己并没有把两者联系起来。无论如何,他留下了众多作品,其中最少有七部传世,对随后的安达鲁斯天文学家、马拉噶学派乃至哥白尼都产生了影响[③]。

直面托勒密系统的问题

翟晏尼和札噶里基本上是安达鲁斯鼎盛时代的人物,在他们之后基督徒收复托莱多,伊斯兰力量开始衰落。虽然如此,但在他们所奠定的基础上,安达鲁斯天文学于12世纪还有进一步发展,即提出了对托勒密系统的批判与改进。这主要归功于塞维尔的天文学家阿法拉(Jabir ibn Aflah,约1100—1160)[④]。他的九卷天文学著作无定名,一称《大汇编纠误》(*Islah al-Majisti, Correction of the Almagest*)。此书认为水星与金星其实和其他行星一

① 伊斯兰西班牙天文学的整体概述见Samsó 1994, pp. 1–23;Saliba 1994, pp. 51–81;以及Dreyer 1953, pp. 247–267。
② 有关翟晏尼见DSB/al-Jayyānī/Dold–Samplonius & Hermelink。
③ 有关札噶里及其日运行理论见Samsó 1994, Papers I, X, 以及DSB/al-Zarqali/Vernet。
④ 有关阿法拉的论述主要见DSB/Jabir ibn Aflah/Lorch。

样，都是在日球"以上"，而并非如《大汇编》所说的是在它"之下"。它因此猛烈批评托勒密，特别是他宣称它们不可能处于连接地球与日球的直线上这一点；除此之外，阿法拉还提出了一种特殊观测仪器①，认为可以取代《大汇编》中所有的仪器。此书的建设性一面是应用阿布瓦法的三角学提出多条球面三角形定理，从而将《大汇编》的许多证明大大简化。此书被同时代的吉拉德翻译成拉丁文，因而被西方学者征引为托勒密批判的权威，其中的三角学更为15世纪的拉哲蒙坦那全面袭用于其名著《三角学通论》中，由是促成此学科在16世纪欧洲的发扬②。

　　在阿法拉之后还有一位也是活跃于塞维尔的比特鲁吉（Nur al-Din Ibn Ishaq Al-Bitruji，Alpetragius，约1150—1204）③。他和阿威罗伊同时，而且同样师从御医图费尔，著有《天文学》（Kitab al-Hay'a，The Book of Astronomy）。此书主要讨论传统天文学观念中的多个同心"天球"（其实是镶嵌了天体的球壳）如何能够将所谓"始动者"（Prime Mover）施诸最外层的旋转动力自外而内层层传递，以迄最中心的地球，而同时又顾及中间球壳所需要的不同旋转速度与方向。这在当时是个宇宙实质性构造的重要问题，在阿威罗伊的亚里士多德《天象学》评注中也同样有讨论。此书所提出的解释并不令人信服。但阿法拉作为托勒密批判的殿军影响很大，主要因为他的著作在1217年由"苏格兰人"米高（Michael the Scot）翻译成拉丁文，在此之后就"再也没有天文学家能够容忍《大汇编》，认为它毫无问题了，像哥白尼那样有声望而又知道这些安达鲁斯批判者工作的天文学家，自然更不在话下"④。

　　在比特鲁吉之后，安达鲁斯天文学仍然延续了一个多世纪，但再也没有出现像上述几位那么杰出并且有广泛影响的学者。然而很吊诡，中古西班牙天文学殿军却是一位基督徒，即富有才学和热心奖励学术的君主阿方索十世（Alfonso X of Castile，1221—1284）。他资助和鼓励天文学翻译和著作，而且为了纠绳《托莱多数表》的错漏，更延聘学者编纂《阿方索数表》（Alfonsine Tables），这经过将近二十年工夫（1252—1270）方才完成，以后在整个欧洲

---

① 这称为"torquetum"，它基本上是可以在黄道、赤道与地平等三种不同天文坐标系统之间自动转换的一个机械性模拟计算器，其作用与所谓通用星盘有点类似。
② 见本书§11.3与§12.3，拉哲蒙坦那在他的书中没有提到其内容的来源，因此被卡尔丹诺猛烈指责为抄袭。
③ 有关比特鲁吉及其《天文学》的论述，主要见Samsó 1994，Paper XII以及DSB/Al-Bitruji/Samsó。
④ Saliba 1994，p. 63.

被广泛采用，直至16世纪初年方才为新的数表取代[1]。不过，他所起用的学者其实大部分还是阿拉伯人，他们的思想以及所用资料也离不开阿拉伯学者在前两个世纪的工作，特别是札噶里的著作。因此把阿方索十世称为安达鲁斯天文学的殿军虽然有点误导（他的身份其实只是赞助者），但还是勉强说得过去的。

八、异军突起的马拉噶学派

就在《阿方索数表》编纂工作展开之际，万里外的伊斯兰帝国心脏遭受了致命打击，但不料这却成为不可思议的机缘，使伊斯兰天文学得以再放异彩。

这段历史还得从伊朗东北角上的图斯（Tus）河谷地区说起[2]。这既是伊斯兰文明感染中亚突厥游牧民族的前线，也是后者渗透、入侵伊朗以至中东的传统通道。上文提到的布伊德族人在10世纪循此入侵，最终主宰巴格达；塞尔柱土耳其人在11世纪也循同样路线西进，在1055年成为伊斯兰世界的主人。他们势力浩大，组织能力强，政治意识也更为成熟，因此政权也相对稳定。到13世纪初风云再变，蒙古铁骑在成吉思汗率领下开始西征，他们同样来到伊朗东北部，但稍事徘徊便又离弃他顾。但到了世纪中叶，大汗蒙哥命拖雷之子旭烈兀（Hulegu，1217—1265）再次西征。他这趟长驱直入，1256年征服伊朗，1258年攻克巴格达并将之彻底焚毁，1264年被册封为伊儿汗，定都篾剌哈（即今伊朗西北部的马拉噶），统领所征服的伊朗、中东以及今日土库曼斯坦、乌兹别克斯坦一带，是为伊儿汗国（Ilkhanate）。巴格达的毁灭往往被视为伊斯兰科学没落的征兆和原因，但其实它反而是中兴的前奏，而造成此转机的关键人物，则是生长于蒙古入侵必经之道的大学者图西。

大宗师图西的机缘

纳西尔图西（Nasir al-Din al-Tusi，1201—1274）的生平大致可以分为青

---

[1]　有关阿方索所主持与资助的学术工作见Samsó 1994, Papers XIII－XIV；《阿方索数表》有下列英译本：Chabas & Goldstein 2003。

[2]　图斯在今伊朗第二大城市马什哈德（Marshhad）附近，是古代文化名城，位处广大呼罗珊地区通往中亚草原的要道，因而为当日丝路重要中转站。前述的费耳道斯、伽札利以及本节讨论的大学者图西俱出生于此。

年、伊斯梅、旭烈兀等三个时期[1]。他是伊朗东北山区图斯地方人，父亲为什叶派法学家，自幼接受宗教教育，但同时跟随舅父研习逻辑、数学等希腊学科。年长后前赴当时的学术重镇尼沙布尔求学，访求多位名师，学习哲学、医学、数学等专业，不多时就显露出过人才华，因而声名鹊起，为各方所器重。这是他的青年时期。但此时伊朗已经受到成吉思汗铁骑蹂躏，图斯沦陷，局势非常混乱，可以说是哀鸿遍野，只有盘踞在伊朗北方深山堡垒中的伊斯梅教派能够以武力自保，维持一片和平净土。为了寻求安定环境以潜心学术，他在30岁前后接受此教派的礼聘，在其治下居住。此后二十余年间，他以波斯文与阿拉伯文著述不辍，自哲学、医学、数学以至天文学无所不窥，俨然成为一代宗师，可与两个世纪前的阿维森纳分庭抗礼。这是他的伊斯梅时期。

　　他的大转机出现于年逾知命，行将耳顺之际。当时旭烈兀所率领的蒙古大军压境，伊斯梅领导层的斗志为心理战术瓦解，其首领在图西伴随下步行出天险阿拉穆（Alamut）堡垒向蒙古军投降。由于旭烈兀喜好星占学，又素闻图西在天文学上的盛名，因此优礼有加，邀请他随大军同行，并且委以监管宗教与"慈善基金"（waqf）重任。其后这位蒙古大汗更采纳他的建议，批准在首都马拉噶建造天文台，由是继承阿拔斯、布伊德、塞尔柱历代政权赞助学术的传统，招揽四方学者，发展出蓬勃的科学研究中心。这是1262年的事情，也就是"马拉噶学派"之由来，当时欧洲中古大学已经蓬勃发展多时，科学研究也复兴了。

　　很自然地，这个学派的主要课题是天文学。但它并不以历算为满足，而着力于托勒密天文学的批判与改革[2]。至于批判方向则和安达鲁斯天文学家不完全一样：它集中批判托勒密天文模型放弃了最基本原则，即所有天体运动都应该由均匀圆周运动构成这一点；改革方向则是要根据此原则建构新天体运行模型。这建构是以图西下列发现为基础的：在半径为R的大圆内倘若有半径为r的小圆滚动，那么小圆上任何定点P的轨迹是滚轮线；但倘若$R=2r$，则滚轮线变为大圆的直径。换而言之，直线运动可以用两个均匀圆周运动组成，这就是肯

---

[1]　有关图西的生平与工作，见DSB/Tusi/Nasr以及下列详细论述：Al-Tusi/Ragep 1993，pp. 3–23。此外，纪志刚等2018在第238—245页对他的代数学也有详细讨论。

[2]　最早详细讨论马拉噶学派核心工作即其天体运行理论的是肯尼迪，见其论文：E. S. Kennedy, "Late Medieval Planetary Theory", *Isis*, 1966, Vol. 57, 3, No. 189, 该文嗣收入Kennedy 1983, pp. 84–97；并见沙里巴的详细论述：Saliba 1994, pp. 245–290。

尼迪所谓的"图西双轮"（Tusi Couple）机制[1]。凭借此机制，可以建构严格依循前述"圆形组合"原则的新模型，而它们能够重现托勒密"曲轴本轮模型"（第七章附录）最主要的效应，甚至比之更为完善。以上的批判、机制与模型都是图西在其主要著作《天文学论集》（al-Tadhkira fiᶜilm al-hay'a）[2]首先提出来的（图版6），并且在以后三个多世纪间为许多天文学家包括哥白尼所采用，因此，他可以说是带领天文学者在托勒密系统以外重新找寻起点的第一人。

除此之外，才大如海的图西还有将近150种专著。他不但对《几何原本》《大汇编》以及居间的重要数理科学典籍，如阿里斯它喀斯、阿波隆尼亚斯、阿基米德、狄奥多西、曼尼劳斯等作了详细评述（这些都成为标准教科书），而且在天文学、数学以及化学上还有大量原创性贡献。这些包括：他领导马拉噶天文学者编纂的《伊儿汗数表》（Zij Ilkhani）；前面已经提及的有关欧几里得第五公设之"证明"与讨论（§8.2）；继阿布瓦法、曼苏尔和比伦尼等将三角学发展成独立数学学科，以及平面"正弦定理"的准确与清晰叙述；提出利用二项式定理（binomial theorem）求整数任意高次方根的方法；矿物学和化学研究，包括札贝尔和拉齐金属二元构成说的发扬。在科学领域以外，图西的逻辑、哲学、伦理学和宗教著作也同样重要。他不但被公认为阿森维纳以后的哲学第一人，而且更是什叶派最主要的神学家，其《神学要义》（Tajirid al-kalam）为此派系统神学的经典。统而言之，在科学与宗教两方面他都可以说是罕与伦比的。

马拉噶天文台的兴衰

在图西主持下，马拉噶天文台吸引了大批人才，他们共同工作最少有十余年之久[3]。这些学者中最引人注目的，当是他的学生库图阿丁（Qutb al-Din al-Shirazi，1236—1311），以及后者的学生卡玛阿丁（Kamal al-Din al-Farisi，1260—1320）。库图阿丁出身于伊朗西南部设拉子地区的医生世家，少年丧

---

[1]　"Tusi Couple"的名称最先由肯尼迪在前注所引文章提出来，原意指两个以不同角速度旋转向量之"耦合"，我们译为"双轮"是指以两个均匀圆周运动产生直线运动的机制。此机制最早其实是为处理托勒密天文系统有关行星运动的复杂纬度变化而发展出来，见Saliba 1994, pp. 272, 150–160。

[2]　此书有下列阿拉伯文与英译对照本：Al-Tusi/Ragep 1993，书的前后附有长篇导言与注释。

[3]　有关马拉噶天文台，萨伊利的《伊斯兰天文台史》考证綦详，见Sayili 1960, pp. 187–223。

父，旋即承接其职位，十年后开始周游各地，寻访医道名师，并加入苏菲神
秘主义教派（Sufism）；1262年赴马拉噶师从图西，研习天文学与阿维森纳哲
学，以迄13世纪70年代末①。此后他再度潇洒周游，重拾医学旧业与苏菲教义
的探讨，并一度为伊儿汗出使埃及，最后在马拉噶以北的塔布里兹隐居著述
十四年之久以终老。他名声稍逊乃师，但也卓然成家，在数理天文学、医学，
以及哲学、苏菲教义等各方面都有大量著作。对我们来说，他最重要的工作当
是在乃师指导下成为《伊儿汗数表》编纂队伍的核心人物，并且利用"图西双
轮"机制来实际建构月球、水星等多个天体的运行模型。这虽然并非完全成
功，却开辟了这方面的思路。此外他对于光的物理学特别感兴趣，认为光是宇
宙间一切运动的泉源；至于他为阿维森纳《医典》所作评注更是搜集与参考大
量典籍之后，穷毕生之力所成。

　　卡玛阿丁的生平事迹不详，从时间上看来他师从库图阿丁时间很短暂，
只可能是在1275—1280年间，但这对于他影响很大，因为后者提到海桑的
《光学汇编》，为他从远方搜罗到此书手稿，并指示他为之作评注，这决定
了他一生学术方向②。卡玛阿丁以光学研究知名。他最重要的贡献是对彩虹的
成因作出正确解释，即其为阳光进入悬浮空气中的微细水滴后，经过两次折
射和一次内部全反射而形成；他更曾经以球形水瓶做实验以证验这种想法。
这是独立发现（但很可能与乃师库图阿丁有关），时间上与德国西奥多里克
的发现大致同时甚至可能更早一些（§10.5），但追本溯源，两人的发现其实
都是建立在海桑的工作上③。此外他对海桑全部著作特别是其《光学汇编》的
评述和修订也是非常重要的工作。在数学方面，他的重要贡献是促进了算术
基本定理（即任何整数的素数因子分解为独特）的证明④。

　　除此之外，马拉噶学派还有两位与图西同辈的学者：乌尔狄（Muayyad
al-Din al-Urdi，卒于1266）和马格列比（Muhi al-Din al-Maghribi，1220—
1283）。乌尔狄是来自叙利亚的著名建筑师，曾经负责大马士革供水系统，
对建造天文设备也有经验。他在1259年来到马拉噶，全面负责天文台以及其
观测仪器的建造，1262年完成，并且留下设计的详细记录，使我们得知其规
模与精确程度。这是当时最先进的设施，欧洲大概要到16世纪末的第谷天文

---

①　库图阿丁的生平与工作见DSB/Qutb al Din al-Shiraz/Nasr。

②　卡玛阿丁的生平与工作见DSB/Kamal al-Din/Rashed。

③　见下列有关彩虹研究历史的专书：Boyer 1987，特别是pp. 110-130。

④　Rashed 1994，pp. 287-299.

台才能够与之相比。至于马格列比则是来自西班牙或者摩洛哥的数理天文学家，也曾经在叙利亚工作，在1262年由旭烈兀礼聘至马拉噶。他作过天文观测，留下了一份手稿，其中详列1262—1274年该天文台的观测记录。他的专长是三角学，以论述曼尼劳斯定理以及精确计算1°的正弦（这是编制正弦数表的基础）而知名；此外他对欧几里得的《几何原本》、阿波隆尼亚斯的《圆锥曲线》以及狄奥多西和曼尼劳斯的《论球面》都有评述[1]。

图西在1274年去世，他的学生库图阿丁在1280年前后离去，马格列比不久之后也去世，因此，第一代马拉噶学者相聚前后大约不及二十年（1262—1280）。但在他们之后，马拉噶天文台的工作并没有立即中断，而又继续了大约二十年，即至1304—1310年间为止。其时学养渊博的合赞汗（Mahmud Ghazan，1295—1304年在位，旭烈兀的曾孙，伊儿汗国第七位君主）已经去世，汗国开始衰微。在天文台的后二十年图西的两个儿子先后继承了台长位置。由于这是个庞大学术体系：它不但有完善的图书馆、受薪学者、技术人员队伍，还有许多学生，数目可能在百人以上，因此需要充裕和稳定的经费方才能够维持运作，经费来源无疑就是图西所负责管理的慈善基金。在伊斯兰体制中这是供养教育、文化、医疗、救济等社会体系的主要资源，而且负责人往往世袭。换而言之，图西由于赢得旭烈兀的信任，因此其家族得以掌握伊儿汗国最重要的社会资源，马拉噶天文台能够蓬勃发展将近半个世纪之久其秘密即在于此。

哥白尼的天体运行模型从哪里来

马拉噶学派的殿军是大马士革的沙提尔（Ibn al-Shatir，Ibn ash-Shatir，1304—1375）。他幼年丧父，由祖父抚养成人，约十岁赴埃及学习天文与数学，后来回到大马士革在乌美亚派的清真寺供职，一直升到首席"司辰"（*muwaqqits*，"time keeper"）。他这位置与图西的地位，即君主所宠幸的官方天文学者兼星占师，有绝大不同：它是属于民间宗教体制的天文专职人员，而且工作性质与星占学无关。所以科学史家沙里巴认为，这是作为自然科学的天文学终于进入伊斯兰主流文化，而不再从属于宫廷体制的标志[2]。另一方面，虽然沙提尔没赶上亲炙马拉噶学派鼎盛时期那批人物，也从未在该天文台工作，但他在所编纂的《新天文手册》（*al-Zij al-jadid*）序言中宣称深

[1]   有关马格列比见DSB/Muhyi al-Maghribi/Tekeli。
[2]   沙里巴是首先指出这趋势重要性的学者，见Saliba 1994，pp. 32—37。

受海桑以及图西、乌尔狄、库图阿丁、马格列比等学者影响，特别是他们的托勒密批判以及他们所建构模型之影响，而他自己的工作也正是要补足他们尚未臻完善的理论。因此，他可称为马拉噶学派的殿军，亦是伊斯兰天文学理论的殿军[①]。

沙提尔所留存下来的最重要作品有两部：讨论其天体模型建构思想的《正确行星理论之总结研究》（简称Nihayat al-sul），以及上面提到的《新天文手册》，它详列了他前述模型所用的基本参数，以及由是计算所得的日、月、五行星等天体运行数据。这两部作品的重要性在于：肯尼迪等天文学史家在20世纪60年代的仔细研究显示，哥白尼《天体运行论》中的模型结构、参数，乃至图解都与沙提尔的相同，而且他们都应用了前述的"图西双轮"机制；所唯一不同者，只是哥白尼不再以地球，而是以日为宇宙中心，所以要将模型图解中许多向量的方向倒转而已。因此，沙提尔与哥白尼模型所预测的天体运行位置实际上也相同。无怪肯尼迪等说："倘若要假定后来的天文学家（作者按：即哥白尼）是在对于前人工作完全无知的情况下做研究，那未免太过分了。"[②]而天文学史家施瓦罗与奈格包尔也认为："问题不是他（哥白尼）有没有，而是何时、何地，以何方式知悉马拉噶理论"；"可以非常切实地把哥白尼视为马拉噶学派最著名的，倘若不是最后一位追随者"。[③]这是个震撼性发现，它无可置疑地证明，欧洲不但从伊斯兰文明承受了代数学、三角学、光学、化学，而且，即使就促成现代科学出现最为关键的数理天文学而言，欧洲也继承了伊斯兰的天体运行体系结构。

九、撒马尔罕的辉煌成就

马拉噶的传统到沙提尔就中止了，但伊斯兰科学并没有就此结束，因为马拉噶还有后继者，即15世纪的撒马尔罕学术中心与天文台，那才是伊斯兰天文学的尾声。

[①]　关于沙提尔见DSB/Shatir/King，该传记有《手册》序言的全文翻译。贝鲁特的伊斯兰科学史家肯尼迪（Edward S. Kennedy）及其门生、朋友，曾经在五篇论文中详细讨论了沙提尔的日月和行星理论及其对哥白尼的可能影响，该组文章嗣收入Kennedy *et al.* 1983，pp. 50–97；其最新综合论述见Saliba 1994，pp. 233–241。

[②]　见Kennedy *et al.* 1983，pp. 61–62, 96–97；Saliba 1994，pp. 254–256。

[③]　Swerdlow and Neugebauer 1984，i，pp. 47–48, 295。

草原上的高等学府

帖木儿（Timur，1336—1405）是今乌兹别克地方宗奉伊斯兰教的突厥蒙古人，原来生活于察合台汗国治下，但在壮年自立崛起，以撒马尔罕为首都，率领铁骑横扫亚洲广大腹地三十六年之久，除了中亚大草原以外，还征服印度、伊朗、伊拉克、叙利亚与奥图曼土耳其，但天不假年，在1405年雄心勃勃地进军中国时突然于途中崩殂。帖木儿虽然戎马终生，但雅好艺术，优待匠人，在今日撒马尔罕仍然有当时优美建筑的遗留。他的庞大帝国结果由第四子陆克王（Shah Rukh）继承，陆克王将首都迁移到阿富汗西北角上的哈剌（Herat），也同样在彼培植文化艺术；同时，他将原来的都城撒马尔罕和邻近地区赐予年方十四的爱子兀鲁伯（Ulugh Beg，"大亲王"之意，本名反而不彰，1393—1449）治理，从而造就了伊斯兰天文学的最后辉煌。

兀鲁伯自幼在帖木儿军帐成长，他无意于政治、军事，但在文才方面比上辈有过之而无不及，不但雅好诗歌、经典、历史，还是认真的数理天文学家——这可能与他幼时到过马拉噶天文台遗址有关。他在1417年开始建造一所高等学院（madrasah），三年后落成[1]。这种学院本来是培育教士、学者和治国人才之所，课程以教义、神学为主，科学、哲学等只属辅助性科目，但兀鲁伯却反客为主，将它办成一所以数学和天文学为主的科学研究所，而且亲自延聘教授，更积极参加院中的学术研究和讨论。这在以保守著称的伊斯兰教育体制中，真可谓极其难得的异数。在1424年兀鲁伯更开始建造一座宏大的圆形天文观象台，四年后落成。它直径50米，高3层，共35米，此台最主要的仪器是一个直径40.04米，宽2米，弧度为60°的巨型六分仪，其上刻度每1°相当于70.2厘米距离，也就是每5″相当于1毫米距离，而此刻度大略相当于经过训练的肉眼所能够分辨的角度之极限（约2″—5″）。除此之外，台中尚有象限仪、浑天仪、大星盘等辅助性仪器[2]。

撒马尔罕学院与天文台产生了丰硕成果，这些都收集于集体编纂，发表于1437年的《古尔干数表》（*Zij-I Gurgani*，Guragon为兀鲁伯的称号）之中。此表内容广泛，既有实际天文观测数据，也有理论与计算结果，其中最重要的有以下几项。（1）一部包括992颗恒星的崭新星表，它主要是

---

[1]　有关兀鲁伯见DSB/Ulugh Beg/Kari-Niazov。

[2]　有关撒马尔罕天文台的历史、建筑与仪器，见Sayili 1960, pp. 260-289。

根据天文台的原始观测而订定，但在结构、体例与数据上仍然沿袭前人，无论如何，这是自喜帕克斯和托勒密以来的首部原创星表。（2）一部八位（即准确至10⁻⁸）三角数表，其中正弦和正切函数每隔1′列出；此表的计算基础是，通过某相关三次方程式的近似解，获得高度精确的sin 1°之值，即0.017452406437283571，这比之现代值准确至4×10^{-15}。（3）与日月行星有关的基本数据的精确测定，例如黄道面倾角（23°30′17″，比当时真值只差32″）；进动率（每年51.4″，误差1.2″）；回归年长度（365日5时49分15秒）；至于所测定各行星（水星除外）的每年黄经运转度数（12°—224°左右）与现代值相差也只有2″—5″而已。

但很不幸，兀鲁伯的学术热情远远超过他的政治和军事才能：1447年陆克王去世，两年后他就在王位继承战争中倒台，更在投向亲生儿子之后惨遭斩首处决，但最后得以殉道者冠服殓葬于帖木儿的墓中。

风云际会的英才

兀鲁伯以弱冠年龄成功创办高等学院与天文台，主要得力于两位学者悉心辅助。第一位是来自奥图曼帝国古都布尔萨（Bursa）的卡迪札达（Qadi Zada，"法官之子"之意，本名不彰，1364—1436）。少年时代他在本城跟随名师学习几何学与天文，40岁以后到伊朗与中亚游学，大约在1410年晋见当时年方十七的兀鲁伯，十年后高等学院落成，即被任命为院长以及数学与天文学教授，兀鲁伯亦经常亲临听课。从此可以推测，卡迪札达是负责筹划建立学院的主脑，甚至对此意念本身也可能起过推动作用。他著有数部教科书和评注，包括图西天文学论文的评注，但原创性工作不多，主要是独立发展了计算sin 1°的数值方法，其结果与卡西的相符[1]。

撒马尔罕学者群中最重要的无疑是卡西（Jamshid al-Kashi，1380—1429）[2]。他出生于卡尚（Kashan），一个介乎德黑兰与伊斯法罕之间沙漠边缘上的穷困小城，自幼研习数学与天文学，年轻时代行医为生，同时继续天文学著作，将之奉献给各地藩王以寻求资助。他在1420—1424年间为兀鲁伯聘请到撒马尔罕，后来很可能成为天文台的首任台长——但这不是很确

① 有关卡迪札达见DSB/Qadi Zada/Dilgan。

② 有关卡西的生平与工作见DSB/Kashi/Youschkevitch & Rosenfeld，以及Kashi/Kennedy 1960，pp. 1–9。至于有关他作为卡拉吉学派传人以及其对于欧洲学者的影响，见Rashed 1994，pp. 127–134。此外，尚见纪志刚等2018在第227—231，245—247页对卡西的详细讨论。

定。无论如何，他的卓越数学才能迅速得到赏识，与卡迪札达一道成为最受器重的学者。他自视甚高，在致老父的家书中对学院中人物多有评论，但除了兀鲁伯与卡迪札达两人以外，其他六十多位学者几乎没有能够得到他首肯的[①]。

伊斯兰科学的殿军

卡西继承了柯洼列兹米、卡拉吉与善马洼的计算数学传统。除了参加前述《古尔干数表》的编纂以外，他的原创性工作最突出的有两项。首先，他在1424年7月完成了《圆周论》（al-Risâla al-muhîtîyya），在其中他计算 2π 到六十进制的9位，并且将之转为十进制的小数16位，其精确初次超过（而且是远远超过）千年前祖冲之父子在《缀术》中所得到的数值（小数7位）；至于欧洲数学家超越此成绩则要待两百年后，即17世纪初。这是一项令人震惊的成就。他的计算方法基本上仍然是以内接和外切多边形来逼近圆弧，但要达到上述计算精确度，则要用 3×2^{28} 即 805 306 368 边形来计算，这是绝对不可能以阿基米德旧法完成的。他成功的关键在于证明下列定理：$\sin(45°+\varphi/2)=[(1+\sin\varphi)/2]^{1/2}$；然后借此定理找到效率比前人高得多的求多边形边长的递归方程式。凭此方程式，他的计算原则上只需要反复开方多次就可以了。不过，这在实践上仍然非常艰巨：它要求反复开方达28次之多，以求得极小的正多边形边长，然后将之与前述的极大边数相乘，整个过程需要保证最后结果准确到小数后16位——我们不可忘记，今日的普通手持计算器一般也只有10位而已！他的另外一项重要成就是前述的精确计算 $\sin 1°$，那同样准确到小数16位。这基本上是先以三角学的差角与半角公式从 $\sin 60°$ 和 $\sin 72°$ 推求 $\sin 3°$，然后以三分角方程式（这是一个三次方程式）来决定 $x=\sin 1°$。他这项计算可能在他临终前才完成；也有一说是，最后结果在他身后由卡迪札达协助完成[②]。

但卡西最重要、对后世影响最大的著作，无疑是1427年3月完成的《算术示要》（Miftâh al-hisâb, The Key to Arithmetic）。这是一部庞大、全面，包括大量算题的计算学教科书，共分五卷，分别讨论整数、分数、天文计算、平面及立体测度；以及一次、二次和二元方程式。它最突出的贡献大致是以

[①] 此家书内容在Kashi/Kennedy 1960, pp. 3–5有详细描述。

[②] 以现代数学水平衡量，这两项计算显示了惊人的巧思，但不算很复杂。详见DSB/Kashi/Youschkevitch & Rosenfeld。

下两个方面：（1）在计算学上最根本的，是继卡拉吉与善马洼之后有系统地发展十进制分数，即今日通用的小数，并且显示这与六十进制基本相同。他的方法通过伊斯坦布尔和维也纳在16世纪中叶传入欧洲，这很可能就是16世纪与17世纪之交的维艾特（Viète）和斯特文（Stevin）提倡十进制分数之渊源。（2）提出了整数x开任意次方n的近似解，即所谓"Ruffini-Horner"法：倘若$x^{1/n}=a+\varepsilon$，其中a是最大可能的整数，那么$\varepsilon \approx (x-a^n)/[(a+1)^n-a^n]$。

卡西的工作是否曾经受中国数学的影响颇为值得注意，因为十进制是中国传统数学所通用，而且远在卡西之前的北宋贾宪与南宋秦九韶都已经发展出相当于"Ruffini-Horner"的开方（包括求方程式近似根）法；更何况，我们确切知道，在13世纪中叶元朝与伊儿汗国的学者互有往来：在建立马拉噶天文台的时候旭烈兀就征召了中国天文学者来提供协助；而大汗忽必烈在登基前后也曾经召见元代天文学家李治、刘秉忠以及一位称为札马阿丁（Jamal al-Din）的伊斯兰天文学家[①]。不过，这些都只能够视为线索而已，确切的直接证据恐怕还不容易找到。

卡西可以说是伊斯兰科学传统中最后一位杰出人物，此后就再也没有能够如他那般有开创性贡献的科学家出现了；同样，在伊斯兰文明中撒马尔罕天文台也成为绝响。诚然，一百五十年后奥图曼帝国的苏丹穆拉三世（Murad Ⅲ，1574—1595年在位）在其天文学导师塔基阿丁（Taqi al-Din）游说下也曾下令建造一所天文台，它在1577年落成——那刚好是丹麦贵族第谷开始在汶岛上建立第一所庞大天文台的年代。但三年后即1580年这唯一的奥图曼帝国天文台就由于极端保守的"大教长"（sheikulislam）之反对而被拆毁，它虽然留下有关仪器、人员的记载，却没有任何学术成绩留存[②]。

[①] 有关宋代求方程式近似根的方法与"Ruffini-Horner"法之间关系的讨论见Martzloff 1997, pp. 246-249, 有关元朝中国天文学者与中亚学者的往来见Sayili 1960, pp. 191-193, 206-207。

[②] 此处有关伊斯坦布尔天文台的论述，特别是其只有三年寿命（1577—1580）这一点，是根据萨伊利的《伊斯兰天文台史》一书中详细、清楚地注明出处的记载，见Sayili 1960, pp. 289-305。但伊山努格鲁对此持不同说法，即塔基阿丁于1573年就开始在此"新天文台"作观测，因此它最少有八年寿命，见Ihsanoglu 2004, Ⅲ, pp. 19-20。然而，后者的说法有明显内在矛盾，因为他承认塔基阿丁在1570年才到伊斯坦布尔，天文台是穆拉三世登基后才批准建造，而登基是在1574。况且建造大型天文台（他强调该天文台的规模和主要仪器可以媲美差不多同时的第谷天文台）颇需时日，乌兰尼堡就花了最少三年。因此，伊斯坦布尔天文台在1574年批准，在1577年落成是合理的。当然，在大天文台批准建造之前，塔基阿丁很可能已经在附近的专用建筑物中用小型仪器开始作观测，这当是1573年之说的由来。

十、伊斯兰科学为何没有现代突破

科学在伊斯兰文明中生根、发芽、滋长、壮大，结出丰硕果实，前后延绵七个世纪之久（750—1450），而且在最后三个世纪与欧洲中古科学并驾齐驱，平行发展。因此，它在伊斯兰民族中所激发的热情与创造力是毋庸置疑的。既然如此，那么我们就不能不面对一个大问题了：在15世纪以后，伊斯兰科学为何不能够继续往前发展，为何不能够产生它的哥白尼、伽利略和牛顿，逼出它自己的突破性革命，却反而迅速衰落以至式微？在伊斯兰与西方文明之间，是何种差别导致了科学这两种迥然不同的命运[①]？

科学与宗教的冲突

萨伊利和其他不少学者指出，这其中最主要的原因当是科学与宗教的冲突。它最直接，也最受注意的表现，是保守教士对于哲学与科学的攻击，例如伽札利对哲学家的攻击，阿威罗伊之受审判与屈辱，以及伊斯坦布尔天文台在大教长的反对下被拆毁。这样激烈的直接与公开冲突并不多见，但它其实不断在间接、微妙而广泛得多的层面发生作用，其后果是自然哲学始终受到压制，而从未能在伊斯兰社会生根，成为社会意识与体制的一部分，始终只是君主翼卵下的"宫廷现象"。

当然，如沙里巴所着意指出，这看法不完全正确，因为沙提尔便是大马士革清真寺的首席"司辰"。不过，在我们看来，在找到更普遍的证据以前，这独特例子恐怕只能够说明"宫廷现象"有明显例外，却不足以否定这观点本身。事实上，本章所提到的绝大多数科学家都是在历代帝国、政权，如阿拔斯、布伊德、伽兹南、塞尔柱、法蒂玛、科尔多瓦、蒙古等等的哈里发、君主、大汗、诸侯之赞助和回护下工作，其他少数则凭借家世或者行政、法律、医药等专业为保障，至于像沙提尔那样托庇于社会体制之内的，则是极其稀罕乃至绝无仅有的现象。它所显明的，毋宁是上述"宫廷现象"也有（其实是绝无仅有的）例外而已。

[①]　此重大问题在萨伊利论著的附录Ⅱ有详尽探讨，见Sayili 1960, pp. 407–429。以下的讨论与萨伊利有部分相近，但并不相同，在涉及奥图曼民族历史的时候尤其如此。此外沙里巴的近著亦对此关键问题的旧说加以反驳并提出独特见解，见Saliba 2007, Ch. 7。但他的观点我们不能苟同，相关讨论见本书"总结"部分第三节。

欧洲大学与伊斯兰学院的对比

那么，排斥、抗拒科学和哲学的，到底是伊斯兰体制的哪一部分呢？萨伊利指出，最显著的就是"高等学院"（madrasah, medrese）本身，它是伊斯兰学术与教育体制核心，是培养教士、法官、行政人才的最高学府。而这长期为守旧法理学家所把持的大本营，正是始终排斥、压制希腊哲学与科学的堡垒，是培植守旧思想和历代"大教长"的温床。当然，兀鲁伯以亲王、城主之尊，的确可以用权势将撒马尔罕高等学院办成科学研究所，但那毕竟是令人侧目的例外，是倒行逆施的做法：他在父王驾崩之后就无法控制局势，而被推翻和斩首。在此之外，我们就很难找到其他高等学院产生重要科学家或者突出科学成果的例子了[①]。

相比之下，欧洲的大学则完全不一样。如以下两章所将指出，欧洲大学的性质在最初虽然与伊斯兰高等学院颇为相似，而且同样发生过宗教与学术之间的冲突，包括亚里士多德哲学被禁止讲授，著名神学家如阿奎那在身后间接受谴责，以及主教乃至教皇之多次企图控制大学，等等。然而，冲突的最终结果却是教会权威被迫退让，大学在教学和研究上得以保持独立。因此，本来是教会体制一部分的欧洲大学，后来却蜕变为培植哲学与科学，令它们得以成长与传播的重要体制。而且，在中古早期，大量罗马教会的教士甚至居高位的助祭、主祭、主教、大主教，却也同时仰慕、研习科学，甚至成为科学家。换而言之，宗教与科学之间虽然有冲突，但这并不能够阻止科学渗透、影响教会，甚至反过来利用教会资源与人才在其体制内部蓬勃发展。

更深层原因何在

不过，话说回来，欧洲大学在兴起之初最少在表面上是与伊斯兰高等学院极其相似的：前者本来也同样是依附于宗教体制即所谓"座堂"的学校，也同样以法律与神学为主，至于文理科即"七艺"只不过是其基础课程。另一方面，伊斯兰高等学院的基础课程在后期也同样包括文法、逻辑、哲学、数学乃至天文学，所以说它"排斥"科学并不完全准确——只不过是科学始终未能在学院中发展成为重要独立科目而已[②]。事实上，萨伊利以及研究伊斯兰教育体

---

① Peters 1968, pp. 71–78对此有相同观点和更直接的论述。其中最重要的一点就是，在伊斯兰体制中哲学的传授完全是在公共教育体制以外，通过师徒相传的个别方式进行，而像阿维森纳那样的哲学、神学大师，其著作、学说也仍然没有得到体制性的认可和支持。

② 有关奥图曼帝国高等学院的历史及其学科设置，见Shaw & Shaw 1976–1977, i, pp. 132–134；有关伊斯兰教育体制与理念见Hodgson 1974, ii, pp. 437–445。

制的马克迪西（George Makdisi）都指出，伊斯兰高等学院根本就是欧洲大学之中"书院"体制的原型，而且这观点也为研究大学历史的西方学者在相当程度上认同[1]。但倘若如此，那么显然真正的，萨伊利所未曾触及的核心问题就变为：何以科学在这两个高等教育体制中有如此不同命运？或者，更应该追问的是：何以上述两种本来相类似的宗教学校在后来却有如此不同的发展，即欧洲座堂学校蜕变为多元、具有高度独立性的学术教育机构，而伊斯兰高等学院则始终未能脱离原来形态，即被笼罩于宗教"法理学"之下？

决定两种教育体制精神的关键

这是个相当困难的大问题。我们的看法是，这与两个文明最初的传统有关。也就是说，伊斯兰文明的渊源与核心是伊斯兰教，它深刻、广泛、不可逆转地影响所有相关民族与民众，成为他们在心理和意识上最深层而牢不可破的本能，或曰基因。对于他们来说，希腊哲学与科学虽然高妙，却只是外来的、后起的知识，它可能激动精英分子甚至君主，但对于广大民众却从来未曾产生过决定性的影响。这个观点最直接的证据就是9世纪初所谓"正统运动"之失败。当时从梅尔夫入主巴格达的马孟哈里发深受希腊哲学熏染，思想倾向于崇扬理性与个人独立见解，他不但大力赞助翻译运动，而且支持有相同取向的穆泰齐拉教派，甚至一反伊斯兰教尊重个人可自由解释教义的传统，以类似于宗教审裁（Mihna，Inquisition）的高压手段推行尊奉理性精神的教条（其中最根本的是《古兰经》为创造出来而非本来存在），要以此为正统。他的这一运动造成了激烈对抗，经过四代哈里发和十五年（833—848）之久的尝试，它终于因为民众的广泛抵抗而宣告失败，传统主义获得最后胜利。此后再经过将近两个世纪的发展、抗争，传统主义终于因为卡迪尔（Al-Kadir，991—1031）哈里发所正式颁布的"信条"而获得普遍确立，自此所有高等学院亦莫不以此为其"法理学"的基本精神。此精神的核心是：伊斯兰教所注重的并非理性神学，更不是哲学，而是如何通过《古兰经》与

---

[1]　马克迪西的专著《学院之兴起》即Makdisi 1981对于伊斯兰高等学院的起源、理念、历史以及其与欧洲中古大学之间的关系有详细考证与辨析。其他西方学者现在一般都接受，西方大学体制的某些元素，例如颁授学位和设立书院的制度，本来是从伊斯兰世界输入。见Ridder-Symoens 1992，p. 8。马克迪西对于madrasah学院种种制度如何影响欧洲中古大学的论述尚见George Makdisi，"On the Origin and Development of the College in Islam and the West"，in Semaan 1980，pp. 26–49；以及他另一部专著《人文主义之兴起》即Makdisi 1990，特别是Pt. I，Ch. 3。

先知言行记载来对神的指令和禁令作具体解释。高等学院所教授的，基本上就是这种性质的法理学。虽然理性主义后来仍然通过各种方式慢慢地渗透到学院中，但它所能够影响的只是枝节问题，而再也未能触动这一精神的基本控制力量[1]。

　　因此，伊斯兰高等学院的宗教性与保守精神是根深蒂固于民众意识之中，而非外来思想甚至数代哈里发的力量、政策所能够改变的。当代土耳其科学史家伊山努格鲁（Ekmeleddin Ihsanoglu）说得很清楚，也很直接："（况且，）这是大家都熟知的事实：在伊斯兰教育史上，高等学院的创办纯粹是为了传授宗教知识（religious science），特别是法理学。像欧洲大学中所发生的那种专业发展从来没有在高等学院出现。"（他接着指出，只有医学方面的medrese是例外。）[2]我们认为，只有从此角度才能够理解，为什么立足于民众力量的高等学院始终没有产生如阿维森纳、图西、阿威罗伊那样的精英知识分子，而且这些名震一时的伊斯兰知识分子对学院也没有发挥影响——正相反，能够激励、鼓动这些学院的，除了它所传授的法理学以外，反而是苏菲神秘主义，以及各种地方宗教派系[3]。因此，宗教信仰的抑制，当是伊斯兰科学未能进一步发展与获得突破的关键因素[4]。

　　另一方面，在欧洲传统之中，哲学与宗教出现的先后次序正好与伊斯兰传统的相反：希腊文明及其科学、哲学，还有罗马文明及其法律，都是具有悠久历史与广泛影响的早期传统，是深刻影响其民族意识的文化基因，反而基督教则是外来、后起，而且必须从原有文化汲取养分的信仰。基督教由于君士坦丁大帝的改宗而得势，并且广为传播之际，这两个传统已经有八百年以上历史了。因此中古基督教虽然声势浩大，并且与政治、社会、经济体系盘根错节相结合，又牢牢控制了广大民众的心灵，最终却也不能不对此根深蒂固，而且包含精奥思想的古代学术大传统让步。这样，欧洲翻译运动不

---

[1]　对此重大争论及其影响的论述见Makdisi 1990, pp. 5–15。此外，纳塞尔对伊斯兰教育体制也有整体论述，见Nasr 1968, pp. 64–88。他所描述的是一种自由、开放的体制，在其中师徒关系很重要，而个别有恒心、毅力的学子追求科学和哲学知识并无阻碍。在我们看来，这在个别情况下可能的确如此，但它是否足以说明"高等学院"这一体制的整体趋向和气氛，则颇有疑问。

[2]　Ihsanoglu 2004, Paper VI, p. 51.

[3]　有关伊斯兰高等学院与苏菲神秘教派和地方教派运动的密切关系见Hodgson 1974, ii, pp. 438–445和Lapidus 2002, pp. 133–146；有关奥图曼帝国的高等教育以及科学发展之整体论述（包括13—19世纪）见Ihsanoglu 2002, ii, Chs. 8, 9。

[4]　沙里巴对此有完全不同看法，见本书"总结"第三节。

待君主的鼓励推动而自然在民间爆发，欧洲中古大学形成之初就有极其强烈的哲学与科学气息，就不可遏制地掀起亚里士多德和科学热潮，而且许多教士、主教也同样成为热切的科学家，就并非那么难以理解的事情了，所谓"先入为主"就是此意①。

---

① 格兰特在Grant 1996, pp. 176–186也谈及相同问题。他强调的是，基督教教父与伊斯兰教教长对自然哲学的迥然相异态度是由于两个宗教早期处境的不同造成的。基督教在出现之初长期处于被压迫、攻击的地位，因此必须与原有的希腊、罗马哲学论辩、对话，从而与这些"异邦学术"达成某种程度的了解、妥协，自然哲学因此成为基督教传统的一部分。但伊斯兰教就完全不一样：它在短短的一个世纪就扩张成为庞大的帝国，而且在此过程中完全没有遭遇到其他思想的竞争，因此缺乏与其他学术或者思想体系对话、妥协的传统，它的强大保守性即由此而来。这与我们的观点颇为相近，但侧重点并不一样。

第九章　欧洲文化之复兴

西罗马帝国灭亡后欧洲陷入了长达五百年（500—1000）的大混乱时期：北方蛮族汹涌而来，在其冲击下古代文明残破，文化水平剧降，重建稳定政治秩序的多次尝试也都归于失败。欧洲从这一混乱状况复苏，文化整体面貌发生大改变，基本上是以12世纪的翻译运动和大学出现这两件大事为转捩点，那就是所谓的"12世纪文艺复兴"（Twelfth-Century Renaissance）[1]。欧洲科学在消失七个世纪之后，得以在13世纪重新萌芽和生长，也是以此文化运动为基础。

这一重大转机可以说是由穆斯林的咄咄进逼所刺激出来，那汤因比称之为"挑战与回应"效应[2]。倘若把眼光放得长远一点，我们更不妨说，欧亚之间的冲撞与激发，正是促使东西方文明进步的一个重要因素。这经历了五六个不同阶段，在本书都有迹可循：最初，是两河流域对希腊文明在文字、科学等多方面刺激（§1.6, 2.3, 3.2）；其后波斯的两度入侵依次导致亚历山大东征、托勒密王国出现、学宫建立，以至希腊科学达到巅峰（第五章）；跟着，是中东地区受希腊文化刺激，从而导致阿拉伯翻译运动，最终产生伊斯兰科学（第八章）；而与此同时，则是本章所要讨论的，在8—11世纪间伊斯兰势力向整个地中海区域大举进攻，这转而引起罗马教皇领导反击，从而导致12世纪文艺复兴和欧洲中古科学；而此后还有13世纪蒙古入侵和15世纪奥图曼帝国进迫，它们也都各引起了令人意想不到的巨大后果。

---

[1]　"12世纪文艺复兴"观念最早由哈斯金斯在Haskins 1993（初版1915）一书提出，其后霍利斯特（C. Warren Hollister）邀请哈斯金斯与众多中古史家各自撰文讨论这一观念的意义，从而结集成Hollister 1969这部论文集；此外Brooke 1969的同名著作则从文学、哲学、艺术、宗教、社会等许多不同角度探讨此观念的多元意义及其形成之由来。

[2]　汤因比在《历史研究》这部十卷本巨著中所提出的"挑战与回应"观念非常广泛，例如苏联的"意识形态战争"也被认为是苏联对西方资本主义挑战的回应之一部分。见Toynbee 1957, pp. 214–240。

　　现在让我们先回顾伊斯兰的扩张。在7世纪初，整个地中海区域都还属于西方世界：东罗马帝国统治了它沿岸地区的大部分，至于意大利、法国和西班牙虽然为几个蛮族王国占据，却都已经被罗马天主教所感染。然而，伊斯兰教在阿拉伯半岛兴起之后，立刻就以狂飙野火之势向四周蔓延，首当其冲的东罗马帝国与波斯帝国都显得软弱无力，不知所措。在穆罕默德死后十年间，巴勒斯坦、伊朗、埃及等地相继陷落，此后一个世纪间伊斯兰军队向北挺进小亚细亚，剑指东罗马帝国都城，向西征服北非沿岸，更渡海占领西班牙，大有席卷法国之势。幸亏他们在7—8世纪两度攻打君士坦丁堡都未能得逞，732年在法国南部又遭"铁锤"查理（Charles Martel）迎头痛击。经此决定性三役，欧洲局势才算是稳定下来，可是地中海东、南、西三方面海岸与西西里岛都已经变色，东罗马帝国领土也支离破碎了。此后三百多年间，欧洲与伊斯兰继续争战，互有胜败，相持不下，而1071年东罗马军队在小亚细亚东部的曼兹克特再次遭遇决定性溃败，可以说是帝国命运的不祥之兆。

　　在这严峻的大形势下，以欧洲精神领袖自居的罗马天主教会力求振兴，发愤图强。而振兴之道，则以教皇向俗世君主即神圣罗马皇帝所发动的一场革命，即所谓"授职权之争"为契机。这场革命彻底改变了欧洲整体的政治平衡，更触发了它对伊斯兰教徒西向扩张的军事反击，从而扭转了这数百年来的历史性趋势。意想不到的是，军事反击与随后的征服令欧洲学者得以接触古代拉丁世界所从来未真正了解的希腊文化，以及承受此文化的伊斯兰世界之创新。由此产生的刺激掀起了将阿拉伯文和希腊文典籍翻译成拉丁文的运动；大量翻译典籍的出现，转而促进经院哲学发展，教皇革命更直接引起了法学研究热潮。这些崭新学问吸引了大量学生，他们的需求无论在内容或者总量上都远远超过传统教堂学校的承担能力。在这巨大压力之下，学堂组织原则和形式的蜕变成为不可避免，最后促成了大学诞生和新学术发展。整体而言，12世纪文艺复兴与13世纪欧洲科学萌芽都可以说是教皇革命所未曾预见到的后果[①]。

一、新时代的来临

　　在西罗马帝国灭亡（476）之后，法兰克人（Franks）所建立的墨洛维

---

① 对于欧洲社会在10—13世纪所经历的全面和深刻蜕变，守尔顿（R. W. Southern）之《中世纪的形成》有扼要和细致阐述，见Southern 1959。

王朝（Merovingian，约500—750）是文化低落、缺乏典章制度的部落政权，继起的卡洛林（Carolingian，800—888）帝国虽然励精图治，力求模仿罗马帝国规章制度，然而它所能够倚仗的只是个别领袖的魅力和才能，以及少数学者的策划与辅佐。由于社会整体缺乏深厚文化熏陶和共同政治理念，而王位继承制度尚未能确立，它仍然无法持久，在一两代之后即分崩离析，复归于混乱。然而，缺乏方向其实是假象，因为在此时期有一个缓慢但具有长期累积性的运动，它最终成为沛然莫之能御的大潮流，那就是基督教广为传播并且深入社会，以至成为欧洲的"普世性"宗教。正如古希腊科学是在毕达哥拉斯教派背景下发展起来，中古欧洲科学也同样是在基督教背景下发展起来——虽然科学与宗教之间的关系和古代是大不一样的。

欧洲的基督教化

在4—6世纪间，由于君士坦丁大帝和其后多位罗马皇帝的崇奉及推动，基督教开始在意大利和东地中海岸发展，逐渐取代原有众多地方信仰，同时向欧洲其他部分扩散，导致高卢（即今法国）和西班牙的蛮族王国宗奉，甚至远在西陲的爱尔兰也深受影响。然而，此时的基督教还远远说不上是"普世性"宗教，这不但因为欧洲的大部分，包括今日的英国、荷兰、比利时、德国等广大区域仍然受原来地方信仰的控制，而且，即使在名义上已经改宗的地区，基督教也只不过是肤浅的表面现象，民众宗教意识和教会组织力量都非常薄弱。

从根本上改变这一状况的有三方面力量。首先，最根本的，是在罗马主教亦即后来所谓"教皇"领导之下的广泛、有系统的传教运动，以及传教成功之后的地方教会组织工作。六七世纪间的主教格里高里一世（Gregory Ⅰ，the Great，590—604年在位）本是罗马贵族，他意志坚定，能力超卓，以极大毅力与热忱开展这一运动，其首要目标就是英国。这为日后传教运动树立了典范，也大大提高了罗马主教的威望。其次，和这一运动相辅相成的是修道院，它由于本笃（Benedict of Nursia，480—547）所制定的一套完善规制而得以蓬勃发展，并随着教会扩张而散播全欧。这为基督教提供了一个超脱于俗世之外的体制，成为在动乱中保存学术、文化与信仰的避难所，以及教会培养与储备人才的温床。最后，基督教传播不但有赖布道与感化，也同样倚赖剑与火。由于俗世君主无论在凝聚人心或者获得行政人才上都需要教会，特别是罗马主教的支持，因此他们愿意以手中权力作为交换，也就是以各种

手段，包括威逼利诱乃至杀戮、焚烧来强迫整个民族、社会改宗。查理大帝
（Charlemagne，800—814年在位）在征服日耳曼民族时所采取的极端严酷手
段就是这种策略的最佳例证。

　　这样，经过足足五个世纪的不懈努力，基督教终于普及也深入于欧洲。
当最后一拨北方蛮族即维京人和诺曼人的冲击消退之时，从噩梦中苏醒过来
的欧洲已经彻底基督教化，它的政治、文化乃至意识都已经完全为基督教所
渗透、浸润，两者再也无从分割了。

教会改革与振兴

　　欧洲的基督教化意味着教会大事扩张，但这是有代价的，因为"普世"
教会自然难以脱离它赖以生存的社会和政治土壤，这就成为其堕落、分裂、
丧失理想的根源。查理大帝征服和统一了西欧的大部分，但法兰克人没有嫡
子继承制度，反而有很强的平分家产传统，所以他去世后这庞大帝国就分裂
而始终无法重新整合。分裂后的中央部分即今日德国西部和意大利北部原是
老法兰克王国的核心，因此它继承了"帝国"观念，到10世纪中叶，它的奥
托大帝（Otto I, the Great，936—973年在位）就开始采用"神圣罗马皇帝"
（Holy Roman Emperor）称号。它有两层意义：首先，是以恢复一统帝国为
长远目标；其次，则是为此要首先振兴天主教会。这像是回到查理曼帝国模
式，其实不然，因为奥托诸皇帝不但致力于建立择嫡继承帝位传统，而且有
意识地将四分五裂的封建领土从世袭领主转移到他们直接委任的主教亦即皇
帝亲信、亲戚手中，并且逐步扩大主教的统治功能。换而言之，就是通过继
承制度的常规化以及加强控制地方教会来实现帝国的客观性和延续性。这是
吸取了查理大帝失败教训之后所发展的新策略，它与中国周代的封建制度不
无相似，而且直至11世纪初，都进行得颇为顺利和成功[1]。

　　然而，当时教会本身已经变得相当世俗化，事实上已经成为地方势力
的代言人，因此在其内部出现了改革呼声，特别是要废除鬻卖教会职位
（simony）和严格禁止教士违规结婚、姘居（nicolaitism），以整肃纲纪，
提高教士的精神和道德力量。改革动力一方面来自埃及和南意大利的苦修传
统，但主要还是来自克吕尼修院（Cluny Monastery）系统[2]。这修院在910

---

[1]　有关所谓"奥托帝国"（Ottonian Empire）见Barraclough 1984，pp. 46-98。

[2]　克吕尼修院对于欧洲中古史的发展有决定性影响。关于其历史背景见Hunt 1971；关于其发展
　　过程、制度、影响以及最初几位院长见Hunt 1967；至于其内部情况则见Evans 1968。

年创建于法国东部，从头就有完全脱离王室、封建领主和当地主教等地方势力的管辖而直接向罗马教皇负责的理念和传统。它其始数代领袖不但学养、才略过人，而且励精图治，潜心培养人才，因此逐渐成为声誉崇高的改革中心，为教皇和各地教会、寺院所倚重。同时，由于各方捐赠而累积巨资，它从11世纪初开始就能够在全欧洲各地大量开设分院，其数目竟一度达上千家之多。这样，克吕尼修院的庞大宗教-学术-社会网络遂逐渐渗透到各地区教会和行政系统，成为堪与王室匹敌的庞大力量。有此力量作为后盾，罗马教会遂变得非常强大，心态也跟着发生微妙而意想不到的变化。

教皇所发动的革命

这心态变化牵涉一个根本问题，即作为西方教会之首的罗马主教与神圣罗马皇帝之间的关系。本来，神圣罗马皇帝是始终牢牢控制罗马教会，并且根据帝国需要来选择、委任教皇即罗马主教的。这是自君士坦丁大帝以来沿袭不替的帝国传统，在东罗马帝国始终未曾改变，因此在西欧也视为理所当然，一直到雄才大略的皇帝亨利三世（Henry Ⅲ，1039—1056年在位）为止都是如此。在这种传统下，皇帝自然支持改革，因为教会是帝国工具，整肃其纲纪，提高其素质，都有利于帝国的统治与扩张。令人完全意想不到的是，教会改革力量壮大之后，竟然与控制、扶植他们的皇帝产生对立，更要进一步把改革扩展到政教关系这一最敏感的问题上去。由是，以封立主教的权力（即所谓授职权）到底属于神圣罗马皇帝还是罗马教宗为争端，就爆发了1073年的"授职权之争"（The Investiture Contest）。

向皇帝亨利四世（Henry Ⅳ，1056—1106年在位）发动这场"教皇革命"的教宗格里高里七世（Gregory Ⅶ，1073—1085年在位）个性坚强刚毅，政治手段高明。他本是克吕尼系统在罗马某分院的修士希尔德布兰（Hildebrand），1049年任职教廷之后辅佐好几位教宗进行多种改革，以迄他自己登上教皇宝座。这场斗争后来发展成为历时半个世纪、震荡长达一两百年之久的宗教革命。它的核心冲突是：罗马教廷宣称它不但并非屈居世俗权力即皇帝之下，而且具有判断俗世君主的权力，甚至可以通过"诏令"（bull）、"谴责"（condemnation）、"禁制教权"（interdict），即剥夺地区教士施行"圣事"的权力，以及"革除教籍"（excommunication）等手段来打击、罢黜君主、皇帝。这一冲突彻底改变了欧洲政治与宗教之间关系与整体面貌，其影响之大、后果之深远，绝对不下于四百多年后的马丁路德革命[1]。正如16世纪宗教改革将欧洲带入近代，同样，11世纪教皇革命也是将欧洲带入中古的关键事件。

教皇革命的影响

教皇革命的影响是多方面的。首先，在政治上罗马教廷以道义力量和合纵连横手段争得了与俗世君主分庭抗礼，甚至更凌驾其上的权力，由是彻底改变了全欧洲的政治平衡。其次，数十年激烈政教论争之所需激起了整个欧洲对法学，特别是古罗马法典的讲论和研究，这为西方近代法理学奠定基础，导致意大利最早的专业法学院在博洛尼亚（Bologna）出现，同时更大大加强了以"教会法"（Canon Law）为根据的教廷法制基础。罗马教会之成为"教廷"，罗马主教之成为名副其实的"教宗""教皇"（Pope），以及教皇选举制度之规范化，都是由此而来。最后，在教皇革命爆发之前，教廷就已经开始以勇武好战的诺曼人（Normans）为奥援，在幕后策划、统筹、鼓吹连串对穆斯林的反击了。这些决定欧洲此后命运的重大军事行动可以这样概括："在1059—1085年间，教廷在诺曼人支持下已经逐渐不再依赖西方俗世帝国，它一再鼓动这些新军事贵族为基督教的需要而发动战争，为他们提供号召战斗的神圣旗帜，应允牺牲的战士会得到祝福。"[2]这些大计在11世纪下半叶次第实现，其中最重要的包括以下四方面：诺曼人以武装移民集团渡海，逐步征服长期为伊斯兰教教徒盘踞的西西里岛（1060—1090）；他们在威廉一世（William I the Conqueror，1066—1087年在位）率领下以宗教改革名义渡海征服英国（1066）；雷翁（León）王国的阿方索六世（Alfonso VI，1065—1109年在位）重夺西班牙中部商业和文化重镇托莱多（Toledo，1085）；以及从1096年开始的多次十字军东征。所有这些军事行动都与教廷有非常密切（除了十字军以外）但往往是极其隐秘的关系，而且都大获成功。

在大致相同时期，也许由于频繁的军事扩张刺激所致，也许还有其他不容易确定的原因，欧洲社会本身也变得非常活跃，充斥了新观念、新气象和

---

[1]　有关"授职权之争"的渊源和历史见研究此题材的专书Blumenthal 1988；教会史Walker 1959，pp. 195–212对此有简要叙述；伯尔曼的巨著《法律与革命》则对此事件的法学背景、意识形态以及深远影响有深入探讨，见Berman 1983，pp. 85–164。

[2]　见Douglas 1969，p.101。此书是对于诺曼人在此军事扩张中决定性作用的专门研究，pp. 89–109是关于教皇与诺曼人如何通过"圣战"观念而结成联盟的论述。此外并见Haskins 1966。

强劲动力。这表现于大量城镇的出现，哥特式大教堂如雨后春笋般兴建，以意大利诸城邦为基地的长程海运贸易向地中海东岸以及波罗的海发展——威尼斯之成为海上商业帝国，就是从此时开始。这种社会与经济上的新活力、新气象也同样反映于文化，例如修院与大教堂即"座堂"学校的昌盛、拉丁语文能力的提高、各种学术活动如法学和哲学研究的增加等等。哈斯金斯（Charles H. Haskins）将这些现象的整体称为"12世纪文艺复兴"，以将欧洲中古与前此五百年混乱时期亦即以前称为"黑暗时代"（Dark Ages）者截然划分开来。我们在此不可能详细讨论这个非常重要、如今已经为绝大多数中古史家所接受的观念，但要指出：这"早期文艺复兴"的核心就是翻译运动兴起与大学体制形成，它们改变了欧洲文化的整体面貌，也直接导致了科学在中古欧洲诞生[1]。

因此，欧洲的振兴是从罗马教会振兴而来，罗马教会振兴则发轫于克吕尼修院百余年的生聚教训，养精蓄锐，而整个大形势转变的关键则在于"教皇革命"。

二、欧洲文化的传承与复兴

希腊哲学与科学震惊了从沙漠出来的阿拉伯人，使他们在9世纪以巨大热情投入翻译运动。三百年后，在战场上得胜的欧洲人接触到大量阿拉伯文与希腊文典籍之后，同样为这些典籍之精深奥妙所吸引、折服，由是在12世纪掀起自己的翻译运动。它有两个特点：题材上以哲学与科学为主，这与阿拉伯翻译运动相同；不同的是，它虽然得到王室、主教的支持与鼓励，但原动力则来自民间学者。因此，与在伊斯兰世界不一样，它对欧洲学风产生了自下而上的广泛与强大影响。这可能是欧洲科学能够持续发展的重要因素。

拉丁世界的文化传承

要了解这场翻译运动的重要性，首先得了解希腊和罗马在文化上的微妙传承关系，或者更应该说这传承的深刻缺陷。我们在第七章提到，希腊哲学在罗马颇受尊重，希腊哲学家成为许多政坛人物的老师。然而，实际上希腊哲学和数理科学的精髓始终未曾移植于拉丁世界。西塞罗翻译《蒂迈欧篇》是

---

[1]　有关在此时期欧洲文化的整体变化见哈斯金斯以下两部论著：Haskins 1965，Haskins 1993。

难得的例外；瓦罗、路克莱修、普林尼、斯特拉波以至维特鲁威等拉丁学者著作基本上都是以文学、编纂或者实用为主，说不上进窥理性科学堂奥。罗马帝国日薄西山之际，波伊提乌立志翻译希腊哲学大师全部作品，可惜壮志未酬。因此，说来令人难以置信，柏拉图的《对话录》以及"学宫"全部科学典籍，从阿基米德到托勒密，都不曾在罗马时代被翻译成拉丁文，唯一例外是《蒂迈欧篇》以及《几何原本》的部分，但后者不为人知，也没有产生显著影响①。换而言之，在公元前200—公元600年这漫长八百年间，希腊哲学和科学始终受阻于希腊和拉丁语之间的鸿沟。这比起伊斯兰世界对希腊学术的巨大热情来，真有天渊之别！所以，对于中古欧洲而言，翻译运动的意义并非古代学术之复兴或者失而复得（recovery），更不是"礼失求诸野"——它实实在在是古代希腊学术初次全面呈现于拉丁世界之前，所以应该称"初识"或者"发现"（discovery）才对。翻译运动对欧洲之无比重要即在于此。

当然，说"初识"也不准确，应该是"似曾相识"。在这一点上，6—9世纪间的杰出拉丁学者诸如波伊提乌、卡西奥多鲁、伊西多尔、拜德、阿尔库恩等对西方学术的贡献是不可磨灭的。他们虽然仅以编纂、修辞学、历史学见长，却都利用本身地位和影响力为古代的知识传统包括科学担起承先启后、薪火相传的责任，使得它那模糊轮廓，特别是"三艺"和"四艺"观念，能够继续留存于黑暗时代的众多教士、学者心目中，令他们对于那个并不十分了解，也无从真切了解的古老传统保持缅怀与仰望心情。12世纪学者倘若并非仍然深藏这种向往与热诚，那么是不可能一旦接触阿拉伯和希腊典籍之后，就立即心驰神往，趋之若鹜，掀起翻译运动大浪潮的。

科学的向往

其实，这种文化缅怀与向往早在11世纪，亦即翻译运动展开之前，就已经悄然升起了。它表现为研究、讲论阿拉伯科学的学者在欧洲各地涌现。他们之中最早、影响最深远的是法国学者热尔贝（Gerbert of Aurillac，945—1003）。他早年受巴塞罗那（Barcelona）伯爵赏识，得以到该地区求学，师从伊斯兰学者，遂以精通天文、算术，特别是星盘和算盘的应用知名，甚至

①　关于中古欧洲所承受罗马时代的柏拉图作品之拉丁文翻译以及引用情况，见"1. Sources and Early Middle Ages"，in Gersh and Hoenen 2002；至于个别科学著作流传和翻译情况，则见Heath 1965的相关论述。关于波伊提乌翻译《几何原本》的问题见§7.10（283页注1）。

被视为得到魔鬼传授。他回到法国后出任兰斯（Rheims）座堂主事和学堂教授（master），从四面八方吸引了大批生徒。他们后来在政、教、学各界都成为举足轻重的人物，例如富尔伯特（Fulbert of Chartres，活跃于990—1028年），其弟子贝伦加尔（Berengar of Tours，999—1088），以及徒孙拉法朗（Lanfranc of Bec，1010—1089）等三代就都是名重一时的座堂学校教授。换而言之，取代修道院作为学术文化中心的座堂学校（cathedral school）传统就是在10—11世纪间建立起来的，到翻译运动前夕它已经有一个多世纪的历史[①]。热尔贝学养深湛，见识超凡，他后来离开兰斯从政，不但协助和影响奥托帝国的三代开国君主，而且和法国卡佩王朝（Capetian Dynasty）的兴起也有密切关系。由于奥托三世的推挽，他在999年成为第一位来自法国的教宗即西维斯特二世（Sylvester II，999—1003年在位），可惜天不假年，他们君臣携手振兴文化的宏图并未能实现[②]。

我们要提到的第二位学者是半个世纪之后出现的"残障者"赫尔曼（Hermann of Reichenau，"contractus"，1013—1054）。他出身德国贵族家庭，生来有严重残疾，行动、言语都极端不便，在修道院度过一生，但这并没有影响他的活动与成就[③]。和热尔贝一样，他以将阿拉伯天文学，特别是星盘、可携带日晷、附有光标的象限仪三种仪器的原理和使用方法传入欧洲著称，并且留下有关星盘、月份长度、算盘、世界纪年史，乃至音乐、诗歌的著作七八种之多，其中关于天文学的包含大量阿拉伯术语，但我们并没有他通晓阿拉伯文的证据。

最后，在11世纪与12世纪之交阿拉伯科学也传入英国，这很可能是由1106年改宗基督教的犹太人彼得阿方斯（Petrus Alfonsi）所促成。他后来成为继承征服者威廉的亨利一世（Henry I，1100—1135年在位）之御医，并且留下一套以1115年为纪元的年历和行星运行数表，它和后来从阿拉伯文翻译过来的柯洼列兹米数表几乎完全吻合，所以其来源是没有疑问的。他的工作影响了一位在1091年从德国移居英国的修道院院长沃尔克（Walcher of Malvern，

---

① 见Haskins 1993，pp. 24–35, 310–311。

② 关于热尔贝的生平和事迹见DSB/Gerbert/Struik，此传记对他曾经受教于伊斯兰学者这一点加以质疑。此外，桑达克在其巨著中也有专章论述热尔贝与星盘和星占学的关系，其中多有引述文献中关于他的各种怪异传说，见Thorndike 1923–1958, i, Ch. 30，此章并且提到下一段论及的"残障者"赫尔曼。

③ 关于赫尔曼，见DSB/Hermann the Lame/Kren。从记载看来，他的残疾似乎与当代物理学家霍金（Stephen Hawking）的运动神经元退化病极为相似。

卒于1135），后者以数学和天文学著称，留下了两篇在1108—1120年间根据两次月食观测而编算的月球运行数表，并且提到自从11世纪开始，星盘及其应用就已经在欧洲传播开来了[①]。

萨莱诺的医学翻译

在科学以外，欧洲医学的复兴也是在11世纪。我们目前所知第一位欧洲医学翻译家是"非洲人"康斯坦丁（Constantinus Africanus，约1020—1087）。相传他生于迦太基，曾经花数十年工夫在北非和东方搜集医学典籍，后来由于某种原因不容于当地，遂投奔意大利南部的医学中心萨莱诺（Salerno，后来并入西西里王国），数年后（1076）更索性投入附近的卡辛诺山（Monte Cassino）本笃修道院（Benedictine Monastery，当时为其全盛时期）做修士，由是得以澄思竭虑，尽其余生将所搜集的数十种希波克拉底、盖伦、阿巴斯阿里医典悉数翻译成拉丁文[②]。不过，他虽然来自北非，但如下文所提到，欧洲第一所医学专科学校首先在萨莱诺出现则可能另有渊源，甚至医学翻译也可能由于教学需要而早已经在当地展开。但无论细节如何，康斯坦丁的翻译大业对萨莱诺大学的出现和确立有决定性影响则是没有疑问的。

三、翻译运动：兴起与高潮

欧洲翻译运动是从西班牙开始的，触发点是半岛上的基督教王国于1085年从穆斯林手中收复半岛中部重镇托莱多，从而获得大量阿拉伯科学典籍，并且令许多阿拉伯学者归入其治下。此运动在12世纪二三十年代由英国的阿德拉（Adelard）展开，从40年代开始以托莱多大主教雷蒙（Raymond）资助下的一群翻译家最活跃，到五六十年代则由意大利的吉拉德独领风骚，但在同一时期西西里岛翻译家也不甘人后，成绩斐然。上述翻译家虽然地域各异，但时代相近，目标、经历大体相同，大概都到过西班牙、西西里或者中东，因此可以笼统地归入同一运动。在内容上，这一运动的共同特征是实用倾向——也就是说，翻译作品以数理、天文、星占学、医学为主，但也包括

---

① 有关阿方斯与沃尔克见Thorndike 1923–1958，ii，pp. 68–73。
② 有关非洲人康斯坦丁见Thorndike 1923–1958，i，pp. 742–759。

可以应用于神学思辨的亚里士多德哲学，特别是逻辑学，并且因此延伸到物理学、宇宙学和形而上学。换而言之，它的焦点是科学与哲学，亦即古代拉丁世界所未曾继承的希腊学术[①]。所以，"12世纪文艺复兴"与崇尚人文精神即古代文学和艺术的14—15世纪"文艺复兴"是截然不同的[②]。

西班牙形势的逆转

　　基督徒收复托莱多是西班牙半岛上形势逆转的关键，这是怎样发生的呢？本来，10世纪是伊斯兰在西班牙的黄金时代，由阿都拉曼三世所开创的西班牙乌美亚皇朝（Umayyard Caliphate，912—1031）以科尔多瓦为都城，政治开明，商业繁盛，对基督徒、犹太教徒一体宽大，对于学术则予以鼓励、支持，从而为伊斯兰学术向西欧渗透、扩散营造了有利环境。上面所提到的热尔贝、赫尔曼、阿方斯等学者的事迹只不过是这一文化扩散最明显的例子而已。

　　可是好景不长，到11世纪初半岛上双方力量的对比就陡然改观。这起于乌美亚皇朝第三代哈里发以冲龄即位，而且性格懦弱，因此权臣得以专政三十余年之久，最后导致多年内乱与皇朝在1031年覆灭，取而代之的，是许多各自为政和不断内讧的细小"蕃国"（taifa，emirate）。此时以克吕尼修院为原动力的宗教改革运动正风起云涌，大量法国僧侣和武士响应号召前赴西班牙支持当地的基督教王国，这两股力量联合起来遂将伊斯兰蕃国逐个击破，并强迫它们入贡。其后大有为的雷翁国王阿方索六世即位，他很自然地成为西班牙半岛霸主。但半岛上宗奉不同宗教的政权虽然长期敌对、争战，却并非壁垒森严，泾渭分明：在其治下的不同民族、民众大多数能够和平相处，往来频繁。在这混乱世纪，欧洲僧侣、学者对于伊斯兰学术就有机会得以进一步接触和认识。

　　到1085年，阿方索终于将他实际上已经完全掌握的托莱多及周遭地区正

[①]　有许多著作涉及欧洲这场翻译运动，但最重要的仍然是以下三种出版多年的专著：（1）哈斯金斯的《中古科学史研究》，即Haskins 1924——它其实是一本经过整理、修饰的论文集；（2）他的《十二世纪文艺复兴》即Haskins 1993，这为运动提供了大背景；以及（3）桑达克的八卷巨著《魔法与实验科学史》，即Thorndike 1923-1958（但它的侧重点并非理论科学），特别是Vol. Ⅱ, Chs. 36, 38, 42, 51。除此之外，西班牙中古史如Chejne 1974, Chs. 18, 21，以及Glick 1979, Chs. 8, 9也有相关资料，后者更试图从文化扩散的角度讨论翻译运动并且进行量化分析，可惜在组织和观点上未尽人意。

[②]　Renaissance一般译作"文艺复兴"，但原意只是"复兴"，倘以之指陈12世纪的文化运动，其实称为"文化复兴"更妥帖，此处从一般译法。

式纳入版图，这就是西班牙"重光"（*Reconquista*）的开始。它最切近的后果就是把大量图书、学者转移到基督教政权控制之下。阿方索又委任克吕尼教士伯纳德（Bernard of Sauvetot）为该城大主教（1086—1125），支持他推动教会改革和扩张，在其任内四十年克吕尼修院和法国教士在半岛上的势力因此达到顶峰[①]。此时西西里岛的缓慢征服过程（1060—1090）即将完成，从法国北部出发的诺曼人渡海征服英国（1066）未久，至于第一次十字军东征（1096—1101）则还未开始酝酿。因此，很自然地，落入基督教欧洲手中的主要文化中心托莱多和西西里先后成为翻译运动中心，推动力量则很大部分来自英国、西西里、意大利和西班牙本土这些军事活动频繁，而商业、文化交流也随之活跃起来的地区。

阿德拉：悲悯国人之无知

在翻译运动中第一位影响巨大的翻译家是英国的阿德拉（Adelard of Bath，约1080—1160）。我们没有他的传记，仅能够从他著作的多篇序言中推测其生平[②]。他家世高贵，和当时刚刚征服英国不久的诺曼贵族关系密切，年轻时曾经在法国北部图尔（Tours）留学，在拉昂（Laon）执教，到过南意大利、叙利亚、巴勒斯坦等地游历七载，回到英国本城之后还可能出任亨利二世（Henry Ⅱ，1154—1189年在位）的私人导师。他大概通阿拉伯文，而从所翻译的天文数表看来，可能到过西班牙。遗憾的是，由于资料缺乏，他的生平和主要工作地点始终未能确定。他在《自然答问》一书中深深感叹当时英国人之愚昧、落后、思想肤浅和行为自私、猥琐、狂悖，并且慨然以昌明学术自任[③]。从他的著述，以及他后来被尊为"英国第一位科学家"看来，这高远志向也并非空言。

阿德拉一共留下大约十四部翻译和著作，但其中相当部分的真正作者和性质还不能够完全确定。这些作品中最重要的无疑是从阿拉伯文翻译成拉丁

[①] 关于基督教西班牙在12世纪上半叶的宗教、文化发展以及其与法国，特别是克吕尼修院的千丝万缕关系见Reilly 1995, pp. 242-262。

[②] 关于阿德拉最主要的是哈斯金斯的论述Haskins 1924, pp. 20-42；桑达克对他也有专章论述，但集中于讨论其《自然答问》，见Thorndike 1923-1958, ii, Ch. 36；此外，以下注释亦提供更多资料。

[③] 本纳特翻译了《自然答问》与阿德拉其他两部著作《认同与分歧》和《论鸟》，以《阿德拉与外甥谈话录》为题，采取拉丁文-英文对照方式一同出版，见Adelard/Burnett 1998。阿德拉的感叹见该书p. 83。此书长篇导言中有阿德拉生平介绍以及他作品的考证、论述。

文的十五卷本（最后两卷是赝作）欧几里得《几何原本》（1120）[1]，这可以视为欧洲真正认识希腊科学的第一步——事实上，它比之中文《几何原本》的出版只不过早五百年而已。阿德拉其他重要翻译包括柯洼列兹米的天文数表：它共有37章导论和116个数表，这也就是彼得阿方斯天文数表之所本；以及伊斯兰最著名星占学家阿布马沙（Abu Ma'shar ibn Muhammad，即Abumasar，787—886）的《天文简论》。他自己也有相当多关于算术、四艺、化学、星盘、水晶球与占卜、猎鹰驯养术等各方面的著作，但最引起学者兴趣的，则无疑是他早年的哲学寓言之作《认同与分歧》（De eodem et diverso），以及和一位不知名外甥讨论自然现象的《自然答问》（Questionnes Naturales）76题。整体看来，阿德拉虽然受教育与背景限制，不能在学术上有更辉煌成就，但无疑是一位富有才华和大志，也能够善用其家世和关系，并且掌握时代所赋予机会的人。英国在近现代科学的发展上能够长期处于领先地位，他筚路蓝缕之功实不可没。

阿德拉的传人

　　由彼得阿方斯、沃尔克和阿德拉所建立的科学传统在12世纪中叶有一位重要传人，即切斯特的罗伯特（Robert of Chester，活跃于1140—1150年）[2]。他前半生没有留下任何痕迹，在历史舞台登场已经是1141年，当时克吕尼修院院长彼得（Peter the Venerable，1092—1156）在西班牙遇见他和另一位翻译家赫尔曼（Hermann）正在研究星占学，就说服他们合力翻译《古兰经》。这一工作在短短两年完成，其后罗伯特到过西班牙多处地方，包括在潘普洛纳（Pamplona）出任教会职务，以及在50年代回过伦敦。他真正的兴趣在数学和天文学，这可以从他传世的其他译作看出来。这些作品最重要的是柯洼列兹米的《代数学》（1145）：它的出现使得欧洲数学意识不再如希腊科学那样偏向形体和严格证明，而同时向计算方面发展，所以其影响与二十多年前的《几何原本》译本并不一样。他其他译作都是在1144—1150年间完成的，包括：1144年的《炼金术》（Morienus，De compositione alchemie），这是最早从阿拉伯文翻译出来的炼金书籍，其中特别提到冶炼方法以及金属的

---

[1]　此翻译有许多手抄本流传，其比较及分析见Haskins 1924, pp. 24-25以及DSB/Adelard/Clagett；至于《几何原本》从希腊文翻译成阿拉伯文，然后又从阿拉伯文或者直接从希腊文翻译成拉丁文的历史，以及它其后在中古欧洲流传、翻译的经过，则见Heath 1965, i, pp. 361-370。

[2]　见Haskins 1924, pp. 120-123。

互相转变；一篇有关星盘的论文；以及两种采用伦敦经度作为观测点的天文数表，包括前述柯洼列兹米数表。

由于以上两位翻译家工作的刺激，英国还产生了其他天文学者，包括赫里福德郡的罗杰（Roger of Hereford，活跃于1170—1180年），他有好几部数学、天文学和星占学著作，并曾经将天文数表改为采用本郡经度作观测点；以及到过西班牙并师从翻译家吉拉德的丹尼尔（Daniel of Morley）[1]。此外西班牙本地犹太学者也有访问英国的记录。这些翻译家、学者对于英国最重要的两位中古早期科学家，即12世纪下半叶的格罗斯泰特和他的弟子，13世纪的罗杰培根，都有重大影响。

大主教的翻译局

阿德拉出身贵族，虽然好像并不富裕，但能够凭借家世与社会上层交游，从而达成从容问学四方的志愿。至于切斯特的罗伯特则是没有凭借的学者，那就有待像彼得院长那样的人物赏识，方才能够遂其夙愿。从这个角度看，12世纪的翻译运动之所以能够在西班牙蓬勃展开，和王室、教会的大力支持是有密切关系的。阿方索六世的外孙阿方索七世（Alfonso Ⅶ，1126—1157年在位）与继承伯纳德出任托莱多大主教的雷蒙（Archibishop Raymond，1126—1152年在位）几乎同时在位，前后有三十年之久。这两位政教领袖都礼贤下士，热心奖励学术，可以说颇有9世纪巴格达哈里发风范。雷蒙更罗致了一批学者和翻译家，创办略如"智慧宫"那样的机构，使他们得以在安定环境和优越条件下潜心工作，这就是著名的"翻译局"。像出任塞哥维亚"主助祭"亦即"领班神父"（Archdeacon of Segovia）的根地沙尔维（Dominic Gundisalvi，活跃于1150年）是翻译局负责人，也是阿拉伯哲学家阿维森纳、法拉比、伽札利等有关亚里士多德著作的翻译者，不过他的工作要依赖翻译局中另一位专家塞维尔的约翰；而像约翰和赫赫有名的吉拉德（见下文）等都曾经在翻译局中工作[2]。托莱多之能够成为当时西欧翻译中心，固然拜西班牙的独特政治、文化地位所赐，但翻译局的进取、开拓气象自也是不可忽略的重要因素。

---

[1]　有关这两位英国早期翻译家、科学家见Thorndike 1923–1958，ii，Ch. 42。

[2]　见Haskins 1924，p. 13，以及Chejne 1974，pp. 402–403及所引资料。

西班牙翻译家群像

塞维尔的约翰（John of Seville，活跃于1133—1153年）是改宗基督教的犹太人[①]，主要在托莱多工作，但与西班牙各地翻译家有密切联系。他留下了大量星占学和天文学译作，包括法尔甘尼的天文学手册、柯洼列兹米的算术论著、医典《秘中之秘》的部分，还有被认为是托勒密星占学撮要的《百言书》（*Centiloquium*），以及阿布马沙等许多其他星占学家的著作，等等。和约翰同时代并且有交往的另外一位翻译家是来自意大利蒂沃利的普拉托（Plato of Tivoli，活跃于1132—1146年）。他大部分工作是在巴塞罗那所作，主要译作有一部巴坦尼的天文学以及多部星占学作品，其中最重要的无疑是托勒密的《四部书》（拉丁译名为*Quadripartitum*），在中古欧洲，此书名声是可以和《大汇编》相提并论的。

与他们同时，还有上文提到的赫尔曼（Hermann of Carinthia，活跃于1140年）[②]。他是斯拉夫人，来自巴尔干半岛西岸的克罗地亚，最初师从法国夏特尔（Chartres）座堂学校校长，柏拉图派学者梯尔里（Thierry of Chartres，活跃于1100—1155年），其后学会阿拉伯文，到西班牙和法国各地包括托莱多搜集手卷。赫尔曼和罗伯特深为相得，许多著作都互相呈献，其十余种译作以星占学和天文学为主，最重要的是《几何原本》评述本十二卷，以及从阿拉伯文翻译过来的托勒密星盘基础理论著作《球面投射法》（1143）。该书原文已经失传，其拉丁文译本是孤本，抄本也只有六部流传。他自己的著作有两篇攻击伊斯兰教的议论，以及一部哲学作品《要义》（*De essentiis*），其中思想不但受亚里士多德和柏拉图影响，而且有阿拉伯星占学成分，可以说是充分反映了他所处的特殊时代。

和大主教雷蒙几乎完全同时的，还有塔拉佐那（Tarazona）的主教米高（Bishop Michael，1119—1151）。他不但在建立教会的工作上很出色，而且同样热衷于学术，特别是星占学。西班牙本土翻译家桑塔拉的休高（Hugh of Santalla，活跃于1145年）就是在他资助和鼓励下翻译出伊斯兰天文学家贝伦尼对另一位天文学家法尔甘尼的评述、《百言书》的另一个版本，以及大量有关阿拉伯与北非各种本土占卜，例如星占、天占（aeromancy）、

[①]　见Thorndike 1923-1958，ii，pp. 73-78；他亦因父姓被称为"John David"，或者"of Spain""of Luna"等。

[②]　见Haskins 1924，pp. 43-66；他亦以"the Dalmatian""the Slav"等见称。

土占（geomancy）、火占（pyromancy）、水占（hydromancy）、胛骨占
（spatulamancy）等等的著作；除此之外，他还翻译了一部被认为是"三威赫
墨斯"所作的炼金术[1]。

吉拉德的学术盛筵

从以上讨论可见，在运动兴起之初蜂拥前往西班牙的学者对于他们所要
翻译的典籍并没有清楚目标、计划或者选择标准，而往往是跟随时尚或者一
时搜购所得来作决定，因此他们辛勤工作所产生的结果颇为混杂不齐，既有
重要学术著作，也包含许多普罗作品，其中占卜之作占了相当分量——它多
少可以视为当时学术文化（包括大众文化）整体的一个切面。这种鱼龙混
杂，珠玉与沙石俱下的状况到吉拉德（Gerard of Cremona，约1114—1187）[2]
就改变了。因为，如他的简短传记所强烈暗示，他作为翻译家"具有其所处
理学科的知识，并且精通相关语言"，因此在阿拉伯学术园地中，有足够判
断力"撷取最华美而不是一般的花朵来编织花环"[3]。这超卓的语言能力（特
别是在阿拉伯语方面）和见识，加上四十余载辛勤不懈的努力，使得吉拉德
远远超迈同侪，成为12世纪最伟大、成果最丰盛的翻译大家。

吉拉德来自意大利北部，他的青年时代完全无可考证。我们只知道他曾
经完成相当程度的学业，然后为渴求《大汇编》这本巨著，而怀着满腔热忱
在弱冠或者壮年（亦即1144年或以前）奔赴托莱多，随后住下学习阿拉伯
文，然后以四十余载工夫从阿拉伯文译出近百种重要典籍，最后逝世于托莱
多，但很可能被运回本城安葬。他的大量译作都没有署名，幸而在弟子为他
所撰写的简短传记中留下了一份长达71种译作的目录，令后人得以根据现存
写本复按追寻，并从而发现其他未曾著录的作品，令总数达到八十余种。他
译作所覆盖的领域很广，包括希腊经典、伊斯兰学者的评注，以及伊斯兰学
者自己的著作，因此可以说是涵盖了希腊和伊斯兰文化在科学、医学和哲学

---

[1]　见Haskins 1924, pp. 67–81.

[2]　有关吉拉德生平和著作有下列现代记载：DSB/Gerard/Lemay；以及Isaac H. Dunlap, "Gerard of Cremona: a manuscript location guide and annotated bibliography", *Bulletin of Bibliography* 53（December 1996），pp. 379–389, 此文章有网页版，并且附有吉拉德弟子或者同事为他所撰的短传。

[3]　Michael McVaugh, tr., "The Biography of Gerard by his Students at Toledo", in Edward Grant, ed., *A Source Book in Medieval Science*（Cambridge, MA.: Harvard University Press 1974），见上注Dunlap在其文章中的征引。

等多方面精髓。具体而言，这包括下列作品：（1）数学和天文学等方面：欧几里得的十五卷本《几何原本》和几何学《引论》、阿基米德《圆之测度》、曼尼劳斯《论球面》、狄奥多西《论球面》、托勒密《大汇编》、柯洼列兹米《代数学》、穆萨兄弟《几何学》、金迪《光学》，以及萨比特、法尔甘尼等的数种著作；（2）哲学方面：亚里士多德的《后分析篇》《物理学》《论天》《论生成》，以及《天象学》前三卷，以及金迪、法拉比和托名亚里士多德的数种著作；（3）三种炼金术著作，包括札贝尔的"七十部书"和两种托名拉齐的作品；（4）24种医学著作，包括9种盖伦著作、6种拉齐著作和阿维森纳的《医典》；（5）数种星占学作品，包括马撒哈拉（Masha'allah；Messahalla）的作品。

12世纪翻译家大多不通阿拉伯文，因此必须借重兼通阿拉伯语的当地人，特别是曾经在伊斯兰地区居住的基督徒［即所谓莫差剌人（Mozarab）］和犹太人，来将阿拉伯文典籍先以西班牙语或者法语等罗曼斯语读出，然后再根据自己的理解以拉丁文书录。经此转折，译文窒碍错误自所难免。吉拉德则不然，他本人精通阿拉伯文，因此不但能够自行浏览、判断、选择各种典籍和版本，翻译工作也不必有求于人——记载中他只是在翻译艰深浩繁的《大汇编》时用过助手，而可以集中精力字斟句酌，以求最精确妥善的表达，从而形成独特风格。他的风格其实也数经尝试、变化，最后选择跟随塞维尔的约翰，即以逐字逐句紧随原文为宗旨，务求保持原来行文结构。这是出于对传世经典的敬重，同时也为后来学者追寻译源提供绝大方便。

根据上文提到的丹尼尔一段简短记载，我们知道吉拉德曾经就马撒哈拉的星占术发表演讲，从而得知他是才气纵横、志向远大的学者，而绝非如传记所暗示的那样，是驯谨谦退、终日伏案的书呆子。经过四十余载辛勤和精研覃思，这位至今在科学史领域以外仍然籍籍无名的大学者成就了近乎移山倒海的大业，为中古欧洲心灵备办了丰盛学术筵席，也为近代科学的出现铺垫了道路。

四、希腊世界的回归

在11世纪，拉丁民族在欧洲西、东、南三方面的扩张几乎同时进行：在西方以"重光"西班牙为鹄的，最直接成果是收复托莱多；其他两方面，则以重光东方耶路撒冷和南方西西里岛为目标。到耶路撒冷之路必然通过小亚细亚和叙利亚，因此十字军东征所产生的连带后果是拉丁世界学者在君士坦丁堡和安提俄出现，从而为拉丁与东方世界的交流创造条件。同样，西西里和南意大利本来是东罗马帝国领土，在语言、文化、宗教上具有浓厚希腊背景，因此它为诺曼人所征服和统治后，很自然地成为拉丁与希腊世界之间的桥梁。这两地的翻译成果就性质、数量、影响力而言固然不能与西班牙相比，但它所面对的是希腊原典，与西班牙所翻译的阿拉伯典籍不同，所以仍然有其重要性，可以补后者之不足。

拉丁学者在东方

首次东征的十字军在1098年夏天攻克叙利亚西北角的安提俄，即今土耳其的哈塔伊（Hatay），自此这个商业重镇就成为拉丁欧洲与巴勒斯坦贸易的枢纽，而最先抓住这个机遇建立海上王国的，就是意大利西北部的比萨（Pisa）公国。因此从1108年开始，安提俄城内就已经有个非常活跃的"比萨区"，而迄今所知欧洲在东方的最早翻译家就是"安提俄的斯蒂芬"（Stephen of Antioch，活跃于1127年），一位和阿德拉大致同时，但来自比萨的学者①。他曾经在意大利南部的医学中心萨莱诺和西西里习医学和阿拉伯文，于1127年开始翻译10世纪伊斯兰医学家阿巴斯阿里（Ali-ben-Abbas）的《正统汇编》（*al-Malaki*；*Regalis disposition*）。这是步武医学大师拉齐之作，它在多年前（1080—1114）即由"非洲人"康斯坦丁及门人部分译出，但残缺不全。斯蒂芬很可能知道他们的工作，他发愤重新翻译了一个完整的全本，并且在书后附了一份详细专门名词的拉丁、希腊和阿拉伯三种语文对照表。他还在书中表示仍有志于其他译作，但这些在文献中就没有踪影了。

十字军在早期都是千里迢迢地循陆路往东方进发，大军所过，骚扰势所难免。然而，紧扼博斯普鲁斯海峡这欧亚交通咽喉的君士坦丁堡作为东罗马帝国首府却又须恪尽地主之谊，拉丁与希腊两种不同宗教、文化的政治体系之间的摩擦和冲突遂不可避免。当时富甲天下的君士坦丁堡很自然地引起了拉丁民族的觊觎，这最后令它遭到第四次十字军洗劫和占领的大祸（1204），不过那是后话了。在12世纪罗马教廷和东罗马帝国之间还是以礼相待，使节往来络绎不绝，东西方两大教会的主教更经常在东罗马皇帝御前剖析教义，论辩诘难。

---

① Haskins 1924，pp. 130–135.

　　有关1136年这样一次御前论辩的记载提到当时作为传译的三位西方学者。其中来自比萨的勃艮第奥（Burgundio of Pisa，卒于1193）是著名法学家、法官、外交家、翻译家，曾经出任罗马教廷特使，同时在他漫长一生（他很可能活到九旬以上）也致力于翻译希腊文著作，特别是由于教皇的要求而翻译了大量东正教神学著作，并由是而影响隆巴德（Peter Lombard）和阿奎那的思想。此外他还翻译了医学家希波克拉底的《格言》（*Aphorisms*）、十部盖伦著作、古罗马《民事法典：学说汇编》（*The Digest of Corpus Iuris Civilis*）中的希腊文部分，甚至还有一部关于葡萄种植的作品。论辩中另一位学者是来自威尼斯的詹姆斯（James of Venice，活跃于1128—1136年）。根据诺曼底某修院记载，他在1128年完成了亚里士多德的《论题篇》《前分析篇》《后分析篇》《辩谬篇》四种逻辑论著的"重新"翻译和评述。这间接证实波伊提乌曾经有不完整、也久被遗忘的"旧译"——不过，这新译流行之后却被认为是波伊提乌的译作，也就是与旧译相混淆了。更令人迷惑的是，在12世纪下半叶又出现吉拉德和不知名译者从阿拉伯文翻译的两个《后分析篇》版本。这样，我们只能笼统地说，由上述四种著作组成的亚里士多德"新逻辑"是在12世纪通过多种渠道在西欧出现和传播开来的，而詹姆斯则是最早着先鞭者。至于辩论中最后一位学者则是来自小亚细亚西岸贝加莫的摩西（Moses of Bergamo，活跃于1130—1136年），他在君士坦丁堡宫廷任职，主要目的却是搜罗典籍和学习希腊文，以为未来翻译事业作准备。可惜他的图书毁于回禄，翻译工作亦无所成，只留下一首描述故乡贝加莫的长诗而已[①]。

诺曼人在南方：西西里的世界

　　由于其独特地理位置，西西里和南意大利历来是地中海周边各种族、宗教、文化的交汇点，也是各种政治力量的较量点：拉丁、希腊、阿拉伯、隆巴德（Lombards）、犹太等民族和他们所信奉的罗马天主教、东正教、伊斯兰教、犹太教都在此立足、发展，相互争战。来自法国的诺曼人是另一股新生力量，他们在11世纪初即开始渗透和逐渐控制意大利南部；然后，从1060年开始，更以小股势力进军西西里岛，驱逐盘踞在那里的伊斯兰教教徒。这

---

①　有关上述三位学者的记载见Haskins 1924, Ch. 10；至于《后分析篇》在中古欧洲的翻译和传播过程是高度复杂问题，其分析和讨论见同书Ch. 11。

是个艰难和缓慢的过程，直至12世纪初才大体完成。他们的下一代是罗杰二世（Roger Ⅱ，1103—1154年在位），他在1103年以冲龄继位，1112年亲政，1130年自立为西西里王（King of Sicily）。此君颇有才略，厉行中央集权——这和当时流行的封建体制截然不同，但为政严明，知人善用，深得民心，由是建立起多民族、多文化，繁荣昌盛的王国。他的统治前后延续半个世纪之久，继任的威廉一世（William Ⅰ，1154—1166年在位）和威廉二世（William Ⅱ，1166—1189年在位）也都能够萧规曹随，继承德政。因此，当12世纪的翻译运动在英国、西班牙、意大利风起云涌之际，南方的西西里王国也正处于黄金岁月。由于它的多元文化背景、与东方的频繁交往，以及王室的开明进取，这一运动很自然地也在西西里蓬勃发展①。

如上文提到，早在11世纪康斯坦丁就已经在萨莱诺开展大规模医学翻译；至于在西西里本岛的翻译工作则在12世纪上半叶，即罗杰二世治内开始②。首先，英国翻译家阿德拉曾经在萨莱诺学习，并且将他的哲学诗歌献给叙拉古主教；而且岛上学者也提到了当地一些早已经存在的经典译作。但我们有切实资料的第一位西西里岛翻译家则是威廉一世时代曾经短暂出任王家"大总管"（familiaris）的阿里斯提柏斯（Henricus Aristippus，活跃于1156—1162年）。他在12世纪50年代翻译了柏拉图的《米诺篇》和《斐多篇》——这是继《蒂迈欧篇》之后最早的柏拉图翻译，此后要等到15世纪才有《对话录》全译出现；以及亚里士多德《天象学》第四卷。根据《斐多篇》序言中他写给一位英国朋友的进言我们得知：国王威廉爱好学术，而当时他们的图书馆中藏有赫伦的《力学》和《气体力学》、欧几里得的《光学》以及亚里士多德的《后分析篇》等希腊典籍。由于这些典籍的拉丁文译本（属13世纪或者更后）源流并不清楚，因此它们颇有可能都是12世纪的西西里译本。不但如此，阿里斯提柏斯还和《大汇编》的最早翻译有密切关系。这本巨著最早由西西里一位不知名的学者译出，成书在1165年左右，比吉拉德译本最少早十年。根据译本序言我们得知，该书希腊文原本是君士坦丁皇帝曼努尔（Manuel Comnenus）于1160年赠送给西西里国王的重礼，大总管阿里斯提柏斯正是负责运送的特使和将书交托萨莱诺学者翻译的官员。令人感到意外和惋惜的是，这一盛事之后仅短短两年，阿里斯提柏斯就因不详原因而被投

---

① 有关该国历史见《西西里的诺曼王国》，即Matthew 1992。

② 以下有关西西里岛的早期翻译工作主要见Haskins 1924, Ch. 9。

狱，不久去世。

与阿里斯提柏斯同时的另一位翻译家是被尊称为"哲学家"的尤金（Eugene of Palermo, emir）[1]。他出身希腊基督徒家庭，祖、父两代都被委任为总管，自己也袭此高职，主管财政，在12世纪下半叶活跃于西西里政坛多年，通希腊、阿拉伯、拉丁等三种语言，最重要的贡献是从阿拉伯文翻译出托勒密的《光学》，此书因此得以流传。他又精通数学，曾经就《大汇编》的翻译问题予译者以指导。此外他还是一位重要的历史学家，著有《西西里王国史》（Liber de Regno Sicilie），并有数种诗作和译作，又搜集了多种科学典籍，包括欧几里得的《引论》《光学》《折射光学》以及普洛克鲁斯的一部力学作品——当然，很有可能这些书籍正是阿里斯提柏斯序言中所提及者。他曾经系狱一年，被释放后重返政坛，而且在政权更迭中屹立不倒，直至1204—1207年间即腓特烈二世的时代才去世。

从苏格兰到西西里

最后，我们还要提到一位和西西里有关系的英国翻译家，"苏格兰人"米高（Michael the Scot，约1185—1236）[2]。他最早出现于13世纪，当时已经在托莱多埋首工作有年，刚刚完成翻译比特鲁吉的《论球面》（On the Sphere, 1217），这是关于亚里士多德同心球面天文系统而非托勒密本轮系统的伊斯兰天文作品。他最主要的译作是二至三部亚里士多德作品：1220年之前完成的《动物志》（History of Animals），此译本跟随阿拉伯文本传统，不但包括原来的十卷本《动物志》，而且包括《论动物部分》（On Parts of Animals）和《论动物生成》（On the Generation of Animals），共十九卷之多；以及1217年后完成的《论天地》（De caelo et mundo，现代版本为《论天》）。至于附有阿威罗伊评论的《论灵魂》（On Soul）也很可能是他的译作；除此之外，还有许多其他的亚里士多德译作，如《物理学》（Physics）、《形而上学》（Metaphysics）、《伦理学》（Ethics）等也都被归到他名下，但那不甚可靠，很难将他确定为译者。

---

① 以下专著对尤金家世和生平做了详细考证和研究：Jamison 1957。此书对于西西里王国政体特别是其承袭前代阿拉伯政权之处有深入论述。由是我们知道尤金的"海军上将"（admiral）称号其实来自阿拉伯的"统帅""总管"（emir）之名。

② 关于西西里国王腓特烈二世的科学兴趣和苏格兰人米高的翻译工作，见Haskins 1924, Chs. 12, 13；此外尚见Thorndike 1923-1958, ii, Ch. 51的详细记载。

米高在1221年赴博洛尼亚，1224—1227年间在罗马教廷与教宗商洽他到英国出任教会高职的各种可能，其后不久南下，成为神圣罗马皇帝暨西西里国王腓特烈二世（Emperor Frederick Ⅱ，1220—1250年在位）的座上宾和星占学家，自此在彼乡终老。腓特烈二世是一位意志坚强和敏锐好学的君主，对于自然观测（特别是动物学方面）和实验极感兴趣。米高到了西西里之后最早的工作就是将《动物志》作个名为 *Abbreviatio Avicenne de animalibus* 的撮要本奉献给君主。但他后来最着力，也最成功，赖以成大名的工作，则是分为《引论》《各论》《自然奥秘》三部分的星占学巨著。这像其他同类作品，是混合了星占学、天文学乃至宗教和宇宙论的著作，它在今日最能够引起读者兴趣的，无疑是书中所记录腓特烈二世和他就宇宙底蕴所作长篇讨论，例如在日月和五大行星所构成的宇宙同心球面体系中，上帝、炼狱、地狱到底应该分别占据什么位置的问题。

欧洲翻译运动的第一阶段至此就大体结束了：它从康士坦丁开始，以迄米高为止，前后将近两百年之久，但最活跃时期则是从阿德拉到吉拉德的七十年（1120—1190）。不过，运动之结束并不代表翻译的终止。事实上，尚有许多古代典籍（例如柏拉图和阿基米德的作品）未曾在此期间翻译，或者翻译未能尽善。因此，出于哲学、科学、宗教和实际研究的需求，或者由于个别学者的兴趣，此后欧洲的翻译工作直至17世纪仍然持续不辍。像在13世纪格罗斯泰特翻译教会与哲学经典，摩尔巴克（Moerbeke）从希腊文重新翻译亚里士多德全集以及阿基米德大部分著作，康帕纳斯（Campanus）仔细重译《几何原本》，以至15世纪末费齐诺（Ficino）译出柏拉图《对话录》全集，16世纪中叶可曼迪诺从原典译出大量古希腊数理科学著作，等等，都只是最重要的例子而已。因此可以说，自中古以迄科学革命，通过翻译工作来汲取古代与伊斯兰文明的养分，始终是欧洲学术与科学进步的重要动力。

五、大学体制的出现

大学是欧洲近现代学术的摇篮，也曾经是科学成长的温床，而且，从13世纪中古科学兴起以迄17世纪科学革命，科学家除了极少数例外都是在大学培养出来的，更有相当部分是在大学工作，至于神学、医学、法学也莫不是在大学中发展其专业和训练人才。因此，倘若没有大学，那么不但现代科学的出现难以想象，整个欧洲的文化面貌也将迥异。然而，欧洲大学和柏拉图学园、亚历山大学宫、巴格达智慧宫等古代学术机构，无论在体制或者理念上都大不相同，和古代中国的学宫、太学或者书院更是大异其趣。所以，要了解欧洲学术发展，首先必须探究大学的渊源和制度①。

大学的起源

那么，到底是什么将欧洲大学与历史上无论东西方所有其他学府、学术机构判然划分开来的呢？从体制上看，最基本的就是：它在起初并非个别学者、君主或者任何个人乃至政府，根据特殊理念、需要来设计、建构或者推动设立，而是在特殊社会环境下自然形成和发展的事物，根本没有预先订定的计划、构想或者目标。特别令人惊讶的是，它的发展史几乎就是一部抗争史：大学与市民斗，与主教斗，与修会斗，乃至与国王、教皇斗，而最后它所以能够成为社会中一个强大、独立、不可分割也难以动摇的体制，则是经过长达一两个世纪的斗争之后，各种有关力量达致平衡的结果。这说明了两件事情：首先，社会对大学有迫切需要，虽然对它有诸多不满乃至愤恨，也不能不曲为优容；其次，大学对社会构成巨大冲击，它的体制是两者最后妥协的结果。当然，这种成长模式只是指它的原型，后来欧洲出现的新大学有些是从原型所衍生，也有不少是由君主所直接推动、设立——不过即使是这些后起的大学，其理念、组织、精神也都还是以少数早期原型为典范。

西方大学有两种不同原型：一种是由专科学院蜕变而成，这以博洛尼亚法学院蜕变出来的大学为代表，它的特色是学生垄断一切权力，可称为"学生大学"（student university）；另一种则是从大教堂即座堂（cathedral）附属学校蜕变而成，这以巴黎大学为代表，它的特色是教授掌握大部分权力，因而称

---

① 有关西方大学早期历史的经典英语专著是三卷本的Rashdall 1958，此书原本写成于1895年，在1936年经过编辑和修订后出新版，今本是该修订版的重印本。此书虽然陈旧，但仍然为学者高度推崇，例如有关博洛尼亚法学院的部分，在20世纪80年代仍然被认为是英语著作中最权威者，见Berman 1983, p. 582n. 2。至于这方面最重要的当代著作则是Ridder-Symoens 1992，它是四卷本的欧洲大学史，由欧洲大学校长联合会所委任的编辑委员会负责编纂，目的在于通过"社会学与比较分析"来全面审视自起源以迄当代的欧洲高等学府，其中第一卷覆盖中世纪，第二卷则覆盖16—18世纪。至于Compayré 1969（1893），Bender 1988, Pt. I与Van Engen 2000三部专著则分别从学术体制的起源、大学与城市的关系，以及教学三个不同角度来探讨中古大学起源。此外有关欧洲早期大学的简明论述有Haskins 1957以及Daly 1961，前者是哈斯金斯1923年的演讲集，后者是为大学生撰写的教材。大学兴起与早期文艺复兴以及经院哲学有密切关系，这方面的论述见Haskins 1993, Ch. 12以及Southern 1995–2001。

为"教授大学"（master university）。由于它的文科特别发达，所以又称"综合大学"。欧洲所有其他大学都是由这两个原型所衍生，或者以之为典范而建立。大体上，南欧包括法国南部、意大利、西班牙等地的大学取法于博洛尼亚；英、德、中欧、荷兰等国家的大学则取法于巴黎。不过，话说回来，无论这些大学渊源和早期形态如何，它们的后期发展和趋向都大体相同，只不过在传统、仪式、风气上有分别而已。

大学的特征

以上的概括显示了大学三个重要特征。首先，它是对应于社会、文化中某种非常深层和强大需求而出现。就博洛尼亚型大学而言，这需求是严格的专业教育，它所提供的是律师、官吏、行政人才；就巴黎型大学而言，这需求是具有独立思辨能力的人才，它所提供的是教士、神学家、学者。其次，要有效地满足这种需求，必须有特殊体制——大量属于不同学科、专业，并来自不同地域的教师和学生集中于一个高度宽松、自由、自主的环境；而要创造和维持这样的环境，则大学整体必须获得相对于国家、教会、社会的自主性，乃至相当高程度的独立性。最后，大学体制在其初虽然是特定环境的产物，但就发展中的西欧社会而言，对它的需求是共同的，它的体制、理念是可以移植、模仿的。因此，大学得以超越它早期的特殊根源，而成为具有普遍性的教育学术体制，在整个欧洲散播和成长。这普遍性与可复制性是它和学园、学宫、智慧宫等独特学术机构的根本不同之处。

为什么欧洲大学会有这些特征呢？首先，根源在于教皇革命和翻译运动：前者带来了法学研究热潮，后者带来了古代哲学与科学，这些崭新学问改变了欧洲社会的知识基础和人才结构，因此也就产生了对高等教育的深层需求。但这些新学问并不是封闭、固定，而是在不断扩充、发展、改变之中，这就使得大学必须具有那种自由、开放、自主的环境才能够蓬勃生长。其次，在教皇革命与军事扩张刺激下，欧洲各国之间出现剧烈竞争，这转而刺激人才需求，造成大学体制的扩散。换而言之，宗教振兴令欧洲转变为充满活力的动态社会，而大学就是这一转变过程中的产物。最后，上一章已经提到过，欧洲大学与更早出现的伊斯兰高等学院还可能有千丝万缕的关系。如马克迪西所详细论证，就体制而言，大学中的"书院"（college）起源于以公益基金为学生提供生活条件，那正与伊斯兰学院相同；大学颁授文凭予毕业生，使得以此为任教资格凭证的制度，亦与伊斯兰体制相同。此外，中古大学的许多教学体制也都可以在伊斯兰学院中找到明显的先例，例如以诵读为主的"讲课"（*lectio*，即lecture）、学者间的"论辩"（disputation），以及将正反方意见对比并列的所谓"是非法"（*sic et non*），等等。甚至，法学院在西方（特别是意大利）大学中的突出位置，也很可能是受"法理学"在伊斯兰教育体制中的绝对主导地位影响所致[①]。因此，欧洲大学体制不但是受到社会政治发展需求与新兴学术这两方面的刺激，更有相邻文明的先进体制在提供示范作用，它的形成因素是相当复杂的。

六、法学传统与专科大学

欧洲最早的法律学校出现于罗马、帕维亚（Pavia）、拉韦纳（Ravenna）等地，但首先蜕变为大学的则是博洛尼亚法学院。它在12世纪初本来是一所著名的文科学校，后来之所以成为法学院，则与当地两位传奇性法学家伊内留斯和格拉提安，以及他们所带动的法学热潮分不开。这其实是个正反馈循环：法学一旦进步与精密化便会有大量诉讼，有诉讼便会需要大量律师与法官，因此也就会刺激有才华与经济能力的学生趋之若鹜，从而造成声名卓著的法学院。博洛尼亚大学就是在这法学改变社会、社会推动法学教育的连锁反应过程中成长的。

两位传奇法学家

博洛尼亚处于意大利亚平宁山脉以北平原的交通枢纽，这一区域散布着多个相对独立的城邦，它们虽然多次经历北方蛮族入侵和统治，但仍然保存古罗马家族以及文化、法律传统，罗马法典也始终在若绝若续之间，被零零碎碎地和其他法律系统（例如民族法）混杂使用。"授职权之争"是震动欧洲政教两界的大事，它不但是政治和军事斗争，更是空前激烈的言论、思想和法理斗争。因此，很自然地，它激发了众多北意大利法学家竞相研究庞大精密的古罗马法统，以从其中为皇帝或者教宗寻找有利的论据[②]。

伊内留斯（Irnerius，约1060—1130）的生平和师承不详，我们只知道他

---

① 见Makdisi 1981，特别是论述伊斯兰与西方高等教育体制关系的Ch. 4；此书对于伊斯兰高等学院的起源、精神与发展有详细论述。

② 有关"授职权之争"刺激法学兴起的全面论述，见Berman 1983，Chs. 2, 3。有关法学研究与教育在北意大利兴起的背景见Southern 1995–2001，i，pp. 264–274。

早年曾经受过托斯卡纳的女伯爵玛蒂尔达（Countess Matilda of Tuscany）资助和鼓励，而后者则是教皇格里高里七世最重要支持者之一①。他的巨大贡献是发现了古罗马《民事法典》（*Corpus juris civilis*）中最关键的部分《学说汇纂》的整体②，并且加以详细注疏，从而成为名重一时的法律教师。因此，博洛尼亚作为法学中心的地位也急遽上升，迅即盖过本来重要得多的皇权派城市拉韦纳，这大约是1100—1130年间，亦即教皇革命之后不久的事情。

　　至于格拉提安（Gratian，活跃于1125—1151年）的生平则更是一片空白：我们大体知道他曾经是博洛尼亚一个本笃派修院的修士，但他是否曾经教授法律或者在法律界执业却争议纷纭，没有确切证据。不过，从他的著作可以大体推断，他可能到过法国北部求学，所以熟悉阿伯拉（Abelard）的辩证法，也很可能曾经在北意大利作为律师执业③。我们真正能够确定的是，他最迟在1142年或1151年完成了一部庞大的教会法文献汇编。在"授职权之争"以后，罗马教会实际上已经成为跨国的全欧宗教、政治、行政以及法律体系，所以这部简称《诏令》（*Decretum*）的巨著也就成了中古法律体系中不可或缺的权威经典，它的研习更导致了"教会法"这个新兴学科的出现。这部汇编的全名是《不谐协的教会法汇编》（*Concordantia discordantium canonum*），它基本上是以问题（包括高度假设性问题）性质来分类的教会法文献汇编，而所谓"文献"则包罗万有，从教皇诏令、教会法规以至会议记录，抗辩、申诉、评论书简等等都巨细靡遗、分门别类地罗列出来，务求将问题、正反双方各种对立意见，包括最尖锐激烈的争辩理据都集中起来，以方便查览研究。由于它的全面、深入、系统化与方便，因此在不足十年内就为欧洲各级、各地政教机构采用，它的作用为史学家如此总结："格拉提安的《诏令》为西方社会

---

① 有关伊内留斯的背景以及他与玛蒂尔达和博洛尼亚法学院的关系，见Southern 1995–2001，i，pp. 274–282以及Rashdall 1958，i，pp. 111–125。但很奇怪，在1118年（当时玛蒂尔达已经去世三年）的教皇选举中，伊内留斯和其他博洛尼亚法学家又公开地站到神圣罗马皇帝一方。

② 此法典现在通称《民法大全》，是罗马帝国最后一位伟大君主查士丁尼大帝治内所编纂的法律全书，它包括以下四个部分：《法规》（*Code*），即查士丁尼以前的历代法规汇编；《新法规》（*Novels*），即查士丁尼时代的法规汇编；《导论》（*Institute*），即初步介绍；以及《学说汇纂》（*Digest*），即历代法学家对于众多法规的阐释、意见和讨论，它在各部分中卷帙最浩繁，对于了解法规用意和细节也最重要。自从20世纪90年代初开始，此法典已经陆续被翻译成中文，分别由法律出版社以及中国政法大学出版社出版。

③ Southern 1995–2001，i，Ch. 9以及Rashdall 1958，i，pp. 126–141对于格拉提安的事迹、贡献、影响，以及其对整个西欧教会法系统的巨大刺激，皆有详细论述。

在教皇主导的正统架构中提供了社会与宗教重组的法理基础"，它"对欧洲政府前途的当时与长远影响都超过了那个世纪任何其他著作"[1]。

由于以上两位法学家和两部分别有关"民法"与"教会法"编著的巨大冲击，博洛尼亚迅即成为学习和研究法律的中心，大批学生从四面八方蜂拥而至，他们毕业后或执业，或留下任教，整个行业的名声、地位、规模、影响力不断上涨，这自然也就反过来增强了法学院本身的地位和重要性。但到底是什么因素使得这样一个正反馈的循环得以激活呢？除了作为基础的当地深厚法学传统以外，最重要的因素有以下两个。首先，是实际需要，这是个"外在"原因。自"授职权之争"以来，教皇和教会作为新兴政治力量之出现，改变了欧洲的管治方式，使得它更为复杂和多元化。而诉诸法律是新形势之下极其重要的竞争和抗衡手段，因此无论教廷、王室、各级教会，乃至大小诸侯属国和城邦政府，都需要大量法律专家。这也就是说，法学专业成为晋身权力中心的显学了。其次，则是学理上的提高，这是个"内在"原因。从表面上看，伊内留斯和格拉提安所做的，只不过是编纂注疏之学，这虽然为法学界带来巨大便利，却并未脱离前代法典，特别是古罗马法的范畴。其实大不然，我们不可忘记，在他们活跃的12世纪上半叶，同时还有两个重要发展：首先，是下面要讨论的经院哲学开始盛行，也就是阿伯拉和隆巴德之将亚里士多德逻辑学应用到神学而风靡一时；其次，则是上面已经提到的，威尼斯的詹姆斯之在1128年从希腊原文翻译出亚里士多德的所谓"新逻辑"，即《论题篇》《前分析篇》《后分析篇》《辩谬篇》。很明显，这些首次在拉丁西方出现的亚里士多德逻辑学不但冲击哲学和神学，也同样对法学产生微妙影响，令法学中的观念、理据、论辩方式变得更为深刻和精微。格拉提安之所以不辞辛劳，要将历代文献中最为尖锐对立的见解汇集并列以辨析异同，正是要将逻辑的利剑发挥尽致——虽然在表面上亚里士多德和逻辑在博洛尼亚并不受重视。因此，12世纪所出现的新法学不但切合时代需要，同时也是个更为博大精深的学术体系——伯尔曼在其巨著《法律与革命》中甚至称之为西方科学的"原型"（"Law as the Prototype of Western Science"）[2]。因此，当时学者趋之若鹜不仅仅出于现实动机，也同样有学术向往与更高远理想存乎其间。

[1]　Southern 1995–2001, i, p. 307.
[2]　此为Berman 1983, Ch. 3最后一节标题。

"学生大学"的形态

博洛尼亚大学是在12世纪逐渐发展起来的。它最早得到的官方承认是神圣罗马皇帝腓特烈一世1158年的"特许状"（称为*Authentic Habita*），到世纪末规模据说已经达到上万学生[①]。它的最初组织和发展已经无法细究，我们只知道学生和教师都各自有类似于工匠行会（guild）的协会。学生来自欧洲各地，所以自始就有国际性质，他们按不同族群和专业而组织的协会通称为"联合会"（*universitas*）。由于作为外邦人，他们在当地权益不受城邦政府保障，所以联合会的主要功能有两方面：以集体力量保证，在食、住、买卖、人身安全、解决纠纷等问题上，能够得到当地民众和政府的善待；以及要求教师尽责和有系统地讲课，保证甚至强制他们遵守约定。这些个别联合会到后来发展成为包括所有学生的大联合会，至于个别族群联合会则改称"国族"（nations）。教师所组成的协会或者行会一般称为"学院"（*collegium*，college），它的主要功能是向修业期满并且达到一定水准的学生颁发"授课资格证书"（*licentia docendi*），也就是承认他们可以加入教师协会。"学士"（bachelor）指经过四五年学习，允许讲解一科的资深学生；"博士"（doctor）指经过六至八年学习，有资格教授所有科目的毕业生。这种证明到后来也发给大量符合资格，但其实并无意任教的学生，因此它的性质逐渐演变为认定资历的毕业文凭，也就是"学位"。在当时的观念和用语中，学生大联合会和教师协会合起来称为"*studium generale*"，是学者公会或者大会之意，那才相当于今日所谓"大学"。

由于法律学生数目众多，他们又往往是贵族子弟、官员或者享领俸禄（benefice）的教职人员，一般年纪较大，有相当家庭背景、社会地位和经济实力，所以他们的联合会势力浩大，所选出来的"学长"即所谓"rector"被承认为城邦中外来学生的首领，可以对学生行使司法管辖权乃至审判权。这权力的来源很特别：其初只是学生入联合会时的自愿宣誓——在中古背誓行为不但为人所不齿，而且在基督教义中犯了"发假誓"（perjury）的严重罪行，可以导致"革除教籍"处分，所以誓约有强大制约力量。凭借这强制力，学生联合会不但可以约束会员，而且在其成员由于酗酒、打架、银钱瓜

---

① 罗舒道尔的巨著对博洛尼亚法学院和博洛尼亚大学的历史有详细论述，见Rashdall 1958, i, pp. 142–268。此外Bender 1988, pp. 13–21对博洛尼亚大学成长时期的混乱政治背景以及城邦对大学的通常友善态度等的讨论都很值得注意。

葛，甚至人命伤亡等纠纷而与当地市民、官员、政府发生激烈冲突的时候，还可以采取"集体离城"（secession）然后转投其他城邦的激烈行动，以作为抗争武器。换而言之，就是以集体谈判与经济杯葛方式来与具有主权的城邦对抗，以求维护联合会的尊严与独立，和抗拒城邦控制联合会会长的企图——那也往往是通过要求会长发誓承认城邦宪章这一机制。这样，学生联合会所要争取的，是实际上与城邦分庭抗礼，成为"邦中之邦"。在13世纪初，即1215—1224年间，学生联合会与博洛尼亚城邦多度冲突，而教皇出于政治考虑则总是支持学生，结果形成僵局，其间他们就曾经转投威尼斯附近的帕多瓦（Padua）大学。同样事件在14世纪再度发生（1321—1322），这次他们转投锡耶那（Siena），结果以双方妥协告终。无论如何，终13—14世纪之世博洛尼亚大学一直在斗争和动荡之中。

在学生势力如此庞大的大学中，教师虽然也曾经有意伸张本身作为行业专家或者"师傅"（master）的地位和自然权利，而视学生为"学徒"，却始终力不从心，未能成功，反而逐渐从能够与学生订定教学契约的平等地位，慢慢沦落到受学生联合会雇用的低下位置。由是，不但他们的教授方式、教学进度受到种种限制，甚至他们离开城邦的人身自由也受到束缚——以防他们在课程尚未完成的时候逃跑！这种奇特的状况起源于法学教师最初都是博洛尼亚本地人，他们基于本身经济利益站在城邦这边，而不愿意加入学生所组织的联合会，甚至也不参加外邦教师的公会，因此从一开始教师和学生之间就形成对立。在学生力量日益扩大，联合会成为大学主体，而学生所选举出来的"rector"演变为校长之后，教师地位下降就成为无可避免的自然趋势了。

大学体制的演化

从上面的描述可见，除了学生联合会和教师公会以外，早期大学是非常松散的教师学生集合体，没有固定规章制度或者组织，它基本上只是根据习惯性了解来运作：只要得到公会承认，教师就可以个别地与学生协商收费，然后在租赁的教室中开讲；视乎教师的经验、名声，他们所收学费可以有极大差距。但这种放任自由的状况显然不可能长久，到了13世纪，大学无可避免地就失去相当一部分自主权，并且逐渐朝制度化方向发展。

这发展开始于教会控制的伸张。博洛尼亚大学与法国许多大学如巴黎大学不同：后者本来是从座堂附属学校演变而来，自然要受教会管辖。然而罗马教会向来认为教育属于宗教范畴，新兴的博洛尼亚大学虽然本来与教会毫无关系，亦不可以例外。在这背景下，教皇洪诺留三世（Honorius Ⅲ）于1219年发布诏令，宣布博洛尼亚大学颁发博士学位必须得到该城大教堂主助祭（archdeacon）同意。当时大学与城邦正激烈对抗，而主助祭恰好由一位著名法学家担任，所以这影响深远的诏令得以顺利通过，没有遭到反抗。然后，在1253年大学最早的成文法规（statute）由教皇批准。到1291年教皇再次颁令，宣布由主助祭所授予的博士学位在欧洲所有其他大学都有效，也就是领受者有资格在全欧洲授课，由是将博洛尼亚和相类大学都纳入教会体系，主助祭也成为教会管辖大学的代表。不过，这位教会代表在大学始终是外人，他的管辖权力只不过是象征性而非实质性的，他被称为大学"监督"（chancellor）已经是1464年的事情了。

与此同时，城邦也开始介入大学行政。在其初这完全是偶然的：在1280年，为了与其他城市竞争罗致某些名教授，城邦应学生要求出资设立带有固定薪金的讲席（chair），其后这些讲席数目开始增加，但薪金有限，人选则由学生通过选举决定，而且主要目的在于吸引外地教师。但经过一个世纪演变之后，情况就完全不同了：在1381年，不但讲席数目增加到23个，薪金大幅度上升，而且人选一般也都由城邦所指派的校务委员会决定，只有极少数仍然由学生联合会选举。这样，由于经济力量的影响，教师委任权不知不觉中从学生联合会转移到城邦，甚至博士学位的颁授这时也开始交由少数教师组成的委员会决定，而不再牵涉全体教师。这样，大学的层级化和体制化就成为缓慢但不可阻挡的趋势了。

学术体制的演化

至此为止，我们所讨论的基本上是法律学院，这主要因为它在意大利的名声盖过所有其他学科，所以不但它的组织和发展模式为其他专科仿效，而且在大学中权力也最大，占统治地位。至于其他学院，则都比较后起，例如医学同样是高度实用和专业性科目，但帕多瓦大学要到13世纪中叶才开始有医科的教师和学生组织；而在博洛尼亚，医学院到1316年才脱离法学院，自己选举"学长"。至于性质接近文科的神学院，则由于教皇一贯政策是令巴黎大学独占此专科，所以发展得更晚，一直要到1364年才开始设立。至此，博洛尼亚才成为完整的中古大学，具备其他大学都必然设立的法学、医学、神学三个所谓"高等学院"。在此以下，一般大学都还要设立更学术性的"文学院"来教授基础性的"三艺"（文法、修辞、逻辑）和属于科学范畴的"四艺"（算术、几何、天文、音乐），学生一般要文科毕业才能够进修高等学院的专业课程。不过，文科在意大利并不受重视，而只是被视为初等基础课程。因此，很奇怪地，博洛尼亚大学的文学院在组织上隶属医学院——虽然个别学科可能各自颁发毕业和教学文凭。

博洛尼亚大学极度偏重实用科目，特别是法学，这似乎反映了罗马人在古代抗拒希腊文化和不喜好理论的倾向仍然在起作用。不过这对于意大利的科学发展却不见得有不良影响：在下文我们将看到，在中古与近代意大利数学都领先于欧洲；我们当然更不会忘记，意大利对于近代物理学和天文学有决定性贡献。

萨莱诺医科大学

最后，我们还需要稍为介绍前面提到过的萨莱诺医学院，因为它是欧洲最早的专科学院，而且其特殊历史也颇为值得注意。远从10世纪开始，那不勒斯东南50公里的萨莱诺就已经是繁盛的医学中心，一说它和阿拉伯医学从北非和西西里传入欧洲有关，但这被认为没有根据，更可能的是由于东罗马帝国曾经统治南意大利很长时期，古希腊医学传统得以在此发扬[1]。无论如何，到11世纪在此出现了雏形医学院和大量医学著作，康斯坦丁的翻译工作进一步提高其声望，它因而迅速发展成为全欧洲最著名医学教育中心，12世纪初西西里国王罗杰二世对它施行直接管辖，以令它变得更为正规化。然而，它却始终没有进一步发展成多学科和国际性大学，对于欧洲高等教育发展也没有产生显著影响，反而从14世纪就一直衰落下去，以迄19世纪初关闭[2]。它的命运正好从相反角度显示：从专科到多学科，从地方到国际性的过渡，以及直接立足于社会而不过分受国家制约，是中古大学发展、成长的必要条件。

七、经院哲学与综合大学

翻译运动将古希腊与伊斯兰学术注入欧洲，这大大加强了其传统课程中

---

[1] 有关萨莱诺医学院的渊源见Thorndike 1923–1958, i, Chs. 31, 32, 他并不完全赞同罗舒道尔忽视康斯坦丁和阿拉伯医学影响的观点，即Rashdall 1958, i, pp. 79–86。确实受阿拉伯文化影响而发展的另外一所著名早期医科大学是处于法国西南部的蒙彼利埃（Montpellier）大学，见Rashdall 1958, ii, pp. 116–135。

[2] 关于萨莱诺医科大学的衰落及其原因见Bullough 1966, pp. 59–62。

所谓"三艺"特别是逻辑学以及"四艺"亦即科学的内涵。对于已经彻底基督教化的欧洲来说，其思想上最迫切的需要同时也是最富有吸引力的发展，则是将这些新学术应用到神学上去。这样所产生最具中古特色的学问就是经院哲学[①]。顾名思义，它就是在学院（school）里面依循一定课程和方式来教授的哲学。

从内容和精神上说，经院哲学大体上是哲学、科学和神学的结合，也可以说是借着先哲所留下的知识和推理方法——而不再是传统教会所依赖的象征、比喻、仪礼、圣事或者神秘经验，来建构一个包容自然世界、人文世界和神圣（也就是超自然）世界的系统之企图。具体地说，这便是以亚里士多德的逻辑学与宇宙观来整理、建构和发展神学。它是产生于座堂学校的新时代产物，而不再是修道院的传统工作。在罗马帝国时代，新柏拉图学派势力浩大，它影响基督教特别是其主要神学家圣奥古斯丁很深。到了中古，翻译运动令注意力转向亚里士多德及其科学，神学的风气因而发生转变，经院哲学由是诞生，这是12世纪上半叶的事情。和法学一样，这门新兴学科在其初也是由两位立足要津即巴黎大学的杰出学者引领风骚，从而掀起其学习热潮的。他们是阿伯拉和彼得隆巴德这两位无论个性、禀赋、为学方法和成就、影响都迥然相异的人物。

热切冲动的悲剧天才

阿伯拉（Peter Abelard，1079—1142）来自法国西北的布列塔尼（Brittany）半岛，性格热烈冲动，思想锋利，渴望成大名，但缺乏机心和坚忍，所以一生坎坷，不断受到挫折和打击。他在精研逻辑和辩证法的文科大师洛色林（Roscelin）门下受业，学成后数度进军当时的学术中心，希望凭借敏锐和辩才而扬名。但他虽然声誉鹊起，讲学的雄心则一再受阻于当时已经誉满天下的大师，即拉昂学堂的安瑟姆（Anselm of Laon，卒于1117）和香普威廉（Willian of Champeaux，1070—1121）师徒二人。后来他终于如愿以偿，得以在巴黎圣母院（Notre Dame）座堂附属学校开讲，却又卷入与教堂牧师爱女埃洛伊丝（Heloise）的恋情而身心同受重创（1118），被迫成为修士[②]。此后他继续写

---

① 守尔顿的两卷本《经院人文主义与欧洲之整合》即Southern 1995-2001是对经院哲学的整体论述，包括其历史、发展、理念与主要人物等等；至于更宽广的背景则见Copleston 1972以及Colish 1997。

② 这段惊心动魄、荡气回肠的恋情在中古极其有名，埃洛伊丝后来入女修道院做院长，其与阿伯拉的情书集亦成为西方爱情文学的经典。

作、讲学，成为风靡欧洲年轻学子的大师，但在学界敌人特别是保守的西多修道院（Cistercian Monastery）创院院长巴纳德（Bernard of Clairvaux，1090—1153）攻击下，他的学说在1121年和1140年两度在宗教大会（council）中遭到正式谴责（condemnation），最后仅由于克吕尼修院院长的一力维护，他方才免于被逮捕和关押命运，得以在修院度过余生[①]。其实，阿伯拉以其思想、口才之锋利而疯魔学子，但他的学术根基仍然是波伊提乌所翻译的两三种亚里士多德和波菲利的逻辑著作，即历代相传的"旧逻辑"：他与阿德拉同时，所以还不是能够享受翻译运动成果的人。

阿伯拉最重要的著作是《基督教神学》（*Theologia Chritiana*）和《是而非》（*Sic et Non*），它们大致成书于12世纪二三十年代，前者是他通过文法与逻辑的研究对基督教教义的重新阐释，其中有关历来争议最多的"三位一体"教条之新解最受攻击，亦是他后来受教会谴责的导火线；后者在近代最有名，它是一部历代教父、神学家对各种问题见解的庞大汇编，以及作者就抵牾意见所提出的解决。此书突出了经院哲学的两个特点：首先，是从权威性传统文献全面撷取重要片段，即所谓"撮要"（*sentences*，extracts），然后按照作者所设计的系统分门别类，加以汇集，以便检索；其次，则是运用逻辑来深入辨析、解剖有关同一命题的相反意见，以披露其症结所在。这也就是建构"系统神学"的基础工作。它并非阿伯拉所发明：安瑟姆所开创的拉昂学派在长时间讲学中留下的《金石言》（*Pancrisis*）和《圣经注疏》（*Glossa Ordinaria*，这要到12世纪末才完成）就是这种系统建构的先声，而阿伯拉曾经受教于安瑟姆和香普威廉，深受他们的影响。另一方面，《是而非》受教会谴责之后虽然销声匿迹，却仍然留下大量手卷，足证当时它在继续流传，有极其广泛的影响力。在此书之后即12世纪中叶出现的彼得隆巴德《撮要汇编》和格拉提安《诏令》就都是以之为模范，那是没有疑问的。

沉实稳健的编纂家

彼得隆巴德（Peter Lombard，1095—1160）是意大利北部隆巴德地方人，先后在博洛尼亚和法国兰斯就学，一直到不惑之年才通过老师奥度主教

---

① 由于他的崭新学风与在年轻学子间的巨大号召力，阿伯拉在某种意义上可以被视为巴黎大学的创办人。这观点以及他与巴黎大学雏形的关系，见Compayré 1969（1893），特别是Chs. 1，2；至于他的事迹见下列传记：Clanchy 2002；有关他学术的评述以及与教会特别是巴纳德的冲突，见Southern 1995–2001，ii，Chs. 7，8。

（Bishop Odo of Lucca）和上述巴纳德院长推荐，到巴黎圣母院大教堂学校开讲（1138）[1]。他为人沉实稳健，得此良机就连连擢升，二十年间从座堂神父、助祭、主助祭、主事一直做到巴黎大主教（1159）。同时他以十余年工夫（约1145—1158）完成了不世功业，即是以老师奥度的神学《文献汇编》（*Summa Sententiarum*）为基础，参照阿伯拉《是而非》和格拉提安《诏令》，编纂出庞大周密的四卷《撮要》（*Sentences*），这迅即成为中古神学最权威的典籍和教科书，相沿数百年不替。

彼得并非原创性学者，甚至他撷取的古代文献也往往是从其他汇编转引得来，然而他的《撮要》却具有无可替代地位，这主要是基于以下几个原因。首先，它包含了五千余段重要文献的撮录，自教父著作、教会会议文件以至教皇书信、诏令等等，靡不网罗，因此具有神学全书性质。其次，它的结构清晰合理：首卷关乎上帝本质，特别是"三位一体"教义，次卷关乎上帝所创造的世界，第三卷关乎耶稣降生及其教训，第四卷关乎教会仪礼即"圣事"，每一卷都条目井然。最后，不但每段撮要都附有作者的简明注疏，而且关于每项教义还有综述。

在12世纪上半叶，建立在隆巴德《撮要》和拉昂学派《圣经注疏》这两部庞大、精密典籍上的神学体系无疑是风靡学界的新追求。但我们不可忘记，翻译运动此时也进行得如火如荼，到了世纪之末，欧洲就将为古希腊和阿拉伯科学、哲学典籍的巨大浪潮所强烈冲击。这两个好像密切相关其实底子里大不相同的领域——经院哲学和科学，将会很自然地成为巴黎大学课程的核心，并且在彼此之间产生微妙互动乃至冲突。

从修道院到座堂学校

所谓"大教堂"或"座堂"（cathedral）就是主教"座位"（*cathedra*）所在的教堂。罗马教会的早期领袖有不少是罗马贵族，所以教会本身也沿袭罗马帝国行政组织，"主教"相当于驻节主要城市的地方行政长官，他有责任管辖治下"教区"（diocese）——这不但包括举行日常和特殊宗教仪式，而且区内民众一应婚丧嫁娶、遗嘱继承、宣誓契约，乃至教育宣谕等"民事"行政和审裁也向来视为教会管辖范围。显然，主教必须有众多经过长期教育、训练的教士来协助处理"主教府""座堂"和教区辖下众多"牧区"（parish）的事务。

---

[1]　有关彼得隆巴德见Southern 1995–2001，ii，Ch. 9。

因此，从很早（不晚于奥托大帝时代）开始，座堂就已经设立学校以作为教士培育机构，这些学校后来也慢慢开放给教士以外的学子。本来，在所谓"黑暗时代"，西欧学术主要保存于修道院，这不但因为它一般位于郊外甚至荒野险阻之地，力求与外界隔绝，不受战乱纷争干扰，而且它资源充裕，一般有藏书室、抄写间等设备，修士在祷告、诵经、冥思之余，还有余暇从事阅读、编纂、著作。然而，修道院本是为了虔修，在此前提下学术发展自然有极大限制。更何况，修道院的封闭环境也只鼓励经典的传授、记诵，而不利于新思想传播和不同观念之激荡折冲。因此，很自然地，当十一二世纪新思潮风起云涌之际，处于大城市而能够轻易感受时代气息的座堂学校就迅速取代修道院，成为学术中心。

当时在法国北部平原出现了许多繁荣的城市和相应的座堂学校，像兰姆、拉昂、夏特尔、图尔和巴黎是其中最有名的，而且各有相当悠久的学术渊源。例如，我们在本章开头提到的热尔贝就曾经在兰姆座堂任主事和学校教授——在其初，这两个位置往往连在一起，而且每所学校只由一位教授负责。像他与富尔伯特、贝伦加尔、拉法朗等四代师徒所形成的学统，可以说是座堂学校体制的重要基石。但和巴黎大学关系更密切的，是前面提到过的安瑟姆和劳尔夫（Ralph）兄弟，他们在学术上并无突出成就，但在1070—1130年这六十年间，坚守拉昂座堂学校，勤恳任教，风雨无间，建立了系统神学的传统，也造就了大量人才，其中在11世纪末到巴黎圣母院座堂出任主助祭和教授的香普威廉就是巴黎第一位名学者。至于曾经师从安瑟姆和威廉的阿伯拉，以及其后的彼得隆巴德，则无疑是令巴黎在12世纪如日中天，超过所有其他城市，而成为法国乃至欧洲学术中心的重要动力[①]。

从座堂学校到大学

巴黎大学是从圣母院座堂学校蜕变而来的，在学术上以"文科"（arts）和经院哲学（scholasticism）、神学为中心，在组织上以教师（master）为主。这是日后所有"综合型"大学的前身，诸如英国的牛津、剑桥，德国的

---

① 安瑟姆及其弟劳尔夫在拉昂座堂学校任教总共六十年之久，他以谨慎、正统著称，造就弟子无数，其中香普威廉是声名最著者。拉昂座堂学校所代表的是卡洛林帝国时代旧传统，这与巴黎座堂学校恰成对比；安瑟姆则是此传统最后一代，所以被守尔顿称为"未来教授的教授"；阿伯拉则是新一代教授的前锋。有关此转变见Southern 1995–2001，ii，Ch. 2，并见p. 404 n. 3。

科隆、海德堡等大学都以它为原型①。它和博洛尼亚大学一样，也是在12世纪"自然地"发展而来，而并非人为设立；而且，在其初也是由香普威廉、阿伯拉、彼得隆巴德等少数杰出学者吸引大批学子，从而触发其蓬勃生长。但为什么在众多座堂学校之中巴黎能够脱颖而出，吸引著名学者和大批学生呢？这可能因为它位置居中，交通便利，物资充裕，周围有大量土地可供扩展，而且，除了市内的圣母院座堂以外，还有塞纳河南岸的圣维克多（St. Victor）和圣热纳维耶芙（St. Geneviève）等"城市化"的修道院与之鼎足而三，因此有可能容纳大量远道而来的学生以及众多相互竞争的教授。正所谓"有容乃大"，巴黎是整个法国的心脏区域，容量也就远远超越如拉昂或者夏特尔那样的城市。但也许更重要的是法国王室政策：当时卡佩王朝刚刚取得政权未久，它所能够直接控制的区域实际上只不过是巴黎弹丸之地，其外则强悍侯国环伺，因此每当大学与主教或者市政府冲突的时候，王室总是维护学者的权利和自主。这开阔心胸和远大眼光恐怕才是巴黎大学飞跃发展，超越其他座堂学校的根本原因②。

"教授大学"的形成

巴黎座堂学校在12世纪初还是默默无闻，但香普威廉为它带来了声誉，阿伯拉和威廉的激烈竞争更造成同一城市有两位教授，以及课程可以开设于座堂以外地点的先例，来巴黎就学的外地学生数目因此大幅度上升。到了1140年，巴黎已经有12位教授同时开讲，远远超过其他主要座堂学校如拉昂和夏特尔。事实上早在1127年巴黎主教就已经被迫禁止外人在圣母院讲学，其后课室更不断向附近扩散，同时讲授的课程也从传统的文法、逻辑转向神学和经院哲学。所以，巴黎大学的出现是和学生数目的增加、课程的发展，还有学制的形成分不开的。所谓学制大概是在1150—1170年间逐渐形成，基本上指学生修业期满，经过教授出具证明，可以得到圣母院主事（chancellor）颁发"授课资格证书"，并且举行称为"inception"（即今日所谓"commencement"）的盛大就职仪式以公开宣扬其资格——日后的大学毕业典礼即由此蜕变而来。这一制度为学生晋身教授行列提供了正规途径，

---

① 罗舒道尔的《欧洲中古大学》第一卷对巴黎大学的起源、历史、体制、各学院（包括Faculty 与College）状况等等都有极详细论述，见Rashdall 1958, i, Ch. 5, pp. 269–584。
② 有关法国王室优待大学政策的讨论见Bender 1988, pp. 22–43。

也为教授和学生数目急速增长打开了闸门。同时，通过教宗和国王的特殊照顾，大学自主权也在逐步扩大。1179年教宗亚历山大三世颁令，规定座堂主事必须颁发授课证书予所有合资格的申请者，而且绝对禁止为此收费。到1200年，在发生一起人命伤亡的学生与市民冲突事件后，法王腓力（Philip Augustus）不但严厉惩处为首的官员和市民，而且赋予学者特权，使他们免受民事（无论是市府或者王室）管辖，而只受更宽大的教会法管制——也就是将"教士"特权赋予整个大学社群，并且颁令巴黎总监（provost）在就任时须宣誓保护此特权。为了方便，这一年就被定为巴黎大学的起点。

不过，在此起点上的所谓大学，其实仍然只是教授和学生的松散集合体，不但其地位仍然远远未曾确定，甚至也没有明确组织形式。巴黎大学之真正成为法人（corporation），并且确立高度自治（甚至接近于独立）地位，是它在整个13世纪与周围所有建制力量——市府、王室、教会多次激烈抗争的结果。换而言之，它只是在显示出足够强大的力量来支撑其所追求的独立性之后，才终于在建制中获得彻底承认和稳固地位。

与建制的长期抗争

在这长期抗争中，大学主体是受到学生支持的教师协会亦即"教授公会"（*consortium* of masters）。抗争大体上经过了三个阶段。第一阶段历时大约十年（1210—1222），对手是圣母院主事和巴黎主教，"战场"主要在教廷，冲突焦点是大学的法人地位，以及地方教会是否仍然可以对大学（在他们眼中仍然是座堂学校）行使传统管辖权。具体抗争内容包括：教授是否必须宣誓服从座堂主事，何者具有颁发"授课资格证书"最后决定权，教授公会是否有权使用共同印信，制定本身法规，选举负责人，以及派遣代表到教廷进行申辩、诉讼等一系列重大问题。至于结果则是：由于历任教宗的支持，大学获得了有限度胜利——也就是说主教再无法强制行使管辖权，象征主事权力的监狱被勒令撤销；然而，大学的选举和印信仍然为教廷禁止。

第二阶段冲突（1229—1231）起于学生闹事，巴黎总监强硬镇压导致学生丧生。学生的气焰之高涨使得巴黎主教、教廷代表（papal legate）和国王三方面联合起来与大学对立。冲突发展至如此严重局面，教授公会就只好使出最后武器，即仿效博洛尼亚的策略，宣告大学解散（dissolution），教师、学生也真就各散东西。僵持一年之后，由于教皇仍然支持大学，而巴黎在声誉和经济上则大受打击，国王被迫软化，总监受到惩处，1231年的连串教皇诏令也再次限制主事和主教的管辖权限，并增加大学自主权，包括承认它所选举的代表。除此之外，圣热纳维耶芙修道院（它不受主教管辖）也获得了颁发授课执照的权利，从而打破圣母院主事的独占权。

第三阶段冲突（1252—1261）最为严重与艰苦，它来自意想不到的新方向，即是刚刚出现的多米尼加修会（Dominicans，成立于1217年）与方济各修会（Franciscans，成立于1230年）。当时历史悠久的克吕尼派和西多派修院已经由于过分注重既得利益而失去朝气与动力，他们的退隐理念也不再适应迅速城市化的社会。新兴的这两个所谓乞讨派（mendicant）或者游方修士（friar）修道会则秉志高洁，一意以服务、教化群众为念。多米尼加派尤其注重新兴学术，甚至以博洛尼亚和巴黎这两个大学城为修院中心，并且另行开设大量学校以培训人才。然而，这些修士在巴黎神学院中成为教授之后却自认为具有特殊身份，拒绝宣誓无条件服从大学法规和指示，这就产生了不可调和的巨大冲突，因为大学整体的力量正是建立在其个别成员的完全、无条件服从之上。故此大学通令所有教授、学生杯葛修士的一切学术活动。在冲突之初，教廷倾向于调停争端，但1254年登基的教宗亚历山大四世（Alexander IV，1254—1261年在位）却完全倾向于修会，发出连串压制大学的诏令，于是大学再次被迫宣告自我"解散"作为抗争对策，同时消极抵制接纳修士的诏令。不过这并不完全成功，因为在大学解散后，个别学院、教师仍然照常授课。这对抗前后僵持了七年，直至新教宗乌尔班四世（Urban IV，1261—1264年在位）登基才获得解决，表面上大学被迫对修会作出让步，但其基本立场和实质要求则得到确认。而且，大学还在不断发展和壮大之中，半个多世纪之后（1318），它重新要求修士教授宣誓服从大学法规时，就再也没有遭到反抗了。

体制上的发展

巴黎大学的内部体制发展与上述抗争同时进行，最后结果与博洛尼亚大学相似，但两者也有主要分别：首先，由于传统影响，在巴黎大学势力最大的是文学院和神学院，而非法学院；同样重要的是，大学主体由教授而非学生组成。

在12世纪末期，即在学者获得国王颁布特权之前，巴黎大学的文学、法学、医学、神学四个"学院"就已经齐备了。四院之中讲授基本课程的文学院虽然名为"初等学院"（inferior faculty），却最重要，因为它人数众多，力量最大，所以共同选举出来的"院长"（rector）后来被承认为代表全大学，最后成为大学校长。文学院的众多学生根据乡土分别属于法国（包括南欧）、英国（包括德国）、皮卡第（Picardi）、诺曼底等四个不同"国族"，各自选举称为"procurator"或者"proctor"的代表，这后来成为大学的学生监督。文学院毕业生就是"文科教授"（master of arts），一般有义务视乎大学需要留校任教两年，这些称为"任事教授"（regent master），以区别于取得资格但并不授课者。

学生获得文科毕业资格后才可以进"高等学院"研修法学、医学、神学等专业课程。在这三者之中神学院最为重要，它不但有悠久传统，而且是罗马教廷所全力培植的学科；至于法学院则规定只准许教授"教会法"（canon law），到很后期才准许开设"民事法"（civil law），这是罗马教廷为了维护教会影响力所采取的特殊措施。从这一点也可以窥见，大学通过激烈对抗而争取的自主权主要是在管辖权方面，对于学术自由却并不那么重视，事实上是承认教廷权威的。然而，那也只是在重大问题和形式上如此，在实质上主教乃至教廷对于大学所讲授的具体科目和课程内容仍然无法控制，下一章所谈到的亚里士多德哲学之"禁而不止"就是最好的例子。专业学院各自选出的代表称为"dean"，这后来成为各院院长。原则上各学院可以自行制定法规，但大学整体法规则凌驾于学院法规之上。

在学院之外，还有所谓"书院"（college，它往往亦被翻译为"学院"），它起源于教会、君主、主教、贵族等通过财产捐赠而设立的组织，目的在于为具有特殊资格或者身份的学生提供宿舍、补助金、奖学金等等，在其初并没有教育功能。这体制大致在13世纪中叶即第二次抗争胜利之后确立，到1500年书院已经达到六七十所之多，它们的历史、组织、法定地位、与大学的关系等是个复杂问题，我们在此不进一步讨论。如上一章所说，以书院资助贫寒学生，以及颁授学位作为授课资格凭证的体制，大概起源于伊斯兰世界的"高等学院"，后者同样是以慈善捐赠为基础的社会教育体制，而且从头开始就具有颁发文凭的权威。这是和伊斯兰教基本理念密切相关的，因为在其中个人可以直接与先知沟通，而并不如基督教承认有组织教会的权威[①]。

---

① 此说详见Makdisi 1981以及Makdisi 1990, Pt. I, Ch. 3。

八、大学体制的扩散

就体制而言，欧洲其他大学都是以博洛尼亚和巴黎为原型，或者是由它们所直接衍生。例如牛津大学很可能是由巴黎大学衍生，而剑桥大学则肯定是由牛津所衍生。这样，大学就在欧洲各国散播开来，逐渐成为普世性教育与学术体制。这从它们数目的增长可以清楚看出来。最早期的大学出现于十二三世纪间，在此时期之末即1300年总共有15所，其中法国和意大利各5所，西班牙3所，英国2所。到了1378年基督教会大分裂（The Great Schism）的时候，这数目几乎加倍，增加到27所，新增的主要在东欧，特别是布拉格和维也纳，以及意大利北部和法国南部。到中世纪末即1500年它的总数再次加倍，增至62所，其中最显著的新增是北欧、德国、瑞士和苏格兰的17所，以及西班牙、法国中南部和北意大利的将近20所。粗略地说，大学体制是以博洛尼亚–巴黎为轴心，向西南（西班牙、法国中南部）和东北（德国与东欧）两个方向扩散，大学的总数在两个世纪间翻了两番[①]。

那么这些大学的规模如何呢？根据罗舒道尔的估计[②]，博洛尼亚和巴黎大学在最鼎盛而没有多少竞争的时期，每校学生也只在6000—7000人之间，至于牛津则在1500—3000人之间。但在15世纪随着大学体制的扩散，每所大学的学生人数相应下降，可能只有上述的一半了；至于其他新设立的大学规模自然更小，大约在200—1000人之间，而能够接近或者达到1000人的，只有布拉格、维也纳、科隆等少数。倘若粗略估计每所大学平均为500人，那么全欧洲大学生便应当在30000人左右，每年文科和高等学院毕业生大约达到6000—8000人，从长期来说，这对于欧洲文化与专业应该能够产生相当大的冲击。

牛津大学的起源

英国最古老的大学为何在牛津出现？这问题颇有争议，其中一个很有吸引力的观点是，它起源于英国国王亨利二世与坎特伯雷大主教贝克特（Thomas

---

① 以上数据是根据Ridder-Symoens 1992，pp. 69-74的大学地图计算，大学数目分别以1300年、1378年以及1500年活跃的大学为准，也就是说地图所示创办后停办，或者其活动不确定的那些大学不计入。此外Compayré 1969（1893），pp. 49-52也列出13—14世纪大学名单，这与以上的征引有细微出入，主要因为有些已经设立的大学其后又停办了。

② 见Rashdall 1958，iii，Ch. 13。

Becket，1118—1170）的著名争端。后者出亡法国并且得到与教皇站在同一阵线的法王路易七世收容、保护，因此英王亨利于1167年愤而召回巴黎大学的大量英国学生和教授——自然他们也可能是为法王所驱逐；这些学者随后聚集在牛津郡讲学，从而发展出英国第一所大学。这观点曾经受到挑战，但以下两点是可以肯定的：在12世纪之初牛津已经有相当活跃的学校，它们并不受任何教堂或者修道院管辖；这些学校之发展成为具有许多教授和课程的"大学"（*studium generale*）则是在1170—1180年间，即国王亨利和大主教贝克特发生争端之后数年的事情[①]。

无论如何，牛津大学的发展很早，模式与巴黎相似，虽然国际性有所不及，但声望也可以相比[②]。它作为大学初次见诸史籍记载已经是1209年，当时有女子为学生所杀，国王约翰批准处死两个学生，从而导致大学"解散"，据说离开牛津他往的学者竟达到3000人之众。他们有相当部分迁移到剑桥继续讲课，由是促成英国第二所大学即剑桥大学的出现。但直至15世纪中叶，剑桥的发展还是非常缓慢，学生数目、体制建构、学术水准和声誉都远远无法与牛津相比。后来剑桥之所以能够赶上老大哥牛津，主要是因为牛津大学当局大力支持与教廷直接对抗的威克里夫（Wyclif）运动，这使得它与教会和王室之间出现严重分歧，其影响力由是下降，遂令剑桥得以乘时崛起。

牛津的"解散"正值英王约翰和教皇英诺森三世为了坎特伯雷大主教的选举而激烈对抗，到1213年约翰终于全面向教廷屈服，翌年教皇特使驾临牛津大学颁布法规，为学生平反，并且赋予大学一系列特权，大学从而获得法定地位。事实上，在此之前牛津大学的管辖权是很不明确的，甚至可以说是个谜。这是因为牛津属林肯教区，牛津本地并没有"座堂"，所以也没有主教或者助祭。上述法规首次提到，要由林肯主教或者该座堂的主助祭、主事来管辖大学，但牛津距离林肯将近200公里之遥，管辖权如何实施仍然是问题。格罗斯泰特是牛津毕业生，后来做到林肯主教，他是牛津大学首届校长（1214—1221），但所公布的名衔却只是非正式的"学长"（*Magister scholarum*），而并非"chancellor"或者"rector"。在他之后大学似乎是自行选出"监督"再呈请主教委任——到后来这完全成为具文。无论如何，牛津大学的监督是由大

[①] 这理论是Rashdall在他的巨著中所提出，见Rashdall 1958，iii，p. 29n. 2的综合说明，那是该书1936年再版时由修订者所附加。

[②] 罗舒道尔对牛津大学的起源、历史、发展、体制有详细论述，见Rashdall 1958，iii，pp. 1–273；同书pp. 274–324是对剑桥大学的论述。

学内部产生，他在名义上是主教代理，实际上则全然以大学利益和意志为依归。因此在法理上牛津和巴黎有极为基本的分别：前者的"监督"就是它的"首脑"（head）；后者的"监督"却并非大学一分子，而往往是带有敌对意味的外来力量。这一差别使得牛津在重大问题上容易团结一致。14世纪末的威克里夫反教廷运动之能够以牛津大学为中心，并且历久不衰，就是最好的例证。

最后，"书院"（college）是牛津和剑桥体制很重要的一部分，也可以说是其特色。它和巴黎大学书院的起源大致相同，但是后来的发展却有巨大差别。巴黎大学可以直接干涉、管辖书院，甚至变卖其财产，因此书院不啻大学整体之一部分。在牛津、剑桥则各书院都是独立法人，它的"院士"（Fellow）有全权管理书院财产与事务，而且具有"受托人"（trustee）身份来处理房屋、财产等重大问题。这高度独立性使得这些书院得以维持它们的个别性与特色至今[1]。

欧洲其他大学的发展

除了牛津这一早期特例以外，博洛尼亚和巴黎的成功典范从13世纪初开始，也散播到整个欧洲，特别是意大利和法国[2]。如上一节所说，博洛尼亚学生在1222年集体离城出走，迁徙到邻近的帕多瓦，后者的法律学院因而蜕变成为大学。而且，由于它位于富庶和急速发展中的威尼斯附近，所以能够不断扩张，成为最有名望的意大利大学之一。其他意大利大学出现于十三四世纪间，它们都偏重法律和医学，文科不受重视，神学更处于边缘位置。这些大学可能是由学生迁徙所衍生，也可能由城邦或者政府主动设立，但全属于"学生大学"类型。然而，到了15世纪，随着"带薪讲座"逐渐增加和变得日益重要，掌握财权的城邦政府在不知不觉间控制了大学行政，特别是教授的遴选和委任。不过，这权力转移过程是由城邦主导，教授和地方教会始终没有发挥作用，这是意大利型和英法型大学的一个最基本分别。

在巴黎以外的法国大学有多种类型。法国南部（当时还不属法国）的蒙彼利埃（Montepellier）大学和萨莱诺一样，也起源于独立的医学院，它在

---

[1]   有关这两所大学的书院，包括其个别书院的历史，见Rashdall 1958, iii, pp. 169–235, 293–324。

[2]   有关博洛尼亚、巴黎、牛津、剑桥以外欧洲各国其他大学的论述，见Rashdall 1958, ii。

十二三世纪名声极盛，但从15世纪开始就随着该城的政治、经济一同衰落了。离巴黎不远的奥尔良（Orléans）大学在1235年以后成为最重要的法学中心，最可能的原因便是教皇在1219年为了维护神学而颁令禁止巴黎大学教授民法，而巴黎大学在1229—1231年间出现解散风潮，因此有大量法学家迁移到奥尔良。但他们仍然颇受当地主教压制，一直要到1320年才再度以"迁徙"抗争方式获得有限度自主权。法国西南部的图卢兹（Toulouse）大学则是由教廷和王室联合颁令成立，主要目的是发扬正统教义，因此最注重神学。整体而言，这些南部大学和巴黎几乎背道而驰：它们都不注重文科，除了少数例外，几乎都以法学、神学为中心；而且在相当程度上都还受当地主教管辖，自主权不大；校内权力大体由教授和学生共享，前者才能担当"rector"和"proctor"等职务，但后者有选举权。

　　至于西班牙和德国大学，则都是由国王或者神圣罗马皇帝颁令成立，而并非"自然成长"。西班牙最著名的萨拉曼卡（Salamanca）大学早在1227—1228年就成立了，但德国与北欧大学却出现很晚，像科隆的学堂虽然在13世纪中叶就已经有大名鼎鼎的教授如大阿尔伯图（Albertus Magnus）任教，但它发展成为多学科的正式大学是1388年的事情；至于著名的布拉格（Prague，1347—1348）、维也纳（Vienna，1365）、海德堡（Heidelberg，1385）等大学也都是14世纪中期或者以后方才出现（§11.2），比起早期大学晚两个世纪。这多少说明，当时中欧文化比较落后，有很长时期学子还是必须往南方求学。

＊　　＊　　＊

　　9世纪的阿拉伯翻译运动与12世纪的拉丁翻译运动分别导致了伊斯兰与中古欧洲的科学萌芽与发展。令人迷惑的是，伊斯兰科学在12世纪之后开始萎缩，在15世纪之后陷入停滞和衰落，但欧洲的中古科学从13世纪初出现之后虽然一度遭到挫折而中断，却在不到百年间就再度活跃起来，然后一直发展下去，以迄17世纪发生现代科学革命。这两者为什么会有如此截然不同的命运？我们在上一章末将此归结为欧洲大学与伊斯兰高等学院在理念上的差别：前者秉承古希腊重智传统，发展成为以传授、发现知识为主的多学科学术中心；后者比前者虽然出现更早，甚至在某些方面是欧洲大学的先驱，然而它始终为保守的伊斯兰传统所笼罩，不能够脱离宗教法理学的范畴。因此，欧洲大学至终蜕变为可容科学安身立命的家园，大学的扩散意味着科学在全欧洲生根、开花、结果[1]；伊斯兰科学则自始至终是君主、藩王、贵族所鼓励、赞助、扶持的学问，在一般高等学院中并无稳固地位——即使它后来成为正规课程的一部分，也只是占很轻的分量和地位，没有发展余地。9世纪之初马孟所发动的"正统运动"失败对伊斯兰科学是个不祥之兆，意味着它至终无法在高等学院也就是社会上繁荣滋长。所以，归根究底，欧洲大学的活力与发展历程，恐怕还是要回到西方文化源头，即希腊哲学与科学传统、罗马法律传统，以及这两者对于后起的基督教之深刻影响，甚至可以说是无形中的塑造琢磨之功，才能够得到了解。

---

[1]   对于欧洲中古大学是环绕着重智的基本精神发展这一点，见维尔泽下列论文：Jacques Verger, "The First French Universities and the Institutionalization of Learning: Faculties, Curricula, Degrees", in Van Engen 2000, pp. 5–19。

第十章 中古科学：
实验精神与动力学

欧洲的主旋律在11世纪是教皇革命和军事扩张，在12世纪是翻译运动、经院哲学和大学出现，在号称"中古盛世"（High Middle Ages）的13世纪则是教会权威和神学登峰造极。然而，那也是欧洲科学销声匿迹七百年之后再度兴起的世纪。它从萌芽以至现代科学出现还有漫长的五个世纪（1200—1700），其间为黑死病肆虐和英法百年战争从中分为中古（1200—1400）和近代（1400—1700）两个时期，本章先讨论前一时期。

中古科学是受亚里士多德典籍与观念笼罩的，以"实验科学"为主，具体而言，就是光学和力学，这在亚里士多德体系中属于"月球下"（sub-lunar）亦即"地上"现象，与亚历山大传统中的数理天文学属于完全不同范围。然而，中古科学与古代亚里士多德科学有个基本分别：它不再用目的论来"解释"地上现象，而试图用数学（虽然只是很粗浅的数学）来"计算"这些现象，也就是要将亚历山大科学家的量化精神引入"地上科学"。这是重要转向，因为地上现象向来被视为关乎纷扰杂乱的"观感"（sensible）事物，因此并不服从严格规律，也无法用数学计算。中古科学则改变了这个观念，从而将科学引导向崭新方向。事实上，十六七世纪的光学、解析学和动力学三方面都可以说是继承中古科学而来，最少是深受其影响的[1]。

---

[1] 格兰特（Edward Grant）的《现代科学在中古时代之基础》即Grant 1996是简明、全面的中古科学概观，对科学从中古转变到现代的关键有深入讨论，但此书仅及于动力学及相关问题。Grant 1977为作者早期同类作品，虽然观点较陈旧，亦扼要可读。至于克伦比的两卷本《从奥古斯丁到伽利略》即Crombie 1961则是较详细的中古及近代科学史，覆盖面颇广，及于数学、光学、磁学、炼金术、化学、生物、医学等其他方面，正可以补格兰特之不足。中古科学的研究以20世纪初的迪昂为先驱（见以下第二节），比他稍后有桑达克的八卷本《魔法与实验科学史》，其中前三卷资料对于本章至为有用，见Thorndike 1923–1958, i–iii。有关中古力学及光学的原始资料与论述，则分别见下文所引克拉格特（Clagett）、林伯格（Lindberg）与格兰特等的专著。

　　为什么科学在沉寂七百年之后，竟然能够在中古欧洲再度萌芽和发展？毕竟，当时基督教信仰已经成为时代精神，而那是和科学所需要的理性、客观心态截然相反的。这是个相当复杂的问题。当然，我们可以说，通过罗马帝国末期的编纂工作，古代学术光辉成就仍然在思想底层发生作用，而且逻辑与科学已经成为经院哲学的基础，亦即通往神学的必经之路，从而保证了科学在大学中的生存和发展。换而言之，古代"侍女"观念继续在中古发生作用。

　　然而，这不可能是全部答案，因为在大学中教授的科目往往沦为注释记诵之学，并不见得就会导致创新。例如，古希腊科学在东罗马帝国的学校一直讲授不辍，在奥图曼帝国的高等学院也同样是基本课程的一部分，但经过了多个世纪，它始终没有在这两个体系中产生任何重大发展。更何况，从13世纪开始，基督教教义与自然哲学之间的矛盾日益明显，从而导致教会与大学之间的长期角力，最后甚至发展成为激烈的直接冲突。不过，这仍然没有影响自然哲学的蓬勃发展。因此，欧洲中古科学背后必然有极为强大的推动力，令它能够克服学院课程的惰性，激发在大学门墙以外的发展，更能够冲破基督教会的压制和规限。

　　这动力到底从何而来是个非常不容易回答的问题。我们在下面将会看到，它可能有三个不同方面的解释。首先，是由于古代传统那么强大，它的丰富、奥妙一旦被意识到，就会产生自然的吸引和激励作用，这见之于中古早期几位主教、教士、商人科学家自动自发的热心探究，以及他们在光学、力学、天文学、炼金术等各方面为接续旧传统所作出的巨大努力。其次，则是长程贸易的巨大需要激发了磁学和地图学的进展，由是导致实用科学的萌芽，和一种崭新的、与古典科学不相同的科学精神之兴起，这虽然很微妙，很不容易觉察，至终却会对科学革命产生决定性影响。最后，基督教本身对于科学也可能有意想不到的促进作用。大阿尔伯图是科学家也是教会领袖和渊博的神学家，他不但强调自然规律的存在，而且认为这是上帝运转世界的方式，发现此等规律适足以彰显上主大能（§10.4）。这一思想成为后代许多科学家努力探索自然奥秘的原动力，开普勒和牛顿只是其中最明显的例子而已。在此意义上，我们可以见到毕氏教派与科学之间的亲密关系重现于基督教的科学观。这也就是为什么中古科学家来自不同国籍、不同阶层家庭，身份可以是大学教授，却往往同时是教士、神学家、主教，甚至大主教。这多少说明，从13世纪开始，科学亦即自然哲学和基督教一样，已经同样是欧洲国际文化的一部分，而大学则是其滋生温床①。所以，要了解欧洲中古科学，必须从基督教会开始。

一、从奋进到分裂的教会

欧洲的12—14世纪是基督教的高潮，也是其至高理想得以实现的时期，宗教精神几乎笼罩一切。这理想见于安德烈（Andrea da Firenze）所绘14世纪壁画《奋进和胜利的教会》（*Church Militant and Triumphant*），它生动地描绘了当时基督教观念中的世界秩序：画上方是天使天军环绕的天主，下方居中是教皇，左边是皇帝和君主，右边是修会领袖和主教，前面是芸芸众生；画右方有圣多尼米（St. Dominic）在传教，圣多玛（St. Thomas）在辩论，还有圣彼得指挥狗群撕裂异教徒！此处所谓"奋进和胜利"所指，是基督徒在世时奋斗，死后得以顺利进入天堂的理想，但也隐含更现实的具体意义，即早期基督徒在迫害下奋斗不屈，教会在中古早期的宣道与感化工作，以及"教皇革命"迫使世俗君主承认教会和教皇无上权威。至于由此所建立的人间秩序应当以罗马教会为中心，其实早已经由奥古斯丁在其《上帝之都》（*City of God*）提出来，而这秩序是要用力量，包括以圣多尼米和阿奎那为代表的性灵力量和以圣彼得为象征的政治力量来维护的②。

罗马教会权威和力量的变化恰好以分别处于这个时期（1100—1400）首中晚三段的三位教皇，即格里高里七世、英诺森三世（Innocent Ⅲ，1198—1216年在位）和卜尼法斯八世（Boniface Ⅷ，1294—1303年在位）为代表。上一章提到，格里高里七世是教会振兴者，他所发动的革命使得教皇权威直追甚至凌驾于神圣罗马皇帝之上。后来"授职权之争"以妥协结束，它宣告主教兼有政教功能，所以须为皇帝与教皇双方所接纳，但这只不过是更大规模权力斗争的开始。在英国，英明有为的亨利二世颁布旨在控制本国教会的

① 格兰特将"神学家－自然哲学家"的出现列为（现代）科学革命的三个先决条件（preconditions）之一（翻译运动和大学兴起是其他两个），足见他对此的重视，见Grant 1996, pp. 171–176。此外他对东罗马帝国、伊斯兰文明以及中古欧洲的科学发展也作了比较，见同书pp. 182–191。

② 奥古斯丁关于现世具有高度等差组织的教会即为"上帝之都"的说法，见Walker 1959, p. 167；但该书所征引的《上帝之都》篇章可能有误。关于教会的力量，卜尼法斯八世有所谓教会"双剑"之说，即"心灵之剑"（spiritual sword）由教士直接运用，而"世俗之剑"（temporal sword）则由君主为教会运用，它是要服从教会意志的。

《克伦顿宪章》（Constitution of Clarendon），为此与坎特伯雷大主教贝克特冲突，最后导致后者在座堂大门被谋杀（1170），亨利因而被迫忏悔和撤销宪章。四十年后，由于坎特伯雷大主教继任人选之争，国王约翰与教皇再起冲突，结果在禁制令和革除教籍双重打击下约翰彻底屈服（1213），自甘沦为教皇附庸（vassal），而以英国为教皇所赐封土。

当时的教皇英诺森三世无疑是彼得宝座上最大有为、政治手腕最强的人物。在他任内，罗马教会无论在宗教抑或政治上，权力都达到顶峰：全欧洲教会、主教实际上都受他节制；英法国王在名义上都成为他的臣属；他所发动的第四次十字军东征更洗劫君士坦丁堡和一度覆灭东罗马帝国——虽然这并非他本意。他临终前一年所召开的拉特兰宗教大会（Lateran Council Ⅳ，1215）规模空前盛大，它集中了欧洲所有政教领袖，并且通过了无数极其重要的教条、法规、指令。教皇作为天主在地上代牧（Vicar）这一理想的实现，在他身上无疑是最为接近了。然而，以今日的后见之明看来，英诺森的统治同时也就是罗马教会盛极而衰的开始：他操纵神圣罗马皇帝的继承，然而亲自挑选的"婴儿皇帝"腓特烈二世（§9.4）日后成为教会心腹大患；在和德国霍亨斯陶芬（Hohenstaufen）家族的斗争中，教廷似乎获得胜利，然而许多国家的民族意识正在此时抬头，由之产生的政治力量至终颠覆了罗马教会的"普世性"理想。

教廷的迁徙与分裂

13世纪以教皇英诺森三世开始，以悲剧性亦复不乏滑稽色彩的卜尼法斯八世告终，这是罗马教会在民族力量冲击下盛极而衰的最佳象征。冲击开始于1282年的"西西里晚祷"（Sicilian Vespers）事件。当时教皇已经完全击溃霍亨斯陶芬家族力量：其苗裔康拉丁（Conradin）被捕获和斩首（1268），家族所盘踞的西西里为教皇所支持的法国安茹公爵（Duke of Anjou）征服，所谓神圣罗马帝国自此名存实亡。然而，由于不堪忍受安茹高压政策，西西里民众却陡然在1282年复活节晚祷时分发难屠杀法国占领军，然后宣告独立，并顽强抵抗教皇和安茹的联盟军队，此后双方冲突演变为旷持二十年之久的战争，最后西西里民众始终没有屈服，双方冲突只能以政治妥协收场，这对于教廷而言，自然是极其难咽的苦果[①]。

---

① 此事件来龙去脉以下专著有详细论述和分析：Runciman 1992。

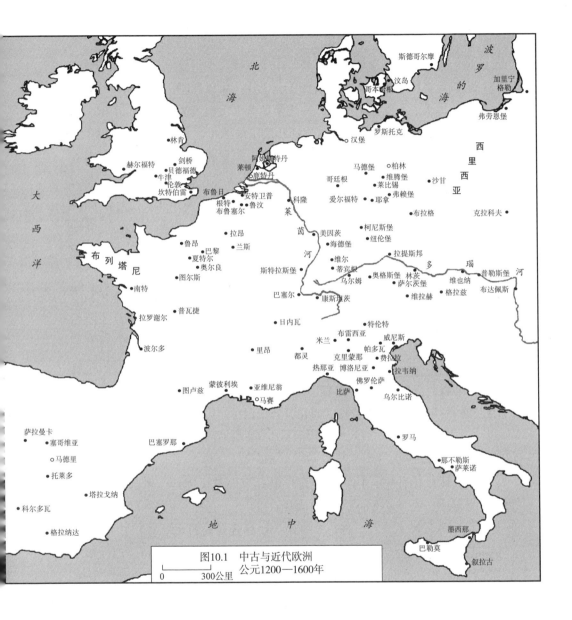

图10.1　中古与近代欧洲
公元1200—1600年

0　　　　300公里

在上述事件还没有完全结束时，教会遭到了更严重，可以说是灾难性的打击。为了争夺地方教会资源，心高气傲的教皇卜尼法斯八世和雄才大略的法王腓力四世（Philip IV the Fair，1285—1314年在位）发生激烈冲突，结果卜尼法斯一度被俘虏，随即含恨而终。由于巴黎是神学重镇，而且法国幅员辽阔，人口众多，本土教会有丰富资源和人才，所以此时法国人在教廷的势力已经极其庞大。卜尼法斯既倒，教廷随即选出法国人为教皇，他不但与腓力四世修好，更索性于1309年将教廷迁往法国南部的亚维尼翁（Avignon）并接受法国庇荫，教皇凌驾于普世君主之上的观念至此彻底破产。教廷最终在1377年迁回罗马，然而其后又分裂为两个乃至三个敌对阵营，直至1417年方才通过神圣罗马皇帝西吉斯蒙（Sigismund）所推动的康斯坦斯宗教大会（The Council of Constance，1414—1417）而得以回归罗马和重新统一，这就是所谓教廷"大分裂"（The Great Schism, 1378—1417）。这百余年斗争、动乱对教廷势力、声望所造成的沉重打击自是无可估量，亦不复能够弥补[1]。

在直接政治碰撞之外，影响更深远的，是具有全民代表性的国会之出现。英王爱德华一世在1295年初次邀请民众代表参与最高议事机构"巴力门"（Parliament），腓力四世则在1302年为了与卜尼法斯抗争而召开"三等级议会"（Estates General），这两个先例在凝聚民族意识和加强王室力量，也就是抗衡罗马教会普世主义上，都起了巨大作用。最明显的例子是，英国议会在1351年和1353年就曾经正式立法，禁止教廷干预任何英国教会空缺的委任。

反教廷思潮与运动

除了具体政治冲击，14世纪也是反教廷思潮与民间运动风起云涌的时期。最早对教廷展开攻击的是意大利政治理论家。亚维尼翁教皇约翰二十二世在1314年卷入神圣罗马皇帝选举争端，这导致意大利文学家但丁（Dante Alighieri，1265—1321）发表《王政论》（On Monarchy，约1311—1318），帕多瓦哲学教授马西利乌斯（Marsilius of Padua，约1275—1342）发表《和平保卫者》（Defensor Pacis，1324）。他们认为，帝国与教廷各有其自然和正当领域，应该互不干涉，而帝国是保障和平与幸福的最佳体制。但丁更详细地列举了教皇所引用来为其干预政治辩护的《圣经》章节，然后加以严厉驳

---

① 以下有关教会历史与胡斯、威克里夫的讨论，分别见Walker 1959，pp. 257–279, 267–274；有关后期经院哲学与反教廷思潮，见Colish 1998，Chs. 23–26。

斥。他们所认定的正当政治权力来源并不相同：但丁认为这在上帝，马西利乌斯则提出，无论教会抑或国家的至终权力都在全民，就教会而言，这权力只能够由宗教大会行使，而且教义的至终根据也只能够是《圣经》。这两本论著影响极大，实际上已经是马丁路德革命的先声。

英国对罗马教会的冲击却来自完全意想不到的方向，即神学家与王室近臣布拉沃丁（Bradwardine）：他的巨著《神因论》（De causa dei，1344）强调上帝时时刻刻的作用，认为救赎来自上主恩慈（grace）而非个人善行（merit），因此持"前定说"（predestination）而否定"自由意志论"（free will），亦即着重个人与上帝的直接关系，而贬抑教会功能，这同样带有强烈的新教色彩。比布拉沃丁有名得多但颇受他影响的是牛津大学另一位杰出神学家和教授威克里夫（John Wycliff，1328—1384）。他从教会的腐败，即其贪财、自私、欺压民众等实际角度展开对教廷和地方教会的猛烈攻击。他所领导的改革运动以牛津大学为大本营，它从14世纪70年代中期开始，后来演变为农民革命即所谓罗拉德运动（Lollard Movement），前后历时二十余年（1376—1399）方才止息。这成为中古第一个有组织、有理想、声势浩大的反体制民间运动。

威克里夫跟着影响了布拉格大学神学家，后来成为校长的胡斯（Jan Huss，1373—1415）。他所领导并且以身殉的胡斯派运动（Hussitism，1402—1436）发展迅速，实际上演变为整个波希米亚（Bohemia）的宗教和政治独立运动。在大部分市民和贵族支持下，它坚决抗拒了所有将之扑灭的企图，从而建立起独立于罗马教廷以外的教会。这教会竟然延续了足足二百多年，直至17世纪才在牵涉整个欧洲的"三十年战争"中覆灭。威克里夫和胡斯的反抗运动或曰革命都带有浓厚民族情绪，所以是与罗马"普世主义"直接对立的。他们也都是敏锐的神学家，但在指控、抨击罗马教廷的分析和理据上还未成熟，远远不及一个多世纪后的马丁路德之犀利、深刻。所以他们是民族宗教领袖，而还不是普世性的宗教革命家。

二、科学与神学的冲突

罗马教会当初之所以能够建立那么坚强的信心与力量有三方面原因。它的基本信仰具有强烈的感染力；在组织上，它融合了罗马行政体制与法律精神；在教义上，它吸收了大量的希腊哲学观念与方法。换而言之，它是融合了希伯来、罗马、希腊三种文明的产物。上一章所讨论的中古法学以及经院哲学之兴起，正反映这融合过程。在下面我们先要谈到经院哲学中所谓"唯实"与"唯名"之争——那其实是希腊哲学观念分歧反映到基督教神学而产生的认识论问题，然后才能进一步讨论科学与神学在中古所发生的冲突。

"唯实"与"唯名"之争

经院哲学最根本的问题是唯实论（Realism）和唯名论（Nominalism）之争：前者认为普遍概念实际存在，甚至先于个别事物而存在；后者则只承认个别、具体事物的存在，而以普遍概念为具有共同性质的具体事物之名称而已。唯实论的根源可以追溯到柏拉图的"理念"说，即他认为不变和完美理念"先于"具体事物存在，正如几何观念先于实际几何形体存在，而将变动不居的现实世界视为虚幻。亚里士多德提出"四因说"，认为普遍概念只能存在于具体事物，亦即两者必须互相依存，这变为有限度的唯实论。至于斯多葛派类似于原子论的宇宙观念，则可以说是唯名论的嚆矢。在中古，随着神学观念的深化，逻辑被广泛应用，由是产生了"唯实"与"唯名"之争。这争论日趋激烈，以迄15世纪，它可以说是与经院哲学的兴衰相始终。在这争论中，"唯实"派大体代表教会正统观念，"唯名"派则隐然反映年轻学者倚仗逻辑利剑向传统观念的不断进攻，最终凸显哲学与宗教之间的深层矛盾，从而摧毁经院哲学根基。

这争论起源于贝伦加尔（§9.2）质疑"变质论"（transubstantiation），即认为"圣餐礼"中的酒和面包不可能如传统观念所相信的那样，在牧师祝圣瞬间实际转变为耶稣血肉，他这观点在1050—1079年间三次受到教会正式谴责，因而被迫撤回。其后不久洛色林（§9.7）在唯名论影响下又质疑"三位一体"（Trinity）说，认为在逻辑上圣父（即上帝）、圣子（即耶稣）和圣灵只能够是相同的神，或者三位不同的神，这又受到圣安瑟姆攻击，因此在宗教大会中被正式谴责而撤回。圣安瑟姆曾经师从拉法朗（其师承因而可以追溯到热尔贝），晚年更继承其师成为坎特伯雷大主教。他最著名的工作是运用逻辑与辩证法提出"上帝必然存在"的证明，故此被公认为经院哲学之父。他是最坚决的唯实论者，在洛色林被谴责之后更进一步宣称唯名论为异端。

然而，唯名论并没有就此偃旗息鼓。阿伯拉就曾经对唯实论坚决捍卫者香普威廉的"人性论"多次提出挑战（§9.7）。他指出，倘若"人性"是人的共同"要素"，那么它就对人人都相同而没有分别，这会导致"人皆相同"的可笑矛盾，威廉最终即因此笑话被迫离开圣母院学堂。然而，阿伯拉自己不能够无所建树。不幸他和业师洛色林一样，也选择了最危险的题目，即试图为"三位一体"观念提出更清晰的新看法。但此观念已经是对立观点激烈冲突下的妥协结果，它根本就充满矛盾，因此任何明确的新说法都不免偏离传统教条，从而成为被攻击的借口，守旧派就是以此而令他在宗教大会中遭受公开谴责和屈辱。彼得隆巴德在思想和方法上深受阿伯拉影响，但他没有后者的锋芒和傲气，他的《撮要》隐藏思想于编纂前人见解，近乎"述而不作"，因此能够风行一时，成为经院哲学通用教材。

到了13世纪，邓斯司各脱（John Duns Scotus，约1265—1308）仍然算是唯实论者，但他强调个人与神的直接关系，并且认为哲学不一定能够导致神学——这样，以融合两者为目标的经院哲学开始出现裂痕。但给予它致命一击的，则是逻辑学家和极端的唯名论者，思想锋锐有如剃刀的奥卡姆（William of Occam，约1285—1349）。他的基本观点是哲学根本不可能证明任何神学义理，例如上帝之存在，后者必须单纯通过信仰，亦即接受教会权威而获得；然而，以教皇为首的教会在实际上却会犯错误，因此只有《圣经》具有无上权威。这观点在他身后影响力非常之大，它不但抵消了阿奎那的工作（见下文），而且显然是一直通往马丁路德那里去的。

亚里士多德的巨大冲击

十二三世纪之间是欧洲学术发展的关键时刻：翻译运动达到高潮，经院哲学方兴未艾，大学正在出现。就在此时，立论严谨、形成庞大完整体系的亚里士多德哲学著作以及阿威罗伊的相关评述陆续被翻译成拉丁文，因此其思想浪潮很快就泛滥大学，成为教授和学生的关注焦点，并且对混合奥古斯丁神学、新柏拉图主义和亚里士多德"旧逻辑"的早期经院哲学产生强烈冲击。面对此巨大挑战，教会不能不作出反应，因此巴黎主教和教皇分别在1210年、1215年、1231年和1245年四度颁发轻重程度不同的诏令，禁止在大学文科课程中讲授亚里士多德形而上学和自然哲学，但并没有阻止教授的研究工作。由于禁令最初仅限于巴黎大学，后来才扩展到图卢兹，但始终未曾波及牛津大学，因此在这半个世纪间（1200—1250），局促一隅的牛津反而比巴黎更为开放、先进。不过，即使是这样谨慎的政策也不成功——数十年间四颁禁令就是最好证明。事实上，在13世纪40年代，牛津的罗杰培根就已经被邀请到巴黎去讲授亚里士多德哲学，到50年代这些禁令已经等同具文，而巴黎大学文学院更在1255年颁布规定，要求学生研习亚里士多德所有已知著作（《政治学》除外），也就是把他的全集正式列入课程了[①]。

　　另一方面，以学术文化为己任的多米尼加修士则明智和进取得多。曾经在那不勒斯、巴黎和科隆就学，以及在巴黎、教廷和本笃派学校担任神学教授的阿奎那（Thomas Aquinas，1224—1274）是众所公认奥古斯丁之后最伟大的神学家，也是不折不扣的亚里士多德专家和最热心的宣扬者。他遍读亚氏著作，为每一种作评注（实证科学类的动植物学等自属例外），而划时代贡献则是在其传世巨著《神学要义》（Summa Theologiae）中将基督教教义与亚里士多德哲学系统作全面和彻底的融合。这自然不能够消除或者抹杀两者之间的某些基本矛盾，例如宇宙是否有起点和终结，灵魂是否可以脱离躯体存在等问题。然而，亚氏哲学的理性结构为他的神学所吸收和消化，则是不争事实。在他的请求下，隶属同一修会，后来出任科林斯（Corinth）主教的荷兰人摩尔巴克（William of Moerbeke，约1215—1286）更以宏大魄力将全部亚氏著作（《前后分析篇》除外）连同许多重要评论从希腊文重新翻译成拉丁文，以消除当时多种通用译本是从阿拉伯文或者叙利亚文转译所产生的弊病[②]；除此之外，摩尔巴克还翻译了阿基米德的大部分作品以及相关评论。

1277年宗教大会

　　不过，神学家对于气势高涨的文科教授之不满和敌意并未因此消弭，保守教会领袖对澎湃新思潮的忧虑与愤怒亦与日俱增，这最后演变为公开冲突，那就是巴黎主教谭皮尔（Stephen Tempier）应教宗要求，在1277年召开巴黎地区宗教大会，在会上正式对离经叛道的众多"论题"加以谴责。这219条被谴责论题显然是在匆忙情况下列举的，所以不但纷乱而且流于枝节可笑。它们包括：对神学的鄙视，例如"神学讨论是建立在寓言、神话上""神学并不令人增加知识""世上智者唯有哲学家"（第152—154条）；对哲学的崇扬，例如"献身哲学是无上崇高的状态""凡可用理性辩解之事哲学家都应该辩解""对于任何问题人不应当满足于根据权威所得肯定（答案）"

---

① 亚里士多德哲学体系与中古教会、大学以及众多学者的关系是复杂问题，格兰特对此问题特别注重，甚至视之为中古科学兴起与发展的关键，这可以说是Grant 1996一书的中心论题，书中Chs. 4–7讨论亚里士多德的冲击与影响尤为深入详细。

② 见Thorndike 1923–1958，ii，pp. 394–395；但对摩尔巴克提出建议的，也可能是阿奎那的老师大阿尔伯图，见Colish 1998，p. 295。

（第40、145、150条），等等；以及有关魔法、召鬼等的禁忌。但也包含了反映科学与宗教深层冲突的论题，这其中最重要的可以分为三大类。首先，有27条（例如第9、98、107条）是宣称世界或者物质基本元素是永恒，因而抵触《创世记》观念的；其次，是所谓"双重真理"说（第90条），即哲学与宗教可能各有不同的真理，虽然两者有冲突时以宗教为准；最后，则是源自亚里士多德或者阿威罗伊学说而对上帝能力构成直接或者间接限制者（第21、34、35、48、49、139—141条），例如世上事物必然遵循严格因果关系、上帝在太初不能够创造多个世界、上帝不能够令整个世界作平移运动（translation，因为这会产生真空）；以及相当于认为上帝不能够施行神迹，或者经过祝圣的酒饼不可能变质，等等[①]。这些论题清楚地凸显了双方冲突的根源：自然哲学所根据的是理性，基督教所宗奉的是神示，前者来自亚里士多德著作，后者来自《圣经》，而这两者在许多见解上是直接相悖的。

谭皮尔的谴责是中古学术史上的大事，但它到底产生了什么影响呢？谴责的一个连带规定是，它禁止文科教授讨论任何与神学有关的问题，也就是在自然哲学与神学之间划了一道清楚的界线，从而使后者不再受前者冲击，但这也就是说，只要文科教授不碰触这界线——例如，避开犯忌论题或者用引述方式讨论它，那么他们的自然哲学探索还是不受干涉的。至于神学教授则可以自由讨论一切问题，但事实上他们并不反对或者敌视自然哲学，理由很简单：神学同样建筑在亚里士多德哲学基础上，只不过若干有关宇宙、灵魂的特殊问题需要以另外方式处理而已。所以，谴责"保护"了神学，但并没有对自然哲学构成严重打击。

对于科学的长远发展来说，这事件的后果则颇有争论。开欧洲中古科学史研究先河的迪昂（Pierre Duhem，1860—1916）认为：谴责打击了亚里士多德的权威，由是将科学家心灵从其《物理学》桎梏（例如天体不可能有直线运动，真空不可能存在，等等）解放出来，此后有关托勒密系统的各种改进和推测遂得自由进行，由是为日后的哥白尼革命创造了条件。他因此宣称，1277年的大会方才是近代科学兴起的转捩点[②]。这吊诡的观点等于间接否定了17世纪科学革命的观念，所以并不为大多数科学史家接受，而且，即使是中古科学专家也

---

① 有关该219条受谴责论题的背景、分析与讨论见Grant 1996，pp. 70-83。

② 迪昂不幸因心脏病于1916年早逝，当时他的十卷本巨著《世界体系》（Le Système du monde）只出到第五卷，后五卷几经周折于1954—1959年完成出版，此书有下列英文节译本：Duhem 1987。有关迪昂对谭皮尔所召开宗教大会影响的论述，见该节译本Ch. 5。

都承认，此事虽然为中古科学家开辟了驰骋想象力的空间，但它并没有动摇亚里士多德的权威和思想模式，因此难以说是构成日后科学革命的原因[1]。的确，迪昂的观点恐怕很难入信，因为哥白尼与此事件相隔达两个半世纪之遥，而且直接触发其革命性理论的，当更是柏拉图热潮以及马拉噶天文学派学说（§8.8，11.4）。不过，也从此可见，革命性变革往往受许多不同因素影响，将重大转变单纯归因于或此或彼，恐怕都是很难成立的。

三、蒙古帝国的冲击

在讨论中古科学本身之前，我们还要谈一件似乎不相干的事情，那就是蒙古帝国的兴起。欧洲不曾受蒙古铁骑蹂躏，而只是在边缘地区被短暂入侵，所受影响似乎微不足道，其实不然。欧洲和东方文明由于相去万里，为崇山峻岭、无垠黄沙阻隔，历来行旅极尽辗转艰苦。蒙古帝国的出现改变了这个状况，它打通了东西交通，消除长距离的隔阂，由是冲击欧洲世界观，影响它的技术和整体发展，因此是很值得注意的。

蒙古人崛起后仅用了大约七十年（1206—1279）就建立起横跨欧亚的大帝国，不过他们虽然勇武善战，制度文化却极简陋，即使忽必烈积极起用汉人文士，俄罗斯和中西亚蒙古人归奉伊斯兰教，也还不足以维系这庞大帝国。它在14世纪中叶（1335—1368）分崩离析，只有统治俄罗斯的金帐部苟延残喘至15世纪末。

欧洲对蒙古的认识

蒙古帝国建立起来之后，欧亚大陆虽然辽阔，却已可经常往来。当时从克里米亚旅行到杭州需时大概九个月，使用驿马则更迅速[2]，因此有不少欧洲人到过东方，他们的著录最重要的是两位教士和一位商人的记载[3]。

拔都征服俄罗斯之后，教皇在1245年派遣四位特使前往蒙古和中东，谋

---

[1]　见Grant 1996，p. 83。

[2]　见Larner 1999，Appendix Ⅱ 的讨论。

[3]　有关欧洲与蒙古帝国关系的英文著作见Morgan 1986, Ch. 7；有关教廷遣派特使的经过以及他们的报告见Rachewiltz 1971。至中文论述则见方豪《中西交通史》（1983）下册第512—533页。那两位教士的报告书以及其他相关文献有下列英译本：Dawson 1955。

求与大汗建立外交关系，兼负传教、整合教派、探听军情等任务①。这其中最早的是热那亚的柏郎嘉宾（John of Pian di Carpine），他出发时已届六十高龄，但不辱使命，拜见拔都元帅和大汗贵由，呈递国书并获正式回复然后回归，前后历时两年。他此行目睹登基大典，与王公贵人、军官士卒乃至平民交谈，沿途观察山川形势、风俗习惯、宗教仪礼、军工器械，并获悉蒙古人的历史沿革、宗族结构，最后著成《蒙古见闻录》进呈教宗。它是欧洲第一部翔实的东方实录，亦是欧洲知道中国即古代所谓丝国之始②。罗伯鲁的威廉（William of Rubruck）则是发愿自行前往蒙古传教（1253—1255）的教士，经历与柏郎嘉宾相仿佛。他的观察更清晰准确，但所撰的《行纪》虽然详尽，却到17世纪方才得以出版，所以并未能够发挥应有的影响力③。

马可波罗行纪

在欧洲所有东方记载中最著名，影响也最大的，则毫无疑问是马可波罗（Marco Polo，1254—1324）的著录④。他是威尼斯商人，十七岁时跟随父叔二人前往东方，此去前后历时二十四年（1271—1295）之久，遍游中亚、蒙古、中国各地，不但经商，而且成为大汗亲信，曾出任地方官员，最终借着护送公主往西亚成婚之机重返威尼斯。其后他参加海战被俘，在热那亚被拘留三年（1296—1299），其间与通俗作家鲁斯提切罗（Rusticchello da Pisa）合写著名的《马可波罗行纪》，由于内容丰富新颖，更兼后者妙笔生花，甫出版即大为风行，此后影响历久不衰⑤。

《行纪》统共235章，除去其本人行程（仅占5%）的记载以外，有关中

---

① 有关柏郎嘉宾（此名出自《元史》）的出使详见Rachewiltz 1971, Ch. 4，并见方豪《中西交通史》下册第512—514页；此外Morgan 1986, Ch. 7对欧洲与蒙古的关系有整体叙述。有关其他三位教士，见Rachewiltz 1971, pp. 84–88。

② 此书被收入博韦的文森特（Vincent of Beauvais）在1260年左右编成的巨大百科全书《大鉴》（*Speculum Majus*）中的《史鉴》部分，因此迅速流行。

③ 同时代的罗杰培根有缘与他相见，并且将《行纪》以及《蒙古见闻录》的资料都收入自己的《主集》，但此书引起学者注意已是数百年后了。详见Rachewiltz 1971, Ch. 6。

④ 有关马可波罗的论著汗牛充栋，我们主要依据Larner 1999，并参考Collis 1950, Hart 1967以及Akbari & Iannucci 2008。Collis平易简短，结论和考证精严的Larner大致相同；Hart条理顺畅，并且摘要《行纪》原书；至于 Akbari & Iannucci则是最新的论文集。

⑤ 此书的版本源流复杂，详见Larner 1999, p. 139与Appendix I。方豪《中西交通史》第517—522页对马可波罗父子事迹以及《行纪》的版本源流亦有讨论。此书直到20世纪方才有中文译本，迄今最完善的当推1936年商务印书馆出版的冯承钧译本，它在1999年由河北人民出版社重出现代版，并且加新注和补充，此即参考文献所列马可波罗1999。

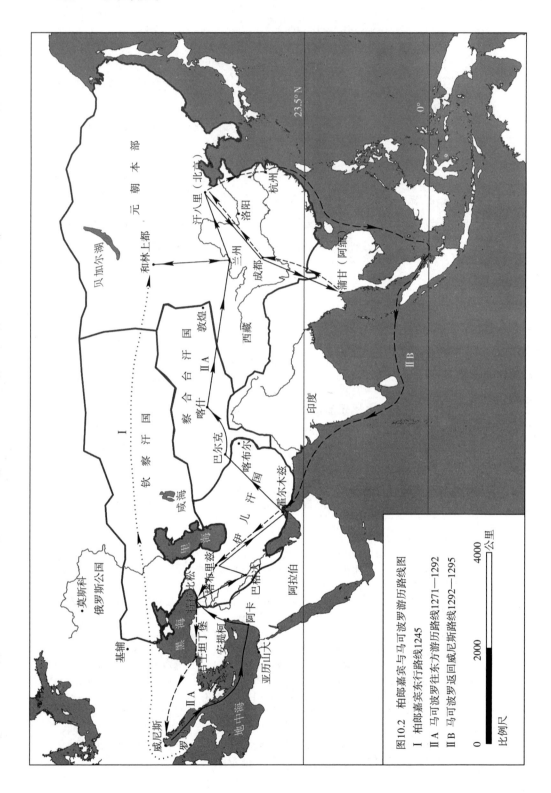

图10.2　柏郎嘉宾与马可波罗游历路线图
I　柏郎嘉宾东行路线1245
II A　马可波罗往东方游历路线1271—1292
II B　马可波罗返回威尼斯路线1292—1295

国和亚洲其他部分者约是四六之比①。它的内容以地理，亦即城市、山川、河流、方位、路程远近等为主，亦及于物产、习俗、宗教、历史、典仪、屋宇、宫廷、政制、法律等各方面。此巨著之广受欢迎除因鲁斯提切罗的文笔外，最主要的是马可波罗胸中积聚的无数见闻，否则难以缕述如斯大量细节。它被称为"一部有关亚洲的百科全书……包含大量极重要资料，是谨慎、冷静、认真的撰述，而不受轻信、宗教偏见、神怪幻想、缺乏常识的影响"，以及一部"具有广角视野"和系统组织的地理学著作，并非一般游记可比，都是很有见地的②。

《行纪》为欧洲展示了一个它前所未曾梦见，比它本身庞大、复杂、富庶和强大得多，而且充满崭新事物的东方世界。这很快就能够被接受是因为当时蒙古帝国和教廷关系密切，使节来往频繁，前往经商者络绎于途，他们留下的记载以及当时流行的一些小说都能够印证《行纪》的记载③。这一切的重要性，在于它开阔了欧洲人的眼界，改变了他们的潜意识，在当时便对诸如罗杰培根和佩里格林纳斯等学者产生深刻影响，更为欧洲人日后的远航与海外拓展打下心理基础——而且，它很可能是促成哥伦布西航的重要因素。然而，从14世纪开始，元朝灭亡，中西亚的汗国改宗伊斯兰教，对罗马教廷不再友善，欧洲本身更面临黑死病威胁，因此在十三四世纪间那么蓬勃的中西交通又戛然断绝了。

四大发明的西传

东方记载扩展了欧洲视野，但蒙古帝国混一欧亚最重要的影响，可能还是中国四大发明的西传。培根在《新工具》中有名言："我们应当注意各种发明的力量、效果和影响，这就古人所未知的印刷、火药和罗盘等三项而言，是再也显著不过。因为这三者改变了世界的面貌和状况。"④他大概不知道这些发明的来源，也没有提到第四项同样重要的发明，即纸张。而且，直到今日，还有不少西方学者认为，这些发明并非都是由中国传入，其中有些

---

① 见Larner 1999, Chs. 3，4；关于本书内容的分析见同书pp. 91–97。
② 分别见Collis 1950, p. 184；Larner 1999, p. 97。
③ 当时教士来华最重要的是总主教孟高维诺（John de Monte Corvino, 1307—1328年在任）、教士和德里（Odoric da Pordenone），以及教士马黎诺理（Giovanni de Marignolli）。详见方豪1983，第522—530页；Larner 1999，pp. 116–126。至于小说，最有名的则是从1366年起风靡一时的《曼德维尔游记》（*The Travels of Sir John Mandeville*）。
④ *Novum Organum*，Book I，Aphorism 129，即Francis Bacon 1900，p. 366，作者译文。

是欧洲独立发明，只不过时间上稍晚而已。例如，态度开明的赖斯（Eugene F. Rice, Jr.）提到，雕版印刷术和造纸术是从中国传入欧洲，却不提毕昇发明活版印刷；他承认中国发明火药，却忽略了（更可能是不知道）南宋在13世纪中叶发明的"突火枪"，而认为应用火药于投射式武器是西方和中国同时在14世纪独立发明的[①]。至于将磁石应用于指南针，那在中国渊源甚古，没有争议，但西方的磁针和罗盘（compass）是否由中国传入，却一直有争议，赖斯对此也保持缄默。

我们在此无意再去考证四大发明的传播，但要强调，欧洲知道磁石是从13世纪中叶开始；火器的发展是从14世纪初开始，至于印刷和造纸，则迟至15世纪。换而言之，它们都与蒙古帝国的兴起同时或在其后，而中国的发明却在其前。因此它们通过混一欧亚的蒙古帝国传播到欧洲其具体细节虽不可考，却是极有可能的。换而言之，蒙古对欧洲最重要的影响不仅仅在于扩张视野，更在于技术革新，而那对科学发展的影响委实难以估计。当然，蒙古人还给欧洲带去了一场大灾难，那就是夺去其大量人口的黑死病。它颇有可能是由蒙古人从云南传入中国内地，再带到克里米亚，然后传播到整个欧洲[②]。这一灾难对欧洲影响也极其深远：它打断了中古学术传统，由是为文艺复兴和现代科学的出现铺平道路。所以，不容否认，蒙古帝国与欧洲近代之所以出现，甚至与现代科学的发展，这三者之间是有千丝万缕关系的。

四、三位教会科学家

那么，在这许多不同因素影响下，中古科学到底发展出怎样的形态来呢？首先，它受亚里士多德影响，以研究"月球下"亦即地上现象为主，着重观察和实验，但不排斥数学。这些观念、方法是由格罗斯泰特所开创，由大阿尔伯图和罗杰培根所继承，欧洲科学传统就是由这三位与教会关系密切的学者所开创，而他们最重要的共同具体工作则是在光学，特别是彩虹研究。

[①] 见Rice 1970, Ch. 1；麦尼尔是非常开放、客观的学者，他对火器的出现也有提及，但同样忽略了"突火枪"，见McNeill 1984, pp. 38–39, 80–81。

[②] 麦尼尔最先提出，行动迅速的蒙古军队将鼠疫病菌从云南带到中国内地，引起1331年的疫症大暴发，然后又通过亚洲北部草原，传播到克里米亚，见McNeill 1976, Ch. 4。

英国科学的渊源

英国自从威廉一世入主以来百年间，由于诺曼人与欧洲大陆以及克吕尼修院的密切联系，在宗教和学术上出现了大量优异人物，其中最重要的是以下四位坎特伯雷大主教：拉法朗；他的弟子安瑟姆；后来殉教的贝克特；以及贝克特的秘书和亲信，以文艺著称的"索尔兹伯里的约翰"（John of Salisbury，约1115—1180）。同时，它还有一个贯穿12世纪的早期科学传统，这包括上一章提到的御医彼得阿方斯、修道院院长沃尔克、翻译运动与科学探究先驱阿德拉，及其后的罗伯特、赫里福德的罗杰、摩尔莱的丹尼尔等，他们都以翻译或者天文测算知名。当然，这个传统还是隐伏不彰，因为它既未出现出众的领袖人物，更没有产生具有长远影响力的作品。而且，不但在英国，即使在整个欧洲，也都是如此。到了13世纪，终于能够从风靡一时的经院哲学中挺拔而起，全面转向自然哲学探究，并且以大量著作建立新科学传统的，是中年以后才成名的格罗斯泰特。他对欧洲中古科学的拓垦与开风气之功，大概可与泰勒斯之于古希腊自然哲学相比。

从贫困学者到主教

格罗斯泰特（Robert Grosseteste，1168—1253）生于英国东部萨福克郡（Suffolk）的贫苦家庭，早年事迹无考，但知道他有幸在赫里福德郡的维尔主教（Bishop de Vere）府邸成长，并且在该城座堂学校受教育，娴习医学和法律，在弱冠之年完成学业，获得文科"教授"（Magister）资格。他的少年正当该郡天文和数学家罗杰的活跃时期（1170—1180），显然他是在科学气氛中成长，并且终身受影响。维尔主教在1198年逝世，当时他已经年届而立，可能就是在此时离开主教府，前往当时处于草创阶段的牛津大学任教和研习神学[①]。牛津大学于1209年因为与国王约翰冲突而停止授课，并且集体迁往巴黎。在此期间他当是随同大众行动，在巴黎度过1209—1214年这五年光阴。其实他去巴黎纯粹出于推测：倘若他违反大学公议滞留牛津继续任教，那么复校之后必然会遭到除名的惩处，不可能为同僚接受出任校长；而且，从后来的书信和交往看，他和当时在巴黎的许多著名学者稔熟，似乎颇有交谊渊

---

① 有关格罗斯泰特的事迹和论述有以下专著：McEvoy 1986；至于他与实验科学传统兴起的关系见以下专门论述：Crombie 1953。此外Southern 1992一书对他的出身和学术渊源提出特殊见解，认为他早年并没有巴黎大学学历，而纯粹是英国科学传统的产物，但这种看法并未得到普遍认同。

源。牛津于1214年复校，1215年得教廷特使颁布法规，承认为具有特权的大学，此时已接近知命之年的格罗斯泰特初露头角，被任命为"校长"①。

此后二十年间（1215—1235，即他47—67岁这段时光）是他学术成熟的时期，他大量有关科学、哲学与宗教的著作都是此时写成，然而成书时间和次序并不清楚，只能够大体推断科学和哲学著作较早，宗教著作较晚。此期间他先后出任林肯座堂的助祭（deacon，1225）、主助祭（1229）、圣方济各修院神学教授（1229）等职，但仍然留驻牛津；最后在1235年以67岁高龄当选林肯郡主教，这才离开牛津，出任全英国最大教区领袖。他之当选颇出乎意料，大概是敌对派系妥协的结果。更令人意想不到的，则是他并非过渡性人物，而坐镇林肯郡将近二十年之久，充分利用权位整饬教区行政，培养牛津大学学风，更在古稀之年认真学习希腊文和希伯来文，以求能够直接阅读《圣经》原典，然后孜孜不倦地从事教会以及哲学经典的翻译，开创英国古典研究先河，以迄耄耋高年辞世。

现象与原理并重的新科学观

格罗斯泰特没有家世凭借，也并非天才，他能够攀升高位，是毕生勤谨加上晚年运气所致，在学术上得领风骚数百年，则是因缘际会，加上孜孜矻矻、困勉以赴的结果。换而言之，他的禀赋、天分固然不薄，但勤奋、执着、好学深思的精神更为重要。他能够沉潜默守当时犹为边陲的牛津，而未尝吐气扬名于人文荟萃的巴黎，也是这种性格的反映。

他所提出的基本观念是：自然界真理只能够从众多个别实际现象的观察获得，但要借此归纳出普遍真理再反过来推断个别现象，则必须依赖数学方始为功。这是个具体现象和抽象原理并重的架构：它对于具体现象的尊重接近于亚里士多德，而截然有别于自柏拉图、欧几里得、阿基米德以至托勒密那种以几何学原理来了解宇宙的思想传统；但它所给予数学的基本地位，却又接近柏拉图精神，而迥异于亚里士多德的目的论框架。因此他是融合了亚里士多德与柏拉图两种相反精神，提出理论与实验并重，以及两者往返互动

---

① 他的正式职衔只是"学长"（master of schools），而并未获得"监督"称号。牛津大学校长之正式获得"监督"称号是1221年。当时大学校长是教授互相推选出来的公职，任期一般不超过一年，但连选大概得连任，而且既无薪水，亦无繁忙的行政事务，所以并不影响教学和研究。格罗斯泰特何时卸任校长不清楚，其后有记载的第一位校长在1231年上任，但在1215—1231年间当还有别的、未经明确记载的校长。

的方法，这就已经非常接近17世纪的现代科学观念了①。

但他的科学观并非得之于颖悟，而是从长期探索逐步发展出来的。他初期作品（1215—1225）以天文计算、理论与天象为主；其后十年（1222—1232）致力于光的哲学，以及诸如彗星、潮汐、彩虹、颜色、热等"月球下"现象研究；在上述阶段末期（1228—1232）则撰写亚里士多德《后分析篇》评述以及《物理学》评注，上述科学观就是在这些评注中发挥的。所以，在1222—1225年这关键时期，他逐步脱离古希腊与亚历山大天文学传统，转向地面自然现象之探索，这最终导致了他新科学观的形成②。

光学传统之承先启后

格罗斯泰特虽然强调数学的重要性，但并不以数学见长，更说不上有特殊贡献，因此天文学工作也不出色，所撰写的天文学教材《论球面》未见风行。他所找到真正属于自己的领域是光的研究，这在西方科学大传统中本来就是一个源远流长的主要领域：柏拉图在其《蒂迈欧篇》就已经讨论了视觉机制以及镜子成像的道理，亚里士多德也在《论感觉及感觉对象》中检讨了前代哲学家对于视觉机制的见解，然后提出自己的看法，又在《天象学》中讨论彩虹成因。以专书探究光学则从欧几里得开始，其后阿基米德和赫伦也都著有《反射光学》（虽然前者的失传了），托勒密的五卷本《光学》则集古代研究之大成。其后这些著作传入伊斯兰世界，在10—11世纪间激发海桑作进一步研究，写成七卷本的《光学汇编》，他特别对于人的视觉机制以及光的传播方式有突破性发现，这在以上第五至第八各章已经分别讨论过了。

因此，在13世纪之初，格罗斯泰特所秉承的是个非常长远和丰富的光学传统。他在这方面的工作有两个不同的方向。第一方向是形而上学的，即《论光》（De Luce）一文所阐发的光和宇宙创生之关系。这观念的根源可以追溯到光在《创世记》上帝开辟天地故事以及《约翰福音》开头"论道"一大段的关键作用，但更直接和广泛的影响则来自奥古斯丁所发挥的新柏拉

---

① 克伦比的《格罗斯泰特与实验科学之起源1100—1700》对于他这一思想的发展背景、经历与内涵有详细讨论，见Crombie 1953，Chs. 2—4。

② 此处讨论是根据McEvoy 1986，pp. 503–519的"附录B：自然（哲学）著作年表"。但格罗斯泰特大量科学著作的先后次序和年份是复杂而难以明确解决的问题，主要因为他留下的手稿很少提供年份上的内证。我们更必须承认，对于《后分析篇》评述写成年份Crombie 1953与McEvoy 1986有基本分歧，而这对以下的观点会有直接影响。详见McEvoy 1986，pp. 511–514。

图哲学，即光将上帝心中的永恒"理念"辐射出来，从而塑造混沌未开的物质，使之成为井然有序的世界①。第二个方向是具体和观测性的，即彩虹研究。这特别能够体现他的新科学观，因为它涉及可以反复仔细观察，甚至以实验来证实的现象，而光的反射、折射又都可以用精确（虽然并不高深）的数学处理，因此它是个和传统数理天文学截然不同的"模型科学"（model science）②。格罗斯泰特承先启后，引导数代科学家投入此领域，最后获得非常杰出的成果，这在下一节还要详细讨论。

格罗斯泰特在牛津大学任教长达二十余年，升任主教之后对于大学仍然保持监督、指导之权，以是他的科学向往和实验哲学对牛津学风有广泛和深入影响。受影响最深，个人关系也最密切的，无疑是他的学生、挚友、终生追随者，也是继承他在方济各学院讲席的亚当马什（Adam Marsh，约1200—1259），以及和马什大致同时的其他方济各讲师③。但就学术地位而言，则深受他思想影响而名声最著者，无疑是大阿尔伯图和他的私淑弟子罗杰培根，他们可以被视为他的下一代传人。

一帆风顺的德国主教

大阿尔伯图与罗杰培根同时，两人在际遇上有天渊之别，但终生追求的目标却相同，就是将基督教和当时正迅速传入欧洲并且震撼学界的科学融为一体。所不同者是他们的科学取向：大阿尔伯图偏向亚里士多德，性近博物学而比较忽略数学；罗杰培根偏向伊斯兰科学整体，而且强调数学的重要性。不过，他们深受格罗斯泰特影响则相同。这在出身牛津，师从亚当马什，公开表示仰慕格罗斯泰特的罗杰培根显易见；至于大阿尔伯图则较难察觉，但他同样注重实证与观察，而脱离了几何中心主义和理念至上的思想。他们的贡献也不在于具体发现，而在于新方法、新观念的论述、倡导及推动④。

---

① 从20世纪初开始，学者即已经对格罗斯泰特这方面思想做过深入研究，见McEvoy 1986, pp. 149–150。格罗斯泰特自然绝对无法想象，他以光来究诘上帝开天辟地之功，在八百年后的今日看来，的确有不可思议的巧合与"先见之明"。因为当代科学根据"大爆炸"（Big Bang）理论所获知的宇宙创生之初，光子对于原始混沌物质之膨胀和星云、恒星等结构之形成，的确起了关键作用；而且，我们如今还能够推断当时情况，主要就是依赖观测"宇宙微波背景"，那就是当时高能光子遗留至今所形成。

② Crombie 1953, pp. 91–116.

③ 有关马什与格罗斯泰特的关系，以及他的家族对后者的支持，见McEvoy 1986, pp. 38–43。

④ 这方面克伦比有详细论证见Crombie 1953, pp. 139–150, 189–196。

阿尔伯图（Albertus，约1200—1280）原籍德国，出身巴伐利亚富有世家，在帕多瓦大学攻读文科，1223年左右加入新创办的多米尼加修会，自此一帆风顺，声名鹊起，先后被派往科隆（Cologne）、希尔德斯海姆（Hildesheim）、弗赖堡（Freiburg）、拉提斯邦（Ratisbon）、斯特拉斯堡（Strasburg）等多个德国分会讲学和工作，1241年被派往开设于巴黎大学以内的圣雅各修会教授神学，借此得以参与当时刚刚在巴黎兴起的亚里士多德与伊斯兰科学研讨热潮。但其实他要到1245年方才获巴黎大学正式颁发神学教授执照，从而获得在大学正式开讲的资格，后来成为中古最著名神学家的阿奎那就是在此期间成为他的学生。1248年他被派往科隆开设德国第一所座堂学校，不过，此校虽然有名，却还够不上正式大学资格，要经过一个世纪的发展才能达到大学水平。在此阶段他的学术臻于成熟，教会也日益倚重：1254—1257年委为修会的德国分会监督（superior），1260—1262年委为拉提斯邦主教，但他志在学术，所以不久便辞职重返科隆任教。在1274年他仍然参加里昂大会（Council of Lyons），1277年谭皮尔谴责风波之后更以耄耋高龄重返巴黎，为爱徒阿奎那辩护，从而打消酝酿中的进一步谴责阿奎那之企图，对教会和学术都可谓鞠躬尽瘁。他身后被尊为大阿尔伯图（Albertus Magnus），也可谓学者的罕见殊荣了[①]。

消弭宗教与科学的紧张

大阿尔伯图可能是中古最多产的学者，作品估计达470种之多，大部分是宣教讲章和神学作品，但哲学与科学著作也不下数十种，其性质大部分是亚里士多德著作的阐述、评论与发挥，也就是要将其自然哲学加以修订、扩充，然后全面和完整地介绍给欧洲，特别是多米尼加修士。这宏大的工作大约开始于1250年，延续将近二十年之久，它和仅仅两代之前阿威罗伊所做的如出一辙，其目标无疑正是受其影响，但也不尽相同。这是因为大阿尔伯图具有敏锐思想和观察力，会不惮烦琐地作实地调查、研究，往往能够纠正前人错误。所以，他的《动物学》（De animalibus）、《植物志》（De vegetabilibus）和《矿物学》（De Mineralibus）等在中世纪乃至近代有极高

---

① 大阿尔伯图的传略和学说介绍见Thorndike 1923–1958，ii，pp. 517–592；对他在科学上的重要贡献和地位，下列论文有简明而系统、全面的评述："Introduction：The Life and Works of Albert the Great"，in Albertus Magnus/Kitchell & Resnick 1999，pp. 1–42；至于有关大阿尔伯图的学说，以及他的科学思想所受格罗斯泰特的影响，见Crombie 1953，pp. 189–200。

声誉，被认为是博物学乃至植物分类学、冶矿学先驱，他本人亦被推为16世纪以前最伟大的植物学家。当然，从今日看来，他有些发现（例如，和传说相反，鸵鸟实际上并不嗜吃铁屑，或者蜘蛛并不能抵御火烧之类）是很肤浅的，但其整体则凸显了难能可贵的实事求是精神。

除了亚里士多德评述与具体科学研究（包括下文要谈到的彩虹研究）以外，大阿尔伯图还在科学观念上有极为重要的贡献，那就是提出对科学发展有关键性影响的崭新自然观[1]。在他之前，所谓"旧自然观"是在基督教老传统中形成，它认为自然界森罗万象是纷杂、变化莫测，没有清楚、简单、准确规律可循，倘若有之，那也只存在于上帝的神圣意志之中，而不可能从现象本身探求。换而言之，现象世界只不过是"上帝的足迹"（vestigia dei），它本身是没有意义的，因此对于自然的真正了解只能够通过对神的了解，也就是通过《圣经》和神学。这样，它就从根本上否定了通过实证观察、研究来发展科学的可能性——事实上是比"侍女说"更进一步，将自然哲学本身（而不仅仅是其作用）亦完全收摄于神学之下。而且，这种观念和柏拉图的宇宙观念不谋而合，甚或可以说是通过奥古斯丁而承受的柏拉图思想之发挥，因为它反映了对永恒、不变理念的崇敬与追求，以及对现实世界纷乱、变动不居的观感现象（sensible phenomena）之轻视——在柏拉图看来，后者只不过是真实理念在阴暗洞穴墙壁上的模糊投影罢了。

但在亚里士多德、阿维森纳、阿威罗伊、格罗斯泰特等前辈影响下，大阿尔伯图提出了与上述完全相反的新自然观。他在《后分析篇》评述中指出：自然现象是有规律的，虽然我们没有简单和明确方法可以推断或者找到这些规律。其次，上帝虽然有能力做任何事情，包括违反自然规律的神迹，但实际上上帝一般并不这样做，而仍然是通过自己所创造的规律来运转世界。因此，通过自然现象的考察来寻求其背后原因是有意义的：这不但有可能发现其规律（虽然这没有必然性或者数学般的确定性），而且更可以彰显上帝所创造世界的精妙。这新观念消解了"神的意志"与自然规律之间的矛盾和紧张，从而为科学和实证研究在基督教观念中建立了合法性与合理性。当然，教会对亚里士多德哲学及其理性观念的抗拒、压制贯穿整个13世纪，1277年的巴黎大会便是这冲突的高潮。然而，由于大阿尔伯图的渊博，他在教会中的崇高声望，更

---

[1] 有关这方面的详细讨论，特别是格罗斯泰特、罗杰培根、大阿尔伯图三者对于柏拉图和亚里士多德哲学的不同态度，见Albertus Magnus/Kitchell & Resnick 1999, pp. 22–32。

加上他的得意门生阿奎那在神学上的卓越成就，这冲突在他们之后就转为缓和以至逐渐消弭于无形，亚里士多德也日益为教会所接受了。因此，促成基督教观念的历史性转变以及它与亚氏哲学的融合无间，可以说是他们师徒二人扭转乾坤之功。到了16世纪，由于大阿尔伯图和帕多瓦大学曾经有密切关系，他这融合科学与宗教的新观念进一步影响意大利文艺复兴学者，特别是曾经在帕多瓦工作的伽利略[1]，而牛顿和许多其他学者显然也同样受其影响，不过那是后话了。

坎坷终身的英国教士

　　和大阿尔伯图相比，罗杰培根（Roger Bacon，约1215—1292）一生坎坷潦倒，终身在奋斗、挣扎和艰难中度过，而且当时默默无闻，其事迹只能够从所遗留著作的只言片语来推测[2]。他出身英国世家，1210—1220年间诞生，早年在牛津受教育，取得文科教授资格并且颇有名声，因此于13世纪40年代初期受邀赴巴黎大学讲授新近出现的大量亚里士多德著作。如上文所提到，此时巴黎对亚里士多德学说仍然未曾正式开禁，但牛津却从来未有禁令，所以如罗杰培根那样的青年才俊被邀讲学是很自然的。然而他在巴黎并不得意，这可能与他专注哲学而尚未曾取得神学教授资格（那一般需要十余年苦功）有关，更可能是同时的大阿尔伯图得到修会大力支持，所以声誉盖过了他。无论如何，他在1247年左右回到牛津，师从亚当马什和接受牛津实验哲学传统，全面转向自然科学的学习与研究。此时格罗斯泰特年事已高，而且远在莱斯特（Leicester）担任主教，他虽然心仪，但未必有机会晋见。1257年左右，他加入方济各修院，这可能是因为此修院在牛津有极高学术声誉，更可能因为他已经花费巨款于科学研究而致经济拮据，被迫托庇修院以求能够专心著述。事实上他的大量专门著作，大概就是在1255—1265年这十年间完成的。

　　不过，他孤耿高傲，所以和修会关系恶劣，更且卷入当时流行的约阿希姆派（Joachimitic）末日论思想，那颇有可能影响修会声誉乃至其地位，因此后来被勒令赴巴黎以便管束，保守的修会会长博纳文图拉（Bonaventura，

---

① 这是伽利略自己所特别提到的，见Albertus Magnus/Kitchell & Resnick 1999，pp. 31–32。
② 罗杰培根的标准传记是Easton 1952；此外Thorndike 1923，ii，pp. 616–691对他的生平和工作有相当生动的论述，包括对他后世名声戏剧性变化的讨论；有关他学术的综述和评论，见下列论文集：Hackett 1997；他的三部重要光学著作有下列两种英译本：Lindberg 1983与Lindberg 1996，以上著作的导言对他的事迹和学术也有讨论和阐述。

1217—1274）更在1260年颁令，严禁会中修士发表未经批准的著作，使他饱受打击，愤懑不堪。但1265年迎来了大转机：与他有旧交的枢机主教在该年登基成为教皇克里门四世（Clement Ⅳ，1265—1268年在位），并即传信邀请他尽速呈上著作。这促成他在1267—1268年间将历年累积的科学知识与宗教思想熔铸为《主集》（*Opus Majus*）[1]与《别集》（*Opus Minus*）等两部综合性作品呈献，不幸的是克里门旋即去世，而未及寓目他的大作。至于他的《三集》（*Opus Tertium*）亦是此时期所作，但始终未能完成。此后他继续勤奋著作不辍，但个人境况并无起色，后来可能还由于其倔强性格，不羁言论，或者热切末日论信仰而受监禁，以迄1292年郁郁以终。

　　相对于大阿尔伯图的稳重、沉实，备受爱戴，罗杰培根是冲动、急躁、孤僻天才。他事业失败的根源是鄙视彼得隆巴德的《撮要》及其风靡一时的神学论证方式，因此没有取得神学博士，从而失去在体制内擢升的机会。其实，格罗斯泰特属"老派"神学家，他同样抗拒《撮要》所带来的新风尚，但性格坚毅，运气不坏，所以得享顺遂晚景。不过，命运毕竟还是很公平：罗杰培根的作品没有被埋没，他身后名声也一直响亮——虽然在17世纪之前是和魔术、炼金术连在一起，到19世纪则被夸大为科学殉道者，愚昧世纪中的理性先知，等等。这样一直要到20世纪，学者才能够对他作出更为全面和客观的评价。

以"昌教"为目标

　　罗杰培根对于科学的贡献可以以桑达克对他主要作品《主集》的看法来概括："它的观念并不崭新，也说不上远远超越时代，但其成分非常庞杂，所以个别内容虽然散见于别处，这样集中起来却是罕见……即使我们尊他为现代科学先驱，也不容否认这是教士为教士而写的书，目的在于增进教会和基督教的昌盛。其次，虽然他往往是学究气（scholastic）和形而上的，却又在多处显示出强烈的批判性，并且坚持实用是判断科学和哲学的标准。最后，他鼓吹所谓'自然魔术与实验学派'的目标与方法，这就很接近科学精神了。"[2]这里所说有四个要点：该书性质庞杂；其目标在于"昌教"；它同时具有学究气和科学精神；以及它强调以实用为标准。这其实都是很重要且密切相关的。

---

[1]　此书有下列已绝版的英译本：Roger Bacon/Burke 1928，但另有Kessinger Publishing 的2006年重印本。

[2]　Thorndike 1923–1958, ii, p. 678.

指出《主集》具有批判和实证精神，但未曾脱离魔术、经院哲学和形而上学，就是说其思想混乱驳杂，那在13世纪科学萌芽之际自然不足怪——这种状况甚至到16—17世纪都还未曾完全消失。而且，这庞杂更是因为它尝试综合当时所有学问[①]。不过，罗杰培根自己也意识到，以他个人的力量，这梦想不可能成功，所以此巨著只是个大纲，目标在于打动教皇，以获得资源去建立科学家团队，从而完成此大业，可惜克里门与此书无缘。他这梦想背后其实还有更远大的理想，那就是"昌教"。这有两层意思：最切实的，是以伊斯兰教教徒所擅长的科技来对付他们的入侵——我们必须记得，此时（13世纪中叶）奥图曼帝国刚刚兴起，君士坦丁堡的陷落还在二百年后，而双方力量对比的逆转更须待牛顿时代，即整整四百年后的遥远未来。至于更高远的意义，则是通过了解和阐明宇宙秩序、设计来显明神之大能。从今日看来，以科学昌教的后一层意义可谓完全落空，甚至适得其反，但前一层意义却奇迹似的完全实现了，这无论就17世纪末奥图曼军队之被彻底击溃，或者从今日国际形势看来，都是无可置疑的。

其实，"昌教"的目标和坚持科学要以实用价值来衡量是同一原则的两面，但就西方科学的立足点而言，这新价值标准却是个巨大和根本的转变。它反映了在基督教冲击和宰制下，希腊重智精神已经退隐，科学背后动力（或者主要动力）已经从探索宇宙奥秘转变为驾驭自然力量，诸如制造望远镜或者"燃烧镜"之类。这转变见于《主集》所提出的所谓"普世科学"（universal science）的五个不同层次：最低层是个别学科，如天文学、炼金学、农学等等；上一层是个别学科的证验；第三层是它们的整体综合；第四层是它们的实际应用与未来应用之研究、规划、推广，亦即科技的整体发展；最高的第五层则是"道德哲学"，亦即根据宗教和哲学原理来规范、指导科技应用[②]。我们可能觉得这庞大体系浮夸不实，但只要稍为反思就不得不承认，它的确包含惊人洞见——事实上，它和现代科技社会的结构惊人地相似，虽然处于顶层的已经不再是宗教了。

总体来说，格罗斯泰特是中古科学的玄默奠基者，大阿尔伯图是它与基

[①] 此书共分长短不等的七部分，分别讨论：产生谬误的原因（迷信权威、习俗、偏见、自以为是等等）；哲学的地位与重要性；研习其他言语的重要性；数理科学；光学；实验科学（包括理论、彩虹研究、星盘应用、医学）；伦理哲学。其中数理科学、伦理哲学、光学大约分别占300、200、160页。见Bacon/Burke 2006的目录。

[②] 见伊斯顿以下论述：Easton 1952, pp. 167–185。

督教文化的融汇者，至于罗杰培根则是它的天才梦想家和宣扬者——他其实已经预见三百年后，更著名的那位培根（Francis Bacon）的现代科学思想了（§13.4）。正由于这三位气质、取向、成就迥异，但又互为补足的大学者的开拓、斡旋、潜移默化之功，科学逐渐为教会所接纳，在社会上赢得尊敬与一定地位，它其后数百年的发展也因此获得了稳固根基。

五、实验精神：光学

上述三位科学家的主要贡献在于科学理念的阐述、倡导和发扬。除此之外，他们有什么具体发现，是直接推动欧洲科学实际进步的呢？这的确不多。不过，如上面一再指出，有一个领域是他们三位所直接探讨，而且获得了具体、稳定进步，最终导致重要成果的，那就是光学，特别是有关彩虹成因的研究。

彩虹研究的开端

彩虹研究在西方科学史上源远流长，它以亚里士多德在《天象学》的论述为开端[1]。这除了对于彩虹形状、出现环境等的具体描述以外，基本上有三方面。首先，他认为彩虹是由于云气中的微细水滴反射阳光所形成。其次，他猜测白色阳光经过反射会出现彩虹中不同颜色的光环，是因为反射"弱化"了白光，使之成为黑与白的混合，混合比例不同就产生不同颜色。这是个错误但影响力极大的观念，直到两千年后即17世纪还都为学者普遍接受。牛顿早期的大发现之一便是以详细实验否定此说。最后，他指出彩虹光环总是一个圆圈的小半部分，而太阳、观察者眼睛，以及彩环中心总是成直线，因此太阳越高，彩虹在地平线以上部分就越小[2]。在他之后塞内加和博斯多尼乌也都讨论过彩虹，前者跟随他的见解，后者则提出，它是由形状犹如凹镜的整块云层反射形成。

格罗斯泰特的《论彩虹》（De Iride）是中古彩虹研究的开端，它分为三部分：第一部分讨论视觉问题，第二和第三部分分别讨论镜子和透镜，即光

---

① 波耶的《彩虹：从神话到数学》是彩虹研究的详尽历史，从亚里士多德以至牛顿都有论述；此书同时也是一部详细的光学史，内含许多珍贵图片，见Boyer 1987。

② 他原来的说法是：该圆圈是一个正圆锥形的底，太阳是其顶点，眼睛在其中轴线上，见Aristotle，Meteorology，Ⅲ。

的反射和折射，并且应用数学来处理这些现象的规律——虽然他拟想的折射定律并不正确[①]。第三部分还讨论彩虹的形成，并且提出与亚里士多德完全不相同的见解：他认为彩虹并非由于许多微细水滴，而是由大块云层整体作用形成；而且，它不仅仅是由于反射，也牵涉折射。也就是说，他认为阳光先是为密度有变化，其作用犹如透镜的大块云层所折射，由此形成的影像被投射到后面另外一块云层上去；我们所见到的彩虹，是后面第二云层的反射影像。他受博斯多尼乌影响而撇开大气中的小水滴自然是错误的，但他们两位都已经引进"成像"观念，而他引进折射作用更是个大进步。

大阿尔伯图与罗杰培根的研究

大阿尔伯图和罗杰培根不但得到格罗斯泰特的启发，而且有机会见到海桑的作品（§8.5），所以有更进一步发现。在其《天象学》评述中，大阿尔伯图指出，无论凹或者凸球面镜通过反射所形成的影像和彩虹的形状都不相符，因此云层整体作用之说不能够成立；他又指出，从窗户进入室内的阳光倘若透过（一般为筒状的）水瓶或者人为喷洒的水滴时，就会在后面的墙壁或者白屏幕上显出如彩虹的颜色，也就是说，白光穿过无色透明体可以产生颜色。因此他认为微细水滴很可能是彩虹的成因，并且就其具体机制做了详细讨论，这可以说是在格罗斯泰特之后再返回正轨。但他仍然接受亚里士多德的颜色形成观念，认为这是由不同密度水滴对光产生不同程度吸收所致。

罗杰培根在《主集》中也同样认为，微细水滴是彩虹成因，并且用星盘做实地观测，证明以下三点：第一，如亚里士多德所宣称，太阳、眼睛与彩虹光环中心三点的确在同一直线上；第二，当太阳处于地平线的时候，彩虹顶点的仰角必然是42°，而且这角度和日晕（halo）的视张角相同；第三，太阳仰角超过42°的时候便不可能出现彩虹。从上述几何关系他又根据在不同纬度地点和不同时刻的日高来推算彩虹不可能出现的情况——例如，在巴黎夏季的正午，或者在爱丁堡的某些季节，彩虹即不可能出现。此外他还有一个重要发现，就是彩虹的大小、形状、方向不会由于观察者位置的移动而有任何改变。这也就是说，在不同位置的观察者所见，是由不同微细水滴所形成的不同彩虹。但对于彩虹颜色成因，他则认为只是由于人的视觉所致，而并

[①] 以下有关彩虹研究的论述主要取材于克伦比的著作，其中与格罗斯泰特、大阿尔伯图、罗杰培根的相关部分，分别见Crombie 1953, pp. 116–127, 196–200, 157–162。波耶的相关论述较简短，见Boyer 1987, pp. 88–102。

没有客观性。在结论中他很谦虚也很实在地承认："所以这些问题不能单靠议论而获得充分解释，因为这整个学科都依赖实验。由于这原因，我并不认为我已经掌握这问题的全部真理，因为我还没有做完所有需做的实验……"[①]

波兰光学家

比罗杰培根晚半辈的，还有出生于波兰西南部西里西亚（Silesia）的维提罗（Witelo，约1230—1275）[②]。他的事迹非常模糊，大致是在帕多瓦大学求学，曾经到罗马教廷任职，有可能在那里见到罗杰培根的《主集》，特别是其中的光学论著。他一生最重要的工作是在1270年左右写成十卷本的《光学》（Perspectiva），此书呈献给翻译家摩尔巴克，它成为中古以至16世纪末期最重要，也最广为学者研习的权威著作。此书以海桑《光学汇编》为根据，并且明显秉承格罗斯泰特、罗杰培根等13世纪英国光学传统，包括前者的光之形而上学和实验科学理念，不过其中也有他自己的研究和创见。此书随后影响英国坎特伯雷大主教佩卡姆（John Peckham，卒于1292），促成他撰写颇受欢迎的介绍性著作《光学通义》（Perspectiva Communis）。

维提罗对于光的折射做了仔细的定量实验，这基本上是跟随托勒密和海桑的工作，他自己的贡献在于设计精密测试仪器，从而可以有系统地改变光线在不同介质界面的入射角，然后测定其出射角；并且不但可以测试光线从稀薄介质（例如空气）进入浓密介质（例如水或者玻璃）的折射，还可以测试逆过程，即光线从后者进入前者的折射。他从而发现，在折射过程中光的途径基本上可逆。但他有部分实验结果并不准确，而且有些显然是虚构的——因为他还没有意识到"全反射"作用的存在[③]。此外他对入射角和折射角之间关系做了种种猜测，但仍然未曾发现正确的定律。

在彩虹研究方面维提罗获得很大进展，这大致有三个方面。首先，他肯定罗杰培根的见解，认为彩虹会随观察者移动这点足以证明微细水滴是彩虹成因，因为在不同位置所观察到的彩虹必然要由不同水滴造成。另一方面，他认为折射与反射两者都有关系：阳光是先经过云气前面某些水滴的折射，

[①] Roger Bacon/Burke 2006, p. 615（*Opus Majus* Pt. 6, Ch. 12）.

[②] 有关维提罗的生平和工作见Crombie 1953, pp. 213-232；Boyer 1987, pp. 102-109；DSB/Witelo/Lindberg。

[③] 所谓"全反射"是指光线从高密度介质射向低密度介质（例如从水射向空气）时，倘若入射角大于某临界值，则光线在两个不同介质的界面上只有反射而无折射作用。

然后由再后面的水滴在其表面反射形成；彩虹中不同颜色的光环就是由处于不同云层深度的水滴反射所形成。其次，他普遍化了罗杰培根所发现的角度关系，即指出阳光入射线与仰望彩虹顶点的视线之间必然形成42°夹角，太阳在地平线或者阳光入射仰角为42°的情况只是两个特例而已。最后，他观察从小窗户进入暗室的阳光光线在通过正方形、六角形水晶，或者球形玻璃水瓶之后，所产生的散射（dispersion）和类似彩虹的色谱，从而证明折射是产生彩虹颜色的原因。他这三方面的研究和发现都很重要，事实上几乎所有提供正确解释所需的元素都已经齐备，只等待最后的突破出现了。

中世纪的科学典范

终于解决彩虹问题的，是德国弗赖堡的西奥多里克（Theodoric of Freiberg，约1250—1311）[①]。他比罗杰培根只晚一辈，是多米尼加修士，做过维尔茨堡（Würzburg）修道院执事，后来升任修会的德国分会会长（1293—1296），并在巴黎获得神学教授证书（1297）。1304年他以德国代表身份赴图卢兹出席修会的全体大会。当时应会长要求，他将历年光学研究成果著为《论彩虹及光象》（De Iride et Radialibus Impressionibus）一书，对所谓"光象"即彩虹、日月晕、幻日（mock sun）、星晕等等天空光学景象作了系统和详细的论述。

从此书我们得知，西奥多里克虽然意识到彩虹颜色与阳光通过水滴时的折射作用有密切关系，但他仍然为亚里士多德"四因说"所困，因而无法为阳光的散射和分析为多种色彩找到正确解释——这还得等待数百年后的牛顿。然而，经过仔细观察阳光透过球状水瓶和六角形晶体这些"仿真水滴"的情况，他做出了三个重大发现。第一，阳光从斜角方向透过"仿真水滴"的时候，它不但在进出水滴时有折射作用，而且光线的一部分还会在水滴内面被反射，即发生"内反射"（internal reflection）作用。根据这个现象，他推断：彩虹是阳光进入大气众多微细水滴之后，在每一颗水滴中发生同样的折射和内反射作用而形成。第二，阳光经过"仿真水滴"的折射和内反射之后分解为不同颜色的光线，它们各有不同射出方向，所以在任何特定方向只能够见到一种颜色，因此观察者同时见到彩虹中的多个色环，那必然是来自不同位置水滴的内反射。第三，阳光在水滴中有可能经过两次内反射然后才折射到外面，这就会形成

---

① 有关西奥多里克见Boyer 1987, pp. 110–130；Crombie 1953, Ch. 9；DSB/Dietrich von Freiberg/Wallace。至于彩虹研究自中古以迄17世纪之发展则见Crombie 1953, Ch. 10以及Boyer 1987, Chs. 5–9。

"主彩虹"之上的"次级彩虹",这两个彩虹在观察者所见,其视夹角必然是11°。在上述讨论中他犯了不少错误,但这无损于他的基本贡献,即通过实验发现内反射现象,从而为彩虹现象提供基本正确解释。这是出现未及百年的实验理念应用到光学上的成功典范。不过,他这发现虽然是原创,却不一定最早,因为,如我们在§8.8所指出,在大致同时伊斯兰科学家卡玛阿丁已经作出相同独立发现,虽然这要到20世纪才为欧洲学者知悉。从图10.3与图10.4可见,西奥多里克在其专书中所绘的图解虽然有不少细节上的错误,但大体上对于所谓"主彩虹"和"次级彩虹"的基本成因已经得到正确了解了。

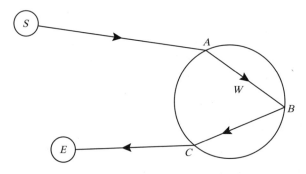

图10.3　西奥多里克《论彩虹》手稿所绘彩虹成因图像的重绘示意图。S为日,W为空气中微细水滴,E为观察者眼睛,A为入射日光在水滴表面发生折射点,B为日光在水滴内发生"内反射"点,C为出射日光发生折射点。原图为Freiberg, *De Iride*, ii. 18–20, MS Basel F. IV. 30, f. 21r, 藏于Oeffenliche Bibliothek der Universität Basel, 此处根据Crombie 1953, p. 257, Fig. 9简化重绘。

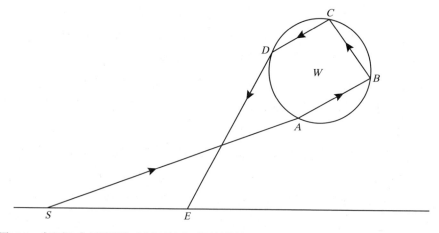

图10.4　《论彩虹》手稿所绘"次级彩虹"成因图像的重绘示意图。S为日,W为微细水滴,E为观察者眼睛,SA为入射光线,DE为出射光线,在水滴内光线在B及C点先后发生两次"内反射"。原图为Freiberg, *De Iride*, iii. 2, 5, MS Basel F. IV. 30, f. 38r, 所藏图书馆与上同,此处根据Crombie 1953, p. 258, Fig. 14简化重绘。

在西奥多里克之后的四个世纪，彩虹研究成为传统，其传人如法国的谭蒙（Themon Judaeus，活跃于1355）和意大利的摩罗力高（Francesco Maurolico，1494—1575）都有名声，而且这方面成果从15世纪开始大量印刷出版，引起包括达芬奇在内的学者广泛注意。但真正超越西奥多里克而对彩虹获得更彻底了解，则有待17世纪的斯涅尔发现折射定律，笛卡儿（Descartes）利用此定律准确计算彩虹色环的角度，以及牛顿对色散现象作深入解释了。

六、实用精神：磁学与航指图

我们在上一章提到，由于教皇的鼓动和领导，欧洲在11世纪对步步进逼的穆斯林在整个地中海展开多方面的反攻。这长期和大规模军事行动的一个重要后果是刺激了意大利北部城邦，特别是威尼斯、热那亚和比萨三国的海上势力之崛起，东罗马帝国和伊斯兰的海军都因此受到严重挑战，而双方争夺的焦点，则是来自印度洋的香料贸易[①]。这频繁的海上活动，很可能与本节所要讨论的科技发展，即磁学与精密航海图的出现，是密切相关的。

磁学研究的先驱

中国的四大发明向来被认为是在13世纪前后通过蒙古西征而传入欧洲，其后对欧洲的科技和社会发生强烈冲击。但磁石在欧洲出现虽然肯定晚于中国，其自东而西的传播却始终缺乏直接证据，因此只能够视为假设[②]。无论如何，就欧洲中古的实验科学而言，由于佩里格林纳斯（Peter Peregrinus of Maricourt，1220—1270）这位犹如云龙见首不见尾的人物，磁学研究变得非常瞩目[③]。从《三集》和《主集》多处详细描述，我们知道罗杰培根在1266—1269年间与他过从甚密，深为敬佩其渊博学问、治学方法与淡泊名利，因此以师礼相待。佩里格林纳斯对整个实验科学领域包括医学、化学、农学、冶炼、军事、武器制造等都有广泛研究，但知名后世则是由于其《磁学书简》（*Epistola de*

---

① 有关北意大利城邦的海上势力在11—13世纪间之崛起，见麦尼尔讨论威尼斯的专著，即 McNeill 1974，特别是 Chs. 1, 2。
② 有关四大发明传入欧洲的简短讨论，见上文 §10.3，并见 Rice 1970，pp. 1–18，但后者并没有提及磁石和指南针的传播。李约瑟曾经详细论证中国发现和利用磁石远早于欧洲，但仍然没有提出传播的直接证据，见 *SCC* Vol. 4, Pt. I, pp. 229–334，特别是 pp. 330–334。
③ 有关佩里格林纳斯，见 DSB/Peregrinus/Grant。他是今法国北部 Maricourt 地方人，自称 Peregrinus，即朝圣者之意，因此他可能自视为十字军的一员。

magnete）[1]。从此书自述，我们得知它是作者于1269年在军中所撰寄予邻村朋友者。除此之外，就再也没有关于他的任何其他资料了。

《磁学书简》分为实验与仪器制造两部分。第一部是确定磁石性质的系统性实验，包括如何自其对铁的吸引来辨认磁石；如何用磁铁针来确定圆浑磁石的两极位置；如何用浮水法来分辨磁石的南北两极；磁石或者磁铁之间的相吸与相拒作用；磁石对铁条的起磁作用（即令其变为磁铁），以及对磁铁的逆转两极作用；磁石在分割后的磁性，以及将分割了的磁石重新接合的可能；地磁与磁性作用由来的讨论，等等。第二部则讨论指南针制造，包括浮水式和针支式两种不同的指南针；以及指南针在观测天象以定时辰和导航上的应用。作者甚至还描绘了应用磁铁和磁石来制造永动轮的方法。《磁学书简》提供了关于磁现象的系统和全面认识。虽然这只限于表象描述，而尚未进到理论层次，也仍然是实验科学的典范。此书引起不少经院哲学家的兴趣，但他们的议论大都集中于磁力"超距作用"的意义，至于在实验研究方面，则要待三百多年后吉尔伯特（Gilbert）的《磁学》出版才得到进一步发展。

航行指南图的出现

到了中世纪，欧洲古代地理学已经失传将近千年。在12世纪的翻译运动之中，《几何原本》和《大汇编》备受重视，托勒密的《地理学》和地图投影法却默默无闻，直到15世纪方才被翻译成拉丁文。不过当时却有大量地图流行，它们大体上可以分为三类[2]。首先，是为各种不同目的而绘制的局部鸟瞰图，范围从宅邸、庄园、乡村以至城镇、山川、地区，一般很粗略，不讲究比例。第二类是"中古世界图"（*mappaemundi*），它们源远流长，可以上溯罗马时代，目的在于显示上帝所造世界格局，或者认识与想象世界整体。第三类最特别，即所谓"航行指南图"（*portolan charts*，简称航指图），它

---

[1]　《磁学书简》的英译本见H. D. Harradon, "Some Early Contributions to the History of Geomagnetism–I", in *Terrestrial Magnetism and Atmospheric Electricity*（现改名 *The Journal of Geophysical Research*）48（1943），pp. 3–17，其中pp. 6–17为《书简》文本的翻译；至于《书简》内容综述，则见Crombie 1953, pp. 204–212。

[2]　有关这三类地理图的详细讨论，见Harley & Woodward 1987, Part Ⅲ（Chs. 17–21）；其中Ch. 17是综论，Ch. 19专门讨论航行指南图。其综论部分（特别是p. 284）强调该三类地图分属不同传统，具有不同功能，但其实"世界图"与"航指图"后来融合为一类，不能够截然分割，所以我们将早期的世界图称为"中古世界图"，那与从航指图发展而来的世界图截然不同，后者在Crone 1978, Chs. 3, 4被称为"加泰罗尼亚世界图"。例如，下文提到的绘图师威斯康特在上书有关该三类地理图的三章（Chs. 18–20）之中都分别出现。

们是为航海需要而绘制的专业地图①。

最早的航指图是13世纪末由不知名作者所绘"比萨图"（Carte Pisane）（图版8），此图之精确相当惊人：地中海部分的航程距离准确至2%，边缘部分亦准确至5%—6%，此外图中又列出大量地名。据推测，它是拼合多张局部母图而成②。其他航指图则大部分出现于14—15世纪。在前期它们由热那亚或者威尼斯人绘制，在后期绘制中心则转移到马约卡（Majorca）③。这类海图的特征是海岸线描绘得异常精细准确，一般附有比例尺度和大量地名，图上满布依据磁针所示方向的角航线（loxodrome），亦即罗经方位线（rhumb line），所以毫无疑问，是专为航行而绘制的海图。它们流传至今共有180幅左右，大部分是黑海、地中海和欧洲大西洋沿岸的航行图④。航指图的出现颇为突然，它的起源有许多不同说法，莫衷一是，例如从古代航图发展而来，与阿拉伯海图、"圣殿武士"（Knights Templar）、炼金师鲁利（Ramon Lully，1232—1315）相关等等。但从比萨图出现于1270年左右，亦即罗杰培根和佩里格林纳斯的时代，最合理的推测是，它是受磁针的出现和应用于航海的刺激而来。当然，那也正是蒙古帝国鼎盛时代的开端，因此也颇惹人进一步猜想，磁针和航指图两者，都和指南针由于当时东西交通的开通而西传有千丝万缕的关系⑤。

航指图的历史

最早有署名作品的航指图绘制家是威斯康特（Pietro Vesconte，活跃于1310—1330年），他是热那亚人，但在威尼斯工作，留下了大量航指图、世

① 意大利文*portolano*的意思是"航行指示"，即沿海岸航行的指示文本而非海图，这类航海图上满布根据磁针指向而定的线条，其实应该称为compass chart，但portolan chart之名相沿已久，已不能改变，故此中文翻译为"航行指南图"。
② 见Crone 1978, pp. 14–15；并散见Harley & Woodward 1987, pp. 377–411。
③ Crone 1978, Ch. 2是有关航指图的一个极扼要说明，该书第15页将"比萨图"的中央部分与当代地图作对比，清楚显示出其精确。这方面的另一部重要参考文献是两巨册的《葡萄牙地图学史》即Cortesão 1969，特别是该书第三章最后一节，pp. 215–232。当然，无可避免，在航指图起源问题上，此书偏重马约卡亦即加泰罗尼亚（Catalonia）多于北意大利。
④ 将许多航指图与现代地图比较，可见前者所描绘的地中海主轴向左（即逆时针）转动了10度，那显然是因为当时地中海的磁极偏东10度，而制图者要令磁极在图的正上方之故。这说明两点：这些海图的方向十分精确；而且都是以磁针来决定的。见Crone 1978, p. 33。
⑤ 详细讨论见Harley & Woodward 1987, pp. 380–85; Crone 1978, pp. 35–38。中国有关指南针用于航海的最早记载是在朱彧的《萍洲可谈》卷二，他是南宋绍兴年间人，约当公元1150年左右，比"比萨图"早了大约一个世纪。见《后山谈丛·萍洲可谈》（北京：中华书局2007），第95、133页。

界图，甚至也有阿卡（Acre）堡垒①的平面图，其中部分留存在威尼斯政治元老山努涛（Marino Sanuto，1260—1338）所著《十架信徒密典》（*The Book of the Secrets of the Faithful of the Cross*）一书中，此书上呈教宗和法王，是一部企图从根本上摧毁伊斯兰在中东势力的战略设计书。其他著名的绘制家有多尔薛（Angelino Dulcert/Dalorto，活跃于1339），他只留下三幅航指图，其格调从简洁的意大利作风逐渐转变为具有明亮色彩和更多内陆山川、城市、人物图示的马约卡作风，因而被认为是从意大利移居马约卡的过渡期人物。14世纪最后一位重要绘制家是科勒斯克（Abraham Cresques，1325—1387）。他是马约卡犹太人，在1375年受阿拉贡的约翰亲王重金礼聘，与儿子雅胡达（Jahuda Cresques，1360—1410）共同绘制了一幅包括欧洲和远东的极其华丽的大地图作为呈献给法王的礼物，这就是有名的加泰罗尼亚世界图（Catalan Atlas）。此图（图版12）仍然处处附有罗经方位线，因此是融汇世界图和航指图的产物，在其中从《马可波罗行纪》和其他来源所得的大量中亚和远东地理特征都反映出来②。除此之外，他还留下多幅其他航指图，但没有署名，只能够从风格上加以辨认。根据统计，14—15世纪间知名的绘图家一共有46位，他们之中有好几位是船长、船主或者有地位的贵族、官员，但也有证据显示，绘制海图也是一门颇有市场的生意，它的货源由专业作坊供应，而且运销各个港口。威尼斯和马约卡无疑是最重要的绘制中心，热那亚在其初也非常重要，但后来没落了③。

　　航指图本来是为导航的实际需要而绘制，但这些历经风涛磨难，破损后往往被废弃，因此极少留存，反而是那些作为礼品或者艺术品的才得以保存完好。很自然地，这些"礼品地图"蜕变为具有华丽风格，并且包含遥远地区山川湖泊人物的巨幅制作，也就是和以前的"世界图"融为一体，不可分辨了。航指图的重要性是多方面的。首先，是朴素航指图上所绘海岸线的精细准确以及罗经方位线的应用，显示了一种从实际需要而产生的着重经验与实事求是精神。其次，则是由此所发展而来的世界图，对巴勒斯坦以东广大未知区域有细致描绘，这反映了自13世纪中叶蒙古帝国出现以来，通过实际

---

① 阿卡位于巴勒斯坦海岸中部，在11—13世纪是十字军在巴勒斯坦最重要的桥头堡，以及与穆斯林争战的焦点。

② Crone 1978, Ch. 3对此世界图与地理新知识的关系有详细讨论，其加绘的简化图尤其能够说明该图的特点；Harley & Woodward 1987, pp. 314–315对此图也有讨论。

③ 见Harley & Woodward 1987, Ch. 19, 特别是Appendix 19.2。

旅行而逐渐发现和累积的地理新知识。最后，从15世纪开始，地理新发现不断被结合到新绘制的世界图中。从今日看来，这些好像都是理所当然的事情，不值得细表，其实不然。倘若我们注意到，中国虽然有很长远和精细的地图绘制传统，而且从汉代开始就有大量域外和海外航行（最著名的莫如赴印度取经的法显和尚和七下西洋的郑和），却从来没有绘制过（哪怕是最粗略的）具有方位和距离意义的海外地图①，而只有以文字记载的航行指示，就可以知道航指图和世界图所代表的强烈空间意识，特别是其不断反映远航和远行的新发现而经常更新这点，其实绝不寻常，而是值得大书特书的事。它代表了一种对于我们所居住的这个世界不断探索、发现、如实描绘的科学精神，而那就是16世纪远航探险的动力和基础。

七、中古数学与天文学

13世纪科学的主旋律是实验和实用科学，但数学和天文学并非完全空白。不过，要在辉煌大传统之中翻陈出新自属艰难，因此，虽然英国从12世纪之初就有数理天文学传统，但下文提到的几位科学家都只能视为传统继承者，只有费邦那奇是例外。

超越时代的天才

在5—15世纪这整整千年间，费邦那奇（Fibonacci，约1170—1250）在欧洲数学史上是座挺峭而孤立的高峰②。这不难解释，因为他与奥玛开阳、善马注等数学名家属于同一世纪并且深受他们影响，故此实在应该视为伊斯兰数学传统在欧洲萌发的奇葩；另一方面，他虽然成就超卓，却只是以西西里宫廷学者和比萨商用数学专家见称，而始终与大学无缘，故此在主流学界籍籍

---

① 明代茅元仪《武备志》卷二百四十的确载有一幅被认为是郑和所用的航海图，但它基本上仍然属于航海方位与里程指示性质的记载，其长卷"海图"是全然缺乏空间方向和距离比例的。详见徐玉虎《明代郑和航海图之研究》（台北：学生书局1976）。至于十六七世纪的所谓"海道针经"则更是有文而无图了，见例如向达校注《西洋蕃国志·郑和航海图·两种海道针经》（北京：中华书局2006）。

② 费邦那奇原名利奥纳多（Leonardo of Pisa），后来一般称作费邦那奇，即邦那奇（Bonacci）家族成员之意。有关他的事迹及工作见DSB/Fibonacci/Vogel以及Boyer 1985, pp. 279–283。纪志刚等2018第11—14章是费邦那奇《算术书》的详细专业论述，其中讨论了此书的伊斯兰与中国根源，并特别在第280页指出："现在，在《计算之书》（即《算术书》）中发现了与中国'盈不足术'如此一致的算法，有力地证明了中国古代数学知识向欧洲传播的事实。"

无闻，后继乏人。

费邦那奇与格罗斯泰特同时，但和其他中古科学家完全不一样。他出身意大利比萨商人家庭，弱冠之年到北非布基亚（Bugia，比萨的贸易据点）依随父亲，因此得以学习伊斯兰数学，其后周游地中海周边的埃及、叙利亚、希腊、西西里、法国南部的普罗旺斯（Provence）等地经商，同时继续潜心研究数学，与当地学者交往、讲论，因而得以吸收柯洼列兹米的《代数学》和欧几里得《几何原本》这两方面传统。他在三十岁左右返回比萨本邦，其后陆续发表《算术书》（*Liber abaci*，1202，1228）、《实用几何学》（*Practica Geometriae*，1220）、《精华》（*Flos*，1225）、《平方书》（*Liber Quadratorum*）等多种著作，因而名声鹊起，不但通过翻译家"苏格兰人"米高见知于神圣罗马皇帝、西西里国王腓特烈二世，得以与他的宫廷学者特奥多鲁斯（Theodorus Physicus）、多米尼加（Dominicus Hispanus）、约翰（Johannes of Palermo）等论学，更于1225年皇帝临幸比萨的时候得蒙召见。由于《算术书》有巨大实用价值，他在商业数学的推广和教育上也尽过许多心力，所以在本邦广受尊敬，在晚年（1240）更获特颁薪俸。

《算术书》是费邦那奇成名作，流传极广，它是呈献给翻译家米高的，我们从献词自叙稍为得知他生平概况[1]。此书原是为商业应用的初等算术，即四则算法、分数、比例、开方、单位换算等等，也包括一次和二次方程式解，表面上没有什么特别。它名声那么响亮，历久不衰，主要是以下几个原因。首先，它引入了源自印度的阿拉伯数目字（包括"0"的记号）以及现在通行的"位置记数法"，还有四则运算的列算方式，由是大大简化、方便了在日常生活中不断遇到的实际算术运作，这对于计算技术的重要性是无可比拟的。其次，在纯数学上它也有重要建树，这包括好些巧妙算题，但最重要的是确立负数观念和正负数混合运算的法则，以及首先提出所谓"费邦那奇数列"观念[2]。最后，它条理清晰，层次分明，显示了作者对全部题材了然于胸，因此能做到举重若轻，令人叹服。

《实用几何学》则呈献给上述的多米尼加，它继承了欧几里得和赫伦

---

[1]　《算术书》有下列英译本：Fibonacci/Sigler 2002，其中的"导言"有费邦那奇简介。此书书名直译是《算盘书》，但其内容全是算术，这是"算盘"的引申意义。

[2]　费邦那奇数列u_n的定义是它每一项都是其前两项之和，即$u_n=u_{n-1}+u_{n-2}$，因此以1为开始两项，则数列是1，1，2，3，5，8，13，21，…。这序列有许多特殊性质，例如可以证明任何相邻两项都是互素，而且在序数趋向无限大时前项与后项之比趋近于黄金分割。当代有《费邦那奇季刊》（*Fibonacci Quarterly*），是此数列以及相关问题的研究专刊。

两种迥然不同的风格，也就是糅合古希腊、巴比伦和阿拉伯传统，一方面论证严谨，构思精妙；另一方面则注重应用，将代数方法应用到多种实测问题上去，包括三角形中线交点（即其重心）必然将三条中线作2:1分割的证明，以及勾股定理的三度空间推广。至于《精华》则是巴勒摩的约翰以三道难题向他请教的回应，其中最有名的，是证明了奥玛开阳所首先提出的三次方程式$x^3+2x^2+10x=20$能够有$a+\sqrt{b}$（其中a，b是有理数）形式的解，并且求得准确至小数9位的近似解1.3688081075（原解是以六十进制记载：$1°22'7''42^{\text{III}}33^{\text{IV}}4^{\text{V}}40^{\text{VI}}$）。他并没有说明解法，但当时正值中国李治、朱世杰、杨辉、秦九韶等所谓金元四大家在世的年代，他颇有可能从阿拉伯人处间接得知中国的代数方程近似解法，即日后所谓"Horner's method"。但他最高妙的著作还是《平方书》，它和腓特烈二世的宫廷论学也有密切关系，基本上是一部以不定分析为主的数论专著，其水平被认为只有千年前的丢番图和四百年后的费马差可比拟。它的题材环绕所谓"毕氏三数组"（Pythagorean triplets，即适合$a^2+b^2=c^2$关系的a，b，c数组）展开，其中最简单而为人熟知的结果是，以任意整数p，q即可产生毕氏数组$2pq$，p^2-q^2，p^2+q^2。除此之外，书中还证明了许多精妙定理，例如：无论p，q为何整数，p^4-q^4都不可能是整平方，因此p^2-q^2，p^2+q^2二者也不可能同时是整平方；以及求得在何种情况下，$a+b+c+a^2$，$a+b+c+a^2+b^2$与$a+b+c+a^2+b^2+c^2$三者可以同时是整平方；等等。

费邦那奇虽然未必精通希腊文和阿拉伯文，但熟悉这方面的专用数学词语，而且他生于翻译运动高潮，所以有幸通过阿德拉、切斯特的罗伯特、吉拉德等翻译大家的作品，博览欧几里得、阿基米德、赫伦等人的经典，以及柯洼列兹米、穆萨兄弟、卡米尔、卡拉吉、奥玛开阳等伊斯兰数学家的著作，甚至间接接触到中国和印度数学，学术渊源可以说是既深且广。他唯一没有直接读到的，只是到17世纪方才有拉丁文译本的丢番图著作而已。不过，说来令人纳闷亦复惋惜，他纯数学方面的工作并无传人，也没有发生多少影响。这一方面是由于它远远超越时代，但更可能是由于他属于地中海商人阶层，和教会或者当时刚刚出现的大学并无来往，因此不为阿尔卑斯山以北的巴黎、牛津学者注意。无论如何，一直要到15世纪末才有帕乔利提到他的实用数学贡献，从而引起卡尔丹诺在下一世纪的注意。但他的数论和不定分析则仍然无人理会，甚至到17世纪，费马的数论研究仍然只是以丢番图为基础。他的著作终于得以结集出版和为人研究，已经是19世纪的事情了。

接续数理天文学传统

和费邦那奇同时的，还有不少其他数理天文学家，但他们主要是研习、消化和论述古代经典和伊斯兰学者的成绩，说不上创见和新发现。这既有亚里士多德的影响在起作用，也因为这方面的发展已经极其精密复杂，不惟难以翻陈出新，即使是了解、掌握像《大汇编》那样宏伟精深的专著也很不容易——事实上，当时绝大部分学者恐怕都对之望洋兴叹！因此13—15世纪之间的数理天文著作大多是论述旧学的教材，意义主要在于接续传统[1]。

这些学者中最为人熟知的当数英国人萨克罗博斯科（Johannes Sacrobosco, John of Hollywood，约1195—1256）[2]。他比罗杰培根稍早十多年，在牛津受教育，然后赴巴黎（1221），其后成为数学教授，并于1230年出版天文学教本《论球面》（*Tractatus de Sphaera*），此书后来风行一时，直至16—17世纪仍然为大学沿用。除此之外，他主张采用阿拉伯数目字和六十进制，并认为儒略历（Julian Calendar）有严重错误[3]，应当推行历法改革。

比他稍晚的是德国学者约旦纳斯（Jordanus Nemorarius, Jordanus de Nemore，1225—1260）[4]。他的身世、事迹没有确定资料，我们只能够从他传世的算术、几何学、代数、天文等六种著作推测他精于数理，热心推动阿拉伯数字和算法，是当时极有名望的自然哲学家[5]。这些著作中《算术方法原本》（*De elementis arithmeticae artis*）沿袭毕派传统，以数论和所谓"数目神学"为主，是继尼高马可斯《算术导论》之后的标准算学教材而风行多个世纪。它最有新意的特点是开始用字母来代表数字，这比欧几里得和柯洼列兹米都要进步，可以说是走向符号数学的关键性改进。至于《计算法》（*De numeris datis*）则沿袭柯洼列兹米的一次及二次方程式解法，它也同样以字母表示一般数目，但仍然未曾进步到以算式替代语言描述。他最具有创意的工作是在《论重力计算》（*De ratione ponderis*）一书中发现了在斜板上的重力分解公式，即

---

[1]　有关中古早期理论天文学水平低下的情况见Pedersen 1974，pp. 17–19。

[2]　他的事迹和工作见DSB/Sacrobosco/Daly。

[3]　儒略历是恺撒大帝在公元前45年颁布的日历，和今日世界通用的公历相近，只是没有每逢百年不闰，每逢四百年复闰的规定，那是1582年由教皇颁布的格里历（Gregorian Calendar）所增加的规定。

[4]　有关约旦纳斯与下文的康帕纳斯，分别见DSB/Jordanus/Grant与DSB/Campanus/Toomer。

[5]　他与多米尼加修会的第二任会长Jordanus de Saxonia有可能是同一人，这点争讼多年，是学术史上悬而未决的公案。但倘若此点属实，那么他就应当见过格罗斯泰特，并且是将大阿尔伯图介绍给后者的人。

放置在倾角为θ的斜板而重量为W的重物，其沿斜板方向的重力为$F=W\sin\theta$。这问题古希腊和罗马学者都曾经研究，但始终未曾发现正确答案，而约旦纳斯的公式也并不为同时乃至后来学者如达芬奇所信服：它一直要到16世纪中叶才得到荷兰力学家斯特文的证验[1]。

和约旦纳斯同时的，还有意大利学者康帕纳斯（Johannes Campanus of Novara，约1220—1296）。他作为数理天文学家颇有名望，为罗杰培根所推重，却又是教皇乌尔班四世和另外一位枢机主教的专用牧师，因此能够享受优渥待遇。康帕纳斯以重新翻译欧几里得的十五卷本《几何原本》著名，这新译参考了多种阿拉伯资料以及阿德拉的最早译本，其后成为权威定本，在1482年被印行，成为最早印刷本[2]。他又著有《行星理论》（Theorica planetarum），它基本上是简化《大汇编》而成，有关数据则是结合《大汇编》和阿拉伯天文学家札喝里在1080年领导编纂的《托莱多天文数表》两者资料而来。但当时还出现了另外一本不知名作者的《行星理论》（亦有人认为作者是吉拉德或者萨比奥尼塔的吉拉德，即Gerard of Sabbioneta）。这两部著作连同1270年编成的《阿方索数表》（§8.7）在其后两个世纪间成为欧洲标准天文学教本，迄15世纪末才为波尔巴赫的《新行星理论》取代[3]。

八、科学小传统：炼金术

数理天文是西方科学的"大传统"，炼金术是"小传统"。这分野的标志是：数学、天文学向来是大学本科必修课程，炼金术则从来被排斥于大学课程以外，学者只是在私下，甚至隐秘地修习、研究。然而，自中古以至17世纪，它也从来没有被数理科学家所忽视：从大阿尔伯图、罗杰培根一直到波义耳和牛顿，都曾经涉足这个传统，牛顿还是一位最勤奋的炼金师，而最后它也的确转化为现代化学。我们在此继续§6.5和§8.5的讨论，把它在中古

---

[1]　有关斜板上重量的研究历史，特别是约旦纳斯的发现及其影响，见Clagett 1959, Chs. 1, 2，特别是§2.1, 2.2。

[2]　此译本的第四卷附了一个三分角的简单作图方法，颇具巧思，详见Boyer 1985, p. 285。

[3]　有关不知名作者《行星理论》的历史见Pedersen 1974, pp. 18–19以及其中所征引的文献；至于康帕纳斯的《行星理论》则见DSB/Campanus/Toomer。

的发展作简略综述①。

中古欧洲的炼金术

炼金术和天文学、数学、星占学一样，也是在12世纪通过翻译运动传入欧洲，它最早的典籍是罗伯特所翻译的《炼金术》，其中特别提到这门学问通过莫里安纳斯传给雅兹德，亦即从拜占庭传入伊斯兰世界这一段渊源；其后吉拉德更翻译了拉齐的两种著作以及札贝尔的"七十部书"（§9.3）。在此时期许多与化学、炼金有关的阿拉伯词汇同时通过音译而进入拉丁词汇，像"alchemy"（炼金术）、"alembic"（蒸馏瓶）、"alcohol"（乙醇）、"alkali"（碱）、"elixir"（灵丹）、"naphtha"（石脑油）、"carboy"（窄口瓶）等等只不过是其中最普通的而已。由是可知，这在当时其实还是相当陌生的一门新学问。

大阿尔伯图有多种炼金术著作，其中最完整、有系统的是《炼金书》（*Libellus de Alchimia*），一部清晰、务实、有系统，没有掺入魔法或者神秘思想的百科全书。它首先重复传统的金属二元合成和转化理论，然后告诫炼金师必须注意以下八桩实际事项：以安静和隐秘方式工作，有专用房屋作为实验室，注意季节和天时，要有耐心和勤奋不懈，工作有条理和按照一定程序，应用玻璃器皿，避开王公权贵；最后，还要准备充足的资金。然后，它依次讨论转化所得金属的性质（主要是外观和物理性质与真品无异，但可能缺乏特殊性质，例如转化金不能够治麻风）；各种矿物、化学物质、染料、染剂的性质；各种化学程序，例如制粉剂，制溶剂，蒸馏，以水银、硫黄、雌黄、砷等加白等等；最后则是制造贵金属方法的简短讨论。罗杰培根在他《主集》的"实验科学"部分也提到炼金术，虽然只是作为例子来作简短讨论，但他末了宣称"科学家认为，那些能够摒除卑下金属中杂质与腐朽（成分）的药物，也能消除人体中之腐朽而延年多纪"，却很值得注意，因为这不但与中国炼丹思想相通，而且预示了炼金术在16世纪的发展新方向②。

但13—14世纪的炼金术专家则是西班牙的鲁利和维兰诺瓦（Arnold of

---

① 有关欧洲中古炼金术与化学见Holmyard 1968, Ch. 6，以下的论述即据此；此外Crombie 1961, i, pp.129–139有简短论述；桑达克的《魔法与实验科学史》亦包含大量这方面资料，散见于Thorndike 1923–1958, iii–iv: Chs. 3–5, 9–11, 22, 36–38, 53; v–vi: Chs. 19, 24, 28–29, 37。

② 有关大阿尔伯图部分见Thorndike 1923–1958, ii, pp. 567–573；有关罗杰培根者见Bacon/Burke 2006, pp. 626–627，引文在p. 627。

Villanova，1235—1311）。维兰诺瓦出身贫苦，后来成为名医，精通拉丁、希腊和阿拉伯语，曾经因治愈阿拉贡（Aragon）国王彼得三世和教宗卜尼法斯八世的重症而得到赏赐堡垒，并且成为蒙彼利埃医科大学教授，但由于其神学见解和攻击腐败教士，也惹过很多麻烦。他喜好魔法，在治病时应用符偶，有多部炼金术著作，其中以《哲学家之玫瑰》（*Rosary of Philosophers*）为最完备，它的特点是着重水银作用多于硫黄，甚至认为后者有害于金属。至于在§10.6提到过的鲁利其实是位学养深湛的哲学家，曾经出任阿拉贡王储导师，后来以九载之功通晓阿拉伯文，然后三度赴北非传教，最后竟以身殉。他并不相信金属转化，多种依托他名下的炼金书籍是赝作，然而却有许多"点铁成金"的神奇故事与他拉上关系，这正足以说明当时一般人如何容易入信吧[3]。

最后，在13世纪下半叶还出现了多部依托札贝尔名下的拉丁文著作，即所谓"葛贝尔典籍"（*Geberian corpus*），包括《炼金术总论》（*Summa Perfectionis*）、《炼金术探究》（*De investigatione perfectionis*）、《见证》（*Testamentum*）等等。它们虽然同样秉持标准炼金术理论，但立论清晰有条理，内容务实，作风接近于实际从事于实验工作者，而迥异于札贝尔的阿拉伯文著作，所以，经过详细考证之后学者都一致认为并非译作，而实在是欧洲学者依附之作。这批典籍中最重要的是《炼金术总论》，因为根据考证，大阿尔伯图的《炼金书》、维兰诺瓦的《哲学家之玫瑰》，乃至鲁利的《见证》等几种重要著作（无论其是否赝作）都直接或者间接根源于上述《总论》，这包括在"二元合成论"中强调水银的作用，甚至以之为"点金石"唯一构成元素的思想[4]。

炼金术大辩论

在13世纪炼金术虽然风行，却并非没有阻力——金属变异是否可能一直在学者和教会间有激烈争议。反对炼金术的主要原因大概是要禁止铸造赝币，但最早的理论根据则是阿维森纳，他这方面的论著在大约1200年被翻译成拉丁文并附入亚里士多德《天象学》第四卷之后，因此成为极大权威。这引起罗杰培根和另一位著名学者博韦的文森特（Vincent of Beauvais，约1190—1264）的反驳；后来意大利阿西西（Assisi）的方济各学院教师塔伦

---

[3]　鲁利的详细事迹见《三位著名炼金师》一书，即Waite, Spence & Swainson 1939。

[4]　纽曼在Pseudo-Geber/Newman 1991一书中，除了整理《炼金术总论》的拉丁文本，并且将之翻译成英文以外，还有对此书源流的详细考证和讨论，其中第五章讨论其对中古欧洲的影响。

托的文森特（Vincent of Tarento）也撰写了一本《理论与实践》（*Theorica et Practica*）为炼金术辩解，而此书很可能就是《炼金术总论》的源头①。但这些辩解反而导致大主教贾尔斯（Giles of Rome，1243—1316）在1286—1291之间更猛烈的攻击——贾尔斯的老师阿奎那也同样明确地反对炼金术。事实上，在1270—1300年这三十年间，法国和西班牙地方教会曾经多次下令禁止炼金术。最后，亚维尼翁的教宗约翰二十二世（John XXII，1316—1334年在任）为此举行了公开辩论大会（disputation），并在1317年下诏明令禁止炼金术，特别是以此所得金属来铸币。他列举的理由就是伪币泛滥法国，而并不涉及炼金术的原则可行性。然而，争论仍然没有止息：在14世纪初还有一位达斯廷（John Dastin）分别上书教宗和枢机主教为炼金术辩护；而博努斯（Petrus Bonus）在1330年左右所作的《珍贵之新珠》（*Pretiosa Margarita novella*）也同样是炼金术的申辩书。

我们不必深究这场历时大半个世纪的大辩论中正反双方理据的细节，但为炼金术申辩者有一个中心思想却非常值得注意，那就是强调凭"技艺"（art）可以及得上，甚至超越自然。换而言之，人力可以胜天，因此将自然生成的金属随意愿转化是可能的。这就炼金术本身而言虽然完全错误，但其基本精神却预示16世纪魔法热潮所带来的人之无比自信（§11.5），乃至17世纪培根"知识就是力量"和"征服自然"等观念，所以和现代科学革命也是有相当关系的。

九、动力学与分析学先驱

13世纪欧洲科学以光学、磁学和数论为主，在这三方面都取得显著进展，然而这和17世纪的科学突破说不上有直接关系。另一方面，14世纪的数学和力学理论却的确可以视为17世纪动力学的先驱，所以特别值得重视。它最初表现为对亚里士多德运动学的质疑，以及寻找新规则的尝试，然后通过数学的应用朝分析学的新方向前进。这发展仍然以牛津-巴黎为中心，开其端者是本章开头提到的英王跟前红人，最终登上坎特伯雷大主教宝座的布拉沃

---

① 根据纽曼考证，《炼金术总论》源出于《理论与实践》，但两者都是不见经传的塔伦托的文森特所作。此事以及有关炼金术大辩论的讨论，见探究《炼金术总论》的专书Pseudo-Geber/Newman 1991, Chs. 1, 2。

丁，殿军则是法国王室宠臣，同样登上主教高位的奥雷姆。不过，他们在学术上的建树其实都在担起政教重任之前，亦即在大学潜心修习、研究期间就已经完成了[①]。

学者、宠臣和大主教

在中古欧洲，倘若说巴黎是经院哲学与神学之都，那么自然哲学之都的荣耀毫无疑问应当归于牛津。它不但在13世纪产生了格罗斯泰特、罗杰培根和实验科学，而且在14世纪又产生了布拉沃丁和摩尔顿学派，从而成为理论力学发源地。这也许是彼阿阿斯、阿德拉等建立的早期科学传统使然，也可能与牛津远离罗马教会，故而在思想上脱离神学笼罩有关。无论如何，牛津是中世纪科学思潮中心，而在那里引领风骚者日后还成为教会领袖，这不能不说是很奇妙的现象。

事实上，我们颇可以从布拉沃丁（Thomas Bradwardine，1295—1349）身上看到上一世纪格罗斯泰特的影子。他家世和郡望不详，在不惑之年以前经历平淡，是爬升学术阶梯的典型牛津学者：二十来岁在文科毕业，成为贝理奥学院（Balliol College）院士（1321），两年后获教授资格，并转到当时最富裕也最有规模的摩尔顿学院（Merton College）担任院士，十年后在神学院毕业（1333）获神学教授证书[②]。在此十余年间他著作不辍，其中最重要的是1328年发表的《运动速度比例论》（*Tractatus de proportionibus velocitatum in motibus*），那是他作为数学家和理论力学先驱的成名作；此外还有一部《连续体论》（*Tractatus de continuo*）以及一些算术、几何学和逻辑学作品。布拉沃丁的"牛津年代"在他毕业于神学院之后结束，自此一帆风顺，在教会中连连擢升：1335年应达勒姆（Durham）主教理查德（Richard of Bury）之召，赴伦敦主教府出任其专用牧师（chaplain）；两年后出任圣保罗座堂监督，1338—1339年间出任英王理查德三世专用牧师和告解神父（confessor），从而进入英国政教核心，他驳斥自由意志的《神因论》即是此时期作品。其时

---

① 克拉格特的《中古力学科学》即Clagett 1959是13—14世纪力学原始文献译文的巨册汇编，其中包含大量与本章有关资料，书前导言与最后两章则提供概观与分析。有关中古动力学的讨论尚见Grant 1977, Ch. 4，以及Weisheipl 1959，那是非常扼要的简论。

② 布拉沃丁的生平和学术见DSB/Bradwardine/Murdoch以及下列两本著作，特别是其导论：（1）Bradwardine/Crosby 1955，这是他主要著作《运动速度比例论》的英译本和分析；（2）Dolnikowski 1995，这是论述布拉沃丁时间与永恒观念的专书，其中分章讨论这些观念与他数种主要自然哲学与神学著作的关系。

适逢英法百年战争，他曾经随英王出征并在祝捷大会上发表御前布道演讲，1349年他出任坎特伯雷大主教，然而天不假年，越月即蒙主宠召，死于瘟疫了。

修订亚里士多德

《运动速度比例论》是将数学引入亚里士多德运动学的第一部著作[①]。亚氏在《物理学》中提出，起动力 F 和"动体"的速度 V 成比例，但起动力低于物体"内阻力" R（例如人企图单独推动大船）的时候，则物体根本不会移动，$V=0$。布拉沃丁指出，以"比例"的通常意义来理解，这两个要求是矛盾而不可能同时实现的。他的巧妙解决方法是：倘若 V 以"算术比值"即倍数方式增加，而 F/R 以"几何比值"即指数方式增加，那么两个要求并不矛盾。倘若用现代数式表示，那么这"动力规则"便相当于 $V/V_0 = \log_a(F/R)$，其中 $a = \log(F_0/R)$，V_0 是动力为 F_0 时的速度；显然，它适合 $F=R$ 时 $V=0$ 的要求。这理论的细节不重要（见本章附录），然而，它是通过数学来讨论动力学的首个尝试，那颇有象征意义。

至于《连续体论》的主旨则可以归结为："驳斥当时一批声势浩大，宣称连续体乃由不可分割部分或者原子所组成的学者的论战之作；而布拉沃丁则跟随欧几里得和亚里士多德，认为连续体的任何部分都可以无限分割。"[②] 这里所谓"连续体"指的是线、面，立体等几何学上的事物。它是否可以无限分割之所以成为基本争论，是因为和古希腊哲学上几乎所有基本难题——例如对角线之不可测比、各种芝诺悖论等等都密切相关，而且解决此问题的企图，必然会引出各种难以严格论证的"无限"观念——无限大、无限多、无限小等等。这些困难在古代导致原子论者以不可分割的原子为连续体的组成单位，因此在14世纪初的牛津也同样产生了"不可分割主义"的拥护者。我们在此不必讨论这些争论，但要指出：布拉沃丁的驳斥相当彻底和有效，这对于日后微积分学的发展是关键，因为那必须以连续体和无限观念为基

---

① 此书英译本导言除了布拉沃丁生平和此书版本源流之外，还讨论了其影响，并有内容综述、分析，见 Bradwardine/Crosby 1955, pp. 11-54。此书第3章定理12并且提出"在真空中的'混合体'倘若混合比例相同则移动速度相同"的观念，这和伽利略后来的著名定律非常相近。Grant 1981, Paper X 对这两者异同有深入讨论。

② 引文见 Dolnikowski 1995, p. 100；该书第五章对《连续体论》有详细论述。此外，这方面的研究专文，尚有 John E. Murdoch, "Thomas Bradwardine: mathematics and continuity in the fourteenth century", in Grant and Murdoch 1987, pp. 103–137。

础。事实上，和布拉沃丁同时的摩尔顿学者就已经开始朝这个方向前进了。

摩尔顿学派：微积分学的滥觞

布拉沃丁所加入的摩尔顿学院成立于1263—1264年，是牛津最早具有法定地位和资产的学院（college）[①]。由于它自始即颇具规模，而且体制完备，学者有充分自主权（它的院士整体对学院管理和财产都有近乎绝对权力），因此在14世纪之初无疑也是最富裕和活跃的学院。布拉沃丁的数理研究大概并非只是他个人的工作，而是和院中同侪切磋讨论的结果。因此，不少同时或者晚辈学者也朝相类似方向发展，在14世纪初形成了所谓"摩尔顿学派"（Merton School）。这批所谓"牛津算学家"（Oxford Calculators）包括邓布顿、两位斯韦恩斯赫、赫特斯布利（William Heytesbury）等，他们的工作最早可以追溯到前述的著名经院哲学家邓斯司各脱以及其后的弗尔立（James of Forli）、布尔立（Walter Burley）、萨克森的阿尔伯特（Albert of Saxony）等人，而日后则成为微积分学滥觞[②]。

邓布顿（John of Dumbleton，约1310—1349）和布拉沃丁大致同时，是学派主将，他的《逻辑与自然哲学总论》（*Summa Logice et Philosophie Naturalis*）讨论了当时在牛津非常之热门的"性质变化率"观念[③]。在这方面他有三个重要贡献。首先，通过讨论如何测度性质（quality）的"强度"（latitude）根据某种"延伸"（extension/longitude，例如时间或者长度）的尺度而变化的方式，他发现了最原始的函数观念：其所谓"延伸"就是变量，所谓性质强度，就是跟随其变化的函数。跟着，他对运动的变化率详细分析为四种情况：（1）倘若运动在相等时段所产生的距离变化相等，则它是"均匀"（uniform）的；（2）倘若运动在相继的相等时段所产生距离变化有改变，那么它是"不均"（difform）的；（3）倘若上述距离变化不断以一定数量增加或者减少，那么运动是"均匀地不均"（uniformly difform）；（4）否则就是"不均地不均"（difformly difform）。很显然，以上四种变化方式分别

---

① 摩尔顿学院是1263年由日后成为罗切斯特（Rochester）主教的摩尔顿（Walter de Merton）将房产和其他资财捐赠一个学者团体而成立，翌年即获得正式法人地位，在此之前牛津只有成立于1261年的贝理奥学院，但它只是由贝理奥爵士（Sir John de Balliol）的每年赠金维持，而且要到1282年才成为法人。见Rashdall 1958, iii, pp. 192–201, 180–181。

② 牛津学派的渊源见波耶的《微积分学及其观念发展史》，即Boyer 1959, pp. 73–74。

③ 关于邓布顿见Crombie 1953, pp. 181–188。

相当于现代物理学的"等速""加速""等加速""不等加速"运动。

邓布顿另外一个重要发明是，以图解方式来表达强度的变化方式，即是将强度以垂直轴的位置表达，将延伸以横轴位置表达——也就是说，他已经开始探索，如何在x-y平面上描绘函数$y=f(x)$了。最后，他的著作还记载了所谓"摩尔顿规则"（Merton rule），它在实质上相当于物理学中的"等加速运动所行经距离，等于在同样时间内以在一半时间所达到的速度（它等于平均速度）所行经的距离"。这规则强调了计算、连续性和物理学上的应用，它可以说是中世纪数学完全独立于古希腊几何学思维方式以外的第一个重要成果。

和邓布顿大致同时的，还有属同一学院的理查德·斯韦恩斯赫（Richard Swineshead or Suiseth），他的《计算书》（*Liber Calculationum*）相当有名，因此得到"计算家"（The Calculator）称号[1]。他关于各种性质强度变化的分析与邓布顿颇为相似，也同样应用"均匀""不均匀"等概念。他的特殊贡献在于将"性质强度"的观念推广到运动以外的其他物理量，诸如温度、亮度、密度、湿度等等；并且首先提出了"流变量"（*fluens*）和"流变度"（*fluxus*）的名称，这到牛顿就分别演变为"变量"（fluent）和"变率"（fluxion），亦即导数（derivative）的数学概念。其次，更重要的，则是研究各种特殊强度变化的平均值，例如：在以几何级数递减的延伸段中，强度以算术级数增加，其平均值为何？这相当于求特殊无限级数之和，即$\sum(n/2^n)$（$n=1$至∞），而"计算家"不但没有在这问题中的三个"无限"（项数无限多，强度无限大和延伸段无限小）面前退缩，更能够在没有符号运算机制的情况下，以语言推理求得级数和的正确答案2，那实在是很了不起的贡献。

另一位同时代同姓的"计算家"罗杰·斯韦恩斯赫（Roger Swineshead，卒于1365）[2]是牛津神学家和教师，在1328—1338年间著有《论自然运动》（*On Natural Motions*），后来以修士终，但未必与摩尔顿学院有关系。他的"运动"观念来自亚里士多德，这不但指"位移"，而且包括产生、改变、扩充与缩小等变化。为了处理这广义的运动，他引进了大量的特殊观念，但它们大都复杂而模糊不清，又往往牵涉吊诡的结论，诸如无限速度之类。不过，这

① 《计算书》征引了《运动速度比例论》，因此出现在1328年之后。关于理查德·斯韦恩斯赫见Boyer 1959，pp. 74–79；Thorndike 1923–1958，iii，Ch. 23。

② 关于罗杰·斯韦恩斯赫见Edith D. Sylla, "Mathematical physics and imagination in the work of the Oxford Calculators：Roger Swineshead's *On Natural Motions*", in Grant and Murdoch 1987, pp. 69–101。

还是值得注意的，因为他对于性质强度（例如物体温度）的讨论不但涉及时间变化，同时也涉及空间差异，换而言之，也就是触及了数学上所谓"场"（field）的观念，这是具有多变量的函数，它比单变量函数如只有时间变化的距离$x(t)$复杂得多。当然，14世纪计算家仅能模糊地意识到这种数学观念，却无法处理它，那是不足为奇的。

十、旗鼓相当的巴黎

巴黎是中古欧洲的思想中心，其潮流向来为经院哲学和神学所主宰，在13世纪与14世纪之交由奥卡姆所引发的唯名论运动在此更是如火如荼，风靡一时。然而，在自然哲学方面它同样出现了布里丹和奥雷姆这两位与牛津学派旗鼓相当的人物。

淡泊的学者：布里丹

布里丹（Jean Buridan，约1295—1358）与布拉沃丁同时，他虽然名满天下，但终身在巴黎大学任教，而从来没有参加修会或者出任王室或教会职位，所以一生平淡，几乎没有任何事迹传世[①]。我们只知道他出生于法国北方近比利时边境的阿拉斯（Arras）省，以普通教士身份被送到巴黎求学，大约在1320年毕业成为教授，随即名声鹊起，广受称誉，并且分别在1328年和1340年两度被推举为校长（rector）。他也逃不了布拉沃丁（可能还有邓布顿）的命运，在大约1358年由于当时再度横扫欧洲的黑死病而去世。在哲学上他服膺唯名论，但言行谨慎，从不牵涉自然哲学以外的论争，因此得以超脱于当时的"唯名–唯实"理念冲突，未曾干犯神学家和教会禁忌。他的著作大致分为两类：与逻辑有关的包括教本《辩证法总论》（*Summula de dialectica*）以及两种专著*Consequentiae*和*Sophismata*；此外还有多种与亚里士多德经典相关的评述与"问难"（*Questions on*）。

布里丹对于自然哲学的贡献可以分为两方面。在科学哲学上他采取实证态度，即认为许多自然界原理必须求之于直接观测，所以它们没有"必然性"，

---

① 布里丹的生平和工作见DSB/Buridan/Moody，以及Grant 1977与Grant 1996的有关部分。传说他曾经私通王后，因此被法王下令捆绑投入塞纳河，但这只能视为对他极其谨慎平淡生涯所开的玩笑而已。

也不可能从来自形而上学的原理求得："这些原理不是自明的；我们甚至在很长时间对之感到疑惑。但它们称为原理，因为它们无法证明，也不能从其他假设推断，或者通过一定程序证明。但它们被接受，因为有许多例子显示它们为真，而并没有反例。"他特别强调："在这些（指自然与道德）科学中绝对、无条件的证据是不必要的。"[1]这种谨守现实证据的态度，与亚里士多德之以立足于抽象观念的形而上学为至高原则相对立。它为自然哲学开辟了另外一个与神之作为不相干涉的领域，而且间接承认神迹出现的可能，因此无形中消解了自然哲学与宗教之间的紧张。这样，从格罗斯泰特到布里丹，中古科学开始走上了一个与古希腊不同的方向：数学与理性观念仍然重要，但实际证据也获得相同重要性，这就是现代科学精神的开始。

在具体物理学研究上，布里丹的大贡献是首先提出"冲能"（impetus）观念。这起于亚里士多德动力学的著名难题：如何解释向上抛掷的物体会先上升一段然后掉回地面？根据亚氏《物理学》理论，重物的"自然"运动是向下，它之上升是"剧烈而不自然"运动，因此必须要有与该物体接触的"推动者"（mover）才可能——例如，抛掷物体的手或者机械臂就是推动者。问题在于：为什么物体离开推动者之后仍然能够上升相当距离才掉下来[2]？亚氏以空气为推动者的解释显然很难令人信服，因此受到古代学者费劳庞诺斯与伊斯兰学者阿维森纳的批判（§8.6），后者并因此提出"传施能力"（impressed virtue, *virtus impressa*）的观念，认为抛掷体是借着某种"传施"至其中的能力才能够继续上升，以迄它消耗净尽这才会落下。

布里丹大约在14世纪20年代从方济各修士马基亚（Franciscus de Marchia）获知这一观念。在其启发下，他于所著《物理学问难》中提出，受掷物体是因为获得了"冲能"，所以能够继续上升。他详细讨论了"冲能"的具体作用：倘若没有其他力量（例如重力）的作用，那么具有冲能的物体会持续其原来的运动；冲能由物体的"多少"和它的速度两者共同决定；在物体下坠时重力会不断增加其冲能，令之加速，等等。因此，他的"冲能"其实已经超出模糊的"传施能力"观念，而颇接近现代物理学的"动量"（momentum）或者"冲量"（impulse）[3]。他甚至还提出，旋转体也有所谓

---

[1]　Buridan, *Questions on Physics*（Ⅱ, 7 & 13）；*Questions on De caelo et mundo*（Ⅱ, 8），转引自 DSB/Buridan/Moody, pp. 607–608。

[2]　见Aristotle, *Physics* Ⅷ. 4, 5。

[3]　此处以"冲能"翻译"impetus"——那显然是古代"*virtus impressa*"一词之简（转下页）

"转动冲量"［这颇接近于所谓"角动量"（angular momentum）］，认为
众天体的运转就是由于此"转动冲量"而来。所以，既然没有外力阻挡其运
转，那么它们的恒久运转就不需要所谓"不动之推动者"（Unmoved Mover）
即神灵来维持。这样，上帝造完天地之后就可以休息了。除此之外，布里丹
还在《论天地问难》中举出大量论证，认为所有天文现象都可以简单地用地
球自旋来解释，而这不会抵触任何观测事实——虽然最终他还是没有直接反
对传统的地球不动观念。

　　布里丹向现代物理学方向迈进了一大步，这主要在于抛弃了亚里士多德的
"目的论"而改为以机械性的"冲能"来解释运动。非常可惜的是，他并没有
适当数学工具来严格表述这些观念和想法，更没有作进一步推理，所以这些以
自然语言表达的意念始终模糊不清，也包含内在矛盾。更可惜的是，他虽然身
后名声显赫，他的学说也由学生在欧洲广为传播，其精义却得不到发扬，反而
逐渐湮没不彰和不断受到歪曲，以致两个多世纪之后，伽利略通过比萨大学的
博纳米奇（Francesca Buonamici，卒于1603）而接触到此理论时，那已经不是其
原意，因此必须再重复布里丹所走过的道路。显然，科学进步不但依赖少数天
才发明和引领，同时还决定于科学发现的传播，以及广泛的文化基础。也许，
14世纪欧洲的科学和文化基础还不够全面和扎实，所以布里丹要等到二百年后
才得到真正的知音吧。

主教数学家：奥雷姆

　　比布里丹晚一辈的自然哲学家之中，最著名的无疑是奥雷姆（Nicole
Oresme，约1320—1382）[1]。他是诺曼人，家世和早年生活不详，按年岁推
断在巴黎进修应该是14世纪40年代，因此是布里丹的学生，他的著作也颇受
后者影响。从大学记录可知他在1348年文科毕业，1355年神学毕业，翌年出
任纳瓦尔学院（Narvarre College）院长。他大约在此前后和法国王储即尚未登
基的查理五世（Charles V）深相结交，其后在教会屡屡擢升，1364年出任鲁
昂（Rouen）座堂主事，1377年晋升利雪（Lisieux）主教，以迄终老。他虽然

　　（接上页）缩。现代物理学观念中并无冲能或者"impetus"，但有"动量"（momentum）和
　　　　"冲量"（impulse），前者定义为质量与速度的乘积，后者指力F在短暂时段Δt内的整体作
　　　　用，定义为$F\Delta t$。根据牛顿第二定律，冲量等于动量p在此时段之变化Δp：$F\Delta t=\Delta p$。
[1]　奥雷姆的生平和工作见DSB/Oresme/Clagett；Boyer 1959，pp.79–89；Grant 1981，Paper XV；至
　　　于他在星占术和炼金术方面的工作则在Thorndike 1923–1958，iii有三个专章讨论。

担任外地教职多年，但大部分时间仍然留在巴黎，由于生活安定，所以著作等身，达到三十余种之多，除了各种《问难》和数理论著以外，还有关于神学、炼金术者以及普及作品，但星占术和魔法则是他激烈反对的。他在晚年还应法王要求，用八年时间（1369—1377）将亚里士多德的伦理、政治、经济著作以及《论天》翻译成法文，并且为作评注——主教一职应该就是此工作的酬劳。

奥雷姆最重要的贡献是数学上的两个新发明。在《比例之比例》（*Proportiones proportionum*）一书中，他沿袭布拉沃丁的广义比例关系，进一步提出了"比例的分割"——也就是指数（exponent）的结合[1]。例如他将$2/1=[(2/1)^{1/2}]^2$这关系表述为"$(2/1)^{1/2}$这个'无理比例'是$(2/1)$这比例之半分"（在当时，数只能是整数，因此广义的数，例如分数和无理数都称为比例，这是个具有连续性的几何学观念）；或者$(3/1)^{2/3}$是$(3/1)$的三分之二，等等。所以，他基本上已经发现了现代数学的指数结合关系，即$x^a x^b = x^{a+b}$，以及$(x^a)^b = x^{ab}$。他甚至还提到指数为无理数，即$2^{\sqrt{2}}$那样的情况，并进一步宣称（但自然不可能证明），倘若将像（2/1）那样的"整比例"大量以不同方式分解为两部分，那么每一部分是无理数的可能性会非常之高。这相当于说，绝大部分的n^a（n为整数，$a<1$）是无理数。但令人意想不到的是，他还据此而论证，在天体运动中，天体相对位置绝对不可能毫厘不差地重复出现，然后据此驳斥星占术的理据、亚里士多德"宇宙无穷尽"的理论，乃至自然哲学可以发现精确定律的可能性！也就是说，最后成为主教的奥雷姆是以大量无理数所会产生的各种"不可测比性"来质疑自然哲学的精确性和可靠性，从而捍卫神意和神力的绝对权威。这是他和信仰同样坚定，但却倾向于自然哲学自足性的布里丹截然不相同之处[2]。

他另外一个重要数学贡献是继承摩尔顿学派，特别是邓布顿的工作，在《性质与运动图形论》（*Tractatus de configurationibus qualitatum et motuum*）一书中更系统和有规律地以图解来表示性质强度的变化，即"任何量化性质都可以对应于如下平面图形：图形垂直站立在性质的延伸线上面，它（每一点）的高度与性质的强度成比例"。例如，倘若速度是运动的性质强度，而

---

[1] 此书有下列英译本：Oresme/Grant 1966，该译本的导言对奥雷姆有简短论述，对此书背景（特别是其与布拉沃丁《运动速度比例论》之关系）、内容亦有详细讨论与分析。

[2] 有关布里丹和奥雷姆对于自然哲学与宗教之间关系的截然对立态度，见Grant 1981, Paper XV。

时间是它的延伸线，那么就以正方形表示等速运动的速度分布，以直角三角形表示等加速运动的速度变化，等等（图10.5）；他并且宣称，这些图形的面积就是运动体所经历的距离，虽然对此他没有，也不可能有严格证明。根据这一原则，他轻易证明了前述等加速运动的摩尔顿规则：因为与直角三角形等底线，并且与其底线中点等高的正方形，显然与该三角形等积（图10.6）。

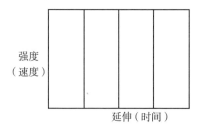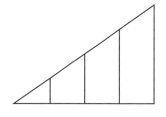

图10.5　奥雷姆的"延伸"与"强度"相关变化图解。左图所示为均匀速度，右图所示为"均匀地不均"速度变化，即速度在等加速状况下的变化。根据Lindberg 1992，p. 299，Fig. 12.7（a）（b）重绘

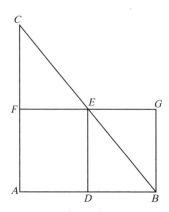

图10.6　奥雷姆证明"平均速度定律"：横向为"延伸"即时间，纵向为"强度"即速度。倘若速度均匀地从0即B点增加至强度AC即C点，则在BA时段内所行经距离为三角形ABC之面积，此显然与长方形ABGF之面积相等，其中D为AB之中点，因此F为AC之中点。但ABGF之面积为以平均速度AF在相同之BA时段所行经距离，故得定律。根据Grant 1977，p. 57，Fig. 4重绘

这一等加速规律的证明对于后世的影响非常深远，因为该论著在十四五世纪欧洲特别是意大利广为流传，在十五六世纪更印刷出版，所以伽利略极有可能见到过此书。他在《两种新科学》第三日讨论第二部分"自然加速运动"部分所提出来的第一条定理，就是上述平均速度定理，而且所用的论证和图解，也都与奥雷姆大体相同。从这一点看来，邓布顿和奥雷姆虽然比伽利略早二百五十年，但后者的动力学无疑继承前者，是在他们工作的基础上

发展而来的。那也就是说，无论就光学、解析学或动力学而言，欧洲中古与近代科学基本上都是一脉相承的[①]。

除此之外，奥雷姆还有许多自然哲学方面的论述。例如他认为，倘若地球中心永远与宇宙中心重合，那么地球本身就需要不断移动，因为大气和地质运动会不断改变它的重心位置；地球的自旋和诸天的旋转不可能从观测现象分辨，而只能够以信仰决定，等等。更能够显示他预见能力的，是他似乎意识到，坠落体速度是随时间（而非距离）均匀增加；他甚至已经能够想象，倘若有直通地心的笔直管道，那么坠落体到达地心之后，它的"冲能"会使它继续前进越过地心，以迄冲能消耗完毕才再往回坠落——这是现代力学教科书中的标准问题，而他所想象的情况是正确答案。不过，除了他的摩尔顿规律证明以外，奥雷姆的后世名声和影响远逊于他的老师布里丹，这恐怕和他中年以后离开大学讲坛，而且兴趣广泛，治学方向分散有关吧。

布拉沃丁、邓布顿、布里丹和奥雷姆是中古科学的殿军。他们的工作在当时没有能够引起科学上的重大变革，而且没有多久就因为黑死病和英法百年战争而中断，这是很可惜的。无论如何，他们所发展的动力学观念与方法已经接近现代：运动学（kinematics）、函数观念、动量与惯性观念等等，都已经出现或者具有雏形了，倘若不是由于强大外来因素的介入，现代科学提早两个世纪出现，好像也不是没有可能的。

附录：布拉沃丁的速度比例理论

亚里士多德在《物理学》中提出来的"比例规则"基本相当于：（A）移动者（即产生移动的力F）和"动者"（mobile）（可以解释为该动体的重量W）以及速度V（等于移动距离D除以移动时间T：$V=D/T$）成比例：$F \propto WV$（$\propto$表示成比例）。但亚里士多德跟着指出：（B）倘若F减半而W和T不改变，则移动距离D不一定照比例减半——它甚至可能是0，亦即有关对象完全不能移动。例如，一个人完全不能拉动一只大船或者极重物体[②]。这被认为是由于"动者"有抗拒移动的阻力R：倘若$F<R$则物体不能移动。在此必须注

---

① 此点论述见Grant 1977，pp. 57-59；至于伽利略的等加速规律证明见Galileo/Crew & Salvio 1952，pp. 173-174。

② Aristotle，*Physics* 249b26-250a24。

意的是：R代表重物抗拒移动的"内在"能力，而并非外在于该物体的其他力量，例如摩擦力或者水、空气等周围介质的阻力，因此在观念上这阻力和现代物理学中的"惯性"（inertia）很接近。

布拉沃丁所提出的中心问题是：上述观念（A）和（B）如何可以精确地以数学表达？他首先指出，根据亚氏本人在《论天》和《物理学》中的见解以及阿威罗伊的相关评述，速度与动力F、阻力R之间的关系有下列三种可能方式：（1）$V \propto F-R$；（2）$V \propto (F-R)/R$；（3）$V \propto F/R$。然而，这三者显然都是错误的：例如根据（1）或（2）F和V不可能成比例，而根据（3）则$F<R$时V仍然不会等于0。事实上，亚里士多德所提出来的两个基本观念（A）和（B）根本就互相矛盾，因此要为它找到自洽的数学表述可以说是徒劳的。

对于这难题，《运动速度比例论》的解决办法是：速度V的改变是根据算术比例，即它增加2, 3, 4, …, n倍时变为$2V$, $3V$, $4V$, …, nV；但动力与阻力比值F/R的改变却是根据几何比例，即其增加2, 3, 4, …, n倍时变为$(F/R)^2$, $(F/R)^3$, $(F/R)^4$, …, $(F/R)^n$。这样就可以得到下列"动力定律"：$V=V_0 \log_a (F/R)$，其中$a=\log (F_0/R)$，V_0是动力为F_0时的速度。这定律的妙处在于它适合$F=R$时$V=0$的要求，同时仍然可以说是在广义上维持了动力与速度之间的"比例关系"——不过，亚里士多德纯朴的本意自然早已经抛弃掉了。当然，布拉沃丁并没有听过指数函数或者对数函数，更不可能知道定律的上述现代形式，他只是以前面V和F/R的两个变化方式来进行论证的。其实，这种以算术比例与几何比例相应的思想并非布拉沃丁原创，而是伊斯兰哲学家和医学家金迪首先提出来的：后者认为药物的疗效倘若是以算术比例改变，那么在药物中相反性质（例如冷热、甘苦等）的比例便须以几何比例改变。与此相关的典籍不但在12世纪被翻译成拉丁文，而且广为十三四世纪学者包括摩尔顿学院的学者所引用、讨论，所以布拉沃丁将之移用于运动学是很自然的。但这观念的数学化非常不容易，因为在当时比例的应用受到许多严格限制，他为此需要作大量基础性论证，这对于数学之最终能够突破古希腊藩篱是很重要的[①]。

---

① 见DSB/Bradwardine/Murdoch，pp. 392–393。

第三部

从西方近代科学到现代科学

　　欧洲中古科学发展了将近三百年，然后就被英法百年战争（1337—1453）和暴发于1346—1348年间的黑死病这两场大灾难所打断。不过那只是短暂挫折，因为它在15世纪中叶就已经再度活跃起来，成为"近代科学"（early modern science）的开端。由于受到文艺复兴和来自君士坦丁堡的希腊热潮影响，它的思想和精神发生了微妙而深刻的变化，所以和中古科学之间虽然如第十章所指出，有多方面的继承痕迹，但整体上又有很大差异。经过了大约两个世纪的发展，近代科学本身也发生蜕变，终于导致牛顿科学革命，由是促成"现代科学"（modern science）的诞生。这整个历程分为以下四个阶段：

　　（1）近代科学前期（1450—1600）：第十一至十二章
　　（2）近代科学后期（1580—1660）：第十三章
　　（3）牛顿科学革命（1660—1720）：第十四章
　　（4）现代科学的开端（1700—1760）：第十五章

　　近代科学分前后两期，前期是漫长的酝酿阶段，核心人物包括哥白尼以及一系列重要数学家，像发现三次方程解的卡尔丹诺和泰特利亚、创立代数学的邦贝利等；与此同时发展的，还有绘画、建筑、冶炼、航海等大量实用科技，以及炼金术、魔法等科学"小传统"，它们与科学"大传统"有密切观念互动，所以是不可忽略的。它的后期是较短促但更关键的转变时刻，在其中出现了开普勒、伽利略、吉尔伯特、哈维、培根、笛卡儿、费马、惠更斯等大批重要科学家、思想家，还有伦敦皇家学会、巴黎皇家科学院、柏林科学院等科学组织，由是形成崭新的学术氛围。以牛顿《自然哲学之数学原理》和莱布尼兹微积分学为标志的现代科学革命就是由之孕育出来：它一方面结束了由古代科学建立的老传统、大传统，另一方面则开启了现代科学的新传统。然而，牛顿学说艰深复杂，它经过大半个世纪方才为欧陆学者所理解和接受；与此同时，它又触发了欧洲的思想大变革即启蒙运动。这两个过程是本书最后一章的题材。

第十一章 文艺复兴时期：
酝酿与突破

对于欧洲来说，1543像是个纷乱黯淡的年头：文艺复兴高潮已过，宗教冲突方兴未艾，神圣罗马皇帝与法王争战二十年犹未止息，奥图曼军队以君临天下之势直捣匈牙利，横扫地中海。然而，对于科学来说，那却是个光辉时刻：哥白尼《天体运行论》和维萨里（Vesalius）《论人体结构》刚刚出版，翌年施蒂费尔（Stifel）《算术全书》付梓，后年卡尔丹诺（Cardano）《大法》面世，天文学、医学和代数学的面貌由是根本改变。虽然牛顿的大发现还在一个半世纪之后，还需要经过好几代人的不懈努力，但毫无疑问，这就是现代科学革命的开端。当然，当时能够感受到、意识到这巨大变化的，只限于嗅觉特别敏锐的极少数人，例如在1550—1570年间到欧陆游历、讲学的英国学者狄约翰、丹麦贵族第谷、荷兰青年学子斯特文等。他们回国后各自发挥巨大影响力，成为家喻户晓人物。但对于16世纪的大多数人来说，那却是个充满斗争、混乱、新奇事物与不可思议观念的时代，冲击神经的是哥伦布、马丁路德、罗耀拉、莫里斯亲王，以及达芬奇、拉斐尔、伊拉斯谟和帕拉塞尔苏斯。对于当时如火如荼的社会、宗教、思想、学术翻天覆地大变将伊于胡底，恐怕谁都无法预测、想象。

那么，从14世纪黑死病肆虐，中古科学中断，到16世纪欧洲再度迸发惊人能量，近代科学兴起，这两百年间到底发生了什么，造成如此巨大的改变呢？这是我们在下面首先要讨论的问题。

一、从中古进入近代的关键

西方的崛起是从它进入"近代"开始的，而结束中古欧洲和揭开其近代序幕的，则是以下几件大事：百年战争结束和君士坦丁堡陷落（1453）；印刷术蓬勃发展（1450—1480）；哥伦布发现新大陆（1492）；以及马丁路德发动宗教改革（1517）。那么，这些重大事件又为什么会发生，它们本身的渊源又何在呢？要回答这些问题，自然必须向更早的历史追寻。如所周知：火炮是结束百年战争和奥图曼人攻陷君士坦丁堡的关键；远航于茫茫大洋有赖指南针辨别方向；宗教改革能够以野火燎原之势蔓延，则有赖印刷术令新思想能够迅速传播。换而言之，它们好像都和中国古代四大发明有关。能够为这些发明从中国西传欧洲提供旁证的，则是混一欧亚的蒙古帝国在13世纪的崛起。当然，这只是一条线索、一种可能性。而且，即使这个想法能够成立，它也只不过是欧洲近代出现的原因之一而已。我们不可忘记，"橘逾淮而为枳"，外来技术固然能够对一个文明产生重大刺激，但其后果却要由文明本身的反应来决定。无论如何，蒙古帝国对欧洲的巨大冲击我们已经在上文（§10.3）讨论过了。下面要讨论的是两个内在因素：文艺复兴中的人文主义和英法百年战争；以及另一个更切近的外来冲击，即东罗马帝国为奥图曼帝国所覆灭。

文艺复兴中的人文主义

把欧洲从中古带入近代的，有两个它自身的深刻内部变化，其中最重要的是延绵两个半世纪（约1300—1550）的"意大利文艺复兴"（Renaissance），我们通常简称之为"文艺复兴"，也就是9—12世纪之间欧洲连串文化振兴运动的最后阶段[①]。它有"文"和"艺"两个不同向度，前者指"人文主义"，后者指雕塑、建筑、绘画等视觉艺术的创新。这两者在精神、观念上相通，而且相互影响，彼此促进，更和科学发展有千丝万缕关系。以下我们先讨论人文主义，至于艺术创新则留待下一章，和数学的复兴一并讨论。

何谓人文主义（Humanism）？在最初，它仅仅指学习拉丁文法，发扬拉丁文学，有点像唐代的古文运动，但不久就扩展到搜集、考证古代罗马和希腊典籍，乃至研究、发扬古代思想，追求古典文明的"复兴"。为什么14世纪欧洲会出现这样一场复古运动呢？它的背景在上文（§7.9-10）已经讨论过了：欧洲古典文明在5—11世纪这六百年间遭受了两个沉重打击，即北方蛮

---

① 欧洲在大混乱时期之后的连串文化振兴努力都称为"文艺复兴"，它包括9世纪的"卡洛林文艺复兴"（Carolingian Renaissance）、10世纪的"奥托文艺复兴"（Ottonian Renaissance），以及第九章讨论过的12世纪"早期文艺复兴"，这三者可以视为欧洲文化复兴的初阶，也就是此处讨论的"意大利文艺复兴"之基础。

族入侵导致罗马帝国崩溃，以及基督教会对古典文化、学术的大力压制。但古典文明的生命力很强，到14世纪它就逐渐恢复过来，从而表现为人文主义的兴起。古典文明的恢复有三方面原因。首先，是前述9—12世纪的三次早期文艺复兴，它们使得欧洲学者得以逐步重新接触古代文化。其次，是10—13世纪间罗马教皇和神圣罗马皇帝激烈斗争，在此政治动荡时期意大利北部城邦乘势崛起，它们不再依靠农业，而致力于商品生产和长程国际贸易，由是发展成富裕和多元社会，不再受教会、君主或者贵族控制①。最后，则是古罗马法律体系在黑暗时期并没有完全断绝，而是通过意大利北部的公证人（notary）体系延续下来。在公证人的教育中，拉丁文极受重视，由是为人文主义的发展提供了肥沃土壤——事实上，人文主义在13世纪即开始萌芽，当时多位先驱都是出身于公证人世家②。

佩特拉克（Petrarch，1304—1374）是人文主义第一位大师。他出身公证人世家，学习法律，其后当了教士，但因为深受古代文学影响，所以崇拜古罗马雄辩家、政治家、哲学家西塞罗，一生追求柏拉图式爱情和致力文学创作，由是名满天下，受加冕为桂冠诗人③。这样，在罗马帝国灭亡之后近千年，拉丁文学再次大放异彩。在他的影响下，佛罗伦萨的文人政治家萨卢塔蒂（Coluccio Salutati，1331—1406）以其财力和地位搜购古代书籍、文献，为本城大学聘请硕彦教授希腊文，掀起古典学风，造就多位第三代学者。这包括希腊原典翻译家罗西（Roberto de' Rossi，1355—1417）；藏书家尼可洛（Niccolò de' Niccoli，1364—1437）；发现大量古代手卷特别是失传已久的路克莱修（Lucretius）科学长诗《自然之本质》的布拉乔利尼（Poggio Bracciolini，1380—1459）；以及他自己的学生和政治继承者，同时也是翻译家、史学家和政论家的布鲁尼（Leonardo Bruni，1370—1444）等④。这整整三代学者的努力正好为下一节将要讨论的希腊热潮奠定基础。此后人文主

---

① 有关北意大利城邦的兴起见以下两部专著：Hyde 1973, Waley and Dean 2010。

② 有关公证人体系与人文主义的密切关系见威特（Ronald G. Witt）的下列论文集及两部巨著，后两者对人文主义的兴起有极详细论述：Witt 2000, Witt 2001, Witt 2012。

③ 有关佩特拉克见以下传记：Wilkins 1961。和佩特拉克同时代而名气更大的，还有《神曲》作者但丁（Alighieri Dante，1265—1321）和《十日谈》作者薄伽丘（Giovani Boccaccio，1313—1375），但他们用意大利文写作，其作品在题材和理念上都和人文主义无关。

④ 人文主义学者大多以佛罗伦萨为中心，有关他们的家世、事迹、关系、交游，见Martines 1963；有关佛罗伦萨历史见Brucker 1983（1969）；有关布鲁尼的共和思想见Baron 1966；有关布拉乔利尼搜罗古籍和他发现路克莱修长诗的经过见Greenblatt 2011。

义蔚然成风，向全欧洲扩散，诸如南意大利的瓦拉（Lorenzo Valla，1407—1457）、荷兰的伊拉斯谟（Desiderius Erasmus，1465—1536）、英国的摩尔（Thomas More，1478—1535）、法国的蒙田（Michel Montaigne，1533—1592）等都是其中佼佼者。他们都对欧洲文明蜕变产生了巨大影响：这一方面是向古希腊文明回归，但同样重要的，则是通过俗世关怀和理性观点为16世纪的宗教改革酝酿气氛，打下基础[①]。

人文主义兴起是欧洲思想史上的一个戏剧性和关键性转变，因为它在表面上没有挑战基督教，实际上却使得欧洲心灵脱离罗马教会掌控[②]。在罗马帝国里面，起源于巴勒斯坦的基督教是外来思想，它要征服这个底蕴深厚的帝国，必须先压制原有思想，而这得分三步走：首先是吸收希腊和罗马文明精华以充实自我，其次是通过论争来贬抑俗世文学和学术；最后则是推广修道院文化，把俗世学术从教士心中扫除净尽[③]。这过程经历大约五个世纪（约300—800）才大功告成。然而，到了14世纪，古代文明却在罗马教会的默许、赞助，甚至鼓励下复活，这不啻前功尽弃，拱手让出欧洲心灵殿堂。它显示希腊和罗马古典文明的生命力是如何坚韧和深厚，即使因为政治和宗教巨变而中断，但千年沉睡之后仍然能复活，焕发出强大丰盛的新生命。

战争造成的断层

英法之间的百年战争（1337—1453）正当意大利人文主义的全盛时期。它开始于封建领土和地位纷争[④]，结束于以圣女贞德为象征的民族意识兴起。战争之初英军以"长弓"取得克雷西之役（Battle of Crecy）大捷，最后则以法军利用新兴火炮攻城略地，将英军逐出诺曼底告终。百年战争和英国随后的

---

① 人文主义和宗教改革的关系非常复杂，这里无法讨论，但伊拉斯谟一度与马丁路德关系密切，到最后关头才痛苦地回归罗马阵营，而摩尔则从头就坚决反对新教，那是众所周知的。有关人文主义的整体论述见以下专著：Nauert 1995，其中Ch. 4对它的广泛影响以及在16世纪所导致的冲突有宏观论述。

② 讨论文艺复兴的经典之作是Burckhardt 1954（1860），其影响迄今不衰。此书主要论点是文艺复兴运动对于基督教思想造成了致命打击，它断言："这样，获得拯救的需要在意识中就越来越淡薄，同时现世的进取心和思想或则全然排除有关来世的一切思念，或则将之转变为诗意而非信条的形式。"见该书p. 370。这观点引起极大反响和争论，百年不息，但只是被修订，而没有被否定，相关讨论见Ralph 1974, Ch. 1。

③ 此为关键阶段，其细节及经历见以下巨著：Riché 1976。

④ 在1066年率军渡海入主英国的"征服者"威廉本是法国诺曼底贵族，故而英国王室此后继续拥有大量位于法国境内的领地，英法之间的长期纷争即由此而起。

"玫瑰战争"（1455—1485）摧毁了两国贵族势力和封建体制，为君主的高度中央集权铺平了道路，近代政治模式由是出现。但战争带来政治整合，却也有高昂代价：兵连祸结和随之而来的大瘟疫对学术造成沉重打击。战争开始不久，英法两国的科学发展就出现断层：在布拉沃丁和奥雷姆之后整整两百年（1380—1580），作为中世纪科学中心的牛津和巴黎都衰落了，在此期间英法两国几乎没有再出现第一流科学家[1]。

由是欧洲科学的核心区就从巴黎和牛津越过阿尔卑斯山脉，转移到意大利北部的佛罗伦萨、博洛尼亚、帕多瓦、比萨等地。同时它背后的思想基础也发生巨变，即从根据阿威罗伊等阿拉伯翻译家来了解、发扬亚里士多德科学，转为追寻和翻译希腊原典，包括柏拉图和众多亚历山大科学典籍，由是形成强大的"希腊热潮"，那便是欧洲近代科学发展的原动力。像本章和下一章讨论的拉哲蒙坦那、哥白尼、泰特利亚、卡尔丹诺这些天文学家、数学家，还有可曼迪诺、摩罗力高这些翻译家，以及费齐诺、米兰多拉、帕拉塞尔苏斯这些"小传统"中的魔法师、炼金师，就都是深受其精神感染的[2]。吊诡的是，希腊热潮的兴起一方面以人文主义为基础，另一方面却是由君士坦丁堡陷落这个西方文明大灾难所触发的。

祸福相倚：奥图曼帝国的崛起

奥图曼帝国的发源与百年战争爆发同时，当时帝国始祖奥斯曼（Osman）留给他长子的，只不过是小亚细亚半岛上一个塞尔柱土耳其（Seljuk Turk）小部族，但到14世纪末，奥图曼战士（所谓*ghazis*）就已经渡过达达尼尔海峡，对君士坦丁堡采取包围之势。半个世纪之后，苏丹穆罕默德二世（Mehmet Ⅱ）率领大军以火炮轰毁君士坦丁堡城墙，结束东罗马帝国上千年历史，震动整个欧洲，这刚好是百年战争结束那一年。此后足足三个半世纪之间，这东方帝国向欧洲步步进逼，席卷巴尔干半岛、希腊、北非，更两度兵临维也纳城下，一直要到17世纪末年的山塔之役（Battle of Zenta, 1697）形势才逆转，欧洲这才松了一口气。

---

[1] 准确地说，法国在15世纪末期还有舒克特（Chuquet），但他在当时甚至其后三百年都无人知晓，在16世纪中后期也还有维艾特；至于英国的哈里奥特（Harriot）则已经是16世纪与17世纪之交的人物，而狄约翰（John Dee）则是探险策划家和魔法师多于学者，详见下文。

[2] 罗斯（Paul Lawrence Rose）对于人文主义、数学与天文学的发展、希腊典籍翻译这三者在文艺复兴时代的密切关系有极详细论述，见Rose 1975。

　　然而，祸之所倚，焉知非福。在君士坦丁堡陷落之前半个世纪，东罗马帝国的希腊学者就已经感到来日大难，纷纷携同典籍移居邻近的意大利北部城邦如威尼斯、博洛尼亚、佛罗伦萨等。向来钦羡古都文物财富的这些城邦元老和执政者，不但欣然接纳，安置流亡者，还为他们开设讲席，甚至在君士坦丁堡陷落之后仍然派遣专人到那边搜购珍贵典籍。这样，从15世纪中叶开始，意大利掀起了一股希腊热潮，它一方面通过人文精神的进一步发扬而影响宗教与政治思想，另一方面则带来科学新思潮，由是导致数学和天文学的复兴，并掀起魔法和炼金术热潮。这些都是本章所要详细讨论的。

二、文艺复兴与希腊热潮

　　柏拉图和亚里士多德师徒是古希腊文明的高峰，但他们性格、理念迥然不同，所以两人学说在此后两千多年的西方文明长河中，显隐升降互为更迭。在罗马帝国早期，由于新毕达哥拉斯学派与新柏拉图学派的巨大影响，希腊哲学的传承以柏拉图为主，至于和亚历山大大帝关系密切的亚里士多德则隐而不彰。后来东罗马帝国对柏拉图学园的影响力深怀疑忌而加以压制，这师徒二人之间的荣辱差异遂逐渐颠倒过来。伊斯兰世界奉亚里士多德为哲学大宗师（"the Philosopher"），影响所及，他的哲学与目的论笼罩了中古哲学和相关科学发展，具有神秘主义色彩的柏拉图则不多为人提及，《对话录》亦鲜有人问津。这情况到15世纪中叶再一次颠倒过来：奥图曼进逼和君士坦丁堡陷落导致北意大利的古希腊文化热潮，那和柏拉图学说、理念密不可分，而它就是数学复兴、艺术与数学结合、哥白尼地动说出现、赫墨斯主义与"魔法"蔚为潮流，以及炼金术转向等许多发展的根源。

　　不过，这股巨大热潮主要是在大学门墙以外发生。由于大学体制十分保守，所以和一般预期相反，在大学里面亚里士多德的学习和研究不但没有受到这股热潮冲击，反而更为蓬勃。例如，在十五六世纪，他作品的希腊原典研究开始盛行，而且其版本和印刷数量远远超过柏拉图。这主要是由两个原因造成：首先，大学课程和教师的知识结构有累积性和巨大惰性；其次，亚里士多德的著作本来就是有条理和系统的讲稿，用作教材远胜犹如天马行空的柏拉图《对话录》。因此，除了少数显著例外，希腊热潮所推动的所谓

"文艺复兴科学"主要是在大学以外酝酿和发展，虽然大学本身也同样受到感染而出现相当程度的变化①。

希腊热潮的渊源

所谓"希腊热潮"，根源其实远在14世纪之初：当时奥图曼这强悍的土耳其部落迅速壮大，不但征服拜占庭帝国在小亚细亚的绝大部分领土，更由于卷入帝国内争，得以越过达达尼尔海峡，进军色雷斯、马其顿、巴尔干半岛乃至希腊，因此君士坦丁堡在14世纪中叶就已经被包围起来，成为其势力范围内的孤立"飞地"（enclave），仅仅能够倚赖博斯普鲁斯海峡与金角河天险，以深沟高垒自保而已，其形势之岌岌可危尽人皆知。为此东罗马皇帝多次西赴意大利寻求援助，但一无所得。而与此同时，在危机意识影响下，往来讲学、翻译、搜购典籍的拉丁与希腊学者却络绎于途，西方大学也重新对古希腊文化产生兴趣。1397年克拉苏罗拉斯（Manuel Chrysoloras，1355—1415）被人文主义第二代传人萨卢塔蒂礼聘为佛罗伦萨大学的希腊文讲席教授，造就了一大批对希腊文化感兴趣和有修养的拉丁学者，那就是希腊热潮的开端。到1438年东罗马皇帝约翰八世（John VIII Palaeologus）在风雨飘摇的情况下不惜纡尊降贵、捐弃前嫌（即第四次十字军在1204年征服并且占领东罗马帝国超过半个世纪之久的旧恨），毅然带同庞大使节团亲赴意大利出席在费拉拉（Ferrara）和佛罗伦萨召开的宗教大会，讨论希腊东正教和罗马天主教合并成普世教会的大事，以谋修好，从而挽救帝国命运②。后来教会合并之议因为东正教教会激烈反对而作罢，但使节团中的柏拉同（Gemistos Plethon，1355—1452）和贝沙理安（Basilius Bessarion，1403—1472）师徒二人却对西方文化产生了意想不到的巨大影响。

柏拉同是极为奇特的学者。他生于君士坦丁堡，出身望族，自幼颖悟，除了在正规学堂进修以外，还可能得到希腊化犹太学者伊利沙（Elissaeus Judaeus）私人传授，因而热爱柏拉图哲学，并且深受新柏拉图学说影响，特别是受普洛克鲁斯影响，又对于《迦勒底神谕》和琐罗亚斯德极感兴趣，曾

---

① 亚里士多德研习在文艺复兴时代的蓬勃，是最近数十年才为学者认识的，这以兰道尔（Herman Randall）的《帕多尔学派与现代科学的出现》即Randall 1961最早着先鞭（该书写成于1940年），其后史密特有三本相关论文集即Schmitt 1981, Schmitt 1984, Schmitt 1989；最近讨论见Luca Bianchi, "Continuity and Change in the Aristotelian Tradition", in Hankins 2007, pp. 49–71。

② 有关拜占庭帝国末期历史见Ostrogorsky 1969, pp. 499–572，特别是pp. 537–540。

经为前者作详细评论，所以思想上与基督教格格不入，甚至可以说是近乎异端[①]。由于名望甚高，他并没有因此受到迫害，只是被责令（甚至也可能是自愿）移居伯罗奔尼撒半岛南端的山城米斯特拉（Mistra），而且在城中地位尊崇，有可能曾经出任最高法官之职[②]。他随皇帝赴意大利时已届83岁高龄，对于宗教会议殊不感兴趣，因此在佛罗伦萨与当地学者交往论学，讲授柏拉图。当时拉丁世界能够接触到的柏拉图典籍极为稀少（§9.2），所以这引起了强烈反响，显赫的梅第奇家族族长同时也是城邦执政官科西莫（Cosimo de' Medici, 1389—1464）亦亲自莅临听讲[③]。柏拉同在讲学之余还著有《柏拉图与亚里士多德之差异》，极其压抑亚氏而崇扬柏拉图。后来柏拉同随皇帝东归，回到米斯特拉继续讲学，并仿效柏拉图撰《法律篇》，以作为治国方略上呈皇帝，在君士坦丁堡陷落前夕才以期颐高寿终天年。另一方面，科西莫聆听他的演讲之后深受感动，于是在15世纪60年代初期开设"新学园"（The New Academy），培养出像费齐诺那样才华横溢的学者，来充当柏拉图热潮的旗手。

至于贝沙理安的影响则在不同方向。他生于小亚细亚东北海岸的特拉比松（Trebizond），在君士坦丁堡受教育，弱冠之年参加修会，旋被派往伯罗奔尼撒问学于柏拉同。他接受乃师的柏拉图主义，但认为柏、亚二氏相通之处仍多，因此主张调和两家学说。此外，他虽然同样热衷于弘扬和恢复古希腊文化，但显然比乃师更踏实平稳，并具有折冲樽俎和治理才能，因此在赴意大利之前被封立主教。他竭力推动两大教会的合并，此事失败后留在罗马，并获教皇信赖，先后被委以枢机主教和教廷特使重任，君士坦丁堡陷落后更受赠"东正教教宗"（Patriarch）的荣誉称号。他在欧洲多个城市发挥了重要作用。首先，是在1450—1455年出任教廷特使，平抚长久为家族斗争所分裂的博洛尼亚，在此五年间，他宣扬希腊文化和提倡古典学术不遗余

---

① 柏拉同的生平有下列传记：Woodhouse 1986。此书除附有柏拉同主要著作译文与提要之外，对14—15世纪东罗马帝国与意大利的文化气氛包括两者之间关系有深入讨论。上述克拉苏罗拉斯受聘经过及影响见该书pp. 120-123。

② 事实上，到15世纪30年代，东罗马帝国已经为奥图曼帝国蚕食殆尽，其控制的主要城市除君士坦丁堡以外就只剩米斯特拉了。那是个繁盛的国际性城市，距离古代斯巴达遗址只数公里之遥。有关该城和柏拉同的早年事迹见Woodhouse 1986, pp. 4, 17-31。

③ 科西莫在1434—1464年三十年间是佛罗伦萨执政，享有近乎绝对政治权力。有关佛罗伦萨的梅第奇家族，特别是他们与文艺复兴的密切关系，见Brinton 1926，其中Ch. 5专门讨论科西莫；有关此家族在佛罗伦萨共和体制中的崛起见Hale 1977；有关此家族控制下的佛罗伦萨政治体制见Rubinstein 1997，其中Pt. I即为有关科西莫时代者。

力，府邸中学者来往讲论不辍，俨然成为学宫。当时具有辉煌历史的博洛尼亚大学废堕已久，它的重建与复兴就是仰仗他的大力。其次，他在1460年受教皇委托赴维也纳组织对抗奥图曼帝国的联军，在彼认识了年轻天文学家波尔巴赫与拉哲蒙坦那，并对他们的事业大力扶持，这两位后来都成为振兴欧洲天文学的关键人物。最后，为了同样理由他曾经两赴威尼斯，因而与此城邦生出特别密切的关系，死后以个人大量珍贵藏书相赠，由是对帕多瓦大学产生很大影响。日后博洛尼亚和帕多瓦两所大学分别对哥白尼和伽利略的事业起了重要作用。因此，贝沙理安对中欧和意大利学术的促进之功可谓难以估量。

不过，在同时西来的希腊学者中还有一位反面人物特拉比松的乔治（George of Trebizond，1395—1484）。他出生于克里特岛，以娴熟希腊古典特别是亚里士多德哲学知名，大约在1430—1438年到意大利，在三数年内就熟习了拉丁文，成为文学和修辞学教授，不久之后更见知于尼古拉五世（Nicholas Ⅴ，1447—1455年在位），成为这位以赞助希腊古典翻译和建立梵蒂冈图书馆知名的教宗的私人秘书。可惜他高傲妒才，翻译工作粗疏不实，又肆意攻击柏拉图，因此受到贝沙理安和拉哲蒙坦那指责，其后引起学者公愤，几乎被驱逐出意大利，最后在贫困中郁郁以终。

佛罗伦萨新学园

费齐诺（Marsilio Ficino，1433—1499）是拉丁欧洲第一位充分发挥希腊热潮影响力的学者[①]。他是科西莫家族医生之子，亦是其所着意培养的青年才俊。他秉承父业，但从弱冠就开始学习希腊文和文学。君士坦丁堡陷落后，科西莫派人前往大事搜购珍贵希腊典籍，它们运回佛罗伦萨之后，其翻译工作遂落到费齐诺肩上，这成为他毕生事业，也是他对欧洲文化的最大贡献。他的拉丁文译著包括《赫墨斯经典》前15篇（1463）、柏拉图《对话录》全集（1467年译毕，1482年出版），以及新柏拉图派学者波菲利、艾安布里喀斯、普洛克鲁斯等的著作。科西莫于1460年在市郊卡勒吉（Careggi）的别墅创办"新柏拉图学园"，召集热心学者商量旧学，祭拜先贤，发思古之幽

① 有关费齐诺的思想与学说见Yates 1964, Chs. Ⅱ, Ⅳ以及下列专门文集：Allen 1995；有关他与米兰多拉的关系，以及其对医学、魔法、星占学的态度，见Thorndike 1923–1958, iv, Ch. LXⅢ。除此之外，费齐诺的音乐观念以及其与奥菲士乐篇之关系见Walker 1975, Ch. Ⅰ，该书并详细讨论了他的魔法之根源。

情，费齐诺顺理成章成为主持人[1]。这样，在亚里士多德"复兴"于欧洲之后三百年，由于柏拉同、贝沙理安、科西莫和费齐诺等的热诚与努力，柏拉图也"复活"了。在12世纪亚里士多德带来逻辑、经院哲学和中古科学，到了15世纪柏拉图（其实更是新柏拉图主义）所带来的，则不但有天文学和数学，更有魔法、赫墨斯主义和复古运动，这是非常奇特、混杂、包罗万有的一个大口袋。以下我们先讨论天文学，然后再讨论魔法与赫墨斯主义，至于数学的复兴则是下一章的题材。

三、中欧新气象：奠基的三代天文学家

古代天文学的中心问题是寻找解释天体运行的基本理论，所有工作都环绕此问题展开，因此新发现必然意味基本理论之改变，而那是极其困难的。在《大汇编》出现后一千三百年，虽然有大量天文观测以及对基本理论的讨论、质疑和改进，但都说不上有真正新发现或者改变。《天体运行论》之所以那么特别，就在于它作了一个崭新的开始，而哥白尼之所以能够提出这大胆新理论，则是由于他背后有深厚的学术传统，包括14世纪下半叶的中欧大学发展，以及15世纪三代维也纳天文学家之努力。这背景非常之重要，正如佩德森所说：12—14世纪的"中古天文学家虽然极其重视《大汇编》，但很少仔细研究它。它传世抄本之稀罕说明大部分天文学家不但没有家藏，甚至在图书馆也看不到"[2]。换而言之，当时的学术为亚里士多德哲学笼罩，学者即使在观念上承认数学重要，实际上也并不潜心研习，故此欧洲天文学始终滞留在初等水平。其实，《天体运行论》的数学方法仍然依循《大汇编》，因此它出现的先决条件是真正和彻底了解《大汇编》。这奠基工作一直要到15世纪才由成立未久的维也纳大学之中的三代天文学家完成，所以我们必须先了解中欧大学的发展。

中欧大学的兴起

在中古时代，学术以巴黎和牛津为中心，到近代这状况彻底改变，最明

---

[1] 这所谓"新学园"其实只是文人学士聚会讲论和纪念柏拉图的松散组织，并非正式学术或者教育机构，见Woodhouse 1986, pp. 155–157, 373。

[2] 有关《大汇编》在中古时代的状况见Pedersen 1974, pp. 16–19；文中的征引在pp. 17–18。

显的迹象莫过于天文学革命出现于德国和波兰，代数学革命发轫于意大利。意大利科学的兴起与希腊热潮相关，这已经讨论过了，但中欧学术的发展又是怎么来的呢[①]？

中欧历史从10世纪的奥托大帝以至13世纪的腓特烈二世有两个基调：自西向东的征服与扩张，以及与教廷的斗争、较量，至于学术文化则非所顾及。这情况到14世纪发生了决定性变化：神圣罗马皇帝查理四世（Charles Ⅳ，1355—1378年在位）本是波希米亚国王，年轻时曾经在巴黎求学，深为其学术文化气氛吸引，所以1346年登基后立刻依照巴黎大学模式创办布拉格大学，并迅即获得教皇正式批准，赋予它一切相关特权，主要是学位为全欧洲承认，以及师生只受大学本身管辖。教廷甚至违反一贯政策，允许它成立神学院。此外，这所崭新大学更得到王室和波希米亚教会资助建立学院，以吸引著名教授。这样，很自然地，它发展成为中欧的学术中心，对波希米亚的声望和文化发展起了难以估量的作用。更重要的是，查理国王头脑缜密，眼光远大，而且牢牢记取前车之鉴，始终小心和教廷保持良好关系，因此不但在1355年当选和加冕为神圣罗马皇帝，翌年更顺利发布著名的"金印诏书"（Golden Bull），明文和严格规定神圣罗马皇帝的选举规则，自此德国政治得以摆脱教皇的干涉和纠缠。当然，这同时也就意味德国内部整合以及德意两国统一的可能性完全被放弃了[②]。

查理的鸿图引起了奥地利大公爵鲁道夫四世（Rudolf Ⅳ，1358—1365年在位）的关注和反应。他在1365年设立维也纳大学并且迅即获得教皇批准赋予特权。可惜天不假年，不久他去世，奥地利发生内战，大学因而陷入休眠状态，直至14世纪80年代才由于政权复归统一而有起色。其后它的迅速发展却是得益于巴黎与布拉格这两所大学的灾难。首先，在教廷"大分裂"（§10.1）中，巴黎大学著名神学教授和天文学家朗根斯坦（Henry of Langenstein，1325—1397）由于与原籍法国的教皇对立而离去，两年后（1385）受邀赴维也纳任教，迅即凭其声望吸引了大批相熟教授前来。此时布拉格大学以开放和国际视野著称，其学生四个族群（nation）中波希米亚只占其一，所以它的地位、名声远远超过维也纳。然而，15世纪初的胡斯运动却陡然令它产生强烈的民族情绪，这导致国王在1409年断然下令，剥夺其他族群投票权并撤换德国籍校

---

① 以下中欧各大学发展的状况见Rashdall 1958, ii, pp. 211–260, 289–294。

② 有关德国政治形态的这一基本转变见Barraclough 1984, pp. 314–319。

长，结果绝大部分德国师生在一夜之间星散，转投科隆、海德堡、爱尔福特
（Erfurt）等新近成立的德国大学，其中相当一部分更接受图林根（Thuringia）
伯爵邀请，到莱比锡（Leipzig）开办大学。布拉格自此一蹶不振，沦为捷克的
地方性大学，而维也纳则趁机跃升为中欧学术中心。

最后，我们还要提到波兰的克拉科夫（Cracow）大学。它和维也纳大学一
样，也是在1365年成立，其始也同样有名无实。二十年后，为了共同对付条
顿武士团（Teutonic Knights），尚年幼的波兰女王在贵族支持下与立陶宛的大
公爵雅盖隆（Jagellon）缔婚，两国达成合并，雅盖隆改称弗拉迪斯劳斯二世
（Vladislaus II，1386—1434年在位）。他励精图治，在1400年重新为此大学
发布宪章，除了赋予各种传统特权以外，更以王室力量建立学院，并且从各
地教会收入中拨款支付教授薪金，大学因而蓬勃发展起来，成为东欧特别是
波兰和匈牙利的学术中心。它为数学和天文学设立了两个讲座教席，因此在
这方面特别发达，吸引了大批德国学生就学。

统而言之，中欧大学的崛起是14世纪下半叶的事情，但与博洛尼亚、巴
黎、牛津等早期大学有基本差别，即它们并非自然形成，而是由君主刻意推
动成立，然后提供大量资源促进其发展。换而言之，高等教育需由国家支持
这一现代观念已经在发生作用了。

维也纳的天文学

开创维也纳学术传统的朗根斯坦不但是神学家，也有天文学根底，他做
过多次天文观测，并且留下星盘论文。但真正在此地建立天文学传统，并且
被尊为专家的，则是格蒙登（Johann of Gmunden，1380/1384—1442）[1]。他
说不上有什么新发现，却是一位勤恳笃实的教师和学者，在维也纳大学任教
前后三十余年之久，除了教授13世纪传统初级课本即萨克罗博斯科的《论球
面》和康帕纳斯的《行星理论》以外，还做天文观测，绘制行星位置图表，
编纂历书、星表，因此留下不少图书和星盘、象限仪等观测仪器给大学。他
仍然沿袭中古习惯领受圣士提反座堂的教会职务，却已经不再教授、研究星
占学，实际上是反对星占学的。

在格蒙登之后，他的天文学工作为好些学生和有心朋友延续，例如修院
主任梅斯丁格（Georg Müstinger）就是其中的佼佼者。但对此影响更大的，可

---

① 有关格蒙登的事迹、工作以及下文所提到的罗盘见Zinner 1990, pp. 13–17, 20。

能是以慷慨赞助文艺和科学著名的奥地利大公爵，1452年加冕为神圣罗马皇帝的腓特烈三世（Frederick Ⅲ，1415—1493）。他虽然性格柔弱，不喜驰骋疆场，因而颇受贵族侵犯和压迫，却能够凭着坚定信念和外交手腕维系帝国完整，甚至还扩张疆土，并且与教廷保持极其良好的关系。他喜好星占学，因而吸引不少天文学家到维也纳。和他同样有影响力的，是长期出任宫廷机要秘书（1443—1455）的皮科洛米尼（Aeneas Silvius Piccolomini，1405—1464）。他在任期间大力提倡人文教育和古罗马文学，随后在巴塞尔宗教大会显露才华，最后当选教皇，成为庇护二世（Pius Ⅱ，1458—1464年在位）。在两位政教领袖庇荫和培植下，维也纳大学蒸蒸日上是很自然的了。

英华早逝的《大汇编》专家

在格蒙登之后，维也纳出了波尔巴赫和拉哲蒙坦那这两位同时代学者，正是由于他们的努力，欧洲天文学水平得以大大提高，哥白尼的大发现也成为可能。波尔巴赫（Georg von Peuerbach，1423—1461）出身贫困，早年事迹不详，我们只知道他迟至23岁才进入维也纳大学，因此未及直接受教于格蒙登[①]。两年后他毕业，但取得教授资格和开始任教则已经是年届而立，即1453年的事情了。他漫长七年（1446—1453）的求学生涯处于柏拉同与贝沙理安到意大利之后与君士坦丁堡陷落之间，亦即希腊古代典籍与学术思想对欧洲产生冲击的高峰期。在此期间，他不但精研罩思，融会贯通托勒密的天文学系统以及伊斯兰学者所做的改进，更曾广泛游历，结识意大利最有名的天文学家——费拉拉大学教授比安奇尼（Giovanni Bianchini，1410—1449），并获邀到意大利任教。他于1454年公开讲授行星理论，讲稿以清晰、严谨、条理分明和应用大量详细图解而名噪一时，因此广为学者抄传。但就其内容而论，则尚未超出古代和阿拉伯天文学的范围，只是经过了他本人的充分消化和重整而已。此讲稿多年后由他的弟子拉哲蒙坦那以《新行星理论》（*Theoricae novae planetarum*）为名印刷出版（1472），它迅即取代了康帕纳斯的《行星理论》，而且在其后一百八十年间竟再版56次，并且被翻译成法、意、希伯来等多种文字。

在商量旧学以外，他也同样努力于涵养新知。首先，在此时期（1430—1460）出现于德国的一个重要发明是盒装"罗盘"（compass，compassum），

---

① 波尔巴赫的生平和工作见DSB/Peuerbach以及Zinner 1990, pp. 17–30。

它基本上是在四方木盒子中结合了日晷和指南针的旅行计时和指向仪器：指南针用以决定当地方向，方向决定之后就可以用日晷决定时刻。到1450年这些罗盘更刻上"磁偏角"（magnetic declination），即正北方向和磁北极方向的夹角（这是由德国的地理位置决定，即磁针方向离正南是偏西10°），它当时称为"指数"（index）。这发明要到15世纪末才传到欧洲其他国家，例如为哥伦布的远航船只应用，但发现磁偏角有地域性变化，则是1510年的事了[1]。波尔巴赫在15世纪50年代多次受委托制造"罗盘"，由此看来，这仪器和"磁偏角"很有可能分别是他的发明和发现，但这并没有直接证据。其次，1456年哈雷彗星出现，颇为轰动一时，他花了相当功夫做仔细观测，还详细计算它的距离、尾巴长度，以及直径。这虽然是基于错误假设，却开这方面研究之先河，其后拉哲蒙坦那和16世纪德国学者在这方面的工作即由此而来。除此之外，他还多次详细观测月食，编纂过一部月食以及行星运行的历表。他在三角学以及测量学方面，特别是以东方传入的"正弦函数"来替代传统"弦函数"，以及通过长度测量和"正切函数"的应用来反求角度这些问题上，也有开创性贡献。1460年四五月间，贝沙理安到维也纳，随即结识波尔巴赫，并邀请他将烂熟于胸的《大汇编》作一《提要》（Epitome），即是附有评注的简译本。可惜天不假年，不到一年后波尔巴赫便以38岁壮龄去世，临终时将这项只完成大约一半的工作留给与他情谊深厚的拉哲蒙坦那。

波尔巴赫才华焕发，他不但精擅天文、数学、仪器制造，而且在皮科洛米尼影响下对拉丁文学产生兴趣，所以在维也纳大学的讲授是以文学为主——事实上，他还算是一位诗人。1454年以后，他担任匈牙利王室和神圣罗马皇帝宫廷的星占师，反而与天象关系更为密切。严格说来，欧洲能够完全了解古代和伊斯兰天文学，恐怕只能够从他算起，这时上距吉拉德已经足足三个世纪之久了！相比之下，伊斯兰世界从《几何原本》和《大汇编》最初翻译成阿拉伯文以至巴坦尼完成巨著《天体运动》却只有百年，差别委实令人吃惊。如本节开头所说，这当是由于中古欧洲学风为亚里士多德与经院哲学笼罩所致吧。

壮志未酬的拉哲蒙坦那

无独有偶，与波尔巴赫在师友之间，同样毕生致力于研究和传播天文学

---

[1]　见Zinner 1990, pp. 16–20。

的拉哲蒙坦那（Johannes Regiomontanus，1436—1476）也是英华早逝，壮志未酬，令人惋惜[①]。他有"15世纪德国最伟大天文学家"之称，于1436年出生于弗兰科尼亚（Franconia）的柯尼斯堡（Königsberg），原名米勒约翰（Johannes Müller），拉哲蒙坦那是他出生地的拉丁名称，身后以此传世[②]。他是早熟的天才，父亲是磨坊主人（Müller），家道殷实，因此12岁即入莱比锡大学。但他当时的天文计算已经要比印刷出版的历表准确，所以觉得无从获益，于是在14岁转投维也纳大学，一两年后毕业，但格于规定，到21岁才获得教授（master）资格。他到维也纳的时候波尔巴赫刚本科毕业，两人可能很快结识，但成为师生当是后者在1453年取得教授资格之后。波尔巴赫是影响拉哲蒙坦那一生工作和事业的良师益友，算起来两人相处、共事前后有十余年之久。

贝沙理安对拉哲蒙坦那也有深远的影响：他同样于1460年在维也纳认识了这位年轻学者，翌年携同他一道返回罗马。在1461—1465年这数年间拉哲蒙坦那跟随贝沙理安担任他的幕僚[③]，在优渥环境中研修希腊文，抄读阿基米德著作，潜心著述、讲学。在此期间，他遵照波尔巴赫遗愿完成《大汇编提要》（1462）。此《提要》是根据吉拉德《大汇编》拉丁译本所编纂的新著，其中颇多改进和简化原著之处。它可以视为欧洲学者真正透彻了解这本巨著的里程碑，哥白尼和伽利略都把它用作天文学课本就是最好的说明。他同时期另一本重要著作是《三角学通论》，这在下一章还要谈到。在担任幕僚期间，拉哲蒙坦那非常活跃，不但经常做天文观测，与许多学者保持通信，而且于1463—1464年随贝沙理安赴威尼斯期间到帕多瓦大学讲授天文学，部分讲稿后来与法尔甘尼《天文学原理》和巴坦尼巨著《行星运动》两书的译本在1537年一同结集出版。可能因为太忙碌了，他多种计划中的著作和译著至终都未能完成。

---

① 拉哲蒙坦那的生平和工作见DSB/Regiomontanus/Rosen以及其传记Zinner 1990。此书资料丰富，考证详细，可视为一部15世纪中欧天文学史。它1938年初版，1968年再版，1990年出英译本，其后附有补充资料共10篇，大约百页，纠绳和补足了原书考证不足之处。

② 柯尼斯堡有两处，一在德国弗兰科尼亚的班堡（Bamberg）市西北大约30公里，亦即拉哲蒙坦那出生的小镇；一在东普鲁士，是哲学家康德出生地和所居城市，今日已经划归俄国版图，并改名加里宁格勒（Kaliningrad）。德文的Königsberg是帝王山（König和berg）之意，这在拉丁文便是拉哲蒙坦那（Regio和monte）。

③ 当时的说法是成为他的"家属"（familiar），指介乎秘书、助手、随从学士之间的人物，所以这里泛用"幕僚"一词，虽然就拉哲蒙坦那而言，"随从学士"可能更为贴切，见Zinner 1990, pp. 51-52。

　　拉哲蒙坦那似乎在1465年离开贝沙理安，其后两年行踪成为无法索解的谜团，甚至有人猜测他是返回本镇或者在修道院隐居。我们只知道1467年他应邀赴匈牙利，这应当与王室天文学家贝利卡（Martin Bylica of Olkusz，1433—1493）以及当时刚刚成立的普雷斯堡（Pressburg）①大学开幕仪式有关。此后他作为匈牙利国王马堤亚（Matthias Hunyadi，1458—1490年在位）②的上宾和星占顾问，留在布达（Buda）足足有四年之久，同时做天文观测和编纂数表，包括以十进制记数的正弦和正切数表、恒星运动数表，以及和贝利卡合作计算的星占数表。其时他曾经坦白和清楚告诉马堤亚，以当时天文学家的知识和能力，尚无法准确计算行星的运行。

　　他在1471年回到离家乡不远的纽伦堡（Neuremberg）③作久居之计，集中精力于天文观测和出版科学著作，这在最初可能得到马堤亚和他在纽伦堡的学生资助。其实，直到那时为止，欧洲的天文观测还很零散，继承托勒密和伊斯兰传统建立天文台，当以拉哲蒙坦那为第一人。他开设工场，招聘熟练技工，指导他们制造自己设计的星盘、浑天仪（armillary sphere）、"雅各钩棒"（Jacob staff，长达五六米，具有多个视框和精确刻度的视张角测量器）、"托勒密量尺"（regula ptolemaei，用以测量天体角高度的可调校直角三角测量器）等。可惜这些仪器大都未能保存，他的原始观测记录也不知所踪——虽然我们知道，他在1472—1475年这三年间，观测并没有间断。

　　除此之外，拉哲蒙坦那对当时刚刚兴起的印刷业也产生了极大兴趣。他深感科学著作手抄本之稀罕、昂贵与谬误连篇，遂慨然以出版科学著作为己任。但由于这些书籍包含大量数字和图解（当时的线图都必须另外木刻，然后镶嵌到活字版中间去），所以校对和印刷工序极其繁复，并非一般商业印

---

① 普雷斯堡为德语地名，即今斯洛伐克（Slovakia）首都布拉迪斯发（Bratislava）。

② 当时奥图曼帝国对欧洲步步进逼，匈牙利首当其冲，士绅阶层在危机感之中不顾传统选出家世并不显赫但刚毅有胆识的匈雅提（Janos Hunyadi，1387—1456）为大都督，从而得以击破来犯土军。匈雅提后来摄政，他死后长子却为政敌处死，激起全国义愤，幼子马堤亚因而得以在1458年当选为国王。他富有才华和感召力，不但建立强有力的新式军队，而且厉行体制和教育改革，创建普雷斯堡大学就是此运动的一部分。可惜匈牙利社会旧习气太深，改革始终无法深入。1490年他逝世之后，议会一致选出生性懦弱、遵循贵族意志的波希米亚国王弗拉迪斯劳斯二世为国君，最后匈牙利终不免亡于奥图曼最伟大的君主苏莱曼大帝（Süleyman the Magnificent，1520—1566）之手，但这也成为奥图曼向西扩张的极限了。

③ 当年以作为纳粹战犯审判地而知名的这个城市如今改称纽恩堡（Nürnberg），它在柯尼斯堡东南约80公里。

刷店所能够负担，因此他又开办印刷工场，亲自监督有关事务。这工场一共完成了九种出版物，其中最重要的是最先出版的波尔巴赫《新行星理论》（1472）和他自己编纂的庞大《星历》（1474）。这部《星历》列出了自1475年到1506年共三十二年每一天的日、月与五大行星的绝对位置，以及月的朔望和众天体之间的相对位置，还有斋祭节日等，其中包含数据估计达30万项之多。由于用途广泛，价格廉宜，而且是唯一的印刷历表，此书甫出版即风行一时，不但为许多大学（包括哥白尼所在的克拉科夫大学）采用，而且多次再版，哥伦布西航时极可能也相携以俱，并且以其中所示的日食来测定所发现岛屿的经度。此外，他在1474年印了一份《出版目录》分送各大学，其中所列除了已经印行者外还包括（A）计划中的29种科学著作，如《大汇编》、《几何原本》、施安《大汇编评注》、阿基米德著作、维提罗和托勒密《光学》、阿波隆尼亚斯《圆锥曲线》等；（B）各种世界和地区地图；以及（C）他自己的22种著作。这庞大出版计划不太可能由他独力实现，但从中也多少可以窥见他的野心。

极其不幸的是，1475年他应教皇传召，放下手头大量工作前赴罗马参加历法改革，但不到一年突然身故，享年不及40岁。有传说他是遭人下毒，但最可能的死因则是台伯河（Tiber River）泛滥而引发的瘟疫[①]。在身故之后他辛辛苦苦建立起来的事业就烟消云散了——虽然他的弟子瓦尔特（Bernhard Walther of Memmingen）还忠心保存他的图书、仪器，并且继续有系统地做天文观测将近三十年之久。毫无疑问，拉哲蒙坦那为欧洲数学与天文学奠定了宽广基础：哥白尼深受其影响，第谷和开普勒还应用他的天文数据。倘若天假以年，他的成就和影响当更大得多吧。

四、哥白尼革命

在拉哲蒙坦那之后，欧洲天文学家已经能够掌握托勒密和巴坦尼的方法和理论了，但是跟着发生的事却是个意想不到的突变，难以单纯从学术累积或者进步角度来解释。我们只知道欧洲东北偏远角落，一个普通小城里一位教堂执事在默默工作十几年后，竟然敢于抛开《大汇编》一个最基本原则来

[①] 下毒之说起源于他在《出版目录》中预告行将发表对特拉比松的乔治《大汇编评述》的猛烈批判，因而有人怀疑是其子愤而出此下策。见Zinner 1990, pp. 151–152。

创建新的天文学系统，至终完全改变了西方宇宙观念。这样令人惊讶、震撼的事在伊斯兰天文学长达五百年的辉煌历史中却一直没有发生，那恐怕是难以用常理解释的。不过，我们将会看到，哥白尼的新系统绝大部分仍然是立足于前人观念与理论基础上，所以还是介乎中古与现代之间的产物。

平淡无奇的一生

哥白尼（Nicholas Copernicus，1473—1543）和托勒密一样，都是一生安稳平淡，没有突出的事迹[①]。他出身德裔家庭（当然，这在德国史学家与波兰史学家之间颇有争议），祖父是波兰首都克拉科夫的有名商人，父亲在15世纪中叶迁往维斯图拉河（Vistula）下游的兴旺贸易河港托伦（Torun），母亲门当户对，出身当地商人望族。他10岁丧父，由舅父瓦臣罗德（Lucas Watzenrode）抚养成人，18岁（1491）进克拉科夫大学，三年后文科毕业。当时瓦臣罗德已经升任西普鲁士瓦尔米亚（Varmia）教区主教，他在1497年为哥白尼求得该区弗劳恩堡（Frauenberg）座堂执事（canon）的职位[②]，从而保证了这位外甥一生的安定。哥白尼跟着赴意大利求学，前后居留六年（1497—1503）之久：前三年在博洛尼亚学习天文、法律、希腊文（所以后来能够直接研读古希腊科学典籍），并取得文科教授资格；跟着往罗马参加1500年的千禧庆典并讲授数学；在短暂回到波兰之后，他转到帕多瓦学习医学，在费拉拉取得教会法博士学位，最后在而立之年回归弗劳恩堡担起执事职务，在那里度过一生。

当时克拉科夫大学以天文学和数学知名，显然哥白尼深受感染，以此为终身志业，其后在博洛尼亚和帕多瓦的六年游学自然更开拓了知识和见闻；至于研习法律和医学，和最后回到宁静小城出任座堂执事，大抵只是听从性格坚毅的舅父为他所做的生计安排而已。不过，从他日后的经历看，这的确令他得

---

① 有关哥白尼以及《天体运行论》最详细和深入的数理研究是施瓦罗与奈格包尔的《哥白尼〈天体运行论〉中的数理天文学》即Swerdlow and Neugebauer 1984，其"导论"部分（pp. 3–95）对哥白尼所承受的欧洲和伊斯兰天文学传统以及《天体运行论》的撰写经过有详细探讨。此外，罗申（E. Rosen）撰写了DSB/Copernicus/Rosen，翻译了《天体运行论》即Copernicus/Rosen 1992（此书有叶式辉的中译本），并且编译了《简论》《驳华纳函》《初述》等三种文献即Copernicus/Rosen 1939；柯瓦雷和阿米塔兹的专著亦论述周详，分别见Koyré 1973, Pt. Ⅰ以及Armitage 1957；哥白尼诞生五百周年庆祝及研讨会论文集亦收入多篇有关重要文章，见Gingerich 1975。

② 弗劳恩堡（Frauenberg）今称弗龙堡（Frombork），是波罗的海东南角但泽湾岸边的小城。

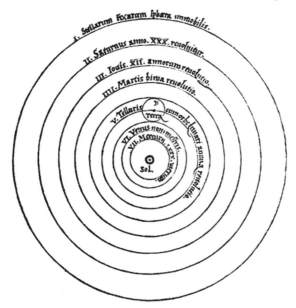

图 11.1　哥白尼以日为中心的宇宙图像，其自外而内的七层标注为：Ⅰ 固定的恒星球面；Ⅱ 土星周转每30年；Ⅲ 木星周转每12年；Ⅳ 火星周转每两年；Ⅴ 地球连同月球每年周转；Ⅵ 金星（周转）每九个月；Ⅶ 水星（周转）每80日；中央为日球。取自《天体运行论》第一卷第二图，在原版第30页

以完全免于奔波烦扰，全心投入天文学探究。返回弗劳恩堡之后他曾经被舅父召至主教府担任私人医生和政治助理（1506—1512），回到座堂以后又曾经短期出任独立行政职务，更曾被邀出席拉特兰宗教大会（Lateran Council，1514）协助历法改革，在专业上可说是学以致用了。但他大部分精力和时间，还是花在天文学观测、研究和思考上。有关这方面的资料非常稀缺，我们只知道他统共做过63次天文观测，其中小半数据用在著作里。为此他在1513年建造了一个小观测塔，其中所应用的仪器只有三件：象限仪、浑天仪和用以准确测度天体仰角的三角仪（triquetum）①。他在1512—1514年完成了《简论》

① 这基本上是个木制的三角架，其中两边固定（这有一边垂直），上面有观测星点和刻度的第三边可以自由滑动。此仪器据说是哥白尼亲自手制，他死后保存了数十年，最后赠予第谷，但此后不知所终。见Armitage 1957, pp. 54–56。

（*Commentariolus*），在其中初次提出日心说的革命性新构想，即日球为宇宙中心，地球每日有自转，每年有绕日的公转，外行星的"留驻"和"逆行"都起源于地球与它们相对运动的表观现象，等等。《简论》在亲近朋友和同行小圈子里流传了将近二十年，这才慢慢传到外界。至于将上述构想充分演绎、发挥出来的巨著《天体运行论》（*De revolutione orbium coelestium*）则大约要到16世纪30年代中叶才完成，到1539年哥白尼垂暮之年才初次出示予慕名来访的维腾堡（Wittenberg）大学年轻教授雷蒂库斯（Joachim Rheticus，1514—1576）。后者一见大为心折，即以弟子自居。他据此写信向纽伦堡大学的老师舍纳（Johann Schöner）做详尽报告，此信后来出版，就是所谓《初述》（*Narratio primi*，1540）。这时哥白尼已经年近古稀，几经亲友劝说之后他终于同意出版《天体运行论》，书成刚刚赶得及在他临终前送到。他的一生表面上平淡地应付人事，暗中则积蓄力量完成惊世大业。

回到旧原则重新开始

那么，在《天体运行论》之中，哥白尼到底做了些什么呢？主要是两件事情。首先，他明确提出一个基本原理，即日球是静止的宇宙中心，地球和其他行星一样，都是绕日运行，而月球则绕地球运行，这就是所谓日心说（heliocentric system）。而且，他虽然在多处将此原理称为假设、假定，却没有接受朋友的好意劝告，以数学计算的假设来掩饰自己的真正观点，而旗帜鲜明地将显然违背《圣经》观念的地动说作为基本原则和可证验事实。无论是从科学还是宗教立场看，这显然都是极有勇气的做法。其次，从这新原则出发，他为众天体的运行建构了一个新模型，这模型完全抛弃托勒密的"对等点"机制（§7.5），而彻底回到古希腊以"均匀圆周运动"来解释天体运动的原则。也就是说，他不再应用托勒密"曲轴本轮"机制（第七章附录），而是应用"本轮叠加"机制，即是在主轮上有本轮，第一本轮上再加上第二本轮，甚至其上还可以有第三本轮。他发现，把本轮叠加起来（这相当于以固定角速度旋转的矢量之叠加）也可以得到与"曲轴本轮"相类似的效果，由是维持了"均匀圆周运动"的基本原则。当然，严格而言，这两个原则其实一点都不新："均匀圆周运动"是古希腊天文学的固有理想，地动说则是公元前3世纪的阿里斯它喀斯首先提出来的。他所做的，实际上是重新回到古希腊的旧原则，然后依循托勒密的数理方法来建构相类模型，并且以实证数据来决定模型的主要参数，再仔细计算天体在运行中的长期位置变化。

那么，他这个新理论比托勒密的旧说有何优胜之处呢？吊诡的是，单纯从计算和预测的角度看，新说并无优胜之处：《天体运行论》所计算的日、月和行星运动比诸《大汇编》并非更为准确，而且前者所需要应用的本轮数目超过后者。也就是说，哥白尼的模型好像是更复杂而没有更精确的结果。这复杂性来自几个不同方面。首先，在日心模型中，所有从地球观察到的行星运动都是相对现象，即其计算必须兼顾天体运动和地球本身的运转，那自然就更为繁复了。其次，就固定的恒星而言，则出现另外一种困扰，即模型中的地球是绕日运转的，但恒星却没有显示任何视差，这表明它们的距离极其遥远——这在当时是难以为人接受的。最后，由于他拒绝使用效率更高的对等点机制，因此就要在模型中应用更多本轮。

既然如此，那么他提出日心说亦即地动说，究竟有何理据令人信服呢？这主要在于，对许多天文现象而言，日心说可以提供更为自然的解释。这其中最重要的是以下三方面。

（1）特殊现象问题：在地心说之中外行星（火星、木星、土星）有特殊的留驻和逆行现象，而内行星（水星和金星）却跟随日球运转，即后三者的主轮周期相同，至于何以会有此分别，则没有令人满意的解释。在日心说之中所有的行星包括地球都依照接近圆形的平滑轨道围绕日球运转，留驻和逆行很自然地表现为地球与外行星相对运动所产生的视觉现象。

（2）距离问题：在地心说之中各天体离地球的距离顺序无法确定，在日心说之中各大行星以及地球离日球的距离却可以很自然，不可更易地确定下来，而且它们的运行周期（亦即主轮周期）也初次得到完满解释，即离日越远，周期越长，没有例外。

（3）亮度和视直径问题：在托勒密模型中月球与地球之间距离经常有大变化，但观察所见的月球亮度和视张角并没有大变化，这重大矛盾托勒密本人已经注意到了，至于哥白尼的日心说模型则没有这个问题。另一方面，在实际观测中木星和土星的亮度有极大变化，这在地心说无从解释，但在日心说则可以很自然地用它们与地球之间距离的巨大变化加以解释。

统而言之，日心说比地心说的优胜在于从多种天文现象所得到的证据，比起所有这些证据的综合力量来，托勒密模型在行星位置计算方面仍然较为准确就不再是决定性理据了。哥白尼对自己的理论有坚强信心，以及雷蒂库斯经过仔细研究之后对日心说深为折服，都是基于这个原因。而且，我们要强调，以上第（3）项问题的解释非常重要，因为它不仅仅是"自然"或者令人信服，而且是可以清楚判别两个不同模型是否与自然现象符合的标准。换而言之，哥白尼革命的意义不仅在于提出新原则与模型，更在于扩大了判别理论真伪的实证基础。自此以后，令人信服的理论不仅需要在数学上"拯救"现象（save the phenomenon）的某些方面（例如行星位置），还要能够对同一现象所有其他方面都做出满意解释。因此，随着新理论出现，科学理论的判别标准乃至本质也在起变化。

突破从何而来？

那么，哥白尼的新天文学到底是从何而来的呢？这其实有许多不同源头。首先，哥白尼是中欧学术传统培养出来的人物，而这是在牛津、巴黎以外发展出来，以维也纳天文学为中心的新传统。例如克拉科夫大学的著名数学家和天文学家布鲁丘乌（Albert Blar of Brudzewo，1445—1497）是查理大学（即布拉格大学）毕业生，所研习的就是波尔巴赫的《新行星理论》和拉哲蒙坦那的天文数表，亦即《星历》这两部在15世纪70年代印刷出版的著作，其承受15世纪维也纳天文学传统非常明显。不过，他在1490年以后就不再讲授天文学，1494年更离开克拉科夫大学从政，因此哥白尼在求学期间（1491—1494）未必有机会在课堂上受教，但私下请益的机会可能仍多，直接或者间接受其影响是毋庸置疑的。更重要的是，此时科学著作出版逐渐盛行，除了上述两种15世纪70年代的最早期出版物以外，波尔巴赫与拉哲蒙坦那合著的《大汇编提要》在1496年出版，这在他的《简论》之前六七年，吉拉德翻译的拉丁文本《大汇编》在1515年出版，比《天体运行论》早十几二十年，因此这些第一代印刷出版的天文学书籍都为哥白尼的工作提供了扎实基础，其重要性绝对不可低估。当然，哥白尼的贡献并非发扬传统，而是创新。那么他的新思想又是从何得来的呢？那源头就更广泛了。

正如第八章一再提到的，通过对托勒密的批判与修订，伊斯兰天文学对于哥白尼有重大影响。这最少有两方面。第一方面是从天体运动的数学计算转向天体现象的实体（即表象背后的具体事物）探究，即海桑在《论世界构造》以及比特鲁吉在《天文学》中仔细探究的天体球壳构造，这两本书都在13世纪翻译成拉丁文，而且产生广泛影响（§8.7），通用教科书《新行星理论》亦采用前者某些说法，它们之为哥白尼得见，并且将他导向天文学实体研究的观念与方向，是很自然的。

第二方面的影响则在于天文模型建构。哥白尼在这方面的先驱就是13世纪发明"图西双轮"机制的马拉噶学派创始者图西，和14世纪大马士革天文学家沙提尔（§8.8）。沙提尔并没有提出日心说或者地动说，然而他的工作有两点是令人极其惊讶的。首先，他舍弃托勒密的"曲轴本轮"，而回复到纯粹的"主轮–本轮"系统——事实上，是以本轮上再加一个或者两个本轮（即肯尼地和罗拔斯所谓"矢量连锁"）来达到和"曲轴本轮"相同的效果，而这也正是哥白尼的建构原则。其次，最为令人震惊的是：沙提尔和哥白尼的月球和水星模型，包括其"矢量连锁"构造和所用参数，可以说完全相同；至于他们所建构的其他三颗行星模型，大体上也相同。因此所有这方面的科学史家都认为，哥白尼的模型建构是得自上述伊斯兰学者的。

然而，这看法产生了一个问题：图西和沙提尔的理论虽然在中东广为人知，却并没有翻译成拉丁文或者其他欧洲语文，而哥白尼不通阿拉伯文，更没有到过中东，那么他的行星运行模型怎么可能得之于比他早一个半世纪的沙提尔呢？他独立作出相同建构的可能性可以排除吗？这疑问现在已经大体得到解决。其关键是哥白尼通希腊文，并且曾经在罗马讲学，而奈格包尔在梵蒂冈图书馆中发现了描述"图西双轮"机制的拜占庭希腊文手稿（编号Gr. 211），它至迟在1475年即哥白尼到罗马之前已经传入意大利。此外图西在其中证明了双轮机制的《天文学论集》（*al-Tadhkira*）阿拉伯文手稿（编号Arabo 319）也早就已经在梵蒂冈发现。我们甚至知道，将此手稿带到梵蒂冈的是一位传奇人物波斯特尔（Guillaume Postel，1510—1581），而且他带回来的还有另外一份存于巴黎图书馆的阿拉伯文数理天文学手稿。波斯特尔精于东方语言，曾经随团出使君士坦丁堡（1536—1537），受委托搜购大量书籍，回国后在"法兰西学院"（Collège de France）的前身学校教授数学和语言学（1538—1542），著有多部作品，包括欧洲第一部阿拉伯文法。当然，他出使东方不会早于哥白尼完成巨著很多，因此他带回来的手稿在时间上可能来不及对《天体运行论》产生决定性影响。但他的经历以及沙里巴所举出的许多相类例子说明，在十五六世纪间，欧洲仍然深受伊斯兰文化影响，而且有不少人懂阿拉伯文，因此哥白尼从间接途径获悉图西和沙提尔著作详情是完全有可能的[1]。

[1] 有关《天文学论集》的广泛影响见Tusi/Ragep 1993, pp. 55–58；对文艺复兴欧洲所受伊斯兰文化影响见Saliba 2007, Ch. 6的详细讨论，关于文中所提及手稿见pp. 214–331。波斯特尔有下列传记：Bouwsma 1957。

哥白尼学说还有一个可能源头，那就是中古欧洲，因为它的根本原则即地动说其实颇不乏先例：布里丹和奥雷姆就都已经指出，地球的自旋可以很简单地解释许多天文现象，而实际上到底是天旋还是地旋是无法分辨的（§10.10）；出生于15世纪之初的库萨（Cusa）也认为宇宙并没有固定中心或者周界，而地球是移动的（§12.3）。虽然哥白尼从来没有提到这些早期学说，但也可能曾经接触这些观点，并且受它们影响。

至于为他一再征引的古希腊学说，则肯定是获得突破的第五个源头。例如，在《天体运行论》前言即致教皇献词中，他就着意提到以下三个古希腊地动说的先例：费罗莱斯的宇宙模型，其核心是"中央火球"，地球则围绕此火球旋转；赫拉克里德斯（Heraclides）和厄番图的地球旋转说；以及阿里斯它喀斯的日为恒星之一，地球绕日周行说。不过，他很小心，从来没有提到阿里斯它喀斯的日为宇宙核心说。除此之外，他在该书第一章又特别征引西塞罗关于厄番图的论述，以及卡佩拉关于埃及日心说的论述。当然，他生于马丁路德宗教改革年代，对地动说可能引起的强烈反响颇为谨慎戒惧，生怕有人要"大叫大嚷"，"认为这是疯人呓语"而"宣称我（哥白尼）和这种信念都应当立刻被革除掉"[1]。因此，他强调是从古希腊学说得到灵感，最少部分理由是为了寻求庇护。

最后，哥白尼所处正是希腊文化和柏拉图主义热潮高涨，贝沙理安、费齐诺、米兰多拉等人引领风骚的时代（见下节）。他在博洛尼亚求学的时候（1497—1500）与著名天文学教授诺瓦拉（Domenico Maria di Novara，1454—1504）来往密切，不但协助他做天文观测，而且可能长期在他家中居住，日夕相与谈论各种学术文化问题。弱冠之年的哥白尼在思想上深受其影响——例如研习希腊文，是非常自然的事情[2]。诺瓦拉本人不但是柏拉图主义信徒，而且是一位有独立见解的天文学家，例如他（错误地）认为，自古以来南欧多个地点的纬度在缓慢增加，而这是由于地极移动之故；他又察觉地轴倾角（亦即黄道面和赤道面夹角）在逐渐变小。因此诺瓦拉并不信服当时的天文学系统，认为应当回复到更简明的数学处理方法。从这个角度看来，哥白尼之所以想到回归厄番图和阿里斯它喀斯的地动思想，也有可能是受到诺瓦拉的启发，那当是他灵感的第六个源头了。

---

① 哥白尼／叶式辉2001，原序1。
② 关于诺瓦拉的生平以及他和哥白尼的关系见DSB/Novara/Rosen和Armitage 1957, p. 50。

所以，与其说哥白尼是革命者，不如说他是博古通今而敏求之者。"哥白尼革命"虽然是现代科学革命的起点，却并非思想上的飞跃，严格地说，甚至也并非"革命"，而毋宁是"改弦易辙"和"返本归源"。换而言之，古希腊天文学本来就具有两条不同思想轨辙，后来喜帕克斯和托勒密沿着地心说的轨辙前进，并且发展了整整一套数理天文学方法，令它成为稳占上风一千八百年之久的正统。现在哥白尼所做的，则是回到古希腊原来的起点，而且仍然沿用托勒密的数理方法，但改为依循日心说轨辙前进——甚至，在模型建构上，他也跟随沙提尔抛弃了对等点和"曲轴本轮"机制，回到柏拉图以圆形轨道为天体运动基础的思想。所以这是个彻底的"返本"和"转辙"过程，而并非一般意义的"革命"。当然，我们这样说，绝无意贬低哥白尼的巨大贡献，因为在传统重压之下，要重新为已经被否定将近两千年之久的旧说翻案，真所谓"万牛回首丘山重"，其艰难和所需要的眼光、勇气、毅力，比之翻陈出新的革命所需，恐怕是不分轩轾的。

地动说在16世纪的命运

哥白尼对自己的发现抱有极为坚强的信念，但他深知地动说是冒天下之大不韪，对于它在亚里士多德哲学家和神学家之间（更不要说教会）可能产生的风暴从未掉以轻心。然而，这风暴在整个16世纪却始终没有出现，那可能是因为当时地动说仅仅被视为专业天文学上的新发明，它与传统宇宙观之间的深刻矛盾一直被忽视，亦即日心说尚未在意大利广泛流传，所以未曾被教廷充分认识。无论如何，在1533年教皇克里门七世（Clement Ⅶ）和其他教廷官员就已经在梵蒂冈花园中听到有关《短论》的演讲，而毫无不悦反应；1536年教皇驻波兰与普鲁士特使舍恩贝格枢机主教（Cardinal Nikolaus Schönberg）更写信催促（他本来就认识的）哥白尼将有关理论尽速发表，最少也以抄本见示。但素性谨慎的哥白尼却不作任何回应；而迟至1582年教皇格里高里十三世的历法改革也是根据哥白尼的新理论来推行的[①]。这一切都应该说是哥白尼低调策略的巨大成功。

至于德国新教徒对日心说的态度则微妙得多。从《短论》阶段开始，马丁路德就已经知道这个理论，并且对它持鲜明和强烈的反对态度。他在维腾堡大学的亲密战友梅兰希顿（Philipp Melanchthon，1497—1560）在读到雷

---

① Koyré 1973, pp. 27–28；Armitage 1957, pp. 60–61.

蒂库斯的《初述》之后也视之为扰乱人心的悖论。然而当时新教还在草创阶段，它并不如罗马教会那样有严密组织和一整套法规、程序来统一、固定和管制思想，因此不但日心说仍然得以在各德国大学，包括维腾堡大学本身自由传播，而且新教领袖的态度也逐渐发生改变。事实上梅兰希顿本人是聪慧早熟的天才，也是伟大的神学家、人文学者和教育家。他不但教学、著作不倦，而且大力推行教育改革和发展高等教育，所以在生前即被尊为"德国导师"（Praeceptor Germaniae）。他后来对哥白尼理论的态度改成"一分为二"，即将地动原则视为假设，对之存而不论，至于对其行星理论，特别是月球运动理论则加以赞赏、鼓励，视为天文学上的重要新发明。

　　他这态度深深影响了维腾堡的两位年轻天文学家莱浩（Erasmus Reinhold，1511—1553）和波瑟（Caspar Peucer，1525—1602）。当然，最早把新理论传到维腾堡的是雷蒂库斯，他崇拜哥白尼，以传道者的热忱来宣扬其学说。但他性格不稳定，不旋踵就离开维腾堡（1542），跟着到过纽伦堡、莱比锡等地，最后在克拉科夫定居（1554），因此在天文学界未能发挥影响力。莱浩则深为哥白尼的多本轮模型以及月模型所折服，但对革命性的地动说却完全保持中立。在他看来，依循哥白尼模型仔细计算行星运动，编纂天文数表是最有意义的当务之急，而这正是他所致力并且大获成功之处。梅兰希顿和莱浩的基本态度通过第三代传人、梅兰希顿的女婿波瑟而确定下来，成为德国教学体制的一部分。在这体制中，本科程度天文学仍然以萨克罗博斯科的《论球面》为主，地心说的传统理据照样讲授，至于哥白尼则只会偶尔被提到；到了专业水平亦即博士课程，则以波尔巴赫《新行星理论》为基本教材，而哥白尼的《天体运行论》和《大汇编》会作为高深理论一起介绍给学生，让他们对照参考。这就是所谓"维腾堡模式"，它在16世纪下半叶影响整个德国天文学界，这可以说是哥白尼革命性学说为欧洲学界所逐步消化的过渡阶段[①]。除此之外，荷兰的斯特文和英国的迪格斯（Digges）也在大致同时成为新学说的信徒和宣扬者（§12.3，12.5）。至于此学说真正为欧洲学界广泛接受并且对传统观念以及教会本身产生巨大冲击，则是17世纪之初伽利略以望远镜观察天体之后的事情了。

---

① 有关此问题，特别是"维腾堡模式"的讨论见下列专文：Robert S. Westman, "The Wittenberg Interpretation of the Copernican Theory", in Gingerich 1975, pp. 393–457.

五、柏拉图热潮与魔法

毕达哥拉斯和柏拉图思想对于天文学的影响虽然重要，但比较间接和缓慢，至于神秘主义和魔幻法术的热情，则无异于沉睡在欧洲意识底层的巨人，从拜占庭吹来的希腊风，一下子就把它唤醒了。魔法与“本始神学”由是成为十五六世纪欧洲文化最令人触目的奇葩，而毫不奇怪，那是从佛罗伦萨开始的。

魔法与神学的结合：《辟加特力斯》

上文提到的费齐诺不只是柏拉图学者，更是一位笃信赫墨斯教义（Hermeticism）和魔法的“魔法师”（Magus）——所以，在《赫墨斯经典》原本运到佛罗伦萨之后，他欣然遵从科西莫的指示，搁下翻译中的柏拉图《对话录》，转而先行翻译前者，那是颇有象征意义的。除了译著以外，他自己在成熟时期还有一部医学著作《生命之书》（*Libre de vita*，1489），其中一卷称为“捕捉星宿生命之书”（*Libre de vita coelitus comparanda*），那主要就是魔法书，它详细讨论如何制造和应用“符偶”（talisman）——据说那是能够与行星相感应并且具驱邪、降神功效的[①]。

费齐诺的魔法大概取材自出现于中古的魔法手抄秘笈《辟加特力斯》。此书源流非常复杂：它是赫墨斯传统流传到阿拉伯，并和当地驱邪魔术结合的产物，其后通过西班牙传入欧洲，大约在13—15世纪间翻译成拉丁文[②]。换而言之，它是毕派–柏拉图思想两度与东方宗教结合的结果：初度是在100—300年与埃及宗教结合而产生赫墨斯思想；再度是在700—1100年赫墨斯与阿拉伯魔法结合而产生《辟特加力斯》。所以，此书仍然包含大量灵智信仰，特别是从至高的“一”所衍生的神智–神灵–物质系列。然而，它同时又融合了巴比伦的星占术和阿拉伯的驱邪符偶魔法，而将可以上下于天界和凡间的神灵作为魔法的理性基础。那就是说，特殊制造的符偶可以感受和储藏来自上天星宿的灵气，故而具有神力。魔法的基本原则最好用费齐诺自己的话来说明：“‘自然魔法’（natural magic）利用自然物件来捕捉天体的有益与和善

① 有关魔法与赫墨斯传统在15—16世纪的发展，经典之作是耶茨的《布鲁诺与赫墨斯传统》即 Yates 1964，本节在这方面的论述大都以此为根据；此外，桑达克的巨著Thorndike 1923-1958 也提供了大量详细资料。
② 有关此书论述见Thorndike 1923-1958, ii, Ch. 66。

的力量以带来健康，正如在医药和农耕上，那些合法地使用本身才能的人肯定可以应用这种操作方法……就像农夫翻整田地使它适应气候以为人带来饱足，这个智者，这个教士，为了人的安稳，也翻整宇宙间的卑下物件使它适应更高等的……（自然魔法）令自然物料与自然原因正确地结合起来。"①

魔法为什么居然能够在基督教欧洲兴起和大行其道呢？这其实是罗马时代东方地方信仰大量渗透希腊-罗马文明过程的延续。在西罗马帝国灭亡之后五个世纪，基督教逐渐取得政治和文化权威，但当时基督教仍然未曾普及，教会地位也尚未稳固，所以在其扩展和深化的漫长期间，各地方教会所必须面对的一个主要问题，便是以何种态度、方式来处理各种民间信仰与魔法——这泛指所有操控超自然力量的方法、仪式、技术、行为。总的来说，他们采取了软硬兼施的弹性策略：一方面抗拒、排斥、压制，另一方面"招纳收容"，将地方神祇与仪式吸纳到基督教圣者和神迹系统中来。

由此产生的后果是，在与地方宗教斗争的过程中，耶稣基督无形中成为至高无上的"魔法师"，他施行神迹的能力被视为大魔法，而他的门徒和后代地方主教也都染上魔法师色彩。例如，《圣经》所载使徒彼得与魔法师西门（Simon Magus）比试法力获胜的故事众所周知，它显示彼得同样被视为魔法师，不过法力更大而已②。又例如，"圣餐礼"是七件"圣事"，即日常举行的最重要仪式之一，它的核心便是神父"祝圣"祭坛上的酒与面包，使它"变质"（transubstantiate）为耶稣血肉，这显然具有超自然魔法的意味，而且，它就是如此为教育低下的信众所了解的③。到了12世纪，罗马教会建立至高无上权力，地方魔法开始受到严厉压制，因而转入地下，但它仍然未曾从一般人乃至教士、学者的意识中消失，更不会被视为无稽之谈。至于像星占学那样具有悠久传统而又得到托勒密认可的学问，自然仍为格罗斯泰特、阿尔伯图等正统学者、教会领袖承认④。因此，从15世纪中叶以至17世纪之初一百五十年间，魔法和赫墨斯主义再度风靡一时是有深层根源的。当然，此次再度盛行，是在天主教和数理科学、天文学均高度发展，新教则横空出世

---

① 转引自B. P. Copenhaver, "Natural magic, hermetism, and occultism in early modern science", in Lindberg & Westman 1990, pp. 280–281。
② 见《新约·使徒行传》8 : 9–24。其实，魔法师西门所领导的是灵智教派之一支，它是基督教最早的异端。
③ 有关中古教会与魔法密不可分的本质关系见Thomas 1971, Ch. 2。
④ 有关欧洲中古早期魔法兴起及其与基督教的密切和互动关系见Flint 1991。

的时代。它之能够在多股强大力量的夹缝中冒起，并且深深感染许多第一流心智，正反映它是如何根深蒂固，生命力如何强大。

费齐诺所做的，基本上是为粗糙的地方迷信、方术披上理性的外衣，把它们纳入高等宗教框架，从而避过教会审查，并证明魔法的正当性。这策略的基本原则是建立在"本始神学"（Prisca theologia）的"道统"之上的：它宣称摩西、三威赫墨斯、琐罗亚斯德、毕达哥拉斯、柏拉图、耶稣基督、基督教列位教父、奥古斯丁等属于不同宗派、不同地位的"圣人"共同形成一个连续、先后相承的神学系统，这样就十分紧密和巧妙地把基督教和耶稣之前的那些哲学、宗教传统联系起来，纳入同一网络。这策略之所以能够成功是基于两点。首先，基督教和毕达哥拉斯—柏拉图思想的确有千丝万缕思想"血缘"；第二，在教会中具有极大权威的奥古斯丁接受了赫墨斯是与摩西同时或者仅仅稍后的远古人物，而在十五六世纪，"远古"和权威、可信性是紧密相连，甚至等同的。15世纪的"新魔法"和十二三世纪被压制的"旧魔法""低级魔法"，其基本分别便在于赫墨斯所带来的光环和正当性。从这点看来，费齐诺放下手头的《对话录》而率先翻译刚刚运到的《赫墨斯经典》抄本，其意义便不言而喻了（图版9）。

文艺复兴时期的魔法传承

费齐诺的传人是少年俊发的才子米兰多拉（Pico della Mirandola，1463—1494）[①]。他在弱冠之年一口气发表900条牵涉宗教、神学、各种知识，可以说无所不包的《论题》（Theses，1486），并且请求教会批准他据此举行"答辩大会"（Disputation）。这些论题中有22条关乎魔法，特别是他所最看重的"卡巴拉"（Kabbala，Cabala）——卡巴拉在十二三世纪兴起于西班牙和法国南部的普罗旺斯，是希腊化犹太人利用希伯来字母和数目字来施行的咒语魔法和占卜术，但同时也具有灵智教派的"灵界-尘世"和"衍生-回归"理性结构。此外，他还有16条论题是以"毕达哥拉斯和他的数学"来作论证；他甚至把卡巴拉的数字魔法和毕氏的数目神秘主义联系起来。不过，米兰多拉虽然和乃师一样对于赫墨斯传统和魔法有热忱，却尊亚里士多德而反对新柏拉图主义，他又反对以星占来趋吉避凶（但这与星占术本身却有分别），

[①] 有关米兰多拉见Yates 1964, Ch. V以及Thorndike 1923–1958, iv, Ch. 59；有关他之反对星占术见Thorndike 1923–1958, iv, Ch. 61。

而只认同表面上更为理性的卡巴拉。

他最大胆和激进之处，在于居然满怀自信地公开提出：魔法与卡巴拉可以证明耶稣基督为神，所以需要提倡；他又极力颂扬人的地位和尊严，认为通过施行魔法，人类可以获得神般的创造能力，因而也就可以恢复在伊甸园堕落之前的神性——当然，这是源自灵智主义的思想，是和基督教观念相抵触的。《论题》发表之后导致教会审查，以及若干论题遭受谴责。但他并不气馁，又在翌年发表《辩解》（Apologia），其中包含著名的《人之尊严》一文，文中豪气干云地宣称："让我们的心智充满神圣愿景，以使它不苟安于卑下，而渴望最高贵之事物，并且悉力以求，因为只要决意，我们就可得到。让我们遗弃尘俗，奋向穹苍；让我们抛开世事，越过凡人班次，直趋无上神灵的天庭，在彼炽天使、智天使、座天使位居上列。但我们却不甘退让，不能忍受屈居次座，而要与天使一争荣耀与尊严。我们既然已经下定决心，那么就绝不会出于其下。"[1]这引来教宗更严厉、更全面的谴责，他因而出亡法国，最后还是由于梅第奇家族一力回护，才得以回到佛罗伦萨幽居。虽然他以刚及而立之年英华早逝，但临终前两年得到新任教宗亚历山大六世为之全面翻案，魔法与卡巴拉的正当性亦得到承认，当可含笑九泉了。

更何况，他和费齐诺师徒二人的思想在下一世纪大行其道，广为流播。米兰多拉的卡巴拉传人是原籍瑞士的莱赫林（Johann Reuchlin，1455—1522），他是海德堡大学希伯来文教授和士瓦本（Swabia）邦外交官，也是上文提到的新教主要神学家、教育家梅兰希顿的叔祖。继承费齐诺和米兰多拉两人赫墨斯思想的，还有年轻得多的神学教授阿格里帕（Henry Cornelius Agrippa，1486—1545）。他的传世之作是《隐秘法术的哲学》（De Occulta Philosophia，1510年，1533年出版）。这是一本系统性魔法全书，在其中各个级别的天使成为精灵或者魔鬼的存在基础，而魔法的威力也发挥到极致。在这方面阿格里帕还有另外一位师傅，即斯班海姆（Sponheim）修道院院长特里希米（Johannes Trithemius，1462—1516），后者在《密码术》（Steganographia，1499年著，1606年出版）一书中，很认真和实际地考虑，如何可以利用各级别天使以及卡巴拉计算法在瞬息之间和远方联系——似乎

---

[1] 见Mirandola 1998, p. 7, 作者译文。此文本来是准备在"答辩大会"上作为开场白宣读的，后来附在《辩解》中发表。

他已经预见今日的电子网络和移动电话了①！这位院长还另有一位名气比自己大得多的弟子，即下文将要讨论的帕拉塞尔苏斯。

行动派魔法师

费齐诺、米兰多拉、莱赫林、阿格里帕、特里希米都是书斋学者，但顾名思义，魔法不仅仅是思想和哲学，更是实际力量，是应该付诸实际行动，产生神奇效果的。事实上，到16世纪下半叶就颇不乏把它这样认真看待的人物——例如下文将会讨论的狄约翰，他就是坐言起行的赫墨斯信徒、炼金师和魔法师。与此同时，新旧教的斗争造成了尖锐思想分裂和知识分子内心的高度紧张，转而导致对宗教问题的全盘反省。在这混乱状况下，好些学者、教士企图以哲学性赫墨斯信仰来作为解决冲突的途径，其中最有名的就是布鲁诺（Giordano Bruno，1548—1600）。在一般人心目中他是为地动学说牺牲在火刑架上的科学家，其实他毋宁更是深信魔法的赫墨斯信徒，以及诚恳、激进的宗教家②。在1582年出版的《论思想的投影》（De umbris idearum，On the Shadows of Ideas）和《舒丝的咒语》（Cantus Circaeus，Incantations of Circe）这两本书中，他认为通过对基本星象的认识和记忆，可以改变人的思想、能力，从而改变历史进程。法王亨利三世对此颇为欣赏，他其后赴英国，在牛津讲学，似乎就负有法王密命，企图修补英法两国在宗教上的分歧。他宣讲哥白尼日心说即在此时，然而其出发点却并非数理天文学上的证据，而是费齐诺的太阳崇拜和星宿魔法。事实上，他比费齐诺、米兰多拉更激进。他大胆地脱掉了赫墨斯信仰的基督教外衣，而公开、径直主张彻底改革基督教，回到古埃及的物偶崇拜③。他后来为宗教审裁所拘留八年之久，最终在1600年2月被处以火刑，其基本原因在于他的政治活动，特别是与信奉新教并主张宽容的法王亨利四世保持特殊关系，还有他的激进宗教改革思想；

① 有关此段见Yates 1964, Chs. Ⅶ–Ⅷ。至于更详尽的资料则见Thorndike 1923–1958, iv, Ch. 60（莱赫林与特里希米）；v, Ch. 8（阿格里帕）。

② 关于布鲁诺见Yates 1964，特别是其后半，Chs. 11–20，这主要是从赫墨斯信仰与魔法的角度来讨论他。但学者对布鲁诺亦有不同看法，例如Gatti 1999就视他为一位数理天文学家；至于Copenhaver & Schmitt 1992则从哲学角度讨论他，见该书pp. 285–303。

③ 这基本上是他最重要著作Spaccio della bestia trionfante（Expulsion of the Triumphal Beast）一书的思想，详见Yates 1964, pp. 211–234的论述。此书出版于1584年，到17世纪末影响复炽，成为英国和荷兰激进思想特别是共济会运动的渊源。见以下讨论"激进启蒙运动"的专著：Magaret Jacob 1981，特别是pp. 35–47。

至于他之服膺日心说，最多不过是额外问题罢了。

在魔法与科学之间

从费齐诺到阿格里帕，从狄约翰到布鲁诺，魔法的兴起和盛行可以说与近代科学发展是平行的。我们现在认为这两者泾渭分明，可以严格划分，那是因为现代科学体系已经建立起来。其实从中古以至17世纪，魔法师和科学家之间的界限并不那么明显。例如，研究魔法与实验科学的专家桑达克就认为，阿尔伯图是"炼金师、星占师，相信施魅魔法（enchantment），像他那个时代多数学者一样，爱用超自然原因来解释所有令人惊讶的事物"，虽然他不认为魔法能够与基督教神迹相比，而且它有好与坏亦即"自然型"与"恶魔型"（demoniacal）之分[④]。桑达克又提到，虽然罗杰培根对魔法所宣称的神奇能力表示怀疑，并且认为应用科学"胜过"魔法，但实际上仍然相信星象对人体的影响，以及特殊事物、咒语、恶毒思想的超自然魅力，因此他"在科学与魔法之间划界限的尝试是失败的，这显明……在他的时代这两个领域是如何纠合不可分割的"[⑤]。

这种态度在14世纪本来有转变迹象，像奥雷姆就是从理性出发，很清楚，也相当坚决地反对星占术和魔法。他认为星象对人事之影响以及驱魔能力等都很可疑，没有清楚证据显示其确实存在，而且所谓证据往往是弄虚作假或者惊慌、神志不清所致。然而，作为巴黎大主教，他不可能质疑神迹或者恶魔之存在，同时，对于"自然魔法"也并不完全反对[⑥]。况且，在这方面他对于后世并无决定性影响。15世纪的格蒙登也反对星占，但波尔巴赫则以星占为专业，甚至拉哲蒙坦那的《星历》也是因为星占需要而风行一时。到了16世纪，则魔法与星占术也仍然与数理科学家有千丝万缕的关系：下章要讨论的卡尔丹诺是作出突破性发现的代数学家，却又是蜚声全欧洲的星占学家，曾经以星象推算耶稣基督的命运，以此解释其一生事迹，并为这惊世骇俗的作为一度被打入宗教审裁所监狱。

既然如此，那么魔法、星占与近代科学革命是否有任何关系呢？科学史家本来认为这完全不值得讨论，但半个世纪之前耶茨在《布鲁诺与赫墨斯传

---

④ Thorndike 1923–1958, ii, pp. 548–592；引文见pp. 550–551。

⑤ Thorndike 1923–1958, ii, pp. 658–678；引文见p. 666。

⑥ 关于奥雷姆，桑达克用了整三章分别讨论他对星占术、魔法以及自然异象的观点，见 Thorndike 1923–1958, iii, Chs. 25–27。

统》一书中提出了崭新见解。她认为，科学革命之所以发生，是因为背后有个巨大的思想运动，而要掀起这牵涉大量科学家，历时一个多世纪以上的运动，首先必须有急切了解现实世界，掌握世上神奇能力的意志与冲动，而只有"赫墨斯主义"所带来的兴奋、渴望和崭新心态，才足以产生这种强烈冲动。因此，魔法和科学虽然没有直接关系，但是它却能够"激发出走向真科学及其运作的意志"，两者之间最明显的关联就是，魔法热潮从费齐诺开始以至卡索邦结束（§13.7）这前后一百五十年（1460—1610）刚好与科学革命的酝酿期相重合：阿格里帕"强调魔法师必须精于数学，因为数学可以……通过纯粹机械方式产生神奇功能"；而下文即将讨论的狄约翰一生事迹则正好作为魔法激起科学探索意志的典型[①]。这观点颇为吊诡，而且并未曾为所有科学史家接受，但毫无疑问，它导致了魔法在科学史上地位和重要性的戏剧性变化。最少，赫墨斯思想与魔法和现代科学之出现有某种重要的内在关系这一点，已经得到许多学者认同，也不再为学界断然否定了。

对亚里士多德的冲击

在16世纪，希腊热潮不但导致有类于旁门左道的魔法风靡一时，也同样冲击了正宗哲学。对此，费齐诺和米兰多拉有间接影响，本章开头讨论过的后期人文主义学者也同样重要。例如瓦拉通过文本考据来证明所谓《君士坦丁封赠书》为伪造（1440），伊拉斯谟编纂和注释了一部经过仔细考证的希腊-拉丁对照本圣经新约。他们所带来的新风气便是扬弃古板、公式化的逻辑推理，那可以说是典型的亚里士多德思维方式，而转向语言本身的丰富内涵和实在含义。

至于首先对亚里士多德树起反叛大纛的，则是在这位大宗师殿堂即巴黎大学讲授哲学的兰姆（Peter Ramus，1515—1572）。他很早进入巴黎大学，21岁文科毕业成为该校教授，未及而立之年（1543）发表两部著作《辩证法之判分》（*Divisions of Dialectics*）与《亚里士多德评论》（*Comments on Aristotle*）。前书摒弃长篇大论、纠缠不清的言辞辩证，代之以明晰列表与简明总结的方法来辨析事物；后一部著作则直接攻击亚里士多德与当时的文科课程，提倡简洁、清晰、精确的文风，而以滔滔雄辩和泛道德论述为不足

---

① 此论点的发挥见Yates 1964, pp. 144–156, 447–452；至于有关引文见pp. 147, 448–449。

取①。这两本带有教科书性质的著作出版后大受学生欢迎，再版数十次，在整个欧洲发挥了极大影响力。他背叛传统的思想一度受到挑战，最后被国王法兰西斯一世禁止讲学（1545—1547），但不旋踵宽大的亨利二世登基，他颇受宠幸，被委任为皇家学院（Collège Royal）②教授，在该院讲学凡二十年，最后因为被怀疑信奉新教，在1572年的圣巴多罗买节大屠杀中不幸罹难。

至于帕特利兹（Francesco Patrizi，1529—1597）则颇有柏拉图、费齐诺之风。他是威尼斯属下的克罗地亚人，自幼跟随航海的叔父在地中海各处游历，弱冠进威尼斯邻近的帕多瓦大学修读，对烦琐的亚里士多德哲学大生反感，后来得某教士指点研读费齐诺著作，迅即转变为狂热的柏拉图信徒，对亚氏攻击不遗余力。此后他在欧洲各处游学，最后在费拉拉大学任教，而终老于罗马。他藏书丰富，精于希腊文，学问以历史和言语考证、辨析为主，于不惑之年发表《论回廊学派》（Discussiones Peripateticae，1571）以及其他作品，分别讨论亚里士多德与柏拉图的分歧、亚氏著作的源流、亚氏的缺失等问题。他反对亚里士多德，推崇柏拉图的态度非常激烈而明显，例如认为前者不利于基督教，而后者学说则与正教谐协；他又从亚氏的行事为人乃至传世作品的真伪来攻击他，并且认为亚氏门徒大都缺乏独立思想。因此他看不起以注释亚氏为能事的阿威罗伊，对阿维森纳则另眼相看。他在晚年发表《新宇宙哲学》（Nova de universis philosophia，1591），这是一部构思宏大的巨著，它深受费齐诺影响，根据新柏拉图学派的观点来从远古开始重构整个西方哲学体系。除此之外，他还著有一部《新几何学》（1587）。统而言之，帕特利兹知识广博，学殖深厚，态度鲜明坚决，在柏拉图阵营中可谓横刀立马的一员大将军。

六、实用科学的转向

魔法源于获得神奇力量的强烈欲望，它能够推动宇宙奥秘的探究。但即使掌握平凡事物的原委和日常工作的规律，同样可以带来力量，同样可以促进科学探究。也许是由于远航探险带来巨大财富的刺激（§12.6），在16世纪

---

① 有关兰姆见Copenhaver & Schmitt 1992, pp. 230–239。
② 指法兰西斯一世在布德（Guillaume Budé）的文艺复兴理念影响下，于1530年为提倡希腊、希伯来和拉丁三种语言而创办的Collège Royal，它直属王室，为公开大学性质，不颁授学位，起初亦无固定校舍。它在16—17世纪的发展简史见Sturdy 1995, pp. 9–10。此机构如今改称Collège de France，是人文和数学领域的高等研究院。

这个道理同样表现于医学、炼金术、冶矿学、瓷器工艺等多个不同方面。

魔法有费齐诺、阿格里帕和狄约翰，炼金术却也出了一位传奇人物帕拉塞尔苏斯。他在世时只是个脾气急躁、穷困潦倒的游方郎中，谁料凄凉病殁之后二十年却变身医药界红人，其理论、学说日益显赫，尘封手稿被争相出版。萧伯纳说"生使人站在同一水平线上，死使卓越的人露出头角来"，此之谓欤！在更踏实平凡的层次，当时被视为低下阶层借以糊口的冶矿业和陶瓷业也孕育出两位令人刮目相看的学者，即阿格列科拉和帕里斯。前者在矿山作细致的实地考察，将开采冶炼提升为一门学问；后者毫无学术资历，却能够以实地观察和推理对诸多自然现象发为透辟新论。这三位传奇人物都是下世纪实验哲学开山祖师培根的先驱。但在他们之前，还有一位突破传统医学藩篱，以精细的人体实证研究名重一时的解剖学家，是我们要首先讨论的。

解剖学的突破

假如说托勒密和盖伦这两位大宗师出现于同一时代是巧合，那么哥白尼和维萨里在同一年发表他们的革命性巨著，从而分别为传统天文学和医学的新时代揭开序幕，也是个同样神奇的巧合。不过，在这巧合背后，其实有相同的动力在起作用，那就是我们不断谈到的希腊热潮。所以，毫不奇怪，这两位学者虽然禀赋、气质、际遇完全不一样，却都是在北意大利迎来生命中的关键时刻。

维萨里（Andreas Vesalius, 1514—1564）出身于布鲁塞尔医药世家：从高祖以降，四代都是名医、御医，父亲更官至神圣罗马皇帝查理五世的宫廷药剂师[①]。他天资聪颖，性格进取，饱受人文教育熏陶，却有大志在医学界建功立业，这可以从他的求学轨迹清楚看出来：14岁进鲁汶大学，17岁进古典语言学院，19岁赴巴黎习医，三年后因战争被迫返回鲁汶大学，翌年毕业并且将学士论文在巴塞尔发表。当时有两件对他十分重要的事。首先，从16世纪初开始，有大量希腊原典被直接翻译成拉丁文，学者不必再依赖阿拉伯文译本，从而使得原意豁然开朗，曲折精微之处也得以阐发，由是激起学者另辟蹊径，与古人比肩的雄心。在这种氛围中，从原典翻译过来的盖伦著作

---

① 梅里教授的维萨里传即 O'Malley 1965 详尽流畅，对背景有仔细讨论，其第一章更不啻是一部西方传统医学小史；此外 Saunders & O'Malley 1950 辑录了维萨里《论人体结构》的重要解剖图版以及其他重要著作与图版，导言对维萨里的生平、背景、事业有扼要说明。但前述维萨里传比此书出版晚十五年，研究更为精细准确，在细节上更为可靠。

之出版（1514）无疑是个巨大冲击。其次，则是他对实体解剖产生了极大兴趣。在十二三世纪间，意大利已经有剖验尸体的习惯，随后就出现了第一位解剖学家，即博洛尼亚大学的外科教授，著《解剖学》（*Anothomia*，1316）的鲁兹（Mondino da Luzzi，约1270—1326），他自己似乎也曾动手解剖以印证盖伦和阿维森纳的学说。随后此风开始在北意大利散播，到16世纪初已经非常普遍[①]。然而，当时的医学院虽然已经有解剖示范，却都是虚应故事，用以印证成说而已。维萨里却渴望亲自动手。由于尸体难得，他甚至不惜与好友［其中一位是日后成为数学和地理学专家的詹马（Regnier Gemma）］到野外或者藏尸所偷取弃置的罪犯骸骨。这样，在毕业前夕他已经能够为同学做解剖示范了。

由于曾与保守的教授发生冲突，所以毕业后维萨里破釜沉舟，先到巴塞尔将毕业论文出版，然后赴威尼斯境内的帕多瓦大学进修（1537）。这是个明智的重大决定，因为那是当时的医学人文主义中心，观念开放，他注册后经过考试便立刻以最高荣誉被授予博士学位，更破天荒被直接委任为外科教授，此后六年间遂得畅行其志，专心于解剖工作，教学、研究、著作三方面齐头并进。他在1538年出版精细的《解剖六图谱》（*Tabulae Sex*）[②]。当时解剖被视为下贱工作，教授从不亲自动手，而教学则以课文为主，绝少应用图解，《图谱》在两方面都是创举，因而大受欢迎。同年他重印巴黎大学老师的一部教学课本，翌年出版《静脉剖割书简》，又参加编纂《盖伦全集》，负责其中有关解剖学的三卷[③]。可见他虽然正全力转向解剖学实证研究，却仍然不忘建立正统学术地位。1540年初，他应邀到博洛尼亚大学做解剖示范，初次公开宣称，人体结构应当以实际观察解剖结果为依归，而不应该盲从盖伦旧说，因为那可能也有错误，这无异于从传统转向实证的革命之开始[④]。

有种种迹象显示，他出版一部划时代巨著的计划大概就是在此时成形和付诸实行的。换而言之，在博洛尼亚之行后，他就全力投入撰写新著。此时由于

[①] 关于西方医学上的解剖学史见O'Malley 1965, Ch. 1；有关它在中古欧洲的发展见pp. 13–20。

[②] 这是专为学生绘制的套装散页，包括血管图和骨骼图各三大幅并附解说，见Saunders & O'Malley 1950, pp. 233–247的复制和说明。

[③] 那位老师是桂特（Johann Guither），维萨里大概曾参与编辑该课本；至于《盖伦全集》则是由威尼斯出版商Jiunta推动，由维萨里的相熟师友兼同事蒙坦那（Joanes Baptista Montanus）主编，在1541—1542年完成出版。见Saunders & O'Malley 1950, pp. 17–19。

[④] 他自称讲授盖伦的《骨骼学》三次之后才敢于指出他的错误，那应该就在博洛尼亚示范之前，见O'Malley 1965, pp. 94–101, 111。

城市当局的支持，尸体供应已经不成问题，因而他可以通过大量示范解剖，与学生共同研究人体各部分结构。经过两年半的不懈努力，他在1542年8月完成《论人体结构》（*De Humani Corporis Fabrica*），整一年后在巴塞尔出版①。这是一部七卷本巨著，以将近300幅人体各部分及整体解剖图为核心，附有详细注释和说明，各卷题材依次为：骨骼；肌肉；血管；脑与神经；腹腔内脏；心肺；以及头颅、大脑、眼、鼻（图版10）。《结构》（*Fabrica*）的特点是它的图谱完全由作者在实际解剖工作中凭直接和仔细观察描绘得来，而正文更将这些观察结果与盖伦的经典比较，指出其异同和后者的错误。与此书同时出版的，还有专为医学生编纂的《简本》（*Epitome*），它篇幅小，开本较大，便于学习，因此风行一时。《结构》在1555年还出了一个修订版，它对血液通过心脏膈膜的可能性表示高度怀疑。

《结构》的出版令维萨里声名大噪，但此后的发展却令人愕然，因为他立刻就赶往觐见查理五世呈献此书，随即获委任为帝国御医，而对帕多瓦、博洛尼亚、比萨等大学的争相罗致无动于衷。自是他离开学界，出入宫廷，查理因病退位（1555）之后又转投继承西班牙王位的腓力二世，以迄五十之年丧命异乡②。《结构》引起保守医学界的强烈反应是意料中事，但它的客观、精细和崭新思想与方法极富吸引力，因此在解剖学上掀起革命，亦是无可阻挡的了。

观念超越时代的医生

帕拉塞尔苏斯（Paracelsus，1493—1541）的祖父本是有名位的德国条顿武士（Teutonic Knights）将领，属邦巴斯特家族（Bombastus von Hohenheim），由于脾气暴躁卷入论争，因而被剥夺产业成为平民；父亲是私生子，后来移居瑞士小城爱恩斯杜尔（Einsiedelm）行医；母亲也出身低下，

---

① 此书以大量精细解剖图为主，需要许多刻版，因此出版者的合作极为重要，当时巴塞尔已经成为欧洲的出版中心，该书承印商Johannes Oporinus是当地人，有丰富的出版经验，曾经习医，又是一位人文学者，所以是很适合这项特殊工作的。至于大量精美解剖图的描绘，则部分可能出于维萨里自己，大部分当是由画家提香（Titian）的工作室承担，至于实际负责的画师则众说纷纭，见O'Malley 1965, Ch. 7。

② 他执意选择为君主服役很可能是由于家庭传统的影响，亦可能是渴望成为名医而不仅仅是学者，但由于宫廷内充满保守医生，意见往往相左，所以在为查理和腓力服役的二十年间，他并不得志，最后又为至今未明的原因（一说是因误诊而受宗教审裁所逼迫）而赴耶路撒冷朝圣。其时他已经商洽好重返帕多瓦执教，不幸在归程中因病（也有说是因风暴或瘟疫）去世，被葬在伯罗奔尼撒西边的赞特（Zante）小岛上，死因至今不可考。详见O'Malley 1965, pp. 304–312。

可能是附近寺院的奴仆①。他自己本名Theophrastus，帕拉塞尔苏斯是后来所取别名，却以此风行。他早年的事迹不容易追寻，我们大致知道他少年时代（1502—1507）在奥地利的矿业城市维拉赫（Villach）度过，从14岁开始就按照当时的习惯独自外出游学，先后到过维也纳和维腾堡大学，获得本科学位，其间曾经向上文提到的特里希米问学，又曾经在矿场工作。此后他南下意大利习医（1512—1515），有可能在费拉拉大学获得行医资格，随后开始长达八年之久的漫游（1515—1523），南至地中海沿岸包括非洲，西至西班牙和英伦，北至丹麦、瑞典，东至俄罗斯和奥图曼帝国治下的希腊皆所遍历，其间曾经数度出任军医，并且得到君主的优渥礼遇。在完成平生壮游回到维拉赫的时候，他刚届而立之年，凭着在古典、矿冶、化学、魔法、医学等各方面的修养，以及丰富的经验，正可谓雄心勃勃，将要有一番作为。

当时马丁路德和茨温利（Ulrich Zwingli，1484—1531）的宗教改革风起云涌，各地情况异常混乱，这对帕拉塞尔苏斯既带来许多机缘，也造成不少困扰。他从1524年开始行医，其初在萨尔茨堡（Salzburg），后来因为卷入宗教论争和农民战争而被迫仓皇离开；1527年被请到巴塞尔（Basel）治愈了濒危的出版家弗罗本（Johannes Froben），又在其家中结识了名重一时的人文学者伊拉斯谟。由于这两位名人的推介，他得以出任该城主任医师和大学医学教授，这无疑是即将踏上事业巅峰了。然而，他尚未上任就已经发布宣言，声称反对传统的盖伦和阿维森纳医学方法，又坚持用德文而不是拉丁文讲课，准许当时地位低下的"理发师–外科医生"听课，更当众焚毁一部阿维森纳的《医典》。这一连串向传统挑衅的举动引起了医学院同事的激烈反对和抵制。他虽然有强大政治后台，却无法控制自大情结和暴躁脾气，在短短一年后就由于弗罗本猝然去世和官司失败后冒犯法庭而再度被迫逃亡。此后十余年间，他辗转流浪于德国和瑞士多个大小城市，行医、写作、做冶炼实验、发表独特宗教见解，虽然医术精良，不时得到赞助、欣赏，但由于观念远远超越时代，兼且性格率直、敏感、急躁（这显然和他的微贱出身以及祖父所遗传性格有关），始终难以避免卷入纷争和遭受抵制、压迫乃至驱逐，他的大量作品也绝少能够出版。他在1540年底受萨尔茨堡副主教邀请返回该城休养，当时虽然尚未及知命之年，却已经心力交瘁，衰颓不堪，翌年9月即溘然长逝。

①　有关帕拉塞尔苏斯的生平事迹和炼金术以及医学见以下传记：Ball 2006。

炼金术和医学革命

帕拉塞尔苏斯是一位复杂、多面、充满矛盾的学者，一位"自然主义医生、性灵和象征主义思想家，以及充满宗教激情与爱心的斗士"[①]。他对炼金术有两个巨大贡献。首先，是打破传统执迷，为化学提出在炼金以外的新目标，即寻求治病药物，这已经颇为接近中国炼丹以求长生的思想。这新方向来自他医学上的两个新观念。第一，疾病并非如传统所说，是起于人体内部血、痰、胆汁、黑胆汁等四种体液失衡，而主要是外来物质亦即"外邪"导致。第二，治病不能仅仅依赖由动植物制成的方剂，而更需要应用从矿物质提炼出来的药物[②]。因此，他所推动的炼金术革命其实是和医学革命密切相关的。其次，他基本上接受金属二元合成说，却又在传统的硫黄和水银以外增加"盐"作为物质的第三个基本元素，并且认为，这样所能够构成的，就不止于金属，还包括其他矿物，乃至动植物和世上所有事物。这思想虽然并非他首创，却由他明确提出来，最后得到普遍接受。

他的思想来源大概有两方面。第一，他曾经游历俄国、巴勒斯坦和奥图曼帝国，接触到许多东方观念和技术。例如，他的人体观和宇宙观讲究崇尚自然，顺从自然，而非对抗自然；他以经过冶炼的矿物入药；又认为人体脏腑各对应于不同天体，即肝应木星、心应日、脾应土星、肺应水星、胆应火星、肾应金星等等[③]。这些观念很可能直接或者间接得之于中医或者道家，特别是因为中医有五脏分属五行，即心属火、肝属木、脾属土、肺属金、肾属水之说，那和他上述的对应模式是相当接近的。第二，他显然也深受当时正高涨的柏拉图主义与赫墨斯思想影响，故而抗拒亚里士多德和盖伦所代表的理性、逻辑，以及得之于经典的学问，而转向宗教、神秘主义和新观念，这当是他16世纪头十年游学意大利时感染希腊热潮所致。

帕拉塞尔苏斯生前薄有名气，但受到守旧医学界和城邦官员抵制，作品大多未能出版，手稿则散落各地。他去世后二十年即1560年左右，其潜在影响终于开始发挥作用。在众多弟子、朋友、感恩病人和钦仰者推动下，他

[①]　DSB/Paracelsus/Pagel, p. 306。

[②]　这个观念是传统思想的发展，而并非如表面所显示的那样，是激进的革命性改变，因为在当时的观念中，矿物也同样是有生长变化的，只不过这是在地球内部深处的高温环境下发生，而且需要很长时间，所以不容易观察到。事实上，炼金术就是要模仿或者重复这自然过程。因此，当时并没有如今日的矿物与生物之间的截然区分。

[③]　见Ball 2006, pp. 242–243。

的作品陆续出版，有关他思想的讨论日益增加，1570年他的化学巨著《大智慧》（*Archidoxa*）出版，帕拉塞尔苏斯热也达到高潮。虽然反对与攻击声音仍然不断，但到16世纪末年，他的地位已经不可动摇：帕拉塞尔苏斯全集在1589—1591年和1603—1605年一再出版；1618年的《伦敦药典》（*London Pharmacopoeia*）更收入多种帕氏化学品，这无疑标志正统医学界已经接受和承认他的地位了。其实，16世纪下半叶是炼金术大事风行、相关书籍亦蓬勃出版的时期。如多布斯所论证，这可能是由于宗教革命与天主教反改革运动的长期斗争使得学者厌倦正统宗教及义理，他们因此纷纷转向费齐诺、米兰多拉、莱赫林、阿格里帕、帕拉塞尔苏斯等的非正统探索，以寻求心灵自由、慰藉和解脱[①]。因此，帕拉塞尔苏斯生前坎坷潦倒，身后备享荣名，恐怕和炼金术整体命运之转变也是分不开的。

采矿冶炼之学

炼金术和医药有关，和冶炼、铸币也密不可分。上文已经提到过，炼金师札贝尔和拉齐都是冶炼大师，拉齐还是名医。无独有偶，和帕拉塞尔苏斯几乎同年在中欧出生的，还有一位冶炼学家阿格列科拉（Georgius Agricola，1494—1555）[②]。他生于德国东部山区萨克森州（Saxony）的茨维考（Zwickau），家世不详[③]，20岁入莱比锡大学，毕业后回到本城中学任教数年，然后到莱比锡大学出任讲师，在而立之年赴北意大利游学三年，遍历博洛尼亚、威尼斯、帕多亚等大学，研习哲学、医学、自然科学，然后回到本城。经过这四五年（1522—1526）历练，又结识了著名的伊拉斯谟，他的学问心智已趋成熟，对日后以研究采矿冶炼为志业，似乎也已经下定决心，做过周详计划了。想来这当是在意大利受希腊学术的热潮感染，同时也受周围环境、见闻影响所致，而与当时一些古代著作的出版可能也有关系[④]。

---

① 关于炼金术和宗教的关系及其对个别学者的影响见Dobbs 1975, pp. 48-62。

② 有关阿格列科拉的资料，主要见其巨著《冶炼学》，该书由后来成为美国总统（1928—1932）的矿业工程师胡佛（Herbert Hoover）与其夫人于1912年合力用拉丁文翻译成英文，即Agricola 1950。此译本非常认真，前有导言介绍阿格列科拉生平，后有两个附录讨论其多部著作以及前人相关著述，内文有详细注释，并多处大量征引阿格列科拉其他著作内容，故此至今仍为标准英译本。

③ 从本城档案得知，他原姓保尔（Bauer，德文为农夫之意），大约经拉丁化成为Agricola，故先辈有可能为农户。

④ 以下两本包含矿物知识或者与之有关的古代著作，是在阿格列科拉出生时翻译成拉丁文印刷出版的：特奥弗拉斯特《论矿物》（*On Stones*, 1498）、维特鲁威《论建筑》（1496）；至于普林尼的《自然史》则出版于1469年。见Agricola 1950, Appendix B。

图11.2　阿格列科拉矿井抽水设备图。此庞大抽水机以溪流为原动力，通过水车之转动长轴（H）以及三套短杆（P）与挂钩（Q）驱动，它总共配有三级抽水泵（B、D、F），连同相应的泵轴（O、N、M），以及排水盘（C、E）与排水槽（G）。此为Agricola 1950, p. 185的绘图

翌年他赴约阿希姆斯塔尔（Joachimsthal）出任当地医生。那是今日捷克西部群山环绕中一个发展未久的蓬勃采矿小镇①，周围有大量矿区。因此他得以尽量利用行医之暇寻访各地矿坑和冶炼作坊，研习古代有关资料，并广事结识矿业前辈，1530年出版的《伯曼对话录》（Bermannus）实际上就是他有关矿业的访谈记录②。他在此地前后一共居留六年（1527—1533），后半期更放弃行医，一意以四方游历和实地考察为务，随后才怀着满腹见闻，带同大量辛勤搜罗得来的资料，回到本城附近的肯尼兹（Chemnitz）出任城医，但在随后八九年间显然是集中精力，埋首著述，此后才逐步转向世务。他在1543年结婚生子（这可能并非初次），1546年逾知命，一口气出版四部著作，但由于颇得萨克森公爵宠信，同时被委任为肯尼兹市长，自此深深卷入政坛③。他在1550年完成毕生巨著《冶炼学》（De Re Metallica），但三年后才付梓，身后一年（1556）方克出版。

此书共12卷，约30万字，精绘详细图解300幅上下（其绘制与雕版费时，当是出书旷延多年的原因），举凡与采矿和提炼相关事宜、方法、工具、设备，巨细靡遗，罔不包罗，是一部名副其实的矿业百科全书，其内涵从下表可以大致窥见。

表11.1　《冶炼学》各卷内容综述

1 导论：采矿与冶炼的重要；世人的误解	4 采矿与挖坑的管理制度与官员
2 寻矿选址的方法与须注意事项	5 矿井与坑道的挖掘与遥测技术
3 矿床中主脉与支脉的各种形态	7 矿石中金属含量的检验（assay）与分析
6 各种开采工具、吊升设备、运输方法、不同动力与规模的抽水设备和通风设备	
8 提炼矿石的工具、设备与方法：拣选、破碎、研磨、筛选、冲洗、烘焙、煅烧（Calcination）	
9 熔炼（Smelting）设备与方法：建筑、熔炉、鼓风设备、步骤；金银铜铁水银锑铋熔炼	
10 离析金与银，以及两者与铅的方法	11 离析银与铜、铁的方法
12 提炼食盐、硝石、矾类、明矾、沥青等化学品以及制造玻璃的方法	

① 它东距布拉格约50公里，北距弗莱堡（Freiberg）约80公里，《冶炼学》中提到的许多采矿城镇俱在四周。

② 此书得伊拉斯谟撰写推介并安排在弗罗本的印书馆出版，于此可见他与这两人的交谊，而这两人亦正好成为他与帕拉塞尔苏斯之间的纽带——虽然我们并无他们彼此认识或者有来往的证据。

③ 阿格列科拉生当宗教改革之世，家乡萨克森又是新教大本营，可谓一生处于新旧二教冲突的旋涡中心，但作为诚恳笃实的学者，他虽然一贯保持虔诚天主教信仰，却颇得新教领袖如梅兰希顿（马丁路德的亲密战友，亦是重要教育改革家）敬重，亦得萨克森州历届旧教与新教领主信任，所以能够在复杂变幻的政局中屹立不倒，四度出任市长，又多次代表本城出席萨克森州议会，见Agricola 1950, pp. ix-xi。然而，由于肯尼兹新教情绪高涨，据说他至终死于与新教教士剧烈争论之际，死后又不得安葬该城。

　　该书特别值得注意的，是它的高度踏实、精细和系统精神，那和一部现代教科书或者实用技术手册，可谓无分轩轾。举个例子，在此书第六卷，有关矿坑抽水的设备就一共列出了四大类17种之多，并且配有19张清楚详细图解：（1）用人力以绞盘与滑轮吊升水桶；（2）3种附于环链上的连串水罐：手动、足动、水动；（3）7种压力唧筒泵：其中5种以人力运转复杂程度不同的机械装置；两种以水力运转；（4）6种环链附球提水泵（rag and chain pump）：3种水动，3种以人力或马力驱动，复杂程度相差很远，最大的能够从数百尺深矿井大量抽水[①]。此书并无高深学理或超卓见解，但切实、具体、仔细，直到18世纪还被奉为采矿和冶金行业圭臬，也特别为培根所看重[②]。

　　至于他在1546年出版的著作则包括一部十卷本《矿物学》（*De Natura Fossilium*），讨论各种土质、岩石、宝石、金属与合金、盐碱等八类不同矿物，包括它们的外观性质以及辨认方法；一部五卷本《地质学》；一部《冶炼与矿物名词汇编》，列出约500条拉丁文和德文对照名词；以及一部《古今矿产》。它们的规模、意义远逊《冶炼学》，但也是很有价值的。

从瓷艺师到地质学家

　　比阿格列科拉晚一辈，学问同样以实证观察为依据，但思想更独立自信的，还有一位帕里斯（Bernard Palissy，约1510—1590）。他出生于法国西南部的阿根（Agen）城，年轻时大约在沿海的桑汤殊（Saintonge）活动，该地位处波尔多（Bordeux）和拉罗谢尔（La Rochelle）之间，历来和英国关系密切，后来又成为新教大本营。他出生年份和早年事迹不详，当属于社会下层，没有受过传统教育，不通拉丁文和希腊文，只能够读法文书籍和法译著作。他一生笃信新教，特立独行，蔑视学术权威，特别是古典著作，那和地域与家庭背景有关，但性格刚烈当也是重要因素[③]。

　　帕里斯年轻时可能受过数学和实测训练，曾经奉命勘探、测量盐泽，又曾经研习烧制玻璃和绘像，后来更周游法国与欧洲考察自然现象，然后还乡

① Agricola 1950, pp. 171–200.
② 此书令人想起明末宋应星在1637年出版的《天工开物》，该书共十八卷，涵盖范围较广，但总体性质相同，其中冶铸、锤锻、五金等三卷性质与《冶炼学》是一样的。
③ 有关帕里斯主要见下列两部著作：Amico 1996为铜版印刷，对他的事迹和工作有全面、详细和深入论述：第一章是他的传记，其余五章论述他的艺术和建筑作品以及影响，且配以大量精美图片。Palissy/Rocque 1957则是他主要著作*Admirable Discourses*的英译本，其导言也有对他事迹和思想的介绍。

成家立室。大约在而立之年（1540）他无意中见到一个中国白釉瓷杯，震撼于其润泽完美，发愤研制仿造。此后十六年间他日以继夜，废寝忘餐，甚至不惜变卖家产以求圆此梦想，但始终未能成功。不过无心插柳柳成荫，却因此独辟蹊径，发展出所谓"乡野瓷"（rusticware），即在青绿瓷餐盘上烧制出栩栩如生的各种海产生物。这获得王公贵族乃至王后卡德邻（Catherine of Medici）的激赏，从而导致他在1548年被召唤到巴黎，为他们建造庭院和岩洞，由是声名大噪。由于改奉新教，难以在本城立足，他于1563年迁居巴黎，在卢浮宫附近开设烧瓷作坊①。其后二三十年巴黎陷入宗教战争和王位争夺的旋涡，兵荒马乱，但在1559年成为太后的卡德邻翼卵下，他竟得安度劫难，包括1572年的圣巴多罗买节大屠杀，以八十高龄寿终②。

帕里斯虽然没有学术资历，却有信心在1575年开设收费昂贵的公开讲座，发表有关自然现象的独到见解，而且居然吸引了大批名医贵人，一时听众云集，户限为穿，此后年年举行，延续十年之久，讲章在1580年结集，以《胜论》（*Discours Admirables*）为名出版，使他留名后世③。此书十余万字，分十二章，以主客（分别称为"实践"和"理论"）对话方式讨论下列题材：（1）各种水源与涌泉；（2）大潮；（3）金属与炼金术；（4）金饮剂；（5）百毒解药；（6）河冰的形成；（7）盐类；（8）食盐；（9）岩石；（10）黏土；（11）陶瓷与瓷釉；（12）泥灰土。其中第2—6章主旨在破除迷信或者误解，其余则是阐述个人发现和见解，并穿插过往经历与见闻，尤以第11章为然。此书令人刮目相看在于帕里斯的无比自信和实事求是态度，处处以观察和推理为依归，对于传统和权威毫无畏惧和假借，并且坚决相信实践胜于理论，这从书中主客的化名即已显示出来。他许多见解相当准确和精到，例如一力否定炼金术能够带来金银财富，或者金饮剂和所谓百毒解药的效用，推断塞纳河（Seine）河冰绝非在河底形成，等等；他对于

---

① 是年他出版第一本重要著作《真方》（*Recepte veritable*），那基本上是一部以艺术为幌子的新教宣传书籍。

② 他可能得到消息，在大屠杀前夕往色当（Sedan）避难，1575年方返巴黎。1588年他因为信奉新教又拒绝流亡，所以被捕和投入巴士底牢狱，旋被赦免死刑（这或许仍然和太后有关）。他年事虽高，信教态度始终坚定不移，最后在1590年含恨而终，其时太后亦已去世。见Amico 1996, pp. 44–45。

③ 帕里斯颇有雄心，在此书中甚至提出了一个世界构造与运行原理的整体思想，详见Amico 1996, pp. 42–44。又该书全名很长，而且在不同版本有变化，其主要部分大致可以翻译成"有关不同水质、自然或人工喷泉、金属、盐、盐液、岩石、土壤、火焰、瓷釉等的性质之胜论"。详见Palissy/Rocque 1957, pp. 20–21。

各种盐分的作用和形成，或者化石成因等的见解也颇有现代地质学先驱的味道。但书中见解到底有多少是原创，多少是得之于前人（例如普林尼的《自然史》）则难以断定，因为我们现在知道，他自从迁居巴黎之后就开始大量阅读热贝尔、鲁利、帕拉塞尔苏斯、卡尔丹诺等人的著作[①]。当然，书中也不乏错误推想，例如多尔多涅河（Dordogne）上大潮与钱塘潮相似，他推断其成因的方法虽然可取，结论却难免谬误。统而言之，从《胜论》的方法、态度和内容看来，帕里斯不愧是下世纪实证科学思潮的一位先驱。

---

① 见Amico 1996, p. 42。

第十二章　数学复兴与远洋探险

　　阿拉伯翻译运动几乎立即就触发了伊斯兰数学和天文学的勃兴，欧洲拉丁翻译运动的后果却完全不一样。由于亚里士多德的巨大影响，在阿德拉和吉拉德之后将近三百年间，欧洲在这两方面还是乏善足陈：像西奥多里克、佩里格林纳斯、牛津计算家、布里丹等虽然有新意，也有超越前人的观念和成果，但事后看来，他们的方法、方向都不能成为继续发展的基础。所以十五六世纪的近代科学还是不期而然，要回到雅典和亚历山大传统中的天文学和数学方向去。天文学的大突破我们在上一章已经讨论过了，本章要讨论的则是数学上的突破和飞跃发展。

　　除了数学以外，本章另一个主题是改变欧洲命运的海外远航和探索。这和近代科学的直接关系好像不大，其实不然。首先，它之所以能够获得巨大突破，然后势不可当地向全球扩展，是与天文学、地理学、地图学等密不可分的。换而言之，它是这些学科的发展与实际应用所产生的成果，也就是理论科学和现实世界结合的开端。更重要的是，大量海外崭新事物之发现带来了巨大的心理冲击。不应该囿于古代典籍和理论，需要尊重客观事实，直接观察大自然，才能够获得新知识新观念之所以能够渗透欧洲人的思想，并且获得普遍接受，很可能就是由此冲击而来，而这些新观念无疑就是培根学说和牛顿实验哲学的根源。

　　除此之外，本章所要讨论的以上两个主题都发生于15—16世纪间，所以它们和马丁路德发动的宗教改革运动，以及由这运动所产生的一个多世纪宗教战争，也是分不开的。它们和这个大背景的关系相当复杂，但深受其影响则没有疑问，因此我们必须先简略讨论这背景，然后才转入正题。

一、宗教改革所造成的百年混乱

罗马天主教会在欧洲政治、社会、文化体中是盘根错节、无孔不入的。毕竟，从6世纪末格里高里一世锐意发展教会以至马丁路德发动宗教改革已经将近千年了。所以像马丁路德那样要从根本上改变这个教会，就无异于要彻底摧毁它，其必然后果，就是一两个世纪的剧烈思想冲突、军事斗争与大混乱，这从16世纪中叶开始，先后牵涉法国、西班牙、尼德兰（Netherlands）、英国、德国与北欧，直至17世纪下半叶的英国光荣革命才算是初步结束，以下是一个非常简略的概述。

意大利战争与宗教改革

其实，从15世纪末开始，欧洲就已经出现连绵不断的剧烈冲突，其中最早的，就是法、西、奥三国之间的"意大利战争"（1494—1559），那可以算是火器出现后第一场全欧洲战争[①]。它起源于法国觊觎意大利北部的米兰城邦，遂以继承权为借口出兵侵占，由是引起西班牙和奥地利出兵，后来演变为法国国王法兰西斯一世（Francis I）与神圣罗马皇帝查理五世（Charles V）的争雄。查理是西班牙及其庞大海外帝国君主，他不但继承了尼德兰以及法国东部勃艮第（Burgundy）一带，又通过选举成为神圣罗马皇帝（1519），从而在名义上入主德国，因此雄心勃勃，对法国形成包围之势。他与法兰西斯之间以意大利为战场的激烈斗争遂成为16世纪上半叶最令人瞩目的对抗。由于双方整体力量相当，此战分不出胜负，然而它却有个意想不到的后果：由于火炮的广泛应用，它激发了对于炮弹轨迹的研究——弹道学就是在此间和在此区域发展起来，而这传统对伽利略的工作产生了直接影响。

意大利战争爆发后二十多年，也就是在查理即帝位之初，就发生了宗教改革（Reformation），亦即马丁路德（Martin Luther，1483—1546）革命。他的中心思想是要以个人对《圣经》的阅读和理解来取代罗马教会权威，实际上是把这权威还给由信众控制的地方教会。这可以说是罗马教廷千年来所遭遇到的最严重的挑战。它之所以能够在二三十年间以野火燎原之势席卷全欧洲，一方面是由于文艺复兴运动特别是人文主义两百多年来的潜移默化，另

---

① 有关本节讨论的十六七世纪欧洲政治史，汤普逊有以下演讲录：Thompson 1965，这是牛津教授所讲的"外国史"，所以需要以简明英国史补足，例如Trevelyan 1986。

一方面则和基督教《圣经》被翻译成民族语言以及印刷术所带来的传播力量分不开①。查理皇帝以维护正统自任，然而，由于德国处于高度分裂状态，他对扑灭异端束手无策。新教蔓延到法国之后蜕变为加尔文派（Calvinism），它虽然受到残酷镇压，但当时法国还未曾完全统一，有众多半独立贵族和中央势力所不及的边区，因此新教仍然能够稳定发展。况且，不难想象，法兰西斯和查理两大天主教君主之间的战争为新教带来有利发展空间。在此形势下，教廷全力推行所谓"反改革"运动（Anti-Reformation，1540—1566）。它有两个基本策略：对外严厉镇压新教徒和天主教的动摇分子、自由化分子，这以1542年重新开动"宗教审裁所"（Inquisition）机器为主；对内则力图自我革新，并以1540年成立的耶稣会（Society of Jesuits）为精锐传道和教育力量，又前后三次召集"特伦特宗教大会"（Council of Trent，1545—1566）以求统一思想、发展策略和振奋人心。这场运动为罗马教会注射了强心针，因此新教在意大利和西班牙被消灭，旧教更开始积极向海外寻求发展。

宗教战争：荷兰与德国

上述所有发展其实都不过是随后更激烈冲突的前奏而已。在16世纪下半叶这冲突的焦点之一是荷兰对西班牙的独立战争：它起源于尼德兰（荷兰是其中一部分）。此地以工业、贸易为生，有自由与人文传统，城市化程度高，文化普及，因此很快就出现了相当多新教徒。然而其地领主是继承查理的西班牙国王腓力二世（Philip Ⅱ，1527—1598），他是意志坚决的天主教捍卫者，要不惜代价将宗教审裁所推行于他治下的荷兰等地，从而激起当地人民在"沉默者威廉"（William the Silent，1533—1584）领导下联合起来争取独立，成立了以荷兰为主的"联合诸省共和国"②（Republic of United Provinces）。至终结果是，经过将近四十年战争（1567—1609）之后，这近代欧洲第一个以民选为基础的共和国得以存活，并且在艰苦奋斗的刺激下发展成为海上霸权和贸易大国，西班牙则被迫承认失败。荷兰能够以弱胜强有许多原因，它民心士气之坚决也许是最根本的，但威廉之无私与睿智，后

---

① 有关宗教改革的整体论述见Cameron 1991。有关印刷术对欧洲文化影响的系统研究见艾维森坦的两卷本《印刷机作为变革动力》即Eisenstein 1979，其中第1卷第4章专门讨论印刷术与马丁路德改革之关系。

② 有关荷兰共和国的起源与历史见下列巨著：Israel 1995。该书pp. 79–82论及城市化与较高文化程度使得新教的宣传品容易渗透；至于新教在尼德兰的早期整体发展见同书Ch. 5。

来的军队统帅即威廉的次子莫里斯亲王（Prince Maurice of Orange，1567—1625）之好学深思，富有军事才能，还有英国之大力协助——特别是在1588年击溃来犯的西班牙"无畏舰队"（Armada），当也同样重要。

不过，新旧教的冲突还不能就此结束，因为双方并没有达成长远协议，而且奥地利又出现了和腓力二世同样坚决而绝不肯妥协的神圣罗马皇帝费迪南二世（Ferdinand Ⅱ，1620—1637年在位）。由是以德国为主要战场，荷、英、法、西也相继卷入的欧洲宗教大战再起，这就是酷烈的"三十年战争"（1618—1648）。战争之初旧教节节得胜，其后则由于瑞典少年英发的国王古斯塔夫斯二世（Gustavus Adolphus Ⅱ，1611—1632年在位）介入而逆转，最后演变为法国和瑞典对奥地利与西班牙的战争，而终于以签订划分新旧教界限的《威斯特伐利亚条约》（Treaty of Westphalia，1648）结束。该条约为欧洲宗教战争画上句号，但在这场浩劫中，德国和波希米亚人口消失了三分之二，至于其所受的整体摧残，特别是文化上的倒退，更是无可估计。

宗教战争：法国与英国

与荷兰独立战争差不多同时进行的，是法国内部新旧教徒之间的宗教战争。它以1560年召开的三等级议会（States General）和翌年的宗教议会（Synod）为开端，其后经过八年苦战而出现和解，但这旋即为血腥的圣巴多罗买节大屠杀（St. Bartholomew's Day Massacre，1572）所粉碎。战事随即再起，直至二十多年后才由于亨利四世（Henry Ⅳ，1589—1610年在位）继承王位，并且为了达成国家和解毅然从新教改宗天主教而得以结束。亨利宽仁大度，富于才略，他即位之后颁布著名的《南特诏令》（Edict of Nantes，1598）对新教徒予以宽容，从而为全国赢得和解与稳定。在此基础上，17世纪之初为国王路易十三（Louis ⅩⅢ，1610—1643年在位）委以全权的首相黎塞留枢机主教（Cardinal Richelieu，1624—1642）得以励精图治，压制强藩，充实国库，扩展和巩固边疆，其后的路易十四（Louis ⅩⅣ，1661—1715年在位）由是得到施展雄才大略的舞台。

相比之下，与欧洲大陆隔海相望的英国好像比较幸运。由于亨利八世（Henry Ⅷ，1509—1547年在位）在16世纪之初已经断然和教廷决裂，另外自立英格兰教会，所以得以避免新旧教的直接冲突。其后继位的伊丽莎白一世（Elizabeth Ⅰ，1558—1603年在位）刚毅果断，备受民众爱戴，虽然旧教企图复辟和西班牙入侵的威胁始终存在，但在她的沉着应变下都得以化解。

然而，到了17世纪中叶，宗教冲突仍然以清教徒革命（Puritan Revolution）形式出现：由是倾向天主教的国王查理一世（Charles Ⅰ，1625—1649年在位）被处死，继起执政的克伦威尔死后，同情天主教的查理二世（Charles Ⅱ，1660—1685年在位）又复辟；至终荷兰的威廉三世（William Ⅲ，1689—1702年在位）受英国政教领袖邀请，率领大军入侵，实际上驱逐信奉天主教的詹姆斯二世，通过所谓光荣革命（1688）入主英国，大局才得以底定，英国的宗教归属以及君权和议会之间的关系这两大问题也同时得以解决。

　　但最不幸的，却反而是好像那么稳固的西班牙。腓力二世在亲自建造的埃斯科利亚宫（Escorial Palace）埋首国政四十年，他宣称："我宁愿失去国家和丧生百回，也不愿意在宗教上作任何妥协，因为我绝不容许治下有任何异端分子。"[1]果然，正如他所信誓旦旦的那样，西班牙在经过一个世纪徒劳无功的征伐异端之后，终于陷入民穷财竭，沉沦不能自拔的困境：它与科学革命、启蒙运动、工业革命无缘，亦即为西方现代化过程所遗弃[2]。这样一直要等到三百多年后独裁者佛朗哥（Francisco Franco）去世（1975），这最早领导欧洲走向新大陆和全世界的老大帝国才得以重获生机，再逐步返回现代欧洲怀抱，真可谓"再回头已百年身"了。

　　那么，上述这一切对科学发展到底有何影响呢？这是个不容易回答的问题。西班牙的12世纪翻译运动以及16世纪海外探险精神都领先欧洲，然而它保守、严厉的宗教政策窒碍了独立思想和探究精神，因此在科学上始终无甚建树。另一方面，饱受战争蹂躏和"反改革"运动压制的意大利，却能够在数学和物理学上蓬勃发展；同样兵荒马乱的法国、荷兰和德国也仍然科学名家辈出。也许，当时的科学探究只涉及少数个人，它的兴衰虽难免受政治、宗教、战乱波及，但由家庭、大学、社区、教区所构成的小环境也同样甚至更为重要，而文化潮流则是具有决定性影响力的因素。我们倘若想到安静小城中的座堂执事哥白尼如何在公余之暇孜孜矻矻建构新天文学理论，或者信奉新教的开普勒一度成为旧教捍卫者费迪南二世的宫廷数学家，当可以窥见其中若干消息。

---

[1]　这是他通过驻教廷大使传给教皇的话，转引自Thompson 1965, p. 80。

[2]　西班牙没落原因颇为复杂，其根本在于长期与穆斯林对峙所导致的宗教观念僵化，以及由之而产生的种种不合理民族和文化政策，此外还有财政上的盲目，特别是缺乏理财能力，以及完全不了解大量美洲金银流入欧洲之后所产生的恶性通货膨胀之祸害。这些问题在Lynch 1984, i有详细讨论，特别见该书pp. 129–142。

二、在艺术与科学之间

欧洲数学的复兴大致上可以分为三个阶段。15世纪是准备与转变阶段，在此时期出现的数学家如库萨和帕乔利仍然未有明确发展方向，他们的重要性在于数学之提倡。16世纪上半叶是代数学的发展与突破阶段，出现了像里斯、鲁道夫、卡尔丹诺、泰特利亚等名家。16世纪中叶古典数学翻译运动在摩罗力高、可曼迪诺等的推动下蓬勃发展，在此刺激下数学发展转向几何学——不过不再是古典几何，而是从几何学孳生出来的分析学。这三个阶段我们将在以下第三至五节讨论[①]。在此之前，我们还要先稍为触及科学和艺术的关系。在今日，这两者已经发展成几乎是渺不相涉的两个领域了——只不过艺术还不时借用一点科技手段。但在文艺复兴时代则不然，在人文主义和希腊热潮的强大影响下，两者其实是同步发展、互相促进的，其关系之亲密有如孪生兄弟，而且往往还是艺术先行，它甚至自觉对世界的了解会比科学更为先进和深入。这既有地缘关系，也有理念上的互相渗透，因此是很值得细究的。

文艺复兴艺术的渊源

对一般人来说，代表文艺复兴的是达芬奇、米开朗琪罗和拉斐尔而非佩特拉克，是艺术创作而非古典考究。那么，它的艺术是怎样兴起的，和代表些什么呢？比起人文主义来，这问题要复杂得多[②]。

文艺复兴艺术的新风格开始于13世纪与14世纪之交：就绘画而言，以佛罗伦萨的契马布埃（Giovanni Cimabue，1240—1302）和乔托（Giotto di Bondone，1267—1337），还有锡耶那的杜乔（Duccio di Boninsegna，1255—1318）等三人为先行者；就雕塑而言，则以比萨的尼古拉（Nicola Pisano，1220/1225—1284）和乔凡尼（Giovanni Pisano，1250—1315）父子为滥觞。他们创新的渊源有好几个不同方面。在风格上，它既承受了中古传统如拜占庭绘画和法国哥特式建筑的影响，也得益于古罗马雕塑典范的刺激。就社会背景而言，则三个不同来源的大量赞助很重要。首先，是雄心勃勃营建教廷宫殿的教

---

① 文艺复兴时代数学除Rose 1975外，尚见Boyer 1985, Ch. XV，这主要是从数学整体发展而非个人背景、关系的角度出发，两书以及有关的DSB传记正好互补。

② 文艺复兴艺术起源相当复杂，荷尔姆斯的《佛罗伦萨、罗马与文艺复兴的起源》即Holmes 1988是讨论此问题的专著。

宗，特别是尼古拉三世（Nicholas Ⅲ，1277—1280年在位）、四世（Nicholas Ⅳ，1288—1292年在位）以及在第十章已经提到过的卜尼法斯八世。其次，是新兴的圣方济各教派，它正在阿西西（Assisi）建造巨大教堂，因此需要大量艺术装饰。最后，则是富裕而自豪的北意大利城邦如比萨、锡耶那、佛罗伦萨等的同样需求[①]。所以，在这一切背后的原动力，就是自12世纪以来在欧洲不断累积的巨大财富之刺激，那既来自意大利城邦的大规模工业生产和资本主义运作，也得益于教廷所领导的反击伊斯兰进逼和向外扩张——威尼斯领导的第四次十字军洗劫君士坦丁堡是这种扩张的最好例子。

当然，上述因素只是导致艺术创作的繁荣和多样性，至于刺激艺术新风格之爆发的，却是个巨大历史转折，即上一章提到的教廷巨变。卜尼法斯八世含恨而终后，教廷迁往亚维尼翁（1309—1377），自是它的声望、影响力一落千丈，同时也失去赞助艺术和引领风骚的地位，而被北意大利城邦取代。影响艺术品味的，很自然地就蜕变为相应的市民文化，以及同时出现的人文主义。那就是从14世纪初兴起的，那种自由开放，以生动如实地描绘、塑造具体人物为尚，并且广事采用古典文学、神话题材的新风格之由来[②]。

透视法的发明

文艺复兴艺术最中心的思想、追求在于充分表达真实的人——即其形体、脸孔、肌肤、筋肉、举动，以及内心喜怒哀乐、思想、意念。为什么呢？因为正如米兰多拉在《人的尊严》一文中所说，人的自由、选择、可能性是无限的，通过"人"及其作为，就可以显示一切高贵、光荣、美好事物和意念。米兰多拉与达芬奇同时代，这理想和雄心深深吸引、激发第一流心智和天才，赋予他们上帝般的创造力和使命感，从而促成十五六世纪间文艺复兴黄金时代之出现。但要真正表现人的尊贵、神圣，那就必须追求真实，而这有赖于数学的应用，由是导致"透视法"（perspective）的发明。

15世纪艺术理论家阿尔贝提（Leone Battista Alberti，1404—1472）在其奠基之作《画论》（*Della pittura*，1435）中为绘画方法提出了三个层次：基础性的是数学层次，即视觉光学和透视法；其次是描绘层次，即勾勒和色

---

① 详见Holmes 1988, Ch. 7。
② 此是Holmes 1988一书的主旨，详见Chs. 8，9。

彩、明暗运用方法；最后是称为 *istoria* 的结构层次，即题材选择和构图的配合[①]。阿尔贝提本是建筑师和数学家，但他书中有关"视觉金字塔"（Visual Pyramid）的观念和透视法的讨论却并非原创。最早通过实际研究而发现透视法秘密的，是佛罗伦萨"大拱顶"（Duomo）座堂的总建筑师布鲁内莱斯基（Filippo Brunelleschi, 1377—1446）。为了清楚解释自己对座堂的整体构想以说服赞助者，他需要准确无误地描绘目光所见景象，而研究方法则是以座堂前已经建成的洗礼间（Baptistry）为描绘对象。他首先在镜子表面描绘了其所显示的洗礼堂影像；然后以直接对照原景的方法，确定这样得到的画面准确无误；最后则通过数学，逐步精细分析画面中的线条，以反求透视法的规律，亦即确定目像中地平线和消失点的方法。这是大约1420年的事情[②]。

　　布鲁内莱斯基和阿尔贝提把数学、科学和文学、宗教结合于艺术的思想深深影响了整个文艺复兴时代。在阿尔贝提之后的法兰切斯卡（Piero della Francesca, 1420—1492）是一位承先启后的大画家，同时也是数学家，著有《算论》（*Trattato d'Abaco*）、《透视法专论》（*De prospectiva pigendi*）、《论五种规则体》（*Libellus de Qinque Corporibus Regularibus*）等多种专著[③]。他不但把数学成果直接应用于其画作，而且深深地影响后来的数学家和画家。自此，文艺复兴艺术所追求的，就是在平面上重造三度空间视觉效果，而画家之所以能够获得那么逼真的视觉效果，绝非单纯依靠直觉或者经验，而是通过根据数学原理所建立的规则[④]。甚至，对透视法的长期和仔细研究，特别是将空间每一点，都以三个"直交"坐标固定的方法，曾经被认为是促成17世纪投影几何和解析几何出现的重要因素。但这只是猜想而已，迄未得到科学史家普遍认同[⑤]。

---

① 主要文艺复兴画家和理论家的详细传记见Vasari/Bondanella 1991，原书出版于1550年，卷帙甚繁，此为现代节译本。至于《画论》一书则有下列现代英译本：Alberti/Spencer 1977。

② 文艺复兴时代其实有两种不同但相当（equivalent）的透视法并行，这方面历史的详细讨论见Veltman 1986以及该作者的相关网页"Piero della Francesca and the Two Methods of Renaissance Perspective"。

③ 见Wood 2002, Chs. 6–9。

④ 文艺复兴时代艺术与空间观念的关系，特别是透视法之重要性见Panofsky 1972, pp. 118–133。

⑤ Erwin Panofsky, "Artist, Scientist, Genius: Notes on the 'Renaissance-Dämmerung'", in Farago 1999, pp. 19–80.

艺术家的自然哲学追求

透视法很快就传播开来，成为当时画家所掌握的秘密和基本方法，为15世纪中期涌现的"文艺复兴人"帕乔利（见下节）、达芬奇（Leonardo da Vinci，1452—1519）、丢勒（Dürer，1471—1528）、米开朗琪罗（Michelangelo，1475—1564）、拉斐尔（Raphael，1483—1520）等的工作打下牢固基础。如所周知，在他们之中达芬奇最为独特。他与数学家帕乔利深交，不但是画家和理论家，还是科学家、工程师、发明家。他的笔记本记录了大量具有创意和惊人预见能力的科技意念，他更勤奋和细心地做人体解剖，为此所作大量逼真绘图，是解剖学的瑰宝，也为所有建基于观察、描绘的早期自然科学——植物学、动物学、地质学等开了先河。和他同世纪的阿尔贝提、丢勒等画家则致力于人体比例的测量、分析、统计，为人体测计学和统计学奠定基础。

因此，在文艺复兴时代，艺术和科学可以说是水乳交融、携手前进的。艺术家对自然哲学的认同有最为人熟知的象征，即拉斐尔名作《雅典学园》（1509—1511）：在宽广庄严的殿堂中央，柏拉图和亚里士多德占据显著位置，哲人苏格拉底、毕达哥拉斯、欧几里得、托勒密等环绕周围，画面所显示的认真、专注、庄严、清朗、崇高，以及其所表达的信心、期望，正好是那个时代艺术家对于哲学与自身态度的写照（图版7）。

不过，艺术创造所需要的自由和冲动，毕竟和科学研究所要求的客观、冷静心态不一样，两者其实属于不同气质，基于不同原则的追求。达芬奇笔记本中的意念之超前和研究之认真、精细令人震惊。然而，很可惜，他的人体解剖图谱并没有发表，因此对维萨里不曾发生直接影响——不过，文艺复兴艺术家所营造的求真气氛对于解剖学的促进还是很重要的[①]。达芬奇提出，画家不应当盲目跟随、模仿自然，而要观察和理解自然，以得其奥妙；他甚至以干云豪气宣称，由此所得理解会超过从抽象文字与观念所得。但16世纪的科学突破，恰恰就是以抽象数学来了解世界。艺术与科学的基本精神都是"求真"，因而不乏相通之处，但由于至终目标不可能尽同，所以此真不同彼真，两者的发展因而"差之毫厘，谬以千里"。

德国画家丢勒从1508年开始着手撰写一本数学及其艺术应用的巨著，但

---

① 有关这方面的讨论，特别是维萨里所受影响，见Saunders & O'Malley 1950, pp. 22–23；有关达芬奇在自然观察及绘图方面的贡献，见Richter 1970。其实，米开朗琪罗亦曾有意与帕多瓦的解剖学家可伦波（Colombo）合作出版人体解剖图谱，但未成事，见§13.3。

未能完成，却在1514年完成了著名的《忧郁》（*Melancholia I*）雕版画，其中年迈哲人坐在凌乱的沙漏、天平、圆规、木匠工具、圆球、多面体和幻方图中间托腮凝思，显得沮丧而无奈。这可能就是艺术家从热烈拥抱科学，寄以无限遐思，转变为对之感到幻灭、失望的象征吧（图版11）！到17世纪，科学反过来冲击艺术的例子就连绵不断了。奇戈利（Lodovico Cigoli）《圣母升天图》（*Assumption of the Virgin*，1612）所描绘圣母脚下月球并非传统的皎洁光整月轮，却是起伏不平、上面满布陨石坑的伽利略从望远镜中所见月球景象。荷兰画家弗米尔（Jan Vermeer，1632—1675）可能曾经利用暗箱（Camera Obscura）原理，在与画室相邻的暗室中直接描绘实景投影[①]。这和两百年前布鲁内莱斯基、阿尔贝提的做法其实异曲同工。然而，随着时代推移，利用科技作画已经变为需要隐瞒的秘密，而到19世纪，摄影术更曾经导致印象派绘画兴起，但那已经远远超出本书范围了[②]。

三、欧洲数学的复兴

和天文学一样，15世纪的数学复兴也是受希腊热潮激发，所以同样以意大利北部文艺复兴城邦如佛罗伦萨、博洛尼亚、帕多瓦、乌尔比诺等为发源地[③]。这点非常重要，因为它说明了多方面关系。首先，是数学与艺术的极其亲密关系。其次，它令人想起中古时以威尼斯和比萨为中心的海外远程贸易，那一方面带来北非阿拉伯人的影响，另一方面产生数学的实用需求，导致像费邦那奇那样的学者之出现，他们的传统转而影响近代的帕乔利。最后则是印刷术（威尼斯是重要印刷业中心）以及反映民族意识的意大利文之应用，这些对于数学知识的传播有难以估量的推动之功。

整体而言，在15世纪欧洲数学还未曾脱离中古和伊斯兰数学的影响，而是处于摸索阶段，至于远在西陲的英、法、荷兰，则发展更迟缓得多。到了

---

① 此事的详细讨论见Steadman 2001。
② 本分节部分内容曾经在本书作者下列文章发表：《在科学与艺术之间：从达芬奇到毕加索》，《二十一世纪》第81期（香港，2004年2月），第72—85页。有关19—20世纪科学对艺术的巨大冲击见Arthur Miller 2001，特别是Chs. 4, 5。
③ 论证数学复兴与文艺复兴孪生关系最详细的是罗斯（Paul L. Rose）的《意大利之数学复兴：自佩特拉克至伽利略的人文学者与数学家研究》，即Rose 1975。此书以阐明个别学者的家世渊源和交游联络为主，对拉哲蒙坦那、哥白尼、卡尔丹诺、泰特利亚、可曼迪诺、圭多波度、伽利略等俱有论述，对了解16世纪意大利数学发展有极大价值。

16世纪，欧陆数学开始集中到代数学上去。此后它主要朝两个不同方向发展：一方面是全面应用符号的酝酿，也就是数学语言的摸索；另一方面则是求高次方程式的严正解（exact solution）和进一步发展方程式理论，而两方面都在16世纪中叶获得突破，但它们彼此之间的交互影响却并不是很大。

15世纪数学

在15世纪上半叶欧洲最有名的数学家当推库萨（Nicholas of Cusa，1401—1464）[1]。他青年时代就学于帕多瓦，获得教会法博士学位，跟着出任科隆大学教授，其后以证明所谓《君士坦丁封赠书》（Constantine Donation）为伪造（1433）[2]和重新发现普林尼《自然史》稿本而名噪一时。他在壮年投身教会，曾因牵涉改革历法的问题而认识波尔巴赫，其后在巴塞尔教会大会表现出色，遂扶摇直上，擢升枢机主教（1448），更于1437年出使君士坦丁堡，促成东罗马皇帝翌年率领使节团西来商讨两大教会合并——此事的重大意义在上文（§11.2）已经讨论过了。库萨著作颇多，但精神、意趣毋宁属于中古而非近代。数学上，他对于无限、最大、最小等概念深感兴趣，以企图将圆转变为直线和解决古老"圆面积等方"问题而知名，又曾经提出"背反相合"（coincidentia oppositorum）原理，希望能够借此解决一切困难，例如在"无限"之中最大和最小可以等同。这反映了将经院哲学应用到数学上所引起的思想混乱。但他已经开始受到希腊热潮和新柏拉图理念影响，不但是重新面对古代几何难题的第一人，而且更根据其"背反相合"原理认为，宇宙不可能有固定中心，因此地球并非宇宙中心，也不是静止的。

帕乔利（Luca Pacioli，1445—1517）比库萨晚一两辈，是在画家群中成长的数学家[3]。他生于佛罗伦萨附近，少年时可能曾经在法兰切斯卡画室学习，又曾跟随阿尔贝提，因此得到资助研习神学，成为方济各修士。此后他游历多所大学教授数学，曾经受知于乌尔比诺（Urbino）公爵，在五十之年（1496）受史佛查（Ludovico Sforza）公爵邀请，赴米兰教授数学。这是个重要转机，因为公爵府中人文学者荟萃，深好数学的达芬奇在府上已经多年，两人自此深相结纳，成为知交，有多方面（例如黄金分割与某些机械问题）的合作研究。1499年法军占领米兰之后他们同赴佛罗伦萨定居，以迄1506年分道扬镳。在

---

[1]　关于库萨的生平和工作见DSB/Cusa/Hofmann以及Boyer 1985, pp.299 ff的论述。

[2]　他其实是首先提出这观点，其后才被瓦拉（Valla）的仔细研究所证实（约1440）。

[3]　关于他的生平和工作见DSB/Pacioli/Jayawardene。

1501—1502年间帕乔利到博洛尼亚作短期讲学，因此得与数学家费罗（Ferro）相讲论，后者不久就解决了三次方程式问题，但这是否与帕乔利有关则无从知悉。他在1514年返回故土，去世恰在马丁路德革命那一年。

帕乔利最重要的著作有两部。1494年在威尼斯出版的《算术、几何、比例及比例法通论》（*Summa de arithmetica，geometria，proportioni et proportionalita*）是百科全书式的意大利文巨著（以下简称《通论》）。当时的数学知识，包括商业应用知识，都巨细靡遗网罗其中。它虽没有新发现，却得风气之先以本国方言著述，对于数学教育和传播有大功，此后代数学家如卡尔丹诺、泰特利亚、邦贝利等都受其影响。此外该书备载源于威尼斯的复式分录簿记法（double-entry bookkeeping），成为此后欧洲会计学基础。1509年他出版《神圣比例》（*Divina proportioni*），此书首卷是基础，讨论黄金分割、正多面体以及由之产生的半正多面体；次卷是以维特鲁威为基础的建筑学论文；末卷是法兰切斯卡著作的意大利文翻译。同年他又出版《几何原本》拉丁文译本，但这只是修订旧译而成；此外他还留下一部数学手稿，其中多处提到达芬奇。总体而言，帕乔利数学成就不算很高，但对欧洲数学的倡导之功实不可没。

相比起来，再晚一辈的拉哲蒙坦那在数学上无疑有更切实贡献。这主要表现于他的《三角学通论》（*De triangulis omnimodis*）和《方位数表》（*Tabulae directionum*）这两部计算数学的著作。前者共五卷，分别讨论基本原则与直角三角形、任意平面三角形、球面几何学，以及球面三角学（共两章），其中包含了平面和球面三角形的正弦定理。这是欧洲第一部独立于天文学的系统性三角学著作，而且首先以语句给出多项三角面积的方程式和以代数解三角问题的方法。此书著成于15世纪60年代，但由于拉哲蒙坦那的猝逝，其初只是以稿本流传，直到1533年才印刷出版。不过它很早就在纽伦堡产生颇大影响，到16世纪更为雷蒂库斯、哥白尼和第谷等天文学家广泛引用。至于《方位数表》则是从修订托勒密的数表而来，它不但有正弦数表，也初次包括正切数表。由于本是为星占术编纂，此书颇受大众欢迎，在1490年已经印刷出版[①]。

---

① 拉哲蒙坦那在数学方面的工作见DSB/Regiomontanus/Rosen以及Boyer 1985, pp. 299–304。他的《三角学通论》有下列英译本：Regiomontanus/Hughes 1967，其导言对三角学在欧洲的发展以及拉哲蒙坦那在这方面的贡献有详细讨论。

代数学的发展

代数学是个非常宽广的领域，它的早期发展有多个不同方向。首先，是代数学语言和观念的改进，这包括（1）记数法的改进，以及"数"观念之扩充，即从自然数扩充到包括零、负数、无理数的实数，乃至虚数和复数；（2）各种运算符号的创造和应用推广，以方程式和算式替代言语叙述；以及（3）各种数和多项式的四则运算规则之发现与确立。其实，这三方面的进步可以追溯到古代的丢番图和中古的柯洼列兹米、卡米尔、卡拉吉和费邦那奇等。而且，有许多观念、规则是多次被反复发现，然后才得以确立和广泛使用的。代数学的另一发展方向是方程式论。这方面的最主要问题自然是已经困扰数学家达三千四百年之久的三次和四次方程式之普遍和严正解，此外方程式之普遍研究与更深刻了解也同样重要。只有在以上两方面都充分发展之后，代数学才能够从解决个别具体问题的零碎方法蜕变为一套普遍、抽象、严密的理论，代数学本身才能够确立。

帕乔利的《通论》对于解方程式有系统论述，而且使用了许多简缩语以简化数学叙述，例如分别以p和m来替代相加和相减，分别以co（cosa）、ce（censo）、cece来替代未知数、未知数平方、未知数四次方等等。这可以说是从语句叙述向符号方程式过渡的开始，故此书往往被视为近代第一部代数学著作。其实，前此三十年（1464）柯洼列兹米的《代数学》已经翻译成意大利文，而法国舒克特的《三部书》也比《通论》早了足足十年，所以帕乔利最多只能够称为欧洲代数学的早期代表人物吧。

舒克特（Nicolas of Chuquet，活跃于1480年）是法国人，在巴黎大学文科毕业和习医，其后到里昂定居，大约1500年去世。除此之外，我们对他唯一所知，就是在1484年完成了法文代数学著作《三部书》（*Triparty*）[1]。此书在16世纪初曾经为里昂的罗什（Etienne de la Roche）在其著作中大量袭用，此外无人问津，一直到19世纪末方才出版，因此在文艺复兴时代影响不大。它涉及一次和二次方程式解，那并不新颖，新颖的是它所提出的广义数目观念，以及所发展的记法形式。例如，他将整数、分数、零、小数、正数、负

---

[1] 有关舒克特见DSB/Chuquet/Itard。Flegg, Hay & Moss 1985是讨论舒克特及《三部书》的专著，书中附有《三部书》相当部分之翻译，但亦论及其数学手稿的其他两部分——舒克特所遗留的数学手稿其实包括三个部分：（A）《三部书》，那是算术与代数学论著，以分为算术、开方、代数等三部而命名；（B）实用几何学；（C）商业算术。该书最后一章更将舒克特与费邦那奇和帕乔利做比较，评定其在文艺复兴数学中的地位。

数、不尽方根（无理数）等以及它们的四则组合，统统都视为"数"，而不再像古代或者中古那样视为特殊的不同性质事物。他又以 p, m 和 R 等记号分别代表加、减和方根，例如 $R^2 14pR^3 20mR^4 11$ 在现代记法中就是 $\sqrt{14+\sqrt[3]{20}-\sqrt[4]{11}}$。更进步的是，他开始用"上标"（superscript）表示未知数（这他称为"第一数"，nombre premier）的指数，并且应用了0指数和负指数观念：$m12^0$ 代表 -12，$m12^1$ 代表 $-12x$，$m12^{1m}$ 代表 $-12x^{-1}$，等等。最后，他还给出了两个代数项相乘和相除的许多例子（但还不是法则），如 36^3 与 6^1 之商为 6^2，即是 $36x^3/(6x)=6x^2$，等等。这些符号和形式法则所带来的巨大便利是现代数学高效率运算的关键。

德国代数学

代数学在德国也同样蓬勃发展。它被称为"求未知术"（cossic art）：在德文中未知数是cosa，代数书一般名 Die Coss，代数学家称为cossist。德国数学家最早出现的是里斯（Adam Ries，1492—1559），他在1525年写成一部代数学，后来以推行基于阿拉伯和印度数目字的纸笔算法，包括当时认为非常艰难的除法而著称，其1550年出版的算术教本风行一时，影响极大。至于毕业于维也纳大学的鲁道夫（Christopher Rudolff，约1500—1545）也同样在1525年写成《代数学》（Die Coss），这是德国最早印行的代数学书籍，书中开始应用小数、分数和现代方根符号，并且已经提到二次方程式有两个解[1]。

他们之间最突出的当推施蒂费尔（Michael Stifel，约1487—1567）。他一生经历极其传奇：起初是奥古斯丁修士，后来成为马丁路德的忠实追随者和挚友，历任多处教会牧师；跟着沉迷于以数目学推测《圣经》所隐含预言，甚至当着牧区会众宣称耶稣基督即将在某日降临，因而被革职和逮捕，幸得路德一力回护并委以新职。此时（1535）他已经年近知命，这才幡然悔悟，进入维腾堡大学研习数学，并在1544—1545年写成《算术全书》（Arithmetica integra）和《德国算术》（Deutsche Arithmetica）两种主要著作。其后他受宗教战争影响流亡至普鲁士，在柯尼斯堡（即今加里宁格勒）大学和耶拿大学执教，但始终与同事不和，于1561年退隐。

《算术全书》有三方面重要贡献。最重要的是强调代数学进步要基于

---

[1] 里斯、鲁道夫和下一段施蒂费尔的生平和工作分别见DSB/Ries/Vogel，DSB/Rudolff/Vogel，以及 DSB/Stifel/Vogel。

普遍、不拘于特例的规则，因此通过负系数的应用大大简化了方程式类型和解法，例如二次方程式便从传统三大类被归纳为下列唯一的标准形式：$x^2 = \pm ax \pm b$，同时得到下列标准解 $x = [(a/2)^2 \pm b]^{1/2} \pm a/2$，其中的加减号和原方程中的加减号对应。其次，在数式符号的应用上他也有贡献，例如令现在通行的 +，− 和 $\sqrt{}$ 号大为普遍化，以不同字母代表不同未知数，并且以重复字母代表高次方，例如以 $AAAA$ 代表 A^4。最后，他广泛应用负指数和分数指数，并引进了类似于对数的观念，例如，以 −3，−2，−1，0，1，2，3，4 系列对应于 1/8，1/4，1/2，1，2，4，8，16 系列。又将某比例（譬如说 27∶8）"除以"某数（譬如说 3/4）解释为用该数作为前者的开方指数，即是计算 $[(27∶8)]^{4/3} = (81∶16)$。从此思路发展下去，他更提出两个比例"相除"的观念，那其实也就是计算指数的办法，例如以 (27∶8) 除 (2187∶128) 即是寻找 x 以使 $(27∶8)^x = (2187∶128)$，亦即 $x = 7/3$，等等。不过，他始终还未曾像舒克特那样，应用上标来代表指数。

英国数理天文传统

希腊热潮对欧陆特别是意大利的影响直接而强烈，英国则远处西陲，所以在数理天文方面落后欧陆甚远[1]，要到16世纪方才因为林纳卡、雷科德、狄约翰、迪格斯诸人的传播和创导之功而开始有所改变。

最初将希腊文化热潮带到英国的是林纳卡（Thomas Linacre，1460—1524）[2]。他出身古老世家，入读坎特伯雷座堂学校，由于老师赛令（William Tilly of Selling）的鼓励入牛津攻读古典语言，毕业后于1487年跟随作为国王特使的赛令前往意大利，由是遍访名师，广交彦硕，在帕多瓦获医学博士，十二年后方才返国。他在1501年受聘为王储导师，其后更出任御医，结交王公大臣，实至名归，于是创立伦敦皇家医学院（Royal College of Physicians），又在牛津、剑桥设立多个医学讲座。

学术上他著有两部拉丁文教材，将大量希腊原典翻译成拉丁文，其普洛

---

[1] 关于16世纪英国数理天文学有以下几部专著：《都铎与斯图亚时代的英国数学工作者》即 Taylor 1968，该书内容分为叙事、短传及作品三部分，传记部分列出十六七世纪近六百位科学家简历，作品部分列出六百多本有关著作简介，皆极具参考价值；《伊丽莎白时代的英国科学与宗教》即 Kocher 1969；以及《文艺复兴英国的天文学思想》即 Johnson 1937。

[2] 有关林纳卡见 CDSB/Linacre/O'Malley；有关他在意大利的经历详情见下列论文：Schmitt 1984，Essay XII "Thomas Linacre and Italy"。

克鲁斯《论球面》译作精确流畅，为后世所公认。他最大的贡献在于开一代风气。在牛津受他影响的学者包括《理想国》作者摩尔以及人文学者科勒特（John Colet，1467—1519）；间接受影响的再下一代则有查克（John Cheke，1514—1557）[1]和史密斯（Thomas Smith，1513—1577）两位剑桥同窗，他们于16世纪三四十年代分别回母校教授希腊文和自然哲学。在林纳卡倡导下，牛津、剑桥遂逐渐感染希腊人文气息，脱离中古桎梏[2]。比林纳卡稍后，还有来自慕尼黑的克拉察尔（Nicholas Kratzer，1486—1550），他由伊拉斯谟介绍给摩尔作为家庭导师，随后到牛津教授天文和数学，死后其部分天文书籍为狄约翰所得[3]。

到16世纪中期，继续推进英国科学普及的有雷科德（Robert Recorde，1510—1558）。他先后就读牛津和剑桥，分别取得文学士和医学博士资格，一度在两校教授数学。他于1547年赴伦敦行医，随后步入宦途负责铸币事宜，并曾赴爱尔兰独当一面，结果因上告大臣，未及知命之年即瘐死狱中[4]。他留下多部著作，影响最大的是1541年以英语写成的问答体《算术初阶》（*The Grounde of Artes*），此外还有关于几何学的《知识门径》（*The Path to Knowledge*，1551）、关于天文学的《知识之城》（*The Castle of Knowledge*，1556），以及有关代数学的《智力砥砺》（*The Whetstone of Witte*，1557）等数部介绍性作品，由是确立其开风气之教育家的地位。

魔法师与科学家狄约翰

柏拉图新风在英国孕育出来的传奇人物是狄约翰（John Dee，1527—1608）。此君以赫墨斯信徒、炼金师和魔法师著称，又是数学家、天文学家和海外航道策划师[5]。他有威尔士王族血脉，父亲是亨利八世侍臣，自己也见

---

① 有关查克见Taylor 1968, p. 168。
② 有关林纳卡对英国学术风气的深远影响见Johnson 1937, pp. 82–91的详细论述。
③ 有关克拉察尔见Taylor 1968, p. 165。
④ 有关雷科德见CDSB/Recorde/Easton；Boyer 1985, pp. 317–318；Kocher 1969, pp. 155–157；有关其天文工作见Johnson 1937, pp. 125–130。有一说他赴伦敦之前曾经出任王室医生，这并不确定，但与他能够获得官职一事相符合。
⑤ 狄约翰牵涉领域广泛，而且行事隐秘，所以不容易捉摸。但他留下了大量日记、著作和手稿，因此有多部传记与相关专著。French 1972和Clulee 1988是全面、平衡和严谨的著作，但内容有点偏重魔法；Deacon 1968着重传主的家世以及其与英国王室、政治、外交的关系，但作者原为记者，行文难免松散渲染。有关狄约翰对英国海外拓展的贡献见Taylor 1930，该书Chs. 5–7专门讨论此事；有关他对数学的贡献见French 1972, Ch. 7与Clulee 1988, Ch. 6；对天文学的贡献则见Johnson 1937, Chs. 5–7。

知于继位的两位女王，15岁入剑桥大学，受查克影响，发愤研习希腊文与数学，毕业后当选圣三一学院院士（1546），其后两度赴尼德兰的鲁汶、安特卫普、布鲁塞尔等地，跟随弗里修斯（Frisius）、奥特柳斯（Abraham Ortelius）等学习导航与地图学，广事购买天文观测仪器与地球仪，并研修法律与隐秘法术。随后狄约翰到巴黎演讲古希腊数理典籍与毕达哥拉斯学说，由是一鸣惊人，得以结交当世彦硕如地图学家麦卡托（Mercator）、地理学家奥朗提斯（Orontius）、哲学家兰姆、旅行家波斯特尔等①。归国后他经查克推介，颇受朝野重视，在1552年会见从意大利到访的名医和魔法师卡尔丹诺（见下节），却由于为王室做星占，在1555年一度系狱受宗教审查，幸而至终无事释放②。

此后近三十年（1555—1583）是狄约翰最活跃、影响力最大的时期。他既是魔法师、赫墨斯与新柏拉图主义信徒，又倡导科学，策划远航事业，推动英国海外发展。他的《星占学》（*Propaedeumata Aphoristica*，1558）和《象形一元论》（*Monas Hieroglyphica*，1564）是不折不扣的魔法与赫墨斯理论，前者从光学角度讨论不同大小远近的天体光芒对地球的影响，后者以整个宇宙为一体（即所谓monad），认为可以通过对上帝不同类别的名称来了解和控制它，由是将卡巴拉观念发挥到极致，成为费齐诺、米兰多拉、莱赫林、阿格里帕、特里希米等的英国传人③。

在数理方面他最为人称道的是1570年间为比灵斯莱（Henry Billingsley）《几何原本》英译本撰写《数学序言》（*Mathematicall Praeface*）。它阐述了数学的形而上本质，同时强调它的实用价值和普及化之必要，从而塑造了入世、实用的科学文化，那就是培根实验科学观念根源之一部分④。此外他在

① 这是根据狄约翰为伊丽莎白一世所撰自传*Compendius Rehearsal*，其中难免自夸之词，但他学识渊博的声誉是得之于巴黎讲学，当无疑问。此讲独特和惊人之处，大概是根据阿格里帕《隐秘法术的哲学》一书来宣讲毕达哥斯理念，即数学是唯一可以贯通上天、自然与人等三界的学问。这观念费齐诺、米兰多拉等已经宣扬过，但颇干禁忌而受压制，见French 1972, pp. 29-31。波斯特尔见§11.4。

② 此事和当时的王位争夺与宗教冲突有关，因为玛丽女王与西班牙的腓力二世缔姻，伊丽莎白公主则信奉新教，而狄约翰与后者非常亲近；此外，他作为一个著名魔法师，也大受疑忌。见Deacon 1968, Ch. 3；French 1972, pp. 34-35；Clulee 1988, pp. 33-35。

③ 以上两部专书有现代翻译，但《象形一元论》行文隐晦，索解甚难，有关详细讨论见French 1972, Ch. 4 & pp. 89-97与Clulee 1988, Chs. 2-5。

④ 有证据显示，除了作序以外，此英译本中的大量注释和每章导言也都出自他的手笔。序文的详细分析与讨论见Clulee 1988, Ch. 6；有关狄约翰将魔法与实用精神注入数学，从而影响其后英国数学发展将近一个世纪，见French 1972, pp. 160-177；Clulee 1988, pp. 146-147；Johnson 1937, pp. 294-299。

1561年出版雷科德《算术初阶》的修订与扩充版，二十年后再版，鼓励菲尔德（John Field，1520/1530—1587）编纂《1557年星历》，为之撰写序言（发表于1556年），在其中强调旧历不再准确，需要以哥白尼、雷蒂库斯、莱浩等的新法重新计算[①]。

狄约翰晚年受蛊惑，沉迷于水晶球占卜以冀上通天使，继而被说动举家赴波兰寻求发展，辗转中欧宫廷多年（1583—1589），最终黯然返回英伦旧居终老[②]。他曾建议设国立图书馆不果，于是独力搜购书籍，家藏成为欧洲有数的图书库，可惜赴欧后旧居被抢掠，搜藏星散。

最后，在天文学方面英国还有一位迪格斯（Thomas Digges，1546—1595）。他出身士绅家庭，父亲与狄约翰相友善，故此自幼耳濡目染，对天文、数学、航海、测绘感兴趣，父亲亡故之后由狄约翰抚养及教导成人，其后两度出任国会议员[③]。他在1571年出版了一本亡父有关测量的遗作，又和狄约翰在1573年分别出版他们在上一年对刚出现的新星（nova）所做测量，以及相关视差计算，由是论证它是处于月球以外的现象。这引起第谷的重视，在其后著作中用了相当篇幅加以讨论（§13.1）[④]。在1576年他将《天体运行论》第一章的部分翻译成英文，在再版父亲的历法著作时附丽其后，并且比哥白尼更进一步，提出一个更接近现代观念的主张，即恒星并非都是位于一个包围已知世界的天球面上，而是远近不等地分布在无限广大的空间。在1579年他还出版一本军事著作，在其中有弹道学的认真讨论，可惜未能提出更真确的见解。

整体而言，16世纪英国数理科学虽然很有活力，却仍然是处于摸索阶段的一个旁支。现在让我们回到欧陆，那里不仅天文学和解剖学有飞跃发展，代数学也同样出现大突破，而且三者基本上是同时的。

[①]　有关狄约翰与哥白尼天文学的关系，特别是他为何未曾公开讨论日心说见Johnson 1937, Ch. 5，特别是pp. 134-135；并见French 1972, pp. 97-103。

[②]　他的远行主要是因为始终没有稳定职位，与此行相关者分别是比他年轻近30岁的凯利（Edward Kelly）和波兰人拉斯基（Abrecht Laski），详见French 1972, p. 113 n. 2；Clulee 1988, pp. 197-199。

[③]　有关迪格斯见CDSB/Digges/Easton；Johnson 1937, pp. 159-160。

[④]　见Johnson 1937, pp. 156-158；Thoren 1990, pp. 56-59。但狄约翰和迪格斯都未能脱离亚里士多德的固有观念，即月球以外事物是恒定没有变化的，所以仍然以外在因素勉强解释新星亮度的变化，见Thoren 1990, p. 57 n. 39。

四、代数学的突破

施蒂费尔《算术全书》的出版仅晚于《天体运行论》和《人体解剖学》一年，它是当时最完备和先进的代数学专著；翌年卡尔丹诺的《大法》面世，其中载有三次和四次方程式解法，由是突破传统代数学藩篱，16世纪40年代中叶因此可以视为现代科学革命的起点。高次方程解法的发现是长时期和反复尝试的结果，它本身是技术性的大突破，其真正重要性则在于对于数学产生了巨大振奋、激励作用，因而促成方程式系统理论出现和代数学的确立。

引起激烈抗辩的学术公案

三次方程式的解法在巴比伦的数学陶泥板上就已经有不成功的尝试，其后12世纪奥玛开阳曾经系统和深入地研究，但仅仅得到以三角学求近似解的方法，到15世纪末，帕乔利的《通论》也仍然以二次以上的高次方程为亘古未解之难题。16世纪在这方面的大突破牵涉了北意大利的费罗、泰特利亚、卡尔丹诺、费拉利等四位数学家，前后历时将近半个世纪。它的经过曲折离奇，还引起空前激烈的竞争，成为人们所津津乐道的学术公案，它的梗概大致如下。

费罗（Scipione Ferro，1465—1526）早在1500—1520年已经发现三次方程式解法，但至死守秘不宣，只传给几个门人。门人菲奥里（Antonio Maria Fiore）以此为主要问题在1535年与泰特利亚（Niccolo Tartaglia，1500—1557）做数学竞赛，后者在苦思之下居然获得灵感也发现了解法。米兰学者亦是名医卡尔丹诺（Girolamo Cardano，1501—1576）在1539年知悉此事，于是设法诱使泰特利亚透露解法，但起誓绝不公布。不过在1543年卡尔丹诺又从费罗另一位门人纳韦（Annibale dalla Nave）处见到费罗的手稿，得知原来这方法是费罗首先发现，因此就在1545年出版的代数学专著《大法》上详细讨论这方法，并且将功劳归于费罗和泰特利亚两人。泰特利亚为此极其愤怒，在1546年出书缕述事件始末，间接指责卡尔丹诺背信弃义。卡尔丹诺的门人也是女婿费拉利（Lodovico Ferrari，1522—1565）因此去信抗议，为乃师辩护。经过十数封书信往来，各不相让之后，1548年费拉利与泰特利亚终于在米兰座堂举行了以米兰总督为首席裁判的数学辩争大会（disputation），以互出题目相难来判分胜负。这轰动全意大利的盛会结果如何并无记载，但从泰特利亚黯然不辞而别，并且没有获得本城布勒西亚（Brescia）大学原来应许的教席，费拉利则得到博洛尼亚大学教席看来，显然后者获胜。事实上，费拉利还从三次方程解法得到灵感，进而发现四次方程解法，这也由卡尔丹诺在《大法》发表了[①]。

意大利数学传统

意大利数学和文艺复兴一样都是"北方现象"，主要活动大部分发生于以米兰、威尼斯和佛罗伦萨为顶点，以博洛尼亚为中心的三角区域以内，至于中部的罗马，则只不过因为是教廷所在而偶然涉及。自从十二三世纪以来，这区域就发展出很强的独立城邦政治传统（§11.1），那和它的数学发展也有相当微妙的关系。无论如何，首先发现三次方程解法的费罗出身博洛尼亚数学世家，在该城大学教授数学三十年（1496—1526），去世之后职务由他的弟子兼女婿纳韦继承。他之所以能够超越千古才智，想到解三次方程的窍妙，应该说是苦思冥想之余得之于灵机触动吧（详见本章附录）。费罗并无著作传世，只留下有关方程解法的手稿予纳韦，不幸该稿未能流传后世，但三次方程的解法则由另一位弟子保存下来[②]。

至于泰特利亚则一生坎坷：他生于米兰南部的布勒西亚，幼年丧父，少年遭逢意大利战争（§12.1）之乱几乎丧生，虽然得母亲悉心照顾挽救过来，但永远留下伤痕以及口吃毛病，由是而产生强烈的自卑与自大情结，以及嫉愤心理[③]。他没有机会进大学获得正规学历，只凭自修成为数学教师，在威尼斯邻近各地周游谋生。在某次与费罗弟子菲奥里的数学竞赛中他迎来了生命中唯一的大机会：当时菲奥里提出了三次方程的问题，泰特利亚由于受到巨大压力而独立发现解法——另外一说则是菲奥里在恳求下将解法透露给他。无论如何，他得到了数学家梦寐以求的天大秘密，问题是如何借此成大名而已。不幸的是，在甘词诱惑下他又将秘密透露给当时的名医卡尔丹诺，遂有六年之后被后者发现最初来源的秘密并且先行发表，以及与费拉利论争失败，后来在威尼斯含恨而终的悲剧。

---

① 费罗、泰特利亚和费拉利的生平和工作分别见DSB/Ferro/Masotti，DSB/Tartaglia/Masotti以及DSB/Ferrari/Jayawardene；卡尔丹诺是一位多才多艺、一生充满传奇的学者，他的生平和事迹除了DSB/Cardano/Gliozzi这篇专文以外，尚见其自传Cardano/Stoner 2002。

② 根据DSB/Ferro/Masotti，有关费罗大发现的最原始文献是博洛尼亚大学图书馆中一份载有其三次方程解法的手稿（MS 595N），此稿是该大学1554—1568年的实用数学讲师蓬佩奥·博洛尼蒂（Pompeo Bolognetti）从费罗本人得来。

③ 泰特利亚原名方坦那（Niccolo Fontana），"Tartaglia"是外号，意为口吃者，后来以此为名。

其实，泰特利亚不但是一位数学奇才，也是弹道学和军事科学先驱。在《新科学》（*Nova scientia*，1537）与《新问题与发现》（*Quesiti et inventioni diverse*，1546）这两本著作中，他提出弹道在每一段都是曲线，而且首先指出无论炮弹速度如何，45°发射仰角必然导致最大射程这重要定理。《新科学》还包括了最早的"炮火落距表"（firing table）以及两种测距和测高仪器的构想。此外，他在发扬古代数学方面也大有贡献，即首先将《几何原本》翻译成意大利文（1543），那是这部经典最早的现代语文版，以及通过出版来推广阿基米德和约旦纳斯的工作，但因疏于注明出处而为人诟病。

文艺复兴科学家典型

泰特利亚有多方面才能，他的对头卡尔丹诺更是才大如海，无所不窥；泰特利亚身世凄凉，卡尔丹诺却名成利就，风光一时。不过他们两人同样特立独行与孤耿狂傲，又同样在人生的黄昏遭逢意想不到的噩运，真可谓是殊途同归的一对冤家。

卡尔丹诺的父亲是米兰知名律师，亦精通数学，不但在帕维亚大学任教和在米兰出任基金会支持的公开讲座，又与达芬奇相往来，这对于卡尔丹诺的广泛兴趣和远大志向自然都颇有影响。但他本是私生子，父母后来才成婚，而且体质羸弱，所以其初仅充当父亲的助手，后来才争取进大学习医。父亲去世后，些微遗产转眼挥霍殆尽，他只好依赖赌博为生，而凭借对概率问题的心得屡屡获利。1525年大学毕业后他苦苦挣扎了将近十年，主要因为性格倔强，脾气孤傲，所以多次被米兰医生公会拒绝注册，几乎陷入赤贫。后来还是因为得到父执帮助，在1534年继承了父亲当年所担任的公开讲座，又为有名望的学生私下治病而大获成功，这才声名鹊起，渐渐有了转机。1539年是他生命的转捩点，当时他出版了两部数学著作，医生公会在权贵的巨大压力下也终于让步，准许他入会。更重要的则是他听到了三次方程得解的消息，开始接触泰特利亚，其后出版《大法》，由是成为数学名师。不过，当年他仍然是以医术精湛驰名全欧洲，不但出任帕维亚大学医学教授，当选医学会会长，还在1552年被重金礼聘到爱丁堡为濒危的大主教治病（与狄约翰见面即在此时），妙手回春之后名声更是如日中天。但此后噩运便接踵而来：1560年长子因为谋杀不忠妻室而被判酷刑处死；其后沉沦于赌博的次子则因为放荡、盗窃而被放逐；最后他自己更在古稀之年为了以星占推算耶稣事迹而被宗教审裁所判狱，虽然不久就得释放，却不允再上讲坛。翌年他赴罗马获得教宗宽恕，其后更蒙优礼相待，得以撰成自传终老[1]。

卡尔丹诺的传奇一生令人目眩神驰，但如今已经为历史洪流湮没，他能够流传后世的是《大法》（*Ars Magna*）[2]。此书并未采用舒克特和施蒂费尔所发明的简化符号，除了 p，m，R 等最普通的符号以外仍然是以语句表达数式，但实质上它已经是一部全面和有系统的、不折不扣的方程式论，而且初次发表了（虽然这并非作者所首先发现）三次和四次方程解法，这是它的划时代意义所在。书的第 1，4 两章是方程式根（root）通论：虽然作者仍然以负根为不可接受的"假根"（fictitious root），亦尚未意识到虚根、复根、重根（double root）的存在，但他却能通过众多例子指出：二、三、四次方程最多可以分别有二、三、四个不同的根（其中可能包括"假根"）；三次方程倘若没有 x^2 项，则有一"假根"等于其他两根之和的负数；求得一根之后方程式的次数可以降低；等等通例。第 2，3 章则是方程式（包括衍生型的可约化高次方程）系统分类——因为当时尚无负系数观念。跟着，第 5 章讨论二次方程；第 6—38 章讨论各种不同类型的三次方程（也部分涉及四次方程），包括如何通过变换（transformation）来移除二次项或者一次项，以及近似解法和特例；第 39 章讨论四次方程的基本解法；第 40 章是特例，包括方程系数变换符号时对根的影响。比起前代作品来，它的完备和深刻委实值得赞叹。

令人更惊佩的是，卡尔丹诺在年逾不惑之后文思泉涌，除此书之外竟然还有上百种作品，题材遍及哲学、宗教、星占、力学、机械学、地质以及其他数学领域，而且颇多创见。他自己很坦白地承认，其所以著作等身是因为"老实说，我是受梦境所驱使……但我也强烈渴望获得不朽名声"[3]。作品中最重要的有以下几方面：他晚年从赌博领悟出来的概率（probability）理论，包括博弈获胜概率的基本公式，同样事件重复出现的概率，等等。可惜此书没有及时出版，因此对后世并无影响。在流体力学方面，他指出渠道中的水流面必然逐渐降低，其两旁的壁板会受压力，而溪流的流量则等于溪道截面

---

[1]　这部自传相当直率坦白，而且颇多自我分析和反省，是罕见的科学家心路历程，在其中他的医学事业占了颇多篇幅，至于《大法》一书则只有寥寥数语提及而已。此书有下列英译本：Cardano/Stoner 1931；格拉夫顿的《卡尔丹诺的宇宙》即 Grafton 1999 一书则对 16 世纪星占学以及卡尔丹诺的星占活动有深入探讨。

[2]　此书有下列英译本：Cardano/Witmer 1993，为了便于读者理解，译本已经将部分以语句叙述的数式改用现代方程式表达。

[3]　见 Cardano/Stoner 1931, p. 224；他在此自传第 45 章列出了自己所有著作。至于有关他的星占学、魔法、巫术等见 Thorndike 1923–1958, v, Ch. 26。

积乘以流速。他提出力矩观念以应用于静力学，又首先比较枪弹在空气和水中的射程，以推测空气密度，得出它是水的2%之结果，这虽然是基于错误理论，却颇有实验精神。在地质学方面他指出流水侵蚀会形成山陵，陆上的海洋生物化石证明海床上升，更提出入海河流源自降雨，海水又通过蒸发而补充大气中水汽，从而形成恒久循环。最后，他还著有两部自然百科全书，自炼金术、密码学以至机械制造、宇宙学无所不包，内容颇近似于达芬奇笔记本。显然，他也同样是一位典型的"文艺复兴科学家"。

《大法》的后续之作

卡尔丹诺的得意弟子费拉利也是一位天才。他幼年丧父，14岁被送到卡尔丹诺处替代堂兄当佣仆，由于天资聪颖，能够读写，所以颇受垂青，不但被提升为秘书，又蒙传授数学，更于短短四年后（1540）在三次方程解法基础上发现了四次方程解法。这时卡尔丹诺已经地位稳固，所以翌年就将公开讲座慷慨相让，令他再无后顾之忧，可以全力协助恩师完成《大法》的撰述。在1548年与泰特利亚的数学论争大会之后费拉利名声如日中天，得米兰总督委以税务官美差。将近二十年后他衣锦荣归，回到本城博洛尼亚出任数学教授。不料噩运随即降临：同年稍后他突然去世——而且很可能是被贪婪的同住寡姐以砷剂谋杀的！

以他的过人天分，费拉利在《大法》之后未能对代数学有进一步贡献令人深为惋惜，但这遗憾旋即就由另外一位数学家邦贝利（Rafael Bombelli，1526—1572）填补了[1]。邦贝利出身博洛尼亚殷商世家，未曾受正规教育，仅跟随一位建筑工程师学习。他弱冠之年正当《大法》出版以及泰特利亚和费拉利数学论争岁月，耳濡目染，自然深深感受数学前缘研究的兴奋与激情。此时他已经通过师傅和一位贵族赞助，成为有名气的水利工程师，并且在1551—1565年先后被委以疏浚基亚那河谷（Val di Chiana）和蓬田沼泽（Pontine Marshes）的重任。在此时期他借着工程停顿的歇息时间开始撰写五卷本的《代数学》，并在1572年出版前三卷[2]。由于是年他突然去世，所以其余两卷未及完成，一直到1928年全部手稿才在博洛尼亚某图书馆被发现，翌

[1]　有关邦贝利见 DSB / Bombelli / Jayawardene 及 Rose 1975，pp.146–148。

[2]　这部《代数学》（L'algebra）仅得Per G. Rossi 于1579年在博洛尼亚出版的意大利文原本，而并无译本。

年最后两卷稿本方才面世。

这部《代数学》是受《大法》激励所作，理念上不同之处在于它力求自足、完整、明白、有条理和系统化，以令即使未曾深究专业数学词汇、语法、规则的普通人也能够循序渐进，窥其堂奥，也就是已经兼有普及教本的观念。此书第一卷论基本观念和运作，第二卷是有系统的方程式论，第三卷是举例和应用题——此卷颇受丢番图《算术书》影响，其中有143道例题之多是从该书摘录；最后两卷则是代数学在几何问题上的应用。邦贝利在这书中最重要的两个贡献是：首先，在数式中全面采用符号来代表未知数、系数、四则运算、方根等，从而大大简化了数式的书写、了解和运作；更重要的是，他首先接受虚数同样可以是方程式根这一观念，并且定出虚数和复数的四则运算规则，从而决定性地扩展了"数"的观念和范畴。

回顾从库萨、拉哲蒙坦那、帕乔利以至卡尔丹诺、费拉利、邦贝利这超过一个半世纪的发展，我们无疑会感到，将符号全面和有系统地应用于数式，也就是以方程式取代语句叙述，这在今日看来既简单明了又顺理成章的做法，在当年却耗费了多少第一流数学家的心血，并经历了何等迂回漫长的道路。这也许是不得不然的，毕竟，数学符号的全面应用相当于一种崭新语言的发明与普及，也意味数学思想方式的基本转变，那自然并非朝夕可及。此外，这时期学者逐渐脱离教会，转而寻求凭借知识独立生活的趋势也明显可见：从格罗斯泰特、罗杰培根、阿尔伯图、布拉沃丁、奥雷姆、库萨这些主教、教士兼科学家到拉哲蒙坦那、哥白尼这些在不同程度上依赖教会的科学家是一个阶段的转变；从后者到费罗、泰特利亚、卡尔丹诺、费拉利、邦贝利等大学教授和专业知识分子又是一个转变。这些转变反映普世性教会之逐步为新兴工商、贸易社会取代，那当然也就是以文艺复兴为枢轴的从中古到近代之转型。不过，从泰特利亚之困顿挣扎、卡尔丹诺之以医道驰名、邦贝利以水利工程为业，可见这仍然是个极其困难与缓慢的过程，一直到17世纪尚未完成。

五、探究无限：解析学的开始

邦贝利是代数学家殿军，此后数学家所关心的问题就转向分析和连续体，也就是进入分析学领域，至终导致微积分学出现。此运动的先驱是翻译、出版、发扬古希腊数学的可曼迪诺和摩罗力高，他们影响了下面要讨论的维艾特、斯特文和瓦莱里（Valerio），而接续此传统的，还有下一章要讨论的大量其他欧陆学者，以迄牛顿和莱布尼兹在17世纪中叶集其大成，这样前后足足有一个多世纪之久[①]。值得顺带一提的是，这些欧陆学者不但大部分与天主教会有千丝万缕关系，还有不少是耶稣会士，或者出身耶稣会学院。所以即使在"反改革"潮流中，天主教会与科学发展之间的关系仍然非常微妙，难以根据个别事件做整体论断。

核心问题：如何处理无限？

在16世纪上半叶代数学成熟了，此后它很自然地要应用到前缘几何学上去。它所要解决的问题有两大类。第一类是求曲线所包面积，或者曲面所包体积，解决的策略自古以来都是把面积、体积分成许多具有规则形状，因此可以准确计算的微小元素，然后以其集合来逼近所求结果，这就是积分。但倘若要求积分结果完全准确，那么这些元素就必须微小至消失，其数量也要多至无限，所以这就变为无限小乘无限大，即 $0 \cdot \infty$ 的问题。第二类是求某个变化中的"量"（例如距离、速度）在瞬时间的变化速率，或者决定曲线上某点的切线方向，这要求把时间或者空间切割成极微小的分段，然后计算该"量"在其中的变化，以及相关变化率，这就是微分。同样，倘若要求结果完全准确，那么时间、距离的分段以及该"量"在其中的变化两者都必须趋近于零，所以这是两个无限小之比例即 $0/0$ 的问题。统而言之，微积分学的发展必须先"克服无限"，亦即从心理上、观念上、技术上克服无限大、无限小和无限多所带来的困扰。它甚至可以归结为重新和认真面对公元前5世纪的"芝诺挑战"。

面对这些问题，学者大致有三个不同策略。首先，是假定无论数学上或者实际上将有限形体分割都有限度，最后会达到"不可分割元素"（indivisibles），即数学上的"线"分割到最后也会变为某种不可再分的"点"。这是数学上的"原子论"，它在古希腊已经出现过，事实上等于根本取消无限的问题。但这样一来，也就否定了几何形体的连续性，这显然和直观抵触。其次，是将"无限小"（infinitesimals）作为接近于0的任意小数目，然后略去小于"无限小"的其他数目。但这样，却好像等于没有解决"完全准确"的要求。最后，则是引入"极限"亦即无限逼近观念。但极限是什么？它和无限小有何关系？倘若这两个问题不彻底解决，那么这一途径

[①]　微积分学发展过程见波耶的专著《微积分学历史及其概念发展》，即Boyer 1959。

仍属徒劳。

其实，阿基米德在计算几何形体的时候早就碰到过"无限"的问题，他的解决方法是以"归谬法"证明以高度分割和无限逼近法所得结果的正确。但他这方法是几何式的，无法简单推广到以代数为计算方式的解析学；更困扰的是它没有普遍性，每个问题都得个别解决，因此"回到阿基米德"也不是办法。不过，这却解释了为什么所有十六七世纪数学家都要"回归希腊"，那就是说从阿基米德再出发。其实，前苏格拉底自然哲学家如芝诺所关心的飞矢不动、阿喀琉斯不能够追及爬行龟之类悖论，甚至令毕达哥拉斯门徒那么震惊的"正方形之边与对角线不能够比测"之发现，亦即实数的"连续统"问题，也都不折不扣，是"无限"问题的反映。换而言之，在科学革命前夕，西方科学家又得重新面对两千年前希腊人所未能完全解决的老问题。

希腊数理典籍的翻译

在希腊热潮影响下，16世纪初出现了古代数理原典的大规模翻译和印刷出版，在其刺激下遂有几何学亦即分析学的发展。而掀起这场翻译运动的，意想不到，却是和罗马教会关系密切的南北两位意大利数学家，即摩罗力高（Francesco Maurolico，1494—1575）和可曼迪诺（Frederico Commandino，1506—1575）[1]。摩罗力高是西西里的本笃派教士，他遍习数学、天文、光学、力学并且有著作出版，同时搜集、编辑、翻译了多位古希腊数学家如狄奥多西、曼尼劳斯、欧几里得、阿波隆尼亚斯等的作品。可惜他地望偏僻，出版不多，因此在教会以外不甚有名。

可曼迪诺则不同，他出身意大利东北乌尔比诺世家，年轻时研习希腊文和拉丁文，后来因为偶然机缘学习数学，壮年在帕多瓦大学进修达十年之久（1534—1544），学习哲学和医学，在此前后又来往乌尔比诺和罗马之间，为多位主教、枢机主教甚至教皇赏识，出任他们的秘书或者私人医生。但他真正的兴趣和毕生志业则是编辑、翻译、评述、出版古希腊数理天文学著作，这以1558年出版阿基米德著作以及托勒密《球面投射法》评注本为开端，其后陆续出版了欧几里得、阿波隆尼亚斯、阿里斯它喀斯、托勒密、赫伦、泊布斯、塞里纳斯、尤托斯乌等的大量作品译本，包括1565年出版

---

[1]　摩罗力高和可曼迪诺分别见Rose 1975, Chs. 8, 9。

自己所著的《论重心》，以迄临终仍然在翻译赫伦和泊布斯的著作。12世纪的翻译运动以"迎接阿拉伯典籍"为主，十五六世纪柏拉同、科西莫、费齐诺、米兰多拉等所推动的希腊热潮以"迎接柏拉图与赫墨斯"为主，可曼迪诺已经是"回归希腊"运动的殿军，至此欧洲才"迎接亚历山大典籍"而终于把焦点集中在古代科学上。通过他的翻译和评述，可曼迪诺深刻影响了荷兰的斯特文以及多位意大利科学家，包括其弟子，本城的圭多波度（Guidobaldo），以及后者所提携的伽利略。

译码专家和军事革命家

　　欧洲在16世纪下半叶烽烟遍地，兵荒马乱。然而就科学而言，这并非空白时期：不但第谷躲在北方安静小岛上潜心做天文观测，而且在欧陆大动乱的中心也还有杰出数学家出现。我们首先要提到的，是律师出身，活跃于法国西海岸新教徒大本营拉罗谢尔，后来两度为王室所重用，甚至成为亨利四世密码专家的维艾特（François Viète，1540—1603）[①]。他对天文学、三角学和几何学都有研究，却认为哥白尼的理论不能成立。不过，他的《分析方法导论》（In artem analyticem isagoge，1591）却在意大利代数学传统基础上向前跨进一步，成为符号代数学开山之作，从而为真正的分析学铺平道路。它系统地应用字母代表未知数和已知系数；以符号代表四则和开方运算，不过仍然以文字表示乘方和"等于"。他又列出方程式的多项运作规则，例如移项、各项同时以未知数或者已知数目相除；将方程式表达成未知数与它诸根 x_1，x_2，x_3，…之差的乘积，即 $(x-x_1)(x-x_2)(x-x_3)\cdots=0$ 的形式。他对日后的费马、哈里奥特和奥特雷德影响深远，费马甚至可以说是他素未谋面的传人，然而名声却远远不及他们响亮。

　　真正在微积分学上踏出第一步的，则是在荷兰独立战争中成长的斯特文（Simon Stevin，1548—1620）[②]。他出身南尼德兰商人家庭，弱冠之年独自到中欧漫游六载（1571—1577），回国后在税务局工作，直到壮年（1583）才进入新近成立的莱顿（Leiden）大学就读，从而认识莫里斯亲王，成为他的数学导师。翌年"沉默者威廉"遇刺，莫里斯继位，以尚未弱冠之年统率荷

---

① 维艾特的事迹、工作和影响见 Mahoney 1973, Ch. 2 以及 DSB/Viète/Busard。

② 斯特文的事迹、工作见 DSB/Stevin/Minnaert，他的主要著作有下列五卷英荷对照本：Stevin/Dijksterhuis 1955，该书首卷的"导言"（pp. 3–34）讨论其生平、成就，并附著作目录。

兰联军抗拒西班牙大军入侵，而斯特文则成为他军队的组织、训练、战略专家，后来还成为联军后勤总指挥。事实上，在他们两人的合作研究、试验、推动之下，荷兰发动了一场全面性的军事革命，这是它能够以寡敌众，至终打败强大西班牙帝国的基本原因，而这革命性的军事思想也迅即传遍整个欧洲[1]。斯特文不但是军事工程师，也是科学家和语言学家。他从壮年开始戎马倥偬，却仍然留下大量数学、力学、导航、天文、乐理、水利工程、练军、布阵、城防攻守、语言学、公民教育等各个不同领域的著作。其中最有名的，是在1586年的力学论著中以"缀球环链"（*clootcrans*）的巧妙装置来证明斜板上重物平衡条件，以及在同年首先宣称重物坠落时间与重量无关，并且在30英尺的教堂高塔上释放重量相差10倍的铅球以资证明。这实验有确切记载，而且比伽利略的同样实验早了三年。他也是在16世纪首先公开和大力宣扬哥白尼日心说的学者；又致力推行数学上的小数记法以及+，−，$\sqrt{}$等符号的应用，并且倡导整数、分数、不尽方根、负数等都同样是"数"，这些对数学的进步自然有很大推动作用。

在分析学上，斯特文是最早发现"极限"观念的。在可曼迪诺所翻译大量古希腊数学典籍的刺激下，研习阿基米德著作成为一时风尚，由是引致了对他所用归谬法的修订。例如，在求圆锥体（conoid）的重心时，阿基米德先是用多个外接圆柱体来逼近圆锥体，然后通过计算这些圆柱体的共同重心来逼近圆锥体的重心；但圆柱体数目倘若并非无限，则总会有误差，那么要严格证明的话，就只有用两个不同的圆柱体系列，来从上下两个方向逼近圆锥体的真正重心，然后以归谬法证明其位置。作为工程师的斯特文则省却了那么麻烦的最后一步：他在1586年的著作中指出，系列可以"无限逼近"所欲证明的结果，也就是说，误差可以小于任何数值，而且两个系列都趋向于同一结果，所以它是正确的。这他称之为"数值显明法"（demonstration by numbers）。此外，他又用同样方法来证明，拦水墙所受压力等于水深一半处的压力：只要将墙分成横条，那么每一横条所受水压力的上下限可以轻易计算，整幅墙所受压力的上下限因此也可以推算；所分成的横条数目增加时，这上下限会无限接近，也就是彼此相差趋于无限小，而两者共同趋于所要证明的结果。

同样受可曼迪诺影响的，还有瓦莱里（Luca Valerio，1552—1618）[1]。他具有希腊血统，出生于意大利半岛靴跟以东的科孚岛［Corfu，即今日希腊克基拉岛（Kerkira）］，在罗马大学研习哲学、神学与数学，得博士学位后留在罗马大学教授希腊文、修辞学和数学；1590年访问比萨的时候初识伽利略，将近二十年后两人开始了长达七年的频繁通信，1612年他更被新近成立的科学协进会（Accademia dei Lincei）推选为会员，而且热心会务[2]。但1616年教廷正式宣称哥白尼学说有谬误，他在惊恐之余中断通信，并退出协会，两年后郁郁以终。瓦莱里著有《论重心》（De Centro Gravitatis，1604）和《抛物线之面积》（Quadratura Parabolae，1609），方法都是步武阿基米德，但在《论重心》中提出了以下有创意的新观念：倘若系列（series）x和y分别趋近于a和b，而$a/b=c$，那么系列x/y就趋近于c，这在日后成为微分学被广泛应用的基本原理，即系列极限之比值等于系列比值的极限。

斯特文和瓦莱里在解析学上的工作跟着就被17世纪更知名的伽利略、卡瓦列里（Cavalieri）、费马、笛卡儿等向前推进了。然而，那也同时是天文学、物理学、实验科学和科学思想风起云涌的时代，因此在下一章我们还要先讨论这一大批才华横溢的科学家在其他方面的成就，然后再回过头来讨论解析学的进展。

六、远航壮举：从海洋奔向世界

从古希腊自然哲学开始，西方科学主流一直是高度理论性，注重数学，不讲究实用的，伊斯兰和欧洲中古科学承袭这个大传统，但光学、磁学、地图学等的发展带来了变奏，从15世纪开始，远洋探险更对实用科学的发展产生越来越大的刺激。我们在本书前两部已经多次提到欧洲的悠久地理学和远航传统。到了中古，同样有神龙见首不见尾的韦瓦地兄弟和费雷尔为近代远航事业做先锋（图2.2）[3]。但他们的壮举虽然令人惊愕赞叹，实际影响却不

---

[1] 见DSB/Valerio/Stromholm。
[2] Accademia dei Lincei直译为"猞猁学院"，取义于猞猁目光锐利。它是1603年由四位年仅18—20岁的年轻人创办，以共同努力促进科学为目标，后来经过许多沧桑变化，成为今日意大利科学院。
[3] 韦瓦地兄弟（Ugolino and Guido Vivaldi）是热那亚商人，他们自费装备了两艘桨帆船（转下页）

及热那亚人马罗切洛（Lanzaroe Malocello，活跃于1312—1336年）稍后重新发现加纳利群岛[1]，那才是近代海外探索与殖民的滥觞。到了15世纪，葡萄牙和西班牙人更先后投放相当资源于远航与海外探险，至终获得巨大突破，改变了国家乃至整个欧洲的命运[2]。他们能够做出如此壮举有三方面重要背景。首先，磁针在13世纪传入欧洲和被广泛应用，航指图随即出现（§10.6），由是为帆船在茫茫大洋中航行导向提供了基本条件。其次，在15世纪中叶君士坦丁堡陷落，地中海东面为奥图曼帝国雄踞，欧洲的东方贸易通道受制于人，亟须另谋发展。最后，西班牙由于卡斯蒂利（Castile）和阿拉贡两王国联姻而统一，随即收复半岛南方重镇格拉纳达（Granada），自信倍增亦再无后顾之忧。不过，远航始终是巨大风险投资，耗费不菲而成效渺茫，所以其实际推行还取决于许多其他因素，这些在下面分别讨论。

葡萄牙的海外扩张

穷困的蕞尔小邦葡萄牙为何能够领先欧洲开创海外拓展大业？这有多层不同原因。它发轫于欧洲基督徒誓将摩尔人驱逐出伊比利亚半岛的所谓“重光运动”（Reconquista）。葡萄牙版图其实在13世纪中叶已经抵达伊比利亚半岛南端[3]，由于再无别的发展余地，它在1415年以倾国之力攻克直布罗陀海峡对岸的摩洛哥要塞休达（Ceuta），那不但是光复大业的延伸，更是海外拓展的先声。但北非摩尔人根深蒂固，难以撼动其整体，所以经过数年失败尝试之后，亨利亲王（Prince Henry the Navigator，1394—1460）就生出绕航西非海岸，寻找和控制非洲内陆金沙、黑奴源头的念头。他性格倔强，意志坚定，而又雄心勃勃，更兼深得父兄宠爱和支持，故此能够孜孜不倦策划和推

（接上页）（galley）于1291年5月西出直布罗陀，扬言要环航非洲直抵印度，其后不知所终。此事发生于蒙古帝国建立后不久，显然是受了某些关于东方报道的影响。详细记载见Cortesão 1969, pp. 298-299。至于费雷尔（Jacme Ferrer, 1346）则是马约卡人，他在1346年沿西非洲海岸南下寻找“黄金河口”亦即所谓“西尼罗河”，亦同样下落不明，此事载于Abraham Cresques所绘航海图的图注中，详见Russell 2000, p. 118。

[1] 马罗切洛相传与葡萄牙人合作或者得到他们舰队支持，在14世纪初发现了加纳利群岛中最东，如今以他的名字命名的兰萨罗特岛（Lanzarote），其后在岛上居留二十载（1321—1341）。这发现影响了Angelo Dulcert在1339年所绘的海图。见Cortesão 1969, pp. 253-254；Randles 2000, pp. 7-8, Paper Ⅱ；以及Benthencourt & Curto 2007, p. 139。

[2] 有关葡萄牙远洋探险与海上帝国之建立有多种专著，如Boxer 1969, Diffie & Winius 1977, Winnius 1995, Bethencourt & Curto 2007。至于专题论述，特别是与科学发展有关的，则有Winnius 1995, Ch. ⅩⅧ的专章，兰道斯的论文集Randles 2000亦极为精要。

[3] 葡萄牙的中古与近代历史见Disney 2009, Vol. 1。

动远航大计前后凡四十年之久（1420—1460）[1]。

在最初将近十数年，他不断派遣船队沿非洲西岸南下探险，唯一成绩却只是征服马德拉（Madeira）群岛和越过博哈多尔角（Cape Bojador）[2]。但此后十五年间（1435—1450）则进展迅速，他们相继发现黄金河口（Rio de Oro）、孤悬大西洋的亚速尔群岛（Azore Islands）、非洲西端的佛得角，以至塞内加尔河（River Senegal）和冈比亚河（River Gambia）河口，从而向南纬度推进15度，实地测绘欧洲人从未踏足的海岸2000公里之遥，进入所谓"黑人非洲"即"几内亚"（Guinea）区域（图12.1）。至于最后十年则他们致力于沿冈比亚河深入探索非洲内陆风俗民情，由是发现西非内陆南北要道上的重要城市瓦丹（Wadan，即今Quadane），更沿冈比亚河深入内陆400公里发现坎托（Cantor），从而获得金沙集散地亦是西非商道南端主要城市廷巴克图（Timbuktu）的消息[3]。他们又在各地开展贸易，以换取金沙、黑奴与其他土产，至是方才获得实际利润，以补贴多年以来的远航开支。这就是欧洲向海外扩张的第一步。

远航技术和内陆探险

葡萄牙人南下非洲海岸遇到两个难题。首先是，航船顺着强劲西北信风和洋流南下非洲西岸之后，如何回航。为解决此问题，亨利船队发现可以利用北赤道环流，即从西非海岸利用右舷风先朝西北方向航入大西洋，待到达适当纬度方才转而向东，顺风驶回葡萄牙，这就是迂回的"几内亚航线"（Guinea run），它费时较长，但简单可靠，当是从尝试中领悟出来，孤悬大洋中的亚速尔群岛当也是在此类航程中无意发现的（图12.2）[4]。另一解决办法是利用葡萄牙人特有的卡拉威（caravel）帆船，它修长轻巧，所挂大三角帆

---

① 当时的葡萄牙国王约翰一世雄才大略，他共有五个王子，著名的亨利亲王是第三子。他有多部传记，比斯利的旧作即Beazley 1968（1895）不免过分溢美，但叙述背景相当详细，亦可资参考；罗素的当代传记即Russell 2000考证綦详，立论平实，是本节的主要依据；此外Randles 2000亦颇多可以参考之处，特别是其Paper Ⅲ。

② 他们当时越过的，其实是博哈多尔角以北的朱比角（Cape Juby），在此处西南流向的强大加纳利洋流被夹束于海岸与对面相距仅100公里的富埃特文图拉岛（Furteventura，加纳利群岛之一）之间，故而湍急异常，流速可达6节，而且往往横斜冲向海滩，以是欧洲航船视为畏途，历代相传越过此地就不能返回的神话。但熟悉这一带海途的摩洛哥土人自然明白底蕴，而亨利亲王也从古籍得知此消息，故有信心命令他的船只穿越这天险。详见Russell 2000, pp. 109–115。

③ 分别见Russell 2000，pp. 203–207；Ch. 12；pp. 327–333。

④ 见Russell 2000, pp. 99–101。

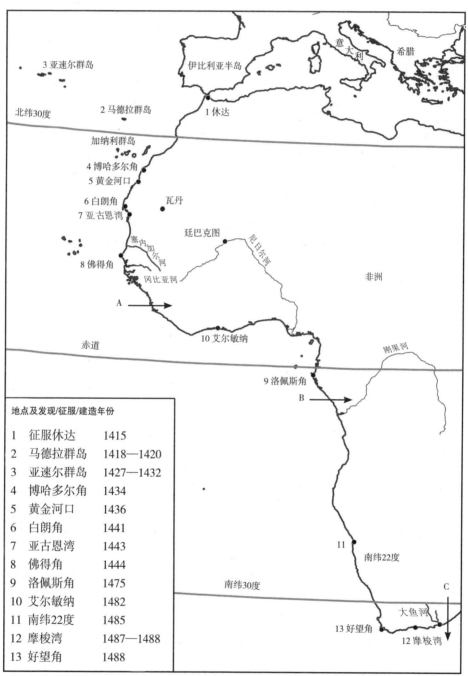

图12.1 葡萄牙的非洲西海岸探索进程图。其中A、B、C线分别标志亨利亲王、阿方索五世及约翰
二世所派遣的探险船队在1460年、1481年及1489年抵达之最远距离

（lateen sail）能够随意转动，可以对风斜航不超过30度，因此能够以来回转向的折线方式，即所谓抢风（tacking），逆风回航[①]。

第二个难题是，在茫茫大洋中如何确定位置和方向。传说亨利曾经延聘专家开设航海学院，但这并不可靠[②]，他所派遣的船只大概仍然是以传统方式导航，即主要依靠指南针、粗略航指图，以及根据风力和航行时间来推断航距，即所谓"航位推算"（dead reckoning）等三者。至于天文导航，即通过观测北极星或者正午太阳高度也就是仰角来推算纬度，则要到15世纪末方才出现。但在往南航程中，他们已经注意到北极星逐渐接近地平线，并初次观察到所谓"南十字"星座。

从好望角到远东海上帝国

亨利亲王只着眼于非洲的黄金与黑奴，但他的成功把葡萄牙人的眼光带向《马可波罗行纪》所描述的富庶东方，特别是当时还牢牢掌握在威尼斯人手中的香料贸易。他去世之后，这梦想还要经过他的侄儿阿方索五世、侄孙约翰二世，和另一侄孙曼努尔等三位葡萄牙国君的六十年奋斗方才得以完成。

在亨利去世后阿方索五世（Alfonso V，1438—1481年在位）对海外探索兴趣不大，所以将之承包予商人戈梅斯（Fernão Gomes），他在六年（1469—1475）间即向前推进三四千公里，直达赤道以南的洛佩斯角（Cape Lopez）。此时葡萄牙人已经开始认真考虑绕过非洲南端直航印度，以夺取远东香料贸易的可能性。值得注意的是，其时刚出现不久（1459）的毛罗世界地图（图版13）被视为中古地图学的高峰，它已经与托勒密《地理学》中的世界图截然不同，将非洲南端显示为尖角，即大西洋与印度洋是相连而可以通航的。

阿方索之后的约翰二世（John II，1481—1495年在位）眼光远大，继位后首先在日后的"黄金海岸"建立艾尔敏纳（Elmina）贸易站，巩固前进

---

① Russell 2000, Ch. 9是专门讨论卡拉威帆船的，见pp. 225-230。这种帆船灵动方便，但吃水浅，载货量低，居住条件简陋，因此不适宜用于贸易。亨利亲王是从1441年开始用卡拉威帆船的，前此则用传统的单桅方帆带桨船（barcha）。

② 关于上述各问题的讨论见Diffie & Winnius 1977, Chs. 7, 8; Randles 2000, Paper III; Russell 2000, Ch. 9。

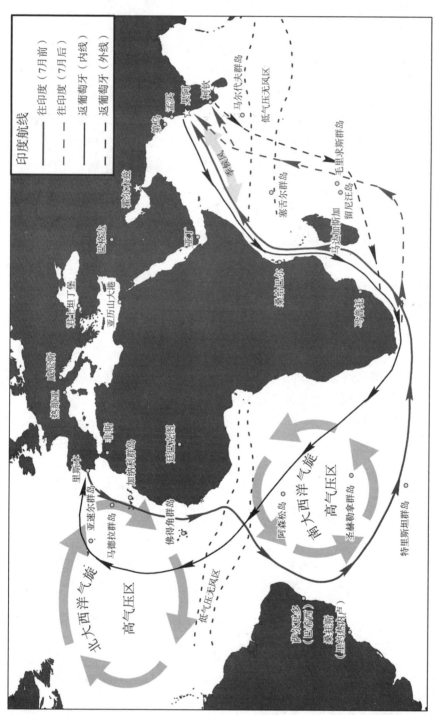

图12.2　葡萄牙所发现的远东航线及建立的海上帝国。直达印度的远东航线共四条，因往返和季节而不同，主要是因应风向和潮流而径直通过大西洋与印度洋，并非沿岸航行。其海上帝国的四个枢纽堡垒港口分别为霍尔木兹、果阿、马六甲和摩鹿加群岛（后两者不在图中），俱为阿尔布克尔克在1509—1515年间征服

基地①，然后派遣家臣康迪奥戈（Diogo Cão）和迪亚斯（Bartholomeu Dias，1450—1500）继续南下，后者几经艰苦，终于在1488年到达非洲南端并且绕航向北，其后更在回程中发现好望角②。此行意义重大，因为它终于确切证明，托勒密猜测非洲南端向东延伸将印度洋完全包裹其中，是错误的。

此后不知为何，葡萄牙人的远航事业停顿将近十年③，直到曼努尔（Manuel Ⅰ，1495—1521年在位）方才完成"百年大业"。在哥伦布发现新大陆之后五年即1497年，他于7月派遣达伽马（Vasco da Gama）率领四艘大船和170人的队伍航向印度。他们此行极其艰苦，但因为前人对非洲与南亚海岸已经积累了大体认识，所以至终能够绕过好望角，沿非洲东岸北上，然后横渡印度洋，在1498年5月底航抵印度西南的卡利卡特（Calicut），而回程则更为艰辛，直到翌年秋间方才挣扎返抵里斯本，并且出示大量香料复命，证明的确已经到达印度。此后曼努尔在两次御前会议中克服反对意见，毅然决定以倾国之力开展东方贸易，并派遣舰队和总督在东方建立永久据点，这才有卡布拉尔（Pedro Cabral）在1500—1501年再次出航东方，无意中发现南半球的巴西，并且建立来往印度的标准航线，以及阿尔布开克（Alfonso de Albuquerque）在短短六年间（1509—1515）攻克果阿（Goa）、马六甲（Malacca）、霍尔木兹（Hormuz）等三个南亚航道要塞，最后还发现和占领遥远而神秘的香料产地摩鹿加（Molucca）群岛，由是建立起葡萄牙的南亚海上贸易帝国。

眼光、雄心与锲而不舍的精神令葡萄牙人能够远渡重洋攫取巨利，但他们辛苦建立的海上帝国却未能持久，在大约一个世纪后就为荷兰和英国相继取代。重要的是，他们的事业成为西欧各国发现和建立海外殖民地的典范，由是完全改变了欧洲和世界的命运。同样重要的是，这也为科学思想注入新元素。培根《大复兴》（*The Great Instauration*）一书封面用了航船驶入大力

---

① 该地本为土人与阿拉伯人的贸易中心，它在葡萄牙人占据以后迅即取代北非，将内陆的金沙与黑奴贸易吸引到南方海岸上来，那就是日后所谓"黄金海岸"。它在1637年为荷兰占据，在1872年又为英国所占，以迄1957年独立，成为今日的加纳（Ghana）共和国。

② 迪亚斯到达南纬26度半时遇上风暴，被迫驶入大洋南奔，13日后转向东方寻觅大陆不得，遂转而向北，终于到达今日南非海岸的摩梭湾（Mossel Bay），此后他沿岸向东北探索，待确定已经绕过非洲南端方才折返，在回程中目睹高耸的好望角，并且在该处立碑。他在1488年12月回到里斯本，向约翰二世详细报告此行经历。有关康迪奥戈和迪亚斯的远航详见Diffie & Winius 1977, pp. 159-162；Winius 1995, pp. 93-101；以及Randles 2000, Paper Ⅶ。

③ 对此不解之谜有各种猜测，相关讨论见Winius 1995, pp. 103-115。

神赫拉克勒斯的两根巨柱（也就是经过直布罗陀海峡回到欧洲），以象征它从广大世界实地搜集知识归来，正好说明这一点（图13.3）[1]。

热那亚人的海底梦

发现好望角证实了从海路直抵印度的可能，这很自然地激发了欧洲航海家对整个地球的关注和想象力——托勒密《地理学》之被重新发现和翻译成拉丁文是在1406年，但被印刷发行则是在1475年，所以迪亚斯从南非归来的时候，他们已经有十几年工夫去接触和消化那本巨著，和认真思考它的含义了。此外，拉哲蒙坦那在1474年出版的《星历》也同样重要，它为15世纪航海家提供了一部最精密可靠而又完全实用的天文历书。

哥伦布（Christopher Columbus，1451—1506）是热那亚人，出身织工家庭，少年时代开始航海，25岁时以意外机缘在里斯本定居，在1478—1479年间与当地热那亚裔的葡萄牙贵族联姻。他岳丈本是亨利亲王家臣，也是马德拉群岛之一的总督，其遗下的远洋航海图和相关文件后来都由他承受[2]。在此前后他已经累积了丰富的大西洋航行经验，往北到过荷兰、英国、爱尔兰甚或冰岛，往南到过马德拉群岛和非洲沿岸，包括黄金海岸的艾尔敏纳。但这个刚过30岁不久的热那亚人和其他船长、领航员不一样，他有个疯狂的梦。这梦到底为什么会发起来呢？

葡萄牙人已经持续六十多年的远航热潮自然是个非常重要因素，托勒密《地理学》和宣称日本是遍地黄金的《马可波罗行纪》想来也应该颇有关系，但哥伦布不一定读过这两本著作，它们的影响可能只是间接的[3]。此外，马蒂勒斯（Henricus Martellus）曾经根据托勒密第二投影法绘制了一张世界地图，它清楚显示从欧洲西航抵达亚洲的可能性，但从出现时间（1490）看来，它也不可能是触动哥伦布的原因（§12.8）[4]。据我们所知，激发哥伦布梦

---

①　该刻版画下面还有引自《旧约·但以理书》12：4的题词"必有多人来往奔跑，知识就必增长"。

②　哈佛大学莫里逊教授（Samuel Eliot Morison）所著哥伦布传即Morison 1942极为详尽，是这方面的权威著作，但面世已超过七十年，而且缺乏注释与参考文献；他的近期传记见Phillips & Phillips 1992，那精简得多，其中有大量篇幅讨论此大发现的背景与深远影响。

③　哥伦布遗物中有《马可波罗行纪》一书，但据考证，他首次西航之后才知道此书，所以其初恐怕只是间接受此书影响而动意西航。详见Larner 1999, pp. 153–160。

④　见Harley & Woodward 1987, pp. 315–317，该处讨论了《马可波罗行纪》以及托勒密《地理学》对15世纪欧洲地图学的深远影响。但亦有一说，认为该图是哥伦布为了支持他的西航计划而与朋友伪造的。

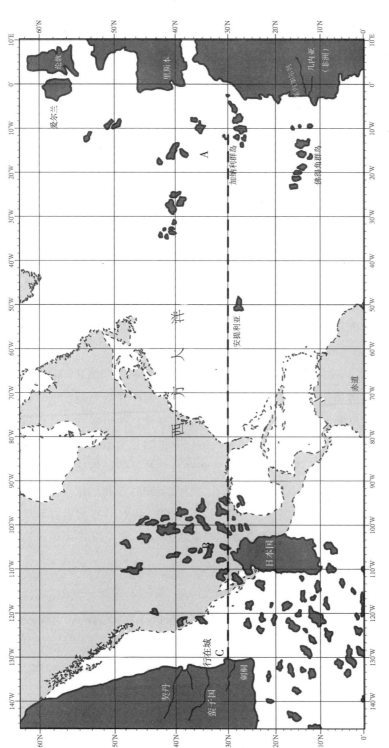

图12.3 托斯卡内利西航地图的重构。在其中，相对于实际位置，加纳利群岛被西移15度，日本被东移35度，这样恰好将日本搬过太平洋到墨西哥的位置，加上用了过小的地球半径，因此两者（俱在北纬30度）间距离从实际的10600海里减缩为2400海里，到中国的距离也减缩到3550海里。图中的契丹（Cathay，即中国）、蛮子国（Mangi，即南宋）、行在城（Qinsay，即杭州）、刺桐（Zaiton，即泉州），还有日本国（Cipangu）等都是《马可波罗行纪》中的地名，安提利亚（Antillia）则是传说中的大西洋中岛屿。图中以虚线标出南北美洲的实际轮廓并加上经纬线。根据J. G. Bartholomew, A Literary and Historical Atlas of America (London: Dent & Sons 1911), p.1的构想图以及贝海姆地球仪的大西洋部分重绘

想的最直接和确实因素，当是一位佛罗伦萨医生托斯卡内利（Paolo dal Pozzo Toscanelli），他在1474年写信给里斯本一位教士，请他转达葡萄牙国王阿方索五世[①]。信中提出在大西洋往西航行约8000公里就可以经过日本而抵达中国的具体计划，信中还有一幅附有经纬度以及航线沿途所经地理位置的地图（图12.3）。阿方索对这破天荒计划没有反应，但哥伦布却拿到了这信和地图，并且两度与托斯卡内利直接通信，那后来就成为他计划的主要依据[②]。

不可思议的大发现

早在1484/1485年间，亦即迪亚斯发现好望角之前，哥伦布已经认为，在大洋上一直往西航行就可以抵达日本，并且对葡萄牙国王约翰二世提出具体计划，但当局委派的专家委员会审查后指出，地球周长比哥伦布所假定的要大得多，所以西航太遥远，绝不可能在合理时间内到达日本，由是否决了他的计划[③]。其后五六年他风尘仆仆，多次往返西葡两国之间求助，但屡屡碰壁，直至1492年西班牙征服摩尔人最后一个顽强据点格拉纳达，举国欢腾之余，伊莎贝拉一世（Isabella I）终于应允了他的请求[④]。

这样，在1492年8月哥伦布率领三艘不及百吨的旧帆船和统共90名船员的队伍南下加纳利群岛，经修整后，在9月6日进入大西洋往西直航。他非常幸运，因为此后天气晴朗，而且加纳利处于约北纬30度，他可以顺着北赤道洋流和信风直驶；并且，他对欧亚之间距离的估算虽然完全错误，但前所未知的美洲大陆却横亘其间，所以不到40日后即10月12日，他就抵达巴哈马群岛中的圣萨尔瓦多岛（San Salvador），那比之达伽马艰苦漫长的旅程，不啻天渊之别。在加勒比海众多岛屿探索三个月后，他在1493年1月初启程返航，途中遭遇强烈风暴，经过两个月挣扎方得返抵欧洲，接受西班牙举国盛大欢迎。

---

① 此信其实是回应阿方索五世的咨询，其中明确提出，往西可更快到达香料产地。托斯卡内利亦可能是1457年的所谓《热那亚世界图》作者。见Bagrow 1966, p. 72。
② 见Phillips & Phillips 1992, p. 108；Morison 1942, pp. 33–35，63–65。
③ 以当时的条件，帆船不着陆连续航行不可能超过百日。葡萄牙专家委员会所用的地球周长是埃拉托色尼测定，更准确的古代数值，而哥伦布所假定的，则是托勒密跟马博斯多尼乌的错误数值，那比确值要小25%。此问题的详细讨论见Morison 1942, pp. 63–69。
④ 在15世纪伊比利亚半岛上只剩下葡萄牙、卡斯蒂利与阿拉贡等三个基督教国家，后两者的君主伊莎贝拉一世与费迪南二世（Ferdinand II）在1469年缔婚，他们的王国实际上合并，由是形成日后的西班牙。其实，伊莎贝拉应允哥伦布的请求，还是夫婿费迪南劝说的结果。

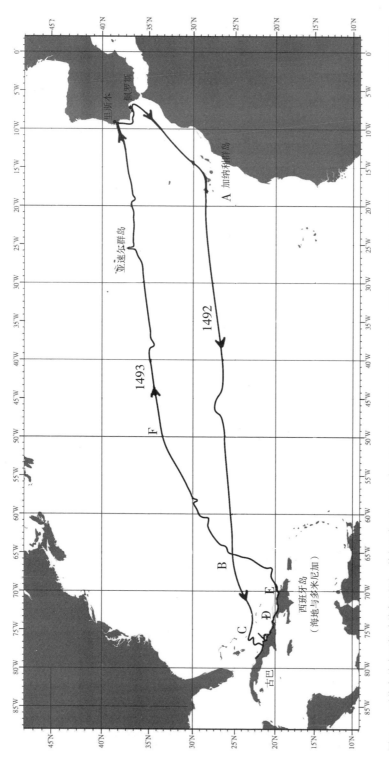

图12.4　哥伦布首度西航路线复原图。其行程如下：1492年8月2日从西班牙佩罗斯（Pelos）出发；（A）9月9日离开加纳利群岛；（B）10月6日见鸟群；（C）10月12日抵达萨尔瓦多；（D）12月25日座船"圣玛丽号"搁浅；（E）1493年1月18日回程但遇顶风；（F）2月4日转向东方；2月18—24日避风暴于亚速尔群岛；3月3日于风暴中抵达里斯本；3月15日返抵佩罗斯。全程225日，以33日航行约6000公里横渡大西洋（A–C），平均时速6—7节。根据Morison 1942, p. 42后所附长嘴地图重绘

哥伦布西航前后一共四次（1492—1504），但所到仅及加勒比海众多岛屿、委内瑞拉和中美洲一带，所发现的也只有风俗奇异的土人、少量金沙和许多新奇动植物，而并没有传说中的繁华大都市和遍地黄金[①]。伊莎贝拉如约委任他为当地总督，他却不善治理，凌辱下属与土人，结果被上告和撤职查办，最后郁郁以终。至于在古巴的西班牙人先后发现墨西哥的阿兹特克（Aztec）帝国以及秘鲁的印加（Inca）帝国，凭数百死士分别把它们征服，为西班牙攫取整座金山和银山，建立庞大的海外帝国则是哥伦布死后二三十年间（1519—1534），由所谓"征服勇士"完成的事情了[②]。

西方通道与环航世界

在欧洲的海外探索中，葡萄牙苦干，迪亚斯和达伽马为其典范；西班牙则幸运，哥伦布是其代表。至于麦哲伦（Ferdinand Magellan，约1480—1521）却又是另一种命运，苦干和不幸兼而有之。他出身葡萄牙显赫贵族[③]，1505年随军出使印度，显出过人机智与沉稳，1511年随阿尔布开克出征马六甲，随后被派遣出航爪哇海域，找到香料产地安汶（Ambon）、班达（Banda）等岛屿。由此他想到了大计：哥伦布西航本来不错，只要往南绕过南美洲，就可以直抵摩鹿加群岛[④]。这想法是有根据的，德国地图学家舍纳（Johann Schöner）1515年制的地球仪就显示南美洲南端有往西通道，它大概与葡萄牙船队将巨大的普拉特河（River Plate）河口误认为西向航道有关[⑤]。麦哲伦回到葡萄牙后试图说服国王支持他的大计，但无法赢取信任，于是破釜沉舟，在1517年请准转投西班牙并且入籍。他随即以香料群岛应该是位于西班牙势力范围之内来说动西班牙国王支持他西航到达摩鹿加的大计，至终获得批准[⑥]。

---

① 他始终不知道，或者意识到而拒绝承认，他到达的并非日本和中国，而是一个前所未知的新世界。

② 最著名的"征服勇士"（conquistadore）是科尔特斯（Hernán Cortés）和皮萨罗（Francisco Pizarro），他们的事迹见《征服者列传》，即Descola 1957；对西班牙征服美洲的整体论述见Bacci 2008及Parry 1979。

③ 有关麦哲伦的事迹，见以下两部传记：Joyner 1992及Zweig 1938；并见Morison 1978, Chs. 21–27。

④ 有关摩鹿加群岛的地理历史详情，见《伊甸园的芬芳》即Corn 1998。

⑤ 详见Morison 1978, pp. 598–601，该地球仪的重绘图在同书p. 599。

⑥ 哥伦布发现新大陆之后西班牙和葡萄牙于1494年订定了《托德西利亚斯（Tordesillas）条约》，将两国在海外的全球势力范围分界线定为佛得角群岛以西370里格［league，（转第532页）

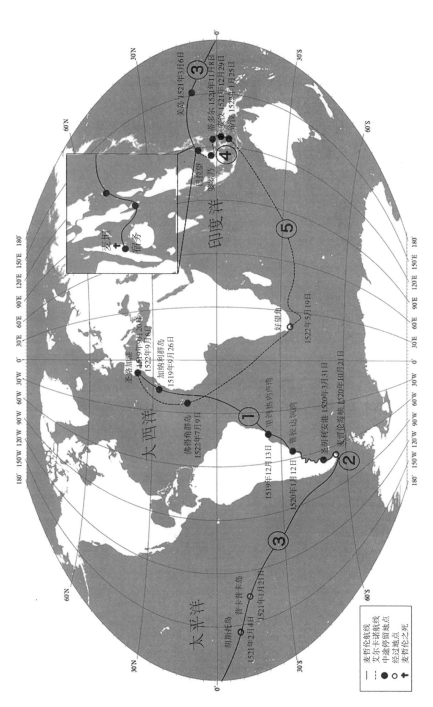

图12.5 麦哲伦及艾尔卡诺环航世界路线图。此航程前后整整三年,大致可分五部分:(1)1519年9月20日自西班牙圣路加出发,以迄1520年4月2日在南美洲南端的圣胡利安港平安胡利安港平定叛乱;(2)上岸歇息半年过冬,麦哲伦探索麦哲伦海峡,以迄1520年11月27日发现太平洋;(3)以105日横渡太平洋,于1521年3月3日抵达今菲律宾,麦哲伦旋于麦出为土人杀害;(4)以将近一年时间寻找与探索摩鹿加群岛,艾尔卡诺于1522年2月13日掌"维多利亚号"启程回航,绕好望角与佛得角,于1522年9月6日返抵圣路加港;(5)以大半年时间横渡南印度洋,绕好望角与佛得角返回。

　　麦哲伦在1519年9月率领五艘船离开塞维尔，沿非洲西岸南下，年底抵达南美洲，此后沿东岸南下，仔细寻找往西出口，途中镇压了叛变，又停泊过冬，最后在翌年10月底找到像是通往另一边大海的狭窄通道——因为深入通道之后，水质清咸不减。他用了一个多月探索曲折险恶，长达600公里，后来以他命名的海峡，终于在11月底见到平静清丽的大洋，于是将之命名为太平洋。此后他们沿南美洲西岸北上，在南纬40度转西北偏西方向横渡太平洋，航行四个月之后方才抵达菲律宾宿务岛（Cebu）。不料克服这破天荒的远渡大洋之后，他却在试图征服宿务附近一个小岛时为凶悍土人射杀。余下船员继续航程，由当地向导带领经过北婆罗洲，最后到达摩鹿加采购大量香料，在年底起航返国，于1522年5月初抵好望角，9月初回到塞维尔，前后刚好三年，其初出发的五艘船和500名船员仅得一船18人生还。

　　麦哲伦此行本来只是为开辟西通航道，结果不但发现麦哲伦海峡，又无意中横渡太平洋，由是促成人类首次环球航行，具体证实大地为球体的理论，虽然赍志以殁，亦大可自豪了。此外，船员返国后发现他们虽然记录年日无误，比之欧洲日历却无端缺少一天，由是订定国际日期变更线的必要开始为人认识。他们又在南半球观察到与银河系相似但略小的另一星云，将之命名为麦哲伦星云。至此葡萄牙和西班牙的海外探索刚好满一个世纪，而他们已经将人类对于地球的认识完全改写了。

七、英法两国的远航

　　16世纪是伊比利亚民族在海外大事发展的世纪，英法不甘人后，也急起直追。但往东航线已经为葡萄牙掌握，往西中南美洲也已成为伊比利亚民族囊中物，所以他们只能够朝另外三个方向探索，希望开辟新的远东航道，那就是通过美洲北部的"西北通道"，绕过挪威北部的"东北通道"，以及穿过北冰洋的"正北通道"①。但由于地貌和高纬度冰封的缘故，这三个方向其实都"不通"，因此他们将近一个世纪的努力就其本意而言完全是徒劳的。

　　（接第530页）1里格约相当于5公里）的经线，即西经42度左右，自此往西180度（即直至东经138度为止）均属西班牙。当时分界线位置并不确定，更何况太平洋的宽度无人知道，摩鹿加群岛的位置更是模糊，因此麦哲伦的说法虽然错误，却不可能被挑战。

①　其实这也和罗马教廷为葡萄牙和西班牙划分势力范围的方式有关，那基本上是以亚速尔群岛以南为限。

然而，无心插柳柳成荫，这两国的移民经过长期垦殖，至终在北美洲建立了两个幅员辽阔的国家——虽然法国因为斗争失败，后来退出了北美殖民地[①]。

西北通道的探索

这些探索的先锋是卡波（John Cabot，约1450—1498）[②]。他也是热那亚人，在新大陆发现之后，经过多次游说获得英国亨利七世颁发许可状往西探索，于1497年5月初乘一艘只有20名水手的50吨小船"马太号"从布里斯托尔（Bristol）出发，沿北纬50度往西横渡大西洋，在6月底到达今日纽芬兰北部，沿北美洲东岸探索一个月之后返航[③]。他没有带回财宝、土产，但仍得英王嘉奖和资助第二次探索，不过翌年出发后却不知所终，以悲剧收场。卡波的探索比西班牙人发现美洲大陆早二十年，重要性却仅在于纽芬兰发展成为重要渔场而已。

到了16世纪上半叶，英国的亨利八世对远航不感兴趣，法国的法兰西斯一世正相反，所以两次主要远航都是由法国赞助。第一次由佛罗伦萨的维拉赞诺（Giovanni da Verrazzano，1485—1528）主持。他出身世家，曾受优良教育，却选择航海为志业，在1524—1528年从诺曼底的迪耶普港（Dieppe）出发，一共远航三次，最重要的是初次[④]。那是在1524年初乘法国军舰出发，经四十日航抵如今北卡罗来纳州的菲尔角（Cape Fear），然后沿美国东岸北行，经过纽约、长岛、罗得岛、科德角、缅因州等地至纽芬兰，然后东向回航。他没有找到西方通道，却勘探了整个北美洲东岸，准确测量所至各地纬度，又记录当地风土人情，汇编成完整报告上呈国王[⑤]。

此后继起的是卡蒂埃（Jacques Cartier，1491—1557），一位诺曼底圣马

---

① 有关英法两国在16世纪的远洋探险主要见莫里逊的《伟大探险家：欧洲的美洲发现》即 Morison 1978, Chs. 1–11。英国的地理探险还有以下两部专著：泰勒的《都铎地理学 1485—1583》即Taylor 1930, Chs. 5–7；瓦特斯的巨著《伊丽莎白时代与斯图亚早期的英国航海技术》即Waters 1958，此书不啻一部英国在十六七世纪的航海百科全书，它以航行技术的发展为经，但亦穿插大量重要远航和相关人物的论述。

② 有关卡波以及他两次远航的事迹见Morison 1978, Ch. 2。

③ 此行并无航海记录或者当时报告、记载留存，所以他们唯一登岸地点究竟在何处颇有争议，纽芬兰是莫里逊和大多数人的看法。

④ 有关维拉赞诺的探索见Morison 1978, Ch. 5。

⑤ 因为忙于与查理五世争霸，法兰西斯此时已无暇顾及远航，因为他自己于1525年的帕维亚之役被俘，故此后维拉赞诺只能够另觅赞助，他此后两次远航都是向南美洲方向寻找通道，最后不幸为加勒比海的食人族杀害。

洛港（St. Malo）经验丰富、明智谨慎过人的远洋航海家[1]。他受法兰西斯委任继续寻找中国通道，前后出航三次。初次在1534年，目的仅止于探索圣劳伦斯大海湾周围。第二次（1535—1536）率领三艘大船共110人，上溯圣劳伦斯河道，直抵今日的蒙特利尔（Montreal），自以为发现了远东航道，只不过为湍流瀑布所阻，不能够继续前进而已。在魁北克附近建寨过冬后，他带回了印第安人酋长以及若干矿产[2]。第三次远航（1541—1542）是为移民和寻找传说中的萨格奈（Saguenay）富庶国家。他率领五艘船前去，但发现渥太华河其实无法通航，当地印第安人又显露敌意，因此在营寨中度过严冬后立即返航，所带回的矿物经检验证明一文不值[3]。然而，卡蒂埃的探索其实没有白费：它成为下一世纪法国在加拿大和北美洲中部发展庞大"新法国"殖民地的张本，那一直到18世纪中叶才因为在"七年战争"中失败而让给英国和西班牙。

英国的远航探索

到了16世纪下半叶，法国卷入酷烈的宗教战争，海外探索遂成绝响，英国则相对稳定，在大有为的伊丽莎白一世（Elizabeth Ⅰ，1558—1603年在位）鼓励下，也同样发起好几波远航。它们都是由英国人自己主持而且与狄约翰有关，前后延绵四十年（1550—1590）。当时它们好像都失败了，直至下个世纪方才显露出重要性来[4]。

探索前往中国通道的远航前后一共三波：（1）钱塞勒（Richard Chancellor，卒于1556）是探索先锋，他在1553—1556年试图朝东北方向绕过挪威与欧亚大陆北端到达中国，结果无意中发现从巴伦支海（Barents Sea）到达白海湾畔的大天使城（Archangel），从而南下莫斯科的途径，由是建立英俄之间的直接商贸通道，并且对俄罗斯引进西方事物起了很大帮助[5]。（2）弗洛比舍（Martin Frobisher，1535—1594）在1576—1578年三度出航，试图

---

① 有关卡蒂埃的探索见Morison 1978, Chs. 6–8。

② "加拿大"（Canada）的名称就是此行根据印第安地名得来。

③ 此行法兰西斯其实另外派遣了一位新教徒贵族罗贝尔尔（Roberval）为全权总督，卡蒂埃只是他手下的指挥官而已，但罗贝瓦尔出航迟缓，所以实际上的探索仍然由卡蒂埃领导，他在1542年夏季返航的时候在圣劳伦斯湾遇见姗姗来迟的罗贝瓦尔，但拒绝听从后者命令，随后乘夜不辞而别，径自返国。

④ 伊丽莎白一世时代是英国建立海上霸权的开端，其一般阐述和讨论见Ronald 2007。

⑤ 有关钱塞勒见Ronald 2007, pp. 47–49。

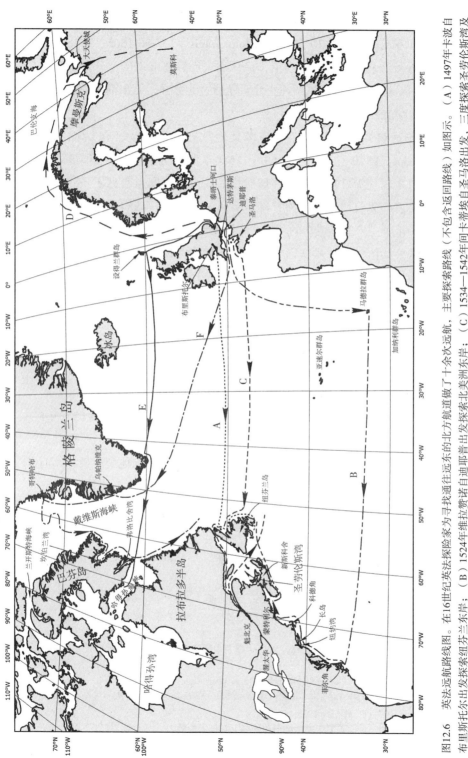

图12.6 英法远航路线图。在16世纪英法探险家为寻找通往远东的北方航道做了十余次远航，主要探索路线（不包含返回路线）如图示。（A）1497年卡波自布里斯托尔出发探索纽芬兰东岸；（B）1524年维拉赞诺自油耶普出发探索北美洲东岸；（C）1534—1542年同卡蒂埃自圣马洛出发，三度探索圣劳伦斯湾及河道；（D）1553—1556年钱塞勒自泰晤士河口出发寻找东北航道，结果两度通过巴伦支海到达俄罗斯的大天使城，其后更循陆路南下莫斯科；（E）1576—1578年弗洛比舍三度自泰晤士河口及附近出发，探索后来以他名命名的海湾以及哈得孙海峡；（F）1585—1587年戴维斯三度自达特茅斯出发，探索格陵兰西岸以迄乌帕纳维克；巴芬岛南岸与坎伯兰湾；以及拉布拉多东岸

寻找纽芬兰以北的西向通道，结果发现巴芬岛（Baffin Island）南端和哈得孙（Hudson）海峡与海湾。（3）戴维斯（John Davis，1550—1605）在1585—1587年继续寻觅西北通道的三次尝试，最后发现巴芬岛北端的兰开斯特海峡（Lancaster Sound），他又曾试图往正北直航通过北冰洋，结果都为浓雾浮冰阻挡，无法继续前进[①]。

与后两波远航同时，英国还有许多其他重要海上活动，包括德雷克（Francis Drake，1540—1596）在1577—1580年大事劫掠西班牙西印度群岛之后，再通过麦哲伦海峡然后完成环球航行的壮举；英国与西班牙开战，在1588年击溃后者的无畏舰队；以及罗利（Walter Raleigh，1554—1618）爵士在1584—1590年所主持的不成功的北卡罗来纳海岸殖民[②]，等等。

狄约翰在鲁汶留学的时候即已经对远航产生浓厚兴趣，结识了许多地理学家，回国后更热心鼓吹英国的海外扩张，他在1577年发表的《远航问题刍议》（*General and Rare Memorials Pertayning to the Perfect Arte of Navigation*）便是提出"大英帝国"观念的最重要早期文献之一[③]。他是当时名望极高的数理、天文和地理学者，与上述多次远航都有关系。例如钱塞勒以及雷科德都是他的朋友，曾一同做天文观测和讨论仪器的改进，他们很可能商讨过东北通道之行[④]。同样，有种种迹象显示，他与德雷克环球航行的设计与准备有关，与罗利也有密切交往[⑤]。弗洛比舍之行他是直接参与准备的：在1576年5月，他不但加入四五个推动此行的热心朋友和弗洛比舍一起开会，还提供了天文仪器和讲解"几何与地图学问题"[⑥]。至于戴维斯之行则他牵涉最深，前后一共聚会四次：戴维斯与吉尔伯特（Adrian Gilbert）在1579年10月与翌年6月造访他讨论此事；1583年1月三人加上瓦星根（Francis Walsingham）[⑦]在他家中开会。两个月后他们和其他三人再次讨论此事时，狄约翰指出从欧洲通往远东的五条可能航线：南方两线已经被占据，东北线证明不通，剩下的西

[①]　有关弗洛比舍和戴维斯的探索，见Morison 1978, Ch.9–11。

[②]　有关德雷克的事迹见Kelsey 1998及Ronald 2007, Ch.14–19。罗利自海外归来后被投入监狱，其事迹尚见§13.3有关哈里奥特部分。

[③]　此书的详细讨论，见Clulee 1988, pp. 180–189；其极富象征意义的封面见同书Fig. 7.1。

[④]　见Taylor 1930, pp. 91–92。

[⑤]　见Taylor 1930, pp. 113–117, 138–139；French 1972, p. 179；Clulee 1988, p. 186。

[⑥]　这些朋友中最重要的当推Humfrey Gilbert, Michael Lok, Ambrose Dudley等人。该聚会详情见Taylor 1930, pp. 107–111; Morison 1978, pp. 280–287。

[⑦]　瓦星根是伊丽莎白一世的首席秘书，在内政外交上有极大影响力，力主海上扩张，对狄约翰也大力支持。

北线和正北线值得认真尝试；两年后戴维斯终获女王授权起航，其时狄约翰已离英赴欧多时了[1]。狄约翰名声高，人脉广，但没有政治影响力，因此虽然意见备受尊重，推动计划却都另有其人[2]。

八、地图学的飞跃发展

在15世纪，远航只靠罗盘、航海图和"航程估算"等三件法宝，到了15世纪与16世纪之交，这方面的技术开始出现多方面的发展[3]。首先，由于无数次远航经验的累积，航海家开始能够掌握大西洋和印度洋各处在不同季节的洋流、风向，也熟悉了非洲大陆和印度洋沿岸的地理位置。其次，经纬度概念变得普遍，领航员开始用简单的仪器如星盘和四分仪来测量北极星或者正午太阳仰角，以决定所处位置的纬度。但经度的测算始终是难题，当时唯一的方法只有通过比较两地出现月食的时差来推算，它的真正解决要待18世纪中叶可靠时计（即发条钟表）的出现，而它的普及则要到19世纪。前述拉哲蒙坦那的《星历》对此非常有用，所以哥伦布西航时携带此书，曾两度观测月食以推算所到地点经度（但结果都不准确），又借此预测月食以慑服土人[4]。这些从实际经验得来的知识是累积也是互相促进的，它们都反映于不断出现的新地图之中，从而造成地图学的飞跃发展[5]。

15世纪：在托勒密与地理大发现之间

欧洲近代地图学的发展有三条互相影响的线索。首先是中古航指图以及由此生出的世界图传统，它以第十章讨论过的比萨图（图版8）和加泰罗尼亚世界图（图版12）为代表。其次，是15世纪远洋探索的刺激。最后但也最直接和最

---

① 有关这四次聚会见Morison 1978, pp. 328–331。

② 见Clulee 1988, pp. 181–183。

③ 见Morison 1978, pp. 26–32, 508–512; Phillips & Phillips 1992, Ch. 4。

④ 见Morison 1978, pp. 467, 507, 540–541。

⑤ 本节主要根据以下两部著作：克隆的《地图及其绘制者：地图学史导论》（Crone 1978，特别见Chs. 4–9）是一部内容丰富、简明扼要的地图学简史；巴格罗的《地图学史》（Bagrow 1966，特别见Chs. 7–12, 14）则是经典之作，它以地图的绘制为主要关注点，书后附有116幅地图以及详尽的地图绘制家表（pp. 227–300）。但西方地图学博大精深，源远流长，欲窥全豹，还须参考以下两部巨著：伍德沃德所编的《地图学史》第三卷《欧洲文艺复兴时代的地图学》（两册）即Woodward 2007（此书出版者提供免费网上版，可自由翻阅）；和科特绍的三卷本《葡萄牙地图学史》即Cortesao 1969，但它们又过分专门和注重细节，因而不能提供主要脉络。

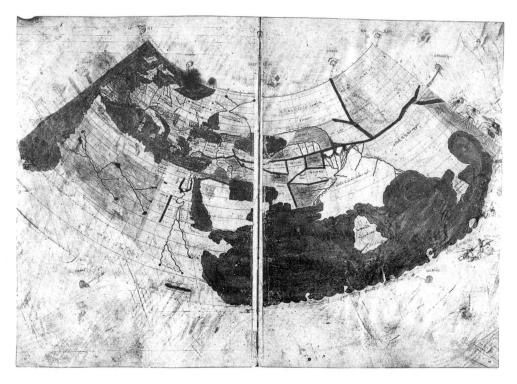

图12.7 托勒密世界地图（以其第一投影法绘制）。575毫米×418毫米，其中可见欧洲和小亚细亚（左上角）地形大致正确，但未经探索的非洲极宽广，印度洋为被陆地包围的内海，印度半岛大大缩短，锡兰则极度放大。该图见于托勒密《地理学》的13世纪末拜占庭手稿，现藏梵蒂冈图书馆，编号Urbinas Graecus 82, fols. 60v–61r。有关此图的详细讨论见Harley and Woodward 1987, pp. 189–199

强大的，则仍然来自希腊热潮，特别是托勒密《地理学》的重现。此书在1400年前后由佛罗伦萨的年轻富商斯特罗兹（Palla Strozzi）从君士坦丁堡购得，并由克拉苏罗拉斯和他的学生安哲罗合力翻译成拉丁文（1406），其所附27幅地图亦经重绘。这个译本随即引起学者巨大兴趣，例如戴利（Pierre d'Ailly）在其有关天文的论文集（*Imago Mundi*，1410—1414）中就为之做了一个撮要并附地理示意图，它印行（1483）后哥伦布曾经详加注释。在1458—1480年有四位在佛罗伦萨工作的学者为此书编辑了多个新抄本，所附地图有些是旧图重绘，也包括不少当代新图。它们在1477—1482年成为博洛尼亚、罗马、佛罗伦萨和乌莱姆等四个印刷版的张本，而且各有新附图，一再重版，不断改进，对地图学所产生的巨大振奋作用可想而知[①]。

---

① 　见Crone 1978, Ch. 5；"托勒密之重生"。

15世纪最重要的地图无疑是毛罗教士和马蒂勒斯所绘的两张。毛罗（Fra Mauro，约1400—1460）年轻时是商人和战士，曾广泛游历，熟悉中东，其后成为威尼斯附近一小岛上修院的教士，从1443年即开始专注于绘制地图。在15世纪50年代阿方索五世向他提供葡萄牙海外探索的资料，并委托他为亨利亲王绘制一张世界图，此2.4米见方的巨制在1459年完成，被公认为中古与近代之间承先启后的杰作[①]。像当时其他地图一样，图中参插了大量注释、说明，由是我们得知，作者一方面仍旧非常尊重托勒密有关域外地理的观念，另一方面却无惧引进新思想、新发现，其中最关键的，就是在图中显示印度洋与周围大洋相通，因此绕过非洲可航抵印度。他辩称仔细查问可靠证人所得资料比托勒密更可信，又将亚洲在北纬30度左右的经度跨度增加至欧洲的两倍，因此"世界中心"就被从"圣城"耶路撒冷东移到中亚一带。这违反传统，但他也只是以注释略做辩解而已。详细研究显示，此图吸收了许多从不同来源所得的资料，例如，有关中国内陆部分颇为详细，那大都来自《马可波罗行纪》；印度洋与东非部分可能得自阿拉伯航海家；而西非海岸则反映了不少葡萄牙探索的结果。不过，图中也混杂了许多错误信息（图版13）。

马蒂勒斯（Henricus Martellus，活跃于1480—1496年）是纽伦堡人，也是在佛罗伦萨为托勒密《地理学》整理抄本的四位学者之一，以及该书乌莱姆印刷版的编辑。他在1490年所绘世界图（2.0米×1.2米）基本上仍然依照托勒密的投影法以及海岸线，但在西非海岸显示了几内亚湾和好望角，也就是吸收了至迪亚斯为止的葡萄牙新发现，间接否定了印度洋是内湖的观念[②]。流传至今最古老的，由贝海姆（Martin Behaim，1436/1459—1507）制造的地球仪也与此图密切相关。他同样是纽伦堡人[③]，出身富商家庭，曾到荷兰学习商贸，1480年跟随同城人到里斯本经商，由是对远航、制图产生浓厚兴趣，其后定居葡萄牙，且一度随1485—1486年的康迪奥戈船队南下西非海岸。他在1491—1493年间返纽伦堡，在此期间制成一地球仪，它直径20英寸，斜转

---

① 该图由著名绘图师比昂高（Andrea Bianco）协助绘制，完成后毛罗即去世。其后正本佚失，由比昂高或其他助手所绘的副本却在修道院中被发现，如今移藏威尼斯博物馆。有关此图见Bagrow 1966, pp. 72-73；详细分析见Crone 1978, pp. 28-32；Harley and Woodward 1987, pp. 315-316。

② 有关马蒂勒斯和他的世界图见Bagrow 1966, pp. 81-82, 105-106, 259, Plate 53；以及Crone 1978, pp. 37-40。

③ 纽伦堡在当时是地图绘制中心之一，那和波尔巴赫与拉哲蒙坦那有关，见Bagrow 1966, pp. 125, 127-130；另一个中心是洛林（Lorraine）圣迭艾（St. Dié）的地理学术圈，那与酷爱地理学的杭尼公爵（Duke René II）有关，见Bagrow 1966, p. 125。

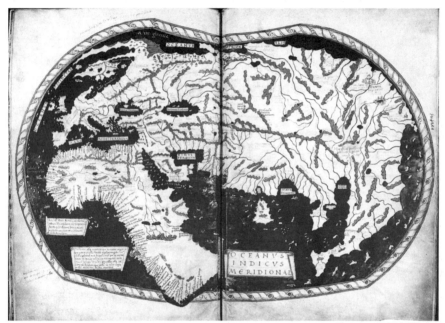

图12.8 马蒂勒斯世界地图，1489—1491。2.0米×1.2米。原图藏耶鲁大学拜内克善本及手稿图书馆（Beinecke Rare Book and Manuscript Library），此图取自Martellus, *Insularium Illustratum* (1489), British Library Additional MS 15760, ff 68v–69r

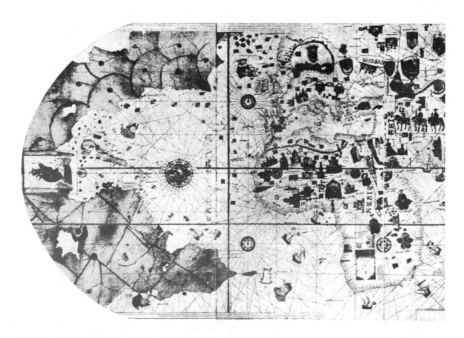

图12.9 科萨新世界图，1500。原大93厘米×183厘米，现藏马德里海事博物馆（Naval Museum of Madrid）。本图取自Bagrow 1966, p. 107, Plate 56，唯已转为黑白，并截去其非洲以东部分

轴，上刻赤道、回归线、极圈，赤道分为360度，与今日标准地球仪无异（图版14）[①]。它可能是根据马蒂勒斯世界图（图12.8），或者与之有相同源头，因此在旧大陆部分颇类似的托勒密地图，但由于夸大了中国的经度跨度和日本与大陆的距离，又将佛得角群岛往西移动了20经度，因此实际上使得从欧洲出发西航日本的距离大为缩短。哥伦布不可能见过此球，但可能见过它所依据的地图而得到启发[②]。

15世纪最后十年是远航丰收季节：哥伦布发现新大陆、卡波发现纽芬兰、达伽马直航印度、卡布拉尔发现巴西都是轰动欧洲的了不得的大发现，而它们在16世纪之初就都已经在地图上反映出来了。这些地图中最早的是科萨图（图12.9）。科萨（Juan de la Cosa，1450/1460—1510）是西班牙人，早年浪迹海上，1488年被派往葡萄牙探听迪亚斯发现好望角的详情。他参加了哥伦布最初三次西航，此后多次远航西印度群岛和中南美洲，包括到海地和牙买加建立殖民地，最后在1510年与土人的战斗中为毒箭射杀[③]。他绘制了多幅地图，但只有1500年那幅世界图流传。此图的重要性在于它首次展示了15世纪所有的新世界发现，包括古巴、萨尔瓦多、海地等加勒比海岛屿；北边的纽芬兰和新斯科舍；南方的圭亚那和哥伦比亚海岸等等，而且相对位置大致正确——当然，美洲内陆以及它与亚洲的关系就都只有付诸阙如了。图上的非洲海岸形状大致正确，至于亚洲部分则只是重复托勒密而已。

16世纪的飞跃发展

由于海外探险的巨大刺激，也由于实际需要，16世纪是地图学飞跃发展时期。瓦塞米勒（Martin Waldseemüller，1470—1520）[④]是首先把新大陆命名为Americus以纪念其发现者Americus Vesputius的。他分别于1507年和1516

① 传说贝海姆曾经师从拉哲蒙坦那学习天文，因此为国王约翰二世宣召参加御前会议，亦有传说他曾经与哥伦布、麦哲伦等见面，但都无法实考。他制地球仪是由同城绘图师格洛肯敦（Georg Glockendon）协助；该地球仪他命名为"地球苹果"（Erdapel），现存纽伦堡国家博物馆。有关贝海姆和他的地球仪见Bagrow 1966, pp. 106–107, 230, Plate 55；Crone 1978, pp. 32–33。

② 哥伦布的弟弟巴多罗买（Bartholomew Columbus）也是在里斯本工作的绘图师，相传他在1485年所绘皆但如今已佚失的一张世界图就是马蒂勒斯图和贝海姆球两者所本。甚至有人认为，该图根本就是哥伦布两兄弟炮制出来以间接推动他们大计的，但这些猜测无法证实。

③ 他是哥伦布首次西航时座驾"圣玛利亚号"（Santa Maria）的船主兼船长，此船后来在哥伦布指挥下不慎沉没，他为此还得到伊莎贝拉的赔偿；但第三次西航他是否参加则有争议。有关科萨和他的地图见Crone 1978, pp. 48–49；Bagrow 1966, p. 107, Plate 56。

④ 他是德国弗莱堡人，毕业于当地大学，其后加入洛林圣迭艾市的地理学术圈，有关事迹见Bagrow 1966, pp. 125–127；Crone 1978, pp. 40–41。

年出版了新大陆地理志、地球仪和世界地图集，其中一幅分12张印刷的世界图大体上仍然遵从托勒密的格局，但非洲部分已经非常正确，而美洲则已经清楚地与亚洲分开来，绘成另一独立地块，两者之间有大洋相分隔（图12.10）。

至于法国的芬尼（Oronce Finé，1494—1555）则是巴黎皇家学院数理天文教授，他出身医生世家，毕业于巴黎大学，曾编辑波尔巴赫的著作，又深究纽伦堡大学舒纳的地图[①]。他最著名的贡献是在1531年发表了一幅心形地图（图版15），它除了形状特别以外还有两个特点：即将亚洲与北美洲在北边连接起来，由于白令海峡尚未发现，这猜想并非无理；并且描绘了相当于南极洲的大块陆地，那令人非常惊诧，因为它要迟至1820年才实际为人发现[②]。

荷兰拓展海外，取代葡萄牙在远东的殖民地位，是它独立之后即17世纪初的事，但其实在16世纪之初，它所属的尼德兰已经发展出蓬勃地图学传统了，那比之斯特文出现还早半个世纪[③]。这传统和鲁汶大学密切相关，该校的蒙纳克斯、弗里修斯和麦卡托等三代师生就是其核心，但此外还有黑顿、奥特柳斯和惠根等几位重要人物。

蒙纳克斯（Franciscus Monarchus，1490—1565）在鲁汶大学求学，毕业即留校任教，前后凡二十年（1510—1530），旋返邻近的修院终老。他在1527年制造地球仪奉献给查理五世手下重臣巴勒莫大主教，原物虽已失存，但奉献书函则由大主教出版，由是得知其对新世界的观念与上述芬尼地图大体相同，但认为南北美洲间有海峡分隔。他的下一代弗里修斯（Regnier Gemma Frisius，1508—1555）是荷兰北部贫家子弟，凭借奖学金入读鲁汶大学，成为蒙纳克斯的学生和助手，其后留校出任医学与数学教授。他精研数理天文，著作有六七部之多，以在1533年提出利用三角法来做大地测量，并在1553年建议利用精确可携时计来测定远方地点的经度，而成大名[④]。他在

---

① 有关芬尼，见Crone 1978, p. 83；DSB/Finé/Fisher；以及圣安德鲁斯大学的MacTutor数学家网页。
② 他这样做有两个可能解释：欧洲地理学家历来相传地球南方另有大片陆地以"平衡"北方的亚非欧大陆；或者澳大利亚曾经为葡萄牙航海家无意中瞥见，而它的位置并不确定，所以在传说中被南移——但澳大利亚为荷兰航海家发现，其实要迟至17世纪初。
③ 尼德兰的地图学传统分南北两支，但互相渗透、重叠、融合，整体论述见Bagrow 1966, pp. 132-133与HOC III, Pt. 2, p. 1296。
④ 所谓triangulation即是利用正弦定律，从两地已知距离以及其连线与第三地的两个方向夹角，来推断第三地与前两地的距离。有关此方法的实际应用见Crone 1968, pp. 98-100。至于他的测经度法，则是从出发地和当地的时间差来决定，而当地时间则要从太阳高度以及时节决定。此法虽好，但当时尚未发明精确的发条钟表，所以并不实际，直到19世纪问题才（转第544页）

图12.10　瓦塞米勒世界地图。1507年印刷出版，由12幅分图合成，每幅46厘米×62厘米。该图仅得纽伦堡天文学家舍纳所有的一帧传世，但从16世纪开始其下落长期不明，直至1901年方才在符腾堡一私人图书馆重新发现，迄2001年由美国国会图书馆购藏，见Library of Congress Information Bulletin, 2003

1536年制成的地球仪非常有名，其上准确描绘了马达加斯加岛。除此之外，他还制造、改进了不少精良的天文观测仪器，为后来的第谷大加赞赏①。这些成果都需要精细准确的手工，在这方面富有学术修养的镂金匠和雕刻师黑顿（Gaspar van der Heyden，1496—1549）和他们师生两人合作无间，给了他们极大帮助，而他下一代传人麦卡托也是通过同样工作的磨炼而入门的。

圆柱投影法和世界地图集

麦卡托（Gerard Mercator，1512—1594）生于安特卫普西南小城，家境清贫，父母早逝，由做教士的叔/伯父抚养成人，因得接受优良教育，进鲁汶大学习传统哲学。毕业后受《圣经》与亚里士多德哲学的冲突困扰，游历两年后决然转投弗里修斯门下，习数学与天文地理，并跟随黑顿学习铭刻与仪器制作②。

此后十年间（1534—1544）他以私人教学、制造地球仪与天球仪、绘制地图等工作为生，同时周游各地搜集资料，以为编绘一部世界地图集做准备。1544年他涉嫌信仰新教被捕，幸得大学支持，亦查无实据，监禁七个月后卒获释放，此后继续其仪器地球研制工作，并有数年（约1548—1551）与狄约翰密切来往。他在1552年迁往德国莱茵河畔的杜斯堡（Duisburg）开设地图作坊，1564年荣膺宫廷地图学家，自此乐业定居，备受尊崇，以迄终老。

在地图学上，他最重要的贡献是发现了迥然不同于托勒密的地图绘制方法。如上文所说，托勒密绘制大面积世界地图的原理是以人在固定位置观看地球仪所见为根据。这样的地图虽然逼真，却无法应用于航海，因为图上经纬线都是弯曲的，特别是经线在高纬度处会聚拢到一点，而远洋航行一般都是利用罗盘依固定方向（即与经线或者纬线成固定夹角）行驶，所以定向航线（即所谓rhumb lines或者loxodromes）在地图上呈现为曲线（在地球面上则是螺旋线），那就无法简单描绘出来。麦卡托从制造地球仪时需要将地图先分为多个窄长的尖瓣（gores）得到灵感，就采用了将不同纬度的纬线依照比

（接第542页）得以解决。在17世纪，此建议还在法国引起一场巨大争论，详见下章。

① 有关弗里修斯和黑顿见HOC Ⅲ, Pt. 2, pp. 1296-1297。

② 他原名Gerard de Kremer，Gerardus Mercator是其拉丁形式，Kremer/Mercator为商人之意。有关麦卡托Crone 1978, pp. 75-80有扼要简明的介绍，此外尚有详细传记即Crane 2003，以及纪念他五百周年诞辰的论文集Holzer et al. 2015，特别是该书讨论麦卡托与奥特柳斯之间关系与两者之比较的Ch. 9。

图12.11　麦卡托以新投影法绘制的世界地图。1569年印刷出版，由三排18幅分图合成，全大202厘米×124厘米，其中包含大量说明方块讨论测距、投影等问题与多个地理细节。注意其各大洲的海岸线已经接近正确，而经纬线都是正交直线，因此便于确定方向和应用于航海。该图现存巴黎国家图书馆

例，放大到和赤道一样长度的方法，以使得经线固定为南北向，纬线为东西向，因此定向航线在图上就变为简单的直线了。这样的地图在高纬度处的距离不免严重夸大失真，但所显示的方向则总是正确，那就航海而言是重要得多了。他在1569年吸取了当时已知的大量海外地理知识，而印制了一幅这样的世界图（图12.11），它日后成为"麦卡托投影法"的原型，但由于技术原因，此图当时还不实用，因此也不流行，直到18世纪才被广泛接受[①]。

当时地图学者对于此图背后的数学原理并不了解，直到三十年后英国的莱特（Eward Wright，约1561—1615）方才在其《导航法的某些谬误》（1599）一书中解开其中奥秘，同年他又出版了自麦卡托以来以其投影法绘制的第一张世界地图[②]。我们现在知道，这样绘制地图相当于应用所谓"圆柱投影法"，即将地球面的图形以地心为中心，投射到一个外切于地球，其主轴与地轴一致的无限长圆柱面上去。根据此原理，在麦卡托投影法绘制的地图上，沿经线或者纬线方向的距离可以简单确定，虽然精确计算斜向距离仍然很复杂（麦卡托在图上已经给出粗略估算的方法），但那已经不太重要了[③]。

在生前，麦卡托的名声主要是建立在他仔细研究大量最新地理资料之后，经过判断、选择和综合，然后绘制的一系列大型地图，那是在他后半生四十年间（1554—1594）陆续出版的。这其中最早作为基础的，是具有15分页的欧洲全图（1554），随后是一部新编托勒密地图集（1578），至于他心目中的"世界地图集"（他首先称之为Atlas，此名被沿用至今）则要到晚年才分批出版，那包括：（1）51幅法、比、德地图（1585）；（2）23幅意、希腊、巴尔干地图（1589）；（3）18幅英伦岛屿、北欧和北冰洋地图则要到1595年身后出版。同年他的儿孙更将他生平所绘制的地图集合起来，出版了包括107幅各大洲地图的《世界地图全集》[④]。

---

① 有关此图及在其上的距离计算见Crone 1978, pp. 63–64; Bagrow 1966, pp. 118–119, 133, Plate LXX; HOC Ⅲ, Pt. 1, pp. 376–378。有关此图所反映的新大陆、北冰洋、南方大陆以及亚洲内陆等海外地理知识之分析见Crone 1978, pp. 77–78。

② 莱特毕业于剑桥，其后成为Gonville and Caius学院院士（1587—1596），曾奉伊丽莎白女王命参加前往亚速尔群岛掳掠西班牙宝藏船的远航（1589），此次航线的地图即用其投影法绘制并发表于其书中。该书原名甚长，简称*Certaine Errors in Navigation*，其中论及的导航错误极多而全面，相关分析也很详尽，圆柱投影法只是其中一部分而已。详见Waters 1958, pp. 219–229，特别是pp. 223–225。

③ 其实古代马林诺斯的方格绘图法即相当于圆柱投影法，虽然他并没有投影的观念，所绘也以局部地图为限。见§7.7。

④ 有关"世界地图集"的发展历史见Bagrow 1966, pp. 179–180。

奥特柳斯（Abraham Ortelius，1527—1598）是安特卫普人，早年丧父，由舅父教育和抚养，弱冠以地图铭刻师资格加入绘图师（illuminator）公会，然后通过自学，逐步成为书商、古董商和地图出版商①。他酷嗜历史，精通多种古代和现代语言，搜集了三千余种图书，而又天生商业眼光，因此出版的地图集风行一时，为他带来丰厚资财。他一生转机当是28岁之年在法兰克福书展上认识比他长半辈的麦卡托，自此两人倾心结纳，成为惺惺相惜的同道知交。麦卡托长于天文数理和地理学，奥特柳斯则是历史人文学者，两人气质不同，却彼此促进，相互补足。奥特柳斯曾多次周游欧洲考察地理，前后凡二十年（1559—1578），他毕生大业则是在1570年出版《世界大观》（*Theatrum Orbis Terrarum*）地图集，它收入70幅前人和同时人所作世界各地地图，但依照地理位置编排，大小、格式一致，每图反面并附有相关地理说明，注明该图作者和来源，在书末更列出了全书33位地图作者以及当代87位地图学者的姓名。此书不啻当时欧洲地理学知识的总汇，与2世纪托勒密《地理学》有相同意义；它同时也标志了荷兰地图学黄金时代的开端。此书甫经出版即风行一时，此后几乎年年发行改进和扩充的新版，到17世纪初已达到41版之多，成为地理学上的一个体制了。除此之外，奥特柳斯又是最先注意到南美洲和非洲形状相吻合，而提出大陆漂移想法的人，在当时这只是猜测，但到20世纪则发展成为有根据的学说。

最后，我们还必须提到原籍荷兰哈林（Haarlem）的惠根（Jan Huyghen van Linshoten，1563—1611）。他少时跟随兄长往西班牙谋生，随后经过辗转介绍，成为葡萄牙驻果阿大主教的私人秘书，自是逗留印度多年（1583—1589），由是熟悉整个葡萄牙远东帝国的一切，特别是与远东航道相关的一切资料，包括方位、风向、洋流等。大主教去世后他重返欧洲，最后回到荷兰定居，在1592—1597年间出版了三本记述东方行程的书籍，内容包括当地风土人情，以及与航道密切相关，向来被葡萄牙视为国家机密的各种资料。此时荷兰经过近三十年艰苦战争刚刚脱离西班牙统治获得独立，跟着就组建东印度公司，进军香料贸易，逐步取代葡萄牙在远东的地位。在这个过程中他的著作是起了非常重要作用的②。

---

① 　有关奥特柳斯见Crone 1978, pp. 79–80；Bagrow 1966, pp. 179–180；Holzer *et al.* 2015, Ch. 9。

② 　见de Vries 1997；该书 pp. 382–396为有关荷属东印度公司（VOC）者，p. 383特别提到惠根著作的作用。

地理大发现最初只是葡萄牙人在15世纪一个锲而不舍的梦想，它的成功在15—17世纪依次牵动了西班牙、法国、英国、荷兰的介入，至终成为全欧洲的事业，因此密切相关的地理学和地图学在全欧蓬勃发展是再自然不过的事情。我们在此只是就其中与科学发展有直接关系的部分略为讨论，借以说明地理发现和地图学必须不断折中、往返于实际现象与抽象知识之间，以求两者吻合无间的这种工作，其实正是17世纪现代科学精神的核心。也就是说，地理大发现与现代科学的出现表面上渺不相涉，底子里其实有千丝万缕的关系，它和下一章将会讨论的磁学与血液循环一样，都是培根哲学背景的重要部分。

附录：费罗解三次方程式途径的猜想

费罗发现三次方程式

$$x^3 = px + q \tag{1}$$

的解是

$$x = \left[q/2 + (q^2/4 - p^3/27)^{1/2} \right]^{1/3} + \left[q/2 - (q^2/4 - p^3/27)^{1/2} \right]^{1/3} \tag{2}$$

但形式那么复杂的解到底是循何种途径得出来的？意大利科学史家（同时也是汉学家）瓦卡（Giovanni Vacca，1872—1953）猜测，这可能是用下列巧妙的类比方法。倘若将x写成如下形式：

$$x = (a + b^{1/2})^{1/2} + (a - b^{1/2})^{1/2} \tag{3}$$

那么立刻可以通过乘方得到下列缺x项的二次方程式：

$$x^2 = 2(a^2 - b)^{1/2} + 2a$$

在此式中x项是缺去的。同样，倘若维持x的上述形式不变，但将方根改为三次方根，即：

$$x = (a + b^{1/2})^{1/3} + (a - b^{1/2})^{1/3} \tag{4}$$

那么同样可以通过乘三次方得到下列缺x^2项的三次方程式：

$$x^3 = 3(a^2 - b)^{1/3} x + 2a \tag{5}$$

现在只要令$p = 3(a^2 - b)^{1/3}$，$q = 2a$，那么（5）式就变为前面的三次方程式（1）；同时反求a，b，即得$a = q/2$，$b = q^2/4 - p^3/27$，这代入（4）之后即得到方程式的解（2）。但四次方程式却不可以用相类似方法求解，而必须用费拉利所发现的另外方法，其细节见任何代数学教本或者详细数学史，例如Boyer 1985, pp. 314–315。

第十三章　在混沌中酝酿的科学革命

　　从荷兰发动独立战争以至英国查理二世复辟是欧洲最混乱的八十年（1580—1660），几乎所有国家都先后卷入战乱，都在为信仰而剧烈争论和作殊死斗争。在科学领域，这却是个千帆并举、百舸争流的年代，各国各家各派的新学说、新发现、新思想层出不穷，各具巧思，各擅胜场，令人心往神驰，却无所适从，无从窥测其究竟意义。以如今的后见之明看来，这八十年间的发展，最少有七条不同脉络，其中三条以理论发展为主，一条以观察、实验为主，另外三条则和科学思想以及其发展的大环境有关。不过，由于科学家们的广泛兴趣，底子里它们全部都是纠缠交错，互为因果，难以截然划分的。更有甚者，在时间上它们的重要环节大都发生于17世纪最初那半个世纪，而没有先后次序可言，因此下面的讨论无法依照时序，只能够以脉络为主。

　　在这七条脉络之中，大家最熟悉的可能是天文学，但它比较复杂，牵涉观测与理论的互动：开普勒的行星三定律一方面是根据第谷的精细天文观测，另一方面则是承接哥白尼的理论创新精神；而紧随其后的伽利略望远镜观测则打破了划分天上与地下现象的古老观念（§13.1–2）。第二条脉络是动力学，它从伽利略的运动学和落体研究开始，以至笛卡儿的碰撞体和惠更斯的悬摆研究都是很重要的进步，但离问题的真正解决却仍然遥远（§13.2，13.9）。第三条脉络是分析学，它最清楚明显，从上章的斯特文开始，经过开普勒、卡瓦列里、费马、沃利斯等许多数学家的努力，最后导致了牛顿流数法和莱布尼兹微积分学的出现（§13.8）。至于实验科学的多个发现性质就更庞杂，这包括吉尔伯特的磁学研究；哈维的血液循环论；居里克、帕斯卡（Pascal）和波义耳（Boyle）的气体与真空研究；还有胡克的显微镜观察等（§13.3–4）。值得注意的是，这条脉络所代表的绝大部分仍然是理论与实验的紧密互动，而不仅仅是事实的罗列。

　　除此之外，我们当然不会忘记，17世纪科学是在两个强大蓬勃思潮推动下发展的，那就是培根的实验主义和笛卡儿的理想主义（§13.4，§13.7）。它们代表科学研究的两种截然不同理念、不同方法，它们都对当时科学家的工作产生了广泛和巨大影响。最后，把17世纪科学和前代分别开来的，还有科学家对自己工作和身份的高度自觉，这表现于他们之间日益频繁的通信与聚会，从而导致伦敦皇家学会、巴黎皇家科学院等正式科学组织的出现（§13.5—6），它们所反映的就是科学从个人活动、志业到社会乃至国家体制的蜕变。

　　现代科学革命便是在上述许多不同的脉络中酝酿出来。它牵涉全欧许多国家和科学家，其进展充满竞争、争论和混乱，从其中几乎难以看到清晰条理和明确目标。这并不奇怪，因为所有结构性巨变，包括政治、宗教与科学，大概都只能够从丧失了一切既定秩序的混沌中诞生[①]。本章所要讨论的，便是上述八十年间许多科学家朝不同方向所做的努力，他们各有杰出成就，整体虽然似乎仍然是混沌一片，没有明显意义，但其实已经在无形之中为牛顿的大发现筑好坚固的平台了。

一、从第谷到开普勒

　　就现代科学革命而言，哥白尼是起点，牛顿是高潮，在两者之间产生最直接、最强烈刺激的，则是天文学与动力学上的新发现、新观念，这主要归功于16世纪与17世纪之交的三位科学家：做长期和精密观测的第谷，将第谷天文数据归纳为定律的开普勒，以及首先大力宣扬哥白尼学说，以望远镜观察天体并发现了两条物体运动基本定律的伽利略。他们的工作戏剧性地改变了欧洲学界的观念与气氛，促成了17世纪的科学热潮，所以是需要详细论述的。

乌兰尼堡的主人

　　第谷（Tycho Brahe，1546—1601）之所以能够成就大业，主要是在丹麦王室慷慨赞助下将德国天文学传统发挥到极致[②]。他出身丹麦贵族，家族

---

① 迪尔（Peter Dear）的《革科学之命：欧洲知识及其雄心，1500—1700》即Dear 2001基本上是一部牛顿之前的17世纪欧洲科学史，对多个不同发展的脉络有非常扼要的评述。

② 他的父姓是布拉赫（Brahe），第谷（Tycho）是拉丁化的名字，我们跟随一般习惯称他为第谷。第谷的标准传记是Thoren 1990；至于Christianson 2003则是一部别传，着力于时代背景以及他众多助手的来龙去脉；DSB/Brahe/Hellman对他的生平和工作也有简明叙述。

为王室所亲信的重臣。为了不清楚的原因，他自幼由叔父抚养成人，仅12岁（1558）就进哥本哈根大学攻读法律。当时丹麦已经信奉路德新教，哥本哈根大学则受梅兰希顿教育改革影响，也就是说以"七艺"为根本，在其中数学和科学占相当重要位置。因此，毫不奇怪，翌年他目击了一次准确预测的日食之后大受触动，于是就购买萨克罗博斯科、拉哲蒙坦那等的书籍，决志转向天文学了。像其他贵族子弟一样，他在15岁之年由导师陪同到中欧游历，表面上为进修古典语文，增长历练，但在莱比锡大学的三年期间（1562—1565）他却瞒着导师，私下从师问学，将积蓄用于购买天文学书籍、数表（包括著名的《阿方索数表》）、仪器，开始做天文观测。1563年他观察土木二星的"合"，发现结果与根据计算所得有相当大误差，这时他虽然未及弱冠，已经俨然一位天文学者了。后来他回到哥本哈根一年，其间叔父为王室殉难，他则得到舅家支持回到欧洲，在维腾堡、罗斯托、巴塞尔、奥古斯堡等地游学，前后达五年之久（1566—1570），其间曾经问学于梅兰希顿的女婿波瑟，与各地天文学者密切交往，以及设计和建造天文仪器，包括一个巨型木制四分仪。

　　他回国之后不久父亲病逝，他则再次得到舅父大力支持，在其主持的修院（Herrevad Abbey）中建立一个小小研究所，包括玻璃作坊、工场、化学实验室、天文观测台等，因此得以仔细观测1572年出现的璀璨新星，随即发表相关论著。当时丹麦君主腓特烈二世同样年少有为，而且锐意在学术和教育上革新进取。第谷循家族传统与他颇有往还，得到他鼓励在1574—1575年到哥本哈根大学讲授天文学，并蒙派遣到外国搜求建造人才。此时他已经承受丰厚家产，私下计划到巴塞尔定居，潜心学术。但敏锐的腓特烈决意留下这位英才，于是投其所好，提出颁赐丹麦海峡中的汶岛（Hven）予他作为天文观测之用，并且另外颁赠丰厚赏赐以提供所需建造费和日常费。这样，从而立之年（1576）开始，第谷就以贵族和近臣身份获得庞大资源，在汶岛上建造庄园，开设工场，研制各种巨型精密观测仪器，设立名为乌兰尼堡（Uraniborg）的庞大天文观测基地（图版16）[①]。这与图西所主持的马拉噶天文台以及兀鲁伯亲自指挥的撒马尔罕天文台（§8.8–8.9）有点相似，因为它也是由君主赞助科学家来建造和运作的。这三者都可以说是近代大型科学实验设备的滥觞。

---

① 　乌拉诺斯（Uranus）是希腊神话中的天神，天王星即以此命名，所以乌兰尼堡就是"天王城"。

　　第谷在乌兰尼堡前后超过二十年（1576—1597），其间招收、训练的学生、助手、技师前后不下七八十人之众，他们逗留的时间自数月以至三五年不等，所以他虽然大小事务缠身，还经常接待上自王侯（包括丹麦、苏格兰前后共三位国王），下至各方慕名而来的学者、学生，却仍然能够通过资深助手指挥年轻学者团队，经常不断地维持对日月五大行星的位置同时做精细观测。由于仪器精良，程序周密，因此观测误差减低到1′以下，甚至低至20″或10″，由此长年累积的大量数据，成为乌兰尼堡在天文学上的最重要贡献。但第谷本人并不以观测为满足，他还提出一个折中于托勒密与哥白尼之间的天体运行模型，即地球仍然居于宇宙中心不动，月和日绕地运行，五大行星则绕日运行，并且希望以此来建构他自己的天文系统。他这方面的著作由于女婿和开普勒的努力而得以在身后不久出版，但并没有产生很大影响。

　　对第谷呵护备至的腓特烈二世在1586年去世，克里斯蒂安四世（Christian Ⅳ）以冲龄继位，但摄政会议诸大臣仍然是与第谷交好的亲朋，对他同样维护不遗余力，所以他的工作并没受影响。然而，到了十年后克里斯蒂安亲政并且锐意推行中央集权之时，形势就顿时大变，因为这位少君对于他所耗费的庞大资源，以及他在汶岛上的独断作风不满已久。这时第谷已经名满欧洲，自然无法对新君低声下气，委曲求全，因此在1597年毅然放弃苦心经营多年的乌兰尼堡，变卖财产，带同家人、助手、书籍、主要仪器等出走德国。他最后得到神圣罗马皇帝鲁道夫二世（Rudolf Ⅱ）赏识，委任为"帝国数学家"（Imperial Mathematician），并且支持重建"新乌兰尼堡"。然而此时他已经心力交瘁，不多时就溘然长逝，临终时（1601年10月）并无亲人侍候在侧，被迫将历年累积的资料全部交予病榻前唯一的天文学者开普勒。

临危受命的哥白尼信徒

　　开普勒（Johannes Kepler，1571—1630）是在第谷逝世前一年（1600年2月）才前往布拉格投靠他的。第谷慧眼识人，发现了他的超卓才能。然而两人却相处得不好，这主要因为开普勒是哥白尼信徒，并不服膺第谷的折中理论，又曾经颂扬背叛第谷的另一位学者，所以得不到完全信任。更何况他心高气傲，以合作者而非助手自居，因此两人时起冲突，开普勒更一度愤而出走，后来有感于所见资料之精确丰富才回心转意重新投靠第谷。1601年9月他处理家事完毕回到布拉格，第谷随即带领他谒见鲁道夫皇帝，跟着一病不起，临终时平日的亲信弟子都已经星散各奔前程，甚至女婿也不在跟前，因此唯有将平生所观测、记录的天文资料"托孤"予开普勒，这既是历史性巧合，更属天意吧。

开普勒出身寒微，生于德国中部符腾堡（Württemberg）地区的小镇维尔（Weil），父亲是雇佣兵，母亲则是旅馆主人女儿。他少年时代曾经就读修院学校，16岁获得奖学金进蒂宾根（Tübingen）大学，20岁以优异成绩毕业[①]。当时大学中的天文学教授梅斯特林（Michael Maestlin，1550—1631）对哥白尼有深刻研究，不过仍然抱着非常审慎的观望态度。他对开普勒影响甚深，但这只是潜存的，因为当时开普勒仍然以教会为事业阶梯，所以毕业后修读神学，1594年为大学推荐，到奥地利南部的山城格拉兹（Graz）出任路德派学校的数学教员以及地区数学师，看来前途并不光明。在此阶段他不但怀着很深的宗教情怀，而且对星占学深感兴趣，这可以从他到任后每年发布包括星占预言的历表看出来。事实上，他终身是虔诚教徒，在三十年战争中多次因为坚持路德派信仰而颠沛流离，成名之后也还不时发布历表（虽然这是为了补贴收入），但在观念上他始终认为星占学有理性基础。

到格拉兹后两年出现了开普勒生命中第一个大转变：他在1596年写成《宇宙之奥秘》（*Mysterium Cosmographicum*）一书。根据自述，梅斯特林的授课使他深感哥白尼系统远较托勒密系统为清晰可信，他甚至曾经为此与同学举行辩论。因此从1595年暑假开始，他就在哥白尼系统基础上做进一步研究，专心致志要解答行星轨道的数目、大小以及运转方式这三个基本问题。最后他发现：柏拉图五种正多面体刚刚足够"分隔"五大行星加上地球的六条轨道，这解释了轨道数目；至于轨道大小即其半径，他则从各正多面体与轨道球面的外接与内切关系来决定——很神奇地，他居然也得到了与哥白尼数据相符（差别大致在5%以内）的结果。他还从外面的行星轨道较长，而且速度较慢这一观察，得出了日距与运行周期的关系，这结果与正确规律（日距与周期的2/3次方成比例）也颇为相近。最后，他还猜测，行星是从居中的日球得到运转动力，这动力会随着距离减弱，所以外行星速度较慢。《宇宙之奥秘》虽然是不成熟的少作，基本假设也错误，但它却有两个开创

[①] DSB/Kepler/Gingerich为开普勒一生事迹与工作提供了详细和深入综述；卡斯泊著有他的标准传记即Caspar 1993（原版1959，嗣经增订征引及索引出此新版）；Voelkel 1999是简括、生动的通俗传记；文学家科斯特勒的《分水岭》即Koestler 1961则为大部分根据Caspar资料的文学化传记。此外Methuen 1998则是有关开普勒早年学术背景的专著，对于当时蒂宾根大学的建制、学风，梅兰希顿的教育改革，乃至德国大学系统的神学与科学教育都有详细论述。

性意义。首先，它公开宣扬哥白尼系统，而且是建立在其基础之上，换而言之，在雷蒂库斯之后半个世纪，开普勒终于成为第二个公开而且有影响力的哥白尼信徒。其次，它不仅仅以数学模拟现象，而企图对现象提出基本和物理性解释，也就是要找到现象背后的实质性原因。在这点上，他和仍然秉承古希腊天文学传统的哥白尼并不一样，他可以说是具有现代天文学精神的第一人了[①]。

新世纪的新天文学

《宇宙之奥秘》的出版和发布使开普勒顿时跻身知名天文学家之列。数年后旧教势力控制格拉兹，开普勒被迫赴布拉格，这时第谷已经读过他的著作，并且由于梅斯特林推荐而主动发函邀请他前来工作。开普勒在第谷手下工作实际上不足一年，其间主要是研究火星轨道。第谷去世之后他继承了"帝国数学家"职务，主要责任是在第谷所遗留的天文资料基础上编纂一部可以媲美《阿方索数表》的《鲁道夫数表》。然而这计划随即遭遇极大困难，因为翌年第谷的女婿唐纳高（Franz Tengnagel，1576—1622）代表家族兴讼，从而取得所有第谷所遗留天文观测资料的保管权和使用权。经过反复交涉之后，双方终于达成和解协议，规定开普勒可以使用火星轨道资料，但相关著作必须得到唐纳高同意，确认没有违反第谷天文学观点，这才可以出版；至于开普勒本人的见解，则必须等待《鲁道夫数表》出版之后才可以自由发表。

在这苛刻限制之下，开普勒用了足足三四年时间"与火星战斗"，终于在1606年写成《新天文学》（Astronomia nova），但由于种种原因它迟至1609年方才得以出版[②]。此书核心是著名的前两条"开普勒行星运动定律"，即（1）行星依循椭圆形轨道绕日运行，日在椭圆的一个焦点上；（2）行星近日时运行较速，远日时较慢，其变化规律是：从日至行星的连接线在一定时间内所扫过的面积为恒定。此书的论证极其冗长繁复，是以复述作者自己研究与发现历程的方式来表达，而并非如《大汇编》或者《天体运行论》那样，以清晰的逻辑结构来阐述其理论。为什么要这样呢？主要因为"天体运

---

① 吴以义所著《从哥白尼到牛顿：日心说的确立》（上海人民出版社，2013）即将开普勒的贡献视为现代科学革命中最重要的一环，见该书第四章。

② 这是开普勒两部主要著作之一，英译本为Kepler/Donahue 1992。书中推理极其冗长繁复，柯瓦雷在Koyré 1973, pp. 172–279中对之做了详尽分析。

行的自然轨道必然是圆形，或者由圆形叠加组成"这具有近两千年历史的古希腊观念太根深蒂固，不但当时与开普勒通信的其他天文学家觉得偏离此原则是匪夷所思，就是他本人也不断有内心挣扎，多次企图回到圆形结构，最后只是由于第谷的数据十分精确，用圆形结构无论如何无法消除计算与实测之间大约4′—8′的差异，这才"被迫"采用椭圆轨道。开普勒将这研究过程详细展示出来，就是在预先回答天文学界对他这两条石破天惊的新定律所必然会提出的各种质疑[①]。所以，需要强调，这是天文学从古代走入现代，从古希腊天文学偏好转向物理性原则的决定性一步，而它之所以可能，在于第谷的精确观测和开普勒的理论创新，两者缺一不可。因此，开普勒认为，他们两人在阴差阳错之中居然能够结合成此大事，必然有上帝旨意存乎其间。《新天文学》所讨论的只是火星的轨道，但如开普勒所清楚意识到的，其推理可以轻易推广到所有行星包括地球的轨道，所以它是有普遍意义的。

在这本最有原创性的著作完成后三年，开普勒就由于时局影响，被迫迁往奥地利的林兹（Linz），在那里居住十四年（1612—1626）后，又被迫迁往普鲁士的沙干（Sagan，即今波兰Zagan）投靠瓦伦斯坦（Wallenstein）将军[②]。然而这仍然不可靠，1630年他再次被迫踏上征途，终于凄凉病逝途中。事实上，开普勒整个后半生都在三十年战争的漫天炮火中度过，因此饱尝兵荒马乱、颠沛流离之苦，但他却仍然能够专心著述不辍。

在此期间，他最重要的著作有三部，它们可以说是大致同时进行的，但完成和出版则前后相距十年。最早是1618年完成、翌年出版的《宇宙之和谐》（ *Harmonice mundi* ）[③]，它其实是《宇宙之奥秘》的延续、修正和扩充，基本上是要从几何、音乐、星占和天文学这四方面显明，宇宙在各方面的结构都有共同根源，都是根据同一和谐原理产生。它甚至提到，地球灵魂与大地会互相呼应，潮汐是"大块噫气"所生，又从行星的速度变化计算它们所产生的和音，这无疑是柏拉图《蒂迈欧篇》以及多种托勒密著作之回响，也是毕达哥拉斯学派与新柏拉图主义发展的最后一座高峰——但如下文所显示，它仍然并非尾声。无论如何，这部奇特的著作对现代科学仍然极其重要，因为它提出了开

---

① 此书写作的历史过程和详细分析，包括开普勒为何要在书中一再缕述自己多次不成功的尝试，见Voekel 2001，特别是pp. 211-253。

② 开普勒善于星占，而瓦伦斯坦则深信此道，所以经常令他相随。他曾应其要求，于1624年为之作星占，并预言十年后的2月他将死于暗杀，而这居然应验了！见Heilbron 2010, pp. 325-326。

③ 其英译本为Kepler/Aiton, Duncan & Field 1997。

普勒天体运行第三定律，即行星运行周期与其椭圆轨道的半长轴的3/2次方成比例。不过，这极其重要的定律到底是如何发现的，书中却没有说明。

跟着，在1617—1621年分三卷出版的，是《哥白尼天文学概要》（*Epitome astronomiae Copernicanae*）[①]。这其实是开普勒自己的天文学通论，它除了为哥白尼的日心说做有力辩护以外，还将以上《宇宙之奥秘》《新天文学》《宇宙之和谐》三种著作的要义做了清晰、有系统的论述。特别值得注意的是，它对上述行星运行第三定律提出了动力学解释，其要素包括：驱使行星运行的是日球的磁力——这无疑是从吉尔伯特在1600年发表的《磁论》得到的灵感，由此亦可见当时科学发展的交互影响与活跃；磁力与速度成比例，与周期成反比，行星的重量则反之，等等。现在我们知道，这些都是不能够成立的，然而他之企图在规律背后寻求更根本的原因，却正是现代科学精神的体现。《概要》出版不久就登上天主教会"宗教审裁所"的禁书名单，然而这无碍于它在1630—1650年风行一时，成为天文学最权威的论述。

然后，开普勒终于在1624年完成，在1627年出版了《鲁道夫数表》（*Tabulae Rudolphinae*）。他能够违反当初的协议，延到多种其他著作之后方才出版此数表，是因为唐纳高后来完全投入政治，再也无暇顾及学术，第谷的嗣子因而在1611年左右将全部天文观测资料托付予开普勒，授予他全权负责此事。因此，这数表是在开普勒行星运动定律的基础上编纂的，每颗行星的观测方位都必须由它以及地球在同一时刻相对于日球的位置来共同决定。它有两个超越所有其他数表的优点：首先，它并不列出行星的实际位置，而只提供计算这些位置的详细法则和参数，所以是没有年代限制的；其次，它的准确度在10′左右，远远超过误差可能达到5°的传统数表。此外，它还应用对数以简化内插值的计算：开普勒在1617年初次见到纳皮尔（Napier）的有关著作，但缺乏细节，因此他自行发展了编制对数表的方法。

最后，开普勒一生孜孜不倦，除了以上五部天文学著作以及多篇天文学和星占学论文以外，还有光学和解析学方面的论述。其中最重要的当推《天文光学》（*Astronomiae pars optica*，1604）和《折射光学》（*Dioptrice*，1611），前者讨论视差、大气折射、单孔成像观测等问题，并且初次提出斯涅尔折射定律的近似形式[②]，后者则受伽利略1610年所发表望远镜观测报告的

[①]　其英译本为Kepler/Wallis 1995。
[②]　荷兰的斯涅尔（Snell）在1621年发现折射定律，但并没有发表；此定律后来由笛卡儿（转下页）

启发，详细讨论透镜成像原理，并且提出双凸透镜天文望远镜构想。至于他由于偶然机缘所著的《酒桶体积之量度》（*Stereometria doliorum vinariorum*，1615）则是解析学漫长发展过程中的一环。除此之外，他还是有闲趣和幻想力的学者：其《新年献礼》（*Strena*，1611）是讨论雪花何以呈六角形，从而涉及密堆积（close packing）问题的函件；1609年所著但十余年后方才出版的《梦：月球天文学》（*Somnium seu astronomia lunari*，1621）则可视为第一部科幻小说——它想象如何登上月球，还讨论月球上所见天体运行情景。这两部作品至今还有大量读者，是毫不奇怪的[①]。

现代科学革命中出现了许多巨人，开普勒和哥白尼、第谷一样，在思想上仍然处于古代与现代之间，但倘若说在哥白尼和牛顿之间最重要的是开普勒、伽利略和笛卡儿三位，那大概是没有争议的。

二、贯通天上与地下科学

伽利略和开普勒大约同时，科学贡献也相当，但前者名声大得多。对大多数人来说，伽利略伟大，因为他是科学与宗教冲突的象征，是为真理受迫害的典型。这观感很自然，但也不幸，因为这光环使人忘记，他对科学的最重要贡献其实并不是为哥白尼辩护（那开普勒做得比他更早，也更切实，虽然不那么戏剧性），而是利用望远镜把人类视野扩展到地球以外，以及向新动力学原理踏出第一步。但历史舞台需要抗争与戏剧来吸引观众目光，因此这观感偏差大概是不可避免的。

锋芒初露的少年学者

到了伽利略（Galileo Galilei，1564—1642）的年代，文艺复兴、希腊热潮和代数学大突破都已经过去，"反宗教改革"运动则日益高涨，但过去的辉煌岁月尚未曾在记忆中磨灭，而且还不时在他的经历中闪烁[②]。他来自佛罗

（接上页）在1637年再度独立发现并发表，他曾经向梅森表示，自己在光学方面受益于开普勒最多，见DSB/Kepler/Gingerich。

① 它们有下列当代英译本：Lear 1965；Kepler/Hardie 1966。

② 伽利略最新也最全面和详细的传记是Heilbron 1999，此外尚见DSB/Galilei/Drake的综述以及Drake 1978；McMullin 1967是一部有系统地从多个不同方面来论述伽利略的专集；Shea 1972专门讨论伽利略在中年（1610—1632）的思想变革，特别是他如何从阿基米德信徒蜕变为新时代科学家；至于Golino 1966则是纪念伽利略诞生四百周年的论文集。

伦萨音乐与医学世家，父亲精研乐理。他自己出生于比萨，少年时代就读修院学校，曾经径自决定做修士而被父亲阻止，其后进比萨大学习医，又不感兴趣，于是从弱冠之年开始跟随泰特利亚的弟子里奇（Ostilio Ricci，1540—1603）学习数学。里奇是佛罗伦萨宫廷数学家，他倾向应用数学，是该城建筑学院院士，这对伽利略日后可能有相当重要影响。他学业进步很快，因此得到恩师向父亲说项，在经过三年（1583—1585）修习之后离开大学，回到佛罗伦萨自修，同时以教授私人学生、开设讲座等方式谋生。其后大概受可曼迪诺影响，他开始研究抛物旋转体的重心，并且因此见知于圭多波度，即满蒂子爵（Guidobaldo Marchese del Monte，1545—1607）。

圭多波度和泰特利亚一样，也是弹道学家。他出身乌尔比诺世家，父亲军功卓著，因此受封成为贵族；他自己在帕多瓦大学毕业，曾经从军赴匈牙利参加对奥图曼帝国的战事，其后袭爵退居祖传庄园，跟随可曼迪诺研习数学，成为他有数的弟子。圭多波度深研天文、数学、力学、光学，在1577年著成《力学》（*Liber Mechanicorum*）一书，以追求古希腊的严格为能事，一时声名无两，但这无疑和时代精神背道而驰。另一方面，他在透视法、光学、比例尺、军事科学等实用领域大有贡献，弹道学研究尤其出色[①]。他对伽利略这位后辈十分赏识，可以说是提携不遗余力。1588年圭多波度初次推荐伽利略出任博洛尼亚大学数学教授，但不成功，翌年再接再厉，推荐他去比萨大学，终于使伽利略得到正规教职。但他在比萨薪水微薄，和文学院同事、大学主管以及城邦权贵都相处得不好，因此两年后转而申请帕多瓦大学空缺，并且在圭多波度一力推荐下再次成功。帕多瓦薪俸较丰，学术气氛也浓厚，而且他在此相熟朋友众多，顿时如鱼得水，故此前后居留了足足二十年，即从27岁至46岁这段黄金岁月。他学术上的原创工作大多数是在此期间完成。

在比萨大学期间伽利略超脱流俗的个性开始显露：他在讲学中高姿态反对，甚至嘲笑亚里士多德；至于在比萨斜塔上释放不同重量铅球以证明其同时坠地也是此时所为，但倘若实有其事，则应该是示范而非实验。他于16世纪90年代著作的《论运动》（*De Motu*）可能是一部教学讲义，其问题意识尚未脱离亚里士多德《物理学》《论天》的框架，但整体方向是通过数学、假想实验和其他论证来驳斥亚里士多德的谬误，例如运动必然可分为"自然"

---

① 　圭多波度在Rose 1975, Ch. 10有专章论述。

与"受制"的两类，无限延续的运动必然导致无限大速度，抛掷物在上升阶段是受空气推动，在真空中物体运动会变为无限快速，等等①。和开普勒《宇宙之奥秘》一样，此书也属未成熟的少作，但自有"新发于硎"的锋锐与明快。而且，在许多问题（例如加速下坠和抛掷体问题）上，它已经显示日后重大发现的端倪。稍后完成的另外一种讲义《力学》（*Le Meccaniche*）篇幅较短，它讨论斜板、杠杆、滑轮、螺旋等机械问题，特点是提出"无限小力"（infinitesimal force）观念，并讨论在没有摩擦阻力的情况下此力所会产生的运动②。在随后十年（1600—1609）伽利略继续力学和运动学研究，并且在有关摆锤（pendulum）运动、圆弧上和斜板上的落体运动，以及等加速度中行距的增加等问题上取得进展。但这些探索并无决定性结果，只是在与圭多波度、萨尔皮（Paolo Sarpi，1552—1623）、瓦莱里等同行的通信中讨论③。他在1609年开始撰写系统性论著，但不久就为更有魅力的新工作所打断。

望远镜中的新世界

在力学以外，天文学也是伽利略关心的领域，而且他在这两个领域的兴趣经常互相干扰。1597年他初次在与比萨旧同事的通信中为哥白尼天文系统辩护；随后接到开普勒寄赠《宇宙之奥秘》，随即回信表示欣赏和赞同哥白尼，但对开普勒建议他公开支持哥白尼，则始终未做反应。倘若记得布鲁诺在1600年的悲惨命运，他这迟疑显然不为无因。1604年天上出现璀璨新星〔其实是一颗超新星（supernova）〕，这提供了反对亚里士多德的大好机会：他就此作了三次轰动帕多瓦的公开演讲，驳斥亚氏所谓地球以外的天体恒久不衰（incorruptible）之说。翌年他为自己在1597年所发展、监制和出售的比例尺（proportional compass）发明权问题兴讼，得胜之后更出版自辩说明此事始末。

但这些小成功都远远不能与望远镜带来的兴奋和声望、地位相比。望远镜最早由荷兰磨镜师利普尔黑（Hans Lipperhey，约1570—1619）在1608年发明，消息迅即通过萨尔皮以及巴黎的另一位朋友传到伽利略耳中，他翌年8月

---

① 《论运动》只有稿本，它与《力学》有下列合并出版的英译本：Galilei/Drabkin & Drake 1960。

② 此书在1593—1600年间完成，前后有三个不同版本。它以意大利文撰写，在伽利略生前仅以无名稿本形式广泛流传，但很早就被翻译成英文（1626）和法文（1634，译者为梅森）印行，其当代译本同上注。

③ 萨尔皮是对科学有极其浓厚兴趣的修士，自1592年认识伽利略之后便成为热心论学的朋友；至于瓦莱里（§12.5）则是在1590年访问比萨的时候结识伽利略的。

就依法制成了有9倍放大率的望远镜，年底更通过不断改良制成达到30倍放大率的所谓"伽利略型"（即物镜和目镜分别为凸透镜和凹透镜的组合）望远镜。把这崭新的奇妙仪器指向天际之后，他见到了不可思议的景象：月球表面并非光滑，而是山峦起伏；银河由无数个别恒星组成；木星有四颗卫星；此外天上还有大量前所未知的恒星；等等。这些都是古人所绝对未曾梦见，更非亚里士多德理论所能够解释的新奇事物。伽利略在两个月后即1610年3月出版《星际信使》（*Sidereus nuncius*）报道这大发现，此书以及其中所载从望远镜中所见的月球景像（图版17）在全欧洲所引起的思想冲击、震动，大概只有一个多世纪之前哥伦布发现新大陆的消息差堪比拟，恐怕还有过之而无不及。①

他的声望也因此迅速上升至巅峰。当年夏季他辞去帕多瓦大学教职，应邀返回佛罗伦萨出任大公爵的宫廷数学家与哲学家，以及比萨大学不带教职的终身数学教授。开普勒立即发表了两种著作称许他的发现。1611年初伽利略赴罗马展示他的发现，并赢得教皇、多位枢机主教和耶稣会士的认可和敬重，又被推选为"科学协进会"会员。与此同时，他的天文观测也续有进展：在1610年底他发现金星也像月亮有盈亏，这应验了哥白尼日心说的一个推论；他又发现土星光环，但误为极其接近土星的卫星，而这和木星的卫星一样，都是直接抵触地心说的。1613年他在"科学协进会"赞助下于罗马发表《日斑书简》（*Sunspot Letters*），以公开出版形式旗帜鲜明地宣扬哥白尼学说，提出惯性和角动量守恒观念，并宣称日斑为自己首先发现②，令原来发起这讨论的耶稣会士深心不忿。他显然感到地位已经稳固，可以畅快地提出自己的主张，再不必瞻前顾后了③。

冲突与悲剧

其实，他与佛罗伦萨好些学者本来就有嫌隙，他如日中天的声望、地位使他们嫉妒更甚，《日斑书简》授人以口实，于是就成为1613—1616年对他第一轮攻击的导火线。这开始于1613年底佛罗伦萨一个宫廷宴会上，有人指责

① 《星际信使》有下列英译本：Galileo/van Helden 1989。此书附有译者的导言和总结，对伽利略此大发现的背景以及其为欧洲学者接受的过程详加论述。
② 这和英国的哈里奥特观察和记录日斑大致同时，见下节。
③ 有关伽利略与"科学协进会"的关系，特别是该会对他与保守教士之间争端所起的推波助澜作用，见Freedberg 2002, Chs. 3–5。

伽利略的观点有违教义。由于他本人并不在场，他的学生卡斯泰利（Benedetto Castelli，1578—1643）起而为乃师辩护，事后伽利略为此写长信给他，宣称以教义干涉纯粹科学问题并不恰当。这事件引起了连串后果。首先，1614年底一位年轻多米尼加修士在讲道中开火，猛烈抨击伽利略和他的派系，乃至所有数学家。随后伽利略致卡斯泰利函件辗转传到罗马，宗教审裁所因而展开调查。得知这消息后伽利略深恐信件被窜改，所以自行将正本送去，到了1615年底更不顾劝告，决定亲赴罗马申诉。由于敌人众多，他此行一度陷入危险，幸而得到相识多年的枢机主教贝拉敏（Cardinal Robert Bellarmine）一力回护，方才未曾遭到严厉对待，其书籍也没有遭到禁止，事后甚至还蒙教皇接见和温言相慰。然而，他却被勒令此后不得再坚持或者宣扬地动说——这就为他日后受审判埋下了伏笔。事实上，这命令以后成为普遍性禁令，开普勒的《哥白尼天文学概要》就是据此被禁。在1616年中回到佛罗伦萨后，他被迫放下宇宙系统论争，回到天文学实际应用和力学上去。

对伽利略的第二轮攻击已经是十七年之后，他年近古稀时候的事情了，但远因可以追溯到他回佛罗伦萨之后不久。如上次攻击一样，这也是由天文学现象所导致的派系恩怨所触发：1618年出现的三颗彗星引起大量讨论，耶稣会士格拉西（Orazio Grassi）为此在罗马发表演讲，以之为对哥白尼学说的反证。伽利略的助手圭都奇（Mario Guiducci）[①]在他授意和指导下作了连串演讲并发表《论彗星》（*Discourse on Comets*），不点名批评了格拉西多处错误，后者因此在翌年以化名发表《天文学论衡》（*Libra Astronomica*）直接攻击伽利略。几经迟疑和商量之后，伽利略终于在1621年以通信方式撰写《测试师》（*The Assayer*）加以反驳，其中除了讨论具体观测问题以外，还特别强调物理本质与其所产生表观现象的差别，又提出大自然只能够通过数学了解，以及自然的探究不能诉诸权威等基本原则。此书在1623年获审裁所批准，由"科学协进会"出版。通过这连串对抗，他与罗马相当一部分耶稣会士之间就已经势同水火了。

但对伽利略来说，1623年却像是个令人兴奋的转折点：不但《测试师》顺利出版，而且有两位原籍佛罗伦萨的亲近好友进入权力高峰：向来与他

---

① 圭都奇本是律师，曾经在罗马学院和比萨大学就读，后来因为跟随卡斯泰利，遂转向数学，在1618年更成为伽利略的助手，同年被选为佛罗伦萨学院院士，1623年更被推选为"科学协进会"会员。

亲善的枢机主教巴尔贝里尼（Maffeo Barberini）荣膺教皇，成为乌尔班八世（Urban Ⅷ），这位教皇的侄子法兰切斯可（Francesco Barberini）曾经师从伽利略门生卡斯泰利，这时又被叔父提拔为枢机主教。换而言之，罗马似乎已经成为伽利略党的世界。因此翌年伽利略专程前赴罗马祝贺乌尔班荣升，并且大胆要求批准出书讨论哥白尼。教皇与周围的枢机主教对此都认为没有问题，只是要求他讨论不同宇宙系统的时候保持客观与平衡而已。然而，当时贝拉敏已经去世，他又完全没有提及1616年的禁令，从而种下祸因。以后的不幸发展与冲突现在是众所周知的历史了，此后他花了六年（1624—1630）工夫写成《关于两个主要世界系统的对话》（*Dialogue Concerning the Two Chief World Systems—Ptolemaic and Copernican*）①（以下简称《对话》），它表面上对托勒密和哥白尼的学说持平，实际上自然是提出充分论据支持后者。此书在罗马得不到批准，只能转到佛罗伦萨在1632年2月出版。当年10月他为此被勒令前赴罗马受审，主要原因是他被认为隐瞒了1616年的禁令，而且教皇乌尔班被人说服，书中不学无术的亚里士多德学者所影射的正是他自己。审判在1633年4月举行，定罪自所难免，但他只是承认了经双方协议的轻微过失。然而，由于乌尔班的怨恨，处罚却相当严厉：下跪认罪、终身监禁、《对话》一书被禁等等。不过，由于巴尔贝里尼枢机主教一力从中斡旋和回护，实际处理方式还算是相当宽松：他不但免于受刑，而且终身监禁迅即改为软禁，实际上是交予同情他的锡耶那大主教②为座上宾，大约半年后便获准返回佛罗伦萨附近的别墅度过余年。

　　事实上，伽利略是非常虔敬的教徒，而且和许多教会上层人物关系密切，因此双方的历史性冲突无疑是个悲剧。就伽利略而言，自恃与教皇过往关系是小悲剧，深信教会的明智与公正是大悲剧；就教会而言，虽然它的领导阶层有那么多开明人士，却仍然错过对科学采取开明态度的机会，则是更大的悲剧。这恐怕是由罗马天主教教会的本质与组织方式所决定，而并非偶然的了③。

---

① 此书有下列现代英译本：Galilei/Drake 1967。

② 这位大主教名阿斯卡尼奥·皮科洛米尼（Ascanio Piccolomini），他是伽利略的弟子卡瓦列里的数学学生，故此对师公非常尊敬和侍奉周到，令他能够恢复身心健康。他的兄长奥塔维奥·皮科洛米尼（Ottavio Piccolomini）就是在瓦伦斯坦将军有意叛变时奉命将之刺杀的神圣罗马帝国将领，见本书第555页注②。

③ 对于伽利略与教会的冲突，佛罗伦萨史专家斯皮尼指出，这在很大程度上反映了佛罗伦萨城邦统治阶层的内部分裂与斗争。见Giorgio Spini, "The Rationale of Galileo's Religiousness", in Golino 1966, pp. 44–66。

力与运动的研究

在伽利略漫长一生之中，天文学研究与主张使他成大名，也令他蒙大辱；地上物理学即力与运动研究不那么受注目，其实这才是他的真正关怀，也是他做出最重要贡献的领域。

现在我们知道，和亚里士多德所宣称的相反，天上与地下并没有不同的自然规律，天文学和物理学是分不开的。这个可以称为"通天人之际"的认识要到牛顿方才得以完成，但却是以伽利略为开端。他所作1610年望远镜观察所产生的最大震撼就是月球表面并非想象中的光滑无缺，而是如地表之峰峦起伏，以及其他行星也和地球一样有自己的卫星系统，因此，在1613年的日斑讨论和1623年的彗星讨论中，他都引进了惯性和角动量等地上物理学观念。1632年的《对话》是这些讨论的初步总结和系统性论述：为了支持哥白尼系统，它必须首先提出有力论据来克服反对地动说的传统理由。特别是，它必须解释何以垂直抛向高空的物体仍然会落在原地，而不是被快速运动中的地球"留在后面"，这自然就牵涉抛射体的物理学，而必须用到惯性和角动量观念。现代物理学中所谓"伽利略不变性"（Galilean invariance）是指经典力学定律不会因为空间坐标系统的等速运动而有所改变，那就是由他所提出的"惯性"观念而来。

不过，他这勇敢的观念跃进虽然方向正确，却有如沙石俱下的滚滚洪流。例如，在书中伽利略并没有注意到，开普勒远在二十多年之前就已经证明，行星轨道是椭圆而非圆形，却仍然抱着传统"自然运动"观念，认为天体的"自然圆周运动"在地上同样存在。此外他又提出，倘若地球静止不动，则潮汐现象不可解释，这固然有道理，但他所提出的潮汐产生机制则完全错误——事实上，潮汐成因是颇为微妙的动力学问题，要到牛顿才能够得到正确解答（§14.5）。

动力学研究贯穿伽利略整个学术生涯，它经历了最少四个不同阶段。首先，是平静的二十年教授时代（1589—1609），其间他完成《论运动》和《力学》。这时期为望远镜带来的大名和《日斑书简》引起的攻击打断，直到他从罗马回到佛罗伦萨，这才得以恢复平静，迎来长达七年（1616—1623）的第二阶段潜心研究。在1617—1618年他初次在一篇手稿中清楚定义等加速运动，并且在学生圭都奇所撰写的手稿中讨论了许多运动学问题。这阶段是与格拉西的彗星论争同时，以迄乌尔班批准他写书结束。此后则是他专心撰述《对话》的第三阶段（1624—1630）。罗马受审和返回佛罗伦萨之后不久，他开始撰写《关于两种新科学的讨论和数学证明》（*Discourses and Mathematical Demonstration Concerning Two New Sciences*）[1]（以下简称《新科学》）。由于第二阶段所准备的手稿已经奠定基础，这最后阶段工作在大约一年后就完成了。但它的出版困难重重，最后要将手稿偷运到法国，再转运到荷兰，这才得以在1638年出版。当时伽利略已经失明，幸得学生维维安尼（Vincenzio Viviani, 1622—1703）随侍左右，以及托里拆利（Torricelli）常来探视。四年后他黯然去世，教皇甚至不准为他立碑。

《新科学》分为两部分：前半讨论物性学，特别是物质的凝聚力和强度，包括同样物体体积"放大"之后所会产生的结构问题；后半讨论物体运动，这是更基本和重要的部分。它首先有系统和详细地定义位移、速度、加速度、等加速度，并且以多种实际方法，包括示范，来解开两千多年来一直困扰西方心灵的各种芝诺悖论，也就是认真面对运动现象中的无限分割问题。在此基础上他进一步详细讨论自由落体、钟摆、抛射体，以及斜板上滑落体等各种运动，并且提出：在直交方向的两种不同速度（就抛射体而言，这是沿水平方向的等速度和沿垂直方向的等加速度）相叠加的原理。倘若和牛顿经典力学相比较，那么这书显然已经从中古的"摩尔顿规则"过渡到以初步微分方法来描述、分析运动现象；并且已经发展出惯性观念，以及提出第一和第二运动定律的基本形式和简单应用了。在这个意义上，它无疑为科学革命的最后突破奠定了基础，此后惠更斯（Huygens）和牛顿都是以他建立的原则为出发点而继续前进的。

三、实验科学的两大突破

近代科学的发展从哥白尼、卡尔丹诺、费拉利等开始，中间经过维艾特、斯特文的努力，一直到第谷的系统观测，和开普勒、伽利略的突破性发现，可以说形成了一个非常强大的欧陆数理天文传统。在这个火热时代，远处欧洲西陲的英国似乎显得十分落伍，在整个16世纪都没有产生一位原创性科学家。然而，其实它不但在静悄悄地追赶欧陆，而且在朝独特新方向发展，那就是实用和实验科学。这最初表现于数学的普及与应用，到了17世纪初则在磁学和医学两方面爆发出来。

----

① 此书有下列英译本：Galilei/Crew & Salvio 1952。

世纪之交的英国数学

在前两章我们提到，英国数理科学的复兴是从狄约翰魔法和雷科德、迪格斯等的科学普及工作开始，而林纳卡在牛津设立讲座的影响尤其重要。到了世纪之交，这个传统更进一步发扬。出身伦敦富商家庭的格雷欣（Thomas Gresham，1519—1579）毕业于剑桥，是长袖善舞的金融奇才，除了经商，还为自亨利八世以降的四位君主代理财务，又独资为伦敦兴建"皇家交易所"（The Royal Exchange），从其中的商铺获取厚利。他颇有文化意识与长远眼光，遗嘱中订明，身后将庞大的不动产至终交由伦敦市政府与商会管理，用以开设一所有类于今日"成人教育学院"的机构，每日为市民大众举行免费学术讲座，领域包括几何、天文、物理、法律、神学、修辞、音乐等七个大学科目，内容则要切合实际，那就是1597年正式成立的格雷欣学院（Gresham College）。它由于资源丰厚，位居四方辐辏的政商枢纽之地，所以活动频繁持久，为科学家提供了一个安顿、聚会、联络、交换信息之所，伦敦也因此逐渐发展成为牛津、剑桥以外的另一科学中心[①]。此后萨维尔（Henry Savile，1549—1622）的贡献也相类似。他出身牛津，是摩尔顿学院院士，曾讲授托勒密、拉哲蒙坦那、哥白尼的学说多年（1570—1578），此后漫游欧洲四年，与知名学者往来，回国后得伊丽莎白女王信任，返摩尔顿学院出任院长。鉴于"在英国，几何学几乎已经完全无人知晓和被遗弃"，他在1619年创设几何学和天文学的"萨维尔讲座教席"（Savilian Professorship），对英国数学随后的发展起了难以估量的作用[②]。

布里格斯（Henry Briggs，1561—1630）的经历最能说明这些学院和讲座的作用。他在剑桥圣约翰学院毕业，其后留校教授数理科学，由是对天文、航海发生兴趣，与同窗莱特（Edward Wright）合作进行天文观测，于1596年赴伦敦，成为格雷欣首任几何学教授。在随后二十三年间他讲授数学、天文、航海和开普勒新学说，与众多剑桥、牛津以及海外学者（包括开普勒）通信往来。

[①] 有关格雷欣教授群，特别是下述的布里格斯对英国科学发展的影响见 Hill 1991, pp. 34-43。但这些学者对大众教育有何贡献却有争议：费恩高（Mordechai Feingold）以一整章书来反驳希尔（Christopher Hill）、泰勒（E. C. G. Taylor）、马松（S. F. Mason）诸人的观点，详细论证格雷欣的教授其实对于在大众（主要是商人、航海员、炮手、建筑技工等）间推广数理科学并不热心，学院的董事也无法强迫他们遵守有关的教学规定；另一方面，群众对于高深学说也不感兴趣，所以在17世纪，该校其实未能贯彻创办原意，而蜕变成为科学家聚会、联络，甚至长期容身之地。详见 Feingold 1984, Ch. 5。

[②] 有关萨维尔讲座最初的状况以及其与格雷欣学院的密切互动关系见 Hill 1991, pp. 53-55。

由于和萨维尔相熟，他在1619年回归大学，被聘为首任萨维尔几何学讲座教授。另一位伦敦学者是较年轻的根特（Edmund Gunter，1581—1626）。他出身牛津，在1619年获得格雷欣天文学教授位置，此后发明了多种天文和航海测量仪器，以及应用对数原理制成的计算尺。这两位格雷欣教授和下面要提到的伦敦数学家奥特雷德相熟，经常书信往来。和他们同时的，还有两位业余学者。纳皮尔（John Napier，1550—1617）是苏格兰贵族，曾经肄业于圣安德鲁大学和游学欧洲，归来后管理家族庄园之余，又致力制造计数机械尺，并涉猎炼金术和魔法，但最重要的工作则是在垂暮之年发表小册子《神奇对数法则论述》（*Mirifici Logarithmorum Canonis Descriptio*，1614），其中除了自然对数原理和计算方法之外还有球面三角学的应用[1]。翌年布里格斯听到这消息即从伦敦专程北上造访，与他商定以10为底的对数表，布里格斯自己也出版了一部14位对数表[2]。至于奥特雷德（William Oughtred，1574—1660）则是出身伊顿和剑桥，居住于伦敦西南郊的牧师。他根据对数原理而发明和制造了计算尺（1622）。除了推广新计算法之外，他还撰写精简的《数学要义》（*Clavis Methematica*，1631），开设免费私人数学学校。他与布里格斯、根特以及后来的沃利斯和雷恩（Wren）等数学家相熟，书信往来频繁，影响了包括牛顿在内的一大批学者。

不求闻达的奇才

同一时期的哈里奥特（Thomas Harriot，1560—1621）则是一位科学奇才，可惜他的许多发现都没有出版，在当时毫无影响，直到20世纪方才为人所知[3]。他出身寒微，毕业于牛津，为较年长的同学罗利（§12.7）聘为家庭教习。不久罗利赴北美弗吉尼亚海岸建立殖民地（1585—1586），哈里奥特参与其事并曾跟随船队西渡大西洋[4]。此后罗利与佩西（Henry Percy，1564—

---

① 瑞士钟表专家布尔基（Joost Bürgi，1552—1632）可能在1588年已经独立发现了对数原理，虽然他迟至1620年才由于开普勒的催促而将之出版。

② 即《对数算法》（*Arithmtica Logarithmica*，1624）。有关布里格斯的交往见Feingold 1984, pp. 139–143。

③ 哈里奥特的事迹、工作见DSB/Harriot/Lohne以及下列详细传记：Shirley 1983。该书第一章详细追述了他所留下而未及发表的上千页手稿，它在过去四百年辗转流传，直至20世纪方才重见天日和为人研究。沃利斯推崇他可比开普勒、伽利略，甚至认为笛卡儿是在剽窃他，这虽然不值一笑，但也并非空穴来风，全无根据，见下文。

④ 他归来后撰写了《新发现的弗吉尼亚真实简报》（*A Brief and True Report of the New Found Land of Virginia*），此小册子由于地理学家赫克里特（Richard Haklyut）大力宣扬而（转下页）

1632）即第九代诺森伯兰侯爵（Earl of Northumbria）深相结纳，过往频密，哈里奥特亦加入他们圈中，获佩西馈赠优厚年金和住宅，自是不需再奔走谋生，可以专心所感兴趣的科学研究，以迄1621年因皮肤癌去世[①]。后来罗利和佩西先后卷入谋叛大案，被长期禁闭于伦敦塔，不过仍然准许继续和学者朋友如哈里奥特交往，传为佳话[②]。

　　哈里奥特的唯一著作是身后发表的《分析学教程》（*Artis analyticae praxis*），其贡献与迪格斯（他们互相通信）、维艾特相近。他重新应用符号表示乘方，例如用 $AAAAA$ 代表 A^5，又引入今日通行的符号 $=$、$>$、$<$ 等，使得方程式更为简洁明了[③]。除此之外，他还有三方面贡献。首先，他在1590—1595年间做过大量弹道学研究，提出炮弹轨迹是抛物线，在接近顶点时其上升和下降速度相等，又考虑过斜板上物体所受分力，以及垂直和横向速度的结合，这和伽利略在大致相同时间所研究的相同。其次，他准确测量了光线在不同介质之间的折射率，最后在1597年或以前得到折射的正弦定律，比笛卡儿（1637）和斯涅尔（1621）都早。他还研究了不同颜色光线的折射率，折射率与比重的关系，以及水滴内全反射与彩虹形成的关系——他受海桑影响，但显然不知道西奥多里克的工作。最后，由于哈雷彗星的刺激，他自己研制望远镜，用以观察月球且绘出所见景象——这是在1609年7月底，比伽利略早四个月，可惜他没有发表所见。更可惜的是，在1610—1613年他多次仔细观察太阳黑子即日斑，留下记录，却仍然没有公之于世。

磁学的开创性贡献

　　英国在数理天文方面落后，但从17世纪开始，却在另外两方面做出了领先

（接上页）风行一时。他甚至曾为此行而专门研究土著的言语并为之设计音标，因此被认为是最早的语音学家。分别见Shirley 1983, pp. 107–112, 113–156。

[①] 从16世纪90年代开始，佩西馈赠80英镑丰厚年金予他，后增至100英镑；此外又将宅邸旁房屋拨给他做住所和实验室。有关此事以及他和佩西、罗利三人之间的微妙关系，见Shirley 1983, pp. 209–240。

[②] 罗利在1603—1616年间遭监禁，1616年短暂获释，最后因他故被执行死刑；佩西在1605—1621年间遭监禁，其后获释，1632年去世。他们在狱中与学界和文人朋友的往来、谈论被美化成为"夜间学院"，佩西甚至被称为"魔法师侯爵"。这些说法最早见诸17世纪的数学家沃利斯，在20世纪则为耶茨和希尔（见Hill 1991, pp. 139–145）等科学史家接受，但未必不真实，其详细考证见Shirley 1983, Ch. 9。

[③] 他的书在去世后十年即1631年由后辈好友沃尔纳（Walter Warner）整理小部分手稿出版，书名《分析学教程》，其实是（跟从维艾特）指代数学。有关此书讨论见Boyer 1985, pp. 335–337。他以下工作见Shirley 1983, pp. 242–263; Ch. 10。

欧洲的开创性贡献，那就是吉尔伯特的磁学和哈维发现血液循环。他们两位都是在伦敦执业的医生，而他们的工作是和英国的实验传统分不开的。

吉尔伯特（William Gilbert，1544—1603）是英国中部科尔切斯特（Cholchester）地方人，出身文吏家庭，14岁入剑桥大学，循级而进，最后获医学博士学位，并当选圣约翰学院资深院士（1569）。此后他在欧陆行医、游学三四年，返国后当选皇家医学院院士（1573）。由于医术精湛，他其后获委任为御医，在院内亦成为中坚分子，最后荣膺院长（1600），同年出版其毕生巨著《磁论》（*De Magnete*），三年后罹疫症辞世[①]。

《磁论》一共六卷，以磁石、磁铁、起磁、地磁等许多有关磁性的现象为题材，是一部开创性的系统性著作。它通过前人记载，特别是佩里格林纳斯的《磁学书简》（§10.6）和作者自己的仔细观察、推敲，将实验与理论研究熔铸为一，可以说为近代实验科学开创了一个典范。此书广受注意有许多原因。其中最重要的是，它系统地阐述了起磁即制造磁针的方法，又对地磁现象做出了基本正确的解释，即地球本身是一块巨大的、他称之为 "terrella" 的球形磁石。从此出发，他得以对磁倾角（dip，即磁针与水平面所成角度）与磁偏角（declination，即磁针在水平面投影与正北方向所成角度）的现象和变化成因做出令人信服的解释，并且说明如何从磁倾角来判断纬度，以及如何从测量磁偏角所得数据来校正磁针方向。这两者对导航是极为重要的，因此莱特（§12.8）为此书作序是很自然的。除此之外，这书还记载了琥珀摩擦生电现象的研究和最原始验电器之发明，又首先应用了 "electricity" 这个词。在此书之后六十年，电的研究才又推进一小步，但磁学则足足等待了两个多世纪方才由于电池的发明而迎来新进展。最后，此书也支持地动说，指出地球比想象中运载日月行星的天球小得多，所以地球自转涉及的速度要比天球以同样周期转动时所涉及的小得多，后者的转速则大至不可思议。由于磁力可以超越空间在两块磁铁之间产生吸引力即有所谓 "超距作用"，吉尔伯特甚至猜测，它也就是牵引天体（例如月球）运转的力量。

吉尔伯特生当16世纪中叶，与迪格斯、斯特文、第谷等同时，比哈里奥特、培根、伽利略、开普勒、莱特等长一辈，他们互相知闻甚至认识，是受同

---

① 《磁论》有1893年的Paul Fleury Mottelay英译本和1900年的Silvanus Phillip Thompson英译本即 Gilbert/Thompson 1958，并有多个可自由下载的网上版。该书正文前有译者导言和吉尔伯特生平简介，以及莱特和作者本人的序言，从中可以对吉尔伯特得知一二。

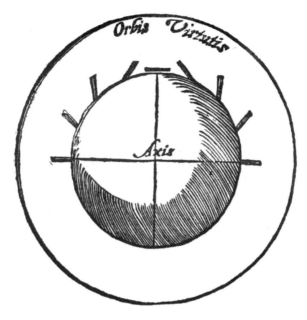

图13.1　吉尔伯特《磁论》中有关球形磁石在不同位置对铁屑所生不同方向吸引力的图解。注意在磁石两极（轴的两端）附近铁屑直立，在相当于赤道的位置铁屑平躺。取自Gilbert/Thompson 1958, Book Second, Chapter 6

一科学研究氛围所触动和刺激，在彼此的鼓舞下工作和成长的。这多少说明，何以像吉尔伯特那样一位事业兴旺的专业医生，还能够在公余之暇精研覃思，孜孜不倦做出那样有系统和深度的工作来。而《磁论》为同时科学家如伽利略所深知，它有关天体吸引与磁力有关的想法为开普勒所接受，也是很自然的。

血液循环的发现

哈维（William Harvey，1578—1657）是吉尔伯特下一代人，出身肯特（Kent）郡殷实富农家庭，两人背景与事业轨迹颇为相似①。他15岁入读剑桥，本科毕业后留校专攻医学两载，然后赴帕多瓦大学学习（1599—1602），得博士学位后返回母校，再次取得博士以及本学院（Gonville and Caius）院士资格后，才移居伦敦，通过皇家医学院考试，并开始执业，同年

---

① 有关哈维的生平见下列详细传记：Wright 2012；有关他的发现及影响见《哈维与血液循环》即Whitteridge 1971；此外《哈维与牛津生理学家：科学观念与社会互动》即Frank 1980，也仔细阐述了哈维的工作与影响，并对牛津大学在17世纪最初七十年的科学运动与氛围有深入探讨；Cohen 1981则是一部研究哈维的论文集。

更成为同郡御医的女婿（1604），此后事业发展遂有了靠山。三年后他取得
院士名衔，1609年加入圣巴多罗买医院①，过两年成为主诊医生。他在1615年
出任林姆利讲席（Lumleian Lectureship）②，翌年开讲，自此名声鹊起，不久
荣膺詹姆斯一世特委御医（1618），十年后发表其划时代的血液循环理论，
唯反应不佳，但这亦无损其事业。约在1632年他成为查理一世常任御医，同
时在皇家医学院拾级而上，最后当选司库。在清教徒革命期间他忠心耿耿，
跟随查理驻跸牛津。其后王党失败，牛津为国会党攻克（1645），他年事既
高，亲朋凋零，心灰意冷，遂返回伦敦隐居终老。

　　在西方医学传统中，血液的流动以及其与肺气的关系向来是重要问题
（§5.2，7.8）。哈维发现血液循环的先驱可以追溯到他在帕多瓦大学的祖师
爷维萨里（§11.6）及其嫡传弟子和继承者法洛皮乌斯（G. Fallopius，1523—
1562），后者把职位传给自己的学生法布里斯（Hieronymus Fabricius，1537—
1619），那就是哈维就读该校时的老师。法布里斯担任该校解剖学和生理学
教授甚久（1565—1604），曾在1604年发表论文，宣称在1574年首先发现静
脉中的静脉瓣，但他并没有意识到这些瓣膜的真正作用，误以为是阻止静脉
中的血液过速流向四肢。他讲课时多次提及此事，哈维无疑也曾与闻③。对
哈维更重要的是另一位帕多瓦前辈可伦波（Matteo Realdo Colombo，1515—
1559）。他生于意大利克里蒙那（Cremona），出身外科医生，曾任维萨里
的解剖助手（1538—1544），随后任教比萨大学（1545—1549），最后为
罗马的教皇学院罗致，终老于斯④。他死后出版的《解剖学论集》（De re
anatomica，1559）在西方医学中首次提出"肺通过"（pulmonary transit）
观念，即右心室的血完全是经肺动脉输往肺，在那里与空气结合之后经肺
静脉回到左心房，因此，肺静脉里面也不会有任何气体。他的证明很简单有
力：以狗做活体实验，在接近肺的那边把肺静脉割开，会发现涌出的只有鲜

① 此医院起源于中古修院的慈善机构，在16世纪由亨利八世以诰制方式赋予财源，并交由伦敦
市政府管理，所以成为皇家公立医院。
② 这是伦敦皇家医学院（Royal College of Physicians）为当时地位较低、一般不熟悉拉丁医学典籍
的外科医生（surgeon）开办的六年制课程，旨在提高他们的学术水平。它在1582年由林姆利男
爵（Baron Lumley）和该院医生考德威尔（Richard Caldwell）共同创立，延续至今未曾中断。
林姆利讲席教授通常亦同时要负责皇家医学院每两年举行的解剖示范，所以哈维亦兼任这工
作。见Whitteridge 1971, pp. 82—88。
③ 法布里斯是正统的盖伦学者，所以做这样的解释。见Whitteridge 1971, pp. 19—28。
④ 在罗马他还认识了米开朗琪罗，有意和他合作出版人体解剖图册，但未能成事。见Cohen
1981, Essay by H. P. Bayon, Pt. 4, pp. 98—102。

血而没有任何气体。可伦波此说在他西班牙学生巴尔韦德（Juan Valverde da Hamusco）1556年的著作中初次被提到，其后半个世纪间又为维萨里、法洛皮乌斯和多位解剖学家所注意和讨论，因此哈维在帕多瓦求学时当也知悉。无论如何，他在1616年的演讲中就引用过可伦波书中的相关部分[①]。

哈维对于心脏运动的研究，很可能是从在伦敦执业时开始的，但没有记录，他就任林姆利讲席之后留下的讲稿才陆陆续续提到这方面的工作和见解。这样直到十二年后整个研究成熟，他才以极精简形式，总结二十多年来心血结晶，撰成短短72页共17章的《论心脏与血液运动》（De Motu Cordis）在莱顿出版（1628），其时刚届知命之年。这篇论著是现代医学革命的里程碑，能够和它相提并论的下一个大发现，恐怕要等到两百多年后的巴斯德（Louis Pasteur）细菌学了。

在传统盖伦体系中（§7.8），肝是血液源头，食物精华在那里被转化为血，然后通过静脉流到全身而被消耗掉。在这体系之中，心和肺只是血液从肝向全身扩散的中转和"加工"站：它们一方面吸取血液的营养灌溉；另一方面则在左心室混合血液、（从肺静脉吸入的）空气，以及"本有热力"三者，从而制造鲜血（vivified blood）来为全身提供热力。哈维则提出：血液并非单向扩散到全身，它实际上是在心肺和血管系统中循环流动的。为此，他需要证明两件事。首先，血液从右心室经肺动脉输往肺之后，会通过肺然后经肺静脉流回左心室，这就是可伦波首先提出的"肺通过"，也是论著第一部分所要证明的。其次，活血经大动脉流到全身之后并非消耗掉，而是经微细血管进入静脉系统，然后收集到腔静脉中，再回流到右心室。因此，在静脉中血液并非流向全身，正相反，它是从全身回流到心脏。这是论著第二部分，也是最主要部分（图13.2）。

论著第一部分（导言、第1—7，17章）成书较早，它完全没有提到血液循环，而是通过大量动物活体解剖实验以及婴儿胚胎生理的研究来阐明以下两点：首先，心的搏动和血管的脉动（也就是脉搏）并非同时发生的同一件事，后者是由前者所导致；事实上，心房和心室的收缩也并非同时，而是先后相继的。其次，可伦波提出的"肺通过"确实可以成立。

[①]　可伦波提出"肺通过"的详情见Whitteridge 1971, Ch. 2。其实，在可伦波之前，已经有一位中古伊斯兰医学家纳菲斯（Ibn al-Nafis）和一位16世纪新教徒塞维提斯（Michael Servetus）提出过"肺通过"观念，见同书p. 48。

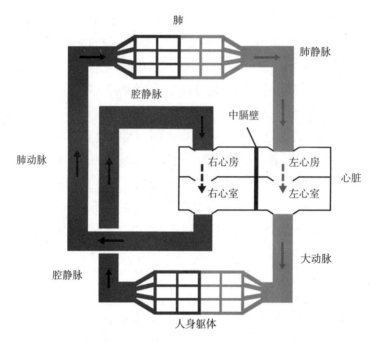

肺

肺静脉

腔静脉

中膈壁

肺动脉

右心房   左心房   心脏

右心室   左心室

大动脉

腔静脉

人身躯体

图13.2　哈维所了解的心肺血液循环示意图。血管中浅色代表从肺部流向心脏，然后由左心房/心室泵压流向全身的血液，深色代表从身体回流到心脏，然后由右心房/心室泵压到肺部的血液，整个循环途径与我们今日所知相符，但他对此循环过程的生理意义其实尚未了解

　　第一部分写成之后，哈维继续思考和研究，这才悟到血液循环的观念和有关证明，从而写成第二部分（第8—16章），然后把它插入第一部分中间，一并发表①。在这部分，他首先说明了血液循环的根本观念，指出心脏是推动循环的器官，然后提出三个证明。第一，从左心室的容量估计每次心脏收缩时排送到大动脉的血液最少有半盎司（ounce），心脏每半小时搏动1000次，那排送的血液就超过30磅，一天之数更大得不可思议。这也可以从（人或者牲畜的）动脉被割开之后血液会在大约半小时流尽得到佐证。但很显然，肝绝对没有可能不断制造如此巨量的血液，人体也不需要这么多血液的滋养。第二，血是由于心脏的强力驱动，而通过动脉流入四肢，然后通过静脉从四肢回流到腔静脉。这可以用绑扎手臂以暂时堵截静脉或动脉血流，然后观察其后果，例如是否有血色或者肿胀而得证明②。而且，即使绑扎了手臂表面的

① 全书两部分是在不同时间先后写成的，这个判断是由Jerome J. Byebyl提出，见Frank 1980, pp. 10–11。

② 松绑扎只会堵截手臂表面的静脉血流，紧绑扎则会同时堵截手臂内部的动脉血流，因此可以分辨堵截静脉和动脉的不同效果。见Harvey 1949, Ch. 11。

静脉，在绑扎点以下割开静脉的话，血液也一样会源源不断流出，这证明手臂内部动脉所供应的血是会通过末梢网络而流入静脉系统的。第三，通过绑扎和用手指推动手臂表面静脉中血液的实验，可以确切证明，法布里斯所发现的静脉瓣的作用是完全阻止血液回流到四肢末梢，而并非防止它过分急速流向末梢。因此静脉血的流向和盖伦系统想象的正好相反，它并非从肝流向身体各部分，而是从人体各部分回流到腔静脉，然后回到心脏。

哈维的发现自然是个重大突破，但它基本上是物理性的，重点在血和心脏的"运动"，也就是血的循环，至于这循环的必要，特别是血经过肺的作用是什么，它到底如何吸收空气而变为"活血"，则不在讨论之列。这突破摧毁了盖伦系统的一部分基础，但还不是它的整体。然而，他这部革命性论著发表之后三十年间，也就是直至他去世为止，学界虽然不乏支持和称赞声音（其中最突出的当推笛卡儿），但大部分同行则持沉默、怀疑甚至公开反对态度[1]。这和哥白尼日心说的命运不无相似。很显然，要挑战一个具有一千五百年历史的体系，即使已经有充分证据，也不是那么容易的。

四、实验哲学大旗手培根

希尔在《英国革命的思想根源》中宣称："在1640年之前的八十年间，英国从科学落后国家一跃而变为最先进之列。"[2]这话有点道理，但不太准确，因为吉尔伯特、纳皮尔和哈维虽然重要，却还不足以与同时代拱若晨星的欧陆科学家抗衡。把时限推后二十年即波义耳和沃利斯出现之后，这话最多是勉强可以成立；只有到了17世纪80年代即牛顿横空出世之后它才是完全没有争议。换而言之，17世纪上半叶是英国科学崛起而并未领先的时期。那么，在这半个世纪间英国科学到底发生了什么事情呢？简单的答案是，实验科学思潮的兴起与发扬。上一节已经讨论过的吉尔伯特和哈维是它的先驱；与他们同时的培根是它的理论家、大旗手；继起的波义耳则是将之付诸实行的典范；而皇家学会的成立则是它的社会化和体制化。经过这半个世纪的发展之后，实验科学才得以在理念和实践两方面趋于成熟，才能够和源远流长的理论科学分庭抗礼，成为

① 详见Whitteridge 1971, Chs. 7-10。
② 见Hill 1991, p. 15。希尔是一位虔信共产主义的17世纪史专家，但在科学史上却表现出极强民族情结，与撰《都铎地理史》的泰勒和撰写《文艺复兴时代的英国天文学观念》的约翰逊（Francis R. Johnson）不相上下，而那两本著作是他经常征引的。

自然哲学演变为现代科学的关键。

幼有大志的神童

培根（Francis Bacon，1561—1626）系出名门，少聪夙慧，著述不辍而又热衷宦途，却在功成名就之际蒙受大辱，令人错愕而又感叹[1]。他生于伊丽莎白女王登基之后三年，那正是英国励精图治，合并英伦三岛，从事海洋探险，与西班牙争雄的年代。为女王推行大计的，是深得宠信，出掌国务和财政大臣的塞西尔（William Cecil，Baron of Burghley）。培根的父亲（Nicholas Bacon）出身殷实地主家庭，在剑桥受教育，习法律，做过国会议员，与塞西尔连襟[2]，因此扶摇直上，官至首席大法官（Lord Chancellor）。

培根是幼子，也是神童，12岁进剑桥圣三一学院，15岁进伦敦格雷法学院（Gray's Inn），随即被派往巴黎大使馆增广见闻，18岁丧父回国，弱冠膺选下议员，过一年取得大律师资格，至此他的事业轨迹几乎完全追随父亲。他自恃家世与才华出众，故此锐意仕进，以为取青紫如拾地芥。然而，他既失父亲扶持，位高权重的姨丈又视之为爱子竞争对手，更曾在国会中拂逆女王旨意，所以虽然刻意巴结女王新宠埃塞斯男爵（Earl of Essex），但在伊丽莎白朝始终未尝谋得实职，直到年届不惑才迎来生命转捩点[3]。其时他兄长去世，因得承受家业，经济骤转宽裕；两年后女王驾崩，来自苏格兰的詹姆斯一世登基，他得封爵士。此时姨丈已物故，表弟继承国务大臣之位，他转而投靠，四年后获委副检察长（Solicitor General），这才算是真正踏上仕途[4]。

---

[1]　培根留下了多种著作和大量书信、笔记、手稿，所以学术和生平资料都十分丰富。Crowther 1960是一部详细的传记，对培根的政治背景以及学术观念的发展都有细致讨论。以下各书都以讨论培根的生平或哲学为主，但重点各有不同：Anderson 1948；Farrington 1964；Rossi 1968；Peltonen 1996（论文集）；Zagorin 1998；Gaukroger 2001。Price 2002则是讨论《新大西洋城》的论文集。培根的哲学著作见下页注[2]；他的论文选集见Matheson 1952，该书并有麦考莱及其他学者对培根的评论文章。

[2]　尼古拉斯·培根最初娶简·弗尼利厄斯（Jane Ferneley），成为前述著名商人格雷欣的连襟，后来再娶安妮·库克（Anne Cooke），成为塞西尔的连襟。培根这两位姨丈前者创办格雷欣学院，后者是朝中大臣，对他都有重要影响。

[3]　培根在将近而立之年（1589）被委为国务会议书记，但须待"出缺"（on reversion），其后等待十九年才得实授。埃塞斯为人刚锐但冲动暴躁，他受命平定爱尔兰失败，失宠后竟然铤而走险，试图在伦敦激起暴动，事败被捕。此时培根却倒戈一击，出任王室起诉一众谋反暴徒的主控官。埃塞斯被处决后，培根又著文申明王室立场，因获巨额奖金。为此培根极为人诟病——虽然事前他曾多次劝说埃塞斯不可轻举妄动。

[4]　1603—1609这年逾不惑的六载是培根的生命转捩点，在此期间他除了出版两部著作（见下文）以外，还有三部手稿：《大时代之诞生》（*The Masculine Birth of Time*）、（转下页）

年届知命之后他运转亨通，从司法总长（Attorney General）升首席大法官加封男爵（Baron of Verulam），数年后晋封子爵（Viscount of St. Alban），可谓踌躇满志了。但不旋踵他被控受贿，因证据确凿，俯首认罪，饱受屈辱后黯然下台[①]，自此闭门著述，五年后郁郁以终。

　　然而，他一生浮沉宦途，却未尝一日忘却大计，自称"以天下学问为职志"。他壮年著作以政论、时论，以及个人修养和观察为主，直至1605年的《论学术之进步》（*The Advancement of Learning*）方才展示他重整传统哲学的雄心。此后他在1609年出版《论古代哲理》（*De sapientia veterum*），在1620年底公务繁忙之际出版尚未完成的平生巨著《大复兴》（*Instauratio magna*）：它预计共六部分，此时出版的仅得导言、全书纲目、第二部分《新工具》（*Novum Organum*），以及第三部分的前言。他负罪归隐之后专心著述，于1622—1623年出版《自然与实验史》及《生与死的历史》以作为《大复兴》第三部分；1623年出版《论学术之进步》的拉丁文扩充版《科学之重要与进步》（*De dignitate et augmentis scientiarum*），以作为《大复兴》第一部分[②]。此后他继续努力，于1625年出版《论文集》第三版，又写成通俗性质的《科学知识大全》（*Sylva sylvarum*）以及理想国性质的《新大西洋城》（*New Atlantis*），在身后一两年间出版[③]。

为新科学构筑蓝图

　　培根学说的核心在于对传统哲学亦即科学的批判，以及对未来新科学的主张，这两者是彼此紧扣、相互依存的。所谓批判有两个层次：具体方法和

（接上页）《想法与结论》（*Thoughts and Conclusions*）、《哲学之驳难》（*Refutations of Philosophies*），它们虽然未在他生前出版，但已经充分展示了他日后的成熟思想。Farrington 1964是专门讨论他此阶段思想的专著，书后并附有该三部手稿的英译。

① 培根其实居官勤奋，正直不阿。然而他却跟随当时陋习，不避瓜田李下之嫌，在诉讼进行当中接受当事人馈赠，因此为政敌所乘。他当时依附国王新宠白金汉公爵，但名重一时的法理学家和国会同僚科克（Edward Coke）不但是他的政坛宿敌，又是站在国会一方与国王抗争者，两人因此成为死敌。

② 《大复兴》真正完成的，其实只是第一部《知识之分类》、第二部《新工具》，以及部分完成的第三部《宇宙现象：自然史与实验史》；至于有关未来科学的后三部《知识的阶梯》《新哲学之先驱》《新哲学，即科学探索》则始终未曾动笔，事实上也无从写起。

③ 《新工具》和《大复兴》有下列英译合本：Bacon 1960；《新工具》与《论学术之进步》有下列英译合本：Bacon 1900；《论学术之进步》与《新大西洋城》有下列英译合本：Bacon 1951；他的论文集见Bacon 1985。除正文所提及的主要著作以外，他尚有数部其他著作和多部稿本，在此不赘。

整体观念。就具体方法而言，他批判的主要目标是亚里士多德哲学，特别是它以三段论式亦即演绎法为主要论证方法。他指出其要害是：一切知识其实都已经包含在大小前提之中，所以推论过程乃至结论都只不过是精巧但无谓的语言游戏，并没有发现新知识的可能；事实上，玩弄观念，以古为尚，缺乏追求新知的意图，是它最大的祸害。从此核心观念出发，他发起了对整个经院哲学乃至古代哲学传统的批判：首先，大部分传统知识是在没有充分证据的情况下，仅凭臆测或者口耳相传得来；其次，视知识为奥秘，由少数高人凭个人才智探究和彼此商谈讨论，而不对大众公开；最后，将知识的作用限于满足好奇心，而忽视它重要得多的实际功能。换而言之，就是其不可靠、不公开与不实用。很显然，这批判是针对古希腊自然哲学的整体精神，从毕达哥拉斯到柏拉图，乃至15世纪兴起的赫墨斯信仰、魔法、炼金术等，都包括在内。上述批判也导致了他对未来科学的主张。首先，是新知识的实证性：它必须求之于对大自然的大量实际观察和试验，所以归纳法是唯一可靠的研究方法。其次，是它的大众性：它应该公开传播而非由少数人垄断、隐藏；它的发现不能够凭借少数个人，而需要由大量科学家通力合作，甚至应该由国家规划、资助和推动。第三，是它的实用性：知识就是力量，它的重要性不仅仅在于满足好奇心，更在于造福人类。最后，是它的累积性：知识可以不断进步，从而改变世界。

与这些主张密切相关的，是他对于宗教的态度。在17世纪初仍然有自然（亦即上帝的）奥秘不宜肆意揭露，以免干犯神怒的观念，因此他针锋相对地提出，人之必须劳苦终身是因为无知，那是亚当、夏娃堕落后被逐出伊甸园的结果，而科学研究正是人之所以能够获得知识，由是重新主宰世界，返回伊甸园的途径。但整体来说，他认为科学与宗教应该分别对待，两者可以并行不悖。

培根这套思想并非凭空而来，而是由16世纪下半叶各种崭新发展的冲击所激发。我们立刻会想到的，自然是在16世纪50—80年代进行得如火如荼的英国海外探险，以及其后德雷克的环球航行、罗利爵士的弗吉尼亚海岸殖民，以及清教徒乘"五月花号"移民新英格兰，那恰恰在《大复兴》出版之前数月。此外，不可忽略的，当然还有阿格列科拉的冶矿学，培根曾经不止一次提到它；陶瓷工帕里斯在巴黎有关实际观察和研究的演讲，那恰好与培根的巴黎年代（1576—1579）重合；以及众多推动科学大众化的英国本土学者，如雷科德、迪格斯、狄约翰、哈里奥特、布里格斯等。我们更不能忘记

图 13.3 培根《大复兴》初版的扉页。图中所绘为大航船从远洋归来，穿过赫拉克勒斯巨柱（即直布罗陀）回到欧洲，象征它满载从前所未知世界获得的新知归来，下方基座上镌刻的是《圣经·但以理书》12：4的句子"必有多人来往奔跑，知识就必增长"。取自Crowther 1960, Plate 1

他在著作中多次提到大力反对亚里士多德的兰姆，虽然在哲学上两人意见不尽相合。至于前辈或者同时代的重要科学家如哥白尼、卡尔丹诺、开普勒、伽利略、吉尔伯特、哈维等，他无疑也都知道。但他对科学的具体认识其实相当大部分是通过古希腊原子论以及16世纪魔法传统得来[1]，所以他只佩服德谟克利特，而很鲁莽地反对哥白尼，认为其天文系统出于臆造，甚至也批评他所欣赏的吉尔伯特，认为其理论超过实际观察。当然，伽利略用望远镜观察天象很符合他所倡导的实验精神，他们也曾经就潮汐的起因交换意见，但我们却无法排除，在他的思想里，魔法传统的核心思想，即从研究宇宙可获得神奇能力，可能反而占更重要的地位。他的医生哈维有句名言："他（指培根）像是法官大人那样来讨论哲学。"[2]这无疑是嘲讽，却道出了他指点江山的气概。

　　培根的重要性不在其科学哲学或所谓科学方法，那还没有脱离中古桎梏，而现代科学和他所推崇的归纳法其实也没有密切关系。他真正的大贡献是在于感受与思索当时在天文、航海、磁学、弹道学、矿业等许多不同方面的飞跃进展，抓住了它们的内在精神，将之提炼和发挥，从而为未来新科学构筑一个蓝图，那也就是推动一套新的科学文化，将科学从少数个人的探索转变为社会大众的事业，也就是"推动和引领哲学家蜕变成为后来所谓科学家"[3]。他不啻一位将科学从中古形态引领出来的先知，而正如引领以色列人出埃及的摩西进不了迦南美地一样，他自己也与现代科学无缘[4]。他可以说是矛盾重重，难以定位：他既非纯粹学者，亦非专业政治家；他的学问根底在传统哲学，却大力宣扬一种崭新的科学精神；他没有任何科学成就，甚至不了解现代科学进步的关键，即数量化的基本原理，却能够指出，科学的真正进步有赖直接研究大自然现象。统而言之，他是处于传统与现代之间，一位极其聪颖敏锐的过渡人物，也许这就是所有这些尖锐矛盾的根源吧！

---

[1]　见Yates 1964, p.450；DSB/Bacon/Crombie & North。

[2]　有关此评语的背景见Crowther 1960, pp. 10–11。

[3]　Gaukroger 2001, p. 1.

[4]　考利（Abraham Cowley）在为斯普拉特（Thomas Sprat）《皇家学会史》所作的颂诗就如是说："像摩西，培根终于带领我们前行，／他所穿越的荒凉旷野，／就紧紧挨着／他所应允的美好福地。"转引自Purver 1967, p. 73，作者译文。

哈立比圈的嫁接作用

在17世纪之初，培根的学说并不受注意，但到了17世纪40年代却陡然大行其道，蔚为一时风尚，这个大转变到底是怎样发生的呢？它无疑和1642—1660年的清教徒革命有相当重要关系①，但具体过程其实很微妙曲折。简略地说，欧陆的"三十年战争"（1618—1648）之初天主教大获全胜，几位活跃的欧洲思想家因此被迫流亡到英国。他们早已受培根理念感染，在英国又大受国会领袖欣赏，遂成为结合培根思想与（以乡绅为基础的）国会党人之间的媒介，那就是所谓"哈立比圈"（Hartlib Circle）②。

哈立比（Samuel Hartlib，1600—1662）出身英裔富商家庭，家在波兰北部波罗的海沿岸中央的埃尔宾（Elbing），他于1625—1626年留学剑桥，因而受到培根思想感染，同学中诗人弥尔顿（John Milton）和哲学家亨利摩尔（Henry More）等日后也都成为他的支持者。1628年埃尔宾为天主教军队攻克，他因此移居英国，此后终身致力于无私奉献，包括安顿流亡新教徒、宣扬实用知识如农业和医学、推动教育等。为了这些工作，他以大量通信来广事联络各方，试图发展出类似于梅森在巴黎主持的那种"信息中心"（intelligencer，亦称Office of Address，§13.6）。而到了17世纪30年代，他也的确与梅森、笛卡儿都联络上了。当时国会中要员如下议院领袖平姆（John Pym）、上议院领袖威廉主教（Bishop John Williams of Lincoln），还有后来的护国公克伦威尔（Oliver Cromwell）等都是他的热心支持者。在科学家当中，他和波义耳来往，维持通信多年，由是对科学研究产生巨大兴趣；此外如哈维、威尔金斯、佩第、弥尔顿等也都和他密切交往。事实上，"他对培根科学观念、培根方法的热忱构成了所有（这些）友谊的基础"③。可惜当时英国政局混乱多变，哈立比始终无法获得当局稳定支持，因此仿效梅森成立科学讨论圈等许多大计都无从实现。此

---

① 新教出现对现代科学兴起的影响是个复杂和高度争议性问题。韦伯（Max Weber）首先提出"新教伦理"导致资本主义兴起，其后美国社会学家默顿（Robert K. Merton）于1936年移用此论题于科学史，认为清教徒理念同样导致现代科学兴起。这个"默顿论题"虽然被某些历史学家如前述希尔接受（Hill 1991, Ch. 3），但其实具有高度争议，因为虽然伽利略在1633年被罗马教廷定罪，但在17世纪上半叶天主教国家如意大利、法国、比利时等在科学上仍然非常活跃而富于创造力。新教国家对于哥白尼学说最初亦很敌视，只不过因为没有判别教义的传统和相关行政机制，所以才没有压制它而已。有关争论见以下专著：I. B. Cohen 1990；Webster 1974, Chs. 16–22。

② 有关"哈立比圈"始末及其影响最为详细的论述当推《哈立比与科学之进步》（Webster 1970）一书导言（该书其余部分为有关文献编译）；至于特雷弗–罗珀（Hugh Trevor-Roper）的论文"Three Foreigners", in Trevor-Roper 2001, Ch. 5则是该圈子如何产生作用的简洁扼要的评述。

③ Trevor-Roper 2001, p. 233.

外，和他紧密合作的还有两位教育思想家杜利（John Dury，1596—1680）[①]和科曼尼亚斯（John Amos Comenius，1592—1670）[②]，他们也都深受培根影响。由于哈立比的推荐，他们在1641年受英国国会邀请来伦敦，并且立刻受到盛大欢迎，但翌年清教徒革命（1642—1660）爆发，两人又顿时感到实现理想的希望幻灭，遂分别应邀赴瑞典和荷兰。杜利数年后回到英国，和哈立比继续推动广泛教育改革和秉承培根理念的"泛智运动"（Pansophic Movement），但由于陈义过高，不切实际，所以也不成功。不过，"信息中心"的构想后来却由杜利的女婿奥登堡借着皇家学会得以实现。更重要的是，在他们的鼓吹和影响下，新一代英国实验科学家兴起，接续吉尔伯特和哈维的工作。

五、从牛津圈到皇家学会

清教徒革命是英国政治、社会、宗教上出现大混乱的时期。然而，极其吊诡地，就在这兵荒马乱的二十年间（1640—1660），作为王党和国会党争持焦点的牛津大学居然变为蓬勃科学运动的温床，它孕育了像波义耳那样的重要实验家，导致了皇家学会的成立，培根的实验哲学理念也由此得以发芽滋长。

威尔金斯与牛津实验哲学圈

所谓"牛津实验哲学圈"是一群科学家的非正式松散结合，他们当中最年长，影响力也最大的当推威尔金斯（John Wilkins，1614—1672）[③]。他

[①]　杜利是苏格兰长老会牧师之子，在荷兰长大，毕业于莱顿大学，成长后适逢"三十年战争"爆发，因此周游欧洲，以促成新教的加尔文与路德两大教派联合对抗天主教为己任。

[②]　有关科曼尼亚斯，Murphy 1995是一部详细传记和学说论述。他是匈裔波希米亚人，为波希米亚兄弟会（Bohemian Brethren，又名Unity of Brethren或Moravian Brethren）领袖。此会从15世纪初的胡斯运动演变而来，可以算是最早的新教教会。他因此饱受当时势力高涨的天主教压迫，恓惶奔走四方，但仍然孜孜不倦致力于推行一种崭新和前卫的教育理念，它着重启发和顺应儿童的天性与好奇心，因此可以说是卢梭的先驱；它还包括教科书的编撰、完整教育体系的建立、全民教育的推动等等。他为此建立过很多学校，因此至今还在捷克乃至欧洲被尊为现代教育之父，有许多学校包括大学以他命名。他激进的教育思想来源非常广泛和复杂，包括：文艺复兴以来的人文学者伊拉斯谟、威维夫（Juan Luis Vives）和蒙田；新教领袖路德、梅兰希顿、加尔文；以及17世纪思想家培根和笛卡儿等，见Murphy 1995, Ch. 3。此外，受培根激发，他又推动所谓"泛智运动"，即要将人类知识的整体组织成为一个系统，然后以集体力量推广。

[③]　威尔金斯的思想传记Shapiro 1969对他的生平、事业、影响特别是与皇家学会的密切关系都有详细论述；此外Crowther 1960也有专章论述他。关于牛津实验哲学圈，则Frank 1980, Ch. 3有系统和详细讨论。

出生于牛津郡一个铸金师家庭，13岁入读牛津大学，先后取得学士和硕士学位，并对当时迅速进展的天文学产生强烈兴趣，但其时大学为极度保守的劳德派（Laudians）盘踞，遂于1637年离校接受按立，先后投身多个贵族世家充当专任牧师，由是晋身上层社会，与闻其时国王与地方势力在国会内酝酿的复杂斗争，继而卷入随后出现的清教徒革命。威尔金斯为人谦和忠厚，在政治和宗教上都采取折中调和态度，行事谨慎节制。故此他虽然是国会党人，后来还成为克伦威尔的妹夫（1656），却始终与王党保持良好关系，在查理二世复辟后还能够当上主教（1668）。这是他在政局极度反复和变幻的二十年间，能够在科学发展上发挥领导作用的原因。

　　威尔金斯头脑灵活，兴趣广泛，离开牛津后数年间就出版了《新世界的发现》（*A Discovery of a New World*）和《新行星论述》（*A Discourse Concerning a New Planet*）两部著作，它们深受《对话》的影响，是宣扬、辩护哥白尼学说和伽利略新发现之作。至于前者，意念显然来自开普勒的科幻小说《梦》，它讨论地球以外的世界、飞行探月构想，以及月球上有居民的可能等，出版后大受欢迎，数度重印，又被翻译成法文和德文，影响至18世纪不衰，成为多种小说的灵感泉源[①]。至于1648年出版的《神奇数学》（*Mathematical Magick*）则是一部为大众讲述力学常识和各种神奇机械发明如潜水艇、风动车、永动机等的科普作品。此外他还有关于密码学、语言学和宗教等多部作品。总而言之，他是个兴趣广泛、热心传播新知的多产作家，而不是原创科学家。

　　1642年清教徒革命爆发，王党占据牛津为大本营，与伦敦的国会党开战，四年后克伦威尔组织的新模范军得胜，牛津落入国会党手中，查理一世翌年被俘，经过多次谈判和逃亡，终于在1649年被押解回伦敦受审判，最后被处死。牛津不但是最高学府，更是宗教和言论枢纽，因此极为敌对双方重视。很自然地，国会党控制牛津之后，当即委派访察委员（Visitors）进驻，要求各学院院长和教授宣誓效忠国会，从而排除异己，安插同声同气的学者，他们大部分受到培根理念的影响，反对亚里士多德老传统，倾向于欧陆新学风，这便是所谓牛津实验哲学圈。

　　广义的牛津实验哲学圈是17世纪40—70年代先后在牛津学习、生活、工作的一大批学者，全部有上百人之多。他们大多彼此认识，通过师生、朋

---

① 此书的1684年伦敦版经由Michigan University, Ann Arbor制作电子扫描本，可在网上查阅。

友、同事、合作者关系形成一张松散而又错综复杂的大网络①。这巨大科学家群体之出现，其实是起源于牛津在1600—1640年的全面发展，那表现于学生人数、学院建筑和各种基金的大幅增加；多个科学讲座的设立；以及图书馆和其他设施的改进等等②。当然，随后的清教徒革命对它的形成有更直接影响。它大致上可分为两支：生化方面以哈维为首，他是王党，于1642—1646年跟随查理一世进驻牛津。受他影响的学生、后辈有大批生理学家、解剖学家、化学家、医生，其中最重要的当推后起之秀梅友（John Mayow，1641—1679），他实际上是首先发现氧气者，又阐明呼吸和燃烧机制，是现代化学开山祖师拉瓦锡（Antoine Lavoisier）的先驱。

数理天文方面学术成就最高的是沃利斯和波义耳，但核心则是威尔金斯。他在1648年被委任为瓦达姆学院（Wadham College）院长，那无疑带有相当强烈的政治意味③，但他已经有数部著作，充满魅力和活力，能够联络、凝聚各方，又热心推动各种研究，所以很自然地成为整个牛津实验哲学圈的灵魂人物。至于沃利斯和沃尔德（Seth Ward，1617—1689）则同年在剑桥毕业（1640），又同在1649年出任牛津最崇高的萨维尔讲席，分别教授数学和天文学。沃利斯详究意大利最新进展，七年后发表精深的《无限小算法》，成为英国首屈一指的数学家（§13.8）。沃尔德曾经跟随奥特雷德习数学，发表过两部有关行星运行的著作，故此也名噪一时④。在1649年进牛津的，还有两位天才本科生佩第和雷恩。佩第（William Petty，1623—1687）习医，后来投入克伦威尔麾下处理爱尔兰土地问题，提出国民总收入的观念和估计方法，成为统计学和计量经济学先驱。雷恩（Christopher Wren，1632—1723）进瓦达姆学院攻数理天文，于1653年取得硕士学位后成为万灵（All Souls）学院院士，于1657年赴伦敦出任格雷欣学院天文学教授，至1661年又回到牛津出任萨维尔天文学讲席。但使他名垂后世的，则是在1666年伦敦毁灭性大火之后，负责重建这个大都会的整体规划，而由他亲自负责重建的圣保罗座堂尤其有名⑤。

---

① 有关牛津实验哲学圈110余位科学家最详细和有系统的分析和讨论见Frank 1980, Ch. 3。
② 详见Frank 1980, pp. 45–48。
③ 例如，委任威尔金斯的访察委员会便包括了曾经任用他的Lord Saye, Lord Berkeley和Richard Knightley三人，见Shapiro 1969, pp. 81, 276。有关牛津此番人事大变动的情况见同书pp. 81–84。
④ 他求学经历以及与奥特雷德的关系见Feingold 1984, pp. 88–90。
⑤ Crowther 1960有专章分别论述雷恩和下文的胡克。

至于移居英国的德国人奥登堡（Henry Oldenburg，1619—1677）则是在1657年作为波义耳外甥的导师来到牛津，从而得以认识波义耳，和他经常保持通信，由是长期得到他的照顾和提携[1]。后来他成为杜利的女婿，又接过了哈立比的大量海外通信，从而进入牛津实验哲学圈，最后很自然地成为皇家学会的秘书。最后，我们还要提到实验家胡克（Robert Hooke，1635—1703）[2]。和雷恩一样，他也曾就读著名的西敏寺学校，在1653年拿到奖学金进牛津，在学期间先后当过脑神经解剖学家威利斯（Thomas Willis，1621—1675）的化学实验助手和波义耳的气体实验助手。1661年皇家学会成立之初他被委为"实验主任"（Curator of Experiments），以在1665年发表《显微图录》（*Micrographia*）和在17世纪80年代与牛顿争夺万有引力的发现权知名。奥登堡去世后他接任皇家学会秘书一职，唯表现未符理想，屡为会员诟病，至1682年底不获续任。

实验哲学的典范

为科学指出未来发展方向的是哲学家培根，将他的实验哲学付诸实行并发扬光大的则是波义耳（Robert Boyle，1627—1691）[3]。他的父亲理查德（Richard Boyle，1566—1643）和培根的父亲一样，也出身殷实地主家庭，在剑桥受教育，研习法律，后来乘伊丽莎白一世向爱尔兰大举殖民的机会，弱冠西渡，奋斗数十年成为当地高官和大地主，并晋封科克子爵（Earl of Cork）[4]。波义耳排行第十四，出生于家族古堡，8岁进伊顿（Eton）公学，12岁由家庭教师陪同赴欧洲学习和增广见闻。其后五年（1629—1644）他住在日内瓦，由教师传授"七艺"课程，其间曾经到北意大利和法国旅行整年之久，接触到当时盛行的斯多葛哲学和古代哲学传统，对伽利略和他的学说也得知梗概，但始终没有进过大学。

① 有关奥登堡特别是他与胡克、惠更斯和牛顿等的关系，见霍尔夫人（Marie Boas Hall）所写的传记，即Marie Boas Hall 2002。

② Inwood 2002是极详尽的胡克传记，对他与皇家学会的关系以及该学会早期的状况有深入论述，而且文笔流畅；Espinasse 1956是另一部扎实的胡克传记。

③ 最主要而全面的波义耳传记是Hunter 2009，此外有关他的学说、炼金术研究和论文集分别见Anstey 2000；Principe 1998；Hunter 2000。亨特（Michael Hunter）是当代最重要的波义耳专家，不但编辑了他的全集和书信，而且有多种专著出版。

④ 科克极善经营并刻意发展家族势力，对十五名子女的婚姻、功名、资财照顾周全，各有妥善安排。他的产业主要在爱尔兰南部海岸，以里斯摩尔古堡（Lismore Castle）为中心的沃特福德（Waterford）一带，此外在英伦本土也购置多处产业。

　　他回到英国时父亲已经故去，清教徒革命也已经爆发两年，此后一生大致可分三个阶段：居斯托桥（Stalbridge）家传老宅和旅居爱尔兰（1644—1655）是摸索和酝酿期；移居牛津（1655—1667）是研究成果丰硕的盛年；定居伦敦（1668—1691）则是思想成熟，转向多方研究，以至日渐衰老时期。他不算高寿且健康不佳，但家产丰厚，长期独身，对政治不感兴趣，所以能够集中精力和资财于许多不同领域的探索，从而发表大量著作，成为英国近代最重要的科学家之一[①]。

　　在其初，波义耳的学术方向并不明确，曾一度用功研究《圣经》和写作[②]，直至1649年炼金术（即化学）实验室建成，尝到埋首实验的乐趣，这才全面转向科学。此后他通过哈立比认识了来自新大陆的医生和化学家斯塔克（George Starkey，1628—1665；其炼金术著作署名为Eirenaeus Philalethes）[③]，在后者的帮助下，他做了不少炼金术实验，又做过与哈维发现相关的生理学实验，但都无甚成果。转机出现于他在1655年赴牛津探访威尔金斯，被其浓厚学术气氛深深吸引，于是在年终移居该处，开始了一生最重要的时期。

　　他对科学的最大贡献来自1659年在胡克协助下所做一连串空气压力实验，其结果发表在翌年出版的新书《有关空气弹性及其效果的物理机械实验》（ *New Experiments Physico-Mechanical，Touching the Spring of the Air and its Effects* ）之中。他的这项工作其实是承袭欧陆多年发展而来。1643年伽利略的学生托里拆利（他和下面的帕斯卡都是数学家，俱见§13.8）做了倒立水银管实验，显示水银柱的高度不能超过约30英寸。1647—1648年法国的帕斯卡发表《真空的新实验》和《有关液体平衡的大实验》，提出倒立水银管顶端空隙为

① 波义耳承受了位于多塞特郡（Dorset）的斯托桥老宅和爱尔兰多处田产，每年入息高达3000英镑，相当于牛顿卢卡斯数学讲席教授薪水的30倍，见Hunter 2000, p. 40及Westfall 1980, pp. 180-181, 206；他从40年代末开始，即决意不娶，见Hunter 2000, pp. 67-69。在清教徒革命中，波义耳本来极有可能卷入政治旋涡，因为他的家族特别是和他最亲近的五姐卡德邻（即Ranelagh子爵夫人，她本人亦是科学家）都与最后获胜的国会党非常接近，但他本人却同情王党，在查理二世复辟后备受重视。

② 他曾经研习希腊文和希伯来文，连以色列人的古代社会习俗也加以探究，以仔细考释《圣经》原典文句的真义。当然，这和他家族的清教徒精神，特别是新教对《圣经》的重视分不开，而其他新教徒科学家如牛顿在这方面的热诚与他也不相上下，甚或过之，见§14.3。

③ 斯塔克出生于百慕大，年幼移居波士顿，15岁入其时成立未久的哈佛学院，旋即对炼金术产生强烈兴趣，毕业后一度行医，1650年移居伦敦，不久与哈立比结识相熟，行医之余活跃于炼金术圈子，随之大获成功，声名鹊起，后死于瘟疫，留下大量手稿。详见其传记Newman 1994。

真空、大气压力与液体压力观念相通、地球大气有一定高度等观念；1648年他说服姐夫在1460米高的山巅上做实验，证明倒立水银柱的高度比在平地上少了大约3英寸，而在50米高的教堂钟楼上也有同样但较微小的效应。1654年德国的居里克（Otto von Guericke, 1602—1686）利用活塞、阀门和封闭环发明了机械泵，从而在1657年做出马德堡半球实验，戏剧性地显示空气压力之强大，同年这些研究成果附在维尔茨堡（Würzburg）耶稣会士肖特（Gaspar Schott）的《机械液体-气体力学》（*Mechanica Hydraulico—pneumatica*）一书中发表[1]。此书为波义耳得见，遂触动他仿效。其实，这一连串工作在西方科学传统中渊源悠久：在16世纪上半叶压力唧筒和提升水泵已经在德国矿坑中大量应用（§11.6）；而上述实验和相关观念还可以追溯到古代阿基米德的流体力学以及赫伦的《气体力学》（§6.2），那在1575年初次由可曼迪诺翻译成拉丁文出版，所以到了17世纪，它有关液体不能够流出密封器皿的观察以及应用各种虹吸管的讨论已经广为人知了[2]。

比之居里克，波义耳的真空实验有两方面重要改进，这主要得益于他的实验助手胡克。首先，他改良了机械泵，利用齿轮、锯齿杆和曲柄搅杆使得活塞的拉动更方便有效。更重要的是，他以一个大玻璃球［他称之为容器（recepticle）］替代了居里克的金属球，并且在其顶端安装了一个可开启的活门，这样就可以把各种不同实验装置放入容器，并且可以直接观察实验过程（图版18）。在上述《空气弹性》一书中波义耳一共描述了43个不同实验，其中最重要的，当是详细证实了大气的压力，例如当容器的空气被抽空时，放置其中的倒立水银柱高度会降低到接近碗中水银面。此外，它们也清楚显示了空气和许多物理现象的关系，例如在真空中声音不能够传播，光则可以；羽毛不受阻力而迅速坠落；动物不能够生存；等等[3]。

---

[1] 居里克出身马德堡世家，曾肄业于莱比锡大学，一度卷入"三十年战争"，自1646年起任该市市长凡三十年，而以余暇做科学研究。Conlon 2011包括居里克的传记以及他在1663年所作（1672年出版）的《新实验》（*Experimenta Nova*）英译本，此书所载为他得见波义耳1660年著作之后所做的改良真空实验。

[2] 赫伦《气体力学》共39章，其中大部分是有关虹吸管的实际应用，其近代英译本见Heron/Woodcroft 1851（此版本可在互联网上自由查阅），书中的译者序言详细讨论了该书的近代翻译历史。

[3] 关于波义耳的气体实验及其意义，Conant 1948这本为本科生编辑的小册子有清楚扼要说明。在1660年以后波义耳继续做了许多气体实验，它们发表于1669年的《气体弹性实验之初次延续》（*First Continuation to Spring of the Air*）。这些实验使用了改良装置：玻璃球代以可挪动的玻璃罩，罩的底部放在连接气泵的平整金属板上，这样放入实验装置就更加简便，此后这种形式的装置沿用至今。

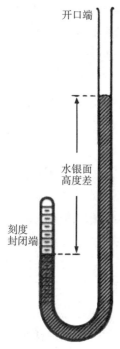

开口端

水银面
高度差

刻度
封闭端

图13.4　波义耳的J形管

当然，他这些实验的重要性主要在于波义耳定律，那其实是《空气弹性》出版之后才发现的。该书的出版引起了两个强烈反对声音：一是政治学家霍布斯（Thomas Hobbes），他信奉亚里士多德，反对真空之存在；另一则是林纳斯（Franciscus Linus，1595—1675），他反对整个空气压力的观念，认为在大气中倒立水银柱高度不会超过30英寸并非因为外部空气压力，而是玻璃管顶端有无形弦膜（funiculus）将水银柱拉住，而30英寸是它力量的极限。为了反驳这个说法，波义耳将大量水银从开口端注入一端封闭的J形管（图13.4），使得在开口长管部分的水银柱面高出短管部分88英寸有余，然后以口吸长管开口，将水银柱往开口方向提升，从而证明，J形管封闭部分受压空气的压力加上口吸所造成的部分真空两者合起来，可以提升远高于30英寸的水银柱，这样无形弦膜力量极限之说也就不攻自破。在讨论这个实验时，波义耳需要多次粗略测量封闭部分空气的体积，以及推断它所受的整体压力（即大气压力加上水银柱面高度差的压力），由是得到了密封空间中气体的体积与所受压力成反比的定律[①]。

除了有关空气的实验以外，波义耳还有大量其他科学研究和相应著作，这包括物理学（例如有关颜色、冷热）、化学（例如有关磷、硝石、火焰、冷发光）、生理学（例如有关呼吸和输血）、医学（主要是在方剂和化学品的医疗应用），乃至自然哲学［主要是以粒子说和相应实验来反对亚里士多德有关"形式"（form）与"性质"（quality）的观念］等许多方面，因此又被尊为现代化学奠基者之一。除此之外，他对当时浮现的各种宗教新思潮特别是无神论和自然神论忧心忡忡，也发表了大量著作以求力挽狂澜。

皇家学会的出现

无论从人物或者理念看来，伦敦皇家学会（The Royal Society of London）

[①]　详见Conant 1948, pp. 57—67。

都可以说是牛津实验哲学圈发展的结果①。它的起源与英国在17世纪上半叶的整个科学运动以及同时发生的清教徒革命密切相关，所以细节上虽然有许多争议，但大体脉络则十分清楚②。首先，无可置疑，它的理念渊源于培根的实验哲学理念，而最早期的范例和动力则来自吉尔伯特和哈维的划时代发现。其次，它的酝酿是由于1648—1658年间大批学者聚集在牛津讲学、研究、互相论辩，从而形成了具有共同目标、方法和理念，并且定期聚会的群体。此外，在培根《新大西洋城》所提出的"科学城"（即所谓Solomon's House）构想刺激下，从16世纪30年代开始，欧洲兴起了建构学术乌托邦的理念，它随即由于清教徒革命的发生而传入英国。这些理念虽然带有强烈宗教色彩，但对于学者群体之谋求蜕变为更有秩序并且得到国家认可和支持的团体，当有相当重要的暗示和激励作用。最后，在1658—1660年间英国的护国公时期随着克伦威尔去世而走向结束，许多学者离开牛津或者移居伦敦，实验哲学圈遂迁到格雷欣学院举行，此时皇家学会的成立已可谓万事俱备了。

经过十七年革命动乱之后，英国人心复归斯图亚特王朝，1660年5月底查理二世在举国欢腾中进入伦敦。半年后实验哲学圈中人聚会，商量建立学会大计。此会由威尔金斯召集和主持，成员共十二人，包括科学家波义耳、戈达德（Jonathan Goddard，1617—1675）、鲁克（Lawrence Rooke，1622—1662）、佩第、雷恩等九人③；其余三人看来是经过周详考虑然后被邀参加的，他们都为学会做出了大贡献。这其中莫雷（Robert Moray，1608—1673）爵士最关键：他是一位对化学感兴趣的苏格兰军人，在欧洲和英国有丰富战

① 有关皇家学会历史最重要的原始文献是Sprat 1667，其影印本可在网上下载；此学会起源的现代分析与考证见Purver 1967；Dear 2001, pp. 117–123则对皇家学会的起源与格局，以及其与巴黎科学院的基本分别，有简要论述。
② Purver 1967根据Sprat 1667所记载的历史和培根的理念，来详细论证只有牛津实验哲学圈方才是皇家学会的前身，而下列数者和学会都没有直接或者内在关系：（1）1645—1648年间在伦敦出现的科学讨论小组；（2）格雷欣学院；（3）波义耳所提到的"无形学院"（Invisible College）；（4）哈立比圈所提出的各种乌托邦机构，包括"广智会"（Pansophia）、Antilia、Macaria、"信息中心"等。她的论证虽然很坚实，但从理念和历史关系上看，则似乎很难将皇家学会和这些林林总总的机构、运动、构想截然切割，只能够说它们和学会的关系比之牛津实验哲学圈疏远得多而已。
③ 戈达德是出身剑桥的医生，也是牛津实验哲学圈的一分子，曾经在查理一世被拘留时和克伦威尔临终时负责他们的医疗，又曾担任格雷欣学院的医学教授。鲁克出身瓦达姆学院，与威尔金斯相熟，由于克伦威尔的影响，曾分别担任格雷欣学院的天文学教授和几何学教授。九位发起人中的其余三人有两位是天文学家，还有一位布鲁斯（Alexander Bruce，1629—1681）侯爵则是与莫雷稔熟的苏格兰发明家，曾经与惠更斯合作制造航海用的摆锤钟。他显然并非牛津或者伦敦实验哲学圈中人，而是通过莫雷被邀加入的。

争经历，早在17世纪50年代便与查理二世有渊源，而且是护驾回銮的功臣之一。因此会议决定成立学会之后，他便理所当然成为向查理提出呈请的代表，而且不辱使命，迅即获得御诰（Letters Patent）认可，"皇家学会"之名即由此而来。布朗克（William Brouncker，1620—1684）子爵同样重要：他是牛津医学博士（1647），不但袭爵，而且是颇有名气的数学家，曾计算抛物线和滚轮线的长度，又发现一条圆周率的连分数公式，在学会宪章确定（1662）后即当选首任会长④，在位凡十五年之久。至于希尔（Abraham Hill，1633—1721）则出身伦敦富商世家，资财丰厚，对学术亦感兴趣，他自1663年起，两度出任学会司库，前后共二十余年。

从上面的安排可见，皇家学会并非出于学者的单纯聚合，他们其实是有强烈政治与社会意识的，这是出于三方面顾虑。首先，学会的宗旨与当时的学术及宗教观念大相径庭，所以必须寻求坚强后盾以立足；其次，它须有健全和确定组织以行之久远；最后，它亟须获得足够资源以展开工作。因此学会在成立之初便致力寻求朝廷认可，包括推尊国王为创始人与赞助人，获法人地位（incorporation），获御准学会名称和徽章，还有核准出版物的权利（imprimatur），以及确立会章，等等⑤。很显然，莫雷是能够在这两方面出大力的同道，布朗克则是能够带领学会前进的适当领袖。此后学会还吸收大法官、掌玺大臣、坎特伯雷大主教等权贵为院士，将他们和一般院士按字母顺序并列⑥，以使学会尽量融入国家建制。学会唯一未能解决的难题是经济来源，不但作为司库的富商希尔无补于事，查理也无能为力，因此学会成立后只能够借用格雷欣学院开会和举行活动，日常开支需依赖院士缴纳年费，而专职人员如秘书奥登堡、实验主任胡克等也只是义务工作，须自行另谋生计。

学会重视现实地位与权利，但并不忘发挥理想，这在许多方面表现出来。首先，它坚持会籍不问族裔国籍、政治派系、宗教信仰，对具有足够资历的学者一律开放，这在当时绝无先例，而在大革命后王党与国会党人刚刚开始和解的英国，尤其难能可贵。其次，它秉承培根的理想，以探究大自然为宗旨与唯一目标，坚定地摒弃当时热火朝天的政治与宗教讨论。当时以发表《鲸鲵论》（Leviathan，1651）而名噪一时的政治学家霍布斯，以及与学

④   在学会成立后但未获御准之前，即1660—1662年是由莫雷出任会长。
⑤   皇家学会所草拟的宪章（Statues）在1662年获得御准后，曾经分别在1663年和1667年两度修订以求更为完善。
⑥   见Sprat 1667, pp. 431–433所列二百多位院士名录。

图13.5　《皇家学会历史》扉页插图。中央大理石基座上为学会赞助人查理二世半身雕像，其上方为其颁授予皇家学会的徽章，左边为首届会长布朗克子爵，右边为该会所尊崇的思想先驱培根，背景为各种科学仪器，包括悬挂在高杆上的长筒望远镜。下方手书注明此为1667年10月威尔金斯代作者献予皇家学会的赠本

会中人来往密切的哈立比，都因此而未被邀参加。这为当时的学术标明了崭新路向，并使学会得以超脱于时局以外。第三，在会内它揭橥了只问学术是非、不计较社会地位的平等精神，使得没有家世凭借的学者也可以与勋爵显贵同席论道，这无疑也属创举。最后，学会内还提倡一种谦和、客观、低调、相互尊重的研讨风气，而摒弃中古学院论辩中徒逞口舌之争、彼此攻击的作风，由是而酝酿出一种新的学风。那么，推动这些长远政策的，是谁在幕后运思和主持呢？从行事作风，以及在会中的资历看来，那自然非禀性平和、善于折中，却又有理想和领导才能的威尔金斯莫属。他虽然在学会的酝酿阶段多次主持会议，但在它成立后却十分谦退，只曾出任秘书和副会长数年，并一直在董事会（Council）中发挥积极作用，而未尝站到台前，与"生而不有，功成而弗居"之旨可谓若合符节。

学会成立之后活动频繁，主要是每周聚会，听取秘书和院士提出的外来信息、学术报告和新发表的著作；观看实验主任或者其他院士做示范实验和解剖；以及观摩各种新发明、新仪器——其实是将今日各种不同性质的学术聚会包罗其中。这许多活动在短短五年（1662—1667）之内就带来了大量成果，其素质难免沙石俱下，虽然耀眼的也不少，例如磨制镜片、制造望远镜（有长至60英尺的）、显微镜、摆锤时钟、发条袋表、温度计、湿度计的许多报告，还有各种天文观测报告等等[1]。更值得注意的是，在学会成立前后十余年间，会中人物发表了许多第一流工作，包括沃利斯出版《无限算法》、波义耳发表有关气体弹性和波义耳定律的论文、胡克出版《显微图录》，以及威利斯出版脑神经解剖和生理学著作等。从雷科德算起，英国科学酝酿至此已经足足一个世纪，皇家学会的出现是其自然结果，也正好为它行将来临的爆发做了充分准备。

六、欧陆科学中心的形成

文艺复兴对科学的巨大刺激最先出现于意大利，然后扩展到波兰、德国、丹麦等中欧和北欧国家乃至荷兰。然而在此时期的法国科学家却寥寥可数，只有像舒克特和维艾特等几人。这显然和加尔文所产生的新教思想冲击

---

[1]　在Sprat 1667的学会历史中有关学会过去五年成绩的缕述（pp. 158-319）占了全书超过三分之一篇幅。

以及随之而来的酷烈宗教战争有关——那造成了16世纪下半叶的一个断层。像哲学家兰姆、政治学家博丹（Jean Bodin，1530—1596）、散文家和现代哲学先驱蒙田等引人注目的学者都出生于16世纪30年代初或者更早。但到了17世纪，亨利四世的开明宽容政策缓解了宗教对立，政局和社会渐趋稳定，遂迎来科学上的蓬勃发展。

法国科学：在外省与巴黎之间

在中世纪巴黎学风盛极一时，但到了近代，它的恢复却大部分是从外省，特别是南部开始，维艾特就活动于西南部的拉罗谢尔和普瓦捷（Poitiers）一带。同样，17世纪初的数理天文学家莫兰（Jean Baptiste Morin，1583—1656）是普罗旺斯地区艾克斯（Aix-en-Provence）人，在亚维尼翁学医，中年托庇于布洛涅（Boulogne）主教和卢森堡公爵，年近知命（1630）方才获委皇家学院（Collège Royal）数学教授，自此坐镇巴黎以终。他十分顽固保守，毕生信奉亚里士多德，反对哥白尼的地动说，平生力作《法国星占学》在身后方才出版。他在1634年提出以精确观测月球位置（包括视差）来决定经度，而强烈反对弗里修斯利用可携时钟的建议，认为那不切实际。主政的枢机主教黎塞留因此委任了几位专家来审核其事。

这些专家之一是米铎（Claude Mydorge，1585—1647）。他出身富有世家，习法律，在巴黎附近的亚眠（Amiens）任职司库，工作悠闲，有余暇可以从事喜爱的科学研究。在数学上他醉心几何学特别是圆锥曲线，在物理学上则对光和折射有强烈兴趣，由是和笛卡儿友善，曾经与他一同探讨视觉问题，并且为他研磨镜片和制作其他光学仪器，遂重新发现光的折射定律[①]。另外一位专家则是著名物理学家、哲学家帕斯卡（Blaise Pascal）的父亲艾蒂安·帕斯卡（Etienne Pascal，1588—1651）。他是地方小贵族，赴巴黎学法律，其后回到南部克拉尔芒（Clermont）老家担任负责税收的财务官，中年丧偶之后搬回巴黎居住，专心教养子女。他也是一位有名的业余数学家，以研究"圆滚圆"（limaçon）曲线知名[②]。

同时代还有另一位重要但长期被忽略的数学家德萨格（Girard Desargues，

[①] 有关两人在这方面的合作见Gaukroger, Schuster and Sutton 2000, pp.272-277。在他们之前已经有英国的哈里奥特和荷兰的斯涅尔做出这发现了。

[②] 若有两个直径相等的圆相触，其中一个固定，另一个沿着固定圆滚动，那么滚动圆上的一点所描绘的曲线就是所谓"圆滚圆"曲线；倘若两圆半径不等，则所得是心脏线等四次曲线。此类曲线的极坐标方程式是$r=a+b\cos\theta$，其中$a=$两圆半径之和，$b=$移动圆的半径。

1591—1661）。他出身里昂富有世家，喜爱几何学与建筑、营建，曾经长期居住巴黎，与梅森、笛卡儿、帕斯卡父子等数学圈中人相熟往来。他的研究非常特别：出于绘图习惯，他经常从不同角度来观察同一形体，从而发展出投射几何（projective geometry）的观念与方法，由是能够从一个更普遍的角度，证明许多在投射过程中不变的直线与圆锥曲线定理[1]。但他的工作与时代精神扞格不合，其著作《有关圆锥切面某些结果的论文稿》（1639）严谨而过分浓缩，难以索解，且印数稀少，不但当时缺乏知音，日后也毫无影响，在18世纪发展投射几何的另有其人，它直至20世纪方才被发掘出来重见天日[2]。

巴黎作为科学中心

伦敦逐渐变为英国的科学中心大致是从16世纪与17世纪之交格雷欣学院成立开始，此后吉尔伯特和哈维加强了这趋势，终于在17世纪60年代因为皇家学会的成立而巩固地位。至于巴黎，则自中古以来就是法国学术中心，但16世纪宗教战争摧毁了它这方面功能，兰姆和帕里斯的讲学盛况无以为继，直到17世纪初外省学者方才因为梅森的热心和努力推动而重新聚集于此。

梅森（Marin Mersenne，1588—1648）生于巴黎西南小城，出身穷苦，但生性好学深思，16岁进弗莱舒（La Fléche）耶稣会书院，接受优良古典教育，毕业后赴巴黎在皇家学院和巴黎大学修读哲学与神学，23岁毕业，随即加入敏尼姆修会（The Order of the Minims），壮年（1616）膺选巴黎皇家广场修院院长。他既深受人文主义影响，又是极其虔诚的天主教徒，却又对于古代哲学以及当时蓬勃发展的科学都深感兴趣，所以思想、学术倾向十分复杂[3]。但对我们来说，他最重要的工作是，在其后三十年间以修院为根据地，广事交结、接待欧洲各地科学家，相与联络、通信、讨论学术问题的达数十百人之多，像伽桑狄、霍布斯、笛卡儿、费马、帕斯卡父子都与他有深厚交谊，后进如笛卡儿、罗贝瓦尔、惠更斯（Huygens）等更得到他的鼓励、提携。修院对于他频繁的学术活动不加干涉，乐观其成，由是得到"巴黎学院""梅森学院"的美誉。他认为，科学发展通过学者的密切合作最为有效，而这发展又是与欧洲整

---

[1] 最有名的如"倘连接两个三角形对应顶点的直线相交于一点，则对应边的三个相交点处同一直线上"。

[2] 有关德萨格见Desargues/Field/MacTutor；Boyer 1985, pp. 392–396。

[3] 有关梅森见CDSB/Mersenne/Crombie；有关他思想的复杂性，见Dear 1988，特别是Chs. 4–6，那分别讨论他在思想上与亚里士多德、奥古斯丁和伽利略的关系。

体的进步，乃至其社会、政治的稳定相关，因此从长远看，它应该由官方建立学会来推动，他的组织只不过是其先驱而已。所以他一方面受培根理念影响，另一方面又是日后创建法国皇家科学院的思想渊源①。

梅森自己是一位热心、有广泛兴趣和多方面成就的科学家，以提出"梅森素数"（Mersenne prime）问题②、研究滚轮线（cycloid）和发现琴弦振动定律③知名。他是虔诚和热心教徒，在17世纪20年代初专注于宗教问题，曾经卷入有关魔法的争论，又捍卫亚里士多德，强烈反对伽利略学说，但经过深思熟虑，十年后却完全改变立场，转为伽利略的坚定和热心支持者，广为宣扬他的学说，又在1634年从不同高度释放重物，以证验伽利略落体所经距离与时间平方成正比的定律。他对于托里拆利和帕斯卡的气压实验深感兴趣，但没有机会参与。他致力于乐音与宇宙秩序关系的研究，著有《宇宙谐乐论》（Traité de l'harmonie universelle），那激发了惠更斯的《音乐理论》——虽然两人从未谋面。除了建立科学通信中心以外，他对科学发展最重要的影响可能是大力反对16世纪以来盛行的赫墨斯主义，也就是魔法与科学的纠结（§13.7）。总体而言，梅森是法国科学大潮的中坚人物和有力推动者，可惜他健康不佳，不及见证巴黎皇家科学院的成立。

伽桑狄（Pierre Gassendi，1592—1655）和梅森经历相似④。他出身普罗旺斯农家，在当地攻读哲学和神学，随后任职教会，1617—1623年间出任艾克斯（Aix）大学哲学教授，由是结识本地政治家兼业余学者佩雷斯克（Peiresc）⑤，在他的私人天文台做观测，经他介绍先后认识莫兰和梅森，

① 有关梅森及其学院的活动与影响，见Sturdy 1995, pp. 14–16。

② 梅森素数问题即$n=2^p-1$（其中p为素数）是否素数的问题。他宣称（但没有证明或说明如何得到结果）：$p=2, 3, 5, 7, 13, 19, 31, 67, 127, 257$时$n$是素数，而当$p$为小于257的其他44个素数时，$n$并非素数。事实上他并不完全正确：当$p=67$或257时，$n$并非素数；而当$p=61, 89$或107时，$n$是素数。

③ 他给出的定律是琴弦振动频率f与$(T/\rho)^{1/2}/Ld$成比例，其中T是琴弦张力，ρ是密度，L是长度，d是直径；这定律的现代形式是$(T/\rho^L)^{1/2}/L$，其中ρ^L是线密度，即单位长度之质量。很容易证明，这两个公式是相当的。

④ 关于伽桑狄的生平与学术思想见劳罗道（Antonia LoLordo）的详细研究，即LoLordo 2007；他的著作有选译本Gassendi/Brush 1972，其前言对他有扼要评价，从书中片段可见他的运动学说以及对亚里士多德和笛卡儿的看法。

⑤ 佩雷斯克（Nicolas-Claude de Peiresc，1580 —1637）出身普罗旺斯富裕世家，在本地政坛享有崇高地位，对天文、动植物学、考古、珍玩收藏等多方面有强烈兴趣，曾多次到巴黎和周游欧洲，与许多科学家包括伽利略、梅森等交往，又建立私人天文台，资助本地学者做天文观测。他在普罗旺斯对学术所产生的巨大和多方面影响，和梅森在法国乃至欧洲所产生的颇为相似。他的传记见Peter Miller 2000。

与后者成为知交，并听其劝告专注于哲学，自此活跃学界，以迄1645年出任巴黎皇家科学院数学教授，惜健康不佳，1648—1653年返本城养疴，不久去世。他曾为佩雷斯克、哥白尼、波尔巴赫、拉哲蒙坦那等作传，在思想上则是位勇猛的哲学斗士，以参加梅森发起的赫墨斯论战，与保守的莫兰辩论，捍卫伽利略和地动说，以及和笛卡儿激辩《沉思录》中的观点而知名。但他毕生名著则是1649年出版的《伊壁鸠鲁哲学论集》（*Philosophiae Epicuri Syntagma*），此书利用皇家图书馆中的大量资料，费时二十多年撰成，因此他被视为原子论的代表人物。

巴黎皇家科学院

欧洲科学专业组织出现于17世纪。这以1603年成立的罗马"猞猁学院"（§12.5）以及1657年成立的佛罗伦萨"实验学院"（Accademia del Cimento）为开端，但在罗马教廷压制下它们都短命夭折，所以伦敦皇家学会和巴黎皇家科学院在17世纪60年代相继出现才是真正的转捩点。后两者的性质其实大不一样：伦敦皇家学会是官方赞助，但并不提供任何实质资助的民间组织，资源、动力和权力都来自会员；巴黎皇家科学院则是官方创建、控制和资助的机构，甚至长远目标乃至若干具体工作也都由官方订定，在其中科学家虽然活跃，但主导权则始终掌握在国家之手[①]。

皇家学会的前身是牛津实验哲学圈；巴黎科学院的前身则是上面提到的"梅森学院"，但在这两者之间还有一个"蒙莫学院"（Montmor Academy）。这是因为梅森在1648年去世，此时适逢"掷石党之乱"[②]，法国出现大动荡，原来在修会举行的聚会被迫转移到私人家中举行。其后蒙莫（Henri-Louis Habert de Montmor，1600—1679）毅然在其宅邸承担起招待、组织、推动这个讨论圈的责任。他是法兰西学院院士，对学术有强烈使命感，与笛卡儿、伽桑狄等相熟，并曾邀请索比尔（Samuel Sorbière，1615—1670）

---

① 有关巴黎皇家科学院的历史，Sturdy 1995是一部极周密详细的专著，对该科学院的政治、社会、学术背景，以及创建和演变经过，乃至相关人物都有分析和论述；实际上它可谓一部17世纪法国科学的社会史。

② 所谓"掷石党之乱"（The Frondes）是指1648—1652年的大动乱，其初起于巴黎议会（Parlement）反对黎塞留和马色林种种中央集权措施，它导致暴民包围王宫和摄政太后带同幼君出逃外省，其后演变为贵族叛乱乃至内战，至终幸得图伦（Turenne）大将军平定，其大略见Thompson 1965, pp. 159-163。此动乱与英国清教徒革命同时，但结果相反，而一百四十年后的法国大革命亦是在此时埋下远因。

为此圈子起草聚会规则①。但持续大约十年（1654—1664）之后，它却由于成员分裂成不同派系互相剧烈争吵而告解散。很不幸，就在此期间前后，法国一大批科学界的领军人物如笛卡儿、伽桑狄、德萨格、帕斯卡、费马等也相继凋零。所以继续推动法国科学前进的责任无形中竟落到朝中大臣头上。

当然，精明能干的科尔博特（Jean-Baptiste Colbert，1619—1683）也有自己的想法②。首先，路易十三时代的强势首相黎塞留创建了声名显赫的"法兰西学院"（Académie Française），科尔博特见贤思齐，自然要效法，而且他的确相信这能够为国家带来声誉和强盛。事实上，在17世纪60年代中期已经有人建议成立一所包罗各种学科的"综合学院"（Académie Générale），但这牵涉过广，不免引起争端，所以至终没有成事。同时，不少科学家也曾经向他进言。当时名声鼎盛的惠更斯（§13.9）在1655年和1660—1661年访问蒙莫学院，然后在1663年再次应邀赴巴黎③，向科尔博特提出由政府创办一个科学组织的书面建议，它的理念颇接近于培根的《新大西洋城》：着重实验精神，讲求发明和实用，内容包括数学、天文、地理、物理、医学、农业、建筑等，而排除宗教、政治、哲学、形而上学等科目。与此同时，以奥祖（Adrien Auzout）为首的天文学家也很活跃：他们在1665年初召开了一个公开论坛讨论前一年出现的光耀彗星，引起许多市民乃至贵胄的兴趣；翌年7月又征得科尔博特同意，利用他的私邸观测日食，同时宣扬系统与准确天文观测对于航海和大地测量的意义，并强调修建天文台的重要性④。

但科尔博特行事非常小心慎重，他从没有表示认同以上任何一种构想，也没有为这新组织定下规则、架构——它甚至连正式名称也没有，只是含糊地称作"协会"或者"聚会"。他很低调地在1666年五六月间陆续宣布了入选此会的二十多位科学家，分别为他们安排住所和薪金，然后让他们自己组织起来和展开工作。事实上，"科学院"的名称是日后慢慢形成，直到17世纪末大改组的时候方才正式确立下来。在创始院士中，大约一半是数学家和

---

① 蒙莫本人宫廷地位甚高，是直隶国王的司法大臣。有关蒙莫学院见Sturdy 1995, pp. 16–21。
② 科尔博特是前任首相马色林的得力助手，为人谨慎有大才，在马色林去世，路易十四亲政（1661）后得到信任和重用，除了未有过问军事以外，成为实际上的首相。他致力于整理财政与法规，振兴实业、贸易、军备、经济、建设和文化，可谓路易十四治下法国强盛的最大功臣。其事略见Thompson 1965, pp. 179–184。
③ 这当是由于沙普兰（Jean Chapelain，1595—1674）的推荐。沙普兰是著名文士，法兰西学院早期创始人和首届院士，后来成为科尔博特在文学和科学方面最信任的顾问。
④ 巴黎科学院最初创建的经过相当复杂，详见Sturdy 1995, Ch. 4。

天文学家，其中最重要的无疑是惠更斯、罗贝瓦尔、奥祖等数人，另外一半则分属物理、化学、医学、解剖学等不同范畴，其中40岁左右的壮年人占多数，但也不乏年轻人和长者。这些院士无论在专业或者年龄方面的分布都很均匀，可见是经过仔细衡量和挑选的。

卡西尼皇朝

从荷兰礼聘惠更斯这颗耀眼明星到巴黎出任首届院士是极为成功的创举，这彰显了科学院的国际与开放性质，也顿时使得它成为欧洲科学重镇。此后不久，科学院再接再厉，又捕获另一颗明星，那就是意大利的卡西尼（Giovanni Domenico Cassini，1625—1712），他不但成为科学院在天文学方面的中坚，而且有多位后人继承其事业，可以说是建立了一个皇朝，所以通称为第一代卡西尼（Cassini I）[1]。

卡西尼出生于意法边境上的小镇佩林纳多（Perinaldo），在邻近的热那亚耶稣会学院接受教育，其后受到两个人的决定性影响。首先，是跟从巴里安尼（Giovanni Battista Baliani，1582—1666）学习数学与天文学，因而间接受第谷和伽利略的感染[2]；其次，则是为马尔瓦希亚（Cornelio Malvasia，1603—1664）侯爵赏识，被邀请到他在潘扎诺（Panzano）的古堡参与建立他的私人天文台，其后更得到他赞助和鼓励，于弱冠之年（1651）继伽利略的弟子卡瓦列里之后出任博洛尼亚大学天文学讲席，由是奠定一生事业。此时上距伽利略出版《星际信使》已超过四十年，以望远镜做精密天文观测正蓬勃开展，所以此后十八年间，他来往于潘扎诺天文台和罗马梵蒂冈之间，做了大量观测、研究和出版，这包括：1652—1653年与1664—1665年的彗星轨道观测与性质推断——和第谷一样，他也认为它在大气以外，轨道与行星相似，只是偏心率极高——木星大红斑的研究以及从之推断木星自转周期为9时56分；从火星表面斑点的出没推断其自转周期为24时40分；还有黄道光的研究与性质推断；等等。

---

① 有关卡西尼见其传记Bernardi 2017，其Ch. 20是讨论他以下数代同样在科学院工作的天文学家；以及Sturdy 1995, pp. 182-184，那对他如何融入法国高层贵族有细致描述。

② 巴里安尼是热那亚附近萨沃纳（Savona）地方人，一生从事公职，曾出任本城总督。他年轻时曾与伽利略见面，此后维持通信多年。对当时的重要物理学问题例如落体速度和加速度、弹道、抽水泵的限度、摩擦发热等，他都有理论和实验研究；此外又曾间接获得第谷的一块望远镜镜片。

　　他最重要的工作则是从1647年开始，以博洛尼亚为观测点的木卫（即伽利略在1610年所发现的四颗木星之卫星）研究，特别是记录它们个别轨道的长期观测数据，包括木卫掩（occultation，即木卫运行至木星背后而被掩盖）的准确时刻，这些工作在1668年以《木卫星历》（*Ephemerides Bononienses Mediceorum Syderum*）之名出版。此书一出，立刻受到全欧洲天文学界的重视和关注，因为长久以来测定经度是尚未解决的大难题，而观测木卫掩可能是解决途径之一[①]。这样，他在1669年受礼聘赴巴黎皇家科学院就一点都不奇怪了。

　　事后看来，科尔博特早就有预谋要将他留在法国。他最初应聘，只是作为建造科学院天文台的短期特别顾问，但到达之后即受路易十四接见和殷勤招待，被安排在皇宫居住和享受极其丰厚薪酬（达同侪六七倍），所以虽然起初不习惯用法语，也不满意天文台的设计，但不久就克服困难，渐渐乐不思归，四年后更加入法籍并在国王见证下迎娶贵胄之女，由是跻身法国贵族之列。在如此亲切友善环境中，卡西尼也如鱼得水，得以充分发挥才华。他虽然并不担负科学院天文台主任之责（它事实上是由科学家公用，因此没有主管），却为它制定了详细的经常性观测和记录制度，又利用为此台特别订制的34英尺焦距大望远镜做出许多重要发现，包括从日斑的观测推断日的自转周期为29日；发现土星的光环是由中央裂缝（现称"卡西尼裂缝"）分为内外两条；对光环性质提出正确猜想；在1671—1684年发现四颗主要土卫［最大土卫泰坦（Titan）则是惠更斯在1655年发现的］；从火星的视差推断它的距离，从而厘定日地距离，即天文单位（AU）；在1671—1679年主持绘制详细的月球图；等等。但从法国当局看来，他最重要的贡献无疑是肩负起绘制以天文和大地实测为基础的精确法国地图之重任[②]。此图是由另一位院士皮卡（Jean-Félix Picard，1620—1682）开始，卡西尼到巴黎之后开始和他合作，并在他去世后继续其事。此图直到1793年方才完成绘制和出版，它灌注

① 测定经度的关键是在地球上不同地点观测同一天文现象，从其发生时刻的差异就可以推断两地经度的差异，也就是测定对于某共同标准地点的经度。日月食不太适宜用作这样的测定，因为其发生频率很低，而且延续时间较长。木卫掩较适宜是因为它经常发生（四颗最大的木卫运行周期从2日至17日不等），而且几乎是瞬时现象。利用木卫掩的困难在于它必须用高倍望远镜做专业观测，无法为一般航海员应用。

② 所谓天文实测是指在多个重要地点立下地标，然后仔细确定地标位置的经纬度，纬度测量不难，经度测定就要用到上文提到的木卫掩了；至于大地实测则是指三角测量法（triangulation）。

了卡西尼祖孙四代（即所谓"卡西尼皇朝"）的心血，所以又称《卡西尼地图》，其中包括182幅比例完全相同的分图，合并起来则成为一幅大约12米见方的总图，如今把它与卫星地图比较，其准确度仍然令人惊诧①。从此看来，科尔博特的远见委实令人钦佩。

七、理想主义宗师笛卡儿

英国皇家学会的精神来源是培根，巴黎皇家科学院的精神来源则是笛卡儿。吊诡的是，笛卡儿是法国人，又深受梅森圈影响，却长期在荷兰居住，工作也是全部在荷兰完成；而且巴黎科学院成立之初最重要的科学家惠更斯也同样来自荷兰。因此作为欧陆科学中心的巴黎科学院可以说与荷兰有不解之缘。

荷兰的科学发展

荷兰经过了四十年战争（1567—1609）才脱离西班牙成为共和国，然而在这漫长争取独立期间，它的学术却能够蓬勃发展，这除了前辈人文学者伊拉斯谟和科学家斯特文等的激励作用之外，还有一个重要原因，即以莱顿大学为首（1575）的多所高等学府之相继成立：到了17世纪上半叶，它们在规模和国际性已经直追英国和欧陆②。莱顿大学早期科学家中最有名的是斯涅尔（Willebrord Snell，1580—1626）③。他的父亲鲁道夫（Rudolph Snell，1546—1613）原是莱顿一所中学的校长，也是兰姆信徒，在1581年被委任为莱顿大学特聘数学教授。斯涅尔自己在莱顿毕业后到欧洲游学三年（1600—1603），先后跟随第谷、开普勒、梅斯特林等学习，回莱顿后不时为父亲代课，以迄1608年获硕士学位，此后逐步继承父亲的教职。他跟随父亲和兰姆反对亚里士多德，但和第谷一样不相信地动，又曾测量地球周长和计算圆周率，最重要的贡

---

① 见David Rumsey Historical Map Collection（http://rumsey.geogarage.com/maps/cassinige.html）。在此值得一提的是，康熙朝的《皇舆全览图》是由来华的耶稣会士（其中有许多法国人）领导大批官员在1708—1719年间经过实测全国各地而绘制成的，它的规模比《卡西尼地图》大得多，而完成则早了七十年。详见方豪1983，第863—869页。
② 至1648年为止，荷兰一共成立了五所大学，学生有将近一半是来自国外的新教徒。有关荷兰在此时期的高等教育之发展，以及其人文主义特别是《圣经》原典研究的盛况，见Israel 1995, pp. 569—581。
③ 有关斯涅尔见DSB/Snell/Strui/及Snell/O'Connor & Robertson/MacTutor。莱顿大学的工学院是由斯特文创办，但他自己有无实际任教并不清楚，因此他和斯涅尔是否有师生关系也存疑。

献则是在1621年发现光折射的正弦定律，却没有发表，直至1703年方才由惠更斯为之出版。根据自述，他这工作是得益于开普勒的影响。

贝克曼（Isaac Beeckman，1588—1637）在科学上没有专业地位，也没有特殊成就，然而名声和影响都比斯涅尔大，这是因为他的机械世界观以及他和笛卡儿的关系[1]。他的祖父因为信奉新教移民英国，父亲又重回荷兰经营蜡烛和杂货，并修建供水系统，对教会也非常热心。贝克曼在1607年入莱顿大学，其间得老斯涅尔指点，倾力自修数学，1610年毕业后继承父业。此后他曾试图获得教会职务，但不成功。自1616年起他刻苦自修医学，两年后（1618）的8月赴法国诺曼底的卡昂（Caen）城，在该地大学通过考试获得医学博士资格。同年10月中旬他赴布雷达（Breda）帮助任皮革业的姨丈工作，在那里无意中碰到外籍军官笛卡儿，两人讨论数理科学问题十分投契，从而订交。这是个命运之会：它影响笛卡儿一生，而且两人此后恩怨纠缠延绵不断。此时荷兰发生政变，翌年（1619）乌得勒支（Utrecht）文法中学易主，贝克曼得大学同学援引，谋得了副校长位置。他一年后转到鹿特丹任教，1627年受宗教冲突困扰，决意赴邻近的多德雷赫特（Dordrecht）出任中学校长，自此安居于斯，以迄十年后去世。

出于兴趣，贝克曼曾经做过不少有关流体、气象、光学、数学等的实验、观察和计算；他申请医学博士所提交的论文中，就包括下列包罗广泛的科学命题：水在唧筒中被抽升是由于空气压力而非亚里士多德所宣称的"恐惧真空"；光的粒子性质；抛物体离手之后继续移动是由于要维持原来运动状态；等等。他这些工作，后来都写成论文，并请人誊写、装订、收集于一部手稿集（Journal）中。他异常珍视这部手稿，从不轻易示人，梅森亦只得见其中部分。在1629年左右，他有意出版其中有关机械世界观部分，但由于笛卡儿对此反应极其剧烈，因而作罢。此手稿的部分由他的兄弟在他身后出版，却未引起注意，它此后即湮没无闻，直至1905年才再次为人发现。它的研究使现代学者重新评价贝克曼与笛卡儿的学术关系，即基本上认为笛卡儿在《方法论》中有关运动的部分其实是得之于贝克曼，虽然笛卡儿对此异常敏感，坚决拒绝承认[2]。

最后，我们还要提到一个数学家族，那包括老范舒敦〔1581—1645，他

[1]　有关贝克曼见他的最新传记Berkel 2013。
[2]　见Berkel 2013, pp. 55, 64—65, 168—173。

的弟弟佐里斯（Joris）是油画大师伦勃朗（Rembrandt）的老师］、与他同名的儿子小范舒敦（Frans van Schooten Junior，1615—1660），还有后者同父异母的弟弟彼得·范舒敦（Pieter van Schooten，1634—1679）三人，他们先后在1615—1679年间出任莱顿大学工程学院的数学教授。这学院本是由莫里斯亲王为了国防需要而创建，最初由斯特文规划数学课程，后来斯涅尔父子也曾负监督之责。小范舒敦在17世纪30年代初由数学老师介绍认识笛卡儿，为他绘制《几何学》一书中的图解，又为他绘像，相熟后由他介绍赴巴黎，认识梅森和莫兰圈中人，并接触到维艾特、费马等的解析学工作，大大扩展眼界，升任教授以后更效法梅森，扶掖后进，与海外学者频繁通信，为荷兰建立了一个活跃蓬勃的研究中心。他的重要贡献有三方面：首先，是大力推广笛卡儿数学；其次，是通过笛卡儿介绍，担任惠更斯的私人导师，将他培养成大器；最后，则是出版自己的五卷本巨著《数学习题》（*Exercitationes mathematicae libri quinque*）。这些在下面都还要谈到[1]。

理想主义的始创者

与梅森交往的学者之中，最重要的无疑是笛卡儿（René Descartes，1596—1650）[2]。培根指出直接从大自然发现新知识的重要，为科学发展开辟崭新方向，笛卡儿则强调心智、理性对于了解世界的重要，重新确立古希腊的重智科学精神，这两种思想相互辉映，共同构成现代科学精神的内核。除此之外，笛卡儿毕生致力于思考，他不但有具体科学发现，更成为西方现代哲学的创始者，培根汲汲于建功立业，在学术上自无法企及。

笛卡儿出身士绅阶层，父亲从医生晋身不列颠尼亚地方议会，母亲在他不足2岁时去世，他从小由外祖母抚养，10岁（1606）被送往弗莱舒耶稣会书院就读，与梅森同学（但当时并不相识），以至18岁毕业[3]。他在少年时期

---

① 有关范舒敦和他的家族见DSB/Schooten/Hofmann以及MacTutor/Schooten。
② 有关笛卡儿的现代论述汗牛充栋，其中悉尼大学的高克罗格（Stephen Gaukroger）用力甚多，他曾经编辑两部有关论文集（Gaukroger 1980, Gaukroger, Schuster & Sutton 2000），又撰写了笛卡儿的思想传记（Gaukroger 1995），以及一部他的自然哲学专论（Gaukroger 2002），Garber 1992也是同类专论；笛卡儿早年经历与其志向关系的分析见Cole 1992；其哲学思想的根源见Menn 1998；其与荷兰神学家的论战见Verbeek 1992。此外Dear 2001, Ch. 5是笛卡儿自然哲学的鸟瞰和整体评论，非常扼要。
③ 在16世纪末法国各地为教育士绅子弟而设立的书院发展蓬勃，但从17世纪初开始，法王亨利四世为了加强教育统制，将此权力收归中央，然后全盘转交予耶稣会，1604年弗莱舒学院之成立即为其标志。该校设于亨利四世所赠，本人生于斯，殁后心脏亦庋藏于斯之王宫。（转下页）

生活稳定，接受优良和严格教育，除古典语文和亚里士多德哲学外，还包括传统的数理天文，然而缺乏家庭温暖和关爱，这很可能是造成他日后忧郁内向、行踪诡秘的部分原因。他离校后约有一年去向不明，很可能是精神紧张甚至崩溃，在乡间颐养。其后他到普瓦捷大学习法律一年（1615—1616），取得律师资格，此后一年行踪再度不清，以迄1618年下半年到荷兰莫里斯亲王麾下参军①，在驻地布雷达（Breda）结识贝克曼，由是激发他对于数理科学的兴趣，此后多年一直研究不辍。

他在1618年底或者稍后离开荷兰，赴德国参军（那正是"三十年战争"的开端），1619年夏天在法兰克福出席神圣罗马皇帝费迪南二世（Ferdinand II）的加冕大典，其后驻扎乌尔姆（Ulm），11月10日晚连续做了三个很特别的梦，反映了他思想上的极度紧张和挣扎，以及在学术上有大作为的决心②。1620年中他离开乌尔姆，此后可能到过波希米亚和匈牙利等地（此时他的前辈开普勒正在奥地利的林兹专心著述，可惜两人竟无缘相晤，因为颇有可能已近在咫尺也），以迄1622年返回巴黎，翌年变卖母亲遗产转投资于债券以获得固定收入，1623—1625年赴威尼斯，其后考虑以法律或行政职位谋生皆不果，1625—1628年定居巴黎参加梅森的学会，与米铎、伽桑狄等学者往还。

在1628年笛卡儿毅然选择到荷兰定居，以求避开众多熟人的纷扰而潜心研究，此后二十多年（1628—1649）不曾离开。此时荷兰学术气氛浓厚，斯特文和斯涅尔建立了优良传统③，贝克曼仍然活跃，虽然一度和他决裂，但不旋踵又言归于好；而他的仰慕者和学生对老师更是尊敬有加。在此环境中笛卡儿虽然缺乏有力赞助人，生活和工作仍然十分愉快。不幸的是，荷兰虽然已经改奉新教，宗教思想却仍然十分保守，他在哲学上的崭新见解竟引起大学神学教授的猛烈攻击，纠缠多年。他惮于政治压力，在1649年应瑞典女王之邀远赴斯德哥尔摩，却因为迁就绝早起床的女王而改变作息时间，又不耐

（接上页）该校获巨额基金以为财务基础，管理严格，学术水平高，教育方式先进，有培育人格全面发展之理念，因此名声鼎盛，成为此后法国培育精英之重镇。除梅森和笛卡儿外，米铎亦出身该校。有关此学院沿革和课程设置详情见Gaukroger 1995, pp. 38–61。

① 荷兰虽然是新教国家，但当时与法国联盟对抗西班牙，所以他到荷兰以士绅身份参军很正常。

② 此事很有名而广为学者关注：事后他自己将梦境详细记载在一本名为Olympica的手稿中，原稿虽然失传，却有复述本传世，这些不可能在此讨论，详见Gaukroger 1995, pp. 106–111，以及讨论此事的专书Cole 1992。

③ 有关16世纪上半叶的荷兰学术文化发展见Israel 1995, pp. 565–591。

严寒，竟甫逾知命未几，即以肺炎客死异乡。

笛卡儿终身从事学术，著作不算多，但见解独步，从根本处反对亚里士多德，与传统决裂，故此影响极大。他最早的工作是1619—1620年和1626—1628年间写成的手稿《心智规则》（*Regulae ad directionem ingenii*），他试图通过数学建立一套确实无误的科学探索方法，在此过程中有数学上的新发现，但普遍科学方法则无从建立，所以未完成便放弃，生前也没有出版[1]。此后他赴荷兰定居，开始了对数学、光学、气象学、生理学、解剖学各方面的广泛研究，以及对世界构成和天文体系的深入思考，并计划写一部包罗万象的庞大著作，论述分（无生命的）自然界、生命躯体、灵魂等三部分，前两部分分别是1630—1632年完成的《宇宙论》（*Le Monde*）和1632—1633年完成的《人论》（*L'Homme*）之由来。但就在此时伽利略受教廷谴责、监禁的消息传来，他大受打击，因为《宇宙论》的核心正是论证哥白尼天文体系。他不愿得罪教廷，亦不可能割裂著作，唯有将这部巨著与相关的《人论》一起束之高阁，留待后世，他的科学探索至此亦大致告一段落[2]。此后他转向更根本问题，即科学方法和形而上学，在不惑之年陆续出版了三部主要著作，即法文的《方法论》（*Discourse on the Method*，1637），以及拉丁文的《沉思录》（*Meditations on First Philosophy*，1641）和《哲学原理》（*Principles of Philosophy*，1644）；跟着又完成了《灵魂之激情》（*Passions of the Soul*），但直至临终方才出版。

《方法论》分为正文和论文两部分[3]。正文分六节，仅两万多字，性质上不啻论文部分的引言。它夹叙夹议，以松散自述方式行文，其中提到他的生平事迹（例如著名的"三梦"和不出版《宇宙论》的决定）、学术渊源（例如对哈维发现之了解）、平生志向（摒弃权位名利以追求真理）、治学方针（以数学推论为模范，循序渐进，由简入繁，务求所得为确切不移）等等。它又特别指出，经院哲学所看重的逻辑推理只是复述已知的知识，而数学推理所能够运用的范围亦有限，因此新知的发现必须通过分析和试探来解决问题，而不能够

---

[1] 有关《心智规则》详见Gaukroger 1995, pp. 111–118, 152–181；简述见Gaukroger 2002, pp. 7–10。

[2] 有关这两部著作详见Gaukroger 1995, Ch. 7；简述见Gaukroger 2002, pp. 10–24；它们其实是可以在（新教国家）荷兰或者（教廷势力所不及的）法国出版的，但他思想上气吞江河，宗教上却极端保守低调，不愿引起任何争端，因此两书是在他身后即17世纪60年代方才出版，不过其中部分内容也收入了他其后的作品中，见下文。

[3] 《方法论》有下列包括全部三部论文的英译整全本：Descartes/Olscamp 2001。

徒赖演绎和综合推理，这是他在早期的《规则》已经提出过的[1]。

引言的核心在第四节，它试图解决一个极严肃和高度抽象的问题，即自然界的真确知识如何可能。这问题的背景是古代皮罗怀疑论（Pyrrhonism）大师安皮利克斯（Sextus Empiricus）的著作在16世纪中叶被重新发现和翻译成拉丁文，它深刻影响了饱受宗教战争困扰的蒙田，而反映在他的多篇散文之中，由是知识亦即自然哲学的确切性成为欧洲学界所面对的大问题[2]。笛卡儿的名言"我思考故我存在"即是用以解决此大问题的关键观念。他在书中第四节提出了解决步骤。首先，虽然一切定律、现象皆可怀疑为虚无，为梦境，为邪恶神祇所造成之幻象，但既有"怀疑"这心智活动，则其主体即"自我"的存在就无可置疑。其次，由此可证明上帝之存在："我"既然怀疑而不能确定外界事物之性质，那就是不完美（imperfect）的个体，但那是个负面观念，它是从完美（perfect）的缺失引申出来，因此完美个体（Perfect Being）必然存在，而那就是上帝[3]。最后，既然上帝是完美的，亦即全知、全能、全爱、永恒、无处不在……那么显然上帝不可能欺骗人，因此我们凭官感（senses）对外界所得到的了解、印象和由此而推断得到的知识，也都是可靠的。这推论有两个特点：首先，它强调"我"亦即思考主体作为知识的出发点；其次，它将知识的基础建立于上帝，亦即人本身以外，也就是令自然哲学立足于宗教，以保证其正统性。

《方法论》的论文分光学、几何学、气象学等三部分，篇幅约为正文六倍，它包含了许多新发现，不啻笛卡儿过去二十年间在这几方面科学研究的总结。其中光学部分包括光的性质、反射、折射、眼睛构造和视觉原理、光学仪器乃至镜片磨制等等；最值得注意的是，它提出了正确的折射定律（但没有使用三角学上的正弦函数），这比之哈里奥特和斯涅尔晚了二三十年，却是首次正式出版。至于几何学部分无疑最重要，它利用16世纪蓬勃发展

---

[1] 这是笛卡儿科学方法的核心，他有关逻辑推理不能够带来新知的判断其实与培根无异，但解决之道却相反。详见Gaukroger 1995, pp. 124-126, 378-380；Gaukroger 2002, pp. 58-61。

[2] 极端怀疑论在十六七世纪的兴起与巨大影响见Popkin 2003, Chs. 3, 4，那是有关蒙田，其传人差朗（Pierre Charron）以及其他法国神学家的。

[3] 在此笛卡儿特别强调，虽然以观念虚构的事物（例如九头鸟）实际上不一定存在，但上帝不同，因为上帝是完美的，所以没有尚未实现的潜能（potentiality），故此其存在（actuality）是其本性或者根本观念的一部分，因而是必然的。这说法其实来自阿奎那（Thomas Aquinas），故此是传统经院哲学的一部分。

的代数学，有系统地解决了有名的泊布斯问题[1]，从而发展出解析几何学，即是将轨迹问题表达为具有不确定解的代数方程式，也就是将代数学和几何学，将数和形，两者对应和紧密联系起来。这个大突破是将16世纪代数学的巨大进步应用到几何学上的结果。因此，诸如以数学符号为基础的数式计算、方程式理论、三四次方程的解（它特别提到卡尔丹诺和费拉利）等等，在书中的论证充分发挥了作用。从渊源上看，他这个发现无疑和克拉维斯（Christopher Clavius，1538—1612）所编的数学教本特别是《几何原本》（1574）和《代数学》（1608），以及可曼迪诺翻译和出版的泊布斯《数学汇编》（1588）有密切关系[2]。笛卡儿发现了解析几何学，但显然还有许多不足之处，例如他仍然将"数"视为几何线段，未有清楚的坐标和原点观念，所用的坐标往往是斜交而非正交轴系统，对于负轴的意义不清晰，等等[3]。无论如何，他这部分论文在1649年由年轻数学朋友范舒敦翻译成拉丁文并加评注，此后屡屡加印，在1659年和1661年又分别出评注部分扩充为两卷的新版，由是广为人知，对当时学界产生巨大影响。至于最后的气象学部分则除了对地表和大气现象如风云雨雪霰雹等的解释以外，最堪注意的，自然是他利用光的量化折射定律，来准确计算彩虹光环的角度，这是继摩罗力高之后在此问题上的最重要进步；以及他用大气中的悬浮冰微粒所产生的折射来解释日晕和多日并出现象。整体而言，此书引言部分是笛卡儿自然哲学研究的个人历史、方法和形而上基础，论文部分则是他实际应用这些方法所得到的具体成果。

机械世界观

在此之后，笛卡儿出版形而上学著作《沉思录》，更周全和正式地阐述了他在《方法论》中所提出的自然知识之神学基础。但他对17世纪学界的真

---

[1] 这是泊布斯在其《数学汇编》（§7.9）中提出来的著名问题：给予n条任意布列的直线，倘若P点至各该直线的垂直距离之比例为已知，求P点轨迹。在古代，这问题在$n=2$，3，4的情况已经解决，即$n=2$时为直线，$n=3$，4时为圆锥曲线；笛卡儿所解决的，是$n=5$，6和更大数目的情况。

[2] 克拉维斯是德国人，年轻时投身耶稣会，被送往葡萄牙科英布拉（Coimbra）大学进修，由于观察日食，对数学和天文学产生巨大兴趣，后来成为罗马学院数学教授和教廷最出色数理天文学家，以创立取代儒略历而沿用至今的格里历（Gregorian Calendar）知名。他与伽利略通信往来多年，虽然没有原创性工作，但所著多部数学教本通过耶稣会（例如笛卡儿就读的弗莱舒学院）而产生巨大影响；将《几何原本》传入中国的利玛窦即是其学生。

[3] 有关笛卡儿在解析几何学方面的工作，Boyer 1985, pp. 367–380有详细和深入讨论。

正冲击，则是发表《哲学原理》一书和提出机械世界观。此书基本上是重组《宇宙论》和《人论》两部手稿，除去其与教廷观念冲突的部分而成。此书雄心万丈，目标在于全面取代大宗师亚里士多德的地位——即在思想上提出一套崭新和包罗万象，而又符合正统基督教教义的自然哲学，以在学院中取代经典，成为标准教科书[①]。事实上，在《哲学原理》出版后大约一个世纪（1640—1740）之间，这些目标大体达到了：牛顿学说发表于17世纪末，但直到18世纪中叶方才突破笛卡儿的笼罩，而为欧陆学者普遍接受。

机械世界观的基础是心物二元论，即宇宙万象是由两种迥然不同的事物构成。最普通的是物质，它们的基本特征是"延伸"（extension），也就是占据空间，但无生命、无目的、严格服从客观机械规律；恒星、行星、地球、风雷雨电、山川河流，乃至动植物都纯粹由物质构成——在此架构中，有生命的飞禽走兽虽然好像有感觉、思想，乃至行动目的，但其实都不过是精致灵巧，有类于发条木偶或者钟表的"自动机"（automaton）而已。与物质迥然不同的是灵魂，它的基本特征是能够思考，也就是具有理性（reason），而且永不泯灭。至于人，则由灵魂与物质躯体两种截然不同成分结合而成：人体活动本来无异于"自动机"，但灵魂能够通过大脑中的"松果体"（pineal gland）与人体沟通[②]，亦即控制人体并感受激情（passion），因此人与动物迥然不同。至于这一切之所以有如此构造，则出于上帝的安排——但如此安排的原因则非人所能参透了，其目的亦不必是为了人。

从上述基本观念出发，笛卡儿提出了一整套对整个自然世界的描述，包括：在《哲学原理》第二部分提出的物体运动法则，也就是力学（mechanics）；在第三部分讨论的天体运动；以及在第四部分讨论的地球之形成、各种矿物的性质，乃至有关潮汐、地磁、燃烧等现象的解释。至于他对于人体生理现象的解释则未及写入《哲学原理》而见于身后出版的《人论》。我们不必关注这些描述的细节，值得指出的是：它们是调和三种不同力量的产物，即综合当时已经发现的大量科学知识，参以笛卡儿个人的独特见解，然后再尽量与教会传统观念妥协。就已知科学知识而言，则托勒密、哥白尼、第谷的天体运行系统，

---

① 此书有下列英译本：Descartes/Miller & Miller 1983；有关其讨论见Gaukroger 1995, Chs. 7, 9；至于Gaukroger 2002则是讨论《哲学原理》的专著，对其背景、目标有全面论述，对其各部分也有详细分析。

② 这观念非常古老，是在公元前4世纪由亚历山大的希罗菲卢斯（§5.2）首先提出，其后在西方医学传统中相沿不替。

伽利略的力学和望远镜发现，当时从视差判断所得不同天体包括彗星的距离，吉尔伯特的磁学，哈维的血液循环论等，都已经在书中反映出来——但开普勒的行星三定律则不见踪影。就个人独特见解而言，最重要的无疑是解释宇宙构造的旋涡说：他认为宇宙间充满不停运动的轻灵液体，行星绕日和卫星各绕本身行星的运行，正是被这液体所构成的大小不同旋涡带动，这观念可以说是笛卡儿科学的标志（图13.6）[①]。除此之外，他还发展了一套力学，这在下文还会讨论。旋涡说自然不可能躲避地球运动和绕日运行的基本事实，而这正是教廷严厉谴责伽利略的关键。笛卡儿的妥协或策略有两方面：一是闪烁其词，强调地球运动的相对性以及常人的思维习惯；更根本的则是，强调他的学说只不过是假说，因此很可能是谬误的。他这策略相当成

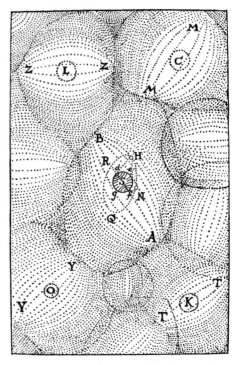

图13.6　笛卡儿《哲学原理》解释宇宙构造的旋涡图像。图中日球S处于中心，周围有四个天体C、K、O、L，围绕此五者的旋涡分别围绕AB、MM、TT、YY、ZZ等中轴旋转，相关讨论见同书Art. 69–80, 83–86。取自Descartes/Miller & Miller 1983, Plate X

功，教会将他的作品列为禁书，已经是他身后十几年的事情了。

整体而言，在汹涌澎湃的17世纪科学思潮中，笛卡儿虽然力求探明大自然的底蕴，却仍然是个过渡人物。诚然，他的机械世界观非常彻底和激进，可以说是结束了亚里士多德"目的论"哲学，亦即将不同自然现象分别对待（即赋予不同物质以不同本性，不同生物以不同种类灵魂）的做法，他的旋涡说也的确具有强大吸引力而为许多学者接受。但他的力学其实和此说毫无关系，他的

[①]　笛卡儿的旋涡说和宇宙图像虽然是凭想象构造，但非常注重已知天文事实，而且十分精细，它的致命缺点是完全没有定量计算和证据。这些是在他的《哲学原理》一书提出的，见Descartes/Miller & Miller 1983, Part Ⅲ Art. 53–157，即pp. 110–177。有关此学说有下列详细讨论：Hesse 1961, pp. 102–108; Gaukroger, Schuster & Sutton 2000, Ch. 3.

物质理论也无法真正解释他提到的许多地面现象。这不足为奇，因为他的雄心远远超过当时科学所能达到的境地。因此，除了《方法论》所提出的那几个重大发现以外，他的重要性主要还是在哲学，即心物二元论和机械世界观，它基本上是强调自然规律的客观性，而把人投射于大自然的意志、目的、自主性等彻底清除掉——实际上，也无异于将上帝和自然世界完全分开了。这个和传统观念的重大决裂是他对于现代科学出现的最重要贡献。

培根和笛卡儿是17世纪科学思潮中两个隐然对立阵营的代表人物：培根轻视数学，以观察、实验、类型学和归纳法为尚，取向近于博物学家；笛卡儿从理性精神出发，认为思考对了解世界最重要，取向近于理论物理学家——虽然在他的著作中对自然现象的观察、研究实际上也占很重要位置[①]。这两种思想各有长处和偏失，直到牛顿方才能够取长补短，将它们熔铸成为现代科学方法。

科学对魔法的冲击

科学思潮令科学家产生共同体的自觉，由是导致了对相关但基本上不相同群体例如魔法师的排斥。这发生于《星际信使》出版之后不久，而成为赫墨斯传统衰落的转捩点。此事件表面上和科学没有直接关系，底子里则是科学精神波及人文研究的先声。在1614年，为了反驳天主教对新教的攻击，一位归化英伦教会的古典学者卡索邦（Isaac Casaubon，1559—1614）出版了《圣徒与教会史驳论》（De rebus sacris et ecclesiasticis exercitationes XVI）。此书通过详细词汇和语法分析，以及文本内容的比较，证明《赫墨斯经典》不但不可能写成于摩西年代，而且必然晚于耶稣的时代——也就是说，它其实是受基督教思想影响的！这样，它实际上就把赫墨斯信仰的历史基础，以及由此而产生的理想性和魅力摧毁。此后不久，虔信旧教又以科学精神守护者自居的梅森奋起发表巨著《创世记问题》（Quaestiones in Geneism，1623），进一步对活跃于16世纪的整个魔法传统，包括新柏拉图主义、赫墨斯主义、卡巴拉法术、星占术等加以深入分析，然后展开全面猛烈攻击。这触发了英国赫墨斯学者、宗教家弗卢德（Robert Fludd，1574—1637）与梅森及其战友伽桑狄在1623—1630年的激烈论战[②]。此战细节不必深究，但这学术气氛的基

---

① Gaukroger, Schuster & Sutton 2000, Ch. 14特别强调此点。

② 梅森之所以反对魔法与赫墨斯主义其实渊源于他强烈的正统基督教思想，即宗教与科学应该各行其是，而不应该通过"怪力乱神"纠缠在一起。这方面的论述见Dobbs 1975, Ch. 3，特别是pp. 56–57。

本转变却导致了科学与赫墨斯主义以及魔法在前此一个世纪的"联盟"（这是耶茨的论题，详见§11.5的讨论）之瓦解。自此魔法、巫术和星占术等在学术界逐渐失去影响力乃至正当性，从而进入漫长的衰落[1]。

但赫墨斯主义渊源悠久，思想精妙，因此虽然退潮，却仍然有生存空间。它在17世纪之初以神秘的"玫瑰十字教派"（Rocicrucianism）形式在德国和英国发展，一度声势浩大，日后更以"共济会"（Free Masons）形式传播到全世界。17世纪下半叶兴起的"剑桥柏拉图运动"（Cambridge Platonism）基本上仍然以费齐诺的"本始神学"为核心——虽然它已经接受卡索邦的论证，不再以赫墨斯经典为根据了[2]。牛顿就深受此运动影响，而至终离弃了机械世界观。他后来甚至发展出"本始几何学"（*prisca geometria*）亦即"本始智慧"（*prisca sapientia*）的观念，认为他的大发现其实是"再发现"（rediscovery）。不过他这些看法并没有正式发表，日后也就为人淡忘（§14.3，§14.8）。

17世纪科学家与魔法决裂，那么他们对于同样是以神示、神迹为至终基础，而且在实际行动上曾经严厉压制过著名科学家的基督教又如何，是否也同样在态度上出现基本变化呢？这却不然。基督教理念在西方是如此根深蒂固，源远流长，它的组织、文化与整个社会又是如此水乳交融，融为一体，所以任何个人或者群体都是完全在其意识笼罩之下，以致任何观念上的疏离、反叛都是不可想象，也无法萌生的。因此，毫不奇怪，17世纪学者从培根、梅森、笛卡儿、费马以至波义耳、牛顿，都还完全是虔诚基督信徒，甚至同时也是教士、神学家。他们的基本态度可以称为"并存主义"，即宗教是基于神示的信仰，哲学是基于理性的探究，科学是后者的一部分，信仰与理性并无冲突，可以并存不悖——甚至，通过理性所发现的自然规律适足以显明上帝能力之伟大、奇妙，而这是科学的价值所在。这种二分态度到17世纪末方才发生微妙转变，所谓"自然神学"（Deism）才开始萌芽。至于哲学家摆脱宗教的束缚与魅力，而敢于从理性和科学出发，对基督教发动直接、公开的猛烈攻击，那是百

---

[1]　有关卡索邦的发现以及梅森–伽桑狄–弗卢德的论战，见Yates 1964, Chs. 21, 22；关于魔法从17世纪中叶开始在英国衰落的原因，见Thomas 1971, Chs. 21, 22的讨论。

[2]　所谓"剑桥柏拉图学者"意义很松散，约略指剑桥大学在17世纪中叶分别以神学家和哲学家为主的两个不同群体，此处所说指后者。他们仍然与科学革命有千丝万缕的关系，其中的亨利摩尔最知名而有代表性：他是伦敦皇家学会早期会员，曾经与笛卡儿通信，也与牛顿相熟。从他的传记Hall 1990特别是后半部 "For and Against the Scientific Revolution" 中可以对此运动与科学革命的关系得到进一步了解。

年后启蒙运动时期的事情了。

八、挑战无限的大军

进入17世纪之后，维艾特、斯特文、瓦莱里等的解析学工作就开始吸引越来越多数学家钻研，其中最知名的不下十数人之多，由是蔚为洪流。但他们往往只将工作成果以手稿形式流传而不出版，因此发现的先后以及相互影响关系很难厘清。我们不可能分析详细这过程，而只能够提出几位主要人物及其最突出贡献而已[①]。但有一点是需要强调的：即使到了17世纪中叶，许多数学家仍然深受古代几何学影响，他们一方面力图创新，另一方面却自觉是在延续古希腊传统，甚至后来的牛顿也不例外。

意大利的"不可分元素"法

在17世纪继续斯特文和瓦莱里传统的，当以开普勒在1615年所作《酒桶体积之量度》为最早。他此书所用其实仍然是"无限小元素"（infinitesimals）法，例如将圆球体积分为无数极细小，同以球心为顶点，以球面上一小圆形为底的圆锥体，其体积是球半径乘底圆形的1/3；此等圆锥体体积之和显然接近球体积V，那就可以视为等于球半径R乘球面积$4\pi R^2$的1/3，即$V=4\pi R^3/3$。这方法可以广泛应用到更复杂的、古人未曾讨论过的问题上，例如，圆环的体积；以弦截取圆的一部分，并将之围绕此弦旋转所形成的苹果形或柠檬形立体之体积；以相同方法从圆锥曲线所产生的立体之体积；等等。这方法的优点在于非常有力，可以处理许多不同问题；要害则在于基本观念不明，理据不清，无法做更清晰严格的论证。所以，此书提到的新方法影响力极大，观念上却并无进展。

至于伽利略，则从大约1617—1618年开始对加速度、速度与位移三者关系做深入思考与研究，其结果后来在1638年的《新科学》发表。但他的讨论虽然比较仔细，基本观念却仍然未能超越库萨、奥雷姆和摩尔顿学派，而比之瓦莱里的朴素极限观念还有所倒退。例如，他意识到运动体所行经距离即位移s、其（变化中的）速度v，以及其所经历时间t三者之间关系，然而只是粗略地将

① 有关这方面讨论最扼要的是Boyer 1959, Ch. Ⅳ；以下有关开普勒和伽利略，还有后者两位弟子的数学发现，并见Boyer 1985, pp. 354-364，389-392。

速度–时间曲线之下的面积，亦即函数$v(t)$曲线与时间轴t之间的面积作为位移s，而并没有论证何以如此；也没有说明"瞬间速度"在数学上如何定义。另一方面，他利用众所熟悉的物理现象（例如重物坠落不同距离之后，能够将尖木杆撞击入地的不同深度）来说明落体自静止以至高速坠落的连续变化过程。换而言之，他的思考方式是具体和物理性的，而非抽象和数学性的。

在数学上，伽利略的重要性在于他的传人，其中最重要的是卡瓦列里（Bonaventura Cavalieri，1598—1647）。他本来是耶稣会教士，由于遇见卡斯泰利而研习数学，并且通过他认识伽利略，后来更得到伽利略大力推荐在而立之年成为博洛尼亚大学数学教授，并于1635年发表《不可分元素的几何学》（Geometria indivisibilibus）。此书所要解决的，同样是面积、体积的计算，基本策略就是利用"不可分元素"。这在面积中，是指等距平行线，不同面积可以用这些平行线之和来比较，从而间接"量度"。至于体积，则也可以用等距平行面作为"不可分元素"来量度。甚至前述平行线长度的n次方之和也同样可以用相类方法计算。他由此在1639年得到了相当于下列普遍积分公式的结果：$\int^{a} x^n \mathrm{d}x = a^{n+1}/(n+1)$，其中$n$是任何正整数——虽然他只为$n$从1到4做了完整证明。此外，他还用同样方法证明了相当于"导数中值定理"的结果[1]；以及下列体积定理：倘若两个体积等高，而且在同高度的截面积成固定比例，那么体积的比例亦同此比例。"不可分元素法"的突破和优势在于它和解析几何一样，将千变万化的几何问题转化为机械性的代数运算，这就带来无穷的便利和力量。不过，此法无论观念或程序都还充满自相矛盾和不确定性（例如以线作为面积元素），所以虽然风行一时，却也饱受攻击。这是微积分学蹒跚向前的一步。

伽利略另外一位传人是托里拆利（Evangelista Torricelli，1608—1647）。他和卡瓦列里一样，也出身耶稣会学校，后来到罗马投奔卡斯泰利，并且成为他的秘书，更因此得以和伽利略接触，在这位伟人临终前三个月成为随侍在侧的助手。由于这一机缘，在伽利略去世之后，他得以继承佛罗伦萨宫廷数学家和哲学家职位，潜心学术研究，并和欧洲学者频繁通信论学。不幸的是，五年后他得了可能是伤寒的急症遽然去世，终年不及四十。托里拆利在物理学上

---

① 此定理（mean value theorem of derivatives）为：倘若函数$f(x)$在间距$a<x<b$内为连续与处处可微分，则间距内必然存在ξ，以使在ξ点的导数$f'(\xi) = [f(b)-f(a)]/(b-a)$。

以空气压力的研究知名（§13.5），但他在1644年出版的《几何学》（*Opera Geometria*）对于微积分发展也有重要贡献，这主要在于将"不可分元素法"延伸到更复杂的计算，例如正多角形围绕其一边旋转所产生的立体体积、旋轮线（cycloid）和地平线所包面积、双曲线围绕渐近轴旋转所产生立体的一截之体积，乃至形式为$x^m y^n = c^n$（其中m，n为不同正整数）之广义双曲线围绕渐近轴旋转所产生立体之体积，等等。为此他甚至应用弯曲不可分元素（例如圆弧或者圆柱面）的方法。此外他还研究形体重心、曲线长度、最大最小值、曲线的切线等典型微积分学问题，并且考虑倘若抛射体的水平速度固定，但坠落速度不是与时间成比例，却与时间的二次或者三次方成比例的情况，特别是它轨迹的切线方向如何确定的问题。不过，托里拆利虽然在技术上大大推进了"不可分元素法"，但在基本观念上仍然没有改进，而且他的许多成果和法国学者罗贝瓦尔、费马等几乎同时发现，由是引起许多发明权的争论。

耶稣会士的批判与创新

和上述意大利学者大致同时的，还有圣文森特（Gregory of Saint-Vincent，1584—1667）和塔凯（Andrea Tacquet，1612—1660）师徒二人，前者是布鲁日（Bruges）人，后者是安特卫普人，都属今日比利时，当时则在西班牙治下[①]。他们彻头彻尾是由耶稣会培植出来的学者，不但是数学家同时也是神学家，圣文森特更曾经教授希腊文和出任神圣罗马皇帝费迪南二世的私人牧师多年，但他们的活动范围主要还是在安特卫普、根特（Ghent）、布鲁日、鲁汶、布鲁塞尔一带。

圣文森特在数学上颇受瓦莱里和斯特文影响，他的学术手稿由于遭逢兵乱，所以迟至花甲之年才结集成过千页的《几何学》（*Opus geometricum*，1647）出版，其中不少成果和卡瓦列里相同。他最重要的贡献是明确指出，无穷级数之和可以"接近其终点，以使两者差别小于任何数值，但即使延续至无穷也仍然不能够达到终点"[②]，此处所谓"终点"自然就是指现代所谓"极限"。他还进一步通过这概念来讨论芝诺的阿喀琉斯与龟赛跑悖论。至于塔凯，则除了强调他老师的极限概念以外，还严厉批判"不可分元素法"，认为几何体（例如面积）只能够由"同质元素"（即微细的面积元

---

① 有关他们师徒二人及下文的古尔丁俱见相关的DSB传记。

② 见其《几何学》，转引自Boyer 1959, p. 137。

素）构成，而绝对不能够由"异质元素"（如不可分元素法中的线条）构成，这在原则上自然很正确。他这工作发表于1656年，当时牛顿已经将近升读剑桥大学了。除此之外，比塔凯早得多，而和圣文森特大致同时，还有一位同样是耶稣会士的瑞士数学家古尔丁（Paul Guldin，1577—1643），他在1635—1640年出版的工作也以严厉批判开普勒的"无限小"元素和卡瓦列里的"不可分元素"观念著称。所以，意大利学派纯粹以实用为目标的计算程序出现之后，立刻就不断遭到观念上的挑战了。

学院以外的数学奇才

在17世纪，笛卡儿声名盛极一时，但他碰到了一位劲敌，即是以数学作为智力游戏与挑战的专业律师费马（Pierre de Fermat，1607—1665）[1]。费马出身法国西南部富有世家，其初就读图卢兹（Toulouse）大学，17世纪20年代赴波尔多（Bordeaux），他的数学兴趣和早期工作便是在那里萌芽，1631年他在奥尔良（Orleans）大学法学毕业，随后回到图卢兹捐得地方议会官职，此后逐步升迁，以迄终老。他在波尔多时期深受两方面影响，即当地学者维艾特的符号代数学以及当时刚刚出版的丢番图《算术》一书中的数论（§12.5，§7.9），这可以说塑造了他日后一生的数学工作。从1636年开始，通过同事推介，他开始与梅森通信，并且出示研究成绩，由是声名鹊起，迅速获得数学界敬重。但他视数学为闲暇娱乐之道，而不愿花时间著述，更坚决拒绝发表作品，只是凭通信宣布工作结果以挑战同行和博取声誉，从而引起不少误会与争端，更一度几乎为人遗忘[2]。如今大家知道费马都是由于他的数论，特别是迟至1995年才得到证明的"费马定理"。事实上，他在解析几何和微积分学上都有巨大贡献，但因为作品延迟到身后发表（1679），所以影响力及不上意大利学派。

费马有关解析几何学的备忘录（1636）和笛卡儿的《几何学》几乎同时发布，两者虽然是各自独立研究的成果，内容却不谋而合[3]。其后费马还发现，代表方程式的轨迹之性质是由未知数的数目（而非方程式的次数）来决定这一基本原理，即单未知数方程决定点，双未知数方程决定平面上的线，

---

[1] 对费马的生平、工作以及他与同时数学家如笛卡儿、罗贝瓦尔、帕斯卡等的关系下列传记有详细论述和分析：Mahoney 1973；此外并见下列综述DSB/Fermat/Mahoney；Boyer 1985, pp. 380–384。

[2] 有关他在这方面癖性的讨论见Mahoney 1973, pp. 20–25。

[3] 以下讨论见Boyer 1985, Ch.17。

三未知数方程决定空间中的面。差不多同时，他在微分方法上也获得决定性进展。他意识到，多项式 $f(x)$ 的最大或最小值是由 $f(x)=M$ 这方程式两个相邻近的根重合而决定的。倘若 x 和 $x+y$ 是两个适合上述方程式的根，那么立刻可得到 $f(x+y)-f(x)=0$；对于多项式而言，他发现新方程式必然可以用 y 整除，因此 $[f(x+y)-f(x)]/y=0$；到此阶段，他就要求两根重合，即 $y=0$［他称之为"足等"（adequality）］，所得到的新方程式就是决定最大最小值的条件。很明显，他所发现的，就是计算导数 $f'(x)$ 的普遍原理：$f'(x)=[f(x+y)-f(x)]/y$（$y\to0$）；而极大极小值则是由导数消失 $f'(x)=0$ 决定。在此基础上，他还发现，可以根据二次导数 $f''(x)$ 的正负来决定 $f'(x)=0$ 所给出的，到底是最小抑或最大值；以及计算导数的方法可以应用于决定切线和几何形体的中心。在当时，这奇特的"足等"条件很不容易理解，为此他曾经和笛卡儿发生激烈争执，后来笛卡儿虽然自己发现错误并且道歉，但费马亦因此颇受伤害。除此之外，在曲线长度、面积、体积等涉及积分的问题上，他也有多方面重要贡献，包括求得 $y=x^p$（p 为任何有理数，包括负数）曲线下的面积 A，其方法如下：将 A 近似表达为一系列不等宽矩形之和 I，而那是可以通过级数求和准确计算的；由于所有矩形宽度都由一个参数控制，在改变参数使所有宽度都趋近于0时，I 就等于 A。此外，他还求得了计算曲线长度的普遍积分公式。

费马是在牛顿和莱布尼兹之前最接近发明微积分的人。他和这两位大师的距离在于：他始终没有发现微分与积分之间的互补和对易关系，而且他的方法缺乏普遍性，不能够应用于一般函数。这可能是因为他以数学为游戏，所以眼光仍然停留在解决具体几何问题的层次上，而始终没有意识到，解析学可以成为更高层次的独立数学分支吧。

迅速成熟的观念

从大约17世纪40年代即伽利略去世和牛顿出生之后开始，欧洲科学活动就进入了一个高度活跃时期，各种新观念、新实验、新进展纷至沓来，使人目不暇给，难以追寻交错纵横的发展脉络。就微积分学而言，这无疑已经成为极其热门的领域，它的观念在迅速成熟，可以说是呼之欲出了，而在此阶段活跃的数学家还有法国的罗贝瓦尔和帕斯卡，以及英国的沃利斯和巴罗。

罗贝瓦尔（Gilles Roberval，1602—1675）和笛卡儿、费马、卡瓦列里、

托里拆利属同一代人，但成功经过最为传奇[①]。他出身寒微，家世不明，据说14岁开始自学数学，其后周游各地，以此谋生，1628年到巴黎加入梅森的圈子与第一流数学家来往，1634年通过竞赛成为"皇家学院"的拉姆讲席教授，自此声誉日隆，1666年巴黎科学院成立，他还是创院院士。在积分学上他采取类似于"不可分元素"法，但强调方法中的"线"其实是指微小的面积元素，所以观念上较卡瓦列里为进步。他由是得到 x^n 甚至可能还有正弦函数 $\sin x$ 的定积分公式；此外，他对旋轮线有特殊研究，算出它的长度、所包面积，以及其旋转体所包体积。在微分学上他的主要贡献是将曲线视为点的运动轨迹，其上任何一点的切线则视为该处的运动方向，由是而决定切线方向，并且计算曲线长度。罗贝瓦尔不只是数学家，在物理学上也有贡献，例如，从两条悬挂重物的绳子推断出力的组合原则。但他为了竞赛以保住讲席的缘故，极少出版研究成果，故此名声只是在行内传扬[②]。

帕斯卡（Blaise Pascal，1623—1662）和费马、罗贝瓦尔并称法国17世纪最伟大三位数学家。他天生多才，是投射几何（projective geometry）的开创者之一；和费马一道是现代组合数学（combinatorics）以及概率论（probability）的奠基者；和托里拆利以及波义耳同是最早阐明真空问题并且开创现代流体力学者。他还发明、产制和销售了第一部机械加数机，而且在微积分学发展上也同样有重要贡献。帕斯卡母亲早逝，他由精通数学的父亲亲自抚养和教育成人，还不满16岁就已经跟随父亲参加梅森的科学聚会。他毕生致力于科学工作和实验，也数度经历强烈的宗教经验，却从来不曾担任教职，未及40岁即患癌症去世。和同时代许多数学家一样，帕斯卡也知道 x^n 的定积分公式，并且对旋轮线有特殊兴趣和研究。他最重要的贡献是在《算术三角形专论》（*Traité du triangle arithmétique*，1654）中详论由二项式系数（binomial coefficients）所构成三角形的种种性质以及其在分析学上的应用。这所谓"帕斯卡三角形"（Pascal triangle）[③]通过沃利斯而传给牛顿，从而导致后者发现普遍二项式定理。

---

① 有关罗贝瓦尔和下文的帕斯卡，分别见DSB/Roberval/Hara以及DSB/Pascal/Taton；并见Boyer 1959, pp. 140–153。此外Sturdy 1995, pp. 101–107尚有详细的罗贝瓦尔家世及社会背景讨论。

② 拉姆讲席不能够自动连任，每三年就必须通过数学竞赛来决定人选。罗贝瓦尔自赢得此讲席后能够终身保持不失；此外他于1655年被委任为同一学院的伽桑狄讲席，也终身保持。

③ 不过，他并非首先发现此三角形的人，除了阿拉伯数学家和中国的朱世杰以外，欧洲中古以至十五六世纪的数学家也都曾经论及它和它的某些性质。

英国第一位数学大师

最后，前面已经提到，经过萨维尔、哈里奥特、纳皮尔、布里格斯、奥特雷德等的努力耕耘，英国的数学也在迅速成长，但它站到欧洲前列，则是17世纪中叶沃利斯（John Wallis，1616—1703）冒起之后的事情。沃利斯出身牧师家庭，在剑桥攻读文科和神学，1640年毕业即执业牧师。其后不久清教徒革命爆发（1644），他与国会党关系密切，经常到伦敦去，从而遇上了影响终身的两件大事。其一是大家发现他有破解密码的非凡才能；其二是他先后参加了格雷欣和牛津的学术讨论圈，由是在1649年被委任为牛津的萨维尔几何学讲席教授。当时恐怕没有人能够预见，他在位会超过半个世纪之久，成为英国数学的中坚。事实上，当初进牛津任教的时候，他的数学知识仅止于奥特雷德的《数学要义》，但萨维尔专为其讲座建立的图书馆收藏丰富，他很快就读到范舒敦翻译的笛卡儿《几何学》第二版和托里拆利的《几何学》，也就是接触到当时解析学的最新成果，从而在1652年写成他的第一部重要著作，即1656年出版的《无限算法》（*Arithmetica infinitorum*）[①]。

此书从求单位圆面积开始，得到下列简单积分关系：$\int_0^1 (1-x^2)^{1/2}dx = \pi/4$；但从此他考虑更普遍的积分，即 $I(k, n) = \int_0^1 (1-x^{1/k})^n dx$，其中$k$和$n$可以取任意整数乃至分数值，显然，$I(1/2, 1/2) = \pi/4$。在$n$为整数时此积分可以用卡瓦列里的"不可分元素法"计算，但在n为分数时他则大胆地应用基于连续性假设的"内插法"（interpolation）计算，由是再经过连串复杂运作得到下列有名的无限连乘公式：

$4/\pi = 3/2 \cdot 3/4 \cdot 5/4 \cdot 5/6 \cdot 7/6 \cdots$

这公式第一次使人能够脱离几何学考虑而直接计算圆周率，而$I(k, n)$其实是与许多高等函数，例如牵涉椭圆弧长的"椭圆积分"（elliptic integral）和牵涉阶乘积（factorial）的"伽玛函数"（Gamma function）密切相关。整体看来，《无限算法》是首先表现了函数意识与连续性概念的著作，它无疑应该视为现代分析学的开端。根据牛顿手稿的自述，他就是"在1664—1665年冬季读到沃利斯博士的《无限算法》"之后更进一步将$I(k,n)$积分上限视为变数，然后用内插法得到"二项式定理"的[②]。此书的出版立刻引起了欧陆学者特别是

---

① 此书有现代英译本Wallis/Stedall 2004，它的导言对沃利斯的学术渊源、此书的写作和出版经过、主要内容，以及出版后的影响等都有详细论述，以下本此和Boyer 1985, pp. 416–420。

② 见Westfall 1980, pp. 114–122的详细讨论。

惠更斯和费马的注意，以及沃利斯和他们之间的通信和往返讨论，令他们对英国数学刮目相看。此后沃利斯还出版了两部主要著作，即1669—1671年的《力学》（Mechanica），其中提出"力矩"（moment）概念，并且详细讨论物体的撞击（impact），特别是弹性和非弹性碰撞（collision）；以及1685年的《代数学》（Treatise of Algebra, both Historical and Practical）。此书卷帙浩繁，它不但包括代数学和分析学，还有代数学史——但它之吹擂英国数学特别是哈里奥特之先进则不免过分了。

最后，我们还要提到牛顿在剑桥的老师巴罗（Isaac Barrow，1630—1677）[1]。他祖上是医生，与剑桥圣三一学院关系密切，父亲则是伦敦商人。他在剑桥时（1646—1652）正碰上清教徒革命，因为属于王党，所以颇受压力，不过坚忍下也终于顺利毕业并当选院士。从中学开始他就深究古典语文，入大学后益发精进，极受希腊文教授赏识。但此时学风讲究博通，所以从二三年级开始，他又钻研欧几里得、阿基米德、阿波隆尼亚斯、托勒密等古典文献以及当时风行的笛卡儿《几何学》，并且大力鼓吹数学的重要性。毕业后他在大学资助下漫游欧陆及伊斯坦布尔多年（1655—1659），返剑桥后适逢查理二世复辟，乃得膺选其时悬空的希腊文讲席，其后由于威尔金斯的推荐，一度兼任格雷欣数学讲席，至1663年剑桥创设"卢卡斯数学讲席"（Lucasian Professorship），他膺选首任讲席教授[2]。巴罗出版过若干光学和数学演讲集，其中最堪注意的是，论及托里拆利以运动观念来求切线方向，并以时间为此运动中的均匀流变量，因为这很有可能就是牛顿"流数法"的渊源——虽然牛顿在晚年对此语焉不详。巴罗与牛顿的关系相当密切，他后来辞去教席由牛顿接任，这一方面是让贤，另一方面则因为他忠诚虔敬，志向本来就在神学，而卢卡斯讲席的条例明文禁止兼职。他离职后不久即赴伦敦出任王室牧师，三年后更在查理二世支持下回到剑桥出任圣三一学院院长，在位期间以廉明公正，一力维护学院独立，以及推动建造美轮美奂的圣三一图书馆知名[3]。1675年他一度出任大学校长，其后在伦敦罹疾早逝。

---

[1] 关于巴罗见论文集Feingold 1990，其中第一章是长篇传记，包括剑桥大学在十六七世纪学术发展的讨论，其余各章是有关巴罗著作、学术成就和图书收藏的论述。

[2] 这是剑桥大学首个数学讲席，它设立的背景以及巴罗被委任的经过（这可能是得力于威尔金斯的推荐）见Feingold 1990, pp. 64–66，并见§14.2的有关注释。

[3] 有关巴罗辞去卢卡斯讲席的真正原因以及他重回圣三一学院出任院长的经过见Feingold 1990, pp. 79–89及§14.2。

九、动力学的进展与困惑

在17世纪中叶，天文学和解析学都已经高度发展，动力学经过伽利略的推进似乎也已经有眉目，但其实仍然是在纷乱、困惑、莫衷一是的状况之中，它的观念、方法以及至终目标都还不明确。这是因为它需要解释许多属于不同类型，具有完全不同特性，但又彼此相关的现象，例如行星的运行、自由落体、抛物体、物体碰撞、圆周运动、悬摆体、静力学等等。这些现象的个别研究产生了迥然不同的观念和规律。问题是：它们背后是否有更根本的规律可以解释所有这些不同类型的现象？还是它们可以被融合起来？牛顿的巨大贡献便是彻底解决了这些问题，但这是要到17世纪80年代中期方才完成的。在伽利略与牛顿之间，这方面的进展主要归功于笛卡儿和惠更斯，前者阐释、宣扬大原则，但缺乏具体计算，后者在伽利略已经证验的原则上以高超数学技巧计算许多复杂的实际问题，而且对于基本原则的扩展也有贡献[1]。

笛卡儿的动力学

笛卡儿是"机械世界观"的创始者，他彻底抛弃亚里士多德的目的论（teleological）运动观念："我不接受剧烈和自然运动有任何分别"[2]，并且提出无论天上地下所有物体运动都是根据相同规律的观念。他在动力学上的贡献发表于其《哲学原理》[3]，这主要有三方面。其中最重要的，是提出相当于"功"（work）的原理，即能够将"100磅重物升高1英尺"的"能力"（他称之为force，vis），也能够将"200磅重物升高半英尺"。而且，他了解，这原理牵涉的只是升高的距离，而非升高的速率（伽利略就经常混淆二者）；他甚至意识到功和力（force）的分别，因而认为"力"有两种，将物体升高的能力（即功）是一种，它是"两度"，即涉及两个量的；支持物体令其不会坠落的"力"则是另外一种，它是"一度"，即只涉及一个量的。

他的第二个贡献是，指出做圆周运动的物体总是有离开圆心向外移动的倾向，因此认为它有"离心力"。但他并没以数学来细究这力与运动速率以及圆

---

[1] 讨论17世纪动力学发展史最详细的是韦斯法尔（R. S. Westfall）的《牛顿物理学中的力：17世纪动力科学》，即Westfall 1971。

[2] 笛卡儿致梅森信札，1640年3月11日，转引自Westfall 1971, p. 56。

[3] 有关笛卡儿动力学贡献的讨论，见Westfall 1971, Ch. 2。

周半径的关系，更未能了解这力从何而来，它的性质为何——当然，今日开始学习"普通物理学"的学生还经常受这些问题困扰。最后，在机械世界观中，物体之间的作用力只能够通过接触、碰撞而发生，所以他考虑了物体在七个不同条件下的碰撞（impact），试图解决碰撞后会出现的情况。他的策略是绕开力的观念，而用"运动量"（quantity of motion）之不变为基本原则，这可能是个进步。然而他不能够决定什么是"运动量"，所以他的讨论未曾量化，只在最简单情况，即相同物体以相同速率对撞，他才得到正确答案。

荷兰首席科学家

惠更斯（Christian Huygens，1629—1695）可能是荷兰最著名的科学家，他如今以解释光波进行的"惠更斯原理"著称。其实除了光学以外，他对数学和力学也有巨大贡献，曾经以发现圆周运动定律和发明钟摆计时器震惊学界。他比笛卡儿晚一辈，即与牛顿的老师巴罗同时，出身荷兰世家，祖父是荷兰开国元勋"沉默者威廉"以及莫里斯亲王的秘书，父亲是奥兰治（Orange）家族的家臣，学养渊博，和梅森、笛卡儿等学者经常来往。惠更斯自幼聪慧过人，由于笛卡儿的介绍，延聘范舒敦为私人导师，未及弱冠即在莱顿大学研习法律和数学，受维艾特、笛卡儿、费马等影响，并且开始和梅森通信，毕业后不愿投身外交界，长年（1650—1666）居家研究数理，这成为他思想最锐利，发现最丰富，迅速扬名欧洲学界的时期，所以在巴黎皇家科学院的筹备阶段就与闻计划，在其成立之初即被礼聘为最高级创院院士，至1681年由于体弱多病返回荷兰休养，1685年有意重返科学院，但由于路易十四废除《南特诏令》和排斥新教徒而打消念头，其后返海牙附近家族旧宅退休和终老[①]。

惠更斯才能超卓，终身在优渥环境中致力于数理科学研究，而且有大量前人工作为基础，所以成果累累。他在数学、力学和光学等三方面都有重要贡献。数学上他最突出的是分析学，这包括曲线长度以及几何形体的面积和重心计算，但最有名的则是关于法包线（evolute，亦名渐屈线）、渐伸线（evolvent）、指数曲线、悬链线（catenary）、滚轮线（cycloid）等的研究，以及"曲率"（curvature）之发现。除此之外，他在统计学上也有贡献。概率研究开始于卡尔丹诺对投掷骰子的研究，但他的著作没有产生影响；到17世

---

① 有关惠更斯及其工作见Bell 1950, Andriesse 2005及DSB/Huygens/Bos；他动力学发现的详细论述见Westfall 1971, Ch. 4。

纪，帕斯卡和费马也在通信中讨论了同样问题。在帕斯卡的影响下，惠更斯于1657年发表《骰子戏的推理》（*Reasoning in the Game of Dice*）小册子，提出期望值（expectation value）的观念，成为第一部有系统的概率问题著作，它后来由范舒敦翻译成拉丁文[①]。

在力学问题上他有关于悬摆、圆周运动和碰撞等三方面的重大贡献，其中最重要的可能是17世纪60年代完成的悬摆（pendulum）研究，这发表于1673年出版的《悬摆钟》（*Horologium Oscillatorium*）一书[②]。在此书中他充分显示了卓越数学能力，主要发现包括：（1）小幅度单摆（simple pendulum）的周期为$T = 2\pi\sqrt{l/g}$，其中l是摆长，g是重力加速度。（2）根据此公式对g做高度精密测定。（3）发现单摆周期其实与摆动幅度有关，但倘若以滚轮线状"颊板"（cheek）连续改易摆长而形成所谓"滚轮摆"（cycloidal pendulum），那么周期就不会随幅度改变，悬摆成为"等时"（isochronic）的。（4）复摆（compound pendulum）即刚体（rigid body）的摆动研究，包括其周期与质量分布亦即"惯性矩"（moment of inertia）的关系，以及如何通过移动摆上小质量的位置来调校周期。这些发现所根据的动力原则只有伽利略所发现的以下两项：垂直落体速度与落距的关系，以及斜板上落体的终速只与垂直落距有关，此外则完全是通过几何学论证（例如将曲面分解为许多细小斜板）来完成，而所得成果却是那么丰富与精确，令人惊讶、钦佩不已。

他有关圆周运动的论文《离心力》其实早在三十之年（1659）已经完成，但等到十四年后即1673年才附在《悬摆钟》书后作为第五部分发表，而且还略去了证明。至于论文本身则迟至1703年才独立出版，那时牛顿巨著《自然哲学之数学原理》已经发表多年，所以成为明日黄花了。他此文最重要的成果是：证明以固定速率v循半径为r的圆做均匀圆周运动的运动体之向心加速度为v^2/r（这基本上是几何问题）；然后通过将此加速度与重力加速度比较，得到均匀圆周运动中运动体所产生的离心力为$F = mv^2/r = mr\omega^2$这一著名公式，其中ω是角速度。通过这公式，他能够计算由于地球自转所产生的离心力，并证明它远远小于重力$F = mg$，从而否定了对于地球自转说经常出现的反

[①]　见Boyer 1985, p. 397。

[②]　《悬摆钟》有下列英译本：Huygens/Blackwell 1986。通过其手稿原本来详细论述惠更斯的动力学（主要为离心力及悬摆，但不包括碰撞）研究及发现过程者，尚有尤达的《展开时间：惠更斯与自然的数理化》，即Yoder 1988。

对意见，即自转会导致物体飞离地球。这个证明有赖于地球半径r和重力加速度g的测定，不过两种力大小悬殊，所以即使r和g的测定有误差也不会对结果产生大影响。

他有关碰撞的论文《碰撞产生的物体运动》（ *De motu corporum ex percussione* ）也早在1656年完成，但迟至十多年后即1668年才发表。此文解决了平面上不同大小坚硬物体以不同速度碰撞之后各自如何运动的普遍问题，解决关键实际上应用了以下几个原则。（1）"惯性原则"，即除了由于发生碰撞，物体速度不变。（2）"对称原则"，即大小和速度相同的物体对撞，则必然以相同速度反弹。（3）"伽利略相对性"，即大小相同但速度不相同（包括其中一方静止）物体的对撞可以"转化"为速度相同的对撞——只要选择以适当速度移动的观察者（例如坐在行驶的船中观察岸上情况）即可；问题解决后可再"转化"回到原来观察者，即可求得两者碰撞后的速度；并且由是证明，那将会是原来速度的对易，但方向相反。（4）最后，要解决不同大小物体的碰撞，他利用了伽利略所发现的"势能"与"动能"互换原理，即物体下落的至终速度之平方与下落所经过的高度成比例。假定碰撞体的速度是得自各从不同高度坠落，并且用一个观察系统以使发生碰撞时两物体的重心为静止，那么他就可以证明，碰撞之后两者的速度也是对易，但方向相反，否则它们各以终速向上爬升的时候，重心就会高于原来，这样会导致悖论。他甚至明确提出，将物体各自的质量乘以速度平方，然后相加，所得总量在它们碰撞前后不变，亦即两物体的mv^2（这是动能的两倍）总量不变。换而言之，在坠落和碰撞过程中，他都已经用到了"能量守恒"的原理了。

最后，在光学上惠更斯于1678年在科学院发表了他的光波动理论，利用光波进行时的叠加和相消原理来解释，为何光虽然是波动，却仍然能够聚成细束并且依循直线进行，这理论在1690年写成《光论》（ *Traité de la Lumière* ）一书出版。在此后整一个世纪间，他这波动理论都为牛顿1704年所发表《光学》一书中的光粒子说所掩盖。到了19世纪这两个理论的影响力又完全倒转过来，直至20世纪30年代它们之间的诡异分歧才由于革命性的光量子理论的出现而得到真正了解。

＊　＊　＊

这样，在17世纪60年代牛顿开始学术工作的时候，科学革命的酝酿已经延续七八十年之久。对他来说，开普勒、伽利略、培根、笛卡儿等的巨大影响正方兴未艾，而多位名重一时的前辈像沃利斯、惠更斯、卡西尼、波义耳等仍然活跃于多个不同领域。因此，这位少年英发的天才感觉到哲学正在向他招手，一个广阔世界正在等待他发现，应该是很自然的吧！

第十四章　牛顿与科学革命

　　欧洲从近代进入现代的关键是启蒙运动，那其实是欧洲从中古开始，长达五百年思想变革的最后阶段。笼统地说，这场变革以文艺复兴为开端，继以宗教改革和科学革命，到了18世纪，这几个不同方向的变革思想汇集起来，方才促成启蒙运动的大潮。在这整个过程中，科学革命无疑是最直接的关键因素之一。如前此三章所缕述，科学革命从16世纪之初开始酝酿，到笛卡儿和惠更斯的时代已经有一个半世纪之久，所以在此时出现的牛顿能够取得巨大突破，从而完成这革命，可谓水到渠成。他在致胡克的信中所说"我能够望得更远，是因为站在巨人肩膀上"，原意虽然只是客气恭维对方，却也反映了实情[①]。本章所要讨论的便是牛顿个人的探索历程，特别是他在1684—1687年那短短三年间，如何将所有前人和自己的发现熔铸为一个完整体系，以解决自柏拉图和亚里士多德以来困扰学者达两千年之久的天文和物理学问题，更为大自然探索树立新目标、新方法、新典范，从而奠定随后三百多年现代科学发展的基础。

一、大自然的神奇之子

　　在17世纪中叶，现代科学革命所需要的各种基本因素——新天文观念、行星运动定律、惯性观念、落体和抛射体的运动规律，乃至代数学、解析几

[①]　这句名言来自1676年2月5日牛顿致胡克的信札，原文为"倘若我望得更远，那是因为站在巨人肩膀上"，此处所谓"巨人"显然是指笛卡儿和胡克，见Westfall 1980, p. 274n. 106。该信背景是两人冲突多时，其后胡克主动去信和解，故此牛顿在回信中自谦和颂扬对方。根据索尔兹伯里的约翰（John of Salisbury），这说法原出于12世纪学者伯纳德（Bernard of Chartres），见Southern 1959, p. 203。

何，以及解析学观念与方法等，大致都已经具备了。但倘若我们认为，牛顿只不过是幸运地在适当时刻出现在适当位置，因而能够融会贯通这一切的人，那就大错特错了。他倘若没有过人天分、才能和魄力，是绝对不可能在短短两三年内完成最后一步飞跃，将许多杂乱无章的思想、方法和试探性规则加以神奇变化，熔铸成完整科学体系的。古人有云"天不生仲尼，万古如长夜"，蒲柏（Alexander Pope，1688—1744）为牛顿作墓志铭曰"大自然暨其规律为夜幕所掩，上帝命牛顿出世，天地遂大放光明"[1]，东西方所称颂的对象不同，文辞却异曲同工，都充分表达了后人对大宗师的景仰赞叹之情。

圣三一学院的孤僻青年

　　牛顿（Isaac Newton，1642—1727）出生于林肯郡小市镇格兰瑟姆（Grantham）附近的伍尔斯索普（Woolsthorpe）庄园，他的家族在该地渊源久远，人口繁衍，但历来务农为业，前辈并无学者或显赫人物。他这一支至祖父辈致富，成为缙绅，但他父亲在承受家业和结婚之后不久便去世了[2]。牛顿是早产的遗腹子，身体极其羸弱，3岁时母亲汉娜（Hannah Ayscouth）改嫁当地牧师史密斯（Rev. Barnabas Smith），将他留在祖屋，由祖母抚养。这巨变对他自是重大打击，但相关财务安排则对他十分有利，因为婚约中后父同意赠予他一处田产，而生父母双方财产后来也都由他承受，保证他毕生不必为经济担忧。他12岁时后父去世，母亲带同三个异父弟妹回归祖屋同住。这一连串委屈、凄凉经历对牛顿的性格影响很大，入大学后他甚至曾写下痛恨母亲与后父的自白。大概在十三四岁时他被送往格兰瑟姆文法中学，并寄居在当地药剂师克拉克（Mr. Clark）家中，从而认识其妻舅巴丙顿（Humphrey Babington）——此人在剑桥圣三一学院当导师，日后对牛顿关照备至，影响他的前途至深。当时文法中学的课程受文艺复兴风气影响，除《圣经》外，以拉丁文为主，加上少许希腊文，数理方面则阙如。牛顿在校时性格孤僻，与同学格格不入，学业上也没有突出表现。但他手工十分灵巧，曾经制作多

---

[1]　称颂仲尼诗联为宋代唐庚所记而朱熹所引，见《朱子语类》卷九三。蒲柏墓志铭原文为"Nature and nature's laws lay hid in night;God said 'Let Newton be' and all was light"，作者译文。

[2]　有关牛顿的原始资料、传记、论文、研究浩如烟海，从以下"文献指引"可得一鸟瞰：Westfall 1980, pp. 875-884. 就当代传记而言，最早亦相当详尽者为More 1934，其后有Hall 1992及White 1997，但最详尽精审则为Westfall 1980，其精简本为Westfall 1993，两者皆为本章主要依据；至于Cohen and Smith 2002则为牛顿学术之研究论文集。此外有关个别问题之讨论尚见以下有关注释。

种模型，包括玩偶家具、风车、水车、磨盘、板车等，而意念大抵是得之于一部名为《自然奥秘》的通俗读物[1]；他又对日晷和日影长短特别感兴趣，往往为此废寝忘餐。17岁时母亲命他辍学归家学习管理庄园，但是他毫不感兴趣，表现极其懒惰散漫。九个月后，由于舅父（他毕业于剑桥然后任职牧师）和赏识他的中学校长的斡旋，他终于能够回校完成学业，然后在1661年入读剑桥圣三一学院。

不知为何，他虽然家境殷实，却是以最低级的服务生（subsizar）地位入学，需要为导师和其他同学做侍应、收拾、清洁等低下工作，这无疑对他的自尊心有很大打击，令他的孤僻性格与日俱增[2]。他唯一相投的同窗是在散步时无意中结识而比他低班的维金斯（John Wickins），后来他们成为室友；至于和其他同学的交往，则止于为他们提供借贷以牟利而已，除此之外未曾留下任何记载。当时查理二世刚刚复辟（1660），剑桥暮气沉沉，亚里士多德学说仍然是课程重心，但已经完全失去活力，无人认真看待，学院导师尸位素餐，视本职如干俸（sinecure），他们除了维持学院的营运外，只有少数为学生导修，那也都是为增加收入而已。不过大学规制松弛，对学生不闻不问，放任自流，这对于求知若渴的天才如牛顿，反而提供了理想的自由治学环境。

从牛顿购藏的书籍和留下的笔记可知，他最初的确对以亚里士多德为主的正规课程和相关读本下过功夫，也从中吸收了一些思想方法和习惯，但大概从三年级开始，就对这些旧学失去兴趣，而将注意力转向当时正在大学门墙外蓬勃发展的自然哲学新风。饶有象征意义的是，他的大学年代正好处于皇家学会成立（1662）和法国皇家科学院出现（1666）之间。他涉猎极广：除了起初有点不屑一顾的《几何原本》以外，从开普勒的《折射光学》（1653年重印）、伽利略的《对话》（但《新科学》似乎阙如）、维艾特的《分析方法导论》、笛卡儿的《几何学》和《哲学原理》、伽桑狄的原子论、奥特雷德的《数学要义》、沃利斯的《无限算法》和《代数学》、胡克的《显微图录》，乃至霍布斯和亨利摩尔的哲学，都无所不窥；对于哥白

---

[1]　该书为John Bate, *The Mysteries of Nature and Art*，见Westfall 1980, p. 61。

[2]　当时剑桥学生依缴费多少分优等生（commoner）、全费生（pensioner）、服务生（sizar）和低级服务生（subsizar）四等，牛顿成为四等生的唯一合理解释是，他母亲极为不满他无心管理庄园，只勉强同意他进大学。但亦有迹象显示，他受巴丙顿赏识和照拂，因此可能是被指派为其个人的专门服务生。

尼天文学、伽利略《星际信使》、波义耳的最新研究，特别是有关气体弹性
（1660）、生理学（1661）、化学（1661）、实验哲学（1663）、颜色研究
的历史（1663）、冷热研究的历史（1665）等书籍也同样涉猎。他的笔记除
了分门别类记载阅读所得，还以疑问方式写下了对各种问题的大量思考，诸
如物质基本结构和属性、"自然"和"剧烈"运动的讨论、重力、旋涡说、
开普勒天文学、光的性质、颜色、视觉、潮汐等都有涉及。可以说，他一生
工作，都已经在此打下基础，露出端倪了。

神奇之年

　　牛顿是个毫无家世凭借的草莽天才，对于他来说，剑桥虽然落伍颓废，
几乎没有和师友切磋的可能，却不失为理想学术家园。不过学院中的院士
（fellow）位置稀少，大多数为有势力特别是由皇家推荐的世家子弟把持，像
他那样一个低级服务生，不论如何才华横溢，要挤进去机会都很渺茫。但意
想不到，他居然成功了！决定性的第一步是在1664年4月底即三年级结束时通
过考试获得奖学金。这可能是被学院主考巴罗教授（§13.8）赏识，但熟人巴
丙顿的推挽可能更具决定性[1]。翌年他本科毕业，取得学士学位，在此后两年
（1665—1666），大学由于瘟疫流行而停课，他回到伍尔斯索普老家躲避，
潜心研究。

　　他日后回头细数年轻时的许多发现之后说，"所有这些都发生于1665—
1666年那两年瘟疫期间。那时我正当发明的盛年，对于数学和哲学比此
后任何时候都更加用心"[2]，所以那两年被称为他的"神奇之年"（*Anni
mirabilis*）。这些发现集中在数学、力学和光学等三方面，它们在时间上大部
分重叠，成果又没有出版，所以先后次序只能够从手稿和事后追忆来推断，
不可能很准确。

---

① 牛顿多年后回忆此事，自认为面试时不曾注意最基本的《几何原本》，虽然通读了笛卡儿
《几何学》，却没有勇气主动提出，因此巴罗对他印象平平，但这可能只是错误印象而已。至
于巴丙顿，则在圣三一学院中资历很深，他三年后（1668）即晋升负责院务的八位资深院士之
一。而有迹象显示，他和牛顿关系相当密切，后来牛顿当选初级院士，当也是他一力推荐所
致。详见Westfall 1980, pp. 100–103, 176–177。

② 这段话是五十年后他和莱布尼兹争论微积分学发明权时所说的，原文和出处见Westfall 1980, p.
143。

流数法的发现

牛顿接触数学很晚，本来连《几何原本》都不屑一顾，直到1664年春夏间，即三年级末读到笛卡儿《几何学》的范舒敦拉丁文译本第二版（那包括大量评注），方才对分析学产生强烈兴趣[①]。他无师自通，不到一年就完全吸收当时最前缘的研究成果，包括沃利斯的《无限算法》，跟着进一步将既有成绩从特例逐步推广为整套普遍方法，包括：通过二项展开式将函数转变为级数；以积分法求曲线所包面积；以微分法求曲线上每点的法线、切线、曲率、曲率中心，乃至其法包线；求导数的普遍法则；等等。最后，还通过叠加曲线每点切线所扫过的面积，证明微分和积分运作的"对易关系"，也就是微积分学的基本定理[②]。

在这些计算中，他最初是依循笛卡儿的切线法和沃利斯的无限小（infinetesimals）方法，到后来，则发展出他独特的"流数法"（method of fluxions），它的基本观念是用运动点不断延伸的动态轨迹来取代完整的静态曲线，从运动点在极短时间内的位移，来计算它的瞬时速度，而速度方向自然就是轨迹的切线方向。经过一年多紧张工作，他在1665年11月写成第一篇数学手稿《从物体轨迹计算其速度》，翌年5月和10月短暂回到同类问题，再写成三篇手稿，但都没有示人，更没有发表，只是束之高阁。其实，从1666年初开始，他的兴趣已经完全转移到其他方向去了[③]。

力学研究

牛顿对于力学的兴趣，其实始于1665年1月，也就是与数学原创研究大致同时，但它逐渐增加以至取代数学，则在1666年[④]。他最早解决的，是我们在

---

① 牛顿发明了流数法（即微积分），对解析几何以及数学其他许多领域也有重大贡献，但生前鲜有出版，其工作大部分都是以手稿形式流传后世，它们直至20世纪60年代方才由怀特赛德（D. T. Whiteside）穷十四年之功搜集、编辑、翻译（其拉丁文部分）所有手稿，并加详细导言与注释，分八大卷于1967—1981年出版（2008年出平装本），此即Newton/Whiteside 2008，为深入了解牛顿数学工作之基本工具。

② 根据韦斯法尔的看法，这大约是1664年秋天的发现，其具体证明是以 $y=ax^n$ 形式的曲线为例的。详见Westfall 1980, pp. 123–128。

③ 有关牛顿数学发现的详细讨论见Westfall 1980, Ch. 4。根据多年后自述，他以物体运动轨迹的观念作为流数法的基础，可能是受巴罗讲课影响，这是他少数提到巴罗之处，见同书p. 131。

④ 赫理浮的《牛顿〈原理〉的背景》一书即Herivel 1965对牛顿在出版《原理》之前的动力学工作做了非常详细研究。该书第一部分是论述，第二部分是附注释和翻译（若原文为拉丁文）的原始文献。牛顿早期的数学和力学研究大多是记载在他的《草稿》笔记本（Waste Book）中，有关力学者见Herivel 1965, Pt. Ⅱ, Ch. 2。至于牛顿力学研究的综述则见Westfall 1980, pp. 144–155。

上面讨论过，惠更斯最先在1656年解决但迟至1668年方才发表的问题：两个不同质量和速度物体之间的碰撞。为此他提出了三个重要新观念：首先，惯性不是力，改变惯性运动的才是力；其次，以两物体的重心为参照系，则问题可以简化成两者的对撞；最后，两物体作用于彼此的力必然相同但方向相反——那当然也就是日后运动三定律的第三条。

他研究的下一个问题是圆周运动：通过以多边形代替圆，这运动便等同于运动体在平面上被多次反弹，由是可以推断其所感受的力与v^2/r成比例，其中v是旋转速度，r是圆半径。这结果同样是惠更斯早已经发现，却迟至1673年才发表的（§13.9）。他的天才在于，立刻就想到要将这公式应用到两个大问题上去。首先，是将地面上物体所受的"重力"与因为地球的旋转而受到的"离心力"加以比较，得到前者大约为后者300倍的结果，从而证明，物体不至于因为地球的旋转而被"抛出"地球以外[①]。更惊人的是下一步：凭着犹如天马行空的想象力，他竟然把"地面重力"与"月球绕地运转的离心倾向"加以比较，结果是4000倍。另一方面，行星轨道与圆形相差极微，因此将开普勒行星运行第三定律（轨道直径三次方与周期平方成比例）和以上离心力的公式结合，他立刻就得到"令行星循圆形轨道运行的力与轨道半径的平方成反比"的重要结果——而这可以用于月球的运行：地月距离大约是地球半径的60倍，所以地球重力在地面应该比在月球的位置大3600倍左右，那和前面的数值相当接近了，只相差10%。因此，天体之间的引力很可能就是和距离平方成反比，而使月球绕地运行的力和地面重力有相同根源。当然，这就是万有引力定律的雏形。根据他外甥女婿康杜侬（Conduitt）所记录他自己的回忆，牛顿是1666年在祖屋园子里，从苹果的坠落而悟到这道理的[②]；他甚至还计算了不同行星所受（太阳）引力的比例。这样，他似乎已经对支配天体运行的引力形成初步构想了。此外他还写过一篇"运动规律"手稿，讨论的是刚体运动（包括平移和转动）和碰撞，在其中提出了角动量守恒观念——虽然角动量的意义仍然模糊不清[③]。

---

① 该计算是写在本为租约的羊皮文件反面，见Herivel 1965, Pt. Ⅱ, Ch. 3。此计算中涉及重力加速度，那是从牛顿自己做的单摆实验推断出来的；此计算他其实以不同假设做了两次。见Westfall 1980, pp.150–151。当然，如§13.9所说，这问题其实惠更斯已着先鞭。

② 牛顿终身未婚，晚年与外甥女巴顿（Çatherine Barton）及其夫婿康杜侬（John Conduitt）同住，后者崇拜这位伟人，不但记录他们的谈话，也着意收集他的事迹。

③ 牛顿估算月球与其他天体所受引力的原稿之英文翻译见Herivel 1965, Pt.Ⅱ, Ch. 4，此稿他在1694年曾经出示予数学家格利高里（David Gregory）；至于有关"运动规律"的手稿，则见同书Pt.Ⅱ, Ch. 5。

光学实验与大发现

光学在西方有久远和丰富传统，到17世纪中叶已经很成熟，特别是反射、折射定律和彩虹、全反射等现象都已经被讨论得很详细。牛顿在这方面的阅读主要是笛卡儿《方法论》的光学部分（*Dioptrics*）、波义耳的《论颜色》和胡克《显微图录》的光学理论等。至于牛顿的光学研究到底从什么时候开始，则是个相当困难的问题，至终我们只能妥协各种因素而做合理猜想而已[①]。现在看来，他最早大约是1665年夏季避瘟疫时在伍尔斯索普老家中做了以单个三棱镜分解日光为七色光谱的实验；翌年春季回到剑桥时，方才在他的院士房间里用两个三棱镜做了先将日光分解然后又使之重叠的进一步实验。换而言之，它们大致和力学研究同时而稍晚一些。

当时尚未解决而他感兴趣的问题是：何以光线会有不同颜色[②]？在西方科学传统中，学者向来认为光只有一种，即太阳所发的明亮白光，至于彩虹或者白光经过棱镜之后所产生的有色光，则只不过是光因为折射而发生的某种变异（例如与黑暗以不同比例混合），由是在眼睛中产生的混乱现象，但那是非本质的。牛顿在他题为《若干哲学问题》（*Questiones quaedam philosophicae*）的笔记本中开始质疑这观念，而发展出光线的颜色是其本质的想法。要证实这个假想，他在1665年夏季所做的第一个实验，就是通过窗上细孔将一细束阳光引入黑暗房间，使它通过三棱镜，然后投射到对面22英尺之遥的墙上。这距离很大，所以不同颜色的光由于折射率各不相同，就散开形成长条形（宽度达高度的5倍）光谱，其中不同颜色的条纹清楚地显示出来。这实验的关键是投射距离：笛卡儿、胡克、波义耳都曾做过相类实验，但显示平面离棱镜只有几寸以至数尺的距离，所以都不能够清楚显示光谱，而只是在变形亮点的两端呈现模糊色彩。牛顿的研究非常彻底，从此突破开始，他又做了大量后续实验以得到确凿证据。例如以棱镜分解阳光之后，令光谱中蓝色或者红色部分再经过第二个棱镜，从而证明它不会再有变化。但最具决定性的，则是令日光分解成的光谱通过一个倒转的棱镜，从而将不同颜色的光重新混合成为白光；或者令三个棱镜分解成的光谱部分重叠，从而见其重叠部分也是白光。这样，他有力地证

[①] 问题之所以困难，根源在于他的光学实验是大型的，它需要以下几个条件的配合：大三棱镜，那当时只能够在定期市集买到；足够大的房间，以使光谱能够充分散开被仔细观察；高仰角的日光，以使光线经过三棱镜折射之后与地板平行而可以投射到对面墙壁上；以及助手的帮忙。这些条件在何时具备是问题的焦点，详见Westfall 1980, pp. 156–158。

[②] 这是为方便的简化说法，其实他认为光有不同性质（例如光微粒的不同速度），颜色只是不同性质的光在眼睛所产生的作用而已。当然，这和我们今日的理解也是大体一致的。

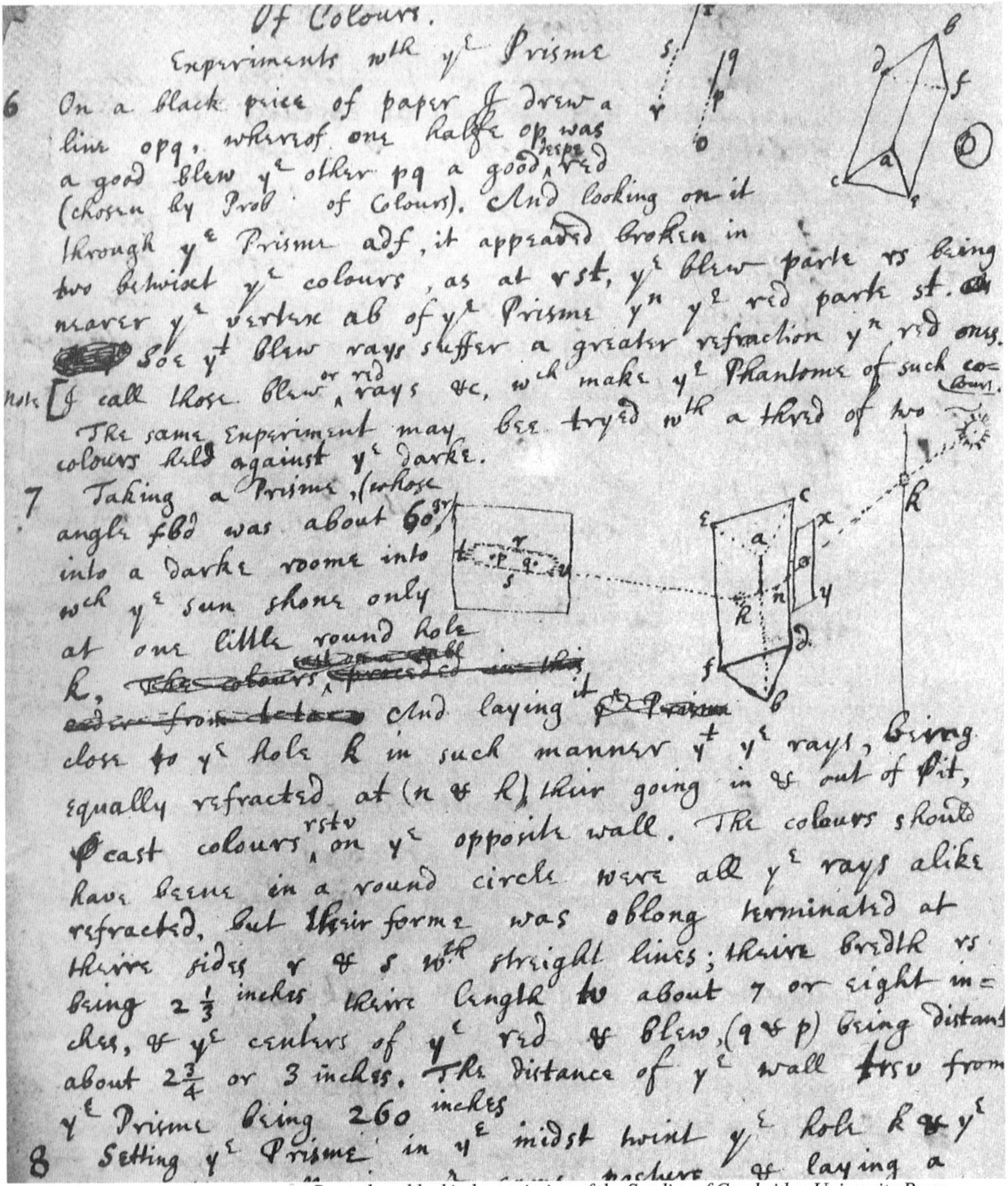

Of Colours.

Experiments wth ye Prisme

6 On a black peice of paper I drew a line opq, whereof one halfe op was a good blew ye other pq a good deepe red (chosen by Prob. of Colours). And looking on it through ye Prisme adf, it appeared broken in two betwixt ye colours, as at rst, ye blew parte rs being nearer ye vertex ab of ye Prisme yn ye red parte st. Soe yt blew rays suffer a greater refraction yn red ones.

Note [I call those blew or red rays &c, wch make ye Phantome of such colours.

The same Experiment may bee tryed wth a thred of two colours held against ye darke.

7 Taking a Prisme, (whose angle fbd was about 60gr), into a darke roome into wch ye sun shone only at one little round hole k, And laying it close to ye hole k in such manner yt ye rays, being equally refracted at (n & h) their going in & out of it, cast colours rstv on ye opposite wall. The colours should have beene in a round circle were all ye rays alike refracted, but their forme was oblong terminated at theire sides r & s wth streight lines; theire bredth rs being 2 1/3 inches theire length about 7 or eight inches, & ye centers of ye red & blew, (q & p) being distant about 2 3/4 or 3 inches. The distance of ye wall trsv from ye Prisme being 260 inches

8 Setting ye Prisme in ye midst twixt ye hole k & ye ... & laying a

图14.1　牛顿1672年光学实验手稿之一页。在其图解中阳光是通过壁孔*k*进入黑室，以木板*xy*上的细孔令其成为细束，经旁边的三棱镜abcdef折射后散开成为多色长条trus。此实验是用英文（而非拉丁文）记录。藏剑桥大学图书馆，编号Add Ms 3975, p. 2, Portsmouth Collection

明，不同颜色的光各有不同折射率，它们是本质和不变的，反而亮白的日光是由不同颜色的光混合而成。这样，自亚里士多德以来对于光和颜色的深刻误解就被打破了。不过，这些都还只是他在笔记本写下的实验记录和见解，尚未为人所知，更不要说被接受（图14.1）[①]。

本科毕业后由于躲避瘟疫而居家研究的那两年，牛顿才华焕发，神思睿转，他日后所有的重大发现，可以说都在此时奠定基础。爱因斯坦说："幸运的牛顿，科学的幸福童年！"[②]所想到的无疑就是这"神奇之年"——当然，很可能也想到了二百四十年之后的1905年，他自己的"神奇之年"！

二、登上欧洲学术舞台

在"神奇之年"，牛顿发现了自己在数学和自然哲学上的天才特质，由是迎来生命中第一个转捩点，此后十年则是他这非凡才能逐渐为学术界认识和接受的阶段。

从学生到教授

1667年初大学复课，牛顿回到剑桥之后通过考试，在10月当选副院士（minor fellow），这是他进入圣三一学院这个大家庭的决定性一步。那时因为瘟疫之故，已经三年未曾补充过院士，而名额只有九个，竞争非常激烈。幸运的是，他的"守望天使"巴丙顿这时刚好晋升负责院务的资深院士（senior fellow），他的影响无疑再次发挥了关键作用。下一年春夏间牛顿循例被授予硕士学位，同时晋升正院士（major fellow），从而成为学院永久成员，可以在此地"安身立命"了。然而，他性格孤僻，沉默寡言，终日埋首书斋，罕有与人交接，所以几乎没有在侪辈中留下什么印象。

其实，也不尽然：这是科学史家在20世纪下半叶才逐渐发现的。当时剑桥唯一的出色数学家巴罗大约从1664年两人在面试中碰头开始，就已经注意牛顿。其后巴罗在1667—1669年以光学为讲座题材，这对牛顿在1668—1670年倾力于光学研究，并以之作为日后出任教授之后的最初讲课题材，当有重

---

① 牛顿光学实验的许多其他细节，以及他对光本质的构想，即其为不同速度的微粒，而不可能是波动，还有他发现干涉现象的"牛顿环"实验等，我们都不能在此讨论，详见Westfall 1980, pp. 156–175以及Cohen & Smith 2002, Ch. 7。

② 见爱因斯坦为牛顿《光学》所写"前言"，Newton 1952, p. lix。

要影响。巴罗不但将自己的数学藏书供牛顿使用，而且在将自己的光学讲稿整理成书时请他帮忙修订，书出版后又在"序言"表示谢意，并以题名本相赠。这在在都说明，在那三年间两人关系如何密切①。

这非常重要，因为牛顿虽然做出第一流的发现，却仍然默默无闻，而且性格内向，极不愿意将成果公之于世。刺激他改变这种态度的，是1668年底一位来自北欧的皇家学会会员墨卡托（Nicholas Mercator，1620—1687），他出版了《对数方法》（*Logarithmotechnia*）一书，初次披露新发现的对数函数之无穷展开式，并且用以计算对数值。皇家学会图书馆馆长柯林斯（John Collins，1624—1683）收到此书之后转送给巴罗，后者立刻告知牛顿，催促他尽快将他以无穷展开式表达函数，并且借之将函数积分的普遍方法发表。这就是牛顿第一份数学手稿《论无穷级数分析法》[*On Analysis by Infinite Series*，简称《论分析》（*De analysi*）] 的由来。在该文中，他还用反复代入法解决了将下列函数展开为无穷级数，以将之积分的问题：由代数方程式决定的隐函数、对数函数和三角函数（因此也包括滚轮线和三分角线）。巴罗在1669年七八月间将手稿寄到皇家学会之后，牛顿初次显示了他深藏不露的退隐性格，坚持不同意将之出版，柯林斯无奈，只得退还原稿。虽然如此，他却抄录了副本，那不旋踵就在英国和欧陆广为流传，牛顿的名声也就不胫而走。这样，在当年10月巴罗辞去教职的时候，牛顿继承他登上卢卡斯数学讲席，就不那么意外了②。

当上教授之后，牛顿按照规定每年讲课，并数度将讲稿呈交备案，但当时剑桥制度废弛，听讲学生寥若晨星，个别来求教的更绝无仅有，他也就乐得清闲，专心闭门治学③。另一方面，老师巴罗对他赏识备至，又有提携之

---

① 有关牛顿在1668—1670年的光学研究见Westfall 1980, pp. 211–222，有关他与巴罗的关系见同书p. 222。巴罗的光学讲稿是以*Lectiones XVIII*和*Lectiones geometricae*为题，分别在1669年和1670年出版。

② 巴罗辞职的因由见§13.8。巴罗是首任卢卡斯讲席教授，对该讲座规章的订定曾经发挥很大影响力；他辞职时当初委任他的两位负责人（即卢卡斯的遗嘱执行人）也仍然在位，因此他有极大影响力来决定自己的继任人选。详见Westfall 1980, pp. 207–208。

③ 像所有大学讲席一样，卢卡斯讲席经由王室制诰，确立了极其详细和严格的规章制度。它规定在位教授每学年所有三个学期中的每一个星期都必须讲课，同时还要拨出2小时答问，而且在此期间不得离开大学，每年要在大学图书馆缴存十讲的讲稿，倘若违反规定，要按则例罚款；它又规定全校所有二年级以上的本科生和在校学士都必须来听讲。但事实上，这类规定等同具文（其他讲座也一样），因为学生极少甚至完全不来听课，教授也乐得被迫赋闲。牛顿出任教授之后最初十八年（1670—1687）每年只讲一个学期，此后十四年则完全停讲；他在图书馆缴存的讲稿一共只有四份；至于辅导学生则更罕有，只有一人事后有此追忆。在17世纪下半叶，剑桥的教学工作大部分已经转移到学院去，但导师（即院士）认真指导学生的也极少，牛顿前后就只指导过三个学生。有关学院的废颓和大学规章的松懈，分别见Westfall 1980, pp. 183–196, 208–211。

恩，皇家学会的柯林斯则一片盛情，所以在1669—1672年间他和两人来往频繁。除了上述为老师修订讲稿以外，他又遵嘱修订和扩充自己那份《论分析》手稿，以及在1669—1670年修订和评释一部《代数学》的译本。此外，他还应柯林斯之请解决了两个数学问题，即以对数表达有限调和级数和的近似公式，以及从本金和固定年金计算有效利率。但最重要的，则是在老师敦促下，在1671—1672年撰写了一份长达百余页的《级数与流数方法论》（*A Treatise of the Methods of Series and Fluxions*），简称《论方法》（*De methodis*），那可以视为他对于流数的全面和系统论述。非常可惜的是，此书未及完成他就失去兴趣而束之高阁，此后多年都不再理会，否则微积分学很有可能提早十五年出现[①]。

初试啼声与挫折

他对于数学失去兴趣可能是因为受了巴罗1668—1670年讲课的影响，而继续光学研究，并且感到更大挑战和满足。他用壁孔、屏幕、棱镜、透镜以及旋轮的各种不同组合，进一步证实有色光的本质性和不变性，以及白光的组成；解释了物体颜色的根源和明暗与颜色的关系；发现光的颜色不但与折射率有关，而且与反射、折射强度也有关。他一度试图磨制双曲面透镜，但后来以计算证明，透镜的"色像差"远大于"球像差"，所以放弃此尝试[②]。此外他还花大量精力研究所谓"牛顿环"现象，虽然始终未能提供满意解释[③]。所以，很自然地，他在1670年初次以讲席教授身份开课时，选择的题目是光学而非数学。

而至终诱使他走到皇家学会前台的，则是他在1668年亲手制作的一具精巧高倍（仅长6英寸，放大40倍）单镜反光望远镜。当时透镜望远镜已经有

---

① 该《代数学》是荷兰数学家金克休生（Gerard Kinckhuysen）的著作，由柯林斯从荷兰文翻译成拉丁文，牛顿的导言和评注被高度评价，但他却一再拖延，至终他竟然出资买下此译本的版权，而拒绝将之出版。有关牛顿以上工作特别是其《论方法》见Westfall 1980, pp. 222–232。

② 透镜望远镜中的影像模糊不清即所谓像差（aberration）有两个成因：球面透镜不能将平行的光线准确聚焦于一点，那造成球像差（spherical aberration）；不同颜色的光线通过透镜时折射率不同，因而也不能准确聚集，那造成色像差（chromatic aberration）。倘若透镜表面是双曲面而非球面，那么可以消除球像差，但对色像差则没有影响。

③ 所谓"牛顿环"是将透镜的凸面放在平板玻璃上压紧，从上面观察到的环形彩色条纹。此现象为波义耳和胡克最初在透光薄膜中发现，但有系统研究则始于牛顿。它起于干涉（interference）现象，与光的波动性质密切相关，因此牛顿无法得到正确解释。有关此问题的历史见Sabra 1967, Ch. 13。

六十年历史，反射望远镜却是创举。牛顿此举主要是为证明色像差可以借此消除，但连带也在擅长的手工艺上显了身手。他先用锡铜镜合金（speculum metal）为原材料，铸造了凹凸两个球形镜面，然后以凸面为模具，以沥青为研磨剂，亲手将凹下的反射镜面磨至尺寸合度，然后在沥青中加入油灰仔细抛光，此外望远镜筒、反射镜、支架、底座等配件也无一不是亲自动手制作[1]。此望远镜很快就轰动一时，他得意之余不免在1669年底伦敦之行中向柯林斯提及，皇家学会的众多学者因此也都纷纷探问。由于盛情难却，他遂在1671年底通过巴罗赠送一台予皇家学会。

学会的反应非常热烈，秘书奥登堡立刻来信，告知要致函当时的光学权威惠更斯，说明这望远镜的构造和超卓性能，并附以绘图（图版19），俾广为传播，请他认可此举；学会更在翌年1月中正式选举他为院士。牛顿投桃报李，寄去一篇有关光与颜色实验的论文，它随即在2月下旬的会刊《哲学学报》（Philosophical Transactions）上发表，有关他望远镜的报道则在随后一期刊出，由是确立了他在国际学界的一席之地，此后波义耳和惠更斯相继赠书便是最好的说明。

然而，他这初试啼声的后果却大大出乎意料。起初他的文章颇获各方赞扬，但他"光的颜色是本质"之说石破天惊，是高度革命性的发现，它虽然有极坚强实验基础，却并非浸淫旧说千百年的学者所能立刻明白和接受。在1672—1673年，胡克和惠更斯这两位光学专家通过奥登堡就此与他多番往来辩论，又坚持将他的发现称为"假设"，这使得他日益感到不快，甚至萌生退出学会之意。自此之后，他断然采取闭关态度，与柯林斯和奥登堡的通信中断达一年多之久[2]。

命运的碰撞

牛顿不耐烦皇家学会的打扰，然而彼此关系一旦建立，他即使固执，也就再难切断联系，莱布尼兹（Gottfried Wilhelm Leibniz，1646—1716）在1672—1676年的出现就是个好例子[3]。他出身莱比锡大学教授之家，16岁大学毕业，20岁得法律和哲学博士学位，此后投身政界，在德国诸邦任职。他一

---

① 这段望远镜制作经历见他在《光学》一书中的自述：Newton 1952, pp. 102–105。

② 以上这段历史见Westfall 1980, pp. 232–252。

③ 有关莱布尼兹见Boyer 1985, pp. 438–446；有关莱布尼兹与皇家学会及一众数学家包括牛顿的通信、交涉见以下专著：Hofmann 1974，其中Ch. 5讨论他在微积分学上的大发现。

生的转捩点是1672年被派驻巴黎，由是得以认识惠更斯和哲学家马勒伯朗士（Malebranche），并通过帕斯卡的著作研习数学和物理学。翌年初他因公赴伦敦，得以认识奥登堡和柯林斯，接触沃利斯的著作，又出示他发明的机械计算机，由是被邀成为皇家学会外籍会员。此后他继续和奥登堡保持通信，遂得悉英国数学发展状况，包括牛顿《论分析》关于无穷级数的一些结果。而就在1675年秋间，他用一套特殊符号独立发展出自己的微积分学，那和牛顿十年前的发现基本相同[①]。

　　1676年5月莱布尼兹致信奥登堡，希望得到柯林斯此前所提供的正弦函数和反函数展开式的证明，在两位皇家学会同人劝说下，牛顿根据《论分析》和《论方法》两篇论文做了全面回应，但并没有披露流数法的关键。莱布尼兹回信亟表钦佩赞扬，提及了一些自己的发现，然后又提出了更深入的新问题。他随即在10月再度造访伦敦，得到柯林斯出示《论分析》手稿，遂就其中级数部分做了笔记。他回到德国之后，翌年方才接到牛顿的第二封回信，那更进一步接近流数法核心，但始终没有披露微积分学的基本定理和证明，而只是将其大意用密码记录下来。莱布尼兹感到极其兴奋，在1677年六七月间连续回了两信，希望继续讨论下去。然而牛顿此时已经决定搁置数学研究，更不巧的是奥登堡于9月去世，两人的通信自此中断，而牛顿的两封长篇回信则成为两人将近四十年后微积分学发明权之争的焦点[②]。当然，毫无疑问，牛顿在多番好意劝说之下仍然拒绝出版其发现的怪癖，是此巨大争执的根源。

三、隐秘的其他工作

　　在进入壮年后的十年间（1674—1684），牛顿基本上放下他一度那么喜爱而且借之赢来那么多尊敬与欢呼的科学研究，尽量减少与学会乃至外界接触——虽然格于形势，这不可能完全做到。这为的到底是什么呢？在与奥登堡通信中，他的隐晦解释是要专心致志于"其他研究"。是什么研究具有如此巨

---

① 有关此事以及下段的发展见Westfall 1980, pp. 259–267;Westfall 1993, pp. 98–102。
② 莱布尼兹是在17世纪70年代中期独立发明其微积分学和相关符号的，有关这发明的细节和其所受当时多位数学家影响，已因为其手稿、所用（带手写边注）书籍和通信等原始资料的出版（Leibniz 2008）而得以厘清，详见下列书评：Patricia Radelet-de Grave, *Isis*, Vol. 101, No. 2 (June 2010), pp. 430–431。

大魔力，使得他如此隐秘与孤僻呢？牛顿去世之后，他大部分手稿被后人封存两百年，这长久以来遂成巨大谜团，直至1936年这批手稿经拍卖流出，大部分为学者得见，经过多年仔细研究，谜团才得以解开[1]。我们现在知道，令他深居简出，拒绝与一般学界人物往来的主要原因是炼金术与神学，这两者的钻研占据了他一生绝大部分心思、精力与光阴。然而那并不能完全解开谜团，我们还不免要追问，这么伟大的一位科学家何以会沉迷于这些中古追求？答案基本上是：为了真诚而强烈，也不乏神秘意味的宗教信仰。

绿狮子捕猎者

我们现在知道，在17世纪60年代末膺选院士前后，牛顿就已经对炼金术产生兴趣，开始搜集资料，从事化学实验，从1678年开始，更留下注明日期的实验记录，以至1696年迁往伦敦为止。统而言之，他的炼金术研究前后延续将近三十年之久，其间只是在70年代中期和1684—1687年两三年转向数理科学而已。他留下的炼金术书籍多达175种，手稿（包括本人和当时流传的著作）和实验记录达百万字，在1675年以前者仅占六分之一左右，即大部分是在出版《原理》和成大名之后所撰，说明他对这工作是如何认真和看重[2]。

牛顿在这方面的研究是怎么开始的呢？他手稿中最早的一份是撰于1667—1668年的《化学词汇释义》，其内容兼及仪器、药品、制炼等。它有部分出自波义耳刚出版的《论形体与性质起源》一书，但整体非常详尽专业，显示他对化学仪器及用法早已了然于胸。由此推测，他极可能远在中学时期就已经在寄居的药剂师克拉克家中或店铺中熟习化学药品和工序了。他决定性地转向炼金术则是在1669年，即升任正院士和当上教授，地位稳固之后。那时他的兴趣从比较"理性"的波义耳著作转向更"隐秘"的斯塔克手抄本（§13.5），所以特地赴伦敦花四五英镑巨款（相当于副院士年收入三分

---

[1]　出于对牛顿作为科学家的尊敬，早期研究者不免过分强调他研究目标的理性特点，而忽视其神秘主义倾向的一面，又或对其作为大惑不解。对此敏感问题，多布斯（Betty Jo Teeter Dobbs）的专门研究即Dobbs 1975讨论周详，观点最全面、细致和平衡，而Westfall 1980相关部分即pp. 281-309的观点亦大体相同，以下基本跟随上列两文献。

[2]　这方面的综合论述见Richard Westfall, "The Role of Alchemy in Newton's Career", in Bonelli and Shea 1975, pp. 189-232；至于有关牛顿炼金术的专门研究则有多布斯以下两部专著：Dobbs 1975以及Dobbs 1991。在20世纪70年代，韦斯法尔与多布斯对现代科学革命有截然相反的见解，对牛顿致力于炼金术的意义看法也不完全相同，但Westfall 1980的巨著出版时，两人看法基本上已经转趋一致。有关牛顿留下的炼金术书籍见Dobbs 1975, pp. 49-53；有关手稿见Westfall 1980, pp. 290-291。

之一）购买化学实验用品和六巨册《化学大全》（*Theatrum Chemicum*），此后更在学院寓所旁建造炼炉，开始做化学实验，手稿中也出现多种亲自誊录的炼金术著作。

数学和自然哲学可以凭天分看书自学，但化学和炼金术却非有内行人指引无从着手。那么，最初到底是谁引导他入门的呢？从种种迹象看来，那只可能是下列三位剑桥前辈：他的老师巴罗①，他在格兰瑟姆文法中学的学长、基督学院院士亨利摩尔②，以及摩尔的熟人、国王学院的福斯克罗夫（Ezekiel Foxcroft）③。至于他"入道"之后在这方面的朋友就很多了。最主要的当是1675年在皇家学会认识的前辈科学家波义耳，牛顿早就熟读其著作，此后通信不辍以迄后者去世④。另一位重要"同道"是与波义耳关系密切的圈中人斯塔克；此外还有政治学家洛克和17世纪90年代认识牛顿的小友法提奥（Fatio de Duillier），他们两位下面还要谈到（§14.7）；至于其他多位只留下蛛丝马迹而不知姓名的神秘人物，则无从追寻了⑤。

牛顿对于化学和炼金术的巨大兴趣有两个不同向度。较直接也较容易理解的是，像历来炼金师一样，他认为这是探究宇宙奥秘底蕴，亦即万物生长转化原理（而非仅仅其外在运动的数学原理）的途径。他长期埋首于遵从严格程序的理性化学实验，往往通宵达旦，废寝忘餐，而且都留下详细记录，正是为此。在今日看来，这方向不错，只是在他那个时代经验和理论的累积还不足以带来突破而已。但在更深层次，他阅读大量手稿以追求"灵丹"或"点金石"所反映的，却是对笛卡儿高度理性哲学，特别是其机械世界观的

---

① 巴罗虽然是数学家、神学家，却曾经在大学阶段研习化学，并且有两位做化学实验的同学雷（John Ray）和尼德（John Nidd），他们后来都成为圣三一学院院士，而且建立了一个公用的实验室，这后来可能为牛顿承受。详见Dobbs 1975, pp. 95–102。

② 亨利摩尔是剑桥柏拉图运动（Cambridge Platonists）的中坚分子。他出身格兰瑟姆世家，和牛顿有多重关系：他自己曾经在格兰瑟姆文法中学就读，当过克拉克博士（Dr. Clark，牛顿在格兰瑟姆的房东克拉克先生的兄弟）在基督学院的导师，而后者在药剂店阁楼上的寄藏书籍大概经常为少年牛顿翻阅。摩尔与牛顿相识当是在1678—1680年间，此后往来颇密，去世时还特地遗下指环赠别牛顿。有关摩尔见Hall 1990，该书以摩尔与科学革命为主题，对他与笛卡儿、皇家学会以及牛顿的关系都有专章论述。

③ 福斯克罗夫通过多重姻亲关系与亨利摩尔相熟，他翻译过一篇牛顿曾经抄录的手稿，而牛顿在其他手稿中经常提到一位"Mr. F"。有关此三人以及其他圈中人，见Dobbs 1975, Ch. 4，特别是pp. 93–112。

④ 有关波义耳与炼金术的关系见下列专著：Principe 1998，其中不少篇幅涉及牛顿；此外尚见其传记Hunter 2000, Ch. 5，他与牛顿和洛克在这方面的交往见该书pp. 112–115。

⑤ 见Westfall 1980, pp. 285–290。

反动，因为他很敏锐地看到，这观念的至终后果就是将上帝从自然世界彻底剔除，从而导致无神论。换而言之，他已经预见科学发展对于基督教的威胁了。而且，即使在自然哲学层面，物质倘若只有空间属性，只能够通过碰撞来互动，而没有精神、阴阳、生长之类"主动原理"来主宰其活动，那么显然也很难想象，它们怎样可以彼此吸附、演化，形成有生命的世界。就在制造反光望远镜以及得到皇家学会高度赞赏之际，即1668—1670年间，他写了《论重力》《（生化）原则》《金属的生长》三篇手稿，充分表现出对无神论思想之反感，以及对炼金术生化原理之认同，更将地球比作有呼吸的生命体——数年后他甚至试图以"大块噫气"的以太升降过程来解释重力。此时，出于强烈的宗教情怀，他对笛卡儿机械世界观的疏离乃至反叛，对炼金术理念的转向和认同，以及所受摩尔的影响，都已经十分明显[1]。他"捕猎绿狮子"的梦想虽然没有成真[2]——到18世纪末现代化学才露出曙光，但他在这方面的思虑也在巨著《原理》中留下不少痕迹，这在下文还要提到。

隐秘阿里乌信徒

像绝大多数16世纪英国人一样，牛顿是虔诚的基督徒。他在中学阶段可能就接触过后父史密斯牧师的神学书籍，到了大学二年级之前的夏天，则经历过一段严厉自咎自责，将过往行为和意念中的轻微失当仔细记录下来的时期。这没有什么特别，只是年轻人成长过程的一个阶段，不到一年就过去了。但由于其高度敏锐头脑和所处时代，他最后还是碰到了巨大的宗教危机。

这起因于圣三一学院原则上是一个宗教团体，院士须在当选之后七年内按立成为牧师，否则即丧失院士资格，不过那只是确认身份而已，并不涉及职务的变更。牛顿在1668年当选，按立期限是1675年，所以从大约1672年开始他就为此做准备，将注意力转到神学上。其实，按立只是个形式，对基督教的历史和修养并没有很高要求。然而牛顿为人认真，思虑深远，不旋踵就沉浸于基督教教义和相关《圣经》章节中，更由此进一步追寻早期教会历史和众多教父言论。不料这一认真考究，就生出天大问题来了。关键在于，当时基督教的

---

① 详见Westfall 1980, pp. 299–308。

② 在炼金术隐语中，"绿狮子"代表原始、尚未成熟的勇猛刚健气质，必须凭此气质（而非调和融会的温和气质）才有可能追及和吞噬太阳，亦即获得点金石、灵丹，宇宙之最终奥秘。牛顿曾摘录一首名为"捕猎绿狮子"的炼金术歌诀并作按语，见Dobbs 1975, pp. 1, 28。

"三位一体"（Trinity）核心教义，即"上帝"包含圣父（即以色列人所敬拜的全能全知之神）、圣子（即被钉十字架而受死的耶稣基督）、圣灵（即能够感动人心的光、道、灵感）三者，它们地位完全相等，没有高下之分，而且都是"生成非造成"，即自始存在，并非后来（如人和天地万物）才被"造"出来。牛顿经过详细研究判定，在基督教出现之初，耶稣只是一位在上帝之下，必须服从其旨意的圣人，《约翰福音》开头所说的光和道（逻各斯），则是指有大智慧者即耶稣，而非别有圣灵，因此基督教本是不折不扣的一神教，"三位一体"是2世纪方才出现的观念。4世纪神学家阿里乌（Arius，约256—336）和亚大纳西（Athanasius of Alexander，约296—373）大主教为此激烈斗争多年。最后在尼西亚宗教大会（Council of Nicaea，325）上，由于罗马皇帝君士坦丁的支持，亚大纳西得胜，阿里乌被判为异端受逐，由是确立此教义。它此后为罗马天主教会历代相传，16世纪出现的英格兰教会也沿袭跟随，奉为不可更易质疑之信条。这个惊人发现使得牛顿认定，"三位一体"信条是从4世纪沿袭下来的根本错误，它意味着远古原始一神宗教被"偶像化"。牛顿由是成为一位坚定而热切的阿里乌派信徒（Arian）[1]。

神学研究使他改变了基本信仰，因此再不可能受按立成为英伦教会的牧师，因为那需要庄严宣誓拥护"三位一体"信条。但拒绝按立后果极其严重：不但院士地位行将不保，而且必然启人疑窦——按立既然不牵涉额外工作，那么倘非出于信仰，没有人会甘蒙巨大利益损失而加以拒绝；而疑窦一生，则势将连带危及他的教授位置亦即留在剑桥学术圈的可能性。这巨大危机在1675年初即按立要求的期限达到顶点，那时牛顿已经感到绝望。但在最后关头，奇迹似的却出现了转机："为了鼓励位居讲座的学者"，王室通过严谨程序颁下制诰，宣布豁免卢卡斯讲席教授的按立要求。这样峰回路转，牛顿终于得以越过生命中最危险的关卡，但此后也就成为地下阿里乌信徒了[2]。

---

① 他在1672—1675年的笔记中，曾将相关的阿里乌信仰归纳为十二条信条，见Westfall 1980, pp. 315–316。

② 在此关头助他渡过难关的，只可能是他的老师巴罗。这不仅因为他赏识和器重牛顿，更因为他甚得查理二世信任，曾出任其御用牧师（1670），此时更已被委任为圣三一学院院长（该院院长由国王直接任命），有资格就此事发言。然而，他是个非常虔诚、正直和有原则的人，在此前不久就曾反对过无充分理由的一桩豁免按立申请而打消其事，又曾拒绝牛顿转任"法律院士"的申请，因为他显然并非对法律本身有兴趣。牛顿当然不能够将他的异端信仰和盘托出，所以其要求豁免大概是基于潜心自然哲学，对"牧养信众"缺乏使命感之类。但这只能够是推测而已。见Westfall 1980, pp. 331–334。

从末日研究到神学和古史

度过按立危机之后，牛顿并没有放下神学研究。事实上，质疑圣三一信条只是个开端，此后他的探索逐步扩大，及于预言学、以色列宗教史、整部人类古史，乃至宇宙生成过程。像炼金术一样，在这方面他也颇有渊源，那就是基督学院的希伯来学专家米德（Joseph Mede，1586—1639），他著有影响力巨大的《启示录钥键》（1627）和《但以理部分预言之阐释》（1643）[①]，亨利摩尔是他的得意传人，牛顿也罕有地承认，在这方面曾经得到后者的启发。

牛顿的研究极其认真严格，不但博览群书，而且一一追寻大量原始文献经典，因此除了早已娴熟的拉丁文和希腊文以外，更精研希伯来文，以能够运用七语对照的《圣经》。从他看来，人类历史、自然演化乃至自然规律无非都是上帝创造的一部分，它们彼此相通，都可以通过《圣经》特别是《以西结书》《但以理书》《启示录》等预言书得到具体而详细的印证和理解，这就是他所遗留过百万言神学、古史和纪年学（chronology）手稿的基本内容，它们大部分撰写于《原理》巨著完成之后，但各部的年份则难以确定[②]。

牛顿的神学和史学有几条基本原则。首先，是整部新约和旧约《圣经》每字每句皆真确不误，而且绝无比喻或象征说法，都应该从字面求解——当然，如何求解，则需要通过辛勤研究（基本上是根据《圣经》内文的比较和互证）来建立一套解释规则，在这方面米德正是他的典范。其次，牛顿对于道德细节或深奥理念并不感兴趣，认为得其大体（主要是"摩西十诫"）即已足够，所以《圣经》的重要性不在于它的教诲，而在于它的历史记录和所作的预言，那已经准确包含人类过往与未来的全部，前者可通过对照历史和预言而具体印证，后者则尚属未知，只能够大体推测。他这套观念甚至延伸到自然史，对他来说，《创世记》开头所讲上帝造天地的过程绝非神话或者比喻、想象，而是如实描述，和他以万有引力计算行星运动并无矛盾，只不过摩西必须以高度简化的语言，才能够使蒙昧无知的以色列群众听明白而已。

从今日看来，他这些研究和观念像是任才使气，误入歧途，其实他只不

[①] 有关米德对牛顿的影响见Manuel 1974, pp. 90–92；Westfall 1980, pp. 320–321, 326–327。至于米德本人的希伯来学，则是得之于中古犹太学者迈蒙尼德（Maimonides, 1135—1204）的传承。

[②] 牛顿去世后他这方面的工作一直为后人和研究者刻意隐瞒，直至1936年手稿经拍卖而流入各地图书馆之后研究方才展开。对此着力最多的是曼努尔，他著有牛顿（非科学方面的）传记，以及两部有关牛顿历史与宗教研究的专著，分别为Manuel 1968, Manuel 1963, Manuel 1974。本分节主要根据Manuel 1968, Ch. 17和Manuel 1963, Ch. 9。

过和大部分同时代学者一样，仍然受当时强烈的清教徒观念笼罩而已——这观念的特征就是恪守《圣经》字面的如实意义，反对自文艺复兴以来的象征或隐喻解释。他的前辈如波义耳、亨利摩尔和洛克，以及晚辈追随者如继承他卢卡斯讲席的惠斯顿（Whiston）、经他推荐在牛津出任萨维尔天文学讲席的凯尔（Keill）、热心推广他学说的古典学者，后来出任圣三一学院院长的本特利（Bentley）等，实际上也都没有脱离这一传统，而将神学和科学混为一谈[1]。

将这种观念推展到极致，他就和开普勒一样，不能不相信所谓"本始智慧"（*prisca sapientia*），即摩西、毕达哥拉斯、尤多索斯等古代哲人不但早已明白行星绕日运行的道理，更且已经知道万有引力，他甚至有意将此事写入《原理》序言之中[2]！牛顿在大约1689年认识洛克，由于在"三位一体"问题上志同道合，所以很快相熟。翌年底牛顿甚至将《圣经》关键章节曾经被篡改的证据撰成论文，以书信形式付托给洛克，意在让后者为他在荷兰匿名出版。这其实是一时冲动而冒极大风险之举，幸而后来及时打消念头才没有酿成变故[3]。如上文已经提到，基于信仰理由，牛顿并不接受笛卡儿的机械世界观，所以非常认真、努力地试图证明：神之旨意、大能的确可能在自然万象中显明，而并不需要违反神自己所定下的自然法则。因此，从其炼金术、神学和历史思想等各方面看来，怀特（Michael White）将牛顿定位为"最后的魔法师"（the last sorcerer）是不无道理的[4]。

四、不朽巨著

牛顿性格孤僻高傲，勤于治学，对发表著作却踌躇再四，疑虑重重，只在受到重大刺激、触发的时候才偶一显露才华。有关流数法的两篇手稿、后

---

① 见Manuel 1974, pp. 89-90。

② 在《原理》第二版出版（1713）之后，他写过一篇后来弃置不用的序言，里面就很清楚和直接地表达此意。此序言的英译见Newton/Cohen 1999, pp. 49-54，其中有关天体运行规律以及引力定律古代已经知悉但后来失传的说法在p. 53。《原理》的Cajori译本在第三卷的定本之后还附有该卷的另一版本"宇宙系统"，其开端也有同样说法，见Newton/Cajori 1962, ii, pp. 549-550。

③ 该论文的主旨是要证明"三位一体"说为后人伪造，实际等同于阿里乌派信念的宣言。此举十分冒险，因为即使匿名也往往会被发现，牛顿终于在1692年改变心意，及时撤回论文。详见Westfall 1980, pp. 489-491; Westfall 1993, pp. 199-200。

④ 这是White 1997的书名。

来的光学论文、与莱布尼兹的数学通信等都是如此，甚至毕生巨著《自然哲学之数学原理》也不例外，只不过刺激更为强大有力，酝酿时间更漫长，至终欲罢不能而已。

对笛卡儿的反叛

追本溯源，牛顿《原理》一书其实是发轫于他的"神奇之年"，那时有关碰撞（即运动第三定律）、圆周运动和"与距离平方成反比"的天体吸引力等三个基本观念已经得到初步论证。跟着，由于亨利摩尔的影响，他在1668年左右写下长篇手稿《论液体的重力与平衡》，简称《论重力》（*De gravitatione*）。那有两个核心概念："物体"（bodies）不仅仅表现于延伸（extension）和不可入的空间，它还有其他（被上帝创造的）性质；而运动和"力"密切相关，所以有绝对的也就是客观的空间和运动，例如圆周运动。此文可以视为他激烈反对笛卡儿（无神论倾向）的宣言，但它的动、静、空间等观念其实是出于伽桑狄，而且对后者的微粒说也同样接受，所以此文也并不能够说是完全反对机械世界观[①]。到了1676年，由于对炼金术产生强烈兴趣，他甚至想象，地球深处的金属和空间以太有不断蒸发和冷凝的升降循环关系，而大量冷凝沉降的微粒正是造成重力的原因[②]。

除此之外，于1679—1680年间牛顿在数学观念和品味上也出现了大转变。这主要是受费马重构欧几里得和阿波隆尼亚斯轨迹几何学，以及与牛顿同时的法国数学家拉希尔（Phillipe de La Hire，1640 —1718）从投射几何学角度研究圆锥曲线论著的影响[③]。他开始断然离弃，甚至极度鄙夷以笛卡儿《几何学》为代表的解析几何方法，认为其迂回、烦琐、没有必要，远不及古代经典几何方法直观、简洁、美妙，因此认为应当向后者回归。但这样一

[①] 伽桑狄和笛卡儿的机械世界观其实非常相近，见Westfall 1971, Chs. 2, 3, 特别是pp. 99–104的讨论。

[②] 见Westfall 1980, pp. 307–308。在此韦斯法尔判断牛顿《论重力》和《金属的生长》两文大约写成于17世纪70年代末，但多布斯在Dobbs 1991, pp. 146–150则判断它们是在撰写《原理》的前夕即1684年左右方才写成，也就是说，牛顿与笛卡儿观念的决裂是迟至该时。而柯亨最后的定见则接受了后者的看法，见Newton/Cohen 1999, p. 47。

[③] 费马的《数学汇编》（*Varia opera mathematica*）是在身后（1679）由长子兼继承人编辑和出版。有关拉希尔，见Boyer 1983, pp. 404–405以及Hire/MacTutor。他出生于画家家庭，少年丧父，弱冠赴威尼斯学习绘画四年，不唯致富，抑亦日渐对数学入迷，返国后通过另一位画家兼数学爱好者博斯（Abraham Bosse）接触德萨格（Desargues）的投射几何学并大受其影响，于1673年发表《有关圆锥曲线的数学新方法》，名噪一时，于1678年膺选巴黎科学院院士。

来，连带他所发明的以代数学为基础的流数法也需要重新改造了。为此他计划撰写一部四卷本的《几何曲线》（*Geometria curvilinear*），但仅仅完成第一卷，在其中他定义了"起始"（nascent）和"终极"（ultimate）比例的观念以计算微分系数，并将之应用到三角函数上。而这就成为他在《原理》中所广泛应用的数学方法[①]。

但真正触动他的，却是在光学问题上曾经令他不快的胡克。后者在1674年的卡特勒讲座（Cutler Lectures）中以"证明地球运动的尝试"为题发表演说，在其中提出了三个构想：（1）所有天体都有对自身物质以及彼此之间的吸引力；（2）所有物体本来都是依循直线运动，但由于外界力量轨迹会被弯曲，而成为圆、椭圆或其他曲线；（3）上述吸引力在距离接近时更强大。换而言之，他已经提出万有引力和轨迹运动是由外力造成的基本构想，而且在1677年9月曾经与雷恩讨论此问题，至于相关讲稿则在1679年出版[②]。

在奥登堡去世后，胡克继承他成为皇家学会秘书（但在位不久），亟须和各方科学家保持密切联系，因此他在1679年11月底写信给牛顿，除了报告一些消息之外，还提出上述构想请牛顿评论。牛顿表示对他的构想没有太大兴趣，不予置评。但他的论文本是有关证明地球自转的，牛顿却对此提出了一个实证方法，即从高处释放重物下坠则落点应该在释放点正下方偏东而非偏西：因为地球自西向东旋转，而高处物体的角速度较地面相应点为大。他为此所绘图解包含了一个无心之失，并且为胡克指出，由是引起两人展开一段讨论，而至终结果则令人目瞪口呆。在1680年初，牛顿首先证明了开普勒行星运动第一定律，然后在此基础上进一步证明，倘若天体绕日是依循椭圆轨道，而日在轨道焦点之一，则天体在轨道上每一点所受的力均和它与日之间的距离平方成反比。换而言之，此时他已经获得天体物理学的又一个大突破，从而走向《原理》的起点了[③]！令人愕然的是，牛顿对此问题的兴趣就此结束：他既没有根据计算结果做进一步考虑，也没有将手稿寄给胡克，他们的通信就此中断。然而，很明显，他此时已经接受了"超距作用"（action at

---

[①]　有关牛顿转向经典几何学的经过见Westfall 1980, pp. 377–381。

[②]　有关胡克此构想以及他与牛顿就此问题的通信见Westfall 1980, pp. 381–390；Inwood 2002, pp. 115, 248, 291–292。

[③]　他这个证明涉及椭圆而非圆形轨道，因此比从圆周运动的离心力和开普勒行星运动定律来推断日的吸引力与距离平方成反比要复杂很多。此证明的手稿已经发现，其英译本见Herival 1965, pp. 246–256，详细考证见同书pp. 108–117；至于其事始末则见Westfall 1980, pp. 387–388。

a distance），也就是和当时已经观察到的磁力、静电力相同的，不需经过接触、碰撞而存在，可以超越空间发生作用的力，而这行将成为《原理》的基本观念。

然后，在1680年11月至翌年3月间出现了两颗彗星，分别飞向和飞离太阳，后者的尾巴巨大无匹——当然，两者其实是同一彗星。这激起了牛顿的观测兴趣，一度甚至考虑制造巨大反射望远镜来做观测。与此同时，出任王室天文学家（Astronmer Royal）不久的法兰姆斯蒂（John Flamsteed，1646—1719）[1]多次来信，一方面提供他测得的数据，另一方面则阐述他自己的理论（即日和彗星之间具有相拒的磁力）请教。牛顿表示不同意——在此阶段，他和胡克、哈雷等一样，还是认为彗星与一般天体性质完全不同，所以还没有将刚刚发现的超距吸引力用上去。但短短一年后，当另一颗彗星（即后来被称为哈雷彗星者）出现时，他不但继续观察，而且改变了观念，即认为其轨迹不是直线，而是椭圆或者双曲线的一部分，亦即其性质和行星相同了[2]。

这样，在1680年前后那十来年间，牛顿从宇宙建构原则、数学方法，以及超距引力等三个方向全面反叛了当初引导他走入自然哲学和数学的笛卡儿，由是逐步形成他自己独特的科学观念。可以说，不知不觉间他撰写《原理》的时机已经成熟。不过，它的实际启动却还需要一个触媒，那就是哈雷。

刺激出来的巨著

哈雷（Edmond Halley，1656—1742）比法兰姆斯蒂小十岁，他在1678年从南大西洋做天文观测载誉归来，可谓皇家学会在天文学方面的一颗新星[3]。

---

[1] 法兰姆斯蒂出身富商之家，自幼多病，母亲早逝，父亲希望他协助经商，所以只能够自学，到24岁（1670）方得进入剑桥大学，有机会聆听牛顿授课，同时开始有系统地做天文观测。此后他结交了皇家学会的奥登堡和柯林斯，由是得到辗转推介觐见查理二世，最后在1675年被委任为创始皇家天文学家，并主持格林尼治天文台的建造。他后来与牛顿意见不合，至终势成水火，因此直至身后方才得以出版其穷毕生之力编纂的恒星图表。详见CDSB/Flamsteed/Thoren。

[2] 他为此留下了手稿，见Westfall 1980, pp. 391–397。

[3] 有关哈雷，见CDSB/Halley/Ronan。他也出身伦敦商家，自幼对数理天文深感兴趣，入牛津大学后结识法兰姆斯蒂并协助其在格林尼治天文台之工作，得悉其编订恒星图表大计后深受触动，未及毕业即寻求赞助，在1676年底远赴孤悬南大西洋中的小岛圣赫勒拿（St. Helena），在其上建立天文台观测南半球星座，1677年底初次观得水星凌日现象，1678年归来后被授予硕士学位并膺选皇家学会院士，翌年发表包含341颗恒星的《南半球星表》，1682年详细观测当年出现的彗星轨迹，此即18世纪中叶重新出现之哈雷彗星。他在1704年继承沃利斯成为萨维尔数学教授，1720年继承法兰姆斯蒂成为皇家天文学家。

此时惠更斯有关离心力的论文附在其《悬摆钟》书后发表（1673）已经多年，学会中的雷恩、胡克、哈雷等都已经意识到：倘若假定天体轨道为圆，则将开普勒行星运动第三定律（行星运行周期T的平方与轨道半径R的三次方成正比$T^2 \propto R^3$）代入惠更斯公式（离心力F与圆周半径R成正比，与运行周期T的平方成反比$F \propto R/T^2$），那么就可以立刻证明，日对行星的吸引力与轨道半径平方成反比，即$F \propto 1/R^2$。胡克在1674年卡特勒讲座的观点以及1679年他给牛顿的几封信中提问所反映的，就是这个观念；而雷恩在1677年和牛顿的讨论中也曾经提起，他已经想到这个定律。因此，很自然地，在皇家学会1684年1月的聚会上，胡克、雷恩、哈雷等三人谈起从基本原则来得到开普勒行星三定律的问题。问题的症结在于：行星轨道已经被开普勒证明是椭圆而非正圆，那使这问题的解决变得十分复杂，大家莫衷一是，谈不出结果来[①]。

　　至终突破来自年方28岁的哈雷。虽然牛顿有名孤僻和难以相与，他却以初生之犊的勇气，在当年8月赶到剑桥拜访这位隐士，略为寒暄之后就单刀直入，请教他倘若太阳吸引力与距离平方成反比，那么行星轨迹为何？牛顿立刻答道是椭圆，而且自称已经算出来了！哈雷追问其详，他却一时找不到手稿，但应允日后寄去。这就是三个月后牛顿写成《论回转天体的运动》（*De motu corporum in gyrum*）这篇九页浓缩论文的由来。此文以数学详细论证"与距离平方成反比"与开普勒行星运动三定律之间的关系，而且讨论了抛射体在阻滞介质中的运动，不啻是一套崭新动力学的雏形[②]。哈雷接到论文后立刻意识到它的重要性，随即再赶往剑桥，征得他同意将论文修订妥当交皇家学会"存档"（register），并在适当时机出版。这消息在12月由哈雷在学会公布，随即激起对论文抄本的巨大热情，各方争相先睹为快，由是揭开了《原理》的序幕[③]。

从《论运动》到《原理》的蜕变

　　牛顿一旦开始修订和扩充《论运动》手稿，就逐步意识到天体力学的许

---

① 哈雷承认不知道答案；胡克自称已经有办法证明，但不愿透露，大家也不相信；雷恩则愿意以贵重书籍奖赏能解决问题者。见Westfall 1980, pp. 402–403。
② 此文简称《论运动》（*De motu*），它一共有五个不同版本，其原文、英译本和不同版本之间的比较见Herivel 1965, pp. 257–303。
③ 事实上，牛顿迟迟没有寄来《论运动》的修订稿，因为他投入工作后就欲罢不能，所以哈雷交给学会的其实是他自己的抄本。见Westfall 1980, pp. 402–405。

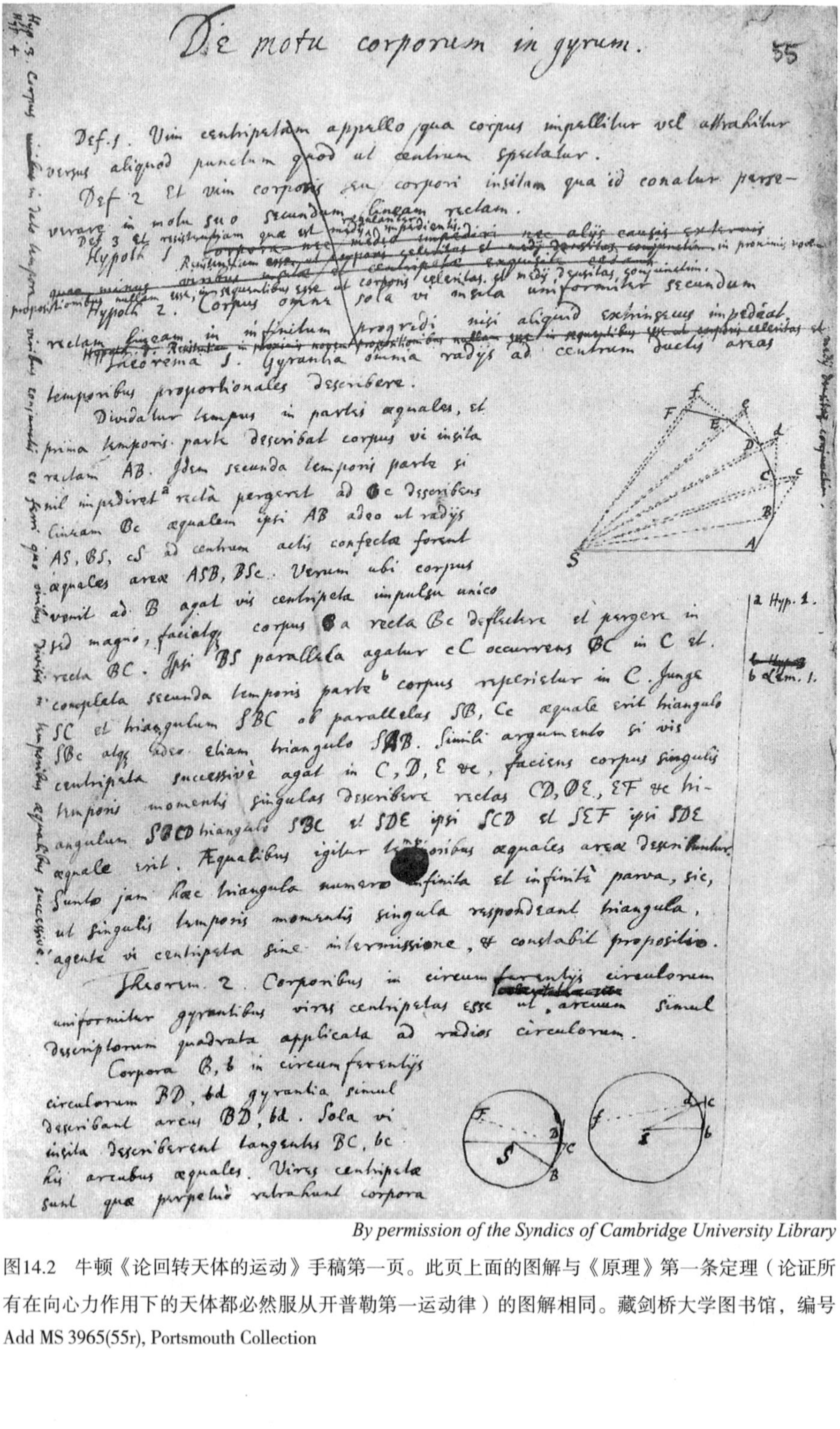

图14.2 牛顿《论回转天体的运动》手稿第一页。此页上面的图解与《原理》第一条定理（论证所有在向心力作用下的天体都必然服从开普勒第一运动律）的图解相同。藏剑桥大学图书馆，编号 Add MS 3965(55r), Portsmouth Collection

多其他问题、解决这些问题所需要澄清的原则，以及原则决定下来之后，可以进一步验证的其他现象及其计算。这是个层层深入，反复计算、论证、修订的过程，它一旦开展，就令牛顿废寝忘餐，如痴似醉，如中魔咒，欲罢不能[①]。三个月后（1685年2月底）牛顿去信皇家学会秘书，授权他将《论运动》存档，此后一年间他疯狂工作，但进度已经无法细究。我们只知道他曾多次去信法兰姆斯蒂，索取最新天文观测数据，以迄1686年4月底他将一部手稿呈献予学会，那就是《原理》第一卷——此时第二卷已经成形，但还在不断修订。哈雷此时还不过是学会雇用的书记（clerk），却对此事非常热心，竟然擅自在5月底的例会中促请学会决定出版此书，随即写信通知牛顿。他更自告奋勇，一力承担出版工作及费用，随即在6月初将版式样本送呈牛顿[②]。但到月底牛顿的计划又改变了：他通知哈雷，由于篇幅增加，该书将分为三卷，但内容如何则讳莫如深，未曾透露。我们现在知道，当年年底前后他完成了第二卷（其时第一卷已经印好），到1687年三四月间又分别将第二和第三卷稿本送交哈雷。其后，经过哈雷四个月奋战，到7月初这部内容复杂庞大、附有大量图解的划时代巨著《自然哲学之数学原理》（*Philosophiae Naturalis Principia Mathematica*）终于得以面世[③]。

在上述三年期间牛顿停止摒挡诸般杂务，连化学实验也都停顿下来，但仍然有不少工作和干扰无法撇开。首先，他需要继续履行讲席教授责任，在1684年和1686年秋季授课[④]。其次，1685年国王查理二世驾崩，新君詹姆斯二世即位，大学中少不得一番扰攘。同年春夏间他又为家事回伍尔斯索普庄园两次共六星期。然后，莱布尼兹分别在1684年和1686年发表两篇有关微积分

---

① 牛顿本来聘请同窗兼室友，比他高一班的维金斯（John Wickins）为秘书兼助理（amanuensis），后者在1683年离开另就教会职务，接替的是亨弗里·牛顿（Humphrey Newton），以上是他对牛顿在这段时间生活极为生动的描述，见Westfall 1980, p. 406。

② 其时学会群龙无首，董事会（Council）停开，故此哈雷大胆擅自作此主张，以免稽延令牛顿生疑。由于学会并无出版部门，因此主持出版工作和筹措经费的重大责任就全部落到热心推动其事的哈雷身上。此外，由于胡克在会上提出，该书有关"与距离平方成反比"的吸引力构想是由他首先发现，引致牛顿大怒，威胁取消该书余下部分的出版，经哈雷多番抚慰劝说方打消其意，详见Cohen 1971, pp. 130–138。

③ 哈雷对于《原理》一书的写作和出版都可谓第一功臣。有关他和牛顿之间关系以及他自己的其他事迹，见下列论文集：Thrower 1990。

④ 日后成为牛顿门徒的惠斯顿就是在1686年入剑桥，曾经听牛顿讲课，但完全不明白，见Westfall 1980, p. 406。所以牛顿当年究竟讲了些什么已无从考证，但他呈交剑桥图书馆存档，并注明"1684年10月"的讲稿，竟然就是《原理》第一卷的稿本！估计这是事后将书稿抄写上缴，和实际所宣读的不一定相同。详见Cohen 1971, Section IV.2，特别是pp. 83–84。

学重大发现的文章，这自然引起他的注意，促使他在《原理》草稿中加入相关数学论述以保障自己的发明权。最后，1687年2月他还领导剑桥教师群起反对国王詹姆斯企图颠覆大学宗教体系的抗争[①]。

从答问到建立宇宙系统

《论运动》本来只是为了解答具体天体力学问题，即"开普勒行星运动律从何而来"，《原理》的规模则远远超出这原来的有限度目标，蜕变为建构一个立足于严格数学和实证观测数据之上，并且具有普遍性和高度准确性的自洽、自足宇宙系统。这个蜕变之所以发生，是由起始问题的本质，即自然界基本定律的普遍性（universality）所决定的。换而言之，它可以也必须应用于一切相关自然现象。牛顿的巨大贡献即在于能够直觉地紧抓这普遍性，利用当时仍然极其粗糙、笨拙的数学工具，来将他所发现的基本定律广泛应用到一切相关自然现象上去。这样，二千二百年前希腊自然哲学家试图发现"原质"（arche）的梦想，终于得以真正实现。

《论运动》论文的焦点是用"与距离平方成反比"的吸引力来解释各行星的椭圆轨道以及开普勒第三定律[②]，在此过程中它抛弃了惠更斯的"离心力"，而代之以"向心力"（centripetal force）观念，这成为动力学上决定性的新一步。从这起点他开始了更广泛和深入的探索，同时不断向法兰姆斯蒂索取最新天文观测数据作为计算根据。首先，他证明了同样的吸引力可以解释木星众多卫星轨道之间关系，以及月球轨道和地面重力之间关系。由此再进一步，他想到木星和土星（这是最大的两颗行星）之间也会有相类似吸引力，使得它们在"相合点"（conjunction，即二者最接近处）附近的运行速度显著有别于开普勒定律。法兰姆斯蒂对此表示怀疑，因为在该处两者距离仍然是日地距离的四倍。虽然他提供的数据不能够十分明确地证实这想法，但牛顿始终对此坚信不疑[③]。这样，所谓"万有引力"（universal

---

① 有关此抗争见 §14.7。牛顿撰写《原理》的整个过程十分复杂，详见Westfall 1980, Ch. 10, 即 pp. 402–468。

② 事实上论文开端证明的是，任何指向固定中心的吸引力（即所谓向心力）都必然导致开普勒第二运动定律，即中心指向行星的矢量在任何固定时段扫过的面积必然相等；和"与距离平方成反比"的吸引力有关的是开普勒第一、第三定律。

③ 木星对土星轨道的扰动是个高度复杂的问题，其效应虽然存在，但以当时的观测技术水平的确难以清楚辨认，更何况这又和理论上的所谓"三体问题"密切相关。Newton/Cohen 1999, pp. 206–211对牛顿在此问题上的态度有详细阐述和评论。

gravitation），即任何两个天体之间都具有同样吸引力的观念，就开始形成。

但万有引力不仅和距离有关，它还与感受此力的物质之多寡（amount of matter）即我们所谓"质量"（mass）有关。在当时，那还只是个模糊的概念，它的确切意义困扰牛顿很久，屡经改动，最后在《原理》开头确定为"根据其密度与体积的乘积来衡量物质之多寡"（定义一）。但密度并没有定义，所以这似乎仍然只是个基本概念。然而，下文跟着就给出了测度物体质量的两个不同方法：（1）物体所受重力，即其重量；（2）物体对改变运动状况的抗拒程度，即其惯性质量[①]。然后，在第三卷的定理六和定理七，他更进一步从单摆实验、落体实验，以及天体运动的定律来证明，万有引力所产生的"重量"（weight）和惯性质量（inertial mass）其实相同，因此质量观念是清楚以及可以准确测度的[②]。这样，运动三定律和万有引力定律才算是真正建立起来。

然而，严格说来，这些观念和定律其实只是为没有大小的"质点"定立，要把它们应用到实际上有广延（extension）的天体，以及多个天体构成的系统上去，则一切又必须重新研究和计算。例如，反作用力的存在使得太阳不可能固定于行星椭圆轨道的焦点，那么它自己的运动又是怎样的？"与距离平方成反比"引力定律只能够应用于没有广延的理想质点，否则"距离"便无从定义。那么一个球体所产生的万有引力如何分布，是否也服从同样形式的规律？一个椭形球体所产生的吸引力又如何？一个球体所感受的整体引力又应该如何计算？月球在地球吸引下绕地运行，但两者同时又在太阳吸引下绕日运行，这对月球轨道有何影响（三体问题）？除此之外，牛顿也不可能不考虑物体在抗阻介质（例如空气、水或以太）而非真空中的运动，这不但因为地面实际物理环境是如此，更因为他是在笛卡儿自然哲学的巨大影响下工作，而这哲学最突出的部分正是充斥宇宙的以太（ether），以及其裹挟天体运行的那些许多大小旋涡——在当时，那是一般人和哲学家都直观地乐意接受的。

---

① 《原理》中有关部分包括（1）"它（质量）与重量成比例"（定义一之后的附注）；（2）动量是"速度与质量的乘积"（定义二）；（3）物质的"内力"是抗拒改变其运动状态之力，亦即是"质量的惯性"（定义三）；以及（4）"运动（量）的改变与所受动力（motive force，即外力）成比例"（运动第二定律）。20世纪初的科学哲学家马赫（Ernst Mach）曾经批评牛顿的定义一为循环定义。这些定义和定律最早见于一份手稿，它写在《论运动》论文之后，但在《原理》初稿之前。有关此问题的详细讨论分别见Newton/Cohen 1999, pp. 89–101及Cohen 1971, pp. 62–63。

② 见Newton/Cohen 1999, pp. 217–218。

这些大小问题在《原理》的写作过程中纷至沓来，牛顿不可能一下子全盘解决，也不能够放任不理，而必须瞻前顾后，反复推敲，谋求迂回曲折逐步前进，一套全新的方法与哲学便是如此建立起来。

五、《原理》是怎样的一部书

《原理》是一部极其错综复杂的大书，面世之初便以深奥艰难著称。这有许多不同原因，其内容复杂精妙，数学论证曲折繁复是最根本的。至于牛顿独辟蹊径，坚持用古典几何学方式论证，他行文紧凑，要言不烦，那都大大加重了读者负担。所以不仅当日，即使时至今日，倘若非这方面研究的专家亦不免对书兴叹。幸亏《原理》已经有多种现代版本以及极为细致和完善的注释、评论与导读专著，所以一般读者也有门径可循，有可能窥其堂奥了①。

《原理》的结构

由于它所涉及问题的复杂性，《原理》的结构改易再三。经过反复考虑和尝试，牛顿最后为《原理》定下一个五部分的整体结构。首先，是基本概念的定义和三条运动定律。随后是三卷正文：第一卷是与天体物理学相关的应用数学，包括其在各种特殊情况下的应用；第二卷是在阻抗介质中的运动和现象；第三卷是对具体现象的研究、计算和解释，其中大量应用了第一卷的结果。末了则是总结讨论（General Scholium）。此书一方面要求严密精确，以达到"论证"目的，同时又须细致曲折以包含大量具体现象。因此它的内文表面上虽然沿用《几何原本》模式，以命题（proposition）为主干，以

① 《原理》原为拉丁文，它的标准英译本是Newton/Cajori 1962，那是Cajori重新修订Andrew Mote 1729年的旧译本而成，书后附有57条有相当历史价值的注释；王克迪的中译本即据此翻出。但最近《原理》已经有柯亨和惠特曼更精细完善的新译本即Newton/Cohen 1999。此书第一部分（约占40%）是柯亨撰写的《原理》长篇介绍，包括其历史、翻译、各卷内容分析及导读，第二部分是《原理》译文，书后附有详细索引。此外柯亨还另撰有巨册《牛顿〈原理〉导引》即Cohen 1971，那是对此巨著最详尽的介绍、分析和考证。柯亨还编纂了一部供专家研究用的两卷《原理》原文多版本与手稿对照本，即所谓variorum版；此《导引》本是为该"对照本"而作。本章讨论基本上是根据柯亨译本。但即使在今日，牛顿力学的精微处仍需专门学者才有足够能力深入分析。在这方面天文物理学大家钱德拉塞卡（S. Chandrasekhar）的巨著Chandrasekhar 1995是以现代物理和数学方法来解读它的内容，为有这方面背景的读者提供了极有帮助的视角，可惜科学史家并不欣赏他的做法，而只注意其瑕疵——见Newton/Cohen 1999, pp. 295-296。至于Densmore 2003则的确是依循《原理》原来思路和方法来解释它的意义，但读起来要困难得多。

推论（corollary）为辅助，实际上则更为灵活有弹性得多。所以它的"命题"可能是问题也可能是结果，视乎性质分为定理（theorem）和问题（problem）两类。此外，它还有主要（但不一定）为数学论证的所谓引理（lemma），而在命题之间和之后，则插入了大量的"讨论"（scholium），那其实也可以是实验或者观测的叙述。为了明了起见，我们现在将整部《原理》的内容列成下表。

表14.1　《自然哲学之数学原理》整体结构

定义与定律：8条有关质量、动量、力的定义；和运动三定律			
第一卷　物体的运动			
节	命题	引理	内　　容
1	—	1–11	数学基础：起始与终极比例
2	1–10	12	开普勒行星运动第二定律之证明；圆周运动；沿圆锥曲线
3	11–17	13–14	轨迹运动的向心力
4	18–21	15–16	圆锥曲线的几何性质
5	22–29	17–27	
6	30–31	28	天体在给予轨道上的运动
7	32–39	—	在万有引力下物体的垂直升降运动
8	40–42	—	在任意向心力及起始条件下求轨迹；伽利略柏拉图问题
9	43–45	—	移动轨迹中之运动；$1/R^3$力；月球运动
10	46–56	—	单摆与复摆；沿曲线与曲面的运动
11	57–69	—	双体系统问题，共同重心；三体问题
12	70–84	29	圆质球之引力
13	85–93	—	非球状形体之引力；回转椭球体之引力
14	94–98	—	微粒（光）在平面边界之折射与反射
第二卷　物体的运动			
节	命题	引理	内　　容
1	1–4	1	在抗阻介质中的运动：阻力与速度v成比例
2	5–10	2	在抗阻介质中的运动：阻力与v^2成比例
3	11–14	—	在抗阻介质中的运动：阻力包含v及v^2项
4	15–18	3	圆柱体及圆球在抗阻介质中的旋转运动
5	19–23	—	流体的定义及其静力学；流体密度与压力关系
6	24–31	—	单摆在空气中所受阻力；实际实验与结果
7	32–40	4–7	液体的运动；抛射体所受阻力
8	41–50	—	流体的波动；声波速度之计算与测量
9	51–53	—	由旋转圆柱体或圆球导致的液体旋转；旋涡带动的运动

续表

第三卷　宇宙体系		
A 导言		
B 自然哲学研究规则：共4条		
C 现象：共6项，均为有关开普勒第二及第三定律适用于行星及土、木卫星		
节*	命题	内　　容
1	1–8	从行星与土、木卫星及月亮的运动证实万有引力的性质；天体质量的估计
2	9–17；假设1	行星内部的引力；太阳系及行星轨道的普遍性质
3	18–20	地球与木星由自转而产生的椭球形状；重力在地球面的变化
4	21–35，38	月球的运动；月的变形与其自转的关系
5	36–37	潮汐的研究
6	39；假设2引理1–3	从日、月对地球椭球形状产生的力矩计算地轴的进动
7	40–42引理4–11	从彗星的观测数据推断其轨道的研究
总结讨论①		

*《原理》第三卷并不分节，此处是我们为列表方便而粗略划分的。

需要说明的是：第一卷和第三卷在题材上的划分只是大体上如此，例外难免。例如第一卷第4，5两节就大部分是牛顿的数学研究成果，和天文物理学关系不大，在此插入属附带出版性质（第4节不完全如此）②；而第三卷也不能够避免大量数学计算和推论，像有关月球运动的命题30，31，和有关彗星轨迹计算的命题41都是显著的例子。

《原理》中的物理学

《原理》是受《论运动》论文引发，而后者则是从哈雷一个问题刺激出来，但牛顿的天才、气魄、想象力一旦被这深邃的问题点燃，就产生爆炸性后果，一发不可收拾。因此《原理》绝不限于解决行星运行的问题，它可以说是试图将推理和数学方法发挥到极致，以解决一切可以量化的自然现象，其气魄之宏大，委实令人目眩神驰。以下我们举几个重要例子来说明它的精妙。

（1）推算行星质量

在应用万有引力解释众多天体的运行，并且证实它们符合开普勒运动定

---

① 《原理》第一版本来已经草拟了"结论"（Conclusion），最后却没有采用；第二版才加上"总结讨论"，但最后版本比最初构想又删减很多。见Newton/Cohen 1999, p. 274。

② 详见Cohen 1971, Ch. 4, Sect. 4的讨论；牛顿并曾打算将此两节独立出版，见同书pp. 192–193。

律之后，牛顿第一个惊人之举就是推算土、木、地三颗行星相对于日球的质量和密度，即所谓"称天"（weighing the heavens）。它基本上是结合万有引力定律和圆周运动（行星和卫星轨道的偏心率都很小，接近正圆）的向心力，从而证明：倘若一个巨大天体由于其万有引力，使另一天体围绕它旋转，那么前者的质量 M 是和 R^3/P^2 成比例，其中 R 是后者的轨道半径，P 是其运转周期，而比例常数对所有天体都是相同的。因此行星只要有卫星围绕它旋转，那么它相对于太阳的质量就可以从其卫星与任何一颗行星（牛顿挑选了金星）的轨道半径比与周期比推算出来，所得结果相当于：太阳质量分别为木星、土星和地球质量的1067、3021和169282倍，与现代值相比，误差分别为2%、16%和100%。得到相对质量，相对密度自然也就可以从各天体的观测半径和距离推算出来，其结果反而比质量本身更准确[①]。

（2）计算地球和木星形状

《原理》另一个大发现是地球形状的改变。基于万有引力的各向同性作用，地本来应该是个浑圆球，但自转会使得它沿赤道方向膨胀，沿两极方向收缩，成为类似南瓜的扁球体（oblate spheroid）。这变形是由两个原因产生：处于赤道的物质离地轴最远，所以感受的离心力最大，而一旦向外膨胀则离地心更远，因此所受地心吸力进一步减弱，换而言之，这两个因素是互相增促的。另一方面，两极位于地轴上，该处物质不感受任何离心力，但赤道部分的膨胀会拉动它移向地心，它由是感受更大地心吸力和进一步内移。这个变形的后果是，地球在赤道方向的半径 R_e 要比极向半径 R_p 稍微变长。

问题是长多少呢？牛顿的解决方法是想象有两条充满液体而连接于地心的管子，它们分别沿北极和赤道方向通到地面。管内液体在地心接口处的压力必然相等，而这压力是可以从管子每一部分液体的重量（那等于地心吸力减去离心力，虽然极向管中液体并不感受离心力）之和计算，由此条件便可以算得地球半径差 $\Delta R = R_e - R_p$，其中 R_e 为赤道半径 OE，R_p 为极半径 OP（图14.3）。《原理》所算得的值相当于27.4公里，比现代值（20.4公里）大34%，那当是由于地球内部密度不均匀和地球内部实际上并非液体等复杂因

---

① 有关的推论和计算见《原理》第三卷命题8推论1-3。这计算并不简单，因为土卫、木卫与金星轨道的半径比可以从它们所张视角推算，但月距与日距的比例则与日的视差有关，那极其细微（牛顿所用数值只有10″）而难以确定。他所得地球相对质量（为现代值的两倍）的巨大误差便是由此而来。至于地球的相对密度反而较准确的原因则是它牵涉月而非日的视差。有关的详细解释见Newton/Cohen 1999, pp. 218-231。

素导致。值得注意的是，相关计算非常繁复，因为地球的变形虽然极其细微（其半径改变不到0.2%），但地球内部引力场却须根据变形后的扁球体而非原来的球体计算（否则会出现相当大偏差），而那是极其困难的问题[①]。

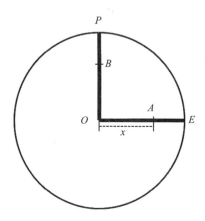

图14.3　地球因自旋而成为扁平椭球体的解释示意图。O为地心，P为地极，E为赤道上一点，地球围绕地轴OP自旋。在OE线上任何一点A之质量受两种力量作用：与地心距离x=OA成比例之离心力，以及由地球各部分共同产生之万有引力；在地轴OP上任何一点B则仅受万有引力之作用。倘若视OP与OE为液柱，则在其相接处即地心O此两液柱所产生之压力必达至平衡，亦即相等，由是即可推算 $\Delta R = OE - OP$

同样方法也可以用于木星：由于它的密度比地球小（他估计约为后者的23.6%），自转周期也更短（9.93小时），所以半径差更显著。《原理》得到的结果是椭圆率（ellipticity） $\varepsilon = \Delta R / R_e = 10.7\%$，与当时的观测值9.8%相差不远，与现代值6.3%也属同数量级[②]。

（3）潮汐成因和月球质量与形状

除此之外，《原理》还初步解决了另外两个著名的大问题，即潮汐的成因和地轴的进动。潮汐是自古以来大家都熟悉的自然现象，但它的成因直至17世纪还是众说纷纭，莫衷一是。例如在16世纪末伽利略就曾经认为，潮汐纯粹是由地球的自转和公转对海水的交互影响导致，但和月亮没有关系，由是和开普

---

① 　《原理》讨论此物理问题（包括下段与木星有关者）是在第三卷命题19，但数学问题的解决则是在第一卷命题91推论2，3。其实，倘若用简化方法计算此差别（即略去地球因为变形而产生的内部万有引力场的变化）是很容易的，但得到的结果是不甚正确的22公里。《原理》中的计算要先研究一个偏心率很低的椭圆球体的近似引力场，那非常繁复。在现代，钱德勒塞卡的专书详细解释了相关计算，见Chandrasekhar 1995, Ch. 20。

② 　但牛顿对此结果仍不满意，而做出种种解释。

勒发生冲突。至于惠更斯，则对牛顿的新说也不能接受①。

我们现在知道，潮汐现象和日、月都有关系，但它有两个特征是不容易解释的，即月的起潮力要明显大于日，而每日即24小时内会有两次涨潮。在《原理》中牛顿首次提出了潮汐的基本成因，不过他的独特几何论证方式很难懂，而且散处书中几个不同部分②。用现代物理学语言来解释的话，问题的关键是：地球T循固定轨道绕日S运行（图14.4），其整体所感受的万有引力和由运行而产生的离心力必须完全抵消，但除了在地心T以外，对任何其他部分而言，这两个力都不可能完全抵消，其微小的差别就是起潮力。例如在地面近日点A，它的日距r-R比地心小，所以向日的万有引力较地心大，反向的离心力较地心小，两者加起来就产生向日的起潮力。反之，在远日点B日距r+R比地心大，同样的起潮力就与日方向相反。因为地球的自转，赤道上任何点都会在一日内经过这两点各一次，也就是有两次涨潮。由于万有引力是与距离平方成反比，当距离有些微改变的时候，万有引力的改变就与距离的立方成反比；由是可以证明，由离心力的细微改变而产生的起潮力也是如此。这就解释了起潮力是与产生潮汐天体的距离之立方成反比的原因③。

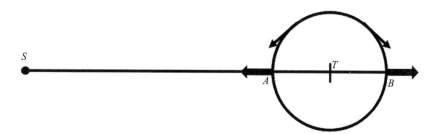

图14.4　解释潮汐成因的示意图。S为日球，T为地球中心，R=AT=TB为地球半径，r=ST为地心T之日距。在地心T地球所受日的万有引力与其因公转运动所生的离心力完全平衡，但在地球表面近日点A，则日的万有引力（与距离平方成反比）较大而离心力（与距离平方成正比）较小，故此两者不能够完全抵消而形成向日的起潮力，在远日点B两者的变化相反，故此形成反向的起潮力。在赤道以外地点的起潮力方向略如图示

　　月之所以会产生潮汐，原理与日相同，虽然月是绕地运行，但基于运动

① 伽利略此观念可能是得之于萨尔皮，见Heilbron 2010, pp. 114–116；并见Newton/Cohen 1999, p. 240。
② 《原理》直接讨论潮汐的部分是第三卷命题36–37，但其中的基本观念是在同卷命题25讨论，而后者的数学推导却又是在第一卷命题66及其大量推理，特别是推理14。正是在这条推理中，牛顿得出了起潮力和距离立方（而非平方）成反比的关键结果。至于柯亨对此问题的详细讨论则见Newton/Cohen 1999, pp. 238–246, 355–359。
③ 这关键因子是在《原理》第一卷命题66推理14得到的。

第三定律，地球也同样会感受到月球的起潮力，而且那会比日球更强大，因为日距比月距大很多，它们立方比的影响抵消了它们质量比的影响而有余。事实上，当时月球质量尚属未知，所以牛顿是先从布里斯托尔水道（Bristol Channel）的实测高潮和低潮的高度（分别是45英尺和25英尺）来推断日月起潮力的比例（得1:4.48，现代值为1:2.18），然后再反推月球密度（得4.89倍日密度，现代值为2.37倍），以及质量（得地球质量的1/39.8，现代值为1/81）[1]。这些结果虽然只有数量级的准确度，但以那时的科学发展程度而言，也委实难能可贵了。

《原理》还进一步将同样的推理用在月球上。地球表面大部分是海洋，所以它能够因应日月方向的改变而产生有日夜和季节性规律的潮汐。地球同样会对月球产生"起潮力"：它与地球质量（为月质量的39.788倍）和月半径（为地球半径的1/3.65）成比例，因此是月对地起潮力的10.9倍，所以应该在月球表面引起93英尺的高潮（月在地球引起的高潮是8.6英尺）。但月球表面是岩壳，所以这表现为月球表面在对地球和反地球两个方向的隆起（bulge）；然而，这隆起不可能在固态球面上相对于月球本身移动，其后果是令月球的自转和绕地公转耦合，亦即两个周期重合，使得月球永远只有一面对着地球。这特殊的"潮汐扣锁"（tidal locking）现象迟早会出现于所有表面为固体的卫星，而牛顿是首先发现其原因的人[2]。

（4）解释地轴的进动

至于地轴的进动（precession），即其方向每年有大约50秒的细微移动，是喜帕克斯在公元前150年左右所首先发现，而托勒密和伊斯兰天文学家也都注意到的问题，但历来只有观测而从未有人试图解释其成因，牛顿是做此尝试的第一人，结果相当成功。这非常之惊人，因为它涉及刚体（rigid body）转动的复杂力学问题，而牛顿居然在质点力学刚刚萌芽之际，就能够仅凭直觉和几何方式来解决它[3]。

我们无法在此重复他的推理，但可以把背后的想法大致说一下。在图14.5

---

[1]　见Newton/Cohen 1999, pp. 242-246的综述和评论。

[2]　见《原理》第三卷命题38。由于月球表面并非光滑曲面，上述细微隆起（仅为月半径的1.6×10^{-5}）自不可能从直接观测证实。

[3]　《原理》讨论进动是在第三卷命题39以及其前的引理1-3，柯亨对此的解释和讨论见Newton/Cohen 1999, pp. 265-268, 361-362；钱德拉塞卡对其背后物理问题的深入剖析和评论则见Chandrasekhar 1995, Ch. 23。

中地球*T*绕日*S*运行，其自转轴*PQ*与轨道面（即黄道面）的垂直线*TU*成*θ*交角。上文已经论证过，地球由于其自转形成一个扁球体，这可以用一个正圆球加上附在赤道上的一条环带*AcBd*来模拟，环带质量大约是地球质量*M*乘以其椭圆率*ε*。日的吸引力对正圆球各部分是平衡的，所以不会使它转动，但对斜向于黄道面的环带*AcBd*则不平衡，有令其转动以使*PQ*轴垂直于黄道面的倾向：因为*SA*距离较短，引力较大；反之*SB*距离较长，引力较小。当地球运转到轨道其他位置的时候，日球引力仍然继续有扭转作用，但扭转方向则改变。这作用有两个特点：首先它很微小，所以作用很缓慢；其次，由于地球的公转，扭转方向不断改变，整体结果是地轴围绕黄道面垂直方向*TU*旋转，也就是产生了进动。除了日球以外，月球对地轴也有同样扭转作用，而且因为其运行轨道（白道）面和黄道面几乎相合（两者夹角只有5.9度），所以它们的作用基本上是一致的，两者作用加起来，就得到地轴每年大约50′的进动率。如钱德拉塞卡指出，这其实是牛顿将地球椭圆率*ε*定为1/305.6来将就至终结果所致：倘若他自洽地采用以前在第三卷命题19算出来的结果1/230，那么进动率就变为每年67″，和观测值相差1/3了。无论如何，他的观念和推导方法基本上都是正确的，1/3的误差只是各种细节上的错误累积所致[①]。

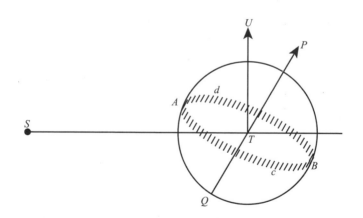

图14.5　解释地轴进动的示意图。*S*为日球，*T*为地心，*QP*为地轴，*TU*为黄道面垂直方向，*AcBd*为赤道面，地球为扁平椭球体，牛顿用一个球体加上赤道的一条质环来模拟此结构。日球对球体无扭转作用，对质环的作用则使得地轴有转向*TU*方向的倾向（因为它与在黄道面以上的部分距离较近，故吸引力较大，对黄道面以下部分反之），地球的公转使得此倾向变为地轴的进动，即地轴围绕*TU*转动

---

① 这包括地球的椭圆率其实是1/289而非1/230，此外惯性矩的计算也很重要。详见Chandrasekhar 1995, pp. 472–475，他对牛顿这计算的评价远高于柯亨和他所引的科学史家特别是Curtis Wilson，见Newton/Cohen 1999, pp. 265–268。

（5）水波和声波速度

第三卷的天文现象研究令人震惊，第二卷所讨论的地上物理现象似乎比较平淡，但也不尽然，在卷末的水波和声波速度计算仍然十分令人惊叹——在缺乏函数和场等数学观念的状况下，牛顿不但将物理学从质点扩展到刚体运动，而且更进一步扩展到连续体的波动。

他推导平直水道（例如人工运河）中水面波动的传播速度是非常简捷的，主要是凭直觉认定，倘若波幅不太大，那么任何一点的水分子运动都只是沿着垂直方向，而将之等同于U形管中左右两根水柱因为高度不同而产生的交替上下摆动。事实上，很容易证明，只要单摆长度 L 等于水柱总长度的一半，那么两个运动的周期都是 $T = 2\pi(L/g)^{1/2}$，其中 g 是重力加速度。他的关键发现是水波中两个波峰间距离即波长 λ 等于U形管中水柱的总长度 $2L$，因此就可以证明，水波速度 v 是和波长平方根成正比：$v = \lambda/T \approx (g\lambda)^{1/2}$。这结果的意义他没有多加讨论，只是指出波长3英尺则波速每小时约2英里[①]。

至于《原理》有关声波速度的推导则复杂得多，无法在此讨论。不过它显然反映了对下列观念的了解与应用：声波代表流体（例如大气）里面局部压力的循环涨落，以及此涨落的波浪式传播。从此压力所产生的密度变化以及两者之间关系，它至终得出声波速度为 $v = (F/\rho_0)^{1/2}$，其中 F 是产生声波的"弹性力"（elastic force），而 ρ_0 则是气体密度。将大气作为声音传播体系，将"弹性力"等同于气体压力 P，并根据波义耳定律 $P = \rho gh$，其中 g 是重力加速度，ρ 和 h 分别是水银密度和相当于大气柱的水银柱高度，就得到了 $v = (\rho gh/\rho_0)^{1/2}$ 的结果[②]。

牛顿由此算得声速为979 ft/s（相当于298 m/s，倘若以现代数据代入，则得280 m/s），这在《原理》出第一版的时候（1687），是处于梅森、罗贝瓦尔和他自己实测所得数值之间，所以认为可以接受[③]。到第二版（1713）时他承认，声速已经肯定为1142 ft/s（相当于348 m/s，现代值为343 m/s），比他的计算大17%。对此他提出种种解释，但自然不可能想到，这显著误差的根源很

[①] 见《原理》第二卷第8节命题44–46，在此牛顿特别说明，有关推导只是在波幅细小时正确。并见Chandrasekhar 1995, pp. 580–585的评论。

[②] 见《原理》第二卷命题47–50，以及Chandrasekhar 1995, pp. 586–593和Newton/Cohen 1999, pp. 184–186, 193的评论和解释。

[③] 牛顿的声速实测是在圣三一学院208英尺长的回廊利用声音的多次回响以及不同长度的单摆来做的，结果是920—1085 ft/s；罗贝瓦尔和梅森的结果分别是600 ft/s和1474 ft/s。这些结果发表于《原理》第一版，详见Newton/Cohen 1999, pp. 776–777的编者注释。

深：它是由于假定大气在声波通过时温度仍然恒定不变所致。事实上，那时根本还没有测量温度的客观标准，而联系气体体积、压力和温度的所谓"理想气体定律"要一百五十年后才发现，此事真相大白则要到将近两百年之后①。

以上是《原理》通过基本原理和数学计算来求自然现象之定量了解的五六个突出例子，当然远远不是全部。像它对质点在中心力场运动的轨迹研究、对月球运动的长篇讨论、对彗星轨道的仔细研究和计算，还有质点和刚体在抗阻介质中运动的研究等，虽然重要性和意义各不相同，却都是极其周详精密和具开创性的，以后就成为这许多方面研究的起点，但在此都只能够从略了。

六、《原理》的数学和哲学基础

像《原理》那么一部巨著，自须有极其强大稳固的基础才能承担它犹如重楼叠阁的无数计算、推论和结果。那么，它的基础何在呢？从书名"自然哲学之数学原理"看来，那自然是在数学和哲学这两方面，但它这两个基础却是很特殊，很令人惊讶的。

数学基础：综合证题法

就数学而言，基础好像不应该是问题：十六七世纪间代数学和解析学两方面的进展都一日千里。但如前面所说，牛顿从1680年开始就全面反叛笛卡儿的影响，因此他在《原理》所应用的，并非自己所发明，以代数学为基础的"流数法"，反而是回到传统几何学的所谓"综合证题法"（demonstration by synthesis），那是以线条长度及其比例为量度依据的。《原理》第一卷第一节名为"起始与终极比例"，它的11条引理所展示的，就是如何将极限概念应用到几何量度上去，从而计算曲线的切线、法线、曲率等（那都是与微分相关的），以及其与轴线所围面积（那是和积分相关的）——也就是以几何学来做相当于微积分的运算。这方法有个根本观念，即曲线是通过点的移动而产生，由此而生出"时间"观念以及微小线段（或者弧段、面积等量）的"起始比例"（first ratio）和趋向于零的线段（或者弧段、面积等量）的"终

---

① 19世纪初即《原理》第二版面世（1713）百余年后拉普拉斯（Pierre-Simon Laplace）方才意识到，声波通过大气时其所产生的瞬时局部压力和温度变化是绝热（adiabatic）而非恒温（isothermal）的，因此牛顿声速公式必须加上一个$\gamma^{1/2}$因子，其中γ是恒压热容C_p与恒温热容C_v之比。但这两个气体热容的准确计算则要等到19世纪中叶，即"热量"的性质被充分了解以后。

极比例"（ultimate ratio）的观念，亦即极限的观念。

不过，《原理》偶尔也会采用流数法，这有两个原因。首先，在某些问题上几何证题法的确较为困难或者繁复，用流数法则较为直接。其次，在《原理》撰写之际，恰逢莱布尼兹出版其微积分学，牛顿有意显示自己在这方面是占先的[1]。无论如何，通过考证他的手稿可知，《原理》绝大部分计算的确是直接用它所宣示的几何方法做出来，而绝非"改写"用流数法所得结果，这点是没有疑问的[2]。统而言之，《原理》所用数学方法正所谓旧瓶新酒：形式、框架接近古典，而精神、内涵、目标却远远超迈前人。

物理学基础：反驳旋涡说

至于《原理》的"哲学基础"则更复杂，因为它与笛卡儿的"机械世界观"有根本冲突，而后者早在17世纪40年代就建立起来，并且由于符合一般人的直觉观念，已经被广泛接纳。机械世界观有三个不同层次的观念：（1）不同物体必须互相接触才能够彼此施加力量；（2）因此太阳系众多天体之间的互动有赖充斥宇宙间的轻灵气体，即"以太"；（3）太阳的自转在以太中产生了巨大旋涡，那带动行星运行，而行星也产生相类似旋涡，那带动各自卫星的运行。而《原理》呢，则以万有引力作为天体相互作用的根本力量，这种引力不但能够超越空间也不依赖任何传播媒介，而且其作用没有任何物体能够阻挡。很显然，它与笛卡儿的世界观是全然矛盾的，因此两者不可调和，不能并存。所以牛顿必须证明后者的错误，然后《原理》第三卷的"宇宙体系"方才能够立足。这个证明有关以上（2）（3）两点的比较具体，它所涉及的是《原理》的物理学基础，那在本分节讨论；至于有关以上第（1）点的，则涉及《原理》的方法和哲学基础，那要留待下一分节讨论。

《原理》对笛卡儿物理学的攻击基本上是在第二卷展开——它以"抗阻介质"为主题，其潜台词就是以太。首先，以太被认为是充斥整个宇宙，无孔不入的轻灵气体，但它真的存在吗？倘若存在，那么它对于所有天体就都是抗阻介质，所以第二卷详细讨论物体在抗阻介质中的运动，从而对其所受抗阻力得到基本了解。其中一个重要结果是：物体在介质中运动所受的抗阻

---

[1]　其中一个最好的例子是第二卷引理2，那不但给出一个计算代数多项式的微分系数的公式，而且在其后的讨论中缕述他在17世纪70年代初的通信中部分披露自己发明流数法的经过。详见Newton/Cohen 1999, pp. 646–650及注dd。

[2]　有关这几方面的详细讨论，见Newton/Cohen 1999, pp. 122–127。

力最重要部分来自它撞击介质中的微细粒子（并使之运动）所产生的反作用力 F；可以证明 $F=C\rho Av^2$，其中 ρ 是介质密度，A 是物体在运动方向的截面积，v 是其速度，C 是比例常数[①]。更有直接意义的是，在该卷第6节的总结讨论中，牛顿详细描述了一个测定以太效应上限的巧妙实验。它的基本构想是：用一个悬挂在11英尺长铁线上的密封木箱做单摆，然后记下它经过1、2、3次来回摆荡所产生的幅度衰减，那自然是由于空气阻力所致，但根据上述公式，这只应该与箱的外形有关；然后，他将大量金属块放入箱内，以使其质量变为原来的78倍，此时他发现，它要经过额外77次（而非预期的78次）来回摆荡才回到空箱实验的相应回荡点。这相差的1次可以用以太能够进入木箱中的金属块从而导致额外阻滞效应来解释。从这两个数据可以简单推断，倘若以太的确存在，那么它产生的阻力也低于木箱所受外部阻力的1/5000[②]。这基本上就是他认为以太不存在的证据——当然，在第一卷定义1他已经开宗明义地宣称了"在目前，我不考虑自由充斥于物体不同部分之间孔隙的介质，倘若它是存在的"。

然后，在第二卷的末了即第9节，牛顿进一步详细考究液体旋涡的运动规则，从而证明，即使有以太旋涡，它也不可能是推动天体运行的机制。这证明分为两部分。第一部分（命题52）证明，一个在密度均匀液体中旋转的球体由于摩擦力带动而产生的旋涡，其离球体中心为 R 部分的旋转周期 T 是与 R^2 成比例，而不是像开普勒行星运动第三定律所证实的那样，是与 $R^{3/2}$ 成比例[③]。而且，此类旋涡推动的天体系统是不可持续的，因为旋涡会不断扩展，以及于无限远处，而它对旋转天体（即日球）所产生的反作用力则将使后者逐渐停顿下来；更何况，跟随旋涡旋转的其他天体（例如木星）倘若也有其本身旋涡和卫星系统（如笛卡儿所想象的那样），那么两个旋涡必然会互相干扰，以致各行星或卫星的周期 T 和距离 R 都会变得紊乱，两者不再能够像天

[①]　这唯象公式今日仍然在应用，C 等于今日所谓"曳力常数"（drag coefficient）之半，详见 Newton/Cohen 1999, pp. 188–194。

[②]　这个实验他做得非常小心和仔细：例如，木箱加重之后悬线会延长，悬钩可能变形，在木箱摆动时必须保证悬挂点不移位等问题，他都加以预防或者纠正了。《原理》有关此实验部分在第二卷第6节末了，即 Newton/Cohen 1999, pp. 722–723；有关评论见同书 pp. 180–181 及 Westfall 1980, p. 455。

[③]　见《原理》第二卷命题52，即 Newton/Cohen 1999, pp. 781–788。它包含一个假设，即液体相邻部分的摩擦阻力与其速度差异成比例，这假设对某些流体如水和空气在特定条件下可以成立；适合此条件的流体现称为牛顿流体。有关讨论见同书 pp. 187–188, 193–194。

体系统那样，维持严谨而恒定的关系①。统而言之，旋涡系统所带动的天体运行和开普勒第三定律相冲突，而且不可能持续。

第二部分（命题53）则证明，旋涡系统和开普勒第二定律也同样矛盾。这首先是因为在其中的固体（例如行星）倘若要维持稳定和闭合的运行轨道，则其密度与旋涡流体（即以太）必须相同，否则它就会依循螺旋轨道趋向中心或者远处；而且，即使密度相同（就行星和以太而言，那显然极不合理，但牛顿对此点没有明言），行星在椭圆轨道上的近日点运行较快，在远日点较慢的天文现象也要产生流体力学矛盾。《原理》第二卷得出的结论是："因此旋涡的假说不可能和天文现象协调，它毋宁是混淆而非解释天体运动。"②

最后，在《原理》的全书总结讨论中他再回到旋涡问题上来，一开头就宣称"旋涡的假设充满困难"。跟着，在撮要复述第二卷已经指出的基本矛盾之后，又指出两个新的矛盾，即日和（带有卫星的）行星的自转与其旋涡的旋转周期不符③；以及彗星具有稳定但高度偏心的椭圆轨道，那显然是不能够在旋涡中存在的④。统而言之，在笛卡儿哲学中成长的牛顿是非常在意旋涡说的，因此用了搏虎之力来对付它。韦斯法尔指出："笛卡儿的旋涡说那类机械世界观的无形机制，不断将注意力从计量的精准转移到可见图像，牛顿的'超距作用'新观念则导向数学运算。"⑤在今日看来，牛顿对机械世界观的攻击优势历然，可以说都是致命的，但在图像仍然比数字更有说服力的17世纪胜负却还不那么明显。更何况，作为《原理》基础之一的"超距作用"本身就难以为人接受。那么牛顿是如何消解本分节开头第（1）项规律，以为他的万有引力定律开辟空间的呢？这就涉及《原理》的哲学基础了。

哲学基础：实验哲学

《原理》不但改变牛顿，也彻底改变了西方自然哲学。这不仅仅是因为

---

① 这部分证明见《原理》第二卷命题52推论2-6。

② 见《原理》第二卷命题53的本证和讨论，即Newton/Cohen 1999, pp. 788–790。有关椭圆轨道上的速度变化与流体力学有冲突的问题是在命题53的讨论部分提出来的，它的要点是考虑行星椭圆轨道的远日点与其外的圆形旋涡轨道较接近，所以流体速度应当较快（因为两个轨道之间的距离较小），在近日点则反之，而这显然是违反开普勒第二定律的。

③ 意即日球的自转既然是带动太阳系旋涡的原因，那么行星公转周期平方与日距三次方成比例的定律也应该可以应用到日本身的自转周期与日半径上去；而带有卫星系统的地球和土、木二行星亦然。但这都不符合天文观测。

④ 《原理》"总结讨论"，即Newton/Cohen 1999, p. 939。

⑤ 见Westfall 1980, p. 420，作者译文。

它清晰严谨的论证，或者它的计算与观测结果惊人地相吻合，而更因为它的结构和思想——也就是它在书名中所宣称的"哲学"，那是西方科学传统所从未出现过，将数学、观测与思想三者紧密、有系统地结合起来的崭新哲学。它不再像亚里士多德、笛卡儿或者其他自然哲学家那样，止于对某些现象的个别解释和猜测，而是提供了切实和全面理解大自然的一整套观念、方法和架构。《原理》所辉煌和具体地展示，以及精确地验证的天体力学系统，正是这哲学无可争辩的典范。

那么，牛顿称为"实验哲学"（experimental philosophy）的这套观念和方法到底是怎么一回事呢？《原理》第三卷"宇宙系统"开宗明义，提出了四条"哲学推理规则"。开头两条可称为"化约原则"（reductionism），即以最少的必要基本原因来解释最大量现象。第三条是"演绎原则"（principle of deduction），即得之于经验的有限事物之性质或规律，可以推广到所有事物的普遍性质或规律。最后一条可称为"证验原则"（principle of verification），即从现象演绎出来的原理、命题可能因为被其他新发现的现象所抵触而需要修订或者变更，但却不须顾及与之相矛盾的其他哲学性或思想性假设[1]。这套规则的核心观念是：在纷纭宇宙万象背后存在极少数几条基本原理、定律，而现象与原理之间有完全的、非常准确的对应。因此从部分现象就可以得到普遍原理和定律，从后者又可以解释更多相类现象，并且用这些现象来验证原理和定律的真确性。这个在现象和原理之间循环往复的过程，可以说就是"实验哲学"的核心，同时也是他个人实践经验的总结。

说得更具体一点，这实验哲学有普遍意义，更有实际意义和针对性。他在"总结讨论"中有句名言："我迄今都未能从现象推断这些重力性质的原因，而我不妄立假设[2]，因为凡是并非从现象演绎出来的就要称为假设；而无论是形而上学的或者物理性的，属于隐秘法术或者机械论的假设，在实验哲学中都没有地位。在这实验哲学中，命题是从现象演绎出来，然后通过归纳法使之变为普遍。"[3]这话所针对的有两个相关问题：一方面是《原理》并没有解释作为全书根基的"万有引力"到底从何而来，那势将在学者间引起争议和批

---

① 见Newton/Cohen 1999, pp. 793–796。

② 此话的拉丁原文是著名的"Hypothese non fingo"，此句Motte/Cajori译本翻为"I frame no hypothese"，Cohen译本翻为"I do not feign hypothese"。根据Newton/Cohen 1999, pp. 275–277的详细讨论，文中fingo一词是经过反复斟酌讨论才定下的，它带有虚构、编造等贬义，因此我们翻为"妄立"。

③ 引文在Newton/Cohen 1999, p. 943，作者译文。

评；另一方面则是笛卡儿为解释天体运动而早已经提出，而惠更斯对之也热烈应和的著名"旋涡说"（§13.7）。换而言之，牛顿承认无法从现象演绎得到万有引力的来源，但认为没有必要勉强为它寻找不确切的原因。至于笛卡儿所主张的，则是凭拟想图像立论，而没有量化根据，所以不是"从现象演绎（deduce）得来"，只是从猜测得来的"假设"（hypothesis）而已。

科学发展范式：从虚构逼近现实

除了以上的大框架以外，《原理》所显示的还有"实验哲学"更微妙的一面，那就是柯亨所谓"牛顿风格（style）"[1]。他的意思是，《原理》并非从一开头就将运动定律和万有引力定律严格地应用到现实世界，因为那太复杂了。它是先将这些定律应用于高度简化和理想化的虚构世界——在其中行星被虚拟为质点，日球被视为固定中心，因此行星运行被简化为单个质点在固定中心的向心吸引力作用下的运动；在此问题充分解决以后，它才逐步面对现实世界的复杂情况，并且应用更复杂的数学技巧来将之解决；那也就是说，它然后才依次考虑：两个质点互相吸引的运动，多个质点围绕巨大中心质点的运动，球体（而非质点）所产生的万有引力，球体在万有引力作用下的运动，乃至自旋令质球所产生的变形，以及变形球体（旋转椭球体）所产生的引力，等等。其实，这由简入繁、从理想和虚构逼近现实的方法，正是牛顿在撰写《原理》之时，他自己所实际经历的过程。

《原理》的出版掀起了牛顿革命，也就是17世纪现代科学革命。它实际上是个具有三层立体结构的体系：在结构底层是这体系的实验哲学，亦即现代科学方法；在此基础之上是这哲学、方法的典范，亦即高度精确和具有普遍性的古典力学系统，包括运动三定律和万有引力定律等原理；在结构顶层则是根据这些原理和数学计算所得对实际世界之精确验证，以及从虚构世界逐步逼近现实世界的策略与方法。这结构对于以后两个世纪间的科学发展，包括化学、电学、磁学、光学、热力学等的出现，都起了巨大的示范和推动作用。

七、从教授到伟人

牛顿本是高傲、孤僻、内向的世外高人，但《原理》的出版和光荣革命

---

[1] 见Cohen 1985, pp. 165–170。

这两件大事彻底激发和改变了他，令他无法回复过往的耿介孤独。所以从1687年开始，他就一步步从教授蜕变为名满欧洲的伟人，乃至君临皇家学会的大宗师，他的世界也从剑桥逐渐转移到热闹、活跃、脉搏强劲的伦敦。这变化是个漫长过程，我们要记得，他开始撰写《原理》的时候，才刚走到人生半途而已。

国会议员与伦敦世界

就在1685年2月，《原理》初稿进行得如火如荼之际，英王查理二世去世，强烈倾向罗马天主教的詹姆斯二世（James II，1685—1688年在位）登基。在1687年2月《原理》开始付印的时候，詹姆斯二世试图用高压手段将一位天主教修士"塞进"剑桥大学，以颠覆其清教徒理念。牛顿此时大业将成，再无牵挂，于是一反不问世事的态度领导同侪抗争，因此被选为代表之一赴伦敦申诉，而正是由于他坚决态度的鼓舞，代表团得以不辱使命[1]。翌年英国发生"光荣革命"，荷兰的威廉三世率领大军渡海入侵，詹姆斯仓皇出奔法国。当时《原理》已经出版，牛顿声名如日中天，1689年初当选剑桥区国会议员，随即赴伦敦出席临时国会（Convention Parliament），参加制定新宪章，并拥立威廉与夫人玛丽为国君[2]。但他在国会中极其低调，从未发言，投票也只是跟随辉格党（Whigs）大流，唯一作为只是与校长联络，讨论有关大学的权益事宜而已[3]。

除了参与国家大事以外，他在伦敦结交了不少当世硕彦，其中最重要的无疑是洛克和惠更斯。洛克（John Locke）本在荷兰躲避政治迫害，《原理》出版之初就写过推荐性评论，1689年初回国后两人一见如故，惺惺相惜，这主要是因为在炼金术和宗教问题上志同道合，所以不旋踵即成为知交，书信往来不辍，从而有上文所提到的在"三位一体"问题上的合作。至于力学与光学前辈惠更斯，则在《原理》出版之初就已经获得牛顿赠书。他在翌年6月赴伦敦探望兄长[4]，目的大概在于出席皇家学会聚会，介绍自己即将发表的

---

① 牛顿此行充分显示了他的宗教立场，由是为他日后政治前景打下基础，详见Westfall 1980, pp. 473–480。

② 英国人对于效忠王室本来极其执着，威廉与玛丽之所以能够顺利入主，除了詹姆斯在宗教问题上激起民愤之外，还因为威廉是詹姆斯的外甥，而玛丽则是他的女儿，在法理上本来就有资格继承大统。

③ 见Westfall 1980, pp. 483–487。

④ 惠更斯出身政治世家，他的兄长康斯坦丁（Constantijn Huygens）是威廉三世近臣，在光荣革命之役跟随大军渡海入主英国。

两部新书，并借此机会与牛顿见面。其后他们两度往来，但显然并不十分投契，日后也未继续保持联络①。

除此之外，他在伦敦认识的，还有一位弱冠天才法提奥（Nicolas Fatio de Duillier，1664—1753）。此君出身日内瓦近郊世家，以聪颖早熟著称，1686年赴荷兰与惠更斯讨论微积分学问题，翌年春赴伦敦，结识沃利斯、洛克等人，1688年当选皇家学会院士，1689年与惠更斯同时在学会聚会中认识牛顿。其初他颇为狂妄，但很快就改变看法，而牛顿则深为其才华吸引，视为知交，相与谈论神学、预言、炼金术等问题，甚至出示自己的数学手稿；他则试图协助牛顿在伦敦谋求职位，两人又商讨迁居以便往来，一度可谓亲密无间。

此外，牛顿还见到了不少青年才俊。格利高里（David Gregory，1661—1708）在年轻时就曾经从伯父詹姆斯那里听到过有关牛顿数学发现的消息②。他在1683年出任爱丁堡大学数学教授，翌年去信牛顿备道仰慕，并附论文请教，但未得回复。在《原理》出版后他得到赠书，佩服得五体投地，不但撰写评注，更为学生讲授其要义。1691年牛津大学的萨维尔天文学讲席出缺，他南下拜谒牛顿，得其推荐出任此教席，翌年更膺选皇家学会院士。除哈雷以外，他可谓最早也是最成功的"牛顿信徒"（Newtonian）了③。

古典学者本特利（Richard Bentley，1662—1742）是另一位信徒④。他1683年毕业于剑桥圣约翰学院，随后受聘为伦敦圣保罗座堂主任牧师史提灵福列特（Edward Stilingfleet）的家庭教师，因得潜心研读其丰富藏书，与名学者相往还，至1691年以校注希腊古史孤本名噪一时。同年他去信牛顿请教进窥《原理》门径，得到详细指点⑤。同年年底波义耳去世，他生前在遗嘱中捐款设立"波义耳讲座"（Boyle Lectures）以求对抗当时的非正统思潮。牛顿出席了这

---

① 牛顿和这两位名人的交往经过，分别见Westfall 1980, pp. 488–493, 487–488。

② 老格利高里（James Gregory，1638—1675）与牛顿同辈，是苏格兰最有名的数理天文学家，曾经游学意大利，由是得分析学精髓，于1668年发表两篇利用无限级数做微积分运算的重要论文，事实上发现了相当于微积分学的根本原理。他曾经提出（与牛顿设计不同的）反射望远镜构想，其后由胡克制出。他又是衍射光栅（diffraction grating）原理的发明者。他与莫雷稔熟，于1668年膺选皇家学会院士，又先后担任圣安德鲁和爱丁堡大学教授，在学术上极其推崇牛顿，但不幸英年早逝。有关他的数学见Boyer 1983, pp. 421–424。

③ 关于格利高里与牛顿最初的关系见Westfall 1980, pp. 400–401, 469–470, 499–501；有关他与《原理》特别是其第二版的关系见下文。

④ 本特利有下列传记：Haugen 2011, 此书重点在于本特利的文学和版本考据工作，但pp. 101–105则为关于其主持首届波义耳讲座者。

⑤ 详见Westfall 1980, pp. 504–506。

位前辈的丧礼，并可能参与讨论讲者人选，这就是本特利主持首届讲座，并大获成功的由来，他后来更出任圣三一学院院长[①]。

在《原理》之后

牛顿一生可分三个时期：最初二十年在家乡格兰瑟姆成长，中间三十五年在剑桥治学，最后三十年在伦敦定居。但他在发表《原理》和乔迁伦敦之间，尚有九年漫长光阴（1687—1696），其间他出任国会议员，多次为不同原因赴伦敦，又广交各方朋友，这些都是重要转变，但也没有因此影响他的学术工作，特别是炼金术。

事实上，《原理》的巨大成功更激发了他在炼金术方面获得同样突破的雄心。他在1687年春季赴伦敦购买大量化学用品，此后他的化学实验工作直至1696年为止，大体上一直没有停顿，他与隐秘"同道中人"的来往也同样持续。在此期间他编纂了两部炼金术手稿，一是花费不下十年功夫，长达百页，包含879个词条，征引约150种古今文献的庞大《化学索引》（*Index Chemicus*），另一部则是一共五章，纵论炼金术各家要旨的论文《实践》（*Praxis*）。所以他在这方面是热切期待能够获得巨大突破的，但这希望至终破灭——那很可能和下文提到的失火和精神崩溃有关。因此他赴伦敦定居之后，炼金术的追求也就结束了[②]。

当然，对他来说，同样重要的无疑是修订平生巨著《原理》——因为它写得太匆忙，有不少错漏；以及在惠更斯《光论》面世（1690）的刺激下，将17世纪70年代初的光学研究汇集成书发表，这在1694年已经大致定稿。但由于各种缘故，这两件工作一直拖延到18世纪初方才完成，所以留待下文讨论[③]。

---

① 有关波义耳的去世及其讲座的设立见《伊夫林日记》即Evelyn 1959, pp. 948, 951；有关牛顿与委任本特利为首届讲者的关系见Margaret Jacob 1990, pp. 155-157。该书对17世纪英国非正统宗教思想的兴起以及波义耳、牛顿、巴罗、摩尔等科学家、神学家如何对抗这股思潮有深入讨论。本特利秉持牛顿认为万有引力之奇妙适足以彰显上帝大能的思想，一共为该讲座发表11次演讲，由于见解新颖，出版后大获成功，此后一帆风顺，于1695年当选皇家学会院士，在1700年被委任为圣三一学院院长。不幸的是，该学院种种弊端积重难返，他的改革大计无法顺利推行，与院内保守派的反复斗争直至他去世尚未结束。

② 有关牛顿在1687—1696年间的炼金术工作见Westfall 1980, pp. 524-531；Dobbs 1991, pp. 170-185。

③ 有关《原理》修订的拖延见Westfall 1980, pp. 506-512。至于《光学》搁置多年的原因很简单也很可笑：那时光学前辈胡克仍然是皇家学会的实验主任，两人素来不睦，他不愿意给胡克以指手画脚的机会，所以胡克1703年去世，《光学》就在翌年出版。见Westfall 1980, pp. 520-524。

此外，他还整理了从来未曾正式发表的数学工作。由于莱布尼兹1684年微积分学论文的刺激，也由于格利高里的催促，他在1691年左右写了一篇名为《曲线积分》（*De quadrature curvarum*）的手稿，它复述了17世纪70年代致莱布尼兹的两通数学函件，并有系统地展示了他的流数法。在1695年他又将1668—1670年系统地研究三次（代数）曲线并将之分类的手稿整理成文。这两篇数学论文后来作为《光学》第一版的附录出版[①]。

他最后一次开创性工作的尝试，则是从1694年开始集中精力研究在《原理》中未能完全解决的月球运动问题。为此他会同格利高里在当年9月到格林尼治天文台访问法兰姆斯蒂，要求他尽量提供相关观测数据，此后两人书信往来不辍。但法兰姆斯蒂虽然尽量配合，却拒绝因此而影响他自己编制一部新精密恒星图的大计，由是埋下两人日后交恶的导火线。无论如何，牛顿虽然竭尽全力，也无法显著改进原来计算结果，以达到将月球位置误差减低到 $2''$—$3''$ 的目标，所以至终被迫承认失败[②]。当然，月球运行涉及非常困难的"三体问题"，它至今都还只能以反复逼近的数值方式计算，而没有解析形式的"严正解"。

在1693—1694年间牛顿陷入了一个巨大的精神危机，此事有许多不同迹象和零星证据，但由于记载不详，所以迄今都无法了解真相。我们只知道，1693年5月牛顿应法提奥请求赴伦敦，其后不知为何，两人关系陡然完全破裂，此后多年再无直接往来[③]。而从同年9月牛顿写给洛克和皇家学会会长佩皮斯（Samuel Pepys）的信看来，他当时显然有神经失常的征兆。统而言之，从1692—1693年开始，他就精神恍惚，行为反常达一年多之久，完全恢复过来可能已经是1694年的事情。对于他这"中年危机"有多种不同解释，包括他做实验时因疲倦或不小心失火，焚毁许多重要手稿，以致精神崩溃；法提奥要求他协助大量投资于某种灵丹妙药，使两人彻底决裂，而他对两人关系

---

① 有关曲线积分和三次曲线这两篇论文的内涵，分别见Turnbull 1947, Sect. 5, 11；该小册子篇幅简短，却是对牛顿所有纯数学著作（包括在《原理》之内者）的精辟介绍和评论。至于这两篇论文的写作背景，则分别见Westfall 1980, pp. 514–520, 197–202。《光学》此后再版时，这两篇数学论文都没有保留。

② 见Westfall 1980, pp. 540–548。

③ 两人交往始末见Manuel 1968, Ch. 9及Westfall 1980, pp. 493–498, 531–539；但Dobbs1991, pp. 183–184认为，在1702—1705年两人可能又恢复了往来，因为在此期间法提奥仍然在皇家学会活动，并且介入牛顿与莱布尼兹之争（§15.3），又在1724年两度因为制造钟表之事（他提倡以宝石为钟表轴承）与牛顿通信。

有极其复杂的感情；《原理》出版后他殚精竭虑，试图在炼金术方面获得同样突破但不果；乃至他曾经通过国王宠臣谋求伦敦职位不果，而深感羞愧；等等。仔细看来，所有这些原因似乎每一个都无法完全排除，而它们彼此之间又很可能交互影响，使问题进一步恶化[①]。但无论如何，这危机在一两年内就过去了，对他日后显然没有造成长期影响。

铸币局和皇家学会

到了17世纪90年代，牛顿已经完成学术大业，也体验到了伦敦的热闹和风光，因此对暮气沉沉的圣三一学院久已萌生去意，但由于缺乏凭借，一直未能找到更合适的位置。最后为他打开局面的是相熟的剑桥旧生和国会同僚蒙塔古（Charles Montague，1661—1715）[②]。他出任财相之后不久就邀请牛顿出任铸币局（The Mint）总管（Warden）。这是个报酬丰厚、没有繁重职务的优差，因此牛顿不加考虑，立刻接受委任并即束装就道，对圣三一学院可谓略无留恋。这是1696年三四月间的事[③]。

总管之职本来被视为闲曹，然而牛顿正当盛年，思想敏锐自不待言，为人又极其认真负责，所以上任后席不暇暖，亲自过问局中大小事务。此时铸币局刚好碰上需要全面重铸英伦所有流通货币的巨大挑战，所以他忙得不可开交：除了安排和管控铸造银币的具体流程以外，诸如应付银币每年的抽查检验；追查、审问和处置制造伪币犯人；对国家金融政策提出建议；乃至对付金银商人不当牟利的各种伎俩，以及与同僚或者伦敦塔（铸币局所在地）统领争夺权力，管理各地铸币分局等，都成为他的日常工作。他由是从学者、思想家蜕变为深谙也享受运用权力的行政长才。三年后蒙塔古政治上失势，他却史无前例地顺利晋升铸币局总监（Master），成为显赫的公众人物[④]。

---

① 有关牛顿在1693年的精神崩溃见Westfall 1980, pp. 531–540以及Manuel 1968, Ch. 10的详细心理分析。

② 蒙塔古是倜傥有文才的世家子弟，1679年入读圣三一学院，1683年升院士，自此与牛顿相熟，光荣革命后两人一起膺选国会议员。他官运亨通，数年后因为设立英伦银行有功而出任财相（Chancellor of Exchequer），而当时还没有正式的首相职位，所以就成为国王最倚重的大臣。

③ 当时学者升迁都指望教会高职，诸如主教，牛津、剑桥众多学院院长之类。但牛顿是阿里乌信徒，此路不通。至于宫廷或政府高职，则牛顿缺乏人脉和政治手腕，亦非所宜。因此对他来说，铸币局可谓非常理想了。他在彼贡献良多，此处无法缕述，详见Westfall 1980, Ch.12；Manuel 1968, Ch. 11。

④ 见Westfall 1980, pp. 606–607。铸币局总监由王室特别委任，并以契约（indenture）订定其承担铸造流通货币的重任，在以前都属政治委任而非由内部晋升。牛顿的破格提升当与（转下页）

　　此后不久，牛顿又当上皇家学会会长。这经过很复杂，因为学会虽然由王室赞助，其实是没有稳固经济基础的同人组织，得靠权贵坐镇撑起大旗，但他们之中对科学有了解和感兴趣者可遇而不可求，所以到17世纪末已经陷入群龙无首、言不及义的困局。此时学会中还有两位中坚，即长期担任实验主任的胡克和精力充沛的秘书斯隆（Hans Sloane，1660—1753）[①]。然而胡克和牛顿向有嫌隙，因此直至他去世之后牛顿方才出任会长[②]。

　　对牛顿来说，皇家学会应该是最适当的人生舞台了。但在会长任内早期，他的贡献和在铸币局一样，主要还是作为勤奋的行政领导而已。他带来的第一个大改变是专注会务，在任内主持了几乎全部177次董事会，又积极参加周会讨论，并试图在不同领域招聘多位"实验主任"——虽然限于资源和人才，结果不很理想。然后，在1710年他果断地推动学会自购会所，并且为此事引起一场风波[③]。

　　但自此之后，随着大批专业学者也是牛顿信徒诸如哈雷、泰勒（Brook Taylor）、克莱格（John Craig）、凯尔兄弟（John and James Keill）、科茨（Roger Cotes）、麦罗林（Colin Maclaurin）、德萨古利（J. T. Desaguliers）等人涌入学会并担当要职，牛顿的地位就日渐稳固，乃至形成君临天下的局面。以他的成就和威望而言，这可谓理所当然。令人十分诧异的，反倒是会中的对抗力量始终不息，那主要来自某些老资格会员。此外，他的独裁自然也激起许多不满。但毫无疑问，皇家学会是在他任内从业余科学社蜕变为专业科学团体，并建立起崇高国际声望的[④]。

　　（接上页）他无与伦比的学术声望有关。他的年薪因此从400英镑增加到500英镑，但倘若计入其他收益（主要是铸币银锭的法定抽头），那么他的年平均收入约达1600英镑之谱，与富家子弟波义耳属同一水平了。由于收入大增，他终于在1701—1702年辞去卢卡斯讲席和圣三一学院院士职务，此时他离开剑桥已经五年，停止授课已经十几年了。

[①]　斯隆是一位著名的医生和博物学家，手段圆滑，有才干和野心，在皇家医学院地位显赫，而且是法国和普鲁士科学院外籍院士，牛顿去世后他就继承了皇家学会会长之位。

[②]　有关牛顿出任皇家学会会长见Westfall 1980, Ch. 13。在牛顿之前八年（1695—1703）学会先后有两位权贵出任会长，他们几乎从不出席更绝少主持董事会，而每周聚会的讨论也流于空洞。胡克在1703年3月去世，牛顿在同年11月底的周年大会被推举为会长，但内幕不详。根据牛顿的外甥女婿康杜依说，斯隆本来属意雷恩，但雷恩推辞并提议牛顿；其后在周年大会中，牛顿仅以低票当选董事，而选举会长时，也只有七成董事投票给他，可见会内始终有反对力量。此问题见同书pp. 627-629。

[③]　皇家学会在起初半个世纪（1660—1710）一直没有自己的房舍，只能够通过学会中的格雷欣教授借用该学院地方来开会和储存实验仪器，这安排在胡克去世后开始遭遇困难，所以牛顿在鹤庭（Crane Court）放售的时候一力推动学会筹集所需千余英镑资金购买，后来更大事修缮并且加建，这就是学会首个会所的由来。后来它在1782年被出售。见Westfall 1980, pp. 675-679。

[④]　详见Westfall 1980, pp. 680-697。

名山事业

当然，牛顿对皇家学会最大的贡献还是他的著作。在《原理》之后，他下一部著作是《光学》（ *Opticks* ）。它所讨论的基本上是三四十年前的发现，但前此仅在1672年以论文形式发表过一部分，流传不广，因此在1704年正式出版后同样轰动欧洲，其震撼比《原理》有过之而无不及。此后它更引导了整个18世纪的光学研究，直至19世纪惠更斯的《光论》方才重新被肯定[①]。其实，在17世纪90年代，他本来有意写出一部更宏大的四卷本《光学》，其中第二、三卷分别讨论17世纪70年代末发现但未公开讨论过的"牛顿环"和衍射现象，第四卷则将超距作用和光现象联系起来。但第四卷的想法完全不成功，衍射和干涉虽然可以很自然地解释为波动现象，但《原理》已经彻底否定以太（那就是光的波动介质）的存在，因此也只好存而不论。所以至终他被迫放弃这宏大构想[②]。

《光学》以英文撰写，共分三卷，第一卷占将近一半篇幅，以他"神奇之年"那些实验和发现为基础，讨论光的反射、折射、色散；而重点则在于详细和反复证明：有颜色的光为根本，它们各有不同折射率，白光为有色光混合而成。此外该卷还讨论了光谱、物体的颜色和彩虹的成因等等。第二卷和第三卷前半描述与讨论光的干涉（interference）现象（包括牛顿环）和衍射（diffraction）现象，但没有提出其形成的根本原因。第三卷后半则是31条"疑问"（Querries），其中著名的第31问最长，篇幅占全部疑问将近一半。这些疑问是牛顿思考各种自然现象的初步结果或者推测，但由于未有确切证据，因此不做定论，免遭质疑。换而言之，"疑问"部分其实不啻牛顿历年研究化学和驰骋想象，沉思物质世界构造原理所得结果的提要，却是用提问方式表达出来。《光学》整体浅显明白，循循善诱，用人人能够明白也感兴趣的实验、推理来引导学者乃至一般人，所以能够引起巨大热情。它完成了古典科学的一个重要分支，也开辟了现代科学一个庞大丰富的新领域。

至于《原理》，它的初版是在极其短促的两年半内，几乎不眠不休地写成，虽然构思精密，论证严谨，疏忽错漏却在所难免。因此出版未久，牛顿自

---

① 　《光学》经牛顿本人认可的共有1704，1717，1721，1730四个版本，此外还有两个拉丁文版。现代标准版Newton 1952（1730）是根据第四版而来，前面附有柯亨（I. B. Cohen）的长序、爱因斯坦的简短前言和一篇导读，弥足珍贵。此书初版后面附有牛顿两篇数学旧稿（见上文），这是他唯一出版的数学著作，但从第二版起这附录已被删去。

② 　见Westfall 1980, pp. 520–524。

己就已经着手编纂勘误表，格利高里和法提奥也都有意协助他修订此书。作为此事的准备工作，格利高里曾在1687—1693年编写一套导读性质的《笔记》（*Notae*），详细注释全书所有论证，指出其疏漏，又将与牛顿的多次讨论写成备忘录。他虽然忠心耿耿，牛顿却始终没有让他介入修订工作，也不同意他另行出版《笔记》①。拖延二十多年后，到18世纪初《原理》绝版已久，各方要求出新版或者重印的呼声日高。由于圣三一学院院长本特利的建议，牛顿至终在1709年接受年轻天文学教授科茨（Roger Cotes，1682—1716）为修订此书的助手。他非常幸运，因为科茨不但天分过人，精通数学，而且极其认真负责，又能够把握与牛顿往还讨论的分寸②。他们前后花了四年时间才在1713年6月完成此书的第二版，它纠正了初版的大量疏漏和错误，在许多重要问题上（例如书末的"总结讨论"），牛顿更大幅修订，提出新看法。牛顿邀请科茨为此新版写序，那算是对他工作的最大肯定了③。

在第二版修订工作将要完成的1712年，牛顿碰到了一个声誉攸关的重大危机④。问题在于，服膺莱布尼兹的瑞士数学家约翰·伯努利（Johann Bernoulli）发现《原理》第二卷命题10的推论有根本错误，此时《原理》第二版已将近印刷完毕，而牛顿和科茨都没有发现这个错误；更糟糕的是，牛顿和莱布尼兹有关微积分学发明权之争此时正进入高潮（§15.3）。极其幸运的是，当年10月约翰的侄儿尼古拉斯（Nicholas Ⅰ）到访，牛顿殷勤款待，这位年轻数学家没有深思，将叔父发现的问题和盘托出，牛顿很有风度地承认错误，然后花三个月时间找出问题根源，及时重撰、重印和取代相关书页，从

① 有关格利高里和牛顿的关系，特别是那套《牛顿〈原理〉阅读笔记》，见Cohen 1971, pp. 188-199。此笔记未曾出版，原稿存皇家学会，三个抄本分别存放牛津大学基督学院、爱丁堡大学图书馆以及阿巴丁大学图书馆。至于牛顿为何长期拖延《原理》的修订，则见Westfall 1980, pp. 506-512的解释。
② 科茨出身牧师家庭，自小聪慧，被送往伦敦著名的圣保罗学校，1699年入剑桥圣三一学院，三年后毕业，1705年当选院士，翌年即由于牛顿、惠斯顿和本特利等的推荐被聘为首任普罗姆天文学与实验哲学教授（Plumian Professor）。他只在皇家学会的《哲学通报》中发表过一篇数学论文，在完成《原理》的修订后即不幸猝逝。牛顿表示惋惜说："倘若他能活下来，我们当会知道得更多吧！"有关科茨见Westfall 1980, p. 703及Cotes/MacTutor。
③ 《原理》第二版的修订经过相当复杂，最初本特利有意由自己包揽，但牛顿不为所动，径直将自己的校改稿交给科茨，但也不愿意科茨介入太多，科茨则坚持复核所有论证步骤，但始终对牛顿保持尊敬与和睦关系；不幸的是，工作一旦完成牛顿对他的态度即转趋冷淡，令他深感痛苦。详见Cohen 1971, Ch. 9。
④ 此事件始末见Westfall 1980, pp. 740-744；与此事相关问题是《原理》第二卷命题10，原文见Newton/Cohen 1999, pp. 655-669，该书对此命题的详细讨论在pp. 167-177。Guicciardini 1999是讨论牛顿与莱布尼兹数学异同的专书，对此问题亦有长篇讨论，见pp. 233-247。

而躲过了被严厉批评的危险。然而，几何证题法的困境和局限，也在此事件中暴露无遗了[1]。

十年后（1723），牛顿在彭伯顿（Henry Pamberton，1694—1771）[2]协助下再次修订他的巨著。其时他已年逾耄耋，所以改动大多限于文辞和细节，其结果是1726年的第三版《原理》，那也就是莫特（Andrew Mote）1729年英译本的底本[3]。

牛顿思想极其活跃，他在1687年放下神学和古史之后，到1705—1710年又恢复研究，撰写了长篇论文《古代王国纪年》。后来英国王妃对此产生兴趣，他不愿披露，只好另撰除去敏感部分的《摘要》应命，这浓缩本辗转流传到法国，约十年后被好事者出版和大加攻击。他无奈只好在皇家学会的《通报》发表长文应战，但这反而惹来更多攻击，他终于决定发表原作，结果在修订十数稿后去世，遗作在翌年方才由其外甥女婿康杜依出版[4]。

伟人垂暮

牛顿年过七十以后的两件大事是修订《原理》和与莱布尼兹争夺微积分学的发明权，前者已经在上文讨论，后者延绵十数年（1710—1722），背景异常复杂，可说与英国以及欧洲在十七八世纪间的整个科学发展有千丝万

---

① 该命题是有关质点在固定重力作用下，于抗阻介质中之运动的：倘若质点轨迹为已知，而抗阻力是与介质密度和速度平方成比例，求介质密度分布以及速度变化。这问题的解决牵涉高次微分的计算。对于牛顿所用的几何证题法来说，这比较困难，因为没有明确方法可以判断哪些微细线段之差可以忽略，牛顿原来的错误就是由此引起。该证题法另一困难是在这类问题上没有自然的时间尺度，详见Guicciardini 1999, pp. 246-248的讨论。在此事件中，牛顿表面上躲过危机，但替换已经装订好的第二版《原理》的相关书页不免留下痕迹，此事仍然被莱布尼兹抓住做文章，见§15.3。

② 彭伯顿于1714—1719年在莱顿和巴黎习医，其间对数学产生强烈兴趣，得医学博士后回英国发表多篇论文，成为皇家学会院士，旋于1728年出任格雷欣学院医学教授，其后以受皇家医学院委托编辑第五版《药物大全》知名。他在莱顿时曾详细研读《原理》，其后于1722年发表批评莱布尼兹力学的论文，深得牛顿激赏，由是导致两人相交和合作作出《原理》第三版。在1728年他还发表了《牛顿哲学概述》一书，详见Cohen 1971, pp. 265-268。

③ 《原理》第二版只印了750部，远低于市场需求，所以阿姆斯特丹出版商分别在1714年和1723年重印此书。事实上，完成第二版之后牛顿又一直在校订其疏漏，而1723年的阿姆斯特丹重印则成为再次修订《原理》的最直接动力，见Cohen 1971, pp. 256-264。

④ 此即 The Chronology of Ancient Kingdoms Amended，它将多个古代文明的年代缩短，特别是将一般学者接受的古希腊年代减少了四百年，那就是引起巨大争议的原因。该书浓缩本的抄本被法国教士孔提（Abbé Conti）带到巴黎，多年后在没有得到作者同意的情况下出版。有关牛顿晚年的神学与古史研究由此引起的争论，以及他的宗教观念，见Westfall 1980, pp. 804-830。

缕关系，所以留待下章讨论（§15.3）。除此之外，他和法兰姆斯蒂的争端也颇令人扼腕。此事肇端于17世纪90年代牛顿要求法兰姆斯蒂提供大量月球运动观测数据，导致两人不和，其后则发展为牛顿通过皇家学会强力干涉其发表毕生力作《英国天文学史》（*Historia Britannica coelestis*）的进度和选材，两人为此不断凭借与王室、高官的关系而断断续续斗争十数载（1705—1719），最后以法兰姆斯蒂在去世前夕得偿所愿和牛顿彻底失败而告结束①。他在莱布尼兹争端和此事上所反映的盛气凌人、唯我独尊作风自是白圭之玷，但亦无损其成就与盛名②。

牛顿一生独身，但赴伦敦出任铸币局职务之后不久，便将新近丧父的外甥女巴顿（Catherine Barton）接来同住，由是获得家庭温暖。她与牛顿在官场中的靠山蒙塔古关系密切，颇引流言蜚语，迨年近40岁时方才嫁给康杜依。这位外甥女婿热切仰慕牛顿，经常记录其家居言行，为后世留下宝贵的记录③。除此之外，牛顿晚年颇不寂寞。在社会上他不乏达官贵人来往，甚至王储（后来的乔治二世）和王妃也经常召他入宫酬酢。他境况宽裕，热心周济亲戚乡里和捐助公益事业，又乐于和故乡格兰瑟姆一带的故旧来往，其中最重要的当推斯托克利（William Stukeley，1687—1765）。他出生于林肯郡，是医生和著名考古学家，以研究索尔兹伯里平原的巨石阵（Stonehenge）知名，在1718年膺选皇家学会院士并经常参加活动，由是认识牛顿以至相熟，至中年即退隐格兰瑟姆并成为牧师。他着意搜集牛顿事迹，在1752年撰写《牛顿纪事》，其中有牛顿从苹果坠落而悟到万有引力的最早记载④。从大约1724—1725年开始，牛顿年事日高，精神日衰，生命慢慢走向结束，但脑筋一直清楚。最后他死于膀胱结石，临终前拒绝遵照圣公会仪式领受圣餐，坚持了他的阿里乌信仰。

---

① 详见Westfall 1980, pp. 655–667, 686–697。

② Manuel 1968, pp. 345–348对牛顿性格的这方面有非常强烈的批评。

③ 牛顿的母亲再嫁牧师史密斯之后生女儿汉娜·史密斯（Hannah Smith），后者嫁另一位牧师罗伯特·巴顿（Robert Barton），他们在1679年所生就是牛顿的外甥女巴顿。她极其聪慧美貌，后来与财相蒙塔古即哈里法斯勋爵（Lord Halifax）有非常密切关系，被盛传实为其情人甚至秘密夫人，因蒙塔古在遗嘱中将极为丰厚财产馈赠于她故也。此事真相到底如何迄无定论，见Manuel 1968, Ch. 12及Westfall 1980, pp. 594–601。至于康杜依，则是由于1716—1717年两度在皇家学会发表地理报告从而得识牛顿，此后不久就与巴顿结婚，牛顿去世后他承袭了铸币局总监之职。见Westfall 1980, pp. 846–849。

④ 有关斯托克利与牛顿的关系见Westfall 1980, pp. 849–852。《牛顿纪事》（*Memoirs of Sir Isaac Newton's Life*）原本为献给皇家学会者，全文可在网上阅览。斯托克利的书信集已出版，导言中有他的小传，见Honeybone 2014, pp. xxxii–lix，其中pp. l–lv为有关自然哲学与牛顿者。

八、牛顿与科学革命

　　牛顿令自然哲学脱胎换骨，蜕变为现代科学，影响之重大深远，和历史上叱咤风云、改变世界命运的那些英雄人物相比毫不逊色，或犹有过之。但造物弄人，天才与英雄的命运往往十分吊诡。建立庞大帝国的亚历山大东征之后猝逝，发现相对论的爱因斯坦终身为微观世界的或然本质所困惑，在两人之间的牛顿同样如是，而这和他穷思竭虑，要参透宇宙至终奥秘是有内在关系的。

深远的思虑

　　《原理》的成就是力学，但牛顿的思虑其实远远超越力学，最好的例子莫过于他在光学上的许多大发现。不单如此，他对于介质和光之间是否有"超距作用"也做过详细讨论，而且在《光学》第三卷之后，更提出31条"疑问"，那可以说是在许多不同领域，特别是物性学和化学方面的思考记录。例如，第18问讨论热何以能够透过真空，以及光与热传播的关系；第30问讨论物体加热后发光，因此产生了物体和光是否能够互相转换的问题。第31问更是长篇化学论文，其中有以下这样几句话："大家都知道，物体通过重力、磁力和电力相互作用；这些例子显示了大自然的趋向和途径，也表明除此之外还有其他吸引力并非没有可能……我们必须先从大自然的现象发现，哪些物体会互相吸引，吸引的性质和定律是什么，然后才能够追问这吸引的原因何在。"[1]这样，牛顿对于他所发动的科学革命在其后三个世纪的进程似乎已经隐约有预感了。然而，处于思想剧变时代的牛顿是个非常复杂的人，他内心深处所不断思索和考虑的，还有一个完全不同的领域，即宗教与历史问题。

如何显明神之作为?

　　上文已经讨论过牛顿在数理科学以外的"隐秘工作"，即炼金术和神学，后来还发展到古代史和纪年学。由于学者多年来对牛顿手稿的细密研究，我们现在知道这今日看来犹如风马牛不相及的三者，其实全部都和他的强烈宗教信仰密切相关。

　　17世纪英国科学家深受清教徒精神影响，所以在宗教上十分保守。他们

[1]　Newton 1952(1730), p. 376，作者译文。

都认为，追求、发现、阐明自然规律的效果适足以显示上帝造物之奇妙与思虑周详。不过，这只是基本原则，实际上随着新发现不断出现，他们也不能不感到，普遍、严格的自然规律之存在，不免逼使上帝在创造天地之后退居无为，成为"遥领地主"（absentee landlord）！牛顿反叛笛卡儿的"机械世界观"，正因为它强调世上一切事物至终都可以化约为粒子运动与碰撞，那显然就有导致上述结果的危险。另一方面，《原理》却又多少显示，"机械世界观"的确有通过另一种方式而成立的可能性。他解决这自然规律冲击宗教信仰问题的一个方法，就是指出《原理》所阐明的彗星运行规律正可能是上帝毁灭地球，亦即启动"世界末日"的机制——因为它轨道偏心率极高，而且质量不那么大，所以容易受其他天体或者彗星的万有引力摄动，这样在重新回到近日点的时候就可能撞入日球，引起足以焚毁地球的巨大爆炸。更有甚者，这可能也就是像日球那样的恒星在长期放射光芒与"蒸气"因而"衰退"（wasted）之后恢复光芒的机制。因此，上帝施展大能并不需要干涉自然规律，只要稍为调校貌似混乱的远方天体位置就已经足够[①]。换而言之，奇迹和自然规律并无冲突，它们都是"神迹"的一部分，只不过后者因常见而被理解，前者则稀见而不为人理解罢了[②]。

但创造和毁灭天地是独特事件，上帝对于世界倘若并非大部分时间"袖手旁观"，那么就需要更多经常性但又不至于干涉自然规律的作为，这就牵涉炼金术亦即化学甚至生物学了。为什么呢？因为在机械世界观之中宇宙间只有不停碰撞的粒子，所以除非乞灵于已经被放弃的古代原子观念，即认为它们是凭借细小钩锁而互相连结，否则是绝不可能解释物体的黏结（cohesion）、凝聚（condensation），或者世上万千物种的自然生长变化，以及其奇妙结构功能的。那么，万物生化所倚靠的到底是什么呢？

从牛顿的炼金术手稿，可知他认为这是基于上帝的作为，而这作为是通过充斥宇宙，具有催化、组织能力的所谓"滋长灵气"（vegetable spirit）来实施，至于实施的具体过程就是炼金术所要研究的了。对此，有几点需要说明。

[①]　《原理》第三卷用了大量篇幅讨论彗星，主要是其位置和轨道的详细计算，但亦涉及其性质和组成，见Newton/Cohen 1999, pp. 888–938, 即第三卷引理4以至卷末。在此长篇论述最后部分即pp. 937–938他直接提到1680年观察到的彗星有可能撞入日球，并且将此与天文上观察到的"新星"现象比拟。

[②]　这观念出于奥古斯丁而为牛顿接受，但两者的侧重点当然不同，见Dobbs 1991, pp. 230–243, 其有关彗星与世界末日部分在pp. 235–237。

首先，古代炼金思想便包含不同金属是由汞、硫二元素在地下洞穴的高温中催化酝酿而形成，牛顿在此的看法只不过是将这过程推广到一切有组织事物包括生物之内而已。其次，这思想颇有继承帕拉塞尔苏斯新炼金术的痕迹——事实上，牛顿将传统炼金术称为"粗鄙"炼金术（gross alchemy）。

最后，他一度受古代斯多葛思想影响，认为充斥宇宙的微细粒子即构成"以太"者，就是此"滋长灵气"。然而，以太之说有个严重问题，就是它无论如何细微，总不免阻碍天体运行，使得众行星或者其卫星不再准确地依循开普勒定律运转，又或者使得悬摆的周期偏离计算结果。但他经过仔细研究和多种实验观测，发觉这些效果都不存在，因此也就否定了以太的存在。在此困境中他最后想到了以"光"作为滋长灵气——从光与热、与太阳、与万物生长的密切关系，以及其传递迅速、无远弗届的性质看来，这当然是再也适当不过。更何况，这思想还可以追溯到格罗斯泰特、新柏拉图主义和奥古斯丁。从此角度重读《光学》末了的第31问，则他思路背后所要说明的到底是什么，就好像可以迎刃而解了。不过，牛顿很聪明地只是暗示，而并没有把这个想法明确说出来，因此以上观点也只能够是推论而已。显然，他很谨慎，不愿意轻率做判断[①]。

其实，不仅仅在化学、生物学领域，就是在天文物理学的核心，他最后也向上帝回归。原因是：在否定以太和笛卡儿的旋涡机制以后，他苦思冥想，却始终未能找到万有引力的根源，特别是无法解释，为何这引力能够无远弗届，穿透巨大星体（例如地球）外层坚固物质，而一直延伸到其内层核心的物质，作用却丝毫不受影响——这是他从精密计算可以完全肯定的。因此，他最后认为，万有引力虽然是普遍的自然规律，但它本身之所以能够无论在何处都普遍

[①]　这是Dobbs 1991全书的主旨所在，特别见Ch. 2以及Epilogue部分的综述。牛顿在这方面所发表的观点和讨论主要见其《光学》，即Newton 1952(1730), pp. 370-406。以上观点最初并非为所有科学史家接受，例如，韦斯法尔在20世纪六七十年代所强调的是，无论在物理学、天文学抑或炼金术研究中，牛顿所寻找的都是宇宙间的规律，而这规律本身就足以彰显上帝之大能。在他看来，1690—1696年的炼金术工作高峰正是由《原理》的巨大成功所激发。以下观点是韦斯法尔文章的评论者所提出来的："牛顿的炼金术研究是征服隐秘法术非理性世界的理性企图。他在实验室中所试图重复的，是上帝创造天地之时的物质与力量之神秘结合。"（Bonelli & Shea 1975, p. 236）韦斯法尔本人当时的看法大概与此相近，虽然他没有说得如此明确。而直至20世纪90年代初多布斯出版她对牛顿整个学术研究的最后看法时为止，牛顿研究专家柯亨对此还是不同意的，见Dobbs 1991, pp. 3-13。但到20世纪末当柯亨出版他毕生巨著即《原理》注释本的时候，则已经被说服，而全盘接受多布斯的看法了，见Newton/Cohen 1999, pp. 47, 56-60, 62。

永恒有效，那就是上帝的直接干预使然，也就是神迹①。这无疑就是他化解科学与宗教冲突的方式。虽然今日他的地位完全在于为现代科学建立了典范，但他的终极追求却绝不限于自然哲学，而毋宁在于他视为更根本和高远的宗教和神学。所以多布斯以古罗马象征过去与未来的双面神雅努斯（Janus）来比喻他的整体思想是非常恰当的②。

不过，科学与宗教的冲突并未就此消失，它只不过由于牛顿的不懈努力而暂时蛰伏，而在短短半个世纪之后，就将以更为猛烈的形式在启蒙运动中爆发出来。

牛顿的继承与叛逆

在今日，牛顿被视为17世纪科学革命主将和现代科学开创者，科学与宗教之分道扬镳，上帝之被摈除于自然哲学以外，都是从《原理》开始的③。很吊诡地，这恐怕是他自己最意料不到，也最不愿意见到的结果，因为他是以古代伟大传统继承者和复兴者自居，而从来没有想到自己实际上会成为叛逆者。这说法最少有三层意义：在宗教上，他不但虔诚信奉基督教，而且要以自然规律颂扬上主之大能，甚至要回归古代真正的一神教传统；在自然哲学上，他深信"本始智慧"，因此认为自己的发现只不过是恢复毕达哥拉斯传统；最后，在数学上，他服膺古典几何学，《原理》就是发扬此严谨方法的典范。

可是，在这三大目标上，他都彻底失败了。《原理》事实上颠覆了基督

---

① 牛顿否定以太和旋涡说，以及暗示太阳系之有序运行当归之于上帝的论述见《原理》最后的"总结讨论"，即Newton/Cohen 1999, pp. 939-944。对此同书pp. 279-292也有长篇讨论，但那是侧重于利用所谓electric and elastic spirit来解释万有引力根源；至于Dobbs 1991, Ch. 6则着重征引其他文献，详细讨论牛顿对上帝直接作用的看法。

② 此即多布斯以The Janus Faces of Genius命名其书（Dobbs 1991）的由来。在此书pp. 6-13中作者强调，牛顿对数理科学、炼金术、神学、古史和纪年学领域都是同样看重、同样尽心尽力的。柯亨在Newton/Cohen 1999, p. 60则特别提出：牛顿的特殊运思和写作风格使得他可以将《原理》写成一部纯粹的自然哲学著作，而几乎完全没有显露他在炼金术和神学方面的许多密切相关观念，那必须像多布斯和韦斯法尔一样，从他其他文献中辛勤发掘才可能显露出来。

③ "17世纪科学革命"成为西方近代科学史根本观念已久，然而多布斯并不接受，她认为这只是后人所强加于历史者而已，见其"Newton as Final Cause and First Mover"。针锋相对地为正统史观辩护的则有韦斯法尔，见其"The Scientific Revolution Reasserted"。该两篇文章载于有关此论争之论文集Osler 2000, pp. 25-55。在我们看来，多布斯的观点无疑过分激进：科学革命前后延续一百四十年之久，或者牛顿本人对其意义并不充分了解或认同，或者牛顿在炼金术上花费了无量心血，但显然都不构成否定此一根本以及客观存在的科学大变革之理由。

教权威，导致他最为之忧心忡忡的"自然神学"（Deism）和为其激发的启蒙运动之出现，以及此后科学与宗教之对立。毕达哥拉斯传统在17世纪之初已经由于卡索邦的发现和梅森的论战受到沉重打击，牛顿的"本始智慧"向往其实从头便已经是明日黄花。至于他所倡导的几何论证方式亦即"综合法"也只是由于英国人的推崇而昙花一现，至终为学界抛弃和遗忘，而被莱布尼兹倡导，以代数运算为基本工具的微积分学所完全取代。因此，他心目中的继承与复兴其实都无异于对时代精神的叛逆，他的巨大成功亦无异于彻底失败，两者是同一事物的两面。倘若这位科学伟人身后有知，他对自己毕生事业的长远意义竟然是如此，恐怕在震惊之余也只能够感到啼笑皆非吧。当然，在这点上牛顿并非完全孤独：两个半世纪之后另一位科学伟人爱因斯坦也遭遇了大致相同的命运。这样看来，不但造化弄人，而伟人所需要承受的不但造化作弄似乎就更为巨大。

第十五章　从科学革命到启蒙运动

牛顿的《原理》发表后震惊学界，但英国人对他心悦诚服，奉若神明，欧洲学者在钦佩之余，却颇有保留。因为就物理原则而言，万有引力在当时观念中可谓匪夷所思，它的"实验哲学"基础也是不为人了解的崭新原理，而数学上他的综合证明法是以几何为根基，那不但逆潮流，而且正好碰上莱布尼兹的微积分学这强劲对手。这数股思潮在十七八世纪间复杂碰撞，导致了四方面的结果：首先，牛顿和莱布尼兹两派为了争夺微积分学（亦即流数法）的发明权而产生十数年激烈论战，相持不下；其次，莱布尼兹的微积分学体系因简单明了，被大部分学者采纳；第三，经过将近半个世纪的反复争论，牛顿学说终于因为得到实测结果的证验而逐步被接受；最后，在很大程度上，牛顿学说成为启蒙运动的触发点和意识形态的根据。这几个过程错综复杂，交互影响，但其将欧洲甚至世界带入现代的巨大意义则甚了然。我们在此不可能对它们做深入讨论，只能够略为提示其脉络而已。

一、学界对《原理》的反应

《原理》是一部大书，内容丰富，结构繁复，以艰难深奥见称，在发表之初，能够充分了解其意义的，只有极少数专家学者。在英国这当数沃利斯、雷恩、哈雷、格利高里和更年轻的法提奥等，在欧陆则以惠更斯和莱布尼兹为首。但整体而言，学界对此书的反应可以说是非常参差混乱的。

惠更斯的疑惑

惠更斯是牛顿的前辈，《原理》面世时已经离开巴黎皇家科学院返回荷兰居住，但数月内就收到了赠书。从他在此书页边上的批注，此后数年间与法提奥、莱布尼兹的通信，以及在1689年和牛顿会面的情况可以推知，他对此书的精确推理、复杂计算以及所得结果深为钦佩，但对于万有引力的观念则大不以为然："至于对牛顿所提出的潮汐之成因，我一点都不满意。我对他以引力原理（那看来似乎是荒谬的）为根据的所有其他理论也不满意。……我经常感到诧异的是，他花如此功夫来做这么多研究和困难计算，而所根据的却是这样一个原理。"[①]此外，他和牛顿所应用的几何论证方法表面上相似，精神也不尽相同。统而言之，这位前辈大师对《原理》采取了"接受其计算结果，拒绝其物理观念"的态度，那多少也可以代表当时大部分欧陆学者的立场[②]。

莱布尼兹的竞争

至于同辈的莱布尼兹，则反应更复杂了。他早在1684—1686年间亦即《原理》出版之前，就已经在莱比锡《学报》出版两篇论文，发表他以独创符号标记的微积分学。跟着，他又于1689年初在同一刊物上连续发表两篇力学论文。第一篇简称*Schediasma*，它讨论质点在阻滞介质中的运动，包括单向运动与在固定重力场中的抛射运动，大部分结果与《原理》相同，但包括一个《原理》所没有讨论的困难情况，即阻力与速度平方成比例时的抛射运动。不幸他误以为速度平方也可以如速度那样分解为直交方向的两个分量，因此得到错误结果，这错误经惠更斯指出，他也不得不承认。其实，此问题相当困难，直到1719年方才由约翰伯努利解决。

第二篇简称*Tentamen*，则是以数学重构"旋涡说"，从而解释天体运动的企图，为此他引入了围绕太阳旋转的以太微粒推动力量，即所谓"和谐旋涡"（harmonic vortex）者。这工作也不成功，因为他虽然做了没有根据的假设，从而得到开普勒的行星运行第一定律，却无法重现第三定律，更不可能以同一机制来解释行星的卫星之运行。这两篇论文是对《原理》的挑战，却

---

① 惠更斯1690年致莱布尼兹函，载惠更斯《全集》9：538，转引自Guicciardini 1999, p. 122，作者译文。

② 他在1690年出版《光学》（*Traité de la lumière*）一书，书后附有《论重力之成因》（"Discours de la cause de la pesanteur"）一文，其中讨论质点在阻滞介质中运动部分并未能超越《原理》，并且坦白承认如此；他亦坦承牛顿有关与距离平方成反比的吸引力的推论在数学上是正确的，但坚持此力的根源当根据机械世界观另外探求，见Guicciardini 1999, pp. 121–125。有关他与牛顿在几何论证方法上异同的详细讨论，见同书pp. 125–134。

都归于失败，事后亦为人淡忘[1]。更糟糕的是，他虽然对惠更斯宣称，在文章发表前只见过莱比锡《学报》上评介《原理》的文章，而未见原书（当时他在欧洲各处旅行），最近的研究却证明，这并非事实[2]。不过，这两篇文章其实仍然有重要的象征性意义，因为它们是以符号微积分学，而不再是惠更斯、牛顿所推重的几何论证法，来计算复杂力学问题的滥觞，那正是未来动力学发展的大方向。无论如何，他在《学报》所发表的这四篇文章（有关微积分学和力学者各两篇），已经为日后的大争论埋下了导火线。

四篇书评

要衡量学界对《原理》的整体反应，我们还可以看它出版后短短一年间所引发的四篇书评。17世纪欧洲的学术传播和学会、学刊有极其密切关系。在英、法两国，这起源于17世纪60年代：在英国是皇家学会的成立与其《哲学通报》（*Philosophical Transactions*）的创办；在法国是巴黎皇家科学院的成立与其《学术期刊》（*Journal des Sçavans*）创刊；至于德国则比较落后，它第一份学刊是拉丁文的《学报》（*Acta Eruditorum*），那是1682年由莱比锡大学哲学教授门克（Otto Mencke，1644—1707）以私人力量创办的。

四篇书评有两篇出自英国同胞之手，此外德、法各一篇[3]。第一篇顺理成章，是负责此书编辑与出版的哈雷在《哲学通报》上发表的，属预告与介绍性质[4]。其次，当时还在荷兰躲避政治迫害的洛克于1688年3月为此书撰写了匿名简介，但他不懂数学，对书中的大量论证并不了解，因此内容仅限于将开头两卷的各节标题翻译为法文，以及为第三卷"现象"部分做摘要，但对其中要点（例如引力的作用）反而完全忽略[5]。至于最详细、最重要的书

----

① 莱布尼兹在1689年初其实一共发表了三篇论文，有关光学的一篇，有关力学的两篇。两篇力学论文（特别是有关天体运行的第二篇）写作于莱布尼兹见到《原理》之前抑或之后是关键问题，它日后引起轩然大波，成为牛顿–莱布尼兹论争中的主要事件。有关*Tentamen*论文的专门研究见下列专书：Meli 1996；有关莱布尼兹对于《原理》的整体反应，以及这两篇论文意义的讨论，见前引Guicciardini 1999, pp. 145–156。

② 最近科学史家已经找到了他所用的《原理》原书，其上有大量"边注"（marginalia），以及他阅读后所写笔记。这些经研究后被认为是在1688年秋季即上述两篇论文出版之前所作。见前引Meli 1996, pp. 7–12, 220, Chs. 5, 6，其中Ch. 6是*Tentamen*的英译本。

③ 有关《原理》最初四篇书评的详细讨论，见I. Bernard Cohen, "The review of the first edition of Newton's *Principia* in the *Acta Eruditorum*, with notes on the other reviews", in Harman and Shapiro 1992, Ch. 12，以及Cohen 1971, Ch. 6。

④ 《原理》在1687年7月初出版，这篇评介则发表于是年1—3月，因此其实是"预告"和"简介"。

⑤ 此文发表于洛克的朋友、瑞士神学家勒克莱（Jean Leclerc）在荷兰所编辑和（转下页）

评，则是莱比锡《学报》在同年6月发表的18页长文，它是《原理》相当全面和客观的撮要，包括此书理论与"旋涡说"的分歧，以及万有引力的作用，但并无评论。此文没有署名，但现在已经考证出来，作者是莱比锡大学数学教授普福茨（Christoph Pfautz）。他与该刊主编门克相熟，也是莱布尼兹的好朋友，两人经常保持通信，其水平当可代表欧洲学界的精英[1]。最后一篇则是1688年8月出版的巴黎《学术期刊》上的匿名法文书评，它语带讥诮，夹杂以夸张的赞扬，主要认为书中所根据的原则（特别是万有引力定律）带有随意性，所以不能够作为建构真正物理学的基础[2]。此文颇为粗糙，它发表在与巴黎皇家科学院关系密切的刊物上不免令人诧异，但也许正能够反映出一般欧陆学者对此书的观感和疑惑。总体来说，这四篇评论素质参差，只有德国那篇够得上最高的客观与专业水平。

《原理》在英国

至于在英国，《原理》很快就顺理成章地成为显学，它的整体观念和方法为多数知名学者如沃利斯、雷恩、哈雷、格利高里、法提奥等接受、研读，讲授也不在话下；此后经过牛顿推荐的教授就慢慢遍布各大学要津，这些都在上文提到过了。不过，除此之外，皇家学会大部分会员虽然对《原理》表示折服，却不一定具有足够数学能力来了解它，只能够选择其文字部分来做讨论。社会上其他人士如本特利和洛克也大抵如此。

事实上，对一般学者来说，它委实太艰深、太高不可攀了。如上一章一再提到，在牛津、剑桥各学院中，与学生关系最密切、影响他们最深的导师（tutor）大多数都很保守、落伍，所以在1690—1730年这数十年间，他们通用的自然哲学教材仍然是著名笛卡儿派学者罗奥特（Jacques Rohault，1618—1672）著作的拉丁文译本，那正是以机械世界观和旋涡说为主体。此书在1697年再次被牛顿的朋友、剑桥大学的克拉克（Samuel Clarke）翻译成拉丁文，而只是由于惠斯顿的建议，书后方才加入了有关牛顿力学的一些评论。此新译在1703年和1710年分别出增订版，此时有关牛顿力学的评论方才大加

（接上页）出版的百科全书*Bibliotheque universelle*。有关此文的讨论见前引Cohen 1999, pp. 145-148，以及Guicciadini 1999, p. 176。

[1]　有关莱比锡《学报》的书评以及其与莱布尼兹的关系见Cohen 1971, pp. 150-156；有关普福茨证实为书评作者，见Meli 1996, p. 7n。

[2]　见Cohen 1971, pp. 156-157。

扩充，并且改为脚注，旋涡说与观测事实不符之处也被指出来。它到1723年又被翻译成英文，名为《自然哲学体系》（*A System of Natural Philosophy*），此后直至1735年为止，还不时再版。有人将这奇特现象戏称为"牛顿哲学是在笛卡儿派学者保护下初次进入剑桥大学的"①。

二、微积分学的发展和传播

牛顿发明了流数法，但拒绝发表，在《原理》中基本上也没有应用，而且在此前他已经对笛卡儿开创的解析几何大起反感了。而在欧陆，莱布尼兹在1684—1686年发表了微积分学的两篇基础论文。此时牛顿的心情非常复杂：一方面他正在构思和撰写毕生巨著，工作如火如荼，不可能分心，巨著完成后荣誉与杂事纷至沓来，也一直无暇他顾；另一方面，他又不愿意丧失这崭新数学领域的发明权，难以完全置之不理，所以仍然要在《原理》中以种种间接方式来展示他在这方面的优先。因此两人在1685—1710年间虽然大体上能够维持友好关系，但暗地斗争和冲突却连绵不绝。微积分学便是在这种微妙状况下在欧洲各地蓬勃发展起来的。但要明白这个发展，我们还需要先了解巴黎皇家科学院在十七八世纪的发展。

巴黎皇家科学院的中兴

英国皇家学会在1660年创建时人才济济，非常兴旺，其后随着创会会员凋零而衰落，直至牛顿1704年出任会长才迎来中兴。巴黎科学院也有大致类似经历，但关键不一样。它由科尔博特一手创建、扶持和推动，他1683年去世后人亡政息，接任者不明就里，削减预算，干涉内务，由是它沉寂多年，直至1691年方才由于宾雍出任院长而顿时改观。

宾雍（Jean-Paul Bignon，1662—1743）出身显赫法律世家，祖、父、兄弟三代都是政界翘楚，各在巴黎议会和其他机构任高职，但由于深受詹森教派（Jensenists）影响，一直维持虔敬清廉的家风。他自己排行第三，身体孱弱，

---

① 罗奥特在1671年出版的法文自然哲学教本名为*Traité de physique*，它由博内（Théophile Bonet）翻译为拉丁文，在1674年出日内瓦版，1682年出伦敦版，由于浅显明了，此后数十年在英国大学被广泛采用。有关此书始末的讨论见Florian Cajori, "An Historical and Explanatory Appendix"，即Newton/Cajori 1962, pp. 629–632n. 5。至于罗奥特的生平、背景和学说，则见Gaukroger, Schuster & Sutton 2000, Ch. 14，特别是pp. 331–332。

视力也不佳，因此攻读神学，其后投身奥拉托利修会（Oratorian）成为教士。他聪明勤奋，学养俱佳，却由于洒脱不羁，无法获委教会高职，幸得舅父蓬查特朗伯爵（Comte de Ponchartrain, 1643—1727）赏识，在1689年录用为私人助手并为筹谋丰厚入息。1691年科学院主管去世，该院改隶王室部，刚刚出任该部大臣的蓬查特朗因此接掌科学院。他随即不避物议，委任外甥宾雍为自己的驻院代表，不旋踵更打破成例，破天荒委其以院长（President）之职①。宾雍极有魄力，也知人善用，上任后席不暇暖，就积极招揽四方知名学者为院士，稳步扩充科学院的规模，这包括1691年引进的两位重要植物学家②，以及在1693—1699年间先后引进的洛必达、丰特奈尔、马勒伯朗士等关键人物。

丰特奈尔（Bernard le Bovier de Fontenelle, 1657—1757）出身鲁昂律师世家，姨丈是四大剧作家之一高乃依（Pierre and Thomas Corneille），少年入读耶稣会学校，与伐里农（Varignon）、洛必达（L'Hospital）同学。他初习法律，后转文科，曾发表数部文学作品，最后转向以社会上层为对象的科普著作，其中宣扬哥白尼和伽利略学说的《多重世界对话》（1686）轰动一时，而《古人的对话》（1683）、《神谕的历史》（1687）、《古今之辨》（1688）等也都引人注目。他在1687年离开家乡鲁昂赴巴黎，经过多次竞逐，终于在1692年得进法兰西学院，又于四十之年进入巴黎皇家科学院，并且被委任为终身秘书，在位凡四十余年（1697—1739），对院士的选举、进退升迁影响极大。他撰写了六十多位院士的悼词，以文笔细致、评骘得宜知名，其中有关莱布尼兹和牛顿的被视为最为重要。此外他为姨丈所撰《高乃依传》以及三卷本巴黎科学院历史亦极其有名。他是忠实笛卡儿信徒，在95岁高龄出版《旋涡理论》以宣扬其说，高龄满百方才辞世③。

至于马勒伯朗士（Nicolas Malebranche, 1638—1715）则出身名门贵胄之家，生而瘦弱畸形，毕业于巴黎大学，但对亚里士多德、神学和教会职务都

---

① 由于建造天文台和院本部的需要，科学院本归宫廷建筑大臣主管，但它发展多年后这已经不合理，因此路易十四在1691年原主管去世后将之改隶更重要的王室部（Maison du Roi），那略如内务府，但职权更广。蓬查特朗伯爵原名路易·菲波利（Louis Phélypeaux），他于1690年出任王室部大臣，翌年因此兼管科学院。有关他与宾雍的背景以及后者被委任为院长（院内本来无此职位，只是由资深院士互相推举主席主持会议而已）的经过，见Sturdy 1995, pp. 221–226。

② 即翁贝格（Guillaume Homberg, 1652—1715）与图内福尔（Joseph Pitton de Tournefort, 1656—1708），详见Sturdy 1995, pp. 226–238。

③ 有关丰特奈尔见Fontenelle/MacTutor以及Sturdy 1995, pp. 230–241。

不感兴趣[1]。他其后投入奥拉托利会为教士，开始受笛卡儿主义影响[2]，但至26岁方才读到其原著《人论》，大为折服，遂用十载光阴钻研其学说，于1674—1675年发表三卷本《真理的探索》（*De la recherche de la vérité*）和其他宗教哲学著作，详细论述"机因论"（occasionalism），以是名噪一时[3]。他同时又是数学家，于1672年结识莱布尼兹，两年后出任奥拉托利会数学教授，但并无原创著作，只曾出版若干有关光、颜色、火之生成，以及有关运动之传递等的论文，以是年过耳顺（1699）方才当选科学院院士。在科学上他最重要的贡献是在1690年左右发起数学研习圈，网罗了伐里农和洛必达，那不久就成为微积分学传入法国的媒介。

丰特奈尔于1697年进入科学院同时出任终身秘书之职[4]，这对宾雍而言不啻天赐助力。他蓄意大事改革，遂趁世纪之交即1699年1月，以王上名义颁布了一套共50条的科学院法规，分别对其结构、议事规则、行政程序、对外关系、王室资助，以及院长、秘书、司库的委任、职权等各方面都做了详细规定。其中最重要的，就是将院士分为荣誉院士（honoraires）、正院士（pensionnaires）、副院士（associé）、初级院士（élève）等四个等级，各有不同资格和选举方式，荣誉院士名额定为十位，其他三级各二十位，统共七十位。这样，科学院规模比以前大大扩充，它的性质也从一个临时组织蜕变为具有法定地位、严密组织和长远财政支持的王家学术机构，由是为它在18世纪的大发展奠定牢固基础，那直到法国大革命才被摧毁。

除此之外，宾雍深知这样一个耗费大量公帑的机构必须塑造良好公众形象以显示其效益，所以为它创办了每年两度的公开大会，由不同等级院士在

---

[1]　马勒伯朗士在哲学上有名，相关英语论述颇多，但鲜有涉及其生平，这方面可参考Nadler 2000的导言以及他本人著作《形而上学与宗教对话》英译本前面所附小传，即Malebranche 1923, pp. 15–20。

[2]　此会在16世纪中叶源于意大利，属俗世修会性质，其法国的独立支派由贝律尔枢机主教（Cardinal Pierre de Bérulle, 1575—1629）于1611年创立，他崇尚奥古斯丁与柏拉图的神秘主义理念，并且与笛卡儿相友善。他殁后该会选举曾经创办多个分会的康德伦（Charles de Condren, 1588—1641）为总会长，笛卡儿的理性神学就是由他引入会中，由是得以迅速发展。由于他们的影响，奥拉托利会的会规远较耶稣会为松散，其气氛亦更开明，有利于学术问难与发展。

[3]　"机因论"的主旨是世间事物（即所谓"被造之物"）不可能具有直接驱动、影响其他事物的能力，因此事物之因果相应只是表面现象，其所以然全因为上帝时时刻刻直接介入。换而言之，上帝并非仅仅制定自然规律然后任由其自动运转，而是时刻管控所有现象的发生。此观念最早由11世纪伊斯兰神学家伽札利提出（§8.6），至17世纪又为笛卡儿和马勒伯朗士重新发展，见Gaukroger, Schuster & Sutton 2000, Ch. 6；Garber 1992, pp. 273–280。它是同时代哲学家莱布尼兹、贝尔（Pierre Bayle）、阿尔诺（Antoine Arnauld）等讨论辨析的中心问题。

[4]　科学院成立之初并无院长，秘书则采取终身制，等同院内行政主管，以后此制度一直相沿不替。

不同领域宣读能够为一般人理解的论文，邀请各界要人、外国学者，以至一般市民旁听，以向学界和社会宣扬科学院的整体成就。大会还有一个重要节目，即由秘书丰特奈尔为过往半年内去世的院士宣读悼词（Eloges），它不旋踵就获得各方广泛关注，成为科学院评骘人物、领导科学潮流的重要渠道[1]。

从诺曼底到巴黎

17世纪法国三大数学家中最后一位罗贝瓦尔在1675年去世，此后继起的当数伐里农和洛必达。他们和丰特奈尔年纪相差不远，都曾经就读诺曼底卡昂城的耶稣会学校，从而相识，后来都进军巴黎，成为科学院重要人物，在这个意义上，可以说18世纪法国数学的发展和诺曼底是颇有关系的。

伐里农（Pierre Varignon，1654—1722）出身卡昂中产之家，入读耶稣会学校及当地大学然后成为教士，但因酷爱数学，为哲学家朋友卡斯特尔（Charles Castel）说服，于1686年同赴巴黎，在那里重逢丰特奈尔。伐里农颇有梅森和蒙莫当年风范，经常在家中招待朋友讨论科学问题，由是与科学院的数学家相熟。他那时已经迅速吸收了牛顿的动力学观念和莱布尼兹的微积分学方法，并且将两者结合，在1687年发表《新力学构想》（*Projet d'une Nouvelle Mécanique*）一书，大受各方肯定和赞扬，所以翌年当选科学院院士，并出任马色林学院数学教授，此后在那里终身任教。他性格平和，治学勤恳，生活简朴，资财悉数用于书籍和仪器，可谓奋发有为的清廉之士[2]。

至于洛必达（Guillaume L'Hospital，1661—1704）则出身法国古老贵胄家族，先祖可以上溯至12世纪王室功臣，父亲是奥尔良公爵，母亲是将军之女，因此年轻时很自然地从事军旅，但由于视力不佳，而且热爱数学，即在营地亦手不释卷，故而退役，专心投入这方面工作，与惠更斯、莱布尼兹、伯努利等名家通信，更在1691年虚心跟随伯努利学习，翌年9月在《学术期刊》发表文章解决了一个困难的微分方程问题，从而名声鹊起，被誉为法国第一人，1993年膺选科学院院士[3]。

① 有关巴黎科学院的这个大改革见Sturdy 1995, Pt. 4，特别是Ch. 17；有关此后科学院所发表的悼词有以下专门研究：Paul 1980。
② 有关伐里农见Varignon/MacTutor以及Sturdy 1995, pp. 218–220。
③ 洛必达的姓氏有L'Hospital、Lhospital、l'Hôpital、l'Hopital等多种不同拼法，我们跟随第一种。有关他的事迹资料不多而且大多集中于他的家世，见l'Hopital/MacTutor以及Sturdy 1995, pp. 248–249；有关他的数学见Coolidge 1990, Ch. 12；他第一篇论文解决的问题是dy/dx=N/(y–x)，见同书pp. 147–149。此外并见Boyer 1983, pp. 460–461。

瑞士数学世家

莱布尼兹有关微积分学的两篇奠基性论文是分别于1684年和1686年在莱比锡《学报》发表的。它们颇为浓缩晦涩，最初很少人能够明白，然而却引起了一个瑞士数学家的注意。雅各·伯努利（Jakob Bernoulli，1654—1705）的家族本来自荷兰，为了逃避宗教迫害而移居巴塞尔。他的父亲命他学习哲学与神学，但由于酷爱数学，他反抗不从，大学毕业后赴日内瓦执教为生，其后更到巴黎随马勒伯朗士学习笛卡儿宇宙学说，到荷兰随范舒敦的学生胡德（Johann Hudde）研习笛卡儿、沃利斯、巴罗等人的著作，更游历英国结识波义耳和胡克。1683年他开始在莱比锡《学报》发表文章，1687年在巴塞尔大学出任数学教授，其后四年晋升正教授[1]。所以他很自然地对《学报》上那两篇莱布尼兹论文产生浓厚兴趣。他年方弱冠的弟弟约翰·伯努利（Johann Bernoulli，1667—1748）也富才华，此时正依随兄长研习数学。他们两兄弟通过数年悉心钻研，终于掌握了莱布尼兹形式的微积分学之奥秘。雅各于1691年在《学报》上公开提出悬链线（catenary）问题，随后只有惠更斯、莱布尼兹、牛顿和乃弟约翰等四人能够在规定时间内提供答案，他们兄弟两人遂扬名国际。

此时约翰尚无教席，只是以私人传授为业，科目自然就是新出现的微积分学。他1691年曾在日内瓦为法提奥讲课，同年秋季到巴黎，结交马勒伯朗士，在他家中为皇家科学院一个数学家小组开课，其中最主要的就是伐里农和洛必达。后者家境富裕，求知欲旺盛，在小组课程完毕后，又以重金礼聘约翰到自己的乡间私邸问学数月之久，从而彻底掌握了微积分学精义，并且得到他整套讲义。在约翰回到巴塞尔之后他继续请教，书信来往不辍，由是得以在1696年出版《无限小分析学》（*Analyse des infiniment petits*）。这是第一本有系统的微积分学教本，在18世纪多次再版，成为传播这崭新数学发展的最重要媒介[2]。至于约翰本人，则不断有大量新研究成果发表，其后在1695年赴荷兰出任格罗宁根（Groningen）大学教席，十年后兄长去世方才返回巴塞尔承袭其教席。此后，在他们两兄弟影响下，伯努利家族有一大批后人、弟子成为重要数学家，遍布欧洲各大学和研究院，18世纪数学因而成为伯努

---

[1]　有关雅各·伯努利见Jakob Bernoulli/MacTutor。

[2]　见Guicciardini 1999, pp. 197–199。根据今人考证，此书大部分内容正如约翰·伯努利日后宣称，是根据他的讲义编纂出来的，但洛必达已经为此支付极优厚酬金予伯努利，并且在书信中清楚订明有关条件，又未曾直接抹杀他的贡献，所以论者亦认为他的做法无可厚非。Coolidge 1995, Ch. 12对此书有详细讨论。

利时代①。

微积分学大争论

但当时微积分学的基础其实并不稳固，所以其发展并非一帆风顺：在莱布尼兹论文出现之后的二十年间（1687—1706），它经历了最少三个阶段的挑战和争论②。第一阶段以1687年克吕法（Dethleff Clüver）在莱比锡《学报》上的文章为开端，由是导致了他与莱布尼兹和雅各·伯努利三者之间的大量私人通信和讨论，主要问题在于：无穷级数求和过程中出现的"余项"即使趋于零，它是否能够就此被忽略？由于严格的极限观念尚未出现，这些讨论最后不了了之。随后荷兰数学家奈文提（Bernard Nieuwentijt）在1694年发表批判莱布尼兹微积分学的小册子，又在1695年出版《无限分析》（*Analysis Infinitorum*），企图以传统几何推理模式来建构解析学，由是引起另一轮论战，雅各·伯努利的学生赫尔曼（Jakob Hermann，1678—1733）也在1700年卷入其中。这样当时的微积分学在基础观念上的严重缺陷就暴露出来了。莱布尼兹在1702年也不得不承认，克吕法和奈文提等的批评是有意义的。

第二阶段论争（1700—1701）在巴黎皇家科学院内部展开。捍卫莱布尼兹学说的一方以马勒伯朗士、洛必达、伐里农等曾经参加伯努利（以下均指约翰，除非另外标明）研习班的学者为主。反对方则包括代数学家罗勒（Michel Rolle，1652—1719）、曾经影响牛顿的几何学家拉希尔（§14.4），以及伽罗瓦（Jean Galloys）等。由于科学院的规则严格限制院士公开争议，这一交锋基本上在科学院内部进行，争议的焦点在于："微分"（infinitesimals）dx到底是怎样性质的量？它为何在计算的开始有一定分量（magnitude），但在至终阶

---

① 巴塞尔的伯努利家族一共出了三代八位知名数学家，这包括正文提到的第一代雅各和约翰兄弟二人；第二代有约翰的三个儿子尼古拉斯二世（Nicholaus II，1695—1726）、丹尼尔（Daniel，1700—1782）和约翰二世（Johann II，1710—1790），以及他的侄子尼古拉斯（Nicholaus I，1687—1715，那是他另一位兄长尼古拉斯的儿子）一共四人；第三代则有约翰二世的两个儿子约翰三世（Johann III，1744—1807）和雅各二世（Jakob II，1759—1789）。此外雅各还有一位学生赫尔曼（见下文），约翰还有更著名的学生即大数学家欧拉（Euler），他和约翰的两个儿子尼古拉斯二世和丹尼尔一样，都远赴圣彼得堡在新设立的俄罗斯帝国科学院工作。所以在18世纪伯努利学派多达十人。这个数学家族的成员有两个特色：和第一代的雅各一样，他们都反抗父亲为他们安排的其他职业（诸如法律或者医学），而执意从事数学；又都性格倔强暴躁，经常为名声反目，甚而剧烈争吵。

② 有关此争辩的详细历史见Mancosu 1996, Ch. 6，这是本节资料所本。并见Harman & Shapiro 1992, p. 392。

段却又可以被当作零？最后科学院委任了委员会来平息此争论，它在组成上似乎对于反对方有利，但始终没有做出判决，而莱布尼兹在新出版的《特拉乌杂志》（*Journal de Trévoux*）所发表的解释也得不到认同，因此这阶段的争论仍然没有结果。

最后阶段的争论（1702—1705）以罗勒在巴黎《学术期刊》发表文章，公开挑战微积分学的求切线规则是否完善为开端[1]，其后洛必达的门生索兰（Joseph Saurin，1658—1737）起而应战，指出洛必达教本中的规则足可解决这类问题。此后双方从争论逐渐变为骂战。至终丰特奈尔于1704年打破缄默，利用皇家科学院永久秘书的崇高身份，借着追悼洛必达的机会，发表文章对他大加赞扬，更点名攻击反对阵营主要人物。在此状况下，科学院被迫就此事组成了容纳双方学者的调查委员会，它在两年后公布决定，要求双方退让。这虽然不能够令任何一位资深数学家满意，但他们也只好不了了之了。总体而言，微积分学的广泛应用功能无可否认，因此它虽然不断受到质疑，却无碍其蓬勃发展。另一方面，它缺乏严格论证这一事实也同样无从回避，因此有关争论也始终不息，一直要到19世纪中期才得到解决。

随着争论结束和洛必达去世，微积分学在法国陷入沉寂，在此后大约二十年间，为它扛起大旗的是雷蒙和尼高。雷蒙（Pierre Rémond de Montmort，1678—1719）出身小贵族，年轻时同样反叛父亲安排，抛弃研习法律，到法、英、德等地游历，无意中对哲学产生了兴趣[2]。1699年父亲去世，他承受庞大家产，自此专心向学，跟随马勒伯朗士学习哲学和笛卡儿物理学，又和尼高一同钻研数学达三年之久。1700年他再度访英，得以见到牛顿，此后购买蒙莫古堡居住[3]，与伯努利等众多数学家通信，又与其侄儿尼古拉斯合作，并曾招待他来古堡盘桓。1715年他三度赴英伦，膺选皇家学院院士，回国后翌年又膺选巴黎皇家科学院院士。他为人平和，能够与意见相互甚至有嫌隙的人交友，所以在牛顿与莱布尼兹18世纪头十年的激烈斗争中充当调解人角色。数学上他主要是承接帕斯卡、费马、惠更斯等人的传统，通过概率和组合来研究各种赌博方式，在1708年出版

① 其主要问题是在曲线的尖点（cusp point，即其导数的不连续点）如何能够决定两条不同切线的方向。
② 有关雷蒙的事迹见Montmort/MacTutor；有关他与尼高在微积分方面的工作见Greenberg 1995, pp. 232–243。
③ 此古堡在巴黎以东100余公里的马恩省（Marne）。雷蒙后来亦因拥有此古堡而改称蒙莫，我们为了区别他与世纪初的蒙莫（Henri-Louis de Montmor）起见，仍用雷蒙旧名。

《赌博之分析》（*Essay d'analyse sur les jeux de hazard*），该书1713年再版。

至于尼高（François Nicole，1683—1758）则出身巴黎殷实之家，少年入读耶稣会学校，15岁依附雷蒙并且与他一同研习微积分学，前后约十年之久[①]。1707年他得入巴黎皇家科学院，此后通过雷蒙、蓬查特朗等经常周旋于上流社会，并于1717年发表《有限差计算论》（*Traité du calcul des différences finies*）。他有一位得意门生，即为牛顿物理学在欧陆打开困局的莫泊忒（§15.4）。

三、哲学家的争战

牛顿与莱布尼兹这两位科学伟人在17世纪70年代初开始通信，在80年代各自发表划时代著作，此后直至17世纪与18世纪之交，始终保持互相尊重、欣赏的态度。他们自视甚高，深知彼此分量，所以虽然有巨大潜存竞争，却仍然能够并行不悖，维持微妙的友好关系。此期间由于英法之间的两场恶战[②]，英国与欧陆间交通阻滞，那也间接促成各自学术圈子在半隔离状态下发展。英国的学术圈自然以牛顿为核心，以"综合论证法""流数法"与《原理》为圭臬，以"皇家学会"为大本营，以《哲学通报》为媒介。至于欧陆，则德语世界以莱布尼兹为中心，以伯努利为辅翼，以微积分学与笛卡儿主义为圭臬，以莱比锡《学报》为媒介；法国方面，则数学家伐里农、皇家科学院和巴黎《学刊》形成一个大致中立的圈子。英、德科学圈的平行发展延续到大约18世纪初，此后双方由于微积分学发明权的争执而发生摩擦，最后爆发巨大冲突，它直至1722年方才由于当事人和解而逐渐平息[③]。

和平相处时期　1689—1699

如前节所说，莱布尼兹的两篇奠基性微积分学著作是在《原理》撰写期

[①]　有关尼高事迹见Sturdy 1995, pp. 380-381；有关他的微积分学研究见Greenberg 1995, pp. 232-243。

[②]　那就是紧接光荣革命的九年战争（1688—1697），以及随之而来的西班牙王位之战（1701—1714），两者都可以视为新旧教之间大规模冲突的延续。

[③]　有关这段科学史上的著名公案，见霍尔的专书Hall 1999，此外Westfall 1980也有专章（Ch. 14）论述，但前者的评论较平和，后者更尖刻。至于Guicciardini 1999的第三部分（Chs. 7-9）则是对此争论的物理学和数学讨论。此外，莱布尼兹在1674—1676年的工作是此问题关键，与此相关手稿和书信现已出版（Leibniz 2008），见635页注②；又Meli 1996是对莱布尼兹两篇动力学论文的详细研究和考据，它与此公案也有密切关系。

间发表；紧随《原理》的出版，他又一口气发表两篇动力学文章，分别讨论抛射体在阻滞介质中的运动与天体运动，却不承认是读到《原理》之后受到刺激和启发，因此，显然也有意在物理学上与牛顿争一日之短长。当时牛顿并不在意，他多少接受，莱布尼兹的微积分学虽然晚于流数法，却是独立发展出来——其实这也是事实。反而是沃利斯为牛顿着急，催促他早日出版《光学》，又在自己的《全集》第二卷（1693）中附上牛顿的数学旧作。但这并没有对莱布尼兹的地位构成威胁，所以当年莱布尼兹主动与牛顿恢复通信，其后又通过沃利斯请求牛顿继续发表著作，态度十分谦恭友好，在私下通信中也没有显示不满[1]。值得注意的是，在此时期莱布尼兹的微积分学正在欧陆蓬勃发展，他的地位不断上升，而牛顿则忙于整理旧作和铸币局工作，无暇他顾。

冲突的酝酿　1699—1710

但跟随上述两位大师的年轻学者态度却没有那么超然。伯努利在1696年一再向莱布尼兹提出，沃利斯《全集》第二卷所附流数法可能并非原创，但后者并不在意，也不愿多做揣测；此时约翰又提出最速坠落线（brachistochrone）问题挑战欧洲数学家，却难不倒牛顿。此后法提奥也不服气，在1699年发表文章，以流数法解决最速坠落线和流体中最小阻力旋转体两问题，将优先权归于牛顿，并露骨地暗示莱布尼兹抄袭。但莱布尼兹接受沃利斯的解释，即牛顿对此并不知情，皇家学会也不支持法提奥，事件遂得以平息。同一年沃利斯《全集》第三卷出版，附录刊登了1676年牛顿致莱布尼兹的那两封重要函件和其他书信，初次展示当时牛顿的数学研究领先于莱布尼兹，但此书在欧洲流传不广，所以也没有引起注意[2]。

1700年柏林科学院成立，德国学者信心大增；另一方面，英国多位牛顿信徒的著作也开始对欧陆造成冲击。这包括1702年凯尔（John Keill，1671—1721）

---

[1]　莱布尼兹在1694年9月才见到沃利斯《全集》第二卷，但它所附牛顿旧作基本上没有牵涉微积分基本定理，故而松了一口气。见Hall 1980, pp. 110–116；Westfall 1980, pp. 517–520。

[2]　法提奥在1693年与牛顿决裂，其后游历欧洲各地，但仍然参与皇家学会事务，他这小册子是在学会认证下出版的，其意图是回应伯努利在1696年提出最速坠落线问题挑战各国数学家。对此莱布尼兹在莱比锡《学刊》发表了匿名和署名的两个回应，后者在1700年5月刊登，对法提奥强烈反击，对牛顿则极其客气，无形中将自己和牛顿并列。那时他荣膺刚成立的柏林科学院院长。见Hall 1980, pp. 116–128；Westfall 1980, pp. 712–714；Guicciadini 1999, p. 178。

出版宣扬牛顿学说的《真物理学导论》[①]；同年格利高里出版第一部阐释牛顿原理的专门著作《天文学概要》，其中批判了莱布尼兹的"和谐旋涡"说[②]；1703年切恩（George Cheyne，1671—1743）发表《论流数法之逆运作》[③]；1707年惠斯顿（William Whiston，1667—1752）出版牛顿的早年剑桥讲稿，名之曰《普世数学》（*Arithmetica Universalis*）[④]。最重要的，则是1704年牛顿在《光学》附录中发表有关曲线积分的旧作（§14.7），它迫使欧陆学者意识到，他在17世纪70年代已经有重要的分析学发现。但对所有这些作品，莱布尼兹仍然表现克制，相关评论也都很正面和客气，虽然暗地里开始出现贬抑之意。

此外，引力理论也同样是导致摩擦的因素，而1710年是个分水岭。其时像切恩的《自然宗教的哲学原理》（1705）、凯尔在《哲学通报》有关引力定律的长文（1708）、医生法兰（John Freind）的《化学讲义》（1709）等都分别受到莱比锡《学刊》攻击，认为他们的引力观念等同抛开17世纪培根、伽利略、笛卡儿、波义耳等的实证哲学，回复中古的"隐秘性质"，只有牛顿在拉丁文版《光学》（1706）末了"疑问"中的看法算是比较合理。莱布尼兹在1710年发表《神正论文集》（*Théodicée*）攻击贝尔，在其中也额外表示反对牛顿的"超距作用"观念。对此英国方面则不时加以反驳。所以，霍尔总结说："可以肯定，在那年（按：指1710年）这两位强大对手之间的哲学分歧与数学争端融合为一了。"[⑤]

[①]　凯尔是格利高里在爱丁堡大学的学生，1692年赴牛津，两年后获硕士并出任讲师，讲授牛顿学说，同时破天荒在课堂上做物理示范；他在1700年膺选皇家学会院士，1702年出版《真物理学导论》（*Introduction to the True Physics*）宣扬牛顿学说，于1712年出任萨维尔天文学讲席。见Hall 1980, pp. 143-144, 159-160。

[②]　此书即*Elements of Astronomy*，它包含某些数学错误而为莱布尼兹忽视，直到1705年他才发觉它对自己1689年的*Tentamen*有客气但中肯的批评，而且无从反驳；另一方面，莱比锡《学刊》的书评反而对此书大加赞赏。见Hall 1980, pp. 160-161。

[③]　切恩是苏格兰人，1702年到伦敦，他此书（*On the Inverse Method of Fluxions*）立论松懈，错误亦多，但内容包含了欧陆在微积分学上的发展，却将所有发明归于牛顿。此书初次激起了莱布尼兹的强烈不满，而在牛顿那里也极不讨好，故此后来他退出皇家学会转向医学。见Hall 1980, pp. 131-136；Westfall 1980, p. 639。

[④]　惠斯顿习数学，1690年毕业于剑桥克拉尔学院（Clare Hall），其后膺选院士并受按立为牧师，1702年由于本特利的支持，继牛顿出任卢卡斯讲席，其后与科茨合作研究并推荐后者出任普罗姆讲席，1707年主持波义耳讲座。他虽然编辑和出版牛顿的讲稿，但牛顿对此书其实也极为不满。他受牛顿影响成为阿里乌信徒，但态度公开和激烈得多，因此在1710年被剥夺讲席并逐出剑桥。详见Westfall 1980, pp. 648-653。

[⑤]　Hall, Ch. 8是对莱布尼兹和牛顿在基本原理上之分歧（即机械世界观与超距引力的对立）的整体回顾与详细分析，引文见同书p. 164。

公开冲突的爆发　1710—1716

最终引爆酝酿多年的暗地冲突，而导致公开反目的是凯尔。他在1708年底发表《论向心力定律》，直指莱布尼兹将流数法"改变名称和符号"成为微积分学，亦即抄袭牛顿[①]。莱布尼兹在1711年两度去函皇家学会抗议，但由于凯尔拿出莱比锡《学刊》多篇评论说服了牛顿，所以学会反应与前迥然不同。它至终委任了一个调查委员会，于1712年4月决议通过其简称《来往信札》（*Commercium Epistolicum*）的报告，于1713年初出版和分送各学术机构，部分公开发售[②]。这报告相当客观，它并没有指控莱布尼兹抄袭，而是征引和重印大量牛顿文献另加引言、注释和评论，它们都系统而有力地证明：牛顿是最早发现流数分析法的，而且曾经将此发现告知莱布尼兹，那就是报告的核心论点[③]。初次面对如此清晰确实的微积分历史考证，伐里农和伯努利都提不出应对办法，甚至信心也不免有点动摇，莱布尼兹曾经试图撰写一部《微积分学的起源与历史》，但无法改变史实，结果半途而废，只好撰写简略的匿名《传单》（*Charta volans*）以作回应。它发表于同年7月，策略是回避历史，借一位"数学大师"（实即伯努利）之口，攻击牛顿发现的本身，认为那只不过是微积分学雏形而已，其关键观念与方法其实是由莱布尼兹首先提出来，然后为牛顿抄袭的。牛顿在发表《原理》第二版的时候，第二卷命题10的错误是得到通知之后才急忙修订一事（§14.7），也被拿出来大做文章[④]。

此后三年间这争论不断加剧和扩大，波及英国和欧陆越来越多学者，以及试图居间平息争端的多位和事佬乃至王室成员[⑤]。此时牛顿已然年届七十，

---

① 触发凯尔做如此严重公开指控的原因显然是莱比锡《学刊》的许多评论，但具体是哪一篇评论，则霍尔与韦斯法尔见解略有不同，分别见Hall 1980, pp. 145, 162–165与Westfall 1980, pp. 714–715。

② 此报告全名为《学者柯林斯与他人有关分析学进展的来往信札》（*Commericum epistolicum D. Johannis Collins et aliorum de analysi promota*），它以皇家学会所委任调查委员会的名义（但无个别委员的签名甚至姓名）出版。从遗留草稿可以证明，它其实是完全由牛顿亲自编纂、执笔和修订的，众委员根本不可能在不到两个月内认真参与其事。

③ 文献中最重要的当推1669年的牛顿手稿《分析法》、巴罗将此稿寄送柯林斯的附函、1676年牛顿与莱布尼兹讨论流数法的两函，和同年底致柯林斯讨论流数法的函件。当时柯林斯已经去世多年，其所遗留函件和文稿由年轻数学家琼斯（William Jones）于1708年在伦敦发现，他将此编辑成书，于1711年初莱布尼兹来函之前呈献给皇家学会，其内容因此成为牛顿发明优先的有力客观证据，因而被大量收入《来往信札》中。见Westfall 1980, pp. 717–718。

④ 此传单共4页，无署名，所印日期为1713年7月19日，是由德国学者沃尔夫（Christian Wolf）印刷和散发到各学术机构和学刊的，它目前仅在美国不同大学图书馆藏有三份。见Hall 1980, pp. 192–201；Westfall 1980, pp. 760–766。

⑤ 王室之所以会介入此学术争论是因为在1714年英国的安妮女王去世，而英国国会（转下页）

但仍然精力充沛，而且有深厚神学和历史研究功底，所以不断在幕后写出坚实和雄辩的论争性文稿，其中最重要的当数1715年初在《哲学通报》发表的长篇评论《〈来往信札〉之阐述》，它力图以细致的文本分析来证明流数法之先进和重要①。这种论争方式并非莱布尼兹所长，所以他唯有将伯努利逐渐从幕后推到台前，由他在莱比锡《学报》和巴黎皇家科学院《纪要》（Memoires）上发表文章，证明流数法在某些问题（特别是高阶微分运算）上不及微积分学，也就是牛顿数学相对落后②。

尾声　1716—1723

　　1716年莱布尼兹去世，伯努利顿然成为欧陆首席数学家。他辈分低，胆气不壮，向来只是在幕后鼓动莱布尼兹，策划攻击，并写匿名文章，此时失去保护屏障，便无意继续斗争，而试图与牛顿和解。但伯努利个性也颇执着，而且和凯尔之间的怨气未消，所以起初并不成功；随后法国的伐里农和雷蒙以及英国的泰勒等几位数学家试图居间斡旋，但亦无功。直至1719年伐里农将牛顿赠予巴黎皇家科学院的多部拉丁文版《光学》之一转赠伯努利，后者直接去信牛顿谦恭致谢，并矢口否认以前所做攻击，而牛顿也已经厌烦争论，两人方才勉强和解，但争论真正平息则是在1722—1723年伐里农去世，牛顿也近耄耋之年的时候了③。

　　平心而论，这场延绵纠缠几乎四分之一世纪的"哲学家之战"就流数法与微积分学发现的先后而言，胜利无疑归于牛顿；但倘若比较两者的发表先后、

　　（接上页）曾立法禁止信仰天主教的王室后裔继位，故此王位最后落到她的远亲汉诺威公爵头上，那就是英王乔治一世。莱布尼兹是他在汉诺威公国的外交家，所以他即位前后有不少廷臣尝试平息此争论。至于在两大阵营之间充当和事佬或者沟通渠道的最少有三位：皇家学会院士和小政客张伯伦（John Chamberlayne）、来自威尼斯的康狄神父（Abbé Antonio Conti），以及克拉克（Samuel Clarke）——他毕业于剑桥，曾经主持波义耳讲座，与牛顿十分相熟并成为其牧师，是当时极其有名的哲学家和神学家。他多次与莱布尼兹通信，主要是讨论牛顿对上帝与大自然关系的看法。

① 此评论涉及的文稿有许多是从未发表的手稿。《阐述》即An Account of the Book entitled Commercium Epistolicum，它是发表于1715年1—2月号《哲学通报》的匿名长文，于1722年翻成拉丁文与《来往信札》合并以书籍形式出版。见Hall 1980, pp. 226–231；Westfall 1980, pp. 769–770。

② 有关牛顿的长篇评论见Hall 1980, pp. 226–231；Westfall 1980, pp. 769–771。有关伯努利对牛顿数学的攻击见下文。

③ 争论最后七年的这段历史非常复杂，见Hall 1980, Ch. 11；Westfall 1980, pp. 781–792。值得注意的是两位法国数学家伐里农和雷蒙态度都非常平和，立场也很公正，能够指出牛顿和莱布尼兹各自的巨大贡献，反而是泰勒后来自己也卷入争端。

推广程度与应用方便，则莱布尼兹和他的追随者显然远远领先。可以说，在这场大争论中历史属于英国，未来属于欧陆——18世纪正是英国数学经历17世纪高潮之后再度回落的时期，而逆转的关键就是其对牛顿流数法的执着[①]。当然，这场无硝烟战争还有一个隐伏但更重要得多的基调，那就是万有引力与机械世界观之争。在《原理》出版之初，万有引力并不为欧陆学者重视，认为只不过是没有道理也不必要的假设而已。但如上文所提及，英国学者在18世纪最初十年出版了多部宣扬牛顿学说的作品，它们连同《光学》以及后来的《原理》第二版对欧洲学者产生了相当大的冲击，因此在微积分发明权论战结束之后，作为牛顿物理学核心观念的万有引力就成为新的论争焦点了。

四、万有引力在欧陆的命运

《原理》出版之后举世震惊，但只在英国本土被学者衷心接受，而没有令欧陆学者折服。这有多方面的原因，它的艰深是个因素，但最主要的，则是它的根本原理和哲学基础与当时已经被广泛接受的笛卡儿机械世界观相冲突，而英法两国在1688—1714年烽火连天，学术交流中断也不无影响。说到底，学术观念的根本转变是个相当缓慢的过程，从亚里士多德到培根和笛卡儿如是，从笛卡儿到牛顿也一样。像惠更斯和莱布尼兹本来是有能力了解牛顿学说的，但他们震慑于他的数学推理，却完全无法接受他的万有引力原理——更何况莱布尼兹始终视牛顿为竞争对手。所以在此问题上英国与欧陆对峙的局面延续了将近半个世纪，直至18世纪30年代中期方才由两位年轻一代学者打破僵局，他们就是从外省闯入巴黎皇家科学院的数学家莫泊忒，以及从著名剧作家转变为哲学家的伏尔泰。

冒险家之子

莫泊忒（Pierre-Louis Moreau de Maupertuis，1698—1759）的父亲是法国西北部布列塔尼半岛上圣马洛（Saint Malo）的一位成功商人，在九年战争（1688—1697）中冒险投身为海上私掠船长（privateer），因而获利丰厚，在

[①]　麦罗林（Colin Maclaurin）在1742年出版的《流数论》（*Treatise of Fluxions*）是牛顿数学理论的权威著作和教本，影响18世纪英国数学发展至深，见《牛顿微积分学在英国的发展 1700—1800》即Guicciadini 1989, pp. 43–51。该书对整个流数法运动有深入及全面的探讨。

1706年当选本地代表出席王室召集的全国商贸议会，后来更获封爵，自始平步青云，跻身巴黎上流社会。这一传奇冒险与成功故事在家族中流传，对于青年路易的豪放性格和强烈野心自有相当影响。他16岁入读巴黎大学的马尔什书院（Collège de la Marche）学习哲学，数学上得到父亲延聘名师指导，因此进步迅速。毕业后借着父荫曾经充当骑兵上尉三年，期间经常出入咖啡厅和沙龙，广事交结学术圈中人物，并跟随科学院的数学家尼高（§15.2）研习数学不辍。他在1723年离开军旅，年底皇家科学院初等院士出缺，他虽然并无名声，却顺利当选，这很可能是由于他父亲相熟的科学院主管莫尔帕伯爵（Comte de Maurepas）推挽所致，其学术生涯于焉开始[1]。

在欧陆与牛顿对峙的，数学上以德语世界的莱布尼兹和伯努利为主，物理学上则隐然以巴黎皇家科学院为大本营，它的氛围和倾向与卡西尼、丰特奈尔、马勒伯朗士等三位笛卡儿主义拥护者可以说是密不可分的。在18世纪20年代，科学院依旧是笛卡儿思想的天下：虽然前辈数学家马勒伯朗士和他圈中的伐里农已经先后去世，但终身秘书丰特奈尔仍然健在。从1728年开始，在他的支持和鼓励下，天分不高的初级院士普利瓦（Joseph Privat de Molière）充当了反对牛顿学术的急先锋，经常发表有关天体力学论文为旋涡说辩护，而丰特奈尔则在学院的年度回顾报告中一再予以赞扬和肯定[2]。莫泊忒很有眼光和判断力，对此不以为然。但起初他只是用心研究以微积分处理几何曲线的方法，虽然一度牵涉所谓"活力"（Vis viva）的争论，即在碰撞过程中的动量和能量守恒问题，但并未真正介入。重要的是，在其后十年（1728—1738）他的学术立场经历了一个大转变，即从泛滥科学院的笛卡儿主义转向牛顿思想，至终成为其大将。

这是一个缓慢的过程，最初变化起于1728年"活力"争论最激烈之际。当时科学院的相关论文奖颁给了英国的麦罗林。这可能勾起了他的好奇，也许在此前后他曾经接触到某些牛顿学说的翻译[3]。无论如何，当年5月莫泊忒凭一封致皇家学会会长的介绍信去英国访问（其时年轻的伏尔泰也恰好在伦

---

[1]　莫泊忒有下列评传：Terrall 2002；Shank 2008特别是其Ch. 4对莫泊忒、伏尔泰、孔达敏的背景、相互关系以及如何推动牛顿学说之接受有详细描述，其中有关莫泊忒的资料即主要来自Terrall 2002。

[2]　见Shank 2008, pp. 38–48。

[3]　例如出版于1718年的John Keill, *Introduction to the True Astronomy*，此书为其1702年《真物理学导论》拉丁文原版的英文翻译，揄扬牛顿学说甚力，它在*Journal de Trévoux*和*Journal des savants*这两本著名法文刊物都有评介。

敦，但两人并不相识），随后当选学会会员，结识多位数学家，前后逗留四个月而返。翌年9月，他决意在数学上寻根究底，因此开始与巴塞尔的数学前辈伯努利通信，随后更亲赴巴塞尔，执弟子礼向这位大师讨教，前后逗留十个月之久。伯努利感于其诚，将所知微积分学奥秘倾囊相授。他返回巴黎后继续发表数学论文，并且与伯努利保持密切通信，很自然地成为他的代言人。但他虽然执礼甚恭，却始终未曾迁就老师，就"活力"问题发表论文，因为他认为此问题难以有决定性的解决，所以不值得纠缠其中①。

所谓三十而立，随后两年刚好是他伸张独立判断的关键时期。1731年初他细读牛顿有关地球形状的计算，由是得到灵感，草就旋转液球与土星光环关系的论文，但知道这在巴黎不受欢迎，所以于7月间径直送交伦敦皇家学会；同时他在科学院擢升正院士（pensionnaire），自此再无后顾之忧，可以畅所欲言了。8—11月他返回圣马洛度假，深思此后发展路向，结果是翌年他毅然撇开科学院和丰特奈尔，直接出版专书《论天体的不同形状》（Discourse sur les différentes figures des asters）。此书根据牛顿法则，通过数学计算天体形状，其导言则是一篇客观地比较笛卡儿和牛顿力学的文章，主旨在于阐明，在原则上牛顿引力并不比物体间的撞击力更难索解，因此两者的取舍应该以观测结果为依归，那是"实验哲学"的核心思想，显然立场是倾向牛顿②。这在科学院可谓与传统决裂的创举了。然而，他处世圆滑，这个学术观念上的大转向并没有引起老师伯努利或者院内资深同事如丰特奈尔的反感。在那年，他还结识了一班年纪相当、意气相投的朋友，包括刚入巴黎皇家科学院的少年数学天才克拉欧（Alexis-Claude Clairaut，1713—1765）以及性好游历的孔达敏（Charles Marie de la Condamine，1701—1774），还有后者的老同学，著名剧作家伏尔泰（Voltaire）。

测量地球形状

但最后在欧陆为牛顿学说命运扭转乾坤的，并不是个人学术观点的转变，而是实证观察——不仅仅是其理论对已知观测事实（例如开普勒三定律或者重物下坠）的解释，而更是《原理》所发现的前此未曾为人所知的多个崭新事实

① 在此将近一年的交往中，莫泊兹和伯努利相处得非常融洽，而且两人教学相长，都得益甚大，详见Terrall 2002, pp. 44–53。

② 有关莫泊兹这本专书、其所引起的反应，以及他在18世纪30年代的交往见Terrall 2002, pp. 64–87。

之证验。其中最具决定性也最富戏剧性的，就是地球形状的测量。根据《原理》（§14.5），地球可以视为由不可压缩液体构成的均匀圆球，它各部分所受的力（即万有引力、液体压力和由于自旋而产生的离心力）在地球内部必须平衡，由是可知，地球形状略呈扁平，即赤道方向的半径R_e要比极地方向的半径R_p长约27公里，那是极细微的差别，只及地球半径（约6000公里）的0.45%。

莫泊戎独具慧眼，在《原理》中发现了此问题的重要性，但他和伯努利虽然一再努力，却仍然未能够充分了解书中的复杂论证，所以在1731年的论文和1732年的新书中也只能够避重就轻讨论相关问题，而未涉及精密的计算[1]。随后他在此问题上获得大突破，其实是由老卡西尼（§13.6）的次子，即卡西尼二世（Cassini II, Jacques, 1677—1756）所触发。后者在巴黎天文台出生，自幼即由父亲指导学习数理天文，17岁进巴黎科学院为院生，此后随父遍历欧洲各国，1696年膺选皇家科学院院士，1712年父亲去世后承袭天文台台长职位，翌年测量敦刻尔克（Dunkirk）至佩皮尼昂（Perpignan）的弧度[2]。在1718年他奉法国政府之命，结合天文与大地测量以确定各城镇经纬度和地表距离。从所得数据他发现，纬度每度所跨越距离是随着纬度而有细微增加，即意味地球形状是如柠檬般带尖长，即向极地隆起，而非扁平。在当时人特别是另一位院士迈兰（Jean Jacques d'Ortous de Mairan, 1678—1771）的观念中，这可能是由地球周围的旋涡裹挟压缩所致，因此是支持笛卡儿和反牛顿学说的证据[3]。

到了1733年，这问题忽然激化：该年卡西尼奉命在巴黎以西继续城镇位置的测量；同时另一位意大利数学家普兰尼（Giovanni Poleni）十年前所撰批评卡西尼测量方法误差过大的小册子再版，而且被荷兰一本杂志予以长篇推介，此评论文章更直接挑战卡西尼决定地球形状的计算。跟着，莫泊戎在科学院发表论文，通过数学计算来论证测量地球形状的最佳方法——这和理论无关，而只是几何性质的实测而已。这样，就在科学院内部引起了激烈争论：卡西尼坚持他的测量结果正确无误，其他院士纷纷提出不同意见，莫衷一是。最后结果是，为求测得在地球表面纬度距离的最大变化以求彻底解决此大争论，科学院

---

[1] 有关巴黎皇家科学院中莫泊戎、克拉欧、迈兰与布盖（Pierre Bouguer）等四位院士论争地球形状的复杂历史，见Greenberg 1995这部专书，但此书以纯数学理论为主，而完全没有提及实测数据或者科学院所赞助的两个大型远征测量队伍的工作。

[2] 这分别是法国最北和最南的两个城市，而且几乎是在东经3度线上，所以其弧度就是纬度差。

[3] 见Terrall 2002, pp. 54-55；Greenberg 1995, Ch. 2是迈兰1720年在巴黎皇家科学院所发论文以及伦敦方面德萨古利（Desaguliers）反驳文章的详细分析。

获得政府资助，派出了南北两支实测队伍远征海外：南队赴秘鲁即赤道，由天文学家戈丁（Louis Godin）负责，孔达敏协助，1735年5月出发[①]；北队赴拉普兰（Lapland）极地，由莫泊忒负责，克拉欧协助，1736年4月出发[②]。

由于得到瑞典国王的全面支持和天文学家摄尔修斯（Anders Celsius）的热心协助，并应用了当时更精确的英国观测仪器，更兼莫泊忒和克拉欧合作愉快，所以他们的工作虽然遇到不少困难，但整体而言进行得相当顺利有效率，短短一年之后就结束，整个队伍在1737年八九月间回到巴黎。莫泊忒随即数度公开报告他们所得结果——地球肯定是扁平的，那自然轰动一时。然而，这却再次在科学院内引起剧烈争论：卡西尼二世坚决拒绝承认此结果，认为他们所用的英制天顶仪（zenith sector）和他们的测量方法都有问题。这一争论延续足足三年之久，而且一度变得非常恶毒和个人化。莫泊忒虽然颇有文辞修养，也极力寻求化解冲突，但一切都无济于事：他持平的讲解、演说，他在1738年发表的客观测量报告《地球形状》（*Figure de la terre*），甚至他在1739年重新测量巴黎—阿米安（Amiens）纬度差的结果，都无法平息、软化卡西尼二世的敌意。

意想不到，最后解铃的反而是年轻的下一代，即卡西尼三世（Cassini III，César-François de Thury，1714—1784），卡西尼二世的次子。他用新制的法国仪器到南部普罗旺斯去做相同观测，最后在科学院当众承认，父亲当年的数据的确因为仪器不准而有很大误差，他自己的测量结果基本上和莫泊忒的相符合。因此，科学院终于可以同意，地球是扁平的了，这是1740年4月的事。那也就成为牛顿学说开始为欧陆接受的转捩点，而莫泊忒穿着拉普兰皮袄一手按着扁平地球的画像正好为其象征（图版21）[③]。

[①] 赴秘鲁的南方队伍不但行程遥远，要在形同蛮荒的环境中工作，又遭遇到补给不继等困难，而且三位主要学者意见不一，剧烈争吵后甚至各行其是，所以他们虽然各自继续测量工作，但返回巴黎做正式报告则是多年之后的事情。譬如，孔达敏在南美就流落十年之久，直到1745年2月方才回到巴黎。他也证实地球形状是扁平的，但除此之外还带回了大量有关南美地理、药物（包括奎宁）、民俗、艺术的资料：他实际上是做了一次长期的南美探险和考察，至于天文测量只不过是其中一小部分而已。

[②] 他们展开测量的实际地点是托尼亚（Tornea），位于波的尼亚（Bothnia）海湾北端，即今瑞典与芬兰边界上，纬度约65.5度，此处有托尼亚河南流入海，因此可以沿河北上，交通相当方便。

[③] 有关莫泊忒赴拉普兰极地探测的经历以及至终争论得以平息的经过，分别见Terrall 2002, Chs. 4, 5。地球形状争论结束后他名声大振，于1746年接受雄心勃勃的普鲁士国王腓特烈大帝邀请出任改组后的普鲁士皇家科学与艺文学院（Prussian Royal Academy of the Sciences and Belle-Letters）院长，并迎娶普鲁士贵族之女，此时欧拉已经从圣彼得堡的科学院转到柏林多时。此后莫泊忒得到腓特烈的信任和支持，积极推动此科学院的发展大约十年之久，但（转下页）

不过，牛顿理论的确立仍然是一个漫长过程。1747—1748年达朗贝、克拉欧和欧拉三位当时最知名的数学家由于研究"三体问题"而一致宣称万有引力定律并非完全准确，但到下一年却又不约而同、非常尴尬地承认各自计算的错误。这应该说是牛顿理论已经被接受为物理学基础之后，方才会出现的现象。但决定性时刻还要等到1758年11月克拉欧在科学院公开预言，根据牛顿理论的计算，七十七年前（1682）曾经出现的哈雷彗星将于翌年4月回归，误差在一个月之内，而这预言不久就得到了证实。这样，牛顿学说在发表将近四分之三个世纪之后，才无可争辩地成为欧陆学术的核心部分[1]，而恰恰就在此时，启蒙运动也正将进入高潮。

五、17世纪的异端思潮

欧洲思想的近代转型从14世纪的意大利文艺复兴开始，其后经历了16世纪的宗教改革、宗教战争、17世纪的科学革命等多个阶段，至终迎来18世纪启蒙运动的高潮，而其后果就是法国大革命，前后历时足足有五个世纪之久。在这最后阶段的变化过程中，科学革命和启蒙运动前后紧紧相接，那并非偶然，而是有密切关系的：将这两者紧扣起来的，则是17世纪的异端思潮，其最突出的代表便是霍布斯的政治哲学和斯宾诺莎的宗教哲学。

霍布斯：政治的科学观

早在启蒙运动之前即17世纪中叶，科学就已经开始对政治和宗教思潮产生深刻影响，最重要的例子无疑就是霍布斯（Thomas Hobbes，1588—1679），他的《鲸鲵论》被视为第一部现代政治学著作[2]。霍布斯生于牧师家庭，由经商的伯父抚养成人，于牛津大学毕业后，依附卡文迪什（Cavendish）家族，于1610年陪伴少主游历欧洲，深受其时的蓬勃科学发展影响，由是意识到亚里士多德思想已经过时，开普勒刚出版了《新天文

（接上页）最后数年则因健康与普法交战关系而离开柏林，回到诺曼底老家休养，最后在试图返回柏林途中去世。在力学理论上他也有重要贡献，即"最少作用原理"（principle of least action）的探究和发扬。以上事迹见Terrall 2002后半部，至于柏林科学院在18世纪的沿革则见同书pp. 236–249。

[1]　Hankins 1990, pp. 32–38.

[2]　有关霍布斯见其当代传记Martinich 1999；Robertson 1971其实是18世纪出版的小传，但颇为得要。《鲸鲵论》又译作《利维坦》，有下列普及版：Hobbes 1962。

学》，伽利略发现了木星的四颗卫星，等等。回国后他一度担任培根的秘书，但显然不认同他以经验为尚的思想。他在不惑之年再度访欧，于1630年在日内瓦无意中读到欧几里得的《几何原本》，对其严谨方法大为折服；第三度访欧则是在1634—1636年，此番他专诚拜访了退隐佛罗伦萨的伽利略，得悉他的动力学研究，并到巴黎参加梅森的讨论圈子。回国后他先后收到笛卡儿的《方法论》和《沉思录》，并就其哲学做出公开回应，但两人意见始终相左。此外，他可能也通过培根认识哈维，并知道他的学说。

1640年清教徒革命出现，他刚好发表了主张绝对王权的《自然与政治法律要义》（*Elements of Law，Natural and Politic*），在大臣被国会判处极刑之后大起恐慌，匆忙出奔法国，在彼流亡十一年之久。在1649年他受到国王查理一世被审判以及巴黎掷石党之乱起的刺激，开始撰写《鲸鲵论》，1651年中出版，自是名声大噪，在获得护国公克伦威尔允许之后，于1652年初返国[1]。此书是一部政治哲学著作，其独特之处在于断然摒弃宗教、习俗、道德、传统等作为政治体制的基础，而代之以纯粹理性思考，行文力求简明清晰，结构类似于数学著作[2]。它视在自然状态中的人为受权力私欲的追求所驱动之机械性个体，他们恒常争斗杀戮，绝无安全温暖可言；为解决人身安危这根本问题，个人乃同意设立国家［他称之为共同体（commonwealth）］，由国家订定人人必须遵守、绝无例外的法律，并以独占武力强制执行之，所以又称之为鲸鲵，亦译作"利维坦"。关键是，应该由谁来行使国家权力？答案是，任何个人或具有单一意志的团体均可，但其权力必须是绝对而无例外，不容在任何情况下反抗的。换而言之，无论是世袭君主或者如克伦威尔那样被推举出来的独裁者均可[3]。此书是西方第一个将客观科学推理方法移用于政治问题的认真尝试。在

[1] 霍布斯精力充沛，在学术上用功甚勤，著作等身，除了《法律要义》（1640）和《鲸鲵论》（1651）以外，还发表了《论公民》（*De Cive*，1642）、《论体》（*De Corpore*，1655）、《论人》（*De Homine*，1658）等"哲学要义"三书，以及其他多部作品。他返回伦敦后又在数学和物理问题上提出独特见解，但都不成功，徒然引起与皇家学会以及沃利斯的长期冲突和纠纷；到晚年他还写了一部英国内战历史、一部诗歌体自传，并翻译荷马史诗自娱，至91岁高龄辞世。

[2] 此书分为论人、论社会（commonwealth）、论基督教社会、论黑暗帝国（主要指罗马教廷）等四部分，共47章，每章分为若干节，各有标题，行文十分直接简约。除了政治哲学以外，此书用将近一半篇幅讨论宗教。它认为宗教是一套律法而非真理，因为上帝缥缈不可知，而人的猜想、推断都不可靠；实际上他认为罗马教廷和清教徒都是祸害。

[3] 《法律要义》和《鲸鲵论》通过法律实施绝对君权的思想颇受提出主权不可分割的法国学者博丹（Jean Bodin，1530—1596）以及研究国际法的荷兰学者格劳秀斯（Hugo Grotius，1583—1645）影响。

当时，它得罪了国内外几乎所有人，从信奉君权神授的国王、高唱主权在民的国会，以至宗教文化意识受到冲击的清教徒、英伦教会、罗马教会、大学、皇家学会等等。但从中国人看来，则他的推论和孟子"天下乌乎定？定于一"之说颇相近，而灭六国一统天下的秦帝国无疑正是典型的"鲸鲵之国"。

斯宾诺莎：宗教的自然观

霍布斯冲击传统政治思想，斯宾诺莎（Bendict Spinoza，1632—1677）则冲击传统宗教观念，他的《伦理学》（*Ethics*）可以说从根本上摧毁了基督教的意义，而他仗以摧枯拉朽的利器同样是科学方法[①]。斯宾诺莎生于荷兰一个原籍葡萄牙的流亡犹太商人家庭，在阿姆斯特丹犹太社区长大，接受传统犹太教育，年长后跟随私人教师学习拉丁文和哲学。他22岁丧父，24岁（1656）遭逢大变，被革除教籍（excommunicated，*cherem*），亦即断绝与犹太社区一切关系[②]，此后迁出独居，以磨制镜片为生。当时荷兰宗教和政治环境宽松，所以斯宾诺莎有机会接触大量不同背景和教派的年轻朋友，并参加定期小组讨论会，由于思想敏锐活跃且富于魅力，不旋踵就成为同辈的哲学导师。为了专心著作，他在1661年迁往小镇莱茵斯堡（Rijnsburg）。当年奥登堡（§13.5）慕名来访，自是书信往来不辍，并经其介绍与波义耳讨论化学问题。同年他应朋友请求将平日有关上帝的论述写成《短论》手稿，此即《伦理学》雏形。

他在1663年迁居海牙附近小镇乌尔堡（Voorburg），同年出版《笛卡儿哲学原理》，此后认识近邻惠更斯，与之讨论光学和磨制镜片问题；又结识范舒敦的学生胡德（§15.2），后者不久跻身政界，这对他颇能起保护作用[③]。由于受到霍布斯哲学和科尔巴去世的刺激[④]，他在1670年匿名出版《政治神学论》

[①] 有关斯宾诺莎见以下详细传记：Nadler 1999，至于Popkin 2004则十分简略，但判断与前者偶尔不同。《伦理学》有下列英译本：Spinoza 1989。

[②] 他被革除出教是生命中的转捩点，但经过和原因都没有留下任何记录或具体线索，至今还是个谜，虽然有种种猜测，也都无实证。但从革除文件措辞之极端决绝和严厉，以及他其后的言行，Nadler 1999, Ch. 6认为当是由于他流露的激进思想，例如认为灵魂并非不灭、《五经》（*Pentateuch*）并非摩西个人所作、希伯来民族并非"选民"等等。Popkin 2004, Ch. 3则指出，另一个可能原因是他父亲去世后留下大笔债务，有关诉讼可能累及社区。

[③] 他的朋友很多，包括有名的德国数学家奇恩豪斯（Ehrenfried Tschirnhaus），以及家境富裕的早年至交弗里斯（Simon Joosten de Vries），后者于1667年亡故后遗赠他一笔可观的年金，由是解决了他的经济问题——其实弗里斯本是要将遗产全部留给他的，但他以没有需要为由拒绝。

[④] 他对霍布斯的政治哲学有认识，至于科尔巴（Adriaan Koerbagh）则是一位有自由思想的新教传教士，斯宾诺莎与之相熟并受其思想影响。他在1668年出书，以解释词义的方式间接批判、嘲讽教会，因此被捕，受审后判监十年，翌年底死于狱中。

（*Tractatus Politicus-Theologicus*）。差不多同时他迁居海牙，以便和朋友往来①。1672年荷兰发生政治巨变，宗教气氛变得严厉暴戾②，两年后《政治神学论》被禁及当众焚烧，1675年7月《伦理学》完稿付印，但外界流言四起，因此被迫停版。1676年莱布尼兹来访，其后他染肺病，不久去世，终年45岁。由于多位忠心朋友的周详准备，《伦理学》连同其他遗作得以在当年年底迅雷不及掩耳地，以拉丁文与荷兰文两种版本同时面世，令当局措手不及，无从封禁；此外，他的论学书信也有83封出版，但私函则遵嘱全被销毁，使得他的完整面貌无从辨识。

斯宾诺莎深受笛卡儿哲学和17世纪中叶科学潮流影响，认为真知必须以推理方式求得。但他比笛卡儿更为激进，不但以几何论证方式来讨论宗教，而且认为心与物之间并无根本分别，拟人化（anthropomorphic）上帝（即在大自然以外的主宰）亦毫无意义，一切都只不过是充盈宇宙间的"物质"（substance）之不同形态（mode）和性质（attribute）的表现而已。换而言之，大自然的整体就是上帝，前者的运行就是后者的作为，两者并无分别，这就是他的泛神论（pantheism）哲学基础。在此基础上，他进一步论证宇宙的运行不可能受另一个意志、力量、目的之控制，而只可能依循本身规律运行，因此宇宙无目的、无善恶，也无自由意志可言；在此宇宙中，人的喜怒哀乐、成败得失，显然都是受偶然因素决定，而无法自己控制，故应以平静心情来了解和接受，而这了解则有赖对于自然规律亦即"上帝"的认识。所以归根究底，他的伦理学就是将人格化的上帝归还为客观的大自然，将基督教伦理回复到斯多葛哲学态度，甚至可以说与老庄思想不谋而合。至于《政治神学论》虽然发表更早，其实是在《伦理学》基础上发展出来的政治观念，它一方面通过大量《圣经》考证来批判教士阶层干预、控制政治的祸害，另一方面则承接马基阿维利（Machiavelli）、格劳秀斯、霍布斯等的政治哲学，认为政教不能够并立，政治权力必须统一，然而他却是坚决主张思想自由，并且认为掌权者倘若失职妄为是会导致叛乱的。

---

① 此时斯宾诺莎已经国际知名，1673年海德堡大学邀请他出任哲学讲席，他婉拒了；入侵荷兰的法军统帅孔德（Condé）亦邀他与荷兰其他名学者到乌得勒支（Utrecht）会见，他应邀前往，但最后似乎未曾碰头。

② 此巨变的根本原因是，为了争夺海权和贸易，荷兰在1672年受英、法夹攻而濒临灭亡，最后凭决堤自淹的非常手段求存。在危急存亡之际，民众不满政治上讲求民主、宗教上趋向宽松自由的大议长（Grand Pensionary）维特（Johan de Witt），将他当街刺杀，转而拥立奥兰治家族的威廉三世为大权在握的执政（Stadtholder），他后来更在光荣革命中入主英国。

洛克与贝尔

其实，其他17世纪思想家亦莫不深受科学思潮影响，虽然方式和程度并不一样。像洛克（John Locke，1632—1704）就是在17世纪50年代的牛津实验科学圈中成长，他的《人类理解论》（*Essay Concerning Human Understanding*）一反亚里士多德甚至笛卡儿的观念，将知识的根源归于来自器官感觉所得经验，亦即是后天的，那带有浓厚培根色彩，而且间接否定了宗教观念的神圣性质。他的政治哲学出发点和霍布斯一样，也是基于契约，虽然结论截然相反。至于在路易十四日益严酷的宗教政策下被迫逃亡到荷兰的法国新教徒贝尔（Pierre Bayle，1647—1706）则受笛卡儿和斯宾诺莎影响很深，他借着讨论彗星这自然现象来攻击迷信和教士乃至教会，又独立编纂庞大的《哲学与批判辞典》（*Dictionnaire historique et critique*），那成为日后百科全书运动的先驱和典范。

统而言之，科学思潮是从17世纪之初兴起，而它对于哲学、宗教、政治的巨大冲击，则从17世纪中叶已经开始，到18世纪启蒙运动出现的时候，已经酝酿大半个世纪之久了。

六、启蒙运动的开端

启蒙运动错综复杂，波澜壮阔，我们在此不可能展开对它的讨论，而只是要稍为点出它和科学革命的密切关系而已[1]。有关这个运动，有三点是需要澄清的。首先，在地域上，它波及整个欧洲，但起源于法国，是由一批所谓"启蒙思想家"如伏尔泰、孟德斯鸠、卢梭、狄德罗等首先推动的[2]。其次，在时间上，虽然它的开始和结束都有争议，但最蓬勃炽热的时期无疑是1730—1780年那半个世纪之间。最后，就内涵而言，它不仅仅有提倡理性、人权、民主等建设性的一面，而且还有反对、破坏的一面——它以近乎公开、正面、激烈地反对基督教、罗马教会和王权著称。所谓有立必先有破，这正反两面都同样重要，而在发动之初，以各种方式破坏和攻击建制的一面

---

[1]   有关此运动的论述浩如烟海，其历史见Wade 1971以及两卷本的Wade 1977；此外高度肯定它的一部著名综合论析是Gay 1977；同样著名，但对它持高度怀疑和批判态度的简论是Becker 1932。

[2]   在这个意义上，它也许应该称为"法国启蒙运动"更准确和妥当，正如"文艺复兴"一般是指"意大利文艺复兴"一样。

其实更重要。以下我们分三个阶段来看科学革命对启蒙运动的影响。

伏尔泰与孟德斯鸠

为何启蒙运动起源于法国，它和科学革命又有何关系？这都可以从伏尔泰（Voltaire，1694—1778）的戏剧性转变得到启示[①]。他本是一位才华横溢，享尽名声与繁华的剧作家，但在而立之年因为与一位贵族军官发生冲突而被投入巴士底大牢，其后更流放英伦三年（1726—1729）。归来后他继续文艺创作生涯，却已决志蜕变为哲人，遂在不惑之年（1734）发表《哲学书简》（*Lettres philosophiques*），震动朝野[②]。他自己则早有预谋，与女友埃米莉·夏特莱侯爵夫人（Marquise Émilie du Châtelet，1706—1749）躲到法国东北边界小镇的别墅去避风头，自此以文化评论为职志。这事件往往就被视为启蒙运动的开端。

《哲学书简》短短五万字，共25函，它们只是如实描述英伦风俗、体制、学术、宗教、文艺等，其所以具有震惊全国的巨大力量，主要是因为令路易十五治下的法国人意识到，比起英国来，法国在各方面都已经僵化、落伍了。也就是说，半世纪前路易十四那个睥睨全欧的辉煌"太阳王"时代已经过去，英法之间的强弱形势已经完全颠倒过来。这个大逆转表现于：英国在政治上是更自由，在宗教上是更宽容，在学术上则更先进。《书简》第12—17函分别比较培根、洛克、笛卡儿和牛顿（他被称为"笛卡儿学说的破坏者"），还有牛顿引力体系、牛顿光学，以及他的数学等的讨论，合计占全书约五分之一。从此便可以窥见，科学革命特别是牛顿的大发现，与启蒙运动的兴起有何等密切关系。

实际上，两者的关系还要比《哲学书简》显示的紧密和广泛得多。例如，为牛顿学说在巴黎皇家科学院翻案的莫泊丢是伏尔泰的好朋友，同时也是埃米莉的数学老师和前任男友，他1628年的英国之行同样是他学术观念转变的关键，而其测量地球形状的极地之旅就在《书简》出版之后不到一年。不但如此，伏尔泰成为"启蒙思想家"之后数年，又出版了一部宣扬牛顿学说的通俗作品《牛顿哲学要义》（*Eléments de la philosophie de Newton*），而

[①]　伏尔泰有下列详细传记：Wade 1969。
[②]　《哲学书简》版本甚多，例如Voltaire/Steiner 2007。此书其实有英文、法文两个版本，英文版名为*Letters Concerning the English Nation*，出版于1733年，比法文版早一年，两个版本内容基本相同，但英文版原来没有论帕斯卡哲学的第25函。

作为数学家的埃米莉则更为沉实：她有不少科学著作，最重要的是花了多年功夫将牛顿的巨著《自然哲学之数学原理》翻译成法文并加评注，此工作在1749年完成，同年她死于难产，因此译本到1759年方才出版，但至今仍然是通用的法文定本。

孟德斯鸠（Montesquieu，1689—1755）是启蒙运动另一位元老[1]。他出身波尔多（Bordeux）地方小贵族，以律师为业，活跃于当地科学院，虽然在自然科学无甚建树，却由于发表间接批判法国风俗、体制的《波斯书简》（*Persian Letters*，1721）而得以进入巴黎上层社会，并膺选法兰西学院院士，结交巴黎皇家科学院多位院士包括莫泊忒，为他们所看重。他在伏尔泰之前就已经游历欧洲，其间访问英国两年（1729—1731）并当选皇家学会院士。受到《哲学书简》的刺激，他中年后退守祖传庄园，以十数年功夫完成毕生大业，于1748年出版划时代巨著《法律的精神》（*De l'esprit des lois*）[2]。它堪称将科学方法应用于各种政体之系统搜集和比较研究的典范。像《鲸鲵论》和《伦理学》一样，它也是为罗马教廷所忌讳，而被列为禁书的。

天作之合：狄德罗与达朗贝

伏尔泰和孟德斯鸠出生于17世纪末，他们是启蒙运动的倡导者；受他们影响、感召的，则有大批出生于18世纪的所谓"启蒙思想家"（*philosophés*），其中以狄德罗、达朗贝和卢梭三位最为突出[3]。

在孟德斯鸠完成大业之后一年，比他年轻一代的狄德罗发表《论盲书简》（*Lettre sur les aveugles*），并且因此被投狱四个月。狄德罗（Denis Diderot，1713—1784）出生于法国东部小城，父亲是殷实的外科手术器械制造师和商人，15岁独自往巴黎求学，四年后在巴黎大学毕业，近而立之年以发表翻译、散文、小说，以及《数学论丛》（*Mémoires sur différens sujets de*

① 孟德斯鸠有下列传记：Shakleton 1961；至于Shklar 1987则是简本。
② 《法律的精神》篇幅甚繁，以下为未经删节的全译本：Montesquieu/Cohler, Miller & Stone 1989；《波斯书简》有下列英译本：Montesquieu/Mauldon 2008。此书出版时也相当轰动，而且对伏尔泰颇有刺激作用，促成了十三年后《哲学书简》之作；而后者反过来对孟德斯鸠又同样是个巨大刺激，促成了十四年后的《法律的精神》。
③ 卢梭（Jean-Jacques Rousseau，1712—1778）以《人类不平等的根源》《社会契约论》《爱弥儿》等重要著作知名，在启蒙运动中的名气和重要性不亚于伏尔泰或其他思想家，但他的思路和方法与科学的关系较为间接，所以不在此讨论。

mathématiques）等各种不同作品而崭露头角①。至于《论盲书简》则是从盲人观点出发，讨论认知基础的问题，它从官能缺陷的特定角度进一步大事发挥洛克《人类理解论》的思想，并且一直牵连到物质主义和上帝存在的问题，故此犯了大忌导致作者被拘押。当时他刚刚译毕一套大部头《医学辞典》，又正在筹备出版《百科全书》（*Encyclopédie*），各方为他奔走缓颊的有力人士甚多，故此短短四个月后就得以获释。

达朗贝（Jean-Baptise Le Rond d'Alembert，1717—1783）则是法国学界一颗耀眼新星②。他以24岁弱冠之年成为巴黎皇家科学院初级院士，随后陆续出版《动力学理论》（*Traité de dynamique*）、《流体力学理论》（*Traité de l'équlibre et du mouvement des fluids*）等两部著作，名声鹊起，1746年被邀参加若弗兰夫人（Madame Geoffrin）的沙龙，翌年率先应用偏微分方程讨论流体动力学问题即风的成因，从而赢得柏林科学院论文奖，由是结识欧拉。1752年以开明专制著称的普鲁士国王腓特烈二世（Frederick II，1740—1786）邀请他出任柏林科学院院长，他惮于北方严寒而婉拒。两年后他膺选法兰西学院院士，至晚年数学思考能力衰退，遂出任该学院终身秘书（1772），致力于撰写悼词。

将力学和分析学带入现代：欧拉

在《原理》中牛顿的力学大放异彩，但它并没有形成系统方法，其大部分成果是凭借天才巧思，因应不同问题性质寻求特殊解决方法而得，而所用的数学则是将古老几何证题法独创翻新得来。如我们一再强调，这两方面工作都极难索解，它们虽然在英国有一批信徒，却始终不能发扬光大。所以今日的古典力学，其基本观念和定律固然都来自牛顿，其表达、论证、思考、计算的方法却和《原理》大相径庭。现代力学系统的建立，其实是在18世纪由克拉欧、欧拉、达朗贝，还有他的学生拉格朗日（Lagrange）等许多学者通

---

① Wilson 1972是一部详细和流畅的狄德罗传记，惜细节太多而流于枝蔓。

② 达朗贝是被母亲遗弃的私生子，后来由生父（一位炮兵军官）交养母抚育成人。他就读于依照首相马色林的遗愿设立的"四国学院"（Collège des Quarte Nations），毕业后本拟从事法律工作，但因热爱数学且富于这方面的才能，在巴黎皇家科学院发表数篇论文后成为初级院士，自此在院内度过其学术生涯。但由于性格刚烈，动辄与同侪争吵，所以虽然才华横溢，事业亦非一帆风顺。他的传记Hankins 1990以讨论他和启蒙运动的关系为主，其中Ch. 4专门讨论他与狄德罗合作出版《百科全书》的始末；有关他的数学工作见d'Alembert/MacTutor。

过应用莱布尼兹、伯努利、洛必达那个传统的微积分学发展出来①。在这过程中达朗贝占了相当重要的地位。但在西方文化史上，他最重要的贡献则是和狄德罗共同编辑《百科全书》，那我们将在下一节讨论。

在上述学者中，还有一位关键人物欧拉（Leonhard Euler，1707—1783）：他被公认为18世纪最伟大的数学家，而且为数学和力学在形式和方法上的创新做出了巨大贡献。欧拉父子与伯努利家族的关系相当密切。他父亲曾经跟随雅各·伯努利学习数学，并且与约翰·伯努利相友善，后来成为巴塞尔附近小城的牧师。欧拉本人数学天分很高，小时得父亲教导，后来在巴塞尔大学又成为约翰的私淑弟子，广事阅读当时所有重要数学典籍，在19岁参加巴黎数学大赛而一鸣惊人，由是获得刚成立不久的圣彼得堡科学院聘任。此后他来回于彼得堡和柏林的科学院之间，在柏林时与院长莫泊忒合作愉快，但莫泊忒去世后他得不到腓特烈大帝的倚重和信任，最后回彼得堡终老②。

欧拉著作等身，数学上的成就与贡献不可胜数，此处无法缕述。从嘉惠后学的角度看来，则他在1748年出版的两卷本《无限分析学导论》（*Introductio in analysin infinitorum*）实有划时代意义：它之于现代数学革命，与欧几里得《几何原本》之于古希腊数学革命，可谓异曲同工，都是系统化而集大成，继往开来之作。至于他在1736年出版的两卷本《力学》（*Mechanica*）则是以现代分析学的方法，来系统地重写《原理》中的质点力学。力学之具有现代面貌，就是从此书开始。当然，《原理》还包括复杂得多的刚体、弹性体、流体、多体等其他力学系统，它们的现代分析还需要多代学者的努力。无论如何，欧拉这两部著作无论从符号、概念、计算方法或者根本理念上看，都可以说是现代数理科学的典范。牛顿是不可企及的开创天才，欧拉则是将他的发现神奇变化，重构成为有门径可依循的学问之大师。

七、启蒙高潮：百科全书运动

在西方，百科全书的编纂源远流长，古代普林尼的《自然史》和中古早

---

① 申科（J. B. Shank）不接受牛顿学说与启蒙运动有密切关系，甚至标新立异，宣称古典力学并非"牛顿力学"，而是源于法国，为克拉欧、达朗贝、欧拉、拉格朗日等所创，见Shank 2018。他这激进观点自不能够为一般科学史家接受。

② 有关欧拉及其《分析学》见Boyer 1985, pp. 481–490；有关其《力学》见Guicciadini 1999, pp. 247–249。

期伊西多尔的《词源》是最有名的例子，它们都曾经对学术传承发生重大影响。到17世纪初则有德国人阿尔施特的拉丁文百科全书面世①。但由于科学飞速发展，到18世纪初它已经过时，取而代之的是1728年在英国出版的钱伯斯（Ephraim Chambers）两卷本《百科全书》（Cyclopedia）②，其理念是以辞典方式来囊括所有知识，并通过字源来显示其各部分的相关性。到18世纪中叶，当启蒙运动进入高潮之际，它就触发了法国的百科全书运动。

一波三折的出版历史

法国《百科全书》历经波折，最后成为一套庞大辞书，统共28卷（其中11卷为图录），包括7万余词条、3千余幅图版。它是西方文化史上的划时代大事，对法国乃至欧洲其他国家如英、德、意、俄等都产生了强力冲击，而其本身也深受许多外来政治宗教事件影响。所以它的出版历史漫长复杂，延绵二三十年之久，这大致上可以分为三个阶段③。

酝酿阶段开始于1745年初，当时法国出版商布雷东（André-Françoise Le Breton）有意出版钱伯斯《百科全书》的法文版，起初用人不当，遭遇挫折，但公众对简介反应热烈，所以反而扩大了计划。他在1747年10月连同其他出版商与狄德罗和达朗贝签约，请他们主持翻译钱伯斯原书部分词条，并邀请其他学者撰文，将此书扩充成为一套全新的百科全书。他们选择狄德罗是因为他著作丰富，文笔明快，而且当时正在翻译大部头的英文《医学辞典》④，对翻译和编辑都有丰富经验。至于达朗贝被邀出任主编，则是借重他的名气和崇高学术地位，又看中他的数理专业知识，以及对科学精神的深切了解。这计划由他们两位担纲可谓天作之合——虽然像所有天才一样，他们日后也难免反目和剧烈争吵。这起始阶段以1750年狄德罗为《百科全书》发布正式推介（Prospectus）和书商开始接受读者预订而结束。

---

① 拉丁文百科全书由德国学者阿尔施特（Johann Heinrich Alsted, 1588—1638）以二十载工夫独力编纂而成，在1630年出版，分35卷，包含48个综合表格，并附有索引。

② 此书原名Cyclopedia, or Universal Dictionary of the Arts and Sciences，它的重点是医学和药物学，在人文、哲学、地理、数学、物理、生物等方面则颇为欠缺，这就是狄德罗承担翻译工作之后认为它需要大事扩充的原因。

③ 有关《百科全书》出版的历史散见Wilson 1972全书，主要见Chs. 10-13, 21-23, 25, 27, 34-36；此外在Diderot and d'Alembert 1965这本《百科全书》词条选集的导言中也有相当扼要和全面的综述。

④ 原书为英国人詹姆斯（Robert James）在1743—1745年出版的三卷本《医学辞典》（A Medical Dictionary），它随即由狄德罗带领其他两人在1746—1748年间翻译成六卷本的法文版。

　　1751年6月《百科全书》第一卷正式出版，卷首冠以达朗贝所撰长篇序言，开宗明义阐述这套辞书的宗旨，获得各方一致赞赏，此后印数就因为公众反应热烈而不断增加①。与此同时，以耶稣会士为主的保守力量亦开始对这套被视为"包藏祸心"的丛书展开猛烈攻击，大有灭此朝食之概。但由于得到许多位居要津的官方开明人士特别是马尔舒约（Chrétien-Guillaume de Lamoignon de Malesherbes，1721—1794）一力回护②，刚诞生的《百科全书》得以勉度难关，它的前七卷在1751—1757年间以每年一卷的稳定进度出版，这可以称为它的公开出版阶段。

　　但随着影响力日益增加和时局不断变化，《百科全书》从1757年开始就遭到越来越严重的困难。造成这个根本转变的有三大背景事件，即七年战争（1756—1763）的爆发，那使得狄德罗和达朗贝隐然有通敌之嫌③；1757年初路易十五遇刺受伤，随即对出版施行严厉管制；以及法国教士在1758—1759年举行五年一度大会，借着捐献而对官方施加压力。至于直接导致危机的，则是《百科全书》第七卷于1757年10月出版，达朗贝所撰的"日内瓦"（Geneva）词条对该国教士的宗教观念做了轻率和鲁莽论述，使主编陷入非常尴尬处境④。与此同时，保守派的恶毒攻击再度猛烈全面展开，甚至将《百科全书》言论比喻为鸡鸭聒噪（Cacouac）；最后，爱尔维修（Claude Adrien Helvétius，1715—1771）出版了犯忌著作《论心智》——他并非《百科全书》作者，但倾向、论调相同，所以两者被捆绑看待⑤。

　　在这风雨飘摇的形势下，达朗贝在1758年1月宣布退出编辑工作，伏尔泰

---

① 第一卷出版后，印数即从原定的1625册增加到2075册，在第三卷出版时又增至3100册，此后更通过加印将前三卷的印数全部提高到4200册。

② 耶稣会士在社会上的主要言论阵地是《特拉乌杂志》（*Journal de Trévoux*），在宫廷内的最有力支持者是波耶（Jean-Françoise Boyer），他是王储导师、王储妃专用牧师，又是法兰西学院和巴黎皇家科学院的双重院士。至于同情启蒙思想家者，除了与太子对立的国王情妇兼助理邦伯度夫人（Madame Pompadour）以外，最重要的是主管出版事务的马尔舒约和负责巴黎市政的达尚松（Marc-Pierre d'Argenson，1696—1764），他们两人都位居要冲，所以能够屡屡令《百科全书》化险为夷，甚至对御前会议的决定亦敢于阳奉阴违。

③ 这战争由法、奥两个天主教国家与英、德两个新教国家对垒，而启蒙运动与英国关系密切，普鲁士国王腓特烈又极其尊崇达朗贝和狄德罗。此战最重要的结果是法国丧失了在北美洲的大片殖民地，此后英、法国势的强弱对比再也没有扭转过来。见Thompson 1965, pp. 270—280。

④ 这几乎闹成外交风波，至终引来当地教士联合会正式抗议，要求出版当局撤回该词条。

⑤ 爱尔维修出身医药世家但深受启蒙精神感染，《论心智》（*De l'Esprit*）在1758年7月出版，它试图从上帝和宗教以外寻求道德基础，这表面上是无害的理论探讨，其实像《鲸鲵论》和《伦理学》一样，也同样犯了教会大忌。

随后也打退堂鼓，只有狄德罗仍然坚持继续。跟着局面急转直下，第八卷的出版陷于停顿，1759年1月检察总长对巴黎议会（Parlement）宣称《百科全书》是颠覆宗教和王权的全国性阴谋，两个月后王室下诏谴责和压制此辞书，并吊销其出版执照，等于宣判了它的死刑。但在此绝望境地，面临破产的出版商和坚强不屈的狄德罗还是找到了生路，那就是争取得许可继续出版与《百科全书》相关的图录；与此同时，狄德罗在马尔舒约的庇护下继续秘密编辑其余各卷[①]。其最终结果是：余下十卷即第八卷至第十七卷同时在1765—1766年趁耶稣会遭受灭顶之灾的时机集中全部出版[②]，而11卷图录则在1762—1772年逐卷公开出版。经过二十二年奋斗，《百科全书》至此终于得以完成大业。而在此之后大半个世纪间（1768—1832），它还出现了许多补充版、再版和扩充版，显示出它的生命力是如何充沛和顽强[③]。

启蒙运动的宣言

那么，这套如此搅动西方思想的《百科全书》到底是怎么一回事呢？这可以从它所宣示的宗旨和实际内容两方面来看。前者见于达朗贝的"初步论述"（Preliminary Discourse），亦即整套辞书的总序[④]。

它最值得注意的，无疑是有关知识进步历史的部分。它承认古代的成就，但未加讨论就说："古人所留给我们的几乎所有类型杰作被遗忘了十二个世纪之久。科学和文艺的原则被遗忘了……对自然的深究和对人的探索被无数关于

[①]　由于《百科全书》是缴款预订的，在它被吊销执照时，出版商还欠约4000位读者每人72里弗（livre），统共将近30万里弗之数，倘若强迫偿还则会导致破产，因此双方都要蒙受巨大损失。由于当时政府十分重视保护产权，又误认为图录不如文字有害，所以出版商能够取得继续发行图录的许可。至于此后的编辑工作，由于牵涉许多作者，编者和作者必须经常联系、商讨，大量稿件还得长期储存，所以其实无法秘密进行，它毋宁是在马尔舒约等保护下的半公开工作。在最紧急时，大量稿件甚至就储存在马尔舒约的办公室里，所以在保守人士看来，他无异于促成《百科全书》的幕后黑手。

[②]　耶稣会直接隶属罗马教廷，但颇能够得到某些有力王族支持，他们的死对头是詹森派教士（Jansenists），后者的大本营是代表法国地方势力的巴黎议会。1762年法国耶稣会由于其在西印度群岛分会的破产纠纷而被巴黎议会追究，他们未经深思熟虑就公开了向来守密的总会章程，以证明不必为破产负责，议会由是转而追究章程的其他规定，判断该会是颠覆王室的外国势力，至终导致法国耶稣会在1764年被强制解散，所以一年后《百科全书》赶紧出版其余十卷。在此之后耶稣会在欧洲其他国家也陆续被解散，它所代表的是集权民族国家兴起，罗马教廷跨国势力之衰落。详见Vogel 2010。

[③]　《百科全书》这最后阶段的历史详见以下专书：Darnton 1979。

[④]　此序言发表于第一卷开头，分知识的起源和结构、知识进步的历史、《百科全书》内容简介、作者介绍等四部分。它有下列英译单行本：d'Alembert/Schwab 1963。

抽象形而上个体的无意义问题取代——那些问题无论如何去解决，都得用诡辩，也就是思想的歪曲。"换而言之，他将基督教主导的4—15世纪那段漫长的历史定位为堕落和黑暗时期，在其中亚里士多德学说和经院哲学主宰一切。因此，知识的重新累积是从文艺复兴运动开始，但其初也还只是"对古代的盲目崇拜"[1]。真正的进步要等到16世纪：他所推崇为"人类都应该拜服"而"希腊会为他们立像"的四位大宗师依次是"英国不朽的大法官"培根、"有名的几何学家兼哲学家"笛卡儿、"能够赋予哲学不变形式"的"伟大天才"牛顿、"将形而上学还原为它所应有形式，即灵魂之实验科学"的洛克；当然，除此之外，还有伽利略、哈维、惠更斯、帕斯卡、马勒伯朗士、波义耳、维萨里、莱布尼兹等。而与他同时代的那些重要思想家诸如伏尔泰、孟德斯鸠、卢梭也都通过他们的作品得到不点名的揄扬[2]。

　　换而言之，它全面肯定过去一个半世纪间以科学和实验哲学为主导的思想巨变，有意识地将其中主要人物和他们的大量贡献分别轻重胪列出来，从而宣示，他们当初虽然只是孤立的个别学者，但在18世纪中叶则已经形成了一个与基督教文化截然不同，而且可以与之相颉颃的崭新运动、新传统，而《百科全书》的使命，正是要为这个运动竖起鲜明旗帜，凝聚各方力量。"初步论述"最后列出了这套丛书的作者，那不啻是宣示阵容的"点将录"了。所以，这篇洋洋洒洒五六万字的序文被称为"启蒙运动的宣言"是非常确切的。

多元理念与民主意识

　　在西方，《百科全书》是套空前（但却非绝后）庞大的辞书[3]，达朗贝的"论述"道出了主编的意图，即是发扬从文艺复兴以来出现的新科学、新哲学。但它的真正面貌其实比此更为宽广复杂，这可以从它的全名《百科全书：科学、文艺与工艺的理性辞典》（*Encyclopédie, ou dictionnaire raisonné des sciences, des arts un des métiers*）窥见一斑。首先，除了科学和文艺以外，

---

[1]　见d'Alembert/Schwab 1963, pp. 61-71，征引语句在pp. 61-62，作者译文。

[2]　见d'Alembert/Schwab 1963, pp. 74-100。但他很明智地没有提及《哲学书简》这本著作，连《法律的精神》也没有直接提到书名。

[3]　将它和差不多同时的《四库全书》（始编于1773年，九年后完成）相比，则小巫见大巫了：它的篇幅、字数（18000页，约2000万字）只及后者（230万页，约8亿字）的2%左右。但两者自不能相提并论：《百科全书》是有系统的原创性民间辞书，和官方动用巨大人力搜求现成古今书籍然后集中编修的丛书，在性质上是完全不同的两回事儿。

它还包括大量向来不为学者看重，可谓不登大雅之堂的"工艺"（trades and crafts）词条，诸如"黄铜"（Brass, *Laiton*）、"水泥工艺"（Masonry, *Maçonnerie*）、制纸、炼盐等，其分量可能占到全书整体的四分之一。它们的描述详细、精确、先进，而且往往是得之于观摩、考察乃至实地研究，令人想起两个世纪前阿格列科拉和帕里斯等先驱的工作[1]。

对工艺的重视当是由于狄德罗的影响，因为他的父亲是高级制造师，他从小接触、亲炙精密手工作业，明白其对社会的重要性和价值。而且，工艺本身虽然不牵连意识形态，但在辞典中将它与科学、文艺放在同等地位就有明显含义，即知识是多元的，在知识殿堂中工艺也有一席之地；而如此引申开去，则难免会得出人的地位也是平等的，在社会上工匠也同样有尊严和价值那样的观念。事实上，启蒙思想家大部分属于富裕的社会中上层，即来自小贵族、富商、律师、军官家庭，政治观念大多十分保守，倾向于温和改良。狄德罗却是例外：他来自社会中下层，所以在推动启蒙事业特别是《百科全书》的出版上，态度特别热烈而坚定，在政治取态上也最同情下层，最倾向于追求民主。他终身未能进入法兰西学院或者巴黎皇家科学院而成为建制一员与此不无关系，而且是有象征意义的。

八、理性时代的来临

《百科全书》全名中另一个重要的词语是"理性"（reason），这可以说是贯穿整部辞典的核心精神，即知识之进步必须以理性为准绳。但何谓理性？"理性"与"迷信"的判分标准是什么？这不是个简单问题，因为亚里士多德哲学与科学同样以理性为圭臬，而中世纪以阿奎那为代表的神学系统之如斯庞大细密，也正是因为全面吸收了亚里士多德学说与方法；更何况，西方法学史权威伯尔曼（Harold Berman）更将中古教会的法理学（Canon Law）称为"现代科学的雏形"。所以虽然兰姆、帕特利兹早就竖起反叛亚里士多德的大纛，而哥白尼、开普勒、伽利略、沃利斯、惠更斯等也累积了大量科学发现，但这个问题始终隐而不显，没有被正视。

培根可能是开始认真面对这问题的第一人，笛卡儿则是首先深入思考，

---

① 这方面的整体论述见Wilson 1972, pp. 483-484；至于有关作者撰述工艺词条的实际方法和程序则在d'Alembert/Schwab 1963, pp. 122-126有详细讨论。

并试图提出解决方案的人，但他们的观念南辕北辙，都不能够应用到具体科学问题上去而得出令人信服的结果。牛顿《原理》的出现才从根本上改变了这个局面：它展现了一套解决大量悬而未决物理学问题的系统性方法，同时提出他称之为所谓"实验哲学"的观念，那可以说是培根和笛卡儿精神之融合。但为了我们在本章开头讨论过的原因，这一套学说却长期未能为欧陆学者接受。莫泊忒、伏尔泰以至狄德罗、达朗贝等科学家、启蒙思想家的重大贡献，就在于令欧陆学者放下笛卡儿哲学的包袱，全面转向牛顿理论和实验哲学[①]——由是为"理性"带来全新的、有具体操作意义的了解。至此，西方才终于能够彻底抛弃亚里士多德和阿奎那，进入所谓"理性时代"（The Age of Reason）。

那么，从18世纪开始涌现的"现代理性"和自亚里士多德就已经建立起来的"传统理性"有何分别呢？最根本的分别当在于，后者是在传统中建立起来的一套理念和方法，它隐含对于传统体制、观念、见解、学问的尊重甚至服从，因此人能够运用心智去推理的范围是有限制的。现代理性则不再承认有这个限制，因为牛顿的大发现一旦被充分理解和接受，他那一代人就意识到培根和笛卡儿的基本观念其实是对的：人完全可以凭自己的智力来解开宇宙最深层的奥秘，也就是掌握大自然最精确的规律。而倘若如此，那么传统宗教、政治观念和结构自然也就失去它们的神秘光环、它们的魅力，而变为可以自由批判、讨论，甚至断然改变的了。

康德有名言："启蒙是人从自加于自身的指导中解放出来。……鼓起勇气运用自己的理性吧，那就是启蒙的口号！"[②]他的意思是：人是被各种传统体制所束缚的，它们虽然根深蒂固，历史悠久，但仍然应该由我们自己运用理性来重新审视，重新衡量，重新判断。这样，紧随启蒙运动，欧洲就迎来了法国大革命，以及随后的连串政治与社会动荡和巨变，那恐怕是康德或者他同时代任何一位哲学家都不能够预见的，但以今日的后见之明看来，却是再自然不过了。

当然，我们今天已经意识到，在人类进化的任何一个阶段，它所能够掌握和运用的理性总是有限度的，而后果也往往无从预测。这表现于法国大革

---

① 达朗贝在"初步论述"中用了相当篇幅来说明这个（对于法国人而言相当尴尬甚至痛苦的）转变，并且直接提到了莫泊忒的工作。见d'Alembert/Schwab 1963, pp. 80–83, 87–92。

② 见康德在1784年发表于《柏林月刊》的短文《何谓启蒙？》，转引自Kramnick 1995, p. 1，作者译文。

命所带来的大混乱和大恐怖，也同样表现于20世纪再度出现的科学革命，以至今日科技飞跃发展所带来的社会巨变。所以，理性不仅仅是为人类心灵"祛魅"（disenchantment），而且还导致社会的长期变革和动荡。它的底蕴何在，最终是否有止境，即使到了21世纪的今天，也还不是我们所能够参透的。不过那些都是题外话了，下面我们还是要回到本书的中心问题上来。

总　结

　　现代科学为何出现于西方？这问题表面上千头万绪，错综复杂，但答案可以很简单地归结为：因为它有延续了两千年以上的西方科学大传统作为根源，它就是这传统经历两次革命之后的产物。说得深入一点，这传统形成于毕达哥拉斯教派与柏拉图学园融合之后，在公元前4世纪发生的新普罗米修斯革命；此后两千年间它吸引了无数第一流心智为之焚膏继晷，殚精竭虑，由是得以在不断转移的中心——克罗顿、雅典、亚历山大、巴格达、伊朗、中亚、开罗、科尔多瓦、托莱多、巴黎、牛津、北意大利、剑桥等许多不同城市、区域长期发展和累积，至终导致了17世纪的牛顿革命与突破，现代科学于焉诞生。因此它是拜一个传统、前后两次革命所赐，亦即是一方面继承，另一方面叛逆西方科学大传统的结果。本书千言万语所试图说明的，不外乎这么一个基本事实。

一、西方科学大传统

　　以上的说法好像只是概括、复述历史，其实不然。它是有实质内涵的，那就是西方科学传统的整体性。这表现于两个方面：首先，这传统并非一堆孤立观念、学说、发明、技术、人物的集合，而是从某些共同问题和观念所衍生出来的成套理论、观察、论证、方法，它们互相结合，成为具有发展潜力与方向的有机体系，在此体系下又产生不同流派。其次，这传统有强大延续性，它不但在某些时期内蓬勃发展，而且经过移植或者长期中断之后，仍然能够凭借其前的观念、理论而重新萌芽、滋长。我们认为现代科学是拜此大传统以及开创它和结束它的前后两次革命所赐，所指就是这传统实为一有机、有生命力的整体，其各个不同部分，亦即上述历程中的每个阶段、每个方面，对于促成现代科学之至终出现都各有其贡献和重要性。

概括地说，公元前6世纪至前3世纪是这大传统的诞生时期，在其间古希腊宗教、神话以及埃及、巴比伦远古科学传统通过融合、蜕变而产生了多个相互关联、影响的不同流派，包括自然哲学、毕达哥拉斯教派、柏拉图哲学、严格证明的数学、亚里士多德科学、通过观察和推理建构的医学等等。它们的目标、观念、取向各异，但都以理性探究为基础，形式上着重论证、问难和竞争，而且从柏拉图开始，都留下了相当详细的典籍。需要强调的是，这大传统所产生的思想、方法、发现、价值取向构成了西方文明最早，也最根本的内核，其影响一直延续到两千年后的哥白尼、伽利略、开普勒与牛顿[①]。在这个宽广、活跃、激动人心的基础上，亚历山大科学家进一步在数学、静力学、天文学乃至机械学、医学、地理学等各方面将古希腊科学发展至极致。在罗马帝国时代希腊科学的创新能力衰减了：这是新毕达哥拉斯学派和新柏拉图学派兴起、发展的时期，也是灵智教派、炼金术、魔法等"小传统"形成的阶段，它们将在日后发挥微妙而不可忽视的作用。到了帝国晚期，编纂家虽然不能深究希腊科学、哲学的精义，却保存了它的大体观念与向往，并且将之广为传播，这成为在度过五百年大混乱时期之后，科学还能够在欧洲复兴的契机。

在西罗马帝国覆灭后三百年，意想不到地，希腊科学与哲学传统为伊斯兰世界所移植和继承，其后更蓬勃发展。伊斯兰科学曾经被认为仅有保存和传承之功，但时至今日，它的多方面创新已经被广泛认识和承认——我们只要想到代数学、三角学、位置记数法、光学、炼金术上的大量发明，还有图西和沙提尔对哥白尼的影响，就不可能再有任何疑惑了。同样，中古科学也曾经被认为无非是错误思想与反动根源，这种观念在20世纪初由于迪昂的开创性工作而开始动摇，最近数十年则为更平衡和成熟的看法取代。现在我们知道，中古科学并非没有观念和方法创新：格罗斯泰特的实验科学观念、费邦那奇的数学、西奥多里克的光学，还有邓布顿、布里丹、奥雷姆对伽利略的影响都是强有力的例证。从抽象理论转向观测与实验证据，以及通过数学来寻求地上现象的规律，这两个趋向于现代观念的转变都是从中古开始的。

---

① 克伦比在《欧洲传统中的科学思维方式》中将西方科学思想方式分为：从假设寻求原则与方法、以实验检验理论、以实验探究复杂现象、模型建构、通过类型学了解大自然，以及概率分析等六种形式，古希腊科学思想基本上属于"假设推理"形式，但是与"类型学"，与"概率分析"也有关。见Crombie 1994, Vol. 1, pp. xxi–xxxi。

从中世纪踏入近代的转捩点是15世纪。其时文艺复兴（特别是人文主义）以及奥图曼帝国进逼掀起了希腊热潮，它对欧洲学术产生的刺激使得数理科学的研究重新获得强大动力，那是导致现代科学革命最直接，也最重要的因素。当然，除此之外，东方传入的火药、印刷术、磁针等新事物导致了王室集权、民族国家兴起、宗教革命、远航探险、知识广泛传播、学术与实用技术结合等无数影响深远的事件，由是撼动整个欧洲的政治、社会结构，这大环境的巨变对于现代科学革命之出现自然也有非常密切的关系。

以上只是粗略梗概，在它背后和各个转捩点还有许多需要探究的问题，那在本书各章只能够简略提及甚或必须径直略过，这在下面再分别做简短讨论。

二、希腊科学：起源与停滞问题

希腊科学是现代科学遥远但强大的源头，这是科学史家公认的，虽然也并非没有异议[①]。我们要在此讨论的是另外两个问题：首先，是希腊科学本身的起源，即它为何出现，特别是它为何会发展出具有高度理论性与批判性的特征；其次，是它的结束，亦即它为何停滞，而没有能够继续往前发展，在当时就完成两千年之后才姗姗来迟的现代科学之突破。

希腊科学的起源

希腊科学起源于公元前6世纪至前4世纪所谓"轴心时代"，然而并没有被雅斯贝斯列入"轴心文明"行列，这当是因为它以理性探究为特征，与其他主要文明之以宗教信仰或者哲理为思想模式，以人生为终极关怀不一样。因此它起源问题的重点在于"为何如此"，这比之"为何在此时"显然更有迫切性。从这个观点看来，克拉格特（Marshall Clagett）将技术进步、字母的发明亦即文字应用、对邻近远古文明的吸收，乃至其早期神话的影响等等作为刺激希腊自然哲学发展的原因并没有很强说服力，所以后来遭到希腊科学史家劳埃德（G. E. R. Lloyd）逐点反驳。后者认为，对自然现象的好奇与

[①] 李约瑟在这方面的不同意见我们已经在"导言"讨论过，至于中国学者的类似甚至更激烈观点见席泽宗：《古希腊文化与近代科学的诞生》，《光明日报》1996年5月11日第5版；《关于"李约瑟难题"和近代科学源于希腊的对话》，《科学》1996年4月，第32—34页；《科技中国》（北京）2004年12月，第50—53页。

探讨是许多民族所共有的，希腊科学的特征是对自然现象的理性论述，以及就此为本派见解与其他派别辩论、竞争。他从而指出，希腊城邦政治体制所要求的全民政治（包括法律审判）参与，以及经常性的全民宪政论辩，正是产生这种习惯、心态的基本原因。此说重要证据之一，是希腊科学始祖泰勒斯与推行希腊宪政改革的主要人物梭伦属同一时代[①]。

　　劳埃德的观点似乎过分强调政治体制的影响，而忽视了更根本的因素。如所周知，希腊城邦政治是由其支离分隔的滨海地理环境造成，这环境一方面限制城邦规模，使得个人相对于城邦整体有更高地位，更大自主空间，另一方面则令依赖个人主动性的航海与贸易成为谋生的自然途径。如我们在第二章所指出，在此环境中个人心智与推理、幻想能力得以自由发挥，这可能是其发展出推理和论辩式科学的原因。因此，政治与科学之间未必有直接因果关系，但这却不排除它们有共同根源，甚且是互为因果，互相促进。哲人如泰勒斯和尤多索斯在本邦获得很高政治地位，毕达哥拉斯甚至一度成为整个南意大利的政治领袖，这都可以作为此观点的旁证。另一方面，科学在诸大河流域文明中虽然有更为悠久的历史，却始终不能够脱离实用技术形态，那可能是在这些文明的绝对王权体制之下，个人心智难以自由发挥使然。因此，无论对于希腊或者其他古老文明，地理环境都可能是塑造政治、哲学、科学发展形态的重要甚至决定性因素。

　　但希腊科学独特和重要之处并不仅仅在自然哲学，而更在于"新普罗米修斯革命"，即以严谨论证为特征的数学，它与所有古代文明中的实用型计算都迥然相异，而这既是现代科学的起点，也是其最终基础。如第四章所详细论证，这种数学起源于无理数的发现，而根源则在毕达哥拉斯神秘教派。因此，西方科学的真正核心问题其实是：为什么公元前6世纪的毕达哥拉斯能够糅合地中海东岸那许多完全不相同的文明传统，而创造出结合宇宙奥秘探索与永生追求的一个特殊教派，在教派覆灭之后其精神又仍然能够通过柏拉图学园传之久远和发扬光大？本书已经对于毕达哥拉斯的背景以及上述融合、蜕变过程做了详细论述，但说到底，希腊之出现"新普罗米修斯"和印度之出现佛陀、中国之出现孔子一样，恐怕都只能够归结为广义的"轴心文

[①]　有关技术、字母、神话等作为自然哲学兴起原因之提出见Clagett 1957, pp. 21–22的简略讨论。劳埃德对希腊科学起源的整体讨论见Lloyd 1979, Ch. 4；他对前说的不点名批判见同书pp. 234–240；至于他有关政治体制影响科学的详细论证则见同书pp. 240–264。

明"现象，至于其"所以然"，则恐怕不是历史分析所能够充分解释、穷尽，或者化约成为更根本因素的了。

希腊科学的结束

从泰勒斯到托勒密前后有七八个世纪之久。在此八百年间希腊科学蓬勃发展，获得令人惊讶、赞叹的成果，但此后则失去创造力而陷入停滞、衰落。这是为什么？这问题在第七章已经触及。一般学者认为——我们也同意——衰落是由文化环境变迁所造成的：以实用为尚的罗马贵族宰制了地中海世界，以信仰为尚的基督教和其他教派则俘虏了民众心灵，在这两种强大对立思潮的冲击下，希腊科学再也无法鼓动第一流心智，吸引第一流人才。当然，也有人认为，即使在托勒密以后，它仍然说不上"衰落"，只不过是"稳定"下来，再没有新发展而已[①]。

但与此相关而更尖锐的问题是，在阿基米德、阿波隆尼亚斯、阿里斯它喀斯诸大师的全盛时代之后，希腊科学何以不能够继续发展，当时就完成现代科学突破，反而从公元前2世纪开始，就丧失创新活力，趑趄不前，以致要等到一千八百年之后方才由哥白尼、伽利略、开普勒、牛顿等接续未竟的大业？这质问完全无视于伊斯兰和中古科学的重要和不可替代贡献，所以在今天看来好像十分无理，但它出现于20世纪上半叶，也就是在此等贡献还未曾被广泛认识的时代，因此是可以理解的。而且，讨论这问题逼使我们认识希腊科学的外在与内部两方面限制，同时也凸显了现代科学突破所需要的条件[②]。

所谓外在限制的观点，首先由受马克思思想影响的学者法林顿（Benjamin Farrington）提出。他认为：从柏拉图和亚里士多德开始，希腊人就偏重诘难和理论，亦即企图通过单纯的推理与构想能力来理解世界，而未曾意识到观测、实验的重要性。这种思维方式是从普遍使用奴隶劳力发展出来的：它一方面令社会上层获得从容、自由探究大自然的兴趣和余暇；另一方面则养成轻视劳动、生产力和实用价值，轻忽实际观测，过分依赖思维的习惯[③]。至

---

① 希腊科学在罗马时期只是平稳延续而非衰落之说见Clagett 1957, pp. 115–118；他所提出有关停滞的原因与这里的观点大致相合，见同书Chs. 9, 10。
② 关于这方面的众多讨论，柯亨有全面介绍和评述，见Floris Cohen 1994, §4.2, pp. 241–260。
③ 这观点首先在1944年提出，见Farrington 1949, i, pp. 133–149。在原本出版于1936年的著作中他只稍为提到实验与亲自动手的重要性，大部分讨论集中于宗教问题，见Farrington 1969, pp. 130–147，并见Sambursky 1987, pp. 227–231。

于以色列社会学家本戴维（Joseph Ben-David）则着眼于科学的社会功能。他认为，古希腊自然哲学家在社会上只是处于边缘位置的特殊人物，而并没有正常社会地位与功能，因此人数稀疏，学说无法广泛传播，科学亦因此无法脱离哲学而独立发展。到学宫时期，这个状况改变了：王室的赞助使得科学专业化成为可能，希腊科学由是在公元前3世纪达到巅峰。但这个基础并不稳固，它是缺乏广泛社会认同的，因此随着托勒密王室衰落，科学也就迅速失去继续发展的可能性[1]。

从内部限制立论的观点也有不少。另一位以色列学者山布尔斯基（S. Sambursky）认为，古希腊科学尚未曾完全摆脱宗教根源，这见于其宇宙观（例如反映于亚里士多德学说者）基本上是有机、整体相连、以目的论（teleology）为基础的，现代科学则是以数学为基础的机械性宇宙观，是高度"人为化"的"自然之解剖"，两者截然不同。"我们将生物学化约为化学和物理学，希腊人却将生物学的观念与思想过程应用于物理现象"，因此阿基米德的实证科学缺乏进一步发展的思想环境[2]。然而，很吊诡地，荷兰学者胡艾卡斯（Reijer Hooykaas）却认为，基督教的上帝为全能之观念，正是日后得以打破这种自然宗教观的关键因素[3]。另外一位荷兰学者底泽斯特海斯（E. J. Dijksterhuis）则指出，希腊几何学虽然精妙，但运算方式非常落后，这须得由伊斯兰和印度数学加上其在文艺复兴时代的持续发展来补足[4]。最后，柯瓦雷对此问题有相当激烈、完全不同的意见，这留待下文讨论。总的来说，所有这些观点所共同面对的核心问题，无非就是古希腊与现代科学之间的差距所在，因此在讨论导致现代科学革命的各项因素时，它们都会重新浮现。

三、伊斯兰与欧洲中古科学

伊斯兰科学和欧洲中古科学是连接希腊与近代科学的纽带，科学在这两个阶段的相关发展已经分别在第八章和第十章讨论过。本节要讨论的，主要是以下两个问题：首先，在最新发表资料的基础上，重新审视伊斯兰科学与

---

① 见Ben-David 1971, pp. 33–44。该书重点在于科学近代发展的比较研究，但对于科学与哲学之间的关系，以及科学通过专业化而充分发展所需要的社会条件，亦皆有深入论述。

② 详见Sambursky 1987, pp. 231–244，引文见pp. 241–242。

③ 见Hooykaas 1972, pp. 3–16。

④ 有关希腊数学缺陷的讨论，见Dijksterhuis 1986, i, pp. 59–66。

现代科学的关系；其次，则是大学体制在西方科学发展中的作用。

伊斯兰科学与文艺复兴

　　过去一个世纪间，我们对于伊斯兰科学的认识一直在修订和变化中。在其初，它只被视为古希腊与中古欧洲之间的桥梁，也就是其阿拉伯文译本为欧洲保存了古希腊典籍；其后，它在数学、炼金术、医学等领域的原创性贡献逐渐被认识，但这些被认为早已经融合到中古科学中去，也就是都已经通过12世纪拉丁翻译运动"交棒"了。到20世纪50年代，上述观念再一次被打破：颇具震撼性的马拉噶学派以及撒马尔罕天文台研究显示，13—15世纪伊斯兰天文学和数学仍然蓬勃发展，而且其成果对哥白尼有重要影响。甚至，那还不是定局，沙里巴在其2007年新著论证，文艺复兴时代曾经有相当数目的伊斯兰天文学文献和仪器流入欧洲，当时西方国家亦不乏通晓阿拉伯文的学者和技师，这就为哥白尼直接受图西和沙提尔影响的可能性提供了解释。它更提醒我们，16世纪上半叶正值苏莱曼大帝在位，那是奥图曼帝国的全盛时代，因此伊斯兰世界对欧洲的冲击不仅仅限于军事和政治，也大有可能及于科学与文化，虽然具体细节还有待探讨[①]。这样就清楚显示，在伊斯兰和欧洲科学之间最少有三四百年（约1200—1550）甚至更长的平行发展与交流时期。因此，在20世纪对于伊斯兰科学的重要性以及其活跃时期的估计虽然已经提高，但可能仍然是严重不足的。

　　这样一来，究竟是什么原因使得伊斯兰科学未能出现自发性现代科学革命，反而从16世纪开始衰落的问题就更形突出了。这显然比"李约瑟问题"更迫切、更重要和有意义得多，因为直至15世纪之初即卡西的时代，伊斯兰科学最少在天文学和数学方面仍然遥遥领先于欧洲，这是无可置疑的。对此问题沙里巴并不接受传统解释，即旭烈兀毁灭巴格达，从而彻底摧残伊斯兰科学根基之说，或者伊斯兰宗教与科学的冲突逼使后者衰落之说，因为这两件事情都发生于13世纪或以前，但此后伊斯兰科学还继续发展了两个世纪，

---

① 沙里巴在Saliba 2007, pp. 196–209重新追溯哥白尼受图西、乌尔狄、沙提尔等伊斯兰天文学家影响的证据，然后在同书pp. 210–232提出当时欧洲学者和技师直接而非通过翻译受这种影响的证据，这主要是基于：（1）在欧洲各主要图书馆所发现，上有拉丁文评注的多件阿拉伯天文学手稿，包括图西的《天文学论集》（al-Tadhkira），而这个手稿是由曾经出使伊斯坦布尔，后来曾经短期出任巴黎大学数学与东方语言学教授的波斯特尔（§11.4）所购藏；以及（2）欧洲博物馆中所藏，兼有阿拉伯制部件与欧洲制部件的复合星盘。

甚至直接影响欧洲文艺复兴，而且马拉噶学派正是在旭烈兀赞助下兴起。他自己提出来的解释则颇受李约瑟影响，其核心观念是：欧洲科学崛起和超前的关键在于新大陆之发现以及由此带来的大量财富，这使得各国有余力资助学会，促进科学上的探讨和竞争；相形之下，土耳其、伊朗、印度等三地的伊斯兰帝国则逐渐萎缩，其科学文化的发展亦同告衰落[①]。

我们对此观点完全不能够认同。首先，它不可能解释一个基本事实，即在14世纪与15世纪之交的卡西（1380—1429）以后，伊斯兰就再也没有产生具同等地位的伟大科学家，而这比哥伦布发现新大陆早大半个世纪，比美洲金银大量流入欧洲早足足一个世纪[②]。事实上，文艺复兴高潮与奥图曼帝国的全盛时代，亦即自君士坦丁堡陷落以迄苏莱曼大帝统治结束（1453—1566）的那一个世纪是同时的。此时伊斯兰科学容或尚未中断，却无论如何再说不上有何突出表现。更何况，从非洲和新世界获得大量财富的葡萄牙和西班牙在此时期也没有科学上的突出表现。因此，将海外探险、财富、经济与科学发展直接挂钩虽然很有吸引力，其实是难以成立的——最少直至17世纪末期仍然是如此[③]。如第八章所提出的那样（§8.10），伊斯兰科学发展之所以至迟在15世纪就碰上"玻璃幕墙"的原因，恐怕还当求之于文化因素，特别是其"高等学院"基本上以宗教为取向这一事实。

欧洲大学与科学发展

从座堂学校发展出来的大学是中古欧洲所发明最重要、影响最深远的体制之一，它对于科学的巨大促进作用是毋庸置疑的。但说来吊诡，现代科学却大部分是在大学体制以外发展出来的，例如：泰特利亚是私人数学教师；卡尔丹诺是名医；邦贝利是水利工程师；哥白尼是小城教士；第谷是国王宠臣和受国家赞助的天文学家；开普勒曾经出任"宫廷数学家"，其后颠沛流离大半生；培根是政坛红人；笛卡儿周游列国，但主要倚靠家财独立生活；波义耳出身贵族，承受丰厚家产；惠更斯家世显赫，早年家居，成名后受巴黎皇家科学院供养；等等。当然，也有两个极重要的例外：伽利略和牛顿就的确是在大学校园内度过一生最重要的岁月，虽然他们在成大名之后也都各自

---

① 见Saliba 2007, Ch. 7。

② 美洲财富流入西班牙以白银为主，这从1530年开始，在1580—1630年达到高峰，见Lynch 1984, i, pp. 129–130。

③ 这一点本戴维早已经讨论过了，见Ben-David 1971, pp. 14–16。

另谋高就。不过，我们也不可忘记，所有这些科学家在青年时代（除了绝少例外，例如波义耳）都是在大学门墙内奠定一生学术基础，然后才在外成就大学问的。因此大学是社会上传授和研习知识的主要体制这一点当无疑问。

为什么中古以至近代大学不能够在科学研究上发挥更大作用呢？这基本上有两个原因[①]。首先，在观念、学风上大学仍然是亚里士多德陈旧思想的堡垒。虽然格罗斯泰特、大阿尔伯图、布拉沃丁、邓布顿、布里丹、奥雷姆这批中世纪学者曾经提出许多新思想、新方法，但它们始终表现为个别议论、见解，无从动摇亚里士多德那庞大、无所不包的学术体系。而大学之以讲解、注释、讨论经典文本为主要授课方式，自然更日益增强亚氏经典的权威。15世纪末掀起的新学风以数学和天文学为核心，那就意味着逐渐离开亚里士多德的思维，而向更早期、更注重数学的柏拉图和毕达哥拉斯传统回归，因此这一发展必须在守旧的大学以外另辟蹊径。当然，在受希腊热潮影响最深的意大利北部，诸大学情况不大一样，故此伽利略在帕多瓦大学如鱼得水，而牛顿在剑桥则踽踽独行，绝少与同事、学生交往，只有赏识、提携他的恩师巴罗和中学时代的前辈校友亨利摩尔是例外。

另一个原因则和科学的功能有关。直至17世纪初为止，科学家在社会上尚未获得稳固地位，这主要是因为科学并没有明显的社会功能，反而在宗教上颇有颠覆人心之嫌，所以其声望与法律、医学、神学等专业相去甚远。从此角度看，哥白尼在意大利研习医学与法律，卡尔丹诺以医术知名，第谷被迫攻读法律，都是为社会现实所决定，是顺理成章的。大学的主要功能在于训练上述各种专业人才，而科学则只不过是由于传统上有很强的尊重"四艺"观念，才得以作为基础学科在大学课程中占一席之地。所以，迟至17世纪大学中才慢慢出现为天文、数学等为科学设立的讲席。但即使如此，这地位还是很重要，因为它使得科学的研习制度化、正规化、普遍化，由是为科学人才的培养建立了长远、稳固社会体制。另一方面，这从属地位又为科学研究与新发展加上先天限制，使得有才华与雄心的科学家被迫在大学以外另谋安身立命之地。

整体而言，欧洲大学体制对科学有广泛的保存、教授和传播功能，但这功能只是附带的、从属的，而且大学本身有先天的强大保守性。在此情况下，秉承中古传统的大学不能够为科学提供突破性发展的条件实不足为奇。事实上，这状态一直要到18世纪才出现基本转变。

---

① 　以下观点见Ben-David 1971, Chs. 4, 5。

四、促成现代科学革命的因素

讨论了影响西方古代和中古科学发展的一些因素之后，现在我们来到关键时刻，要试图回答本书的核心问题了：到底是些什么因素孕育了以哥白尼为开端的近代科学之诞生，然后推动它不断扩展，最后导致牛顿革命的爆发和现代科学之出现？当然，如我们在本章开端所说，这是西方科学两千年大传统发展到成熟阶段的结果，而它在这最后阶段的进程以及影响这进程的许多因素，都在本书最后一部分即第十一至十五章详细讨论过了。我们以下所需要做的有两方面。首先，是将上述头绪纷繁的许多因素以及其彼此间的关系再提纲挈领，整理出一个要略；其次，则是对一些我们尚未讨论的特殊观点稍加评述——不过，它们的重要性如何，则有待读者自己判断或者进一步研究了[①]。

欧洲近代科学的渊源：希腊热潮

如我们在第十一章开头指出，将中古欧洲带入近代的有两个基本因素，即兴起于13世纪的蒙古大帝国，与14世纪的意大利文艺复兴运动。它们对于近代科学的出现也同样是关键因素。蒙古帝国混一欧亚，在十三四世纪间打开了东西方在北方大草原上的往来通道，由是中国的四大发明得以传播到欧洲，其中火炮为奥图曼帝国用作攻城略地的利器，至终导致君士坦丁堡陷落，东罗马帝国灭亡，由是导致大批希腊学者在此巨变前后纷纷携同典籍移居邻近的意大利北部城邦和罗马；而城邦元老、贵族也多次派遣专人东渡搜购珍本。另一方面，从14世纪开始，作为文艺复兴运动两个主要部分之一的人文主义兴起，拉丁和希腊古籍的搜求、收藏、阅读、研究、翻译早已经成为时尚，这股风气在东罗马学者和典籍涌入的刺激下，就掀起十五六世纪间的古希腊文化热潮，特别是对柏拉图、毕达哥拉斯等哲学家，以及对古希腊数学包括欧几里得、阿基米德和托勒密等大师著作的极大兴趣。

这个希腊文化热潮可以说是近代科学出现最重要也最直接的因素：从波尔巴赫、拉哲蒙坦那和哥白尼的天文学（§11.3-4），法兰切斯卡、帕乔利和

---

① 柯亨的《科学革命的史学史研究》即Floris Cohen 1994是对20世纪以来研究17世纪科学革命的众多科学史家的学说之全面、深入的回顾与评论，与本书探讨的核心问题关系密切，所以在"导论"与本章都颇多征引。此书已经有中译本，即科恩著，张卜天译《科学革命的编史学研究》（湖南科技出版社2012）。

卡尔丹诺的数学（§12.3-4），以至泰特利亚、可曼迪诺、圭多波度和伽利略的动力学（§13.2），还有雷科德、狄约翰、迪格斯等建立的英国数理天文传统（§12.3），无一不是在其孕育、熏陶、影响下发展出来的。换而言之，我们在第十三章开端所提出的，在1580—1660年那关键八十年间科学发展的七条脉络之中，最核心的天文、数学、力学都是和希腊热潮密切相关。所以我们说，现代科学革命无非就是以古希腊数理天文为核心的西方科学大传统两千年发展之最后阶段而已——当然，在此时它已经有了完全不同于古希腊的文化基础和社会经济环境。从此观点看，"为何古希腊科学不能够直接跨入现代"这问题就变得容易回答了：那是因为在十五六世纪，由于伊斯兰科学和中古科学的影响，西方科学传统已经脱胎换骨了。

所以，在我们看来，李约瑟和其他学者认为希腊数学与现代科学革命没有决定性关系的观点是不符合事实的，因此完全不能够接受。我们在上面所列出的大量证据清楚显示，导致现代科学革命的三条主要脉络恰恰都是由希腊热潮，特别是古希腊数学的复兴所触发；而至终牛顿在《原理》中所用的基本工具，也仍然离不开希腊数学。

在此，我们还应该提到19世纪末出生于俄国，第二次世界大战后移居法国并且经常在美国讲学的柯瓦雷（Alexandre Koyré，1892—1964）。他在20世纪30年代深入研究伽利略，指出动力学发展的关键在于伽利略之回归柏拉图及其数学原理，认为和亚里士多德所一贯宣称的恰好相反，即使是地上现象如"运动"也同样可以通过数学（亦即几何学）得到精确不移的理解。在他看来，这才是17世纪"科学革命"的真正转捩点——至于天文学新观念反而是次要，因为以数学理解天文现象即使在古希腊也从来没有争议[1]。以此发现为基础，他首先提出了17世纪"科学革命"这一观念，但又坚决认为，古希腊科学并无任何理由不可能跨过伊斯兰和欧洲中古，而直接发展出现代科学即动力学。这乍听似乎匪夷所思，但倘若我们记得地动说最先是由阿里斯它喀斯所提出来，而

---

[1]　柯瓦雷的成名作是出版于1939年的《伽利略研究》，其英译本为Koyré 1978（中译本由李艳平等译，江西教育出版社2002），以上论点的综述见该书pp. 201–209。有关柯瓦雷及其学说的综述，见Floris Cohen 1994, pp. 73–88；有关他观点的讨论，见同书pp. 322–328, 494–499。但最早指出伽利略为现代科学出现之关键的并非柯瓦雷，而是物理学家马赫（Ernst Mach），他1883年出版、1893年被翻译成英文的《力学科学》（*The Science of Mechanics*）即Mach 1960中已经指出此点。在此之前的第一部系统性科学史著作为19世纪剑桥哲学家赫威尔（William Whewell）的三卷本《归纳科学史》（*History of the Inductive Sciences*）即Whewell 1967（1857），但他所究心的是科学的整体进步而非科学革命，因此没有突出伽利略的历史地位。

牛顿虽然发明了流数法，但他在《原理》中所应用的却仍然是古典几何学，那么也就不能够说此观点毫无道理了。当然，17世纪欧洲的社会文化环境与古希腊完全不一样：大学、学会以及下文将会提到的印刷术、技师与学者的协作等新生事物，当然都对动力学的突破有帮助，不过，我们显然也无法论证这些外在的新生事物是必要条件。因此，也就不能不承认，柯瓦雷的纯粹"内史"观点虽然像是那么地激烈、极端，却也仍然不能够断然抹杀。

火炮、罗盘、印刷术

文艺复兴和蒙古帝国出现这两个西方近代史背后的原动力所带来的，除了希腊热潮以外，还有许多后果，它们对于近代科学出现的影响，有直接的也有间接的，不一而足。也许我们可以从两位培根，即13世纪的罗杰培根和17世纪的法兰西斯·培根都注意到的火药和罗盘说起。火药是君士坦丁堡陷落的关键，所以也是希腊文化热潮的源头之一，这上面已经充分讨论了。至于它首次为欧洲大规模应用，则是16世纪之初酷烈的"意大利战争"，它大大刺激了弹道学和抛射体研究。出生于米兰附近的泰特利亚和乌尔比诺的圭多波度可以说是这关系的纽带和象征：前者既是战争受害者又是军事科学和弹道学先驱（§12.4），后者出身军事家庭，自己也曾经从军，而同样深究弹道学（§13.2），至于在比萨和帕多瓦发现动力学原理的伽利略则如所周知，是深受圭多波度赏识和大力推举、回护的学者。他们三位的背景、经历有力地说明了火炮与动力学之间的关系。此外，圭多波度不但是致力复兴古典数学的可曼迪诺之弟子，而且他的名著《力学》也同样遵循古代几何学的严格法则，因此他又是实验精神与传统数学的交叉点，由是可见这两者的确是可以相互补足、并行不悖的。

至于磁针亦即罗盘的影响就比较复杂了。首先，它传入欧洲之后导致了航指图的出现（§10.5），以后更为欧洲的海外远航提供了基本条件（§12.6-8）。前文提到的胡艾卡斯对葡萄牙15世纪海外探险做仔细研究之后认为：在远航探险中所发现的大量新奇事物动摇乃至彻底摧毁了许多传统观念，例如亚里士多德认为热带不可居住、托勒密认为旱地俱在赤道以北等等，从而为新观念、新思想的兴起铺平了道路[1]。而16世纪地理大发现对学者观念产生重大冲击的最好证据也许就是：培根宣称知识必须直接求之于大自然本身，为

---

① 见Floris Cohen 1994, pp. 354–357的综述。

此他不但在《新工具》一书中举出哥伦布坚持个人信念终于得以发现新大陆的例子来鼓舞人对于求取新知的信心，其《大复兴》一书更用大帆船从远洋满载新知归来的图像作为封面来象征这个意念①。

除此之外，吉尔伯特的《磁论》是近代实验科学一个最重要的里程碑（§13.3），磁针的神奇作用又曾经深深吸引开普勒和伽利略，为他们提供所谓"超距作用"的例证，并使他们误认为这与月球所感受的吸引力有关②；此外牛顿也长时间为天体引力的根源所苦恼，最后经过实验与反复思索被迫放弃机械论和以太冲击的想法③，因此他不可能不注意到开普勒和伽利略的那些观念。但在提出万有引力观念的时候，他却强调这是从观测推断出来，而拒绝对其根源做进一步猜测或者解释，由是宣称"我不妄立假设"（§14.6）。因此，仅就17世纪科学革命而言，磁针、磁力对引力理论的发展虽然不无影响，至终则成为插曲。当然，李约瑟对此问题有完全不同的看法，这留待下文讨论。

印刷术对于欧洲文化的冲击也同样复杂和剧烈。德国的古腾堡（Johann Gutenberg，1400—1468）在15世纪50年代开设印刷店，这触发了欧洲的文化与宗教革命。我们只要记得拉哲蒙坦那雄心勃勃的科学出版大计，以及哥白尼曾经仔细研习印刷出版的波尔巴赫《新行星理论》、拉哲蒙坦那《星历》与《大汇编提要》、吉拉德翻译的《大汇编》等多种著作，还有可曼迪诺的庞大数学翻译计划也是通过印刷出版来推广，就可以窥见这文化传播方式的变革对于科学产生了如何巨大的促进作用。由于印刷书籍的普及，16世纪科学的学习、研究有了和以前完全不一样的条件：它的成本大大降低，抄写错误消失，传播速度提高，因而可以容许更多人参与，容许更多新观念在更短时间内产生影响④。

直接冲击以外，印刷术的间接影响也同样重要，而且很可能更为重要。如所周知，古腾堡革命是马丁路德宗教改革得以成功的一个最关键因素：

---

① 有关哥伦布西航的比喻见Aphorism 92, *The New Organon*，即Bacon/Anderson 1960, pp. 90-91；至于该图像则见图13.3。

② 见论述开普勒《新天文学》的Voelkel 2001, pp. 198-199, 237, 244等三处以及Galileo/Drake 1967, pp. 67, 95, 399-415。

③ 见Dobbs 1991, pp. 132-146。

④ 有关印刷术对科学发展整体影响的详细讨论见艾森斯坦的开创性工作：Eisenstein 1979, ii, Chs. 6-8；有关拉哲蒙坦那、哥白尼、第谷以及他们之间通过印刷出版而产生的互动，特别见同书 pp. 578-588。

"早期改革者一旦需要广泛支持的时候，就很自然地转向印刷。没有印刷宣传品的话，很难想象这运动可以发展得像实际那样快"，虽然对这翻天覆地的改革来说，"印刷是催化剂，是先决条件，但它本身并非原因"。不过，和原因其实也相差不远了，因为《圣经》的普遍化使得每一个人都有可能直接面对上帝，而这权利正是新教的基本诉求①。而对于科学革命来说，宗教革命恐怕也同样是先决条件。毕竟，罗马教会对于危险的，可能与《圣经》、教义有潜存冲突的新观念虽然也有放松警惕，甚至沉睡的时刻，例如在1533年哥白尼地动说在教廷演讲会上初度披露之际，或者1623—1624年教皇和多位枢机主教对伽利略表示亲善之际都是如此。但正如哥白尼始终婉拒将《天体运行论》送往教廷的请求，而且直至临终才决定发表这部毕生巨著的奇特决定所清楚显示的，教会对这些新观念有全面而巨大的抑制作用。而且，观念冲突一旦形成和表面化，像在1633年的伽利略审判中那样，罗马教会就可能变为新思想最坚定、严厉和凶猛的敌人。因此，宗教改革导致新教国家、地区出现，削弱罗马教会整体权威，这对于科学思想的自由发展和传播无疑起了重要保护作用②。所以，印刷术通过两条不同途径对科学产生了推动作用。虽然这两途都是间接的，通过宗教革命所产生的影响尤其迂回曲折，但其重要性仍然相当明确。

时间革命：机械钟的影响

被认为对科学革命有广泛影响的另一个新生事物是机械时钟，它基本上是以缓慢下落的重坠或者发条为动力源，以擒纵齿轮（escapement）为控动机制，以减速齿轮组为传动机制的装置。与古代水钟相比，它的最大优点是无论在精确度或者微型化方面都有极大发展的可能性。这个发明的源头并不那么清楚③，我们只知道它大约出现于13世纪末，最初是以重坠为动力，将近一个半世纪后即1430年开始有发条钟出现，自此不断改进，以迄可携带的钟表出现④。

---

① 见Cameron 1991, p. 6；有关印刷与宗教改革关系的详细论述见Eisenstein 1979, i, Ch. 4。
② 如§11.4所详论，早期新教教会对于新科学思想并不一定采取放任态度，但新教派别林立，它们对个别新思想的观点并不一致；而且新教在原则上赋予个人自由解释《圣经》的权利，因而在无形中消解了科学思想与教义的直接冲突。这方面的讨论见Ben-David 1971, pp. 69–74。
③ 关于欧洲机械钟与中国宋代苏颂水钟以及希腊古钟之间的可能关系见本书"导论"。
④ Landes 1983, pp. 76–84, 86–87。

　　当然，16世纪机械钟的精细和准确程度依然很有限，它可以应用于天文观测，但对于像伽利略所做的那些斜面落体实验却完全没有帮助[①]。因此时钟对于科学革命的影响仍然是间接的。这最少有两个不同方面。首先，时钟和其他精巧天文仪器一样，它们的制造都是当日的"高科技"，需要科学家与技师密切合作，由是打破了学者与工匠界限，养成科学家究心实际问题、尊重经验与事实的心态。在17世纪惠更斯为了解决在海上测定经度的问题而通过理论研究发明高度准确的摆锤钟，甚至以特殊装置令摆长随摆幅变化以增加精确，那可以说是理论与实验，科学与技术互为表里、互相促进的最佳例子。其次，时钟的不断发展令时间观念精确化、客观化，并且可能使时间脱离其"有机性质"，也就是时间受时序、生理变化、特定天文现象等自然过程所决定的观念，而变为科学理论中的独立、抽象变量。当然，这种影响非常间接而难以论证，但其可能性与重要性自不容忽视。尤达（Joella G. Yoder）说惠更斯"以几何学家的眼睛看物理世界"，对他来说"自由坠落只不过是抛物线；速度转变为曲线；变动中世界的瞬间事件可集合成面积"，正好说明数学和精确悬摆钟如何深刻地影响时间和科学观念[②]。

五、整体外部因素说

　　我们在"导论"已经提到，20世纪30年代是"外史"而非"内史"风行的时期，当时现代科学成因的讨论有两股强大思潮，它们认为，现代科学的真正根源不在科学或者文化本身，也不在火药、罗盘那一类物质性的因素，而在宗教和社会环境的深层影响，这可以统称为"整体外部因素说"。

　　第一股思潮的原动力来自基督教，它最少有三个不同流派。其中以迪昂的《世界体系》出现最早，影响最大，观点也最激进（§10.2）。他是虔诚而富有战斗性格的罗马天主教徒，主要论点是巴黎大主教的1277年谴责令是摧毁亚里士多德权威的关键，而布里丹、奥雷姆等中古学者的运动学、力学研究是伽利略力学的根源（§10.7–8）。换而言之，现代科学革命的真正源头其

[①]　根据推断，伽利略是以哼音乐拍子的方法来确定短促而固定时段的，见Drake 1978, pp. 88–90。
[②]　通过悬摆周期的物理学和数学研究，惠更斯是第一位精确测定时间的科学家，伦敦皇家学会甚至一度考虑将他的悬摆钟定为普遍时间标准，此段历史见Yoder 1988, pp. 148–163，引文见该书p. 173。牛顿测定音速也是用悬摆钟来计时的，见§14.5。

实是在罗马教会与中古学术，特别是巴黎大学[①]。其他两个流派分别以荷兰科学史家胡艾卡斯和美国社会学者默顿（Robert K. Merton）为代表。胡艾卡斯强调17世纪尊重自然现象、寻求自然规律，以及重视劳作（因而导致实验科学之出现）的心态都来自宗教意识，特别是对上帝的绝对服从。默顿则从韦伯的新教伦理导致资本主义兴起学说获得灵感，认为17世纪英国科学兴起的动力至少部分也同样来自清教徒的虔诚入世伦理（见§13.4，特别是第579页注①）——其实胡艾卡斯也持相同观点[②]。除此之外，耶茨认为赫墨斯思想和魔法等"隐秘科学"（occult sciences）热潮强调人可以通过特殊知识获得神奇能力，甚至控制精灵工作，在瞬时间与远方通信等，这事实上成为宣扬科学能力、掀起科学思潮背后之巨大力量，因此也是促成科学革命的重要因素（§11.5）。这当可以视为"基督教因素"的变奏。

第二股思潮的原动力则来自马克思主义。如"导论"所讨论过的，马克思主义对于科学史的影响主要来自20世纪三四十年代的苏联物理学家黑森以及流亡美国的维也纳学派历史学家赤尔素。此外上文提到的法林顿和我们详细论述的李约瑟虽然侧重点分别在古希腊科学和中国科学，但很显然，他们对现代科学革命的看法也同样是从此思潮衍生出来；甚至默顿的清教徒伦理说也同样与工匠、实验精神有密切关系，只不过他是从新教所倡导的入世精神而非资本主义来论证学者与工匠的合作罢了。此外从社会学观点来分析科学发展的还有上文提到的本戴维，他的《科学家之社会角色》所讨论的不只是古希腊科学，也一直延伸到中古、17世纪英国乃至现代美国科学。可惜他注意力并不集中于科学革命，因此没有在这方面提出特殊见解。

整体外部因素说反映了将宗教与社会学观点引入科学史的努力，这众多理论各有其学术根源，也各有创见，原则上都可能有部分真确性——也就是说，它们所提到的多种外部因素都有可能从不同方面对于科学革命产生实际促进作用。问题是，它们由于其本质所限，都只能够依赖相当间接、属于提示性质的证据，因此不可能得到确切证明，至于其彼此之间以及与其他因素之间的相对重要性，就更不可能衡量了。事实上，除了上述"整体性"外部因素以外，还有众多我们已经充分讨论过的"技术性"外部因素，例如印刷

---

①　有关迪昂见Floris Cohen 1994, pp. 45–53, 261–264。

②　胡艾卡斯的主要英文著作是其《宗教与现代科学之兴起》即Hooykaas 1972，其上述观点见该书 Chs. IV, V；有关胡艾卡斯和默顿的观点综述，见Floris Cohen 1994, pp. 310–321, 333–336。

术、罗盘、远航探险、火器、机械钟等，它们对于科学革命的促进作用至少有部分是更为直接和具体的。

从本节的讨论可见，导致现代科学革命的直接或曰近期因素既有来自文化传承者，也有属于宗教、社会、经济和技术范畴的，整体而言，真可谓错综复杂，不一而足。我们的看法是，倘若要单独突出或者排斥任何一个乃至一类因素，恐怕都不大可能成立或者令人信服。说到底，十六七世纪间欧洲文明经历了如此空前的动荡和变化，它每一个层面都强烈地相互交错影响，因此它们很可能全部都与现代科学革命有不可分割的关系。我们称之为"混沌中酝酿的科学革命"就是此意，因为我们知道，倘若系统是处于混沌状态（chaotic state）之中，那么它每一部分都和其他部分强烈互动，这是混沌现象的特征。

六、万里外的另类科学革命

1583年欧洲科学革命正处于蓄势待发之际：哥白尼的日心说已经发表四十年，但尚未引起重大反响，可曼迪诺已经去世，第谷在乌兰尼堡的天文观测正全面展开，伽利略刚要离开比萨大学，至于牛顿的巨著则还要足足一个世纪之后才会面世。但对于万里之外的中国来说，这一年是有特殊意义的，因为当时某个地方官做出了大胆行政决定，因而引发了一场中国式科学革命。

那年广东肇庆知府王泮得到两广总督批准，召澳门的罗明坚（Michele Ruggieri）和利玛窦（Matteo Ricci）两位耶稣会士到肇庆，随即拨地给他们建造教堂。这是个转捩点，它不但是天主教在近代再度进入中国的开端，也成为近代科学传入中国的契机[3]。二十年后刚中进士的徐光启在北京跟从利玛窦学习西洋科学、历算、火器，随后两人更合作将《几何原本》前六卷翻译成中文，由是成为中国士大夫乃至皇帝讲求"西学"亦即西方数理科学的起点[4]。在此后百余年间，出现了像瞿式耜（1590—1651）、李之藻（1565—

[3] 必须强调，这仅仅是就近代而言。在历史上各种外来宗教（包括天主教，特别是其支派景教即Nestorians于唐代来华）很早就进入中国传教、建造寺庙教堂、传入域外学术，其事可谓不绝如缕。见方豪著《中西交通史》上下册，即方豪1983。
[4] 《几何原本》对17世纪中国科学有极大冲击，此译本以及其翻译过程与影响有下列专著论述：Engelfriet 1998。

1630）、孙元化（1581—1632）、李笃培（1575—1631）、方中通（1633—1698）、李子金（1622—1701）、杜知耕、王锡阐（1628—1682）、梅文鼎（1633—1721）、梅文鼐（1641—?）、梅谷成（1681—1736）、庄亨阳（1686—1746）、陈厚耀（1648—1722）等一大批天算家。他们或在传教士协助下从事西方典籍翻译，或自行研究、著述，或在笃好西学的康熙皇帝赞助下参加像《数理精蕴》那样大型百科全书的编纂[①]。这就是席文所谓"从思想层面看，中国在17世纪也有它自己的科学革命"[②]。

但是，我们应该怎样衡量这场中国式科学革命的意义和重要性呢？李约瑟对它极其重视，甚至宣称："大家都会承认，中国南方某位官员在1583年决定邀请在澳门待命的一些耶稣会传教士进入中国内地，那是影响极为深远的罕有历史性事件"；"西方与东方的数学、天文学、物理学一旦发生接触就很快结合。到了明末即1644年，中国与欧洲的数学、天文学和物理学之间已经再没有任何可觉察的分别；它们已经完全熔结，它们融合了。"[③]这种说法相当惊人，因为他所谓中西科学的"融合"（coalesce）所指，其实只不过是诸如南怀仁（Ferdinand Verbiest，1623—1688）为北京天文台建造新观测仪器，和第谷的观测仪器采用了中国传统的赤道坐标装架等极少数事例而已。其实，中国传统学术的渊源太长，力量太大，这次所谓"革命"虽然好像声势浩大，也无疑为中国科学带来了一些新方法、新观念，却没有足够力量推翻原有思维与论证模式，因此至终产生的结果只是席文所谓"传统天文学之复兴，遗忘方法之重新发现"和"新古典主义"而已[④]，实在远远够不上称为"科学革命"[⑤]。在这方面最有力的证据便是，与此"革命"同时出现的西方前缘科学例如伽利略、开普勒、惠更斯、牛顿的天体运动理论、物理学、解析学等，直至19世纪

---

① 西方科学在17世纪传入中国以及其后发展历程见《徐光启研究论文集》，即席泽宗、吴德铎1986。此外韩琦的近作《通天之学：耶稣会士和天文学在中国的传播》即韩琦2018对此历程考证精审而论析尤为细密。

② 见本书"导论"第三节所引Sivin论文，pp.45—66；引文见p. 62。

③ 引文分别见SCC IV, Pt. 2, p. 436，以及Needham 1970, p. 398，作者译文。

④ 见注②所引Sivin论文pp. 62—64。

⑤ 见韩琦2018"结语"部分（第230—235页）的分析。他特别指出，最热衷于西学的康熙帝其实只是以之在满汉大臣之前作为炫耀，而并不热心于其在社会上的广泛传播，更对"西学中源"说很感兴趣，推波助澜，由是助长了国人的盲目自大。另一方面，西学冲击反倒很可能是在中国传统学术最核心部分引致了一场真正的革命，这就是乾嘉年间的汉学亦即考证学。但西学与汉学之间的关系迄未有细密与严谨研究，因此这只能够视为猜测而已。见朱维铮《走出中世纪》（上海：复旦大学出版社2007），第151—157页。

中叶即二百年后，还未曾为国人广泛知晓，更不要说吸收、探究。至于17世纪以后，西方科学发展一日千里，诸如理论力学、电磁学、热力学、化学、分析学、非欧几何学等，则更和同时的中国科学渺不相涉。

其实，甚至到19世纪末，翻译《几何原本》全书的数学家李善兰（1811—1882）也仍然坚持用自创的中文方式而非当时在西方通行已久的数学符号来介绍微积分学，致令学子举步维艰。西方学者对李约瑟观点的看法可以史景迁为代表，他在相关评论文章中说："可以相当肯定地论证，在20世纪以前中国还未曾真正进入普遍有效的现代科学之世界。"[①]张奠宙在中国科学现代化过程的讨论中也斩钉截铁地说："现代中国数理科学的起点在哪里？不是李善兰。李善兰可以说是中国传统数学的光辉终点，但中国现代数学和物理学却很难从李善兰的工作中成长起来……因此，中国现代数学和物理学的事业，只能重起炉灶，从直接留学欧美开始。"[②]他所举出的中国现代早期数理科学家诸如何育杰（1882—1939）、夏元瑮（1884—1944）、冯祖荀（1880—1940）、李耀邦（1884—约1940）、胡明复（1892—1927）等，都已经是20世纪初才赴欧美留学的了。因此，对中国现代科学的发展来说，罗明坚、利玛窦在1583年被召往肇庆虽然好像具有无比重要的历史性意义，其实却是本书"导论"开头所说，似重而实轻的事件。无论如何，在中国科学的整体发展上，它最多只不过是一个重要而令人惋惜的插曲罢了。

七、李约瑟问题的消解

西方科学在它发生根本性革命前夕以难得的机缘进入中国并且赢得士大夫和皇帝青睐，由是广为传播达一个多世纪之久，却仍然未能够在神州大地生根、发芽、滋长，更不用说触发中国科学的真正革命。这不能不令我们意识到，本书"导论"中讨论过的李约瑟"中国科技长期优胜说"和"科学发展平等观"都可能有严重缺陷。因为倘若各个文明对于现代科学的贡献都大致同等，或者中国科学在公元前1世纪至公元15世纪的确比西方远为优胜，而现代

① Jonathan Spence, "contribution to Review Symposia", *Isis*, Vol. 75, No. 1(March 1984), pp. 171-189；引文见pp. 180-181。有关李约瑟整个"中国科学在17世纪已经融合于世界主流"论题的批判尚见Floris Cohen 1994, pp. 466-471。
② 张奠宙《中国数理科学百年话旧》，《二十一世纪》第7期（香港1991年10月），第72—88页，引文见第79页。

科学革命出现于西方只不过是在文艺复兴刺激下的短暂现象，那么就绝对无法解释，为何耶稣会教士所传入的西方科学没有触发中国科学更剧烈、更根本的巨变，也就是使得它在17世纪或者至迟18世纪就全面赶上西方科学前缘，并且确实地完全融入世界科学主流。这是个关键问题，而且李约瑟对其中利害十分清楚，所以他在1966年一篇演讲词中详细讨论此问题，并且如上面所提到，强调中国与欧洲的数理天文学早在明末即1644年就完全"融合"①。不仅如此，他在该文中还详细讨论了西方与中国各支不同科学之间所谓"超越点"（transcurrent point）与"融合点"（fusion point）的准确时间，并且用图解加以说明。但从上节讨论我们清楚看到，就数理科学和天文学而言，他这说法距离事实是如何之遥远。至于有关其他科学分支的问题则柯亨也已经有详细批判，在此就没有必要重复了②。

倘若如此，那我们自然就必须重新检讨"中国科技长期优胜说"到底是怎样建立起来的了。如本书"导论"所指出，"优胜说"在《大滴定》第六章开头有很严谨的意义："从公元前1世纪以至公元15世纪之间，中国文明在将人类自然知识应用于人类实际需要的效率，要比西方高得多。"它具体所指，最主要的就是传入西方社会之后对之产生巨大影响的指南针、火药、印刷术等三种培根特别提到过的发明，以及机械计时器即苏颂的水钟，这些是李约瑟在比较中西方文明对"普世科学"（oecumenical science）贡献所绘示意图中所特别标明者③。除此之外，它自然还包括《中国科学技术史》中所详细研究、论证过的大量其他发明，包括连弩、船尾舵，马镫、手推独轮车等。然而，由此进一步论证传统中国在应用技术上有许多方面领先于欧洲（而假如没有忘记像罗马斗兽场、高架引水道和欧洲中古哥特式大教堂那些显著例子的话，我们恐怕也会意识到，这不可能是在所有方面领先）固然很有力，但倘若像上述文章那样，由此而逐渐改变命题重心，以至最后滑动到另外一个位置，即宣称中国科学与技术都比欧洲全面优胜（predominant），那就变为截然不同，也不可能成立的新命题了。

在李约瑟的论证方式中这是个核心问题，值得详细讨论。而以磁现象作为例子可能是最适当的，因为李约瑟对它极端重视："可是，要声称中国对

---

① Needham, "The Roles of Europe and China in the Evolution of Oecumenical Science", in Needham 1970, pp. 396–418.

② 见Floris Cohen 1994, pp. 466–471。

③ 见Figure 99, Needham 1970, p. 414。

这欧洲文艺复兴晚期的现代科学大突破没有贡献是不可能的，因为欧几里得几何学以及托勒密天文学虽然无可否认是发源于希腊，但它还有第三个重要部分，即有关磁现象的知识，其基础完全是在中国建立的。"磁石和磁针的性质首先由中国人发现，时间不晚于11世纪末，它为欧洲认识则不早于12世纪末，也就是在中国之后整整一个世纪，这些李约瑟有详细考证，那没有什么争议。但是，他对于这个事实的引申和解释却令人十分吃惊。他宣称，磁力提供了"超距作用"的例证，而吉尔伯特认为地球可能是一块大磁石的观念，影响开普勒和牛顿，为万有引力观念提供了灵感，因此"在牛顿的综合中，我们几乎可以说重力是公理性的，它扩展到所有空间，正如磁力可以没有明显的中介而跨过空间发生作用。因此中国古代的超距离作用观念通过吉尔伯特和开普勒成为牛顿（思想）准备工作的极其重要部分"[1]。

　　这个说法表面上顺理成章，实则充满问题。首先，如上文所说，虽然开普勒和伽利略的确为磁力的神奇作用吸引，并且猜想这与天体所受引力相关，但牛顿则很清醒地拒绝对万有引力的根源做任何假设或者猜测，因此，磁现象对于17世纪科学革命虽然不无关系，却绝对说不上产生了决定性影响。其次，中国古代虽然知道磁石、磁针有恒定地指南或者指北的性质，却不可能有"超距作用"观念，因为那是和"直接碰撞作用"（action by impact）相对，并且是由后者衍生出来。"直接碰撞作用"观念的基础是古希腊的原子论，即宇宙万物是由极其微细、不可见也不可直接感觉的原子构成的，它们的相互碰撞是一切力和运动的来源。在17世纪笛卡儿提出机械世界观，那便是以充斥太空的原子流亦即所谓以太所产生的旋涡之冲击来解释天体之间的吸引力。而磁力则显示，两块磁石之间可以超越空间而发生吸引或者排斥力量，这不是用产生碰撞作用的中间媒介能够解释的，因此称为"超距作用"。可是，古代中国压根就没有原子论和"直接碰撞作用"的观念，那又怎可能平白无端冒出相反的"超距作用"观念呢？李约瑟在讨论物理学的《中国科学技术史》第四卷第一分册将中国古代大量有关日月盈亏、阴阳消长、精气感应、声气相通相应等观念附于"超距作用"[2]，但这些循环消长观念基本上是时间现象，并没有空间观念在其中，而他提到的感应、相通观念或需依赖充斥空间的介质传递，或者属于人事、精神而非自然事物范

---

① 　以上两段引文分别见Needham 1970, pp. 396–397与Needham 1969, p. 74。

② 　分别见SCC IV, Pt. I, pp. 6–8, 12, 29–33, 60, 135, 233, 236–237。

畴，和"超距作用"根本不相干。因此他也不得不承认："气这连续介质中的波动与严格意义的超距离运动这两者之间的对立是中国古代思想所从未认真面对的"，但却又仍然坚持"但对中国人来说整个宇宙是如此息息相关，因此他们倘若有理由认为这物质介质在某些特定地方不存在，那么大概也不会坚持其普遍性"①。可是，中国古代思想从未经历古希腊巴门尼德的"存有不生不灭不动"悖论和原子论派以"大虚空"来破除此悖论的曲折历程（§2.5-6）或者类似争论，因此这奇特假设对中国古人毫无意义，它只不过是将"超距作用"投射到中国古代思想中的手段而已。

此外，李约瑟用了大量篇幅来论证中国人自古以来对于磁石的了解和应用②，但其实，古籍如《吕氏春秋》《淮南子》《论衡》等的有关记载都仅限于"慈石召铁""慈石能引铁""磁石上飞""以磁石之能连铁也""司南之杓""磁石引针"那样极其简短的一言半语，即使偶有论述，也都只是物以相类感应的粗糙观念③。即使到了宋代，提到磁石、磁针的文字大多仍然属于异志、杂志或者技术类型的简短记载，其性质可以视为认真与系统学理探究的绝无仅有。例如李约瑟所引沈括《梦溪笔谈》有关磁石的一条全文仅百余字，列于卷二十四"杂志一"章，基本上只谈到制造、悬挂、支撑磁针的方法，触及原理的只有最后"磁石之指南，犹柏之指西，莫可原其理"这么寥寥数语；至于曾公亮《武备总要》的一条记载长度相若，也纯粹是叙述行军辨向所用"指南鱼"的制造方法而已④。这些与13世纪佩里格林纳斯长达十数页的《磁学书简》（§10.6），或者17世纪吉尔伯特《磁论》那样洋洋洒洒十数万言的专著（§13.3），显然是属于完全不同类型的文献。统而言之，中国虽然首先发现磁石及其应用，但古籍仅有磁石、磁针发现、应用和制造方法的极端简略记载；西方有关文献时间较晚，却是详细、有系统的长篇现象研究和学理探讨，两者性质迥异，完全没有可比性。因此，上文所引"有关磁现象的知识，其基础完全是在中国建立"或者"中国古代的超距离作用观

---

① 见SCC IV, Pt. I, pp. 32–33。

② 这主要见于SCC IV, Pt. 1, Section 26（i），pp. 229–334，以及"The Chinese Contribution to the Development of the Mariner's Compass", in Needham 1970, Ch. 12。

③ 引文见刘殿爵、陈方正主编《先秦两汉逐字索引丛刊》（香港：商务印书馆1992—2002）各该三部典籍文本。

④ 分别见沈括撰、胡道静校《新校梦溪笔谈》（香港：中华书局1987）第437条，第240页；以及《四库全书》（上海古籍出版社1987）第726册曾公亮、丁度撰《武备总要》前集卷十五，第126–468/469页。

念通过吉尔伯特和开普勒成为牛顿（思想）准备工作的极其重要部分"那样的论断不但西方学者无法接受，恐怕中国学者也难以居之不疑吧。

当然，如上文所已经讨论论过的，磁针、火药、印刷术和许多其他中国发明传入欧洲之后的确对社会、经济产生巨大和深远影响，它们对现代科学之出现有间接促成作用是无疑的。然而，这些发明都属于应用技术范畴，它们虽然也往往牵涉某些抽象观念或者宗教、哲学传统，但这和科学亦即自然现象背后规律之系统与深入探究，仍然有基本分别。除非我们在原则上拒绝承认科学与技术之间有基本分别，否则恐怕难以从古代中国在多项技术领域的领先来论证中国科学的"优胜"。另一方面，倘若要将《墨子》《吕氏春秋》《淮南子》《论衡》《周髀算经》《九章算术》《梦溪笔谈》乃至《数书九章》《测圆海镜》这些古代经典与科学著作来与同时期西方科学典籍如托勒密《大汇编》、泊布斯《数学汇编》、费邦那奇《算术书》、柯洼列兹米《代数学》、海桑《光学汇编》等比较，从而论证自公元前1世纪以迄15世纪中国科学一直比西方优胜，恐怕也戛戛其难，是不可能完成的任务吧。

这样，"中国科学长期优胜说"就必须放弃了。放弃此说的最重要后果是：现代科学出现于西方这个基本事实不复是悖论，它不再意味在十六七世纪间中西科学的相对水平发生了大逆转。但这么一来，"李约瑟论题"就难免失去根据，"李约瑟问题"也连带丧失力量乃至意义，因为我们就再也不可能像在"导论"中那样，将它以"既然古代中国的科技长期领先于西方，那么为何现代科学的锦标却居然为西方夺取？"的质询形式来表达。同时，席文的批判，即"它（李约瑟问题）是类似于为什么你的名字没有在今天报纸第三版出现那样的问题。它属于历史学家所不可能直接回答，因此也不会去研究的无限多问题之一"，也就变得尖锐和不可忽视。事实上，这就意味着"李约瑟问题"之消解。

八、西方与中国科学的比较

倘若我们至今的努力没有白费，那么读者当会同意，"现代科学为何出现于西方"这问题的解答已经有清楚轮廓，而具有那么特殊背景与结构的"李约瑟论题"和"李约瑟问题"，也再没有必要继续困扰我们了。但即使如此，仍然有一个问题是中国知识分子所无法，也不应该忘怀的，那就是我们在本书一开头所提到，由胡明复、任鸿隽、冯友兰、竺可桢等学者在20世

纪上半叶所提出来的：为什么中国古代没有产生自然科学？李约瑟与合作者
在过去半个世纪的开创性工作使我们深深意识到，中国古代有大量技术发明
与成果，也不乏自然哲学以及对自然现象的探究与认识。然而，中国没有发
展出西方那样的科学传统，中国古代科学至终没有获得现代突破，是不争的
事实。所以，胡明复等所提出的，是个真正有意义的重大问题。它可以重新
表述为：在过去两千年间，中国与西方科学的发展为何出现如此巨大差别？
造成此差别的基本原因何在？

这个问题的深入探讨牵涉中西文明的全面比较，那自然超出本节乃至本
书范围，因此它必须有待于来者。但我们在本书剩余篇幅仍然要试图为读者
提供对上述问题的几点粗浅看法，以冀引起思考和讨论。

我们曾经再三强调，现代科学革命是由古希腊数理科学传统的复兴所触
发，而且，倘若没有这传统作为继续发展的轴线，那么文艺复兴时代所有其
他一切因素，包括实验精神、对自然现象本身的尊重、学者与技师之间的合
作，乃至印刷术、远航探险、魔法热潮等刺激，都将无所附丽，也不可能产
生任何后果。这是个最基本，也最重要的事实。从此事实往前追溯，可以很
清楚见到，公元前3世纪的亚历山大数理科学已经决定性地将西方与中国科学
分别开来；从此再往前追溯，则可以见到，西方与中国科学的分野其实早在
毕达哥拉斯–柏拉图的数学与哲学传统形成之际就已经决定。那也就是说，公
元前5世纪至前4世纪的新普罗米修斯革命是西方与中国科学的真正分水岭。
自此以后，西方科学发展出以探索宇宙奥秘为目标、以追求严格证明的数学
为基础的大传统，也就是"四艺"的传统，而中国科学则始终没有发展出这
样的传统，故而两者渐行渐远，差别越来越大，以至南辕北辙，成为不可
比较。

那么，中国科学传统到底是怎样的呢？我们无法在此简单回答，但可以这
样说：中国古代并非没有数学，而是没有发展出以了解数目性质或者空间关系
本身为目的、以严格证明为特征的纯数学；也并非没有对于自然规律的探究，
而是没有以这种探究本身（即宇宙底蕴之发现）为目的，更没有将数学与这种
探究结合起来，发展出数理科学传统。诚然，这说法不完全准确。中国第一部
天文学典籍即《周髀算经》就是结合数学与天文模型的纯粹科学著作。然而，
它所开拓的范式虽然颇为接近于现代科学精神，却很不幸未能在中国的文化土

壤中继续生长、发展，其后竟然成为绝响①。甚至，中国也并非没有将数学应用到自然现象上去：历代为建构历法而做的天文测算就曾经达到很高的精密度。然而，这些计算都是利用实测数据和内插法（interpolation）来构造数值模型（numerical model），目的在于提高测算的精确程度，而并非在于描绘天体运行的空间图像，也就是通过空间关系来理解宇宙。虽然这些数值模型的建构可能应用了非常高妙的数学，例如导致"中国剩余定理"之发现的不定分析，甚至也可能牵涉某种几何模型的应用②，但这些手段始终都是为皇朝对历算的现实需要服务，而没有转变为发展数学或者天文学的动力。所以，以探究自然为至终目标的数理科学在中国曾经萌芽或偶一出现，但未能发展，更没有成为传统。归根究底，中国古代科学中的数学和宇宙探索是分家的：一方面，牵涉数量关系的数学与历算都以实用为至终目标，甚至术数、占卜等应用组合数学者也不例外；另一方面，以解释宇宙现象与奥秘为目标的阴阳五行、生克变化等学说则缺乏数学思维的运用。

西方科学传统则不然：从毕达哥拉斯学派开始，数学观念就和宇宙生化、建构过程紧密结合，柏拉图的《蒂迈欧篇》就是其最贴切、最全面的体现。其后尤多索斯、阿里斯它喀斯、托勒密等所建构的天文学模型，以及阿基米德的静力学，也莫不是从同样精神发展出来；甚至在中世纪萌芽，至伽利略方才成形的动力学，亦无非是将数理精神贯彻到亚里士多德物理学上去的结果而已。因此，以新普罗米修斯革命也就是毕达哥拉斯-柏拉图传统的形成作为中西科学之间的分水岭，应该是很适当的。

九、西方科学发展的特征

那么，中西两大文明为何会形成如此迥异的科学传统呢？此困难问题我们自不可能解答，但在其巨大诱惑力驱使下，亦不免要从本书整体出发，来做一些观察和揣测，那可以表达为西方科学发展过程的四个特征。

---

① 《周髀算经》成书于西汉，但起源可能甚早，其中部分可能在春秋以前。关于此书结构、成书经历以及后来发展的讨论，见陈方正《有关〈周髀算经〉源流的看法和设想——兼论圆方图和方圆图》，《华夏文明与传世藏书》（北京：中国社会科学出版社1996），第376—396页，其后收入陈方正2002，第586—605页。此后讨论《周髀算经》的尚有以下专书：Cullen 1996；曲安京2002。

② 有关不定分析与历法中所谓"上年积元"的关系见曲安京2005，第24—35页；有关中国历算中曾经应用几何模型的推断见同书第302—308、314—329页。

古代革命之前的悠久传统

也许，西方科学史最令人瞩目、最令人感到震惊的，就是其数学传统之悠久。《九章算术》是相当圆熟的实用型算书，它成形于西汉，但从内容和用语判断，一般认为起源于周秦之间，也就是不早于公元前三四世纪之交，与《几何原本》大体同时。然而，在此之前大约一千五百年，亦即中国最古老文字甲骨文出现之前五百年，巴比伦就已经出现数学陶泥板，稍后埃及也出现林德数学手卷了。而且，这些远古数学文献所显示的数学运算能力与《九章算术》相比大体上是各擅胜场，说不上有显著差别，但在某些方面，例如以几何方式解二次方程式及其他问题，则巴比伦先进甚多。因此，西方数学的起点并非在古希腊，而是在埃及的中王朝和巴比伦的旧王朝即汉谟拉比时期，也就是比中国要早足足一千五百年。这个观点是基于《几何原本》与巴比伦数学传统之间有明显继承痕迹，古希腊记载中不止一次提到泰勒斯、毕达哥拉斯从这两个远古文明学习数学和其他知识，以及最近有关伊斯兰代数学源头的研究[①]。所以埃及、巴比伦远古数学与希腊数学是一脉相承的，后者不应该视为从公元前5世纪凭空开始，而应该视前者为希腊所继承，然后再经过新普罗米修斯革命而出现的结果——否则，没有其前的远古传统，何来翻天覆地的革命呢？从此观点看，中西方数学传统之迥然不同便极有可能是与这一千五百年的起点差距密切相关。

在广袤空间中的复杂轨迹

不过，时间差距虽然可能是因素之一，完全以此来解释西方与中国科学的基本差异还不足够。最明显的反例就是：苏美尔–巴比伦数学可以说是与其文明同步发展的，然而在汉谟拉比时期的短暂开花之后它就停滞不前，再也没有令人瞩目的变化了。那么，是否还有其他因素导致希腊数学、科学那种非常特殊形态之出现的呢？

在试图回答此问题之前，我们先要讨论西方科学传统另外一个令人瞩目的特点，那可以称为"中心转移"现象，它表现为西方科学发展往往集中于一个中心区域，而这中心是不断移动、游走，并非长期固定的。在远古时期这中心从巴比伦或者埃及转移到希腊的过程已经湮没不可考，但在希腊时期

---

① 如本书§8.3论证，两河流域的数学传统包括其"几何代数学"方法自古巴比伦以至中世纪可能一直未曾中断，因此它与古希腊数学极可能有直接关系。

我们知道它曾经先后在爱奥尼亚、南意大利、雅典、亚历山大等四个中心区之间转移；然后它移植于伊斯兰世界，在此时期它也先后经历了巴格达、伊朗和中亚多个城市，以及开罗、科尔多瓦、托莱多、马拉噶、撒马尔罕等许多中心区；在转回西欧之后，它又先后经历了巴黎、牛津以至博洛尼亚、帕多瓦、佛罗伦萨等北意大利城市，最后才在十六七世纪间回转到法国、荷兰和英国。因此，西方科学传统虽然悠久，但科学发展中心却不断在亚、欧、非等三大洲之间回环游走，它停留在任何城市或者地区的时间都颇为短暂，一般只有一两百年甚至更短。与此密切相关的则是西方科学的文化和语言背景也因此不断转变：它最早的文献使用巴比伦楔形文字或者埃及行书体文字，其后则依次使用希腊文、阿拉伯文、拉丁文乃至多种欧洲近代语文，包括意大利文、法文、德文、英文等。

　　科学发展的这种"中心转移"和"多文化、多言语"现象所意味、所反映的是什么呢？那很可能是，具有非常特殊形态和内在逻辑的西方科学，必须有非常特殊社会、环境、文化氛围和人才的结合才能够发展，但这样的结合显然是极其稀有和不稳定的，因此科学发展中心需要经常转移，以在适合其继续生长、发展的地区立足。由于广义的西方世界是具有复杂地理环境和包含多种民族、文化与文明的广大地区，它从来未曾真正统一于任何单独政权，因此在其中适合科学立足、发展的地区总是存在的。倘若这猜想并非无理，那么也许它还可以说明科学在诸如埃及、巴比伦、中国等大河农业文明之内发展的问题。这些文明的共同点是：幅员宽广、时间连续性强，在强大王朝控制下地区性差异相对细小。因此，在其中具有特殊形态与目标的科学，即类似于西方的科学，就无法通过中心转移来寻求最佳立足点，并且因为发展受窒碍而逐渐为社会淘汰。在此社会过滤机制的作用下，能够长期生存、发展的，主要限于适合王朝或者社会实用目标的科技，或者能够为社会大众所认识、认同的那些观念。在我们看来，为什么像《周髀算经》那样的数理天文学著作，和像《墨子》那样包含精巧、复杂科学观念的经典，最后都未能充分发展而成为绝响，为什么在魏晋南北朝和南宋这两个极其混乱时期，中国数学反而呈现蓬勃发展的现象[1]，都可以从此得到解释。那就是说，中西科学发展模式的巨大分别，最终可能是由地理环境所决定的文明结构差异所产生。

---

[1]　有关此特殊现象的详细讨论，见陈方正《试论中国数学发展与皇朝盛衰以及外来影响的关系》，收入陈方正2002，第631—659页。

科学与宗教的共同根源

我们还应该提到，虽然在现代观念中科学与宗教严重对立，但那只不过是十六七世纪以来的发展而已。在此之前，无论在西方抑或中国，科学与宗教都有密切关系，甚至可以说是共生的。毕达哥拉斯–柏拉图传统对西方科学的孕育之功，以及这思潮在文艺复兴时代对于现代科学革命所产生的推动作用，还有基督教与科学的密切关系（诸如显示于阿尔伯图和牛顿者）我们已经言之再三，不必在此重复了。值得注意的是，西方这个将"追求永生"与"探索宇宙奥秘"紧密结合的大传统，也同样出现于中国。中国传统科学中最强大和独特的两支是中医药和炼丹术。如所周知，这两者的发展和道教都有不可分割，乃至本质上的密切关系：医药是为养生全命，炼丹所求，便是白日飞升。所以毫不奇怪，葛洪、陆修静、陶弘景、孙思邈等著名道教人物同时也是杰出的炼丹师、医药家。不但如此，道士也同样有研习数学、天文学的传统：例如创立新天师道的北魏寇谦之与佛教人物颇多来往，因此也与印度数学、天文学之传入中国有关，并且很可能还对著名数学家祖冲之父子有影响；金元之际的刘秉忠基本上是全真道长，他曾经长期在河北邢台紫金山讲论术数、天文，培养出像郭守敬、王恂那样的历法专家[①]。不过，道教的科学传统还是以医药、化学为主，它涉及数理天文只是后起和附带现象，说不上是其核心关注点，这是它与宣扬"万物皆数"的毕达哥拉斯学派之基本分歧所在。这巨大分歧到底如何形成颇不容易解答，但在中西科学分野成因的探索中，这当是不可忽略的重要线索。

科学革命之出现

最后，西方科学传统最特殊而迥然有异于中国、印度或者伊斯兰科学之处，在于它先后发生了两次"突变"（transmutation），即新普罗米修斯革命和牛顿革命。这两次革命无论在探究方法、问题意识或者思维模式上，都相当彻底地推翻了其前的传统，也因此开创了崭新传统。没有这两次翻天覆地的突变，希腊科学或者现代科学都是不可能出现的。那么，为何科学革命只是在西方，而没有在其他文明中出现呢？这是相当根本的大问题，我们认为其解决或有可能从两个方向寻求。第一个可能方向是上述"中心转移"现象：正因西方科学发展既有强韧久远的传统，又无固定地域或者文化背景

---

① 见上引陈方正2002，第643—645页。

为其桎梏，因此在旧传统中注入新意从而整体改造之，使之脱胎换骨成为可能。如本书第三章所详细论证，毕达哥拉斯便是撷取诸远古文明精华，加以融会贯通，然后移植于希腊文化土壤者，他的宏图为费罗莱斯和阿基塔斯所继承，而新普罗米修斯革命则是通过他们将教派精神移植、贯注于柏拉图学园而完成。同样，从16世纪中期开始欧洲各地的科学发展风起云涌，诸如意大利、德国、法国、荷兰都人才辈出，然而至终能够精研覃思，综会各家学说而神奇变化之，得以完成现代科学突破的，反倒是独守寂静剑桥校园达三十五载之久的牛顿。

第二个可能方向则是宗教。毕达哥拉斯视宇宙奥妙之探索为超脱轮回，获得永生之道，其教派视数学发现为绝顶秘密，相传泄露此秘密者甚至可以被处死。那么对于学园内外的教派传人而言，数学与天文奥秘、规则是如何值得凝神竭智、毕生全力以赴的头等大事也就不言而喻了。同样，如最近数十年的深入研究所揭露，牛顿不仅究心于数学、力学与光学探索，其宗教信仰之认真、坚定也远远超乎想象：他不但花费大量精力于炼金术以求窥见上帝的生化创造之功，更力图从自然法则中寻找世界末日的根据，甚至甘冒天下之大不韪与革职危险而坚守阿里乌派信仰（§14.3）。毕达哥拉斯和牛顿这两位先后触发科学革命的人物都具有无比强烈之宗教意识与向往，那自然不免令我们奇怪，这到底是巧合，抑或有更深意义在其中呢？例如，科学大突破需要焚膏继晷、废寝忘餐的苦思冥索，这精神上之高度与长时间集中对于常人而言是极其不自然，甚而根本无法做到的事，但在宗教热诚驱动下，或者在宗教意识的移情作用下，则很有可能变为自然。况且，具有强烈宗教信仰的人往往也具有坚执不挠、百折不回的禀赋，只要其信仰与科学探索所需要的开放心态没有抵触，那么这两方面也就可能相通而相成了。因此，宗教与科学的密切关系也极有可能是科学革命只出现于西方的原因。

当然，以上两个方向都只能够视为何以科学革命只发生于西方文明的一种揣测，至于其实际发生所需要的充分条件则如以上第五节的讨论所显示，是非常复杂而绝不可能简单归纳于少数原因的。

＊　＊　＊

中国人最初接触西方科学是从17世纪开始，也就是与现代科学的出现同时，至今已经超过四个世纪了。在此数百年间，国人对于西方科学的看法经历了三次根本转变：在17世纪认为它可学但又需发扬传统科学而超胜之；在20世纪上半叶则通过在西方留学的知识分子而生出"中国古代无科学"的感觉；自50年代以来却由于李约瑟庞大研究的影响而令不少人认为，长期以来中国古代科学比西方优胜，其落后只不过是文艺复兴以来的事情而已。很显然，这多次转变都是由于对西方科学和它的发展史认识不足所致。这并不值得惊讶，因为西方科学并非只是其众多学术领域里面的分支，而是其整个文明精神的体现。要真正认识西方科学及其背后精神，就需要同时全面了解西方哲学、宗教，乃至其文明整体。这十分高远的目标并非本书所能企及，我们在此所尝试的，只不过是朝此方向跨出小小一步而已，倘若它能够唤起国人对此问题的注意和兴趣，那么本书的目标也就达到了。

参考文献

古代文献

本书正文之中，古代文献译文除另有注明者以外，俱由作者根据下列文本自行翻译，其出处依惯例注明篇名及行数（前苏格拉底哲学家则注明哲学家以及残篇序号），不列出版资料。

Abu Kamil. *The Algebra of Abu Kamil*. Martin Levey, transl. Madison: The University of Wisconsin Press, 1966.

Adelard of Bath. *Adelard of Bath, Conversations with his Nephew*. Charles Burnett, ed. & transl. Cambridge: Cambridge University Press, 1998.

Agricola, Georgius. *De Re Metallica*. Herbert Clark Hoover and Lou Henry Hoover, transl. New York: Dover, 1950 (1912).

Alberti, Leon Battista. *On Painting*. J. R. Spencer, transl. New Haven: Yale University Press, 1977.

Albertus Magnus. *On Animals: A Medieval Summa Zoologica*. 2 vols. Kenneth F. Kitchell Jr. & Irven Michael Resnick, transl. Baltimore: Johns Hopkins University Press, 1999.

Alfonsine Tables. See Chabas & Goldstein, 2003.

Alhazen. *The Optics of Ibn al-Haytham. Books I-III, On Direct Vision*. 2 vols. A.I. Sabra, transl. London: Warburg Institute, 1989.

Ancilla to the Pre-Socratic Philosophers. See Freeman, 1962.

Appolonius of Perga. *Appolonius Conics Book I-IV*. R. Catesby Taliaferro & Michael Fried, transl. Dana Densmore, ed. Santa Fe, NM: Green Lion Press, 2002.

—— *Conics, Book V to VII*. 2 vols. G.J. Toomer, ed. with transl. New York: Springer-Verlag, 1990.

Archimedes. *The Works of Archimedes with the Method of Archimedes.* Thomas Heath, ed. New York: Dover, 1912 (1897).

Aristarchus. Thomas Heath, ed. and transl. *On the Sizes and Distances of the Sun and Moon.* See Heath, 1981.

Aristotle. *The Complete Works of Aristotle.* 2 vols. Barnes, Jonathan, ed. Princeton: Princeton University Press, 1995 & 1984.

亚里士多德著，苗力田主编：《亚里士多德全集》（十卷）。北京：中国人民大学出版社，1997。

Aristoxenus. *The Harmonics of Aristoxenus.* Henry Stewart Macran, ed. Hildesheim: Olms, 1990 (Clarendon Press, 1902).

Augustine, St. *City of God.* M. Dods, transl. New York: Random House, 1950.

Avicenna. *A Treatise on the Canons of Medicine of Avicenna.* O. Cameron Gruner, ed. & transl. Birmingham, Alabama: The Classic of Medicine Library reprint, 1984 (1930).

Bacon, Francis. *Advancement of Learning and Novum Organum.* London: The Colonial Press, 1900.

—— *The Advancement of Learning and New Atlantis.* London: Oxford University Press, 1951.

—— *The New Organon and Related Writings.* New York: The Bobbs-Merrill Company, 1960.

—— *The Essays.* John Pitcher, ed. Harmondsworth, Middlesex: Penguin, 1985.

—— also see Matheson 1952.

Bacon, Roger. *Opus Majus of Roger Bacon.* 2 Pts. Robert Belle Burke, transl. Philadelphia: University of Pennsylvania Press, 1928. (Kessinger Publishing's Rare Reprints, 2006.)

—— *Roger Bacon's Philosophy of Nature: A Critical Edition, with English Translation, Introduction, and Notes, of* De multiplicatione specierum *and* De speculis comburentibus. David C. Lindberg, ed. & transl. Oxford: Clarendon Press, 1983.

—— David C. Lindberg, ed. & transl. *Roger Bacon and the Origins of Perspectiva in the Middle Ages: A Critical Edition and English Translation of Bacon's Perspectiva with Introduction and Notes.* Oxford: Clarendon Press, 1996.

Bede the Venerable. *The Ecclesiastical History of the English People.* Judith McClure and Roger Collins, ed. Oxford: Oxford University Press, 1994.

Bradwardine, Thomas. *Tractatus de Proportionibus: Its Significance for the Development of Mathematical Physics.* H. Lamar Crosby, Jr., ed. & transl. Madison: The University of Wisconsin Press, 1955.

Cardano, Girolamo. *Ars Magna or the Rules of Algebra*. T. Richard Witmer, transl. New York: Dover Publications, 1993.

—— *The Book of My Life*. Jean Stoner, transl. London: Dent & Sons, 1931.

Cassiodorus. *Cassiodorus: Institutions of Divine and Secular Learning and On the Soul*. James W. Halporn, transl. Liverpool: Liverpool University Press, 2004.

The Chaldean Oracles. Text, translation and commentary by Ruth Majercik. Leiden: E. J. Brill, 1989.

Chuquet, Nicolas. *Mathematical Manuscript completed in 1484 including The Triparty*. See Flegg, Hay & Moss, 1985.

Copernicus, Nicholas. *On the Revolutions*. Edward Rosen, transl. & comment. Baltimore: Johns Hopkins University Press, 1992.

—— *Three Copernican Treatises: The Commentariolus of Copernicus, The Letter against Werner, The Narratio Prima of Rheticus*. Edward Rosen, transl. New York: Columbia University Press, 1939.

哥白尼著，叶式辉译：《天体运行论》。西安：陕西人民出版社，2001。

D'Alembert, Jean Le Rond. *Preliminary Discourse to the Encyclopedia of Diderot*. R. N. Schwab & W. E. Rex, transl. New York: Bobbs-Merrill Co., 1963.

Descartes, René. *Discourse on Method, Optics, Geometry, and Meteorology*. Paul J. Olscamp, transl. Indianapolis: Hackett Publishing Company 2001 (1965).

—— *Discourse on the Method and Meditations on First Principle*. David Weissman, ed. with Essays by William T. Bluhm et al. New Haven: Yale University Press, 1996.

—— *The Geometry of Rene Descartes with a facsimile of the first edition*. David Eugene Smith & Marcia L. Latham, transl. New York: Dover Publications, 1954.

—— *Principles of Philosophy*. Valentine Miller & Reese Miller, transl. Dordrecht, Holland: Reidel, 1983.

Diderot, Denis and Jean-Baptise D'Alembert, ed. *Encyclopedia: Selections*. N. S. Hoyt and T. Cassirer, transl. & ed. Indianapolis: Bobbs-Merrill, 1965.

Diels, H. and Kranz, W., ed. *Die Fragmente der Vorsokratiker*. 3 vols. Berlin, 1951-1952.

Diogenes Laertius. Hicks, R.D., transl. *Lives of Eminent Philosophers*. 2 vols. London: Heinemann, 1965.

第欧根尼著，马永翔等译：《名哲言行录》。长春：吉林人民出版社，2003。

Diophantus. *Books IV to VII of Diophantus' Arithmetica: in the Arabic translation*. Jacques off

Sesiano, transl. Heidelberg: Springer-Verlag c., 1982.

Dioscorides, *De Materia Medica*. Tess Anne Osbaldeston, transl. & ed. Johannesburg: Ibidis Press, 2000.

Eratosthenes, Hyginus & Aratus. *Constellation Myths with Aratus's Phenomena*. Robin Hard, transl. Oxford: Oxford University Press, 2015.

Euclid. *The Thirteen Books of Euclid's Elements*. 3 vols. Thomas Heath, transl. with Introduction and Commentary. New York: Dover, 1956.

—— *The Euclidean Division of the Canon*. Andre Barbera, transl. & ed. Lincoln: University of Nebraska Press, 1991.

—— *Euclid's Phaenomena: A Translation and Study of a Hellenistic Treatise in Spherical astronomy*. J. L. Berggren & R. S. D. Thomas, transl. New York: Garland, 1996.

—— *The Arabic Version of Euclid's Optics*. 2 vols. Elaheh Kheirandish, ed. & transl. New York: Springer c., 1999.

—— *Dedomena-Euclid's Data, or, The importance of being given*. C.M. Taisbak, transl. Copenhagen : Museum Tusculanum Press, 2003.

欧几里得著，蓝纪正、朱恩宽译：《几何原本》。西安：陕西科学技术出版社，1990；台北：九章出版社，1992。

Evelyn, John. *The Diary of John Evelyn*. E. S. de Beer, ed. London: Oxford University Press, 1959.

Feingold, Mordechai, ed. *Before Newton: The Life and Times of Isaac Barrow*. Cambridge University Press, 1990.

Fibonacci. *Fibonacci's Liber Abaci*. L.E. Sigler, transl. New York: Springer-Verlag, 2002.

Freeman, Kathleen, transl. *Ancilla to the Pre-Socratic Philosophers: a complete translation of the Fragments in Diels,* Fragmente der Vorsokratiker. Oxford: Basil Blackwell, 1962.

Galileo Galilei. *Dialogues Concerning Two New Sciences*. Henry Crew & Alfonso de Salvio, transl. New York: Dover Publications, 1952 (1914).

—— *On Motion and on Mechanics, Comprising De Motu and Le Meccaniche*. I.E. Drabkin and Stillman Drake, transl. Madison: The University of Wisconsin Press, 1960.

—— *Dialogue Concerning the Two Chief World Systems—Ptolemaic & Copernican. Stillman Drake*, transl. Berkeley: University of California Press, 1967.

Gassendi. *The Selected Works of Pierre Gassendi*. Craig B. Brush, ed. & transl. New York: Johnson Reprint, 1972.

Gilbert, William. *De Magnete*. P. Fleury Mottelay, transl. New York: Dover, 1958.

—— *De Magnete*. Paul Fleury Mottelay, transl., 1893. Internet Archive, 2007.

Gilgamesh Epic. See George, 2003.

Greene, George Washington. *The Life and Voyages of Verrazanno*. Cambridge, Mass., 1837 (accessible on the web).

Harvey, William. *Anatomical Studies on the Motion of the Heart and Blood*. Chauncey D. Leake, transl. Springfield, IL: Charles Thomas, 1949 (1928).

—— *The Circulation of the Blood and Other Writings*. Kenneth J. Franklin, transl. London: Dent & Sons, 1963.

Hermetica: The Greek Corpus Hermeticum and the Latin Asclepius in a New English Translation. Brian P. Copenhaver, transl. Cambridge: Cambridge University Press, 1992.

Herodotus. *The Histories*. Aubrey de Selincourt, transl. Harmondsworth: Penguin, 1959.

Heron. *The Pneumatics of Hero of Alexandria*. Bennet Woodcroft, transl. & ed. London: Walton and Maberly, 1851.

Hippocrates. *The Genuine Works of Hippocrates*. 2 vols in 1. Francis Adams, transl. & annot. New York: William Wood & Co., 1886.

Hobbes, Thomas. *Leviathan*. London: Macmillan, 1962.

Homer. *The Odyssey*. George H. Palmer, transl. Cambridge: The Riverside Press, 1921.

—— *The Iliad*. Richmond Lattimore, transl. Chicago: The University of Chicago Press, 1951.

Huygens, Christian. *The Pendulum Clock or Geometrical Demonstration of the Motion of Pendula as Applied to Clocks*. Richard J. Blackwell, transl. Ames: The Iowa State University Press, 1986.

Iamblichus. *De mysteriis: Iamblichus on the Mysteries of the Egyptians, Chaldeans, and Assyrians*. Thomas Taylor, ed. & transl. San Diego, 1984.

—— *The Theology of Arithmetic: on the Mystical, Mathematical and Cosmological Symbolism of the First Ten Numbers*. Robin Waterfield, transl. Grand Rapids, Michigan: Phanes Press, 1988.

—— *The Exhortation to Philosophy, including the Letters of Iamblichus and Proclus' Commentary on the Chaldean Oracles*. Thomas Moore Johnson, transl. Grand Rapids, Michigan: Phanes Press, 1988.

—— *On the Pythagorean Way of Life: Text, Translation, and Notes*. John Dillon and Jackson Hershbell, transl. Atlanta: Scholars Press, 1991.

Ibn al-Nadim. *The Fihrist of al-Nadim: A Tenth Century Survey of Muslim Culture*. 2 vols. Bayard Dodge, ed. & transl. New York: Columbia University Press, 1970.

Isidore. *The Etymologies of Isidore of Seville*. Stephen A. Barney, transl. New York: Cambridge University Press, 2005.

Kamil, Abu. *The Algebra of Abu Kamil: Kitab fi al-Jabr wa'l-muqabala, in a Commentary by Mordecai Finzi*. Martin Levey, transl. & comment. Madison: University of Wisconsin Press, 1966.

Al-Kashi. *The Planetary Equatorium of Jamshid Ghiyath al-Din al-Kashi*. E. S. Kennedy, transl. & comment. Princeton: Princeton University Press, 1960.

Kepler, Johannes. *The Six-cornered Snowflake*. Colin Hardie, transl. & ed. Oxford: Clarendon Press, 1966.

—— *New Astronomy*. William H. Donahue, transl. Cambridge: Cambridge University Press, 1992.

—— *Epitome of Copernican Astronomy & Harmonies of the World*. Charles Glenn Wallis, transl. Amherst, NY: Promethus Books, 1995.

—— *The Harmony of the World*. E. J. Aiton, A. M. Duncan, J. V. Field, transl. Philadelphia: The American Philosophical Soceity, 1997.

Al-Khuwarizmi. *Robert of Chester's Latin Translation of the Algebra of al-Khuwarizmi with an Introduction, Critical Notes and an English Version by Louis Charles Karpinski*. London: Macmillan, 1915.

Leibniz, Gottfried Wilhelm. *Sämtliche Schriften und Briefe*, Series 7: *Mathematische Schriften*, Vol. 5: *1674-1676. Infinitesimalmathematik*. Ed. Uwe Mayer, Siegmund Probst, Heike Sefrin-Weis. Berlin: Akademie Verlag, 2008.

Lucretius. *Of the Nature of Things*. W.E. Leonard, transl. New York: Dutton & Co., 1950.

路克莱修著，方书春译：《物性论》。北京：商务印书馆，1981。

马可波罗著，冯承钧译：《马可波罗行纪》。石家庄：河北人民出版社，1999。

Macrobius. *Commentary on the Dream of Scipio*. William Harris Stahl, transl. New York: Columbia University Press, 1952.

Malebranche, Nicolas. *Dialogues on Metaphysics and on Religion*. Morris Ginsberg, transl. London: Allen & Unwin, 1923.

Mirandola, Pico della. *On the Dignity of Man*. Charles Glenn Wallis, transl. Indianapolis: Hackett Publishing, 1998(1965).

Montesquieu. *The Spirit of the Laws*. A. M. Cohler, B. C. Miller & H. S. Stone, transl. & ed. Cambridge: Cambridge University Press, 1989.

—— *Persian Letters*. M. Mauldon, transl. New York: Oxford University Press, 2008.

The Nag Hammadi Library in English. Members of the Coptic Gnostic Library Project, transl. and introd. San Francisco: Harper & Row, 1988.

Newton, Isaac. *Opticks or, A Treatise of the Reflections, Refractions, Inflections & Colours of Light*. New York: Dover Publications, 1952 (1730).

—— *Correspondence*. 5 Vols. H. W. Turnbull and others, ed. Cambridge: Published for the Royal Society at the University Press, 1959-1975.

—— *Sir Isaac Newton's Mathematical Principles of Natural Philosophy and His System of the World*. 2 vols. Florian Cajori, transl. Berkeley: University of California Press, 1962.

—— *The Mathematical Papers of Isaac Newton*. D. T. Whiteside, ed. 8 vols. Cambridge: Cambridge University Press, 2008 (1967-1981).

—— *The Principia: Mathematical Principles of Natural Philosophy*. I. Bernard Cohen and Anne Whitman, transl. Berkeley: University of California Press, 1999.

牛顿著，王克迪译，袁江洋校：《自然哲学之数学原理》。北京：北京大学出版社，2006。

Nicomachus. *Introduction to Arithmetic*, in "Great Books of the Western World", 11. Chicago: Encyclopaedia Britannica c., 1952.

Oresme, Nicole. *De proportionibus proportionum and Ad pauca respicientes*. Edward Grant, ed. & transl. Madison: University of Wisconsin Press, 1966.

Palissy. *The Admirable Discourses of Bernard Palissy*. Aurèle la Rocque, transl. Urbana: University of Illinois Press, 1957.

Pappus of Alexandria. *Book 7 of the Collection*. 2 pts in 2 vols. Alexander Jones, ed. with translation and commentary. New York: Springer-Verlag, 1986.

Paracelsus. *Selected Writings*. Jolande Jacobi, ed. Princeton: Princeton University Press, 1988.

Plato. Jowett, B., transl. *The Dialogues of Plato*, 2 vol. Random House, 1937 (1892).

柏拉图著，王晓朝译：《柏拉图全集》（五卷）。台北：左岸文化出版社，2004；（四卷本：北京：人民出版社，2001—2003）。

Pliny the Elder. *Natural History: with an English translation*. 10 vols. H. Rackham, transl. & ed. London: Heinemann, 1938-1963.

Posidonius. *Posidonius I. The Fragments* (Vol. 1); *II. The Commentary* (Vol. 2 in 2 Pts). L.

Edelstein and I. G. Kidd, ed. Cambridge: Cambridge University Press, 1972.

Proclus. *A Commentary on the First Book of Euclid's Elements*. Glenn R. Morrow, transl. Princeton: Princeton University Press, 1970.

—— *The Elements of Theology*. E. R. Dodds, transl. Oxford: Clarendon Press, 1992 (1933).

Pseudo-Geber. *The Summa Perfectionis of Pseudo-Geber*. William R. Newman, transl. & study. Leiden: Brill, 1991.

Ptolemy. *Geography of Claudius Ptolemy*. E. L. Stevenson, transl. New York, 1932 (Reprint New York, 1991).

—— *Tetrabiblos*. F. E. Robins, ed. & transl. London: Heinemann, 1964 (1940).

——*Ptolemy's Almagest*. G. J. Toomer, transl. and annot. Princeton: Princeton University Press, 1998.

—— 2000a: *Ptolemy's Geography: An Annotated Translation of the Theoretical Chapters*. J. Lennart Berggren and Alexander Jones, transl. and annot. Princeton: Princeton University Press, 2000.

—— 2000b: *Ptolemy Harmonics*. Jon Solomon, transl. and comment. Leiden: Brill, 2000.

Pythagorean Sourcebook and Library. See Guthrie, 1987.

Pytheas of Massalia. *On the Ocean*. Text, translation and commentary by Christina Horst Roseman. Chicago: Ares, 1994.

Regiomontanus. *On Triangles*. Barnabas Hughes, transl. Madison: University of Wisconsin Press, 1967.

Spinoza, Benedict de. *Ethics*. R. H. M. Elwes, transl. Buffalo: Prometheus, 1989.

Sprat, Thomas. *The History of the Royal Society of London, for the Improving of Natural Knowledge*. London, 1667.

Stevin, Simon. *Principal Works*. 5 vols. E. J. Dijksterhuis et al, ed. and C. Dikshoorn, transl. Amsterdam: C. V. Swets & Zeitlinger, 1955.

Strabo. *The Geography of Strabo*. 8 vols. Horace Leonard, transl. London: Heinemann, 1917-1933.

Al-Tusi. *Nasir al-Din al-Tusi's Memoir on Astronomy (al-Tadhkira ficilm al-hay'a)*. 2 vols. F. J. Ragep, ed. & transl. New York: Springer-Verlag, 1993.

Vasari, Giorgio. *The Lives of the Artists*. J. C. Bondanella and P. Bondanella, transl. Oxford: Oxford University Press, 1991.

Vitruvius. *Vitruvius: Ten Books on Architecture*. Ingrid D. Rowland, transl. New York: Cambridge

University Press, 1999.

Vesalius. *The Illustrations from the Works of Andreas Vesalius of Brussels, with annotations and translations, a discussion of the plates and their background, authorship and influence, and a biographical sketch of Vesalius.* Annotation & transl. J. B. de C. M. Saunders and Charles D. O'Malley. New York: Dover, 1973 (1950).

Voltaire. *Philosophical Letters, or, Letters Regarding the English Nation.* P. L. Steiner, ed. Indianapolis, IN: Hackett, 2007.

乌兰校勘：《元朝秘史》（校刊本）。北京：中华书局，2012。

Wallis, John. *The Arithmetic of Infinitesimals.* Jacqueline Stedall, transl. New York: Springer-Verlag, 2004.

现代文献

Abulafia, David. *The Great Sea: A Human History of the Mediterranean.* New York: Allen Lane, 2011.

Afnan, Soheil M. *Avicenna: His Life and Works.* London: Allen & Unwin, 1958.

Akbari, Suzanne C. and Iannucci, Amilcare, ed. *Marco Polo and the Encounter of East and West.* Toronto: University of Toronto Press, 2008.

Allen, Michael J. B. *Plato's Third Eye: Studies in Marsilio Ficino's Metaphysics and its Sources.* London: Variorum, 1995.

Amico, Leonard N. *Bernard Palissy: In Search of Earthly Paradise.* New York: Flammarion, 1996.

Anderson, F. H. *The Philosophy of Francis Bacon.* The University of Chicago Press, 1948.

Andriesse, C. D. *Huygens: The Man Behind the Principle.* Sally Miedema, transl. Cambridge: Cambridge University Press, 2005.

Anstey, Peter R. *The Philosophy of Robert Boyle.* London: Routledge, 2000.

Armitage, Angus. *Copernicus: The Founder of Modern Astronomy.* New York: Thomas Yoseloff, 1957.

Bacci, Massimo Livi. *Conquest: The Destruction of the American Indios.* Carl Ipsen, transl. Cambridge, UK: Polity Press, 2008.

Bagrow, Leo. *History of Cartography.* D. L. Paisey, transl., R. A. Skelton, revised & enlarged. London: Watts & Co., 1966.

Baker, Herschel. *The Image of Man: A Study of the Idea of Human Dignity in Classical*

Antiquity, The Middle Ages, and the Renaissance. New York: Harper & Row, 1947.

Baron, Hans. *The Crisis of the Early Italian Renaissance*. Princeton: Princeton University Press, 1966.

—— *The Wars of Truth: Studies in the Decay of Christian Humanism in the Earlier Seventeenth Century*. Cambridge: Harvard University Press, 1952.

Ball, Philip. *The Devil's Doctor: Paracelsus and the World of Renaissance Magic and Science*. New York: Farrar, Straus and Giroux, 2006.

Barraclough, Geoffrey. *The Origin of Modern Germany*. New York: Norton, 1984.

Beazley, C. Raymond. *Prince Henry the Navigator: The Hero of Portugal and of Modern Discovery*. New York: Burt Franklin, 1968 (1895).

Becker, Carl L. *The Heavenly City of the Eighteenth-Century Philosophers*. New Haven: Yale University Press, 1932.

Bell, A. E. *Christian Huygens and the Development of Science in the Seventeenth Century*. London: Edward Arnold, 1950.

Ben-David, Joseph. *The Scientist's Role in Society: A Comparative Study*. Englewood Cliffs: Prentice-Hall, 1971.

Bender, Thomas, ed. *The University and the City: From Medieval Origins to the Present*. Oxford: Oxford University Press, 1988.

Bennett, J. A. *The Mathematical Science of Christopher Wren*. Cambridge: Cambridge University Press, 1982.

Berggren, J. L. *Episodes in the Mathematics of Medieval Islam*. New York: Springer-Verlag c, 1986.

Berkel, K. van. *Isaac Beeckman on Matter and Motion: Mechanical Philosophy in the Making*. Philadelphia: Johns Hopkins University Press, 2013.

Berman, Harold J. *Law and Revolution: The Formation of the Western Legal Tradition*. Cambridge: Harvard University Press, 1983.

伯尔曼著，贺卫方等译：《法律与革命》。北京：中国大百科全书出版社，1993。

Bernardi, Gabriella. *Giovanni Domenico Cassini, a Modern Astronomer in the 17th Century*. Cham, Switzerland: Springer International (electronic), 2017.

Bethencourt, Francisco & Diogo Ramada Curto, ed. *Portuguese Oceanic Expansion, 1400-1800*. Cambridge: Cambridge University Press, 2007.

Blumenthal, Uta-Renate. *The Investiture Controversy: Church and Monarchy from the Ninth to the Twelfth Century*. Philadelphia: University of Pennsylvania Press, 1988.

Bo Shuren（薄树人）：《中国天文学史》。台北：文津出版社，1996。

Bonelli, M. L. Righini and Shea, William R., ed. *Reason, Experiment, and Mysticism in the Scientific Revolution*. New York: Science History Publications, 1975.

Bouwsma, William J. *Concordia Mundi: The Career and Thought of Guillaume Postel (1510-1581)*. Cambridge: Harvard University Press, 1957.

Bowra, C. M. *Tradition and Design in the Iliad*. Oxford: Clarendon Press, 1950 (1930).

Boxer, C. R. *The Portuguese Seaborne Empire 1415-1825*. London: Hutchison, 1969.

Boyer, Carl B. *The History of the Calculus and its Conceptual Development*. New York: Dover, 1959.

—— *A History of Mathematics*. Princeton: Princeton University Press, 1985.

—— *The Rainbow: From Myth to Mathematics*. Princeton: Princeton University Press, 1987 (1959).

Boys-Stones, G. R. *Post-Hellenistic Philosophy: A Study of its Development from the Stoics to Origen*. Oxford: Oxford University Press, 2001.

Bradford, Ernle. *Ulysses Found*. London: Hodder & Stoughton, 1963.

Branch, Jordan. *The Cartographic State: Maps, Territory, and the Origins of Sovereignty*. Cambridge: Cambridge University Press, 2014.

Brinton, Selwyn. *The Golden Age of the Medici*. Boston: Small, Maynard & Co. c., 1926.

Brock, Arthur J., ed. *Greek Medicine, being Extracts Illustrative of Medical Writers from Hippocrates to Galen*. London: Dent & Sons, 1929.

Brooke, Christopher. *The Twelfth Century Renaissance*. London: Thames and Hudson, 1969.

Brown, George Hardin. *A Companion to Bede*. Woodbridge, Suffolk: Boydell Press, 2009.

Brucker, Gene A. *Renaissance Florence*. Berkeley: University of California Press, 1983 (1969).

Bullough, Vern L. *The Development of Medicine as a Profession: The Contribution of the Medieval University to Modern Medicine*. Basel: Karger, 1966.

Bunbury, Edward Herbert. *A History of Ancient Geography Among the Greeks and Romans, from the earliest ages till the fall of the Roman Empire*. 2 vols. New York: Dover, 1959 (London 1879).

Burckhardt, Jacob. *The Civilization of the Renaissance in Italy*. S. G. C. Middlemore, transl. New York: Random House, 1954 (1860).

Burkert, Walter. *Lore and Science in Ancient Pythagoreanism*. E. L. Minar, Jr., transl.

Cambridge: Harvard University Press, 1972 (German edition, 1962).

—— *Greek Religion*. John Raffan, transl. Cambridge: Harvard University Press, 1985 (German edition, 1977).

—— *The Orientalizing Revolution: Near Eastern Influence on Greek Culture in the Early Archaic Age*. M. E. Pinder & W. Burkert, transl. Cambridge: Harvard University Press, 1992.

Burnett, Charles & Contadini, Anna, ed. *Islam and the Italian Renaissance*. London: The Warburg Institute, 1999.

Butler, Alfred J. *The Arab Conquest of Egypt and the Last Thirty Years of the Roman Dominion*. Oxford: Clarendon Press, 1902.

Butterfield, H. *The Origins of Modern Science, 1300-1800*. London: Bell & Sons, 1958.

Cameron, Euan. *The European Reformation*. Oxford: Clarendon Press, 1991.

Canfora, Luciano. Ryle, Martin, transl. *The Vanished Library*. Berkeley: The University of California Press, 1989.

Cary, M. and Warmington, E. H. *The Ancient Explorers*. London: Methuen, 1929.

Caspar, Max. *Kepler*. C. Doris Hellman, transl. & ed. New York: Dover, 1993.

CDSB, *Complete Dictionary of Scientific Biography*, see Gillispie 1970-1990.

Chabas, Jose & Goldstein, Bernard R. *The Alfonsine Tables of Toledo*. Boston: Kluwer Academic Publishers, 2003.

Chadwick, John. *The Mycenean World*. Cambridge: Cambridge University Press, 1976.

Chappell, Vere, ed. *Grotius to Gassendi*. New York: Garland Publishing, 1992.

Chandrasekhar, S. *Newton's Principia for the Common Reader*. Oxford: Clarendon Press, 1995.

Chejne, Anwar G. *Muslim Spain: Its History and Culture*. Minneapolis: The University of Minnesota Press, 1974.

陈方正：《站在美妙新世纪的门槛上》。沈阳：辽宁教育出版社，2002。

——《在自由与平等之外》。北京：北京大学出版社，2005。

Cherniss, Harold. *The Riddle of the Early Academy*. New York: Garland Publishing, 1980 (1945).

Christianson, Gale E. *In the Presence of the Creator: Isaac Newton and His Times*. New York: The Free Press, 1984.

—— *Isaac Newton*. Oxford: Oxford University Press, 2005.

Christianson, J. R. *On Tycho's Island: Tycho Brache and His Assistants, 1570-1601*. New York: Cambridge University Press, 2003.

Clanchy, M. T. *Abelard, a Medieval Life*. Oxford: Blackwell, 2002(1997).

Clagett, Marshall. *The Medieval Science of Weights*. Madison: University of Wisconsin Press, 1952.

—— *Greek Science in Antiquity*. London: Abelard-Schuman, 1957.

—— *The Science of Mechanics in the Middle Ages*. Oxford: Oxford University Press, 1959.

—— ed. *Critical Problems in the History of Science*. Madison: The University of Wisconsin Press, 1962.

—— *Archimedes in the Middle Ages*. Vol. I: *The Arabo-Latin Tradition*. Madison: The University of Wisconsin Press, 1964.

—— *Studies in Medieval Physics and Mathematics*. London: Variorum Reprints, 1979.

Cline, Eric H. *The Trojan War: A Very Short Introduction*. Oxford: Oxford University Press, 2013.

Clulee, Nicholas H. *John Dee's Natural Philosophy: Between Science and Religion*. London: Routledge, 1988.

Cohen, H. Floris. *The Scientific Revolution: A Historiographical Inquiry*. Chicago: University of Chicago Press, 1994.

Cohen, I. Bernard. *Introduction to Newton's 'Principia'*. Cambridge: Cambridge University Press, 1971.

—— *Revolution in Science*. Cambridge: Harvard University Press, 1985.

—— ed. *Studies on William Harvey*. New York: Arno Press, 1981.

—— ed. *Puritanism and the Rise of Modern Science: The Merton Thesis*. New Brunswick: Rutgers University Press, 1990.

—— and Smith, George, E., ed. *The Cambridge Companion to Newton*. Cambridge: Cambridge University Press, 2002.

Cole, John R. *The Olympian Dreams and Youthful Rebellion of René Descartes*. Urbana: University of Illinois Press, 1992.

Colish, Marcia L. *Medieval Foundations of the Western Intellectual Tradition 400-1400*. New Haven: Yale University Press, 1998.

Collis, Maurice. *Marco Polo*. London: Faber & Faber, 1950.

Collingwood, R. G. *The Idea of Nature*. Oxford: Clarendon Press, 1945.

Compayré, Gabriel. *Abelard and the Origin and Early History of Universities*. New York: AMS Press, 1969 (1893).

Conant, James Bryant, ed. *Robert Boyle's Experiments in Pneumatics*. Cambridge: Harvard

University Press, 1948.

Conlon, Thomas E. *Thinking about Nothing: Otto von Guericke and the Magdeburg Experiments on the Vacuum*. Saint Austin Press, 2011.

Cook, J. M. *The Greeks in Ionia and the East*. London: Thames & Hudson, 1962.

Coolidge, Julian Lowell. *The Mathematics of Great Amateurs*. Oxford: Clarendon Press, 1990.

Copleston, Frederick C. *A History of Medieval Philosophy*. New York: Harper & Row, 1972.

Corn, Charles. *The Scent of Eden: a Narrative of the Spice Trade*. New York: Kodansha, 1998.

Cornford, Francis M. *Plato's Cosmology: The Timaeus of Plato Translated with a Running Commentary*. London: Routledge & Kegan Paul, 1952.

Cortesão, Armando. *History of Portuguese Cartography*. 3 vols. Lisbon: Junta de Investigacões do Ultramar, 1969.

Cowdrey, H.E.J. *Pope Gregory VII 1073-1085*. Oxford: Clarendon Press, 1998.

Crane, Nicholas. *Mercator, the Man Who Mapped the Planet*. New York: Henry Holt, 2003.

Crombie, A.C. *Robert Grosseteste and the Origins of Experimental Science 1100-1700*. Oxford: Oxford University Press, 1953.

—— *Augustine to Galileo*. Vol. 1: *Science in the Middle Ages, V-XIII Centuries*. Vol. 2: *Science in the Late Middle Ages and Early Modern Times, XIII-XVII Centuries*. London: Heinemann, 1961 (1952).

—— *Styles of Scientific Thinking in the European Tradition: The History of Argument and Explanation Especially in the Mathematical and Biomedical Sciences and Arts*. 3 vols. London: Duckworth, 1994.

Crone, G. R. *Maps and their Makers: An Introduction to the History of Cartography*. Folkestone, Kent: Dawson, 1978 (1953).

Crossley, John N. *The Emergence of Number*. Singapore: World Scientific, 1987.

Crowther, J. G. *Francis Bacon, The First Statesman of Science*. London: Cresset Press, 1960.

—— *Founders of British Science*. London: Cresset Press, 1960.

Cullen, Christopher. *Astronomy and Mathematics in Ancient China: The Zhou bi suan jing*. New York: Cambridge University Press, 1996.

Daly, Lowrie J. *The Medieval University 1200-1400*. New York: Sheed and Ward, 1961.

Darnton, Robert. *The Business of Enlightenment: A Publishing History of the Encyclopédie, 1775-1800*. Cambridge: Belknap Press, 1979.

Davidson, Herbert A. *Alfarabi, Avicenna, and Averroes, on Intellect*. New York: Oxford

University Press, 1992.

Dawson, Christopher, ed. *The Mongol Mission*. London: Sheed & Ward, 1955.

Deacon, Richard (Donald McCormick). *John Dee: Scientist, Geographer, Astrologer and Secret Agent to Elizabeth I*. London: Frederick Muller, 1968.

Dear, Peter. *Revolutionizing the Sciences: European Knowledge and Its Ambitions, 1500-1700*. Houndmills, Hampshire: Palgrave, 2001.

—— *Mersnne and the Learning of the Schools*. Ithaca: Cornell University Press, 1988.

Debus, Allen G. *Chemistry, Alchemy and the New Philosophy 1550-1700*. London: Variorum, 1987.

—— ed., *Alchemy and Early Modern Chemistry: Papers from Ambix*. The Society for the History of Alchemy and Chemistry, 2004.

Degregorio, Scott, ed. *The Cambridge Companion to Bede*. Cambridge: Cambridge University Press, 2010.

Densmore, Dana. *Newton's Principia: the Central Argument*. Santa Fe: Green Lion Press, 2003.

Descola, Jean. *The Conquistadors*. Malcolm Barnes, transl. London: Allen & Unwin, 1957.

Dictionary of Scientific Biography. See Gillispie 1970–1990.

Diffie, Bailey W. & George D. Winnius. *Foundations of the Portuguese Empire 1415-1580*. Minneapolis: University of Minnesota Press, 1977.

Dijksterhuis, E.J. *Archimedes*. Princeton: Princeton University Press, 1987.

—— *The Mechanization of the World Picture: Pythagoras to Newton*. C. Dickshoorn, transl. Princeton: Princeton University Press, 1986 (1959).

Dillon, John. *The Middle Platonists: A Study of Platonism 80 B.C. to A.D. 220*. London: Duckworth, 1977.

—— *The Great Tradition: Further Studies in the Development of Platonism and Early Christianity*. Aldershot, Hampshire: Ashgate, 1997.

—— *The Heirs of Plato: A Study of the Old Academy*. Oxford: Clarendon Press, 2003.

Disney, A. R. *A History of Portugal and the Portuguese Empire: From Beginnings to 1807*. Vol. 1: *Portugal*. Cambridge: Cambridge University Press, 2009.

Dobbs, Betty Jo Teeter. *The Foundations of Newton's Alchemy or the Hunting of the Green Lion*. Cambridge: Cambridge University Press, 1975.

—— *The Janus Faces of Genius. The Role of Alchemy in Newton's Thought*. Cambridge: Cambridge University Press, 1991.

—— and Jacob, Margaret C. *Newton and the Culture of Newtonianism*. Amherst, New York: Humanity Books, 1995.

Dodds, E. R. *The Greeks and the Irrational*. Boston: Beacon Press, 1957.

Dolnikowski, Edith Wilks. *Thomas Bradwardine: A View of Time and a Vision of Eternity in Fourteenth Century Thought*. Leiden: Brill, 1995.

Douglas, David C. *The Norman Achievement 1050-1100*. London: Eyre & Spottiswoode, 1969.

杜石然等编著：《中国科学技术史》（上下册）。北京：科学出版社，1984。

Drake, Stillman. *Mechanics in Sixteenth-Century Italy: Selections from Tartaglia, Benedetti, Guido Ubaldo, & Galileo*. Stillman Drake and I. E. Drabkin, transl. & annot. Madison: University of Wisconsin Press, 1969.

—— *Galileo Studies: Personality, Tradition, and Revolution*. Ann Arbor: The University of Michigan Press, 1970.

—— *Galileo at Work: His Scientific Biography*. Chicago: The University of Chicago Press, 1978.

Dreyer, J. L. E. *A History of Astronomy from Thales to Kepler*. New York: Dover Publications, 1953 (1905).

DSB (*Dictionary of Scientific Biography*). See Gillispie 1970–1990.

Dueck, Daniela. *Strabo of Amasia: A Greek Man of Letters in Augustan Rome*. London: Routledge, 2000.

Duhem, Pierre. *Medieval Cosmology: Theories of Infinity, Place, Time, Void, and the Plurality of Worlds*. Roger Ariew, ed. & transl. Chicago: University of Chicago Press, 1987.

—— *The Origins of Statics: The Sources of Physical Theory*. Dordrecht: Kluwer Academic Publishers, 1991 (1905).

—— *Essays in the History and Philosophy of Science*. Roger Ariew and Peter Barker, transl. & ed. Indianapolis: Hackett Publishing, 1996.

Eamon, William. *Science and the Secrets of Nature: Books of Secrets in Medieval and Early Modern Culture*. Princeton: Princeton University Press, 1994.

Easton, Stewart C. *Roger Bacon and His Search for a Universal Science*. Oxford: Blackwell, 1952.

Engelfriet, Peter M. *Euclid in China: The Genesis of the First Chinese Translation of Euclid's Elements Books I-VI (Jihe yuanben; Beijing, 1607) and its Reception up to 1723*. Leiden: Brill, 1998.

Eisenstein, Elizabeth L. *The Printing Press as an Agent of Change*. 2 vols. Cambridge:

Cambridge University Press, 1979.

Elvin, Mark. *The Pattern of the Chinese Past*. London: Eyre Methuen, 1973.

Encyclopedia of the History of Arabic Science. See Rashed, 1996.

Espinasse, Margaret. *Robert Hooke*. London: Heinemann, 1956.

Evelyn, John. *The Diary of John Evelyn*. E. S. De Beer, ed. London: Oxford University Press, 1959.

Everitt, Anthony. *Cicero: The Life and Times of Rome's Greatest Politician*. New York: Random House, 2001.

Evans, Joan. *Monastic Life at Cluny*. Archon Books, 1968 (Oxford University Press, 1931).

方豪：《中西交通史》上下册。台北：中国文化大学出版部，1983 (1955)。

Farago, Claire, ed. *Leonardo's Writings and Theory of Art.* New York: Garland Publishing, 1999.

Farrington, Benjamin. *Science and Politics in the Ancient World*. London: Allen & Unwin, 1946 (1919).

——— *Greek Science: Its Meaning for Us*. 2 vols. Harmondsworth: Penguin, 1949 (1944).

——— *The Philosophy of Francis Bacon*. Liverpool University Press, 1964.

——— *Science in Antiquity*. London: Oxford University Press, 1969 (1936).

Feingold, Mordechai. *The Mathematicians' Apprenticeship: Science, Universities and Society in England, 1560-1640*. Cambridge: Cambridge University Press, 1984.

———*Before Newton: The Life and Times of Isacc Barrow*. Cambridge: Cambridge University Press, 1990.

Ferguson, Everett. *Backgrounds of Early Christianity* . Grand Rapids, MI: Eerdmans Publishing Company, 2003.

Fernández-Armesto, Felipe. *Before Columbus: Exploration and Colonisation from the Mediterranean to the Atlantic, 1229-1492*. London: Macmillan, 1987.

Flegg, Graham, Cynthis Hay and Barbara Moss, ed. *Nicolas Chuquet: Renaissance Mathematician. A study with extensive translation of Chuquet's mathematical manuscript completed in 1484*. Boston: Reidel Publishing Company, 1985.

Flint, Valerie I. J. *The Rise of Magic in Early Medieval Europe*. Princeton: Princeton University Press, 1991.

Folkerts, Menso. *Essays on Early Medieval Mathematics: the Latin Tradition*. Ashgate: Variorum, 2003.

——— *The Development of Mathematics in Medieval Europe: the Arabs, Euclid, Regiomontanus.*

Ashgate: Variorum, 2006.

Fortenbaugh, William W., ed. & transl. *Theophrastus of Eresus: Sources for his life, writings, thought, and influence*. Leiden: E. J. Brill, 1992.

Fowden, G. *The Egyptian Hermes*. Cambridge: Cambridge University Press, 1986.

Fowler, David. *The Mathematics of Plato's Academy: A New Construction*. Oxford: Clarendon Press, 1999.

Fox, Robin Lane. *Alexander the Great*. London: Penguin, 1974.

Frank Jr., Robert G. *Harvey and the Oxford Physiologists: Scientific Ideas and Social Interaction*. Berkeley: University of California Press, 1980.

Fraser, P. M. *Ptolemaic Alexandria*. 3 vols. Oxford: Clarendon Press, 2001 (1972).

Freeberg, David. *The Eye of the Lynx：Galileo, His Friends and the Beginnings of Modern Natural History*. Chicago：The University of Chicago, 2002.

Freeman, Charles. *Egypt, Greece and Rome: Civilizations of the Ancient Mediterranean*. Oxford: Oxford University Press, 1996.

Freeman, Kathleen. *The Pre-Socratic Philosophers, A Companion to Diels, Fragmente der Vorsokratiker*. Oxford: Basil Blackwell, 1959.

—— transl. *Ancilla to the Pre-Socratic Philosophers*. Oxford: Basil Blackwell, 1962.

French, Peter. *John Dee: The World of an Elizabethan Magus*. London: Routledge, 1987.

Galpin, Francis W. *The Music of the Sumerians and Their Immediate Successors, the Babylonians & Assyrians*. New York: Da Capo Press, 1970.

Garber, Daniel. *Descartes' Metaphysical Physics*. The University of Chicago Press, 1992.

Gardiner, Alan. *Egypt of the Pharaohs*. Oxford: Oxford University Press, 1966.

Gatti, Hilary. *Giordano Bruno and Renaissance Science*. Ithaca: Cornell University Press, 1999.

Gaukroger, Stephen. *Descartes: An Intellectual Biography*. Oxford: Clarendon Press, 1995.

—— *Francis Bacon and the Transformation of Early-Modern Philosophy*. Cambridge: Cambridge University Press, 2001.

—— *Descares' System of Natural Philosophy*. Cambridge: Cambridge University Press, 2002.

Gaukroger, Stephen, ed. *Descartes: Philosophy, Mathematics and Physics*. Sussex: Harvester Press, 1980.

Gaukroger, Stephen, John Schuster and John Sutton, ed. *Descartes' Natural Philosophy*. London: Routledge, 2000.

Gay, Peter. *The Enlightenment, an Interpretation: The Rise of Modern Paganism*. New York:

Norton, 1977.

George, A. R. *The Babylonian Gilgamesh Epic: Introduction, Critical Edition and Cuneiform texts*. 2 vols. New York: Oxford University Press, 2003.

Gersh, Stephen and Hoenen, Maarten J. F. M., ed. *The Platonic Tradition in the Middle Ages: A Doxographic Approach*. Berlin: Walter de Gruyter, 2002.

Gibbon, Edward. *The Decline and Fall of the Roman Empire*. 3 vols. New York: Random House (Reprint of the, 1932, 2-vol edition).

Gillispie, Charles Coulston, editor-in-chief. *Dictionary of Scientific Biography*, 16 vols. New York: Scribner, 1970-1990.

—— with F. L. Holmes, Noreta Koertge, and Thomson Gale. *Complete Dictionary of Scientific Biography* (electronic book). Detroit: Scribner, 2008.

Gillings, Richard J. *Mathematics in the Time of the Pharaohs*. New York: Dover Publications, 1982.

Gingerich, Owen, ed. *The Nature of Scientific Discovery: A Symposium Commemorating the 500th Anniversary of the Birth of Nicholaus Copernicus*. Washington D.C.: Smithsonian Institution Press, 1975.

Glick, Thomas F. *Islamic and Christian Spain in the Early Middle Ages*. Princeton: Princeton University Press, 1979.

Glucker, John. *Antiochus and the Late Academy*. Gottingen: Vandenhoeck & Ruprecht, 1978.

Goichon, A. M. *The Philosophy of Avicenna and Its Influence on Medieval Europe*. M. S. Khan, transl. Delhi: Motilal Banarsidass, 1969.

Goldstein, B. R. *Theory and Observation in Ancient and Medieval Astronomy*. London: Variorum, 1985.

Golino, Carlo L. *Galileo Reappraised*. Berkeley: University of California Press, 1966.

Gordon, Cyrus H. *The Common Background of Greek and Hebrew Civilizations*. New York: Norton, 1962.

Gorman, Peter. *Pythagoras, a Life*. London: Routledge & Kegan Paul, 1979.

彼得·戈门著, 石定乐译:《智慧之神: 毕达哥拉斯传》(中译本)。长沙: 湖南人民出版社, 1993。

Grant, Edward. *Much Ado About Nothing: Theories of Space and Vacuum from the Middle Ages to the Scientific Revolution*. Cambridge University Press, 1981.

Grafton, Anthony. *Cardano's Cosmos: The Worlds and Works of a Renaissance Astrologer*.

Cambridge: Harvard University Press, 1999.

Grant, Edward. *Physical Science in the Middle Ages*. Cambridge: Cambridge University Press, 1977.

—— *Studies in Medieval Science and Natural Philosophy*. London: Variorum Reprints, 1981.

—— and Murdoch, John E., ed. *Mathematics and its Applications to Science and Natural Philosophy in the Middle Ages*. Cambridge: Cambridge University Press, 1987.

—— *The Foundations of Modern Science in the Middle Ages: Their Religious, Institutional and Intellectual Contexts*. Cambridge: Cambridge University Press, 1996.

Greaves, Alan M. *Miletos, a History*. London: Routledge, 2002.

Greenberg, John L. *The Problem of the Earth's Shape from Newton to Clairaut: The Rise of Mathematical Science in Eighteenth-Century Paris and the Fall of "Normal" Science*. New York: Cambridge University Press, 1995.

Greenblatt, Stephen. *The Swerve: How the World Became Modern*. New York: Norton, 2011.

Guerlac, Henry. *Newton on the Continent*. Ithaca: Cornell University Press, 1981.

Guiciardini, Niccolo. *The Development of Newtonian Calculus in Britain 1700-1800*. Cambridge: Cambridge University Press, 1989.

—— *Reading the* Principia: *the Debate on Newton's Mathematical Methods for Natural Philosophy from 1687 to 1736*. Cambridge: Cambridge University Press, 1999.

Gutas, Dimitri. *Greek Thought, Arabic Culture: The Graeco-Arabic Translation Movement in Baghdad and Early Abassid Society*. London: Routledge, 1998.

Guthrie, K. S., compil. & transl. *The Pythagorean Sourcebook and Library*. Grand Rapids, Michigan: Phanes Press, 1987.

Guthrie, W. K. C. *The Greeks and Their Gods*. London: Methuen & Co., 1950.

—— *The Earlier Presocratics and the Pythagoreans*. Cambridge: Cambridge University Press, 1962.

—— *A History of Greek Philosophy*, 6 vols. Cambridge: Cambridge University Press, 1962-1981.

—— *Orpheus and Greek Religion: A Study of the Orphic Movement*. Princeton: Princeton University Press, 1993.

Habib, S. Irfan and Dhruv Raina. *Situating the History of Science: Dialogues with Joseph Needham*. Oxford: Oxford University Press, 1999.

Hackett, Jeremiah, ed. *Roger Bacon and the Sciences: Commemorative Essays*. Leiden: Brill, 1997.

Hahn, Roger. *The Anatomy of a Scientific Institution: The Paris Academy of Sciences, 1666-1803.* Berkeley: University of California Press, 1971.

Hale, J. R. *Florence and the Medici: the Pattern of Control.* London: Thames and Hudson, 1977.

Hall, A. Rupert. *From Galileo to Newton 1630-1720.* London: Collins, 1963.

—— ed. *The Making of Modern Science.* Leicester University Press, 1960.

—— *Philosophers at war: The Quarrel between Newton and Leibniz.* Cambridge: Cambridge University Press, 1980.

—— *The Revolution in Science 1500-1750.* London: Longman, 1983.

—— *Henry More and the Scientific Revolution.* Cambridge: Cambridge University Press, 1990.

—— *Isaac Newton: An Adventurer in Thought.* Cambridge: Cambridge University Press, 1996.

Hall, Marie Boas. *Henry Oldenburg: Shaping the Royal Society.* Oxford University Press, 2002.

Hammond, N. G. L. *A History of Greece to 322 B.C..* Oxford: Clarendon Press, 1986.

韩琦著：《通天之学：耶稣会士和天文学在中国的传播》。北京：生活·读书·新知三联书店，2018。

Hankins, Thomas L. *Jean d'Alembert: Science and the Enlightenment.* Philadelphia: Gordon and Breach, 1990 (1970).

Hankinson, R. J., ed. *The Cambridge Companion to Galen.* Cambridge University Press, 2008.

Harden, Donald. *The Phoenicians.* London: Thames & Hudson, 1962.

Harley, J. B. and Woodward, David, ed. *The History of Cartography.* Vol. 1. *Cartography in Prehistoric, Ancient and Medieval Europe and the Mediterranean.* Chicago: Chicago University Press, 1987.

Harman, P. M. and Shapiro, Alan E., ed. *The Investigation of Difficult Things-Essays on Newton and the History of the Exact Sciences in Honour of D. T. Whiteside.* Cambridge: Cambridge University Press, 1992.

Hart, Henry H. *Marco Polo, Venetian Adventurer.* Norman: University of Oklahoma Press, 1967.

Hashimoto Keizo, Catherine Jami & Lowell Skar, ed. *East Asian Science: Tradition and Beyond.* Osaka: Kansai University Press, 1995.

Haskins, C. H. *Studies in the History of Medieval Science.* Cambridge: Harvard University Press, 1924.

—— *The Rise of Universities.* Ithaca: Cornell University Press, 1957 (1923).

—— *Studies in Medieval Culture.* New York: Ungar, 1965 (1929).

—— *The Normans in European History.* New York: Norton & Co., 1966 (1915).

—— *The Renaissance of the Twelfth Century*. Cambridge: Harvard University Press, 1993 (1927).

Haugen, Kristine Louise. *Richard Bentley: Poetry and Enlightenment*. Cambridge: Harvard University Press, 2011.

Heath, Thomas. *Greek Astronomy*. London: Dent & Sons, 1932.

—— *Greek Mathematics*, 2 vols. Oxford: Clarendon Press, 1965 (1921).

—— *Aristarchus of Samos: the Ancient Copernicus*. New York: Dover, 1981 (1913).

—— *Mathematics in Aristotle*. Bristol: Thoemmes Press, 1998 (1949).

Heilbron, J. L. *Galileo*. Oxford: Oxford University Press, 2010.

Herivel, John. *The Background to Newton's Principia: A Study of Newton's Dynamical Researches in the Years 1664-1684*. Oxford: Clarendon Press, 1965.

Hesse, Mary B. *Forces and Fields: The Concept of Action at a Distance in the History of Physics*. London: Thomas Nelson & Sons, 1961.

Hilbert, David. *The Foundations of Geometry*. E. J. Townsend, transl. Chicago: Open Court Publishing Company, 1902.

Hill, Christopher. *The Century of Revolution 1603-1714*. Edinburg: Nelson & Sons, 1961.

—— *The Intellectual Origins of the English Revolution*. Oxford: Oxford University Press, 1991 (1965).

HOC: *The History of Cartography*, Vol. I-VI. Chicago: Chicago University Press, 1987-2015.

Hodgson, Marshall G. S. *The Venture of Islam*. 3 vols. Chicago: The University of Chicago Press, 1974.

Hofmann, Joseph E. *Leibniz in Paris 1672-1676: His Growth to Mathematical Maturity*. Cambridge University Press, 1974.

Hogendijk, Jan P. & Sabra, Abdelhamid I., ed. *The Enterprise of Science in Islam : New Perspectives*. Cambridge: MIT Press, 2003.

Hollister, C. Warren, ed. *The Twelfth-Century Renaissance*. New York: Wiley & Sons, 1969.

Holmes, George. *Florence, Rome and the Origins of the Renaissance*. Oxford: Clarendon Press, 1988.

Holmyard, E. J. *Alchemy*. Harmondsworth: Penguin Books, 1968 (1957).

Holzer, Gerhard, Valerie Newby, Petra Svatek and Georg Zotti, ed. *A World of Innovation: Cartography in the time of Gerhard Mercator*. Newcastle-upon-Tyne: Cambridge Scholars Publishing, 2015.

Honeybone, Diana and Michael. *The Correspondence of William Stukeley and Maurice Johnson*

1714-1754. Woodbridge: Boydell Press, 2014.

Hooykaas, Reijer. *Religion and the Rise of Modern Science.* Edinburgh: Scottish Academic Press, 1972.

—— *Humanism and the Voyages of Discovery in 16th Century Portuguese Science and Letters.* Amsterdam: North Holland Publishing Company, 1979 (1965).

—— *Fact, Faith and Fiction in the Development of Science.* Dordrecht: Kluwer Academic Publishers, 1999.

Høyrup, Jens. *In Measure, Number, and Weight: Studies in Mathematics and Culture.* Albany: State University of New York Press, 1994.

—— *Lengths, Widths, Surfaces: A Portrait of Old Babylonian Algebra and Its Kin.* New York: Springer-Verlag, 2002.

Huff, Toby E. *The Rise of Early Modern Science: Islam, China and the West.* Cambridge: Cambridge University Press, 1993, 2003.

—— *Intellectual Curiosity and the Scientific Revolution: a Global Perspective.* Cambridge: Cambridge University Press, 2011.

Huffman, Carl A. *Philolaus of Croton: Pythagorean and Presocratic.* Cambridge: Cambridge University Press, 1993.

Hunger, Hermann and Pingree, David. *Astral Sciences in Mesopotamia.* Leiden: Brill, 1999.

Hunt, Noreen. *Cluny under Saint Hugh.* London: Edward Arnold Publishers, 1967.

—— ed. *Cluniac Monasticism in the Central Middle Ages.* London: Macmillan, 1971.

Hunter, Michael. *Robert Boyle (1627-1691): Scrupulosity and Science.* Woodbridge, Suffolk: Boydell Press, 2000.

—— *Boyle: Between God and Science.* New Haven: Yale University Press, 2009.

Hyde, J. K. *Society and Politics in Medieval Italy: The Evolution of the Civil Life, 1000-1350.* New York: St. Martin's Press, 1973.

Ihsanoglu, Ekmeleddin. ed., *History of the Ottoman State, Society and Civilisation.* 2 vols. Istanbul: Research Center for Islamic History, Art and Culture (IRCICA), 2002.

—— *Science, Technology and Learning in the Ottoman Empire: Western Influence, Local Institutions, and the Transfer of Knowledge.* Aldershot, Hampshire: Ashgate Publishing, 2004.

Inwood, Stephen. *The Man Who Knew Too Much: The Strange and Inventive Life of Robert Hooke 1635-1703.* London: Macmillan, 2002.

Israel, Jonathan I. *The Dutch Republic: Its Rise, Greatness and Fall 1477-1806.* Oxford: Clarendon Press, 1995.

Jacob, James R. *The Scientific Revolution: Aspirations and Achievements 1500-1700.* Atlantic Highlands, NJ: Humanities Press, 1988.

Jacob, Margaret C. *The Newtonians and the English Revolution 1689-1720.* New York: Gordon and Breach Science Publishers, 1990（1976）.

—— *The Radical Enlightenment: Pantheists, Freemasons and Republicans.* London: Allen & Unwin, 1981.

Jamison, Evelyn. *Admiral Eugenius of Sicily, His Life and Work.* New York: Oxford University Press, 1957.

Jaspers, Karl. *The Origin and Goal of History.* Michael Bullock, transl. New Haven: Yale University Press, 1953.

纪志纲、郭园园、吕鹏：《西去东来：沿丝绸之路数学知识的传播与交流》。南京：江苏人民出版社，2018。

Johnson, Francis R. *Astronomical Thought in Renaissance England: A Study of the English Scientific Writings from 1500 to 1645.* Baltimore: The Johns Hopkins Press, 1937.

Jonas, Hans. *The Gnostic Religion: The Message of the Alien God and the Beginnings of Christianity.* Boston: Beacon Press, 1958.

汉斯·约纳斯著，张新樟译：《诺斯替宗教：异乡神的信息与基督教的开端》。上海：上海三联书店，2006。

Jones, Richard Foster. *Ancients and Moderns: A Study of the Rise of the Scientific Movement in Seventeenth-Century England.* New York: Dover Publications, 1961.

Joseph, George Gheverghese. *The Crest of the Peacock: Non-European Roots of Mathematics.* London: Penguin, 1990.

Joyner, Tim. *Magellan.* Camden, Maine: International Marine, 1992.

Kahn, Charles H. *Anaximander and the Origins of Greek Cosmology.* New York: Columbia University Press, 1960.

—— *The Art and Thought of Heraclitus: An edition of the fragments with translation and commentary.* New York: Cambridge University Press, 1979.

—— *Pythagoras and the Pythagoreans: A Brief History.* Indianapolis: Hackett, 2001.

Kelsey, Harry. *Sir Francis Drake, the Queen's Pirate.* New Haven: Yale University Press, 1998.

Kennedy, E. S. *et al. Studies in the Islamic Exact Sciences.* Beirut: American University of Beirut,

1983.

Keohane, Nannerl O. *Philosophy and The State in France: The Renaissance to the Enlightenment*. Princeton: Princeton University Press, 1980.

King, David A. *Islamic Mathematical Astronomy*. Aldershot, Hampshire: Variorum, 1993.

Kirk, G. S., Raven, J. E. & Schofield, M., *The Presocratic Philosophers*. Cambridge: Cambridge University Press, 1983.

Klein, Jacob. *Greek Mathematical Thought and the Origin of Algebra*. Eva Brann, transl. Cambridge: The MIT Press, 1968.

Knorr, Wilbur Richard. *The Evolution of the Euclidean Elements: A Study of the Theory of Incommensurable Magnitudes and Its Significance for Early Greek Geometry*. London: Reidel Publishing, 1975.

Kocher, Paul H. *Science and Religion in Elizabethan England*. New York: Octagon Books, 1969.

Koestler, Arthur. *The Watershed: A Biography of Johannes Kepler*. London: Heinemann, 1961.

Koyré, Alexandre. *The Astronomical Revolution: Copernicus-Kepler-Borelli*. R. E. W. Maddison, transl. Ithaca: Cornell University Press, 1973.

—— *From the Closed World to the Infinite Universe*. New York: Harper & Row, 1958.

—— *Galileo Studies*. John Mepham, transl. Sussex: Harvester Press, 1978 (1939).

—— *Newtonian Studies*. London: Chapman & Hall, 1965.

Kramer, Samuel N. *The Sumerians*. Chicago: The University of Chicago Press, 1963.

Kramnick, Isaac, ed. *The Portable Enlightenment Reader*. New York: Penguin, 1995.

Kraut, Richard, ed. *The Cambridge Companion to Plato*. Cambridge: Cambridge University Press, 1992.

Kuhn, Thomas S. *The Copernican Revolution: Planetary Astronomy in the Development of Western Thought*. Cambridge: Harvard University Press, 1966.

—— *The Structure of Scientific Revolutions*. Chicago: The University of Chicago Press, 1970 (1962).

Kuhrt, Amelie. *The Ancient Near East, c. 3000-330 BC*. 2 vols. London: Routledge, 1995.

Kuttner, Stephan. *Gratian and the Schools of Law 1140-1234*. London: Variorum Reprints, 1983.

Labrousse, Elizabeth. *Bayle*. Denys Potts, transl. Oxford: Oxford University Press, 1983.

Landes, David S. *Revolution in Time: Clocks and the Making of the Modern World*. Cambridge: The Belknap Press of Harvard University Press, 1983.

Lapidus, Ira M. *A History of Islamic Societies*. Cambridge: Cambridge University Press, 2002.

Larner, John. *Marco Polo and the Discovery of the World*. New Haven: Yale University Press, 1999.

Latacz, Joachim. *Troy and Homer: Towards a Solution of an Old Mystery*. K. Windle & R. Ireland, transl. Oxford: Oxford University Press, 2004.

Lear, John. *Kepler's Dream, with the full text and notes of Somnium, Sive Astronomia Lunaris, Joannis Kepleri translated by Patricia Frueh Kirkwood*. Berkeley: University of California Press, 1965.

李国豪、张孟闻、曹天钦主编：《中国科技史探索》。香港：中华书局，1986。

李俨：《中国算学史》。上海：商务印书馆，1955 (1937)。

Lilla, Salvatore R. C. *Clement of Alexandria: a Study in Christian Platonism and Gnosticism*. Oxford: Oxford University Press, 1971.

Lindberg, David and Numbers, Ronald L., ed. *When Science and Christianity Meet*. Chicago: The University of Chicago Press, 2003.

Lindberg, David C., *Theories of Vision from Al-Kindi to Kepler*. Chicago: The University of Chicago Press, 1976.

—— ed. *Science in Middle Ages*. Chicago: The University of Chicago Press, 1978.

—— *Roger Bacon's Philosophy of Nature: A Critical Edition, with English Translation, Introduction, and Notes, of De multiplicatione specierum and De speculis comburentibus*. Oxford: Clarendon Press, 1983.

—— and Westman, Robert S., ed. *Reappraisals of the Scientific Revolution*. Cambridge: Cambridge University Press, 1990.

—— *The Beginnings of Western Science*. Chicago: The University of Chicago Press, 1992.

—— *Roger Bacon and the Origins of Perspectiva in the Middle Ages: A Critical Edition and English Translation of Bacon's Perspectiva with Introduction and Notes*. Oxford: Clarendon Press, 1996.

Linden, Stanton J., ed. *The Alchemy Reader from Hermes Trismegistus to Isaac Newton*. Cambridge: Cambridge University Press, 2003.

Lindsay, Jack. *The Origins of Alchemy in Graeco-Roman Egypt*. London: F. Muller, 1970.

刘钝、王扬宗编：《中国科学与科学革命：李约瑟难题及其相关问题研究论著选》。沈阳：辽宁教育出版社，2002。

Lloyd, G. E. R. Aristotle: *The Growth and Structure of His Thought*. Cambridge: Cambridge University Press, 1968.

—— *Early Greek Science: Thales to Aristotle*. New York: Norton, 1970.

—— *Greek Science After Aristotle*. Norton, 1973.

—— *Magic, Reason and Experience: Studies in the Origins and Development of Greek Science*. Cambridge: Cambridge University Press, 1979.

—— *Adversaries and Authorities: Investigations into Ancient Greek and Chinese Science*. Cambridge: Cambridge University Press, 1996.

—— *The Ambitions of Curiosity: Understanding the World in Ancient Greece and China*. Cambridge: Cambridge University Press, 2002.

—— and Nathan Sivin. *The Way and the Word: Science and Medicine in Early China and Greece*. New Haven: Yale University Press, 2002.

—— *Ancient Worlds, Modern Reflections: Philosophical Perspectives on Greek and Chinese Science and Culture*. Oxford: Clarendon Press, 2004.

—— *Principles and Practices in Ancient Greek and Chinese Science*. London: Routledge, 2006.

LoLordo, Antonia. *Pierre Gassendi and the Birth of Early Modern Philosophy*. New York: Cambridge University Press, 2007.

Longrigg, James. *Greek Medicine from the Heroic to the Hellenistic Age: A Source Book*. London: Duckworth, 1998.

Louden, Bruce. *Homer's Odyssey and the Near East*. Cambridge: Cambridge University Press, 2011.

Lynch, John. *Spain under the Habsburgs*. 2 vols. New York: New York University Press, 1984.

Lynch, John Patrick. *Aristotle's School: A Study of a Greek Educational Institution*. Berkeley: University of California Press, 1972.

Mach, Ernst. *The Science of Mechanics*. Thomas J. McCormack, transl. La Salle, IL: The Open Court Publishing, 1960 (1893).

Mahoney, Michael Sean. *The Mathematical Career of Pierre de Fermat (1601-1665)*. Princeton: Princeton University Press, 1973.

Maistre, Joseph de. *An Examination of the Philosophy of Bacon, Wherein Different Questions of Rational Philosophy are Treated*. Richard A. Lebrun, transl. Montreal: McGill-Queen's University Press, 1998.

Majercik, Ruth. *The Chaldean Oracles: Text, Translation and Commentary*. Leiden: E.J. Brill, 1989.

Major, Richard Henry. *The Life of Prince Henry of Portugal, the Navigator; and its Results:*

Comprising the Discovery, Within One Century, of Half the World. London: Frank Cass & Co., 1967 (1868).

Makdisi, George. *The Rise of Colleges. Institutions of Learning in Islam and the West.* Edinburgh: Edinburgh University Press, 1981.

—— *The Rise of Humanism in Classical Islam and the Christian West.* Edinburgh: Edinburgh University Press, 1990.

Mancosu, Paolo. *Philosophy of Mathematics and Mathematical Practice in the Seventeenth Century.* New York: Oxford University Press, 1996.

Manuel, Frank E. *Isaac Newton Historian.* Cambridge: Harvard University Press, 1963.

—— *A Portrait of Isaac Newton.* Cambridge: Harvard University Press, 1968.

—— *The Religion of Isaac Newton.* Oxford: Clarendon Press, 1974.

Martines, Lauro. *The Social World of the Florentine Humanists 1390-1460.* London: Routledge & Kegan Paul, 1963.

Martinich, A. P. *Hobbes: A Biography.* New York: Cambridge University Press, 1999.

Martzloff, Jean-Claude. *A History of Chinese Mathematics.* Stephen S. Wilson, transl. Berlin: Springer-Verlag, 1997.

Matheson, P. E. & E. F., ed. *Francis Bacon: Selections with Essays by Macaulay & S. R. Gardiner.* Oxford: Clarendon Press, 1952 (1922).

Matthew, Donald. *The Norman Kingdom of Sicily.* Cambridge: Cambridge University Press, 1992.

Mayhall, C. W. *On Plotinus.* Belmont, CA: Wadsworth, 2004.

McEvoy, James. *The Philosophy of Robert Gresseteste.* Oxford: Clarendon Press, 1986.

McKie, D. *Antoine Lavoisier.* New York: Plenum, 1990 (1952).

McMullin, Ernan, ed. *Galileo, Man of Science.* Princeton Junction: The Scholar's Bookshelf, 1967.

McCrindle, J. W. *The Invasion of India by Alexander the Great as described by Arrian, Q. Curtius, Diodoros, Plutarch and Justin.* London: Methuen, 1969 (1896).

McNeill, William H. *Venice: The Hinge of Europe, 1081-1797.* Chicago: The University of Chicago Press, 1974.

—— *Plagues and Peoples.* New York: Doubleday, 1976.

—— *The Pursuit of Power: Technology, Armed Forces and Society since A.D. 1000.* Chicago: The University of Chicago Press, 1984.

Meli, Domenico Bertoloni. *Equivalence and Priority: Newton versus Leibniz.* Oxford: Clarendon

Press, 1996.

Menn, Stephen. *Descartes and Augustine*. Cambridge: Cambridge University Press, 1998.

Methuen, Charlotte. *Kepler's Tübingen: Stimulus to a Theological Mathematics*. Aldershot: Ashgate, 1998.

Miller, Arthur I. *Einstein, Picasso: Space, Time and the Beauty That Causes Havoc*. New York: Perseus Books, 2001.

Miller, J. Innes. *The Spice Trade of the Roman Empire, 29 B.C. to A.D. 641*. Oxford: Clarendon Press, 1969.

Miller, Peter N. *Peiresc's Europe: Learning and Virtue in the Seventeenth Century*. New Haven: Yale University Press, 2000.

Minar, Jr., Edwin L. *Early Pythagorean Politics in Practice and Theory*. Baltimore: Waverly Press, 1942.

More, Louis Trenchard. *Isaac Newton: A Biography*. New York: Dover, 1934.

Morgan, David. *The Mongols*. Oxford: Blackwell, 1986.

Morison, Samuel Eliot. *Admiral of the Ocean Sea: A Life of Christopher Columbus*. Boston: Little, Brown & Co., 1942.

—— *The Great Explorers: The European Discovery of America*. Oxford: Oxford University Press, 1978.

Morrill, John. *The Nature of the English Revolution*. Harlow, Essex: Longman, 1993.

Mueller, Ian. *Philosophy of Mathematics and Deductive Structure in Euclid's Elements*. Cambridge: The MIT Press, 1981.

Murphy, Daniel. *Comenius: A Critical Reassessment of His Life and Work*. Dublin: Irish Academic Press, 1995.

Mylonas, George E. *Mycenae and the Mycenean Age*. Princeton: Princeton University Press, 1966.

Nadler, Steven. *Spinoza: A Life*. New York: Cambridge University Press, 1999.

—— ed. *The Cambridge Companion to Malebranche*. Cambridge: Cambridge University Press, 2000.

Nakayama, Shigeru and Nathan Sivin, ed. *Chinese Science: Explorations of an Ancient Tradition*. Cambridge: MIT Press, 1973.

Nauert, Jr., Charles G. *Humanism and the Culture of Renaissance Europe*. Cambridge: Cambridge University Press, 1995.

Nasr, Seyyed Hossein. *Science and Civilization in Islam*. Cambridge: Harvard University Press, 1968.

Needham, Joseph. *Science and Civilisation in China*. 7 vols each in several pts. Cambridge: Cambridge University Press, 1954-2004 (publication still in progress).

—— *The Grand Titration: Science and Society in East and West*. London: Allen & Unwin, 1969.

—— *Clerks and Craftsmen in China and the West: Lectures and Addresses on the History of Science and Technology*. Cambridge: Cambridge University Press, 1970.

—— *Science in Traditional China: a Comparative Perspective*. Hong Kong: The Chinese University Press, 1981.

Needham, Joseph, Wang Ling and Derek J. de Solla Price. *Heavenly Clockwork: The Great Astronomical Clocks of Medieval China*. Cambridge: Cambridge University Press, 1986 (1960).

Neugebauer, Otto. *The Exact Sciences in Antiquity*. New York: Dover Publications, 1969.

—— *A History of Ancient Mathematical Astronomy*. 3 vols. Berlin: Springer-Verlag, 1975.

—— ed. *Astronomical Cuneiform Texts*. 3 vols. New York: Springer-Verlag, 1983.

Neugebauer, Otto & Sachs, A., ed. *Mathematical Cuneiform Texts*. New Haven: American Oriental Society, 1986.

Newman, William R., ed. & transl. with study. *The Summa Perfectionis of Pseudo-Geber*. Leiden: Brill, 1991.

—— *Gehennical Fire: The Lives of George Starkey, an American Alchemist in the Scientific Revolution*. Cambridge: Harvard University Press, 1994.

Newton, Robert R. *The Crime of Claudius Ptolemy*. Baltimore: Johns Hopkins University Press, 1977.

O'Callaghan, Joseph F. *A History of Medieval Spain*. Ithaca: Cornell University Press, 1975.

O'Grady, Patricia. *Thales of Miletus: The Beginnings of Western Science and Philosophy*. Hants: Ashgate, 2002.

O'Leary, de Lacy. *How Greek Science Passed to the Arabs*. New Delhi: Goodword Books, 2001 (1949).

O'Malley, C. D. *Andreas Vesalius of Brussels 1514-1564*. Berkeley: University of California Press, 1965.

O'Meara, Dominic J. *Pythagoras Revived: Mathematics and Philosophy in Late Antiquity*. Oxford: Clarendon Press, 1989.

Osler, Margaret, ed. *Rethinking the Scientific Revolution*. Cambridge: Cambridge University Press, 2000.

Pagel, Walter. *From Paracelsus to Van Helmont: Studies in Renaissance Medicine and Science*. London: Variorum, 1986.

Palmer, Leonard R. *Mycenaeans and Minoans: Aegean Prehistory in the Light of the Linear B Tablets*. London: Faber and Faber, 1965.

Panofsky, E. *Renaissance and Renaissances in Western Art*. New York: Harper and Row, 1972.

Parry, J. H. *The Discovery of South America*. London: Paul Elek, 1979.

Paul, Charles B. *Science and Immortality: The Eloges of the Paris Academy of Sciences (1699-1791)*. Berkeley: University of California Press, 1980.

Pedersen, Olaf. *A Survey of the Almagest*. Odense University Press, 1974.

Peltonen, Markku, ed. *The Cambridge Companion to Bacon*. Cambridge University Press, 1996.

Perez-Ramos, Antonio. *Francis Bacon's Idea of Science and the Maker's Knowledge Tradition*. Oxford: Clarendon Press, 1988.

Peters, F. E. *Aristotle and the Arabs: The Aristotelian Tradition in Islam*. New York: New York University Press, 1968.

—— *The Harvest of Hellenism: A History of the Near East from Alexander the Great to the Triumph of Christianity*. London: Allen & Unwin, 1972.

—— *Allah's Commonwealth: A History of Islam in the Near East, 600-1100 A.D.* New York: Simon and Schuster, 1973.

Phillips, William D., Jr. & Carla R. Phillips. *The Worlds of Christopher Columbus*. New York: Cambridge University Press, 1992.

Pinault, Jody Rubin. *Hippocratic Lives and Legends*. Leiden: Brill, 1992.

Popkin, Richard. *The History of Scepticism from Savonarola to Bayle*. Oxford: Oxford University Press, 2003 (1960).

—— *Spinoza*. Oxford: OneWorld, 2004.

Powell, J. G. F., ed. *Cicero the Philosopher*. Oxford: Clarendon Press, 1995.

Price, Bowen, ed. *Francis Bacon's New Atlantis: New Interdisciplinary Essays*. Manchester University Press, 2002.

Price, Derek J. de Solla. *Science Since Babylon*. New Haven: Yale University Press, 1961.

Principe, Lawrence M. *The Aspiring Adept: Robert Boyle and His Alchemical Quest*. Princeton: Princeton University Press, 1998.

Pumfrey, Stephen, Paolo Rossi & Maurice Slawinski, ed. *Science, Culture and Popular Belief in Renaissance Europe*. Manchester: Manchester University Press, 1991.

Purver, Margery. *The Royal Society: Concept and Creation*. London: Routledge and Kegan Paul, 1967.

Qian Wen-yuan. *The Great inertia: Scientific Stagnation in Traditional China*. London: Croom Helm, 1985.

曲安京：《〈周髀算经〉新议》。西安：陕西人民出版社，2002。

——《中国历法与数学》。北京：科学出版社，2005。

——《中国数理天文学》。北京：科学出版社，2008。

Rachewiltz, I. de. *Papal Envoys to the Great Khans*. London: Faber & Faber, 1971.

Ragep, F. J. see al-Tusi, 1993.

Ralph, Philip Lee. *The Renaissance in Perspective*. London: Bell & Sons, 1974.

Randles, W. G. L. *Geography, Cartography and Nautical Science in the Renaissance*. Aldershot: Ashgate, 2000.

Rashdall, Hastings. *The Universities of Europe in the Middle Ages*. 3 vols. F. M. Powicke and A. B. Emden, ed. London: Oxford University Press, 1958 (1936).

Randall Jr., John Herman, *The School of Padua and the Emergence of Modern Science*. Padua: Editrice Antenore, 1961.

Rashed, Roshdi. *The Development of Arabic Mathematics: between Arithmetic and Algebra*. A. F. W. Armstrong, transl. Dordrecht, the Netherlands: Kluwer, 1994.

—— ed. *Encyclopedia of the History of Arabic Science*. 3 vols. London: Routledge, 1996.

Rawson, Elizabeth. *Intellectual Life in the late Roman Republic*. Baltimore: Johns Hopkins University Press, 1985.

Read, John. *Prelude to Chemistry. An Outline of Alchemy: Its Literature and Relationships*. London: G. Bell & Sons, 1936.

Reilly, Bernard F. *The Contest of Christian and Muslim Spain 1031-1157*. Oxford: Blackwell, 1995.

Rice, Eugene F. Jr. *The Foundations of Early Modern Europe, 1460-1559*. New York: Norton & Company, 1970.

Riché, Pierre. *Education and Culture in the Barbarian West: Sixth through Eighth Centuries*. John J. Contreni, transl. Columbus, SC: University of South Carolina Press, 1976.

Richter, Jean Paul, ed. *The Literary Works of Leonardo Da Vinci*, 2 vols. New York: Phaidon,

1970.

Riddle, John M. *Dioscorides on Pharmacy and Medicine*. Austin: University of Texas Press, 2011 (1985).

Ridder-Symoens, Hilde de., ed. *A History of the University in Europe*. Vol. 1: *Universities in the Middle Ages*. Cambridge: Cambridge University Press, 1992.

—— *Universities in Early Modern Europe*. Cambridge: Cambridge University Press, 1996.

Robertson, George Croom. *Hobbes*. New York: AMS Press, 1971 (1886).

Rolfe, John C. *Cicero and His Influence*. New York: Cooper Square, 1963.

Ronald, Susan. *The Pirate Queen: Queen Elizabeth I, Her Pirate Adventures and the Dawn of Empire*. New York: Harper Collins, 2007.

Rossi, Paolo. *Francis Bacon: from Magic to Science*. Chicago: The University of Chicago Press, 1968.

—— *The Birth of Modern Science*. Cynthia de Nardi Ipsen, transl. Oxford: Blackwell, 2001.

Robin, Léon. *Greek Thought and the Origin of Scientific Spirit*. London: Routledge, 1996 (1928). 莱昂·罗斑著,陈修斋译:《希腊思想与科学精神的起源》(中译本)。桂林:广西师范大学出版社,2003。

Robins, Gay & Shute, Charles. *The Rhind Mathematical Papyrus*. New York: Dover Publications, 1990.

Rose, Paul Lawrence. *The Italian Renaissance of Mathematics: Studies on Humanists and Mathematicians from Petrarch to Galileo*. Geneve: Librairie Droz, 1975.

Rosen Edward. *Copernicus and the Scientific Revolution*. Malabar, Fl: Krieger, 1984.

Rubinstein, Nicolai. *The Government of Florence under the Medici (1434 to 1494)*. Oxford: Clarendon Press, 1997.

Runciman, Steven. *The Sicilian Vespers: A History of the Mediterranean World in the Later Thirteenth Century*. Cambridge: Cambridge University Press, 1992.

Runia, D. T. *Philo in Early Christian Literature: A Survey*. The Netherlands: Van Gorcum, 1993.

Russo, Lucio. *The Forgotten Revolution: How Science Was Born in 300 BC and Why It Had to Be Reborn*. Silvio Levy, transl. & collaborator. Berlin: Springer-Verlag, 2004.

Russell, Peter. *Prince Henry "the Navigator": A Life*. New Haven: Yale University Press, 2000.

Sabra, A. I. *Theories of Light, From Descartes to Newton*. London: Oldbourne Book Co., 1967.

—— *Optics, Astronomy and Logic: Studies in Arabic Science and Philosophy*. London: Ashgate, 1994.

Said, Hakim Mohammed, ed. *Ibn al-Haitham: Proceedings of the Celebrations of 1000th Anniversary*. Karachi: Hamdard Academy, 1970.

Saleem Khan, M. A. *Al-Biruni's Discovery of India: An Interpretive Study*. Denver: Academic Books, 2001.

Saliba, George. *A History of Arabic Astronomy: Planetary Theory during the Golden Age of Islam*. New York: New York University Press, 1994.

—— *Islamic Science and the Making of the European Renaissance*. Cambridge: MIT Press, 2007.

Sambursky, S. *The Physical World of the Greeks*. Merton Dagut, transl. London: Routledge & Kegan Paul, 1987 (1956).

Samsó, Julio. *Islamic Astronomy and Medieval Spain*. London: Ashgate Publishing Company, 1994.

Sarton, George. *Introduction to the History of Science*. 3 vols. Baltimore: Carnegie Institution of Washington, 1962 (1927).

—— *A History of Science*, 2 vols. Cambridge: Harvard University Press, 1959.

Saunders, J. B. de C. M. and O'Malley, Charles D. *The Illustrations from the Works of Andreas Vesalius of Brussells*. New York: Dover, 1950.

Sayilil, Aydin. *The Observatory in Islam*. Ankara: Turkish Historical Society, 1960. (Arno Press Reprint, 1981.)

SCC. See Needham 1954-2004.

Schibli, Hermann S. *Pherekydes of Syros*. Oxford: Clarendon Press, 1990.

Schmitt, Charles B. *Gianfrancesco Pico della Mirandola and his Critique of Aristotle*. The Hague: Martinus Nijhoff, 1967.

—— *Studies in Renaissance Philosophy and Science*. London: Variorum Reprints, 1981.

—— *The Aristotelian Tradition and Renaissance Universities*. London: Variorum Reprints, 1984.

—— *Reappraisals in Renaissance Thought*. London: Variorum Reprints, 1989.

Semaan, Khalil I., ed. *Islam and the Medieval West: Aspects of Intercultural Relations*. Albany: State University of New York Press, 1980.

Shakleton, Robert. *Montesquieu: A Critical Biography*. London: Oxford University Press, 1961.

Shank, J. B. *The Newton Wars and the Beginning of the French Enlightenment.* Chicago: University of Chicago Press, 2008.

—— *Before Voltaire: The French Origins of "Newtonian" Mechanics, 1680-1715.* Chicago: The University of Chicago Press, 2018.

Shapin, Steven. *The Scientific Revolution.* Chicago: University of Chicago Press, 2003.

Shapin, Steven and Schaffer, Simon. *Leviathan and the Air-Pump: Hobbes, Boyle, and the Experimental Life.* Princeton: Princeton University Press, 1985.

Shapiro, Barbara J. *John Wilkins 1614-1672: An Intellectual Biography.* Berkeley: University of California Press, 1969.

Shaw, Stanford J. & Shaw, Ezel Kural. *History of the Ottoman Empire and Modern Turkey.* 2 vols. Cambridge: Cambridge University Press, 1976-1977.

Shea, William R. *Galileo's Intellectual Revolution: Middle Period, 1610-1632.* New York: Science History Publications, 1972.

Shirley, John W. *Thomas Harriot: A Biography.* Oxford: Clarendon, 1983.

Shklar, Judith N. *Montesquieu.* Oxford: Oxford University Press, 1987.

Shorey, Paul. *Platonism Ancient and Modern.* Berkeley: University of California Press, 1938.

Sidebotham, Steven E. *Berenike and the Ancient Maritime Spice Route.* Berkeley: University of California Press, 2011.

Sivin, Nathan, ed. *Science and Technology in East Asia.* New York: Science History Publications, 1977.

Smith, A. M. *Ptolemy's Theory of Visual Perception (Transactions of the American Philosophical Society)*, Vol. 86 Pt. 2. Philadelphia: American Philosophical Society, 1996.

Smith, Andrew. *Philosophy in Late Antiquity.* London: Routledge, 2004.

Smith, Pamela H. *The Body of the Artisan: Art and Experience in the Scientific Revolution.* The University of Chicago Press, 2004.

Smith, R. E. *Cicero the Statesman.* Cambridge: Cambridge University Press, 1966.

Smith, Wesley D. *The Hippocratic Tradition.* Ithaca: Cornell University Press, 1979.

Smith, William, ed. *A Dictionary of Greek and Roman Biography and Mythology.* 3 vols. New York: I. B. Tauris, 2007.

Southern, R. W. *The Making of the Middle Ages.* New Haven: Yale University Press, 1959.

—— *Robert Grosseteste: the Growth of an English Mind in Medieval Europe.* New York: Oxford University Press, 1992.

—— *Scholastic Humanism and the Unification of Europe*. 2 vols. Oxford: Blackwell, 1995-2001.

Staden, Heinrich von. *Herophilus: The Art of Medicine in Early Alexandria*. Cambridge University Press, 1989.

Stahl, William H. *Roman Science: Origins, Development, and Influence to the Later Middle Ages*. Madison: University of Wisconsin Press, 1962. Greenwood Press reprint, 1978.

Steadman, Philip. *Vermeer's Camera, Uncovering the Truth Behind the Masterpieces*. Oxford: Oxford University Press, 2001.

Stimson, Dorothy. *Scientists and Amateurs: a History of the Royal Society*. New York: Schuman, 1948.

Stromberg, Roland N. *An Intellectual History of Modern Europe*. Englewood Cliffs, NJ: Prentice-Hall, 1975.

Sturdy, David J. *Science and Social Status: The Members of the Academie des Sciences, 1666-1750*. Woodbridge: Boydell Press, 1995.

Subrahmanyam, Sanjay. *The Career and Legend of Vasco da Gama*. Cambridge: Cambridge University Press, 1997.

Swerdlow, N. M. *The Babylonian Theory of the Planets*. Princeton: Princeton University Press, 1998.

—— ed. *Ancient Astronomy and Celestial Divination*. Cambridge: The MIT Press, 1999.

Swerdlow, N. M. and Neugebauer, Otto. *Mathematical Astronomy in Copernicus's De Revolutionibus*. 2 vols. New York: Springer-Verlag, 1984.

Taylor, A. E. *Plato, The Man and His Work*. New York: Meridian, 1958.

Taylor, E. G. R. *Tudor Geography 1485-1583*. London: Methuen & Co., 1930.

—— *The Mathematical Practitioners of Tudor and Stuart England*. Cambridge: Cambridge University Press, 1968.

Terrall, Mary. *The Man Who Flattened the Earth: Maupertuis and the Sciences in the Enlightenment*. Chicago: University of Chicago Press, 2002.

Thomson, J. Oliver. *History of Ancient Geography*. New York: Biblo & Tannen, 1965.

Thomas, Keith. *Religion and the Decline of Magic: Studies in Popular Beliefs in Sixteenth and Seventeenth Century England*. London: Weidenfeld and Nicolson, 1971.

Thompson, J. M. *Lectures on Foreign History 1494-1789*. Oxford: Blackwell, 1965.

Thomson, J. Oliver. *History of Ancient Geography*. New York: Biblo and Tannen, 1965.

Thoren, Victor E. *The Lord of Uraniborg: A Biography of Tycho Brahe*. Cambridge: Cambridge

University Press, 1990.

Thorndike, Lynn. *A History of Magic and Experimental Science during the first Thirteen Centuries of our Era.* 8 vols. New York: Columbia University Press, 1923-1958.

Thrower, Norman J. W., ed. *Standing on the Shoulders of Giants: a Longer View of Newton and Halley.* Berkeley: University of California Press, 1990.

Thurston, Hugh. *Early Astronomy.* New York: Springer-Verlag, 1994.

Tierney, Brian. *Church Law and Constitutional Thought in the Middle Ages.* London: Variorum Reprints, 1979.

Toynbee, Arnold J. *A Study of History.* Abridgement of Vol. VII-IX by D. C. Somervell. Oxford: Oxford University Press, 1957.

Trevelyan, G. M. *A Shortened History of England.* New York: Penguin, 1986.

Trevor-Roper, Hugh. *The Crisis of the Seventeenth Century: Religion, the Reformation, and Social Change.* Indianapolis: Liberty Fund, 2001 (Harper & Row, 1967).

—— *From Counter-Reformation to Glorious Revolution.* The University of Chicago Press, 1992.

Turnbull, H. W. *The Mathematical Discoveries of Newton.* London: Blackie & Son, 1947.

Van de Mieroop, Marc. *A History of the Ancient Near East ca. 3000-323 BC.* Oxford: Blackwell Publishing, 2004.

van den Broek, Roelof. *Studies in Gnosticism and Alexandrian Christianity.* Leiden: Brill, 1996.

—— and Hanegraaff, W. J., ed. *Gnosis and Hermeticism: from Antiquity to Modern Times.* Albany, New York: State University of New York Press, 1998.

van der Waerden, B. L. *Geometry and Algebra in Ancient Civilizations.* Berlin: Springer-Verlag, 1983.

Van Engen, John, ed. *Learning Institutionalized: Teaching in the Medieval University.* Notre Dame: University of Notre Dame Press, 2000.

Veltman, Kim. *Linear Perspective and the Visual Dimensions of Science and Art.* Munchen: Deutscher Kunstverlag, 1986.

Verbeek, Theo. *Descartes and the Dutch: Early Reactions to Cartesian Philosophy, 1637-1650.* Carbondale: Southern Illinois University Press, 1992.

Voelkel, James R. *Johannes Kepler and the New Astronomy.* New York: Oxford University Press, 1999.

—— *The Composition of Kepler's Astronomia Nova.* Princeton: Princeton University Press, 2001.

Vogel, Christine. *The Suppression of the Society of Jesus, 1758-1773.* Mainz: Institute of European History, 2010 (http://www.ieg-ego.eu/vogelc-2010-en).

Vries, Jan de. *The First Modern Economy: success, failures and perseverance of the Dutch Economy, 1500-1815.* Cambridge: Cambridge University Press, 1997.

Wade, Ira O. *The Intellectual Development of Voltaire.* Princeton: Princeton University Press, 1969.

—— *The Intellectual Origins of the French Enlightenment.* Princeton: Princeton University Press, 1971.

—— *The Structure and Form of the French Enlightenment.* 2 vols. Princeton: Princeton University Press, 1977.

Waite, Arthur Edward, Lewis Spence and W. P. Swainson. *Three Famous Alchemists: Raymund Lully, Cornelius Agrippa and Theophrastus Paracelsus.* London: Rider & Co. c., 1939.

Waley, Daniel & Trevor Dean. *The Italian City-Republics.* London: Longman, 2010 (1969).

Walker, D. P. *Spiritual and Demonic Magic: From Ficino to Campanella.* Notre Dame: University of Notre Dame Press, 1975.

Walker, Williston. *A History of the Christian Church.* New York: Scribner, 1959 (1918).

Wallach, Luitpold. *Alcuin and Charlemagne: Studies in Carolingian History and Literature.* Ithaca: Cornell University Press, 1959.

Wallis, R. T. *Neo-Platonism.* London: Duckworth, 1972.

王钱国忠编：《李约瑟文献五十年（1942—1992）》（上下册）。贵阳：贵州人民出版社，1999。

汪子嵩、范明生、陈村富、姚介厚：《希腊哲学史》（3卷）。北京：人民出版社，1997—2003。

Warmington, B. H. *Carthage.* London: Robert Hale, 1960.

Waters, David W. *The Art of Navigation in England in Elizabethan and Early Stuart Times.* London: Hollis and Carter, 1958.

Webster, Charles, ed. *Samuel Hartlib and the Advancement of Knowledge.* Cambridge University Press, 1970.

—— ed. *The Intellectual Revolution of the Seventeenth Century.* London: Routledge & Paul, 1974.

—— *From Paracelsus to Newton: Magic and the Making of Modern Science.* Cambridge: Cambridge University Press, 1984.

Weisheipl, James A. *The Development of Physical Theory in the Middle Ages*. London: Sheed and Ward, 1959.

Wells, Collin. *The Roman Empire*. Cambridge: Harvard University Press, 1992.

West, Martin L. *Early Greek Philosophy and the Orient*. Oxford: Clarendon Press, 1971.

—— *Ancient Greek Music*. Oxford: Clarendon Press, 1992.

—— *The East Face of Helicon: West Asiatic Elements in Greek Poetry and Myth*. Oxford: Clarendon Press, 1997.

—— *The Making of the Odyssey*. Oxford: Oxford University Press, 2014.

Westfall, Richard S. *Forces in Newton's Physics: The Science of Dynamics in the Seventeenth Century*. London: MacDonald, 1971.

—— *The Life of Isaac Newton*. Cambridge: Cambridge University Press, 1993.

—— *Never at Rest: A Biography of Isaac Newton*. Cambridge: Cambridge University Press, 1980.

Westman, Robert S., ed. *The Copernican Achievement*. Berkeley: University of California Press, 1975.

Whewell, William. *History of the Inductive Sciences*. 3 Parts. London: Frank Cass & Co., 1967 (Facsimile of the Third Edition of 1857).

White, Andrew D. *A History of the Warfare of Science with Theology in Christendom*. New York: George Braziller, 1955.

White, Michael. *Isaac Newton: The Last Sorcerer*. London: Fourth Estate, 1997.

White, Lynn, Jr. *Medieval Technology and Social Change*. London: Oxford University Press, 1964.

—— *Medieval Religion and Technology*. Berkeley: University of California Press, 1978.

Whitteridge, Gweneth. *William Harvey and the Circulation of the Blood*. New York: Elsevier, 1971.

Wickens, G.M., ed. *Avicenna: Scientist & Philosopher: A Millenary Symposium*. London: Luzac, 1952.

Wilkins, Ernest Hatch. *Life of Petrarch*. Chicago: The University of Chicago Press, 1961.

Willetts, R. F. *The Civilization of Ancient Crete*. Amsterdam: Hakkert, 1991.

Wilson, Arthur M. *Diderot*. New York: Oxford University Press, 1972.

Winius, George D., ed. *Portugal, the Pathfinder: Journeys from the Medieval toward the Modern World 1300-ca. 1600*. Madison: Hispanic Seminary of Medieval Studies, 1995.

Witt, Ronald G. *Italian Humanism and Medieval Rhetoric*. Aldershot: Ashgate, 2001.

—— *"In the Footsteps of the Ancients": The Origins of Humanism from Lovato to Bruni*.

Leiden: Brill, 2000.

—— *The Two Latin Cultures and the Foundation of Renaissance Humanism in Medieval Italy.* Cambridge： Cambridge University Press, 2012.

Winchester, *Simon. The Man Who Loved China.* New York: Harper, 2008.

Wood, J. M., ed. *The Cambridge Companion to Piero della Francesca.* Cambridge: Cambridge University Press, 2002.

Woodhouse, C. M. *George Gemistos Plethon: The Last of the Hellenes.* Oxford: Clarendon Press, 1986.

Woodward, David, ed. *The History of Cartography.* Vol. 3: *Cartography in the European Renaissance.* Part 1 & 2. Chicago: Chicago University Press, 2007.

Woolley, C. Leonard. *The Sumerians.* New York: Norton, 1965.

Wright, Thomas. *Circulation: William Harvey's Revolutionary Idea.* London: Chatto & Windus, 2012.

席泽宗、吴德铎主编：《徐光启研究论文集》。上海：学林出版社，1986。

Yates, Frances A. *Giordano Bruno and the Hermetic Tradition.* London: Routledge & Kegan Paul, 1964.

—— *The Rosicrucian Enlightenment.* London: Routledge & Kegan Paul, 1972.

Yoder, Joella G. *Unrolling Time: Christiaan Huygens and the Mathematization of Nature.* Cambridge: Cambridge University Press, 1988.

Zagorin, Perez. *Francis Bacon.* Princeton: Princeton University Press, 1998.

Zeller, Eduard. *Outlines of the History of Greek Philosophy.* Palmer, L. R., transl. London: Routledge & Kegan Paul, 1963 (1883).

张东荪著，张耀南编：《知识与文化：张东荪文化论著辑要》。北京：中国广播电视出版社，1995。

中国科学院《自然辩证法通讯》杂志社编：《科学传统与文化——中国近代科学落后的原因》。西安：陕西科学技术出版社，1983。

Zweig, Stefan. *Conqueror of the Seas: The Story of Magellan.* New York: Literary Guild of America, 1938.

竺可桢：《竺可桢日记》（5册）。北京：人民出版社，1984—1990；第3—5册由北京科学出版社出版。

Zinner, Ernst. *Regiomontanus: His Life and Work.* Ezra Brown, transl. Amsterdam: North-Holland, 1990.

译名对照表

A

Abbas, Abu l- 阿拔斯（哈里发）

Abbasid Caliphate 阿拔斯皇朝

Abd al-Rahman Ⅲ 阿都拉曼三世（哈里发）

abd-al Hamid ibn-Turk 见Turk

Abdera 阿布德拉

Abelard, Peter 阿伯拉

Abu'l Kasim al-Iraqi 阿布卡西姆

Abu'l-Wafa 阿布瓦法

Abumasar 阿布马沙

Academia dei Lincei 科学协进会（意大利）

Academie des Sciences 皇家科学院（法国）

Academy 学园

Achaemenid Empire 古波斯帝国

Achaean 亚该亚人

Achilles 阿喀琉斯

Acta Eruditorum 《学报》（德）

Adeimantus 阿德曼图斯

Adelard of Bath 阿德拉

Adud Ad-Dulah 阿德阿都拉

Aeschylus 埃斯库罗斯

aether （ether） 以太（清气）

Aflah, Jabir ibn 阿法拉

Afnan, S. M. 阿夫南

Agammemnon 阿伽门农

Agen 阿根

Agricola, Georgius 阿格列科拉

Agrigentum 阿格里城

Agrippa, Henry Cornelius 阿格里帕

Ahmad ibn Musa 艾哈迈德

Ahmose Ⅱ 阿莫斯二世（法老）

Ahya ibn Barmak 阿希亚

Aidamur al-Jildaki 爱达米尔

Aion 光阴神

aither 清气

Akkadian 阿卡德语

akousmatikoi 聆听众

Alamut 阿拉穆

Albategnius 见Battani, Al-

Albert of Saxony （萨克森的）阿尔伯特

Alberti, Leone Battista 阿尔贝提

Albertus Magnus 大阿尔伯图

Albigensians 阿尔比教派

Albuquerque 阿尔布开克

alchemy 炼金术

Alcmaeon of Croton 阿尔克米昂

Aristoxenus 亚里士多塞诺斯

Arius 阿里乌

armillary sphere 浑天仪

Ars Magna 《大法》

Asclepius 阿斯克勒庇俄斯

Ashur（Assur） 亚述

astrolabe 星盘

Athanasius 亚大纳西

Athenaeus of Cyzicus 阿忒纳奥斯

Athens 雅典

Attalus 阿它鲁

Attica 阿提卡

Augustine, St. 圣奥古斯丁

Aurelius, Marcus 见Marcus Aurelius

Autolycus 奥托吕科斯

Auzout 奥祖

Averroes 阿威罗伊

Avesta 《阿维斯陀经》

Avicenna 阿维森纳

Avignon 亚维尼翁

Azhar Mosque 阿兹哈尔清真寺

Azore Islands 亚速尔群岛

Aztec 阿兹特克（帝国）

B

Babylon 巴比伦

Babington, Humphrey 巴丙顿

Bacchant 巴克斯门徒

Bacchus 巴克斯

Bacon, Francis 培根

Bacon, Roger 罗杰培根

Baffin Island 巴芬岛

Baghdad 巴格达

Bakr, Abu 巴克尔

Baliani, Giovanni 巴里安尼

Balkh 巴尔克

Balliol College 贝里奥学院

ballistics 弹道学

Banda 班达

Barberini, Maffeo 巴尔贝里尼

Barents Sea 巴伦支海

Barmaks 巴麦克家族

Barrow, Isaac 巴罗

Barton, Catherine 巴顿

Basil, the Great 巴西勒

Basra 巴士拉

Battani, Al- 巴坦尼

Bayle, Pierre 贝尔

Bayt al-Hikma 智慧宫

Becket, Thomas 贝克特

Bede the Venerable 拜德

Beeckman, Isaac 贝克曼

Behaim, Martin 贝海姆

Bellarmine, Robert 贝拉敏

Ben-David, Joseph 本戴维

Benedict of Nursia 本笃

Bentley, Richard 本特利

Berengar of Tours 贝伦加尔

Berman, Harold 伯尔曼

Bernard 伯纳德

Bernoulli 伯努利

Berossos 贝罗索斯

Bessarion 贝沙理安

Bianchini, Giovanni 比安奇尼

Bignon, Jean-Paul 宾雍

Capella, Martianus 卡佩拉

Capetian Dynasty 卡佩王朝

Cardano, Girolamo 卡尔丹诺

Careggi 卡勒吉

Carneades 卡尼底斯

Carolingian Empire 卡洛林帝国

Carthage 迦太基

Cartier Jacques 卡蒂埃

Casaubon, Isaac 卡索邦

Cassini 卡西尼

Cassiodorus 卡西奥多鲁

Castelli, Benedetto 卡斯泰利

Castile 卡斯蒂利

Castor, Antonius 卡斯托

Catalan 加泰罗

catapult 发石机

cathedral school 座堂学校

catoptrics 反射光学

Cauchy, Augustin-Louis 柯西

Cavalieri, Bonaventura 卡瓦列里

Cavendish, Henry 卡文迪什

Cebes 克贝斯

Cebu 宿务

Cecil, William 塞西尔

Celicia 西利西亚

Celsius 摄尔修斯

Centiloquium 《百言书》

Chambers 钱伯斯

Chaldean Babylon 迦勒底巴比伦

Chancellor 钱塞勒

Chandrasekhar, S. 钱德拉塞卡

Chaos 混沌

Charlemagne 查理大帝

Charles Martel "铁锤"查理

Charles I 查理一世（英王）

Charmides 《卡米德篇》

Chartres 夏特尔

Châtelet, du 夏特莱

Cheke, John 查克

Chemnitz 肯尼兹

Cheyne 切恩

Chios 希俄斯岛

Chorsroes I 古斯鲁一世

Christian IV 克里斯蒂安四世

Chrysoloras, Manuel 克拉苏罗拉斯

Chuquet, Nicolas of 舒克特

chyle 精华液

Cicero 西塞罗

Cigoli, Lodovico 奇戈利

Cimabue, Giovanni 契马布埃

cissoid 蔓叶线

Cistercian Monastery 西多修道院

Clagett, Marshall 克拉格特

Clairaut, Alexis 克拉欧

Clarendon, Constitution of 《克伦顿宪章》

Clarke, Samuel 克拉克

Clavius, Christopher 克拉维斯

Clazomenae 克拉佐门尼

Clement 克里门

Cleomedes 克里奥美迪

clepsydra 滴漏

clootcrans 缀球环链

Cluny Monastery 克吕尼修院

Clüver 克吕法

D

da Gama, Vasco 达伽马

Da Vinci, Leonardo 达芬奇

d'Ailly, Pierre 戴利

d'Alembert, Jean-Baptise 达朗贝

Damascius 达马修斯

Damascus 大马士革

Daniel of Morley 丹尼尔

Dante Alighieri 但丁

Dardarnelles 达达尼尔

d'Argenson, Marc-Pierre 达尚松

Darius the Great 大流士大帝

Dastin, John 达斯廷

Davis, John 戴维斯

De Revolutione Orbium Coelestium 《天体运行论》

decan 旬期

Dedekind, Julius 狄德金

Dee, John 狄约翰

Defensor Pacis 《和平保卫者》

deferent 主轮，均轮

Deism 自然神学

Del Monte, Guidobaldo Marchese 满蒂子爵

Delphic Sanctuary 特尔斐神庙

Demeter 地母

Demetrius of Phaleron 德米特里

Democritus 德谟克利特

Desaguliers, J. T. 德萨古利

Desargues, Girard 德萨格

Descartes, René 笛卡儿

Dialogues 《对话录》

Dias, Bartholomeu 迪亚斯

Dicaearchus 狄克阿科斯

Diderot, Denis 狄德罗

Diels, Hermann 迪尔斯

Dieppe 迪耶普

Digest, The 《学说汇编》

Digges, Thomas 迪格斯

Dijksterhuis, E. J. 底泽斯特海斯

Dillon, John 迪伦

Dinostratus 狄诺斯特拉图斯

Diocletian 戴克里先

Diogenes Laertius 第欧根尼

Dion 狄翁

Dionysius 狄奥尼西

Dionysus 狄奥尼索斯

Diophantus of Alexandria 丢番图

Dioscorides, Pedanius 迪奥斯科利德

Discours Admirables 《胜论》

dissolution 自我解散（大学）

Dobbs, Betty Jo Teeter 多布斯

Dodds, E. R. 道斯

Dominicans 多米尼加修士

Dominicus Hispanus 多米尼加

Domitian 图密善

Dorians 多利安人

Drake, Francis 德雷克

Duccio 杜乔

Duhem, Pierre 迪昂

Duisburg 杜斯堡

Dulcert/Dalorto 多尔薛

Dumbleton, John of 邓布顿

Duns Scotus, John 邓斯司各脱

Dürer, Abrecht 丢勒

Firdowsi 费耳道斯

Flamsteed, John 法兰姆斯蒂

Florence 佛罗伦萨

Fludd, Robert 弗卢德

fluens 流变量

fluxions, method of 流数法

fluxus 流变度

Fontenelle, Bernard 丰特奈尔

Forli, James of 弗尔立

Foxcroft 福斯克罗夫

Francesca, Piero della 法兰切斯卡

Francis I 法兰西斯一世（法王）

Franciscan 方济各修士

Franco, Francisco 佛朗哥

Franconia 弗兰科尼亚州

Frank, Erich 法兰克

Frank 法兰克人

Frauenberg 弗劳恩堡

Frederick II 腓特烈二世（皇帝）

Free Masons 共济会

Freeman, Kathleen 弗里曼

Freiburg 弗莱堡

Freind 法兰

friar 游方修士

Frisius, Regnier Gemma 弗里修斯

Froben, Johannes 弗罗本

Frobisher, Martin 弗洛比舍

Fulbert of Chartres 富尔伯特

G

Gaia 该亚（大地神）

Galen 盖伦

Galileo Galilei 伽利略

Galloys, Jean 伽罗瓦

Gambia 冈比亚河

Gassendi, Pierre 伽桑狄

Geber 见Jabir ibn Hayyan

Geminus of Rhodes 詹明纳斯

Geoffrin, Madame 若弗兰夫人

George of Trebizond 特拉比松的乔治

Gerard of Cremona 吉拉德

Gerbert of Aurillac 热尔贝

Ghazali, Abu Hamid Al- 伽札利

Ghazan, Mahmud 合赞汗

Ghazna 伽兹南

Ghent 根特

Gilbert, William 吉尔伯特

Giles of Rome 贾尔斯

Gilgemesh 《基格米殊》

Gingerich, Owen 金格里奇

Giotto di Bondone 乔托

Giovanni 乔凡尼

Glaucon 格劳孔

Gmunden, Johann of 格蒙登

gnomon 圭表，直角曲尺

gnosis 灵智

Gnosticism 灵智主义/信仰/教派

Goa 果阿

Goddard, Jonathan 戈达德

Golenishchev, V. S. 戈列尼谢夫

Gomes, Fernão 戈梅斯

Gordon, Cyrus H. 戈登

Gorgias 高尔吉亚

Gorgon 戈耳工

Graham, A. C. 格雷厄姆

Hessen, Boris M. 黑森

Heyden, Gasper van der 黑顿

Heytesbury, William of 赫特斯布利

Hicetus 赫谢塔

Hieron 希伦

Hilbert, David 希尔伯特

Hildebrand 希尔德布兰

Hildesheim 希尔德斯海姆

Hill, Christopher 希尔

Hipparchus of Nicaea 喜帕克斯

Hippasus 希帕苏斯

Hippias 希庇亚斯

Hippocrates 希波克拉底

Hittite 赫梯

Hobbes, Thomas 霍布斯

Hohenstaufen 霍亨斯陶芬

Homberg 翁贝格

Homer 荷马

Honorius III 洪诺留三世（教宗）

Hooke, Robert 胡克

Hooykaas, Reijer 胡艾卡斯

Horace 贺拉斯

Hormuz 霍尔木兹

Høyrup, Jens 海鲁普

Hubaysh ibn al-Hasan 胡拜舒

Hudde, Johann 胡德

Hudson Bay 哈得孙湾

Huffman, Carl A. 赫夫曼

Hugh of Santalla 桑塔拉的休高

Hulegu 旭烈兀

Humani corporis fabrica 《论人体结构》

Humbaba 洪巴巴

Hunayn ibn Ishaq 胡奈恩

Hunyadi, Janos 匈雅提

Hurrian 胡利安人

Huss, Jan 胡斯

Huygens, Christian 惠更斯

Huyghen, Jan 惠根

Hven 汶岛

Hyksos 赫索斯人

Hypatia of Alexandria 希帕蒂娅

hypostases 实体

Hypsicles of Alexandria 赫西克里斯

I

Iamblichus of Apamea 艾安布里喀斯

Ihsanoglu, Ekmeleddin 伊山努格鲁

Iliad 《伊利亚特》

impetus 冲能

Inca Empire 印加帝国

incommensurable 不可测比

infinitesimal 无限小

Innocent III 英诺森三世（教宗）

Instauratio Magna 《大复兴》

intercalation 置闰法

Investiture Contest 授职权之争

Ionia 爱奥尼亚

Irnerius 伊内留斯

Isabella I 伊莎贝拉一世

Isagoge 《导论》

Isfahan 伊斯法罕

Ishaq ibn Hunayn 伊萨克

Isidore of Seville 伊西多尔

Isin 伊辛

Isis 《艾西斯》

La Hire, Phillipe de 拉希尔

Lamashtu 拉马什图

Lancaster Sound 兰开斯特海峡

Landes, David 兰德斯

Lanfranc of Bec 拉法朗

Langenstein, Henry of 朗根斯坦

Laon 拉昂

Laplace, Pierre-Simon 拉普拉斯

Lapland 拉普兰

Larsa 拉尔萨

La Rochelle 拉罗谢尔

Lateran Council Ⅳ 拉特兰宗教大会

Lavoisier, Antoine 拉瓦锡

Laws 《法律篇》

Leibniz, Gottfried Wilhelm 莱布尼兹

Leicester 莱斯特

Leiden 莱顿

Leipzig 莱比锡

lemniscate 双纽线

Leodamas of Thasos 利奥达马

León 雷翁

Leonardo of Pisa 见Fibonacci

Leucippus 留基伯

Leviathan 《鲸鲵论》

l'Hospital, Guillaume 洛必达

Liber Mensurationum 《测算书》

licentia docendi 授课资格证书

Linacre, Thomas 林纳卡

Lincei, Accademia dei 猞猁学院

Lindberg, David 林伯格

Linus, Franciscus 林纳斯

Lipit-Ishatar, King 利皮伊殊塔王

Lipperhey, Hans 利普尔黑

Lloyd, G. E. R. 劳埃德

Locke, John 洛克

Logos 逻各斯

Lollard Movement 罗拉德运动

Lopez, Cape 洛佩斯角

loosing 解送

Louis ⅩⅢ 路易十三（法王）

Louvain 鲁汶

Loxodrome 等角（方位）航线

Lucasian Professorship 卢卡斯讲席

Lucretius 路克莱修

Lully, Ramon 鲁利

Lumleian Lectureship 林姆利讲席

Luther, Martin 马丁路德

Luzzi, Mondino da 鲁兹

Luxor 卢克索

Lyceum 吕克昂（学堂）

Lydia 吕底亚

Lyons 里昂

Lysanias 莱萨尼亚

Lysis 莱西斯

M

Macedonia 马其顿

Machiavelli 马基阿维利

Maclaurin 麦罗林

Macrobius 麦克罗比乌

Madeira 马德拉

madrasah 见*medrese*

Maenads 巴克斯疯妇

Maestlin, Michael 梅斯特林

Magellan, Ferdinand 麦哲伦

Mercator, Gerard　麦卡托

Mercator, Nicholas　墨卡托

Merovingian　墨洛维人/王朝

Mersenne, Marin　梅森

Merton, Robert K.　默顿

Merton College　摩尔顿学院

Merv　梅尔夫

Messahalla　马撒哈拉

Metapontium　梅塔庞同

metempsychosis　灵魂转世

Meton　莫顿

Michael the Scot　苏格兰人米高

Michelangelo　米开朗琪罗

Milan, Edict of　《米兰诏令》

Miletus　米利都

Minos　米诺斯

Minotaur　米诺牛魔

Mirandola, Pico della　米兰多拉

Mistra　米斯特拉

Mnemosyne　记忆女神

Mnemsarchus　尼莫沙喀斯

Moderatus of Gades　摩德拉图斯

Moerbeke, William of　摩尔巴克

Molucca　摩鹿加

Monarchus, Franciscus　蒙纳克斯

Monophysites　一性论派

Montague, Charles　蒙塔古

Montaigne, Michel　蒙田

Monte Cassino　卡西诺山

Montesquieu　孟德斯鸠

Montmor, Habert de　蒙莫

Montpellier　蒙彼利埃

Montreal　蒙特利尔

Moray　莫雷

More　摩尔

Morienus　莫里安纳斯

Morin, Jean Baptiste　莫兰

Moses of Bergamo　贝加莫的摩西

Mossel Bay　摩梭湾

Mote, Andrew　莫特

Mozarabs　莫差剌人

Muhammad ibn Musa　穆罕默德

Müller, Johannes　见Regiomontanus

Mummu　云雾神

Murad Ⅲ, Sultan　穆拉三世（苏丹）

Musa Brothers　穆萨兄弟

Muses　缪斯

Museum　学宫

Müstinger, Georg　梅斯丁格

Mutazilites　穆泰齐拉教派

Mycenae　迈锡尼

Mydorge, Claude　米铎

Mysterium Cosmographicum　《宇宙之奥秘》

N

Nantes, Edict of　《南特诏令》

Napier, John　纳皮尔

Nasir Eddin　纳舒艾丁

Naucratis　诺克拉提斯

Nave, Annibale dalla　纳韦

Nearchus　尼阿克斯

Necho Ⅱ　尼哥二世（法老）

Needham, Joseph　李约瑟

Nemorarius　见Jordanus Nemorarius

Neoclides　尼奥克里德斯

Panaetius　潘尼提乌

Panathenaea　雅典娜大节

Pappus　泊布斯

Paracelsus　帕拉塞尔苏斯

Parallel Lives　《比较传记》

Parmenides　巴门尼德

Pascal, Blaise　帕斯卡

Patrizi, Francesco　帕特利兹

Pavia　帕维亚

Peckham, John　佩卡姆

Pedersen, Olaf　佩德森

Peiresc, Nicolas-Claude de　佩雷斯克

Peloponnese　伯罗奔尼撒

Pemberton, Henry　彭伯顿

Pepys, Samuel　佩皮斯

Percy, Henry　佩西

Peregrinus　佩里格林纳斯

Perga　帕噶

Pergamum　帕加马

Pericles　伯里克利

Perictione　佩理提翁尼

Perinaldo　佩林纳多

Persephone　珀耳塞福涅

Perseus　珀耳修斯

Perspectiva　《光学》

perturbation　微扰法

Peter Lombard　彼得隆巴德

Peter the Venerable　可敬者彼得

Peters, F. E.　彼得斯

Petrarch　佩特拉克

Petty, William　佩第

Peucer, Caspar　波瑟

Peuerbach, Georg von　波尔巴赫

Pfautz, Christoph　普福茨

Phaedo　《斐多篇》

Phaedrus　《斐德罗篇》

Pherecydes　菲勒塞德斯

Phidias　菲底亚斯

Philebus　《斐莱布篇》

Philip Ⅱ　腓力二世

Philippus of Mende　菲利普斯

Philo　费罗

Philolaus　费罗莱斯

Philon of Byzantium　费隆

Philoponos, John　费劳庞诺斯

Philosophical Transactions　《哲学学报》

Phoenicia　腓尼基

Pian di Carpine　柏朗嘉宾

Picard　皮卡

Picatrix　《辟加特力斯》

Piccolomini　皮科洛米尼

Pius Ⅱ　庇护二世（教皇）

Plate, River　普拉特河

Plato　柏拉图

Plato of Tivoli　蒂沃利的普拉托

Platonists　柏拉图学派

Pleroma　灵界

Plethon, George Gemistos　柏拉同

Pliny the Elder　普林尼

Plotinus　柏罗丁

Plutarch　普卢塔赫

Pluton　冥王

pneuma　元气

Poitiers　普瓦捷

Rheims　兰斯

Rheticus, Joachim　雷蒂库斯

Rhind Papyrus　林德手卷

Rhodes　罗德斯岛

Ricci, Mateo　利玛窦

Ricci, Ostilio　里奇

Richard　理查德

Richelieu, Cardinal　黎塞留

Ries, Adam　里斯

Rijnsburg　莱茵斯堡

Rio de Oro　黄金河口

Robert of Chester　（切斯特的）罗伯特

Roberval, Gilles　罗贝瓦尔

Robinson, Kenneth　罗宾逊

Roche, Etienne de la　罗什

Rocicrucianism　玫瑰十字教派

Roger Ⅱ, King　罗杰二世（国王）

Roger Bacon　罗杰培根

Roger of Hereford　罗杰

Rohault, Jacques　罗奥特

Rolle, Michel　罗勒

Rooke, Lawrence　鲁克

Roscelin　洛色林

Rosetta Stone　罗塞塔石碑

Rossi, Roberto de'　罗西

Rouen　鲁昂

Royal Society　皇家学会

Rubaiyat　《四行诗集》《鲁拜集》

Rubruck, William of　罗伯鲁

Rudolf Ⅱ　鲁道夫二世（皇帝）

Rudolff, Christopher　鲁道夫

Rufus of Ephesus　鲁弗斯

Ruggieri, Michele　罗明坚

Rukh, Shah　陆克王

Russell, Bertrand　罗素

Rustichello　鲁斯提切罗

S

Sabbioneta, Gerard of　萨比奥尼塔

Sacherri, Giovanni　锡克利

Sacrobosco　萨克罗博斯科

Saguenay　萨格奈

Saint-Vincent, Gregory of　圣文森特

Sakkas, Ammonius　沙喀斯

Salamanca　萨拉曼卡

Salamis　萨拉米

Salerno　萨莱诺

Saliba, George　沙里巴

Salutati, Coluccio　萨卢塔蒂

Samanid　萨满尼

Samarkand　撒马尔罕

Samaw'al, Al-　善马洼

Sambursky, S.　山布尔斯基

Samos　萨摩斯

Sanuto, Marino　山努涛

Saqqara Stone　塞卡拉墓刻碑

Sargon the Great　萨尔贡大帝

Saros cycle　沙罗斯周期

Sarpi, Paolo　萨尔皮

Sarton, George　萨顿

Sassanid Dynasty　萨珊王朝

Saurin, Joseph　索兰

Savile, Henry　萨维尔

Sayili, Aydin　萨伊利

Schmitt, Charles　史密特

Strasburg 斯特拉斯堡

Strato of Lampsacos 斯特拉托

Strozzi, Palla 斯特罗兹

studium generale 师生联合会（大学统称）

Stukeley, William 斯托克利

Süleyman, the Great 苏莱曼大帝

Sulla 苏拉

Sumer 苏美尔

Summa Theologica 《神学要义》

Swabia 士瓦本

Swerdlow, N.M. 施瓦罗

Swineshead 斯韦恩斯赫

Sybaris 锡巴里斯

Syene 塞伊尼

Sylvester 西维斯特

Syracuse 叙拉古

Syrianus 西里安纳斯

T

Tacitus 塔西陀

Tacquet, Andrea 塔凯

Tadhkira fi'ilm 《天文学论集》

taifa 蕃国

talisman 符偶

Taqi al-Din 塔基阿丁

Tarazona 塔拉佐那

Tarento, Vincent of 塔伦托

Tarentum 塔伦同

Tartaglia, Niccolo 泰特利亚

Taylor, Brook 泰勒

Telesterion 泰利殿堂

Teletai Mysteries 泰利台神秘仪式

Teletarchs 始动者

Tempier, Stephen 谭皮尔

Tengnagel, Franz 唐纳高

Tertullian 德尔图良

Tetrabiblos 《四部书》

Tetractys 四数点阵

Teutonic Knights 条顿武士团

Thabit ibn Qurra 萨比特

Thales 泰勒斯

Theaetetus 泰阿泰德

Thebes 底比斯

Themon Judaeus 谭蒙

Theodoric 施奥多力（国王）

Theodoric of Freiberg 西奥多里克

Theodorus 特奥多鲁斯

Theodosius of Bithynia 狄奥多西

Theodosius the Great 狄奥多西大帝（罗马）

Theogony 《神统纪》

Theon of Smyrna （老）施安

Theon of Alexandria （亚历山大的）施安

Theophrastus 特奥弗拉斯特

Theoricae novae planetarum 《新行星理论》

Thera 锡拉岛

Theudius of Magnesia 修底乌斯

theurgy 法力

Thierry of Chartres 梯尔里

Thorndike Lynn 桑达克

Thoth 透特

Thrace 色雷斯

Thule 苏里

Thuringia 图林根

Ti'amat 海水

Tiglath-pileser Ⅲ 提革拉帕拉萨三世（亚述

国王）

Timaeus 《蒂迈欧篇》

Timbuktu 廷巴克图

Timocharis 提摩克里斯

Timur 帖木儿

Titan 泰坦

Toledo 托莱多

Toomer, G. J. 图默

Topics 《论题篇》

Torricelli, Evangelista 托里拆利

Torun 托伦

Toscanelli, Paolo dal Pozzo 托斯卡内利

Toulouse 图卢兹

Tournefort 图内福尔

Tours 图尔斯

Trajan 图拉真

Tractatus de proportionibus 《运动速度比例论》

transmigration 转世

transubstantiation 变质论（圣餐）

Trebizond 特拉比松

Trent, Council of 特伦特宗教大会

Triangulis 《三角论》

Triparty 《三部书》

trisectrix 三分线

Trithemius, Johannes 特里希米

Troy 特洛伊

Trouillard, J. 特鲁亚尔

Tübingen 蒂宾根

Tufayl, Ibn 图费尔

Turk, abd-al Hamid Ibn- 图尔克

Tus 图斯

Tusi, Nasir al-Din al- 图西/纳西尔图西

twilight 曙暮光

Tycho Brahe 第谷

Tyre 泰尔

U

Ubaidian 乌拜德

Ugarit 乌格列

Ulm 乌尔姆

Ulugh Beg 兀鲁伯

Umayyard Caliphate 乌美亚王朝

universitas 学生联合会（中古大学）

Ur 乌尔

Uraniborg 乌兰尼堡

Urban IV 乌尔班四世（教宗）

Urbino 乌尔比诺

Urdi 乌尔狄

Ur-Nammu 乌尔南姆

Uruk 乌鲁克

Urukagina 乌鲁卡基那

V

Valentinianism 瓦伦廷教派

Valerio, Luca 瓦莱里

Valla, Lorenzo 瓦拉

Valverde, Juan 巴尔韦德

van Schooten 范舒敦

Varignon, Pierre 伐里农

Varmia 瓦尔米亚

Varro 瓦罗

Verbiest, Ferdinand 南怀仁

Verde, Cape 佛得角

Vere, Bishop de 维尔主教

Vermeer, Jan 弗米尔

Verrazzano, Giovanni da 维拉赞诺

索引

（1）索引中主条目均按拼音排序，其下之次条目排序无定规，一般按性质或者时序。

（2）书籍、文献一般作为次条目分列于以下13个主条目之下：数学；天文学；天文数表；物理与其他科学；医学、生物学与自然史；炼金术、星占术与魔法；文学及艺术；历史与文献汇编；宗教与神学；科学史；柏拉图著作；亚理斯多德著作；中文经典。少数重要典籍例如《大汇编》《几何原本》《天体运行论》等各自另立主条目，但亦分别在上列相关主条目中注明。

（3）页码后附有ff符号者指"以及随后各页"；n指注释，例如465n2指465页注2；页码以黑体字标示者指有关该条目之主要或重要论述。

（4）主条目与次条目页码重复者一般仅在次条目中列出；在书中广泛出现之主要人物、城市、题材（例如柏拉图、亚里士多德、雅典、希腊科学等）一般不列全部页码，或者仅列相关次条目之页码。